Tous nos ouvrages sont disponibles aux

Éditions Decoopman
Ferrières
30440 Saint-Laurent-le-Minier
Tel : +33 (0)4.67.73.90.95
web : www.decoopman.com
e.mail : livres@decoopman.com

Olivier Lacaux
Jean Castanier

Correction orthographique : Antoinette DODELER, VALÉRIE JAMES.

I.S.B.N. 978-2-36965-126-0
Dépot légal : 4e trimestre 2021

Collection
- Horlogerie -

- *Traité d'horlogerie moderne* - Claudius Saunier
- *Encliquetages* - F. Balavoine
- *L'horlogerie électrique* - A. Tobler
- *Guide-manuel de l'Horloger* - Claudius saunier
- *L'art de connaître et de soigner les montres et les pendules* - Junius Gondy
- *Échappements à ancre*
- *L'art de l'Horlogerie enseigné en trente leçons* - Anonyme
- *Histoire de l'Horlogerie* - Pierre Dubois
- *Les merveilles de l'horlogerie* - C. Portal & H. de Graffigny

TRAITÉ D'HORLOGERIE MODERNE

Théorique et Pratique

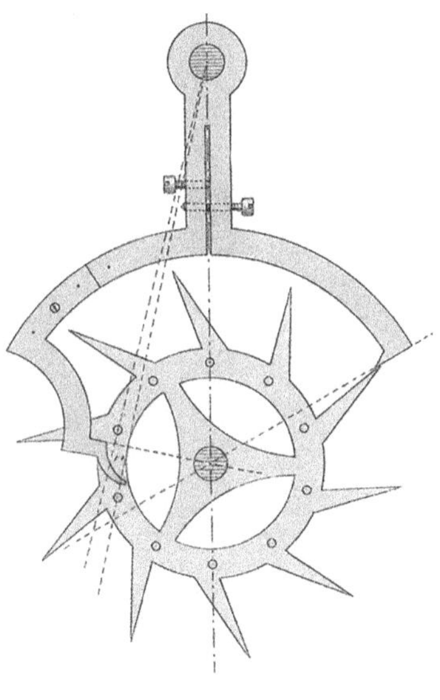

Claudius SAUNIER,

Ancien directeur de l'École d'horlogerie de Mâcon ;
Secrétaire général de la Société des Horlogers de Paris;
Président du Syndicat national de l'Horlogerie française ;
Membre de Sociétés savantes et industrielles ;
Chevalier de la Légion d'honneur.

1872

PRÉFACE

La publication de cet ouvrage en livraisons a commencé avec l'année 1861. Je marque ici cette date, parce que plusieurs des solutions nouvelles données par mon livre ont été, durant son impression, insérées, sans indication de source, dans des recueils qui portent d'autres noms que le mien.

Les livres techniques, surtout ceux qui traitent de l'art de l'horlogerie, gagneraient sans doute en clarté s'ils pouvaient être succincts et didactiques ; mais les rendre tels dès aujourd'hui, où l'instruction théorique professionnelle est malheureusement fort peu répandue chez les horlogers, irait contre le but, qui, évidemment, doit être de mettre et cette instruction et les résultats pratiques, bien constatés par l'expérience, à la portée des praticiens et des fabricants.

Dans cette explication on trouvera non seulement la raison des développements que j'ai donnés à certains sujets, mais aussi la justification du plan que j'ai adopté et du mode d'exposition théorique et pratique que j'ai suivi.

Je n'énumérerai pas les choses nouvelles que contient ce livre et les immenses travaux qu'il m'a coûtés.

Chacun, après lecture des Traités qui l'ont précédé, saura faire la part équitable de ce qui m'appartient.

J'ajouterai seulement qu'avant tout, j'ai voulu que ce livre fût une oeuvre utile au plus grand nombre des artistes et des ouvriers qui vivent de notre délicate et difficile industrie, et en même temps un livre honnête dans son style et dans ses appréciations, ne demandant à ceux qui viendront après moi, ou à ceux qui discuteront les principes que j'ai développés, que de me juger dans les termes où je me crois autorisé à juger les autres.

J'ai poursuivi mes recherches et mes nombreuses expériences comme j'ai écrit : sans parti pris, tâchant, chaque fois que j'ai eu à m'occuper des personnes, de rester dans la justice et la vérité.

Je terminerai par l'expression d'un désir : qu'un jeune artiste à l'intelligence élevée, au cœur loyal, ne se préoccupant pas des basses jalousies qu'il peut, comme moi, heurter sur sa route, entre dans la rude mais utile voie que j'ai ouverte ; qu'il fasse mieux que je n'ai fait, et je serai le premier à l'applaudir, s'il n'oublie ni le respect des noms, ni celui des opinions, peut-être erronées, mais consciencieuses. Il s'honorera ainsi lui-même, et la pratique de la bienveillance et de la modestie lui deviendra facile s'il se souvient de cette pensée de Pascal :

> « Nous ne voyons plus loin que ceux qui nous ont devancés, que parce que leurs connaissances ont servi de degrés aux nôtres. »

Claudius SAUNIER
Paris, 15 juin 1869

Division de l'ouvrage

PREMIÈRE PARTIE

Traité général des échappements

Contenant : leur description ; l'exposé des principes d'après lesquels ils doivent être établis ; le résumé des causes d'où résultent, dans l'usage, les arrêts et variations de la marche ; les moyens de les reconnaître et de les corriger.

DEUXIÈME PARTIE

Traité des engrenages et des moteurs

Engrenages divers; règles de leur construction dans des proportions exactes ; améliorer ceux qui sont défectueux. Moteurs-poids et moteurs-ressorts. Calcul des rouages : forces et vitesses ; nombres de vibrations des modérateurs, etc.

TROISIÈME PARTIE

Traités spéciaux

Le pendule ; théorie et exécution. — Le balancier annulaire : idem.

Le spiral : idem. — Réglage des pièces d'horlogerie : réglage de précision et réglage courant.

APPENDICE

Articles divers

Description de quelques-uns des principaux mécanismes appartenant à l'horlogerie moderne.

Observations capitales sur les forces constantes.

TABLES

Table des longueurs du pendule simple. — Première table des matières, dans l'ordre où elles se suivent dans le volume. — Deuxième table des matières, par ordre alphabétique.

Première partie

TRAITÉ DES ÉCHAPPEMENTS

TRAITÉ DES ÉCHAPPEMENTS

Introduction à l'étude des échappements

Considérations préliminaires

1. — L'ensemble de toute machine destinée à la mesure du temps se compose de deux parties distinctes : le rouage qui, ainsi que son nom l'indique, est formé par une succession de roues, ou train d'engrenages, dont la fonction est de transmettre, en un point donné, une force motrice produite par un poids ou un ressort ; l'autre, qu'on nomme l'échappement, est une espèce de mécanisme particulier adapté à la fin du train d'engrenages afin d'en modérer le mouvement trop rapide et de régulariser l'écoulement de la force motrice qui, grâce à cet artifice mécanique, ne se dépense qu'avec la lenteur et l'uniformité voulues.

La théorie des engrenages devrait donc précéder la théorie des échappements. Nous commencerons cependant par cette dernière, comme étant celle que le plus grand nombre des horlogers désirent préalablement connaître.

Mais nous ajouterons que la connaissance de ces deux théories, qui ont d'ailleurs les mêmes principes mécaniques pour bases, est d'une égale importance, au point de vue de la précision et de la durée du réglage des montres, pendules, horloges, etc.

2. — Il est peu de parties de la mécanique qui aient autant exercé le génie et la sagacité des artistes que les échappements. Il n'est pas d'horloger de renom qui n'ait produit au moins le sien, si ce n'est plutôt les siens. Aussi estime-t-on à plus de cent la quantité des échappements connus. Mais ce n'est pas ici l'embarras des richesses ; dans ce grand nombre, à peine dix à quinze ont été conservés, et les autres, ainsi que le remarque judicieusement Moinet, sont plutôt des exemples de ce qu'il faut éviter que des modèles à suivre.

Ce résultat pouvait être prévu : la majorité des artistes qui se sont crus dans l'obligation de doter leur époque d'un échappement particulier étaient dépourvus, ou à peu près, des connaissances mécaniques indispensables au sujet.

Dans leur vanité d'habiles praticiens, ils s'étaient persuadés que la pratique seule, le génie de l'invention naturelle, ou plutôt quelque rencontre heureuse et fortuite, leur révélerait, bien mieux que l'étude approfondie des lois de la mécanique, les secrets de la mesure exacte du temps.

Il résulta de cette erreur une foule de compositions fautives en principe, se ressemblant plus ou moins ; et même à plusieurs reprises, on vit des générations successives d'artistes, en poursuivant l'application d'une idée ingénieuse, mais erronée, recreuser l'ornière de leurs devanciers et tourner sans fin dans le même cercle vicieux.

3. — Les échappements qui ont survécu, et c'est là un fait bien digne de remarque et que nous engageons les inventeurs à méditer, *sont dus tous à des artistes bons mécaniciens,* c'est-à-dire joignant à l'expérience que donne une pratique longue et assidue de solides connaissances théoriques.

Division des Échappements en classes.

4. — Communément on divise les échappements en trois classes principales qui peuvent elles-mêmes fournir de nombreuses subdivisions :

1°. Les échappements dits *à recul*, de cette circonstance qu'à une certaine période de son action la roue prend un mouvement de recul plus ou moins marqué. L'échappement à roue de rencontre dans les montres et quelques ancres de pendules présentent cette particularité ;

2°. Les échappements dits simplement *à repos*, et ainsi nommés de ce que, sauf pendant l'acte de l'impulsion, la roue demeure immobile et la pointe appuyée soit contre l'axe même du balancier, soit contre une pièce accessoire concentrique à cet axe qui l'emporte dans son mouvement de rotation. Tels sont les échappements à cylindre et Duplex dans les montres, et les échappements à chevilles et de Graham dans les pendules ;

3°. Enfin les échappements *libres*, qui sont également à repos, mais dont le caractère principal consiste en ce que le balancier opère sa vibration, moins la très petite période de l'impulsion, dans une complète indépendance de la roue. Cette dernière ne fait plus repos sur l'axe de ce balancier, mais sur une pièce intermédiaire et isolée. L'échappement à ancre des montres et celui à détente des chronomètres appartiennent à cette catégorie ainsi que plusieurs échappements employés dans les pendules de cheminée.

5. — On pourrait, à l'exemple de quelques auteurs, former une quatrième classe avec les échappements dits à *force constante* ou *remontoir d'égalité*, si la théorie et l'expérience ne s'accordaient à prouver que, sauf un petit nombre de cas particuliers, l'emploi de ces compositions, dispendieuses, difficiles à exécuter et à maintenir, offre dans les machines horaires de petites dimensions des inconvénients qui ne sont balancés par aucun avantage sérieux.

Nous ferons connaître, surtout quand nous nous occuperons de l'horlogerie monumentale, quels sont les cas particuliers où les remontoirs d'égalité sont appelés à rendre des services.

Insuffisance de cette classification.

6. — La division des échappements en échappements à recul et à repos, quoique consacrée par usage, n'offre qu'une insuffisante précision.

Ainsi dans l'échappement Duplex, classé avec raison parmi ceux à repos, la roue prend à un moment déterminé un petit mouvement en avant et puis recule d'autant.

Certains ancres de pendules produisent un recul qui, dans les oscillations un peu étendues, commence ou finit un arc de repos. Ils participent ainsi, dans d'inégales proportions il est vrai, des deux classes. Il en est de même de ceux qui sont à repos d'un côté et à recul de l'autre, etc.

L'échappement à recul comparé à celui à repos.

7. — Selon la plupart des auteurs, l'échappement à recul serait, du seul fait de ce recul, le moins parfait de ceux que l'on emploie. Cette décision ne peut faire autorité, parce qu'elle est trop absolue. Les propriétés qui distinguent les échappements à recul de ceux à repos étant d'un caractère plus ou moins tranché, ce qui est vrai pour un ne l'est pas au même degré pour l'autre. L'échappement à roue de rencontre à recul très prononcé est, avec justice, placé au bas de l'échelle de comparaison, tandis que l'échappement Duplex, malgré son petit mouvement visible de recul, n'en conserve pas moins, quant à la régularité qu'il donne à la marche des montres, une supériorité assez marquée sur certains échappements à repos.

8. — Le recul sert quelquefois à corriger les inégalités de la force motrice, comme le prouve journellement l'emploi des petits ancres des pendules de cheminée, mais il ne faut pas qu'il ait lieu avec un frottement de mauvaise nature, car tout frottement de cette espèce a pour inévitable résultat d'engendrer des causes de variation.

Il s'ensuit que la régularité des échappements de pendules à grand recul, dans la plupart des cas, est inférieure à celle qu'on obtient en leur substituant ceux à repos.

C'est avec intention qu'il est dit à grand recul, car si l'effet de recul est enfermé entre les limites qui seront précisées, si son action ne commence qu'à un point déterminé d'un arc de repos, on en obtient des résultats avantageux. C'est du moins ce qu'a établi, par des travaux théoriques sérieux et par une expérience pratique de plus de vingt années, un de nos excellents artistes, M. Rozé.

Les échappements à repos comparés aux échappements libres.

9. — Les échappements à repos des montres corrigent suffisamment bien, pour l'usage civil, les inégalités de force motrice sans le secours de l'isochronisme, de la compensation et du réglage à toutes les températures. Mais si les surfaces des repos sont réduites à très peu de chose, ces échappements perdent leurs propriétés correctrices.

Si ces surfaces des repos dépassent, comme étendue, certaines limites, elles donnent naissance aux nombreuses causes de variations qu'amènent les grands frottements, etc. La perfection possible réside dans un milieu qu'enseignent l'expérience et la théorie, et dont la condition principale paraît consister dans un certain rapport à établir entre la grandeur, le poids du balancier et le rayon des courbes sur lesquelles s'opère le frottement des repos. Nous reviendrons sur ce rapport.

10. — Les échappements libres employés dans les montres sont regardés comme supérieurs à ceux à repos frottant, et c'est par les premiers que la plus grande précision peut être obtenue.

Leurs oscillations s'accomplissant, sauf pendant une très courte fraction de temps, sans contact avec la force motrice, les frottements des repos sont ainsi complètement annihilés.

Mais ici il faut distinguer entre les exigences de la vie civile et celles de la science, puisque cette grande réduction des frottements emporte avec elle la nécessité de l'isochronisme par le spiral et de la compensation par le balancier ; coûteuses obligations de l'horlogerie scientifique, nullement nécessaires à l'usage ordinaire.

Ainsi, par exemple, l'échappement à détente des chronomètres, qui procure une si admirable exactitude quand il est pourvu de ces deux correctifs, est loin de donner à son possesseur autant de satisfaction, quand il en est dépourvu, qu'un bon échappement à ancre, où les frottements sont beaucoup plus multipliés, mais qui n'a pas besoin de posséder au même degré les deux qualités accessoires d'isochronisme et de compensation pour produire d'excellents résultats, c'est-à-dire plus que suffisants pour l'usage civil.

11. — Dans les pendules de cheminée, l'échappement à repos est généralement préféré à l'échappement libre : nous en ferons connaître la raison en son lieu.

12. — Concluons donc qu'avant de proclamer l'excellence d'un échappement quelconque et sa supériorité sur tel ou tel autre, il faut, au préalable, bien préciser les applications qu'on veut en faire.

Principes généraux
déduits des lois de la mécanique et de l'observation.

13. — Pour juger du mérite d'un échappement, soit ancien, soit nouveau, pour en prévoir les avantages ou les inconvénients, pour l'améliorer ou en changer la nature par d'habiles modifications, et ne pas retomber dans les constructions anciennes et abandonnées, il faut apporter dans l'étude des échappements, en outre d'un riche contingent d'observations recueillies dans l'examen raisonné des vieux modèles et dans un travail manuel long et régulier, une connaissance approfondie des conditions générales, physiques et mécaniques, exigées impérieusement par le sujet. L'ignorance sur ce point n'est pas permise à qui veut posséder à fond la matière, et moins encore à quiconque a l'ambition de produire, si ce n'est du bon, au moins du nouveau. Cependant cette ignorance est malheureusement très commune dans la classe des innovateurs.

Le principe théorique est un guide sûr, mais son application doit être éclairée par les données de l'expérience. La règle mathématique, dans son inflexible rigueur et sa précision absolue, montre le but, mais au praticien appartient de choisir la route qui y conduit, parce que lui seul peut apprécier les difficultés du travail et signaler les obstacles que lui opposent la matière ou le manque de procédés mécaniques.

Nous allons passer en revue, développer succinctement les principes généraux qui doivent diriger le constructeur ou l'inventeur qui crée un échappement. Nos lecteurs, que nous supposons familiarisés aux habitudes de l'horlogerie, verront, après une lecture attentive, combien il est aisé de faire l'utile application de ces principes aux échappements en usage et qui seront successivement décrits dans ce volume.

Éléments de mécanique appliquée à l'horlogerie.

14. — On rencontre fréquemment de nos jours, même parmi les simples artisans, des mécaniciens, qui possèdent une certaine somme d'instruction théorique, dont ils savent se servir.

Les horlogers, sauf un petit nombre d'exceptions, sont fort loin de se trouver dans des conditions d'instruction professionnelle aussi favorables, et cette infériorité, bien certainement, est une des causes qui ont contribué à l'abaissement dans lequel se débat l'horlogerie moderne, prise dans son ensemble.

Le but du travail qui suit, et qui n'exige pour être entendu qu'*un peu d'attention et d'intelligence naturelle*, ce qui est au service de tout le monde, est de remédier à ce regrettable état de choses, en mettant chaque horloger à même d'acquérir la juste notion des lois de la mécanique et de pouvoir rectifier, en connaissance de cause, bon nombre d'erreurs accréditées dans le public dit éclairé. Il y trouvera ce double avantage de gagner en dignité de relation vis-à-vis de ses clients et de rencontrer dans ses travaux manuels des facilités et ces sûretés qu'il ne soupçonne pas.

Est-ce à dire que ces éléments ont la prétention d'être un Traité de mécanique ? Leur visée est moins haute, car ils sont écrits pour une classe toute spéciale de lecteurs. Prendre le praticien par la main, le mener des connaissances qui n'exigent que le simple raisonnement à celles d'un ordre un peu plus élevé, lui inculquer de saines notions, en le pénétrant, si nous pouvons parler ainsi, du désir et de l'utilité du savoir, tout en aplanissant les premières aspérités du chemin qui y conduit, voilà notre but et notre ambition.

Des Forces.

Elles sont de deux natures.— Effet mécanique.— Puissances.— Résistances.

15. — Toute cause qui produit, ou modifie, ou arrête le mouvement d'un corps est une force. C'est une *puissance* ou une *résistance*.

Les forces ont deux caractères : l'un actif, l'autre passif.

Elles peuvent produire le mouvement ou bien l'arrêter quand il existe, en agissant en sens contraire de sa direction : c'est le propre des forces actives telles que l'action d'un poids, l'effort d'un ressort bandé, la chute d'un liquide, etc.

Les *forces passives* peuvent détruire partiellement ou totalement le mouvement, mais elles sont inaptes à le produire, tels sont les frottements, la raideur des cordes, etc.

16. – Il résulte de ces définitions que certaines forces sont actives ou passives, suivant le cas ; ainsi, on verra que l'inertie, qui est une force active dans un corps en mouvement, devient force passive quand il est rentré dans son repos. Il en est de même de l'air, qui peut être, selon la circonstance, puissance ou résistance.

Quoique la nature des forces nous soit inconnue, nous pouvons les apprécier sûrement par leurs effets.

La valeur des forces, quelle qu'elle soit, peut être représentée par un nombre d'unités de poids, tels que le gramme et ses dérivés, qui leur feraient équilibre.

17. – Tout agent qui donne le mouvement à un corps en est appelé la *force motrice*, ou simplement le *moteur*. Le corps sollicité par cette force reçoit le nom de *mobile*.

Quantité de travail ou effet mécanique.

18. – La *quantité de travail* d'une machine, c'est-à-dire l'*effet utile* ou autrement l'*effet mécanique*, est égal à la somme des puissances, diminuée de la somme des résistances.

Les puissances.

19. – En règle générale, on désigne sous le nom de *puissance* toute force qui est la cause d'un mouvement, et sous celui de *résistance* toute force, active ou passive, en opposition avec ce mouvement.

Les puissances, en horlogerie, sont généralement de deux sortes : des *poids*, agissant en vertu de la pesanteur ou attraction terrestre, et des *ressorts*, dont l'action est soumise aux lois physiques de l'élasticité des corps.

Les résistances. — Leurs différentes espèces en horlogerie.

20. –Toute cause qui s'oppose au mouvement d'un mobile est une résistance, ainsi qu'on l'a vu.

Ces résistances sont, quand ce mobile est en repos : l'*adhérence*, l'*inertie*, les *pressions*, la *viscosité de l'huile* ; et quand il est en mouvement : les *frottements*, l'*air*, et généralement toute action opérant sur ce mobile en sens contraire de son mouvement.

On fera connaître plus loin (**35**) les résultats pernicieux des effets d'adhérence, et ce qui concerne l'inertie sera traité dans un article particulier (**29**).

21. – La résistance qu'offre l'air est proportionnelle à la surface d'air déplacé. Le changement de densité de ce fluide fait donc varier la valeur de cette résistance.

S'il n'y a guère à tenir compte des changements de densité de l'air à l'égard des mobiles qui marchent avec lenteur, il n'en est pas de même pour ceux qui évoluent avec une grande rapidité.

Mais comme il est d'habitude en horlogerie de donner à ces mobiles la forme la plus convenable, pour qu'il n'y ait qu'une faible quantité d'air déplacé, son influence est réduite à peu de chose et peut être considérée, jusqu'à preuve contraire, comme insignifiante en horlogerie civile.

22. – Les frottements et les pressions représentent, dans les machines,, la plus forte part des résistances nuisibles. Les premiers diminuent, selon que les surfaces sont de plus en plus unies, et augmentent, par conséquent, à mesure qu'elles deviennent plus rugueuses.

23. – L'interposition d'un corps gras entre les surfaces frottantes rend libre toute cette portion de la force motrice qui serait absorbée en pure perte par l'excès de résistance provenant du frottement à nu.

Ceci est vrai pour la mécanique en général, où les forces et les pressions ont toujours une certaine énergie. Mais la loi qu'on a déduite de nombreuses expériences semble en défaut aussitôt qu'on l'applique aux faibles pressions et aux excessives vitesses de l'horlogerie : du moins quant aux derniers mobiles des montres.

Là, l'huile produit, par son onctuosité, des effets d'adhérence variable qui ont une certaine puissance en face des faibles forces qui animent ces derniers organes. Elle crée, surtout lorsqu'elle a séjourné un peu de temps aux contacts, une résistance même supérieure à celle du frottement à nu entre deux surfaces parfaitement polies.

L'expérience peut en être faite sur de très petites montres neuves, fraîchement nettoyées et possédant des trous en vrais rubis et des pivots durs ; elles donnent pendant quelques minutes, et même quelques heures, des oscillations plus vives, malgré l'absence d'huile aux pivots de l'échappement, que lorsque cette huile y séjourne depuis plusieurs mois.

L'aiguille d'une boussole se meut plus facilement sur sa chape à sec que huilée.

En mécanique de très petit volume, l'huile est donc une résistance avec laquelle il faut compter. Nous donnerons la valeur approchée de cette résistance (**42**).

Quantité de mouvement.

24. – Tout corps en action contre un obstacle frappe ou pousse cet obstacle avec d'autant plus de force que le corps est plus lourd et que sa vitesse est plus grande.

La puissance est égale au poids du corps multiplié par sa vitesse. C'est ce produit qu'on a désigné en mécanique par l'expression de *quantité de mouvement.*

La quantité de mouvement d'un corps est donc la puissance dont ce corps est doué lorsqu'il se meut, et avec laquelle il peut briser, écarter, surmonter une force quelconque qui lui fait obstacle.

Valeurs différentes de la puissance d'un mobile considéré à l'état de repos et à l'état de mouvement.

25. — L'effort qu'exerce, comme puissance ou comme résistance, un corps à l'état *statique*, c'est-à-dire à l'état de repos, est égal au poids, en grammes ou autres unités de poids, par lequel il serait équilibré.

L'effort qu'exercerait ce même corps à l'état *dynamique*, c'est-à-dire lorsqu'il a été mis en mouvement, est égal à son poids, également équilibré en grammes, multiplié par sa vitesse ou, en d'autres termes, multiplié par l'espace qu'il parcourt dans une unité de temps déterminée.

Soit *s*, une sphère métallique pesant deux kg ; elle exerce sur le corps C, qu'elle sollicite à se mouvoir, un effort de traction égal à deux kg (en ne tenant pas compte du frottement de la poulie).

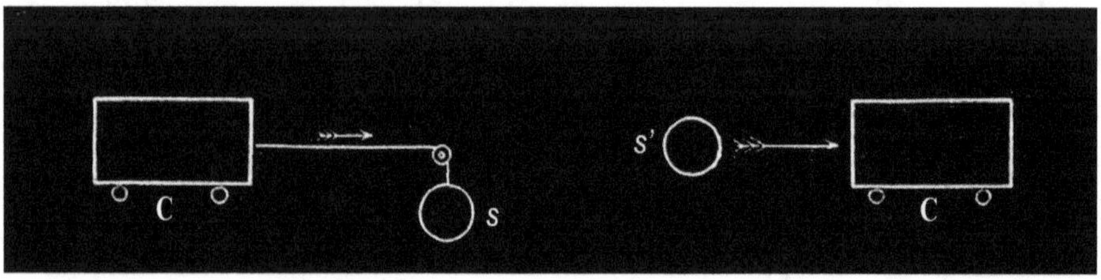

Fig. – 1.

Soit la même sphère devenue mobile sous une impulsion dont la durée a été de dix secondes et qui lui a fait parcourir, pendant la première seconde, un espace égal à un centimètre, à l'extrémité duquel la puissance de la sphère pouvait être considérée comme différant peu de son poids, tandis que, pendant la dernière seconde, la vitesse était de douze centimètres.

L'effort que la sphère exercera alors contre le corps C sera égal au poids 2, multiplié par la vitesse 12, c'est-à-dire à 24 kgs.

Ce qu'on gagne en force on le perd en vitesse, et réciproquement.

26. — L'effort exercé par un corps en mouvement étant égal à son poids multiplié par sa vitesse, l'effet mécanique reste le même quand l'un des éléments du calcul diminue en proportion inverse de l'augmentation de l'autre.

Si la sphère *s'* (Fig. 1), au lieu de peser 2 kg en pèse 4, et qu'elle frappe le corps C à l'instant où la vitesse atteint six centimètres par seconde, l'effort exercé est égal au poids 4 multiplié par la vitesse 6, soit à 24 kg, résultat identique au précédent.

La puissance du poids a été doublée, mais sa vitesse a été réduite de moitié, puisqu'au moment du choc il marchait, pendant la même unité de temps, moitié moins vite qu'à l'instant de son précédent contact avec C.

27. — Un travail mécanique peut être considéré indépendamment du temps qu'il a fallu employer pour l'accomplir ; le principe ne perd rien de son exactitude, seulement alors le mot *vitesse* se prend dans la simple acception d'*espace parcouru*. Il conviendrait donc dans ce cas d'énoncer ainsi la loi formulée dans le titre de cet article :

Ce qu'on gagne en force on le perd en espace parcouru ;
réciproquement : ce qu'on gagne en parcours on le perd en force.

Soit une agglomération de 100 boulets à transporter à 1 kilomètre. Chacun d'eux étant du poids de 10 kg, l'ensemble présente un total de 1 000 kg.

Si toute la charge est transportée par un véhicule, quand il sera revenu à son point de départ, le travail mécanique accompli aura pour expression le poids 1 000 kg multiplié par le chemin parcouru 2 kilomètres ou le chiffre 2 000.

Si le portage a été effectué par un homme seul, à raison de deux boulets par chaque course, le travail mécanique aura pour expression le poids de deux boulets ou 20 kg, multiplié par le chemin parcouru dans les cinquante voyages, ou 100 kilomètres, et le chiffre du total sera encore 2 000.

L'effet utile, le produit du travail, est égal dans les deux cas, mais dans le premier, ce qu'on dépensait en force, on l'économisait en chemin parcouru, tandis que dans le second, où la force employée était cinquante fois plus petite, on était dans l'obligation de dépenser cinquante fois plus de vitesse ou, en d'autres termes, de parcourir un chemin cinquante fois plus grand.

Notions du temps nécessaire pour qu'un corps mis en mouvement atteigne un maximum de vitesse.

28. — La force que peut développer un corps en mouvement étant un produit du poids par la vitesse, il est clair que le plus grand effet est obtenu quand cette vitesse atteint son maximum.

Un corps mis en mouvement par une action instantanée, celle d'un gaz enflammé entre autres, prend tout de suite son maximum de vitesse.

Il n'en est pas de même de ce corps s'il est mis en mouvement et entretenu dans ce mouvement par une cause permanente ; telle est, par exemple, l'action d'un rouage sur une roue d'échappement. Cette roue ne prend jamais instantanément toute la vitesse qu'elle peut acquérir, et cette vitesse n'atteint son maximum qu'après une durée de temps plus ou moins longue.

Or, le balancier d'une montre en marche fuit, au moment où commence l'action de la roue, avec une vitesse acquise ; pour qu'il y ait impulsion, il faut de toute nécessité que le contact entre la roue et le levier du balancier ne cesse que lorsque la roue a pris un certain excès de vitesse sur le balancier, c'est-à-dire au moment où la vitesse que possédait primitivement ce dernier a été accélérée dans une mesure en rapport avec la force du moteur et l'amplitude cherchée de l'oscillation.

Des chiffres rendront plus clairement cette vérité.

Soit 3 grammes le poids qui ferait équilibre à la puissance qu'une roue d'échappement développe à sa circonférence, après un déplacement angulaire d'une portion de levée de 5 degrés accomplie en un centième de seconde. À ce point elle n'a pas encore acquis toute la vitesse qu'elle peut prendre.

La force dont cette roue est animée aura pour expression le poids 3, multiplié par la vitesse 1, soit 3.

L'acte de la levée se continuant, la vitesse de la roue s'accélère ; admettons qu'elle met moitié moins de temps à parcourir 5 nouveaux degrés, la puissance qu'elle développe alors est égale au poids 3 multiplié par la vitesse 2, ou à 6, c'est-à-dire que la force que la roue possède comme levier de puissance a doublé.

Le calcul des différentes actions, qui constituent une levée d'échappement, est une opération très complexe. Les chiffres ci-dessus n'ont donc rien de rigoureux et ne sont destinés qu'à rendre plus saillante une vérité mécanique.

Nous avons insisté sur cet article parce que, pour avoir négligé ou méconnu cette notion du temps nécessaire pour faire atteindre à un corps, qu'on met en mouvement par une action continue, un certain maximum de vitesse, des auteurs et des praticiens ont donné cours à des idées fort erronées, surtout en ce qui concerne la levée des échappements et certaines fonctions des pièces à marche de longue durée.

Inertie.

Définition.

29. – Le sens des mots employés par la science est assez souvent défiguré dans le langage des praticiens. Ainsi, le mot *inertie* est, pour eux, synonyme du mot équilibre ; un balancier de montre, une roue, un ancre est d'*inertie*, selon l'acception vicieuse des ateliers, quand ce balancier est équilibré sur un axe horizontal, sous tous les angles qu'on peut faire décrire à un point de la circonférence.

Cette signification est mauvaise.

L'inertie est cette propriété inhérente à la matière, cette tendance de tout corps à persévérer dans l'état dans lequel il se trouve, soit dans le repos, s'il est en repos, soit dans le mouvement, s'il est en mouvement. Elle se révèle par l'excès de résistance qu'offre au début un corps qu'on fait entrer subitement en mouvement ou qu'on ramène brusquement au repos.

Un cheval attelé à un lourd chariot se cambre vigoureusement et fait de grands efforts pour le mettre en marche, tandis qu'il l'entraîne avec facilité quand il a commencé à le faire mouvoir. Par contre, quand ce chariot a acquis une vitesse assez grande, le cheval ne peut s'arrêter instantanément sans en recevoir une violente poussée en avant.

Ces deux effets sont dus à l'inertie de la masse du véhicule.

Rôle de l'inertie dans les échappements. — Les roues lourdes.

30. – Une roue quelconque, quelle que soit d'ailleurs sa légèreté, présente toujours un poids appréciable, elle est donc soumise à la loi de l'inertie. Il en résulte que, lorsque l'on veut la faire sortir de l'état de repos et tourner sur son axe, son départ n'est pas absolument instantané : il y a, comme transition de l'état de repos à l'état de mouvement, un temps d'arrêt qui, pour n'être pas toujours perceptible, n'en est pas moins réel, et cette roue n'acquiert sa plus grande vitesse de rotation qu'après qu'un certain arc a été parcouru par un point quelconque de sa circonférence. Les effets de l'inertie étant d'autant plus énergiques que le corps est plus pesant ou qu'il va plus vite, il est extrêmement important de tenir compte de leur influence dans les échappements, surtout pendant l'action de la levée. La roue, à ce moment, marche avec une grande vitesse et pendant un laps de temps très court.

Voici un exemple que nous offre la pratique de la puissance de l'inertie : à un échappement à détente portant une roue assez massive, l'allure du balancier était lourde et l'oscillation de médiocre étendue.

L'ouvrier à qui la pièce est confiée recreuse la roue à l'intérieur, amincit ses rayons, bref, l'allège d'une portion notable de son poids primitif et, par cette simple modification, procure à l'échappement, remis en jeu, un surcroît très sensible dans l'étendue de l'oscillation.

Est-il nécessaire d'expliquer que la roue lourde, offrant une plus forte résistance au mouvement, ajoutait un obstacle de plus aux résistances du frottement et de l'huile ; le départ se faisait avec plus d'hésitation, la roue marchait plus mollement, n'atteignait le levier d'impulsion que lorsque celui-ci avait décrit une grande partie de l'angle de levée.

Le résultat final était du bruit et peu d'impulsion. La roue, devenue plus légère, partait plus vite, entrait presque immédiatement en contact avec le levier et agissait sur lui par un mouvement d'assez longue durée et suffisamment accéléré.

Erreurs concernant les roues légères.

31. — De l'observation de faits analogues à celui qui vient d'être rapporté, la généralité des artistes en a conclu et a mis au rang des vérités mécaniques que, dans tout échappement, la roue doit avoir la plus grande légèreté possible. On a tranché ainsi d'une façon absolue une question insuffisamment étudiée, et transformé en solution applicable à tous les échappements d'horlogerie la solution d'un problème particulier.

Une roue complètement dépourvue d'inertie serait-elle une bonne chose ? Il y a grande apparence que non. Mais, quoique ce cas ne puisse se présenter, puisque les métaux en usage offrent un poids toujours appréciable, il n'en est pas moins utile de faire remarquer que la vitesse de rotation à donner à une roue, est subordonnée à son mode d'action sur le levier du balancier et à l'activité nécessaire de son instant de travail.

L'observation suivante, due à la sagacité d'un habile horloger, M. Monvel, éclairera mieux le sujet que de longs raisonnements et présentera la contre-partie du fait cité plus haut : un échappement de chronomètre accomplissait assez bien ses fonctions, quoique la roue fût un peu forte. Rendue beaucoup plus légère, elle faisait, dans son nouvel état, accrocher l'échappement.

La cause de ce défaut résidait évidemment dans la grande légèreté de cette roue qui se déplaçait plus vite que le balancier, c'est-à-dire qu'au lieu d'attaquer le levier d'impulsion sur sa face, quand celle-ci avait eu le temps de reculer jusqu'à la position convenable, la roue, qui partait avec vélocité, frappait sur l'extrémité angulaire du levier et produisait un arc-boutement.

Tout horloger a compris qu'il suffisait d'un léger déplacement du levier d'impulsion, pour que l'arrêt fût évité, et que le fait n'est rapporté que comme un exemple des effets dus à l'inertie.

32. — Ce qui résulte, avec certitude, des expériences faites et de la nature des métaux qui sont actuellement employés, c'est que dans les montres où les vibrations sont rapides, on doit, quand on construit ces montres, faire la roue d'échappement *aussi légère que possible,* sans nuire toutefois à sa solidité.

Le mot solidité ne signifie pas simplement ici que la roue doit résister à certaines causes de rupture ou de déformation.

Une roue d'échappement doit présenter une grande *fermeté* dans son ensemble. Cette fermeté, on le sent, tient au choix de la matière et à la forme donnée aux parties.

Entre autres exemples : un bras ou rayon de roue, de forme méplate, offre moins de fermeté quand il est disposé de champ que lorsque son côté le plus large est parallèle au plan de la roue.

Quant aux mécanismes d'horlogerie qui sont réglés au moyen d'un pendule ou d'un grand balancier annulaire, il y a lieu de rechercher si une certaine et faible quantité de résistance inertique n'est pas nécessaire à la roue, parce que cette roue doit se mouvoir avec une vitesse déterminée par :

- le plus ou moins d'inertie d'un rouage assez lourd qui cesse ou d'être maintenu en arrêt ou de reculer ;
- par la vitesse acquise du levier sur lequel la roue opère, levier qui se meut avec lenteur, relativement à la vitesse de celui des montres.

33. – La force d'inertie d'un corps est égale à sa masse (son poids en mesures usitées), multipliée par sa vitesse dans une unité de temps.

Séparation des organes en contact. — Effets d'adhérence.

34. – Les organes s'appuyant les uns sur les autres doivent se quitter par un effet de glissement, et non par une séparation brusque et perpendiculaire, ce dernier cas donnant lieu à l'inconvénient des résistances variables, suivant le plus ou moins d'adhérence ou de collement des surfaces.

35. – L'effet d'adhérence à sec est connu de tous ceux qui ont appliqué face à face deux superficies parfaitement sèches, et qui avaient été dressées ou rodées l'une contre l'autre. Nous verrons l'explication de ce phénomène physique l'article *Capillarité.*

Le frottement de roulement, qui n'est en réalité qu'une pression, et tel, entre autres, que celui d'un pivot dont la rotation s'opère entre des rouleaux tournants ; celui d'un engrenage à lanterne, dont les fuseaux sont mobiles et celui d'un engrenage hélicoïdal, etc., finit par produire des effets d'adhérence, sensibles surtout dans la petite mécanique.

La présence de l'huile augmente l'intensité de ces effets.

Aux levées des échappements, cet inconvénient ne peut être prévenu qu'en faisant développer l'une contre l'autre des surfaces d'étendues un peu inégales, de façon à transformer le frottement de roulement en petit frottement de glissement.

La percussion répétée sur un point finit par y produire des effets d'adhérence variable, surtout si le support qui reçoit le choc est inflexible.

Cette remarque trouve une application directe aux points d'appui des échappements à ancre, à détente et aux spiraux dont une lame joue entre deux points d'arrêt, etc.

Quand un petit frottement de glissement n'obvie pas à l'inconvénient en question, un peu d'élasticité dans le support d'appui en atténue l'effet. La valeur des effets d'adhérence entre corps à nu est difficilement appréciable, aussi manquons-nous de renseignements exacts sur ce sujet.

36. — Quand les corps sont enduits d'une couche grasse, la résistance qui a sa cause dans l'adhérence *est proportionnelle aux surfaces de contact.*

Lois des pressions et des frottements.

37. — Un corps presse la surface par laquelle il est supporté avec une puissance égale à son propre poids. Sous un même volume s'il présente un poids double, la pression est doublée, et vice versa.

La pression est donc proportionnelle à la force qui la produit ou, en d'autres termes, au poids qui ferait équilibre à cette force.

38. — Le *frottement* entre les surfaces est proportionnel à la pression. Ainsi un corps frottant sur une surface offrira une double résistance au glissement, si la masse (le poids) de ce corps est doublée, et réciproquement.

L'énergie des frottements est donc en raison directe des pressions.

Une lèvre d'un cylindre d'échappement mal conformée, une certaine forme donnée au plan incliné de la roue, sont cause que la levée s'opère sous des pressions variables, et le frottement étant plus considérable sur les points qui subissent la plus grande pression, c'est vers ces points où la piqûre atteint le plus de profondeur.

L'engrenage d'une roue dont la denture a la forme épicycloïdale offre le défaut d'agir par pressions inégales, aussi les surfaces de contact s'entament-elles à la longue plus profondément sur un point que sur l'autre et, dans ce cas, les conditions primitives de l'engrenage sont complètement changées.

39. — *L'intensité du frottement reste la même, quelle que soit la vitesse,* un corps gras constamment interposé.

La preuve en a été acquise en forte mécanique, et Moinet a vérifié expérimentalement l'exactitude de cette loi appliquée à l'horlogerie.

Il n'y a donc pas lieu d'admettre, jusqu'à preuve du contraire, qu'on peut augmenter ou diminuer le frottement en faisant varier les vitesses d'un mobile.

40. — La pression restant la même, *la résistance du frottement est indépendante de l'étendue des surfaces frottantes.*

L'étendue étant, par supposition, triplée, il s'ensuit qu'un nombre triple d'éléments moléculaires frottent entre eux ; mais comme le frottement isolé sur chacun n'est plus que le tiers de ce qu'il était auparavant, le résultat général ne varie pas.

Nous donnons simplement ici un résultat d'expériences érigé en loi, nous réservant de compléter cet article par les suivants.

L'étendue des contacts doit varier suivant la nature des matières.

41. – Cette dernière loi fait voir qu'il n'y a pas avantages à rétrécir, comme on le fait trop communément, et sous le prétexte vulgaire de diminuer les frottements, les faces de contact dans les engrenages, aux levées et même aux repos des échappements. L'effort de percussion ou de simple pression, étant supporté par un moins grand nombre d'éléments, agira plus énergiquement sur ce petit nombre, et désorganisera bien plus vite la matière aux points touchés : une plus prompte destruction des contacts s'ensuivra.

Les contacts doivent avoir lieu sur une étendue assez grande pour assurer la conservation des faces frottantes. On conçoit que cette étendue est dépendante de la nature des corps et de la présence ou de la non présence de l'huile.

Une roue de laiton agissant à sec sur l'acier doit avoir une largeur de contact plus grande que si elle est en action sur un diamant, beaucoup plus dur et mieux poli que l'acier. Cette observation s'applique tout aussi justement aux trous des pivots qui, pour un même diamètre, n'ont pas besoin de présenter dans le rubis (véritable) autant de longueur que dans le laiton.

Mais il y a une distinction à faire entre les frottements à nu, comme ceux qui prennent naissance par l'engrenage d'une roue et d'un pignon, et les frottements entre surfaces enduites d'un corps gras. Nous avons vu que les surfaces graissées se séparent d'autant plus difficilement que l'étendue des contacts est plus grande.

Lois des frottements applicables aux mobiles des mouvements d'horlogerie.

42. – Nous avons dit sommairement, à l'article des *Résistances* (**23**), que la présence de l'huile dans les machines à mesurer le temps, modifiant la nature des frottements qui s'opèrent aux derniers mobiles de ces machines, sous de très faibles pressions et de grandes vitesses, la loi générale n'était plus rigoureusement applicable, bien qu'elle ne perdît rien de son exactitude. Ceci demandait une explication que voici :

La résistance au glissement se compose toujours, en réalité, de deux résistances : le frottement proprement dit et l'adhérence. Le frottement est proportionnel à la pression et indépendant de l'étendue des surfaces, tandis que l'adhérence entre corps enduits est proportionnelle aux surfaces en contact.

Sous les fortes pressions de la grande mécanique et les forces considérables qu'elle met en jeu, et comme la dureté et par conséquent le degré de poli des surfaces ne peuvent être augmentés en raison du poids, les matières se pénètrent davantage. L'introduction d'un corps gras entre elles produit l'effet d'une multitude de rouleaux microscopiques interposés ; aussi le frottement à nu, comparé à l'adhérence du corps gras, est tellement énorme, que l'effet d'adhérence est complètement dominé par le frottement, et l'interposition de ce corps gras, loin de produire une absorption de force, facilite le glissement. Dans les cas en question, l'expérience fournit journellement la preuve de l'exactitude de la loi de proportionnalité de la résistance à la pression.

Mais il n'en est plus de même aux organes délicats des échappements, où la force est peu considérable et la vitesse très grande. La résistance au mouvement se compose bien comme ci-dessus du frottement proprement dit et de l'adhérence, mais avec cette différence capitale que la pression étant faible et le corps dur et très poli,, le frottement proprement dit a relativement peu de valeur, tandis que l'adhérence entre corps parfaitement polis, animés de très minimes forces, et aux prises avec la viscosité de l'huile et les résistances qui ont leur source dans la capillarité, sont la cause que, contrairement à ce qui se passe dans la grande mécanique, l'*effet d'adhérence* domine complètement l'*effet du frottement* proprement dit. La conséquence à en tirer, c'est que la mesure de l'adhérence sera ici la mesure la plus approchée des résistances qui s'opposent au mouvement.

Or la résistance de l'adhérence étant proportionnelle à l'étendue des surfaces enduites, on peut en conclure *a priori*, et comme concordant assez bien avec bon nombre d'observations pratiques, mais sans prétendre à la rigueur d'une loi à laquelle les moyens de vérification font défaut :

43. – Qu'aux *derniers mobiles* des montres, où la présence de l'huile est nécessaire, la résistance du frottement peut être considérée, par approximation, *comme proportionnelle à l'étendue des surfaces frottantes et proportionnelle aux diamètres des pivots* (**133**) ;

Qu'aux *moyens mobiles*, qui sont plus près de satisfaire aux conditions de la grande mécanique, cette résistance *participe (par portions plus ou moins inégales) de l'étendue des surfaces en contact et de la pression.*

Qu'enfin les *premiers mobiles* rentrent à peu près sous la dépendance de la loi formulée au paragraphe **40**.

On a remarqué, entre autres cas, et à l'appui de ce qui précède, que des pivots de fusée, quoique de diamètres inégaux, n'usaient pas sensiblement plutôt un trou que l'autre. On attribue ce résultat à l'égalité des résistances sur les deux pivots.

Observations concernant les lois du frottement.

44. – Les données qui précèdent offrent une suffisante exactitude à l'horloger, car sur des points où il n'est pas possible, du moins actuellement, d'établir une loi rigoureuse et absolue, puisque d'imperceptibles différences dans la matière et dans le mode de travail ne sont pas sans influence sur la conduite ultérieure des organes, une règle qui fournit la valeur approchée des résistances est une chose bonne. C'est un guide qui tient constamment l'observation en éveil et lui permet de porter des fruits.

Nous terminerons cet article par une courte mention des expériences récemment faites sur des chemins de fer par quelques ingénieurs, notamment M. Bochet. Ces expériences confirment l'exactitude des lois qui régissent les frottements, et qui ont été déduites des travaux de Coulomb et du général Morin, mais seulement *pour des vitesses n'atteignant pas 4 mètres par seconde*. Au-delà, et pour des vitesses poussées jusqu'à 25 mètres par seconde, M. Bochet aurait trouvé que le frottement de glissement diminue avec la vitesse, et d'après une loi qu'il a formulée.

Il semble en effet, logiquement parlant, que le frottement doive varier avec une certaine vitesse, car lorsque cette dernière acquiert une grande intensité, il est évident qu'elle modifie l'action des surfaces. Ainsi une meule de fer doux, conduite avec lenteur, est entamée par la lime, sans que celle-ci souffre ; au contraire, et par une très grande vitesse de la meule, c'est cette lime qui est attaquée.

Si de nouvelles expériences prouvent l'exactitude de la théorie de M. Bochet, nous arriverions à ce résultat assez curieux que ce qui avait été admis comme un principe dans l'ancienne horlogerie était diamétralement l'opposé de la vérité.

Percussion. — Chocs.

45. – Le mot *percussion* signifie simplement l'action par laquelle un corps est frappé. Le centre de percussion du corps frappant est le point de la masse où il agit avec la plus grande puissance. Dans une barre de fer qui tombe horizontalement, le centre de percussion est au milieu de la barre, tandis que si cette barre est maniée à la main, ce centre est placé environ vers les deux tiers de la longueur de cette barre.

Dans un marteau, le centre de percussion correspond à peu près au centre de la masse métallique.

Dans un pendule composé, il est situé généralement un peu au-dessus du milieu de la lentille.

Dans un balancier annulaire ordinaire, suffisamment chargé à la circonférence, il peut se trouver au bord intérieur du limbe, nommé aussi la serge. Il se rapproche d'autant plus de l'axe de rotation, que la serge est plus légère relativement au poids des rayons.

Quand la serge est garnie de lourdes vis, ou de masses présentant une forte saillie en avant, le centre de percussion peut se trouver au dehors de cette serge.

46. – Les chocs (chutes) doivent être les moindres qu'il se pourra, la théorie et l'expérience s'accordant à reconnaître qu'ils sont une cause d'usure et de perturbation et il faut se souvenir, à leur sujet, de cette loi de la physique qui nous apprend que toute action provoque une réaction d'égale intensité. Réaction qui se manifeste par des soubresauts, des effets de flexion, etc., qui, pour n'être pas perceptibles à l'œil, n'en ont pas moins une influence sur l'état et la stabilité des pièces en jeu. Ils sont une cause, non seulement de désorganisation moléculaire aux points frappés, mais encore une cause de perte de force, de diminution de travail utile. La levée d'un échappement s'accomplissant pour les quatre cinquièmes en *chute*, et pour un cinquième en *menée*, produit une moindre oscillation du balancier que si cette levée s'accomplit entièrement sans chute et par une action normale au levier, et progressivement plus rapide. On utilise, dans le dernier cas, la force perdue dans le premier par réaction élastique, pression plus forte, trépidation des pivots dans leurs trous, résistances plus grandes qu'offrent le balancier et le spiral, qui se refusent à accélérer brusquement leur mouvement, enfin cette autre partie de la force qui se transforme en chaleur par l'effet de la percussion ou vibration violente des molécules.

Volume et masse. — Densité.

47. – Le volume d'un corps est la place qu'il occupe dans l'espace, sa masse est la quantité de matière qu'il renferme, ou, ce qui est la même chose, le nombre des molécules pesantes qui le composent.

Un morceau de caoutchouc très dilaté offre un certain volume et une certaine masse ; s'il est fortement comprimé, son volume diminue beaucoup, il occupe moins de place, mais sa masse est restée la même, puisqu'il possède toujours le même nombre de molécules pesantes.

La densité d'un corps est le poids qu'il présente, sous un volume déterminé. Un centimètre cube d'eau distillée pèse 1 gramme : un centimètre cube de plomb fondu pèse 11 grammes et une fraction de gramme. La densité du plomb est donc onze fois plus grande que celle de l'eau.

L'unité de poids adoptée pour mesurer la densité des différents corps est le centimètre cube d'eau distillée, prise à son maximum de densité ou à 4° au-dessus de zéro. Il a donné le gramme, base de notre système de mesures de poids.

Gravités — Différence de la masse et du poids.

48. - La *gravité*, autrement appelée *pesanteur* ou *attraction terrestre*, est cette impulsion qui fait tomber tous les corps dans la direction du centre de la terre. L'effort qu'il faut faire pour empêcher le corps de tomber est égal à son poids. Le *centre de gravité* d'un corps est le point de sa masse sur lequel le corps étant soutenu demeurerait en équilibre : il agirait sur ce point avec toute sa puissance de pression.

Le centre de gravité et le centre de percussion tantôt se confondent et tantôt sont éloignés l'un de l'autre.

Dans un corps tombant librement, ils se confondent ; dans un corps tournant sur un axe, tel qu'un balancier de montre, par exemple, la puissance de percussion réside dans l'anneau, tandis que le centre de gravité demeure au centre de figure. Nous aurons à revenir sur ce sujet, principalement quand nous nous occuperons du pendule et du balancier annulaire.

49. — Pris dans leur vulgaire acception, les deux mots masse et poids comportent assez souvent un certain caractère synonymique ; il est donc fort essentiel de bien indiquer la signification que la science attache à l'un et à l'autre de ces mots.

La *masse*, ainsi qu'on l'a déjà dit, est la quantité de matière ou plutôt de molécules qui constituent la partie matérielle d'un corps.

Or, l'attraction étant la puissance qui sollicite également chacune de ces molécules à tomber vers la direction du centre de la terre, on voit que le *poids* n'est autre chose que la résultante de toutes les actions que la pesanteur exerce sur chaque élément moléculaire. Le poids est nécessairement proportionnel au nombre des molécules ; on peut ainsi, quand on considère deux corps dans un même lieu, adopter comme termes de comparaison les masses ou les poids indifféremment.

Nous disons dans le même lieu, car chacun sait que la puissance de l'attraction diminue par un plus grand éloignement du centre de la terre, et qu'un corps pesé au niveau de la mer, au moyen du peson à ressort, fait moins fléchir le ressort de cet instrument, quand un second pesage est opéré au sommet d'une haute montagne.

Cet exemple fait comme toucher du doigt la distinction qui doit être faite entre la masse et le poids ; car on y voit que la masse n'a pas changé, ce qui devait être, puisque le nombre des molécules est resté le même, tandis que le poids est moindre, ce qui devait être également, puisque la force d'attraction diminue à mesure qu'on s'élève au-dessus du niveau des mers.

50. — On connaîtra la masse d'un corps quand on saura la valeur de l'action de la pesanteur ; or, tous les corps tombant dans le vide avec la même vitesse, si cette vitesse est connue, on aura la mesure de cette action.

Le poids étant déterminé en kg, on trouve sa masse en divisant ce poids connu par 9,81, vitesse en mètres qu'un corps tombant dans le vide acquiert dans une seconde de temps.

51. — Il faut bien se souvenir, pour éviter toute méprise, que suivant le cas, et pour la facilité des calculs, on peut prendre indifféremment ou les masses ou les poids, puisqu'ils sont toujours proportionnels.

Il peut arriver aussi qu'on prenne quelquefois la masse ou le poids d'un corps comme expression de sa puissance, expression qui, alors, n'a qu'une valeur de comparaison, un sens relatif.

Elle ne fait connaître la valeur absolue que dans le cas où cette puissance pourrait, au moment où on la considère, être exactement équilibrée par cette masse ou par ce poids.

C'est ce qu'il faut entendre à propos des chiffres posés dans les articles **25**, **26** et **28**. Ces chiffres n'offrent pas l'exactitude mathématique que comporte la matière, parce que pour l'obtenir il fallait s'élever à des considérations trop ardues pour la généralité des jeunes horlogers, et que le but essentiel que nous avons en vue est, avant tout, de développer dans leur esprit le sentiment des forces mécaniques.

Force centrifuge.

52. — On appelle force centrifuge la puissance qui tend à éloigner du centre et à désunir les parties d'un corps tournant autour d'un axe.

Si le lien ou la force quelconque qui retient le corps à l'axe se brise, ou soit impuissante, ce corps s'échappe dans la direction d'une tangente au cercle qu'il décrivait (**72**). C'est le cas de la pierre mue par la fronde, de la goutte d'huile déposée sur les dents d'une roue d'échappement, et dont on laisse le rouage défiler.

L'étude des effets de la force S centrifuge occupera une part importante du chapitre qui traitera des balanciers.

Du levier.

53. — Dans l'acception commune du mot, un levier est une verge inflexible qui sert à soulever, à transporter une masse quelconque, ou à en changer la direction.

Soit R (fig. 2) la masse que l'on veut soulever : si l'on introduit sous cette masse l'extrémité de la barre RP, ayant un point d'appui solide en A, on sait par expérience que, quelque pesante que soit la masse R, on la soulèvera avec facilité, soit par la suspension d'un poids en P, soit par une pression de la main exercée sur ce même point, si l'on a donné à AP une longueur beaucoup plus considérable que celle de AR.

54. — Cet exemple conduit à remarquer que dans tout levier il y a trois points à considérer :

- le point d'appui A ;

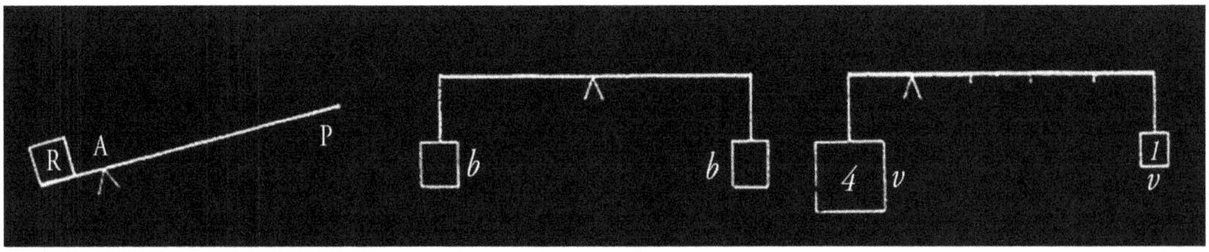

Fig. – 2.

- le point de résistance R, où est placé le fardeau à soulever ;
- le point de puissance P, où s'applique la force destinée à vaincre la résistance.

On décompose encore le levier en deux parties, AP, AR, que l'on nomme *bras de levier*, et qu'on distingue par leur fonction en désignant l'un sous le nom de bras de levier ou simplement de levier de la puissance (AP), et l'autre sous celui de bras de levier de la résistance, ou simplement de levier de résistance (AR).

55. – Si les deux bras de levier sont égaux, il faut y suspendre des poids égaux *bb* (fig. 2), pour produire l'équilibre, la puissance étant alors égale à la résistance.

L'exemple le plus commun de ce cas se trouve dans la balance ordinaire, où des poids égaux se font mutuellement équilibre. Si les bras du levier, d'inégale grandeur sont, par exemple, l'un quatre fois la longueur de l'autre (*vv*), un poids d'un kg suspendu à l'extrémité du plus long suffira pour soulever et mettre en équilibre un poids de quatre kg suspendu à l'extrémité de l'autre bras. La puissance et la résistance sont égales, parce que chacune d'elles est un produit du poids par son bras de levier.

L'exemple de ce cas se trouve dans la balance romaine, et il n'est personne qui n'ait eu l'occasion de voir peser avec cette balance de très volumineux objets. Un sac de plusieurs quintaux, par exemple, étant suspendu à l'extrémité du levier de résistance, qui est très court, se trouve équilibré avec un simple poids d'un kg suspendu en un point cherché du levier de puissance. Le nombre de kg représentant le poids du sac est précisément le chiffre qui indique combien de fois la longueur du bras de résistance est contenue dans la longueur du bras de puissance, mesurés à partir des points d'application de la force et de la résistance.

56. – Ces exemples suffiront pour expliquer ce principe de mécanique, que *dans tout levier, quelle que soit la position du point d'appui, la puissance est à la résistance en raison inverse des bras de levier* ou, en d'autres termes, si l'un des bras n'est que la moitié, le quart, etc., de l'autre bras, il faut, pour obtenir l'équilibre, que le poids suspendu au bout du bras le plus long soit la moitié, le quart, etc., du poids suspendu au bout du petit bras.

57. – On remarquera que dans les calculs des leviers on doit tenir compte des pesanteurs inégales des bras de levier, et que la position occupée par chacun des trois points : *d'appui*, de *résistance* et de *puissance* peut varier ; que cette différence de position constitue même trois genres de leviers. Mais la première remarque étant sans application aux roues d'échappement, censées en équilibre sur leur axe, la seconde ne changeant rien au principe énoncé plus haut, ce que nous avons dit suffit pour le moment, et nous renvoyons pour le complément de cet article au mot *Levier de l'Introduction* à l'étude des engrenages.

Application.

58. – Une roue d'échappement est un levier en équilibre sur son point d'appui. L'*aile* du pignon rivé sur la roue est le bras qui reçoit la pression du moteur, et le *rayon* de cette roue est le bras qui transmet l'action de ce moteur à l'échappement, par l'intermédiaire d'un levier d'impulsion nommé communément *palette* ou *doigt de levée*.

Relativement au balancier, le rayon de la roue est un levier de puissance, et le doigt, sur lequel opère la roue, est un levier de résistance. La puissance de la roue est équilibrée par la résistance que présente le balancier uni au spiral, quand cette puissance est à cette résistance, comme le rayon de la roue *ba* (fig. 3) est au bras de levée *ac*.

Si on raccourcissait de moitié le levier *ba*, pour qu'il y ait équilibre entre les forces et que les organes demeurassent en repos, il faudrait opposer à la roue une résistance double, et réciproquement, si l'on admettait l'hypothèse inverse.

59. – S'appuyant sur ce principe, qui est rigoureux, mais dont ils donnent une fausse interprétation, quelques horlogers sont journellement induits à croire qu'il suffirait de diminuer, par exemple, de moitié le rayon de la roue pour produire, puisque la force serait ainsi doublée, une bien plus grande oscillation du balancier.

Ils s'étonnent quand la pratique donne un démenti à leur théorie mal digérée et qui oublie, entre autres choses, que lorsqu'un corps passe de l'état statique ou de repos à l'état dynamique ou de mouvement, un élément nouveau, la vitesse, entre en ligne de compte, et que cette vitesse, pour un temps très court, comme celui durant lequel s'accomplit une levée d'échappement, peut offrir des différences sensibles, surtout dans la promptitude relative du départ.

60. – Un échappement de montre étant donné, l'effet mécanique de sa roue, qu'on réduise ou qu'on agrandisse le diamètre, reste théoriquement le même.

Soit *dn* (fig. 3) le rayon de la roue, *dh* l'arc décrit par *d* pendant la durée d'une impulsion donnée au balancier.

Réduisons de moitié le diamètre de la roue, son rayon devient *jn*. L'arc décrit, *js*, n'est que la moitié de *dh*. Dans le premier cas, la force était 1, l'espace parcouru 2 ; dans le deuxième, la force est 2, et l'espace 1.

Or, l'expression d'un travail mécanique étant le produit de la force par la vitesse, le résultat est le même théoriquement dans les deux cas que nous avons considérés.

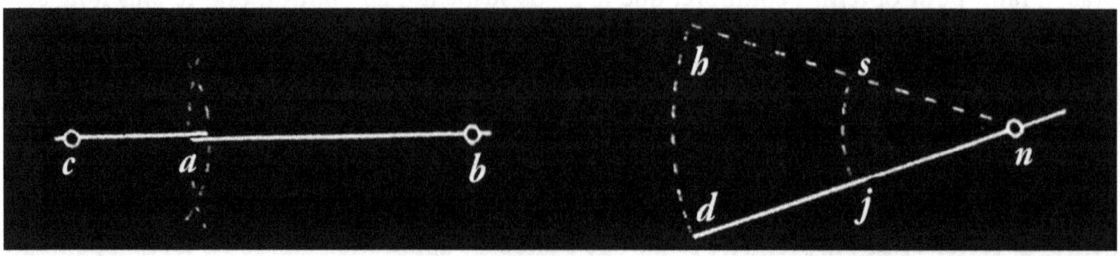

Fig. – 3.

Mais que signifie ici l'expression : effet mécanique ? Simplement que le *travail* accompli par la roue a été le même dans les deux cas, ce qui n'implique pas du tout la conséquence que le *produit* de ce travail a profité dans l'un et l'autre cas, intégralement, à l'oscillation, et que son étendue est restée la même.

61. — Aussi avons-nous dit théoriquement, car la force de la roue ne peut passer entière dans le balancier qu'à la condition de se servir d'organes qui ne soient soumis ni aux lois des frottements, ni à celle de l'inertie, ce qui ne peut être. Tout changement dans les dispositions, grandeurs, formes, etc., fait presque toujours varier l'intensité de ces deux résistances.

62. — Il faut donc calculer d'abord l'effet mécanique, le corriger ensuite des résistances dues au frottement et à l'inertie avant de tirer aucune conclusion ; autrement toutes les déductions, plus ou moins vraies en théorie pure, seront contredites par la pratique.

Du plan incliné.

63. — La puissance qui fait glisser un corps posé sur une surface horizontale doit être égale à la résistance du frottement de ce corps, puisque l'action de la pesanteur est annulée par le plan de support. Si ce corps se meut sur une surface inclinée, l'effort nécessaire pour lui faire remonter cette surface est d'autant plus considérable que l'inclinaison est plus prononcée. Il faut vaincre ici non seulement le frottement, mais encore cette partie de l'action de la pesanteur qui sollicite le corps à glisser vers le bas du plan incliné.

Si la surface de ce plan devient tout à fait verticale, que le frottement n'ait plus lieu, la puissance doit surmonter l'action entière de la pesanteur, c'est-à-dire que cette puissance doit être égale au poids du corps, pour lui faire seulement équilibre. La résistance qu'offre un corps qui glisse ou roule sur un plan incliné est donc une composante de deux principaux éléments : la pesanteur et le frottement.

Corps élevé ou soutenu sur un plan incliné.

64. — Quand la puissance est employée à faire monter une masse R le long d'un plan incliné comme en *ab* (fig. 4), c'est-à-dire quand cette puissance agit parallèlement au plan incliné : *la puissance est à la résistance comme la hauteur* (*bc*) *du plan est à sa longueur* (*ba*).

Soit un corps R du poids de 1 kg, sollicité de *a* vers *b* sur un plan incliné de huit mètres de longueur, et dont la hauteur *bc* aurait deux mètres : il faudrait une puissance P, égale à un quart de kg., ou 250 grammes, pour équilibrer la résistance du poids R. Ce poids demeurerait en repos sur le plan incliné.

Il s'ensuit naturellement que si la longueur *ba* ne varie pas mais que la hauteur *bc* soit abaissée de moitié, le poids R sera maintenu en repos sur le plan par une puissance égale à 125 grammes, et vice versa.

65. — La puissance dans un plan incliné peut agir horizontalement, c'est-à-dire dans une direction parallèle à la base du plan ; dans ce cas, *la puissance est à la résistance comme la hauteur* (gd) *du plan incliné est à sa base* (gf).

Nous choisissons comme application un cas qui se présente très fréquemment en horlogerie.

Admettons un plan incliné mobile, c'est-à-dire apte à recevoir une direction en avant ou en arrière.

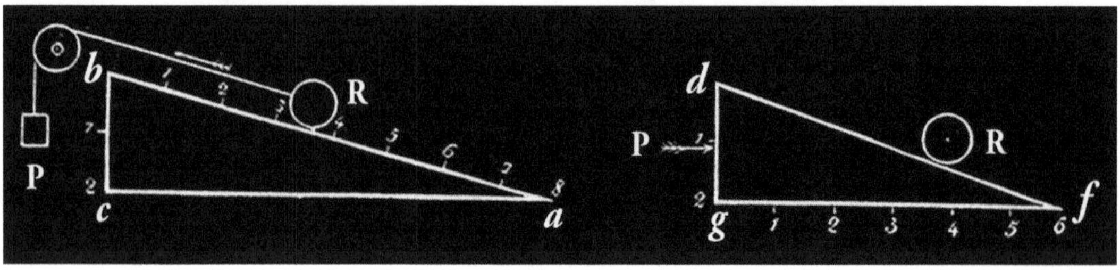

Fig. – 4.

Supposons une force P qui le sollicite à s'avancer de *g* vers *f* (fig. 4), tandis qu'un obstacle, ou résistance R, s'oppose à son mouvement :

Qu'on donne à *gf* une longueur de 6 mètres, à *gd* une hauteur de 2 mètres, à la puissance P une force qui équivaudrait directement au poids de 3 kg, il faudrait opposer à cette force une résistance de 9 kg pour que le plan demeurât immobile entre P et R, se faisant mutuellement équilibre.

Le plan incliné en mouvement.

66. — Dans les précédentes notions, on considère l'effet statique d'un plan incliné, placé sous la double action d'une puissance et d'une résistance qui se neutralisent l'une par l'autre.

L'équilibre ainsi établi entre P et R peut être rompu, dans le cas du plan incliné apte à se mouvoir et de l'obstacle susceptible de se déplacer, par un surcroît de force ajouté, soit à P, auquel cas le plan s'avance en faisant reculer R, soit à cette résistance R même, et alors le plan recule sous la pression du corps R.

Il y a changement d'état, qui de statique devient dynamique. Considérons donc l'action du plan incliné en mouvement.

À ce plan, abaissé à la moitié de sa hauteur primitive, une puissance réduite dans la même proportion suffira pour repousser le corps résistant à une distance égale à la moitié de l'espace que le premier plan lui faisait parcourir auparavant.

À ce même premier plan incliné, d'élévation double, il faudra une puissance double pour repousser le corps deux fois plus loin.

Ce qui a été gagné en force est perdu en espace parcouru dans le premier cas, et dans le deuxième, ce qui est gagné en parcours est perdu en force.

L'effet mécanique des deux plans est le même. Il semble alors qu'il est indifférent d'employer l'un ou l'autre dans un échappement. Conclusion vraie en pure théorie, c'est-à-dire abstraction faite des résistances dues au frottement et à l'inertie mais qui, pour être vraie en pratique, doit être corrigée de ces deux résistances. Le cas est identique à celui des paragraphes **60**, **61** et **62**.

Composition et décomposition de la force.

67. – Dans un rouage, la puissance du moteur se transmet intégralement du premier au dernier mobile.

La force d'une roue d'échappement, à sa circonférence, représentée par le poids qui lui ferait équilibre, passe également tout entière dans les organes de l'échappement sur lesquels elle est en action. Rien ne se perd dans la nature, mais tout se compose et se décompose perpétuellement, et la force, cette puissance dont nous voyons les effets sans en connaître la cause, est soumise à cette loi comme tout ce qui existe. L'action d'un moteur, en se transmettant de proche en proche, se décompose en deux parts : l'une surmonte les résistances qui entravent l'effet de ce moteur, et l'autre est cette partie de la force restée libre, et qui est destinée à produire l'effet utile ou effet cherché.

Moindre sera la décomposition de la force et plus l'effet utile sera considérable.

68. – Les résistances qu'une roue d'échappement doit surmonter dans l'acte de la levée ont deux sources principales : les frottements qui, ainsi qu'on l'a vu, croissent ou décroissent proportionnellement aux pressions, et l'inertie proportionnelle aux masses.

Pour rendre tout ceci palpable par un exemple, représentons la puissance dont une roue d'échappement est animée à sa circonférence par un poids de 8 grammes ; admettons que les frottements et la résistance inertique du balancier exigent un poids de 5 grammes pour être vaincus : la puissance de la roue est décomposée, et l'effet utile, ou l'action réelle sur le balancier, accusée par l'étendue de l'oscillation, est l'équivalent d'un poids de 3 grammes.

Supposons maintenant, rien n'étant changé au rouage de la montre, que par une combinaison différente des organes du balancier, ou de meilleures formes, ou une exécution plus parfaite, les résistances des frottements et de l'inertie, pendant la levée, soient surmontées par 4 grammes, l'action utile de la roue sur le balancier sera augmentée d'un quart et l'oscillation s'étendra en conséquence.

Parallélogramme des forces.

69. – La puissance utilisable de deux forces en opposition directe est égale à leur différence.

Lorsqu'un corps est mis en mouvement par deux forces, dont les directions convergent au même point, voici la construction linéaire qui fait connaître l'intensité réelle et la direction de la force qui pousse ce corps.

Ce tracé est la solution graphique du problème de la *Composition des forces*. Il faudrait, pour en expliquer le principe, avoir recours à des considérations d'un ordre trop élevé pour des éléments, mais l'énoncé de ce principe, complété par une application, peut suffire ici.

Les deux forces que nous allons voir en action agissent durant le même temps (1[a]).

Soit une force de 10 kg agissant sur *a*, dans la direction de *b* vers *a* (fig. 5) ; soit une autre force de 6 kg en action sur *a*, mais dirigée de *c* vers *a*. Mesurons sur *ab*, à partir de *a*, dix parties égales ou dix unités de mesure ; puis sur *ac*, à compter de *a*, marquons six de ces unités. Du point *b* menons *bd* parallèle à *ac* ; du point *c* menons *cd* parallèle à *ab* ; nous aurons construit le parallélogramme *abdc*. La ligne *ab* représente la direction d'une puissance de 10 kg, et *ac* la direction d'une puissance de 6 kg.

Quant à la diagonale *ad* du parallélogramme, elle indique par sa direction le sens dans lequel le corps est poussé, et par sa longueur, rapportée à l'unité de mesure, elle fait connaître :

- en nombre de kg la puissance de l'effet utile exercé sur *a* ;
- la longueur de l'espace que le corps aura parcouru dans le même temps qu'il eût mis à décrire isolément les espaces *ab, ac*, sous l'impulsion de chaque force séparée.

Au lieu de la valeur en poids des forces composantes, si on avait les vitesses qu'elles donnent à *a*, le problème se résoudrait de même. Admettons maintenant que le corps *a*, par l'effet d'une impulsion première, s'avance dans la direction *ay*, et qu'il rencontre un obstacle offrant dans les directions *ax*, et *az* deux points résistants de parallélogramme *axyz*, fera connaître la part de pression que reçoit chacun des points résistants, la ligne *ay* ayant fourni au préalable la direction et l'intensité de la puissance *a*.

Application.

70. – Un corps, mis en mouvement par l'extrémité d'un levier tournant sur un axe, reçoit de ce levier une impulsion, ou une pression, dans une direction perpendiculaire à ce levier.

Soit *fg* (fig. 5) un levier, ou rayon de roue d'échappement, en contact avec un cylindre doué d'un mouvement rotatif sur son centre. Représentons la puissance de ce levier et la direction perpendiculaire de sa puissance par *hg*. Dans ces conditions, les pivots du cylindre reçoivent la simple pression de la dent de la roue, et les pivots de cette roue ne reçoivent aucune pression.

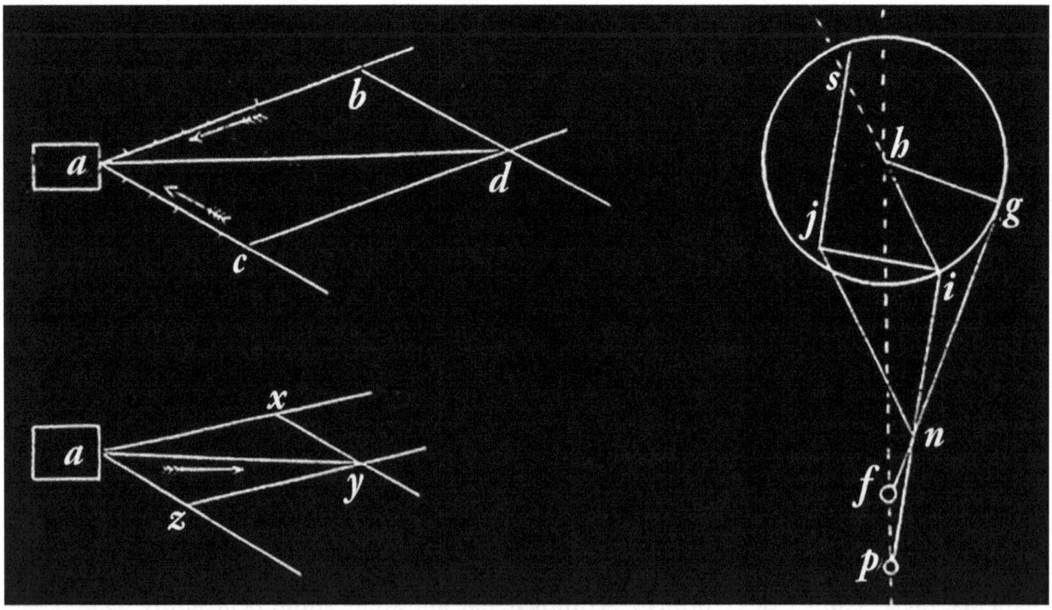

Fig. – 5.

Changeons le point de contact, et reportons-le en *i*. Les frottements augmenteront sur le cylindre, et les pivots de la roue supporteront une pression. Quelle est, dans ces conditions, la valeur du frottement ?

La puissance du levier, ainsi que la direction perpendiculaire de cette puissance, n'a pas changé. Représentons-les par la ligne *ij*, égale à *hg*. Menons du point *j* la ligne *jn*, parallèle à *hi*, et du même point *j* l'autre ligne *js*, parallèle à *in*, nous aurons le parallélogramme *nisj*, dont le côté *is*, comparé à *ji* ou *hg*, nous donne la mesure de l'augmentation du frottement sur le cylindre. Le côté *in* indique la valeur de la pression exercée sur les pivots de la roue.

La simple comparaison des deux lignes *hg* et *is* suffit à démontrer que le frottement sur le cylindre croît avec rapidité à mesure que le point de contact se rapproche de la ligne *hp*, et que la puissance étant de plus en plus décomposée, une moindre partie reste disponible pour l'effet utile.

71. — Le lecteur intelligent comprendra, sans qu'il soit nécessaire d'entrer dans de nouveaux détails, qu'une construction graphique analogue à celle indiquée ci-dessus lui fera connaître d'un coup d'œil la valeur de la force communiquée par un levier agissant contre un autre levier, tels, par exemple, que l'action d'une dent d'échappement contre un doigt d'impulsion. Mais ici le point où l'action est normale au bras d'impulsion, est placé sur la ligne qui passe par les centres de mouvement des deux leviers, c'est-à-dire sur la ligne *hp*.

L'article suivant va rendre cette explication plus claire encore ; il pourra, selon quelques lecteurs, faire double emploi, mais nous tenons avant tout à être compris des praticiens.

Des échappements tangents.

72. — En géométrie on appelle ligne tangente à un cercle une ligne droite *ab* (fig. 6) perpendiculaire à l'extrémité du rayon *ac*, et qui, par conséquent, ne peut toucher le cercle qu'en ce seul point *a*, qu'elle soit ou non prolongée.

Nous croyons utile de commencer par cette définition, parce que quelques auteurs praticiens, non géomètres, confondent et mêlent fréquemment ensemble la tangente et la sécante, autre ligne qui, étant prolongée, coupe le cercle et le touche par conséquent en deux points (*pd*).

De l'impulsion à la tangente.

73. — La théorie nous apprend que la condition la plus avantageuse pour donner une impulsion à un corps tournant sur un axe est d'appliquer la force perpendiculairement sur l'extrémité d'un bras de levier qui passe par le centre de rotation, c'est-à-dire suivant une tangente au cercle qui a ce levier pour rayon.

La force impulsive, quand on a satisfait à cette condition, n'étant pas décomposée, passe intégralement dans le corps et l'impulsion qu'il reçoit est la plus grande que puisse lui communiquer le moteur.

Les lecteurs dépourvus de connaissances théoriques peuvent parfaitement se rendre compte de l'exactitude de ce fait en tournant la manivelle d'une roue, ou meule, par exemple ; ils s'apercevront bien vite qu'ils exerceront une grande puissance avec le moindre effort, soit en poussant, soit en tirant, aux deux points où ils agiront à angle droit avec le bras *b' c'* (fig. 6), bras qui n'est autre chose qu'un rayon du cercle que le manche de la manivelle décrit en tournant. Par conséquent, vers ces deux points, la puissance s'applique dans la direction d'une tangente à ce cercle.

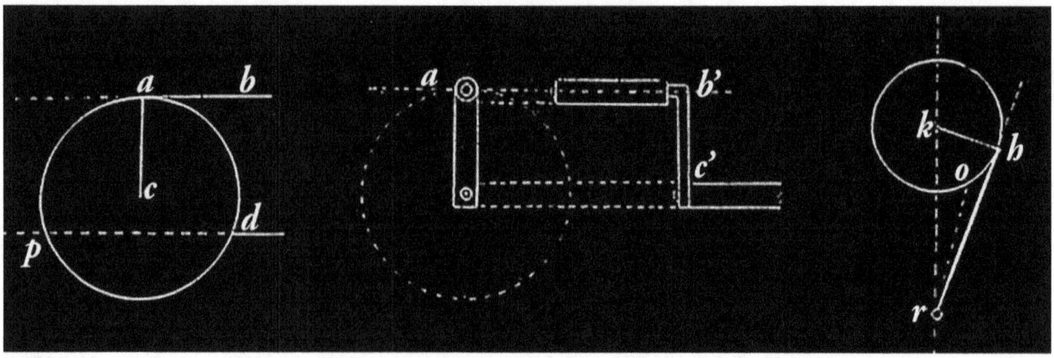

Fig. – 6.

Du repos à la tangente.

74. – Lorsqu'un bras de levier quelconque, comme *hr* (fig. 6), vient s'appuyer contre un corps circulaire ayant sur un centre *k*, un mouvement de rotation alternatif de droite à gauche, et vice versa, le point où la pression s'exerce avec le frottement le moins considérable est, comme on l'a vu, le point *h*, celui où la ligne droite tirée du centre de mouvement du levier est tangente au corps circulaire.

En effet, soit que le corps cylindrique tourne à droite ou à gauche, le levier est simplement maintenu sans être repoussé sur son axe, les frottements de l'aller et du retour ne diffèrent pas sensiblement et appartiennent à la classe des frottements sortants.

La résistance que le levier oppose au mouvement du cylindre se compose simplement de la force de pression de ce levier.

Si nous plaçons le point de repos au-dessous de la tangente, en *o*, l'état des choses change (**70**). De cette nouvelle disposition naît une plus forte adhérence des pivots du balancier et de la roue, violemment repoussés sur les parois de leurs trous.

Nécessairement tous les frottements sont augmentés, puisqu'ils sont proportionnels aux pressions. Une notable partie de la force destinée à mener le balancier de l'échappement est absorbée par cette augmentation des résistances, et conséquemment perdue pour le mouvement de ce balancier, qui voit diminuer l'amplitude de ses oscillations.

75. – En résumé, plus on éloignera de la tangente les points de levée et de repos d'un échappement, moins ses mobiles auront de facilité à se mouvoir, et plus la destruction des surfaces en contact sera rapide. Résultats inévitables des frottements plus rudes, de la diminution de l'effet utile et de la nécessité qui s'ensuit d'employer une force motrice plus considérable que celle qui eût suffi, si son point d'application fût resté sur la tangente ou au plus près.

Danger des solutions purement géométriques.

76. – Il reste à indiquer, pour chaque échappement en particulier, quelles sont les positions que devraient occuper les organes pour satisfaire à la condition de tangence. C'est ce qui sera fait dans le cours du volume. Nous ferons également connaître les cas où cette condition est subordonnée à d'autres qui la priment car la recommandation de quelques auteurs et artistes de placer toujours un échappement sur la tangente ne doit pas être prise à la lettre, et doit prudemment être énoncée au conditionnel.

Que l'échappement soit sur la tangente, si c'est possible, évidemment c'est bien, mais cela n'implique pas nécessairement une supériorité de réglage. Ainsi, et entre autres exemples, voyons-nous l'échappement Duplex, malgré les mauvaises conditions de son repos, régler beaucoup mieux que l'échappement à cylindre, parce qu'au Duplex, le poids du balancier, la vitesse et l'amplitude des arcs décrits, etc., compensent les désavantages de son repos non tangentiel. En général, tout ce que l'on peut dire, si l'on veut être exact, c'est que *plus les contacts d'un échappement seront placés près des points de tangence, moins il y aura de force perdue par frottement*, etc.

77. – L'horloger qui adopterait une combinaison d'échappement de préférence à une autre, par le seul motif que la première offre sur la seconde des avantages géométriques, donnerait une preuve d'ignorance de l'état actuel de la science, et se préparerait plus d'un déboire. Un échappement, on ne doit pas l'oublier, est un problème à plusieurs inconnues, il faut les dégager toutes pour obtenir une solution juste. En mécanique, comme en toutes choses, une moitié de vérité qui n'indique pas la valeur de son complément est une grosse erreur.

Complications mécaniques.

78. – La complication des effets, la multiplication des organes est à peu près toujours un défaut, puisqu'elle augmente les causes d'anomalies en multipliant les résistances, les chutes, les contacts ou adhérences, les frottements, etc. Si l'on remarque, en outre, que les points de contact sont sujets à s'altérer, à se déformer plus tôt les uns que les autres, que l'état moléculaire des surfaces frottantes varie suivant les pressions subies, la chaleur, etc., que le degré de fluidité des huiles change continuellement, que les corps qui ont de l'épaisseur sont impressionnés moins promptement par les changements de température que ceux qui sont minces, etc., on reconnaît qu'on ne fait, en compliquant les machines destinées à la mesure du temps, que créer une source de variations continuelles, dont il sera difficile, pour ne pas dire impossible, d'apprécier les intensités relatives et, par conséquent, de trouver les compensations. En résumé, la simplicité élégante et sûre sera toujours, en fait d'échappement et dans la mécanique en général, la vraie mesure du génie et le comble de la perfection.

Considérations théoriques et pratiques sur

LE MODÉRATEUR ET LE RÉGULATEUR. — LA FIXATION DE L'HUILE AUX CONTACTS. — LA MENÉE. — LA LEVÉE ; L'ARC DE LEVÉE, L'ARC SUPPLÉMENTAIRE.— LA LONGUEUR DU BRAS D'IMPULSION ET DU RAYON DE REPOS.— LA NATURE DES FROTTEMENTS, LES FROTTEMENTS UTILES, RENTRANT ET SORTANT.

Du Modérateur et du Régulateur.

79. – Dans les horloges où l'échappement est pourvu d'un pendule chargé d'une lourde lentille sur laquelle la pesanteur terrestre agit avec une puissance constamment égale, en vertu des lois de la gravitation, ce pendule est à la fois modérateur et régulateur, et l'on voit tout de suite que la suspension doit être disposée en vue de lui procurer la plus grande facilité à se mouvoir et à persévérer dans le mouvement, et que le rouage ne doit avoir à lui restituer, à chaque oscillation, que la faible quantité de force perdue, afin de troubler le moins possible cette action de la pesanteur, c'est-à-dire de la puissance la plus constante que la nature mette à notre disposition.

80. – Il n'en est plus de même à l'égard du balancier annulaire des montres. La pesanteur n'agit plus sur ce balancier dans un sens favorable à l'entretien et à la régularité du mouvement, et il a fallu, en conséquence, chercher ailleurs une force régulatrice, que l'on a trouvée dans l'élasticité du spiral.

D'où il résulte que le balancier annulaire est plutôt un modérateur et le spiral un régulateur, quoique tous deux, et à des degrés différents, participent de ces deux qualités.

Nous renvoyons à des articles spéciaux, qui auront pour titre : *Le Balancier annulaire, Le Spiral*, tout ce qui concerne la puissance réglante, le diamètre et le poids des balanciers, ainsi que tous les développements théoriques et pratiques que comporte le spiral. Chacun de ces sujets demande à lui seul une étude approfondie.

Il en est de même du *Pendule*.

Fixation de l'huile aux contacts.

81. – L'huile est nécessaire aux échappements et, si ce n'est à toutes les surfaces en contact, au moins au plus grand nombre. La disposition de l'ensemble et la forme donnée aux points frottants doivent être telles que l'huile puisse être logée en quantité suffisante, ne pas être emportée des endroits où sa présence est indispensable, ni attirée par les corps voisins.

Une étude un peu attentive des principales lois de l'hydrostatique va nous enseigner comment ces avantages peuvent être obtenus dans la pratique.

Mouvement et équilibre d'un liquide.—Attraction.—Capillarité.

82. – Un liquide est soumis à l'action de trois forces :

1°. La pesanteur ou attraction terrestre ;
2°. L'adhérence ou attraction qu'exercent l'un sur l'autre le liquide et la matière du vase qui le contient ;
3°. La cohésion qui unit les molécules de ce liquide, autrement dit la force attractive qu'elles exercent les unes sur les autres et qui les empêche de se diviser.

Une petite goutte d'huile posée sur une plaque que l'on renverse ne tombe pas, parce que l'adhérence de la goutte à la plaque, et la force de cohésion qui rattache l'une à l'autre les molécules ont plus d'énergie que l'attraction terrestre.

Si pour une même surface d'adhérence la goutte a une plus grande élévation, elle s'allonge par le renversement de la plaque, puis se brise en deux parts : l'une, qui n'est qu'une couche mince, reste adhérente à cette plaque, tandis que l'autre part tombe sur le sol. Cette chute a lieu parce qu'ici l'action de la pesanteur a vaincu la force de cohésion.

Une gouttelette liquide prise avec une pointe d'aiguille monte immédiatement vers la partie renflée ; si cette pointe est façonnée en bourrelet ou en croissant, la gouttelette y demeure. On en a saisi la cause.

83. — Les liquides tels que l'eau, l'alcool, l'huile, etc., versés dans un vase très propre n'y prennent pas un niveau parfait. La surface n'est pas entièrement plane, elle se relève vers le bord comme on le voit en *a* (fig. 7). Un tube étant plongé dans le vase, le liquide se relève extérieurement sur le contour du tube, et dans l'intérieur il monte au-dessus de son niveau général, ainsi que le montre la figure 7 en *b*.

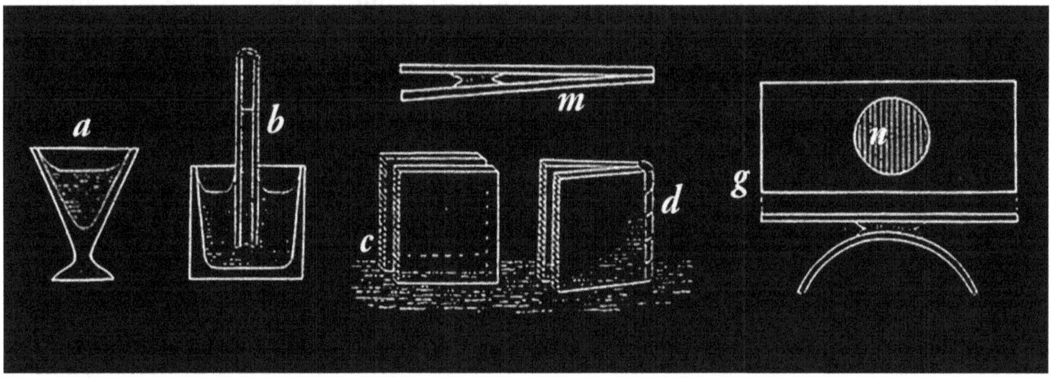

Fig. – 7.

À une même cause ces effets sont dus : cette cause réside dans l'attraction mutuelle du liquide et de la matière qui le touche. C'est cette force d'attraction qui soulève le liquide contre les parois solides. Elle a d'autant plus d'énergie et, par suite, le soulèvement est d'autant plus considérable, que ces parois sont plus rapprochées l'une de l'autre. Ainsi plus la cavité d'un tube a de finesse et plus la colonne liquide monte à une grande hauteur.

On donne, à ce phénomène physique le nom de capillarité, d'un mot latin qui signifie délié comme un cheveu.

84. — C'est la capillarité qui produit l'ascension de l'eau au sommet d'un morceau de sucre mouillé par sa base, de l'huile ou de l'alcool à l'extrémité supérieure d'une mèche de lampe ; elle est également la cause de l'extension d'une goutte d'huile sur une étoffe, etc. Les pores du sucre, les fils de la mèche ou de l'étoffe font ici l'office de tubes capillaires.

L'eau monte environ de 30 millimètres au-dessus de son niveau dans un tube parfaitement propre et d'un millimètre d'ouverture, et elle s'élève beaucoup plus haut à mesure que le diamètre intérieur diminue.

85. – L'élévation capillaire du liquide se produit également entre deux corps, deux plaques très rapprochées. Si les plans sont parallèles entre eux et perpendiculaires au liquide, ce dernier monte à une égale hauteur entre les plaques comme en *c* (fig. 7). Si ces plaques forment un angle, étant réunies par une charnière, cas figuré en *d*, l'eau s'élève à une hauteur de plus en plus grande à mesure que la distance entre les deux plans diminue, jusqu'à l'angle d'intersection où elle atteint son maximum d'élévation.

Une goutte liquide introduite entre deux surfaces disposées comme en *m*, finit par gagner l'angle de jonction quand elle n'en est pas trop éloignée. En donnant une certaine inclinaison à ces surfaces, le liquide reste stationnaire, parce qu'alors il est sollicité en sens contraire, et également, par l'attraction de l'angle et par la pesanteur terrestre.

Quand l'angle formé par les deux surfaces est un peu ouvert, son attraction capillaire ne s'exerce qu'à une très faible distance du sommet de l'angle.

86. – Une goutte d'huile adhérente à deux surfaces, toutes deux convexes, ou bien l'une plane, l'autre convexe, et telles que les choses sont indiquées en *g*, gagne le point du plus grand rapprochement des deux corps, s'arrondit autour de ce point *n*, et y demeure d'autant plus facilement que l'intervalle entre les deux corps est plus étroit.

87. – De l'huile déposée sur une surface dure et bien polie s'élargit peu et n'adhère pas très fortement. Mais si cette surface est adoucie en brisant les traits, l'huile y tient mieux. Sur un métal fraîchement limé, c'est-à-dire rayé par les dents de la lime, le liquide s'étend avec facilité, parce que chaque sillon n'est en réalité qu'une section longitudinale de tube capillaire. Ajoutons que pour une même étendue en longueur et en largeur, plus une surface est couverte de sillons ou de rugosités, plus elle offre à l'huile de nombreux points de contact. Nous apprenons dans ce qui précède pourquoi les *creusures* ou *gourges* faites au tour universel dans un voisinage immédiat des trous de pivots, se remplissent aux dépens de ces pivots d'une certaine quantité d'huile, qui demeure et se dessèche dans une creusure mal placée, et sans profit pour la montre.

88. – Le mouvement centrifuge, ou autre, peut vaincre la force de cohésion. La chaleur la diminue.

Cette remarque explique l'observation pratique qu'une même huile a pu se maintenir aux contacts d'une montre, tandis qu'à une autre montre soumise à une température plus élevée et à des agitations, elle s'est extravasée ou a coulé le long des axes.

89. – Pour que l'attraction capillaire se produise, une condition essentielle doit être remplie : il faut que le liquide *mouille* le corps qui le touche. Dans le cas contraire il y a *répulsion* et le liquide, au lieu de se soulever contre la paroi du vase qui le contient, se déprime sur tout le contour, et dans un fin tube il reste au-dessous du niveau de la masse liquide. C'est ce qui a lieu notamment entre le mercure et le verre. Une goutte de mercure jetée sur une glace ne la mouille pas, mais se forme en petits globules, doués d'une grande mobilité par la moindre inclinaison donnée à la glace.

90. — L'action capillaire n'est sensible qu'à des distances extrêmement faibles, et elle s'exerce non seulement entre les solides et les liquides, mais aussi entre les solides entre eux. Plus le rapprochement des surfaces est intime et plus l'effet est puissant.

Nous trouvons là l'explication des adhérences à nu de superficies parfaitement sèches et propres, rapportées au paragraphe **35**.

La résistance à la séparation que présentent deux surfaces huilées superposées est d'autant plus énergique que ces surfaces s'appliquent plus exactement l'une sur l'autre.

Application.

91. — Les lois de la physique, dont nous venons d'étudier quelques effets, établiront très clairement que la présence de l'huile aux points frottants est assurée :

POUR LES PIVOTS : — Quand on a la précaution de laisser les réservoirs assez profonds, les tigerons des axes assez longs et dans la forme dite en tête, les faces intérieures des trous où repose la portée de l'axe et les faces extérieures quand ces trous sont pourvus de contre-pivot, arrondies en goutte de suif, avec un jour imperceptible entre le dessous du trou et le contre-pivot. Par ces dispositions, l'huile, si elle n'est pas mise en trop grande quantité, ne coulera pas, ne montera pas à l'axe, mais restera partie dans le réservoir et partie suspendue autour de la portée de l'axe, et quant aux trous à contre-pivot, à mesure que l'huile du pivot diminuera, celle répandue sur ce contre-pivot rentrera dans le trou par un effet de capillarité.

La plupart des creusures circulaires que les ouvriers pratiquent autour des trous sont faites sans aucune intelligence du sujet et sont nuisibles, parce qu'elles attirent et gardent l'huile. Il faut ou n'en pas faire ou les disposer de façon à maintenir le liquide à proximité de l'axe qui alors le pompe, pour ainsi dire, au fur et à mesure de ses besoins. Une judicieuse application des lois de l'hydrostatique et l'observation en apprendront plus à l'horloger que les quelques exemples que l'on pourrait rapporter ici.

POUR LES DENTS DES ROUES D'ÉCHAPPEMENT : — En tenant ces dents larges ou épaisses de la tête seulement, afin qu'elles offrent une masse ou surface assez considérable pour paralyser l'attraction que le champ de la roue exerce sur l'huile, ou bien en faisant ces dents longues et effilées. Elles n'enlèveront pas alors l'huile des repos.

EN RÈGLE GÉNÉRALE, les surfaces d'une certaine étendue, et qui ne sont pas contiguës à des masses d'un volume relativement beaucoup trop fort, gardent bien une couche d'huile. Les points de contact formés *en tête*, c'est-à-dire en massifs isolés, ou développés en éventail, les réservoirs profonds, les creusures, mais disposées avec intelligence, autrement elles vont contre le but, enfin les jours, les jeux, les angles, que forment entre eux les organes mobiles ou immobiles, disposés de façon à donner naissance à des actions capillaires, sont des moyens ou précautions efficaces non seulement pour conserver l'huile aux places frottantes, mais pour qu'elle y revienne quand elle en a été repoussée par le jeu des pièces.

92. – Rendons tout ceci sensible par un exemple.

Le principe géométrique de l'échappement à virgule le fait regarder comme supérieur à celui à cylindre, qui cependant va mieux et surtout plus longtemps, parce qu'il a sur le premier cet immense avantage que l'huile reste aux places frottantes.

Nous comprendrons cela sans peine si nous remarquons : que le cylindre présente une grande surface où une couche d'huile demeure facilement, que les dents de sa roue s'offrent en masses élevées et séparées du champ par des supports minces, qu'ainsi l'huile, à moins d'une maladresse de l'ouvrier, ne descend pas sur le champ de la roue, et qu'enfin par la disposition générale et le jeu de l'échappement il se produit une restitution continuelle et réciproque du liquide de la roue au cylindre.

Dans l'échappement à virgule, au contraire, l'huile, que l'on ne peut mettre qu'en petite quantité, abandonne facilement le repos et est entraînée le long du bras de levée pour passer partie sur le derrière ou les côtés de ce bras, et partie aux dents de la roue. Ces dents, étant des chevilles implantées dans un champ ou sur des supports présentant une masse attractive considérable doivent recevoir infiniment peu d'huile et par conséquent éprouver un dessèchement rapide. Si pour éviter ce dessèchement trop prompt on met l'huile en quantité assez grande pour qu'elle puisse conserver sa fluidité longtemps, elle descend et s'étale sur le champ de la roue, et le résultat est le même, c'est-à-dire que l'échappement tarde peu à fonctionner à sec, ou à peu près, et que la destruction et les irrégularités en sont l'inévitable suite.

Ajoutons une remarque dont l'application peut être également faite à d'autres échappements. Une des causes de la prompte détérioration de l'huile à l'échappement à virgule tient à ce que cette huile est constamment chassée par la force centrifuge vers l'extrémité du levier d'impulsion.

Ce levier la promène dans l'air, qu'il déplace sur un cercle assez étendu, et la met ainsi en contact avec un véritable courant d'air, qui accélère sa décomposition.

De la menée.

93. – L'action continue d'une dent de roue agissant sur une palette de balancier, ou sur une aile de pignon, et lui faisant parcourir un certain arc de son mouvement angulaire, constitue ce qu'on appelle *la menée.*

Les conditions dans lesquelles elle s'opère ont une importance extrême.

La menée d'un balancier, comme celle d'un pignon, est soumise aux lois, si nettes et si claires, de la Théorie des engrenages. C'est en se conformant aux règles qu'elle pose qu'on assure, le mieux possible, la conservation des surfaces frottantes et qu'on évite, le plus qu'il se peut, les fâcheux effets de la décomposition de la force.

Notre *Traité des engrenages* donnant sur cette matière de nombreux éclaircissements, nous y renvoyons.

De la levée des échappements.

Arc de levée. — Arc supplémentaire.

94. — L'oscillation totale d'un balancier se divise en deux parties distinctes : l'une où ce balancier reçoit directement l'impulsion de la force motrice, et qu'on nomme l'*arc de levée* ou simplement la *levée* ; c'est à cette impulsion que le modérateur doit l'entretien de son mouvement, l'énergie de cette impulsion doit nécessairement varier suivant les intensités de la force motrice ; l'autre partie, qu'on appelle l'*arc supplémentaire*, de ce qu'il faut l'ajouter à l'arc de levée pour compléter la vibration totale, n'est soumise que d'une façon indirecte à cette force motrice.

95. — L'arc de levée subit toutes les inégalités de force du moteur ; l'arc supplémentaire opère la correction, du moins en grande partie, de ces inégalités. L'arc supplémentaire doit donc être très grand par rapport à celui de levée.

Cette conclusion est logique, mais il ne faut pas cependant l'élever à la hauteur d'un principe, applicable à tous les cas. La pratique a parfois des exigences qu'il ne faut ni négliger ni méconnaître, et l'opinion commune a tort quand elle décide dans un sens absolu que, de deux échappements de combinaisons différentes, le meilleur est celui qui, après avoir donné au balancier l'impulsion nécessaire à la continuation de son mouvement, lui laisse décrire les plus grands arcs supplémentaires.

L'acte de la levée est soumis à des effets d'inertie et de frottement variables d'un échappement à l'autre, et qui ne permettent pas toujours d'abréger sa durée, et la correction des inégalités de la force impulsive qui entretient le mouvement d'un balancier ne dépend pas uniquement de l'amplitude de l'arc supplémentaire et de sa disproportion avec l'arc de levée.

Sans entrer ici dans des considérations prématurées, nous ferons remarquer ce fait qu'aujourd'hui les constructeurs de chronomètres, la généralité du moins, ont ramené de 400° à 360° environ, l'amplitude de l'oscillation d'un balancier, l'arc de levée restant sensiblement ce qu'il était autrefois ou à peu près.

Arc de levée court.—Arc de levée grand.

96. — La plus ou moins grande étendue de l'arc supplémentaire dépend essentiellement des conditions dans lesquelles s'opère la levée. C'est sans doute à la difficulté d'apprécier ces conditions qu'il faut attribuer la divergence des opinions journellement émises par les horlogers.

Tandis que quelques-uns, parmi les plus habiles, admettent en principe absolu qu'il faut que l'acte de la levée soit très court et très prompt, ce qu'ils expriment par une impulsion donnée en coup de fouet, d'autres, non moins habiles que les premiers, exagèrent à dessein l'étendue de la levée et affirment qu'en agissant ainsi ils augmentent sensiblement la grandeur de l'oscillation du balancier.

97. — Discutons ces deux opinions que désavouent également les saines lois de la mécanique. L'impulsion en coup de fouet, en la supposant possible, aurait les plus graves inconvénients.

Elle ne pourrait s'accomplir que par l'effet de chocs violents, variables suivant les différences d'intensités de la force motrice et des adhérences. Elle occasionnerait une perte inutile de force et donnerait naissance à toutes les causes de perturbation énumérées au paragraphe **46**.

Quant à l'exagération de l'angle de levée, il est vrai qu'il est quelquefois une nécessité et la conséquence des échappements lourdement construits. Les fortes résistances que leurs organes éprouvent de la part de l'huile, des frottements, de l'inertie, obligent de prolonger durant un temps suffisant l'action de la roue sur le levier du balancier, pour que cette action acquière une assez grande énergie, mais si ce fait, tous les jours corroboré par l'observation des échappements du commerce et surtout de ceux à ancre, est vrai, la conséquence que quelques horlogers en ont tirée est fausse.

Toute augmentation dans l'angle de levée produit généralement une plus grande décomposition de la force, des frottements plus variables, etc., elle diminue la disproportion entre l'arc de levée et l'arc supplémentaire. Or, si celui-ci était de convenable étendue, relativement à l'angle de levée primitif, il perd une partie de ses propriétés correctrices des inégalités de la force d'impulsion. En dehors des limites restreintes, déterminées par une pratique raisonnée et surtout éclairée et intelligente, toute augmentation dans l'angle d'une levée ne saurait avoir d'autre prétention que de compenser, de neutraliser, pour un cas particulier ou pour satisfaire aux exigences de la fabrication, un défaut par un défaut.

Conditions qui déterminent l'étendue de la levée.

98. — En règle générale, l'étendue de l'arc décrit par le bras d'impulsion d'un échappement pendant la levée, c'est-à-dire la durée de l'action nécessaire pour produire une oscillation d'une grandeur déterminée, est en raison des frottements, de l'inertie et de la résistance des huiles. Qu'on réduise ces obstacles à une moindre valeur et l'amplitude cherchée de l'oscillation sera obtenue avec un angle de levée d'autant plus restreint que l'influence des résistances désignées aura été plus amoindrie.

La longueur du bras d'impulsion est en rapport avec le diamètre et le poids du balancier.

99. — Considérons un balancier de montre, non pas au moment de son départ, méthode vicieuse qui ne fait pas connaître la mesure de son action sur l'échappement, mais voyons-le dans la plénitude de ses fonctions et venant d'achever une oscillation de grandeur et de vitesse propres à procurer la régularité qu'on attend de la montre.

Que doit produire, après l'accomplissement de cette oscillation (initiale pour nous), le travail de la levée ?

Restituer au balancier (rien de plus, rien de moins) la faible quantité de mouvement qu'il a perdue entre la dernière levée et celle qui va commencer.

100. — Ceci entendu, admettons un axe roulant sur deux pivots et portant un balancier, qu'on figurera pour plus de simplicité par un diamètre *d a* (fig. 8), terminé à ses extrémités par des boules dont les masses sont égales. La puissance de la roue d'échappement s'exerce sur ce balancier par la dent ou levier *b a*.

Choisissons successivement *a* et *i* comme points d'application de la force motrice et voyons ce qui se passe.

Quand elle agit sur *a*, aucune pression n'est subie par les pivots de l'axe et la puissance est employée tout entière au profit du mouvement du balancier. Il ressent et accuse visiblement les variations de cette puissance.

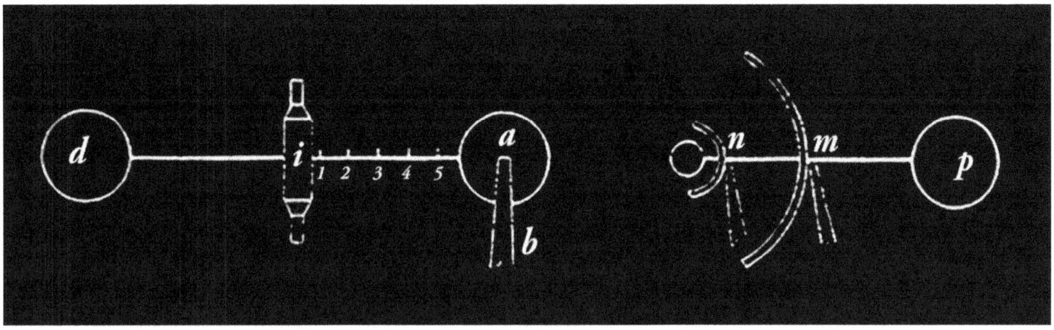

Fig. – 8.

Quand l'action motrice est appliquée en *i*, elle ne contribue en rien au mouvement du balancier et s'exerce tout à fait improductivement, pour se convertir en pression et frottement sur les pivots.

Appliquée successivement en 1, 2, 3, 4, 5, elle se décompose : une part est absorbée par la résistance des pressions exercées par les pivots, et c'est seulement la part de cette force restée libre qui entretient le mouvement du balancier.

De 1 à *i* la pression approche de plus en plus du maximum et la puissance de l'impulsion s'annule de plus en plus. En avançant vers 5, le contraire a lieu, et tandis que la pression diminue, l'énergie de l'impulsion augmente.

Une conséquence qui découle nécessairement de ces prémisses, c'est qu'il existe sur *a i* un point où l'application de la force ne troublera que le moins possible la régularité du mouvement, et on conçoit qu'on s'apercevra dans la pratique qu'on est hors de ce point à ces signes que, en deçà, les pressions étant trop considérables proportionnellement à la puissance réglante du balancier, on voit se produire les anomalies qui ont leur source dans un excès de frottement ; au-delà on rencontre l'inconvénient, non moins grave, d'un balancier dont la masse de percussion n'offre plus qu'une insuffisante résistance aux variations qui se produisent dans la force motrice.

101. – Comme application pratique anticipée, comparons entre eux deux échappements de commune espèce et de constructions identiques, sauf qu'un des balanciers est plus léger que l'autre.

Le point d'application de la force motrice devra être rapproché du centre de rotation dans l'échappement à balancier léger. Il en serait de même pour deux balanciers, tout à fait semblables comme grandeur et poids, sauf que le second roulât sur des pivots beaucoup plus gros que ceux portant le premier.

Le diamètre du disque ou rouleau de repos est en raison de la grandeur et du poids du balancier.

102. – L'action de la roue d'un échappement à repos frottant est toujours double, ou plutôt c'est l'ensemble d'une action et d'une sorte de réaction. Pendant l'action la roue accélère le mouvement du balancier, pendant la réaction (le repos) cette même roue neutralise, partiellement cette accélération.

La grandeur et la promptitude de l'arc supplémentaire sont donc soumises, dans une certaine mesure, à l'intensité de ce qu'on vient d'appeler la réaction, et l'étendue de cet arc supplémentaire varie en raison du plus ou moins de disproportion entre la puissance de chacune des deux actions successives, et en opposition, de la roue.

Les effets de réaction ou les résistances qui entravent le mouvement du modérateur pendant l'acte du repos, proviennent :

1°. du frottement des pivots contre les parois de leurs trous ;
2°. du frottement de la pointe de la dent contre le cylindre ou rouleau de repos.

Quel que soit le rayon du rouleau (s'il conserve le même poids), soit *c n*, soit *c m* (fig. 8), et pourvu que la pression ait lieu selon une direction invariable, la résistance du frottement des pivots reste sensiblement constante.

Il n'en est pas de même du frottement à la pointe de la dent. La résistance qu'il présente grandit, rien n'étant changé à la force ou pression, comme par le rayon de frottement. D'un point d'appui placé trop près du centre de rotation, il résulte que le balancier est doué d'une telle facilité à se mouvoir, qu'il subit tous les caprices du moteur et reproduit toutes ses irrégularités.

Par des allongements successifs du rayon de frottement (rien n'étant changé dans le mode et les conditions de l'impulsion) l'allure de ce même balancier accuse de plus en plus une gêne sensible, et jusqu'à un point où il finit par perdre toute faculté de mouvement.

En somme, que le rayon de frottement soit trop court ou trop long, le résultat final est toujours une marche irrégulière de la montre parce que, dans l'un ou l'autre cas, les oscillations sont inégales, soit comme étendue, soit comme durée de temps. Il est bon, toutefois, de remarquer qu'avec le rayon trop court, l'arc supplémentaire grandit, hors de proportions, quand la force motrice augmente, tandis que le contraire a lieu quand ce rayon de repos est trop long.

La conséquence de cette suite de raisonnements, c'est que de *c* en *p* (fig. 8), c'est-à-dire sur la longueur du rayon du balancier, un seul point est convenablement situé pour servir de point de repos à la dent de la roue, et l'on comprend que pour une même longueur de ce rayon le point de repos se rapprochera ou s'éloignera du centre de mouvement selon que le limbe de ce balancier sera rendu plus léger ou plus lourd.

Conclusion des deux derniers articles.

103. – La régularité de la marche d'un échappement à repos frottant dépendant d'une pression dont l'intensité doit varier en raison inverse, ou à peu près, de l'énergie de l'impulsion, il s'ensuit que :

Une force motrice étant donnée, la constance en durée de temps des mouvements du balancier, ou en terme d'atelier le réglage dépend d'un certain rapport à établir entre le diamètre, le poids du balancier et :

- Le diamètre des pivots de l'axe ;
- Le rayon de la courbe sur laquelle s'opère le repos ;
- La longueur et la forme des bras de levier recevant ou donnant l'impulsion.

Le rayon du balancier se mesure du centre de rotation de ce balancier à sa circonférence de percussion. Nous verrons plus loin comment on la détermine.

104. — Aucun auteur, que nous sachions, n'a posé nettement cette base fondamentale de la science du constructeur d'échappements. Si cela eût été fait plus tôt, les horlogers doués du don de l'observation n'eussent pas manqué d'inscrire dans des tableaux les grandeurs diverses des diamètres des pivots, des rayons de repos et d'impulsion, les poids et les dimensions des balanciers des montres dont la marche leur donnait une complète satisfaction.

Avec le secours de ces précieux relevés la science trouverait facilement la raison des apparentes contradictions qu'on croit remarquer.

La question serait aujourd'hui résolue expérimentalement, même scientifiquement, et l'horloger pourrait marcher avec assurance et une entière certitude des résultats, dans le travail des échappements, travail où, jusqu'à ce jour, il n'a pu que s'aventurer.

Considérations sur les frottements.

Des différentes espèces de frottement.

105. — Les mécaniciens distinguent deux espèces de frottement : le frottement de roulement et le frottement de glissement. Les horlogers subdivisent cette dernière catégorie en frottements rentrants et sortants, ce dont les blâment les mécaniciens. Pour notre compte nous trouvons logique que les horlogers établissent une distinction dans les mots là où elle existe dans les faits.

Rigoureusement parlant, le frottement de roulement n'est pas un frottement mais une pression, et si le frottement de glissement sortant est bien un frottement dans le sens propre du nom, le frottement de glissement rentrant n'est qu'une variété de l'arc-boutement.

On trouvera le complément de cet article au chapitre de l'*Introduction à l'étude des Engrenages*, où seront successivement étudiés : la nature et les causes des frottements, les frottements rentrants et sortants, l'état des surfaces pendant et après le frottement et les variations d'intensité d'un frottement produit par un mouvement continu ou intermittent.

Par anticipation, et pour ceux qui l'ignorent, expliquons en deux mots ce qu'on entend par les frottements rentrant et sortant.

Lorsque le frottement s'opère entre deux pièces dont l'une pousse l'autre en la rapprochant de la ligne qui passe par les centres de mouvement, et qui est nommée de cette circonstance *ligne des centres*, le frottement est dit *rentrant*. Ce frottement est très âpre, parce qu'il a lieu pour ainsi dire à rebroussement, avec tendance à l'arc-boutement, et que par ce fait, les organes en jeu sont fortement poussés hors des centres, et exercent ainsi une pression considérable sur les pivots et les faces des levées.

Il en résulte les deux défauts suivants :

1°. destruction plus rapide par l'effet des frottements très rudes ;
2°. nécessité d'employer une force motrice en excès, pour obvier à la puissance inutilement absorbée par les grands frottements.

Lorsque l'organe actif presse l'autre, à partir de la ligne des centres, le frottement est dit sortant. Ce frottement n'est qu'un glissement assez doux, et la pression sur les axes est beaucoup moindre que dans l'autre cas.

D'où l'on voit que, s'il était possible de substituer le frottement sortant au frottement rentrant dans les deux actes du repos et de l'impulsion d'un échappement, la destruction des surfaces serait bien moins rapide, et l'effet mécanique cherché s'obtiendrait avec un moteur beaucoup moins puissant.

Diversité des opinions émises sur les frottements. — Frottements utiles.

106. – Dans toute machine les résistances qui naissent des frottements absorbent une notable portion de la puissance du moteur. Ainsi dans un rouage, bien exécuté d'ailleurs, il faut toujours compter que le tiers environ de la force motrice ne sera utilisé qu'à vaincre ces résistances et qu'en conséquence le tiers de la force est entièrement perdu pour l'effet utile.

La combinaison de la machine est-elle en outre vicieuse ; par la nature des frottements arrive-t-il que les surfaces en contact s'entre-détruisent ; la force transmise d'organe en organe l'est avec irrégularité et la quantité de cette force absorbée en pure perte augmente avec rapidité et parfois jusqu'au point de paralyser tout à fait l'action du moteur.

La question du frottement se présente donc à l'horloger sous deux aspects :

- D'un côté : *absorption de la puissance*, absorption d'autant plus considérable que la résistance des frottements est plus grande ;
- De l'autre côté : *irrégularité dans la marche des organes* à chaque variation dans la nature et l'intensité des frottements.

107. – C'est en se plaçant à ce dernier point de vue que les horlogers, en presque totalité, ont admis qu'il faut, dans la plupart des échappements, s'attacher de préférence à rendre les frottements (enfermés dans de sages limites, bien entendu) doux et uniformes plutôt que d'en poursuivre une réduction aux avantages précaires.

Ils rencontrent encore cependant l'opposition de quelques confrères, qui voient dans les frottements, partout et toujours, une cause perpétuelle de variation et de destruction.

Pour ces derniers artistes le comble de la perfection résiderait dans la suppression complète de tout frottement.

Voici ce que disent les premiers :

> « L'expérience prouve que dans nombre de cas une certaine somme de frottement corrige en partie les effets de l'inégalité de la force motrice (**103**), et la preuve, c'est que parmi les échappements en usage, ceux qui se règlent le mieux ne sont pas toujours ceux où les frottements sont les moindres » ; puis ils ajoutent avec raison : « Ce n'est pas tant le frottement en lui-même qu'il faut redouter que son inconstance ».

Les seconds répliquent :

> « La théorie démontre que les variations de réglage sont en raison de l'étendue des frottements, et si l'opinion ci-dessus avait quelque valeur, on expliciterait difficilement la régularité si extraordinaire qu'on obtient des montres marines car, dans ces pièces, les frottements de l'échappement sont réduits autant que possible, et même complètement annihilés pendant les arcs supplémentaires. »

Nous répondrons à ces derniers qu'ils ont le tort de prendre une vérité relative pour une vérité absolue, et que s'ils ont raison dans un cas particulier, ils sont dans l'erreur pour le plus grand nombre d'autres cas ; que la théorie ne démontre nullement que les variations du réglage sont toujours en raison de l'étendue des frottements ; qu'enfin pour ressusciter un préjugé il faut ignorer ce que ne font aucune difficulté de reconnaître les plus habiles constructeurs de chronomètres, à savoir que les échappements où les frottements sont réduits à très peu de chose, ne se règlent qu'à la condition d'être pourvus du spiral isochrone et d'une parfaite compensation, accessoires dispendieux, parfaitement inutiles aux échappements à repos frottant, qui sans leur concours procurent une régularité fort satisfaisante pour l'usage civil.

Ce qu'il y a de singulier dans les discussions soulevées par le sujet qui nous occupe, c'est que les partisans de l'annihilation des frottements acceptent cependant, et pour l'échappement de Graham entre autres, des pressions correctrices comme si, quand l'échappement est en mouvement, la pression n'engendrait pas le frottement.

108. — En renvoyant aux articles résumés au **103**, nous tirerons plus loin les conclusions d'un débat tout à fait épuisé, et nous pourrions auparavant multiplier les preuves pratiques établissant la nécessité et l'utilité dans des cas donnés d'une certaine somme de frottement : nous nous bornerons aux suivantes qui sont décisives.

Faits pratiques établissant l'utilité de certains frottements. Résumé.

109. — Si l'échappement à roue de rencontre est garni de trous ou de palettes en rubis, que sa roue de champ soit pourvue de contre-pivots, ou que les pivots de son balancier aient une grande finesse, toutes précautions propres à diminuer les frottements, il se règle avec difficulté, la plupart du temps pas du tout, ou seulement pendant des laps de temps plus ou moins courts.

110. — Dans les conditions actuelles des montres (calibre ordinaire), l'échappement à cylindre, si le cylindre est d'un très petit diamètre (avec grande roue), ce qui diminue le frottement des repos, donne de mauvais résultats. Le cylindre en pierre, où les frottements sont plus doux que sur métal, règle généralement moins bien que le cylindre en acier quand tous deux viennent d'être fraîchement nettoyés. Il arrive fréquemment qu'il ne faut pas moins d'un mois ou deux, et même plus, pour obtenir du cylindre en pierre un réglage passable, résultat final qui coïncide toujours avec une augmentation dans la consistance de l'huile .

111. — L'échappement à double virgule, où le repos est très réduit, règle rarement bien sans le correctif de la fusée.

112. — L'échappement Duplex, lorsqu'il est établi selon les principes et avec soin, est supérieur pour la régularité de sa marche à celui à cylindre ; les frottements du repos du premier sont cependant plus considérables que dans le dernier.

113. — Enfin, parmi les échappements libres, appliqués à l'horlogerie usuelle, celui à ancre, qui est un des meilleurs, se trouve précisément être l'un de ceux où les frottements sont considérables et multipliés, et cette assertion n'a pas besoin d'être démontrée si l'on fait la somme des résistances dues à la pesanteur du balancier, aux six pivots de l'échappement, au tirage ou recul de la roue, à la pression et aux frottements produits par le passage de la dent sur les inclinés des leviers, et par le passage du doigt dans l'entaille de la fourchette, enfin à la quantité d'huile qu'exigent les nombreux points de contact, et dont l'épaississement, avec le temps, augmente les propriétés résistantes.

Tandis que, malgré cette somme considérable de frottements, les montres à ancre conservent une grande régularité dans leur marche, c'est-à-dire une régularité qui satisfait amplement aux exigences de la vie civile, nous voyons la plupart des pièces portatives pourvues de l'échappement libre à détente, où les frottements sont beaucoup moindres, faire le désespoir des horlogers appelés à les régler. Une bonne moitié au moins de ces sortes de montres, quoique exécutées par les plus habiles ouvriers des fabriques, font des écarts de temps à autre.

Pour obtenir de cet échappement tout ce qu'il peut donner, il faut, ainsi que nous l'avons déjà dit, le pourvoir d'un balancier compensé, de fait et non pas seulement de nom, comme ceux si mauvais que les fabriques mettent à profusion dans le commerce, et du spiral isochrone. Mais ces applications ne peuvent être faites que par les régleurs de chronomètres, ouvriers d'élite, rares, spéciaux, et qui seuls sont exercés de longue main aux pratiques de ce réglage lent, difficile, coûteux, et par là complètement en dehors des habitudes et des nécessités de l'horlogerie civile.

114. — Resserrons dans les deux paragraphes qui vont suivre et sous formes d'aphorismes, l'article qu'on vient de lire, et auquel il a paru nécessaire de donner quelques développements, puisque son objet était de mettre fin à un préjugé ayant déjà beaucoup trop longtemps vécu.

I

Dans les échappements à repos frottant, il faut s'attacher à rendre les frottements uniformes et aussi peu destructifs de la matière qu'il est possible. *L'essentiel est de déterminer exactement le rayon de repos,* puisque de la longueur de ce rayon dépendent l'étendue et la puissance des frottements correcteurs des inégalités de la force d'impulsion.

II

Dans l'horlogerie dite de précision et dans l'horlogerie scientifique, c'est-à-dire dans les chronomètres (ceux du moins qui méritent ce nom), on doit réduire les frottements de l'échappement le plus qu'il se peut, sous la condition de ne pas nuire à la solidité des organes et d'assurer pour un temps suffisant l'intégrité des contacts. *Des frottements trop considérables gênent ou masquent* les effets de l'isochronisme et de la compensation.

Conclusion de l'Introduction à l'étude des échappements.

115. — Nous terminons ici la revue des principes généraux qui doivent présider à la création ou même au simple perfectionnement d'un échappement. Ce que nous en avons dit suffit pour éclairer cette question, et pour montrer combien elle embrasse de détails théoriques et pratiques, et dont aucun ne peut être négligé impunément.

C'est le lieu, et pour clore cette introduction, de dire ce que nous aurons souvent l'occasion de répéter : que c'est dans l'ensemble, dans la combinaison générale et harmonique de toutes les parties, dans l'étude approfondie de leurs influences réciproques, enfin dans les milieux, que l'on découvrira la source de la régularité des machines, et non dans tel fait ou telle propriété isolée.

Rien dans la mécanique, comme dans la nature, n'étant bon ou mauvais que relativement.

Chaque époque de l'horlogerie, ainsi qu'il est bon de s'en souvenir, a eu sa panacée universelle : l'une l'isochronisme, l'autre la parfaite compensation, une troisième la force constante, une autre encore la puissance du régulateur tellement exagérée qu'il n'avait même plus celle de se mouvoir, et ainsi de suite. Les propriétés merveilleuses que représentent ces différents mots n'ont été utiles à l'art que fondues pour ainsi dire ensemble, appropriées les unes aux autres, et modifiées selon leurs influences mutuelles.

Ajoutons qu'il est toujours sage d'attendre le dernier mot de l'expérience sur les idées nouvelles, ou du moins présentées comme telles, et dont la mise en crédit est trop souvent le fait de l'ignorance ou du charlatanisme qui, à défaut de mérite et d'études, abuse de ce moyen commode, quoique vieux, pour se faire un piédestal où malheureusement nous le voyons encore monter de nos jours.

D'ailleurs on ne doit jamais perdre de vue que dans des mécanismes délicats, comme le sont les machines horaires, le plus ou moins de soins apportés à l'exécution, le choix exceptionnel des matières, un défaut neutralisé par un autre, etc., toutes choses souvent imperceptibles pour nos sens, expliquent les succès momentanés de constructions radicalement vicieuses en principes, et toujours tombées en désuétude en quelques années.

Ces exceptions ont sans cesse confirmé la règle, c'est-à-dire l'utilité et la vérité des lois de la mécanique. Malheureusement cette science n'est guère connue que de nom de la plupart des horlogers modernes, et même de plusieurs de ceux qui écrivent sur leur art, ce qui a fait dire, avec raison, à un ingénieur distingué, M. Résal :

> « Il arrive souvent aux horlogers (qui n'ont adopté aucune base sérieuse) de prouver le lendemain le contraire de ce qu'ils ont produit la veille. Ils abrégeront leurs discussions et donneront une solidité réelle à leur travaux dès qu'ils voudront bien s'appuyer sur les lois si incontestables de la physique et de la mécanique, comme le font les constructeurs de machines industrielles. »

Récapitulation synoptique

des principes généraux de la mécanique applicables aux échappements

Valeur des signes. — C, circonférence ; D, diamètre ; E, espace ; F, force ; g = 9,81 ; H, hauteur ; I, inertie ; M, masse ; p, poids ; P, puissance ; R, résistance ; r, rayon ; T, temps ; V, vitesse.

Le kilogrammètre, qu'on écrit 1^{km} (1 kg élevé à 1 mètre), est l'unité de travail mécanique.

116. Poids. Le poids spécifique d'un corps est sa densité comparée à celle de l'eau (**47**). p = M x g.

117. La Masse d'un corps s'obtient par la formule : M = p / g

118. Vitesse. Espace qu'un corps parcourt dans une unité de temps.

119. Espace. C'est généralement le chemin parcouru, abstraction faite du temps.

120. Proportionnalité des forces aux vitesses. Les forces motrices ou de pression dont l'intensité est constante ou varie peu, sont proportionnelles aux accélérations qu'elles impriment à un corps. Lorsque la force est variable, on admet qu'elle est proportionnelle aux accroissements de vitesse qu'elle imprime à un corps dans des temps égaux infiniment petits.

121. Force vive. Résultat de l'action d'une force imprimant une certaine vitesse à un corps. La force vive de ce corps vaut, en kilogrammètres, le produit de sa masse par le carré de sa vitesse au moment où on le considère. Connaissant la masse et la vitesse, on en déduit le travail moteur.

Pour produire une vitesse double dans un même temps très court, il faut donc employer une force quadruple.

122. Force centrifuge. L'effort centrifuge d'un corps en mouvement de rotation s'exprime par : F= p V^2 / g x r.

123. Inertie. Le travail pour vaincre l'inertie (anéantir la force vive) croit comme le carré de la vitesse imprimée au corps. Ce travail est exprimé par la formule : I = MV^2 / 2 ; il est égal à celui qui donnerait au corps la même force vive.

124. Le travail mécanique d'un moteur vaut, en kilogrammètres, l'effort ou la pression exercée par le moteur, multiplié par le chemin parcouru et estimé suivant la direction de cet effort.

125. Quantité de mouvement. Vaut, en kilogrammètres, le produit de la masse par la vitesse simple ou actuelle, soit : p x V / g.

126. Chute des corps (latitude de Paris.) Les vitesses qu'ils acquièrent en tombant librement sont proportionnelles aux temps écoulés et les espaces parcourus sont comme les carrés des temps.

À la fin de chaque seconde :	1re	2e	3e	4e
Les vitesses en mètres sont	9,808	19,6	29,4	39,2
Les espaces parcourus	4,9	19,6	44,1	78,4
Les espaces durant chaque seconde isolée	4,9	14,7	24,5	34,3

On détermine la vitesse que prend un corps, en tombant librement dans un temps donné, en multipliant le nombre de secondes de ce temps par 9^{m},81.

La hauteur étant connue, on a la vitesse au bas de la chute par la formule : $V=\sqrt{19{,}62 \times H}$.

Si c'est la vitesse dans la dernière seconde qui est connue, la hauteur se détermine par la formule : H = V^2 / 19,62.

127. Résistance de l'air. Elle croit avec l'étendue de la surface qui se présente directement à l'action de l'air avec la difficulté qu'il a de glisser ou de s'échapper le long des surfaces ; enfin, avec la grandeur de la vitesse du corps en mouvement et dans un rapport, tantôt inférieur, et tantôt supérieur au carré de cette grandeur. (**21**)

128. Mouvement uniforme. C'est celui de la plupart des transmissions de forces. E=V x T.

129. Mouvement uniformément varié. L'espace parcouru égale la demi-somme des vitesses extrêmes, multipliée par le temps en secondes.

130. ADHÉRENCE ENTRE SURFACES ENDUITES. La résistance à la séparation est proportionnelle à l'étendue des contacts.

131. PRESSIONS. La pression est proportionnelle au poids ou à la force qui la produit.

132. FROTTEMENTS. La résistance qui en provient est proportionnelle à la pression, mais indépendante de l'étendue des surfaces et de la vitesse de mouvement.

Exception. Aux derniers organes des montres, c'est-à-dire à leurs faces frottantes, où l'huile est nécessaire, la résistance est (par approximation) proportionnelle aux surfaces en contact. (**42.**)

133. FROTTEMENTS DES TOURILLONS. Sont régis par la même loi que les frottements entre surfaces planes, en supposant ces tourillons toujours lubrifiés par un corps gras. S'il en est autrement, le tourillon qui repose sur une moindre surface use plus vite. Aux faces de contact trop étroites, une pression un peu forte suffit pour expulser le corps lubrifiant, et alors il y a déchirement des surfaces et le frottement augmente.

Les *forts pivots* d'horlogerie rentrent dans le cas des tourillons. Pour les pivots moyens, voir au **43.**

Exception. Les pivots des derniers mobiles des montres offrent, sous une même pression, une résistance qu'on a estimée, en terme moyen, être en raison des diamètres. Cette valeur du frottement, déduite principalement des expériences faites par Romilly et Berthoud, ne peut être, en effet, qu'un terme moyen, car la connaissance de la valeur exacte exigerait de nouvelles opérations théoriques et expérimentales, délicates et compliquées.

134. PLAN INCLINÉ. Si la P agit parallèlement au plan, elle est à la R comme la hauteur du plan est à sa longueur. Si la P agit horizontalement, elle est à la R comme la hauteur est à la base du plan.

135. LEVIER. Dans le levier, la P est à la R en raison inverse des bras de leviers, ou de leur plus courte direction au point d'appui. (Voir le tableau qui termine l'*Introduction* à l'étude des engrenages.)

136. LE RAPPORT APPROCHÉ de la P à la R, dans une machine, peut se trouver commodément, en mesurant les espaces parcourus par les deux forces ; le rapport cherché est l'inverse des espaces, indépendamment du frottement.

137. CERCLE. Le *rapport du diamètre à la circonférence est* : comme 1 est à 3,1416. Ce dernier nombre représenté par π, on a : $C = \pi D$. On obtient la *surface* d'un cercle en multipliant le carré du rayon par 3,1416, ou bien en multipliant la circonférence par la moitié du rayon. Les *circonférences* croissent comme les diamètres, les *surfaces* comme les carrés des diamètres.

Un disque de même métal et de diamètre double d'un autre pèsera, à épaisseur égale, quatre fois plus ; et si toutes les dimensions sont doublées, huit fois plus, etc.

138. SPHÈRE. La surface d'un globe sphérique est égale au carré du diamètre multiplié par 3,1416. Son volume est égal à sa surface multipliée par le tiers du rayon.

139. ANNEAU OU LIMBE de balancier, de roues, etc. On calcule *sa surface* en faisant la somme des deux diamètres intérieur et extérieur, qu'on multiplie par leur différence et par la décimale 0.7854. On connaîtra le volume en multipliant la surface de l'anneau par son épaisseur.

140. CYLINDRE. La surface latérale d'un cylindre est égale à la circonférence de la base multipliée par la hauteur. Le volume est le produit de la surface du cercle de la base multipliée par la hauteur.

Un tableau complémentaire de celui-ci termine l' Introduction *à l'étude des Engrenages.*

ÉCHAPPEMENT À ROUE DE RENCONTRE

Chapitre I

I - Préliminaires.

141. – L'échappement à roue de rencontre appartient la classe des échappements à recul, comme on l'a vu au paragraphe 4. C'est un mécanisme qui tend de plus en plus à disparaître. Aussi plusieurs de nos confrères nous avaient-ils engagés à supprimer son article dans cette seconde édition, mais nous n'avons pas dû nous rendre à leur désir par la raison qu'il se fabrique encore, et principalement dans le canton de Berne, plus de 300 000 montres à roue de rencontre chaque année, et que ces sortes de montres étant répandues en nombre prodigieux dans beaucoup de provinces, les horlogers seront pendant longtemps dans la nécessité de les réparer.

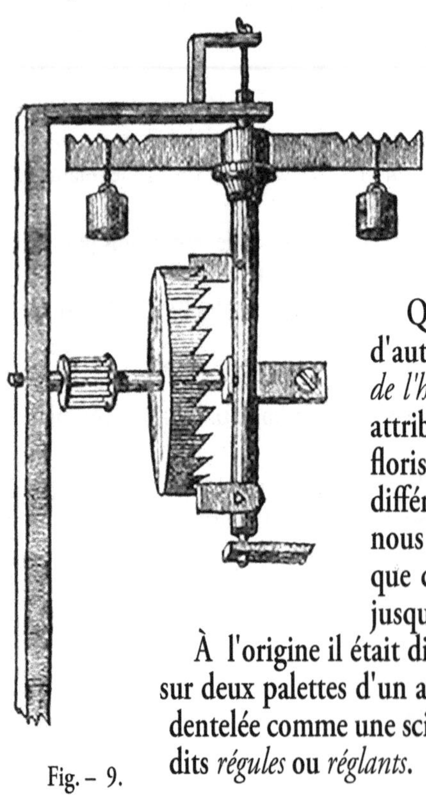

Fig. – 9.

Quelques auteurs lui donnent une origine allemande, d'autres une origine arabe. Pierre Dubois, dans son *Histoire de l'horlogerie*[1], le réclame comme une invention française, attribuée au pape Sylvestre II, savant remarquable qui florissait vers l'an 1000. Sans essayer de concilier ces différentes opinions, qui ne sont pas sérieusement appuyées, nous dirons seulement que ce que l'on sait de positif, c'est que ce fut le seul échappement employé dans les horloges jusqu'au temps de Huyghens (XVIIe siècle).

À l'origine il était disposé comme le représente la figure 9. La roue agissait sur deux palettes d'un axe vertical suspendu à un cordon. Une règle en métal, dentelée comme une scie, et placée en croix avec l'axe, portait deux petits poids dits *régules* ou *réglants*.

[1] P. Dubois est l'auteur d'ouvrages fort estimables dans leur partie historique. La mort récente de cet écrivain élégant et facile est doublement à regretter : si elle ne l'eût surpris, il aurait fait, sans doute, disparaître de ses publications des erreurs techniques et scientifiques, dont plusieurs sont renouvelées d'un autre temps. - *Histoire de l'Horlogerie*, Pierre Dubois 1849, rééd. Decoopman 2017.

On les éloignait ou on les rapprochait du centre de rotation, selon que l'on voulait accélérer ou retarder le mouvement de l'horloge.

Ce dispositif portait le nom d'échappement à *folliot*.

Les perfectionnements que l'échappement à roue de rencontre a subis dans le siècle dernier furent le produit de la pratique seule car, sauf de prétendues démonstrations de principes, obscures et peu concluantes, ce n'est que de nos jours que les recherches et les travaux de plusieurs hommes instruits ont apporté, dans l'art de l'horlogerie, une théorie géométrique de l'échappement à verge.

Quoique cet échappement soit aujourd'hui tombé dans un discrédit complet, les artistes capables ne peuvent disconvenir qu'on ne puisse en obtenir des résultats plus satisfaisants que ceux auxquels on parvient dans la pratique générale et vulgaire, mais il faut pour cela la main d'un ouvrier soigneux. Son exécution exige une précision extrême dans les positions respectives des axes, l'ouverture des palettes, la quantité dont il faut les entailler, la justesse et l'égalité des dents de la roue, la précision des chutes, la réduction convenable du recul, etc., et même toutes ces conditions, une fois remplies, ne le sont que pour peu de temps par l'effet de l'usure des trous, dont l'agrandissement changera, graduellement, la profondeur de l'engrenage de l'échappement.

Berthoud, dont on connaît la prédilection pour l'échappement à verge, avoue, dans son *Essai*, que lorsqu'on veut lui donner les soins qu'il exige, il devient très difficile à exécuter, et que peu d'ouvriers sont en état de le faire.

Nous voyons ainsi qu'il offre autant de difficultés à vaincre pour sa bonne exécution, que la plupart de nos meilleurs échappements à l'usage civil, mais ceux-ci ont sur lui cet avantage, entre autres, que l'emploi des trous et des levées en rubis, en les rendant à peu près indestructibles, sauf les accidents, assure la durée de leurs fonctions, puisque les parties frottantes ont moins à redouter l'usure.

Les bons échappements modernes corrigent assez bien les inégalités de la force motrice, ce que prouve clairement la suppression de la fusée, tandis qu'avec celui à roue de rencontre, il est indispensable d'avoir une fusée bien égalisée avec son ressort moteur, et suffit souvent de changer ce dernier pour qu'il ne soit plus possible de régler la montre sans égaliser la fusée de nouveau.

On rencontre bien de temps en temps quelques montres à verge dont la marche est très exacte, mais cela arrive plutôt par l'effet de certaines compensations que par aucun mérite intrinsèque, et la preuve c'est que, quand ces montres sont une fois dérangées, elles le sont ordinairement pour toujours. Aucun ouvrier n'oserait se flatter de leur rendre leur première exactitude.

Cet échappement ne doit donc être employé que dans les montres communes, et surtout très hautes. L'horloger qui l'appliquerait à des montres desquelles il attendrait une marche régulière et précise, témoignerait d'une grande ignorance de l'état actuel de l'horlogerie. Cet échappement étant très connu, nous nous dispenserons d'en expliquer les fonctions.

Avantages et inconvénients qu'offre l'usage de l'échappement à palettes.

142. — Les avantages qu'offre l'emploi de l'échappement à roue de rencontre se réduisent à ceux-ci :

1°. Qu'il n'exige pas d'huile aux palettes, et que tous les trous des pivots pouvant en contenir suffisamment, les nettoyages de la montre sont bien moins fréquents ;
2°. Qu'il est assez facile de le faire marcher (quant à le régler, c'est autre chose) ;
3°. Que lorsqu'on ne demande qu'une exécution médiocre, il peut être établi en fabrique et à des prix extrêmement modérés.

Ce qui a fait écrire à un artiste que cet échappement réunissait l'économie à la durée. Assertion qui ne peut être exacte que si l'auteur l'applique aux horloges comtoises, ou s'il fait allusion à la facilité qu'on a de faire réparer à bas prix les montres à roue de rencontre. Il n'est aucun horloger qui ne sache combien il est rare de trouver des verges de montres intactes après une marche d'une certaine durée.

143. — Les défauts de cet échappement, qui ont été signalés principalement par Lepaute et Jodin, sont :

1°. Qu'il lui faut une force motrice constamment égale.
2°. Qu'il rend la montre sujette à avancer par l'augmentation de la force motrice et à retarder dans le cas contraire, ce qui est cause qu'il subit facilement l'influence de la température.
3°. À moins d'une cage très haute et d'un long tigeron à la verge, l'huile du pivot inférieur monte à la palette et se communique aux dents de la roue, ce qui nuit au réglage et augmente les causes de destruction. Si, pour éviter l'extravasation de l'huile, elle est mise en trop petite quantité au pivot, elle se dessèche, la montre se règle mal et le pivot se détruit.
4°. On est obligé d'employer pour troisième roue au rouage une roue en couronne, dont l'engrenage est défectueux et à frottements variables. Si l'on fait passer la tige de la roue de rencontre à côté de la tige de roue de champ, il devient encore plus imparfait.
5°. Le pivot de la roue de rencontre le plus voisin de la verge est tellement tourmenté par l'action réciproque des deux mobiles, que son trou devient ovale en peu de temps.
6°. Le balancier ne peut parcourir, sans renverser ou sans rebattre, que des arcs très limités comparativement à ceux d'autres échappements.
7°. La position de la roue de rencontre oblige à la construire très petite, ce qui, en raccourcissant le levier qui agit sur les palettes, lui donne une plus grande puissance. On sait que plus une roue d'échappement est petite, et plus les frottements sont durs et le balancier esclave de la force motrice.
8°. La quantité nécessaire et précise de pénétration de la roue entre les palettes ou, si l'on veut, la quantité nécessaire de levée, est difficile à maintenir, puisque les parties frottantes s'usent et qu'on ne peut employer ni trous ni palettes en rubis.
9°. Enfin, bien loin que cet échappement soit indépendant de la force motrice, il lui est soumis de la manière la plus immédiate. Les mobiles qui le composent se rencontrent dans leur marche en sens contraire, ce qui produit des chocs et des frottements de l'espèce la plus dure et la plus destructive. À chaque nettoyage de la montre, l'échappement exigera des réparations qui, si elles ne sont pas faites avec adresse et intelligence, changeront les conditions dans lesquelles il a été établi et le rendront

imparfait pour longtemps, si ce n'est pour toujours. Car, il est bon de le dire ici, cet échappement est loin d'être simple, comme le prétendent beaucoup de rhabilleurs routiniers, et comme l'ont imprimé des compilateurs, trouvant commode de cacher, sous ce prétexte de simplicité, leur ignorance des principes.

Des proportions adoptées à différentes époques.

144. THIOUT. — Julien Le Roy et Sully ont donné, dans l'ouvrage de Thiout[2], les proportions que leur longue expérience leur avait fait adopter, ainsi qu'une prétendue démonstration de l'échappement. Le paragraphe qui suit est extrait de leur article :

> « L'action des dents de la roue d'échappement est ce qui exige le plus de jugement dans la théorie et le plus de délicatesse et de soins dans l'exécution. Trois choses principales, dans cet échappement, doivent avoir de justes proportions entre elles, savoir : la profondeur de l'engrenage des dents de la roue avec les palettes, la forme de ces dents et l'ouverture d'angle des palettes entre elles. »

Puis ce paragraphe est accompagné d'une suite de raisonnements abstraits (quelques-uns peu intelligibles et contenant de notables erreurs) qui sont apportés comme preuves à l'appui du choix des proportions suivantes, que Le Roy et Sully regardaient comme les milieux les plus convenables et les plus propres à éviter les inconvénients des extrêmes.

- Inclinaison des dents avec l'axe de la roue, 25° à 27° ;
- Ouverture des palettes, entre 95° et 100° ;
- Profondeur de l'engrenage de l'échappement, ⅔ de la largeur de la palette ;
- Épaisseur des palettes, moitié du diamètre de la tige de la verge. Elles étaient ainsi entaillées jusqu'au centre de l'axe ;
- Largeur des palettes, 6/10es de la distance d'une dent à l'autre (ou, plus exactement, 180/302es).

145. FERDINAND BERTHOUD.

> « L'échappement à roue de rencontre est le plus propre à mesurer le temps avec précision. (On sait assez le contraire.)
>
> « Il faut à la roue d'échappement des dents petites et peu distantes entre elles, ce qui réduira la traînée sur la palette et par conséquent le frottement.
>
> Pour diminuer le recul, il faut mettre peu de dents à la roue de rencontre. Le corps de la verge n'ayant pas changé, les arcs de levée seront plus grands et le recul sera dans un moindre rapport, ce qui conduit à l'isochronisme des vibrations.
>
> « Le recul tendant à détruire les trous de pivots, et par conséquent à changer les arcs de levée, il faut le réduire autant que possible, et faire en sorte qu'il se fasse lorsque la dent agit près du centre, autrement la vibration du balancier ne s'achèvera pas librement, et ce dernier subira davantage l'influence de la force motrice.
>
> « Il faut diminuer, autant que possible, le corps de la verge, afin d'en pouvoir rapprocher la roue, parce que : 1° le frottement est moindre puisque la pression de la roue est la même et la traînée plus petite ; 2° les arcs de levée seront plus grands et par conséquent ceux de supplément

[2] Thiout l'aîné horloger du duc d'Orléans, a publié dans l'année 1741 un *Traité d'horlogerie* en deux forts volumes. Voici le jugement qu'en porte Moinet :
« L'ouvrage de Thiout est très mal rédigé, sans doute, et plus détestablement imprimé : les fautes d'orthographe et de ponctuation y produisent de fréquents contre-sens ; cependant les connaisseurs peuvent encore y distinguer des idées utiles, et quelques jugements assez sains. Les divers défauts de cet ouvrage tiennent en grande partie à son époque. »

plus petits, d'où suit un moindre dérangement par les variations de la force motrice. Les palettes ne doivent pas être entaillées jusqu'au centre, afin d'avoir moins de chute. »

146. – Nous trouvons dans ces extraits de Berthoud plusieurs contradictions, entre autres les suivantes : il conseille des roues peu nombrées, c'est-à-dire à grandes dents, pour obtenir l'isochronisme et, ailleurs, des roues nombrées, c'est-à-dire à petites dents, pour diminuer le frottement sans s'inquiéter d'accorder ces deux extrêmes ; puis il recommande de diminuer le frottement, et surtout le recul, et il veut des palettes qui ne soient pas entaillées jusqu'au centre ; on sait que ces palettes procurent plus de frottement et de recul que les autres.

On s'explique difficilement la prédilection de Berthoud pour l'échappement à verge, car ce qu'il dit des grandes vibrations, de l'utilité de diminuer le frottement, de rendre l'échappement aussi libre que possible, etc., semble écrit en faveur des échappements à repos contre celui à verge, et ses opinions, si favorables à ce dernier, trouvèrent des contradicteurs parmi ses contemporains, notamment dans Lepaute et Jodin.

Berthoud ne pose nulle part les principes de l'échappement à roue de rencontre, si ce n'est très vaguement et dans un certain nombre de passages épars dans les deux volumes de son *Essai*. Trois choses ressortent clairement d'une lecture attentive de cet auteur : 1° la pénétration des dents de la roue sur la palette ne saurait dépasser les ⅔ de la largeur de celle-ci ; 2° le frottement, et surtout celui du recul, est le défaut capital de cet échappement ; 3° l'oscillation totale du balancier ne dépassera que rarement une demi-circonférence.

Ouverture de la verge, 90°, 95° et même 100°, lorsque l'on veut faciliter l'étendue des vibrations et empêcher les renversements ou battements.

Inclinaison des dents de la roue, de 15° à 20°. Ailleurs elle est portée à 25°.

L'arc total de vibration doit être de trois fois la *levée.*

147. Tavan (Mémoire publié à Genève par la Société établie pour l'avancement des arts).

Ouverture des palettes, 100°.

Inclinaison des dents, 25°. Levée, 40°. Vibration totale sans renversement, 220°.

La largeur des palettes, mesurée à partir du centre de l'axe, doit être de 2/11es du diamètre d'une roue de 11 dents, 2/13es pour 13 dents, 2/15es pour 15 dents.

La profondeur de l'engrenage doit être telle, que la verge étant ouverte à 100°, et placée comme l'indique la figure 10, page 64, la dent de la roue fasse reculer chaque palette de 20° (pour avoir la levée totale de 40°. La pointe des dents se trouvera alors dans le plan vertical indiqué par la ligne ponctuée MN.

« Avec cette profondeur d'engrenage il y a la chute nécessaire et point d'accrochement ; c'est celle qui est jugée la plus convenable dans la pratique. »

La seule inspection du dessin suffit pour démontrer que cette profondeur s'arrêtera aux ⅔ environ de la largeur de la palette.

148. Moinet (article de Duchemin).

Ouverture des palettes, de 100° à 110°. Peuvent être ouvertes jusqu'à 115°.

Largeur des palettes, prises du centre de l'axe, moitié de l'intervalle d'une dent à la suivante.

Levée totale, 40°. Inclinaison des dents, de 30 à 35°.

« La méthode plus moderne des verges entaillées semble bien favoriser le principe de Berthoud, en permettant à la roue de se rapprocher davantage de leur centre, mais on ne doit pas en abuser car le levier, devenu plus court, exige un balancier moins lourd et moins propre à vaincre l'épaississement des huiles. »

149. M. Wagner (Mémoire sur les échappements simples).
Ouverture des palettes, de 100° à 115°. Levée, 50°. Vibration totale, 170°.
Les autres proportions sont celles adoptées par Duchemin.

« En traitant l'échappement selon les règles posées par cet artiste, dit M. Wagner, on obtient des montres à roue de rencontre une marche aussi exacte que celle des montres à cylindre. » (Le contraire est prouvé par l'expérience.)

« La longueur et l'ouverture des palettes doivent varier en raison de l'angle d'oscillation qu'on veut faire décrire au balancier ou au pendule, et non pas en raison du diamètre de la roue, comme on l'a cru jusqu'à présent : toutefois l'écartement des dents reste toujours une des bases de ce principe. »

« Malgré la défaveur qu'on a cherché à jeter sur cet échappement et la légèreté du pendule généralement employé (il est question ici des pendules dites *marqueteries* et des horloges *comtoises*), l'exactitude de la marche d'un grand nombre de ces pièces est aussi satisfaisante qu'avec les échappements modernes, tant vantés. » (L'angle des palettes de la verge est dans ces pièces, relativement, très *fermé*.) L'opinion que cet échappement ne souffre pas un pendule aussi lourd à faire mouvoir que les autres échappements est une idée fausse. »

« Le principal but, dans la détermination des principes que je vais poser, est de produire le plus d'effet avec le moins de frottement possible. »

« Je ferai remarquer que, pour réduire les frottements à leur minimum, il faut que l'action de la dent sur la palette, durant l'arc d'oscillation complet, et surtout pendant l'arc complémentaire, se fasse le plus près possible de la ligne qui passe par le centre de l'axe de l'échappement et celui de la roue. »

« L'action que la dent exerce contre la palette influe très peu sur le frottement des pivots. » (Ceci n'est vrai que pour les pendules et les horloges pourvues de verges très fermées, car pour les montres, le contraire est journellement prouvé par l'agrandissement rapide des trous des pivots.)

À la suite d'une comparaison de deux échappements, l'un système Le Roy, l'autre système Wagner, nous lisons :

« On aura dans le premier, où la verge est plus ouverte, une augmentation de frottement produite tant sur les pointes des dents que sur les pivots de l'axe de la roue, par l'action oblique des palettes sur les dents, pendant le recul de chaque dent, ou pendant l'arc supplémentaire. *Il est donc démontré que plus on donnera d'ouverture aux palettes, au-delà de ce qu'il faut pour empêcher le renversement, plus on introduira de frottement, et par conséquent plus il y aura de perturbation dans la marche des pièces.*

« Nous avons vu que les variations de marche, résultat des frottements, sont en raison de l'étendue de ceux-ci.

« L'obliquité de la face des dents doit varier en raison de l'étendue des arcs, l'inclinaison des faces devant être de quelques degrés plus couchée que la moitié de l'arc additionnel » (pris d'un seul côté)

« Je ferai remarquer que l'étendue des frottements du bout des dents sur la face des palettes augmente en raison des arcs décrits, circonstance qui est sans remède dans cette application. Cette indication démontre que cet échappement recevrait une application d'autant plus avantageuse que les oscillations seraient plus petites. »

150. — Il est difficile de comprendre, après ces quelques citations, pourquoi l'auteur auquel nous les empruntons a donné, quant à l'application à la montre, la préférence aux proportions adoptées par Duchemin. Il est évident que l'habile artiste s'est préoccupé, dans son travail, de divers faits observés dans les pendules, et surtout dans les horloges, où l'échappement à palettes est muni d'un pendule.

Ainsi, par exemple, ne tient-il pas suffisamment compte du recul qui, tout à fait insignifiant dans un échappement d'horloge, où l'oscillation totale est de peu d'étendue, devient une cause d'usure et de perturbation, excessivement grave dans les montres où l'amplitude des arcs décrits est environ huit fois plus considérable que dans les horloges.

Nous bornons notre analyse à cette dernière remarque, on comprendra notre réserve vis-à-vis d'un artiste vivant.

Quoique nous ne puissions nous expliquer le choix des données de Duchemin par M. Wagner, nous devons consigner ici que c'est à ce dernier artiste, si connu par ses beaux travaux d'horlogerie monumentale, qu'on doit la théorie géométrique de l'échappement que nous décrivons.

Tableau des proportions adoptées par les auteurs.

	Inclinaison des dents de la roue.	
Le Roy et Sully	25° à 27°	Minimum 15°. - Maximum 35°.
Berthoud	15° à 20° puis 25°	
Tavan	25°	
Duchemin-Wagner	30° à 35°	

	Ouverture des palettes de la verge.	
Le Roy et Sully	95° à 100°	Minimum 90°. - Maximum 115°.
Berthoud	90°-95° et même 100°	
Tavan	100°	
Duchemin-Wagner	100° à 115°	

Deux observations concernant ce tableau.

151. – On voit, à l'examen du tableau ci-joint, que les proportions anciennes et les modernes diffèrent en ceci : que pour les anciens horlogers l'angle d'ouverture des palettes était contenu entre les limites de 90° à 100°, tandis que les modernes l'enferment entre les deux points extrêmes 100° à 115°. La plus grande ouverture des anciens est précisément la plus petite des modernes.

Il paraît étrange, au premier abord, que des artistes comme Le Roy, Sully, Berthoud, Jodin, etc., qui ont pratiqué l'échappement à roue de rencontre durant de longues années, ne se soient pas doutés que quelques degrés de plus, ajoutés à l'ouverture, allaient procurer une exactitude supérieure à celle que l'on obtenait alors. Une très longue expérience de cet échappement leur avait révélé l'écueil que les partisans d'une grande ouverture, séduits par le système, en faveur un moment, des oscillations très étendues, n'ont pas prévu, et que quelques années passées dans les pratiques du rhabillage leur eussent certainement fait découvrir.

Une chose également digne de remarque, c'est que chaque fois que des artistes ont reproché à J. Le Roy de donner à ses verges d'horloge une ouverture trop considérable et des palettes courtes, ce qui l'obligeait à employer un balancier léger et à grandes oscillations, construction qui évidemment engendrait beaucoup de frottement, ils ont condamné le système moderne des échappements à verges très ouvertes, auxquels peuvent s'appliquer les reproches que nous venons de rapporter, et au moins aussi justement qu'à l'échappement d'horloge de Le Roy.

Chapitre II

Principes de l'échappement à roue de rencontre.

L'échappement tangent.

152. *Levée.* —Soit *ab* (fig. 10) la ligne passant par les centres de mouvement de la roue et de la verge ; ZY la direction de la force motrice et en même temps le profil du plan qui passe par les pointes des dents.

La seule inspection de la figure fait voir que l'échappement ne se trouve à la tangente que quand la face de la palette est placée sur la ligne *ab*. En effet, la ligne indicative de la direction de la force, ZY est alors perpendiculaire à l'extrémité du rayon *aq*, et par conséquent tangente au cercle *pqr*.

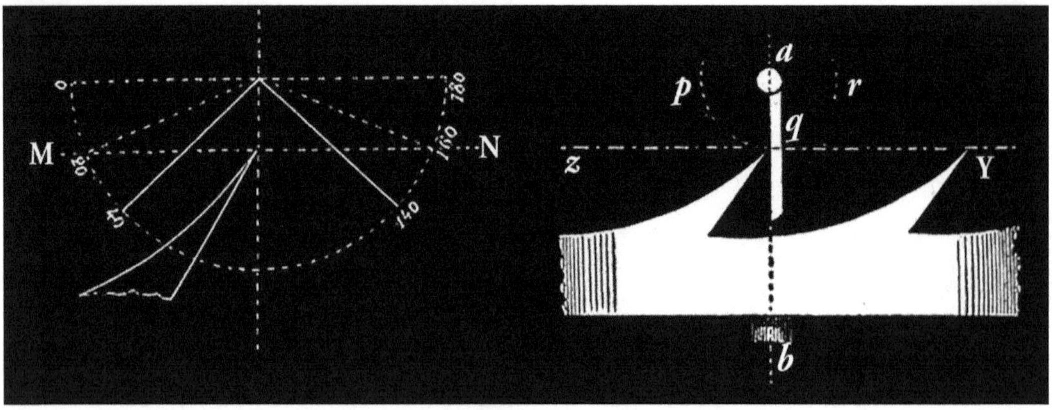

Fig. – 10.

Le *recul* s'effectue quand la palette, après avoir reçu le choc de la dent, contraint celle-ci à rétrograder.

Or, la chute n'ayant lieu que lorsque cette dent a passé la ligne des centres, il s'ensuit que la dent est ramenée en arrière, sous un frottement à rebroussement dont l'intensité diminue à mesure que l'action se rapproche de la ligne *ab*.

153. – Donc : *dans l'échappement à roue de rencontre les frottements, la décomposition de la force et la pression des axes, pendant la levée et le recul, seront d'autant plus considérables que l'action aura lieu plus loin de la ligne des centres et se fera plus obliquement à cette ligne.*

La levée se fait à frottement sortant. Le *recul*, au contraire, se fait à frottement rentrant, *aussi est-ce dans ce recul que réside le défaut capital de ce mécanisme.*

Les échappements à palettes des horloges fonctionnent beaucoup moins obliquement à la ligne des centres que les échappements des montres ; c'est pourquoi les premiers se conservent intacts plus longtemps que les seconds.

Tracé d'un échappement à palettes.

154. –La méthode pour opérer ce tracé est basée sur le principe émis par M. Wagner que : « la longueur et l'ouverture des palettes doivent varier en raison de l'angle d'oscillation qu'on veut faire décrire au balancier ou au pendule. »

Soit un échappement d'horloge auquel on veut faire décrire 8 degrés de levée et 6 degrés d'arc supplémentaire. L'angle d'ouverture des palettes aura en conséquence 14°.

Tirons la ligne des centres AB (fig. 11) ; à égale distance de chaque côté de cette ligne, menons ses deux parallèles H et X, dont l'écartement mesure l'intervalle, qui sépare une pointe de dent de la roue de la pointe suivante, intervalle qui doit, s'il n'est pas connu, être préalablement déterminé.

Du point A, pris pour centre de rotation de l'axe de la verge, et après avoir fait passer par ce point la ligne FG, perpendiculaire à AB, on trace l'angle OAY égal à 3° (½ arc supplémentaire) ; puis l'angle CAY égal à 3°+ 8° ou à 11°. L'angle total OAC est donc ouvert à 14°.

Parallèlement à FG on fait glisser une équerre, adossée à une règle, jusqu'au point où l'on trouve l'égalité des deux distances OY et XC. Le point C, ainsi déterminé, fixe l'extrémité inférieure de la palette AC, et la position qu'elle occupe à la fin de la levée, c'est-à-dire quand la dent va lui échapper.

La ligne ED, menée par le point C, perpendiculairement à AB, fait connaître la direction suivie par les pointes des dents de la roue. Du point A comme centre, avec une ouverture de compas égale à AC, on décrit un arc de cercle qui détermine la longueur de l'autre palette. Quant à la position de la dent qui entre en prise de recul, à l'instant même où commence l'arc supplémentaire, elle est donnée par l'intersection des lignes AO et ED.

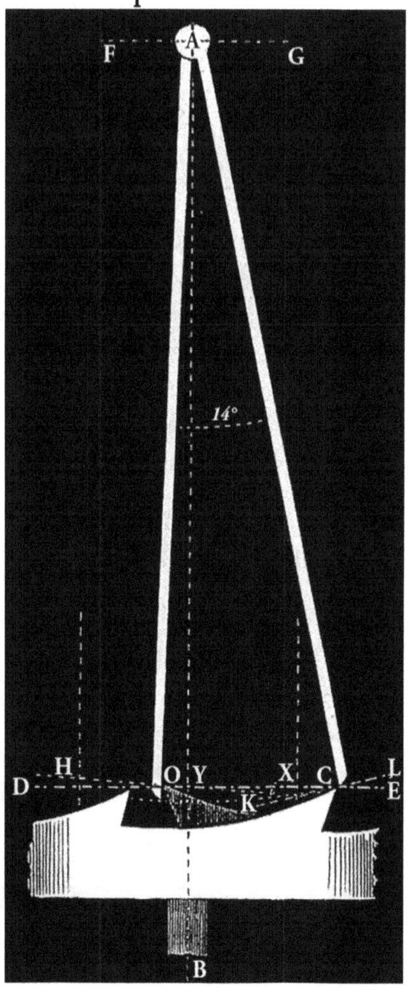

Fig. – 11.

De l'ouverture.

155. – La figure 11 nous représente une verge ouverte à 14°.

Nous y voyons que la direction de la force motrice va, pour la dent O, de E en D, et pour le recul de H en *i*, et que par suite la force qui fait rétrograder la roue agit presque perpendiculairement à la ligne AB (ligne des centres), dans laquelle se trouve l'axe de la roue. L'action a lieu en sens inverse du mouvement de cette roue, repoussée de quelques degrés en arrière. Ce recul n'offre aucun inconvénient, le jeu des engrenages permettant qu'il s'opère sans grande résistance de la part de la roue. D'ailleurs, par suite du peu d'éloignement du point O de la ligne des centres AB, la pression sur les pivots est presque nulle, et la pression par la dent sur la palette se fait par un frottement assez doux ; aussi voit-on peu d'usure aux palettes, à l'endroit de ce recul, dans les échappements d'horloge dont l'angle d'ouverture est de peu d'étendue.

Si l'on cherche la direction des forces pendant la levée, on remarque que la ligne KL (fig. 11) s'éloigne beaucoup plus que H*i* de la perpendiculaire à l'axe de la roue, et que la pointe de la dent agit beaucoup plus loin de la ligne des centres. Mais comme le frottement de la levée est moins intense que celui du recul (le premier étant un frottement sortant, le second un frottement rentrant), l'échappement est encore, dans ce cas, dans de très bonnes conditions de durée.

Un exemple nous en est fourni par les échappements à verges très fermées des horloges comtoises. Ils s'usent bien moins vite que ceux des montres et peuvent marcher, tout en demeurant suffisamment réglés, cinq ou six années et parfois davantage.

Passant maintenant à l'examen du dessin à droite de la figure 12, où l'angle d'ouverture est porté à 115°, et où la direction des forces est indiquée par les lignes DE, H*i*, KL (les mêmes lettres ont été conservées aux mêmes lignes), on remarquera que plus on ouvre les palettes, et plus les angles formés par les lignes I*i*, KL et la ligne des centres AB deviennent aigus. Il en résulte que la puissance agit de plus en plus obliquement et que la résistance tend, de plus en plus, à se faire dans le sens de l'axe de la roue, circonstance extrêmement défavorable, parce qu'une plus grande partie de l'effort de l'échappement est supportée par la pointe d'un pivot appuyé contre une plaque inflexible. La roue, prise entre la pointe d'une dent et son pivot

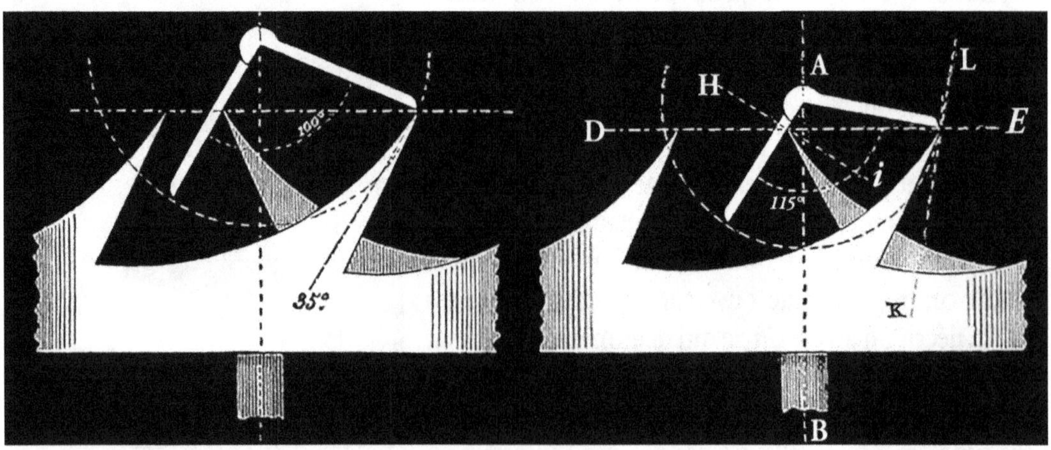

Fig. – 12.

inférieur, agit, de plus en plus, comme un levier rigide, arc-bouté par ses deux extrémités. La pression sur les axes, ainsi que la décomposition de force, est considérable, la puissance est en partie paralysée et, en vertu de l'inertie du balancier, la lutte entre les deux forces produit un frottement tel que les palettes, même les plus dures, ne peuvent résister.

Concluons, ainsi que l'a fait M. Wagner : « que l'échappement à palettes recevra une application d'autant plus avantageuse que les oscillations seront plus petites. » Et, comme il y a corrélation entre l'arc décrit par le balancier et l'ouverture de sa verge, ajoutons : qu'un échappement de montre sera dans les meilleures conditions de durée, quand son angle d'ouverture ne dépassera pas l'étendue strictement reconnu nécessaire et justifiée par l'expérience.

Elle a fixé le chiffre à 100°, comme terme maximum, ainsi que la suite va le démontrer.

De la levée.

156. – La pénétration des dents dans les palettes n'est pas arbitraire, on le sait, elle dépend de l'ouverture. Il en est de même de la distance de l'axe de la verge aux pointes des dents. Ces pointes vont en se rapprochant de cet axe, à mesure que l'on agrandit l'angle d'ouverture. Pour un angle de 40° (fig. 13), la pénétration ira, environ, entre 1/7e et 1/6e de la largeur de la palette, à compter de son extrémité. L'éloignement des dents du corps de la verge sera égal à un peu plus que la distance comprise entre une pointe de dent et la pointe de la dent suivante.

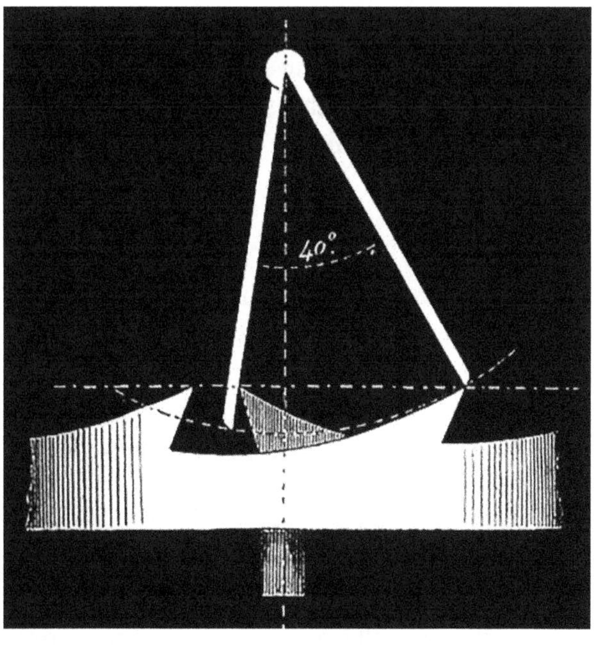

Fig. – 13.

L'ouverture étant fixée à 100°, la pénétration s'arrêtera aux 2/3 environ de la largeur de la palette. L'espace restant entre l'extrémité des dents et l'axe de la verge se réduira, à peu près, entre 1/4 et 1/6e de la distance de deux pointes de dent (fig. 12).

Enfin, pour une ouverture de 115° la pénétration ira entre 6/7es et 5/6es environ ; c'est ce que l'on exprime dans la pratique en disant que la roue prend jusque dans le corps de la verge. Alors la distance de la pointe des dents à la tige du balancier est à peu près de 1/10e de la distance de deux pointes (fig. 12).

Les chiffres que nous venons de poser ne sont qu'approximatifs, c'est-à-dire suffisants. Les chiffres rigoureux seraient inutiles et sans application dans l'échappement qui nous occupe.

157. — Ce que nous venons de dire de la pénétration peut s'appliquer, en renversant le rapport, à la largeur des palettes. Cette largeur varie en sens inverse de l'ouverture. (Voir les fig. 11, 12 et 13, tracées sur une distance égale des dents des roues.) Plus l'angle en est ouvert, et plus la largeur des palettes diminue ; par suite, la roue agit sur un levier de plus en plus court, et l'impulsion que reçoit le balancier varie en raison de la longueur de ce levier et de la durée de l'action motrice dont il supporte l'effort.

On voit qu'il doit exister un rapport entre la force motrice, la longueur du levier, le poids et le diamètre du balancier, mais que la solution de ce problème échappe au calcul et ne peut être donnée, présentement, que par l'expérience. De savants praticiens fixent pour l'extrême limite de la pénétration, dans la montre ordinaire, les 2/3 environ de la largeur de la palette, et nous ferons remarquer que cette pénétration est précisément celle qui correspond à une ouverture de 100°.

De l'arc supplémentaire.

158. — Aucun horloger n'ignore qu'avec la plupart des échappements actuellement en usage la marche d'une montre est d'autant mieux soutenue, en thèse générale, que les arcs supplémentaires ont plus d'étendue, relativement à l'arc de levée (**95**).

Avec une levée de 40°, et dans les conditions ordinaires, on obtient d'un échappement à palette près de 180° de vibration totale. Si l'on augmente la levée beaucoup au-delà de 40°, soit, par exemple, 50°, l'oscillation totale ne progresse pas dans la proportion de 40 à 50, et l'on n'obtient pas des vibrations de 225° (près de 3/4 de tour), qui sont celles indiquées par la proportion ; seulement les vibrations s'accomplissent alors d'un mouvement rapide et saccadé. Cette décroissance relative des arcs supplémentaires, quand on dépasse 180° pour l'arc total, qui n'a que nous sachions, été signalée par personne, s'explique par les causes suivantes :

- la résistance du recul considérablement augmentée ;
- le raccourcissement du levier, qui est cause que le balancier est mû avec moins de force par la roue ;
- le rebattement du bord de la palette contre la face des dents, qui paralyse l'arc supplémentaire. Ce rebattement se produit près des limites d'une oscillation totale de 170°, et il acquiert d'autant plus d'énergie qu'on s'éloigne en plus de ce nombre. La puissance de ce rebattement est telle que, dans une montre soumise à des secousses, elle rend les grandes vibrations plus rapides que les petites. Ce dernier fait est bien connu de tous les praticiens.

Le résumé de cet article est que toute levée excédant celle absolument nécessaire pour procurer au balancier une vibration d'une amplitude suffisante ne peut qu'introduire dans le mécanisme des causes de destruction prompte et de perturbation. La longue expérience des artistes leur ayant prouvé que 40° de levée suffisaient amplement dans les montres, il convient de se borner à ce chiffre, puisqu'il offre, en outre, l'avantage de procurer *le plus grand arc additionnel relatif* ; mais comme on sait que la levée et l'ouverture sont dépendantes l'une de l'autre, il s'ensuit que l'ouverture convenable sera celle qui procurera précisément cette levée de 40°, c'est-à-dire une ouverture de 100°.

Du recul.

159. — Le recul est égal à la moitié de la totalité de l'arc additionnel. Pour un échappement ordinaire d'horloge ayant environ 20° d'oscillation totale, le recul se présentera par 6, tandis que dans une montre ayant 180° de vibration totale, le recul sera représenté par 70°.

Mais ces deux nombres n'indiquent que le rapport d'étendue des deux reculs et non leur intensité relative car, dans ce dernier cas, la disproportion deviendrait encore beaucoup plus considérable.

On se l'expliquera facilement si l'on se souvient de ce fait, signalé plus haut (**155**), que la poussée du balancier, produisant le recul, prend de plus en plus une direction se rapprochant de la parallèle à l'axe de la roue à mesure que l'on ouvre davantage les palettes. Il résulte évidemment de cela que les règles qui régissent l'échappement à pendule doivent être beaucoup modifiées dans leur application à la montre.

Les *rebattements* qu'on évite, du moins en partie, en ouvrant de plus en plus les palettes, offrent de moindres inconvénients que le recul.

Ce recul est le plus grand défaut de l'échappement à roue de rencontre appliqué aux montres, ainsi que l'ont remarqué presque tous les artistes, et que Duchemin lui-même a fini par s'en apercevoir. (Voir *l'Art de conduire les pendules*, etc., de M. Robert, page 248.)

En outre de la gêne qu'il apporte à l'accomplissement de l'arc supplémentaire, l'action de son double frottement parvient toujours, à de très rares exceptions près, à creuser les palettes, et réussit même quelquefois à les trouer, si la montre soutient une marche assez longue pour cela. C'est toujours au point où commence l'action du recul qu'une palette se pique tout d'abord. Ce point est très visible à la loupe et même à l'œil nu. Aussitôt qu'une palette est marquée, l'extrémité des dents se déforme, la destruction de l'acier s'opère avec rapidité sur toute la surface frottante, et les variations du réglage deviennent de plus en plus sensibles. La puissance de ce recul se manifeste encore par le prompt agrandissement des trous des pivots, et fréquemment par l'usure de ces mêmes pivots.

Tous les essais d'amélioration qui ont été tentés, tels que roue en or, roue en acier trempé fonctionnant avec un peu d'huile aux pointes, trous en rubis, etc., ont échoué complètement, par la raison toute simple qu'aucun d'eux ne supprimait les inconvénients du recul, c'est-à-dire du défaut capital de l'échappement.

Il résulte de ce qui précède que l'agrandissement de l'angle d'ouverture favorisant l'étendue et la dureté du recul, il convient de s'arrêter à la limite la plus restreinte fixée par la nécessité, si l'on veut éviter d'augmenter les causes de destruction et par suite l'irrégularité de la marche, qui se produit dans un avenir assez prochain.

On a, comme on le voit, d'assez bonnes raisons pour ne pas dépasser, ou du moins de fort peu, le nombre de 100° pour l'ouverture des palettes.

Inclinaison des dents de la roue.

160. – On sait qu'il faut donner aux dents de la roue la plus grande inclinaison possible, afin d'éviter le rebattement de la palette contre la face de ces dents. Les modernes portent cette inclinaison à 35° ; nous pensons que c'est à tort, parce que, comme il faut alors, pour éviter le talonnement sur le dos de la dent, dégager beaucoup cette partie, on produira une denture mince et effilée, et dont le peu de force cause de sérieuses difficultés pour obtenir d'abord et pour conserver ensuite la justesse de la roue.

Le dessin occupant la gauche de la figure 12, page 67, où les pièces représentées ont les proportions convenables, rend toute démonstration superflue.

On fera sagement de s'arrêter à 30°. Cette inclinaison laisse rigoureusement aux dents une solidité suffisante et n'exige pas, au même point que celle à 35°, les soins et les précautions auxquels il serait ridicule de vouloir assujettir les praticiens qui traitent cette partie de la médiocre et courante horlogerie. Néanmoins nous devons reconnaître que la denture de la roue, inclinée à 35°, ne présente d'autres inconvénients que la difficulté de la tailler et de la conserver juste.

Résumé.

161. – D'après les articles que nous venons de parcourir, nous savons maintenant que l'ouverture, la pénétration des dents, la levée, l'arc supplémentaire, l'arc total, le plus ou moins de recul, etc., rien n'est laissé à l'arbitraire, tout se lie ; il s'agit seulement de déterminer, d'après une base choisie, les rapports proportionnels des différents organes. Or, du moment qu'il nous est prouvé qu'au-delà de l'oscillation totale de 180°, la destruction des surfaces en contact augmente rapidement, ainsi que les causes de variation de réglage (**158**), nous possédons une donnée précise qui nous guide dans la construction de l'échappement. C'est-à-dire que : force motrice, poids du balancier, levée, frottements, etc., sont subordonnés à cet arc d'oscillation et doivent être combinés de façon à le produire dans les meilleures conditions mécaniques possibles.

Et pour conclure, nous nous rappellerons que nous avons établi qu'en adoptant 100° pour l'angle des palettes, nous aurons, en outre d'une levée d'environ 40° :

- une vibration totale suffisante, puisqu'elle peut aller à 180°, et qu'elle s'accomplira beaucoup plus librement que toute autre plus étendue ;
- l'arc additionnel le plus libre et le plus grand qu'on puisse avoir relativement à celui de levée ;
- la pénétration aux ⅔, c'est-à-dire au bout d'un levier qui n'est pas assez long pour que la roue maîtrise le balancier, et qui n'est pas assez court pour qu'il se produise un arrêt-au-doigt, ce signe infaillible de l'impuissance de la force motrice en action sur la palette.

Tous ces faits notoires, et prouvés par la théorie et l'expérience (consulter Le Roy, Sully, Berthoud, Jodin, Lepaute, Tavan, Perron, Duchemin, etc.), suffiraient à démontrer qu'il ne faut, dans aucun cas, dépasser 100°, et si l'on considère que trois ou quatre degrés de plus ajoutés vont faire augmenter dans une progression rapide, non seulement la pénétration, mais encore la puissance du recul, déjà si considérable et si nuisible même aux verges ouvertes à 100°, on s'étonne que la question de l'ouverture soit encore l'objet de controverses, et que l'on ait, à plusieurs reprises, proposé une levée de 50° pour produire une vibration totale de 170°, quand on sait, par l'expérience de plus d'un siècle, qu'on obtient à volonté, avec une simple levée de 35° environ, un arc total de 170° au moins. Il serait bon de ne pas oublier que l'étendue de l'oscillation est une conséquence du plus ou moins de liberté du rouage, de la bonne disposition de l'engrenage de champ, du poids du balancier, du jeu régulier du spiral et des frottements de l'échappement.

Nous n'avons parlé jusqu'ici ni de la chute, ni de la largeur précise des palettes, leur article va se trouver un peu plus loin. Faisons seulement remarquer, en passant, que Duchemin donne une largeur unique pour les palettes, tandis que cette largeur doit varier d'une assez notable différence, si de 100° on pousse l'ouverture à 115°.

Tableau des proportions de l'échappement à roue de rencontre dans les montres en usage aujourd'hui.

162. Ouverture de la verge........................ 100°.
Levée totale........................ 40°.
Inclinaison des dents........................ 30°, avec l'axe de la roue.
Oscillation totale maximum........................ 180°.
Elle peut décrire sans renverser........................ 220°.
Largeur des palettes (du centre de l'axe), un peu plus que la moitié de la distance d'une pointe de dent à la suivante ou, et toujours approximativement :

Pour une roue de	11 dents le	1/5 (faible) du diamètre.
–	13	1/6 –
–	15	1/7 –

On les amènera s'il y a lieu, à leur point définitif après une vérification, toutes choses en place, des levées et des chutes.

Si l'on voulait tenir les palettes un peu plus fermées, il faudrait (toutes proportions gardées) leur donner une largeur un peu plus grande, réduire la levée et l'oscillation totale, et augmenter la grandeur et le poids du balancier.

Les dents doivent être suffisamment dégagées par derrière, afin d'éviter le talonnement du bord de la palette sur le dos de ces dents.

163. Dans les horloges comtoises :

L'arc de levée est ordinairement en moyenne de 2° à 3° d'un côté ;

L'arc supplémentaire de quelques degrés de plus. Ce qui donne un arc total oscillant entre 10° à 20°.

Les palettes forment entre elles un angle qui va autour de 50°.

Ces palettes sont quelquefois plates et de la même épaisseur que l'axe, ce qui est cause que l'angle dont le sommet réside au centre de mouvement se trouve un peu plus fermé que l'angle des palettes. Quant à celles dont la face présente une forme concave, elles fonctionnent à très peu près dans les conditions du plan droit visant au centre de mouvement. Ces échappements, ayant un angle plus ouvert et des palettes plus courtes que celles indiquées par la théorie, engendrent une somme assez considérable de frottements.

Le choix de ces proportions par les fabricants peut s'expliquer par cette raison, que l'échappement ainsi traité demande un poids moins lourd au pendule, une moindre précision dans les effets et permet de plus grands arcs supplémentaires que s'il était construit dans de meilleures conditions théoriques.

Nous nous sommes suffisamment étendu sur l'échappement à roue de rencontre, et antérieurement sur la question des frottements, pour qu'il soit inutile d'entrer ici dans de nouveaux détails.

Faits de pratique

à l'appui des règles indiquées.

164. – Tous les artistes bons praticiens, ou presque tous, sont d'accord sur ce point qu'une levée de 40° suffit largement, et qu'en la poussant au-delà, on ne fait qu'introduire des causes d'usure et de désordre.

Dans les fabriques, où longtemps on a tâtonné l'ouverture, sa limite extrême est fixée à 100° depuis plus de quarante ans.

Quand le balancier d'une montre a ce qu'on appelle un mauvais cheminement, il suffit, dans la plupart des cas, si les palettes sont assez larges, de fermer un peu la verge à la flamme de la lampe, pratique bien connue des rhabilleurs, pour obtenir une plus grande vivacité d'allure et un réglage mieux soutenu, sauf toutefois quand le balancier est trop léger.

Lorsque l'on demande à un rhabilleur capable quel est le signe caractéristique d'une trop grande ouverture, il répond sans hésiter qu'à défaut d'autre moyen de vérification, il le reconnaît à cet effet que l'échappement, qui vibre hardiment tant que les huiles sont fraîches et les surfaces frottantes dans leur état primitif de parfait poli, perd de son cheminement après quelques semaines de marche, et varie fréquemment à partir de ce moment. Or, ce qu'il entend par une verge trop ouverte est celle qui dépasse 100°, ainsi que nous avons eu nombre d'occasions de le vérifier, et ainsi que cela ressort de cette expression usitée dans la pratique : il faut ouvrir la verge un peu plus que l'angle droit.

Les montres anciennes allaient trois années environ, avec un réglage soutenu. Les montres modernes, établies dans de bonnes conditions de hauteur, mais avec des verges plus ouvertes, ont bien de la peine à marcher dix-huit mois à deux ans, et au bout de ce laps de temps, elles ont à peu près toutes leurs palettes profondément piquées. Ces montres vont, d'ordinaire, assez bien pendant quelques premiers mois, et fort mal pendant tous les autres.

Enfin, tous ces faits, si connus et si concluants, sont corroborés par l'expérience décisive des montres anglaises.

Le système anglais diffère entièrement du nôtre ; les palettes plus fermées, le balancier plus pesant, l'arc d'oscillation plus court, toutes conditions désavantageuses, selon les partisans d'une grande ouverture. Eh bien, l'échappement ainsi traité donne un réglage égal à celui des pièces françaises à verges ouvertes et fraîchement réparées, mais avec cette différence que les pièces françaises se dérèglent et se détruisent promptement, tandis que le réglage des pièces anglaises se soutient des années, au bout desquelles il n'y a aux parties frottantes que peu ou point de destruction. Une preuve, et sans réplique, de la supériorité des échappements anglais, c'est qu'ils règlent assez bien, c'est-à-dire dans les limites admises pour ce genre d'échappement, avec des trous en pierres fines aux pivots du balancier, chose qu'on n'a pas encore pu obtenir des pièces françaises.

Les Anglais ont été judicieux, ils ont cherché et sont parvenus à atténuer l'influence combinée du recul et du rebattement de la palette, tandis que nos modernes ont fait le contraire.

Verges trop fermées.—Trop ouvertes.

165. – Avec une verge trop fermée, le rebattement et le renversement ont lieu au bout d'une assez courte oscillation. Si les palettes ont une grande largeur, la dent agit sur un levier trop long, son action sur le balancier en est d'autant plus énergique, et ce dernier, maîtrisé par la force motrice, en subit toutes les inégalités.

Avec une verge trop ouverte, la roue prend, à peu près, dans le corps de la verge. Le levier à l'extrémité duquel agit cette roue devient tellement court et oblique à l'action motrice, qu'elle n'a pas, la plupart du temps, la force nécessaire pour vaincre la résistance opposée par l'inertie du balancier et l'épaississement des huiles, et l'on a un arrêt-au-doigt, même avec un balancier léger.

166. – En outre, plus les palettes seront étroites et plus les frottements seront variables, par suite du jeu des pivots et de l'agrandissement des trous. Soit AB (fig. 14) la quantité dont chaque verge a reculé : il est évident que le frottement, transporté du point A au point B, aura varié pour le petit levier dans la proportion de 2 à 1, et pour le grand dans la proportion d'un cinquième seulement.

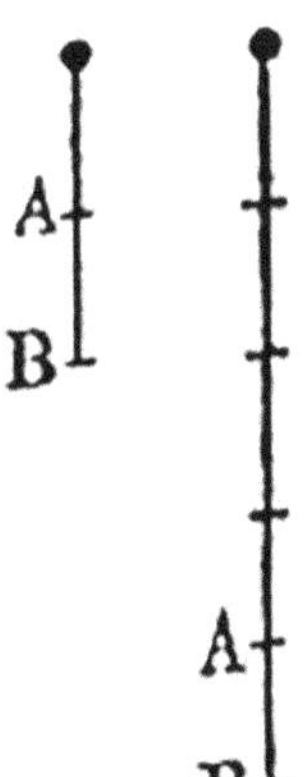

Fig. – 14.

Généralement les vibrations produites par des verges trop fermées sont courtes et brusques, tandis qu'avec des verges trop ouvertes, elles tardent peu à tomber en langueur, et dans les deux cas la montre ne demeure jamais longtemps réglée.

Les faits, tous pratiques, que nous venons de signaler sont, pour ainsi dire, saisissables à l'œil de l'observateur, quand l'angle d'ouverture est au-dessous de 95° et au-dessus de 100°. Si l'on se souvient que la rudesse du frottement du recul et du rebattement du bord de la palette contre la face des dents acquiert d'autant plus d'influence et de force que l'on s'éloigne, en plus, de ce dernier nombre, et si l'on ajoute, en outre, qu'avec une verge très ouverte un échappement exige, dans sa mise au point, des soins et une précision incompatibles avec le bon marché des montres auxquelles il est destiné, on en conclura que dans aucun cas il ne faut dépasser 100°.

Vouloir mettre les ouvriers dans la nécessité de traiter l'échappement à roue de rencontre avec les précautions nécessaires aux échappements de précision est une erreur qu'il suffit d'indiquer : inutile de la réfuter.

Chapitre III

Détails pratiques et d'exécution.

De la verge.

167. – La verge, en acier de premier choix, doit être bien trempée, avoir ses pivots revenus bleus ou plutôt violets, ses palettes seulement jaunes et le tout parfaitement poli. Tout horloger sait qu'on redresse une verge en frappant avec le marteau tranchant sur le côté concave de la tige, tandis que le côté convexe est appuyé bien d'aplomb, et qu'il est utile de ne pas enlever les marques laissées par le marteau. En soudant l'assiette, il faut éviter de chauffer trop l'acier, ce qui le corrompt, le rend cassant et beaucoup plus susceptible de se détruire sous le frottement de la roue.

Les palettes de la verge doivent être entaillées jusqu'au centre de l'axe. Berthoud les entaillait un peu moins, afin d'éviter une partie de la chute, mais il en résultait plusieurs inconvénients : le recul augmenté, la chute trop précise, ce qui est une cause fréquente d'arrêt, enfin, l'angle d'ouverture paraissant plus ouvert qu'il ne l'est en effet, ce qui offre quelques difficultés quand on veut vérifier si cet angle est celui qui convient.

Avec une verge où la profondeur de l'entaille dépasse le centre, la chute devient considérable. Généralement la montre dans laquelle elle se trouve ne garde pas longtemps sa régularité (170).

Les auteurs que nous avons cités plus haut ne donnent pas exactement la même largeur de palettes. Ceci est indifférent. Le plus sûr est de les tenir un peu plus larges que la moitié de la distance d'une pointe de dent à la pointe suivante (162) . Puis on les diminue avec précaution jusqu'à ce que l'on ait les levées et les chutes suffisantes.

La largeur se compte à partir du bord de la palette jusqu'au centre de l'axe : c'est ainsi que nous l'avons toujours entendu chaque fois que nous avons parlé de la largeur des palettes. On comprend, d'après cette explication, que si l'on mesure la largeur totale d'une palette, il faut en déduire la moitié du diamètre de la tige, si l'on veut avoir la largeur vraie à partir du centre, qui est la seule mesure exacte, puisque la largeur totale varie suivant le plus ou moins de grosseur de la tige.

Le bord extérieur de la palette doit être arrondi concentriquement à l'axe, exactement comme s'il n'était qu'une portion conservée d'une verge à rouleau. (C'est à tort que notre graveur ne s'est pas conformé à cette indication dans les figures qui précèdent.)

L'avantage qui résulte de cette disposition est celui-ci : on ne diminuera pas la largeur des palettes quand on sera dans la nécessité de dépiquer la verge.

168. – Les palettes doivent être parfaitement polies, mais on doit éviter de trop sécher le rouge sur sa lime de zinc ou de cuivre, et il faut terminer l'opération du polissage avec un bois tendre chargé du dernier rouge dont on s'est servi.

Quelques ouvriers, dans l'opération du rétrécissement des palettes qui doivent être bien d'égale largeur partout, emploient seulement la pierre pilée et le fer : il faut toujours compléter ce travail avec du rouge et arrondir finement l'angle car l'emploi de la pierre pilée laisse sur cet angle une espèce de morfil très nuisible aux pointes des dents de la roue de rencontre et par suite aux palettes elles-mêmes.

Le savonnage est une bonne méthode pour nettoyer convenablement une verge, et c'est celle adoptée par les ouvriers soigneux.

Des verges à palettes en rubis.—Des verges entaillées au-delà du centre.

169. – On rencontre à tout instant, et surtout dans les provinces, des horlogers qui croient faire chose nouvelle en garnissant une verge de palettes en rubis. Ils proclament volontiers leur découverte à son de trompe. Puis quelques mois passés, on n'entend plus parler de rien.

Des montres à palettes en pierre ont soutenu une marche convenable ; on peut citer entre autres les montres marines de Harrison et Larcum-Kendal. Le succès est attaché à la solution d'une question de frottement, mais cette question, qui paraît simple au premier abord, est fort compliquée et exigerait pour être résolue toutes les ressources de la science moderne, ce qui signifie nettement qu'elle est hors de la compétence des horlogers de notre temps, sauf peut-être une demi-douzaine ; et quant à la science, elle a vraiment bien mieux à faire qu'à s'occuper de l'échappement à roue de rencontre (117).

170. – Avec les verges entaillées moins que le centre, ou ouvertes au-delà, on peut réussir à régler. Il n'y a qu'un rapport à trouver et à établir. Ouvertes au-delà, ce rapport se conserve plus difficilement, on apprécie moins exactement l'angle d'ouverture, et quand la verge est piquée elle est perdue.

Nous n'insistons par sur ces nouveautés, cent fois essayées et cent fois abandonnées.

De la roue de rencontre.

171. – La roue de rencontre, en laiton parfaitement écroui, doit avoir, ainsi que nous l'avons déjà vu, le plus grand diamètre qu'on pourra lui donner. Il faut que ses dents présentent une bonne épaisseur moyenne, c'est-à-dire que la surface, légèrement arrondie en travers, qui est en prise avec la palette, soit plutôt un peu large que trop étroite (41).

Avec une dent mince, l'effort, qui est le même qu'avec la dent large, étant réparti sur une moins grande surface, agit d'autant plus fort sur chaque partie. Les aspérités des deux métaux se pénétrant trop profondément, la palette se pique plus tôt et le frottement va toujours en augmentant.

C'est d'après la même loi que les pivots ont un plus grand frottement et se conservent mal dans les trous minces en métal et en pierre, et que la suspension à couteau se détruit. Le couteau ne portant jamais bien exactement sur toute sa longueur, il n'y a que de petites surfaces qui sont en contact, et elles se *grippent* promptement.

La roue de rencontre doit toujours avoir un nombre impair de dents, afin que lorsqu'une dent entre en prise avec une palette, l'autre palette se trouve dans un vide.

Un praticien (Perron) a fait, il y a plus d'un demi-siècle, des essais de roue de rencontre en or et en acier. Celles d'or n'ont pas préservé les verges, mais celles d'acier ont donné de bons résultats moyennant un peu d'huile aux palettes.

Il est difficile de tailler une roue de laiton très juste, à moins d'enlever peu de matière à la fois, d'avoir une excellente lime circulaire, dite fraise, et de terminer la denture par plusieurs opérations successives. Les dents cédant plus ou moins sous la pression de la taille, la roue est toujours déformée à la fin de son premier tour.

La roue doit être ébarbée, frisée à la pointe des dents et justifiée avec soin. Une roue qui n'est pas ronde, qui est divisée inégalement, ou qui tourne mal droit, fait perdre une partie de la levée, produit des chutes inégales et, en somme, rend parfois le réglage de la montre impossible.

172. — Il est bon de corroder modérément les dents avec l'acide azotique (nitrique du commerce), ainsi que l'indique l'article de la piqûre (chapitre IV). Mais à la suite de cette opération, quelques horlogers nettoient la roue en la brossant légèrement soit avec de la terre pourrie, de la corne de cerf calcinée, ou du charbon doux, et sans prolonger l'action de la brosse au-delà du terme nécessaire pour un simple nettoyage.

On obtient de bons résultats en enlevant aux dents les traits laissés par la taille avec de la pierre à l'eau douce broyée à l'huile et une lime d'étain, puis on les adoucit avec un bois tendre chargé de charbon doux broyé à l'huile, et on complète l'adoucissage avec une brosse bien garnie du même charbon. L'emploi d'un brunissoir, qui doit être très doux, très propre et très poli, offre plus d'inconvénients que d'avantage quand la roue n'a pas été préalablement ou passée à l'acide, ou parfaitement adoucie, et il ne sert quelquefois qu'à enfoncer plus profondément les corps étrangers attachés à la surface de la dent.

Ces derniers détails se complètent par différentes indications pratiques contenues dans le chapitre suivant.

Justifier une roue de rencontre.

173. — Les marchands de fournitures d'horlogerie vendent tous des outils à justifier les roues de rencontre, mais malgré leur prix assez élevé et la longueur de l'opération faite avec leur secours, le résultat n'en est pas toujours satisfaisant. On peut avec avantage suppléer cet outil par la méthode pratique suivante de M. Noriet, de Tours, méthode employée avec succès depuis vingt-cinq ans au moins par M. Brisbart, de Paris, et par les nombreux élèves de cet excellent professeur.

La roue ayant été délicatement frisée sur les pointes des dents, puis remise en place, et l'échappement étant à son point (sans jeu), on fait marcher le lardon de très peu, c'est-à-dire juste de la quantité nécessaire pour produire l'accrochement sur la palette du nez de potence.

Cet accrochement sera produit par la pression du doigt, la roue devant recevoir en arrière un peu de jeu dans le sens de la longueur de son axe, afin que la dent puisse passer outre en reculant.

Ayant ainsi fait marcher le lardon jusqu'à ce que quelques dents ne passent qu'en forçant et la platine tenue de la main gauche, dont un des doigts conduit la roue de rencontre, lorsqu'une dent accroche, on pousse deux dents en avant : la dent qui accroche se trouve alors en évidence, et il devient facile, avec une petite lime barrette douce et bien coupante, de limer cette dent sur son angle et de façon à ce qu'elle n'accroche plus. Cela peut être fait sans que le pivot coure aucun risque, parce que la roue est soutenue par le doigt qui presse la portée du pivot contre le nez du lardon, et parce que l'application de la lime tend à donner à la roue un mouvement de recul sur elle-même plutôt qu'un mouvement de tirage sur ses pivots. Avec un peu d'habitude, cette opération n'offre ni difficulté ni danger.

La roue ayant accompli un tour entier, et les quelques dents qui accrochaient ayant été touchées, on fait marcher de nouveau un peu le lardon, l'on répète l'opération ci-dessus, et ainsi de suite, jusqu'à ce que toutes les dents passent sans chute sur la petite palette.

Quand les différences sont très considérables, il faut commencer par employer le moyen indiqué chap. IV. (Les dents de la roue faussées, etc.)

Des pivots et des trous.

174. — N'ayant conservé au corps de la verge que la grosseur réclamée pour la solidité, on prendra pour diamètre des pivots, qui doivent être durs, cylindriques et bien polis, un quart de la largeur de la palette : l'expérience ayant démontré que cette proportion de la grosseur du pivot à la longueur du levier est celle qui convient. On donnera pour longueur à ces mêmes pivots trois fois leur diamètre. Le bout des pivots ne doit pas être arrondi, mais être plat et avoir seulement son angle légèrement abattu, afin d'égaliser, autant que possible, les sommes de frottement dans les positions horizontale et verticale, c'est-à-dire afin de régler du *plat* au *pendu*.

Les pivots de la roue peuvent être de la même grosseur que ceux de la verge. Il n'y a pas d'inconvénient à les tenir un peu plus fins, mais il faut toujours leur conserver une bonne longueur, au moins deux fois leur diamètre et plus si l'on peut.

175. — Les trous, en bon laiton, doivent avoir une épaisseur suffisante, autrement ils rongeraient les pivots. Nous en avons vu la raison à l'article 171.

L'équarrissoir, qui sert à donner le dernier coup aux trous, doit avoir été légèrement *tiré de long* au rouge.

Cette opération, en le débarrassant de minces rebarbes, rendra ses angles moins aigus et moins susceptibles de laisser de petits fragments d'acier aux parois des trous. Ce qui est une cause de destruction peu soupçonnée, et dont la preuve, au moyen d'une forte loupe, se découvre dans la forme en scie des arêtes vives des petits équarrissoirs ayant longtemps servi.

Après l'équarrissoir, on passera dans le trou, pour l'adoucir, une pointe de bois, garnie de charbon de bois tendre broyé à l'huile ou de rouge à polir. L'emploi du rouge à polir est réprouvé par de bons horlogers. Il nous a cependant réussi ainsi qu'à plusieurs de nos collègues, mais il nécessite un nettoyage fait avec soin.

Le trou du coq, où passe le tigeron de la verge, ne doit pas être trop grand pour prévenir, en cas de rupture du pivot, la course du rouage.

Les nez de la potence et de la contre-potence doivent être arrondis en goutte de suif du côté de leurs plaques, et avoir un petit jour avec ces mêmes plaques, afin que nulle puisse rentrer dans le trou à mesure que celle qui s'y trouve s'évapore (**91**).

Des trous en pierres fines.

176. — Les trous en pierre valent moins que ceux en bon laiton : ils rendent une montre difficile à régler et sujette à des écarts subits et imprévus. Il en est de même avec des pivots excessivement fins à l'échappement. Comme pour les palettes en pierre, toute la difficulté se réduit ici à une question de frottement.

Nous savons que le réglage est le résultat d'un certain équilibre entre la puissance et la résistance donc si le rapport convenable existait quand avait lieu le contact d'acier et laiton, il n'existera plus quand au laiton on substituera un corps beaucoup plus dur, mieux poli, et qui, conséquemment, et sous une même pression, se laissera moins pénétrer que le laiton.

177. — L'amoindrissement des résistances provenant des frottements rend l'échappement très sensible et exige que les proportions de l'ensemble soient bien plus rigoureusement observées. Les horlogers qui possèdent des connaissances scientifiques étendues pourront réussir, quant aux autres, nous ne pouvons que les engager à ne pas poursuivre des essais dont le moindre inconvénient serait de leur faire perdre leur temps.

Au trou du lardon, qui se dérange si facilement par le rebouchage, et qui use si promptement son pivot, un trou en rubis assurerait pour longtemps les fonctions de l'échappement.

Nous ferons connaître ses chances de succès en rendant compte d'expériences faites par un horloger de Paris.

Du balancier.

178. — Les auteurs et les artistes praticiens n'ont pas de règle précise, géométrique, pour déterminer la grandeur et le poids d'un balancier.

Nous aborderons largement cette matière difficile et neuve, mais ici nous devons nous contenter de fournir aux lecteurs les données de l'expérience, données assez vagues du reste, comme on va le voir.

La règle empirique qui fixe sa grandeur lui attribue, dans nos calibres modernes, un diamètre moyen égal à celui du barillet. L'expérience, en effet, prouve que le balancier théorique doit s'éloigner peu de cette dimension.

Quant au poids, dans nos calibres actuels, un balancier qui tire moins de 25 minutes par heure est trop lourd, il faut le diminuer, autrement il occasionnerait l'arrêt-au-doigt et un surcroît de frottements inutiles. Celui qui tire plus de 27 minutes est trop léger et, par conséquent, il règle mal : il faut le remplacer.

Remarquons que l'opération de faire tirer les minutes ne doit avoir lieu que lorsqu'on s'est assuré de la bonté des engrenages, de la liberté des mobiles, du jeu des pivots garnis d'huile, car un peu plus ou un peu moins de liberté dans le rouage changera le rapport entre la force motrice et le régulateur et, par conséquent, l'allure du balancier qui alors, quoique tirant le nombre de minutes donné, pourrait bien ne pas être dans des conditions propres à procurer un réglage sûr.

Les montres à vibrations lentes ayant besoin d'un balancier pesant et d'un spiral faible, rebattent facilement au porter. Il convient donc que le nombre des vibrations par heure ne soit pas au-dessous de 16 000, ni au-dessus de 18 000.

Un balancier doit être en parfait équilibre, tout son poids doit se trouver dans sa circonférence, les rayons et le centre doivent être dégagés de matière et n'en conserver que la quantité nécessaire à la solidité.

179. — Un balancier tirant un nombre de minutes connu, comme 20 par exemple, on peut déterminer par le calcul combien il faut ôter de son poids pour lui en faire tirer 26. Voici la formule qui donne la solution de ce problème, et qui est due à M. Henri Robert.

On élève au carré le nombre des minutes à obtenir (26), ainsi que le nombre des minutes tirées (20), puis on établit la proportion : le premier carré est au deuxième comme le poids du balancier existant est à x ; poids du balancier à construire. La valeur de x étant trouvée, donne le poids approximatif du balancier tirant 26' par heure.

Du spiral.

180. — On peut accepter comme une règle, car elle souffre peu d'exceptions, que le développement uniforme et complet d'un spiral, ou la régularité du travail de sa lame, d'une extrémité à l'autre, est le meilleur indice de ses facultés réglantes. Dans la plupart des pièces à l'usage civil, c'est bien plus à cette propriété qu'à son plus ou moins de longueur qu'est attaché le succès du réglage.

Sans vouloir aborder ici une question qui sera largement développée plus loin (voir l'article particulier *Du Spiral*), nous nous contenterons de faire remarquer que les montres à roue de rencontre d'aujourd'hui, munies de spiraux beaucoup plus longs que les montres du siècle dernier, ne donnent pas comme réglage un résultat supérieur. En ce qui touche le spiral, nous en indiquerons la raison.

Le spiral ne doit pas avoir un trop grand nombre de tours ; l'opinion de la plupart des praticiens expérimentés, opinion conforme à notre expérience personnelle, affirme que dans la plus grande quantité des cas, l'échappement à roue de rencontre se règle mal avec un spiral trop nombré.

Ce qui s'explique : plus un spiral a de tours pour un même diamètre, plus il est long ; il faut, à ce grand spiral, un plus grand mouvement pour mettre en jeu toutes ses spires. Ou plutôt, il est généralement plus difficile de rencontrer dans un long spiral de montres civiles une lame réellement homogène dans toutes ses parties, et dans laquelle le mouvement se propage régulièrement.

Or, avec cet échappement, les arcs de vibration étant peu étendus, les tours intérieurs, le plus souvent, font presque seuls le travail, et les tours extérieurs qui sont, dans ce cas, à peu près inutiles, ne servent qu'à rendre plus variable la position des tours agissants. De plus, dans les grands arcs et par les secousses du porter, le développement du spiral étant parfois interrompu violemment, les spires trop serrées se heurtent, surtout si elles ont des parties faibles.

Plus un spiral est long, et plus les inconvénients que nous venons de signaler et ceux dûs aux changements de température seront sensibles. Il convient donc de se borner à 6 tours, au plus à 8. On n'ira au-delà que dans le cas où l'on ne trouverait pas, dans ces nombres, des spiraux qui se développassent régulièrement.

Les spiraux plats des montres ordinaires ne sont pas dans des conditions à produire l'isochronisme. On comprend d'ailleurs, qu'il est parfaitement inutile de le chercher pour l'échappement à R. de R., où l'action du spiral est extrêmement contrariée.

Il serait à désirer que le spiral fût un peu plus fort du centre que du dehors, afin qu'au moindre mouvement du balancier il vibrât dans toute sa longueur ; tout au moins faut-il qu'il soit bien d'égale force partout, puisqu'il n'est guère possible d'en rencontrer où cette force progresse régulièrement car il est facile à remarquer que s'il y a des tours forts et des tours faibles, ceux-ci seuls vibrent, tandis que les autres ne se développent presque pas.

Le diamètre du spiral est donné par le rayon du balancier. La place du piton se trouvera, par la moitié de ce rayon, mesurée du centre du coq.

Le spiral doit être parfaitement rond, plat et bien centré par rapport à la verge. Sa virole et son piton doivent tenir avec solidité. Enfin, il faut apporter de grands soins au choix et à la pose d'un spiral : c'est un des principaux éléments de la régularité d'une montre.

Marquer les points de levée.— Placer la goupille de renversement.— Chutes.

181. – Avec l'ouverture à 100°, nous avons vu que la levée doit être de 40 degrés en totalité. Si elle est sensiblement différente de ce nombre, en moins ou en plus, il arrive, dans le premier cas, qu'on a trop de chute, dans le second cas, que la chute est trop précise et que le balancier renversé et rebat plus facilement à la coulisse, d'où il s'ensuit que le rebattement de la palette contre la face des dents est plus fréquent.

Les chutes trop grandes font perdre de la force, elles accélèrent la piqûre des palettes et nuisent à la régularité du réglage (**46**).

Les chutes trop précises font courir le risque de voir accrocher l'échappement par la moindre déformation du bout des dents, ou par la présence d'atomes de matières qui s'attachent ou sur les palettes, ou à l'extrémité des dents. En outre, le talonnement du bord de la palette sur le dos de la dent est beaucoup plus à craindre avec des chutes précises.

182. – Pour marquer les points de levée et placer la goupille de renversement, voici comment on procède :

L'axe de la roue étant bien en face du corps de la verge, on fait un trait au coq, par devant et en face du milieu de la coulisse ; puis, avec un compas disposé à cet effet, on prend le tiers du balancier que l'on reporte sur le devant du coq, où deux points, correspondant aux pointes du compas, serviront à indiquer l'étendue de la levée. Le trait primitivement fait au coq doit se trouver au milieu de ces deux points. (Le rapport du diamètre à la circonférence étant comme 1 est à 3,1415, le tiers de ce diamètre fait un peu moins de 40°. On obtiendrait une plus grande justesse par l'usage de la *Grammaire*. — Voir ce mot.

On opère alors la levée d'un côté, le balancier étant gêné par un papier léger. Quand le dégagement a lieu, on fait une marque avec du rouge au balancier, juste au-dessous du trait du milieu du coq. On ramène le balancier en arrière jusqu'au second dégagement, et l'on opère comme pour le premier. Le milieu entre les deux marques rouges sera la place de la goupille de renversement.

Entailler la coulisse.

183. — Pour entailler la coulisse, on fait marcher le balancier jusqu'à ce que la dent soit au bord de la palette, mais qu'elle ne puisse lui échapper ; on marque avec du rouge un repère au balancier, en face de celui du milieu du coq puis, le balancier enlevé, on prend, avec un calibre-à-pignon, la distance de la goupille de renversement au repère que l'on vient de faire au balancier : l'une des pointes du calibre-à-pignon étant posée sur la platine, juste au-dessous du trait fait au-devant du coq, l'autre pointe indiquera où la coulisse doit être entaillée d'un côté.

On agira de même pour l'autre côté.

Les rhabilleurs emploient, pour déterminer la levée et le renversement, plusieurs méthodes qu'il est inutile d'ajouter à celle ci-dessus car l'ouvrier intelligent trouve toujours de lui-même le moyen le plus expéditif.

Effets résultant des grandes variations de force motrice.

184. — Si on augmente la force motrice d'une montre à roue de rencontre, elle avance avec des arcs plus grands, tandis qu'avec une force moindre, elle retarde, quoique avec de petits arcs de vibration, parce que le balancier étant alors plus libre, il est conduit moins vivement.

Quelques horlogers ont vu, dans cette remarque, un moyen d'arriver à une espèce d'isochronisme des oscillations. Ils auraient dû faire attention que la promptitude des grands arcs, provenant du rebattement de la palette, était une cause de destruction et d'irrégularité.

Quant à la proportion entre le recul et la levée qui, selon Berthoud, procurerait l'isochronisme, il est inutile de la chercher car, en outre de la difficulté de la trouver, il faudrait que la roue allât jusque dans le corps de la verge, et l'usure des trous, d'ailleurs, changerait bientôt la position des mobiles.

Examen d'un échappement.

185. — Un livre ne peut ici suppléer complètement les leçons d'un bon maître, et d'ailleurs tout praticien intelligent arrive de lui-même à se créer une méthode d'examen sûre et expéditive, mais après une étude suivie des causes d'arrêts.

Il trouvera, dans les articles ayant pour titres : *De la Réparation des montres* et *De l'Outillage*, la description des divers instruments qui servent à vérifier l'ouverture, ouvrir et fermer les palettes, en mesurer la largeur, justifier la roue, égaliser la fusée, peser le spiral, etc., etc.

Nous ne pouvons donc que lui indiquer sommairement qu'il doit attacher une grande importance et diriger son attention sur l'exacte division de sa roue, la parfaite concentricité des axes avec les pivots, la largeur et l'ouverture des palettes, et surtout la bonne disposition des deux axes à angle droit, ainsi que l'aisance du recul de l'engrenage de champ, etc.

Chapitre IV

Des causes des arrêts et des variations de l'échappement à roue de rencontre.

De la piqûre des palettes.

Une des causes principales des irrégularités de l'échappement à R. de R. réside dans la prompte destruction opérée à la surface de ses palettes. Comme un certain nombre d'horlogers expliquent encore cet effet par des raisonnements erronés, nous croyons utile de faire connaître ici les causes les plus généralement reconnues de cette destruction, qui a pour effet de changer les conditions premières de l'échappement.

À quelles causes la piqûre est attribuée.

186. – Quelques auteurs attribuent la piqûre des palettes à ce que ces palettes, subissant successivement l'effort de 11 ou 13 dents, sont plus souvent frappées que ces dernières. Ils prétendent aussi en trouver la cause dans une percussion répétée sur un même point qui se dépolit et s'entame, tandis que la pointe de la dent s'use sans perdre sa forme.

Si cette explication qui, du reste, ne supporte pas l'examen, était juste, aucune verge ne résisterait, et l'on sait qu'on en rencontre, de temps en temps, qui sont très bien conservées[3].

Une cause de destruction sur laquelle les gens capables paraissent d'accord aujourd'hui, c'est la présence dans le laiton de matières étrangères introduites dans l'alliage au moment de la fusion, ou d'incrustation d'atomes d'acier dans la face des dents et provenant soit de la fraise

[3] Quand les praticiens sont appelés à remplacer une verge dont les palettes ne sont pas endommagées, ils ont toujours grand soin de ne faire que nettoyer la roue sans essayer aucune espèce d'amélioration par le polissage, car ils savent très bien que si les palettes de la nouvelle verge sont dans de bonnes conditions, elles se conservent intactes dans le plus grand nombre de cas. C'est une preuve de plus que l'usure des palettes doit être attribuée à la mauvaise qualité du laiton ou à l'exécution vicieuse de la roue et beaucoup aussi à l'engrenage de champ, car il suffit quelquefois de reboucher les trous de cet engrenage pour qu'une verge jusque-là bien conservée se détruise par la suite.

qui les a taillées, soit de la lime qui les a arrondies ou, enfin, de petites soufflures imperceptibles recelant des oxydes métalliques qui, comme on sait, en tapissent toujours les parois.

La présence de l'huile aux palettes, où les malpropretés s'amassent et empâtent les pointes des dents, de trop fortes chutes, les dents de la roue trop minces, une roue d'échappement d'un très petit diamètre, l'acier de la verge peu trempé ou brûlé à la trempe, l'oxydation de la roue, l'imperfection du travail (les angles trop vifs, les polis et les adoucis négligés, etc.), un nettoyage mal fait, enfin la mauvaise qualité des matières employées, sont autant de défauts qui amènent la prompte piqûre des palettes.

187. – D'après des expériences faites dans de bonnes conditions, la présence de l'huile aux palettes n'est une cause de destruction que parce qu'elle s'amalgame les malpropretés tombées dans la montre et la fine limaille produite par la légère usure de la pointe des dents.

On a remarqué que les verges qui ne sont pas entaillées jusqu'au centre se piquent plus tôt. Or, comme elles ont moins de chute, mais plus de recul que les autres, cela prouverait que le recul est une des principales causes de la piqûre.

Si cette remarque eût été faite plus tôt, on eût signalé, avec raison, comme une cause fréquente de la destruction des palettes, un engrenage de champ défectueux et qui, opposant une grande résistance au recul, augmente considérablement la pression sur ces palettes.

Les verges anciennes étaient piquées moins vite.

188. – Il est peu d'horlogers qui n'aient remarqué combien les verges modernes se piquent plus promptement que les anciennes.

Un auteur, tout en constatant ce fait, laisse entendre d'une manière dubitative qu'il pourrait provenir, soit des qualités métalliques supérieures autrefois, soit de la différence des dimensions, soit de la plus grande hauteur des cages qui permettait de tenir les tiges des pignons et des verges longues et minces, et les rendait ainsi susceptibles d'un peu de torsion élastique. Il est probable, en effet, que certains frottements, dans ces conditions, sont plus doux qu'avec les tiges courtes et inflexibles.

Ce passage de notre Première Édition avait attiré l'attention d'un bon horloger de Paris, M. A. Terrier, et le poussa à faire la curieuse expérience que voici. Il prit une montre dont la verge se piquait profondément et disposa l'échappement de façon à ce que les trous du balancier pussent opérer, sous une certaine pression, un petit déplacement élastique. Depuis, cette montre a marché deux années sans la moindre altération à ses palettes. Il est bien entendu qu'on ne s'occupait nullement ici de la précision de la marche.

En tenant compte des remarques faites plus haut, on peut expliquer ainsi la piqûre plus fréquente des palettes.

1°. Les roues et les verges anciennes, qui ne se faisaient pas en fabrique et par masses, étaient établies avec beaucoup de soin ; les roues en laiton de chaudière bien écroui et qui, dans un long usage, ayant passé par des températures très diverses, avait subi ainsi plusieurs espèces de *dérochages*, qui l'avaient épuré ; les verges en acier de choix parfaitement trempé et poli. Cela suffirait pour s'expliquer la supériorité des anciennes constructions sur les modernes car, de notre temps, les ouvriers *étant aux pièces,* ne s'inquiètent que de produire par grandes quantités. Aussi les roues sont-elles presque toujours en laiton de mauvaise qualité et écroui sans précaution. Il est même assez rare d'en rencontrer qui soient divisées avec justesse. Quant aux verges, faites dans les mêmes conditions de promptitude et avec de l'acier de mauvais choix, elles sont très souvent à peine trempées ou brûlées à la trempe.

2°. Les anciennes cages, étant très hautes, permettaient de laisser une plus grande hauteur au barillet et un plus grand diamètre à la roue de rencontre.
La roue de rencontre agissant sur sa palette par l'extrémité d'un levier plus long, le frottement devait être plus doux.
Le ressort moteur, étant large et mince, conservait bien son élasticité. On pouvait alors le choisir qu'il eût strictement, ou à peu près, la force nécessaire. Ce qui ne peut avoir lieu avec nos ressorts modernes que l'on est obligé de faire étroits et épais, et qui, par conséquent, n'ont pas de souplesse et se rendent facilement. Il les faut donc plus forts, proportionnellement, qu'autrefois.
Ajoutons qu'avec les cages hautes, la verge, ayant un long tigeron, l'huile ne montait pas à la palette.

3°. Les montres anciennes battaient, pour la plupart, un nombre moindre de vibrations que celles d'aujourd'hui, et l'arc total de ces vibrations était plus petit (il est fixé quelque part par Berthoud à trois fois la levée). Les montres modernes, ayant à faire un plus grand nombre de vibrations et un arc plus grand à parcourir, doivent se détruire plus vite, puisqu'elles ont plus de frottement.

4°. La méthode, adoptée de nos jours, de donner à l'angle des palettes une plus grande ouverture, est cause, ainsi que nous l'avons vu précédemment, que le plan de la palette agit beaucoup plus perpendiculairement à l'axe de la roue, et le frottement, devenu plus rude, doit marquer la palette beaucoup plus promptement.

Moyens indiqués comme propres à prévenir la piqûre.

189. — Préalablement, l'engrenage de la roue de champ doit être établi dans des conditions qui permettent au recul de s'opérer le plus facilement possible.

Les palettes doivent être polies avec les soins et les précautions que nous avons indiqués à l'article de la verge.

Quant à la roue, après s'être assuré que ses angles sont abattus, ses faces de dents légèrement arrondies et même adoucies, on la déroche à l'acide.

Toutes les parties d'acier et celles de la roue qu'on veut préserver de l'action de l'acide doivent être enduites d'une forte couche, soit de suif ou de cire, soit d'un mastic mou fait avec du blanc d'Espagne et de l'huile (il faut éviter d'en mettre par mégarde aux pointes des dents). La roue, ainsi préparée, doit être plongée dans un bain d'eau seconde (acide azotique étendu d'eau) pendant une dizaine de secondes environ, puis lavée à l'eau pure et passée à l'esprit-de-vin. Il y a avantage à en terminer le nettoyage avec une brosse chargée de terre pourrie ou de charbon doux à l'huile, et suivant ce qui a été dit à l'article de la roue de rencontre.

Quelques horlogers plongent la roue à plusieurs reprises dans l'eau seconde et cessent aussitôt qu'elle a pris une teinte dorée. D'autres font tomber une goutte du liquide sur une glace et posent dessus la roue debout sur les pointes de ses dents. Quand l'acide a verdi, l'opération est faite et on lave la roue. Le pivot a été préalablement préservé.

On peut encore essayer des deux procédés suivants : le pivot étant préservé par une petite boulette de mie de pain, on passe les pointes des dents à la flamme, ou bien ces pointes trempées dans l'huile et posées sur un revenoir, on chauffe jusqu'à ce que l'huile fume et l'on jette dans l'eau froide.

Enfin on nous indique, comme propre à retarder la piqûre la précaution de toucher un morceau de cire vierge avec les pointes des dents, et délicatement, au moment du remontage.

Dans beaucoup de cas, on peut se contenter d'un adouci fait avec soin et comme il a été indiqué (**172**).

Il suffit que nous ayons signalé plus haut les causes de la piqûre auxquelles ne peuvent remédier ces précautions, pour que tout horloger puisse facilement trouver le remède lui-même.

De l'arrêt-au-doigt.

190. — L'arrêt-au-doigt provient ordinairement :

- D'un rouage qui n'est pas libre, soit par les défauts des engrenages, l'épaississement des huiles, la faiblesse du ressort, les frottements inutiles, etc. ;
- D'un balancier qui est trop pesant ou qui n'est pas libre par suite des trous trop justes, du frottement de sa tige dans le trou du coq, ou au nez du lardon, ou bien des pivots faussés, etc. ;
- D'un spiral qui, mal centré et mal droit, force et gêne le mouvement du balancier ;
- D'un échappement qui est trop près ;
- D'une roue qui, ayant trop de jeu prend, par moments, jusque dans le corps de la verge.

Il faut rechercher avec soin, avant d'essayer aucune correction, quelles sont celles de ces causes qui produisent l'arrêt et ne pas imiter les mauvais ouvriers qui diminuent le poids du balancier jusqu'à ce qu'il n'arrête plus au doigt. Ils ne comprennent pas que ce balancier, devenu trop léger, subira fortement les influences de la température, des agitations du *porter* et des inégalités de la force motrice, que la montre ne pourra jamais se bien régler, et qu'ils ne font qu'ajouter un défaut de plus à ceux qui occasionnaient l'arrêt-au-doigt.

Autres causes d'arrêt ou de variations de réglage.

191. — Un engrenage de roue de champ défectueux. Cet engrenage doit être fait avec les soins les plus minutieux, ainsi que nous l'avons recommandé. (Voir le *Traité des Engrenages* à l'article de la *roue de champ.*) Il cause à lui seul une bonne moitié des arrêts et des irrégularités de réglage des montres à roue de rencontre.

Une fusée qui n'est pas égalisée avec son ressort. Si l'on n'a pas d'outil pour égaliser la fusée, il n'y a de remède qu'en changeant le ressort et jusqu'à ce que l'on en ait trouvé un dont la force du haut au bas de la fusée ne soit pas trop différente.

Une verge entaillée plus que le centre. Il faut la remplacer (**170**).

Une verge qui n'est pas d'ouverture. On l'ouvre ou on la ferme à la flamme de la lampe, et sans faire revenir les palettes, par des procédés connus de tous les rhabilleurs. (On trouve l'indication de ces procédés et la description des instruments nécessaires dans le chapitre de l'*Outillage*.

Une verge dont les palettes sont trop étroites. Elle procure une plus grande chute. Pour éviter ce défaut, il faudrait donner à cette verge une ouverture un peu plus grande et que la roue allât presque jusqu'au corps de la verge. Il serait plus sûr de remplacer cette dernière, pour ne pas tomber dans l'inconvénient des palettes trop ouvertes.

Accrochement des dents au derrière des palettes, surtout lorsqu'il est limé en biseau. Ce défaut est assez souvent celui des verges trop ouvertes. On fait tourner le balancier, gêné par un papier, jusqu'à ce que la goupille de renversement s'appuie à la coulisse. Puis, en faisant remuer la roue en tous sens, on s'assure qu'entre la pointe des dents et la verge il y a les sûretés suffisantes.

Une verge dont l'axe n'est pas concentrique aux pivots. La roue prend plus sur une palette que sur l'autre, quoique, mesurées au micromètre, elles présentent la même largeur.

Une verge ne tournant pas rond et touchant au nez ou au pivot du lardon.

Une roue ne tournant ni rond, ni droit. Elle fait perdre de la levée et les chutes sont inégales. Il faut justifier la roue dent par dent. Le mieux serait de la remplacer.

Les dents de la roue faussées ou inégales. L'effet est identique au précédent.

On parvient, quelquefois, à atténuer ces défauts par le procédé suivant : on rapproche la roue de rencontre de façon à la faire accrocher légèrement. On marque au rouge les dents qui difficilement passent, puis on les courbe du côté convenable avec des brucelles fortes et polies. Cette opération, qui exige une grande délicatesse, doit être répétée jusqu'à ce qu'une levée suffisante soit obtenue.

Des dents trop inclinées ou qui ne le sont pas assez. Les dents trop peu inclinées doivent être attaquées à la lime, par devant et sans toucher aux pointes. Quant aux dents qui sont trop inclinées, le mal a peu de remède, parce qu'on ne peut pas les dégager suffisamment sur le dos pour empêcher le talonnement de la palette. On peut essayer de courber les pointes des dents légèrement en arrière.

Une roue touchant à l'assiette du balancier ou bien prenant trop au bas de la palette inférieure.

Le renversement provient d'une goupille du balancier mal placée, ou d'une coulisse entaillée trop profondément. Avec une denture inégale à la roue, ou des dents faussées, le renversement peut ne se produire que sur quelques dents.

Le raccrochement est produit par des chutes trop précises, ou une denture inégale, ou des pointes de dents trop épaisses.

Les mobiles gênés. Il arrive quelquefois que les mobiles, et principalement la roue de rencontre, sont gênés quand la montre entière est remontée. Cet effet est produit par le gondolement de la petite platine qui n'est pas plate et qui ne porte pas d'aplomb sur ses quatre piliers.

Le rebattement de la goupille de renversement. Une coulisse qui n'est pas assez entaillée, la goupille du balancier mal placée, trop de levée, une force motrice en excès, sont les causes qui le produisent.

L'axe de la roue qui n'est pas parallèle a la petite platine, ou la verge qui n'est pas perpendiculaire à cette même platine, ont pour effet de faire perdre de la levée et de faire prendre plus avant sur une palette que sur l'autre.

Un balancier qui n'est pas d'équilibre, ou pas de poids, ou qui touche au coq, au piton, etc.

Un spiral de mauvaise qualité, ou mal posé, ou qui bride entre ses goupilles, etc.

Une coulisse fonctionnant mal ou se soulevant.

Une virole ou un piton qui bougent.

Une goupille de renversement touchant quelque part, ou montant sur la coulisse.

Des pivots trop courts. Si leur extrémité ne porte pas sur les contre-pivots, les cônes, des portées rabattues, frottent dans les noyures, etc., etc.

Enfin, à toutes ces causes d'arrêt et de variations, ajoutons les mauvais engrenages du rouage, cas qui se présente fréquemment et qui rend très irrégulière la somme de force arrivant à l'échappement.

D'après les expériences de Sully, une augmentation de moitié dans la force motrice produisait, dans les montres de son temps, une différence de six heures sur vingt-quatre (184).

ÉCHAPPEMENT À CYLINDRE

Chapitre I

Préliminaires

192. L'échappement à cylindre, qui appartient à la classe des échappements à repos frottant, a été inventé par le célèbre horloger anglais Graham, vers 1720. Cet échappement commença d'être connu en France en 1724 et fut, à son apparition, assez peu apprécié par quelques horlogers français. Ce qui provenait, en outre, de la défiance qu'inspire toute nouveauté, de ce que ses principes n'étant pas encore établis d'une manière précise, plusieurs des premiers essais ne furent pas heureux.

F. Berthoud, entre autres, voulut, mais en vain, prouver théoriquement la supériorité de l'échappement à roue de rencontre sur celui à cylindre et, en général, sur tous ceux à repos. Il rencontra pour adversaire Jodin qui, dans un mince volume contenant de bonnes choses, et théorique à la manière de Berthoud, fit preuve d'un bon jugement et d'un profonde étude de cet échappement, mais qui, bien qu'il eût rencontré juste dans la plupart de ses appréciations, ne pouvait donner de grands éclaircissements sur les procédés de construction encore dans l'enfance.

Aujourd'hui, l'échappement à cylindre, sorti enfin des tâtonnements qui suivent toute découverte, plus connu, mieux exécuté par suite de l'invention d'outils spéciaux qui ont abrégé sa fabrication en le perfectionnant, donne de très bons résultats quant à l'usage civil.

Berthoud, le premier, a développé explicitement quelques règles pour la construction de cet échappement mais, comme on en convient aujourd'hui, sa théorie des échappements à repos pour montres renferme de nombreuses erreurs. Cependant on doit lui tenir compte de son travail et se souvenir en le lisant que, de son temps, et par suite d'une opinion admise sans examen en horlogerie, les roues de cylindre se faisaient en laiton et étaient assez épaisses ; l'huile s'y décomposait promptement, les dents, quand les roues étaient légères, étaient sujettes à se fausser sous la main de l'ouvrier, elles s'usaient avec une bien plus grande facilité que ne fait une roue d'acier sous une même pression. Le cylindre, le plus souvent épais et lourd, portait un balancier grand et léger. Les pivots, généralement plus gros pour une même dimension de cylindre que ceux d'aujourd'hui, roulaient dans des trous en laiton qui, en s'agrandissant graduellement, changeaient les rapports des organes.

On conçoit sans peine, en présence de ces différents faits, que les montres à cylindre de cette époque devaient présenter beaucoup plus de force et d'irrégularité dans leurs frottements, et des variations, surtout par les changements de température, bien plus considérables que dans nos montres modernes.

Ajoutons que, dans la plupart de ces anciennes montres, l'arc de vibration du balancier était plus court que celui adopté actuellement, que le nombre de ces vibrations, qui ne dépassait guère alors de 14 000 à 16 000 par heure, est aujourd'hui, en moyenne, porté avec succès à 18 000, et que l'emploi de la fusée, presque général à l'époque dont nous parlons, offrait le triple inconvénient d'être inutile, d'exiger sans nécessité un excès de force au moteur et de produire, surtout quand l'huile s'était un peu épaissie, l'arrêt-au-doigt au moment du remontage du ressort du barillet, et l'on comprendra pourquoi cet échappement fit naître une si grande diversité d'opinions parmi les artistes du siècle dernier.

Cette diversité n'a plus de raison d'être, aujourd'hui où cet échappement peut être étudié avec succès et certitude au double point de vue d'une pratique longue et intelligente et d'une science avancée de la construction des machines.

Avantages qu'offre l'usage de l'échappement à cylindre.

193. En regard de l'échappement à roue de rencontre, celui à cylindre présente de sérieux avantages, et qui sont communs à la plupart des échappements à repos.

La troisième roue du rouage, plate, procure un engrenage bien préférable à celui d'une roue en couronne, cette cause perpétuelle de variations. La suppression de la fusée diminue le nombre des chances d'accidents et permet d'avoir, puisqu'il faut moins de force au moteur, un grand ressort moins raide, et par conséquent plus mince et plus souple.

Enfin, on obtient avec cet échappement, quand son exécution est suffisamment soignée, malgré l'absence de la fusée, une régularité de marche, dans les montres, bien supérieure à celle à laquelle on parvient avec celui à roue de rencontre. Ce qui prouve par l'évidence que l'échappement à cylindre corrige suffisamment bien les inégalités de force motrice produite par un ressort. Cette correction, qui tient à des causes physiques et mécaniques dont nous parlerons plus loin, dépend essentiellement des rapports, proportionnels entre eux, des différentes parties de l'échappement. Son prix est peu élevé, son exécution n'est pas très difficile, et on peut le placer dans des montres d'une épaisseur modérée sans altérer les conditions de son exactitude.

Si la roue et le cylindre sont en acier de premier choix, parfaitement trempé et poli, l'échappement fonctionnera bien et longtemps, sans usure aux parties frottantes. Il ne faudra que le nettoyer et renouveler l'huile de temps en temps et, sauf les accidents, sa marche conservera de l'uniformité. Il ne faudrait pas, cependant, conclure, comme le font encore quelques horlogers arriérés, qui le classent parmi les échappements de précision. Car, quelque bien exécuté qu'il soit, et quoique excellent pour l'usage civil, il est inférieur, quant à ses qualités réglantes, aux échappements Duplex, à ancre, à ressort.

Inconvénient que présente l'échappement à cylindre.

194. Le défaut principal de cet échappement consiste en ce qu'il exige un nettoyage assez fréquent parce qu'il ne peut se passer d'huile et que le frottement du repos se faisant sur une assez grande circonférence (les diamètres extérieur et intérieur du cylindre), l'épaississement de cette huile augmente la résistance de ce frottement déjà considérable. Il en résulte que la force motrice, transmise par le rouage, devenant plus faible à mesure que la résistance éprouvée par l'échappement devient plus forte, les arcs des vibrations, gênées dans leur mouvement, seront graduellement plus petits et plus lents, et la montre subit un retard progressif.

Ce petit inconvénient et la nécessité des nettoyages plus fréquents d'une montre à cylindre que d'une montre à roue de rencontre sont largement compensés par la supériorité du réglage de la première sur la seconde.

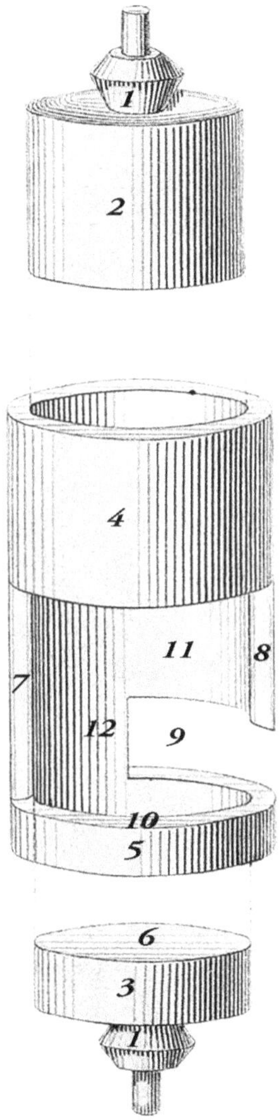

Fig. – 15.

Dénomination des parties de l'échappement à cylindre.

Du cylindre (fig. 15)

195. 1. Tigerons.
2. Grand tampon, ou tampon d'en haut.
3. Petit tampon, ou tampon d'en bas.
4. Grand canon.
5. Petit canon.
6. Face de tampon.
7. Grande lèvre, ou lèvre d'entrée.
8. Petite lèvre, ou lèvre de sortie.
9. Coche de renversement.
10. Plats de canons.
11. Portion du cylindre nommée communément repos du cylindre.
12. Portion du dos appelée dans les fabriques la colonne du cylindre.

L'assiette destinée à porter le balancier, et qui s'ajuste sur le grand canon, est représentée en *s v*, (figure 17). Cette même figure représente le cylindre de profil garni de ses deux tampons, et prêt à recevoir le balancier en *s*, et la virole du spiral en *v*.

De la roue (fig. 18).

196. 1. Plat des dents.
2. Plan incliné ou simplement incliné.
3. Colonne.
4. Bras des *U*.
5. Pointe de la dent.
6. Talon de la dent.
7. Vide entre deux dents nommé *U*.

Les dents se désignent indifféremment sous le nom de dents ou *marteaux*.

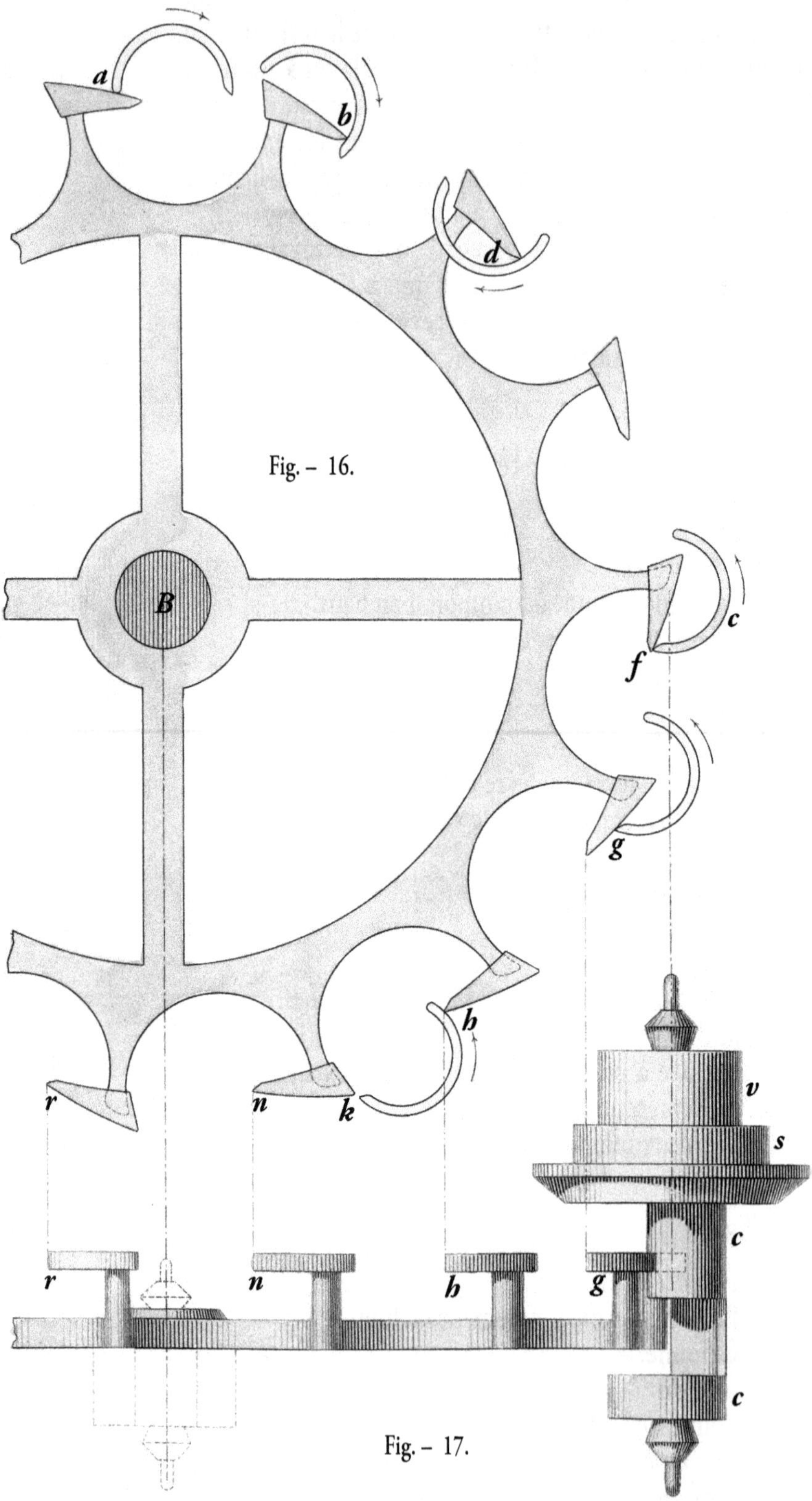

Fig. – 16.

Fig. – 17.

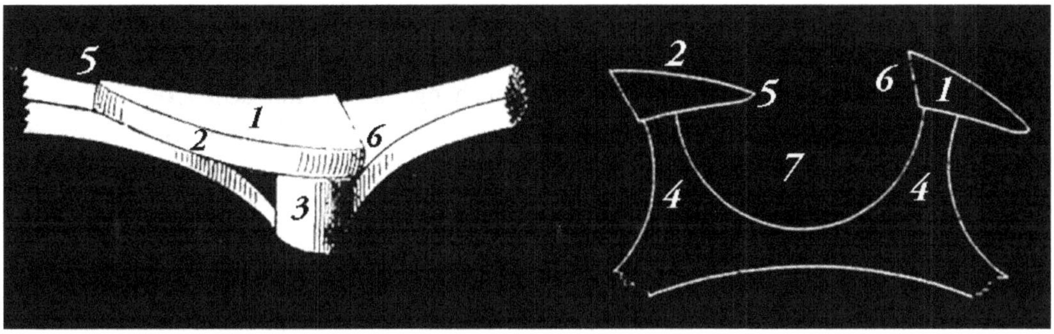

Fig. – 18.

Fonctions de l'échappement.

197. Supposons le cylindre, le ressort moteur de la montre n'étant pas armé, maintenu au repos par le spiral et placé dans un vide entre deux dents.

L'on donne un tour de clef à la montre ; la dent de la roue se présente contre une lèvre du cylindre *a* (fig. 16).

Cette dent, continuant son mouvement contre cette lèvre, la pousse en arrière sur toute la longueur du plan incliné, et oblige ainsi le cylindre et son balancier de tourner vers la droite. C'est ce glissement du plan incliné contre la lèvre qui constitue une *levée*.

La levée terminée, la dent échappe définitivement à la lèvre par un petit saut brusque (la chute), et sa pointe va s'appuyer contre l'intérieur du cylindre (*b*) qui continue son mouvement circulaire par l'effet du poids du balancier. C'est alors qu'a lieu le premier repos, puisque la roue demeure immobile étant retenue par le frottement de la pointe de sa dent contre l'intérieur du cylindre en mouvement (*b* et *d*) .

Ce repos doit durer jusqu'à ce que le spiral ait ramené le cylindre à sa première position. Le repos de la roue cesse aussitôt parce que l'incliné, se trouvant au bord de la seconde lèvre (*f*), glisse dessus en la poussant en arrière (*g*), et opère ainsi la seconde levée, à la fin de laquelle la dent s'échappe définitivement du cylindre, ainsi qu'on le voit en *k*. Au moment où une dent s'échappe, la dent qui la suit (*h*) vient s'appuyer contre la circonférence extérieure du cylindre et commence ainsi un second repos, qui ne cesse qu'au retour du cylindre ramené par le spiral. Cette dent, se trouvant alors dans la position indiquée en *a*, remplit exactement les mêmes fonctions que nous venons de voir accomplir à la première dent qui a passé, et il en sera de même pour toutes les dents successivement.

On voit que chaque dent de la roue opère deux repos, l'un sur le dos et l'autre dans l'intérieur du cylindre, et deux levées : une sur chaque lèvre. Ces deux levées, réunies, constituent la levée totale de l'échappement.

Chaque incliné pousse ainsi, alternativement, le cylindre à droite et à gauche pour le mettre en mouvement et lui restituer, par une nouvelle impulsion, la force nécessaire à l'entretien des vibrations.

Il est clair que plus la roue d'échappement aura de force de pression, plus elle appuiera vigoureusement sur chaque lèvre, et qu'un changement dans la force motrice fera diminuer ou augmenter l'étendue des vibrations, mais sans rien changer à l'étendue de la levée.

L'entaille désignée sous le nom de *coche de renversement* (9, fig. 15) a pour effet d'empêcher le battement de la lèvre contre le bras des U, et de permettre au balancier de décrire un tour entier.

Chapitre II

Proportions adoptées à différentes époques.

198. Jodin[4] (1754 et 1766). « La pointe de la dent doit passer par le centre du cylindre. Le frottement sur le repos en sera plus doux. »

Le plan incliné doit être droit, ou formé selon la courbe la plus approchante de la ligne droite. « *C'est cette dernière forme qui procure le plus grand mouvement au balancier.* »

La levée de 40°. Il y aurait avantage à la réduire à 30°.

L'ouverture du cylindre, 190°, environ, pour la partie laissée pleine. L'épaisseur de l'écorce du cylindre, environ ⅙ de la longueur du plan incliné.

Il est bon de remarquer ici que du temps de Jodin les montres à cylindre étaient généralement grandes et hautes, et qu'avec les roues de laiton il était utile de conserver à l'écorce du cylindre une certaine épaisseur, afin que le frottement de l'incliné ne se fît pas sur un seul point. Jodin est le premier qui ait remarqué que le succès du réglage de l'échappement à cylindre tient à l'harmonie de ses proportions, et surtout à leur rapport avec le poids et la grandeur du balancier. Par une réserve que lui a dictée l'intérêt privé, sans doute, il n'a pas fait connaître ce que l'expérience lui avait appris sur ce sujet.

Il a signalé l'influence fâcheuse qu'a sur le réglage la trop grande puissance des chocs qui ont lieu sur les repos, que cette puissance provienne d'un incliné trop court ou de la forme désavantageuse de cet incliné.

Il a également fait remarquer le premier que : « Lorsqu'un balancier est trop grand dans un échappement à cylindre, la montre retarde si on augmente la force motrice ; au contraire, s'il est trop petit, elle avance. »

[4] Jean Jodin était un des horlogers français en renom au siècle dernier. Si son livre n'a pas eu le retentissement que lui méritaient les excellentes choses qu'il renferme, il faut en chercher la cause dans les faux raisonnements dont l'auteur a trop souvent accompagné de très bonnes et très judicieuses observations, dans un style maniéré et diffus,; dans les incorrections et les mots impropres, qui rendent en quelques endroits fatigante la lecture de ce petit volume.

199. La question de la meilleure forme à donner aux dents de la roue de cylindre est très loin d'être, ainsi que pourraient le faire supposer d'assez récents écrits, une question neuve, puisqu'il y a près d'un siècle qu'elle a été traitée par Jodin, et nous ajouterons, traitée avec sagacité, quoique incomplètement et sauf quelques erreurs, qui doivent être imputées moins à l'artiste qu'à l'état de l'horlogerie et de la science à son époque.

Nous empruntons à son ouvrage les fragments qui suivent :

« Les trois formes particulières qu'on peut donner à ces courbes (celles de l'incliné) répondent aux trois objets suivants, quoique à levée égale :

1° Cette courbe peut avoir la forme dont il a été question (c'est la courbe dont les parties égales font parcourir des arcs égaux au cylindre) et dont il résultera uniformité dans les arcs que chacune de ces parties fera décrire.

2° On peut demander que sa nature soit telle que la courbe éprouve toujours la même résistance de la part du ressort spiral ; car on conçoit sans beaucoup de peine que tout ressort oppose plus de résistance dans le haut de sa bande qu'il n'en oppose vers le bas. Ce second objet est très séduisant, et cette courbe est susceptible d'une haute spéculation (on l'a vu assez depuis).

3° Une courbe dont l'objet serait de faire parcourir au balancier les plus grands arcs qu'il soit possible, c'est la courbe la plus approchante de la ligne droite.
Enfin, on en peut concevoir une quatrième, où les avantages précédents combinés formeraient à chaque point, un maximum relatif à la régularité du mouvement, mais il faut y renoncer.

« Il me semble voir mon lecteur embarrassé sur le choix ; il craint de prendre à gauche ; les trois objets sont également séduisants. Une courbe dont chaque partie donne des arcs égaux, une autre qui compense l'inégalité d'action du ressort spiral, et enfin une troisième qui donne les plus grands arcs possibles.

« Je restai longtemps partagé et indécis entre les deux premiers avantages, enfin le second l'emporta. Une courbe qui avait des propriétés si satisfaisantes (d'éprouver toujours la même résistance de la part du spiral) ne pouvait que plaire à un amateur de raisonnements, et ce ne fut qu'après une très profonde spéculation que je fis les plus mauvais échappements à cylindre, car c'était cette courbe même qu'il fallait éviter, comme la plus mauvaise des trois.

« Je me rejetai sur la première, dont l'objet est de donner des arcs égaux pour des parties égales mais, n'en ayant pas été plus satisfait, je l'abandonnai pour m'attacher à celle qui dans le raisonnement paraît la plus imparfaite, je veux dire la voisine de la ligne droite, celle où les actions momentanées de la force paraissent les plus inégales.

« À l'égard de la première, il n'est d'aucune importance que chacune de ces parties fasse décrire des arcs égaux. Il ne s'agit pas ici de la division exacte d'un cercle, *il est question du moyen le plus propre à communiquer du mouvement et à le communiquer le plus grand qu'il soit possible* (sauf, comme nous le verrons, le cas où l'on rencontrerait des inconvénients plus grands que l'avantage qui peut résulter d'une augmentation de quelques degrés dans l'amplitude de l'arc d'oscillation).

« Ne dirait-on pas, en raisonnant sur les avantages de la seconde courbe, qu'il s'agit de vaincre de puissants efforts par des mouvements très lents, et qu'il importe, pour y parvenir, de ménager toutes ses forces, sans en gagner dans un endroit pour en perdre dans l'autre ?... »

200. Lepaute (1755 et 1767).

« Il y aurait peut-être de l'avantage à donner au balancier de l'échappement à cylindre moins de levée ; par exemple 15 degrés de chaque côté seulement, parce que l'on observe que plus l'arc de levée est petit dans un échappement à repos, plus les arcs entiers décrits par le balancier deviennent grands ; or, l'étendue des arcs est un avantage aussi grand dans une montre, que la petitesse de ces mêmes arcs dans une pendule. »

(Tout ceci est vrai dans une certaine mesure, mais non pas dans tous les cas.)

Nous ne résumerons pas dans un article plus long les données de Lepaute, qui ne sont, ainsi que le paragraphe ci-dessus, qu'un emprunt peu développé fait à Jodin.

201. P. Le Roy (1761).

« Voici les attentions que les habiles horlogers apportent dans la construction de l'échappement à cylindre :

1° Que la roue soit légère, que les pointes passent par l'axe du balancier, et que les plans inclinés procurent une levée de 30 à 40 degrés ou environ ; ce qui doit varier, selon les différentes forces motrices et par d'autres circonstances.

2° Qu'après avoir écarté les bords du cylindre, elles tombent sur sa circonférence interne ou externe, mais qu'elles y soient aussi peu engagées qu'il est possible.

3° Que la chute soit aussi petite que faire se peut, etc.

4° Que le balancier ne soit pas trop petit, parce qu'alors il devient trop lourd, ce qui augmente les variations dans les deux positions.

« En prenant l'expérience pour guide, je pense que le nombre des vibrations d'un balancier doit aller de 16 200 à 17 000. C'est ce dernier que M. Graham employait le plus ordinairement, dans ses montres.

202. F. Berthoud (1763 et 1786).

« Le milieu du plan incliné (*b*, fig. 19) doit passer par le centre du cylindre, afin que ce plan incliné, en opérant la levée, agisse autant en dehors qu'en dedans de la ligne des centres (B, nommé ainsi *ab*). Il s'en suivra que la décomposition des forces étant à très peu près la même au-dessus et au-dessous de cette ligne, on aura l'uniformité[5].

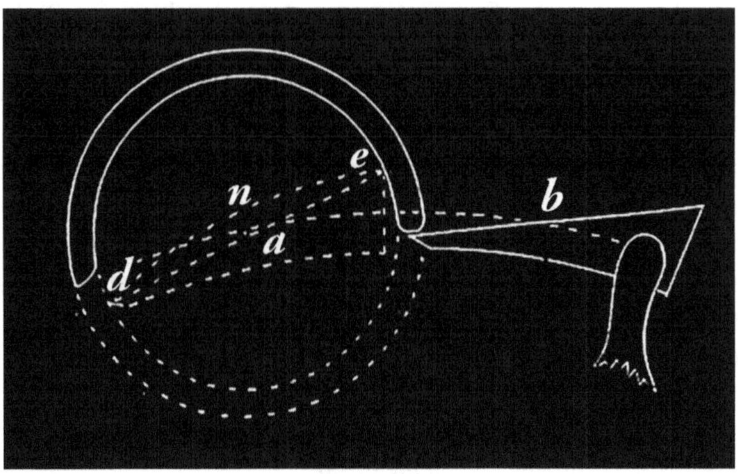

Fig. – 19.

« Si le milieu du plan incliné passe bien par le centre du cylindre, on a moins de chute, et par conséquent moins de force perdue.

« La partie pleine du cylindre doit être de la moitié de sa circonférence, plus la hauteur de l'incliné. Ainsi plus la dent sera inclinée et plus le cylindre devra être fermé, et la levée augmentera en proportion. Il faut donc déterminer d'abord la levée qu'il convient d'avoir sur une lèvre, et une fois le nombre de degrés de cette levée connu, on l'ajoutera à la demi-circonférence du cylindre. »

[5] Quand même il n'y aurait pas égalité absolue, il n'en résulterait pas un défaut, témoin l'échappement libre à cercle et à détente qui n'a de levée que d'un côté, et l'échappement à virgule simple qui, pour produire ses plus grandes vibrations, doit lever plus d'un côté que de l'autre, mais l'égalité vaut mieux. (Note de Moinet.)

Berthoud portant la levée nécessaire sur chaque lèvre à 20°, la partie pleine de son cylindre est de moitié de la circonférence (360 divisé par 2) plus 20 degrés, c'est-à-dire 180° + 20°, ou 200 degrés.

L'épaisseur de l'écorce de son cylindre est de 1/10e de la longueur du plan incliné.

> « Le plan incliné ne doit former avec la tangente du point *a* (fig. 16) qu'un angle ayant d'ouverture autant de degrés qu'il y en a d'ajoutés au demi-cylindre (20°) ou, si la tangente est prise en *d*, qu'un angle moitié de l'angle voulu de levée, puisque le rayon de *d* à *e* est double de celui du cylindre, pris de *a* en *e*.
>
> « Ainsi, si l'on veut une levée de 20° sur une lèvre seulement, l'angle formé par l'incliné avec la tangente en *d* ne doit être que de 10°.»

Berthoud voulait d'assez gros pivots, afin de diminuer l'étendue des vibrations et les frottements sur le cylindre, l'expérience a prouvé que c'était à tort.

Nous bornerons notre extrait à ce qui précède, car la plupart des autres détails ou appréciations théoriques de cet auteur ont été mis à néant par l'expérience.

Malgré les leçons qu'il reçut d'elle, Berthoud persista, sans doute par un regrettable amour-propre, dans ses premiers errements ; ainsi qu'on peut s'en convaincre à la lecture du *Supplément à l'Essai sur l'horlogerie* où il qualifie l'échappement à cylindre de *fort mauvais*, et le regarde comme plus chargé de défauts que celui à roue de rencontre.

Sur la fin de sa vie, il construisit de bonnes montres à cylindre. Les amateurs qui les possèdent y trouveront la condamnation des opinions de l'auteur et de plusieurs des règles de construction, qu'il a reproduites pendant plus de trente ans dans ses écrits. Il eût été mieux inspiré par le soin de sa réputation future, en reconnaissant loyalement qu'il s'était trompé.

203. F. Callet[6] (Mémoire adressé en 1777 à la Société des Arts de Genève, et publié en 1780). D'aprés Callet, si l'on voulait que le mouvement du cylindre, pressé par la roue, fût semblable au mouvement de cette roue, il faudrait que le plan incliné, lorsqu'il opère sur la lèvre d'entrée, eût la forme d'une courbe, en partie concave et en partie convexe, et lorsqu'il agit sur la lèvre de sortie, qu'il fût tracé d'après une courbe un peu concave. Or, comme il est clair que ce plan incliné ne peut se modifier dans son trajet d'une lèvre à l'autre, l'auteur conclut : « que les horlogers prennent le meilleur parti quand ils donnent une forme plane à la face flottante de chaque prisme de la roue. »

Ces courbes doivent être modifiées quand, pour un même diamètre, on change le nombre des dents de la roue. Pour la roue moins nombrée, la première courbe se prononce davantage, tandis que la seconde se rapproche de la ligne droite.

Les deux levées successives ne peuvent donc pas être uniformes dans cet échappement, et les deux vibrations qui se suivent n'ont pas la même étendue.

L'auteur fait remarquer que la forme du plan incliné des dents doit être telle qu'elle communique un assez grand mouvement au balancier. Car si l'impulsion est faible et que la pression sur les repos soit forte, l'action du spiral peut être surmontée.

> « Donc, parmi toutes les inclinaisons qu'on peut donner à la face frottante de chaque prisme, *il en existe une qui doit produire le plus grand effet possible sur le balancier*, etc. En faisant ces prismes très aigus, on rend l'arc de levée trop petit, et la lèvre du cylindre, qui se soustrait à l'impulsion de ces prismes, peut très bien s'en écarter de manière que la face frottante de ceux-ci

[6] Habile calculateur, né à Versailles en 1744, mort en 1798. On lui doit des tables de logarithmes.

n'agisse point sur elle. Il faut donc donner à cette face frottante des dents autant d'inclinaison qu'il est nécessaire, pour qu'elle pousse la lèvre du cylindre par chacun de ses points, mais pas davantage. L'expérience seule peut donner cette inclinaison. »

204. Fétil aîné[7] (1802).

« Plusieurs échappements à repos sont tombés en désuétude avant d'avoir été considérés et démontrés de la manière convenable, on n'en peut rien rapporter d'exact : il faut se contenter de quelques observations. Ainsi, par exemple, on n'a guère écrit sur celui à cylindre, qui a été si en vogue, que pour en faire l'apologie et pour le décrier : on n'a point cherché à fixer l'attention sur ces considérations principales :

1° celle du point de contact où se fait le repos qui ne doit être éloigné que le moins possible de celui de tangence, en conséquence duquel le nombre des dents de la roue n'est pas indifférent ;

2° celle du diamètre du cylindre relativement à celui du balancier, et même aussi par rapport à la totalité de l'ensemble ; ce qui est de considération, non pas pour le jeu de l'échappement, comme est l'objet du premier point, *mais pour ses propriétés convenables et relatives à la régularité de la marche de la machine à laquelle on l'applique.* ».

Fétil ajoute qu'un praticien de son temps prétendait éviter l'usure de ses cylindres en donnant aux plans des dents de ses roues (en laiton) une « courbe convexe non uniforme, dont le milieu était celle d'un diamètre plus petit que celui qui convenait au commencement et à la fin de cette courbe, en sorte que vers le dernier terme de la levée, le plan devenait fort peu incliné ; ses cylindres étaient ouverts à la moitié ou tellement, que la pointe ou le bout de chaque dent, en quittant une levée, ne tombait qu'à l'entrée du repos, de sorte que la dent se trouvait avancée d'environ un quart ou un tiers de l'étendue de son plan lorsque le cylindre était arrivé au point milieu entre ses deux levées, c'est-à-dire celui où le spiral l'aurait tenu immobile sans l'action de la roue ; il ne donnait de levée que 40° et souvent moins.

Tout en essayant de trouver un raisonnement qui explique et justifie cette disposition, Fétil laisse entrevoir que le choix du cuivre ne devait pas être sans influence sur le succès.

205. Jurgensen (1805).

« Le cylindre doit être entaillé jusqu'au diamètre moins 20°. »

Ce qui donne pour la partie pleine 200°.

Levée 40°. Le milieu du plan incliné droit doit passer par le centre du cylindre.

« Pour prévenir l'arrêt-au-doigt (dans les montres à fusée), on fait les plans inclinés des dents de la roue de la forme d'une courbe, plus rapide vers le commencement et adoucie vers le talon de la dent (afin de surmonter plus facilement la résistance du spiral). Cependant cette courbe ne doit pas s'éloigner beaucoup de la ligne droite, car l'expérience a montré *que la ligne droite communique le plus grand mouvement possible* au balancier. Dans les montres disposées à marcher en remontant, il est inutile de chercher à prévenir l'arrêt-au-doigt ; il suffit d'y faire les plans inclinés en ligne droite.

« Le cylindre doit être fait d'un bon acier, tel que celui dont on se sert pour les burins fins. Il convient de faire le cylindre assez épais pour que les tranches puissent être parfaitement arrondies, et non pas tranchantes, ce qui rongerait les plans inclinés, qui à leur tour rongeraient le cylindre. »

(D'après la planche jointe au texte, l'épaisseur de l'écorce cylindrique serait le $\frac{1}{10}$e environ de la longueur de l'incliné, ce qui ne s'accorde pas parfaitement avec le texte.) L'espace entre

[7] Pierre Fétil est né à Nantes, vers l'année 1753. Il n'a pas laissé de postérité et périt accidentellement le 15 mai 1814, en se baignant dans la Loire, à Orléans.

les deux tampons doit être assez grand pour éviter la trop forte attraction qu'ils exercent sur l'huile, qui alors quitterait la roue, ce qui produirait la destruction subite de l'échappement.

JURGENSEN rivait ses roues de cylindre de façon que, le plan des dents ne formant pas un angle droit avec l'axe, ces dents attaquassent chaque lèvre à différentes hauteurs. Cette idée appartient à ROMILLY.

Avant JURGENSEN toutes les roues de cylindre, par suite d'une erreur du temps admise sans examen, se faisaient en laiton. Il soupçonna le premier et prouva expérimentalement les avantages de la roue en acier.

206. TAVAN[8]. (Rapport fait en 1805, à la Société des Arts de Genève, et publié seulement après révision et correction du texte, en 1830.)

« Les faces frottantes, ou plans inclinés des dents, doivent faire un angle d'environ 24° avec la tangente au cercle que décrit leur base. Cette inclinaison paraît la plus avantageuse à la levée.

« La forme que doivent avoir ces faces frottantes, dans le sens de leur longueur, est une légère courbure circulaire convexe, du même rayon que la roue. C'est la forme qui est la plus avantageuse.

Dans la comparaison de la levée produite par la face frottante, taillée en ligne droite et par celle taillée en courbe circulaire, on voit que la première a déjà parcouru les deux tiers de sa longueur, lorsqu'il n'y a que 10° de levée, et que les 10° restants s'opèrent par le dernier tiers. Or, ce sont précisément ceux-ci auxquels le ressort-spiral oppose le plus de résistance (cette assertion est vraie quand on considère le spiral sortant de l'état de repos, mais elle ne l'est plus quand on a affaire à un spiral qui se meut en vertu d'un mouvement acquis). La face à courbure circulaire agit beaucoup plus uniformément.

« L'incliné, droit ou courbe, doit être arrondi dans le sens de sa largeur, c'est-à-dire formé, comme on dit, en *baguette*. La surface frottante contre les lèvres du cylindre se trouve alors extrêmement réduite, mais l'expérience a prouvé que l'usure du cylindre n'en est pas augmentée, parce que cette usure provient ordinairement de la poussière qui, s'attachant à l'huile des dents, forme un sable rongeur. Elle provient souvent aussi de la mauvaise qualité des métaux ou de leur défaut de poli.

« L'épaisseur de la lèvre du cylindre doit être d'environ 1/7e de la longueur de l'incliné. Quant à l'ouverture du cylindre, la partie qui reste pleine doit être de 10° de part et d'autre de plus que la demi-circonférence, plus ce que l'arrondissement du bord des lèvres leur fait perdre de levier dans l'acte de la levée.

La moitié de la circonférence (180°), plus deux fois 10° donne 200°. Si on ajoute quelque chose pour l'arrondissage des deux lèvres, on aura pour la partie pleine un peu plus de 200°.

« La levée doit être de 20° sur chaque lèvre. En totalité de 40°.

« Par la nature des mouvements simultanés des pièces frottantes dans cet échappement, les frottements qui s'exercent contre les lèvres du cylindre dans les deux levées ne sont pas semblables ; dans la première levée, la lèvre a un mouvement en partie opposé au mouvement progressif de la face frottante de la dent, tandis que dans la seconde, les deux mobiles fuient ensemble avec des vitesses différentes. » (Le premier frottement est de ceux dits *rentrants*, le second est un frottement *sortant*.)

« Le frottement sur les arcs de repos agissant alternativement sur deux rayons de résistance, qui diffèrent l'un de l'autre de l'épaisseur de l'écorce cylindrique, on comprend que, par conséquent, son influence sur les vibrations du balancier est inégale. »

[8] Antoine Tavan, né à Aost en France, en 1749. Venu à Genève à l'âge de 20 ans, il s'y fit comme horloger une assez grande réputation, et y mourut en 1836.

207. Moinet (1846).

« Actuellement dans la pratique la plus générale, comme dans la fibre de Cumming[9], on ne donne à la partie pleine ou repos du cylindre, y compris l'arrondi de la lèvre d'entrée et l'incliné de celle de sortie, qu'environ 190° au plus ; en sorte qu'au moment où l'angle postérieur de la dent échappe à la lèvre qu'elle a fait reculer, la pointe de cette dent tombe sur le repos en arrière du bord de la lèvre de sortie, mais seulement de la quantité nécessaire à la sûreté du repos, c'est-à-dire pour ne pas atteindre le plan incliné de la lèvre, quantité qui se trouve être d'environ 3°.

« Si l'on ajoute à cette sûreté de 3° la petite partie de levée produite par l'incliné de la lèvre de sortie, ou par l'arrondi de la lèvre d'entrée, qui est d'environ 5°, on aura 8° à ajouter au demi-cylindre, en plus de sa demi-circonférence, ce qui donnera 188° de plein à laisser en définitive.

« Comme il n'est pas facile de préciser de si petites quantités, portons à 190°, sauf à réduire un peu au besoin, et d'après l'expérience.

« On conçoit que la chute de la pointe de la dent sur le dehors du cylindre doit avoir lieu avec la même sûreté qu'en dedans, c'est-à-dire d'environ 3° en arrière de l'arrondi de la lèvre d'entrée ; cet arrondi doit s'étendre un peu plus en dehors qu'en dedans, et être formé d'une courbe moins rapide du côté du repos, où elle prépare l'entrée de la dent. »

Pour la levée et l'inclinaison à donner au plan incliné de la dent, les chiffres de Moinet ne sont autres que ceux de Berthoud.

Après avoir rappelé « une autre modification pratiquée à l'échappement à cylindre et reprise en divers temps, » c'est-à-dire le changement de la ligne droite du plan incliné en ligne courbe, Moinet dit :

« Quant au choix de la forme du plan incliné, soit droite, soit courbe, et à leur effet compliqué de la puissance du spiral et de la vitesse du balancier, comme nous l'avons dit, le plus sûr serait d'expérimenter laquelle de ces formes produit le plus d'oscillation supplémentaire car, dans ce genre de question, *le raisonnement peut aisément séduire, et il est plus certain d'éprouver le fait.*

Rajeunissant les calculs d'une montre de Berthoud, il fait remarquer que le diamètre du cylindre est environ 1⁄20e de celui du balancier, et il ajoute : « d'autres le font le 1⁄14e du diamètre du balancier pour augmenter la compensation due au frottement des repos. »

208. M. Wagner (1847).

« Le perfectionnement qu'il importe le plus d'introduire dans tout échappement est celui qui tend à le faire marcher, sous une action déterminée, avec le moins de frottement possible. »

(La question des frottements, quoique importante, n'est pas la principale, surtout au point de vue de leur réduction indéfinie. — (**106** et suivants.)

Selon le principe de cet auteur, si l'on veut que l'échappement à cylindre ne s'arrête pas au doigt, que ses frottements soient réduits le plus possible, et que l'étendue de ses oscillations soit la plus grande qu'on puisse avoir, il faut :

1°. placer le centre de rotation du cylindre sur la tangente ;

2°. entailler le cylindre à 180°, moins la saillie des lèvres (estimée à 4° ou 5°) ;

3°. avoir pour l'angle de levée un angle égal à la circonférence de la roue divisée par le double du nombre de ses dents.

Pour une roue de 15 dents, on aura ainsi un angle de levée de 12°.

« La surface de la dent (ou la droite passant par les deux extrémités), le diamètre du cylindre et la tangente ne formeront qu'une seule et même ligne.

[9] Horloger anglais qui, selon Moinet, fut le premier à proposer, dans le dernier siècle (1776), la forme courbe pour les inclinés. Il avait aussi admis pour l'ouverture du cylindre celle proposée ici, et la courbe de son incliné était tracée par un rayon moitié de celui de la roue.

Nous ferons remarquer que Jodin avait traité la question des courbes plusieurs années avant Cumming, et que sur ce point la priorité appartient aux horlogers français.

« Je ferai remarquer que, en maintenant les conditions ci-dessus énoncées, cet angle (celui de levée) varie en raison inverse du nombre des dents de la roue.

« Ici se présenteront probablement des objections de la part d'un grand nombre de praticiens, qui, avec ce nombre de dents à la roue (15 dents) ont l'habitude de faire lever l'échappement de 20, 25, 30 et même 40 degrés, bien convaincus qu'ils impriment, avec cette levée, une plus forte impulsion au balancier ; il est facile de démontrer le contraire à l'aide de la loi des plans inclinés. »

(L'expérience prouve, contrairement à l'opinion de l'auteur, que l'impulsion est augmentée dans le plus grand nombre des cas. La loi des plans inclinés n'est pas la seule en cause ici.)

« Plus on augmentera la hauteur du plan incliné, plus le fuyant deviendra long et, par conséquent, plus le frottement, pendant la levée, sera considérable ; le diamètre du cylindre, augmentant également, ajoute encore au frottement durant les arcs supplémentaires. »

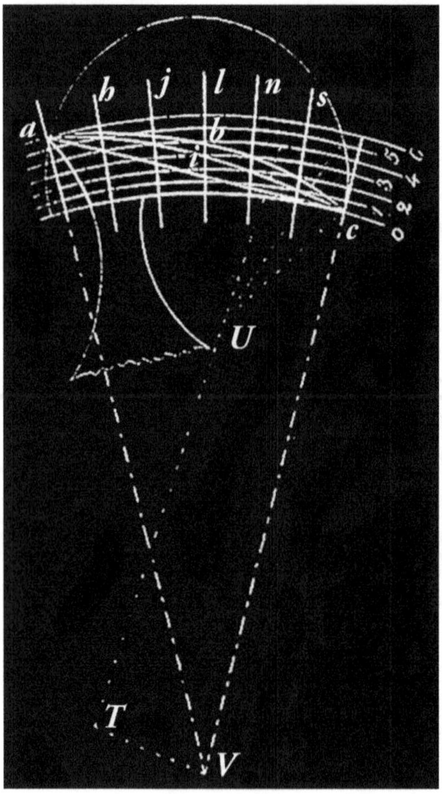

Fig. – 20.

Avec cette augmentation de hauteur à l'incliné,

« si l'on veut conserver au cylindre une ouverture de 180°, il importe de placer son centre de rotation sur le milieu du fuyant droit de la dent. »

Mais

« dans ce cas, le centre ne se trouvant plus sur la tangente, comme nous l'avons dit plus haut, il se produira encore une augmentation de frottement assez sensible.

« Néanmoins il est possible, tout en maintenant le centre de rotation sur la tangente, de faire lever cet échappement plus ou moins que n'indique cette méthode ; mais ce résultat ne peut être obtenu qu'aux dépens de l'ouverture du cylindre. »

Quant à la forme à donner à l'incliné, l'auteur adopte une forme convexe et dont la courbure, *abc*, très en saillie au-dessus du plan droit, est formée de deux arcs de cercles raccordés, dont les centres sont en U et en T (fig. 20).

La propriété de cette courbe est, selon l'auteur, de rendre l'action de la force motrice proportionnelle à la résistance croissante du spiral.

Nous ferons remarquer que Jodin (**199**), à la suite de ses expériences sur des courbes de cette nature, les abandonna pour leur substituer le plan rectiligne ou très faiblement convexe.

209. M. Henri Robert (1849). La quantité de levée considérée par M. Robert comme la plus convenable pour l'échappement à cylindre n'excède pas 25 à 30 degrés « au plus. »

Il a reconnu, quant à la forme à donner à l'incliné, qu'une ligne droite, ou une courbe concave qui s'en approcherait beaucoup, est la forme qui fait décrire au balancier les plus grands arcs.

« Plus une courbe sera prononcée au commencement de la levée, plus il faudra de force pour qu'elle opère le déplacement du cylindre ; puis ensuite la dent glissera sur le cylindre pour ne produire qu'une très faible levée, ce qui déterminera une chute d'autant plus violente que la courbe sera plus prononcée vers sa naissance, et qu'il y aura moins de déplacement du cylindre vers la fin de la levée. Ainsi, dans ce cas, la surabondance de force nécessaire pour faire passer la roue, au commencement de la levée, augmente les chances de destruction du cylindre sur la levée, et détermine plus promptement sa piqûre sur le repos au point de la chute. »

D'après M. Robert,

« toute courbe, présentant une surface développée plus grande que la corde qui la sous-tend mettra successivement en contact avec le cylindre, pendant la levée, un plus grand nombre de points, et par suite l'épaississement des huiles sera d'autant plus sensible. »

Tableau des proportions adoptées par les auteurs.

Ouverture du cylindre.

Pour la partie laissée pleine,

Jodin.—Lepaute	190°	Minimum 185°
Berthoud.—Jurgensen	200°	Maximum un peu plus de 200°
Tavan	un peu plus de 200°	
Moinet	190°	
M. Wagner	185°	

Levée totale, donnant la hauteur de l'incliné.

Jodin.—Lepaute	30°	Minimum 24".
Berthoud. Jurgensen	40°	Maximum 40°.
Tavan	40°	
Moinet	40°	
M. Wagner	24°	
M. Henri Robert	25° à 30°	

Observations diverses et résumé de ce chapitre.

210.Nous ne nous livrerons pas à un examen critique et comparatif des données de ce tableau, le lecteur suppléera aisément à cette lacune après la lecture du chapitre suivant. Consignons seulement ici quelques remarques qui résumeront le présent chapitre.

L'ouverture proposée par Jodin, vers le milieu du siècle dernier, se trouve précisément être celle adoptée par Moinet à près d'un siècle de distance. Quelques artistes du temps de Jodin ouvraient leurs cylindres un peu plus que les siens : la partie pleine devait donc être, à très peu près, égale à celle conservée par M. Wagner.

Jodin, qui avait primitivement adopté 40° pour le chiffre de la levée, la réduisit plus tard à 30°, conformément à l'opinion accréditée de son temps, qu'il y avait avantage à réduire autant que possible la levée d'un échappement à repos (**200**) ; nous verrons qu'il avait raison de borner à ce chiffre celle de l'échappement à cylindre de son époque. M. Robert a, de nos jours, proposé comme terme maximum de l'étendue de la levée le dernier chiffre de Jodin.

Les premiers constructeurs faisaient passer la pointe de la dent par l'axe du cylindre, « afin que l'action du repos, étant perpendiculaire à cet axe, le frottement fût plus égal et plus constant. » Il est clair qu'ils avaient déjà reconnu les avantages du repos à la tangente.

211. Quant à la forme à donner au plan incliné, et avant le commencement de ce siècle, on avait déjà proposé ou expérimenté :

- le plan droit ;
- une courbe adoucie vers la naissance de la dent ;
- une courbe renflée vers son milieu ;
- une courbe très prononcée vers la pointe de la dent ;
- une espèce de courbe serpentante ou concave ;
- deux arcs de cercles tracés, l'un avec le demi-rayon de la roue, l'autre avec le rayon entier.

Depuis la découverte de cet échappement, chaque auteur qui en a traité un peu explicitement s'est préoccupé outre mesure, exceptons-en toutefois Jodin et Fétil, d'une des conditions du problème à laquelle il donnait une importance exagérée, et sans paraître s'apercevoir que le succès étant attaché à l'harmonie de l'ensemble, on pouvait arriver au but par plusieurs voies, mais toujours en satisfaisant, non pas à une des conditions de ce problème, mais à toutes.

Les règles qui doivent guider l'horloger dans la construction de l'échappement à cylindre ont été, ce qui précède le démontre, entrevues par Jodin, et leur base a été nettement indiquée par Fétil. Comment expliquer alors que plusieurs auteurs, depuis soixante ans, aient refait à rebours le travail du siècle dernier, quand il leur eût suffi de quelques expériences bien faites pour constater le néant de certaines solutions purement géométriques (**77**).

Chapitre III

Principes de l'échappement à cylindre

212. La classification des échappements en échappements à recul, à repos ou libres, est imparfaite, comme nous l'avons déjà fait remarquer ; néanmoins nous l'avons conservée, puisqu'elle est passée dans les habitudes, et nous adopterons, quoique sa signification ne soit pas grammaticalement régulière, l'expression d'échappement à *repos frottant*, pour l'appliquer à ceux où la roue, après avoir donné l'impulsion au balancier, demeure en repos, ou tenue en arrêt, contre un corps en mouvement dépendant de l'axe du balancier. Tels sont, pour la montre, les échappements à cylindre, Duplex, etc., et pour la pendule ceux dits à chevilles, à ancre, de Graham, etc.

Un mot sur l'abus de l'expression : les règles de l'art.

213. L'échappement à cylindre se règle dans des conditions en apparence si diverses, qu'il a donné lieu à d'innombrables discussions et fait éclore beaucoup de chapitres de volumes et de brochures. Plusieurs de ces écrits, publiés par des praticiens peu instruits, débitent des phrases de mauvais goût qui affirment que *la théorie veut que telle chose soit,* mais que la pratique lui dit *non*, que les savants n'entendent rien à l'horlogerie, et que cependant *ils s'ingèrent à lui donner des lois*, etc., etc., et dès les premiers mots de ces auteurs, qui de leur autorité privée érigent l'ignorance en droit d'enseignement, il est facile de se convaincre qu'ils essayent de bégayer une langue qui leur est inconnue et qu'ils parlent de choses dont le sens exact leur échappe.

Qu'un praticien publie d'excellentes méthodes de travail, qu'il indique les combinaisons qui l'ont le plus satisfait, qu'il le fasse surtout avec un talent suffisant pour être bien compris, il rend un service signalé et fait preuve d'un mérite très réel ; mais il faut, s'il ne possède pas des connaissances suffisantes dans les sciences exactes, qu'il s'en tienne là ; qu'il évite de se lancer dans des divagations théoriques dont le premier tort est d'ôter tout crédit et tout caractère sérieux à son œuvre. Le second inconvénient des publications dont nous parlons, c'est qu'elles égarent les jeunes adeptes en leur présentant comme les règles de l'art de simples préceptes empiriques, applicables seulement dans un certain nombre de cas particuliers.

C'est à dessein que nous mettons en relief l'expression ci-dessus, qui se retrouve fréquemment chez plusieurs des auteurs.

En vertu de règles de l'art, qu'ils ne précisent pas ni les uns ni les autres, l'un veut une chose, l'autre prescrit, le contraire !

Hippocrate dit oui, mais Galien dit non.

Puis à la suite de raisonnements plus ou moins spécieux, qui tournent autour du nœud de la question et ne l'abordent presque jamais franchement, revient la phrase sacramentale : « En construisant ce mécanisme *selon les règles de l'art*, on obtient, » etc.

Voilà certainement des règles d'une notable élasticité ; elles s'accommodent de tous les régimes, se prêtent aux combinaisons les plus opposées et ne procèdent guère des savantes et rigoureuses lois qui régissent les mouvements de tous les corps. Ces prétendues règles feraient croire aux praticiens qu'il existe un antagonisme entre la théorie et la pratique, c'est-à-dire entre la *tête* et la *main*.

Nous n'avons pas à réfuter une telle absurdité, les gens capables en font suffisamment justice, mais aux jeunes horlogers nous dirons : cet antagonisme n'existe pas, *jamais la science ne dit oui où la pratique dit non*. Il ne faut demander à la théorie que ce qu'elle peut donner, et l'opposition entre elle et la pratique, découverte par certains livres, ne se produit que lorsque, par suite des lectures incomplètes et mal digérées d'un auteur, il fait dire à cette théorie ce qu'elle ne dit pas.

Un outil excellent peut être maladroitement manié : c'est le cas dont nous parlons, et si nous l'avons relevé, ce n'est nullement par esprit de critique, mais bien parce que les erreurs dont il est la source entravent les progrès de l'horlogerie et nuisent à la considération qu'elle mérite de la part des hommes sérieusement instruits.

Nouvelle théorie des échappements à repos frottant

214. Cette théorie n'est basée sur aucune hypothèse gratuite ; elle repose sur une application raisonnée de lois parfaitement démontrées et sur des faits pratiques nombreux et bien observés.

Elle est d'accord sur tous les points avec l'expérience des praticiens de talent, et nous révèle les causes de ces controverses sans résultat qui agitent les artistes depuis trop longtemps.

C'est le produit d'un travail constant de dix années.

Nous n'énonçons pas ce chiffre pour le stérile plaisir d'une petite vanité satisfaite, mais pour bien faire comprendre combien l'esprit le plus chercheur et le plus obstiné à la poursuite de la vérité a de peine à se dégager des nuageuses théories en cours, théories étayées seulement sur des raisonnements que d'autres raisonnements détruisent, ou que la pratique dément dans le plus grand nombre des cas.

Les mêmes lois régissent les échappements des pendules et des montres.

215. La construction des échappements à repos frottant des pendules, des horloges et des montres a pour base les mêmes lois physiques et mécaniques. Il y a toutefois à tenir compte de cette différence, assez essentielle qu'avec le pendule, le principe régulateur réside dans une force constamment égale dans le même lieu : la gravitation, tandis que l'emploi du balancier annulaire fait résider ce même principe dans l'élasticité du spiral, c'est-à-dire dans une force qui change considérablement avec les différentes températures, et qu'on peut faire varier à volonté, selon une progression qui offre beaucoup d'analogie avec la loi des oscillations du pendule.

Le problème se pose donc de même dans les deux cas, sauf que la valeur de la même inconnue est donnée pour le pendule par la loi de la gravitation, et pour le balancier annulaire par la loi des réactions élastiques.

Fonctions des échappements à repos frottant.

216. Les fonctions qu'exerce tout échappement sont :

1°. De modérer, en la régularisant, la vitesse de rotation du rouage de la machine ;
2°. De restituer au modérateur la petite quantité de force qu'il a perdue après chaque oscillation accomplie ;
3°. D'opérer cette restitution de force perdue dans des conditions telles, que toutes les oscillations s'accomplissent dans des temps d'une égale durée. Résultat qui n'exclut nullement la possibilité de mouvements inégaux comme espaces parcourus.

Leur action est une action composée.

217. L'action d'un échappement à repos frottant se décompose en deux effets : la pulsion sur le bras de levée, la pression sur l'axe du modérateur en mouvement, action et réaction que nous avons déjà étudiées dans le chapitre de l'Introduction qui a pour titre : *De la levée des Échappements*. Il est absolument nécessaire d'analyser à part chacun de ces deux effets, si l'on veut arriver à connaître dans quel sens leurs actions se combinent ou se neutralisent partiellement l'une par l'autre.

Aphorismes résumant la nouvelle théorie.

Dans le but de faciliter notre travail et de mettre le lecteur à même d'embrasser d'un coup d'œil le sujet, nous poserons tout de suite les bases de notre théorie.

Elle se résume dans les aphorismes qui suivent et qui, chacun et successivement, vont faire l'objet d'une démonstration théorique et pratique.

Premier aphorisme.

218. L'angle de la levée et la force motrice ne changeant pas, si cette force est tenue en équilibre par un bras d'échappement, elle restera dans cette condition d'équilibre quelle que soit la longueur donnée à ce bras.

Deuxième aphorisme.

219. L'angle de la levée et la force motrice ne changeant pas, la puissance de l'impulsion, qui entretient le mouvement acquis du régulateur augmente par le raccourcissement des bras de l'échappement.

Troisième aphorisme.

220. La résistance du frottement sur les courbes des repos est proportionnelle à la longueur des rayons des repos.

Quatrième aphorisme.

221. La levée et le moteur restant les mêmes, la durée en temps de l'oscillation change par un changement dans la longueur des bras de l'échappement.

Cinquième aphorisme.

222. Entre toutes les longueurs qu'on peut donner à ces bras, une seule procure l'isochronisme des oscillations aussi approché que possible.

Sixième aphorisme.

223. L'effet utile de l'impulsion, qui a pour mesure l'amplitude de l'arc décrit par le modérateur, varie par les différentes hauteurs données au plan incliné qui transmet l'action motrice.

Septième aphorisme.

224. Entre toutes les inclinaisons que peut recevoir ce plan, une seule produit, pour une force motrice donnée, le mouvement maximum de la plus grande régularité.

Huitième aphorisme.

225. La proportion convenable entre le levier d'impulsion et le rayon de repos étant trouvée avec un pendule ou un balancier annulaire de grandeur connue, cette proportion doit changer à chaque changement dans les dimensions de cet organe.

Neuvième aphorisme.

226. La grandeur de la roue d'échappement n'est pas une valeur indifférente. Cette grandeur est une conséquence forcée du poids et de la vitesse de la roue, de la hauteur utile du plan d'impulsion et du frottement qui a lieu sur ce plan.

227. La démonstration tout à fait rigoureuse de ces aphorismes ne peut être complètement donnée qu'à l'aide des mathématiques transcendantes. Mais sans prétendre à une rigueur de démonstration qui n'est pas absolument nécessaire ici, nous allons prouver au moyen des notions de mécanique développées dans l'introduction, l'exactitude des règles que nous venons de poser. Elles seront en outre étayées sur des vérifications expérimentales, que les artistes pourront multiplier à volonté, en construisant eux-mêmes, avec les soins et la délicatesse qu'ils savent apporter dans leurs travaux de précision, tous les appareils qui vont être décrits.

Auparavant et pour mettre tout horloger à même de suivre avec fruits nos démonstrations qui seront, comme on va le voir, accessibles à quiconque est un peu intelligent, indiquons un procédé graphique applicable à l'étude de la décomposition des forces dans les échappements. Nous suivrons ici la méthode que M. Rozé fils, un jeune et sérieux talent, a exposée à l'une des réunions de la Société des Horlogers.

Décomposition des forces dans les échappements.

Les pressions.

228. Tout échappement a pour objet une transformation de mouvement. Les conditions de cette transformation varient selon les dispositions mécaniques adoptées pour l'échappement.

Or, les chocs et les frottements qu'engendre tout organisme mécanique qui fonctionne étant des causes de perte de travail moteur et, par suite, les causes de l'inconstance du travail transmis, il est important d'étudier les relations qui existent entre les dispositions de l'échappement et la quantité de travail nécessaire pour vaincre les frottements qui résultent de ces dispositions. C'est par l'étude de la décomposition des forces qu'on parvient à cette connaissance (**67**).

Soient O et A (fig. 21), les centres de mouvement de la roue et d'un levier d'échappement (bras d'ancre, rayon de cylindre, etc.), KH la ligne tangente au plan, courbe ou rectiligne, de la levée au point M où nous allons considérer l'action. Élevons, de ce point, la droite MU perpendiculaire à HK. Supposons que la puissance motrice soit appliquée au point M, extrémité d'une dent de la roue et représentons cette puissance motrice par la ligne MP menée perpendiculairement à l'extrémité du rayon MO de la roue. Admettons que par un moyen quelconque on ait fixé le levier dans la position qu'il occupe sur le dessin.

La force motrice, par suite de l'action de la dent sur le plan KH, tendra à écarter les deux points O et M, et les pressions qui en

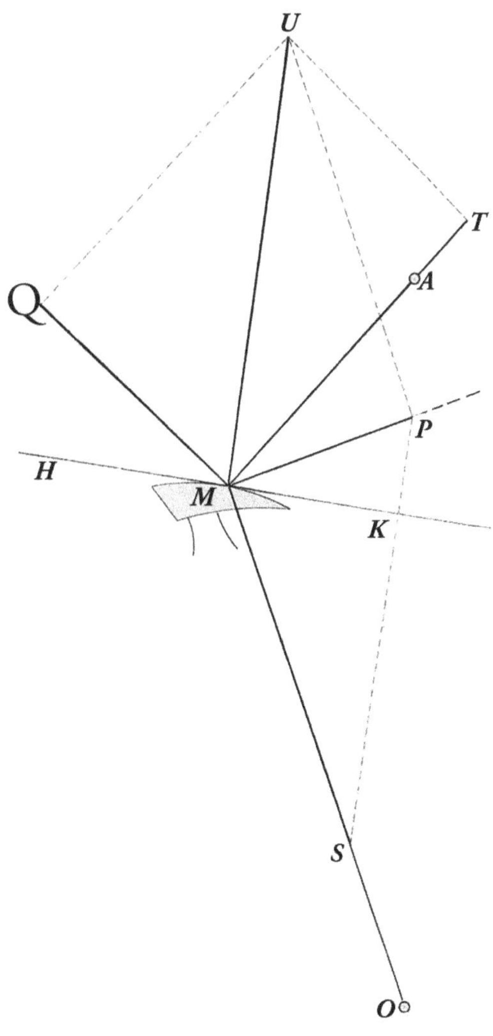

Fig. – 21.

résulteront sur chacun de ces points s'obtiendront en construisant le parallélogramme SMUP, sur la diagonale MP et sur les directions parallèles au rayon de la roue, et à la ligne MU normale à la levée.

Cette première construction nous montre la force motrice décomposée en deux autres : l'une MU, agissant perpendiculairement pour déplacer le levier, l'autre MS, dirigée sur les pivots de la roue et qui se convertira en un frottement.

La force MU sera en conséquence la seule force utile, c'est-à-dire la seule apte à produire le déplacement du levier, quand il sera redevenu libre de ses mouvements.

L'examen de la figure 21 fait voir tout de suite que cette force MU sera elle-même décomposée de nouveau en deux parts quand ce levier entrera en mouvement : l'une T, agissant sur les pivots de l'ancre ou du cylindre, c'est-à-dire sur le point fixe A, et l'autre MQ, produisant le mouvement de rotation du levier autour de ce point A.

Tout ce qui vient d'être dit s'applique également, que la levée soit tout entière à l'extrémité du levier ou qu'elle soit en partie sur la dent. Ce qui est le cas des échappements à ancre et à cylindre.

En dessinant l'échappement dans les positions successives qu'occupe la levée, et par des tracés graphiques tels que ceux qui viennent d'être décrits, on pourra étudier la décomposition de la force pendant l'acte entier de la levée et connaître pour chacun de ses points successifs les valeurs comparatives des pressions exercées.

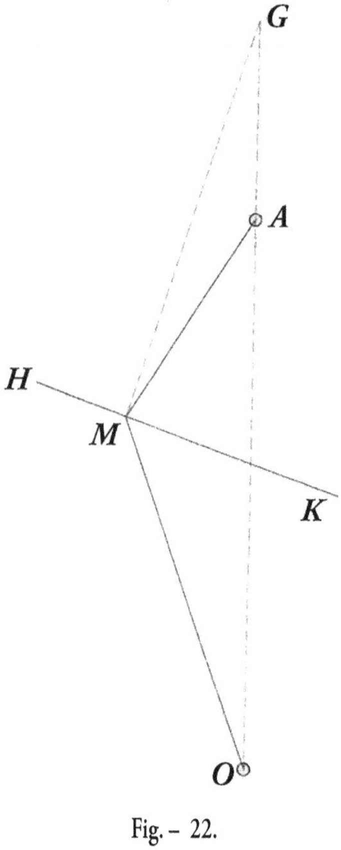

Fig. – 22.

Les chemins parcourus.

229. Il ne suffit pas d'avoir considéré les rapports des forces, il faut encore tenir compte des rapports des chemins parcourus, puisque des changements introduits dans les vitesses font varier les conditions de distribution de la force du moteur.

Par la construction graphique dessinée figure 22, M. Rozé fils donne le moyen d'arriver à trouver une expression simple, et suffisante ici, de l'étendue du glissement sur la levée.

Soient O et A les centres de mouvement de la roue et du levier, joignons-les par une droite. Soit M le point d'application de la force que nous considérons. Il représente ici l'extrémité d'une dent de la roue. Soit aussi HK la tangente au point de contact M ; cette tangente se confond en ce point avec la courbe de levée. À ce même point M, élevons MG perpendiculaire à la levée ; cette ligne MG coupera la ligne des centres, prolongée au besoin.

Le travail de M. Rozé fils démontre par le calcul que, admettant une levée uniforme à partir de M, le rapport des vitesses angulaires est égal au rapport inverse des segments OG et AG, déterminés sur la distance des centres par la perpendiculaire à la levée MG, élevée du point de contact.

On peut faire tout de suite une application de ce théorème :

Si le rapport des vitesses angulaires est constant pour tous les points de la levée, les normales aux points de contact successifs qui résultent des différentes positions du levier passent toutes par un même point situé sur la distance des centres, ou sur son prolongement. Dans la figure 22, ce point serait en G.

Démonstration théorique et expérimentale des aphorismes.

Une puissance motrice tenue en équilibre par un bras d'échappement restera équilibrée, quelle que soit la longueur qu'on donne à ce bras.

230. L'angle de la levée du triple bras d'échappement A*bc*D (fig. 23) est enfermé dans l'angle DA*l*, ainsi que les trois plans inclinés *hg, nf, ml*, qui, pour une même roue et une même levée, répondent à trois longueurs de bras différentes, qui sont entre elles comme 1, 2 et 3.

L'épaisseur des trois becs, *hs, nt, m*D, déterminée par l'écartement des dents d'une même roue est invariable, tandis que l'inclinaison des plans d'impulsion varie avec la longueur du levier et s'abaisse de plus en plus à mesure que ce levier l'allonge.

« L'inspection de la figure 23, dit le *Mémoire* de M. Wagner, suffit à démontrer que pour un même angle d'oscillation, le plan incliné *hg* est trois fois plus rapide que le plan incliné *ml*, placé à une triple distance du centre d'oscillation, car les hauteurs *hs, m*D, restant les mêmes, la base D*l* sera le triple en longueur de celle *sg*.

« Il en résulte que si, en raison de la plus grande rapidité du plan *hg*, le bec 1 est repoussé avec une force triple de celle qui repousse le bec 3, celui-ci, en raison du bras de levier A*o'*, triple du bras A*o*, sera repoussé par une force triple de celle qui repousse le bec 1, de sorte que la force perdue par un plan incliné moins rapide est regagnée par un plus grand bras de levier ; réciproquement, la force gagnée par un plan incliné plus rapide est perdue par un bras de levier plus court. »

231. Le *Mémoire* en conclut que la question du frottement (sur les repos) réservée, il est indifférent que les bras d'un échappement soient longs ou courts, « *puisque la force d'impulsion reste constante.* »

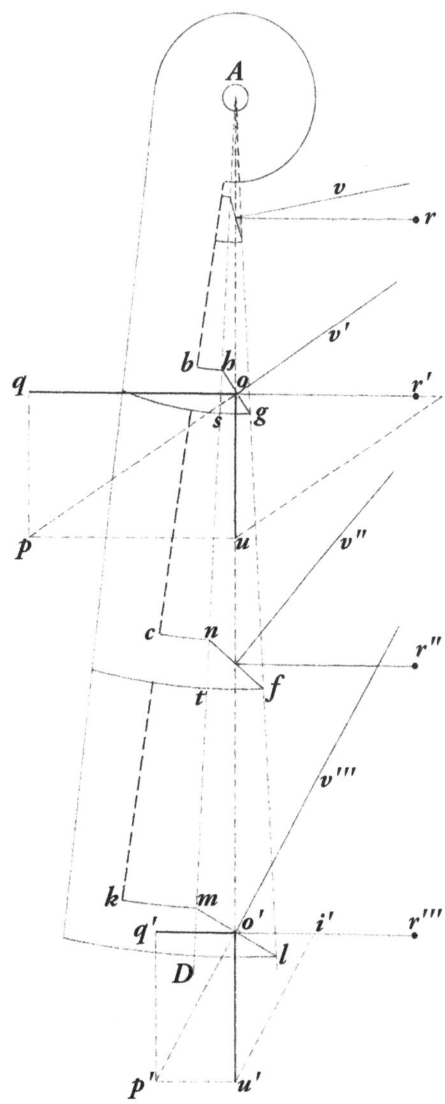

Fig. – 23.

Et, en tenant compte du frottement sur les repos que, puisque l'impulsion reste constante tandis que le frottement sur les repos augmente avec la longueur du levier, « *il faut diminuer le plus possible la longueur des bras des échappements.* »

232. Nous ne pouvons admettre cette double conséquence qui, selon nous, ne découle pas du tout des prémisses ; on a eu tort de l'ériger en règle, car elle n'est vraie que lorsque l'échappement est en repos et que ses résistances sont simplement équilibrées par la force motrice.

Un échappement tenu en équilibre et en repos ne produit rien, n'existe pas quant au but pour lequel il est créé, et les conditions du problème changent par la mise en mouvement du système. Son état lui-même est changé, puisque de statique il devient dynamique. Nous aurons à revenir plus longuement sur ce sujet capital, mais auparavant laissons de nouveau la parole à M. Wagner neveu, le premier, à notre connaissance, qui ait abordé et résolu le théorème qui fait le titre de cet article, théorème qui n'est qu'un cas de la théorie de l'équilibre des forces.

Première expérience.

233.

« Les considérations théoriques ont toujours besoin d'être appuyées des résultats de la pratique : c'est dans ce but que j'ai construit un appareil ou plutôt un échappement dont les bras ont des longueurs différentes, et au moyen duquel on peut acquérir la vérité pratique du principe indiqué plus haut. Le même appareil permet, en outre, de mesurer les quantités de frottement que donnent des bras de longueurs différentes (il n'est question ici que des frottements sur les repos).

« Cet appareil, représenté figure 24, se compose d'un double bâti *bb*, monté sur une base *dd* ; ce bâti supporte au point *a*, l'axe d'une branche d'échappement suspendu sur des pivots très fins, pour diminuer le frottement : sur la longueur de ce bras sont construits trois becs d'échappement *i*, *j*, *k*, de hauteur égale, pour pouvoir y appliquer la même roue, et leur distance respective au centre d'oscillation est comme 1, 8 et 16. Les trois becs ont exactement la même levée, qu'on peut vérifier au moyen d'un arc de cercle divisé, placé au bas du plus grand bec, et d'un index fixé sur la base *dd*. Sur l'axe même de l'échappement est fixé un bras horizontal *t*, à l'extrémité duquel peut être suspendu un petit plateau de balance, dans les conditions employées pour les balances de précision. Enfin sur le même axe est un autre bras vertical, sur lequel est fixé un poids curseur *r*, au moyen duquel on peut équilibrer tout l'appareil, toutefois sans y comprendre le plateau de la balance qui, dans l'état d'équilibre de l'appareil, repose, par son couteau, sur une pièce fixe du bâti et au contact duquel le bras *t* n'arrive qu'au moment où le bec *cc* de l'échappement commence à reculer par l'action qu'exerce sur l'un des fuyants le rayon F, qui représente une des dents de la roue d'échappement ; cette dent est mobile autour d'un axe *o*, disposé dans une chape à coulisse P, qu'on peut fixer, en un point quelconque, le long du montant vertical *v*, de manière à permettre de placer à volonté la dent F vis-à-vis de l'un des trois becs de l'échappement. Des repères marqués sur le montant y permettent de placer sûrement cette dent à la hauteur convenable, pour qu'elle soit tangente à chaque bec. Sur la dent F (dont le corps est taraudé) est placée une masse *m* formant écrou, et dont l'éloignement ou le rapprochement du centre augmente ou diminue l'action de la dent sur les becs.

Enfin, pour diminuer autant que possible les causes d'erreur, j'ai exécuté avec le plus grand soin toutes les pièces : les pivots sont très fins, les surfaces frottantes aussi polies que possible, et l'appareil peut-être placé, dans la position la plus convenable, au moyen des vis calantes *xx*.

« Voici la manière d'opérer :

« Après avoir disposé la dent F de façon à attaquer l'un des becs, on place dans le plateau de la balance le poids nécessaire pour tenir l'appareil en équilibre au moment où la dent agit sur le plan incliné du bec ; puis, conservant ce même poids dans le plateau, on présente la dent à

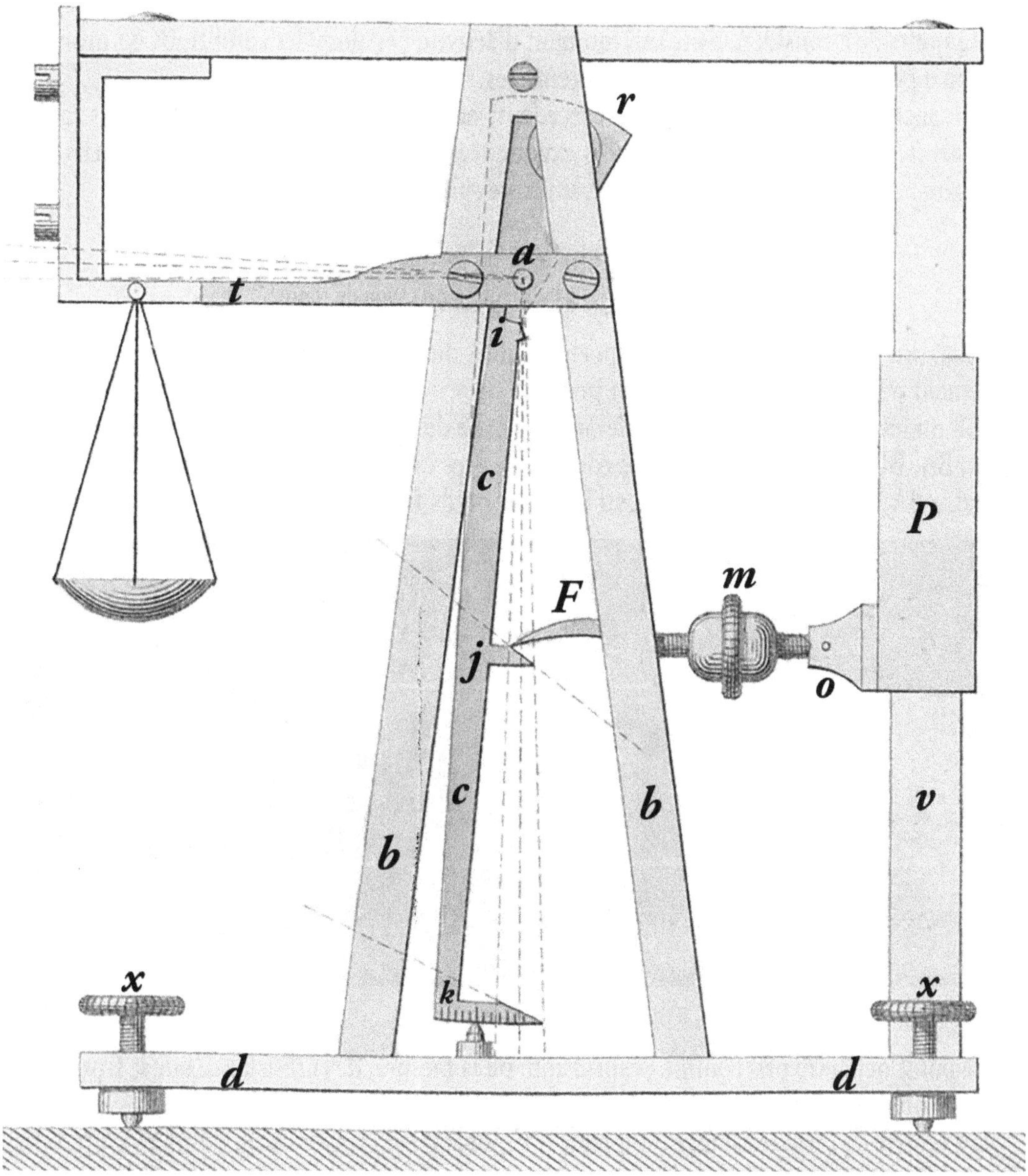

Fig. – 24.

un autre bec, et l'appareil reste également en équilibre, quel que soit le bec attaqué. Cependant le plus court des trois becs n'a qu'un seizième de la grandeur du plus long : on concevra dès lors que tous les becs intermédiaires, quel que soit leur nombre, se comporteront de la même manière.

« Le résultat pratique confirme donc ici le principe théorique que, abstraction faite du frottement, il est tout à fait indifférent que les branches de l'échappement soient longues ou courtes. »

234. Cette conclusion de M. Wagner, conforme aux lois de la mécanique statique, est vraie au simple point de vue géométrique, mais on a eu tort quand on en a fait une règle d'application parce que, ainsi que nous l'avons dit (**232**), et nous le répétons, un échappement doit toujours être considéré dans son moment d'activité ; et alors, les conditions du problème que l'on a posé sont fort différentes des premières.

En concluant des expériences qui précèdent, en faveur des bras d'échappement *les plus courts possible*, on a forcé la portée de ces expériences, comme nous le prouverons, mais il est nécessaire auparavant que la proposition suivante soit démontrée.

La résistance du frottement sur les courbes des repos est proportionnelle à la longueur du rayon du repos.

235. En vertu de la loi de proportionnalité du frottement à la pression (**132**), tout frottement peut être représenté par un poids.

Soit un levier CBA (fig. 25), mobile sur un centre de mouvement B, et formé par deux bras égaux, BA, BC, dont l'un, BC, appuie contre un corps cylindrique en mouvement de rotation, et l'autre BA, porte suspendu à son extrémité un poids P.

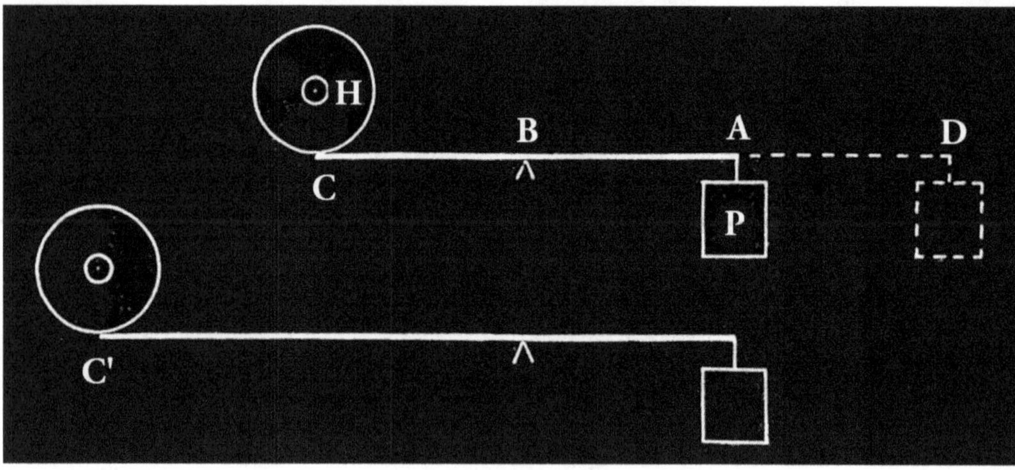

Fig. – 25.

Ce poids peut être pris comme l'expression, ou la mesure, de la résistance que le frottement du levier oppose à la rotation du cylindre H.

L'intensité de cette résistance doublera, si le poids P est transporté au point D, c'est-à-dire à l'extrémité d'un rayon double de BA, ou si ce poids, demeurant en A, est doublé.

Réciproquement, si le rayon de frottement BC reçoit une double longueur, et que le corps cylindrique soit transporté en C', le frottement sur le point de contact sera réduit de moitié.

Deuxième expérience.

236. M. Wagner a le premier déterminé pratiquement au moyen de l'appareil décrit à l'article **233**, et représenté figure 24, la valeur du frottement sur les repos.

> « En plaçant la dent F sur un point quelconque de l'une des courbes de repos, il faudra un certain poids dans le plateau de la balance pour vaincre le frottement que la dent F exerce sur cette courbe, et déterminer le mouvement de l'échappement. Si on place ensuite la même dent sur une courbe décrite d'un rayon plus grand, on verra qu'il faudra un poids plus lourd pour vaincre le même frottement, et un moindre poids pour surmonter celui d'une courbe décrite

d'un rayon plus court ; on se convaincra par là que ce poids augmentera en raison directe de la longueur des bras de l'échappement et détruira, dans la même proportion, la liberté du mouvement. »

La puissance de l'impulsion, qui entretient le mouvement acquis du balancier, augmente par le raccourcissement des bras de l'échappement.

237. Comme dans les cas précédents, l'angle de levée et la force motrice ne changent pas.

Admettons, pour un instant, que le prétendu principe de l'égalité des impulsions soit exact. Il en résultera, de toute nécessité, qu'à mesure qu'on allongera les bras de l'échappement, le modérateur subissant des pressions sur les repos de plus en plus considérables, tandis que l'impulsion restera la même, le mouvement de ce modérateur sera de plus en plus gêné, et ses oscillations s'accompliront avec une lenteur de plus en plus grande. La montre ou la pendule éprouvera alors un retard dans sa marche en rapport avec l'allongement des bras.

Si la théorie que nous combattons est vraie, cet effet de retard sera sensible à partir de zéro longueur et suivra exactement la progression de l'allongement. Une force motrice doublée donnera une impulsion à peu près deux fois plus forte, mais la pression sur les repos devenant double, triple, quadruple, etc., pour un bras deux fois, trois fois, quatre fois plus long, le retard devra suivre cette même proportion, si la puissance de l'impulsion ne varie pas. Or, la pratique nous a donné des résultats contraires à cette conclusion, et il nous sera facile, par un simple recours aux lois de la mécanique, de prouver qu'il devait en être ainsi.

238. Les partisans des leviers courts outre mesure ont négligé ou oublié deux éléments du problème qu'ils ont voulu résoudre. Ne nous occupons pour le moment que de l'un des deux. Sa valeur, qu'il n'est pas facile de dégager dans les dimensions moyennes des leviers d'échappement en usage aujourd'hui, s'accuse assez nettement quand on porte ces dimensions à l'extrême.

Cet élément négligé ou méconnu, c'est la quantité de force absorbée par la friction que la roue d'échappement opère sur la face du plan d'impulsion et par les frottements des pivots.

Le simple examen de la figure 23, et des lignes *v, v',v'', v'''*, suffit à prouver que cette friction s'opérant sous un angle de plus en plus ouvert à mesure que le levier s'allonge, on a pour conséquence forcée une augmentation de pression sur les bras et sur les pivots de leur axe, et des frottements de plus en plus considérables (**70** et **132**).

Servons-nous, pour résoudre la question, de la théorie de la décomposition des forces (**228**).

Soient *r'* et *r''* les centres d'une même roue agissant successivement sur les bras d'échappement A*h*, A*m*, figure 23 ; *or'* et *o'r''*, figurent le rayon de cette roue ; *v'* et *v'''*, les perpendiculaires au milieu de chaque levée. Sur la perpendiculaire à l'extrémité du rayon de la roue prenons la ligne *uo*, et sa semblable *u'o'*, comme expression de la force motrice dont la roue est animée, et construisons par les méthodes indiquées les parallélogrammes *oiup*, *o'i'u'p'*.

La force motrice, égale dans les deux cas, est décomposée en deux parts qui sont entre elles : pour le petit levier, comme *po* est à *oi* ; et pour le grand levier, comme *p'o'* est à *o'i'*.

Or, *oi* et *o'i'* représentent la pression exercée en *o* et *o'* par la roue.

Approximativement et en nombres ronds, nous estimons, par la figure, que la pression qui met le levier en mouvement sera à peu près 9 sur le pivot *r'''*, et moins de 11 sur le pivot *r'*.

L'avantage au profit du grand levier est assez sensible, comme on voit dans cette première période de l'action. La force, appliquée en *o*, se décompose de nouveau en deux parts, qui sont entre elles comme *uo* et *oq*.

L'une de ces lignes nous donne la mesure de la pression sur le pivot A, l'autre la pression qui repousse le plan et que nous pouvons prendre ici (terme de simple comparaison), comme la valeur de l'impulsion définitive.

Le parallélogramme *o'u'p'q'* nous fait également connaître comment se décompose la force *o'*.

Par la comparaison de ces différents tracés, en admettant que le frottement est proportionnel ici, plutôt à l'adhérence (**42**), qu'à la pression et en nous souvenant que la surface de frottement, parcourue dans le même temps, est triple sur le grand levier ; que ce grand levier pèse toujours trois ou quatre fois, au moins, autant que le petit, puisqu'on ne laisse à chacun que la matière nécessaire, nous arrivons à estimer que la puissance réelle de l'impulsion sera à peu près 4 sur le grand levier A*m*, et environ 5 sur le petit levier A*h*. L'avantage définitif reste au profit de ce dernier.

Toutes les valeurs ci-dessus, nous le répétons, ne peuvent être qu'approchées et sont données en nombres ronds pour la facilité de la démonstration que nous ne pousserons pas plus loin, le lecteur ayant en main tous les éléments nécessaires pour la continuer.

Il nous suffit d'avoir prouvé que la puissance de l'impulsion, résultant d'une force motrice qui demeure constante, et abstraction faite du frottement sur les repos, *augmente dans un certain rapport avec le raccourcissement des bras de l'échappement.*

239. Cette démonstration nous autorise à formuler une loi nouvelle qui tranche la longue controverse sur la longueur la plus convenable à donner aux bras d'échappement.

Nous la formulerons ainsi :

La puissance de l'impulsion croit en raison indirectement inverse de l'allongement des bras de l' échappement.

Or, nous savons que la résistance de la pression sur les repos croît en raison directe de cet allongement. Donc, de cette double loi, nous tirerons cette conséquence très digne de remarque :

Deux progressions qui marchent en sens contraire sur une même longueur de levier ont nécessairement un point de rencontre, c'est-à-dire un point où la disproportion des deux actions (impulsion et résistance sur le repos) est la moindre.

Ces différents rapports qui s'enchaînent, non seulement sont fort curieux, mais les conséquences qui en découlent ont une telle importance pour l'horlogerie, qu'il y a lieu de s'étonner qu'ils n'aient pas été aperçus plus tôt.

240. Nous arrivons maintenant à la partie la plus délicate de la question que nous traitons, car nous touchons aux infiniment petits, difficilement appréciables autrement que par de faibles écarts dans la marche des pièces d'horlogerie.

Ce qui précède est exact (toutes choses égales sous le rapport du métal, de l'état des surfaces, etc.), mais à la condition que l'axe d'appui du levier ne soit qu'un point mathématique, c'est-à-dire *sans étendue*, et non susceptible de déplacement.

Cette condition ne saurait exister et, entre le point mathématique de suspension qui réside au centre du pivot, et le point de contact de ce pivot, on aura toujours une différence égale à la moitié de son diamètre.

De plus, ce point de contact se déplace.

Examinons la figure 26, où toutes les dimensions ont été exagérées à dessein. Soit D un pivot d'axe d'un bras d'échappement ; ce pivot est vu dans le trou du pont qui le supporte.

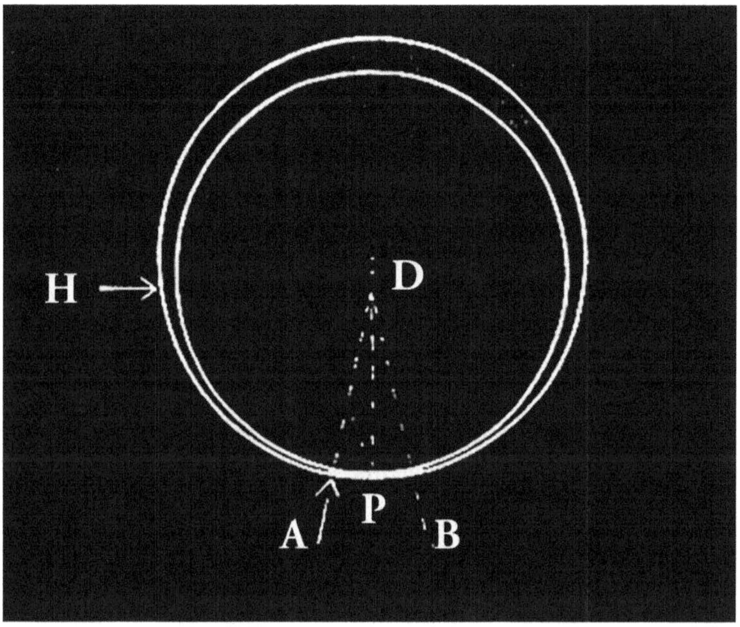

Fig. – 26.

L'appareil étant en repos, le contact entre le pivot et la paroi du trou aura lieu en P. Ce point sera le *point d'appui* de la résistance du levier.

Supposons des bras d'échappement très longs. Aussitôt que la roue entrera en action sur le bras de gauche, le point de contact se déplacera de peu et, pour une levée ordinaire, ne dépassera guère A. Avec ces longs bras, les pressions du repos et de l'impulsion approchant d'une direction commune et verticale, le point de contact sera sensiblement le même durant les deux actions. Il n'en est plus ainsi avec des bras très courts.

La poussée sur le plan d'impulsion opère alors latéralement et, de toute nécessité, le levier, maintenu par la fourchette du pendule, est forcé de déplacer son point d'appui et de le reporter de A vers H, et au-delà même dans certains cas.

L'effet de ce déplacement est facile à saisir. La courbe de repos, tracée du centre du pivot, devient momentanément, par suite du déplacement de ce dernier, une courbe excentrique, et comme telle, elle doit opérer, ainsi que les courbes des échappements à recul, une accélération dans le mouvement.

Ce déplacement du contact, soit qu'il résulte du raccourcissement du levier ou des changements faits à la fourchette, mérite une étude approfondie.

Quand les becs de l'ancre sont portés par la tige du pendule, c'est le point de flexion de la lame de suspension qui se déplace.

241. La loi nouvelle, formulée au paragraphe 239, et complétée par ce qui vient d'être lu, a pour corollaire immédiat :

Qu'une augmentation de la force motrice fera avancer la montre ou la pendule, par une même étendue d'arc d'oscillation (et même dans certains cas par des arcs plus grands), si les bras d'échappement sont trop courts et que, au contraire, elle la fera retarder, si ces bras ont une trop grande longueur.

Et, conséquence forcée de ce corollaire :

Qu'une même cause, la force augmentée, produisant deux effets opposés, il doit exister un point où ces deux effets s'annulent, à peu près, l'un par l'autre.

Qu'en choisissant ce point comme la limite de la longueur des bras d'un échappement, on rend celui-ci aussi insensible que possible aux inégalités de la force motrice.

La théorie a répondu clairement et nettement aux questions que nous lui avons posées. Il ne nous reste plus qu'à interroger la pratique, qu'à faire passer les lois nouvelles par les épreuves de l'application pour avoir le dernier mot du débat.

Troisième expérience.

242. Pour vérifier expérimentalement ces déductions théoriques, je me suis livré à plusieurs séries d'expériences. J'en rendrai compte ailleurs, et me borne, pour le présent, à rapporter les trois suivantes.

La première a pour objet de démontrer qu'en restituant au modérateur la force qu'il a perdue, mais sous différentes pressions de repos, il se produit de l'avance sous les pressions les plus faibles.

J'ai remplacé le pignon d'échappement d'une montre à cylindre par un pignon sur lequel était levée une portée haute et régulière ; sur cette portée on pouvait ajuster successivement, à frottement très ferme et très sûr, deux roues d'échappement.

Leurs diamètres étaient égaux, mais la hauteur des inclinés de l'une différait notablement de la hauteur des inclinés de l'autre.

L'incliné le plus bas répondait, ou à très peu près, à la tangente.

Son frottement sur le repos était en conséquence beaucoup moindre que le frottement du repos de l'autre incliné.

La position des centres était invariable.

Voici les résultats de la marche de la montre avec les deux roues.

Le ressort moteur étant armé d'un tour de bande seulement :

La montre battait 17 000 vibrations :

Avec l'incliné à la tangente, et par un arc moyen de 190°,

En 55 minutes 45 secondes ;

Et avec l'incliné le plus élevé, et par une oscillation moyenne de 220°,

En 55 minutes 34 secondes.

Remarquons que la force motrice est restée la même, et que l'avance se produit quand des arcs plus étendus sont décrits par le balancier,

Le ressort moteur étant bandé de quatre tours :

La même montre accomplissait ses 17 000 vibrations :

Avec l'incliné à la tangente, et par un arc moyen de 220°,

En 55 minutes 42 secondes ;

Et avec le haut incliné, et par un arc d'oscillation moyen de 245°,

En 55 minutes 28 secondes.

Dans ce deuxième cas, comme dans le précédent, les grands arcs s'accomplissent plus rapidement que les petits.

243. Ces premiers résultats démontrent suffisamment, ce nous semble, qu'un changement dans la hauteur de l'incliné amène un changement dans les puissances relatives de la pression sur le repos et de la pulsion sur le levier de l'échappement et que, dans les cas où la force est la même, la pression des repos n'ayant pu varier, les différences appartiennent uniquement à l'action plus ou moins énergique de la levée.

Nos précédentes conclusions, basées seulement sur ces faits d'observation, pourraient être contestées, parce qu'ici il faut dégager l'action complexe du spiral qui varie avec l'étendue des arcs parcourus par le balancier.

Aussi ne nous appuierons-nous que sur les deux expériences où l'amplitude de ces arcs est restée la même. L'action du spiral peut être considérée alors comme une valeur commune aux deux membres d'une équation et elle peut, en conséquence, être éliminée.

Le ressort armé d'un tour de bande était équilibré par 40 grammes.

— armé de quatre tours... .... par 60 —

Donc la vibration d'égale étendue, celle de 220°, était obtenue :

- Avec l'incliné tangent, par une force 3 ;
- Avec l'incliné le plus élevé, par une force 2.

Est-il nécessaire de faire remarquer que la production d'arcs d'égale étendue, dans les deux cas, démontre suffisamment que la force restituée au modérateur est peu différente dans l'un et l'autre. Mais la plus grande promptitude des mouvements accuse nécessairement dans le cas où elle se produit une pression dans un moindre rapport avec la puissance de l'impulsion.

Et si l'on se souvient, en outre, qu'avec la roue où le plan incliné comporte une moindre élévation, l'échappement est tangent, cette dernière considération achèvera de rendre évident que l'effet d'avance est le résultat d'un changement de proportion entre l'impulsion et la pression, ce qui est tout ce que, pour le moment, nous voulons tirer de cette expérience.

Quatrième expérience

244. Nous poursuivions nos recherches et nos travaux d'expérimentation, quand une heureuse coïncidence est venue confirmer notre théorie et nous apporter l'appui d'un artiste d'une incontestable autorité dans la matière, M. L. Vérité, de Beauvais.

Cet artiste sagace s'était depuis longtemps aperçu que dans la pratique, les faits ne confirmaient pas toujours les prévisions ou plutôt les calculs de la théorie géométrique.

Pour lever ses doutes, il construisit un double appareil, que nous nous réservons de décrire aussitôt que l'auteur aura bien voulu nous le mettre sous les yeux. Il consiste en deux mouvements d'horlogerie tout à fait identiques, sauf que l'un des deux peut se déplacer verticalement, de façon à mettre la roue d'échappement successivement en action sur des becs d'échappement placés à différentes longueurs de la tige du pendule. L'on n'opère les changements de position qu'après avoir réglé l'un sur l'autre les deux mouvements. L'on comprend, sans autre explication, que si le changement de longueur des leviers, placés sous l'action de la roue d'échappement, occasionne des perturbations dans la marche du mécanisme, elles sont immédiatement accusées par la différence des heures entre les deux appareils.

Qu'il nous suffise d'ajouter qu'au moyen de cette heureuse et ingénieuse combinaison, M. Vérité a constaté que par une augmentation de force motrice, et pour une même amplitude d'oscillation, la pièce avançait avec des bras d'échappement très courts, et qu'elle retardait avec des bras trop longs.

La réputation, si justement méritée par de consciencieux travaux, de l'habile expérimentateur, nous garantit la valeur de ses expériences et la réalité de leurs résultats. Ceux-ci s'accordent de tous points avec ceux que nous avons nous-même obtenus, et avec ceux relatés dans l'article suivant.

Cinquième expérience.

244. Elle appartient à un artiste d'une réputation européenne, et justifiée par de nombreux succès, Kessels d'Altona.

La portée de cette expérience, publiée dès avant 1848, n'a été complètement saisie par personne, du moins que nous sachions.

Kessels constate que les ancres à longs bras, de l'ancien système, « ont le grand défaut de troubler l'isochronisme, puisque la roue occasionne du retard par son action sur le repos, » ce qui est très facile à vérifier en dégageant l'échappement du pendule, qui avance aussitôt qu'il est libre.

Ayant raccourci considérablement les bras de son ancre (de 30 lignes réduites à 5 ½), il constata qu'il avait atteint, à très peu près, le point d'isochronisme, et il trouvait « une preuve évidente que cet échappement, ainsi rapproché du centre, ne trouble nullement les oscillations naturelles et propres du pendule, » dans ce fait que le mouvement dégagé, et laissant le pendule libre, celui-ci tendait à retarder d'une fraction de seconde en vingt-quatre heures.

L'effet eût été plus sensible avec des bras plus courts, mais le résultat ci-dessus, obtenu plusieurs fois par Kessels, nous suffit, puisqu'il est ainsi bien avéré par les expériences de cet artiste habile, qui avait à sa disposition des moyens très précis de vérification, qu'avec les longs bras d'échappement il se produisait un retard, et avec les bras très courts une avance, dans le mouvement de ce pendule dépendant, comparé au mouvement de ce même pendule indépendant.

Kessels ne paraît pas avoir eu lui-même conscience de la découverte qu'il touchait du doigt, puisqu'après avoir admis l'égalité de l'impulsion sur les bras longs ou courts, il ajoute : « le point principal est que l'action sur les repos se réduit pour ainsi dire à zéro, » autrement il eût remarqué qu'il était impossible d'admettre, dans les conditions posées, qu'une progression décroissante de frottement pût avoir son dernier terme zéro, ailleurs qu'au centre même de l'axe de l'ancre. En plaçant ce terme extrême en tout autre point, c'était implicitement reconnaître que l'effet produit par le raccourcissement en deçà devait être inverse de l'effet produit par l'allongement au-delà.

246. De ces différentes expériences, et en tenant compte des démonstrations suivantes, nous tirerons bientôt des règles pratiques qui nous feront connaître les longueurs les plus convenables à donner aux bras des échappements des pendules et des montres.

L'effet utile de l'impulsion varie avec la hauteur du plan incliné qui transmet la force motrice au balancier.

247. S'appuyant sur ce principe démontré : — ce qu'on gagne en force on le perd en vitesse, ou en parcours, et réciproquement, — et faisant remarquer que le plan incliné d'impulsion, dont la hauteur est doublée, passe avec une vitesse deux fois moindre, *et vice versa* des auteurs modernes ont admis que, abstraction faite des frottements, il est indifférent qu'un échappement ait *plus ou moins de levée* et ils prétendent ensuite que lorsque l'on tient compte des frottements, l'incliné tracé par la tangente à la levée est celui qui doit donner le plus grand mouvement au balancier.

Cette dernière assertion, tout à fait gratuite, est en contradiction formelle avec les faits observés.

Les conclusions admises ci-dessus par les auteurs sont erronées, parce qu'elles résultent de la considération des organes sortant du repos, ou à l'état statique.

Le modérateur d'un échappement considéré dans cet état est, si nous pouvons nous exprimer ainsi, à l'état de sommeil ; il est improductif. Pour faire apprécier ses facultés, il faut de toute nécessité qu'il les montre, qu'il soit en plein dans sa phase de vie et de mouvement ; en un mot, nous devons le voir à l'état dynamique et dans la plénitude de son action.

Qu'est-ce, en effet, que le modérateur dans tout échappement ?..sinon un corps animé d'un mouvement acquis, et qui fuit devant un corps, qui quitte l'état de repos et ne peut, en conséquence, l'atteindre qu'en prenant un excès de vitesse sur lui (**28**).

248. Soit A (fig. 27) une écorce cylindrique, qu'anime un mouvement de rotation, semblable à celui du balancier d'une montre battant 18,000 vibrations à l'heure et parcourant des arcs de vibration de 270°.

La résistance qui naît de l'inertie, des frottements de l'huile s'oppose à ce que la roue d'échappement prenne tout de suite un excès de vitesse sur le balancier.

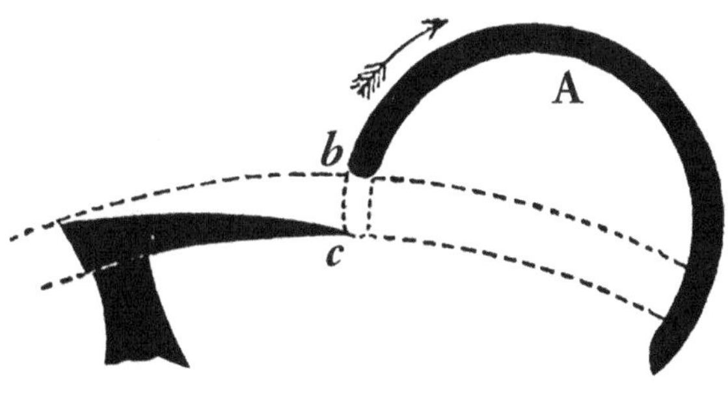

Fig. – 27.

Estimons, hypothétiquement, à la quantité *cb* le déplacement du point *b* de l'écorce cylindrique, pendant le laps de temps, infiniment petit, où la roue tourne sur elle-même, et juste d'une quantité égale à l'intervalle d'une de ses dents à la dent suivante.

Il est évident, et toute démonstration serait superflue, que si l'on suppose le plan d'impulsion de la roue réduit à la hauteur *cb*, ce plan suivra, sans la presser, l'écorce cylindrique qui se dérobe sous lui, et l'oscillation de 270° décroîtra rapidement pour s'arrêter et se maintenir à un chiffre très inférieur à 270°.

Cette observation n'avait pas échappé au mathématicien F. Callet, ainsi qu'on peut le voir dans son Mémoire sur les échappements.

Concluons que dans l'emploi d'un plan incliné pour transmettre à un corps en mouvement de va-et-vient l'action d'un moteur, l'énergie de l'impulsion augmentera, et sera accusée par des oscillations de plus en plus étendues, si l'on élève progressivement la hauteur du plan à partir d'une inclinaison nulle, jusqu'à une limite que nous allons préciser tout à l'heure (**251**).

Sixième expérience.

249. Pour démontrer pratiquement la vérité de nos dernières déductions théoriques, voici les expériences que nous avons faites, et que chacun peut répéter.

Nous avons remplacé la roue d'échappement d'une montre à cylindre, où le balancier parcourait des arcs de 260° en moyenne, par une autre roue portant des inclinés moins rapides. Nous nous attachâmes surtout à ce que cette roue eût sur l'autre l'avantage de la légèreté et d'une exécution plus parfaite. Dans ces conditions, le nouvel échappement, avec beaucoup moins de frottement que l'ancien, ne procurait au balancier qu'un mouvement de 210° à 220° en moyenne.

Septième expérience.

250. C'est la même démonstration sous une autre forme. Pour la donner nous avons construit un appareil (fig. 28), consistant en un bras de levier A monté sur pivots, et équilibré par le contre-poids *l*.

À l'extrémité opposée, un plan incliné *c* est mobile autour d'une tige qui traverse perpendiculairement le plan vers la naissance de l'angle en *h*. On peut ainsi faire varier l'inclinaison du plan, maintenu entre deux plaques métalliques, dont une seule *b* est en vue, et le fixer à volonté par le serrement du petit écrou à oreille *f*.

Le levier est sollicité à se mouvoir par le poids *y*.

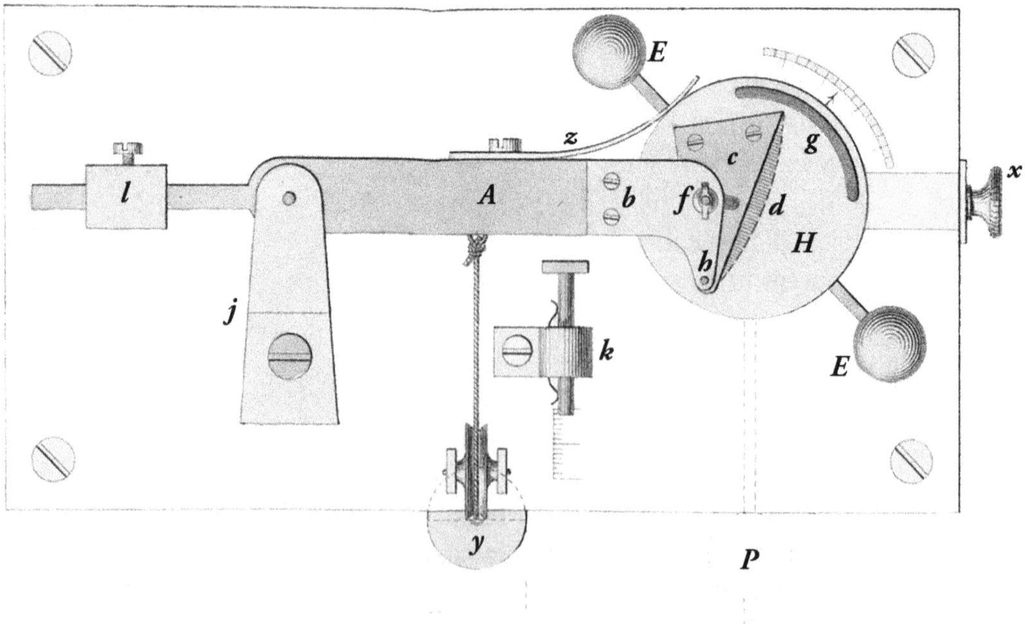

Fig. – 28.

Une tuile d'acier *g* est encastrée dans un disque H, mobile sur un long pivot, elle fait saillie sur le plan de ce disque, auquel un pendule P est fixé. Sous la dépendance de ce pendule en mouvement, le disque oscille à droite et à gauche comme fait un cylindre d'échappement de montre.

On opérait de la manière suivante, l'appareil placé verticalement : la pointe arrondie *h* du plan incliné étant placée sur le contour extérieur de la tuile *g*, et la lentille P, suffisamment écartée à droite de la verticale, étant arrêtée dans cette position par un fil d'attache, on brûlait le fil. Le pendule entrait en mouvement, et le plan d'impulsion agissait sur la lèvre de la tuile, absolument comme l'incliné d'une roue d'échappement agit sur les lèvres d'un cylindre de montre qui se meut en vertu d'un mouvement acquis.

Dans le cours des expériences, on enduisait la face frottante du plan d'une couche de noir de fumée.

Avec un mouvement suffisamment rapide du pendule et sous une très faible inclinaison du plan, ce plan passait tout entier devant la lèvre sans la toucher.

En ouvrant de quelques degrés l'angle formé par le plan et son bras de support, le talon seul de ce plan frottait vivement la lèvre. La longueur de la partie frottante du plan était nettement indiquée par l'enlèvement de la couche noire.

Continuant d'ouvrir progressivement l'angle, on voyait s'allonger de plus en plus, et se dirigeant du talon vers la pointe du plan, la trace indicative de la longueur du contact, jusqu'à ce que sous un angle passablement ouvert le plan frottât sur toute sa longueur.

Comme on le voit, la pratique, ainsi que la théorie, et avec une égale autorité, montre combien est grande l'erreur des horlogers qui prétendent que, abstraction faite des frottements, il est indifférent qu'un plan d'impulsion soit plus ou moins élevé. Une seconde démonstration à l'appui de notre thèse va nous être fournie par l'article suivant.

Entre toutes les inclinaisons qu'on peut donner à un plan d'impulsion, une seule produit le mouvement maximum de la plus grande régularité.

251. Partant du point que nous avons choisi, celui où l'angle formé par la face frottante et la base du plan est excessivement peu ouvert, nous venons de démontrer que les longueurs de contact progressent en raison de l'élévation du plan et jusqu'à une certaine hauteur où ce contact a lieu sur toute l'étendue du plan incliné.

Négligeons pour le moment les résultats déjà acquis ; il nous sera facile, avec l'aide des notions théoriques que nous possédons, de prouver que la puissance de l'impulsion est en raison, ou à peu près, de la longueur de la partie du plan incliné qui entre en contact avec la lèvre du bras d'échappement, et que l'effet maximum est produit quand la longueur du contact est la plus grande possible, c'est-à-dire quand elle est égale à la longueur même du plan.

Considérons les deux triangles *a d* 6 et *c d* 2, ou plutôt les deux inclinés *a d*, *c d* (fig. 29).

Le plus ou moins de hauteur du plan incliné n'est chose indifférente que dans le cas où l'effet mécanique est égal avec l'un et avec l'autre. Ici, cet effet ne peut que différer beaucoup.

Une roue d'échappement à repos qui entre en mouvement, doit surmonter les résistances de l'inertie et de l'huile qui lui sont propres avec une force très amoindrie puisqu'il faut, pour que cette force atteigne à son maximum d'énergie, que ces mêmes résistances de l'inertie et de l'huile aient été surmontées aussi par le rouage. La conséquence forcée est que, quoique

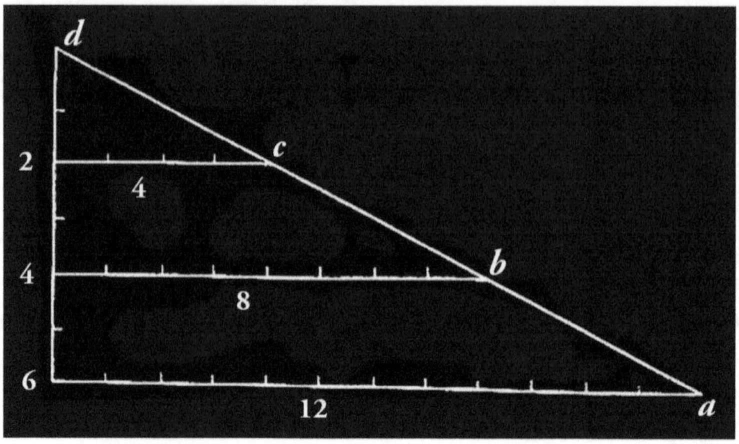

Fig. – 29.

l'espace *a c* soit parcouru à vide par la roue, le choc sur *c* n'a qu'une faible puissance, et qu'il est bien plus la cause d'une perte de force que d'une augmentation de vitesse dans le mouvement acquis du cylindre.

En admettant même que ce choc ait un effet utile, encore faudrait-il que le petit plan *c d* opérât son mouvement avec une vitesse plus que doublée.

De trop nombreuses résistances s'opposent à une telle accélération du mouvement pour qu'il soit possible de l'admettre, même à titre d'hypothèse c'est :

1°. la réaction élastique du choc ;
2°. la longueur, plus grande en *c* qu'en *a*, du rayon de la roue ;
3°. la réaction du spiral et du balancier qui ne peuvent doubler la vitesse de leur mouvement que sous l'action d'une force motrice extrêmement supérieure ;
4°. l'exiguïté de l'espace *cd*, qui ne laisse plus à la roue, après son imperceptible temps d'arrêt sous le choc, le temps nécessaire pour atteindre une certaine vitesse.

L'appareil représenté fig. 28 peut fournir une démonstration pratique à l'appui. On le fait fonctionner horizontalement, en substituant au pendule P le balancier E E muni d'un ressort spiral d'une force moyenne. Si l'on opérait avec le pendule, les petites différences dans les résultats ne seraient que faiblement accusées.

252. Il est suffisamment démontré, nous le croyons du moins, par la théorie et par les résultats pratiques acquis, que l'étendue du mouvement oscillatoire du modérateur augmentera avec une assez grande rapidité (sous l'action d'une force motrice suffisante et invariable), par une élévation progressive du plan d'impulsion, partant de zéro élévation pour atteindre une limite de hauteur qui sera déterminée.

Inconvénients qu'amène une trop grande élévation du plan incliné.

253. Il nous reste, pour compléter notre démonstration et en tirer des conséquences utiles, à faire voir qu'au-dessus de cette limite, l'amplitude de l'oscillation ne grandit plus dans le même rapport avec l'augmentation de la levée ; qu'au contraire elle décroît peu à peu et qu'enfin, le mouvement cesserait tout à fait par une hauteur trop considérable donnée au plan qui transmet au balancier l'action du moteur.

Soit R (fig. 30) la résistance qu'aura à soulever un plan d'impulsion, *b*R la longueur de ce plan, et *ba* la hauteur à laquelle il doit atteindre pour opérer sa friction sur toute la longueur *b*R.

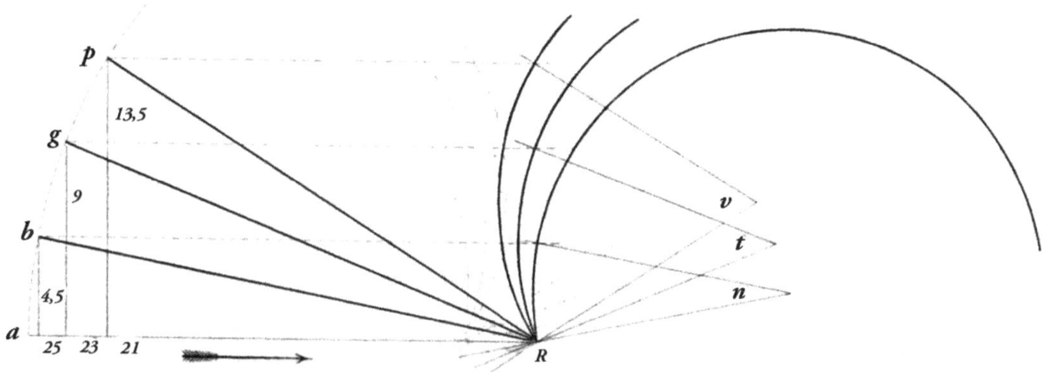

Fig. – 30.

Traçons les inclinés *g*R, *p*R, de telle sorte que les hauteurs de ces plans soient le double et le triple de *ba*, ou à très peu près.

Ces hauteurs nous donnent la mesure de déplacement de R, point d'une écorce cylindrique pouvant recevoir un mouvement de rotation sur son centre, lequel centre est placé sur une direction horizontale passant par le milieu de chaque plan incliné.

Les angles *n, t, v*, sont les angles de levée, qui résultent du mouvement de translation, dans le sens de la flèche, de chacun des trois plans inclinés.

Calculons la puissance de chaque incliné en opérant la division de sa base par sa hauteur (**134**).

Nous aurons :

Pour le plan bR, $^{25}/_{4,5}$ = 5,5 ou 55
— *g*R, $^{23}/_{9}$ = 2,5 — 25
— *p*R, $^{21}/_{13,5}$ = 1,5 — 15

Ce qui signifie qu'en poussant chaque incliné avec une force 1, ils pourront vaincre des résistances qui seront entre elles comme 55 : 25 : 15.

D'où il s'ensuit que si cette force 1 est capable de soulever complètement l'obstacle R avec le plan R*b*, il faudra, pour obtenir le même effet du plan R*g*, une force plus que doublée, et plus que triplée, si l'on agit par le plan R*p*. Les résistances à vaincre seront bien plus grandes encore que n'indiquent ces valeurs, si l'on fait entrer dans les calculs les frottements, que nous avons négligés, et qui nécessitent un surcroît de force motrice de plus en plus considérable.

244. Or toute force augmentée amène avec elle les nombreuses causes d'irrégularité qui ont leur source dans des frottements considérables et dans l'usure des faces frottantes, trop fortement pressées relativement à la résistance que peut offrir la matière qui les compose.

On peut acquérir la preuve de ces vérités mécaniques au moyen de l'appareil précédemment décrit et représenté fig. 28.

L'incliné frottant sur toute sa longueur est celui qui transmet la force avec le plus de régularité.

255. Nous avons démontré :

1°. Que les plans d'impulsion, qui n'agissent qu'avec une partie de leur longueur, ne donnent pas au balancier une impulsion en rapport avec la force motrice et produisent des chocs (**46**) ;

2°. que l'incliné plus rapide que le plus bas de ceux dont la longueur est utile, et que nous appellerons l'*incliné réglant*, engendre des frottements et des décompositions de force d'une intensité de plus en plus grande (**67**).

D'un côté, insuffisance d'impulsion et chocs perturbateurs ; de l'autre, augmentation de la force et des pressions destructives, pour ne produire que le même effet utile. L'évidence, qui n'a pas besoin d'être appuyée d'une nouvelle démonstration, nous prouve ici que l'emploi de l'incliné réglant assure le mieux possible la régularité des impulsions données au modérateur et la conservation des surfaces frottantes.

Détermination de la hauteur du plan d'impulsion.

246. En appliquant l'analyse mathématique aux différentes actions qui constituent la levée d'un échappement, on arriverait, peut-être, à préciser rigoureusement la hauteur qui convient au plan d'impulsion pour un échappement donné. Mais ce travail offre de bien sérieuses difficultés ; il exige la connaissance exacte de certaines valeurs, celles des frottements, par exemple, qui nous fait défaut, et à laquelle on ne peut arriver que par des expériences d'une délicatesse et d'une précision extrêmes. Le sujet d'ailleurs ne peut être abordé que par des savants de premier ordre, dont le nombre est fort restreint, et qui sont peu encouragés à ces longs travaux par les impolitesses que leur adressent certains écrits sur l'horlogerie.

Aussi est-il à présumer qu'un travail sur cette matière se fera longtemps attendre, s'il est jamais fait. Heureusement pour notre art, l'expérience, unie à l'esprit d'observation, nous fournit un moyen pratique de suppléer, dans la mesure de nos besoins actuels, à ce qui nous manque.

257. L'oscillation totale d'un balancier d'échappement est formée de l'arc de levée et de l'arc supplémentaire (**94**). La force motrice restant la même, faisons varier la levée par l'élévation progressive du plan d'impulsion, et en partant d'une très faible inclinaison, nous devons trouver, si nous avons fait un judicieux emploi des principes de la mécanique, que les arcs supplémentaires croissent plus rapidement que les arcs de levée du-dessous du plan réglant, et qu'au-dessus, c'est le contraire qui a lieu. On arrive alors à ce résultat remarquable que le plan réglant doit produire le plus grand arc supplémentaire et, conséquence naturelle, le réglage le mieux assuré.

En outre, on possède un moyen mécanique pour déterminer la hauteur du plan ; et de ce moyen on peut déduire une méthode qui nous fera connaître, — l'étendue de l'arc total d'oscillation étant préalablement fixé, ainsi que le nombre par heure de ses oscillations, — la force motrice nécessaire et la hauteur du plan d'impulsion.

Huitième expérience.

258. Nous nous sommes servi de plusieurs roues de cylindre que nous ajustions sur le même pignon. Le plan droit de la roue passait par le centre du cylindre.

Voici les résultats que nous avons obtenus :

1re roue, levée 60° (d'un côté 35°), — arc d'oscillation 266°.
2e roue, levée 40° (— 24°), — — 255°.

Les deux proportions : 35 : 266 : : 1 : x = 7,6..
24 : 255 : : 1 : x = 10,6..

nous donnent les rapports suivants :

1re R. — L'arc de levée est à l'arc total comme 1 : 7,6.
2e R. — — — est à — — comme 1 : 10,6.

et si nous défalquons l'arc total de levée de l'arc d'oscillation nous aurons :

1re R. — Arc supplémentaire 206°.
2e R. — — idem. 215°.

Neuvième expérience.

259. Deux autres roues ont été employées. Elles avaient le même diamètre et, par suite, quand la distance des centres ne variait pas, elles donnaient le même arc de levée totale, quoique l'incliné de la roue 4e fût moins élevé que celui de l'autre roue.

3e roue — levée totale 40° — arc d'oscillation 245°.
4e roue — — — 40° — — — 220°.

Défalquons les arcs de levée des arcs d'oscillation, nous aurons :

3e R. — Arc supplémentaire — 205°.
4e R. — id. — 180°.

En éloignant un peu les centres, afin que le plan incliné de la roue 4e passât par le centre du cylindre, on réduisait la levée totale de 6° à 10°, sans faire varier bien sensiblement l'étendue de la vibration, et l'arc supplémentaire restait entre 185° et 190°.

Le expériences de la nature de ces dernières exigent que la force motrice reste rigoureusement la même, car tout changement dans la force nécessite des modifications dans la hauteur de l'incliné, et l'on ne doit pas trop s'éloigner des forces et des dimensions en usage. L'emploi de masses ou de forces trop disproportionnées peut donner naissance à des résultats qui induiraient en erreur.

Un changement dans les dimensions du modérateur oblige à modifier le rapport réciproque qui doit exister entre la puissance de l'impulsion et la pression sur le repos.

260. Prenons un échappement parfaitement réglé avec un pendule battant la ½ seconde, et substituons à celui-ci, successivement, un pendule battant la seconde, puis un autre battant le ¼ de seconde. Ce changement en amène un autre à sa suite : la vitesse de la roue sera moitié moindre avec le grand pendule et deux fois plus rapide avec le petit.

Le frottement sur les repos est resté ce qu'il était, tandis que la puissance de l'impulsion a varié beaucoup par l'effet du changement de vitesse de la roue (**28**).

L'isochronisme établi avec le pendule moyen ne peut subsister avec les deux autres et la disproportion entre la pression sur le repos et la puissance de l'impulsion sera nettement accusée par de grandes variations dans la marche de l'échappement, quand on augmentera la force motrice.

La levée restant ce qu'elle était, la cause de ces variations ne pourra être annulée que par le choix d'une longueur de rayon de repos appropriée à la nouvelle puissance de l'impulsion.

261. Logiquement déduite des lois de la mécanique (**99** à **104**), cette conséquence nous permettrait de conclure simplement que : *l'une des conditions d'un bon réglage réside dans un rapport à établir entre la longueur des bras d'un échappement et la grandeur de son modérateur,* si conformément à l'habitude que nous avons prise, nous ne tenions à mettre côte à côte le précepte et l'exemple qui l'affirme.

262. Tous les échappements subissent cette loi de relation entre leurs organes ; toutefois il faut tenir compte, quand on emploie le balancier annulaire :

- Du mode d'action du spiral, qui, contrairement à ce qui se passe avec le pendule, rend presque toujours les grands arcs de vibrations plus rapides que les petits ;
- des changements qu'apportent dans le frottement des pivots les variations du poids du modérateur.

Dixième expérience.

263. Cette expérience est due à M. Henri Robert et a été publiée dans l'ouvrage de Moinet.

> « J'ai construit un pendule avec le plus grand soin ; quatre échappements différents pouvaient s'y adapter alternativement sans que d'ailleurs rien ne fût changé. Je ne rendrai compte que des résultats obtenus en employant alternativement deux forces qui étaient entre elles comme 2 : 3, et l'on verra que plus les leviers d'un échappement sont longs par rapport à la longueur du pendule, plus les différences dans la force motrice ont une influence marquée sur la durée des oscillations. »

L'auteur a publié le tableau de ses expériences dans son volume : *Études sur diverses questions d'horlogerie.*

Onzième expérience.

264. Elle avait pour but, ainsi que la suivante, de mettre en relief la connexion des deux termes de la même loi appliquée à l'échappement à pendule et à l'échappement à balancier annulaire.

J'ai disposé pour cette expérience un petit rouage d'horlogerie tel que le représente la figure 31. Le rouage est enfermé dans la cage CC. L'axe de la première roue est prolongé par-dessous et reçoit une poulie P, sur laquelle est enroulé le fil *f*, auquel est suspendu le petit poids moteur M, simplement accroché et que l'on change à volonté.

L'échappement, qui est à cylindre, est placé sur la platine supérieure et son balancier circulaire est remplacé par une petite barre méplate 1, 1, terminée à chaque extrémité par deux petits bras articulés supportant les masses *b, b.*

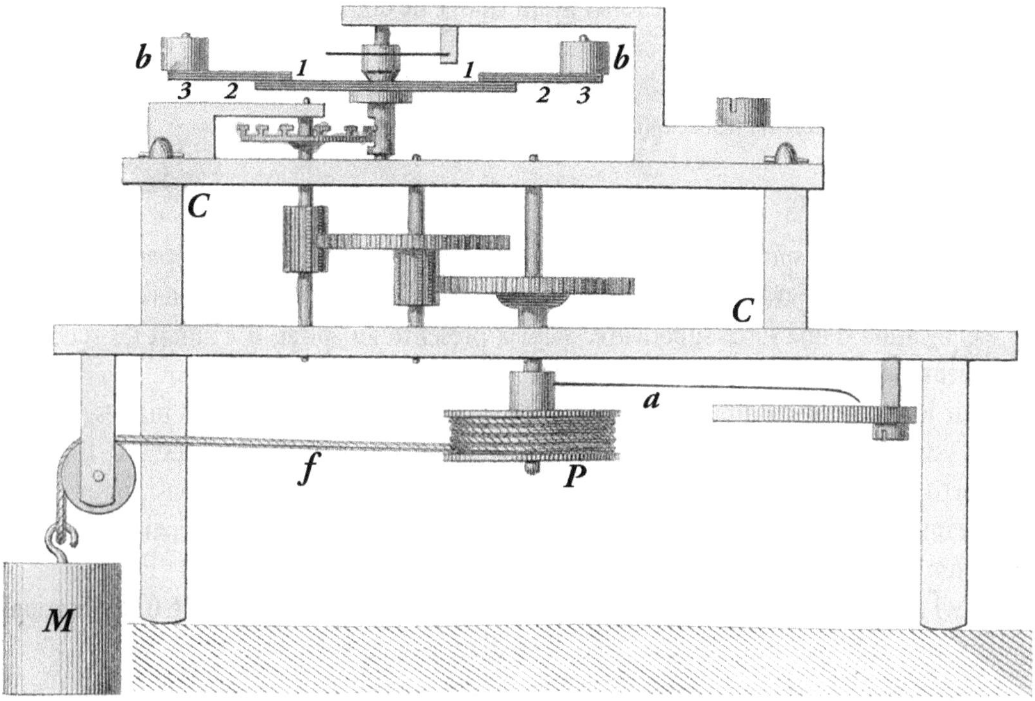

Fig. – 31.

On a compris le motif de cet agencement ; en repliant les bras, c'est-à-dire en rapprochant les masses du centre de rotation du cylindre, on produit exactement le même effet que si l'on permutait successivement des balanciers de différents diamètres, mais tous de même poids.

Quand le rouage est en marche, l'aiguille *a*, ajustée sur le prolongement de l'axe de la première roue, décrit le contour d'une zone de cadran, ou part simplement d'un repère ; quatre révolutions de l'aiguille répondent à 8 815 vibrations du balancier.

Ayant accroché au fil, enroulé sur la poulie, un poids de 7 ½ grammes,

Les 8,815 vibrations s'achevaient :

En 34 minutes 53 secondes, les masses étant en 1,1 ;

En 42 — 38 — , les masses étant en 2,2.

Les mêmes expériences renouvelées, en portant le poids moteur à 30 grammes,

Les 8 815 vibrations s'accomplissaient :

En 34 minutes 44 secondes, les masses en 1,1 ;

En 42 — 35 — , les masses en 2,2.

Remarquons que le mouvement angulaire du petit balancier était d'environ 10° plus étendu que celui du grand balancier avec la force 7 ½, comme avec la force 30.

Par l'application d'une force quadruple, la variation du grand balancier était de 3 secondes, tandis que la variation du petit balancier atteignait 9 secondes. L'échappement, avec ce petit balancier, devenait d'une grande sensibilité et corrigeait peu les inégalités de la force motrice. Or, puisque rien n'était changé dans cet échappement sauf la grandeur du balancier, il est évident que ce résultat négatif ne pouvait s'expliquer que par le changement apporté à la proportion primitivement établie entre le levier, qui reçoit et transmet l'action motrice, et le moment d'inertie du balancier ; ce levier ayant charge de donner le mouvement à ce balancier et de lui résister ensuite dans une certaine mesure (**103**).

Nous reviendrons sur ces expériences dont nous n'utilisons, pour le moment, que le résultat directement applicable au point que nous traitons.

Douzième expérience.

264. Le rôle du spiral, dans l'expérience ci-dessus rapportée, est fort important, puisque c'est à lui qu'est due l'avance qui se produit par de plus grands arcs d'oscillation (**242**), résultant de l'application d'une force supérieure. Sans la présence du spiral, il y aurait du retard par l'augmentation de l'amplitude de l'oscillation.

Pour le prouver expérimentalement, j'ai ôté le spiral et enlevé l'une des masses. Puis j'ai placé l'échappement sous une inclinaison convenable, pour que la masse restante fît l'office d'un petit pendule et substituât son action à celle du spiral. Je produisais ainsi, à volonté, en changeant la position de la masse, deux petits pendules de même poids, mais de longueur différente.

Sous l'action d'un poids de 5 grammes, les deux pendules accomplissaient 6 611 vibrations :

Le petit P, en 14 m. 9 s. ½. L'arc d'oscillation de 120°.

Le grand P, en 19 m. 30 s. L'arc d'oscillation de 100°.

Et le poids moteur porté à 15 grammes :

Le petit P, en 17 m. 53 s. ½. L'arc d'oscillation de 200°.

Le grand P, en 22 m. 40 s. L'arc d'oscillation de 185°.

Le retard par l'augmentation de la force est de 3 minutes 10 secondes avec le grand pendule, et il atteint 3 minutes 44 secondes avec le petit. Cet excès de retard du petit pendule, provenant de la pression sur les repos, indique clairement que le rayon de repos est relativement beaucoup trop long pour le petit pendule ou, en termes d'atelier, que le cylindre est trop gros pour son balancier.

Nous aurons encore à tirer de ces expériences d'autres conclusions intéressantes et neuves, on les trouvera en leur lieu.

La grandeur de la roue d'échappement n'est pas une valeur arbitraire.

266. La grandeur d'une roue d'échappement n'est pas arbitraire ; elle est une conséquence de la vitesse que peut acquérir cette roue, de la hauteur utile du plan d'impulsion (**251**), et de l'étendue du frottement sur la levée.

Considérons une roue d'échappement de dimension double d'une autre roue, la plus petite étant dans des dimensions avantageuses.

Deux cas vont immédiatement se présenter : la grande roue aura le même nombre de dents que la petite, ou en aura deux fois autant.

Dans le premier cas, les deux leviers, celui de puissance ou le rayon de la roue, et celui de résistance ou le bras d'échappement étant amplifiés dans la même proportion, le rapport n'est pas changé, tout demeure dans les conditions premières, sauf les résistances de l'inertie et des frottements.

Pour des dimensions doubles, la masse sera huit fois plus considérable et la résistance de l'inertie croîtra en conséquence. Les frottements des pivots augmenteront par une augmentation de pression, et l'étendue du frottement sur la levée ne pourra être moindre qu'entre le double et le quadruple. Les effets des huiles seront plus sensibles.

De là, retard dans le départ de la roue, nécessité d'augmenter la puissance du moteur, de modifier la hauteur du plan d'impulsion ; enfin tous les inconvénients énumérés déjà dans les articles sur les résistances et ailleurs (**254**).

267. Dans le deuxième cas, celui où les dimensions de la roue seule ont été doublées (la roue primitive supposée dans des proportions avantageuses), les résistances qui s'opposent à son mouvement croîtront dans les proportions dites plus haut, et de plus, son parcours angulaire est réduit de moitié et sa force impulsive a décru dans la même proportion par l'allongement du levier.

Non seulement cette roue n'attaquera pas le plan vers sa naissance, mais le temps nécessaire lui manquera pour qu'elle puisse atteindre un maximum de vitesse (**28**).

Cette grande roue ne pourra produire le travail mécanique de la petite roue, qu'elle remplace, que par l'effet d'une surabondance de force motrice, et cet excès de force amène avec lui, comme on le sait, tout un cortège de causes d'irrégularité et de destruction. Ce qui se conçoit sans peine, quand on sait que pour donner instantanément à un corps en mouvement une vitesse double, il faut employer une force quadruple.

268. La grandeur de la roue est donc intimement dépendante de la vitesse que peut prendre un point de sa circonférence pendant l'acte de la levée ; c'est-à-dire que cette grandeur est subordonnée à la vitesse acquise du modérateur, puisque cette vitesse est la mesure de la hauteur du plan d'impulsion. La grandeur de la roue d'échappement doit, en conséquence, varier d'après la nature de l'échappement et le nombre d'oscillations qu'il accomplit dans un temps donné.

Il n'est guère possible de calculer ce rapport, mais on peut le déterminer, ou tout au moins en trouver la valeur approchée par l'expérimentation, en prenant pour règle la diminution du diamètre, si l'on a besoin d'une action plus rapide et plus énergique, et le contraire pour le cas opposé.

Nous ferons connaître les moyens pratiques qui nous paraissent devoir être employés pour la détermination de la grandeur des roues.

Observations importantes et conclusion.

269. Au point où nous sommes arrivés, il est prouvé suffisamment, nous le croyons du moins, que la réussite du réglage des échappements à repos frottant tient à une loi d'ensemble, de proportionnalité entre le moment d'inertie du balancier, la puissance de l'impulsion et la longueur du rayon de repos ou, en d'autres termes, tient à une espèce d'équilibre (entre les puissances et les résistances), qui ne laisse en excès, que la très faible quantité de force perdue par le modérateur à chaque oscillation.

270. Le problème paraît, au premier abord, plus simple qu'il ne l'est en réalité. Il ne suffit pas de combiner un ensemble qui satisfasse aux exigences du présent, il faut encore dans la combinaison faire la part de l'avenir, c'est-à-dire faire une part aux causes de perturbation qu'amène le temps.

La puissance motrice, transmise à l'échappement, diminue peu à peu par l'effet de l'épaississement de l'huile, de l'usure des surfaces dont les contacts ont été mal calculés ; parallèlement à cet amoindrissement de la force, la résistance sur les repos augmente et finit par renverser le rapport, primitivement établi, entre l'impulsion et la pression correctrice. Pourquoi, en effet, une montre fraîchement nettoyée marche-t-elle ? évidemment parce que la puissance est plus énergique que la résistance ; et pourquoi la même montre s'arrête-t-elle quand l'huile s'est épaissie ? sinon que la résistance sur les repos est devenue supérieure à la puissance de l'impulsion.

L'un des éléments de la combinaison que nous appelons un échappement, le frottement, varie suivant la matière employée, le degré de poli qu'elle reçoit ; il change avec le temps, la nature de l'huile, son degré de décomposition.

Des changements dans l'état des surfaces (par exemple d'un bras de l'échappement à l'autre) peuvent amener des résultats contraires.

271. Le mode de suspension du pendule est à considérer car la lame, selon qu'elle est plus ou moins libre, peut avoir une influence sur la marche du mécanisme.

Nous réservons ce qui concerne le spiral pour y revenir en son lieu. C'est par lui qu'il nous sera donné d'obtenir, quant aux échappements des montres, la solution la plus complète du problème dont nous venons de discuter les éléments.

272. Dans tous les échappements l'acte de la levée doit beaucoup préoccuper les artistes. Ils devront se pénétrer des principes développés dans l'Introduction (de **94** à **104**), car il importe que cette levée s'accomplisse dans les conditions les plus favorables au réglage et à la sûreté des effets, et sans choc, s'il est possible.

Toute percussion un peu énergique, en outre des inconvénients déjà signalés, offre celui de rendre peu sûrs, ou variables, certains effets.

Un corps qui entre en mouvement et qu'aucun obstacle ne gêne se meut durant un certain temps d'un mouvement uniformément accéléré. Si les choses se passent ainsi dans une levée, la roue d'échappement arrive au repos avec une grande vitesse, et sa percussion sur le repos anéantit une portion de la force vive du balancier, portion d'autant plus considérable que le mouvement de la roue est plus rapide.

Il convient donc de rechercher, selon les convenances du sujet, lequel des trois mouvements uniformément *accéléré*, *uniforme* ou uniformément *retardé*, convient le mieux à la levée.

Le mouvement uniformément retardé de la levée, par rapport à des arcs égaux parcourus par le balancier, correspond en général, et par l'effet de l'accélération de la marche du balancier pendant la levée, à un mouvement angulaire uniforme de la roue.

Principes de la construction des échappements à cylindre, déduits de la théorie et de l'expérience.

De la forme des dents de la roue.

273. On a vu par les extraits de l'ouvrage de Jodin (**199**), par la note circonspecte de Moinet (**207**), et par ce qui est rapporté des essais antérieurs à l'article **211**, que la question de la meilleure forme à donner à l'incliné n'a pas fait un pas depuis cinquante ans, et que les prétendus perfectionnements, ressuscités comme des nouveautés, ne sont autre chose que de vieilles erreurs, débattues, soumises à la pierre de touche de l'expérimentation et jugées définitivement déjà du temps de Jodin.

Quand des hommes sans valeur s'ingèrent à ériger leurs rêveries en lois, cela ne peut tirer à conséquence, mais il est regrettable lorsque des auteurs de mérite, abandonnant le guide si sûr de l'expérience, donnent comme des règles pratiques les résultats de puériles spéculations propres, tout au plus, à égarer les jeunes gens et à décourager les ouvriers studieux, en éveillant dans leur esprit des doutes sur l'utilité de la science.

Des inclinés droit et courbe.

274. À cette interrogation : quelle forme doit-on préférablement donner au plan d'impulsion d'un échappement à cylindre ? la réponse n'est possible qu'après la mise en évidence, à l'aide des lois de la théorie, corroborées par des vérifications expérimentales bien faites, des propriétés, bonnes ou mauvaises, que présente chacune des formes qui peuvent être adoptées.

Commençons donc par là.

274. Les trois formes d'inclinés : 1.° la forme rectiligne, 2.° la forme courbe décrite du rayon de la roue, 3.° la forme selon une courbure plus prononcée au commencement que vers la fin de l'incliné, étudiées toutes trois par les méthodes précédemment indiquées, on reconnaît :

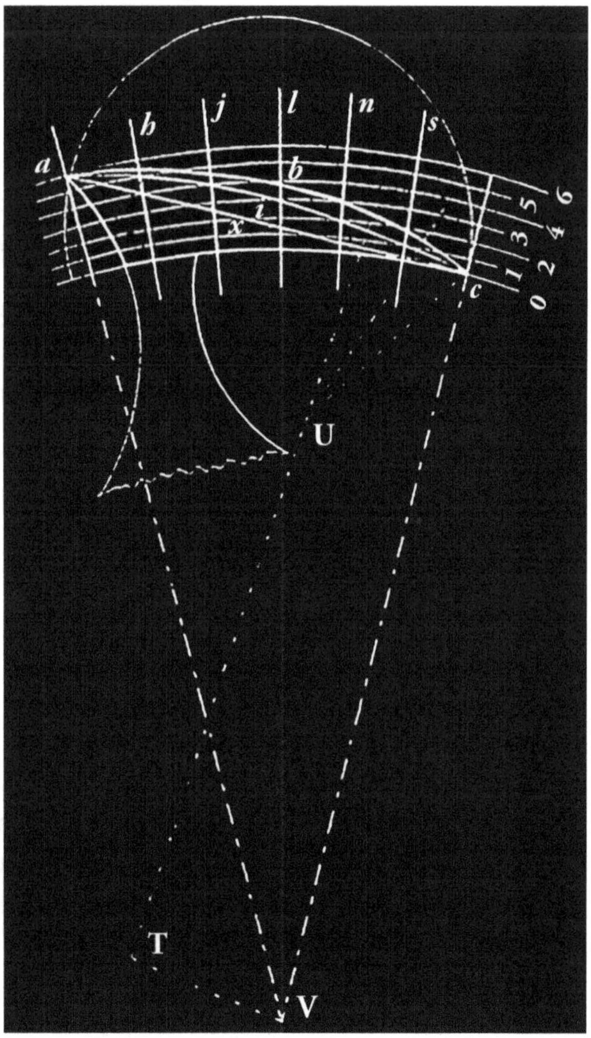

Fig. – 32.

276. Qu'avec l'incliné tracé par une courbe décrite du rayon de la roue, *aic* (fig. 32), le mouvement angulaire de cette roue répond assez sensiblement au mouvement angulaire du balancier. Or comme le balancier accélère son mouvement sous la pression de la roue, il s'ensuit que cette roue marche d'un mouvement qu'on peut regarder comme *uniformément accéléré.*

277. Qu'avec le plan incliné droit, *axc*, le déplacement angulaire de la roue retarde sur celui du balancier, mais le balancier prenant une accélération de marche, comme on l'a fait remarquer, la conséquence naturelle est que le mouvement angulaire de la roue, retardant sur le mouvement accéléré du cylindre, ce mouvement de la roue est *assez sensiblement uniforme.*

278. Qu'avec le plan d'impulsion, ayant une forme courbe très prononcée à la pointe de la dent, *abc*, les déplacements angulaires de la dent, très minimes d'abord, grandissent avec une rapidité excessive. Elle opère son arc de rotation par un mouvement *de plus en plus accéléré*, et parcourant les dernières portions de la levée avec impétuosité, elle tombe violemment au repos. Ces chocs sont très perceptibles à une oreille même peu exercée[10].

Les inclinés à courbure un peu prononcée.

279. L'incliné formé par une courbe un peu renflée, et surtout vers la pointe de la dent, telle que la courbe *abc* (figure 32), ne vaut absolument rien.

Comme on vient de le voir, la dent conformée d'après cette courbe se trouve arrêtée presque dès le début de son mouvement déjà si court, et n'acquiert son maximum de vitesse que dans la dernière période de la levée. Cette levée n'est en grande partie qu'un glissement ou plutôt qu'une énorme chute. Son effet le plus certain est d'ébranler tout le système sous le choc (**46**), et de faire diminuer l'étendue de l'oscillation en absorbant une part de la force vive du balancier (**272**).

Avec des dents de roue de cylindre conformées comme il vient d'être dit, une partie de la longueur de l'incliné passe en effleurant la lèvre, et le choc du repos est si violent, dans certains échappements, que le talon de la dent rebondit contre l'écorce cylindrique et produit un bruit assez semblable à celui qui provient d'un spiral dont les spires se heurtent. Il suffit pour le faire cesser de redresser un peu le plan d'impulsion.

Expérience.

280. Plusieurs montres de Genève, bien exécutées et d'assez forte épaisseur, rebattaient facilement, même après qu'on eut remplacé leurs ressorts moteurs par des ressorts beaucoup plus souples et produisant six tours de marche. Il suffit de friser les roues d'échappement de façon à toucher légèrement la partie postérieure de l'incliné, pour faire disparaître ce rebattement. L'opération avait transformé le plan en une courbe saillante au début et aplatie vers la fin, d'où résultait une vitesse plus grande au moment de la chute et, partant, une

[10] Les lignes *s, n, l, j, h* (fig. 32) partagent en six espaces égaux le chemin parcouru par la dent pendant une levée ; les arcs de cercles 1, 2, 3, 4, 5 divisent en six parties égales le déplacement de la lèvre du cylindre. On voit par cette figure que la courbe *aic*, décrite avec une ouverture de compas égale au rayon de la roue, passe par les points où la ligne *s* coupe l'arc 1, la ligne *n* l'arc 2, et ainsi de suite.
Quant à la courbe *a b c*, un sixième de son déplacement, *c s*, correspond à deux sixièmes du déplacement du cylindre, 0 à 2. Au début elle marche moitié moins vite que le cylindre, mais elle tarde peu à prendre sur lui un excès de vitesse qui s'accroît de plus en plus. Le contraire a lieu pour le plan droit *a x c*.

diminution dans l'amplitude de l'oscillation du balancier, qui perdait sous ce choc une partie de sa force acquise.

Plus loin sont rapportés d'autres résultats d'expérience, mais nous devons, dès à présent, conclure par la proscription absolue de toute courbe d'une convexité un peu prononcée, et nous affirmons, pour en avoir fait l'expérience à nos dépens, que les montres auxquelles les principes des partisans, de ces courbes seront appliqués, se régleront généralement fort mal.

Des inclinés droits et à faible courbure.

281. La seule courbe praticable qu'on puisse adopter est celle décrite par le rayon de la roue (**276**).

Nous allons mettre en regard les unes des autres les propriétés de cette courbe, et les propriétés du plan droit, mais auparavant nous devons donner place ici à une rectification. Elle porte sur un point que, sur la foi des auteurs, nous avions admis, dans notre première édition, comme démontré.

On y lit :

> « Dans l'échappement à cylindre, et en vertu des lois de l'inertie, quand une roue quitte le repos pour entrer en mouvement, le départ n'est pas instantané. Il y a un temps d'arrêt imperceptible et, comme le cylindre tourne avec une grande vitesse (de 18 000 vibrations à l'heure), la dent ne touche pas la lèvre avec sa pointe, mais avec une partie un peu plus élevée de son incliné.
>
> « On conçoit qu'avec l'incliné droit le chemin parcouru avant le contact est plus long qu'il ne serait avec l'incliné courbe. Il est facile de rendre cette vérité sensible au moyen d'une figure. Supposons qu'au moment où elle devra être touchée la lèvre soit arrivée en *a* (fig. 33), le point *o* sur l'incliné courbe, et le point *r* sur l'incliné droit, seront les deux points de contact. »

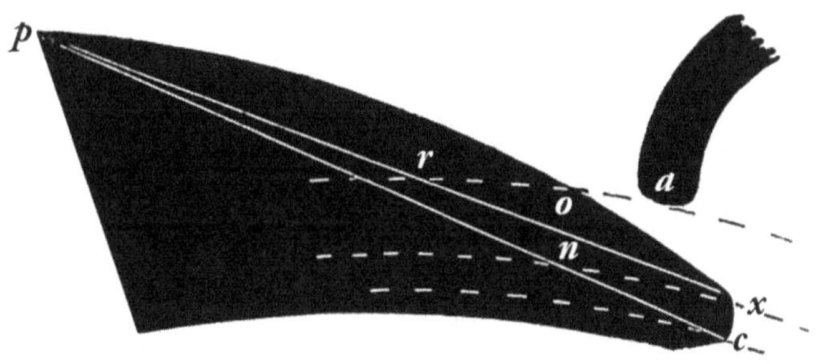

Fig. – 33.

282. La première remarque des auteurs est juste, mais avec un correctif ; elle se vérifie toujours dans les grands appareils de démonstration qui présentent une certaine masse à mettre en mouvement, mais dans les échappements des montres, si l'on couvre d'une couche mince la surface de l'incliné, il est très difficile, le plus souvent impossible, de constater qu'un espace quelconque du plan a passé sans opérer de friction.

Ce résultat inattendu, d'une vérification plusieurs fois renouvelée, nous embarrassa d'abord, mais un peu de réflexion nous fit promptement découvrir la cause de cette apparente contradiction.

283. Il suffit d'examiner un certain nombre de roues de cylindre pour s'apercevoir que les pointes de leurs dents ne sont pas aiguës, mais qu'elles sont terminées par de petits arcs de cercle, tels que *x c* (fig. 33).

Le diamètre de cet arrondi sera d'autant plus considérable, si on le compare à la longueur du plan incliné, que l'échappement sera plus petit.

Le point de contact du repos occupant le point *c*, et admettant que par l'effet de la résistance inertique, de celle de l'huile, etc., l'espace parcouru à vide par la dent fût, si elle était complètement libre de se mouvoir, égal au dixième de la longueur du plan, ou soit égal à l'arc *xc*. Il s'ensuivrait nécessairement que le premier attouchement du plan sur la lèvre se ferait au point *n*, si la dent était très aiguë et que le plan fût droit, et au point *x*, si l'extrémité de la dent était arrondie.

Dans cette dernière hypothèse l'intervalle qui sépare *c* de *x*, sur la dent si exiguë d'une roue de montre, est tellement peu considérable, qu'il est à peu près impossible, même avec une puissante loupe, de les séparer.

Une vérification expérimentale de cette nature ne donnera des différences nettement appréciables, dans certaines montres, que si l'angle de l'incliné est une arête vive.

Propriétés du plan droit.

284. Les partisans du plan droit, lorsqu'ils le comparent au plan courbe, prêtent au premier les avantages suivants :

- Il engendre moins de frottement puisqu'il présente une surface développée plus courte ;
- La décomposition de la force est égale en tous ses points ;
- Enfin, il produit un plus grand mouvement au balancier.

De ces propriétés qu'on lui prête, sans apporter de preuves à l'appui, une seule est réelle : la dernière.

285. La décomposition de la force n'est pas égale en tous les points, et quant aux sommes comparées des frottements sur le plan droit et sur le plan courbe, si elles sont calculées d'après la longueur de la face frottante, le résultat de la comparaison ne peut être que faux, parce qu'elle repose sur une erreur de principe.

En effet, ce qu'il faut considérer ici, ce n'est pas une différence infinitésimale, et qui échappe à toute appréciation, de la longueur des faces frottantes, mais bien l'*intensité du frottement* qui se produit sur les lèvres.

Le plan droit opère avec une pression plus énergique, car comme tout frottement est proportionnel à la pression sous laquelle il s'exerce (**38**), il en résulte que bien loin que le plan courbe soit la cause d'un excès de frottement, c'est au contraire celui des deux genres d'inclinés qui en produit le moins.

286. Comme on l'a vu, la roue portant des inclinés droits opère la fin de la levée d'un mouvement moins rapide, et nécessairement le choc de repos est moindre. Une pression plus énergique sur les lèvres, la chute diminuée, voilà, plus qu'il n'est nécessaire pour expliquer, en faveur du plan droit, une différence dans l'étendue de la vibration.

Propriétés du plan courbe.

287. Les partisans du plan courbe dont chacune des parties égales fait décrire au balancier des arcs égaux disent de ce plan :

- Qu'il obvie à l'arrêt-au-doigt dans l'acte du remontage de la montre ;
- Que la levée s'opère avec une plus grande régularité ;
- Que le spiral lui oppose moins de résistance vers la fin de la levée.

Tous ces avantages sont complètement illusoires ; le seul point essentiel a été oublié.

288. Il n'est pas dans la nature des échappements à cylindre modernes, bien faits, de s'arrêter au doigt, ni par l'effet du remontage ; il n'y a donc pas lieu de prévenir un défaut qui n'existe pas.

La régularité de la levée, loin d'être utile, est désavantageuse, puisqu'elle ne peut être obtenue que par l'accélération du mouvement angulaire de la roue (**276**), et par l'augmentation de la chute.

Quant à la résistance plus grande du spiral, ce n'est qu'une hypothèse dénuée de preuves, et qui est née de la persistance de quelques auteurs à considérer ce ressort, lorsqu'il quitte l'état du repos et non lorsqu'il se meut en vertu d'un mouvement acquis et rapide. Nous aurons à revenir sur ce sujet.

Une preuve, qui serait péremptoire, de la réalité des qualités qu'on prête au plan courbe que nous examinons, serait qu'il favorisât l'extension de l'arc supplémentaire du balancier : or c'est précisément l'effet contraire qui a été observé.

289. L'avantage réel, sérieux, que présente le plan courbe, c'est qu'il opère sous une plus faible pression et qu'il répartit mieux le frottement ; qu'on nous passe cette dernière expression, nous n'en trouvons pas qui rende plus clairement notre pensée.

290. Avec le plan courbe : chute forte, pression sur les lèvres faible.

Avec le plan droit : chute courte, pression sur les lèvres assez énergique.

De toute nécessité, toutes choses égales de part et d'autre, il doit en résulter que :

- Le *plan droit* produira des arcs supplémentaires *un peu plus étendus*, mais l'usure des lèvres sera *un peu plus prompte* ;
- Le *plan courbe* assurera plus longtemps la *conservation des lèvres*, mais fera perdre *quelques degrés* sur l'amplitude de l'oscillation.

Ces conclusions de la théorie, conclusions qui se *vérifient rigoureusement dans la pratique*, indiquent aussi nettement que possible la vraie et définitive solution. La voici :

291. *Le plan d'impulsion doit être conformé selon une très légère courbure* intermédiaire entre le plan droit et le plan courbe que nous venons de considérer.

Sous l'action de l'incliné à légère courbure, l'étendue de l'oscillation sera sensiblement égale à celle qui résulte de l'action du plan droit, et le frottement sur les lèvres étant un peu moindre la conservation des surfaces frottantes se trouvera mieux assurée.

292. L'on n'a pas à se préoccuper de l'usure qui peut se produire sur les repos ; il est à peu près sans exemple, dans les échappements bien faits, que la destruction ait commencé sur ce point. Les lèvres sont toujours endommagées les premières.

Nous n'avons rien dit de l'incliné légèrement concave que plusieurs auteurs ont proposé ; il ne ferait qu'accélérer la destruction des lèvres du cylindre et doit être rejeté.

293. Ainsi que nous allons le prouver, en rapportant des faits d'expérience, la théorie et la pratique sont ici entièrement d'accord. Mais auparavant, qu'on nous permette de faire remarquer combien de temps les horlogers ont perdu en discussions aussi oiseuses que stériles, tendant, trop souvent, non à la mise en lumière des principes, mais à la mise en évidence des personnalités, puisque la conclusion à laquelle on vient d'aboutir, qui est la seule juste, est précisément la solution proposée par Jodin et formulée par lui il y a plus de cent ans !

Expériences.

294. « Dans ce genre de question, a dit Moinet, le raisonnement peut aisément séduire, et il est plus certain d'éprouver le fait. » Nous avons suivi le judicieux conseil de cet auteur et les résultats pratiques sont venus pleinement confirmer l'exactitude des démonstrations théoriques.

Nous engageons nos collègues à faire comme nous ; alors les vagues discussions renouvelées à peu près d'année en année depuis un siècle, et nécessairement interminables dès qu'elles roulent sur des subtilités de langage, ou qu'elles s'appuient sur de prétendus principes mécaniques, désavoués par la science, auront une fin.

Première expérience.

295. Une roue de cylindre, exécutée avec soin et précision, fut ajustée sur un pignon d'échappement. La courbe de l'incliné s'éloignait peu des formes adoptées aujourd'hui, la levée allait à 60°, et quand la montre marchait, le balancier donnait une oscillation moyenne de 260°.

Cette première partie de l'expérience terminée, et la roue détachée du rouage, les plans courbes furent redressés et polis avec les soins nécessaires et en prenant la précaution de ne pas toucher aux deux extrémités. Tout était resté dans les conditions premières, sauf la forme du plan d'impulsion. La roue remise à la place qu'elle occupait dans la montre, et celle-ci remontée, l'oscillation moyenne de son balancier embrassait un arc de 266 à 270°, soit de 6 à 10° de plus que lorsque la roue portait des inclinés courbes.

Deuxième expérience.

296. Elle n'est que la répétition de celle qui vient d'être relatée, excepté que nous employâmes une autre roue, dont l'incliné moins élevé donnait une levée de 40°.

Le résultat fut le même, et les différences se produisirent dans le même sens, seulement elles furent un peu plus considérables. Ce que nous attribuons à un frottement un peu moindre sur les lèvres (**243**).

L'arc d'oscillation produit par le nouvel incliné courbe, arc qui était de 245°, atteignait de 260 à 265° sous l'action du plan redressé, soit de 15 à 20°, à l'avantage de ce dernier.

Troisième expérience.

297. Pour compléter ces vérifications expérimentales et pour répondre à l'objection, qui n'est pas sérieuse, mais qui pourrait être faite, que le poids de la roue était changé par le redressement de l'incliné, nous avons employé, pour cette troisième expérience l'appareil décrit page 122 et représenté figure 28.

À l'extrémité du levier A, nous ajustâmes deux plans inclinés, un peu écartés l'un de l'autre, mais situés dans des plans parallèles. L'un est droit, *c*, l'autre est courbe, *d*. Ils sont mobiles sur le même centre de mouvement *h*, et solidaires dans leurs mouvements, étant fixés l'un à l'autre par de petits piliers et par des vis.

Ils ont deux points de frottement communs : la pointe et le talon de chaque dent, et par conséquent donnent toujours la même quantité de levée quand on les met isolément en action sur la tuile *g*. On a compris que cette tuile est ouverte par une entaille qui laisse passer le plan *d*, quand le plan *c* agit sur la lèvre de la tuile, et que lorsqu'on veut que ce soit le plan *d* qui soit en action sur cette lèvre, il suffit de faire descendre tout le système EHE, au moyen d'une vis de rappel placée sous l'appareil. Alors le plan *d* peut être mis en action sur la lèvre de la tuile, tandis que le plan *c* se trouve au-dessus et en l'air.

La petite patte *z*, qui repose sur le contour du disque H, quand une impulsion est terminée, est assujettie sur le bras A par une vis. En desserrant cette vis, on peut faire tourner un peu la patte *z*, et alors elle n'a plus aucun contact avec le disque.

298. Tout ceci bien entendu, on peut procéder à trois sortes d'expérimentations.

- Constater la puissance d'action de chaque plan incliné sur un corps tournant librement sur son axe. (La patte *z* étant éloignée du disque.)
- Déterminer la différence des mouvements qui résultent de l'impulsion donnée par chaque incliné, quand cette impulsion se termine par un choc et se continue par une pression sur le corps en mouvement. C'est le cas d'un échappement à cylindre fonctionnant. (La patte *z* est alors disposée de façon à s'appuyer au disque quand le plan incliné abandonne la lèvre. La pression sur le contour du disque doit, dans tous les cas, être produite par un même levier de repos, et sur une même surface frottante.)
- Constater les valeurs relatives du choc sur les repos avec chaque espèce d'incliné.

On ne devra pas oublier de se rapprocher, autant que possible, des conditions de l'horlogerie : les forces ou les vitesses exagérées, dans un sens ou dans l'autre, pourraient conduire à des résultats contradictoires. Les inclinés doivent agir avec toute leur longueur.

299. Quant au fonctionnement de l'appareil, il a été indiqué page 122. Chaque expérience à été répétée plusieurs fois et dans des conditions identiques pour chaque incliné.

La patte *z* abaissée, et disposée de façon à opérer un repos sur le contour du disque H, à l'instant où le talon de l'incliné échappe à la tuile, l'arc d'oscillation le plus étendu est celui qui résulte de l'action du plan *c*, c'est-à-dire du plan droit.

Il est très intéressant d'étudier et de mettre en relief la puissance de la chute, puisqu'elle varie avec la forme de l'incliné, c'est à cet objet que répond l'agencement de la petite pompe à frottement *k*. C'est sur le sommet de son piston, comme sur un support, que vient s'arrêter le levier A, quand le petit bras *z* est relevé, et le degré d'enfoncement du piston accuse alors la puissance du choc.

Dans les différentes expériences que nous avons faites, et quoique l'ajustement de la tige fût assez ferme, nous avons constaté qu'elle descendait d'au moins deux ou trois millimètres sous l'action de l'incliné courbe, au-dessous du point où elle s'arrêtait quand le plan droit fonctionnait.

Un dernier mot sur l'incliné droit.

300. Berthoud avait choisi l'incliné droit pour sa montre marine n° 8, qui fut son plus beau succès. Comme le remarque un auteur moderne, et d'après le caractère connu de Berthoud, il n'eût pas adopté un système préconisé par ses adversaires, s'il n'eût été bien convaincu qu'il offrait des avantages.

Jodin et Jurgensen déclarent que l'incliné droit est celui qui procure les plus grandes vibrations.

Enfin, parmi les modernes, M. Henri Robert, après expérience faite, s'est rangé à cette opinion.

Nous pourrions ajouter à cette liste le nom de quelques artistes de province (entre autres celui de M. Foucher de Bourges) qui, dans des expériences sur le sujet, ont reconnu que les plans rectilignes procuraient toujours des oscillations un peu plus étendues.

Nous sommes donc pleinement en droit de considérer la question théorique et pratique, comme vidée, et de répondre aux contradicteurs : Expérimentez dans les conditions convenables, et voyez !

301. À considérer la précieuse propriété de l'incliné droit, et du moment que l'expérience confirme le simple raisonnement, sa cause eût été gagnée si la théorie qui nous a rendu, pour ainsi dire, palpables les avantages de cette forme, ne nous eût signalé aussi clairement son défaut.

Elle nous a prouvé que la pression sur les lèvres est plus forte avec l'incliné droit qu'avec l'incliné courbe ; la conséquence à en tirer, c'est que ces lèvres qui, généralement parlant, sont les seules parties du cylindre où l'usure se produise, résisteront moins longtemps sous la pression de l'incliné droit : résultat qu'en effet la longue expérience des vieux rhabilleurs reconnaît pour incontestable.

Mais hâtons-nous d'ajouter que si l'on rencontre plus fréquemment dans les montres médiocres des cylindres piqués par les inclinés droits, il est de toute justice de reconnaître que dans les hautes qualités où l'échappement est fait avec soin, on trouve bon nombre de cylindres parfaitement intacts, quoique ayant fonctionné contre des plans droits pendant une vingtaine d'années, et même plus.

Il était bon de signaler ce fait qui prouve, ce que tous les horlogers savent qu'on peut faire d'excellents échappements à cylindre avec des roues à inclinés droits, mais conclure de cette observation que le plan droit occasionne moins de frottements, et que les fabricants doivent rejeter la légère courbe qu'ils emploient aujourd'hui, c'est faire sortir d'une observation incomplète une double erreur. Nos lecteurs en ont sans doute déjà fait justice, mais afin d'en finir tout à fait avec ce préjugé, ajoutons encore quelques observations.

302. En outre d'une pression plus forte, l'incliné droit présente une moindre saillie en avant de la colonne, ce qui fait que dans beaucoup d'échappements elle attire et garde l'huile des marteaux. Pour éviter ce vice de construction, qui est une cause d'usure plus prompte, on est obligé de faire cette colonne très mince, ou de charger la circonférence de la roue, en laissant les dents larges, deux extrêmes qui ont leurs inconvénients.

303. Nous avons eu à réparer plusieurs anciennes montres à plan droit, et nous en citerons entre autres deux qui avaient marché constamment durant une période : l'une de quarante-trois ans, l'autre de quarante-huit ans, sans que les passages répétés de la roue eussent laissé autre chose qu'une très légère trace sur le cylindre.

Devions-nous déduire de ces faits la supériorité absolue du plan droit ? Nous nous en serions bien gardé, mais nous avons cherché à découvrir les causes de cette conservation des surfaces frottantes de beaucoup d'anciens cylindres, ce qui n'a été ni long ni difficile à trouver.

Les anciens échappements à cylindre à roue d'acier ont été exécutés par les ouvriers d'élite du temps. Ils apportaient un soin extrême dans le choix du métal et dans l'opération de la trempe, où il est si facile de détériorer complètement l'acier. Leurs cylindres étaient faits en acier martelé, les cylindres modernes sont tous en acier tiré, différence extrêmement importante, car la texture de ces deux aciers n'est pas la même, et le premier exige un moindre degré de chauffe pour la trempe et se polit mieux et plus uniformément.

Nous croirions faire injure à la sagacité des horlogers capables, si nous tirions nous-même les conclusions qu'amènent ces différents rapprochements, conclusions qui font voir que les fabricants modernes auraient grand tort de substituer à la légère courbure qu'ils donnent aux inclinés la forme rectiligne, c'est-à-dire le plan droit.

Doit-il exister un rapport entre la forme de l'incliné et la résistance variable du spirale ?

304. La recherche d'une forme d'incliné propre à rendre la force motrice proportionnelle à la résistance croissante du spiral repose sur une illusion.

Le défaut que cette prétendue amélioration veut corriger n'existe pas.

L'erreur des auteurs qui voient dans le spiral une entrave à l'action de la levée provient de ce qu'ils le considèrent à l'état de repos, ou sortant de ce repos, et non à l'état de mouvement, et qu'ils oublient que ce ressort, en outre qu'il produit contre l'action qui l'a bandé une forte réaction possède alors, en vertu de son élasticité et des lois de l'inertie, et comme tous les corps qui ont quitté l'état de repos, une tendance à continuer le mouvement.

Si l'on examine, avec une scrupuleuse attention, comment les choses se passent pendant la marche de la montre, on sera bientôt convaincu qu'au commencement de la levée le spiral aide au mouvement et entraîne le balancier, tandis qu'aussitôt que celui-ci a senti l'impulsion, si nous pouvons parler ainsi, il prend un excès de vitesse sur le spiral et entraîne ce dernier à sa suite. Le balancier, comme on le voit, est sollicité par le spiral, mais en sens contraire, au début et à la fin de la menée, et la résistance du spiral à la fin de la menée tient uniquement à l'action que la roue exerce sur le balancier.

Il est évident, cela nous semble devoir se passer de démonstration, que l'effort le plus énergique du moteur, c'est-à-dire de cette roue, doit agir préférablement au début de la levée ; cette force, s'exerçant sur un balancier moins retenu, lui communiquera une plus grande vitesse, et ce balancier, animé par une plus grande quantité de mouvement, aura acquis plus de puissance et fera son oscillation un peu plus étendue.

La hauteur du plan d'impulsion est la seule mesure exacte de la levée.

305. Les auteurs, comme le remarque Moinet, arrivent fréquemment à ne pas s'entendre sur la levée, ce qui ne saurait manquer d'avoir lieu, puisque les uns prennent pour mesure la levée totale et les autres la levée d'un seul côté, quantité qui, étant double, n'est pas la même que la levée totale.

Distinguons bien, avant d'aller plus loin, la *levée réelle* de la levée que donnent les méthodes vulgairement en usage.

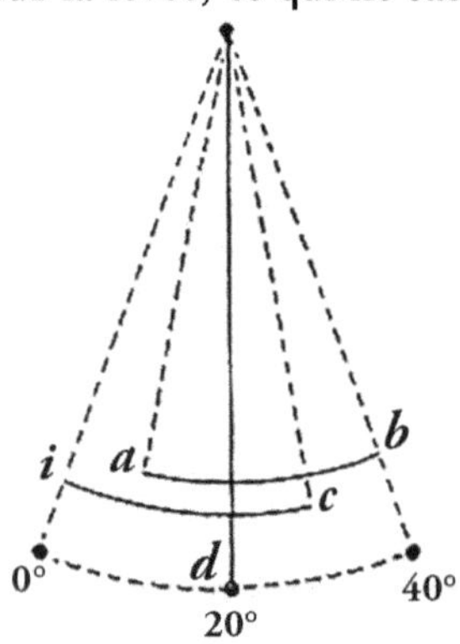

Fig. – 34.

306. La levée réelle *est l'arc décrit par un point du balancier pendant le passage de toute la hauteur du plan incliné sur une seule lèvre, et cette levée (a b* ou *c i,* fig. 34*) doublée donne la levée totale réelle*, seule représentation exacte de la puissance du plan d'impulsion.

307. La levée apparente *est l'arc de cercle enfermé entre les deux points marqués sur la platine (*0° *et* 40°*) et correspondant à la fin des deux demi-levées.* Ces deux points nous font connaître où finit chaque demi-levée, sans nous indiquer où elles commencent. Cette fonction appartient au point du centre placé entre les deux points qui bornent l'étendue de l'arc de levée (*d*, fig. 34).

Tout horloger a remarqué sans doute combien il est rare de rencontrer un échappement où la roue se mette en mouvement, c'est-à-dire entre *en levée*, quand le repère du balancier est arrivé en face du point du centre *d* : presque toujours la roue commence sa levée 2°, 4°, 6° et même 10° avant. Il est bien clair que ces quantités doivent être comptées avec chaque demi-levée à laquelle elles appartiennent et dont elles font partie intégrante, et que si trois échappements lèvent 40° entre les deux points de droite et de gauche, mais que chaque demi-levée commence 2°, 5° ou 10° avant le centre, les actions des plans inclinés sont représentées non par 40°, mais par 44°, 50°, 60°. Par conséquent, toutes les dents possibles, et quelle que soit l'inclinaison de leur plan donneront, si leurs talons décrivent la même circonférence, une levée totale unique, quoique l'inégalité de leur force d'impulsion soit très évidente.

308. On voit ici quelle erreur énorme commettent ceux qui proposent une levée totale (0° à 40°, fig. 34) de même chiffre pour tous les échappements, et pourquoi il est peu rare, dans la pratique, de rencontrer des échappements de mêmes dimensions générales accusant 40° de levée totale, et dont les forces d'impulsion sont extrêmement différentes.

309. La levée réelle ne peut pas varier, puisqu'elle résulte uniquement de la hauteur du plan incliné, tandis que la levée apparente varie suivant l'ouverture du cylindre, suivant le plus ou moins de rapprochement des mobiles. Comme on vient de le voir, elle trompe et souvent de près d'un tiers, sur la hauteur d'un plan incliné, laissant ainsi ignorer la seule chose qu'il serait important qu'elle fît connaître : la puissance de l'impulsion estimée d'après la hauteur de ce plan.

310.Concluons que la levée doit toujours ne comprendre que le passage entier du plan incliné sur une seule lèvre, et que pour connaître la levée réelle totale, il faut simplement doubler la quantité obtenue d'abord.

Tout horloger qui ne fera pas cette distinction entre les deux espèces de levées tombera, à chaque instant, dans de très graves erreurs, et *se trompera continuellement sur l'effet produit par le rapprochement ou l'éloignement des mobiles.*

La corde de l'arc de l'incliné doit passer par le centre du cylindre.

De la chute.

311. Nous avons vu, dans l'Introduction (**46**), que dans toute espèce de communication de mouvement il faut, sauf cas particuliers, éviter les chocs qui, outre l'ébranlement qui en résulte, sont une cause d'usure et de perte de force.

Il n'est pas d'horloger qui n'ait reconnu l'influence des chutes sur l'étendue des vibrations, et combien il est difficile d'obtenir un réglage constant d'un échappement ayant de trop fortes chutes, surtout quand ce sont les chutes extérieures qui sont grandes. Cette dernière remarque, qui n'a été faite par aucun auteur, constate un fait tout à fait incontestable pour les habiles praticiens, et dont la théorie explique parfaitement la cause.

La chute extérieure a une plus grande influence sur la marche de l'échappement que la chute intérieure, par la raison :

- qu'elle se fait sur l'extrémité d'un levier de résistance plus long ;
- que le frottement de la pointe de la dent, au moment du contact, est un frottement de l'espèce de ceux dits rentrants (**105**), et dont la résistance est beaucoup plus énergique que celle du frottement intérieur.

Il est facile de comprendre combien ce contact à rebroussement acquiert de puissance par les grandes chutes. (On s'expliquera, d'après ce qu'on vient de dire, pourquoi un cylindre est toujours piqué plus profondément et plus tôt sur le repos extérieur que sur le repos intérieur.)

Avec l'échappement à la tangente, le défaut serait moins sensible, puisqu'alors le frottement cesserait d'être un frottement rentrant, mais il est inutile de nous arrêter à cette considération, car nous verrons plus loin qu'avec l'échappement à la tangente, on ne peut pas obtenir des vibrations d'une suffisante étendue.

Pour éviter toute chute autre que celle indispensable à la sûreté des fonctions, il faut rigoureusement que le milieu du plan incliné droit corresponde au centre du cylindre. La chute extérieure sera d'autant plus considérable qu'on s'éloigne davantage, soit au-delà, soit en deçà de ce point.

On voit qu'en éloignant ou en rapprochant les mobiles, on reconnaîtra, dans la pratique, quand le milieu du plan droit sera au centre, à ce signe que c'est l'endroit où la chute extérieure est la plus courte.

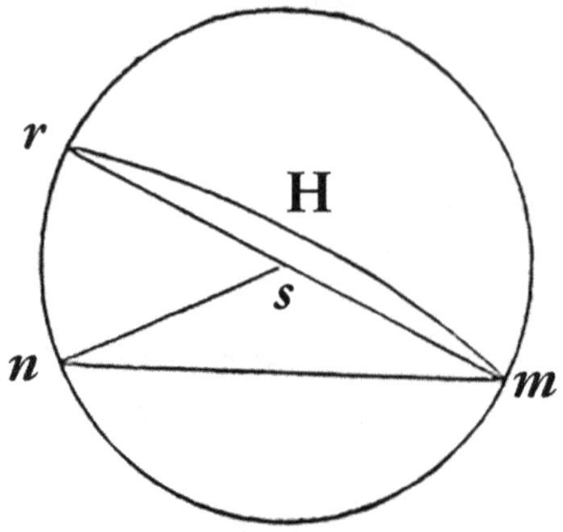

Fig. – 35.

Il n'est question que du milieu de l'incliné droit, puisqu'il représente le diamètre du cylindre, et qu'il est clair que l'incliné courbe doit se trouver un peu au-delà, comme on le voit en H (fig. 35).

312. Les anciens maîtres faisaient passer le milieu du plan droit un peu au-delà du centre du cylindre, afin de placer le point de repos sur la tangente ; leurs successeurs ont tous reconnus qu'ils perdaient plus par les grandes chutes extérieures qu'ils ne gagnaient par un peu moins de frottement sur le repos.

De nos jours quelques hommes, que des connaissances insuffisantes ne pouvaient mettre à même de juger sainement de la cause des faits qu'ils ont remarqués, ont prétendu qu'ils obtenaient une plus grande régularité en faisant reculer le plan d'impulsion en deçà du centre du cylindre.

Ce résultat, assez commun avec les cylindres très fermés, n'avait rien de surprenant. Il ne prouvait que deux choses : la première, le défaut de savoir chez ceux qui érigeaient en loi un simple fait particulier ; la seconde, que les proportions de l'échappement étaient mauvaises, puisqu'on avait besoin d'augmenter l'âpreté du frottement de repos pour arriver à établir le rapport convenable entre les puissances et les résistances. C'était tout simplement un défaut équilibré par un autre.

313. Des expériences, suivies sur un certain nombre de montres, nous ont prouvé :

1°. que la dent de la roue occupait la position la plus favorable dans le cylindre, quand la ligne menée du talon à la pointe (de contact) de la dent passait par le centre du cylindre ;

2°. que lorsque la dent occupait cette position et que la vibration était gênée, ou d'une insuffisante étendue, il fallait en chercher la cause dans un échappement mal construit ou mal proportionné dans son ensemble pour la force du moteur.

Sauf de rares exceptions, qu'il serait d'ailleurs facile d'expliquer, nous avons constaté qu'en poussant l'incliné au-delà du centre, on augmente à peine la vibration du nombre de degrés ajoutés à la levée, et que l'on rend l'échappement bien plus promptement sensible aux différences qui se produisent dans la consistance de l'huile ; et qu'en plaçant cet incliné en deçà du centre, si le cylindre n'est pas très peu entaillé, on perd plusieurs degrés sur l'oscillation.

Nous ne rapportons ici que les résultats certains de nos expériences : ne pouvant entrer dans les longs détails que nous aurions à transcrire et qui, d'ailleurs, ont été, en grande partie, insérés dans la *Revue Chronométrique*.

De la hauteur du plan incliné et de la levée.

314. L'angle formé par la base de la dent et par son plan incliné offre des différences considérables d'un auteur à l'autre. Ainsi, tandis que, selon M. Wagner, il ne doit être que de 6°, il est de près de 10° selon Berthoud et Moinet, et enfin de 12° selon Tavan.

Ces nombres s'appliquent à une roue de quinze dents. Si l'on considérait des roues portant plus ou moins de quinze dents, la comparaison ne serait plus possible. Pour un même angle, une roue moins nombrée donne une levée plus considérable, et la roue plus nombrée une levée moindre.

Chacune des quantités ci-dessus représente la moitié de la levée d'un côté ou le quart de la levée réelle totale[11]; nous aurons ainsi pour les levées totales réelles : 24°, 40°, 48°. Nous voici dans l'embarras du choix le plus complet : nous demandons une valeur unique et précise, et l'on nous en présente trois, variant du simple au double. L'un nous dit qu'en faisant lever plus de 12° d'un côté, on n'imprime pas au balancier une plus forte impulsion, et qu'il est facile de le démontrer à l'aide de la géométrie et de la loi des plans inclinés ; l'autre nous répond que, d'après l'expérience de la pratique, il paraît que l'angle qui procure 24° de levée d'un côté possède « l'inclinaison la plus avantageuse à la levée. »

Nous cherchons une vérité, et nous rencontrons une contradiction flagrante entre la théorie et la pratique. Mais, hâtons-nous de le dire, et nous l'avons démontré, il n'y a pas plus désaccord sur ce point que sur une infinité d'autres entre la théorie et la pratique. La contradiction n'existe qu'entre les auteurs qui, dominés par des préoccupations exclusives et diverses, n'ont envisagé chacun qu'une face de la question, ce qui les a conduits l'un à une fausse application d'un principe très rigoureux d'ailleurs, l'autre à déduire une règle générale d'un résultat pratique, qui se vérifie dans plusieurs cas, mais non dans tous.

Ce que nous avons dit sur ce sujet (**247** et suite) devrait amplement suffire, mais comme nous avons affaire à un préjugé tenace, nous ajouterons encore quelques considérations.

314. Les modernes qui ont admis la double nécessité de faire opérer le point de repos sur la tangente au cylindre et de conserver, en même temps, le centre de rotation de ce cylindre sur la ligne qui passe par les deux extrémités de l'incliné, n'apportent à l'appui de leur dire, qui n'est en réalité qu'une opinion personnelle, aucun fait d'expérience.

Entre autres erreurs, ils avancent qu'en ne plaçant pas le point de repos sur la tangente, les horlogers qui les ont précédés ont méconnu tous les principes qui régissent la matière.

Il est impossible de souscrire à un semblable jugement, à moins d'admettre que les artistes, la plupart remarquables, qui depuis un siècle se sont successivement occupés de l'échappement à cylindre, ont été tous sans savoir qu'avec l'échappement à la tangente, les frottements des repos sont dans des conditions moins défavorables, et de supposer qu'ils ont adopté un principe contraire en aveugles, et sans en avoir fait une étude sérieuse. Les traces de leurs travaux sur ce sujet, qu'on trouve dans leurs livres, suffisent pour démontrer qu'il n'en a pas été ainsi et que,

[11] En vertu de la proposition de géométrie où l'on démontre que tout angle ayant son sommet au centre d'une circonférence a pour mesure l'arc intercepté entre ses côtés, tandis que l'angle qui a son sommet à la circonférence a pour mesure la moitié du même arc, nous voyons (fig. 35) que si l'angle *r s n* est de 12°, l'angle *r m n* sera de la moitié ou de 6°, et qu'en conséquence, tout angle formé par le plan incliné d'un marteau de roue de cylindre et par sa base est toujours égal à la moitié de l'angle de levée d'un seul côté ou, ce qui revient au même, au quart de la levée totale réelle.

bien loin de méconnaître les avantages d'un repos sur la tangente, c'est précisément à ce point qu'ils l'ont placé dès le début. S'ils ont cessé de se conformer à cette règle, ce n'est qu'après mûr examen et quand l'expérience leur eut prouvé que les avantages étaient moindres que les inconvénients.

316. Le milieu de la ligne passant par la pointe et le talon de l'incliné ne doit pas pénétrer au-delà du centre du cylindre, nous n'avons plus à le démontrer (**311**, etc.), mais de cette condition, il résulte que l'angle formé par le plan et par sa base n'aura environ que 6° d'ouverture si l'échappement est tangent.

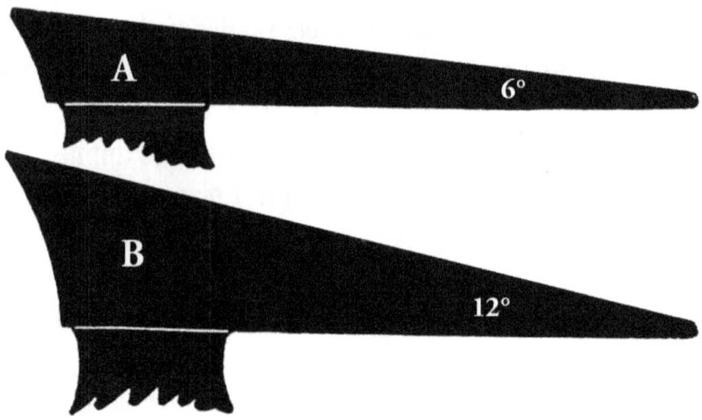

Fig. – 36.

Traçons en grand la figure exacte d'une dent de roue d'échappement selon la règle qui prescrit le repos à la tangente (A, figure 36), et mettons en regard la même dent (B) conformée d'après les données de la pratique ordinaire. Il n'est aucun bon praticien qui ne se hâte à première vue de proclamer l'impossibilité d'obtenir un bon réglage avec des marteaux de roues de cylindre offrant aussi peu de hauteur que celui dessiné en A.

La théorie nous a expliqué parfaitement les causes de ce fait observé (**247**, etc.), à la suite duquel nous rapporterons encore le suivant.

317. Les fabricants génevois d'une époque qui n'est pas encore bien loin de nous puisèrent dans la théorie en faveur alors l'idée qu'on perfectionnerait un échappement en abaissant son incliné le plus possible.

La plupart des montres de cette époque se ressentirent de cette erreur et ces montres, qui cependant conservaient des levées de 30° environ, ont fait longtemps le désespoir des rhabilleurs, bons juges dans cette question. Ils sont unanimes à déclarer qu'aussitôt que l'huile a perdu sa première fluidité, ces montres règlent mal, ont une marche peu décidée, des vibrations bornées qu'elles éprouvent, par suite, le besoin de nettoyages fréquents et de ressorts énergiques, etc. Où est l'avantage de l'incliné plus bas, s'il règle moins bien et s'il exige un ressort plus puissant ? et que peut-on espérer, après cela, d'un incliné à la tangente ?

Tout ce qui vient d'être dit s'applique aux calibres actuellement en usage, mais sous le bénéfice des réserves du paragraphe **320**.

Des forces accélératrice et retardatrice.

318. L'action de la roue sur le cylindre est double, on le sait : pendant la levée, la force motrice accélère le mouvement acquis du balancier, pendant le repos, cette même force contrarie ce mouvement et le ralentit de plus en plus.

Dans notre première édition, afin de simplifier l'étude des échappements, nous avons désigné sous les dénominations, que nous conserverons, de *force accélératrice*, la puissance qui agit durant tout l'acte de la levée, et de *force retardatrice*, la pression sur les repos.

L'étendue des mouvements du balancier tient intimement à la proportion établie entre les puissances que nous venons de qualifier et la relation convenable une fois établie pour une force motrice donnée, cette relation devra être modifiée, à chaque augmentation ou diminution un peu considérable apportée à la force motrice.

La théorie nous a montré très clairement la raison de ces effets (**103**, etc.), nous n'apporterons donc ici qu'une preuve pratique à l'appui.

Il n'est aucun horloger qui ne sache que si l'on augmente rapidement la force motrice dans beaucoup de pendules de voyage à cylindre, en appuyant à la roue du centre par exemple, on voit, tout d'abord, les vibrations grandir avec rapidité, puis décroître, puis enfin s'arrêter tout à fait. Qu'est-ce autre chose que la force accélératrice dominante d'abord, puis bientôt surmontée, et enfin complètement éteinte par la force retardatrice ou la pression sur le cylindre ?

319.La théorie et la pratique nous ont également fait voir (**248** à **258**) qu'en partant d'une inclinaison nulle du plan, et sous l'action d'une force motrice qui ne change pas, la force accélératrice augmente rapidement par l'élévation progressive du plan jusqu'à une limite au-dessus de laquelle la trop forte élévation du plan offre des inconvénients tels que : *un cylindre trop gros, la fin de la menée opérée par un levier de puissance trop long, l'arrêt-au-doigt se produisant par suite de diverses pertes de forces qui nécessitent l'emploi d'un moteur plus énergique*, etc.

320. De tout ce qui précède découle nécessairement cette conséquence, qui ne nous paraît pas avoir été signalée par les auteurs ou les praticiens : que *la force dont on dispose à l'extrémité du levier d'échappement* (la roue) *est la seule mesure d'après laquelle on puisse déterminer la hauteur de l'incliné.*

Or, comme l'expérience nous a démontré que dans les montres d'épaisseur moyenne, la force motrice est suffisante et qu'on ne pourrait l'augmenter sans multiplier en même temps les causes de destruction, la question dont nous faisons l'étude en ce moment se trouve transformée en ces termes :

La force motrice d'une montre étant donnée (en la supposant suffisante), *quelle est l'inclinaison que doit avoir le plan d'impulsion pour produire une oscillation de 270 degrés environ, et sans qu'on ait à craindre l'arrêt-au-doigt ?*

La question ainsi posée échappe au calcul et ne peut être résolu qu'expérimentalement. Mais les résultats de la pratique suffiront, du reste, et leur réponse, très nette, se trouvera sous le titre : *Règles pour déterminer les dimensions d'un échappement à cylindre.*

La hauteur du plan d'impulsion varie avec la grandeur des montres.

321. Toutes proportions gardées entre une grande et une petite montre, la hauteur du plan d'impulsion, relativement à l'ensemble de chaque machine, doit être plus considérable dans la petite montre que dans la grande.

Nous interrogerons tout à l'heure les résultats de l'expérience sur ce point, mais auparavant il nous paraît nécessaire de l'étudier théoriquement.

Les petits balanciers ont un mouvement angulaire plus rapide que les grands (Théorie du balancier) ; ils se dérobent plus promptement que ces derniers à l'attouchement de la roue. De là la nécessité de nombrer moins la roue ou d'augmenter la hauteur de l'incliné (**248**).

Une autre cause complique la première : en regard du mouvement plus prompt du balancier, le mouvement angulaire de la roue, ou plutôt la facilité de son départ, et toutes proportions gardées, paraît être, au contraire, en raison à peu près inverse de la grandeur des montres ; ce qu'il faut attribuer aux résistances des frottements et à la viscosité de l'huile, résistances sensibles en face des forces si minimes qui animent les derniers organes des petites montres. D'ailleurs une allure plus rapide de la roue nécessiterait un travail plus considérable pour vaincre l'inertie (**123**). On est donc fondé à admettre que le départ de la roue n'a pas lieu avec une promptitude en rapport avec la vitesse acquise du balancier, d'où résulte la nécessité d'élever l'incliné.

Le poids du balancier, ainsi qu'on va le voir, est aussi pour quelque chose dans la différence de hauteur des inclinés. Cette différence est un fait hors de doute aujourd'hui, qui n'a été signalé, que nous sachions, par personne, et qui ne peut être contesté que par l'ignorance complète des lois de la mécanique et des règles pratiques.

322. Dans les fabriques suisses et françaises, où malheureusement l'instruction théorique est fort incomplète et même tout à fait négligée, mais qui possèdent un certain nombre d'ouvriers d'élite, habiles et intelligents, on remarque ces deux faits contradictoires : la levée moyenne de l'échappement à cylindre à 40° a été généralement adoptée depuis soixante ans et cependant, quand on mesure l'angle de l'incliné à un grand nombre de bonnes montres de Genève, les unes très grandes, les autres très petites, on est étonné de la différence que l'on rencontre. Par quel aveuglement inexplicable, ces ouvriers d'élite, et pour la plupart enrichis des observations de leurs devanciers, feraient-ils constamment les inclinés des petites roues selon un angle plus ouvert que celui formé par l'incliné des grandes roues, si l'expérience, ce grand maître en fait d'horlogerie, ne leur en avait fait sentir la nécessité ?

Que l'on interroge les repasseurs hors ligne de Paris, et l'on apprendra d'eux qu'ils n'ont pu régler de très petites montres qu'en remplaçant les roues de cylindre par d'autres roues, ayant les inclinés beaucoup plus prononcés que ceux ordinaires.

Influence du poids du balancier sur la hauteur de l'incliné.

323. *La puissance d'inertie des corps est en raison de leur masse* (**33**).

Si nous suspendons, librement et isolément, deux pendules d'un mètre de longueur, par exemple, et chargés chacun d'une lentille, l'une très lourde, l'autre très légère, nous remarquons que de ces deux pendules mis en mouvement, celui à lentille légère s'arrête après quelques minutes écoulées, tandis que celui à lentille lourde continue son mouvement oscillatoire pendant de longues heures.

Si, au lieu des deux pendules, nous avons deux balanciers annulaires, sans spiraux, sans goupilles de renversement avec des pivots de grosseurs égales, enfin, dans des conditions identiques, sauf les poids très différents des anneaux des balanciers, nous voyons, en donnant à ces balanciers une impulsion, circulaire que, celui qui est léger s'arrête au bout de quelques secondes de temps, tandis que le balancier lourd continue de tourner pendant quelques minutes.

Un effet analogue se produira si nos deux balanciers sont pourvus de spiraux convenables.

324. Tous ces effets, dont la cause réside dans la loi de l'inertie, loi formulée en tête de cet article et que nous avons essayé de rendre, pour ainsi dire, palpable par des exemples familiers, nous démontrent très clairement :

325. — Qu'avec un balancier léger, c'est-à-dire ayant peu de masse, comme ceux des très petites pièces, par exemple, il faut :

1°. que l'impulsion soit répétée plus souvent ;
2°. que la force accélératrice soit proportionnellement plus grande ;
3°. que les frottements soient réduits sur le repos.

326. — Que les balanciers des fortes montres, ayant par leur grandeur et leur poids une certaine masse, exigent, et toutes proportions gardées avec les petits balanciers :

1°. un effort relativement plus considérable pour être mis en mouvement ;
2°. une force relativement moindre pour entretenir ce mouvement ;
3°. une impulsion moins souvent répétée, puisque le balancier lourd persévère plus longtemps dans le mouvement acquis.

327. L'élévation plus grande du plan incliné aux petits échappements satisfait aux exigences des 2° et 3° de l'article **325**, puisque la force accélératrice sera augmentée. Quant au 1°, il n'est pas d'horloger qui ne sache qu'il est impossible de régler les très petites montres lorsqu'elles ne battent pas un nombre de vibrations plus considérable que celui adopté pour les grandes montres.

328. L'abaissement du plan incliné aux grands échappements satisfait aux conditions exigées par les 1° et 2° de l'article **326**, puisqu'il rend le départ plus facile, tout en dépensant une force moindre. Quant au 3°, on sait que s'il faut, en moyenne, faire battre 19 000 vibrations aux balanciers des petites montres, il suffit de 18 000 aux montres de grandeur ordinaire, et 17 000 et même 16 000, aux grandes montres (Théorie du balancier).

329. Toujours en vertu de la même loi, que plus la masse d'un balancier est considérable et plus il exige de force pour être mis en mouvement, mais aussi qu'une fois lancé, il possède à un plus haut degré la faculté de persévérer dans le mouvement le point de départ, ou la mise en train de l'échappement, n'est pas le même pour les grandes et les petites montres. Ainsi, *à moins d'une force motrice insuffisante à l'échappement, les petites pièces doivent partir au deuxième tour de clef, les pièces moyennes au troisième, et il suffit pour les grandes pièces qu'elles partent au quatrième tour.* Cette règle empirique n'a, on le sent, rien d' absolu.

330. On a sans doute compris que c'est dans la même loi de la mécanique déjà citée qu'il faut chercher l'explication de ce fait bien connu que les très petites montres, toutes choses proportionnelles d'ailleurs, ont un angle de vibration toujours moins étendu que celui des grandes montres (ce qui a nécessité d'augmenter le nombre d'oscillations par heure pour ces petites pièces), parce que le peu de masse de leur balancier est cause qu'il ne possède qu'une faible puissance pour vaincre les résistances de l'air, des huiles, des frottements, etc.

331.La preuve théorique et pratique acquise que l'angle d'inclinaison du plan doit varier dans un certain rapport avec la grandeur de l'échappement, il reste à déterminer, par de patientes observations et des expériences nombreuses, quelles sont les hauteurs convenables à chaque espèce de montres. Ces observations et ces expériences, ainsi que les principes qui précèdent et ceux qui sont contenus de l'article **323** à **330**, nous ont conduit à adopter les données du tableau suivant, et nous pouvons ajouter qu'une longue pratique et l'examen attentif, d'un grand nombre d'échappements nous ont convaincu de l'excellence de ces proportions.

La hauteur de l'angle de l'incliné doit produire :

Aux grandes montres...	20°, environ,	de levée d'un côté.
	40° —	de levée réelle totale.
	35° —	de levée apparente.
Aux montres moyennes.	25°, environ,	de levée d'un côté.
	50° —	de levée réelle totale.
	40° —	de levée apparente.
Aux petites montres	30°, environ,	de levée d'un côté.
	60° —	de levée réelle totale.
	55° —	de levée apparente[12].

Ces chiffres ne peuvent être rigoureux, car quelques soins qu'on apporte dans l'exécution de deux montres pareilles, on peut être certain que les deux roues ne seront pas animées de la même puissance. Mais comme la différence ne peut être fort considérable dans des pièces bien faites, les données du tableau seront toujours d'excellents guides.

Des horlogers, en grand nombre, seront surpris à la lecture de ce tableau car la plupart ne se doutent pas, faute de moyen précis de vérification et faute aussi de faire la distinction des deux sortes de levées (**306** et **307**), qu'ils ont fréquemment entre les mains des échappements où la différence des hauteurs d'inclinés est plus forte encore que celle indiquée ici.

332. Les proportions ci-dessus, qui conviennent aux montres d'une excellente exécution et de bonne épaisseur moyenne, ne peuvent, ainsi que la remarque vient d'en être faite, être définitives, invariables, mais doivent rester un peu élastiques, c'est-à-dire en rapport avec la

[12] Il nous paraît utile de placer ici une remarque pratique : tout échappement qui, en satisfaisant aux conditions du tableau ci-dessus et à celles de l'ouverture que nous trouverons plus loin, aurait une vibration moindre que celle voulue, indiquerait que la force motrice, arrivant au cylindre, est insuffisante, soit par suite d'engrenages défectueux, d'un ressort de mauvaise qualité, du trop peu d'épaisseur de la montre, d'un excès de grandeur aux derniers mobiles, etc.

force dont on dispose (**320**). *En règle générale, il résulte moins d'inconvénients d'un incliné un peu trop haut que d'un incliné trop bas.* Il est essentiel de se souvenir de cette remarque, non seulement dans le rhabillage, mais à propos des cylindres de fabrique en acier tiré et trop souvent mal polis (sans préjudice de l'état des dents de leurs roues, qui parfois ne le sont pas du tout). Le frottement des repos est un peu plus rude qu'il ne devrait être : il est alors indispensable, si l'on veut obtenir un usage passable de ces échappements, d'élever un peu la hauteur de l'incliné, afin d'augmenter la puissance accélératrice. On ne fait que corriger un grand défaut par un plus petit, mais l'expérience en a démontré la nécessité depuis longtemps dans les fabriques dont les produits sont mauvais ou seulement médiocres.

Nous trouvons ici l'explication d'un fait qui n'a échappé à aucun praticien, à savoir qu'on pourrait juger de la supériorité relative des fabriques par la hauteur moyenne des inclinés qui en sortent. Ainsi, si l'on examine un très grand nombre des montres sorties des fabriques d'horlogerie on remarque, en général, que l'incliné de Genève est plus bas que celui du Locle ; celui du Locle est plus bas que celui de la Chaux-de-Fonds, etc.

Enfin, nous ajouterons, pour terminer cet article, que tout horloger qui se sera bien pénétré des principes qui ont été précédemment développés, ne se trouvera jamais embarrassé, quel que soit l'échappement qu'il veuille établir ou réparer et qu'il saura toujours, d'après ses observations personnelles, trouver le point d'équilibre entre les forces accélératrice et retardatrice.

De l'ouverture du cylindre et de la forme des lèvres.

333. Les auteurs, comme nous l'avons vu, sont extrêmement divisés sur la première de ces questions, et font varier l'ouverture entre 185° et plus de 200° laissés à la partie pleine du cylindre, différence énorme de 15° à 17° environ.

Dans la pratique on s'est arrêté depuis longtemps à un peu moins de 200° pour le plein. Or, comme l'expérience a prouvé qu'une légère différence, en plus ou en moins, n'avait pas d'influence sensible sur l'étendue des vibrations, nous sommes obligé de reconnaître que la pratique est plus près de la vérité et qu'elle a raison contre une certaine science, mais, hâtons-nous de le dire, contre une science mal appliquée.

Quel est le but que, dans leur préoccupation excessive des frottements, veulent atteindre les partisans d'une grande ouverture ? De diminuer l'étendue des repos. Quelles expériences ont-ils faites à ce sujet ? Où est la preuve qu'un peu plus de repos nuit à l'étendue des vibrations, à la durée des organes, à la constance du réglage ? La preuve, on oublie toujours de la donner et cela quand il est un fait incontestable : c'est que les échappements à repos frottant, quand les repos sont trop réduits, règlent très mal, tandis qu'en regard de ce résultat négatif, nous voyons souvent des échappements de cette nature pourvus de repos assez étendus ne donner lieu à aucun inconvénient pratique.

Rappelons-nous que Moinet, à propos d'une plus grande étendue de repos, parle « de la compensation évidente qui peut en résulter suivant la mesure éprouvée de ce frottement. »

334. La raison du désaccord qui existe entre les auteurs, aussi bien qu'entre les praticiens, est facile à donner.

La question présente deux faces, deux écueils sont à éviter, et suivant le point de vue où l'on se place pour les examiner, l'un relativement à l'autre prend des proportions exagérées.

Avec un cylindre entaillé profondément, ou en termes d'atelier très ouvert, la vibration du balancier est un peu plus courte.

Avec un cylindre très fermé, le frottant du repos étant plus étendu, l'échappement s'engourdit avec plus de facilité par l'épaississement de l'huile.

Les deux extrêmes offrant un égal inconvénient, c'est dans un milieu, l'évidence le démontre, qu'il faut chercher et qu'on trouvera les meilleures proportions.

Mais quel est ce milieu ?

Il ne peut être déterminé rigoureusement, car il est une conséquence de la résistance produite par la pression sur les repos ; si ce frottement a une certaine rudesse, il faut abréger son étendue, et faire l'opposé dans le cas contraire.

Dans les montres d'aujourd'hui, l'écorce du cylindre embrasse en moyenne 200 degrés, et quand les engrenages sont bons et la force motrice suffisante, l'arc d'oscillation du balancier n'est pas au-dessous de 265 degrés. Avec les dimensions des balanciers en usage, cette amplitude est nécessaire et assure la constance du réglage.

Prenons une de ces montres et amenons son cylindre à n'avoir que 185° de plein. Tout, sauf l'ouverture, restant dans les conditions primitives.

L'impulsion donnée au cylindre, étant représentée par la hauteur du plan incliné, restera avec le cylindre un peu plus ouvert, ce qu'elle était avec le cylindre plus fermé. Il n'est pas nécessaire de démontrer que si les impulsions sont sensiblement égales aux deux cylindres 185° et 200°, il en résulte infailliblement que les arcs supplémentaires, d'un côté, se terminent au moins 6° à 8° plus tôt ; ce qui fait, environ, 15° à retrancher de la vibration totale du cylindre le plus ouvert, supplément d'oscillation qui n'est certes pas à dédaigner (**343**).

Il ne faut pas oublier qu'ici une considération prime toutes les autres : c'est qu'il faut, à tout prix, conserver d'assez grandes vibrations, les seules qui assurent le réglage et donnent au balancier assez de puissance pour vaincre les résistances qui lui font obstacle, ce que paraissent ignorer les partisans des cylindres très ouverts. Et c'est une chose bien remarquable qu'ils ne se soient pas aperçus qu'on pouvait concilier les deux systèmes, ainsi que nous allons le démontrer, ce qui prouvera, une fois de plus, qu'il est bon, en fait d'échappement surtout, de les étudier concurremment sur le papier et dans les montres.

La solution du problème de l'ouverture réside, principalement parlant, dans la forme des lèvres : solution en partie devinée depuis longtemps par la pratique, mais oubliée ou méconnue par les auteurs qui n'ont pas suffisamment pratiqué le mécanisme dont nous nous occupons.

De la forme des lèvres.

335. Plusieurs considérations devront guider l'horloger dans la recherche de la meilleure forme à donner aux lèvres d'un cylindre. Cette forme doit offrir les avantages suivants : rendre moins prompte l'usure des lèvres en répartissant le frottement augmenter la facilité de la vibration en réduisant à la plus petite quantité possible la chute de repos, remédier, en partie, au petit retard dû à l'inertie de la roue et à l'huile.

Un changement dans la profondeur de l'ouverture oblige à modifier la configuration des lèvres.

Lèvre d'entrée.

336. La forme qu'il convient de donner à la grande lèvre d'un cylindre ayant 196° de plein, forme qui a été expérimentée en grand, est une courbe très aplatie, comme celle vue en *n*, fig. 37. Elle se confond presque avec une ligne droite qui viserait au-dessous de l'incliné de la petite lèvre. L'angle du dehors doit être fortement arrondi.

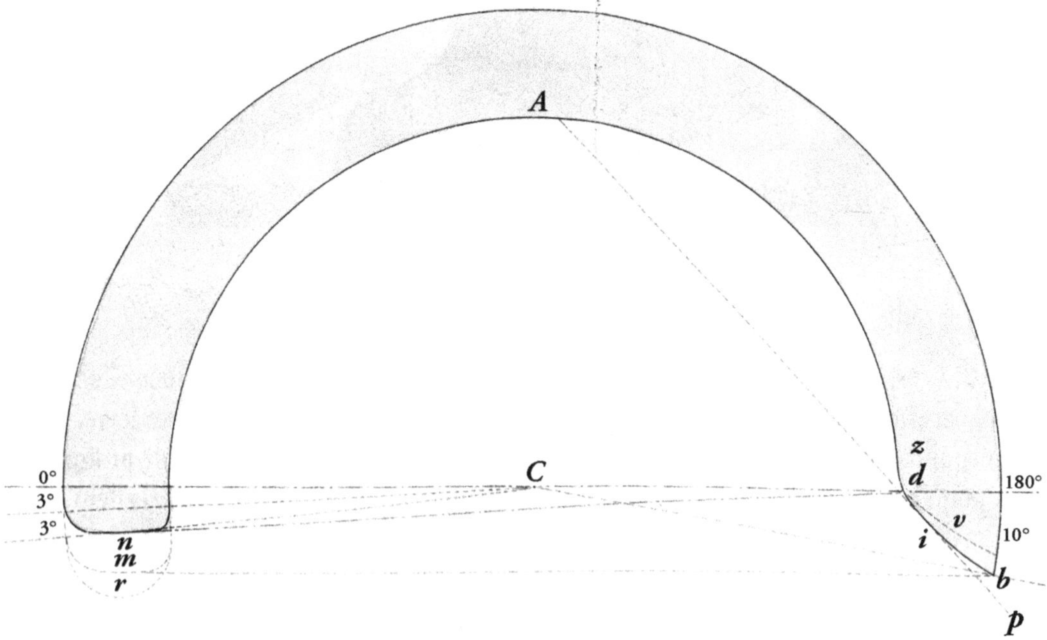

Fig. – 37.

Cet arrondissage a pour effet de dégager plus tôt la dent et d'adoucir le choc d'entrée. L'angle du dedans doit être très légèrement abattu, ce qui permettra de n'avoir que la chute absolument nécessaire.

Par l'adoption de cette forme, le frottement de l'incliné de la dent sera réparti, aussi également que possible, sur toute la surface de la lèvre, précaution d'autant plus importante à prendre pour éviter l'usure que nous avons affaire ici à une variété du frottement rentrant.

La seule inspection du dessin suffit pour convaincre que l'arrondi occupera sur la circonférence plus de 3° et au moins 4°.

337. La seconde forme pointillée, *m*, qui, sauf les angles abattus et une légère courbure, est restée à peu près telle que l'a laissée la lime qui a entaillé le cylindre paraît, au premier coup d'œil, se rapprocher de la première *n*. Elle en diffère cependant beaucoup, à tel point que le frottement entier du plan incliné se fait sur une étroite partie de la fin de cette courbe, et par conséquent l'usure serait plus prompte.

338. Quant à la forme circulaire *r*, que l'on rencontre dans le plus grand nombre des cylindres, c'est précisément celle qu'il faut éviter avec le plus de soin. Le frottement de toute la longueur de l'incliné se fait près du milieu du demi-cercle et la chute se trouve ainsi augmentée de tout l'espace compris entre les deux lignes pointillées A et B, fig. 38.

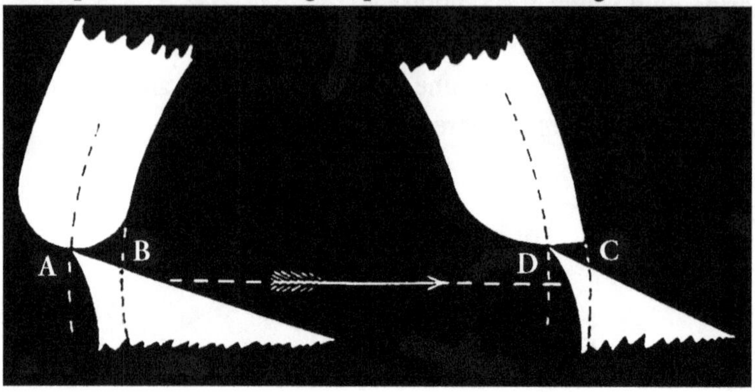

Fig. – 38.

Lèvre de sortie.

339. C'est un sujet d'étonnement pour les horlogers qui ont eu fréquemment l'occasion de remplacer de vieux cylindres, que la forme affectée par la piqûre de la petite lèvre. Cette piqûre, qui laisse intacte l'extrémité sortante de la lèvre, a toujours sa plus grande profondeur en un point qui n'est pas touché, ou touché très faiblement, par le plan incliné de la dent, ainsi qu'il est facile de s'en convaincre avec un modèle un peu grand. Cela prouve que cette piqûre est principalement produite par une pointe de dent mal arrondie et mal polie, et par la petite chute de la roue sortant de son repos. Le fait constaté, il nous reste à l'expliquer.

Avec un incliné trop peu allongé à la petite lèvre, le frottement de la dent se fait en entier sur le milieu de cet incliné, et le talon de la dent échappe à la lèvre avant d'avoir atteint l'extrémité de cette dernière ; la chute se trouve augmentée de tout l'espace compris entre les lignes. C et D, fig. 38.

La forme de lèvre qui remédie le mieux à ces défauts est une courbure aplatie et allongée, et disposée de sorte que la tangente à son centre (la ligne A*p*, fig. 37) aille tomber juste au milieu du dos du cylindre. Cette forme répond à la courbe *d i b*.

En effet, si nous comparons cette courbe à toute autre moins élevée, soit par exemple à la courbe *d v* (fig. 37), nous voyons que l'espace parcouru avant le choc sur la lèvre sera diminué de toute la quantité enfermée entre la courbe au trait plein *d i b*, et la courbe pointillée *d v*. Le frottement de la dent ne se fera plus au milieu de la lèvre, mais sur son extrémité sortante, ce qui diminuera la chute et augmentera la force d'impulsion, puisqu'elle agira au bout d'un levier de résistance plus long. Quant à ce frottement sur un seul point, il n'y a pas à s'en inquiéter, puisque c'est un frottement sortant, et qu'il est presque sans exemple qu'une piqûre ait commencé au point de sortie : c'est toujours au bord intérieur de son incliné qu'une petite lèvre s'entame.

Dans un cylindre de proportion convenable, cet incliné doit occuper environ un arc de 10° sur la circonférence ainsi que l'incliné *d i b* (fig. 37). Ce chiffre, en regard de ceux des auteurs, peut paraître considérable mais si l'on se donne la peine de mesurer les dimensions des petites lèvres à un certain nombre de cylindres bien faits, et sortant des mains d'habiles et intelligents ouvriers, on sera surpris de rencontrer une quantité peu différente, sinon pareille.

On doit comprendre maintenant toute l'influence que la forme des lèvres peut avoir sur le réglage de la montre.

De la profondeur de l'ouverture.

340. La figure que doivent affecter les lèvres nous étant connue, il est facile de déterminer la pénétration de l'ouverture du cylindre. Aux 180° représentant la moitié de la circonférence, nous ajouterons 2° supplémentaires ; l'expérience a démontré depuis longtemps que cette quantité est nécessaire à la sûreté des fonctions. Cela nous donnera un total de 182°. Joignons-y les 4° de l'arrondi de la grande lèvre (**336**), les 10° de l'incliné de la petite lèvre (**339**), et nous aurons pour le plein à laisser en définitive 196°[13].

Cette ouverture réunit les avantages recherchés par les auteurs des deux systèmes : l'impulsion est reçue par le cylindre dans des conditions avantageuses et comme, par la configuration de ses lèvres, ce cylindre possède les qualités du cylindre un peu fermé sans en offrir les inconvénients, l'étendue de la vibration, bien loin d'être restreinte, est toujours augmentée. La longueur du frottement des repos se trouve peu différente de celle d'un cylindre à 185°, et par suite d'une impulsion plus favorable et d'une moindre chute, l'oscillation a une amplitude, sinon égale ou même supérieure, tout au moins différant de très peu de l'oscillation obtenue d'un cylindre à 200°, dans les conditions ordinaires.

L'expérience ne laisse aucun doute sur l'excellence de ces proportions.

Si l'on étudie les formes des cylindres sortant des mains des vieux faiseurs habiles et intelligents, et qu'une longue observation a instruits souvent de père en fils, on les trouvera conformes à nos principes. L'ouverture que ces ouvriers d'élite ont fait prévaloir dans les fabriques de Genève comme étant la plus avantageuse, laisse au cylindre très peu moins des sept douzièmes pleins, de la totalité du diamètre du cylindre. Ces proportions coïncident parfaitement avec celles données ci-dessus.

341. L'ouverture restera la même pour tout échappement ayant une levée de 40° et au-delà, mais il faudra augmenter un peu la profondeur de l'ouverture pour les grands échappements ne levant que 30°, afin de leur éviter l'arrêt-au-doigt. Ce que nous avons vu jusqu'à présent suffit pour faire comprendre que là ce changement n'offre aucun inconvénient.

342. Le chiffre de 196° pour le plein du cylindre répond à tous les besoins de la pratique, dans la très grande majorité des cas, mais il n'a, et ne peut avoir, rien d'absolu puisque

[13] Si l'on fait attention que l'arrondissage de la pointe des dents de la roue rejette toujours le point de contact un peu au-dessous du plan droit ou diamètre, qu'il n'est guère possible que toutes les pointes de contact se trouvent sur une même circonférence, ainsi que les angles vifs des talons que les marteaux aient mathématiquement la même longueur, si l'on tient compte du jeu des pivots dans leurs trous, de la difficulté dans l'exécution de ne pas dépasser la quantité d'arrondissage nécessaire à la grande lèvre, arrondissage qui, même en grand, paraît peu considérable, enfin, si l'on remarque que le point de repos de la dent se trouvera en *z* (fig. 37 et par conséquent combien sera minime la quantité *z d* dans un cylindre à peine le centième de celui représenté ici, on conviendra qu'il n'est guère possible de laisser moins d'intervalle de sûreté pour rendre certaines les fonctions de cet échappement.

Le point de repos *z* se trouvera dans la pratique à environ 4° du bord de la lèvre.

l'étendue du frottement sur les repos doit être une conséquence du plus ou moins d'énergie de l'impulsion.

Quand la nature du frottement de repos, ou la trop grande longueur de ce frottement, a pour effet de rendre un échappement sensible aux différences de consistance de l'huile, il vaut presque toujours mieux, au lieu de chercher à réduire les repos par un moyen quelconque, réduire le diamètre du cylindre, c'est-à-dire remplacer le cylindre par un plus petit. Changement qui entraîne nécessairement le remplacement de la roue, opération qui n'offre aucune difficulté aujourd'hui, où l'on trouve chez les marchands de fournitures des roues et des cylindres de toutes dimensions.

Expériences.

343. Ces expériences ont été faites avec un seul cylindre, sur lequel nous avons mis en action, à différentes reprises, trois roues portant des inclinés de hauteurs diverses.

L'ouverture a été approfondie à deux fois et les lèvres reformées, de telle sorte que le plein répondît successivement, et environ, à 196°, 192° et 185°.

Les marches observées, et notées, nous ont conduit à constater que, dans la généralité des montres modernes :

1°. On perd sur l'arc de vibration au moins autant de degrés qu'on en a enlevés sur la circonférence du cylindre, et souvent davantage ;

2°. Un changement dans la profondeur de l'ouverture a moins d'influence sur la grandeur des vibrations qu'un changement dans la hauteur de l'incliné ; ce qui doit être, puisque la puissance du plan reste la même, ou à peu près, avec une ouverture un peu plus ou un peu moins profonde ;

3°. Dans le plus grand nombre de cas (excepté pour certaines montres à balancier grands et lourds et à vibrations lentes), si l'on approfondit l'ouverture, il faut élever l'incliné ;

4°. En ouvrant le cylindre jusqu'au centre, sauf la saillie des lèvres (ce qui répond à 185° de plein), et en abaissant l'incliné jusqu'à ce qu'il se trouve sur la tangente, on sacrifie, et en pure perte, une quantité considérable de la vibration.

Une dernière observation sur l'ouverture

344. C'est un fait pratique bien connu de tous les rhabilleurs, que les cylindres dont l'ouverture approche du centre, tels que ceux à 185°, n'ont pas de cheminement et donnent toujours un réglage fort inégal. Les lèvres de ces cylindres devraient être fort peu arrondies ou inclinées, mais comme dans l'exécution il est infiniment rare de ne pas dépasser la donnée théorique, et qu'alors les 2 degrés laissés pour la sûreté des repos sont réduits à rien, il arrive que la dent tombe tout au bord de la lèvre, et même sur cette lèvre, parce que la pointe de cette dent n'étant pas un angle aigu, mais un angle arrondi, le point de contact se trouve toujours un peu au-dessous de la ligne du plan droit.

Puis, comme on n'est jamais certain que le plan droit ait son centre au milieu du cylindre, que la roue soit bien centrée sur ses pivots et, même cette condition remplie, que toutes les pointes des dents soient mathématiquement placées sur la même circonférence (l'arrondissage et la trempe suffisant pour en faire déjeter un peu quelques-unes), on est toujours dans la nécessité de forcer un peu l'échappement, ce qui donne de grandes chutes en dehors ou de la gêne en dedans. Et si nous ajoutons que le frottement sur la petite lèvre se faisant sur un angle et non sur une surface, la piqûre de cette lèvre est bien plus prompte, que la chute du repos, par suite de la forme de cette lèvre, est très forte, ainsi qu'on l'a démontré (**339**), on voit que les prétendus perfectionnements se réduisent simplement à ceux-ci : créer de plus grandes difficultés pour mettre l'échappement à son point, rendre la destruction plus rapide, les vibrations plus courtes, le réglage plus difficile, etc., et que ce n'est vraiment pas la peine d'améliorer l'horlogerie de cette façon.

Nous venons de rencontrer ici un exemple de plus du danger des solutions purement graphiques ou théoriques, ou de celles obtenues par l'examen des modèles en grand. Leurs proportions, qui ne peuvent être celles des reproductions en petit, donnent une fausse idée des espaces ou jeux de sûreté, et la grande pesanteur relative des mobiles change complètement les rapports des forces, des vitesses, etc.

Il suffira, pour faire saisir toute l'importance de cette observation, de rappeler cette proposition de géométrie : les poids des solides semblables, et de même matière, sont entre eux comme les cubes des côtés homologues (**137**).

Grosseur des axes de l'échappement.

345. Par les axes de l'échappement, nous entendons non seulement le cylindre, mais aussi le pignon de sa roue.

Avec un cylindre trop gros[14], défaut fréquent dans les petites montres, il n'y a plus équilibre entre la puissance motrice, grandeur du balancier, les rayons des repos ; tous les frottements sont augmentés, la force retardatrice domine, etc. Aussi les vibrations qui sont plus courtes, perdent-elles de leur allure nettement décidée ; en termes d'atelier, le cheminement est mauvais, et la montre se règle difficilement aussitôt que les huiles épaississent.

Avec un cylindre trop petit, résultat ordinaire d'une roue trop nombrée, l'impulsion est faible, parce qu'elle est donnée par un levier trop long ; l'incliné, trop court, passant trop vite, il faut l'élever beaucoup, deux causes qui nécessitent une augmentation de force motrice, et toute force motrice en excès est une source d'irrégularité et de destruction.

Si le pignon d'échappement est trop gros, relativement à la longueur du rayon de sa roue, et surtout s'il est de bas nombre, les défauts et les inégalités de l'engrenage seront plus sensibles sur l'échappement. Avec ce pignon, les oscillations du balancier ne se font pas avec aisance mais, pour ainsi dire, avec gêne et raideur.

Grandeur des roues de cylindre.

346. C'est un défaut de tenir les troisièmes roues du rouage (roues de trotteuse) très grandes, et surtout dans le but avoué par les ouvriers des fabriques d'obtenir une grande roue de cylindre. La grandeur relative des roues doit suivre la progression décroissante de la force motrice. La troisième roue de rouage doit plutôt être plus nombrée que pas assez, et être

[14] On comprend sans peine qu'en parlant de cylindres et pignons trop gros ou trop petits, de roues trop grandes, nous n'attachons pas à ces qualifications le sens ordinaire qui leur est donné dans la pratique. Il n'est question ici de la grosseur ou grandeur des organes de l'échappement que par rapport aux autres dimensions du reste de la machine. Nous ne nous occupons que de la relation de l'ensemble de l'échappement à l'ensemble du rouage.

pourvue d'une denture plutôt fine, ce qui donnera un pignon ni trop gros ni trop petit pour y river la roue d'échappement. Quant à cette dernière roue, si l'on est dans la nécessité de lui conserver un trop grand diamètre, on peut lui donner une dent de plus et la faire très légère. Mais il faut se souvenir qu'il est généralement préférable, sans donner toutefois dans l'excès, *d'avoir une roue d'échappement plutôt petite et un modérateur puissant, plutôt qu'une roue grande et le balancier plus léger*. (Voir l'article qui a pour titre : *Du Tracé d'un calibre*).

Dernière remarque.

317. Dans l'échappement à cylindre, comme, au reste, dans tous les échappements, la perfection n'est pas représentée par un chiffre absolu, mais bien relatif. Ainsi que nous ne devons pas nous lasser de le répéter, elle se trouve toujours dans l'harmonie générale des organes, dans un certain équilibre des forces, enfin, dans un certain milieu un peu élastique, et que l'expérience révèle facilement à l'observation.

Tout horloger qui prendra le soin d'examiner minutieusement, de mesurer et de noter, les proportions d'un nombre un peu élevé de montres bien réglées, et à vibrations hardies et étendues sera, au bout d'assez peu de temps, parfaitement apte à juger d'un coup d'œil si la grosseur des axes et la grandeur des roues, ainsi que celle des balanciers, ne s'éloignent pas trop des dimensions convenables, de nature à assurer la régularité de la marche de la montre.

Nous nous sommes longuement étendu sur les principes ; les principes seuls font le travail intelligent, cet antipode de l'aveugle et inerte routine. Nous pouvons maintenant, comme nous allons le faire, entrer dans le domaine de l'application, et établir des proportions d'échappement avouées par la théorie et l'expérience.

Chapitre IV

Création d'un échappement à cylindre type et données d'expérience.

348. Ce chapitre s'adresse principalement aux fabricants, en général trop enclins à l'imitation des modèles en usage. Au point où nous pensons avoir amené le lecteur, il doit être en état de se créer de lui-même une méthode dans le cas où celle que nous lui offrons ne le satisferait pas entièrement. Mais qu'il se pénètre bien de cette vérité : que la réussite de tel ou tel échappement ne tient pas à de prétendus secrets, dont un charlatan se targue d'avoir la recette ; le succès d'une exacte mesure du temps est toujours le résultat d'une judicieuse application des lois de la physique et de la mécanique, nous ne devons jamais l'oublier.

De la compensation naturelle.

349. La compensation naturelle est le résultat d'un équilibre, plus ou moins approché, entre les causes d'avance et de retard. Causes provenant d'une part, des changements qui s'opèrent avec le temps dans les frottements, l'épaississement des huiles, d'autre part, dans la différence d'état des huiles et dans la dilatation ou la contraction du spiral et du balancier par les variations de température.

L'huile se coagule par le froid et se liquéfie par la chaleur.

Avec des huiles figées par le froid, les organes de l'échappement sont gênés dans leur marche et les vibrations deviennent presque toujours plus petites et plus lentes. Sauf quand ces causes de retard sont compensées dans la proportion convenable, par la contraction du balancier et du spiral (le froid augmente en outre l'énergie de ce dernier), alors la montre conserve une suffisante régularité.

Quand les huiles se liquéfient par la chaleur, une plus grande liberté étant rendue au balancier, puisque ses frottements, et surtout ceux du repos, sont moindres, il fait ses oscillations plus étendues et, en tenant compte de la dilatation du spiral et du balancier, on trouve trois causes de retard pour une seule cause d'avance, laquelle réside dans la tension plus grande du spiral, par les oscillations augmentées d'étendue.

Si la plus grande tension de ce ressort fait un effet aussi considérable pour l'avance que le relâchement du spiral en produit pour le retard, le balancier est ramené avec plus d'énergie, et les oscillations plus grandes étant plus rapides les choses restent égales et l'équilibre se maintient.

On voit clairement ici que cet équilibre, dans une montre dont les organes sont bien proportionnés dépend, pour une forte part, de la longueur du spiral, et qu'avec un spiral trop court la correction est trop forte, tandis qu'elle est insuffisante avec un spiral très long, et l'on apprend pourquoi les échappements à repos dépendants des huiles ne supportent pas d'aussi longs spiraux que les échappements libres (**269** et suite).

La longueur des rayons de repos, comme on le sent, joue ici un rôle très important. Quand, par exemple, un cylindre est trop gros, le frottement de ses repos, par rapport à la puissance du balancier étant très considérable, et les causes de variations provenant des frottements, et surtout de l'état des huiles, dépassant les limites assez restreintes entre lesquelles peut s'exercer la correction par le spiral, l'équilibre entre les causes d'avance et celles de retard n'est plus possible, et la montre ne se règle jamais bien.

La compensation naturelle n'est exacte qu'après quelques mois de marche de la montre, parce qu'alors l'huile ayant acquis une légère consistance, les différences dans ses changements d'état, du chaud au froid, sont moins étendues.

Rôle du spiral dans la compensation naturelle.

350. En ce qui concerne la part d'action du spiral dans la compensation naturelle, ce que nous venons de dire devrait suffire présentement, et cependant nous sommes obligé de revenir sur ce point.

Des praticiens, parmi ceux qui croient, parce qu'ils l'ont entendu répéter, qu'un spiral est d'autant meilleur qu'il présente un plus grand nombre de spires, et quel que soit l'échappement auquel il est adapté, n'ont pu s'expliquer pourquoi nous les engagions, dans la première édition de notre *Traité des échappements*, à employer des spiraux plus courts que ceux en faveur à ce moment-là.

Ils auraient compris l'utilité de notre recommandation, s'ils eussent lu assez attentivement la simple observation qui suivait, à savoir que là où l'isochronisme est détruit, ou masqué par des causes inhérentes à la nature même de l'échappement employé, il ne reste du spiral isochrone que les inconvénients de sa grande longueur.

Ajoutons ici qu'un débat sur cette question : *les spiraux courts valent-ils mieux que les spiraux longs* ? ne serait que du bavardage et ne saurait aboutir. En horlogerie tout est relatif. Un échappement, quel qu'il soit, ne demande ni un spiral court ni un spiral long, mais il lui faut un spiral approprié à sa nature et à ses facultés, c'est-à-dire que ce ressort doit avoir une longueur dans un certain rapport avec l'étendue des arcs de vibration, etc.

Dans cette même première édition, nous disions encore :

> « Si l'on considère un échappement à repos dépendant des huiles, celui à cylindre, par exemple, on observe, et nous l'avons déjà fait remarquer, que la chaleur rend l'huile plus fluide, le balancier plus grand, le spiral plus grand et plus mou, et qu'ainsi l'on a plusieurs causes de retard par une élévation de température.

> « Plus le spiral sera long, plus il perdra de sa force élastique ; conséquemment, de deux spiraux, de longueurs très différentes mais de même force, c'est-à-dire donnant le même nombre de vibrations dans le même temps, à une température déterminée, le plus long sera celui qui perdra davantage, et si la montre est réglée à la température donnée, successivement avec les deux spiraux, elle retardera moins par l'élévation de cette température avec le plus court qu'avec le plus long. »

Nous admettions alors, mais sur la foi de communications auxquelles nous avions cru devoir accorder confiance, l'action plus énergique aux hautes températures du spiral le plus court.

Cependant des doutes étaient restés dans notre esprit car, théoriquement, la dilatation étant proportionnelle aux dimensions de chaque spiral, les résultats devaient être identiques, qu'on employât l'un ou l'autre.

Résoudre la question expérimentalement, à l'aide de montres pourvues d'échappement à repos frottant était fort difficile pour la raison que, dans ces échappements, les effets sont complexes et qu'on ne peut, avec certitude, en dégager la part du spiral.

Nous nous décidâmes, après réflexion, à construire un petit appareil dans lequel des lames de ressorts, de forces différentes, sont pincées par l'une de leurs extrémités, tandis que les extrémités restées libres sont chargées d'un petit poids, et nous fîmes, avec cet instrument, l'expérience suivante.

Expérience sur des lames élastiques.

351. Les longueurs libres des lames ayant été modifiées jusqu'à ce que le synchronisme de leurs vibrations eût été obtenu à une température de 12°, l'appareil fut ensuite soumis à l'influence d'une température de 35°. Le désaccord entre les vibrations se produisit aussitôt et, cette expérience renouvelée à plusieurs reprises, il en fut de même chaque fois ; mais, avec cette importante différence que chacune des expériences donna des résultats un peu variés et parfois en sens contraire. Ce qui, au premier abord, était de nature à dérouter l'expérimentateur.

On ne peut tirer une conséquence rigoureuse de ces vérifications expérimentales, que nous renouvellerons et dont nous rendrons un compte détaillé à l'article spécialement consacré à l'étude du spiral et, cependant, des faits que nous avons observés, et par induction, nous nous croyons en droit de conclure en admettant comme prouvé :

1°. Que, théoriquement, c'est-à-dire avec une lame égale et bien homogène sur toute sa longueur, l'effet produit par le changement de température étant toujours en raison des dimensions de l'objet, il est indifférent que le ressort soit plus court ou plus long (il n'est question ici que de l'effet résultant des variations de la température, car chacun sait qu'une différence de longueur de lame modifie les vitesses du mouvement du balancier) ;

2°. Que les faits d'observation, qui semblent donner un démenti à la théorie, doivent être attribués à trois causes principales : un état contraint des molécules et le défaut d'homogénéité des lames mal travaillées, ce qui produit une dilatation inégale et des écartements de spires irréguliers, et la trépidation, proportionnellement plus considérable, du grand spiral par l'élévation de la température.

Méthode pratique pour déterminer les dimensions d'un échappement à cylindre.

342. On peut choisir comme donnée principale soit la grandeur de la roue, soit le diamètre du balancier.

Il est plus rationnel de faire choix du balancier, mais on rencontre alors des difficultés pratiques qu'on évite si, comme nous allons le faire, on prend le diamètre de la roue pour point de départ ou unité de mesure.

Nous supposons avoir affaire à un mouvement de montre construit d'après la disposition qui est généralement adoptée aujourd'hui, mais dans lequel les longueurs des rayons des roues auraient été établies conformément à la décroissance de la force motrice (**266** et **346**) et où les pivots n'auraient que les dimensions strictement reconnues nécessaires pour donner à ces pivots de la solidité, tout en assurant la constance de leur frottement par une suffisante étendue des surfaces flottantes (**41**).

La grandeur de la roue d'échappement se trouve donc déterminée, ainsi que la grosseur du cylindre, qui en est une conséquence.

Déterminer la hauteur de l'incliné et la grandeur du balancier.

353. Relevant sur le tableau de la page 150 l'angle de levée qui se rapporte le mieux aux dimensions de la montre à laquelle est destiné l'échappement, on construit trois roues, portant des inclinés de hauteurs différentes, et qui soient telles que de ces trois inclinés, l'un donne l'angle de levée inscrit au tableau indiqué, le second un angle un peu plus fermé, le troisième un angle un peu plus ouvert (**255** et suite).

Les pointes et les talons des dents doivent présenter des arêtes simplement polies au rouge pour ne pas gratter sur l'ongle.

354. Le tableau de l'article **388** donnera un balancier provisoire, calculé sur le diamètre du cylindre.

Tout en renvoyant à l'article spécialement consacré au balancier, faisons tout de suite remarquer que, puisque le diamètre *réglant* (**103**) est le seul diamètre qu'on doive considérer, il en résulte que parmi plusieurs balanciers de même poids et de même grandeur totale, mais où la matière est diversement distribuée, ils pourra s'en trouver de trop grands ou de trop petits, par rapport au nombre d'oscillations à produire dans le même temps avec le même spiral.

Une distribution de la matière du balancier que nous avons expérimentée avec succès est la suivante.

Le poids total étant fixé d'après les méthodes que nous indiquerons en traitant spécialement des balanciers, ou par un examen raisonné des montres bien réglées, on divise ce poids par le nombre 12. Puis l'on exécute le balancier avec l'attention que son poids total soit ainsi réparti :

Dans l'ensemble de trois rayons, environ	1 douzième.	
Dans le petit cercle du centre......... —	1	—
Dans la serge .... —	10	
TOTAL .... —	12	

Résultat qu'il est facile d'obtenir en se guidant sur quelques balanciers dont on sépare les rayons du limbe et ensuite du cercle central.

Quand le métal offre une suffisante résistance, le poids de la serge peut être, en regard du poids des rayons et du cercle, beaucoup plus considérable, mais ici nous n'avons en vue que les balanciers ordinaires en laiton des moyennes montres le plus en usage. En employant ce métal, si les bras du balancier ne peuvent arriver à la proportion donnée ci-dessus sans devenir trop fragiles, on peut hardiment en conclure, dans la presque totalité des cas, que ce balancier a trop peu de masse à la serge, et est trop léger pour posséder les qualités d'un bon modérateur.

355. Le balancier étant achevé, puis ajusté au cylindre, et simplement fixé à la gomme laque, on adapte provisoirement un spiral emprunté à un échappement de mêmes proportions et bien réglé, et l'on procède à la première expérience.

Nous avons dit provisoirement, parce qu'il peut fort bien arriver que le spiral ou le balancier, ou même tous les deux, ne soient pas dans les dimensions rigoureusement requises.

Expérience.

356. On met successivement en action contre le cylindre les trois roues, et l'on arrête son choix sur celle qui donne une oscillation totale du balancier de 270°, avec le moindre arc de levée. Cette roue porte l'incliné qui produit le plus d'effet utile (**224**).

On connaît alors :

Le diamètre de la roue d'échappement ;

Le diamètre du cylindre ;

La hauteur du plan d'impulsion.

Il reste à mesurer, à vérifier, les facultés modératrices du balancier et la puissance réglante du spiral uni au balancier.

Faire tirer les minutes.

357. Un bon modérateur doit ses qualités à une heureuse combinaison du poids et de l'étendue de l'arc d'oscillation. En d'autres termes, il doit posséder une masse suffisante pour ne pas être le jouet de la force motrice, et en outre se mouvoir avec une assez grande vitesse pour ne pas être influencé par les changements de densité de l'air, les variations de frottements et les secousses du *porter* (Théorie du balancier).

Ceci entendu, on enlève le spiral et le balancier, en remplaçant ce dernier par un petit pendule de même poids et fixé au cylindre par le même moyen.

On place ensuite la montre sous une inclinaison convenable (voir : *Douzième expérience*, page 130), et on la fait marcher sous l'action de forces motrices différentes. En modifiant la longueur du petit pendule dont la boule se meut à frottement ferme comme un écrou, on amène ce pendule à avoir la longueur sous laquelle l'échappement devient peu sensible aux inégalités de la force motrice.

Arrivé à ce point, on met à l'étuve aux températures le mouvement de la montre, et l'on règle par la petite masse du pendule, de façon à produire, de 37° à 0° centigrades, une avance d'environ 2 minutes en moyenne[15].

Le petit pendule ainsi obtenu donnera la mesure du balancier (au moyen du tableau des *Rapports du pendule au balancier annulaire* qu'on trouvera à la fin du volume).

À défaut de ce tableau, on peut employer le moyen indiqué dans la onzième expérience, page 128.

348. On produit les différences de force motrice en faisant marcher la montre avec un demi-tour de bande au ressort-moteur, et ensuite avec quatre tours. Il serait de beaucoup préférable d'ajuster dans le pignon du centre une espèce d'arbre-à-vis, portant une poulie légère et d'assez grande dimension. Au moyen d'un fil de soie enroulé sur cette poulie et de petits poids, on ferait fonctionner tout le système sous des forces correspondant aux différents degrés de bande du ressort-moteur. Ce mode d'expérimentation offre l'avantage qu'on peut faire marcher plusieurs heures de suite, sous chaque force donnée, et qu'en outre on se rend mieux compte des différences de réglage qui proviennent de la diminution de l'arc de vibration. On peut se servir, pendant une expérience, d'une huile un peu épaissie.

Établir le rapport convenable entre le spiral et le balancier.

359. Nous possédons les dimensions principales de notre échappement. Mais le plus difficile de la tâche est à faire car si nous sommes assuré d'avoir de bons éléments, c'est-à-dire l'arc de levée qui utilise la plus grande part de force motrice, et le modérateur le moins sensible aux écarts de cette force, nous savons que ce même modérateur est sous le coup des perturbations qui tiennent aux changements de température, changements très grands de l'hiver à l'été, et qu'en outre, et dans une certaine mesure, il est sous la dépendance du spiral.

Ce spiral, que nous avons emprunté à une pièce de mêmes dimensions totales, donnera presque toujours de l'accélération par les grands arcs résultant d'une augmentation de force motrice (**265**).

Or les montres à cylindre de calibre moderne ont à peu près toutes une tendance à retarder avec le temps par la diminution des arcs de vibration, diminution qui provient de l'épaississement de l'huile. Il est clair que si l'action du spiral est de plus en plus faible à mesure que l'amplitude de l'oscillation diminue, la progression du retard suit une marche de plus en plus rapide.

360. On peut conclure de tout ce qui précède que dans un échappement construit selon les principes (**269** et **270**), la correction des anomalies de la température et du retard par les huiles peut être complétée, dans la limite des besoins de l'usage civil, par le spiral, mais non pas par lui seul. Il faudra peut-être modifier le poids du balancier.

[15] Dans le travail qui a pour objet la création d'un échappement-type, on doit accorder une certaine importance à la quantité précise de l'ouverture du cylindre (334). De deux cylindres, ayant même diamètre, placés dans des conditions identiques, si l'un est plus fermé, il voit sa marche s'engourdir un peu plus tôt.

Que fait ici le spiral ? Le rôle d'un intermédiaire entre la puissance motrice qui agit par le rayon de la roue d'échappement, et la puissance de la masse du modérateur, dont ce spiral doit régulariser l'action.

Le rôle de l'intermédiaire est difficile à remplir ; il doit régler les mouvements du modérateur en sens contraire, ou à peu près, des écarts du moteur. Or la puissance régulatrice du spiral est enfermée entre des limites assez étroites, et si la résistance qui naît des oppositions entre la force motrice et la puissance du modérateur dépasse ces limites, la puissance réglante du spiral est ou surmontée ou masquée, et bien loin que ce dernier régularise l'action du balancier, ou de la force motrice, il en devient un esclave rétif et désordonné.

361. On voit que nous avons ici en présence trois forces, représentées par le moteur, le poids du balancier, l'élasticité du spiral ; qu'elles doivent co-exister dans un juste état de pondération, et que c'est à l'existence de cet état qu'est due la régularité des mouvements du modérateur.

Or, dans le cas présent de ces trois forces, la force motrice est donnée, ou à très peu près, puisque nous nous sommes déterminés dans le choix de cette force, d'après une montre dont la marche a été satisfaisante, et où la puissance du moteur ne pourrait être augmentée bien sensiblement sans inconvénient.

Également, nous possédons un balancier dans des dimensions de nature à nous assurer quelque exactitude.

Il ne nous reste plus qu'à chercher le spiral qui convient à ce balancier, en nous souvenant que le poids de ce balancier et le spiral sont choses liées, ou tout au moins dans une dépendance réciproque (**262**).

Nous voici arrivés à l'opération finale et décisive du réglage. La vraie pierre de touche de la valeur d'une pièce d'horlogerie.

En la supposant d'une exécution exacte, faite de bonnes matières, choisies avec discernement, les différences qui se produisent dans la marche d'une montre qui, de la position horizontale passe à la position verticale, tiennent à une différence dans la somme des frottements.

De l'été à l'hiver, de la chaleur du gousset à une température de 0°, ou un peu au-dessous, cette montre passe par des alternatives de température qui parcourent une échelle de 40° centigrades environ. Le retard dans la marche d'hiver est principalement dû à la résistance plus grande que les surfaces de contact éprouvent à glisser l'une sur l'autre, par suite de la coagulation de l'huile, et sans doute aussi par l'effet d'un changement dans l'arrangement moléculaire de ces surfaces.

L'opération du réglage doit donc avoir principalement pour but de rendre égale, par les différentes températures et par les changements de position de la machine, les résistances qui naissent des frottements.

Cette égalité des résistances obtenue à un degré suffisant, on s'occupe du choix du spiral définitif (Voir l'art. *Réglage*).

La montre (neuve) réglée par la raquette et par les grands arcs, en avance de quelques minutes en 24 heures (2 minutes à peu près en moyenne) devra, comme on l'a dit, de la chaleur du gousset à 0° glace, avancer à peu près d'autant, ce qui fait près de 4 minutes, et la longueur et la forme du spiral doivent être telles qu'il produise une accélération supplémentaire de 5 à 6 secondes en 12 heures, par les petits arcs, c'est-à-dire au bas de la bande du ressort-moteur.

À mesure que diminuent les dimensions de l'échappement, l'accélération doit être plus considérable. Dans les petites montres de dames, il est quelquefois nécessaire d'aller jusqu'à 10 et même 15 secondes.

362. On a compris que cette double accélération, qui vient, partie du spiral, partie du rapport des organes, etc., a pour objet d'obvier au retard qu'apporte à la marche de la montre l'épaississement des huiles et l'augmentation des frottements. Les causes d'avance par le froid sont, comme on sait, la contraction du balancier et du spiral et la plus grande rigidité de ce spiral : ce triple effet est constant, se reproduit toujours de même, tandis que les causes de retard résidant dans les frottements, la perte de force du ressort, non seulement dominent parfois les causes d'avance, mais vont en augmentant avec le temps. Il faut donc un petit excès de correction aux causes de retard.

Après quelques semaines de marche, la montre se trouvera réglée à la chaleur du gousset (environ 37° degrés centigrades), et étant remise à une température de 0° centigrade, elle devra avancer de quelques minutes en 24 heures. Un peu plus, un peu moins, suivant le genre de la montre.

363. Si la transmission de la force motrice se fait par de bons engrenages, car de brusques écarts dans la force d'impulsion détruisent l'espèce d'équilibre qui constitue un bon échappement, si l'huile n'est pas de trop mauvaise qualité, la correction de l'excès d'avance se fera d'elle-même, et la montre prendra une marche régulière pendant des laps de temps beaucoup plus longs que les quelques mois au bout desquels il faut aujourd'hui changer la position de la raquette d'avance et retard des montres à cylindre.

Résumé.

364. Finissons par une remarque qui nous servira de résumé.

Lorsque la valeur de l'un des trois éléments principaux de la combinaison :

Force motrice ;

Masse du balancier ;

Puissance élastique du spiral ;

éprouve des changements trop considérables (qui résultent des variations des frottements, d'un spiral qui s'est déformé ou rendu, etc.), l'harmonie établie est détruite et le réglage est à recommencer.

Il s'ensuit que, pour rétablir cette harmonie il faut, comme lorsqu'on a voulu la créer, faire varier, tout en étudiant et notant les résultats observés, la valeur de chacun des trois éléments, pendant la durée d'un réglage fait avec soin.

Le lecteur, nous aimons du moins à le croire, sera suffisamment éclairé sur le sujet, quand il aura, en outre de ce qui précède, pris connaissance de l'article qui a pour titre : *Du Réglage*, et antécédemment de l'exposé suivant des expériences de F. Berthoud et de L. Tavernier.

Note sur quelques observations de Jodin et de L. Tavernier.

365. Jodin rapporte que l'expérience lui a démontré qu'un balancier trop grand à l'égard d'un échappement à cylindre produit du retard par l'augmentation de la force motrice, et inversement, quand le balancier est trop petit. Fétil remarque judicieusement que cette observation de l'auteur aurait dû le conduire à rechercher le rapport convenable entre le rayon de repos du cylindre et le rayon absolu du balancier. Ce à quoi, non plus que Ferdinand Berthoud, Jodin ne paraît pas avoir eu égard.

Louis Tavernier[16] a souvent observé l'effet suivant dans les échappements à cylindre de son temps :

> « Si le balancier a trop de frottement, c'est-à-dire que le diamètre du cylindre soit trop grand par rapport à celui absolu du balancier, à mesure que les huiles s'épaissiront, la montre ira en avançant, et cela sensiblement.»

Les praticiens de cette époque, guidés simplement par l'expérience, construisaient leurs échappements à cylindre dans des proportions d'ensemble telles, que les diamètres du cylindre et du balancier fussent entre eux : : 1 : 14.

Cette proportion ne convient plus à la plupart des échappements actuellement employés. La suppression de la fusée, les changements apportés à la longueur du rayon de la roue, au nombre de ses dents (beaucoup de grandes roues de cylindre anciennes n'ont que douze ou treize dents), et enfin, la substitution de l'acier au laiton dans la confection de ces mêmes roues en sont les causes principales.

Expérience de F. Berthoud.

366.

> « Une montre à cylindre battant 18 720 vibrations par heure, avançait à la chaleur du gousset à raison de 4 minutes par 24 heures.
>
> « Suspendue et exposée à une température de 4° au-dessus de 0, elle retardait de 10 minutes 30 secondes, du chaud au froid en 24 heures.
>
> « Or, comme le balancier décrivait de forts grands arcs, qu'il était petit et que ses pivots étaient forts gros, j'ai commencé par faire un balancier plus pesant et tel que la montre étant réglée était prête d'arrêter au doigt.
>
> « Du froid à la chaleur du gousset, au lieu de retarder comme avant de 14 minutes 30 secondes en 24 heures, cette montre ne retardait plus, dans le même temps, que de 3 minutes.
>
> « N'ayant pas été content de cette approximation, j'ai diminué les pivots du balancier pour en réduire le frottement et réglé de nouveau la montre à la chaleur du gousset. Elle retardait alors de 2 minutes en 24 heures, tandis que, dans son premier état, elle avançait par la chaleur.
>
> « Dans son dernier état, étant suspendue par son cordon, elle avançait de 11 secondes en 13 heures et mise à plat pendant le même temps, elle avançait de 55 secondes, c'est-à-dire de 11 secondes de plus qu'étant suspendue.
>
> « Enfin, ayant ôté un peu du balancier, elle était tellement réglée, qu'elle n'avançait pas de 20 secondes en 24 heures, du chaud au froid.

[16] Louis Tavernier, qui vivait au commencement de ce siècle, était l'un des meilleurs horlogers de Paris. Il s'est beaucoup occupé, et avec succès, de l'échappement à cylindre. Malheureusement, la plupart de ses travaux ont sans doute été perdus car malgré nos recherches, nous n'avons pu en rencontrer que des traces.

Les faits de cette nature sont fréquents en horlogerie, où d'innombrables expériences ont été tentées. Par le manque de publicité, ou l'incurie des auteurs, les résultats sont trop souvent restés inconnus ou ont été endossés par des plagiaires.

367.

« Il résulte de cette expérience, ajoute Berthoud :

1°. Qu'ayant augmenté le poids du balancier (ce qui a dû augmenter son diamètre absolu ou réglant), l'étendue des arcs de vibration a diminué, et le retard du chaud au froid, qui était de 14 minutes 30 secondes, s'est réduit à 3 minutes.

2°. Qu'ayant diminué les pivots, les frottements ont par là été diminués, et le retard de 3 minutes par le froid s'est converti en une avance de 2 minutes.

3°. Enfin, qu'ayant diminué un peu le poids du balancier, l'étendue de ses arcs de vibration a été augmentée tellement que la montre ne variait plus du chaud au froid. »

Deuxième expérience de F. Berthoud.

368.

« Une montre à cylindre avait un balancier du poids du 4 grains et demi (24 centigrammes), il était beaucoup trop léger eu égard à la force motrice qui était de 7 gros et demi (un peu plus de 28 grammes ½). La montre, dans cet état, réglée au gousset, retardait de 10 minutes en 14 heures, lorsqu'on l'exposait à la température de 1 degré au-dessous de 0.

« Ayant fait diminuer la force du ressort jusqu'à ce qu'il ne tirât que 5 gros et un quart (environ 20 grammes), et la montre étant prête d'arrêter au doigt, je l'ai alors réglée dans le gousset et l'ayant ensuite mise au froid pendant 14 heures, elle retardait encore de 5 minutes. »

Le défaut n'était corrigé que de moitié.

Berthoud, estimant que les résistances (qu'il attribue uniquement aux huiles) étaient trop grandes relativement à la force du balancier, fit faire un ressort qui tirait 8 gros et un quart (31 grammes ½ environ), et remplaça le balancier par un autre qui pesait 7 grains (37 centigrammes environ). La montre, réglée de nouveau à la chaleur du gousset et ensuite exposée au froid de 1 degré au-dessous de 0, avançait seulement de 2 minutes dans le même espace de temps de 14 heures.

« Or, ajoute Berthoud, pour que cette montre n'avançât ni par le chaud ni par le froid, il ne fallait que diminuer le poids du balancier. »

309. Berthoud, que nous résumons, conclut de ses expériences, qu'une montre neuve doit être réglée de telle sorte qu'elle avance par la chaleur. Cette avance, qui résulte de la plus grande liberté des mobiles et d'un excès de force motrice, se corrigera d'elle-même, quand les arcs de vibration diminueront d'étendue, c'est-à-dire quand les surfaces en contact se seront adoucies par leurs frottements mutuels, que les huiles auront pris une certaine consistance qui varie peu pendant assez longtemps, et qu'enfin le ressort moteur aura perdu le surcroît de force que possède toujours un ressort neuf.

Troisième expérience de F. Berthoud.

370.

« J'ai composé une montre qui fait 7 200 vibrations par heure. Le balancier pèse 19 grains ¾ (1 gramme et quelques milligram.), l'arc de levée est de 45°, la roue de fusée fait un tour en 4 heures et demie.

« J'avais fait faire un ressort qui faisait équilibre avec 3 gros ½ (13 grammes 4 décigram.), situés à 4 pouces (108 millimètres) du centre de la fusée, mais le balancier décrivait de trop grands arcs, en sorte que la montre avançait par la chaleur : j'ai fait affaiblir le ressort, en sorte qu'il ne tirât que 3 gros (11 grammes 4 décigr.) ; après avoir réglé la montre, le balancier décrivait des arcs de 240°. Dans cet état, la montre a été réglée, mise à plat et suspendue, et la chaleur du gousset, ni le porter n'en dérangent plus la justesse, tandis qu'auparavant la chaleur la faisait beaucoup avancer ; actuellement, la chaleur la fait retarder de une minute en 24 heures ; en ôtant un peu du poids du balancier, je puis la régler de sorte qu'elle n'avance ni ne retarde plus par le chaud ni par le froid. On voit, par cette expérience, qu'une augmentation d'un demi-gros (un peu moins de 2 grammes) dans la force motrice produit des écarts très sensibles, et combien il est essentiel de proportionner la puissance motrice avec le régulateur[17]. »

Expérience de L. Tavernier.

371. Louis Tavernier a reconnu (**365**) qu'avec un cylindre trop gros, c'est-à-dire ayant un diamètre trop grand par rapport au diamètre absolu du balancier, une montre ira en avançant par l'épaississement des huiles.

« Pour éviter cet inconvénient, dit-il, il faut que le cylindre soit assez menu pour que l'on puisse faire en sorte que la montre, lorsqu'elle est fraîchement ou nouvellement remontée, avance d'environ 3 à 4 minutes de la chaleur du gousset au froid de glace en 24 heures. »

Les raisons qu'il en donne sont que :

1°. dans les échappements à repos l'épaississement des huiles des pivots du rouage fait peu d'effet (à la condition que l'on n'ait laissé à ces pivots que la grosseur reconnue nécessaire) ;

2°. La contraction diminuant par le froid le diamètre du balancier et augmentant la force du spiral, ces deux causes feront retarder la montre (il y a ici sans doute une erreur d'impression, car c'est avancer qu'il faut lire), et la congélation des huiles sur le repos du cylindre la fera retarder ; mais il ne faut pas que l'effet de la congélation des huiles (le retard), soit entièrement compensé par l'effet de contraction (l'avance), parce que l'effet de contraction se reproduira constamment le même, tandis que les frottements iront en augmentant de plus en plus par l'épaississement des huiles.

On voit par les citations que nous en avons faites, que dans leurs expériences, ni Berthoud ni Tavernier, ne paraissent avoir soupçonné qu'ils avaient un important élément de réglage dans la longueur et la forme du spiral.

Conclusion.

372. L'étude sérieusement faite de la théorie des échappements à repos-frottant, les longs détails pratiques dont nous sortons, et ceux qui suivent doivent fournir à tout fabricant intelligent les moyens nécessaires à la création d'un échappement type, c'est-à-dire destiné à une montre de dimensions déterminées, montre qu'il suffira de copier ensuite exactement, du moins autant que possible.

En soumettant chaque reproduction à quelques expériences simples de réglage, on pourra être assuré d'avoir dans les mains d'excellentes machines, c'est-à-dire donnant l'heure avec toute l'exactitude qu'il est permis d'attendre raisonnablement d'un échappement à repos frottant.

---

[17] Les expériences bien faites offrent toujours un côté instructif, un enseignement positif et sérieux. Aussi rapporterons-nous volontiers celles qu'on doit à F. Berthoud, et quoique nous soyons dans la nécessité, surtout à propos de l'échappement à cylindre, d'éliminer la plupart des considérations qui leur servent de commentaires. Chez Berthoud, l'expérience paraît avoir été faite avec soin, mais le raisonnement qui la motive et l'explique, est trop souvent spécieux et dicté par un évident désir de contredire des contemporains de l'auteur.

Données d'expérience

Rapport entre les diamètres du balancier et du cylindre.

Aux données d'expérience qui sont le fruit de notre travail personnel, nous en joignons d'autres qui toutes appartiennent à des horlogers capables et bons observateurs.

373. Gannery. — L'expérience a démontré que le diamètre d'un balancier, tel que ceux que l'on rencontre d'ordinaire dans les montres suisses, doit être au diamètre du cylindre dans le rapport de 182 à 11 :

Soit : :16,5 : 1.

Donc si le diamètre du cylindre est de 8 dixièmes de millimètre, le diamètre du balancier sera 16,5 x 8= 132/10 =13 millimètres et 2 dixièmes.

374. M. Rodanet a obtenu d'excellents résultats des proportions suivantes qu'il a longuement expérimentées :

Montre de 40 millim. (18 lignes) — Bal. : Cy. :: 18 : 1.
Id. — 42 — (19 lignes) — B. : C. :: 17,3 : 1.

375. F. Berthoud — Montre à fusée faisant 7 200 vibrations à l'heure. La roue d'échappement a un diamètre de 7,8 mm et 15 dents.

L'amplitude de l'oscillation du balancier est de 280°. Le diamètre de ce balancier est de 21,4 mm. En le comparant à celui du cylindre on a :

B. : C. :: 20,7 : 1.

Berthoud recommandait dans ses livres les cylindres gros, les arcs d'oscillation assez courts, mais, comme on le voit par l'exemple ci-dessus, la nécessité l'obligeait parfois dans sa pratique à abandonner ses propres principes.

376. M. Pierret a longuement étudié et expérimenté l'échappement à cylindre, et a construit un certain nombre de montres sur les dimensions suivantes :

Grandeur de la platine, 32 à 34 millimètres (14 à 15 lignes).
Roue de 13 dents ; son diamètre est d'environ ¼ plus petit que d'ordinaire.
Diamètre du balancier, 15 millimètres.

1er rapport, B. : C. :: 18 : 1
2e rapport, B. : C. :: 20 : 1

Le balancier de ces montres est un peu plus lourd que d'ordinaire. Elles sont si peu sensibles aux différents états de l'huile qu'elles marchent trois années et plus avec un réglage soutenu.

La proportion de 1 à 20 a donné à M. Pierret des résultats excellents, mais il fait remarquer lui-même : 1° que le cylindre plus petit devient un peu plus fragile, 2° que l'insensibilité aux différents états de l'huile, qui est cause que l'échappement continue à bien marcher même à sec d'huile, peut amener la piqûre du cylindre et surtout l'usure des pivots, si la montre n'est pas nettoyée en temps convenable. Or on sait que le possesseur d'une montre a, en général, la détestable habitude de ne la donner à l'horloger que lorsqu'elle ne peut plus du tout marcher.

377. LAUMAIN. — Proportions avantageuses, c'est-à-dire appartenant à des montres qui ont marché avec régularité.

Montre de 36 millimètres (16 lignes) ;
Balancier de 15 millim. — Rapport ; B. : C. :: 16,3 : 1.
Montre de 37 millim. (16 lignes et demie) ;
Balancier de 14 millim.— Rapport ; B. : C. :: 18 : 1.
Montre de 41 millim. (18 lignes) ;
Balancier de 16 millim.—Rapport ; B. : C. :: 16 : 1.

À propos de ce dernier rapport, l'auteur ajoute : « Ce dernier balancier est un peu petit. »

Nous ferons remarquer que, puisque la montre est notée comme ayant été bien réglée, et à défaut de renseignements complets, on peut supposer que cette régularité tenait en partie au spiral et en partie à un balancier offrant une répartition de la matière, telle que son diamètre de percussion était plus grand qu'il n'est d'ordinaire dans les balanciers de même grandeur totale (**354**).

378. MM. PATEK et PHILIPPE. — Dans les montres à cylindre de cette maison connue pour ses excellents produits, et où le réglage est dirigé par M. Philippe, artiste instruit et particulièrement habile de la main, les proportions de l'échappement sont en général dans le rapport suivant :

B. : C. :: 16 : 1.

Beaucoup de fabricants génevois ont une tendance à employer des cylindres un peu plus gros.

379. M. DELMAS a toujours pu obtenir de la régularité des montres d'une grandeur d'environ 33 millimètres (14 à 15 lignes) dont la roue de 15 dents offrait un diamètre peu différent du rayon du balancier, c'est-à-dire établi selon la proportion approximative :

B. : C. :: 16,5 : 1.

Il a appliqué la même proportion à des montres de 45 millimètres (20 lignes) et n'a pu réussir à les régler convenablement (fin du **344**).

380. C. SAUNIER. — Relevés divers.

Montre n° 1. — Platine 42 millim. (19 lignes) .
Barillet 19 millim. Mesuré sur la virole 17. Roue de 15 dents.
Diamètre du balancier 17 millimètres.

Rapport : Bal. : C. :: 17 : 1.

Le réglage s'est soutenu durant plusieurs années, et sans éprouver des dérangements après les nettoyages.

Le spiral était plutôt court que long.

381. Montre n° 2. — Établissement de Genève de première qualité. Roue de 15 dents. Balancier 16 millim. ⅓.

Rapports : B. : C. :: 17,5 : 1.

Marche bonne, et sans interruption, de près de trois années.

382. Montre n° 3. — Pièce de Genève d'un travail fait avec soin.

Platine, 32 millim. (14 lignes) ; barillet, diamètre total 14,5 mm. La roue déborde le contour du balancier d'un peu moins que la hauteur de l'incliné.

Rapport : Bal. : C. :: 16,5 : 1.

Cette montre a bien marché de 5 à 6 ans sans que l'huile ait été renouvelée. Elle a repris sa marche première après un nettoyage. Depuis, c'est-à-dire après avoir marché sans interruption une douzaine d'années, et à la suite d'un rhabillage mal fait, elle a perdu un peu de sa régularité. Ce que nous avons attribué à une augmentation de frottement dans les engrenages et aux inégalités d'action d'un ressort qui avait été manié maladroitement.

383. Montre n° 4 . — De 41 millim. (18 lignes).

Diamètre du barillet 19 millim ; mesuré sur la virole 17.

Diamètre du balancier 16,3 mm.

Rapport : Bal. : C. :: 16,3 : 1.

Quatre années de bonne marche, sauf un retard, faible au début, mais constant.

Tout nous autorise à admettre qu'avec un balancier quelque peu plus grand, quoique de même poids, ce retard mettrait plus de temps à se produire.

384. Montre n° 5. — Platine de 45 millim. (20 lignes).

Rapport : B. : C. :: 14,5 : 1.

Ce balancier est trop petit, aussi depuis que cette montre est portée ne s'est-elle jamais parfaitement bien réglée que pour peu de temps. Avec un ressort un peu énergique, elle avance par l'effet du rebattement de la goupille au plot de renversement. Fraîchement nettoyée et pourvue d'un ressort-moteur qui donne une oscillation de 270 degrés, elle retarde promptement et perd de sa marche.

385. Montre n° 6. — Bonne qualité de Besançon. Établie par H. Montandon. Grandeur au-delà de 46 millim. (20 lignes).

Diamètre du balancier 19 millimètres.

Rapport : B. : C. :: 16 environ : 1.

La marche est bonne et se soutient bien.

386. Montre n° 7. — De qualité médiocre. Platine 38 millim. (17 lignes). Balancier de 15 millimètres.

Rapport : B. : C. :: 15,5 : 1.

Le balancier est lourd relativement aux montres de pareilles dimensions.

Durand une quinzaine d'années, le propriétaire de cette montre n'en a obtenu aucune satisfaction. Plusieurs horlogers l'ont inutilement revue et retouchée. L'un a changé le spiral, un second le ressort moteur, un troisième a remplacé le balancier primitif par un autre beaucoup plus lourd, etc. Aucun d'eux n'a réussi à la faire marcher régulièrement.

Cette montre nous fut apportée. Nous commençâmes par améliorer les engrenages, les trous en pierre, les uns mal polis, les autres trop épais. Les fonctions du barillet furent rendues faciles et sûres pour longtemps, et nous choisîmes un ressort-moteur fournissant la force motrice avec régularité et sans variations brusques. L'harmonie entre les trois éléments du réglage (**364**) s'est trouvée établie, et la montre donne depuis de bons résultats, quoique son balancier soit un peu trop lourd.

Ces corrections nous étaient imposées par la disposition du calibre, autrement nous eussions préféré remplacer le balancier par un autre un peu plus grand et un peu plus léger, ce qui eût diminué l'influence des frottements et assuré, en conséquence, pour un avenir plus long, la conservation de l'équilibre des trois éléments, en rendant cet équilibre moins exigeant quant à la régularité de la force motrice.

387. Montre n° 8. — Platine de 34 à 35 millimètres. Balancier de 15 millimètres.

Rapport : B. : C. :: 1.6,5 : 1.

Cette montre, dont le calibre avait été dressé par M. Leschaud, habile horloger génevois, s'est parfaitement bien réglée pendant environ deux années puis, sans causes apparentes, elle a perdu sa régularité.

Un examen minutieux nous a révélé que ses variations devaient être attribuées à des changements survenus dans la force motrice et dans les surfaces frottantes des organes de transmission.

Ces changements s'expliquaient par les trop petits diamètres du barillet et de la roue du centre, tandis que la troisième roue du rouage avait une grandeur relativement exagérée, et par suite de grosses dents. Le pignon d'échappement, en outre, était un peu trop gros et portait des ailes un peu épaisses.

Sur le rapport des diamètres de la roue et du cylindre.

387 (bis). Dans l'un de nos relevés se trouve noté de combien la roue déborde le contour du balancier. Ce genre de remarque, ainsi que la soi-disant règle qui donne pour grandeur de la roue le demi-diamètre du balancier, peuvent aider dans une simple appréciation au coup d'œil mais il ne faut pas qu'on en fasse autre chose qu'un moyen d'approximation.

La grosseur d'un cylindre est déterminée non seulement par la grandeur de la roue, mais aussi par la hauteur de l'incliné, hauteur qui varie souvent sur des roues de même diamètre, et qui change des petites aux grandes montres.

Tableau

DES RAPPORTS ENTRE LES DIAMÈTRES DU BALANCIER ET DU CYLINDRE, dressé d'après des montres ayant marché régulièrement.

388. Observateurs.	Rapports.	Grandeur de la montre.
MM. Gannery	Bal. : Cy. :: 16,5 : 1.	Dimensions moyennes.
Rodanet	B. : C. :: 18 : 1.	Montre d'hommes de 40 mm.
	B. : C. :: 17,3 : 1	id. — de 42 —
Berthoud F.	B. : C. :: 20,7 : 1	Mont. à fusée, 7 200 vibr.
Pierret	B. : C. :: 20 : 1	Platine de 32 m. — R.de 13 d.
	B. : C. :: 18 : 1	id. id.
Laumain	B. : C. :: 16,3 : 1	Montres de 36 millim.
	B. : C. :: 18 : 1	id. de 37 —
	B. : C. :: 16 : 1	id. de 41 —
Patek et Philippe	B. : C. :: 16 : 1	Dimensions diverses.
Delmas	B : C. :: 16,5 : 1	Montres de 32 à 34 millim.
C. Saunier	B. : C. :: 17 : 1	Montre de 42 millim.
	B. : C. :: 17,5 : 1	id. id.
	B. : C. :: 16,5 : 1	Platine 32 millim.
	B. : C. :: 16 : 1	Grande montre d'homme.

Un mot sur ce tableau et observations finales.

389. L'examen de ce tableau, et nos études antérieures, nous font voir qu'il ne faut pas dans les montres des calibres modernes, en partant des dimensions moyennes, aller au-dessous du rapport de 1 à 16 et qu'il y a presque toujours avantage à augmenter un peu le diamètre du balancier.

Ces chiffres seront pour nous d'excellents guides, mais ils ne peuvent nous fournir un rapport définitif que si nous tenons compte de ce fait que le frottement, l'un des éléments de la combinaison, varie d'une montre à l'autre, et qu'une légère différence dans la pesanteur des bras ou de la serge du balancier influe sur son diamètre. Car il ne faut pas l'oublier non plus, le *diamètre réglant* se détermine d'après la circonférence de percussion (**45**), et le rayon de cette circonférence varie de longueur :

- par une répartition différente de la matière (**354**) ;
- par le plus ou le moins de poids de la charge au centre, poids qui dépend des dimensions plus ou moins considérables du cylindre et de la virole du spiral.

390. Nous terminerons par une observation, que nous sommes obligé de renouveler souvent, et par des faits à l'appui.

Il existe en horlogerie certaines règles empiriques déduites de l'observation, mais il ne faut en aucun cas les ériger en principes. Dans la construction de toutes les machines, quelles qu'elles soient, il n'y a d'autres principes à suivre que les lois profondes sur lesquelles la science de la mécanique est basée.

Le réglage des montres, des horloges, etc., ne résultant pas d'une forme particulière, d'une mesure plutôt que d'une autre, mais tenant essentiellement à l'ensemble de la combinaison, à la pondération des effets (**270**), voilà pourquoi l'on rencontre des montres bien réglées avec des inclinés haut et bas, droits ou courbes, des cylindres plus ou moins ouverts, de grands et de petits arcs de levée, etc. Une pièce même réglée aujourd'hui ne prouve qu'une chose, à savoir que la combinaison convenable des effets existe pour le moment, mais il serait imprudent d'en conclure qu'elle continuera d'exister si l'on n'est pas à même d'apprécier d'avance les changements qui pourront survenir dans les frottements et dans la puissance du moteur.

Tout ceci est tellement vrai qu'on rencontre chaque jour des montres de la plus basse qualité allant parfaitement bien sans que les horlogers incapables puissent dire pourquoi. La raison pourtant est toute simple. L'équilibre des causes en opposition tient à des défauts neutralisés par d'autres, mais comme dans ces montres mal travaillées, la somme des frottements change de valeur en assez peu de temps, certaines influences deviennent prépondérantes et, au bout de peu d'années, la plupart de ces montres, qui avaient bien marché pendant deux ou trois ans au plus, sont devenues tout à fait incapables de donner l'heure avec régularité.

Faits pratiques.

391. Les deux faits que nous allons rapporter, et qui sont relevés de notre pratique journalière, complètent cet article et portent en eux-mêmes leur enseignement.

Nous vendîmes, il y a quelques années, une montre à cylindre dont la régularité était vraiment surprenante. À peine faisait-elle une minute de retard par mois.

À la fin du premier semestre, nous n'eûmes à corriger que quatre minutes, et vers la fin de l'année légèrement plus. À la suite d'une chute que fit cette pièce, le pivot inférieur du cylindre fut cassé. Il fut rapporté avec beaucoup de soin, mais laissé un peu plus gros, et le rubis qui recevait le premier pivot étant un peu égrisé au bord, fut remplacé par un rubis de marchand de fournitures.

Ce dernier rubis, un peu moins *bercé* que l'ancien, n'était pas aussi bien poli. En somme, le frottement sur le pivot inférieur du cylindre était un peu plus considérable qu'avant la chute. Ce surcroît de frottement a suffi pour apporter une petite perturbation dans la marche. La montre a donné l'heure depuis avec régularité, mais avec un retard de deux minutes, et quelquefois trois dans un mois.

392. Le second fait se rapporte à une montre à cylindre exécutée vers le commencement de ce siècle, et qui donnait l'heure avec beaucoup de précision. Tous ses pivots roulaient dans du laiton, et elle portait un de ces spiraux forgés, d'assez mauvaise apparence, en usage à cette époque. Ce spiral, qui n'avait que sept tours de lame, se développait bien et paraissait doué d'une bonne élasticité.

Taquiné par la triste apparence de ce ressort, l'horloger propriétaire de la montre, et quoique nous l'eussions engagé à n'en rien faire, substitua au spiral forgé un spiral laminé moderne, très beau à l'œil et présentant sur le même diamètre que l'autre douze tours de lame ; mais cet horloger fut tout surpris que sa montre, qui marchait avec une fort grande régularité avant, allât fort médiocrement après. Elle ne reprit sa première exactitude que quand on lui eut rendu son spiral forgé (**350**).

Dessiner l'échappement à cylindre.

393. Pour bien comprendre les effets et la marche des organes d'un échappement, pour en trouver les proportions exactes, un des meilleurs moyens consiste à le dessiner au préalable en grand et dans toutes ses positions.

Voici la méthode que nous suivons, quand nous avons à tracer l'épure d'un échappement à cylindre.

Le dessin que nous allons tracer est celui d'un échappement ayant une roue de douze dents. Ce nombre a été choisi eu égard au peu de hauteur des planches gravées, et parce qu'il nous donnera des dents d'assez grandes dimensions, avec lesquelles on n'a pas à craindre, dans un dessin réduit, la confusion des lignes.

On veut connaître les proportions d'un échappement à cylindre devant avoir :

Une roue de *douze dents* et de *dix millimètres* de diamètre ;

Un *plan* d'impulsion formant avec sa base un angle de 20 degrés ;

Une épaisseur d'écorce cylindrique égale à *un huitième* de la longueur du plan incliné.

Le diamètre de la roue étant connu, on l'amplifie (selon la grandeur du dessin que l'on veut faire), de vingt, trente, quarante fois, etc., ce qui procure un dessin dont chaque partie, en la réduisant au vingtième, trentième, quarantième, etc., donnera les proportions vraies de l'échappement.

L'espace dont nous disposons étant borné, nous nous contenterons d'une amplification de vingt-cinq fois.

Les 10 millimètres multipliés par le nombre 25 donnent 250 millimètres pour le diamètre cherché de la roue, ou 125 millimètres pour son rayon.

Sur un fort papier à dessin, assujetti sur une planchette disposée à cet effet, et d'un point central C (fig. 39), on décrit avec une ouverture de compas égale à 125 millimètres l'arc de cercle BDQ, ou la circonférence de la roue.

Dans une roue portant 12 dents, l'intervalle qui sépare le talon d'une dent du talon de la dent suivante embrasse un arc de 30°, soit 360° divisés par 12.

Tirons le rayon B*l*C. Du point B, mesurons un arc BD de 30° ou, ce qui revient au même, et au moyen du *Rapporteur* d'un étui de mathématiques, ou bien encore par les moyens plus précis qui seront indiqués à la fin de ce volume, fermons l'angle BCD de 30°, et continuons ainsi sur tout le contour de la roue.

Cet angle BCD embrassera exactement sur la circonférence de la roue une dent et un vide, et chacun de ses côtés effleurera un talon de dent.

Le cylindre devant se trouver dans la position BA quand la dent occupera son intérieur, et ce même cylindre, lorsqu'il sera placé dans un vide entre deux dents, occupant plus tard l'espace AD, il en résulte que les deux diamètres ont un point de contact en A, et que la difficulté est ici de déterminer exactement ce point.

L'angle BA*g* est composé : 1° de l'angle de levée ; 2° d'un petit angle supplémentaire *h*A*g*, qui est approximativement et en nombres ronds :

Pour une roue de 15 dents, de 4° ;

Pour une roue de 12 dents, de 6°.

Le triangle B*g*A étant un triangle rectangle, la somme des deux angles B et A vaut 90°. En soustrayant de ce nombre l'angle de levée, augmenté du petit angle supplémentaire *h*A*g*, on a pour reste un nombre qui donne la valeur en degrés de l'angle *l* B *f* et l'on tire la ligne B*f*, qui forme cet angle. Pour avoir le rapport entre les diamètres extérieur et intérieur, on dispose le centre du *Compas de réduction* (voir ce mot), de façon à ce que la longueur des petites branches soit à la longueur des grandes comme 8 est à 10.

Du point B, centre de mouvement de la petite branche, et du point D centre de la grande, on tâtonne l'ouverture du compas jusqu'à ce que les deux arcs de cercle tracés l'un du point

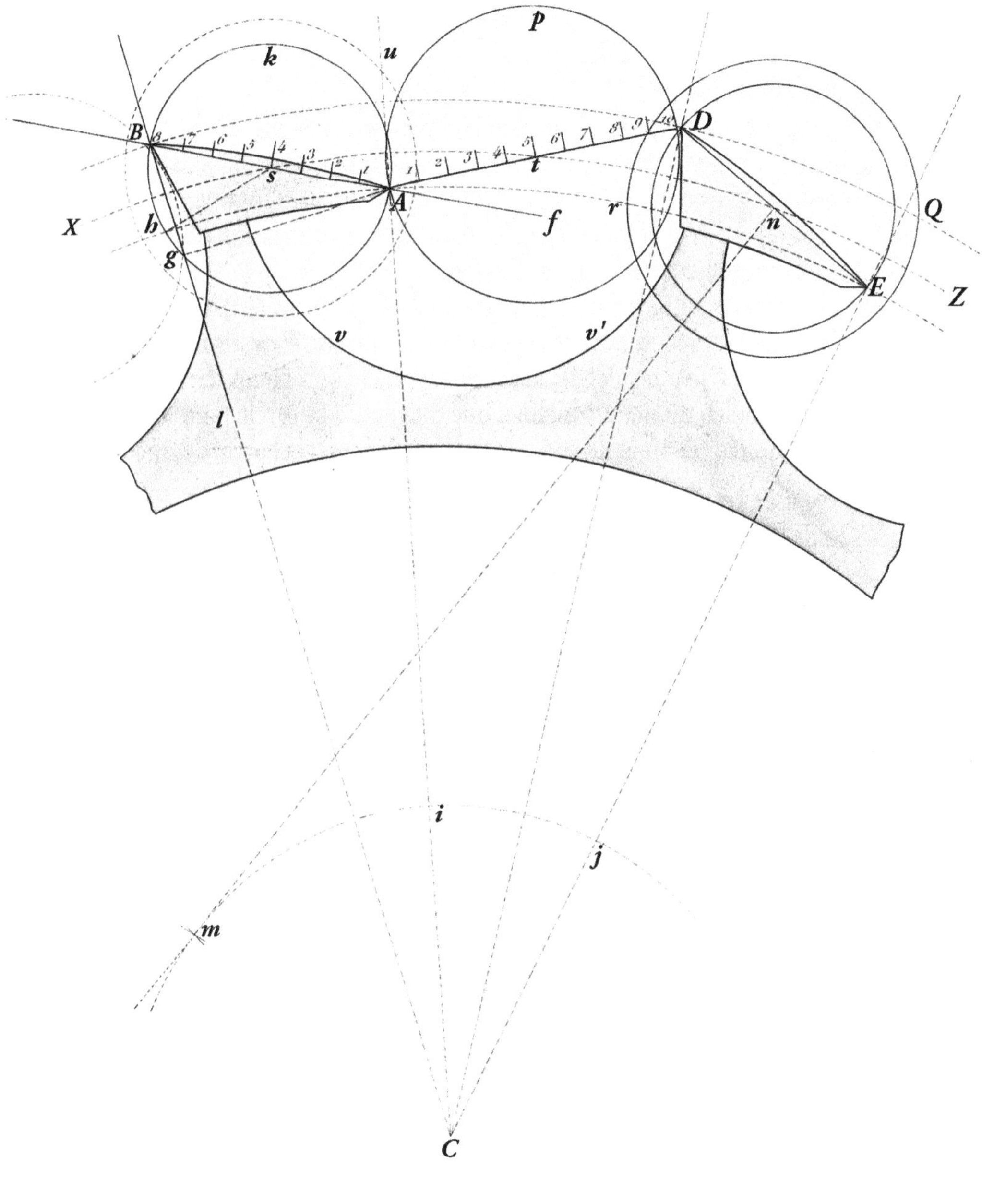

Fig. – 39.

B avec les petites branches, et l'autre du point D avec les grandes, se coupent en un point commun appartenant à la ligne BA*f*. Le point A est alors déterminé.

En joignant le point A aux deux points B et D, on aura les diamètres interne et externe du cylindre et on connaîtra ses deux positions successives.

On trace alors les circonférences *k,u,p*.

Tout ce tracé a dû être fait à la pointe de crayon finement taillée car il faut, avant de passer à l'encre, contrôler toutes les parties du dessin, et surtout rectifier au besoin l'angle de levée.

Du point C, on décrit la circonférence X*tn*Z, qui passe par le milieu des inclinés, et l'autre circonférence *h*A*r*E, qui passe par les pointes des dents.

Les petites circonférences, précédemment décrites, *k,u,p*, nous serviront à déterminer :

1°. l'inclinaison du talon de la dent ;

2°. la profondeur de l'U (*vv*).

Cette profondeur doit aller en deçà du cylindre, au moins de la moitié du rayon de celui-ci.

On tire la ligne CA*u*, qui passe par le point de réunion des deux diamètres, et en opérant sur tout le contour de la roue la division de chaque angle de 30° (comme elle est faite, pour l'angle BCD, par la ligne CA*u*), il sera facile d'obtenir une représentation fidèle et complète de l'échappement dans toutes ses positions successives.

La ligne *mn* est menée du point *n*, milieu de l'incliné, perpendiculairement à cet incliné. C'est sur cette ligne que sera placée la pointe du compas qui servira à former l'incliné courbe.

Cette première ligne tirée, on décrit, avec un rayon *m*C, la circonférence *mij*. Il suffira ensuite de mener, du milieu de chaque incliné, une tangente à ce cercle pour avoir la direction sur laquelle doit être posée la pointe du compas qui servira à tracer chacun des inclinés courbes.

Remarque. – Il ne faut pas oublier que le dessin ne tient pas compte du jeu nécessaire au fonctionnement de l'échappement, et qu'en conséquence on devra ajouter au chiffre de la levée plusieurs degrés, afin d'obvier à la perte de levée qui résulte :

- du jeu que la dent doit avoir dans l'intérieur du cylindre ;
- de l'arrondissage des lèvres.

Chapitre V

Pratique de la réparation et de la construction de l'échappement à cylindre.

394. Quoique ce chapitre s'adresse particulièrement aux horlogers qui réparent les montres, les fabricants y glaneront d'utiles observations. Ce qui manque à ces derniers, c'est la connaissance des changements que le temps amène dans l'état des pièces d'horlogerie. N'ayant dans les mains que des montres neuves qu'ils ne revoient plus aussitôt qu'ils les ont mises dans le commerce, ils sont rarement aptes à les combiner en prévision des exigences de l'avenir.

Observation sur le mot rhabillage.

395. Bien réparer une montre est une opération, on devrait bien ne pas avoir l'air de l'ignorer qui demande plus de savoir et exige autant d'adresse manuelle qu'il en faut pour la construire comme on le fait en fabrique, surtout aujourd'hui où la division du travail est poussée fort loin.

Comment se fait-il alors que l'ensemble des travaux que nécessite la réparation des pendules et des montres soit désigné sous l'impropre expression de *rhabillage* ?

Ce mot qui, dans la langue des gens du monde est l'équivalent de *reboutage*, n'a pas peu contribué au discrédit dans lequel tombe de plus en plus la profession d'horloger et, pour en être convaincu, il suffit de voir avec quel dédain l'homme mécontent de son horloger dit de celui-ci : « Ce n'est qu'un rhabilleur !»

Formons le voeu que les horlogers capables choisissent une autre désignation, un autre titre plus juste et plus convenable, qu'ils le fassent prévaloir et le maintiennent honoré en empêchant qu'il soit porté par des industriels qui n'auraient pas fait leurs preuves.

Que ce vœu soit entendu et réalisé, et un grand bien en résultera pour l'industrie chronométrique, et en particulier pour les praticiens qui savent leur métier.

Un conseil aux jeunes horlogers.

396. Nous nous adressons particulièrement, dans ces derniers chapitres, aux jeunes ouvriers. Les détails recueillis dans une longue pratique leur faciliteront le travail de chaque jour, car aujourd'hui où les salaires sont peu élevés, il faut savoir découvrir promptement le défaut et faire vite. Mais il est essentiel qu'ils aient toujours présent à l'esprit qu'avec un peu d'habitude, la *mise hors d'arrêt* d'un mécanisme d'horlogerie peut être obtenue par l'ouvrier le plus médiocre en gâtant les montres, c'est-à-dire en y retouchant à tort et à travers, tandis qu'il faut des connaissances théoriques pour exercer avec succès la partie où l'on reconnaît vraiment l'horloger, celle du *réglage*.

Savoir sainement apprécier l'état d'une montre, se rendre compte sans tâtonnements de ce qu'il faut y faire pour en obtenir un bon service, et posséder la certitude d'arriver à ce résultat, c'est le fait de l'horloger instruit et jamais du raccomodeur par routine.

Simple avis à ceux qui perdent trop de temps à la recherche des petits moyens, des petits procédés, et qui souvent, après une vie entière passée dans la pratique de l'horlogerie, sont encore hors d'état de faire bien marcher certaines montres et même de savoir pourquoi elles ne marchent pas bien.

Mesure pratique de la hauteur de l'incliné.

397. Voici quelle est notre méthode de mesurer la hauteur des inclinés, méthode dont il a été question ci-devant.

Le nombre des degrés de la levée se comptant sur la circonférence du cylindre, et toute circonférence ayant un rapport invariable avec son diamètre (**137**), on voit tout de suite que les hauteurs des inclinés peuvent être représentées chacune par une fraction invariable du diamètre, et qu'il suffira de connaître la grosseur du cylindre ou, en son absence, d'un arbre lisse passant avec peu de jeu entre deux dents de la roue pour trouver dans la comparaison de cette grosseur à l'élévation de l'incliné, la quantité précise de levée réelle que fournira ce dernier.

En vertu du rapport géométrique de la circonférence au diamètre dont nous avons parlé, on trouve qu'un incliné dont la hauteur est égale :

- Au septième du diamètre du cylindre, donne un peu plus de 30° de levée réelle totale
- Au sixième, environ 38° ;
- Au cinquième, environ 46° ;
- Au quatrième, environ 58° ;
- Et pour les hauteurs intermédiaires, des levées proportionnelles.

En conséquence, si on place le cylindre, ou à son défaut, l'arbre qui en tient lieu, entre les longues branches du compas aux inclinés (voir la description de cet outil au chapitre VIII), successivement aux divisions ou subdivisions convenables, l'écartement des petits becs de l'outil fera connaître les hauteurs que devrait avoir un incliné pour produire environ 30°, 40°, 45°, 50°, etc. de levée totale réelle[18].

[18] En construisant une roue neuve on peut, son diamètre étant seul connu, déterminer d'avance et par le calcul la hauteur du plan incliné. Mais comme cette solution par l'analyse pourrait, et avec raison, effrayer quelques-uns de nos lecteurs, nous lui substituerons un procédé pratique qu'on trouvera plus loin.

Cette méthode, simple et commode, offre l'avantage de faire connaître sans tâtonnements la hauteur du plan d'impulsion et de révéler tout de suite, la différence qui peut exister entre deux échappements paraissant identiques.

Tout horloger qui, dès l'apprentissage, prendra l'habitude de mesurer au compas la hauteur des plans inclinés, sera capable, au bout de peu de temps, de les apprécier à l'œil et sans erreur bien sensible.

398. On a compris sans doute que la hauteur du plan incliné est toujours donnée par l'espace compris entre le talon de la dent et la circonférence passant par la pointe.

Ainsi, pour une dent de la forme de celle qu'on voit en A (fig. 40), cette hauteur est égale à AB, tandis qu'elle est égale à CD pour une dent affectant la forme indiquée en HSDC.

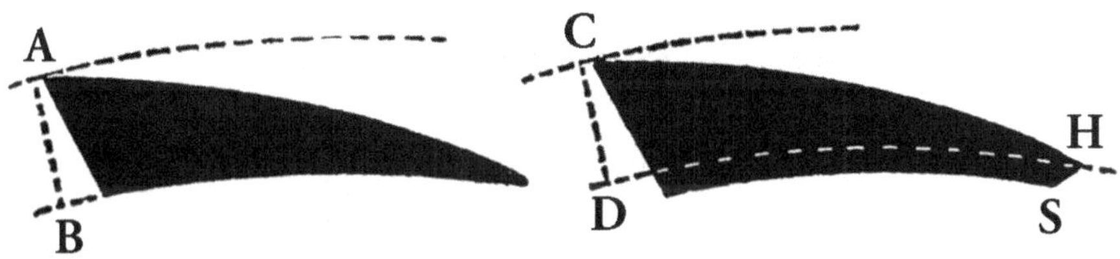

Fig. – 40.

Ce serait une utile précaution de laisser subsister sur le plat des dents de cette dernière forme un trait comme DH, trait qui n'est autre chose qu'une portion conservée de la circonférence passant par les pointes des dents, c'est-à-dire par le point de contact du repos.

Détails pratiques sur la roue d'échappement.

399. Nous avons précédemment fait connaître les inconvénients qui résultaient pour les anciens échappements, de l'usage des roues en laiton. Depuis on les a remplacées par des roues d'acier. Ces nouvelles roues peuvent être minces et légères. La trempe, en leur donnant plus de solidité, éloigne toute crainte pour la torsion des dents où l'huile ne se décompose plus aussi facilement et si ces dents sont d'acier de premier choix, bien trempées et parfaitement polies sur leurs pointes et leurs inclinés, l'expérience a prouvé qu'elles n'ont pas à redouter l'usure et que, sous leur pression, les lèvres des cylindres se conservent longtemps intactes.

Dans la pratique des ateliers, la grandeur de la roue de cylindre est donnée par la troisième roue de rouage (roue des secondes[19]), sauf la sûreté nécessaire entre le talon des marteaux et le pignon de cette roue. Bon nombre d'artistes suisses tiennent à tort leurs troisièmes roues (roues de secondes) aussi grandes que les roues moyennes, ou à peu près, afin d'avoir, disent-ils, une grande roue d'échappement ce qui, tout en rendant plus doux le frottement des repos, éloignera le balancier de la tige de la roue des secondes et permettra d'avoir ce balancier beaucoup plus grand : raisonnement très faux et propre seulement à égarer par une

[19] Les noms des diverses roues d'un rouage de montre à la Lépine ont, pour la plupart, perdu leur signification, aujourd'hui que la grande-moyenne, qui porte l'aiguille des heures, se place toujours au centre, et qu'aucune des autres roues ne porte ses dents relevées du champ. Nous appellerons définitivement l'ancienne grande-moyenne *roue du centre* ou *roue d'heure* ; la petite-moyenne, *roue moyenne*, et la roue de champ, *roue des secondes ou roue de trotteuse*.

certaine apparence théorique. La grandeur des roues, ainsi que nous l'avons dit, doit suivre la progression décroissante de la force motrice, et il faut se souvenir qu'il est préférable, quand il n'y a pas excès toutefois, *d'avoir une roue d'échappement plutôt petite et un régulateur puissant plutôt qu'une roue grande et un balancier plus léger.*

400. Pour les petites montres au-dessous de 3 centimètres (13 lignes environ), on tient la roue d'échappement, toutes proportions gardées, plus petite, parce que dans ces sortes de pièces :

- la roue de cylindre est moins nombrée ;
- la force motrice étant très faible, si les dernières roues ont un grand diamètre, elles opposent trop de résistance au mouvement, et il en résulte que la plus petite variation dans la fluidité de l'huile de l'échappement suffit pour déranger le réglage ;
- le balancier, battant un plus grand nombre de vibrations (19 000 à 21 000), le mouvement du cylindre est plus rapide.

La roue d'échappement doit être suffisamment nombrée. Une grande roue peu nombrée par ses longues dents, donne un gros cylindre qui est moins indépendant de la force motrice (**345**).

La roue ne doit être revenue bleu-gris que depuis le centre jusqu'aux colonnes. Si les dents pouvaient rester trempées à blanc, ce qui n'est guère possible, cela serait mieux car elles valent d'autant moins qu'elles sont revenues davantage. Il est presque inutile d'ajouter que la roue doit tourner ronde et droite, que toutes ses dents doivent avoir été justifiées avec soin sur leur longueur et pour chaque distance d'une pointe au talon de la dent suivante, que ses croisées doivent être étroites, afin de la rendre plus légère, que les colonnes doivent être arrondies assez profondément, et en retraite sur la saillie de l'incliné, pour qu'elles ne puissent pas frotter au cylindre en même temps que cet incliné ou bien seulement en attirer l'huile qui, du marteau coulant le long de la colonne, contribue en s'épaississant à paralyser la force d'impulsion.

L'angle vif du talon doit être très légèrement abattu et poli, la pointe des dents, *arrondie dans les deux sens*, et de façon à ne frotter que par son milieu.

Les inclinés et les pointes des dents doivent être polis au plus haut degré mais l'*adouci* est préférable pour les plats de ces dents : il retient mieux l'huile dont cet échappement ne peut pas se passer.

Les bras des U doivent être plutôt étroits que larges et être placés, à fleur des talons, comme dans les fig. 16 et 39, autrement, dans les grands arcs de vibration, le fond de la coche de renversement viendrait toucher contre ces bras, ce qui nuirait à la régularité de la montre.

Il est utile de dégager en biais les talons, comme l'indiquent les mêmes figures et surtout quand la hauteur de la dent est considérable.

Exécuter une roue de cylindre.

401. De nombreuses explications sont ici nécessaires et sortent un peu du domaine de la réparation des montres, aussi avons-nous consacré tout le chapitre vu aux détails d'exécution d'un échappement à cylindre. Le lecteur y trouvera, ainsi que dans le chapitre VI (*Causes d'arrêt et de variation*), toutes les indications dont il a besoin, soit pour construire une roue de cylindre, soit pour en améliorer une déjà construite et telles qu'on les trouve dans les montres ou chez les marchands de fournitures d'horlogerie.

Aux détails d'exécution d'une roue sont jointes toutes les instructions nécessaires pour sa mise en place et de hauteur dans la montre.

Justifier une roue de cylindre.

402. On sait que cette opération consiste à égaliser les chutes intérieures et extérieures.

Dans la pratique courante, si les chutes intérieures sont inégales, on justifie la roue sur la plus petite dent, qui doit entrer juste dans un trou d'une étroite filière à trous en laiton faite pour cet usage. Ce même trou servira ensuite à mesurer les autres dents.

Pour égaliser les vides, et faute d'autre moyen, on les mesure avec un arbre lisse cylindrique, passant, sans jeu, entre la pointe et le talon suivant du plus grand vide.

La matière qui est de trop est enlevée, avec un fer chargé de pierre broyée à l'huile, ou plutôt, et préférablement, avec une petite lime en rubis ou en saphir.

Ce mode d'opérer ne donne pas toujours une rigoureuse égalité aux chutes, il faudrait pour cela que la filière embrassât en même temps un vide et un plein de la roue, mais il suffit au travail courant.

On attaque de préférence les dents par leurs pointes (**411**) .

On trouve chez les marchands de fournitures d'horlogerie des outils à justifier les roues de cylindre. Quelques-uns sont décrits à l'article *Outillage*, et nous nous occupons plus particulièrement de ceux que l'horloger peut construire lui-même avec facilité.

Détails pratiques sur le cylindre.

Le cylindre en pierre.

403. Le cylindre garni d'une tuile en rubis est à peu près indestructible, sauf accident, s'il est entretenu d'huile. On en rencontre cependant de temps en temps où cette tuile est fortement *piquée*, ce qui doit provenir principalement de l'emploi vicieux des rubis *balais* ou *spinelle*, au lieu et place des rubis ou saphirs d'Orient, les seuls qui présentent la dureté convenable.

Les frottements sur le cylindre en pierre sont plus doux que ceux auxquels donne naissance l'action de l'acier contre l'acier, mais cette espèce de cylindre a contre elle une plus grande difficulté à régler, et dont la cause principale réside dans un moindre frottement sur les repos.

Les ennemis quand même des frottements vont crier au paradoxe sur ce dernier article. Voudraient-ils alors nous expliquer le fait suivant, connu de tous les rhabilleurs ? La plupart des échappements en pierre ne sont bien réglés qu'au bout de quelques semaines, et même de quelques mois de marche, et précisément quand les huiles ont acquis une consistance plus grande. Le fait d'ailleurs comporte, selon nous, une explication facile et tout ce qui précède peut être résumé en deux mots.

404. Les proportions de la plupart des échappements en pierre ont été simplement copiées sur des échappements en acier. Il en résulte que le rapport primitif entre la puissance de l'impulsion et la résistance de la pression sur le repos (le frottement) est détruit. L'harmonie entre les éléments principaux ne saurait alors s'établir qu'à la condition que l'on combinât à nouveau les organes de l'échappement, et dans le sens indiqué par une diminution de frottement (**364**).

L'abandon du cylindre en pierre tient non seulement à son prix élevé, mais peut-être encore plus aux vices de construction, dus aux ouvriers qui le fabriquaient. Ainsi nous avons rencontré bon nombre de ces sortes d'échappements qui présentaient un ou plusieurs défauts, tels que :

- de dépasser les limites assignées à la grosseur des axes ;
- de placer au centre du balancier un poids trop considérable par rapport au poids de sa circonférence ;
- de ne pas tourner rond ;
- d'exiger deux goupilles de renversement ou un plot très large, ce qui rétrécit l'espace disponible pour le mouvement du balancier, et produit assez souvent, quand les huiles sont fraîches, le rebattement de ce balancier.

L'ouvrier qui se trouvera dans la nécessité de substituer un cylindre d'acier à un cylindre en pierre fera bien de s'assurer, par les moyens que nous avons longuement développés plus haut, que ce balancier a les qualités requises. Dans le plus grand nombre des cas de ce genre, que nous avons été appelés à résoudre, nous avons rencontré un balancier qui était trop petit ou trop lourd pour le cylindre d'acier substitué au cylindre en pierre.

Le chapitre VIII indiquera la méthode usitée dans l'exécution d'une monture de cylindre en pierre.

Le cylindre en acier.

405. Le cylindre simplement en acier, trempé dur aux endroits où se font les frottements, s'il est d'une exécution soignée et parfaitement poli, marchera très longtemps sans qu'il s'y manifeste d'usure, mais il faut qu'on ait le soin, comme pour celui en rubis, de l'entretenir d'huile.

L'acier fondu en branches carrées, dit acier forgé, est celui qui est recommandé comme moins pailleux par la plupart des artistes et cependant, la presque totalité des praticiens suisses et français se servent pour leurs cylindres d'acier tiré, dit *acier aux vis*, parce qu'ils se sont aperçus qu'il est plus doux et moins sujet à se fendre que l'acier carré. Nous dirons en faveur de l'acier fondu qu'étant plus homogène il se polit mieux et plus également que tout autre, mais que, par contre, il a une plus grande facilité à se brûler à la trempe s'il dépasse le rouge cerise.

Les beaux cylindres, encore si bien conservés, qu'on rencontre dans les montres déjà un peu anciennes, sont tous en acier forgé, mais cet acier exige de tels soins, tant pendant le travail qu'à la trempe, qu'on a bien fait dans les fabriques de lui substituer l'acier tiré à la filière. Nous dirons pourquoi dans l'article de l'exécution du cylindre.

Autrefois les tampons étaient en cuivre dans lequel une petite tige d'acier était ajustée pour former le pivot. Actuellement le tampon et le pivot sont faits d'un seul morceau d'acier trempé et revenu bleu foncé.

Le cylindre fini doit passer avec peu de jeu, s'il est de bonne grosseur, entre la pointe d'une dent et le talon suivant. Son diamètre intérieur est donné par la longueur d'une dent finie, et avec un peu plus de jeu qu'on en a laissé en dehors.

Si la dent se trouvait trop courte, l'écorce du cylindre serait alors très épaisse, ce qui augmenterait considérablement la largeur des lèvres et l'inégalité des résistances causées par les frottements des repos intérieur et extérieur, parce que ces repos se feraient à l'extrémité de deux rayons très inégaux. Avec un cylindre épais d'écorce, une montre marche ordinairement très mal, et l'on se trouve dans la nécessité de le changer.

Cette écorce ne doit conserver que l'épaisseur nécessaire pour lui assurer assez de solidité. Le *huitième* de la longueur du plan incliné sera le maximum que l'on pourra adopter pour cette épaisseur, et dans quelques cas elle pourra être tenue plus mince sans inconvénient.

Le cylindre trop ouvert ou trop fermé.

406. Nous avons démontré que l'ouverture du cylindre n'est pas une quantité arbitraire ; que la profondeur plus où moins grande qu'on doit lui donner a pour mesure la correction éprouvée du frottement sur le repos. Nous avons en même temps fait remarquer que dans l'hypothèse d'un cylindre ouvert au point convenable, si l'on approfondit l'ouverture graduellement on voit, graduellement aussi, diminuer l'étendue de l'arc à oscillation du balancier et que, dans le cas opposé, celui où l'on remplace ce premier cylindre par d'autres de plus en plus fermés, l'échappement s'engourdit d'autant plus vite par l'épaississement de l'huile que l'étendue des repos est plus considérable.

Ceci bien compris, et en regard des échappements à cylindre de nos montres modernes, où la partie pleine du cylindre embrasse de 196° à 200°, on remarque :

Qu'avec le cylindre trop ouvert l'arc de vibration n'est pas assez étendu. En rapprochant l'échappement, on augmente la chute extérieure aux dépens de la chute intérieure, et l'on met l'échappement dans des conditions encore plus mauvaises. Quant au cylindre fermé, il exige que l'incliné de la roue soit plus élevé qu'il ne serait utile sans cela, et par suite il nécessite l'emploi d'une force motrice plus grande, afin d'éviter l'arrêt au doigt. Si l'on ne peut pas augmenter la hauteur de l'incliné, il arrive que sa pointe se présente sur l'arrière des lèvres ou même sur les repos, et butte dessus ; il faut nécessairement, pour faciliter la mise en train d'un échappement ainsi construit, éloigner un peu la roue du cylindre, et l'on voit qu'alors, le milieu du plan incliné ne passant plus au centre, les chutes extérieures seront augmentées, tandis que celles du dedans deviendront plus précises.

Mesure de l'ouverture ou grande coche.

407. Nous avons vu précédemment que lorsque l'on entaille un cylindre, on enlève très peu plus de *cinq douzièmes* du diamètre, c'est-à-dire que lorsque le cylindre est fini il doit avoir conservé pour le plein un peu moins de *sept douzièmes*, ou la moitié plus un douzième faible.

Quant à la hauteur de cette grande coche, on lui donne environ *une fois et demie* l'épaisseur totale de la roue mesurée du bas des colonnes au-dessus des dents. (Fin du 6°, art. : *Faire un cylindre*, chapitre VII.)

Les lèvres et les repos du cylindre doivent être très bien polis. Il faut avoir grand soin de n'y pas laisser d'angle (dit bavure ou rebarbe), et *surtout à l'extrémité intérieure* de l'incliné de la petite lèvre ; cette bavure est une cause d'arrêt peu soupçonnée.

On trouvera dans le chapitre VIII la description des outils à mesurer l'ouverture.

Profondeur de la petite coche.

408. La petite coche, dite *coche de renversement*, et qui est faite dans le but de permettre au balancier de parcourir un tour entier, ne doit conserver que le quart de l'écorce du cylindre, c'est-à-dire qu'elle doit aller à 270°. Quelquefois même on la fait plus profonde lorsque les bras des U ne sont pas à fleur des talons, ou que les dents de la roue sont trop courtes, afin d'éviter le battement du fond de cette coche contre les bras des U.

Dans ce cas, on l'enfonce, en plus des trois quarts de la circonférence, de toute la quantité dont la dent est trop courte ou dont les talons dépassent les bras des U. On emploie à cet usage un fer chargé de pierre broyée à l'huile, ou préférablement une petite lime plate en rubis fonctionnant sur la tranche.

La hauteur de la coche de renversement est en moyenne trois fois l'épaisseur du fond de la roue. Nous disons en moyenne, car trois fois n'est pas assez pour les roues très minces, et c'est trop pour les roues très épaisses.

La coche étant faite d'après les indications qui précèdent, le balancier doit parcourir un tour entier sans que le bras des U soit touché. S'il en est autrement, c'est que la goupille de renversement est mal placée. Nous verrons plus loin (**425**) comment se fait la correction de ce défaut.

Le cylindre trop gros ou trop petit.

409. Nous ne considérons pas ici la grosseur du cylindre au point de vue de ses facultés réglantes (**261** et **269**), nous considérons simplement les diamètres intérieur et extérieur de cet organe par rapport à sa roue et dans les conditions dans lesquelles on les construit le plus généralement.

Si la quantité de la chute est insuffisante en dedans et en dehors du cylindre, ou celui-ci a l'écorce *trop épaisse*, ou bien les dents de la roue sont *trop longues*.

S'il y a trop de chute en dedans et pas assez en dehors, le cylindre est trop gros. S'il y a trop de chute en dehors et pas assez en dedans le cylindre est *trop petit*.

Dans ces deux derniers cas et dans celui d'une écorce trop épaisse, le cylindre est à remplacer.

Remarquons cependant, en faveur du rhabillage, que lorsqu'un cylindre ayant l'écorce assez mince est un peu trop gros, ou lorsque l'on refait un cylindre trop fort d'écorce, si on ne laisse que la chute nécessaire en dehors, sans se préoccuper de la chute intérieure, on obtient presque toujours un réglage suffisant (lorsque la montre n'offre pas d'autres défauts).

S'il y avait excès de chute intérieure et pas de chute en dehors avec un cylindre un peu épais d'écorce, ce qui indiquerait des dents *trop courtes* et un cylindre *trop gros*, deux défauts à la fois, l'échappement serait à refaire en entier.

Règle générale pour les rhabilleurs. Avec peu de chute en dehors, quoique avec une assez forte en dedans, l'écorce mince (⅛ᵉ de la longueur du plan incliné pour maximum), le cylindre suffisamment fermé, la dent assez inclinée et pas trop courbe, d'ordinaire, les vibrations sont vives et on obtient un bon réglage courant.

Il est bien entendu que cette remarque ne concerne que le raccommodage, car tout échappement neuf, si l'on veut en obtenir un réglage supérieur en précision, doit être établi conformément aux principes que nous avons exposés.

Vérification et correction des chutes.

410. On connaît les inconvénients d'une trop grande chute : elle est la cause d'une perte de force et d'une plus grande difficulté de réglage ; il n'en faut donc laisser que la quantité absolument réclamée pour la sûreté du jeu de l'échappement.

Pour que la chute ne soit que celle nécessaire, il est indispensable, comme nous l'avons déjà dit, que le milieu de l'incliné droit passe par le centre du cylindre et que la roue ait été fendue avec une fraise mince. Dans la pratique on donne cependant un peu plus de chute en dedans qu'en dehors parce que, comme il n'est guère possible d'être certain que le milieu de l'incliné ne se trouve pas un peu au-delà où en deçà du centre, et que si cela avait lieu, de même que s'il fallait rapprocher l'échappement, on courrait le risque, faute d'un petit surcroît de chute intérieure, de voir frotter en même temps la pointe et le talon de la dent.

Ce défaut pourrait provenir aussi de ce que l'adoucissage et le polissage auraient altéré la rondeur intérieure du cylindre.

On égalise les chutes en justifiant la roue (**402**). Cependant si les différences de chutes étaient considérables, et qu'on fût dans la nécessité de conserver la roue, il vaudrait mieux, dans le rhabillage, ne donner que la chute nécessaire aux dents plus longues, plutôt que d'avoir de grandes chutes partout, et voici comment il conviendrait d'opérer.

Le ressort moteur de la montre étant armé et le balancier gêné par un fragment de papier, on fait tourner ce balancier avec une pointe de fusain jusqu'au moment où une dent tombe au repos. Faisant alors rétrograder légèrement le balancier, on s'assure ensuite, par un petit mouvement oscillatoire donné à la roue avec la pointe du fusain, si cette roue a l'ébat nécessaire, soit qu'une dent se trouve engagée dans le cylindre, soit que celui-ci occupe un vide entre deux dents. Cette opération, continuée sur tout le contour de la roue, étant terminée, et une petite marque ayant été faite avec du rouge à polir devant chaque U trop étroit et devant chaque dent trop longue, on enlève la roue de sa platine et l'on opère les corrections avec une petite lime en rubis. Après quoi l'on reforme et polit avec soin les parties touchées.

411. Il est préférable d'attaquer la roue par les pointes des dents, sauf la circonstance particulière où le talon déborde plus qu'il ne faut le bras de l'U, ou encore quand le plan incliné présente une trop forte élévation. Le plus ordinairement l'un ou l'autre défaut mettra l'horloger dans la nécessité de friser délicatement les dents de la roue. Nous lui en avons dit assez pour qu'il sache prendre le meilleur parti dans ce mauvais pas.

412. *Observation.* L'incliné courbe procure une chute d'autant plus violente que sa courbe est plus prononcée. Dans certains cas, que la sagacité de l'ouvrier lui fera facilement découvrir, il y a avantage à redresser le plan courbe des dents d'une roue de cylindre. Opération qu'on exécute facilement avec le secours de l'*Outil aux plans inclinés*, décrit au chapitre VII. La saillie de l'incliné en avant de la colonne doit rester assez considérable après le redressement de l'incliné.

Des échappements auxquels nous avions fait subir cette correction ont immédiatement accusé : 1.° une plus grande amplitude d'oscillation ; 2° une chute beaucoup moindre, puisque son bruit, écouté à l'oreille, avait très sensiblement diminué.

De la levée de l'échappement.

413. En prenant pour point de départ une faible levée, nous savons que si l'on augmente progressivement la pénétration de la roue dans le cylindre, il y a accroissement visible dans l'étendue des vibrations jusqu'à ce que le milieu du plan incliné droit ait atteint le centre du cylindre ; mais ce point une fois dépassé, les vibrations restent à l'état stationnaire si elles ne diminuent pas. (**311** à **313**.)

Toute la question de la levée se réduit à cette règle unique :

Le milieu du plan incliné droit doit être au centre du cylindre. L'échappement est alors à son point.

Sous le bénéfice de cette règle, nous ferons remarquer :

- qu'en forçant la levée, c'est-à-dire en poussant le plan au-delà du centre, on ne fait qu'augmenter le repos, rendre l'arrêt au doigt plus facile, les chutes du dehors plus grandes, celles du dedans trop précises, etc. ;
- qu'en laissant cette levée trop faible, l'oscillation est plus courte, les chutes du dehors plus grandes, celles du dedans trop précises, et que les pointes des dents, si le cylindre est très ouvert, tombent sur les lèvres au lieu de tomber sur le repos.

On voit ici quelle est l'erreur de ceux qui croient augmenter la vigueur de l'impulsion en forçant la levée outre mesure : ils ne font que créer une source de gêne et d'irrégularité pour l'avenir. Tout échappement ainsi traité aura au bout de quelques mois une marche languissante et une grande facilité à s'arrêter au doigt, et sa marche ne sera pas longtemps régulière.

Si un échappement qui a le milieu de son plan droit au centre du cylindre ne donne pas de suffisantes vibrations, cela provient d'un échappement gêné ou mal fait, ou bien d'une force motrice insuffisante, résultat ordinaire de mauvais engrenages, mauvais ressort moteur, etc., d'un incliné trop bas, d'un cylindre trop ouvert, etc. (**343**). On a vu précédemment qu'on reconnaît dans la pratique, quand le milieu du plan droit est au centre, à ce signe que c'est l'endroit où la chute extérieure est la plus petite.

414. Avec un cylindre ouvert à 196° de plein, si l'on fait agir quatre inclinés ayant de hauteur 1/7ᵉ, 1/6ᵉ fort, 1/5ᵉ, 1/4 du diamètre du cylindre, le centre des inclinés sera au milieu du cylindre quand ils produiront quatre levées totales apparentes ayant environ : 30°, 35°, 40°, 45°.

Si le cylindre était ouvert de quelques degrés en plus, on devrait retrancher ces degrés sur la levée ; si, au contraire, il était plus fermé, il faudrait augmenter la levée de ce qu'il y aurait en plus de 196°, pour que le milieu du plan droit passât toujours au centre du cylindre.

Pour plus de commodité, il est bon de dessiner en grand plusieurs cylindres à 196°, pourvus de différents inclinés et d'indiquer en regard de combien la levée réelle dépasse la levée apparente. Ces dessins serviraient, pour ainsi dire, de tables à consulter au besoin.

Le chapitre VII étant spécialement consacré aux détails d'exécution d'un échappement à cylindre, on y trouvera toutes les instructions nécessaires pour confectionner un cylindre, le pivoter et le mettre en place dans la montre.

Des pivots et des tigerons.

415. Il est nécessaire dans tout échappement que le balancier soit très libre, afin qu'il décrive de grands arcs ; aussi tient-on le diamètre de ses pivots aussi petit que possible, toute réserve faite quant à la solidité.

On leur donne d'ordinaire entre le 8e et le 10e du diamètre du cylindre. S'ils sont plus gros, ce superflu ne sert qu'à rendre les frottements plus considérables et à diminuer par conséquent l'étendue des vibrations.

Dans la pratique, la longueur du pivot du balancier est environ de trois fois le diamètre. Le bout du pivot se fait plat et l'angle vif seulement légèrement abattu, de manière à ne pas gratter sur l'ongle. On donne cette forme afin de mieux égaliser la somme des frottements du *plat* au *pendu*. Nous verrons que ce moyen n'est pas toujours bon à employer.

Il faut rabattre la portée en cône allongé. Cette portée n'est qu'un surcroît de matière inutile qui attire l'huile et qui, quand celle-ci s'est épaissie, tenant constamment plongé dans une assez grande surface, augmente ainsi la résistance éprouvée par le balancier.

Pour la même raison, il faut des creusures au cylindre, et les tigerons doivent être tenus assez longs, en vue d'empêcher les extrémités des canons de tremper dans l'huile. Si l'on a beaucoup de hauteur, on fera le tigeron et le canon d'en bas proportionnellement plus long : le tampon sera plus solide et la pression exercée sur le cylindre étant répartie plus également sur les deux pivots, le frottement sera plus doux.

Tous les pivots de l'échappement doivent rouler dans des pierres fines dont les trous, n'étant pas sujets à l'agrandissement, rendront fixe la position de cet échappement. S'ils sont bien polis à l'intérieur et toujours abreuvés d'huile, le frottement étant plus doux que dans les trous de laiton, les pivots s'y conservent intacts, mais il faut que ces pivots d'acier trempé dur et revenu seulement bleu foncé soient ronds, cylindriques et polis avec soin.

Le jeu que les pivots fins doivent avoir dans leurs trous, d'après les expériences d'artistes capables, doit être du sixième du diamètre du pivot. Ainsi, si un pivot placé aux mâchoires d'un micromètre marque 6, le trou doit être assez grand pour laisser entrer sans jeu un pivot marquant 7. Tout élève horloger devra être pourvu d'une filière aux pivots bien faite, et de petites tiges d'acier bleu à l'extrémité desquelles il formera des pivots de toutes grosseurs pour mesurer les trous, jusqu'à ce qu'il ait acquis assez d'habitude pour apprécier le jeu avec justesse, à l'œil et au doigt : c'est-à-dire d'après le plus ou moins grand ballottement que le pivot peut prendre dans le trou (**417**).

Les pivots de la roue d'échappement sont tenus aussi gros que ceux du cylindre, quelquefois un peu plus fins, et il suffit de leur donner pour longueur deux fois leur diamètre.

416. C'est un très grave défaut à la plupart des montres à cylindre, que l'absence presque totale de tigeron au pignon de la roue d'échappement. Ce manque de tigeron est cause que l'huile des pivots se répand toujours dans le pignon qui l'attire, et où sa présence accélère la destruction des parties en contact et rend le frottement de l'engrenage variable, selon le plus ou moins de fluidité de l'huile et le plus ou moins de poussière amalgamée avec. Aussi, voit-on généralement ce pignon se piquer après un temps de marche assez court, et beaucoup de montres varier, et même s'arrêter, par le seul fait de l'épaississement de l'huile tombée sur les ailes du pignon[20].

Si la plupart des horlogers ou se disant tels, au lieu de propager le goût des platitudes à la mode, faisaient enfin comprendre aux acheteurs que les règles de la bonne horlogerie ne peuvent s'appliquer dans les montres qu'avec certaines conditions de hauteur, on pourrait alors, en outre d'autres avantages, et sans cependant avoir ces machines d'une trop forte épaisseur, conserver les deux tigerons indispensables au pignon de la roue. On comprend mieux toute leur importance quand on fait attention que le pignon d'échappement, étant le dernier du rouage, se trouve être précisément celui sur lequel la force motrice agit avec le moins d'énergie.

Depuis que nous avons écrit ce qui précède dans notre première édition, les choses ont un peu changé.

Aujourd'hui le public est complètement dégoûté des montres plates, mais certains indices font craindre que, sous les efforts des mauvais horlogers et des fabricants ignorants, qui se tirent plus facilement d'affaire avec les montres très hautes, ce public ne donne dans l'excès contraire.

Tous les jours nous voyons sortir de certaines fabriques des montres d'une épaisseur considérable, et cependant si mal combinées que leurs échappements y présentent la plupart des dispositions vicieuses des montres plates.

Les tigerons du cylindre doivent être formés *en tête*, c'est-à-dire avoir la forme d'un double cône, dont l'un est renversé (fig. 15), ce qui empêchera l'huile de gagner les creusures des tampons (**91**).

Les tigerons du pignon de la roue doivent également être *en tête*, toujours pour que l'attraction y retienne l'huile, qu'il ne faut mettre qu'en petite quantité. Si l'on en met un peu trop, elle s'extravase, gagne le pignon, et celui-ci sera encore tout gras d'huile quand tout sera desséché dans les trous.

Ces tigerons de la roue ne doivent pas être trop gros. Le cône formé du côté du pivot a un double effet : retenir l'huile et diminuer *la portée* du pivot. Elle doit toujours être étroite, et surtout dans les petites montres.

Des trous en pierre.

417. Les rubis ou autres pierres, qui reçoivent les pivots de l'échappement, doivent être plantés bien droits ; en d'autres termes, ils doivent être sertis de façon que l'axe du trou soit perpendiculaire à la platine. Autrement les pivots se trouvant placés en biais dedans pourraient être gênés même dans des trous grands et être rongés plus tôt. Il faut bien s'assurer que les parois et les bords des trous n'ont ni égrisures ni fentes pouvant receler la fine poudre de diamant. Elle se mêlerait plus tard à l'huile et détruirait promptement le pivot.

[20] La présence de l'huile sur les ailes du pignon ne serait pas une cause de destruction si elle restait pure, mais comme elle retient les malpropretés et la poussière sur les points de contact, il en résulte une espèce de sable rongeur qui, sous la pression d'un engrenage à frottement rentrant, comme celui du pignon de six ailes, s'écrase et s'incruste dans le métal qu'il use ensuite à la façon de la pierre broyée à l'huile.

Il faut laisser un jour imperceptible entre les pierres et les plaques des contre-pivots, afin que l'huile, par un effet d'attraction et de capillarité, puisse rentrer dans le trou au fur et à mesure que la petite quantité qui s'y trouve se dessèche (**91**).

Si les trous sont trop grands, la somme des frottements est variable par suite de la différence des jeux des diverses pièces, selon les positions données à la machine (le réglage dans les différentes positions devient alors très difficile) et s'extravase promptement sur le contre-pivot. Toutes ces causes réunies nuisent à l'uniformité de la marche.

Si les trous sont trop justes, le balancier est assez libre quand les huiles sont fraîches ; mais aussitôt qu'elles s'épaississent, les vibrations s'accomplissent avec gêne et la montre varie ou s'arrête ; car remarquons qu'il faut donner, proportionnellement aux pivots des autres mobiles, un peu plus de jeu à ceux du cylindre, pour laisser au balancier, et en tout temps, une parfaite liberté.

Les trous doivent être convenablement bercés, on diminue ainsi le frottement.

Dans un grand nombre de montres modernes, et malheureusement même dans des montres ayant la prétention d'appartenir aux qualités supérieures, les pierres sont bien plus un trompe-l'œil qu'une amélioration. Mal travaillées pour la plupart, et d'une dureté insuffisante, elles valent moins dans ces conditions que du bon laiton écroui avec soin, et offrant à un pivot fin une longueur de frottement convenable (**41**) .

L'article sur les pierres, qu'on peut consulter à la *Troisième partie* de ce volume, complète ce que nous avons à dire sur le sujet qui nous occupe, et nous terminerons par une simple observation qui a son importance.

418. Quelques auteurs ont annoncé, *a priori*, que la multiplicité des trous en pierre est un puissant élément de régularité.

Or l'observation révèle que dans les montres à cylindre construites antérieurement à une trentaine d'années de notre époque, le réglage est d'autant plus long et plus délicat que l'on garnit ces montres d'un plus grand nombre de trous en pierre. En général, avec huit trous en rubis ces montres accusent une sensibilité plus grande par des changements dans l'état des huiles et de la température, que lorsque tous les pivots du rouage tournaient dans du laiton.

L'explication de ces faits nous paraît facile : nous nous trouvons en présence d'une simple question de frottement.

En substituant des rubis durs, dont les trous sont bercés et bien polis, au laiton dans lequel roulaient les pivots des roues moyenne et trotteuse, on facilite la transmission de la force motrice. Elle arrive alors avec plus de promptitude et d'abondance.

Il doit en résulter nécessairement que les inégalités de la force motrice provenant des premiers engrenages, des mouvements, parfois brusques, d'un ressort moteur qui se déroule, s'accusent beaucoup plus nettement sur l'échappement, et que l'harmonie entre les trois éléments principaux de la combinaison est à tout instant troublée, etc. (**364**) .

La remarque suivante nous servira de commentaire.

419. Les montres modernes à huit trous en rubis, qui donnent de bons résultats, ont presque toutes des cylindres de diamètre plus petit et des balanciers un peu plus grands et un peu plus lourds que ceux des montres anciennes de mêmes dimensions.

Ajoutons encore un fait : il concerne une montre d'homme de 40 millimètres (18 lignes). Elle avait été finie en blanc par un très habile faiseur de montres pour bagues ; soit un effet de l'habitude, soit qu'il pensât bien faire, il avait donné à tous les pivots du rouage une excessive finesse.

Durant plusieurs années, cette pièce, d'une exécution vraiment supérieure, eut une marche détestable. Un horloger, qui sans doute soupçonna la cause de ces irrégularités, enleva les quatre rubis des roues moyenne et trotteuse, remplaça leurs pignons et donna aux quatre pivots des dimensions plus fortes, c'est-à-dire dans les proportions communément en usage. Depuis cette réparation, cette montre marche avec régularité.

Détails pratiques sur le spiral.

420. Dans nos calibres modernes, le diamètre du spiral est égal au rayon du balancier. Avec une ouverture de compas égale à la moitié de ce rayon, on tire du centre du coq un trait sur le piton et un autre trait sous la tête avancée de la raquette. Ce dernier trait, passant juste entre les deux goupilles de raquette, indique ainsi leur position. Quant au trait sur le piton, il donne la distance où doit être percé le trou qui sert à loger l'extrémité extérieure du spiral.

Sur ce diamètre il présente ordinairement de huit à douze tours de lames, ou spires.

On voit que cette donnée empirique n'offre absolument rien de précis. C'est cependant la règle la plus généralement adoptée dans la pratique.

On a beaucoup discuté sur les spiraux longs et les spiraux courts sans apporter de grandes lumières sur ce sujet, mais on a remarqué qu'avec de trop longs spiraux les échappements à cylindre réglaient moins bien. Un spiral de 8 à 9 tours environ est celui qui paraît le mieux convenir à la généralité des échappements de ce genre et, ainsi que le disait notre première édition, plusieurs artistes distingués, après avoir beaucoup pratiqué cet échappement, ont reconnu qu'avec un spiral plus long il réglait moins bien dans le plus grand nombre des cas.

La longueur d'un spiral adapté à un échappement à cylindre doit être, comme l'a remarqué un de nos bons observateurs modernes, M. A. Vallet, en rapport avec la vitesse et l'étendue de l'arc supplémentaire. Nous ajouterons qu'il y a encore à satisfaire à une autre condition, car l'isochronisme d'un spiral de chronomètre n'est pas l'isochronisme d'un spiral d'échappement à repos frottant.

Cette question sera traitée à sa place : elle ne peut être abordée dans ce chapitre, destiné à réunir les indications sur lesquelles se base le travail des bons praticiens. Nous nous bornerons à rappeler que, pour la plupart des échappements bien construits, il y a une *longueur de spiral* avec laquelle le réglage est plus précis et se conserve mieux (**350**).

421. Un spiral mis en place doit être disposé de façon que le balancier parcourt un arc égal d'un côté et de l'autre de son point de repos pour laisser entrer et sortir une dent.

Quand on veut faire choix d'un spiral, on pince dans des brucelles le tour extérieur et l'on engage le premier tour intérieur dans la coche du cylindre, que l'on soulève ainsi avec son balancier. C'est ce que l'on appelle *peser un spiral* (expression vicieuse). On reconnaît qu'il est de poids, ou plutôt de force, et qu'il est approximativement en rapport avec les nombres courants de vibrations par heure quand, dans cette position, le cône formé par le spiral est environ de une fois et demie plus haut que sa largeur, et que tous les tours, bien graduellement espacés, sont souples et élastiques sous le balancement procuré au balancier. Mais ici un livre ne peut pas suppléer un bon maître d'apprentissage. D'ailleurs, à ce procédé très imparfait nous en ajouterons d'autres qui valent mieux, et qu'on trouvera indiqués un peu plus loin à l'article : *Régler promptement une montre à cylindre* (**432** et **438**). Nous donnerons aussi en son lieu la description de l'outil qui sert à mesurer la force d'un spiral.

Un spiral doit être bien rond et bien centré, c'est-à-dire qu'étant fixé au coq par le moyen du piton et son premier tour se trouvant entre les goupilles de raquette, le milieu du trou de la virole, qui occupe le centre du spiral, doit se trouver dans l'axe du trou du pivot.

Il doit être bien d'égale force partout afin de vibrer sur toute sa longueur, et que tous les tours s'ouvrent et se ferment ensemble sans se toucher. Si cela n'avait pas lieu il y aurait des tours forts et des tours faibles, et le spiral serait à remplacer car, ainsi que nous l'avons fait remarquer en traitant de l'échappement à R. de R., le *développement régulier d'un spiral est l'un des meilleurs indices de ses facultés réglantes* (**180**) .

Il doit rester parfaitement plat en se développant et être bien parallèle au coq, avec lequel il lui faut suffisamment de jour, de sûreté, ainsi qu'avec les rayons du balancier. Son premier tour ne doit pas frapper contre le piton ni contre la roue du centre. Il doit être formé selon la courbe que décrivent les goupilles de la raquette quand on fait marcher celle-ci ; autrement il arriverait que, dans certaines positions, ces goupilles le feraient brider, et qu'en donnant par la raquette du retard à la montre, on la verrait parfois avancer.

Il doit jouer librement entre les goupilles, qu'il faut toujours avoir le soin de tenir très sèches, afin d'éviter le collement de la première spire. Ces goupilles ne doivent pas être en acier, qui est susceptible de se rouiller et de s'aimanter.

Le second tour ne doit pas aller frapper à la première goupille de raquette.

Cette raquette sera pourvue du petit tenon, mobile au tournevis, que dans les fabriques on nomme la *botte*, et dont le bec, très mince, empêche le spiral de sortir d'entre les goupilles.

Enfin, il faut apporter tous les soins possibles dans le choix et la mise en place d'un spiral, ce ressort ayant une influence considérable sur le réglage.

Dans le rhabillage, s'il est trop faible, on peut le recouper un peu au centre, dont les tours sont plus sensibles que ceux du dehors. S'il est trop fort on peut l'affaiblir, mais il faut le faire également sur toute la longueur, ce qui n'est pas une opération facile, comme on le verra quand nous indiquerons les procédés en usage. Il vaut mieux cependant encore en remettre un autre de force convenable.

Avant de remonter un échappement on s'assure toujours que la virole tient solidement en place et qu'elle occupe bien le centre du spiral. (Consulter l'article particulier consacré à l'étude du *Spiral*, dans la troisième partie de ce volume.)

Détails pratiques sur le balancier.

422. Les ouvriers des fabriques d'horlogerie ont adopté, pour la mesure courante du diamètre du balancier, la largeur du couvercle du barillet quand ce couvercle était placé du côté des dents, ce qui revient à prendre pour la grandeur de ce balancier, à peu près le diamètre extérieur du tambour du barillet.

On peut adopter cette grandeur, qui dans nos montres modernes (de dimensions moyennes) ne s'éloigne pas beaucoup de la véritable mesure, mais il ne faut le faire que d'après l'expérience de montres bien réglées dans toutes les positions, et semblables à celles que l'on établit ou que l'on répare.

Des artistes, à qui une longue expérience a fait entrevoir qu'un bon réglage est toujours le résultat d'un certain rapport, d'une relation particulière entre le bras de levier ou rayon de la roue (dont la grosseur du cylindre dépend) et celui du balancier, ont adopté pour la *grandeur maximum* de ce dernier *deux fois* le diamètre de la roue d'échappement, et pour la *grandeur moyenne deux fois moins un dixième.* Cette prétendue règle ne peut donner que des résultats inexacts. Nous avons eu déjà, l'occasion de le faire remarquer au paragraphe **387** (*bis*).

Nous reviendrons sur ce sujet dans l'article où nous traiterons des *Balanciers annulaires*, mais disons tout de suite que dans la recherche de la grandeur d'un balancier, une approximation suffisante sera obtenue par le diamètre qui donnera à l'échappement une suffisante insensibilité aux différences de forces motrices (**264**).

423. Quant au poids de ce balancier, il doit être proportionné à la force d'impulsion de la roue de cylindre. Or, si nous n'avons encore rien de précis à ce sujet, nous possédons cependant deux moyens d'apprécier la puissance de cette impulsion :

1°. Le plus ou moins de facilité de départ, autrement dit la mise en train de l'échappement, sous un degré déterminé de tension du ressort moteur (**329**) ;
2°. Le temps que met le balancier à atteindre son amplitude moyenne d'oscillation, à compter de sa mise en mouvement par l'action du remontage de la montre. Dans certaines montres, ce n'est guère que vers la *quinzième* vibration que le balancier atteint son maximum normal et moyen d'oscillation. (Consulter le **440** et l'article général sur les *Balanciers*).

Un modérateur plutôt lourd que léger, sans excès toutefois, réglant mieux, on tient le balancier, quand il est encore à l'état d'essai, d'abord un peu pesant de la serge, puis on le diminue ensuite, en se guidant pour cette opération sur les résultats obtenus dans la double expérience indiquée aux 1° et 2° ci-dessus, et en se souvenant que :

Un balancier trop léger ne règle jamais bien : il est trop maîtrisé par la force motrice, la résistance de l'air, l'épaississement des huiles, etc. Un balancier trop lourd augmente la rudesse des frottements et les chances de rupture des pivots par une chute. Il exige un spiral plus fort, une force motrice plus grande, et rend dans certains cas la montre plus difficile à régler, surtout du *plat au pendu*[21].

Le paragraphe **354** a fourni des indications suffisantes quant à la meilleure répartition du poids total dans l'ensemble du balancier.

La matière préférable pour l'exécution de cette pièce est celle qui présente, avec une solidité suffisante, le plus grand poids sous le moindre volume. L'acier doit être rejeté, quoique par la

[21] Un balancier pesant rend la montre plus difficile régler dans les différentes positions. Dans la position horizontale, les pivots du balancier éprouvent un moindre frottement, puisque le frottement n'a lieu que presque contre le bout du pivot qui porte le balancier ; si la montre était réglée dans la position verticale, elle avancerait dans la position horizontale ; dans la position verticale, au contraire, le frottement aux pivots du balancier augmente, puisque les pivots frottent suivant toute leur longueur contre les parois des trous, et la montre, supposée réglée dans la position horizontale, retardera dans celle verticale.

Cette variation dans le frottement des pivots du balancier, suivant les différentes positions, est toujours en raison de la pesanteur du balancier, comme on le sent aisément. (Jurgensen.)

Tout ceci est vrai dans les cas les plus ordinaires, mais avec des trous bien faits, convenablement bercés, on peut rendre le frottement des pivots égal dans les deux positions. On peut aussi modifier l'avance ou le retard par un spiral mieux approprié.

trempe il acquière plus de solidité que tout autre métal car, outre qu'il est sujet à la rouille, il est susceptible d'aimantation et, sous un même volume, il est plus léger que le laiton.

Un balancier doit avoir été écroui avec soin, être bien libre, parfaitement équilibré et avoir la forme la plus convenable pour fendre l'air avec facilité. Il doit tourner rond et droit, avoir presque tout son poids dans sa circonférence, car les rayons et le centre doivent être peu chargés de matière. Il lui faut assez de jour de sûreté avec le coq, la roue de centre, la tête du piton, les goupilles de raquette, le spiral, etc. Du côté du char, il doit être assez éloigné de la barette ou pont d'échappement et de la platine. On fait attention, en le rivant, qu'un de ses bras ou rayons soit bien en face du dos du cylindre, afin qu'au besoin on puisse mettre l'échappement sur le compas d'engrenage. En faisant connaître les usages du *Tour* aux balanciers, nous indiquerons les soins à prendre dans l'exécution d'un balancier.

Nombre des vibrations par heure.

424. L'amplitude de l'oscillation d'un balancier de montre à cylindre est ordinairement de trois quarts de tour (270°), parce que les grandes vibrations réglant mieux, il n'y a de limite à leur étendue que la sûreté suffisante pour éviter le rebattement de la goupille de renversement.

On fait battre à cet échappement 18 000 vibrations par heure (5 par seconde). Ce nombre de vibrations réglant bien, on ne fait d'exception (à part les montres pour courriers) que pour les montres très grandes ou pour les petites montres au-dessous de 29 millimètres de diamètre (13 lignes). Ces petites pièces, en raison de la faiblesse de leur force motrice, étant très influencées par le *porter* et par les variations de température, doivent battre de 19 000 à 21 000 et même jusqu'à 24 000, suivant leur petitesse. Elles ne s'useront pas davantage.

Voici les nombres d'oscillations que, dans la fabrique de Genève, on fait battre aux montres, suivant leur grandeur :

Dimension de la montre.	Nombre des vibrations.
De 45 à 29 mill. (20 à 13 lig.) .... de	17 000 à 18 000.
27 mille (12 lig.)	18 000 à 19 000.
22 à 23 mill. (10 lig.)	19 000 à 20 000.
20 à 13 mill. (9 à 6 lig.)................	20 000 à 24 000.

Les grandes montres de 45 millimètres (20 lignes) se règlent très bien à 18 000 vibrations mais à une condition qui, sans être absolue, est cependant presque toujours réalisée dans la pratique : c'est que leur balancier soit moins grand que le diamètre du tambour ou virole du barillet, lorsque ce barillet occupe, comme dans les calibres modernes, tout l'espace qui sépare le pignon du centre du bord de la platine.

L'horloger bien pénétré des principes de la mécanique en saisira facilement la raison.

Du renversement du balancier.

Placer la goupille et le plot de renversement.

425. Le balancier de l'échappement à cylindre peut parcourir un tour entier.

Si on voulait lui faire faire de plus grandes vibrations, il arriverait que, lorsqu'il tournerait de la droite vers la gauche[22], le fond de la petite coche du cylindre, indiqué par la ligne pointillée *od* (A, fig. 41), viendrait rebattre rudement contre le bras de l'U et la dent, débordant alors la grande lèvre, accrocherait dessus et, retenant le cylindre immobile, l'empêcherait d'être ramené par le spiral, position qui est indiquée par le dessin A.

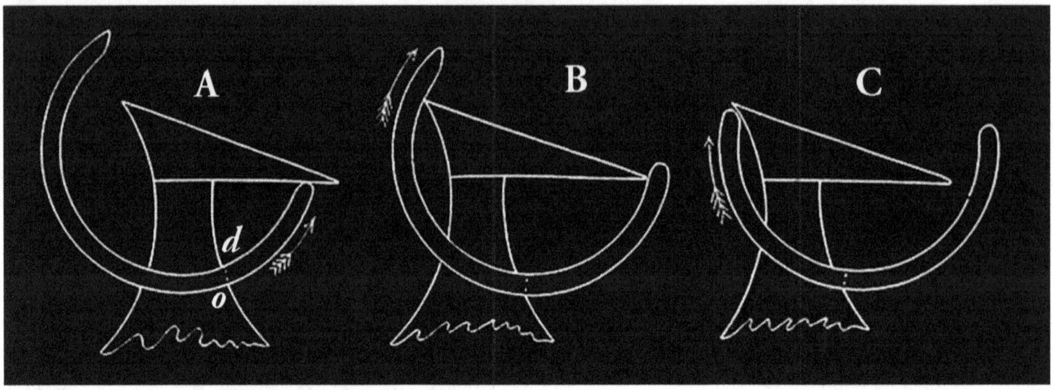

Fig. – 41.

C'est ce qu'on appelle le *renversement.*

Le renversement aurait également lieu si le cylindre tournait trop de la gauche vers la droite : lorsque la dent ne serait plus appuyée sur le repos, elle tomberait tout entière dans le cylindre, le bras de l'U irait se jeter contre le fond de la petite coche, et quand le cylindre serait ramené par le spiral, il arc-bouterait contre le talon de la dent, et le fond de la petite coche resterait en prise avec le bras de l'U, ainsi qu'on le voit en B et en C, fig. 41.

On évite le renversement en plaçant aux points convenables le *plot* du coq (appelé aussi *tocco*) et la goupille du balancier.

Lorsque l'échappement est au repos du spiral, c'est-à-dire lorsque le point de repère du balancier correspond bien à celui de la platine, la goupille du balancier doit se trouver à l'opposé, et parfaitement en face du plot de renversement.

Si cette goupille n'est pas à la place qui lui convient, il peut en résulter un et même plusieurs des défauts suivants :

1°. le renversement, surtout sur la petite lèvre, quand les dents ont été dégagées en biais en dedans ;

2°. le battement du fond de la petite coche contre le bras des U ;

3°. le battement plus répété de la goupille contre le plot. On transporte alors la goupille du balancier un peu plus à droite ou à gauche du côté où le défaut s'est révélé.

Voici comment on s'assure, pratiquement, si la goupille et le plot sont bien placés.

La montre étant remontée d'un tour ou deux, on met un papier mince pour gêner le balancier, que l'on fait tourner avec une pointe de fusain d'un côté et de l'autre, jusqu'à ce que la goupille appuie au plot. Si le tour entier est accompli sans révéler un des défauts précédents, tout est bien à sa place ; mais s'il y a renversement, si la pointe de la dent arrive trop au bord de la lèvre, ou si la roue recule un peu quand la goupille approche du plot, le déplacement de la goupille ou du plot est nécessaire.

[22] Ou du côté opposé, si la roue d'échappement tournait à rebours.

Quand la goupille de renversement est appuyée contre le plot, il doit toujours rester un petit jour de sûreté entre le bras des U et le fond de la petite coche ; le rebattement par les secousses doit être supporté uniquement par cette goupille.

426. L'échappement à cylindre en pierre porte deux plots de renversement. Il sera facile, si l'on a bien compris ce qui précède, de s'assurer si ces deux plots, qui bornent l'étendue des vibrations sont nécessaires, et si leur rapprochement, ou le transport un peu à droite ou à gauche de la goupille, ne permettra pas des oscillations plus grandes, et comme résultat un réglage plus parfait.

Marquer les points de repère pour la levée des degrés et la position du piton.

427. Supposons que nous ayons à marquer sur la platine d'une montre les deux points indicateurs d'une levée apparente de 40°.

On embrassera sur la *grammaire* (voir ce mot, chapitre VIII), avec un calibre à pignon, un arc de cercle de 40°, qui équivaut à un peu plus du tiers du diamètre du balancier. Puis on marquera sur la platine, à fleur de ce balancier, et correspondant aux deux becs du calibre, les deux points de levée (*a* et *n* fig. 44, page 204), ainsi nommés parce qu'ils indiquent l'étendue de la levée totale.

Un troisième point (*c*), appelé *point du centre*, doit être placé parfaitement au milieu, entre les deux premiers[23].

Le ressort étant armé d'un tour ou deux, on fait lever les degrés de l'échappement, que l'on suit très attentivement à la loupe, tout en faisant tourner sous la légère pression d'une pointe de fusain le balancier gêné par un papier. À la première chute, on cesse le mouvement pour faire avec du rouge une petite marque au bord du balancier, en face du premier point de levée (le dernier dans le sens où le cylindre tourne). On ramène doucement le cylindre en arrière jusqu'à la seconde chute, pour faire au balancier une seconde marque rouge en face de l'autre point de levée.

Si les deux marques rouges coïncident, c'est-à-dire n'en font qu'une, la place du repère est trouvée, mais si ces deux marques sont séparées, le repère doit être placé bien au milieu entre elles deux.

On ramène alors son balancier de manière à ce que ce repère trouvé soit vis-à-vis du point du centre, et l'on s'assure si le piton est placé dans la même direction. S'il est plus à droite ou à gauche, on dépose bien en face de ce piton un peu de rouge sur le balancier, puis on enlève ce dernier avec précaution pour y faire un trait au bord pour le repère des degrés, et un petit point par-dessus pour faire retrouver la position du piton chaque fois qu'on remettra le spiral en place après l'avoir ôté.

Remarquons que, le plus ordinairement, il suffit d'un seul repère au balancier, si l'on a la précaution, en marquant les trois points sur la platine, de faire tomber celui du centre bien vis-à-vis du milieu de l'oreille du coq, c'est-à-dire du piton.

[23] Si nous recommandons de placer les points de la platine à fleur du balancier, c'est que s'ils en étaient éloignés il ne donneraient plus l'arc de levée mesuré à la circonférence de ce balancier, mais un arc d'autant plus petit que l'éloignement serait plus grand, ce qui tromperait sur l'étendue de la levée.

Vérification courante d'un échappement à cylindre.

428. Cette vérification ne se fait bien que sur un compas aux engrenages muni d'un secteur gradué, ainsi que la chose est expliquée un peu plus loin à l'article *Plantage* ; mais pour la réparation ordinaire, et même pour le repassage on peut, avant de démonter une montre, en vérifier l'échappement avec une suffisante justesse, et sans le mettre au compas.

On s'assure d'abord que le repère du balancier est à la place convenable, que les *points de levée* sur la platine (*a* et *n*, fig. 44, page 204), ont entre eux la distance voulue, et que le point du centre *c* est bien au milieu des deux autres.

On mesure ensuite de chaque côté de *c* un quart environ des arcs *ac* et *cn*. On les indique par des marques au rouge ou par deux petits points. Ces portions d'arcs 1*c*, *c*2, à droite et à gauche de *c* embrasseront en moyenne 5° chacune.

Le ressort armé d'un tour ou deux, et le balancier gêné par un papier léger, on fait tourner doucement ce balancier avec une pointe de fusain, et l'on vérifie les fonctions de l'échappement de la manière indiquée dans l'article ci-après.

Si tout est bien, il ne reste qu'à nettoyer l'échappement et à le remonter tel quel, après avoir fait au reste de la montre les réparations nécessaires.

Si l'échappement accuse des défauts, on les corrige comme il est dit à l'article suivant, mais en se souvenant toujours que les données empiriques de cet article n'ont rien d'absolu, et que l'horloger, bien pénétré des règles théoriques et des données d'expériences insérées et développées dans les chapitres précédents, ne sera jamais embarrassé lorsqu'il voudra obtenir d'un échappement à cylindre quelconque toute la régularité que sa construction plus ou moins parfaite permet d'obtenir.

Plantage de l'échappement.

Vérification sur le compas.

429. Nous savons qu'avec des dents d'une trop faible inclinaison, on n'obtient pas une levée réelle suffisante car, dans ce cas, en rapprochant l'échappement en vue d'augmenter la levée, on a seulement l'arrêt-au-doigt, de plus grands frottements et les chutes du dehors plus fortes (**413**).

Nous savons également qu'avec des dents dont l'incliné est trop élevé pour éviter l'arrêt-au-doigt, il faut une plus grande force motrice, avec laquelle l'usure des lèvres est plus prompte, les rebattements du balancier plus fréquents et si, pour amoindrir ces défauts, on éloigne la roue dans le dessein de remédier à l'excès de levée, on rencontre alors l'inconvénient des grandes chutes en dehors.

Un des articles précédents (**406**) nous a fait connaître les résultats fâcheux provenant des cylindres trop ouverts ou trop fermés. Un autre (**409**), les signes indiquant qu'un cylindre est trop petit ou trop gros par rapport à sa roue.

Tout ceci présent à l'esprit, prenons le cylindre et la roue montée sur son pignon ou sur un arbre, et plaçons les deux mobiles sur le compas d'engrenage, après avoir ajusté préalablement sur l'une des broches qui doivent porter le cylindre le petit appareil représenté en ABD, fig. 42.

Cet appareil est composé, comme on voit, d'un triangle pris dans un disque de laiton et rivé sur un canon de même métal. Ce canon est fendu à la scie sur une bonne partie de sa longueur afin que, faisant ressort, il permette à l'appareil de tourner à frottement doux sur la broche.

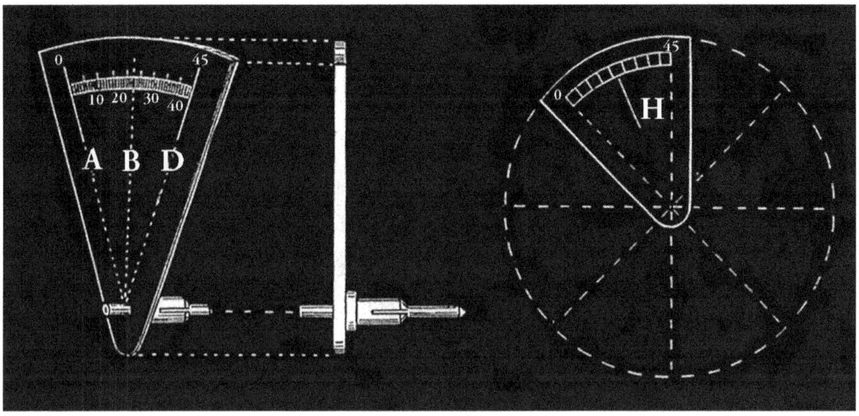

Fig. – 42.

Les deux lignes A et D doivent former entre elles un angle de 45°, divisé de 5° en 5° sur l'arc de cercle tracé en haut. La ligne B doit partager bien exactement cet angle par son milieu. Nous la nommons *ligne du centre*[24].

Si le cylindre est nu, on l'arme d'une aiguille ou index qui sert à indiquer les degrés de la levée. S'il est pourvu de son balancier, le repère marqué au bord de celui-ci, ou à son défaut une petite marque au rouge, fait connaître la marche de la levée.

Nous supposons avoir affaire à un échappement de montre moyenne pour femme devant lever 45° (levée apparente). Nous choisissons ce chiffre car, d'après ce qui a été dit à la fin du **331**, on le rencontrera fréquemment dans la pratique.

On ferme doucement le compas en faisant marcher la roue avec le doigt, ce qui donne au balancier en commençant un mouvement de va-et-vient. On fait tourner sur la broche l'appareil ABD, jusqu'à ce que la marque du balancier ou l'aiguille du cylindre parcoure, dans ce mouvement de va-et-vient, autant d'espace avant qu'après la ligne du centre B.

La roue doit faire repos avant de produire 35° à 38° de levée totale. On pousse cette dernière un peu au-delà de 50°, afin de s'assurer qu'on peut au besoin rapprocher l'échappement ; après quoi on ramène le milieu du plan droit au centre du cylindre (**430**).

On fait opérer alors la levée doucement avec les doigts, l'un pressant la roue avec légèreté, l'autre conduisant le balancier et l'on suit avec attention le mouvement de la roue. Si la dent entre en levée quand la marque du balancier a encore environ 3° à parcourir pour atteindre la ligne du centre B, l'échappement est bien, il ne reste qu'à le tracer comme un engrenage ordinaire, en posant l'une des pointes du compas dans le trou du pivot de la roue d'échappement.

Si au lieu de trois degrés il y en a quatre ou cinq, c'est que le cylindre est un peu trop ouvert ou la dent un peu trop inclinée. On peut cependant passer sur ce défaut dans la pratique

[24] Si l'on n'a pas d'outil à fendre pour opérer la division de l'arc de cercle, on divise une plaque ronde, percée au centre, en huit parties égales qui donneront chacune 45°. On subdivise l'arc d'une de ses parties en neuf autres, qui donneront ainsi des subdivisions de 5° chacune. On tire la ligne du centre et l'on découpe, avec précaution, dans la plaque, le triangle qui doit servir et qui aura une assez grande justesse, si l'on a opéré avec attention (H, fig. 42). On peut utiliser, pour cette construction, le rapporteur d'un étui de mathématiques.

ordinaire, mais si la différence excède cinq degrés, on vérifie l'ouverture du cylindre sur la filière Jacot, ou au compas-rapporteur. Si le cylindre est trop ouvert, il faut le changer. Si l'ouverture est convenable, le défaut est à la dent, qui est trop inclinée. Il faut la redresser sur l'outil-aux-inclinés, en y faisant le moins possible, car cette opération augmentera la chute.

Si la roue ne commence son mouvement de levée que lorsque la marque du balancier est déjà arrivée sur la ligne du centre, ou même après avoir dépassé cette ligne, c'est que le cylindre est trop fermé ou la dent pas assez inclinée. On vérifie l'ouverture du cylindre, que l'on corrige, s'il y a lieu, par la grande lèvre, avec un fer et du rouge ou une lime en rubis. Mais si, vérification faite, le cylindre est trouvé d'ouverture, le défaut provient du peu d'inclinaison des dents. Il faut les incliner davantage, et si l'on n'a pas à sa disposition l'outil propre à cet usage, on use en biais, légèrement arrondi, l'incliné vers sa pointe, de manière à faire pencher celle-ci vers le centre de la roue, puis on tire de long avec du rouge d'abord, et on passe le brunissoir pour terminer.

C'est une bonne habitude à prendre que celle de vérifier les échappements sur le compas jusqu'à ce que l'on possède à fond leurs principes. Cette habitude acquise, il suffira d'opérer sur les montres en réparation comme il est dit à l'article **428**.

La même méthode est employée pour déterminer la position ou pour vérifier les proportions de tous les échappements, avec cette différence que si la levée totale est plus grande ou plus petite que 45°, la demi-levée devra commencer 1° à 2° ou 3° plus loin du point du centre dans le premier cas, et plus près dans le second.

Faire passer le milieu de l'incliné par le centre du cylindre.

430. La seule méthode précise pour mettre un échappement à cylindre à son vrai point consiste à placer le milieu de l'incliné droit au centre du cylindre (**413**).

Dans la pratique, on est assez souvent obligé de s'écarter de ce principe pour pouvoir faire servir des échappements dont les proportions ne sont pas rigoureusement établies, mais il est utile, et comme point de départ, de placer d'abord le plan d'impulsion dans la position qu'il occuperait si tout était construit selon les règles.

Quand le talon de la dent échappe à la grande lèvre et que la pointe tombe au repos intérieur (en *c*), si l'on suppose le milieu du plan droit au centre du cylindre, il est clair que, puisque ce plan incliné représente le diamètre, toute la partie de l'écorce cylindrique en plus de 180 degrés doit déborder la pointe de la dent. Cette quantité (*c c'*) serait de 16 degrés pour une ouverture à 196°. Si l'on fait attention que l'arrondissage de la grande lèvre fait perdre quelque chose sur la levée et que l'incliné de la petite lèvre occupe 10 degrés sur le cylindre, on voit que, en réalité, la pointe de la dent ne peut tomber au repos qu'à environ 4 degrés en arrière du bord de l'incliné de la petite lèvre.

Le repos extérieur devrait également tomber à environ 16 degrés du bord de la grande lèvre mais, comme l'inclinaison considérable de la petite lèvre fait perdre plusieurs degrés sur la levée, et qu'en outre cette inclinaison est cause que la dent ne déplace sur la circonférence extérieure du cylindre, pendant la seconde demi-levée, qu'un arc de cercle d'égale étendue à celui déplacé sur la circonférence intérieure pendant la première demi-levée, arcs qui n'ont pas la même valeur en degrés, il en résulte que la dent tombe au repos à 12 degrés environ du bord de la grande lèvre.

Un changement dans la hauteur de l'incliné n'en produit aucun dans les quantités dont la pointe de la dent tombe en arrière des lèvres.

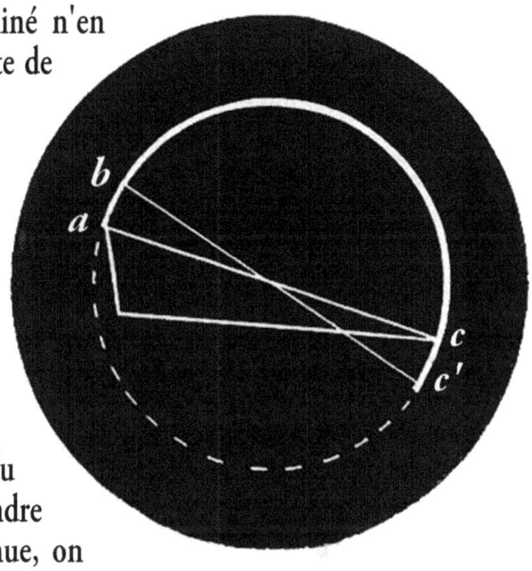

Fig. – 43.

Soit *bc'* (fig. 43) le plan le plus élevé, sa pointe tombe en *c'* ; or, c'est précisément le point qu'occupera *c*, puisque le cylindre poussé jusqu'en *a* par le plan *ac*, est conduit jusqu'en *b* par le plan *bc'*. Si l'ouverture a plus ou moins de 196° de plein, on ajoute le plus ou on retranche le moins sur les quantités ci-dessus. Tout ceci bien compris, voici comment on peut s'assurer pratiquement que le milieu du plan droit est au centre. L'ouverture du cylindre étant mesurée, à l'avance, et ainsi étant connue, on fait tourner le balancier, que nous supposons en place et gêné par un papier, jusqu'à ce qu'une pointe de dent se trouve avancée sur la grande lèvre de l'épaisseur de cette lèvre, pour une levée de 20° d'un côté (un peu plus pour les inclinés bas, un peu moins pour les inclinés hauts).

Dans cette position de l'échappement, si le milieu du plan droit est au centre, il en résulte que le talon de la seconde dent, de l'autre côté du cylindre, se trouve sur le prolongement du diamètre et que, par conséquent, toute l'écorce cylindrique en plus de la demi-circonférence déborde ce talon. Soit 16° pour une ouverture à 196°, soit 20° pour une ouverture à 200°, etc.

En pressant la roue de centre au rebours de sa marche ordinaire, afin d'appuyer le talon contre le cylindre, et en faisant rétrograder le balancier jusqu'à ce que le talon échappe à la petite lèvre pour tomber à reculons dans le cylindre, il est aisé de vérifier si la portion cylindrique qui déborde a une étendue suffisante.

En mesurant bien exactement l'ouverture du cylindre, en examinant avec une scrupuleuse attention si la forme des lèvres est celle qui convient, et en se souvenant de ce que nous avons vu jusqu'ici, il sera toujours facile de placer le milieu du plan incliné au centre du cylindre ou à très peu près, ou tout au moins dans une position qui procurera à la pièce la meilleure marche relative (**414**).

Note sur le réglage dans les positions horizontale et verticale.

431. La difficulté du réglage du *plat au pendu* réside dans la différence des sommes de frottements dans les deux positions. On comprend que l'inégalité de grosseur des pivots, la forme qui leur est donnée, l'épaisseur des trous et leur bercé plus eu moins prononcé, etc., changent le rapport de ces sommes de frottements.

Dans le plus grand nombre de cas, on se contente de conserver aux rubis une épaisseur égale au diamètre du trou, et de faire le bout des pivots parfaitement plat.

Quand les opérations précédentes ne procurent pas un réglage suffisamment approché dans les deux positions, quelques horlogers mettent le balancier hors d'équilibre en procédant ainsi : la montre étant parfaitement réglée à plat, on la suspend.

Si elle avance étant pendue on enlève un peu de matière au bas du balancier et par-dessous. Le haut du balancier étant alors un peu plus lourd que le bas, les arcs de vibration seront un peu plus grands et plus lents dans la position verticale, sans avoir varié sensiblement dans l'horizontale, et l'on obtiendra ainsi le retard demandé dans la position verticale, rien n'étant changé dans l'autre position[25].

Si, au contraire, la montre retarde étant suspendue, on enlève de la matière dans le haut du balancier, et alors, le bas se trouvant un peu plus lourd, les arcs seront plus petits et corrigeront l'avance de la position verticale.

On ne doit mettre un balancier hors d'équilibre que lorsqu'il y a nécessité absolue mais, dans tous les cas, il faut y faire infiniment peu, avec précaution, et en y revenant à plusieurs fois, de crainte de dépasser le but.

Cette méthode, déjà ancienne, puisqu'elle est indiquée dans les ouvrages de F. Berthoud, ne peut être utilisée que sur les balanciers ne parcourant que la totalité des degrés du cercle. Une oscillation plus étendue donnerait lieu à des résultats contraires à ceux obtenus d'un arc inférieur à 360°. D'ailleurs, si elle peut quelquefois avoir son utilité dans l'horlogerie courante, elle offre trop peu de garantie quant aux montres portées dans la poche du gilet, et qui y prennent des positions diverses, pour ne pas être rejetée de l'horlogerie de laquelle on attend une certaine précision.

En résumé :

Si une montre est construite avec soin, si l'échappement est établi d'après les principes que nous avons donnés, si le balancier est parfaitement d'équilibre et pas trop pesant, le réglage du plat au pendu sera toujours suffisamment approché pour qu'il ne soit pas nécessaire de toucher à l'équilibre du balancier, car il faut bien se souvenir que l'obstacle à ce réglage réside tout entier dans la différence des frottements dans les deux positions, et qu'il est toujours possible d'égaliser ces frottements, comme on le verra à l'article de la troisième partie spécialement consacré à ce sujet important. (Voir la note au bas de la page 194).

Régler promptement une montre à cylindre.

Déterminer le nombre des vibrations.

432. Plusieurs moyens peuvent être mis en usage pour régler promptement une montre. Nous allons en indiquer quelques-uns.

Préalablement, il faut connaître le nombre de vibrations que fait le balancier en une heure.

La montre ayant été démontée pour en faire la réparation, on compte les dents de chacune des roues et les ailes des pignons et l'on cherche quel est le nombre d'oscillations qui y correspond sur les tables dressées à cet effet. (Voir le chapitre du *Calcul des vibrations.*)

Ce petit travail préparatoire, si l'on se conforme aux indications de ces tables, exige à peine trois à quatre minutes de temps.

Si la montre ne doit pas être démontée entièrement, on estime le nombre des vibrations à l'aide des *balanciers-régleurs* (**439**), ou par le temps que mesure la rotation de deux roues. Cette estimation est le plus souvent très facile car, dans le plus grand nombre des montres à cylindre modernes, la roue trotteuse décrit 60 révolutions pour une de la roue du centre. Cette

[25] Le haut et le bas du balancier se prennent d'après une ligne verticale qui est censée passer par le centre du balancier quand la montre est suspendue par l'anneau de la boîte.

roue trotteuse fait alors sa rotation entière exactement en une minute, et le balancier de ces montres marche à 18 000 vibrations par heure, soit 300 par minute.

Le nombre des vibrations connu, nous pouvons arriver au but en suivant deux méthodes : l'une procède par audition et l'autre par comparaison.

Régler en comptant les vibrations.

433. Nous prenons le cas le plus fréquent, celui d'une montre à 18 000 vibrations.

Le régleur, qui sait que l'échappement produit 300 chutes ou chocs par minute, ou frappe 150 coups si, pour plus de commodité, on ne compte qu'une chute sur deux, fixe ses yeux sur l'aiguille des secondes de son régulateur, en tenant sa montre à l'oreille. Quand cette aiguille est sur la division 60, il commence à compter les vibrations, et continue (soit d'une seule traite, ce qui n'est pas facile, soit par série de 10, 20 ou 50 coups), jusqu'à ce que l'aiguille ait accompli sa révolution entière.

Si le nombre des coups comptés est exactement de 300, ou de 150 (en ne comptant qu'un sur deux), la pièce est réglée. On renouvelle l'épreuve, pour parfaite sécurité.

Si le nombre est inférieur, on pousse la raquette du coq vers l'avance ; dans le cas contraire, on la fait rétrograder, et l'on compte de nouveau. On continue ainsi jusqu'à succès complet.

En moins d'un petit nombre de minutes, si la montre ne présente aucun vice de construction, elle sera suffisamment bien réglée pour qu'il soit possible à l'horloger de la livrer presque immédiatement.

434. On peut essayer encore d'un autre moyen. Il consiste à se servir d'une montre bien réglée et battant le même nombre de vibrations que celle que l'on répare. Avec un peu de patience, en tenant les deux montres appliquées sur les oreilles, on arrive à saisir l'accord ou le désaccord des vibrations.

Le compte-vibrations.

435. Une assez grande habitude, qu'avec un peu de bonne volonté on parvient toujours à acquérir, est nécessaire pour compter sans se tromper trois séries de 50 chutes, mais en s'aidant du *Compte-vibrations* de M. Leclerre, décrit dans la *Revue chronométrique*, ce travail de supputation se fait avec une suffisante facilité, même pour le nombre 300.

On compte seulement alors de 1 à 10, et chaque dizaine est enregistrée par le compte-vibrations. Il se compose d'une roue à rochet de 60 dents, maintenue par un valet, et sur laquelle agit un poussoir dont le bouton déborde en dehors. Ce poussoir porte à son autre extrémité un cliquet articulé qui s'engage dans les dents de la roue et la fait avancer d'une division chaque fois qu'avec le doigt on presse sur le bouton, qui se relève de lui-même sous l'action d'un ressort.

L'axe de la roue porte une aiguille dont l'extrémité parcourt un cadran divisé en 60 parties.

Les yeux fixés sur le régulateur, on commence à compter, comme il est dit au paragraphe **433**, en tenant d'une main la montre à l'oreille et de l'autre main le compteur.

Chaque fois que le mot dix est prononcé on appuie sur le bouton du compteur, en ayant soin de relever immédiatement le doigt, afin que ce bouton remonte. On continue ainsi jusqu'à ce que l'aiguille des secondes du régulateur ait accompli son tour entier. Quand cette aiguille se retrouve sur le chiffre 60, si la voix qui compte énonce, par exemple, le mot cinq, on note ce nombre à part, puis on vérifie sur le compteur la quantité de dizaines enregistrées. Supposons 29 dizaines ou 290 vibrations, ajoutons les 5 de la dernière dizaine non achevée, et nous aurons 295 vibrations par minute. Le spiral est trop faible, puisqu'il procure un retard de cinq vibrations par minute.

Si au lieu de 29 le compteur accusait 30 ou 31, on aurait dans le premier cas 305 et dans le second 315 vibrations en une minute. La montre avancerait, dans le premier cas, de 5 vibrations, et dans le second de 15 vibrations par chaque minute de temps écoulé.

Régler promptement par comparaison.

436. L'usage de cette méthode demande qu'on ait à sa disposition un mouvement de montre parfaitement réglée, et battant le même nombre de vibrations que la pièce que l'on veut rapidement régler.

Le mouvement régleur et le mouvement à régler étant disposés horizontalement dans le même plan, et de telle sorte que leurs balanciers, en repos, se trouvent à proximité et deux de leurs barrettes ou rayons placées bout à bout, disposition indiquée par la fig. 44.

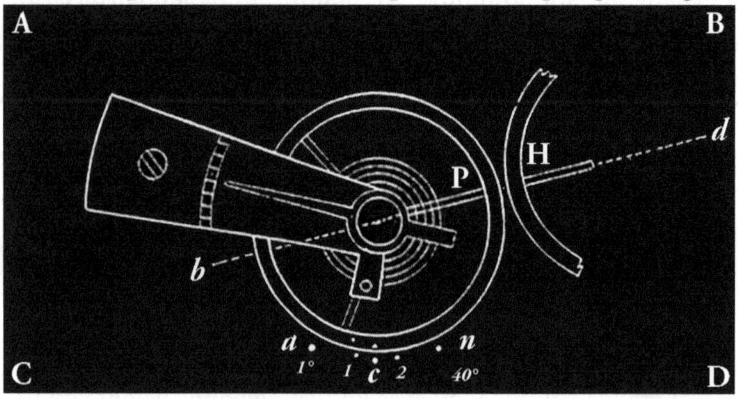

Fig. – 44.

Cet arrangement terminé, on met en marche les deux balanciers, soit en appuyant simultanément aux deux barrettes P et H, soit par tout autre moyen, et entre autres par un contact momentané des deux balanciers. (Voir l'article suivant.) Il n'est pas nécessaire que le mouvement oscillatoire soit étendu. Avec un peu de pratique, on parvient très bien à les faire marcher ensemble au début, ce que l'on reconnaît aux passages simultanés des deux rayons sur la ligne des centres *b d*.

On observe attentivement les deux balanciers : si la barrette de H passe constamment sur cette ligne en même temps que la barrette de P, la montre est réglée. On renouvelle une ou deux fois l'expérience, pour avoir toute certitude. Si H (la montre à régler) va plus vite que P, il faut faire rétrograder la raquette d'avance et retard de H, et faire le contraire dans le cas opposé.

En répétant cette expérience quelquefois, l'horloger arrive très promptement à se familiariser avec le double mouvement de ses balanciers, et à saisir toute discordance un peu caractérisée.

437. *Observation.* Le support des deux montres doit être solide et présenter une assez forte masse, et il ne faut pas laisser marcher trop longtemps les deux balanciers si l'on a armé les ressorts moteurs. Toutes les 1 à 2 minutes on arrête ces balanciers au point de repos du spiral, afin d'éviter les petites erreurs ayant leur source dans la réciprocité d'action des corps en mouvement.

Déterminer la force d'un spiral.

438. Nous donnerons en son lieu la description de l'outil à mesurer la force du spiral, mais la méthode suivante, qui n'est pour ainsi dire qu'une réduction de celle qui précède, peut suffire dans tous les cas qui se présentent dans le travail que nécessite la réparation des montres.

L'horloger doit être pourvu d'un balancier-régleur, c'est-à-dire que d'une montre hors d'usage, et réglée à 18 000 vibrations, il a pris le spiral et a monté le tout sur une plaque, comme P est monté sur ACDB (fig. 44). Après s'être assuré que ce balancier-régleur a de l'huile propre à ses pivots, et qu'il vibre très librement, on agit ainsi : le nouveau spiral, destiné à la montre que l'on répare, par sa virole, étant ajusté au balancier de cette montre, on soulève ce balancier en pinçant dans des brucelles le tour extérieur du spiral, et après avoir placé bout à bout une barrette de chacun des balanciers, on laisse appuyer légèrement le pivot d'en bas du balancier soulevé sur la plaque ACBD. Tout en le maintenant dans cette position, on met les deux balanciers en mouvement, comme il a été dit (**436**).

Avec le balancier de comparaison, plus lourd que l'autre, on arrive assez vite à les faire marcher à l'unisson en établissant, durant un instant très court, un léger contact entre les deux serges, que l'on sépare ensuite.

Suivant que le spiral paraît trop fort ou trop faible, on le pince dans les brucelles de façon à allonger ou à raccourcir la longueur vibrante de sa lame, et l'on réitère l'opération jusqu'à ce que le synchronisme des deux oscillations soit obtenu.

Le point pincé par les brucelles est le point d'attache dans le piton du coq, car la raquette du balancier P ne porte pas les deux goupilles entre lesquelles on fait passer le premier tour de lame du spiral. Par ce procédé, on trouve donc tout de suite un spiral offrant la force convenable mais, quand il sera placé dans la montre, il restera à déterminer la position de la raquette de cette montre par l'une des deux méthodes ci-devant indiquées.

Observation. Si les deux goupilles étaient très près l'une de l'autre, que le spiral fût serré entre elles, la partie pincée dans les brucelles devrait se trouver entre ces goupilles. Si elles étaient très écartées, en sorte que le spiral les touchât à peine quand la raquette est poussée au retard, cette partie serait, comme nous l'avons dit, le point d'attache du piton. Nous pensons avoir été assez explicite sur ce sujet pour que l'horloger sache discerner à très peu près l'intervalle séparant le point d'attache du point pincé dans les brucelles.

Dans le dosage des spiraux, beaucoup d'ouvriers des fabriques emploient le procédé qui vient d'être décrit. Il leur permet de choisir et de placer un spiral presque à coup sûr au point d'attache convenable, et abrège beaucoup pour eux la durée d'un réglage[26].

[26] Plus simplement encore on arrive à connaître la force du spiral, pincé dans les brucelles, en comptant les vibrations du balancier, durant une minute, à l'aide d'un régulateur ou d'une montre à secondes.

Balanciers régleurs ou de comparaison.

439. Il serait bon que tout horloger eût plusieurs balanciers munis de spiraux et montés sur des plaques, et battant différents nombres, soit 4, 5, 6 coups, etc., par seconde. Le chiffre des vibrations par heure serait gravé sur chaque plaque.

Non seulement ces petits appareils serviraient pour déterminer la force d'un spiral, mais encore pour retrouver les nombres de dents ou d'ailes d'une roue ou d'un pignon perdues. Nous avons le premier, en publiant ce procédé, indiqué cette seconde et utile application, qu'on trouvera expliquée et développée à l'article *Refaire une roue perdue*.

Note sur une nouvelle méthode pour déterminer le poids du balancier.

Faire tirer les minutes.

440. Un corps oscillant sous l'action d'une force motrice met un temps très court pour atteindre son maximum de mouvement, quand ce corps est très léger, et un temps d'autant plus long que ce corps est plus lourd (**323**) .

C'est en vertu de cette loi physique qu'un balancier de montre trop léger, relativement à la force motrice, atteint tout de suite son maximum d'oscillations, tandis que le balancier trop lourd débute par une vibration courte, suivie d'une autre plus étendue, et ainsi de suite, jusqu'au point où l'arc de vibration est arrivé à son étendue normale.

Dans certaines montres, ce n'est que vers la 15e vibration que le balancier a acquis son mouvement régulier.

Nous ne pouvons nous étendre ici sur cette méthode, car nous poursuivons encore des expériences. Elles nous permettront de dresser un tableau à l'aide duquel il sera possible de déterminer sans tâtonnements, et pour plusieurs grandeurs de montres, le rapport entre le poids du balancier et la force motrice.

Nous prions instamment nos confrères d'essayer quelques expériences de cette nature sur des montres de marche très régulière, et de nous en communiquer les résultats. Se contrôlant les uns par les autres, il en sortira nécessairement une règle pratique, sûre, précise, et basée sur une loi physique démontrée.

Voici comment ils devront agir :

Le ressort moteur de la montre n'étant pas armé, on fait sur la platine une petite marque au rouge correspondant, par exemple, à la goupille de renversement. Cette marque permettra de placer à volonté le balancier dans la position qu'il occupe quand le spiral est en repos.

On remonte le ressort moteur tout au haut de la butée de l'arrêtage, et quand la montre a marché un temps suffisamment long pour n'avoir plus à craindre l'excès de résistance d'une mise en marche, on arrête délicatement le balancier dans la situation où le maintenait le spiral en repos, puis on le laisse partir et, tout en étudiant, avec une bonne loupe bien disposée, la progression des arcs parcourus, on compte les vibrations accomplies jusqu'au moment où l'amplitude de la vibration a toute son étendue.

Calibre et proportions d'une montre à cylindre ayant eu une marche excellente.

441. Nous ne pouvons mieux terminer ce chapitre qu'en mettant sous les yeux du lecteur le calibré et les dimensions précises d'une montre à cylindre, dont la marche, depuis environ trente années, a constamment été très exacte.

Cette montre porte gravé le nom de Robin, à Paris. Elle a tout le cachet de la bonne exécution génevoise, et appartient au genre des pièces dites demi-plates, c'est-à-dire d'une épaisseur moindre que celle généralement adoptée aujourd'hui par les fabricants.

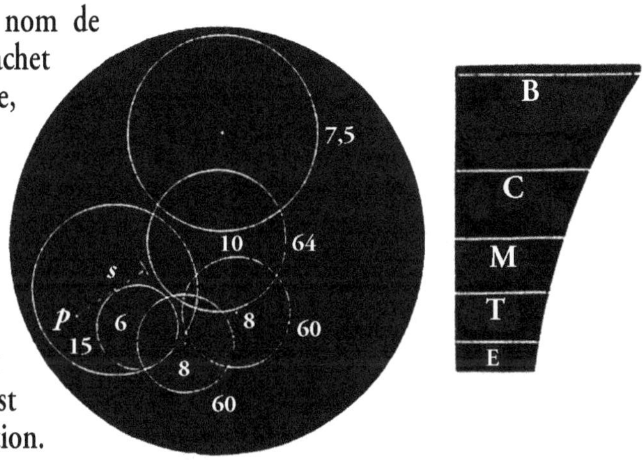

Fig. – 45.

Les jours, ou intervalles de sûreté, ont été bien compris et ménagés avec intelligence. Tout est encore en parfait état de conservation. Après chaque nettoyage subi par cette montre, elle a immédiatement repris sa régularité première. Cette pièce sera pour nous un terme de comparaison, une confirmation matérielle de ce que nous sommes malheureusement obligé de répéter souvent : les bonnes montres sont le résultat d'une intelligente application des lois de la mécanique. Ce qui signifie aussi qu'on peut arriver au même but par des combinaisons variées, pourvu qu'elles soient conformes à ces lois.

Le calibre de la montre en question est représenté figure 45.

À droite, les diamètres des mobiles, espacés entre eux de la moitié de leur longueur, B le barillet, C, la roue du centre, M, la roue moyenne, T, la roue trotteuse ou des secondes, E, la roue d'échappement, ont été disposés à part, afin qu'on pût saisir d'un coup d'œil la progression décroissante de la force motrice.

P est le point d'attache du spiral, dont le diamètre est mesuré par la ligne ponctuée *s*.

Voici d'ailleurs quelles sont les dimensions des organes, exactement mesurées en millimètres, dixièmes et centièmes de millimètre.

Pièces non mobiles.

Épaisseur totale du mouvement . ...3,15 ^{mm}
Platine — diamètre, 40 ^{mm} ; épaisseur ....1,53 ^{mm}
Épaisseur des ponts . ...1,62 ^{mm}

Rouage.

Les nombres des dents des roues et celui des ailes des pignons sont marqués sur la figure 45.

	Diamètre	Diamètre des pignons	Grosseur des pivots
Barillet	19,00 mm		
Sa virole	17,25 mm		
R. du centre	13,50 mm	2,60 mm	0,93 mm
R. moyenne	10,70 mm	1,70 mm	0,20 mm
R. trotteuse	9,96 mm	1,45 mm	0,15 mm
R. d'échapp	8,25 mm	1,05 mm	0,10 mm

Force motrice.

Barillet. — Diamètre intérieur 16 mm ; diamètre de la bonde 5,2 mm.

Ressort moteur. — Hauteur 1,1 mm ; épaisseur 0,2 mm ; longueur 59 centimètres.

Ce ressort, armé d'un demi-tour pour le placement du doigt d'arrêt, tenait en équilibre (au bout d'un levier en bois, pesant 3,88 gr et long de 185 millimètres), quand on remontait la montre :

Au premier tour de clef.......... 6,0 gr
Au deuxième tour et demi ...... 7,5 gr
Au quatrième tour .... 9,0 gr

Pendant les vingt-quatre heures de marche, la force motrice décroissait du tiers, ou à très peu près, de sa puissance au maximum.

Échappement.

Balancier. — Diamètre 16,50 mm. Poids (estimé d'après un balancier de mêmes dimensions et brisé), 14 centigrammes.

Ce poids était réparti ainsi :

	dans la serge	12	14
	dans les bras et le centre.	2	

Cylindre. — Diamètre .... 0,95 mm
Ouverture (flèche de l'arc)....... 0,55 mm
Grosseur des pivots .... 0,11 mm

Leur longueur est égale à deux fois et demie leur diamètre.

Les pivots de la roue de cylindre sont imperceptiblement plus fins que ceux du cylindre.

Spiral. — Longueur développée de 182 à 183 mm

Son diamètre est de 8 mm, pour onze tours et demi d'enroulement.

Le point d'attache dans le piton est à 4,50 mm du centre.

Le diamètre de la virole est égal à 1,85mm

Levée — Levée apparente 36° (l'incliné est légèrement courbe).

Levée d'un seul côté . . . 26°.

La levée *réelle* est donc d'environ 52°.

L'échappement est garni de 4 trous en pierre. Tous les pivots du rouage roulent dans du laiton.

Comme on peut le vérifier par les nombres inscrits sur la figure 45, cette montre accomplit 18 000 vibrations par heure.

Tirer les minutes. — Avec un tour de bande du ressort moteur au-dessus du repos sur l'arrêtage, l'oscillation normale est atteinte entre la 20e et la 22e oscillation.

Le ressort étant armé jusqu'à la butée de l'arrêtage, l'oscillation normale est obtenue entre la 14e et la 16e oscillation.

L'étendue de l'arc parcouru diffère de peu quand le ressort, déjà armé d'un tour, est bandé jusqu'à la butée de l'arrêtage.

Remarques diverses et rapports.

442. Les lignes B, C, etc., de la figure 45, nous présentent le tableau de la décroissance de la force motrice, ou plutôt des leviers qui la transmettent.

L'échappement entre en marche au premier tour de remontage, ce qui annonce une force motrice assez énergique et cependant, par suite des bonnes proportions adoptées, le balancier n'est pas soumis à cette force, ce qui est ostensiblement prouvé par les deux faits suivants :

1°. Il accomplit 15 vibrations avant d'avoir atteint l'amplitude de ses arcs ordinaires, le ressort étant entièrement bandé ;

2°. Cette amplitude varie de peu par une différence de près d'un tiers dans la force motrice.

L'action de cette force motrice se développe dans de bonnes conditions, et ne peut troubler le réglage puisqu'elle décroît avec régularité : le rapport des poids qu'elle tient en équilibre à différents degrés de tension du ressort moteur le démontre. On a compris que ce résultat est subordonné, en partie, à la grandeur du diamètre de la bonde, et au plus ou moins de longueur laissée aux extrémités du ressort qui ne servent pas pour la marche, c'est-à-dire qui restent en dehors de l'action bornée aux quatre révolutions de l'arrêtage du barillet,

En désignant par : B le balancier, C le cylindre, O l'ouverture (le diamètre de C étant 100) et P les pivots, nous notons les rapports suivants :

B : C : : 17,3 : 1.
C : 0 : : 100 : 57, 8.
C : P : : 8 : 1.

La proportion entre le balancier et le cylindre est excellente, d'après les données d'expériences du n° **388**. La profondeur de l'ouverture est entre 196° et 200° laissé au plein et la grosseur des pivots est conforme aux proportions avouées par une saine pratique.

On voit que la marche régulière et soutenue de cette montre n'a rien qui doive étonner celui qui s'est rendu compte des éléments de succès que sa combinaison réunissait.

D'autres rapports peuvent être déduits des chiffres ci-dessus donnés, mais pour qu'ils soient utilement consultés, il faut mettre en regard des relevés provenant de montres de proportions différentes. Aussi prions-nous nos habiles confrères de nous adresser des communications de la nature de celles renfermées dans cet article, nous les publierons concurremment avec nos propres observations. Toutefois, nous devons faire remarquer qu'on ne doit s'occuper que des montres marchant sans interruption depuis une dizaine d'années au moins, et non mutilées par des raccommodeurs.

Chapitre VI

Des causes des arrêts et des variations de l'échappement à cylindre

De la piqûre du cylindre.

443. La piqûre du cylindre provient ordinairement :

1°. De la présence d'une espèce de sable rongeur formé par le mélange de l'huile et de la poussière, ou de l'absence de l'huile qui s'est desséchée. Les frottements se font alors à sec ;

2°. De l'imperfection du poli. Elle est cause que, les parties frottantes n'étant pas suffisamment unies, les aspérités des métaux se pénètrent et se déchirent, ce qui augmente les frottements et détruit les pièces en contact ;

3°. De la mauvaise qualité du métal qui, pailleux ou peu homogène, n'est pas d'égale dureté dans toutes ses parties et se polit mal ou inégalement ;

4°. D'une mauvaise trempe, qui corrompt l'acier si on le chauffe trop, ou qui ne lui donne pas assez de dureté, si on ne le fait pas rougir suffisamment ;

5°. De la mauvaise habitude de certains faiseurs d'échappements qui, pour plus de facilité dans le travail, reviennent *jaune paille*, ou *violet*, et même *bleu*, les lèvres et les repos du cylindre ;

6°. D'une roue qui n'est pas trempée ou qui est trop revenue après la trempe.

Ces défauts seront évités si l'on a le soin de ne pas laisser marcher trop longtemps l'échappement sans renouveler l'huile, de prendre toujours pour sa confection de l'acier de premier choix, de le tremper avec infiniment de précaution et de le laisser dans toute sa dureté au repos et aux lèvres, et seulement jaune aux dents de la roue, enfin d'arrondir légèrement en baguette les plans inclinés et leurs pointes, puis de polir au plus haut degré toutes les surfaces frottantes.

Dépiquer le cylindre.

444. Si un cylindre n'est pas piqué trop profondément, on reforme ses lèvres. Il est bon d'avoir pour cet usage deux petites limes en pierre, l'une offrant une certaine rudesse et l'autre douce. Ces lèvres doivent être polies au plus haut degré, et l'on repolira également les inclinés qui ont fonctionné contre les lèvres entamées. (Tout cylindre trop ouvert doit être remplacé. Voir pour ce cas, au chapitre VII, l'article *Pivotage d'un cylindre.*)

On peut polir mécaniquement les lèvres. Nous ferons connaître l'outil destiné à cette opération qui nous paraîtra le meilleur.

Ordinairement, pour dépiquer les lèvres du cylindre, on opère en tenant le balancier entre les doigts de la main gauche. Il est plus commode, quand on a à reformer la grande lèvre, de mettre le cylindre en cire, par le balancier, sur la plaque d'une broche percée, semblable, sauf la moindre épaisseur de la plaque et le cuivrot enlevé, à celle qui est représentée par la figure 46.

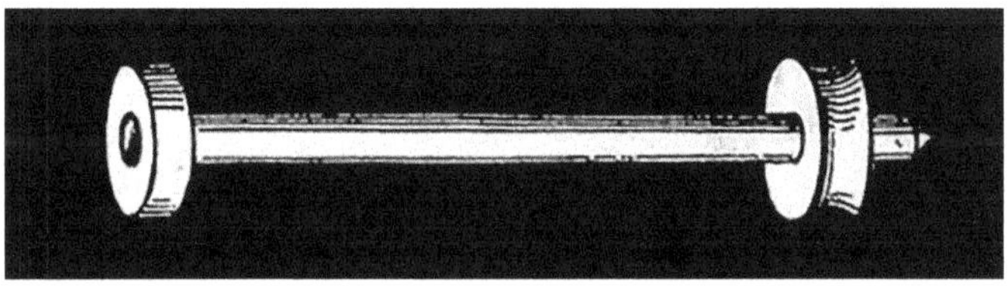

Fig. – 46.

Quant à la petite lèvre, on retourne le balancier et on met le cylindre en cire, par le dos, à l'extrémité d'une tige percée d'un trou un peu plus grand que la grosseur du cylindre, et après qu'on a limé cette partie de la tige de façon à enlever la moitié de son diamètre, ce qui met à jour la cavité où se loge le cylindre.

Cette broche peut également, comme l'autre, être garnie d'une rondelle mince, pourvu que l'ouverture soit assez grande pour laisser passer l'assiette.

Dans l'un et l'autre cas, on peut mettre une double rondelle, l'une mobile, c'est-à-dire fixée à l'autre par trois petites vis. Le balancier étant serré entre elles deux, on n'a plus besoin d'employer la cire.

Redresser un cylindre.

445. Un cylindre n'est ordinairement faussé qu'à la colonne. Plusieurs procédés peuvent être mis en usage pour son redressement.

1°. On enlève le tampon d'en bas. On ajuste un nouveau tampon. La pointe du tigeron de celui-ci est déjetée à la lime jusqu'à ce que le cylindre tourne bien rond sur les repos, et le balancier sur son contour. Puis on lève le pivot de ce tigeron sans se préoccuper du défaut de concentricité du petit canon.

2°. Si les pivots sont cassés et le cylindre faussé, on enlève les deux tampons. On choisit un arbre bien lisse et cylindrique, entrant dans la partie non faussée du cylindre. On serre ce dernier dans un cuivrot à vis en laiton, couvrant et touchant partout la surface extérieure du repos. On met la colonne en contact avec une broche chauffée. Quand cette colonne est bleue, on pousse avec précaution l'arbre dans le cylindre, on éloigne la lampe et l'on saisit le cylindre dans des pinces fortes et effilées, l'un des becs appuyé à l'arbre, dans la coche, et l'autre bec pressant fortement sur le milieu de la colonne, et l'on agite dans l'eau jusqu'à refroidissement complet.

Puis on refait les deux tampons (**467**).

Le redressement d'un cylindre, pourvu de pivots, peut être obtenu mécaniquement avec un outil. On trouvera dans le chapitre *Outillage* la disposition qui nous paraît la plus simple et du plus facile usage.

L'arrêt-au-doigt.

446. Peut provenir :

- Du manque de force motrice à l'échappement par l'effet d'un vice de construction dans ce dernier, des mauvais engrenages, des frottements nuisibles entre les pièces qui ne doivent pas se toucher, d'un ressort trop faible ;
- D'un échappement portant un incliné trop haut (surtout si cet incliné est droit) ou dont on a forcé la levée, ou bien dont les inclinés trop bas buttent sur les repos au lieu de se présenter sur les lèvres ;
- Des pivots du balancier qui peuvent être faussés ou qui roulent dans des trous justes ;
- D'un cylindre mal poli, ainsi que les inclinés et les pointes des dents ;
- D'un balancier trop pesant relativement à la force motrice trop faible;
- D'une rebarbe laissée au talon de la dent ;
- Enfin, la dent reste quelquefois dans le cylindre sans pouvoir le faire repartir, parce que cette dent, dont l'angle est trop aigu et mal poli, butte contre l'extrémité intérieure de l'incliné de la petite lèvre qui n'a pas été assez arrondie, assez fondue avec la circonférence intérieure de l'écorce (**407**).

Nous ne comprenons pas dans les causes de l'arrêt-au-doigt celles provenant de l'épaississement des huiles et de la piqûre des lèvres du cylindre.

Il n'y a pas d'horloger qui, avec un peu d'attention, ne puisse découvrir et ne sache corriger les causes de l'arrêt-au-doigt, que plusieurs de ces causes se trouvent réunies ou qu'elles soient isolées.

Une roue d'échappement mal plantée.

447. Si elle penche en avant, ou si elle est trop basse dans la petite coche, elle frottera sur le tampon d'en bas et quelquefois sur la roue trotteuse.

Si elle penche en arrière ou si elle est trop élevée dans cette même coche, le dessous de la petite lèvre frottera sur le bras des U, ce qui donnera du recul à la roue, et il pourra encore arriver que cette roue ait un frottement sur la roue trotteuse.

On corrige en mettant la roue droite en place par les pieds du pont, et si ce pont est sujet à se déranger par l'effet du serrage de la vis, on y place un troisième pied quand la roue est droite.

S'il est impossible de changer la position d'une roue trop haute ou trop basse en place, on fait monter ou descendre le cylindre de manière à ce que le fond de la roue partage bien par le milieu la coche de renversement.

Les défauts que nous venons de signaler peuvent être causés aussi par une roue d'échappement rivée mal droite, ou dont le fond n'est pas d'égale épaisseur partout.

On corrige ce dernier défaut sur un liège et avec un fer plat chargé de pierre broyée.

Voir roue mal droite, etc., page 218.

Roue trop épaisse. — Roue faussée.

448. La roue peut avoir une trop grande épaisseur totale, ou simplement le fond trop épais.

Le premier cas est rare, mais se rencontre cependant dans des montres un peu plates. On dérive la roue et on l'amincit en la frottant à plat sur une glace chargée de pierre broyée.

Quand le fond seul est trop épais, on augmente la hauteur de la petite coche du cylindre au moyen d'une petite lime plate en rubis (**453**).

On redresse une roue faussée par le procédé indiqué au chapitre VII, à propos de la trempe de la roue.

Trop peu de profondeur au passage du pont d'échappement.

449. S'il y a frottement des dents de la roue dans le passage, il y aura arrêt et irrégularité dans la marche. Si seulement le dessus des dents n'a pas un grand jour avec le pont, l'huile se répand dans le passage et nuit à l'exactitude du réglage.

La poussière et les petits filaments attirés par l'huile ne feront pas arrêter si le passage est grand.

Une roue qui penche en place, ou qui a été rivée mal droite, des trous trop grands, un pont courbé du bas en haut, occasionnent parfois les défauts qui résultent d'un passage trop peu profond. On peut s'assurer, quand il y a doute, en mettant du rouge à polir sur les plats des dents, si elles passent avec toute sécurité.

Le rouge doit être délayé un peu épais car s'il s'étale, sa couche étant très mince, l'indication est insuffisante.

On remet la roue droite en place, soit par les pieds du pont soit, si l'on ne peut faire autrement, en forgeant par-dessous un peu le pont pour l'allonger. On se sert pour cet effet d'un poinçon large et formé en panne de marteau.

Une opération analogue peut, au besoin, faire avancer le trou d'en bas, mais on doit craindre la rupture des pierres, et il faut se souvenir que ce moyen ne doit s'employer qu'avec circonspection, et quand il y a impossibilité absolue d'obtenir la réparation autrement.

Si l'horloger sait poser les pierres (voir leurs articles), il lui est facile d'enlever celle qui est mal plantée, d'agrandir le trou où elle était logée et de le reboucher en y sertissant solidement une petite plaque de laiton dans laquelle la pierre sera replantée avec soin et sertie.

Le passage se recreuse sur le tour-en-l'air, où le pont a été préalablement mis en cire ou, ce qui vaut mieux, sur le tour universel, dont on conduit la plate-forme avec le plat de la main droite, pendant que l'on approche avec la main gauche le burin fixe doucement et juste assez pour enlever un peu de matière. Quand ce burin a parcouru tout le passage, en le recreusant légèrement, on ramène la plate-forme en arrière et l'on avance de nouveau le burin, mais de très peu ; après quoi l'on fait revenir la plate-forme en avant pour opérer un nouveau creusage, et ainsi de suite, et toujours sans se servir de la manivelle ou de l'archet.

Si le pont était trop mince ou que, pour toute autre raison, on ne pût pas recreuser le passage, il faudrait élever ce pont et recourber un peu en dessous la partie comprise entre le rubis et la creusure. Mais ce moyen est de ceux qu'on n'emploie qu'au pis-aller.

Trop peu de chute ou les chutes inégales.

450. S'il n'y a pas de chute intérieurement, la dent frottera au cylindre par la pointe et le talon en même temps. S'il manque de chute en dehors, ce cylindre frottera à la pointe d'une dent et au talon de la dent qui précède. Dans le premier cas, l'arrêt aura lieu, une dent étant engagée dans le cylindre, dans le second cas, ce sera le cylindre qui sera engagé entre deux dents. Si ce double frottement n'était pas assez considérable pour faire arrêter la montre, il nuirait toujours beaucoup au réglage. On corrige ces défauts en usant un peu les pointes des dents mais il faut s'assurer auparavant s'il n'est pas préférable de remplacer tout de suite le cylindre, qui peut bien ne pas être fait selon les principes, plutôt que de courir le risque de gâter une bonne roue pour faire servir un mauvais cylindre. (Relire avec attention l'article de la chute, **410**).

Si les chutes sont inégales et que quelques-unes soient trop précises il arrive, comme dans le cas précédent, des arrêts quelquefois et des variations de marche toujours : la montre ne peut être maintenue réglée, elle retarde constamment. Pour reconnaître ce défaut on dépose un peu de rouge au bord du balancier, ce qui permet de mieux observer les oscillations ; si ces oscillations sont d'inégale étendue et si quelques-unes hésitent à revenir au même point que les autres, il y a grande probabilité que le défaut en question existe.

Si l'hésitation se fait remarquer du côté du piton (ou côté de la grande lèvre), le défaut provient des chutes intérieures. Il faut alors égaliser toutes les dents de la roue sur la mesure de la plus courte, et en se servant d'une étroite filière à trous, comme il a été dit art. **402**.

Si l'hésitation a lieu du côté opposé, le défaut provient des chutes extérieures. Il faut alors vérifier tous les vides et, faute d'un outil spécial, avec un arbre lisse, et les égaliser sur le plus grand.

On peut plus rapidement tâter toutes les chutes, marquer avec du rouge les dents qui manquent d'ébat et retoucher seulement ces dents (**410**).

L'inégalité des chutes peut être occasionnée par des dents faussées, soit par l'effet de la trempe, soit par toute autre cause.

On se souviendra, en règle générale, qu'une inégalité marquée dans l'étendue des vibrations qui se suivent est, presque toujours, l'indice ou de l'inégalité des chutes ou de dents qui lèvent plus les unes que les autres.

Les chutes bruyantes et peu d'ébat dans le cylindre.

451. Ont pour cause un talon rugueux qui accroche sur la lèvre, ou un incliné d'une courbe trop prononcée. Quand la roue est mince, il y a parfois rebondissement du talon contre la paroi opposée, surtout quand le cylindre est mal poli. En polissant le talon ou en redressant un peu l'incliné, le bruit des chutes diminue très sensiblement.

Un cylindre trop bas ou trop haut en place.

452. Les causes d'arrêt et variations seront les mêmes qu'avec une roue trop haute ou trop basse en place. On corrige par le coq et le char et, selon le besoin, en faisant monter ou descendre le cylindre jusqu'à ce que le fond de la roue soit au milieu de la coche de renversement. Si, après cette opération, le balancier touche au pont d'échappement, on relève le champ en faisant plier les rayons près du centre. Si, au contraire, le jour de sûreté manque par-dessus, on fait baisser le champ par le même procédé.

Une petite coche trop large ou trop étroite.

453. Si la petite coche est trop large ou limée en queue d'hirondelle en arrière, et que la roue soit placée trop basse en cage, ou bien encore que cette roue n'ait pas une suffisante épaisseur totale, il arrive que la pointe de la dent, pendant le repos, frotte tellement près du bord de la petite coche qu'elle court le risque de s'engager par-dessous ce bord quand elle se trouve à l'endroit où la coche a sa plus grande largeur. Si ce cas se présente, le cylindre est alors arrêté comme par un renversement.

Il faut mettre la petite coche d'égale largeur partout, avec le secours de la lime en rubis, puis élever un peu la roue ou descendre le cylindre, et ne laisser à ces deux mobiles que le jeu strictement nécessaire en hauteur.

Si la petite coche est trop étroite, on met le cylindre fortement en cire au bout d'une broche percée, analogue à celle indiquée pour l'adoucissage d'une roue (**444**), et avec une mince lime en rubis on attaque la coche au-dessous du repos.

Les bras des U touchés par le fond de la coche.

454. Le rebattement du fond de la petite coche contre le bras des U fait varier la montre. Il donne du recul à la roue. On a vu comment on s'assure de l'existence de ce défaut, et comment on le corrige par le déplacement de la goupille du balancier, à l'article du renversement (**425**).

Dans le cas où la petite coche n'aurait pas une suffisante profondeur, deux goupilles seraient nécessaires, mais il vaudrait mieux se résoudre à attaquer le fond de la coche, opération fort délicate et qui se fait avec une lime plate en rubis, et en mettant le cylindre fortement en cire au bout d'une broche, comme il est indiqué à l'article précédent.

Un pivot cassé. — Un tampon à remplacer.

455. Un pivot cassé nécessite le remplacement du tampon. Voici comment on déchâsse l'ancien :

On met à l'étau un morceau de laiton B percé d'un trou où le tigeron resté au tampon puisse passer librement et l'on évase ce trou avec un ébiseloir à pointe allongée, afin que, le cylindre étant placé dedans, il n'y ait que le bord du canon qui porte.

À l'aide du poinçon à crochet A (fig. 47), qu'on entre dans la gorge du cylindre, on déchâsse un peu le tampon. Cette opération faite, le tampon déborde le canon. On fait entrer cette partie qui déborde dans un trou d'outil-à-trous, où elle doit s'ajuster presque sans jeu, afin

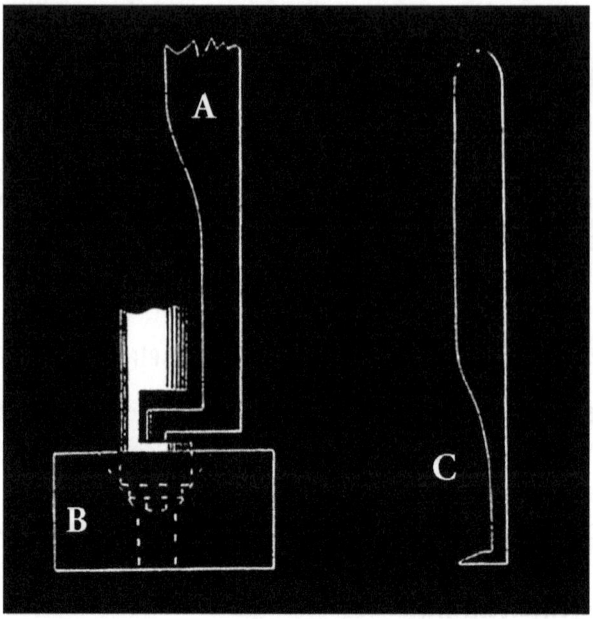

Fig. – 47.

que le canon soit appuyé tout autour, et l'on achève de déchâsser le tampon avec un poinçon à crochet ayant le bec assez long.

Le tampon enlevé se remplace par un autre, auquel on a réservé un tigeron de longueur suffisante pour y lever le pivot. (Consulter les articles des *tampons* et du *tamponnage*, au VIIe chapitre.)

Quelques ouvriers, après avoir mis le cylindre fortement en cire, percent le tampon, puis y ajustent une petite tige, sur laquelle ils lèvent le pivot ; il est préférable, plutôt que d'employer cette méthode bonne pour quelques cas particuliers, de refaire le tampon d'une seule pièce.

Un tampon enfoncé dans le cylindre.

456. Après avoir fait un repère au bord du cylindre et du tampon pour retrouver exactement la position de celui-ci, on le déchâsse comme il vient d'être indiqué (**455**), puis on le met en cire au bout d'une tige de laiton percée laissant entrer très librement le tigeron et son pivot. Cela fait, avec une lime barette tranchante on fait des traits circulaires tout autour du tampon, en le faisant rouler sur une surface de laiton ou de bois dur.

On peut encore se servir d'une pointe de burin pour y faire des traits croisés en plusieurs sens. Quelques ouvriers roulent le tampon tenu au bout de la broche sur de la pierre broyée, en appuyant fortement avec un fer, de façon à incruster une certaine quantité de pierre dans la surface circulaire du tampon ; mais de bons horlogers réprouvent ce moyen par la crainte que des parcelles de la pierre broyée, restées entre les surfaces mal jointes, ne se mêlent plus tard à l'huile nécessaire aux frottements du cylindre. Si, après l'une de ces opérations, le tampon ne tient pas encore avec assez de force, il faut refouler très légèrement le bord de sa creusure, en se servant pour cet effet d'un poinçon arrondi, trempé, poli et percé d'un trou laissant entrer librement le tigeron.

Quant aux ouvriers qui recollent leurs tampons à la gomme laque, ils devraient remarquer que le canon d'en bas ayant ordinairement fort peu de hauteur, les tampons collés n'y tiennent pas très bien, et qu'en outre la gomme laque se dissout dans l'esprit-de-vin.

Un renversement.

457. Le renversement a lieu quand la goupille est mal placée, qu'elle est trop courte ou qu'elle s'est brisée.

En se servant de deux pointes de bois de fusain, l'une au balancier, l'autre à la roue, on fait rétrograder celle-ci pour dégager le cylindre, et l'on exécute ensuite la correction nécessaire, ainsi qu'il a été enseigné à l'article du renversement (**425**).

Avec des dents qui ont été diminuées en biais à la pointe et par dessous, c'est-à-dire du côté de l'intérieur de la roue, comme on le voit en S (fig. 40, page 181), le renversement est plus difficile à découvrir : le cylindre, étant retenu moins fortement, repart par les secousses ou à l'ouverture de la boîte.

Si l'on ne découvre pas la cause de l'arrêt, il faut faire renverser sur chaque dent, parce qu'un bras des U pourrait avoir été faussé en dehors par la trempe ; il resterait alors un peu moins de matière en dedans à la pointe, ce qui serait cause que le renversement n'aurait lieu que sur cette seule dent.

Une dent trop large ou trop carrée du talon.

458. Avec des dents trop larges ou dont le talon n'a pas été dégagé en biais, il peut arriver que les deux pointes *o* et *a* (fig. 48) frottent en même temps au cylindre. On aurait alors de grandes variations, et de temps en temps, l'arrêt de toute la machine, ce qu'on évite en limant les talons en biais, et comme l'indique la ligne pointillée *m* +.

Si la colonne est à fleur du talon (en *o*), une partie de l'angle de cette colonne doit disparaître dans l'opération.

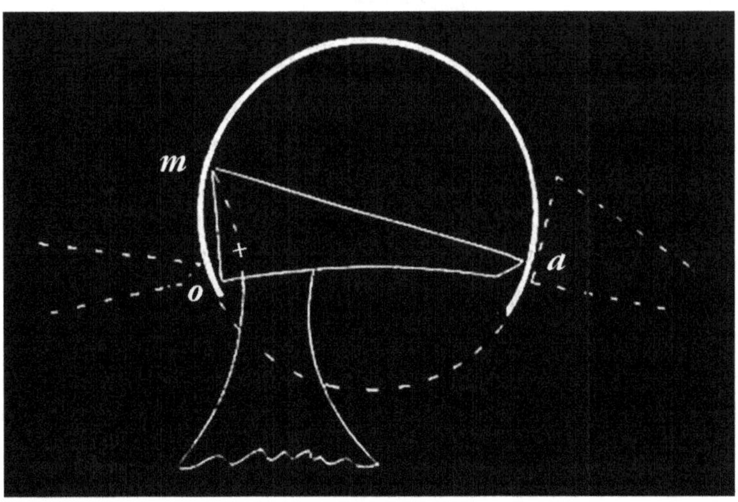

Fig. – 48.

Un échappement qui boîte.

459. Quand l'échappement n'est pas à son point, ce que l'on indique en disant qu'il *boite* en marchant, ce fait peut provenir de plusieurs causes :

1°. de ce que l'une ou même les deux goupilles qui tiennent le spiral assujetti au piton et à la virole se sont desserrées ;

2°. d'un spiral gêné par les goupilles de raquette, qui le font brider ;

3°. du piton, qui n'a pas été mis en face du repère du balancier dans l'action du remontage de l'échappement. Si ce repère existe, on fait tourner la virole pour amener le piton vis-à-vis. S'il n'existe pas, on le marque, comme il a été enseigné à l'article des points de repère (**427**), et on amène le piton en face.

Résumé des autres causes d'arrêts et de variations.

460. Les autres causes des arrêts et variations de l'échappement à cylindre, que tout horloger saura découvrir avec facilité et corriger de même, sont les suivantes :

- *Cylindre trop gros ou trop petit* (**409**), *trop ouvert ou trop fermé*, etc. (**406**).
- *Cylindre ovale ou tournant mal rond.* La roue a parfois un petit mouvement de recul.
- *Roue tournant mal droite.* Si ce défaut ne provient pas de la rivure, on le corrige en mettant la roue à plat, et bien d'aplomb, sur un morceau de métal tendre ou de bois dur, percé au centre pour loger le pignon ; puis on courbe très légèrement la barette que l'on veut faire relever, en frappant dessus délicatement et tout près du centre. Pour cette opération on emploie, préférablement au marteau tranchant, un petit poinçon ayant le bout plat et légèrement en biseau.
- *Roue ayant ses dents ou trop inclinées ou trop peu inclinées, des pointes mal polies et tombant trop au bord des lèvres*, etc.
- *Roue mal ronde.* Les levées sont inégales. Des dents tombent très près du bord des lèvres et d'autres trop en arrière.
- *Un trop grand jeu en hauteur à la roue ou au cylindre.* En renversant la montre, une des deux pièces descendra plus bas que l'autre ce qui, en changeant leur positions relatives, pourra faire naître des frottements pernicieux.
- *Trous trop grands à la roue d'échappement.* Elle vacillera beaucoup et donnera naissance à tous les défauts provenant des roues mal droites ou mal plantées.
- *Une virole trop libre.* Il suffit souvent, pour la déranger, d'ouvrir ou de fermer la boîte.
- *Une virole qui n'a pas assez de jour avec le coq.* Elle frotte aux vis du coqueret, au coq ou, si ce défaut ne se produit pas, l'huile qui se glisse entre deux suffit pour occasionner des variations.
- *Une troisième roue de rouage qui a trop de jeu.* Elle frotte à la roue d'échappement quand on renverse la montre.
- *Un balancier tournant mal droit, penchant en place, trop haut ou trop bas.*
- *Les rayons du balancier touchant au piton*, aux goupilles de raquette ou au nez du pont de la roue d'échappement.
- *Le spiral frappant* à la roue du centre, au piton, ou bien, avec son second tour, contre la première goupille de raquette.

- *Le spiral frottant* au coq ou sur les bras du balancier ou à la roue du centre.
- *Les goupilles de raquette en acier.* Elles ont à craindre la rouille et l'aimantation. (Voir plus loin : l'huile aux goupilles de raquette.)
- *Des goupilles de raquette qui remuent.* La montre ne se règle pas.
- *Une goupille de renversement qui touche* au pignon ou à la tige de roue trotteuse, au timbre de répétition ou au bord de la boîte, lorsque celle-ci est fermée, ce bord cédant sous la pression de la cuvette. Aussi l'échappement repart en ouvrant la boîte de la montre.
- *Une goupille de renversement qui s'engage* sur le devant du plot au lieu de le frapper sur le côté, ce qui provient d'une goupille trop courte ou d'un plot limé en biais par devant.
- Une *goupille de renversement qui se colle au plot.* Ce cas, assez rare dans nos climats, l'est beaucoup moins dans les pays brumeux, Angleterre, par exemple.
- *Le rebattement de la goupille de renversement.* Il a pour cause une goupille mal placée, ou une levée trop considérable, ou bien une force motrice trop grande.
  C'est un défaut qui échappe parfois longtemps à l'observation, parce qu'il ne se produit que dans des circonstances particulières, comme au porter, ou quand un trou qui était trop juste s'est alésé par l'usure de la paroi. Avec certains ressorts moteurs il n'a pas lieu au haut de la bande, mais à un autre point du développement du ressort. Dans quelques-uns de ces cas, on peut faire disparaître ce défaut en mettant un spiral un peu plus court et sa virole d'un diamètre un peu plus grand.
- Le *bord des canons frottant*, par suite du manque d'espace, soit sur la pierre, soit sur le bord de la sertissure.
- Des *trous mal sertis* et qui vacillent, en place, ou trop épais, ce qui empêche le pivot de déborder par-dessous. Ce dernier défaut peut provenir de pivots tenus trop courts.
- De *la présence de l'huile* au limbe du balancier, ce qui en change le poids et le met hors d'équilibre, ou bien aux goupilles de raquette, où le spiral reste collé parfois pendant plusieurs vibrations successives.
- Trop *d'huile au trou du pont d'échappement.* Cette huile est effleurée et enlevée par les barrettes du balancier.
- De *l'huile du pivot d'en haut de la roue trotteuse.* Elle coule et s'épaissit le long de la tige. Dans certains calibres, elle est alors effleurée par le bord du balancier ou par la goupille de renversement.
- Un *balancier trop petit, ou trop grand et léger, un cylindre trop gros* (grosseur des axes **345**), sont trois causes assez fréquentes, non pas d'arrêt, mais de perpétuelles variations dans le réglage.
  Il en est de même d'un RESSORT-MOTEUR énervé en totalité ou dans quelques-unes de ses parties, par suite de la mauvaise qualité de l'acier ou de la suppression des arrêtages.

Cylindre en pierre.

- Une *tuile de cylindre en pierre mal collée* allant et venant sous la pression des inclinés.
- Une *tuile débordant trop le bras de manivelle.* Elle doit être presque à fleur de ce bras ; autrement, pour empêcher ce bras de frapper sur la pointe de la dent au repos, il faut

écarter les plots de renversement, ce qui raccourcit l'étendue de la vibration et facilite le rebattement de la goupille contre les plots, etc. (Voir les n^os^ **403** et **404**.)

Des engrenages.

Des engrenages mauvais, et transmettant fort inégalement la force motrice à l'échappement, sont une cause de variations. Comme ils deviendront de plus en plus imparfaits, il peut arriver que les propriétés réglantes de l'échappement en soient, à un moment donné, complètement paralysées.

Avec un pignon d'échappement de proportions vicieuses, le réglage est parfois peu précis, ou de courte durée.

Quant au remplacement de ce pignon, voir au chapitre VII l'article : *Mise en place d'une roue et d'un pignon d'échappement.*

461. En parlant de la vérification d'un échappement sur le compas, nous avons dit que lorsque le cylindre n'est pas pourvu de son balancier, on munit ce cylindre d'une aiguille ou index. Le lecteur a dû comprendre que cet index, en fil de laiton recuit et se courbant à volonté facilement, doit être porté par un petit cuivrot à vis s'ajustant sur l'assiette ou sur le grand tigeron, et que l'on fait fonctionner l'échappement en appuyant avec légèreté sur le cuivrot.

Chapitre VII

Pratique de la construction d'un échappement à cylindre

Exécution d'un cylindre

462. Les marchands de fournitures d'horlogerie ont avec eux des assortiments de cylindres de toutes tailles mais, malgré cette facilité, il n'est pas d'horloger qui ne se soit trouvé dans l'obligation de refaire et de remplacer des cylindres. Cette opération, qui n'exige qu'un peu de soins et d'adresse, assez commune en horlogerie, est bien moins délicate que celle de la construction de la roue, nous ne nous occuperons donc de celle-ci qu'en second lieu[27].

Après avoir suivi avec attention les détails dans lesquels nous allons entrer, tout horloger ayant l'habitude des manipulations du métier, doit être capable d'exécuter de bons cylindres et d'acquérir en peu de jours une suffisante pratique pour le faire assez lestement.

Déterminer les hauteurs.

463. On prend mesure pour les hauteurs sur le cylindre que l'on veut remplacer. À son défaut, voici comment il convient d'agir :

On prépare une petite règle de laiton large d'environ 2 millimètres, longue de 2 ou 3 centimètres et de l'épaisseur d'une carte à jouer.

On met un peu de rouge à la pointe des dents et au rebord des bras des U. Puis, la roue étant en place, on tient la règle debout appuyée sur le rubis du char, comme si cette règle était le cylindre. On pousse légèrement la roue contre, en avant et en arrière et, d'après les marques au rouge que la roue y a laissées des demi côtés, on encoche cette règle de laiton comme un cylindre.

[27] Nous croyons être agréable à nos lecteurs en leur donnant ici l'adresse d'un très habile faiseur d'échappements, M. Parent, rue de la Monnaie, 7, Paris.

Ensuite on la présente de nouveau pour s'assurer que la grande coche est assez haute et que le bras de l'U partage bien la petite coche par le milieu. (A, fig. 49, page 230.)

On ôte le char de la platine et on le remonte seulement avec le coq.

On s'assure que les rubis, quand leurs contre-pivots sont enlevés, sont bien alors à la même distance l'un de l'autre que celle trouvée avec une ouverture de calibre-à-pignon (ou d'outil aux douzièmes), embrassant par-dessus le coq et le char, quand ces deux pièces étaient fixées sur la platine.

À l'aide du petit outil dit *maître-à-danser*, décrit au chapitre VIII, cette vérification est facilement faite, et l'on peut mesurer la distance entre les deux trous en pierre.

À son défaut, on détermine l'espace vide intérieur qui sépare les deux rubis, soit en défalquant l'épaisseur de ces mêmes rubis de la hauteur totale prise par-dessus, soit par tout autre moyen.

Cet espace intérieur connu sert à marquer sur la petite règle, en mesurant du bas, le trait *b*. Puis on fait les deux petites marques *c* et *o*, pour indiquer la longueur que l'on peut donner à chaque tigeron sans nuire à la solidité du canon d'en bas, ni à l'épaisseur indispensable à l'assiette.

La règle ainsi préparée, il sera facile de faire son cylindre dans les proportions convenables, puisque l'on connaîtra :

- Les hauteurs de la grande et de la petite coche ;
- La longueur de chaque canon, *oi* et *sc* ;
- La longueur totale du cylindre nu de *o* en *c* ;
- La longueur de chaque tigeron *ao* et *cb*.

Il suffira d'ajouter plus tard l'épaisseur des deux rubis des trous pour avoir la longueur totale du cylindre tout pivoté. On sait que les hauteurs des axes roulant entre des plaques se comptent toujours de l'extrémité des pivots, et non des portées. (Si l'on a la petite équerre mobile ou bien un cylindre d'essai à tige rentrante, comme ceux représentés en C et D, figure 49 et décrits aux n[os] **474** et **475**, ce travail de mesures à déterminer devient plus facile.)

Il est, en définitive, plus expéditif pour l'ouvrier ayant peu d'habitude de l'exécution des échappements, quand il n'a pas le vieux cylindre, de préparer préalablement sa règle de laiton. S'il essaye de s'en passer, il lui arrivera, dans le plus grand nombre de cas, de perdre plus de temps en tâtonnements, vérifications, etc., qu'il n'en eût mis à déterminer de suite ses hauteurs exactement.

S'il avait les deux morceaux du vieux cylindre, il pourrait les recoller en garnissant l'intérieur de cire d'Espagne, et prendre ses mesures sur cette pièce ainsi rajustée.

Faire un cylindre.

464. La rapidité d'un travail quelconque tient à la méthode adoptée pour l'accomplir, c'est pourquoi nous avons numéroté les différentes opérations après les avoir classées dans l'ordre le plus convenable.

1. – On prend un morceau d'acier tiré, dit acier aux vis, aussi exempt de pailles ou autres défauts que possible d'environ 5 centimètres de longueur, et plus gros d'un tiers que le cylindre. Après l'avoir redressé, on le revient bleu-gris et on le laisse lentement refroidir sur le revenoir, ce qui le rend plus doux à travailler. (Il est bon que cet acier ait été préalablement

préparé, et comme les choses sont indiquées à l'article *Acier*. Il se travaille avec une plus grande facilité et se fausse moins à la trempe.) On fait une pointe à l'une de ses extrémités, et l'on donne un coup de pointeau au centre de l'autre bout, où l'on perce le trou, en ayant le soin de mettre abondamment de l'huile, soit au foret, soit à la pointe du tour.

Le cuivrot placé sur la branche d'acier doit être d'une grandeur moyenne, l'archet plutôt faible afin d'éviter de faire des cavités dans l'intérieur, ou une tétine au fond du trou, et aussi de crainte de briser le foret, que l'on tient avec une tenaillette de préférence à des pinces.

Le trou, dont le diamètre doit être un peu plus petit que la longueur d'une dent de la roue étant percé assez profondément, on ébauche sur le tour le cylindre, que l'on coupe au burin ou à la lime à fendre.

2. - Ce cylindre ainsi préparé, on le serre, pas trop fortement, dans un épais cuivrot-à-vis en laiton, afin de le tenir assez solidement pour y passer l'équarrissoir. Il ne faut jamais employer de pince dans cette opération car, en outre du risque d'aplatir le tube, on ne réussirait pas à faire l'intérieur uni.

On agrandit le trou avec un équarrissoir très peu conique, bien trempé, les angles bien francs et bien adoucis, et tous les pans égaux. On entre cet équarrissoir alternativement par un bout et par l'autre, ce qui fait le cylindre un peu renflé à l'intérieur vers son milieu. Quand les dents de la roue d'échappement entrent à l'aise mais sans jeu, le trou est assez grand.

Remarquons toutefois que lorsque les dents de la roue sont un peu trop courtes, il faut leur donner un peu plus de jeu dans le cylindre, pour ne pas avoir l'écorce trop forte car on doit se souvenir qu'elle ne doit pas être épaisse.

3. - Pour achever de rendre le trou bien lisse intérieurement, on l'adoucit avec une broche et de la pierre pilée, jusqu'à ce qu'il n'y reste pas de traits. Cette opération donnera une partie du jeu nécessaire à la dent de la roue, et le polissage fera le reste plus tard. La broche étant entrée dans le cylindre, on fait rouler celui-ci sur le doigt ou sur le bord de la paume de la main et, tout en le faisant rouler à droite et à gauche, on avance et on retire la broche pour que l'adoucissage se fasse en même temps dans tous les sens. On entre la broche alternativement par un bout et par l'autre, comme on a déjà fait pour l'équarrissoir.

On se sert, pour faire la broche, d'une tige d'acier aux vis dont on diminue la grosseur à la lime, sur une longueur de 20 à 25 millimètres, de façon à ce que cette partie diminuée entre librement dans le cylindre. Si l'on prenait simplement une broche mince sur toute sa longueur ou une tige de fil de fer, il arriverait qu'elle céderait en appuyant et que le cylindre, en s'usant, s'évaserait en tromblon par les deux extrémités.

On peut également se servir, pour adoucir l'intérieur du tube, d'une tige d'acier entrant aisément dans le cylindre, et placée entre les pinces d'un bocfile qui la tend fortement. On fait rouler le cylindre sur la paume de la main, comme il a été dit, et en conduisant le bocfile par son manche[28].

[28] Les faiseurs de cylindres emploient différents procédés pour l'adoucissage intérieur ; quelques-uns remplacent la scie d'un bocfile, placé à l'étau, par une tige d'acier entrant aisément dans le cylindre et, au moyen d'un cuivrot à vis placé sur celui-ci, ils l'adoucissent en le faisant tourner à l'archet, ou avec deux archets en sens contraire. Par ce procédé on peut adoucir plusieurs cylindres à la fois (un petit mouvement de va-et-vient serait utile).
D'autres le font rouler sur le doigt avec un cuivrot placé sur l'écorce, etc.; mais ces différents moyens offrent des inconvénients pour qui n'en a pas une grande habitude ; il convient donc mieux de s'en tenir aux premiers que nous avons donnés.

4. – L'adoucissage intérieur terminé, on met avec la main mais sans le chasser, sur un arbre le moins en cheville possible le cylindre, que l'on tourne avec un archet à crin et une longue pointe de burin, bien rond, bien uni et bien cylindrique dans toute sa longueur, jusqu'à ce qu'il passe dans les vides de la roue, mais sans jeu entre la pointe d'une dent et le talon suivant. Puis on l'adoucit par-dessus à l'archet avec un fer plat, jusqu'à ce qu'il n'y reste plus de traits. Cet adoucissage donnera une partie du jeu nécessaire en dehors.

5. – Si le cylindre est trop long, on peut le mettre alors de longueur en tournant bien carrément les deux extrémités mais il est préférable de faire cette opération quand le cylindre est entaillé. On s'assure, aravant de l'entailler, que l'écorce n'est pas trop épaisse. Dans ce cas il faut le refaire, si l'on ne peut pas amincir cette écorce en agrandissant le trou.

6. – On entaille le cylindre soit avec une lime carrée, soit sur le compas-aux-engrenages avec une fraise circulaire mordant bien et conduite avec un archet. L'épaisseur de cette fraise doit être égale à la hauteur de la coche.

Avant on a dû ajuster le cylindre sur une broche tournée bien ronde de laiton dur, sur laquelle on le fait entrer, toujours le côté du grand canon le premier. Il doit y tenir assez fortement, afin de ne pas tourner sous la pression de la lime. On forme la grande coche. Le cylindre entaillé doit descendre dans la rainure étroite de la filière *Jacot*, dite filière-aux-cylindres (chapitre VIII), au même degré où le cylindre entier descend dans la plus large rainure. Si l'on se sert d'un micromètre pour mesurer l'ouverture, elle doit avoir pour le vide à peine plus de cinq douzièmes du diamètre total, et par conséquent le plein sera de moitié plus un douzième (**340**).

Le compas-aux-cylindres, décrit au chapitre VIII, donnera également une proportion convenable.

Mais il ne faut pas oublier que ces dimensions sont celles d'un cylindre, entièrement achevé or, comme l'arrondissage, l'adoucissage et le polissage des lèvres enlèveront une certaine quantité de matière sur ces lèvres, on doit laisser un à deux degrés de la filière en plus pour le plein, afin que le cylindre terminé ne se trouve pas trop ouvert.

La hauteur de la grande coche ne doit pas dépasser une fois et demie l'épaisseur de la roue, afin que le réservoir d'huile qui se forme dans l'angle supérieur du dedans du cylindre puisse alimenter les frottements des repos.

7. – La petite coche doit enlever les trois quarts de l'écorce du cylindre.

8. – Les plats des canons doivent être limés bien plats et bien carrément. Pour obtenir ce résultat, on se sert de divers outils dont on trouvera la description ci-après, chapitre VIII.

9. – Pour donner aux lèvres la forme qui convient à chacune d'elles, et qui est indiquée à l'article *De la forme des lèvres* (**335**), on tient le cylindre au bout d'une broche de laiton tourné qui ne doit pas dépasser intérieurement le bord du canon et en limant on fait grande attention :

- à ne pas enlever trop de matière sur le dessus des lèvres, ce qui gâterait le cylindre en le rendant trop ouvert ;
- à ne pas pencher la lime du côté de la coche de renversement, en formant la petite lèvre, ce qui arrive assez souvent aux ouvriers qui manquent d'habitude ou d'adresse ;

– à ne pas fausser le cylindre en le limant, en l'ôtant et le remettant sur la broche de laiton, d'où on le fait sortir en appuyant, avec une queue de lime aiguisée, au-dessus de la partie pleine, c'est-à-dire du dos[29].

10. - On ôte les bavures extérieures.

11. - On passe une broche et de la pierre pilée pour enlever les bavures intérieures, et on adoucit les lèvres jusqu'à ce qu'il ne s'y voie plus de traits. Pour l'adoucissage comme pour le polissage des lèvres, on se sert de tiges d'acier et de composition de bronze dur, appelées à tort *zincs à polir* (l'acier vaut mieux), auxquelles on donne la même forme et la même largeur qu'aux limes qui ont servi dans les précédentes opérations. Si on éprouve quelque peine à les tenir bien à plat, on courbe leur manche un peu à droite ou à gauche pour trouver l'aplomb cherché. On peut également se servir de limes en rubis.

On doit prendre garde, en adoucissant, d'altérer les courbes des lèvres.

Tremper le cylindre.

12. - Pour tremper le cylindre, plusieurs méthodes sont usitées. L'une consiste à le suspendre à un fin fil de fer formé en crochet à son extrémité. On le présente ensuite, en l'agitant constamment, à une petite flamme de chandelle placée dans un endroit assez sombre, pour mieux distinguer la nuance du rouge. On jette le cylindre dans l'huile aussitôt qu'il est partout au rouge cerise, qu'il ne faut pas dépasser.

Quelques artistes placent leur cylindre dans un petit tube de laiton, font rougir le tout à la couleur cerise et jettent dans l'huile.

On peut tremper le cylindre, et même plusieurs à la fois, par les derniers procédés indiqués pour la roue (**496** et **497**).

13. - Après s'être assuré que le cylindre est trempé dur, on le blanchit avec précaution, vu sa grande fragilité après la trempe, et au besoin on le savonne et on l'essuie bien car il doit être très propre et très sec pour être revenu.

14. - Pour le faire revenir, on ajuste à frottement doux, sans forcer, dans chaque canon, une broche ou forte goupille de laiton tiré, allant jusqu'au bord de la coche seulement, mais débordant le cylindre en dehors d'environ 15 à 20 millimètres. On pince la gorge avec des brucelles de la largeur de la petite lèvre, et l'on présente à la flamme l'extrémité de la goupille du petit canon, jusqu'à ce que ce canon soit revenu bleu gris. Puis l'on présente l'autre goupille à la flamme, et l'on revient également bleu gris le grand canon.

On voit que la portion du cylindre où se font les repos reste trempée à blanc. Les artistes qui font revenir jaune paille plus ou moins foncé les repos des cylindres ont tort car les lèvres se piqueront beaucoup plus vite. Quant à ceux qui les mettent partout à la couleur bleue, et ils sont encore assez nombreux, nous n'en dirons rien, sinon que ce sont des ouvriers ignorants ou maladroits, ou qui ne sont pas suffisamment rétribués.

---

[29] Quatre limes, adoucies au revers des angles, c'est-à-dire où elles ne doivent pas mordre, sont nécessaires pour les opérations ci-dessus, savoir : 1° une lime carrée très douce et de même largeur que la grande coche, afin de ne pas courir le risque de creuser la lèvre, ce qui pourrait avoir lieu si cette lime était trop étroite ; 2° une lime à égalir demi-douce, dite lime aux coches de renversement ; 3° une lime carrée douce et aiguisée en sifflet à son extrémité. Elle sert à incliner la petite lèvre et doit avoir exactement la largeur de cette lèvre, car si elle est plus large on a de la peine à la tenir d'aplomb ; 4° une petite lime barette douce et tranchante pour couper franc les coins et y former des angles vifs.

15. – Le cylindre étant revenu, on le tient au bout d'une broche de laiton, pour blanchir à la pierre pilée l'intérieur de la coche de renversement et les plats des canons. Il faut le savonner et l'essuyer avec beaucoup de soin, pour le débarrasser complètement de la pierre pilée après ce dernier adoucissage.

16. – On polit au rouge rude le dedans du cylindre, et ensuite le dehors, après avoir tourné légèrement conique le dessus du grand canon, où doit s'ajuster l'assiette. Puis on polit les lèvres, que l'on achève de suite au rouge fin et au brunissoir. Les lèvres terminées, on finit au rouge fin le dedans et le dehors du cylindre.

Plusieurs de ces opérations peuvent être faites avec de petites limes de rubis ou de saphir, comme il a été dit.

Soins à prendre dans le polissage.

465. Quand on polit un cylindre entaillé, si on veut le conserver rond il ne faut pas commencer par le rouler sur le doigt, comme on a fait pour l'adoucir. Il faut polir d'abord le repos intérieur en conduisant la broche en long avec un imperceptible mouvement de côté et d'autre, mais sans lui faire quitter le dos intérieur du cylindre. Quand cette partie est à peu près polie, on achève en faisant rouler sur le doigt.

Quant au polissage du dehors de l'écorce, le cylindre étant enfilé sur un arbre placé entre les pointes du tour, et dont on tient le cuivrot entre deux doigts, afin de lui imprimer un léger mouvement de va-et-vient demi-circulaire, on tire de long le dos du cylindre avec un fer méplat, auquel on donne en même temps un mouvement circulaire pour couper les traits. Puis on achève le polissage à l'archet, ainsi qu'on a fait précédemment pour l'adoucissage.

Si l'on ne prenait pas ces précautions, le cylindre deviendrait ovale et le bord des lèvres tranchant, parce que du côté du vide, les canons, offrant une moindre surface, seraient usés avant le dos.

C'est pour la même liaison qu'avant d'entailler un cylindre on doit l'adoucir parfaitement dehors et dedans.

On doit tenir le rouge très propre, en prendre peu à la fois et limer la broche chaque fois qu'il a été séché.

On se souviendra aussi qu'en outre qu'il faut prendre garde de déformer les lèvres, leurs angles vifs doivent être arrondis et polis et que, du côté de l'entrée de la dent, la courbe de la lèvre doit se fondre avec la courbe du cylindre.

Ce dernier ne doit jamais être serré dans des pinces ni placé sur un arbre qui ne soit pas parfaitement lisse et qui puisse rayer l'intérieur de l'écorce.

Autres méthodes d'adoucissage et de polissage.

466. On peut encore adoucir un cylindre extérieurement et le polir ensuite sur le compas-aux-engrenages.

Deux broches sur la même ligne doivent être solidement reliées l'une à l'autre par un arc de cercle en métal qui, tenu par une main, permet de donner simultanément aux deux broches un petit mouvement de droite à gauche et vice versa ; ces deux broches auront ainsi une certaine mobilité.

Le cylindre monté sur un arbre parfaitement rond et cet arbre placé entre les deux broches fixes du compas, on place entre les deux autres broches mobiles un rouleau bien cylindrique, également monté sur un arbre. En desserrant le compas on met le rouleau chargé de pierre broyée à l'huile ou de rouge à polir, en contact avec la surface du cylindre. Puis, tandis qu'une main conduit les deux archets montés l'un sur l'arbre du cylindre et l'autre sur l'arbre du rouleau, de la main restée libre on donne à celui-ci, par l'arc de cercle en métal, un mouvement latéral de va-et-vient.

Par cette méthode, on peut adoucir ou polir plusieurs cylindres montés sur un même arbre et sans altérer leur rondeur.

On peut encore polir extérieurement un cylindre sur le lapidaire. Ce cylindre est monté sur un arbre tenu entre deux broches d'un même levier, qu'on rapproche insensiblement du lapidaire au moyen d'une vis.

Faire les tampons.

467. Un morceau d'acier aux vis, non pailleux, trempé à l'huile et revenu bleu, sert à faire les tampons. On le tourne rond à son extrémité et lorsqu'il commence à entrer dans le petit canon, on achève de le mettre de grosseur avec de la pierre pilée à l'huile et un fer à adoucir, c'est-à-dire qu'on le diminue ainsi jusqu'à ce qu'il pénètre à peu près aux trois quarts du petit canon.

On tourne plate la face du tampon. On ébauche le tigeron au burin et l'on forme sa pointe.

On polit la face du tampon sur l'outil-aux-tampons (chapitre VIII) ou, à son défaut, sur le tour à polir les vis.

On agit de même pour exécuter le grand tampon, avec cette différence qu'il doit être ajusté plus profondément qu'aux trois quarts du canon.

En tournant et en ajustant les tampons, il faut s'assurer fréquemment, avec le micromètre, s'ils sont presque cylindriques. C'est la forme qu'ils doivent avoir car s'ils se trouvaient en cheville, ils feraient fendre le cylindre.

Cet effet a aussi quelquefois pour cause, mais plus rarement, un acier brûlé ou pailleux.

L'ajustement des tampons dans les canons doit être parfait. S'ils sont convenablement ajustés, le plus petit coup de marteau, le moindre enfoncement dans le canon, suffira pour les fixer solidement. Dans le cas contraire, le petit tampon, quoique chassé avec une certaine force, sera sujet à se déranger quand on fera, soit des piqûres, soit des pivots, etc.

En essayant les tampons dans les canons, il faut prendre quelques précautions, afin d'éviter qu'en pénétrant vivement dans le cylindre, au cas où ces tampons auraient été trop diminués, ils ne vinssent à le rayer intérieurement vers le repos.

Les tampons polis sur leur face et ajustés de force à la main pour être chassés doivent pénétrer dans les canons de façon que chaque face soit en retrait des plats de ces canons, et dans un cylindre de hauteur moyenne, d'environ un quart de la hauteur du petit canon et d'un sixième du grand canon. C'est donc de cette quantité qu'ils seront enfoncés au marteau.

Dans un cylindre court, le petit tampon doit rentrer de ⅓ et le grand tampon de ⅕^e^ environ.

Du tamponnage.

468. On commence par le petit tampon. On serre le tigeron de ce tampon dans des pinces que l'on met à l'étau, et l'on enfonce le cylindre à petits coups de marteau par le procédé employé pour le chasser dans l'assiette (**471**). Le bec de l'outil-à-crochet doit être assez mince pour ne pas s'engager dans la coche de renversement, ce qui ferait casser le cylindre..

On opère de même pour le grand tampon.

Parmi les faiseurs de cylindres, les uns mettent l'outil-à-crochet à l'étau, y placent la gorge du cylindre et, tenant le tigeron avec des brucelles pour maintenir l'aplomb, frappent à petits coups de marteau sur la pointe de ce tigeron. D'autres se servent d'une presse à river les roues de rencontre, dont les bords sont assez minces pour entrer librement dans les coches. Quelques-uns enfoncent simplement le cylindre en appuyant assez fortement sur les plats des canons avec l'extrémité tranchante d'une lime carrelette, le tampon étant maintenu par des pinces serrées à l'étau. Enfin quelques autres, quand le cylindre est placé sur l'outil-à-crochet, enfoncent le tampon au moyen d'un poinçon percé, et dans lequel entre librement la tige de ce tampon.

Mettre rond le cylindre par ses pointes.

469. Un cylindre peut se mettre rond par ses pointes en les déjetant à la lime, comme on fait pour un pignon. Puis on tourne et on roule ces pointes avec beaucoup de précaution, si on veut les avoir fidèles, c'est-à-dire en cônes tournant parfaitement ronds.

Un grand nombre d'artistes procèdent différemment. Ils placent un cuivrot sur l'assiette et mettent le cylindre au tour, en faisant entrer l'extrémité du canon dans le trou conique d'une broche à lunette, dite aussi broche à chapeau. La pointe du tigeron se trouve alors en l'air. On approche le support très près, et on tourne ronde cette pointe avec un archet à crin faible et un burin à face allongée en tirant à soi, c'est-à-dire en allant de la pointe vers le cylindre et jamais de l'autre côté : autrement on courrait le risque d'engager le burin sous la pointe. Cette méthode exige beaucoup de dextérité et d'habitude, pour ne pas ébranler et même quelquefois faire sauter le petit tampon ou casser le cylindre. C'est à peu près la seule méthode employée aujourd'hui dans les fabriques.

On doit mettre beaucoup d'huile au trou conique de la broche.

470. Pour plus grande sûreté, quand on fait les pointes, on met le cylindre en cire. Après l'avoir garni intérieurement de petits morceaux de cire d'Espagne ou de gomme laque, on le pince dans le sens de sa longueur, et la gorge tournée en haut, dans des brucelles longues et disposées à cet effet, ou plutôt dans de minces tenailles à rouler les goupilles, et qu'on présente à la flamme, mais assez loin de l'endroit où elles tiennent le cylindre. Quand la cire, en se fondant, a rempli la cavité, on ôte le cylindre des tenailles pour qu'il ne s'échauffe pas davantage.

Les pointes étant terminées, on fait les creusures, on tourne les tigerons ronds, de grosseur, et en tête du côté du pivot. On peut cependant, pour plus de sûreté, attendre, pour faire ces dernières opérations, que l'assiette ait été mise en place et tournée ronde sur les pointes du cylindre.

L'échappement, débarrassé de cire, se met sur le compas-aux-engrenages pour en faire la vérification (art. **429**).

On enlève la cire du cylindre en mettant ce dernier dans de l'esprit de-vin suffisamment pur et que l'on fait bouillir un moment dans une petite cassolette de cuivre rouge mince. Les quartiers de cire qui ne se dissolvent pas assez vite, on les ôte quand elle est ramollie, avec une pointe de bois. On fait bouillir de nouveau un instant puis on saisit rapidement le cylindre que l'on place entre les doigts et qu'on achève de nettoyer avec une brosse demi-rude, que l'on trempe à chaque instant dans l'esprit-de-vin bouillant.

Comme l'esprit-de-vin est sujet à s'enflammer, il ne faut pas le tenir trop près du visage, et quand il est en feu, ne pas souffler dessus pour l'éteindre, mais enlever la coupe, que l'on place sous la planche de l'établi en l'appuyant contre ; la flamme, ainsi étouffée, s'éteint d'elle-même.

De l'assiette.

471. L'assiette, faite de laiton assez écroui, doit être ébauchée sur un arbre, et à peu près de hauteur et de grosseur convenables, sauf à la rivure où, par précaution, on laisse un excès de hauteur.

Le cylindre étant ajusté dans l'assiette, suffisamment pour qu'on soit obligé de le chasser d'environ la moitié de l'épaisseur de celle-ci, on place cette assiette sur l'outil-à-trous dans un trou où elle entre sans jeu, mais libre et reposée bien à plat sur une de ses portées. On appuie sur le plat intérieur du grand canon le bec de l'outil-à-crochet, dit aussi *chasse-tampon* (C, fig. 47, page 216), et l'on pousse le cylindre dans l'assiette à petits coups de marteau.

Le cylindre mis ensuite entre les broches du tour, on tourne l'assiette droite, ronde, de hauteur et de grosseur partout, excepté à la rivure, où on laisse un petit surcroît, qu'on enlèvera en tournant sur les pivots ou sur les cônes des tigerons, afin d'avoir le balancier parfaitement droit, rond et à la hauteur convenable.

Le cylindre alors est prêt pour le pivotage.

Pivoter un cylindre.

Mise en place avec le balancier.

472. Les planteurs d'échappement des fabriques travaillent sur des modèles constamment les mêmes ; ils peuvent agrandir les trous et y faire passer les tiges non pivotées des mobiles, aussi n'éprouvent-ils aucune difficulté pour la mise en place d'un échappement. Les horlogers s'occupant de la réparation des montres font ce travail dans des conditions beaucoup plus désavantageuses, parce que la position de leur mobile est rigoureusement fixée par les pierres.

Voici comment ils peuvent s'y prendre :

473. Pour lever les pivots il faut d'abord marquer sur chaque tigeron l'endroit où se trouvera l'extrémité du pivot, puisque le cylindre roulant entre deux plaques, cette extrémité est invariable.

On prend les mesures sur le cylindre que l'on remplace, en réunissant ses parties, s'il est brisé, avec de la cire d'Espagne.

Si l'on n'a pas cette pièce on peut, au moyen d'un cylindre à tige rentrante ou de la petite pompe à équerre mobile, décrits à l'article suivant, et représentés en D et C, fig. 49, déterminer facilement la place de chaque pivot et celle du balancier.

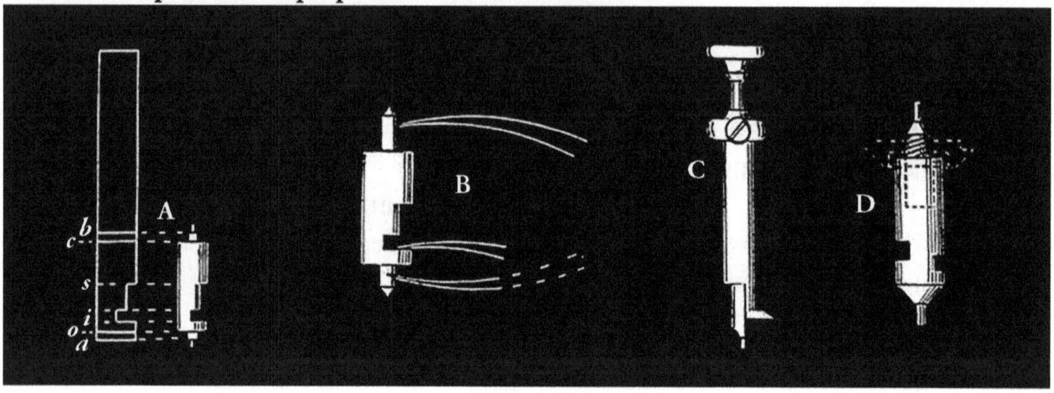

Fig. – 49.

À défaut de l'ancien cylindre et de ces petits outils, on aura recours à la petite règle de laiton que l'on a préparée en commençant à exécuter un cylindre (A, fig. 49).

On se souvient que la distance *ia* représente l'intervalle compris entre la face du petit tampon et la face intérieure du rubis du char.

On tient debout sur le rubis du char, détaché de la platine, la petite règle en laiton, et l'on prend avec un calibre-à-pignon à pointes minces et tranchantes, la distance entre le bas de l'encoche (*i*) et, le dehors du rubis.

L'un des becs du calibre-à-pignon étant appuyé sur la face du tampon d'en bas (B, fig. 49), l'autre bec indique l'extrémité du pivot. On marque cette extrémité à la lime tranchante, et l'on vérifie avec une scrupuleuse attention.

Cela fait, et le char, ainsi que le coq, étant fixé sur la platine, on mesure avec le compas-aux-épaisseurs, ou avec une ouverture de calibre-à-pignon, la distance des rubis du coq et du char dépourvus de leurs contre-pivots et mesurés l'un et l'autre par-dessus. Ensuite on appuie un des becs du calibre-à-pignon dans la marque faite au tigeron d'en bas (B, fig. 49), et l'autre bec, garni de rouge, indique en touchant le tigeron d'en haut où il doit être coupé.

La hauteur du balancier se trouve au moyen d'un morceau de laiton qui, étant placé sous la roue de centre, conserve avec elle un jour égal à l'épaisseur du balancier, plus le jour nécessaire entre ce balancier et cette roue.

Ce laiton ainsi préparé et posé sur le dessus de la platine, au-dessus du trou du char, on prend la distance du dessus du morceau de laiton au dehors du rubis du char, dépourvu de son contre-pivot, avec l'outil à mesurer les épaisseurs.

Cette distance est égale à l'intervalle compris de l'extrémité du pivot d'en bas à la portée de l'assiette sur laquelle se rive le balancier.

Le cylindre ainsi préparé et la hauteur du balancier connue, le pivotage, l'ajustement de ce balancier et la mise en place offrent fort peu de difficulté. (Si on en rencontrait, on les lèverait facilement à l'aide des indications de l'article suivant.)

Nous ajouterons seulement qu'il faut tourner ses pivots au burin et assez fins pour pouvoir les amener à la grosseur convenable avec le brunissoir rude, et éviter ainsi l'emploi de la lime-à-pivot, qui en altère la rondeur.

Quand on rive le balancier, il faut se servir d'un outil-à-trous, ayant ses trous évasés par-dessous et jusqu'au bord supérieur. On n'aura pas à redouter la rupture du cylindre s'il venait à vaciller.

Un des bras du balancier doit être bien en face du dos du cylindre.

Outils à déterminer les hauteurs. — Indications pratiques concernant le pivotage.

474. Le petit outil vu en C, fig. 49, et que nous appellerons, faute d'autre nom, une équerre mobile, se compose d'un tube ou canon, dans lequel glisse ou se fixe à volonté, au moyen d'une vis de pression, une tige pivotée. Ce canon se termine vers le bas par un petit coude en équerre. Voici son usage :

La roue d'échappement occupant sa place sur la platine, on fait entrer le pivot de l'équerre dans le trou du char, et l'on amène le bec de l'équerre juste au milieu de l'épaisseur du fond de la roue.

La distance qui sépare le dessous de l'équerre de l'extrémité de la tige pivotée donne alors exactement l'intervalle entre le milieu de la petite coche et l'extrémité du pivot inférieur du cylindre.

En posant sur la platine le balancier détaché, et supporté à la hauteur qu'il doit occuper sous la roue du centre par une plaque de laiton à laquelle trois vis servent de pied, on peut facilement mesurer cette hauteur prise par-dessous à l'aide de la petite équerre mobile. La distance entre l'extrémité de la tige pivotée et le dessous du bec de l'équerre donnera alors l'espace entre le bout du pivot inférieur du cylindre et la portée de l'assiette sur laquelle le balancier sera rivé.

475. L'horloger pourra encore utiliser, pour la détermination de ses hauteurs, des cylindres à tiges rentrantes, comme celui représenté en D, fig. 49, s'il a eu le soin d'en préparer deux ou trois de dimensions différentes à ses moments inoccupés.

Pour obtenir plus de solidité, on fait le cylindre et le tampon d'en bas d'un seul morceau ; les coches peu profondes et étagées (car c'est la position de la petite coche la plus difficile à établir), le cylindre perforé seulement à la partie supérieure qui reçoit le grand tampon. Celui-ci peut être ajusté comme un taraud à l'intérieur, ou être à coulisse et maintenu par une petite vis de pression. Il peut porter, sur son prolongement taraudé, une portion d'assiette ajustée à frottement gras, et qui servira à trouver la hauteur du balancier. Enfin, l'horloger saura bien, au moyen de ces indications et de lui-même, adopter la meilleure disposition.

476. Les hauteurs bien exactement déterminées et l'assiette tournée ronde et plate par-dessous, on garnit le cylindre de cire d'Espagne ou de gomme laque, avec la précaution d'en étaler suffisamment sur son contour vers la face du dessous de l'assiette, tandis que, au contraire, il faut que le bord du plat du petit canon n'en soit pas recouvert, afin qu'on ait toujours la possibilité de mesurer la distance du bout des pivots à la petite coche. Cela fait, on prend par la gorge, dans de longues brucelles, un petit cuivrot pas trop épais, et dont le trou soit un peu plus grand que le diamètre du cylindre ; on présente ces brucelles à la flamme à quelque distance du cuivrot, on introduit le cylindre par le tampon d'en bas dans le cuivrot, et celui-ci étant échauffé, il suffit de presser doucement sur l'assiette du cylindre pour que ce dernier descende dans le cuivrot qui se trouve ainsi collé sur la face inférieure de l'assiette et sur le contour du cylindre, dont il augmente la solidité.

Cette disposition permet de terminer tout le travail sans changer de cuivrot, puisque l'on peut achever le pivotage, l'assiette et la rivure du balancier.

On sépare le cuivrot du cylindre en pinçant ce cuivrot dans les brucelles que l'on a chauffées à distance. Le cylindre, tourné vers le bas, se détache de lui-même, ou quand il est légèrement poussé, et on le nettoie par le procédé décrit au n° **470**.

Exécution de la roue.

477. Une roue de cylindre est une pièce très délicate à faire. L'artiste qui ne serait pas suffisamment expérimenté dans ce genre ferait mieux de s'adresser aux marchands de fournitures, qui en tiennent de très bien exécutées de toutes grandeurs et épaisseurs, ou d'avoir recours directement aux fabricants en leur envoyant l'ancienne et, faute d'autre moyen, dans un petit barillet assez plat pour être logé dans une lettre.

Mais en faveur des cas obligés et des rhabilleurs qui, ayant le temps et la patience voudraient, dans l'intérêt de leur instruction, construire complètement un échappement à cylindre, nous allons donner les règles pratiques qu'ils devront suivre dans l'exécution de la roue. Ces règles n'apprendront rien aux faiseurs d'échappement, qui varient dans leurs moyens et leur outillage, et qui du reste suppléent à tout par l'adresse et la routine : ce n'est pas pour le petit nombre de ceux qui savent que nous écrivons, mais pour le grand nombre de ceux qui ignorent et veulent s'instruire.

Les roues de cylindre employées par la fabrique de Genève sont, pour une grande partie, ébauchées dans cette ville ; leurs croisées se découpent à l'emporte-pièce, ce qui exige que l'acier en soit très doux et préparé avec beaucoup de soin. De Genève elles sont en cet état envoyées dans une localité de la Savoie, où on les termine à très bas prix.

478. Pour exécuter une roue de cylindre il faut être pourvu :

- d'un excellent outil-à-fendre qui soit accompagné d'un appareil particulier pour former les U (à moins que l'outil aux colonnes ne soit disposé à ce dernier effet) ;
- d'un outil à arrondir les colonnes ;
- d'un outil à faire les inclinés.

Ces outils doivent être toujours en parfait état et prêts à fonctionner. Avant de s'en servir, il est bon chaque fois de les éprouver sur une roue d'essai.

Déterminer les hauteurs, épaisseurs et diamètres.

479. Si l'on n'a pas une ancienne roue pour modèle, on débute en cherchant quelles sont les dimensions que devra avoir celle que l'on veut faire.

La grandeur totale est, d'après les faiseurs d'échappements, donnée par la troisième roue du rouage, sauf un jour de sûreté suffisant, ménagé entre le pignon et les talons des dents.

Cette mesure suppose que la troisième roue est de grandeur convenable, mais dans beaucoup de calibres modernes on aurait, en agissant ainsi, une roue d'échappement trop grande, remarque qui déjà a été faite (**399**) .

La grandeur totale une fois connue, on trace sur une plaque de laiton, bien redressée, un cercle B (fig. 50, page 236), ayant exactement la grandeur choisie pour diamètre.

Ensuite on forme sur le tour un disque de laiton selon ce diamètre et l'on place ce disque sur l'outil-à-fendre pour y pratiquer quelques divisions sur un nombre double de celui des dents de la roue. On se sert pour cela de la fraise avec laquelle on divisera plus tard la véritable roue. Cette fraise doit être choisie en conséquence, car son épaisseur représente exactement celle de l'écorce du cylindre (**405**), c'est-à-dire le huitième de la longueur du plan incliné pour maximum.

Une dent de laiton, y compris les deux petits vides de chaque côté, donnera la grosseur, suffisamment approchée, du cylindre. On prendra bien exactement cette grosseur avec un calibre à pignon à pointes fines, et l'on remplacera le cylindre absent par un arbre lisse passant avec très peu de jeu entre les pointes. Cela fait, on placera cet arbre entre les grandes branches du compas à mesurer la hauteur des inclinés (chapitre viii à l'endroit convenable, c'est-à-dire au chiffre qui indique la levée qu'on veut avoir à son échappement. L'écartement des deux petits becs du compas indiquera à quelle distance du cercle B (fig. 50, p. 236) doit être tracé le second cercle D qui est, comme on voit, concentrique au premier.

Le cercle extérieur sera la grandeur totale de la roue, le cercle intérieur la grandeur de la portion qui doit être creusée. On remarquera qu'il n'est question ici que des dimensions d'une roue terminée. (Consulter le n° 483 ci-après.)

À défaut du compas, un micromètre à mâchoires, entre lesquelles on placera l'arbre, servira à déterminer la hauteur de l'incliné conformément aux indications de l'article **397**.

480. L'épaisseur totale de la roue, quand on n'a pas un modèle, se détermine d'après l'espace dont on peut disposer sans nuire aux proportions régulières des autres parties de l'échappement. On prend avec un morceau de laiton, disposé et limé à cet effet, et qu'on introduit entre le char et le coq remontés ensemble et séparément de la platine, la distance juste du rubis du coq au rubis du char. Sur ce morceau de laiton, on marque avec l'angle d'une lime barette tranchante :

1°. la longueur indispensable aux deux tigerons, afin d'éloigner suffisamment les deux extrémités des canons des pierres ou de leurs sertissures ;

2°. la hauteur strictement nécessaire à la solidité du canon d'en bas ;

3°. l'épaisseur de l'assiette. L'espace restant sera la hauteur de la grande coche, d'après laquelle il est toujours facile de déterminer l'épaisseur totale qu'il convient de donner à la roue. Dans les montres bien établies, et selon nos calibres modernes, cette épaisseur occupe les deux tiers environ de la hauteur de la coche.

481.L'épaisseur du fond de la roue doit être seulement celle nécessaire à la solidité des croisées. Le *rebord* (qui donne l'épaisseur de la face frottante des plans inclinés), même épaisseur que le fond (quelquefois légèrement plus, quand ce fond est très mince), et une épaisseur un peu plus considérable pour les colonnes, c'est-à-dire en rapport avec le plus ou moins d'élévation du plan incliné.

482. Avec ces indications pratiques, tout horloger adroit et intelligent saura construire une roue dans de bonnes proportions. Mais pour celui qui aurait quelque peine à en déterminer exactement les dimensions, il sera plus simple de les prendre sur une roue d'acier bien faite et du nombre de dents voulu. On augmente ou diminue les largeurs, épaisseurs, etc., de façon à ce qu'il y ait entre les deux roues comparées, les différences proportionnelles qui existent entre les diamètres et les épaisseurs des deux montres.

483. *Les dimensions que nous avons données pour la hauteur des dents, ainsi que pour l'épaisseur du* REBORD *et des* COLONNES, *etc., sont celles d'une roue finie ; il ne faudra pas oublier, en ébauchant, de les laisser environ un tiers à un quart plus fortes, parce que l'adoucissage et le polissage les diminuent bien de cette quantité.*

Il est utile, comme nous l'avons déjà dit, de faire au moins une roue d'essai, non seulement pour être plus sûr de l'exactitude des proportions et pour éprouver préalablement les outils, mais encore pour essayer, avant le choix définitif, la fraise à entamer les U, dont il faut connaître le degré d'enfoncement vers le centre de la roue pour le tracé des croisées.

Faire une roue de cylindre.

484. L'acier fondu anglais, dit acier carré, est excellent pour les roues. On le réduit à chaud d'abord avec grande précaution pour ne pas le brûler, et quand il est presque d'épaisseur on l'achève à froid et à petits coups sur le tas à écrouir, et on le recuit. Cette suite d'opérations le rend doux à travailler. (On verra à l'article *Acier* d'autres moyens de préparer ce métal.)

On trouve dans les fabriques des bandes toutes préparées d'acier laminé, très doux à couper sous le burin.

On découpe dans la plaque un morceau carré, que l'on arrondit à la lime après l'avoir percé au centre d'un trou proportionné à la grosseur de la rivure du pignon d'échappement. Ce trou doit être équarrissé avec soin, bien droit, et en se servant d'un équarrissoir peu en cheville, c'est-à-dire très peu conique. On tourne la roue carrément de grandeur et d'épaisseur sur un arbre un peu court, bien rond et de même forme que l'équarrissoir.

On exécute ensuite la *retranche* qui se trouve sous le rebord des plans inclinés.

Dans les fabriques, les faiseurs d'échappements creusent leurs roues sur un petit tour à burin fixe dont la plate-forme marche au pied et au moyen d'un roue de renvoi. Quand on ne peut pas employer ce procédé ou un autre analogue, on creuse, en le maintenant très plat, l'intérieur de la roue, que l'on tire à bord, en se servant d'un burin-à-crochet parfaitement aiguisé. On doit avoir soin d'enlever peu de matière à la fois, autrement on courrait le risque de déranger la roue ou de fausser l'arbre, et si le burin coupait mal il laminerait, pour ainsi dire, l'acier au lieu de le trancher vif, ce qui le rendrait plus susceptible de se tordre à la trempe, et pourrait être cause que le fond de la roue, si ce fond était mince, se gondolerait en montant ou en descendant sous la pression du doigt.

On peut creuser la roue en se servant du burin ordinaire.

La corde de l'archet doit être pour cela enroulée sur le cuivrot en sens contraire, c'est-à-dire qu'elle se croise du côté opposé. Il en résulte que l'archet fait alors tourner la roue à rebours.

Le support du tour étant placé de manière à ce que la pointe du burin puisse aller au-delà de l'arbre, on creuse et on façonne l'intérieur de la roue avec ce burin, en attaquant cette roue dans la partie comprise entre son centre et son bord opposé à l'ouvrier.

On laisse au centre une saillie, dite une *goutte*, de toute l'épaisseur de la roue, afin que celle-ci se remette toujours droite sur l'arbre. Ce n'est que lorsque cette roue est entièrement terminée que l'on abaisse cette goutte en lui laissant une hauteur en rapport avec la rivure du pignon.

Pour mesurer les épaisseurs, on se sert du compas-aux-épaisseurs, désigné dans les fabriques sous le nom d'*outil-aux-douzièmes*. On en trouvera la description au chapitre *De l'outillage*.

Il ne faut jamais, pour détacher la roue de l'arbre, se servir du marteau.

485. Après avoir adouci à la pierre pilée la retranche des plans inclinés, on ébauche les croisées, afin d'avoir le passage des vis qui serreront la roue sur le tasseau de l'outil-à-fendre. Puis on adoucit, avec une glace dépolie ou un large fer, ou sur le lapidaire, le dessous de la roue et les plats des dents. Quant à l'intérieur, son adoucissage se fait avec une épaisse rondelle d'acier, emmanchée au bout d'une tige portant un cuivrot (fig. 46, page 211). Cette rondelle a un trou au centre, qui emboîte avec un peu de jeu la goutte, et qui est assez profond pour la loger sans gêne. La rondelle, bien plate par devant, doit être tournée carrément jusqu'à ce qu'elle entre avec un peu de jeu dans l'intérieur de la roue, qu'on adoucit avec un archet plutôt faible que fort, et en la tenant contre le doigt.

486. La roue étant prête à être taillée, si l'ouvrier a quelque crainte d'accident, il garnit cette roue de laiton.

Pour cet effet, on prend un disque de laiton un peu plus grand et deux fois plus épais que la roue pour le moins. On y fait au centre un trou plus petit que celui de la roue, et on élargit ce trou avec une fraise-aux-noyures, sur la moitié de sa longueur, afin que la goutte de la roue puisse s'y loger sans toucher nulle part. Le disque étant énarbré, on le tourne très plat devant et derrière et on lève sur le bord une retranche en forme de portée, afin que la roue puisse s'ajuster dessus et que, son intérieur étant rempli exactement jusqu'au fond, le plat des dents repose en plein et bien à plat sur le rebord laissé au laiton.

On comprend qu'on pourra alors serrer la roue sur le tasseau, y former les U et la diviser sans craindre de la fausser, ce qui pourrait arriver sans la garniture de laiton à l'ouvrier peu familiarisé avec l'exécution des roues d'échappement. Les bons faiseurs se passent très bien de cette garniture, leurs outils sont bien éprouvés et leur main est sûre.

487. On fend la roue sur un nombre double de celui des dents, puisque chaque vide représente la longueur d'une dent plus la double épaisseur du cylindre.

Il faut éviter de fendre tout à fait le champ, comme cela est indiqué en *n, l, h*, figure 50). Ce champ conservera ainsi assez de solidité pour écarter toute crainte de déformation quand on taillera les U et si l'on termine les croisées avant de faire les inclinés.

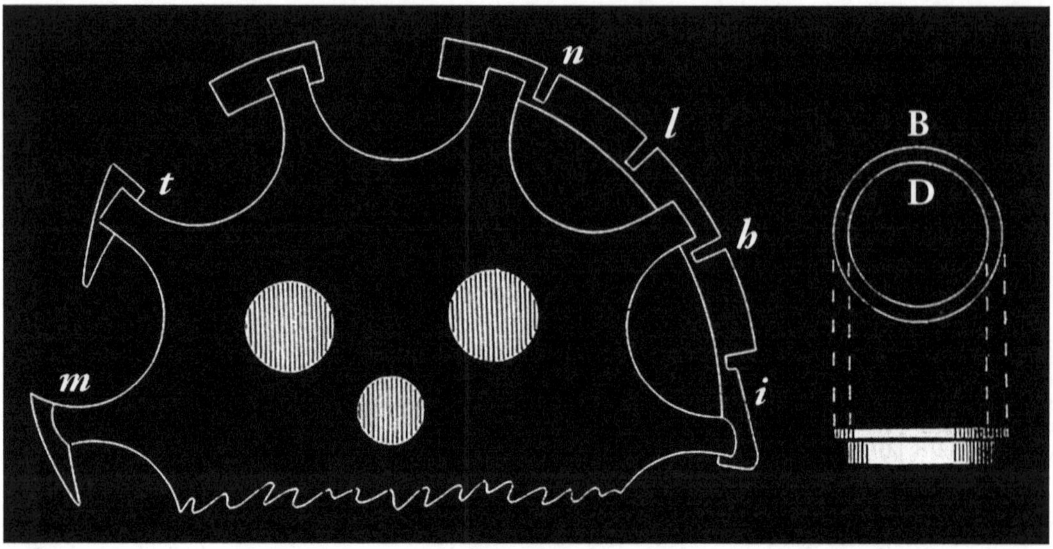

Fig. – 50.

La fraise plate et circulaire servant au fendage doit être exactement de l'épaisseur de l'écorce du cylindre, c'est-à-dire au plus le 8e de la longueur d'un plan incliné. Il faut la dégager un peu des côtés.

La taille de cette fraise se fait sur un outil-à-fendre ou un ciseau. Cette taille doit être tranchante, autrement l'action du fendage fatiguerait la roue.

Faute d'autres moyens, on peut denteler le contour de cette fraise appuyée fortement sur une lime douce neuve, en la tirant à soi dans le sens de la taille. Il faut avoir la précaution ensuite d'enlever de chaque côté les bavures.

Cette fraise, placée bien en face du centre de la roue, doit couper vif et fonctionner avec un peu d'huile. Il faut se souvenir que les talons des marteaux doivent être assez près des bras des U, et de façon qu'étant plus tard dégagés en biais, ils se confondent avec ces derniers (*t* et *m*, figure 50.)

La roue fendue, et tandis qu'elle est fixée sur l'outil à fendre, on peut ébaucher les inclinés (*i*, fig. 50) au moyen d'une fraise conique ou d'une fraise ordinaire dont on incline l'axe.

Tour aux colonnes et à former les U.

488. Il se compose :

D'une partie principale ou espèce de tour-en-l'air, comme celui représenté fig. 51. L'arbre H porte la fraise circulaire *a* (et B, fig. 52) maintenue par la vis de pression J (fig. 51). Cette fraise est taillée seulement sur son pourtour. (L'horloger peut faire lui-même cette taille avec l'angle d'une lime neuve). Le lardon BB marche dans une coulisse au moyen de la vis de rappel G. La plaque *r*, que l'on aperçoit de profil seulement, est percée d'un trou pour laisser passer la fraise *a*.

Cette plaque, qui sert pour l'arrondissage des colonnes, marche avec le lardon BB sur lequel elle est fixée par deux pieds et une vis, dont deux extrémités se voient en *d* et *d'*. Elle peut être ainsi détachée du lardon B.

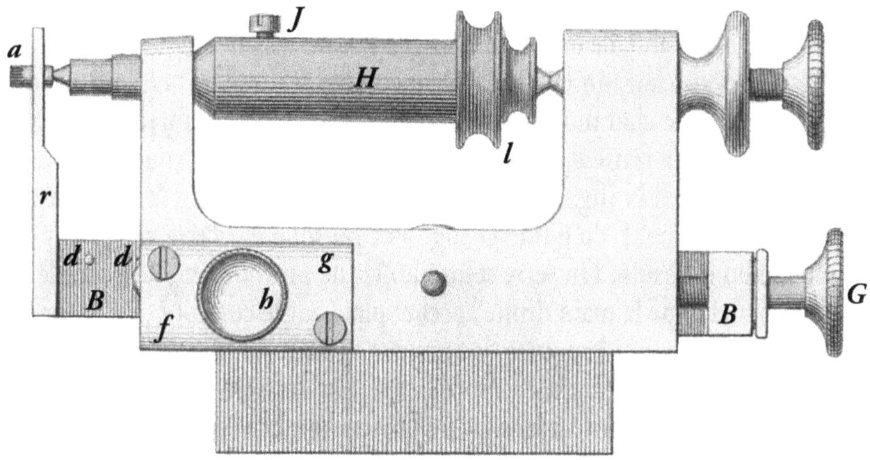

Fig. – 51.

De deux parties accessoires :

1°. Le chariot vu de profil, fig. 53, et de face fig. 54, et qui, lorsque l'on veut tailler les U, se met aux lieu et place de la plaque *r*, par la patte P du coulisseau *i k* de ce chariot.

2°. D'un support dont la poupée s'ajuste dans la pièce *f g* (Fig. 51) sous la vis de pression *h*. Il sert principalement à tourner la fraise *a*.

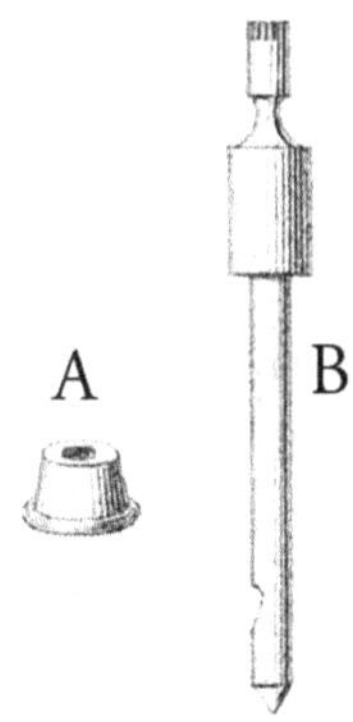

Fig. – 52.

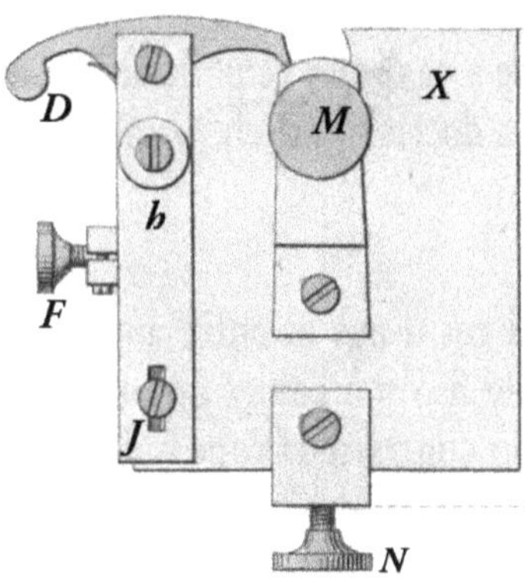

Fig. – 54.

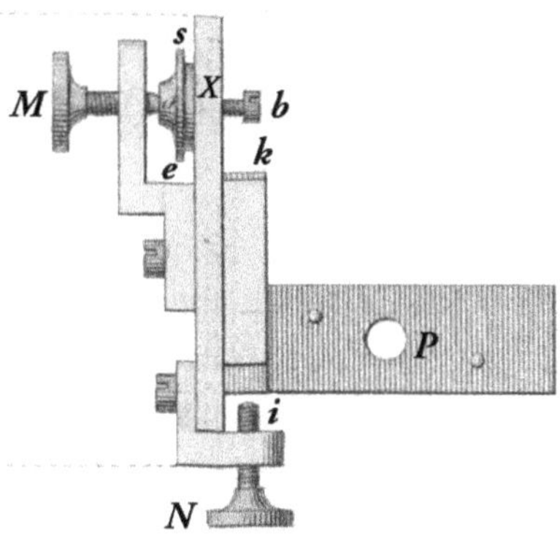

Fig. – 53.

Former les U.

489. Le char, représenté de face fig. 54, et de profil fig. 53, s'emploie pour le taillage des U et de la manière suivante : la roue *s e* (fig. 53) (fendue sur un nombre double de celui de ses dents) se place le fond appuyé à la platine X de l'outil, où elle est centrée par la vis *b* dont on fait excéder la pointe conique jusqu'à ce que la roue, appuyée bien à plat, soit maintenue sans jeu. On introduit alors dans la roue le chapeau *o* (fig. 53), représenté également en A (fig. 52), et par la vis M (fig. 53), qui presse sur le chapeau *o* ; on fixe solidement la roue. Cette vis M ne doit être serrée d'abord que de façon à permettre à la roue *s e* de tourner à frottement. On fait entrer l'extrémité de l'alidade ou guide D (fig. 54) dans une des divisions de la roue et, les choses ainsi disposées au char, on enlève la plaque *r* (fig. 51) et l'on fixe sur le lardon BB le bras P (fig. 53) sur lequel le char monte et descend à coulisse. On fait marcher la vis G (fig. 51) jusqu'à ce que le bout de la fraise *a* affleure le dessous des dents de la roue. L'enfoncement de l'U est fixé par la vis d'arrêt N (fig. 53 et 54). Cette roue est amenée à la position convenable au moyen de la vis de rappel F du guide D (fig. 54), puisque par cette vis on fait avancer ou reculer ce guide selon le besoin. On serre toutes les vis de pression, et l'on procède au taillage de l'U en faisant marcher de la main droite l'archet placé sur le cuivrot *l* (fig. 51) tandis que la main gauche soutient le char et le pousse doucement en haut sur sa coulisse, jusqu'à ce que la vis N (fig. 53) l'arrête, et que la fraise ne morde plus. On desserre la vis M, on fait sauter à la roue deux divisions en soulevant l'alidade qu'on laisse retomber ; on resserre les vis desserrées et l'on taille le second U, etc.

490. Les U étant terminés, on achève la division de la roue en passant dans les vides *h*, *l*, *n*, etc., fig. 50, page 236) une fine lime *à égalir*, emmanchée et adoucie de chaque côté, afin qu'elle ne morde que par devant. Il doit, du reste, y avoir fort peu à faire pour obtenir la séparation des morceaux du champ qu'il faut détacher.

Ensuite on lime en biais, avec une petite lime barette douce dont l'angle est adouci, l'arrière des talons des dents (*t* fig. 50, page 236), de manière à leur faire suivre la courbe du bras de l'U comme en *m* (même fig.) Il faut dans cette opération prendre bien garde de fausser les dents ou d'attaquer l'angle du dehors aux talons,; autrement les dents ne seraient plus égales.

Quelques ouvriers emploient pour cet effet un petit outil spécial, qui leur sert également, au besoin, à mettre les dents de longueur quand ils ont une roue à égaliser ; ce petit outil a de l'analogie avec celui qui sert à former les inclinés. On le trouvera décrit à l'article *Outillage*[30].

Arrondissage des colonnes.

491. L'arrondissage des colonnes se fait sur divers outils à cet usage et entre autres sur le tour décrit au n° **488**. Dans les uns, la fraise est disposée de façon à rouler autour de la colonne, dans les autres la fraise ne change pas de place, c'est au contraire la roue qui fait un petit mouvement semi-circulaire. Cette roue, qui est conduite et soutenue avec le doigt, est appuyée à plat, les dents par-dessus, contre un support large (*r*, fig. 51) que l'on fait marcher avec une vis de rappel jusqu'à ce que l'extrémité plate de la fraise affleure le dessous des dents de la roue. On la maintient avec le doigt de la main gauche le fond appuyé contre la plaque *r*, et tandis que la main droite fait marcher l'archet du cuivrot *l*, le doigt de la main gauche, qui tient la roue appuyée à la plaque *r*, manœuvre cette roue de façon à ce que la fraise arrondisse la colonne dans le sens convenable.

Cette fraise, que l'on conduit avec un archet-à-crin, se trouve taillée seulement sur sa partie cylindrique. On peut soi-même, si l'on ne possède ni outil à faire les pignons, ni outil à fendre

[30] Quelques faiseurs d'échappements n'ont pas besoin de limer en biais le derrière des talons parce que, au lieu de placer la fraise à fendre au centre de la roue, ils la mettent un peu de côté et forment ainsi l'inclinaison de l'arrière des talons. Mais alors l'épaisseur de la fraise ne donne plus celle de l'écorce du cylindre, et il faut une grande habitude pour choisir une fraise qui convienne et qui ne produise pas des dents trop longues ou trop courtes.

les dentures, en faire la taille avec l'angle d'une lime neuve douce. La section ou extrémité plate de cette fraise, doit être dépourvue de dents.

Il est parfois préférable de n'arrondir les colonnes qu'après avoir formé les inclinés, afin de donner à ceux-ci une saillie en avant assez grande pour que la colonne n'attire pas l'huile.

492. Voici comment nous avions disposé notre outil, car par la méthode ci-dessus on parvient difficilement à faire les arrondis tout à fait semblables.

Sur une petite plaque de laiton préparée à l'avance (P, fig. 55), échancrée vers le haut de façon à permettre le travail de la fraise autour de la colonne, la roue, renversée sur son fond les dents en l'air était fixée par une vis *s*, à tête large et creusée par-dessous afin de loger la goutte de la roue et de presser sur les barrettes. Une des dents de la roue s'appuyait contre la languette d'arrêt *y*.

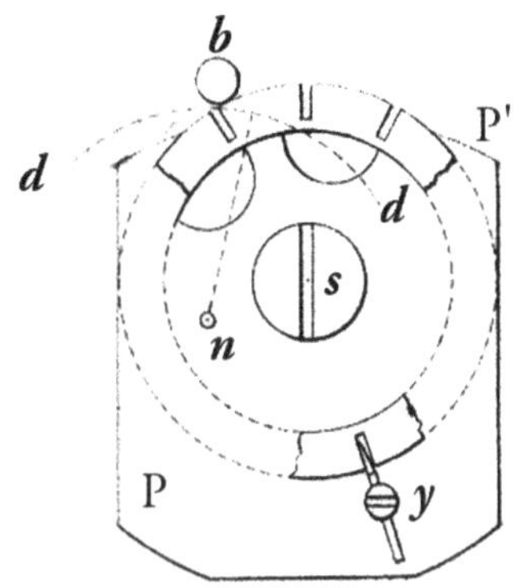

Fig. – 55.

Perpendiculairement à la courbe que doit affecter la colonne, au point *n* par exemple (un peu plus près, un peu plus loin, selon que l'on veut un arrondi de courbure plus ou moins prononcé),un trou était percé. Ce trou s'ajustait sur une goupille portée par la plaque *r* (fig. 51) et occupant exactement sur cette plaque par rapport à la fraise *a*, la position que le trou *n* occupe sur la fig. 55 par rapport à *b*.

On a compris le reste : P étant appuyé sur la face de *r*, en pressant avec un doigt d'une main, on fait pivoter tout le système PP' sur son centre de mouvement *n*, et l'autre main fait tourner avec un archet la fraise qui arrondit la colonne selon l'arc du cercle *dd*.

On desserre la vis *s*, on place une autre dent de la roue contre la languette *y*, on serre de nouveau la vis *s*, on arrondit une nouvelle colonne et ainsi de suite.

Le trou de la roue est exactement du même diamètre que le collet de la vis *s*. Une botte ou clef à vis peut maintenir PP' dont une vis d'arrêt borne la course.

On *adoucit* les colonnes par le même procédé, ou en tenant simplement la roue appuyée avec le doigt contre la plaque *r* (fig. 51), sauf que la fraise-lime est remplacée soit par une fraise non trempée, sur laquelle on donne un coup de lime en long de temps en temps, soit par une lime en rubis.

Pour ne pas surcharger les figures, on a omis de répéter dans la fig. 53 quelques-uns des détails de la fig. 54, l'une complétant l'autre.

Former les inclinés.

493. La division de la roue étant achevée et les colonnes étant arrondies, il est facile de connaître le diamètre exact du cylindre.

Quand on l'a mesuré on s'en sert pour vérifier la hauteur des dents avec le compas à cet usage et avant de former les inclinés.

S'il y avait excès de hauteur aux dents, on ferait l'incliné de la hauteur convenable sans se préoccuper de ce superflu, puis on rétrécirait les pointes restées larges et carrées, en les limant en biais à l'intérieur, comme on le voit indiqué en *f* (fig. 16).

Pour former les inclinés, on place la roue sur l'outil destiné à cette opération et de façon que chaque dent ne laisse déborder de sa pointe à son talon que la portion de matière qui est de trop. Ce superflu s'enlève avec une lime douce coupant vif et conduite avec légèreté. La lime ne doit mordre qu'en allant et ne pas frotter au retour.

Un petit *surcroît de matière* a dû être laissé sur l'incliné pour obvier à l'usure occasionnée par l'adoucissage et le polissage.

Description et usage de l'outil aux plans inclinés.

494. L'outil à former les plans inclinés est représenté fig. 56. La roue s'ajuste sur un arbre sans cuivrot, et cet arbre se place entre les deux broches L P. La roue pénètre ainsi entre les deux mâchoires *a* et *c*, et elle appuie le plat de ses dents contre la mâchoire *a*, en faisant seulement déborder au-dessus des mâchoires toute la quantité de matière que l'on veut enlever pour former l'incliné. Le talon de la dent étant soutenu par le guide à ressort CD (dont le bec s'avance entre les deux mâchoires jusqu'en *a*), et un doigt de la main gauche maintenant la roue appuyée au guide, on lime avec la main droite toute la matière qui excède au-dessus des mâchoires. La lime ne doit mordre qu'en allant en avant, et ne doit pas toucher à la roue en revenant en arrière. Cela fait, on presse le talon D du guide qui se relève en *a*, on fait tourner la roue d'une dent, on laisse redescendre le guide et l'on taille l'incliné suivant.

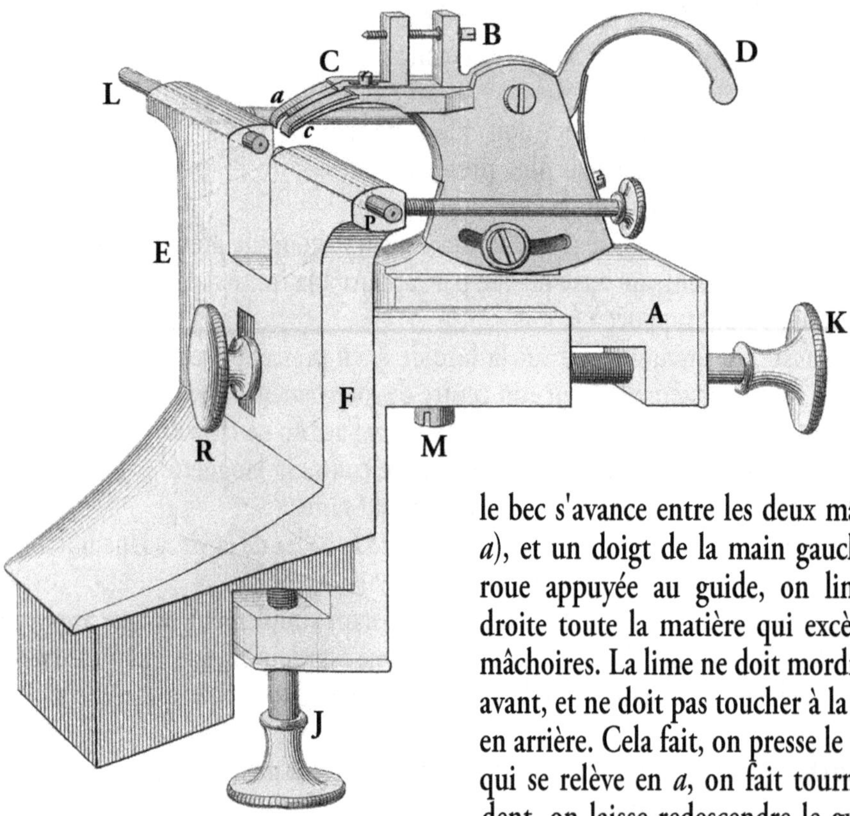

Fig. – 56.

Remarques. — On fait correspondre la dent de la roue à une partie plus ou moins courbée des mâchoires en avançant ou en reculant le bec du guide au moyen de la vis de rappel B.

Le chariot EF, qui porte la roue, peut monter ou descendre par la vis J et se fixe par la vis R.

De même, l'autre char à coulisse A est mû par la vis K et se fixe par la vis de pression M.

Il est presque inutile d'ajouter que, lorsque chacun des organes a été amené à la position convenable, et que l'instrument est prêt à fonctionner, on serre fortement toutes les vis de pression.

Dans les outils neufs, l'extrémité de la mâchoire *a* se relève en crochet propre à retenir la lime si par accident elle tendait à s'échapper. Quelques horlogers trouvent ce bec incommode et le suppriment.

Achever les inclinés et les croisées.

495. On achève en arrondissant délicatement les pointes des dents et les inclinés (en long et en travers), et en abattant partout les angles vifs que l'on adoucit.

La roue amenée à ce point, on en termine les croisées. Il est inutile de donner de longs détails à ce sujet, sinon que ces croisées doivent être minces pour rendre la roue légère et que trois bonnes limes sont nécessaires à cet effet :

- une feuille de sauge presque plate d'un côté et formant le quart de rond de l'autre ;
- une feuille de sauge de la forme dite dos d'âne, dont les bords soient adoucis ;
- une petite lime barette, la même dont on s'est servi pour limer les talons.

Pour opérer le croisage de la roue, on peut la mettre fortement en cire dans une petite virole où l'on a ménagé une retranche sur laquelle appuie le contour du fond de la roue, ce qui permet d'aller plus hardiment et éloigne la crainte de tordre quelques dents.

Dans les fabriques, les croisées sont faites ou à l'emporte-pièce ou sur un outil spécial, où des fraises disposées à cet effet les découpent avec promptitude et netteté. Autrefois, le plus grand nombre des faiseurs d'échappements avaient un outil général, et agencé de façon à ce qu'on pût y faire les U, les inclinés, le fendage, le croisage de la roue et l'arrondissage des colonnes sans décentrer cette roue. Aujourd'hui les roues de cylindre se font par *parties brisées.*

Tremper la roue.

496. Plusieurs méthodes sont usitées. Quelques ouvriers des fabriques la trempent en la tenant suspendue à un fin fil de fer plié en deux, et dont les extrémités sont courbées en crochet, afin que la roue soit soutenue librement à plat, mais sans pouvoir s'échapper. On l'agite doucement et circulairement, dans le but de faire prendre la chaleur plus également, au milieu de la flamme d'une petite lampe, placée dans un lieu obscur, afin qu'on saisisse mieux la nuance du rouge. On plonge la roue bien à plat dans l'huile aussitôt qu'elle a atteint partout la couleur rouge cerise, qu'il ne faut pas dépasser de crainte de brûler l'acier. Le succès tient uniquement à une grande habitude.

Un horloger de Paris trempait ses roues en les chauffant complètement enveloppées de limaille. Elles se trempaient bien et ne se faussaient pas.

Quelques artistes trempent la roue dans une petite boîte de cuivre de la forme d'un barillet sans dents pourvu d'un couvercle qui entre librement jusqu'au fond, et qu'on pose sur le plat des dents. On chauffe le tout jusqu'au rouge cerise, et l'on jette dans l'huile.

D'autres placent la roue entre deux plaques tenues, sans être serrées, par trois ou quatre goupilles.

D'autres se servent d'une lampe à tube. Au moment où ce tube est chaud et la flamme montée comme à l'ordinaire, ils tiennent la roue suspendue à plat à un fil de fer au milieu du tube, et la plongent dans l'huile aussitôt le rouge cerise obtenu.

Le moyen suivant est préférable pour ceux qui n'ont pas une grande habitude de la trempe des pièces délicates.

On prend une plaque de fer, ou plutôt de cuivre rouge, creusée de 1 à 2 millimètres et ayant à peu près 1 demi-centimètre d'épaisseur. Elle doit être emmanchée ou disposée de façon à être facilement saisie avec des pinces. Cette plaque est placée sur les charbons allumés d'un petit réchaud (préférablement sur de la motte embrasée). Quand elle est rouge cerise on la retire du réchaud et l'on pose la roue bien à plat dessus. Cette roue qui s'échauffe également et, par le seul contact de la plaque (sur laquelle on frappe légèrement), arrive au rouge cerise pour être jetée à plat dans l'huile.

On a compris pourquoi la plaque doit présenter une certaine masse : si elle était trop mince, elle perdrait sa chaleur trop vite et ne ferait pas rougir la roue suffisamment.

Une méthode de trempe par laquelle on évite l'oxydation de l'acier, et qui peut être employée avec succès pour les roues de cylindre, est celle indiquée par F. Houriet, pour la trempe de ses spiraux sphériques.

497. *Méthode Houriet.*

« Le noyau sur lequel le spiral est enveloppé est enfermé dans un cylindre de fer et retenu par un couvercle de laiton qui y tient par un frottement très léger. Ce cylindre est mis concentriquement dans une cage de fer, montée à jour sur plusieurs piliers. À la partie supérieure du cylindre, c'est-à-dire à l'opposé du couvercle de laiton, est une longue tige qui y est adaptée à vis, portant une traverse en haut, en forme de T, afin qu'on puisse tourner le cylindre à volonté, sans être incommodé de la chaleur ; le tout ainsi préparé, on met cette cage dans un réchaud de charbons allumés, ayant soin qu'il y en ait, par égale quantité, autant que possible au pourtour de la cage, pour que le spiral reçoive une chaleur égale dans tout ce qui le constitue. On tourne de temps en temps la broche par son T, ce qui égalise d'autant mieux la chaleur. Dès que le cylindre est parvenu à un rouge suffisant, on l'enlève par la broche T et on le plonge tout de suite dans de l'eau un peu tiède ; le couvercle du cylindre qui reçoit en premier le froid se condense si fort (comme étant plus dilatable que le fer) qu'il se détache et tombe au fond de l'eau, le noyau le suit immédiatement et le spiral se trouve ainsi trempé, sans scories et sans avoir été affecté pour ainsi dire du contact de l'air. Le spiral étant trempé de toute sa dureté, ne pourrait être employé sans se casser, on le revient avec de l'huile par les procédés connus ; de cette manière il lui reste une couleur bronzée qui ne déplaît pas à l'œil. »

Terminer la roue et la redresser.

498. On blanchit très délicatement, vu la fragilité de l'acier trempé à blanc, l'intérieur et l'extérieur de la roue, ainsi que les plats des dents, et pour faire revenir cette roue ainsi préparée et nettoyée, on l'ajuste, à frottement doux, au bout d'une longue tige de laiton que l'on expose à la flamme, à la distance d'environ 2 ou 3 centimètres de la roue. On fait tourner la broche entre les doigts, afin que toutes ses parties chauffent également. Quand la couleur bleue, qui commence à paraître au centre, atteint le pied des colonnes, on passe la roue dans l'eau car les dents ou marteaux doivent autant que possible rester trempés au moins jaune paille : revenus davantage, ils sont moins fragiles, mais aussi ils conservent moins bien les lèvres du cylindre.

On peut encore faire revenir la roue sur une épaisse plaque échauffée d'avance, et en plaçant sur les marteaux une forte virole d'acier *portant sur tous les plats.* Comme elle ne s'échauffe que lentement, il en résulte que le fond de la roue et le bas des colonnes pourront alors revenir suffisamment avant le changement de couleur des marteaux.

Mais si quelques dents ne touchent pas, ou touchent imparfaitement la virole, ces dents changeront plus promptement et plus profondément de couleur que les autres.

499. La roue se fausse assez souvent en la trempant, et voici comment on la redresse.

On tourne un disque d'acier trempé et revenu bleu, bien carrément et parfaitement plat sur ses faces, et qui s'ajuste bien à l'intérieur de la roue. Dans une sorte de pince, terminée par deux rondelles, se serrant bien à plat l'une sur l'autre, on saisit la roue garnie du disque, on présente celui-ci au-dessus de la flamme d'une lampe à esprit-de-vin ; quand le disque est bleu et la roue jaune, on serre le tout dans un étau fortement et l'on retire après refroidissement complet.

La pression sur la roue peut être opérée par un poids, posé d'aplomb dessus, mais il doit être assez puissant.

500. La roue étant énarbrée, on la *frise* délicatement avec un morceau de pierre à l'huile aussi dur que possible, ou par le procédé indiqué pour les roues Duplex. On adoucit l'intérieur avec de la pierre pilée fine, blanche et un peu liquide, par le même procédé que précédemment mais en se servant d'un archet faible, de peur de faire échapper soit la fraise, soit la roue, qu'on est obligé de tenir très délicatement. On termine, si l'on veut obtenir un adouci bien blanc, avec une fraise en bois, de l'huile et le limon laissé par la fraise d'acier.

On adoucit l'arrière des talons avec une lime barrette en fer.

L'intérieur des U et la partie ronde des colonnes s'adoucissent sur l'outil aux colonnes, en remplaçant la fraise-lime par une fraise en rubis, ou par une fraise non trempée et sur laquelle on a donné un coup de lime en long. Les croisées s'adoucissent avec la lime barette en fer. On les termine avec un bois.

Le dessous de la roue et les plats des marteaux s'adoucissent, comme on a déjà vu, sur une glace dépolie, ou sur un large fer bien redressé ou sur un lapidaire.

501. Après avoir vérifié tous les vides, afin de s'assurer qu'aucune dent n'a été faussée à la trempe, on donne un très léger coup d'arrondissage à l'angle des talons avec un acier et du gros rouge (ou avec une lime en rubis). Puis on polit au rouge rude et ensuite au rouge fin et on termine au brunissoir les angles, les pointes des dents et les plans inclinés. Ces derniers, pour plus de sûreté, peuvent être polis sur l'outil qui a servi à les former, en *tirant en long*, et ils se brunissent de même. Il ne faut pas oublier qu'ils doivent avoir la forme dite en *baguette*.

Les roues communes des fabriques ont leurs plans inclinés polis sur le tour au pied par un bout de ressort chargé de rouge et qui, fixé au support du tour, traîne sur les plans inclinés. Ce moyen n'est pas le meilleur, en ce sens qu'il faut, après l'avoir employé, polir à la main les pointes des dents, et retoucher les talons, mais comme il est très expéditif, il est bon de le faire connaître.

On le trouvera décrit, avec figure, au chapitre VIII.

Pour nettoyer une roue de cylindre, on la savonne délicatement avec une brosse ou un pinceau pas trop faible. Puis on la passe dans l'eau pure et de là dans l'esprit-de-vin. Elle en est retirée pour être essuyée doucement, jusqu'à ce qu'elle soit sèche, avec un linge fin et ensuite une brosse douce.

Pivotage d'un pignon d'échappement et mise en place de la roue.

502. Avec l'ancien pignon il est facile de préparer celui qui doit le remplacer et de l'amener aux proportions convenables.

À défaut de données précises, voici les moyens qu'on peut employer pour déterminer exactement la hauteur en cage de la roue car cette hauteur connue, elle permet de déterminer facilement les trois points où se lèvent la rivure et les deux pivots.

1. - On pose dans la creusure d'échappement une rondelle de laiton vidée au centre et sur laquelle on place la roue. Cette roue ainsi présentée contre le cylindre, on amincit la rondelle jusqu'à ce que la roue, reposant dessus, occupe dans le cylindre la hauteur qu'il convient.

La distance de la rivure du pignon à la portée de son pivot d'en bas est égale à l'intervalle qui se trouve entre le trou en rubis et le dessus de la rondelle, intervalle que l'on mesure par les moyens indiqués ci-après.

2. - Un disque mince comme un fond de roue ordinaire, et vidé en *a* (H. fig. 57) est posé dans la creusure de platine de la roue de cylindre. Il repose sur trois petites vis-pieds, deux très courtes, appuyant dans la creusure de la roue d'échappement et la troisième plus longue, parce qu'elle prend son point d'appui dans la creusure de la roue trotteuse.

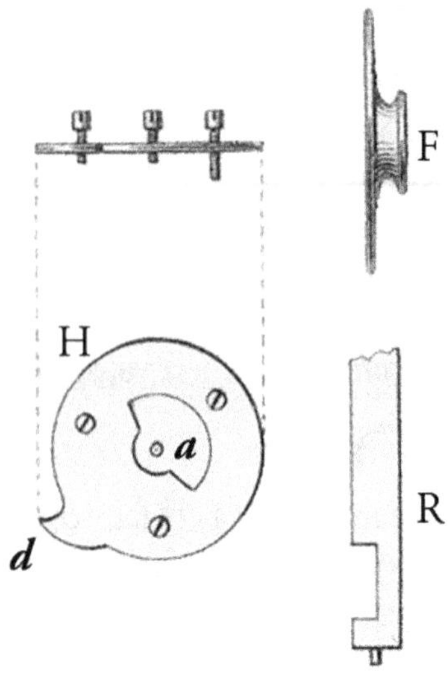

Fig. – 57.

En tournant et en détournant les vis-pieds, on amène le disque dans le plan horizontal qu'occuperait le fond de la roue, et de façon que la partie *d* de ce disque partage la petite coche du cylindre par le milieu de sa hauteur.

Ceci fait, et fort exactement, soit à l'aide d'une petite règle qu'on entaille (R, fig. 57), et qu'on tient debout sur le trou *a*, soit à l'aide de l'équerre mobile (C, fig. 49, pag. 230), équerre reposant sur la portée de son pivot, on mesure l'intervalle qui sépare le rubis de la platine, de la surface inférieure du disque H. Cette mesure donne la distance précise de la portée de la rivure du pignon à la portée de son pivot inférieur.

On remonte le petit pont d'échappement, on mesure avec soin et sans faire plier ce pont, l'intervalle ou vide intérieur qui sépare les deux rubis ; cet intervalle connu, on sait où doit être levée la portée du second pivot.

Le préparage fait avec soin, il suffit ensuite de quelques précautions pour que tout soit conforme aux mesures.

Quelques ouvriers terminent complètement la rivure et les deux pivots avant de river la roue. Ils emploient un cuivrot à vis ordinaire mince ou un cuivrot ayant deux vis noyées dans la gorge et pressant entre les ailes du pignon, ou bien un simple cuivrot ordinaire dégagé de chaque côté, mis en cire sur les ailes du pignon.

D'autres terminent d'abord la rivure et le pivot du petit pont, puis ils rivent la roue, collent sur la face de ses dents un cuivrot très léger, semblable à celui figuré de profil en F (fig. 57), et tournent et finissent le deuxième pivot.

On a compris que la surface du cuivrot, suffisamment échauffée, a été garnie d'une couche de cire d'Espagne, et qu'on décolle celui-ci comme il a été indiqué pour le cylindre.

Dans les opérations du tour, on emploiera de préférence un crin noir flexible ou un cheveu, le crin dur rendant les résistances du travail trop peu sensibles à la main.

Chapitre VIII

Divers outils. — Refaire la monture d'un cylindre en pierre.

Compas à mesurer la hauteur des inclinés.

503. Deux bandes ou lames d'acier *a b c d* (fig. 58) étant redressées avec soin, et la ligne droite E G étant tracée, on y marque le point du centre ou de charnière *r* ; puis la longueur *r* G est portée bien exactement sept fois sur *r* E (soit au compas, soit plutôt au moyen d'un décimètre divisé exactement). On trace les lignes de division 1, 2, 3, 4, 5, 6, 7, puis entre ces lignes les sous-divisions 4 ½, 5 ½, etc.

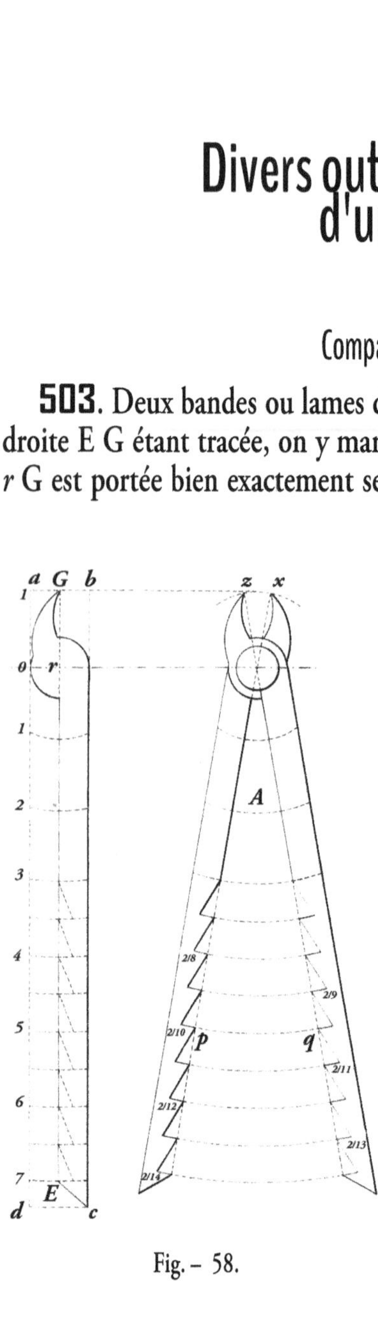

Fig. – 58.

Le trou du centre *r* percé avec toutes les précautions requises pour éviter son déplacement, même de très peu, on découpe les lames avec assez de soin pour que chaque bec se trouve exactement à l'intersection de la grande ligne G E et des lignes de division, car s'il en était autrement, l'outil ne serait pas juste. Les deux branches étant terminées, on les assemble par les moyens connus, c'est-à-dire de la même façon que sont réunies les branches d'un huit-chiffre (A, fig. 58) .

Lorsque l'outil est fermé, tous les becs doivent se toucher deux à deux.

Un cylindre placé entre les grands bras aux becs *p, q* (fig. 58), l'écartement des petits becs *z, x* est le cinquième (ou, ce qui est la même chose, les deux dixièmes) du diamètre du cylindre. Si ce cylindre passe sans jeu entre les becs intermédiaires des numéros 5 et 4, l'écartement de *x z* est juste une moyenne entre un cinquième (deux dixièmes) et un quart (deux huitièmes), c'est-à-dire que cet écartement est alors de deux neuvièmes.

Les branches ne doivent avoir aucune élasticité et les petits becs, qu'on peut courber ou rallonger un peu au besoin pour corriger une erreur faite, doivent être effilés de la pointe et trempés.

Compas-rapporteur dit Compas aux cylindres.

504. Le compas à mesurer l'ouverture d'un cylindre (fig. 59) se construit d'après les mêmes principes, c'est-à-dire que la longueur H R étant divisée en cinquante-six parties égales (des millimètres), le centre de mouvement se place sur la vingtième division.

Un cylindre passant sans jeu entre les grands becs *m n*, l'écartement des petits becs *a s*, est un peu moins des sept douzièmes du diamètre du cylindre (**1454**).

Si au lieu de cinquante-six parties égales, on en donnait cinquante-sept, et qu'on plaçât le centre sur la vingt-et-unième, l'écartement des becs *a s* comprendrait exactement les sept douzièmes de l'écartement des becs *m n*, puisque l'on aurait la proportion :

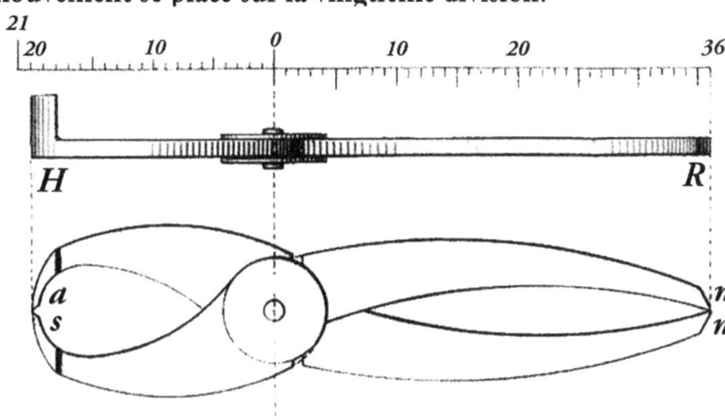

Fig. – 59.

$$21 : 36 : : 7 : 42.$$

L'ouverture d'un cylindre se mesure aussi avec justesse et facilité au moyen du micromètre à aiguille, quand cet outil est construit comme il est indiqué à l'article *Outillage*.

Filière aux cylindres, dite filière Jacot.

505. Cette filière (fig. 60) est formée de trois bandes d'acier, réunies aux deux extrémités par des traverses goupillées et laissant entre elles deux vides ou rainures longitudinales (*a* et *b*). La proportion de l'écartement est la même sur toute la longueur, c'est-à-dire que la largeur de la grande rainure *b*, représentant le diamètre d'un cylindre introduit entre ses deux côtés, le numéro correspondant de la petite rainure *a* donne la flèche de l'ouverture pour une écorce ayant 200° de *plein*.

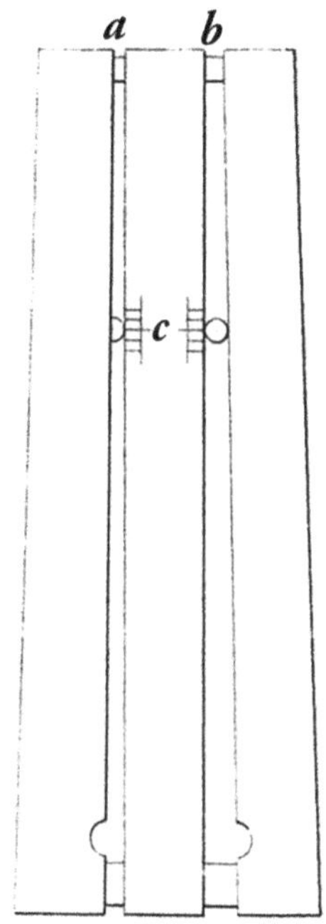

Fig. – 60.

Soit la division *c* où s'est arrêté, dans la rainure *b*, le cylindre tout poli ; ce cylindre, introduit par sa partie encochée dans la rainure *a*, s'arrêtera également au même numéro si, les lèvres étant complètement achevées, il a conservé les sept douzièmes du diamètre.

Outils à limer et à polir plat les canons et les tampons.

506. Le cylindre étant placé entre les broches T et S (fig. 61). On fait monter avec la vis V le manchon cylindrique d'acier trempé dur R (glissant à frottement sur S), et on l'amène à affleurer, presque le bord du canon. Puis on lime le plat de ce canon avec une lime barette, dont les angles sont adoucis jusqu'à ce que, portant partout sur la face du manchon, cette lime ne morde plus. On agit de même pour le polissage.

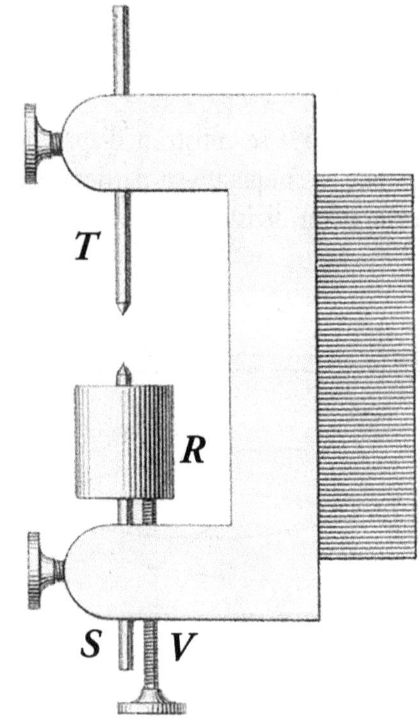

Fig. – 61.

Dans la figure 62, le cylindre s'ajuste sur le petit mandrin d; puis le manchon A enfilé sur B, on règle l'enfoncement de ce manchon avec l'écrou G, et de manière à ce que le plat du canon déborde très légèrement le dessus du manchon trempé dur.

Ce dernier outil (fig. 62) doit être pourvu d'une autre tige semblable B, sauf qu'elle est terminée par une petite pince à, vis dans laquelle on assujettit le tampon par la queue ou tigeron. Le manchon enfilé sur la tige et descendu de sorte à laisser légèrement déborder le tampon, on lime et on polit la face de ce dernier.

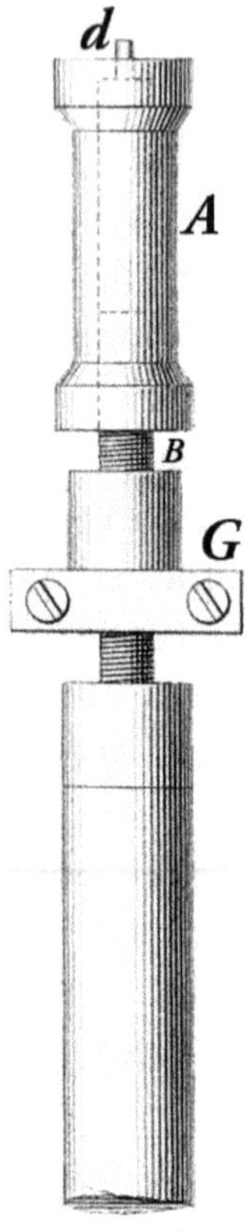

Fig. – 62.

Grammaire.

507. On nomme ainsi un disque de laiton divisé sur 360, et comme il est indiqué par la figure 63.

Veut-on marquer les *points* de levée d'un échappement : on place au préalable le balancier (soit *b a c n*) sur le côté A, où les petits arcs de cercle servent à le centrer. Puis on mesure avec une ouverture de calibre-à-pignon l'écartement des degrés de la levée (soit l'arc *a c* pour 40°), et l'on reporte la longueur obtenue sur la platine de la montre et bien à fleur du balancier remis en place.

La grammaire est encore utile pour tracer toute sorte d'angles sur une surface fixée sur cette grammaire et ayant moins d'étendue qu'elle.

Le côté opposé, ou le côté B, portant au centre une vis à tête conique, est employé pour tracer exactement les croisées des roues, balancier, etc. Quand la roue dont on veut tracer les barrettes est maintenue au centre du disque par la vis à tête conique, on y fait le tracé au moyen

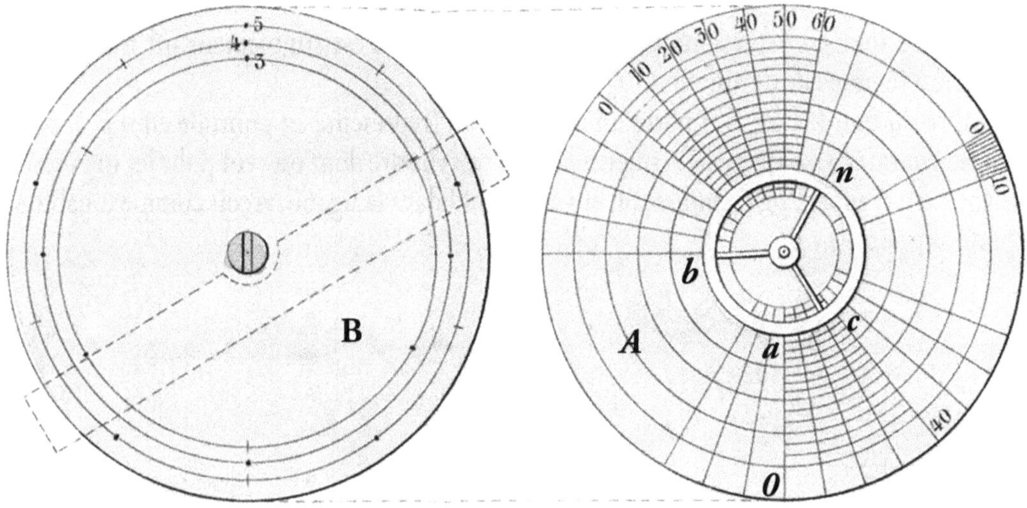

Fig. – 63.

de la règle représentée au pointillé, et avec le secours des divisions des cercles 5, 4, 3, et selon que la roue, ou le balancier, doit avoir cinq, quatre ou trois rayons.

Est-il nécessaire de faire remarquer que, pour les croisées de nombres impairs, il faut diviser la grammaire sur un chiffre double, ce qui du reste est pratiqué sur B de la figure 63.

Maître à danser.

508. L'outil désigné sous ce nom et qui sert principalement à donner les hauteurs en cage, ou le diamètre d'une bonde par rapport au diamètre intérieur d'un barillet est connu de tous les horlogers. Voici comment nous avions construit celui qui nous servait à mesurer la distance entre les rubis du char et du coq de l'échappement.

Une bande d'acier *b i d* (fig. 64) porte à son extrémité de gauche une petite vis *a*, et se termine à droite par un arc de cercle gradué *d f*. En *i* est le centre de mouvement d'une aiguille *h*, dont le talon se relève en *c*.

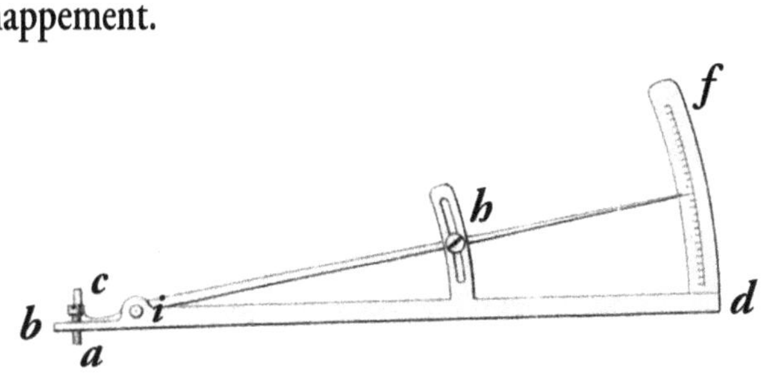

Fig. – 64.

Pour obtenir la mesure cherchée, on pose la partie *a d* de l'instrument sur la platine, de manière que la vis *a* soit au-dessus de la surface plate du rubis du char. On fait marcher la vis jusqu'à ce qu'elle effleure le rubis. Ceci fait, on remet le coq en place sur le char, on introduit entre les deux le bec de l'outil, placé de telle sorte que la vis *a* touchant la partie plane du rubis du char, le talon *c* s'appuie contre la portion plane du rubis du coq. Le poids de l'aiguille *h* suffit pour amener ce talon au contact du rubis, et la division marquée alors par l'aiguille étant notée, on pourra à volonté, l'outil étant retiré de sa position, remettre cette aiguille au point voulu et l'y fixer par la vis *h*.

Tour à polir les inclinés.

509. Ce tour est représenté dans les fig. 65 et 66. C'est simplement un tour-en-l'air, approprié à sa nouvelle destination.

L'arbre du tour (M fig. 65) porte un petit tasseau (représenté au pointillé en *n n'*), ou un mandrin comme *r s*, sur lequel s'assujettit la roue de cylindre dont on veut polir les inclinés. Le coulant *a b c d*, appelé aussi coulisseau, et vu de profil dans la fig. 66, reçoit comme d'habitude le porte-support R.

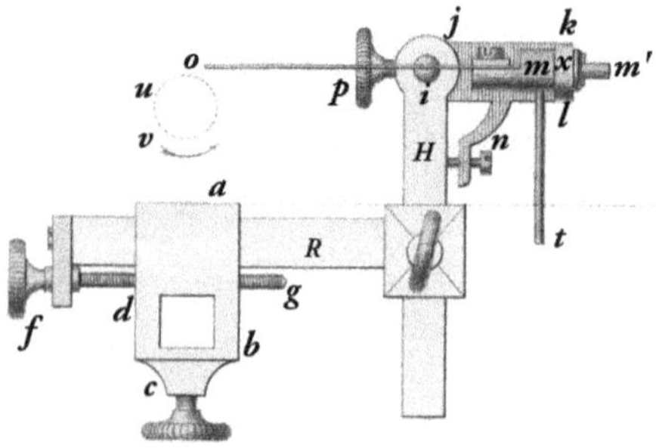

Fig. – 66.

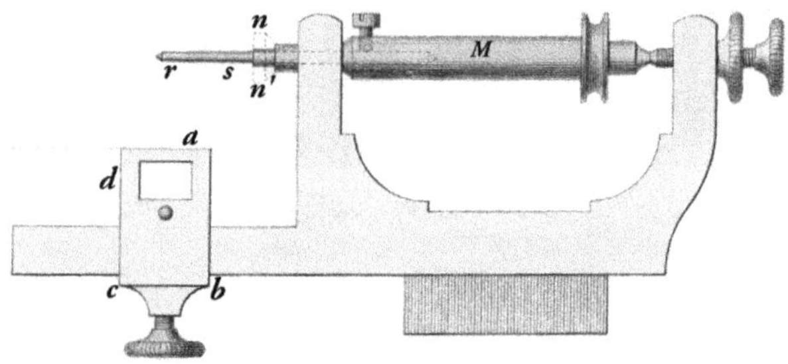

Fig. – 65.

Cette dernière pièce se meut dans le coulant au moyen de la vis de rappel *f g* (fig. 66). La tige H, qui remplace ici le support ordinaire du tour, est percée en *i* et reçoit dans cette ouverture l'axe de mouvement du bras coudé *j k l*. La partie *x*, qui forme le coude, se projette en avant, en équerre avec *j k*. Un bras *n*, muni d'une vis, sert de point d'appui au levier coudé et l'arrête dans la position plus ou moins horizontale convenable. L'on fixe le tout en serrant la vis de pression *p*.

Dans l'épaisseur de *x* est ajusté un petit tenon *m*, tournant à frottement doux sur son pivot *m m'*, à l'aide de la longue cheville *t*. Sur ce tenon *m* est serré par une vis un large ressort de montre *o p m*, ayant environ de 40 à 50 millimètres de *o* en *m*.

Tout ceci bien compris, voici comment on opère.

L'appareil de la fig. 66 étant monté sur la branche du tour (fig. 65), et la roue de cylindre, dont on veut polir les inclinés, ajustée fortement sur l'arbre *r s*, on amène le coulant à la place convenable pour que le ressort *o m* soit directement au-dessus de la roue. On serre toutes les vis de pression, et l'on garnit d'une quantité suffisante de rouge-à-polir le dessous du ressort.

La roue est mise alors en mouvement de rotation au moyen d'une roue à pédale et d'un renvoi et, simultanément, tandis qu'on presse doucement sur le ressort pour lui faire toucher la roue, on donne à la pièce *m* un mouvement alternatif à droite et à gauche par la cheville *t*. Ce mouvement est nécessaire, sans lui on ne polirait que le milieu de l'incliné, puisque celui-ci est arrondi en travers.

Remarques.

Tous les ouvriers ne disposent pas leurs outils de la même manière, mais ces outils ne sont que des variantes de la combinaison ci-dessus.

Quelques essais sont nécessaires pour arriver à connaître les vitesses convenables des mouvements et pour déterminer les forces et les longueurs de ressorts les plus avantageuses.

On peut polir les inclinés sur un simple tour-à-finir ordinaire.

Pour cela on n'emploie que les parties *j k l n*, et *o m m'*, mais en prolongeant *j k* jusqu'en *u v*, et de façon à ce que le trou qui répond à *i* corresponde au centre de la roue et s'ajuste sur la broche de droite du tour-à-finir. Le bras d'appui *n* doit être allongé suffisamment pour aller s'appuyer à la perche du coulant.

La broche de gauche du tour porte une poulie folle menée par un renvoi et qui, par l'intermédiaire d'une petite alidade à vis, fait tourner l'arbre sur lequel est ajustée la roue ; cet arbre, étant placé entre les deux broches du tour, le tout se trouve organisé dans les conditions de la fig. 66.

Quand une roue de cylindre est rivée sur son pignon, l'usage du tour-en-l'air est seul possible. On le munit de petits tasseaux semblables à celui indiqué au pointillé en *n n'* (fig. 65) et percés au centre pour loger l'axe. La roue, centrée par une petite pompe, se fixe sur le tasseau par des vis.

Exécution de la monture d'un cylindre en pierre.

510. Le cylindre en pierre serait une bonne chose quant à la durée, mais comme son exécution, difficile et coûteuse, exige le concours d'un habile *pierriste* en même temps que d'un très habile horloger, et que, même construit dans des conditions de succès, il ne procure encore qu'un réglage égal à celui obtenu avec un cylindre en acier, nous avons négligé, dans notre première édition, d'entrer dans des développements sur ce sujet. Et aussi pour la raison qu'il est plus simple, et presque toujours plus avantageux, de remplacer un cylindre en pierre brisé par un bon cylindre ordinaire, avec la précaution, toutefois, de laisser peu de chute en dehors et de faire l'écorce mince (**404**).

Cependant en faveur de certains cas particuliers, et comme les détails d'exécution de cette pièce peuvent trouver d'utiles applications en horlogerie, nous les donnons ici. Nous suivons dans ce travail la méthode pratiquée chez Perrelet, telle qu'elle nous est indiquée par une communication de M. Redier.

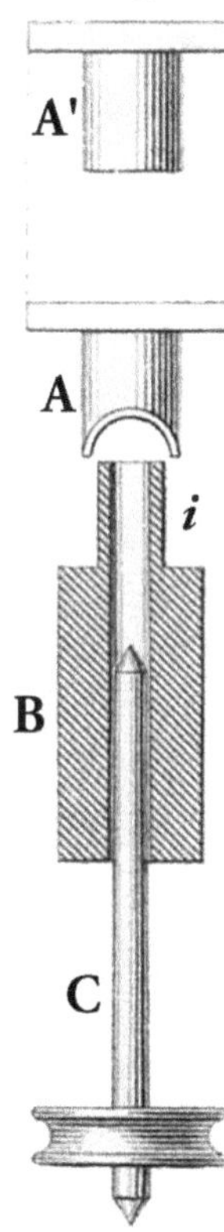

Fig. – 67.

511. On nomme *monture* ou *manivelle* la garniture d'acier d'un cylindre en pierre, et *tuile* le rubis, ou portion d'écorce cylindrique, enchâssée et collée dans la monture.

Voici comment il convient de s'y prendre pour exécuter une manivelle. On prend d'abord un bout d'acier carré de quatre millimètres de côté et cinq à six de longueur.

On le perce d'un trou parfaitement uni, presque cylindrique et de la grosseur exacte de l'intérieur du cylindre en pierre.

On le tourne de manière à lui donner la forme du croquis A' (fig. 67), dont la tête demeure carrée et de la grosseur de l'acier.

L'extérieur de la tige doit être juste de la grosseur extérieure du cylindre en pierre et adouci.

L'arbre pour tourner s'ajuste et entre du côté opposé à la tête de A'.

Avant la trempe, on lime l'extrémité inférieure du tube en bec camard de tourne-vis comme en A, puis on trempe et on affûte le tranchant.

On prépare un second trépan, semblable au premier, mais d'un diamètre intérieur et extérieur sensiblement plus petit et dont les fonctions sont moins importantes et moins précises comme on le verra plus loin. Voici comment on peut se rendre compte de ses dimensions : pour l'extérieur, il suffit qu'il joue très librement dans un trou où passerait la partie cylindrique du premier outil A ; pour l'intérieur, il doit différer du diamètre intérieur de A, de l'épaisseur du rebord intérieur de la rainure où s'emboîte la tuile ; en d'autres termes, le trou de ce second trépan a pour diamètre la grosseur du tampon d'en bas.

Tout cela s'expliquera mieux tout à l'heure.

Ces deux outils prêts, on prend de l'acier rond, amplement gros, on le perce d'un trou d'un diamètre égal à celui du trou du second outil, le dernier construit, et l'on ajuste cet acier ainsi préparé sur un arbre.

Du côté de la pointe de l'arbre on fait un épaulement, un pivot *i*, sur lequel s'ajuste exactement le premier trépan. On a alors trois pièces A, B, C, c'est-à-dire le trépan, la future manivelle et l'arbre, prêts à fonctionner.

Fig. – 69.

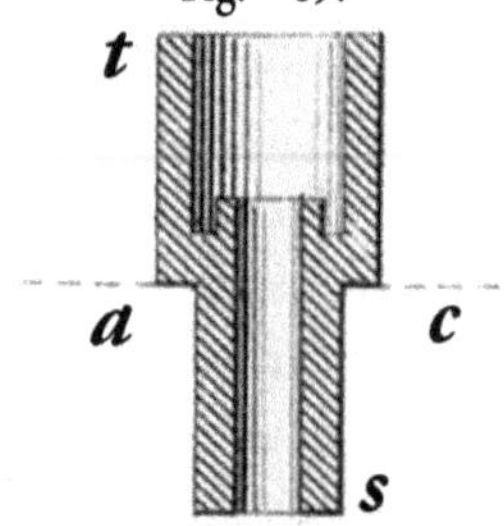

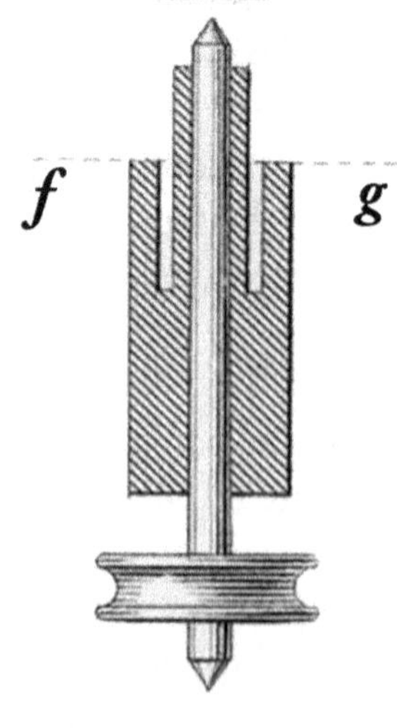

Fig. – 68.

On passe le trépan sur la tige *i* de la manivelle, et l'arbre, mis entre les broches du tour-à-finir, on saisit le trépan par la tête et faisant tourner l'arbre, on forme une rainure cylindrique dont la figure 68 donne l'idée. Cette rainure doit être assez profonde pour loger la tuile et le tampon d'en haut et subir les raccourcissements nécessités par le travail subséquent.

On passe les derniers coups de trépan de manière à s'assurer que le fond de la rainure est aussi uni et droit que possible, et on enlève au burin, le pivot directeur du trépan, c'est-à-dire tout ce qui excède la ligne *f g* (figure 68).

On prend alors le second trépan qui s'ajuste librement, mais sans jeu, sur l'extrémité de l'arbre et, manœuvrant comme on l'a fait avec le premier, on enlève l'écorce mince intérieure jusqu'à ne laisser qu'un petit filet, et arriver au profil vu au-dessus de la ligne *a c*, dans la figure 69.

Dans la feuillure s'ajustera la tuile, au-dessus d'elle le gros tampon, qui fait assiette et porte le balancier. Dans le trou du bas s'ajustera le tampon inférieur.

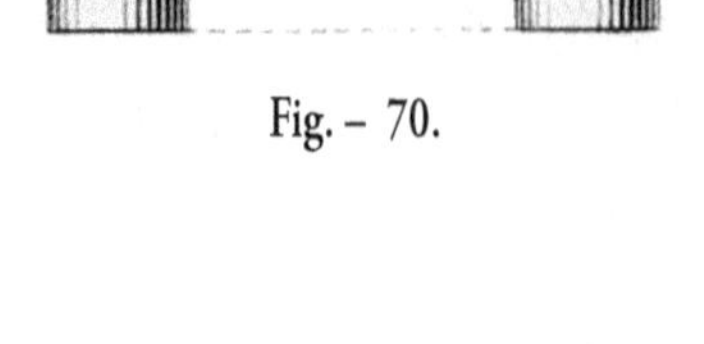

Fig. – 70.

Ceci fait, et si on ne l'a préalablement ébauché, ce qui est plus prudent, l'on tourne le bas de la manivelle extérieurement suivant le profil *s c a* (fig. 69) et l'on a soin de finir au rouge fin toute la partie extérieure, la portée surtout.

Avant d'aller plus loin il faut faire, ou se procurer, un jeu de limes étroites et déliées pour faire les entailles. On commence par la grande entaille qui dépasse sensiblement le centre (figure 70).

On fait ensuite l'entaille de la tuile et enfin la petite entaille ou coche de renversement, et l'on a alors la figure 71.

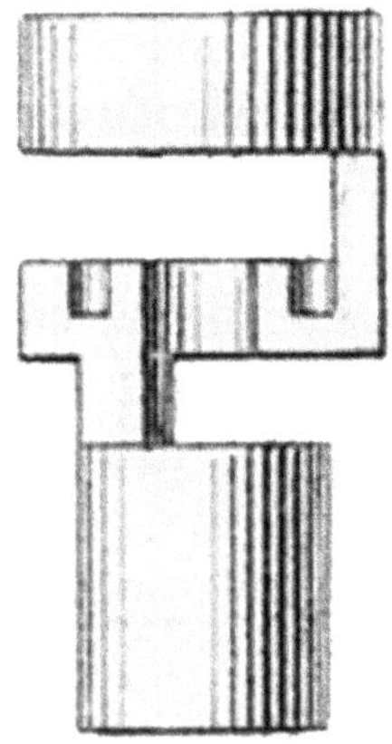

Fig. – 71.

Enfin, pour dégager les entrées, on fait un large biseau aux angles saillants *o, h* (fig. 71) et la manivelle qui a acquis la forme *b h d o* (fig. 72) est prête à tremper si, bien entendu, tout ce travail a été exécuté sans fausser la pièce.

On trempe par les procédés indiqués pour les pièces de faibles dimensions.

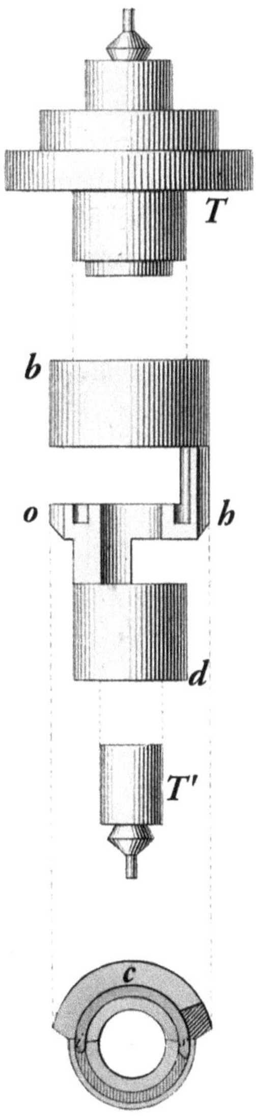

Fig. – 72.

On peut faire revenir bleu et même un peu au-delà, puisqu'aucune des parties de la pièce n'agit directement.

Si la manivelle est faussée, on la redresse par les moyens décrits à la fin de cet article.

Le polissage de la manivelle est un des ouvrages les plus délicats de l'horlogerie, sinon le plus délicat. Il nous reste à indiquer les précautions à prendre pour ce travail et pour la pose des tampons.

Après qu'on a nettoyé le mieux possible toutes les parties intérieures, on adoucit le trou central où s'ajustera le petit tampon, et on passe dedans un arbre qui traverse le tout.

On remplit de cire ou de gomme laque toutes les parties enlevées à la lime, de manière à rétablir l'aspect *t s* (fig. 69), en tournant délicatement la cire.

Sur la tête de la manivelle on monte parfaitement droit un disque en laiton qui doit venir à fleur de la portée ; il guidera la lime à polir pour faire le bas de la manivelle et le segment de portée qui est resté. Ce poli doit être réussi rapidement, ainsi que tous les autres d'ailleurs, si on ne veut pas émousser les formes.

Enfin, on polit le pourtour supérieur et on enlève la cire. Toutes les petites surfaces sont alors amenées à un poli net. La pratique seule donne la perfection.

Le tampon inférieur T' (fig. 72) est un tampon ordinaire.

Le tampon supérieur T a un double épaulement et fait assiette. Le petit anneau circulaire retranché à sa base forme avec la paroi du grand canon, dans lequel ce tampon sera enfoncé, la rainure qui reçoit et emboîte le haut de la tuile.

La partie de ce tampon qui entre à force dans la manivelle est nécessairement un peu plus forte que le cylindre, représenté ici par le plus grand diamètre de la tuile, ou portion d'écorce cylindrique. Le dernier épaulement est comme le diamètre intérieur du cylindre.

Il est bien entendu qu'il faut assez amincir la partie *o* (fig. 72), pour qu'elle passe librement entre le fond de la roue de cylindre et le dessous des inclinés ; aussi faut-il des roues plus hautes de colonnes qu'on ne les emploie pour le cylindre ordinaire.

Le tampon tient à force dans sa couronne mais la tuile est collée à la gomme. On chasse le tampon pendant que la gomme est encore chaude, ce qui n'empêche pas de déplacer d'une petite quantité la tuile (*i c s*, fig. 72), si elle ne se trouve pas exactement à sa place.

512. Si une manivelle est faussée, voici comment on s'y prend communément pour la redresser.

Si le cylindre est nu, on commence par ajuster sur le grand canon un disque mince et large, tournant bien droit et faisant tout à fait l'effet du balancier.

Cette préparation achevée, on fixe avec solidité le petit canon bien perpendiculairement dans un trou juste d'une plaque horizontale, et l'on introduit dans la coche dont la colonne est faussée une barre en cuivre rouge, limée à l'extrémité en forme de tournevis. L'on chauffe la petite barre et quand la colonne commence à revenir, on fait levier avec cette barre. L'on suit l'effet par le mouvement du disque tenant la place du balancier et en l'amenant d'abord à être parallèle à la plaque, puis en le renversant un peu en arrière car il faut faire un peu plus que le redressement, la partie faussée se contractant un peu sur elle-même quand on enlève le levier. Cette opération est fort délicate.

Quelques horlogers sont assez adroits pour redresser un cylindre par cette méthode, en maintenant simplement son balancier sur une plaque ou entre leurs doigts, mais plus d'un de leurs imitateurs ne réussit qu'à le casser.

ÉCHAPPEMENT DUPLEX

Chapitre I

Préliminaires

513. L'idée primitive, encore informe, de l'échappement Duplex, paraît appartenir à Dutertre, habile horloger français, mais Pierre Le Roy fut le véritable créateur de ce mécanisme et le construisit pour la première fois vers le milieu du siècle dernier. Il l'abandonna bientôt pour l'échappement à détente, ce dont quelques artistes ont inféré qu'il jugeait défavorablement le Duplex, mais ce qui prouve simplement que Pierre Le Roy, avec ce génie profond, ce tact extraordinaire qui lui fit devancer ses contemporains d'un siècle, avait deviné que l'échappement à détente convenait seul à la chronométrie.

Nous ne nous arrêterons pas à l'assertion de quelques auteurs qui ont avancé que l'échappement dont nous nous occupons était dû à un Anglais nommé Dupleix, horloger très inconnu, même parmi ses compatriotes, et qui d'ailleurs aurait été de beaucoup en retard sur l'invention française : ce qui paraît peu contestable, c'est que le mot latin *duplex*, qui veut dire *double*, fut appliqué à cet échappement parce qu'à son origine, sa roue était double et qu'elle produit un double effet.

Une singularité qui mérite qu'on la remarque, c'est que cette invention française est très répandue en Angleterre, tandis que l'échappement à cylindre, d'invention anglaise, est celui préféré en France.

Dans notre première édition, nous avions attribué ce résultat à deux causes : aux caprices de la mode, souveraine en France, qui avait adopté les montres plates où l'échappement à cylindre réussit mieux que l'autre, et au caractère positif de l'Anglais, qui veut qu'une montre soit une machine utile et non un bijou. Mieux renseigné, nous devons reconnaître que nous étions dans l'erreur, car un très grand nombre de belles montres plates ont été vendues en Angleterre. Si là on s'en est dégoûté plus vite que chez nous, ceci tient à ce que les ouvriers anglais, habitués à leurs énormes pièces, ne réussissaient pas à faire marcher convenablement les montres plates.

En Angleterre, on rencontre, par suite du fréquent emploi qu'on fait de l'échappement Duplex, beaucoup d'ouvriers qui l'entendent très bien. En France, les artistes capables sur ce point sont rares, et un petit nombre seulement en connaissent les fonctions et les principes, sur lesquels même ils sont encore divisés ; et si nous ajoutons que le Duplex a été placé trop souvent dans des montres d'une épaisseur insuffisante, on comprendra sans peine pourquoi il est moins estimé chez nous qu'à l'étranger.

Comme régularité, il est supérieur à l'échappement à cylindre, et l'on a de nombreux exemples de montres Duplex ayant donné l'heure pendant longtemps, à une ou deux minutes et même quelques secondes par mois. Mais cet échappement ne souffre aucune espèce de médiocrité dans l'exécution. Il a contre lui sa facilité à arrêter au doigt, la fragilité de son axe et son repos trop éloigné de la tangente. Ajoutons toutefois que les limites où se produit l'arrêt-au-doigt peuvent être réduites à peu de chose, qu'on rencontre rarement des axes brisés, à moins de violentes secousses, et qu'enfin l'expérience prouve que la destruction des pivots, résultat le plus ordinaire d'un repos hors de la tangente, peut être évité en faisant ces derniers durs et bien polis, et leurs trous dans des rubis également polis avec soin et toujours abreuvés d'huile.

La force motrice, supérieure à celle qu'il faudrait pour un échappement à cylindre, doit être suffisante, mais non en excès. Ce dernier cas est fréquemment celui des échappements anglais, ce qui explique pourquoi ils se détruisent plus vite que les échappements français. Par contre, la force manque souvent à ceux-ci, parce qu'ils sont placés dans des montres trop plates. À moins d'une bonne force motrice (moyenne entre celle des montres anglaises et françaises datant de quelques années), cet échappement ne réussit jamais bien.

Un auteur, qui met l'échappement Duplex au-dessous de celui à cylindre, dit quelque part, en parlant du premier que, « eu égard au résultat qu'on croyait en obtenir, il peut être considéré comme une déception. » Il y a évidemment ici une erreur, ou une exagération, qui prouve que l'auteur, qui n'a pas suffisamment expérimenté la matière, met sur le compte des principes ou de la composition mécanique, vicieuse à son point de vue, les erreurs résultant d'une exécution mauvaise. Il est avéré, pour tous ceux qui ont étudié et pratiqué le Duplex, que lorsqu'il est construit par un habile artiste, il donne l'heure longtemps avec une exactitude plus grande que celle procurée par l'échappement à cylindre et l'on sait que dans les petites pendules, dites pièces de voyage, c'est avec l'échappement Duplex que jusqu'à présent on a obtenu le plus de régularité.

Si on concluait du paragraphe qui précède qu'en réhabilitant cet échappement des reproches mal fondés qui lui ont été adressés, nous désirons le voir plus répandu, on se tromperait, car nous convenons volontiers qu'on doit lui préférer l'échappement à ancre qui, tout en donnant un réglage égal, ne s'arrête pas au doigt, offre une plus grande solidité, et dont la construction, ainsi que la réparation, n'exige pas une aussi rigoureuse exactitude.

Dénominations des organes.

514. Les parties principales et distinctives de cet échappement sont :

1. - Un petit cylindre en rubis nommé *rouleau* (*a*, fig. 73 et 74, et *b*, fig. 75), porté par l'axe du balancier, sur lequel il est collé à la gomme laque et maintenu, en outre, par une petite virole, chaussée sur la tige de ce balancier, et qu'on appelle le *tampon* (*b*, fig. 74). Ce rouleau est entaillé dans le sens de sa longueur d'une coche (*a*, fig. 73. et 4*d*, fig. 75), assez profonde pour que les pointes des dents ne puissent en atteindre le fond.

2. - Un bras de levier, également porté par l'axe du balancier (R, fig. 73 et 74), communément appelé le doigt de levée ou simplement le levier, et qui est destiné à recevoir l'impulsion nécessaire au mouvement du balancier.

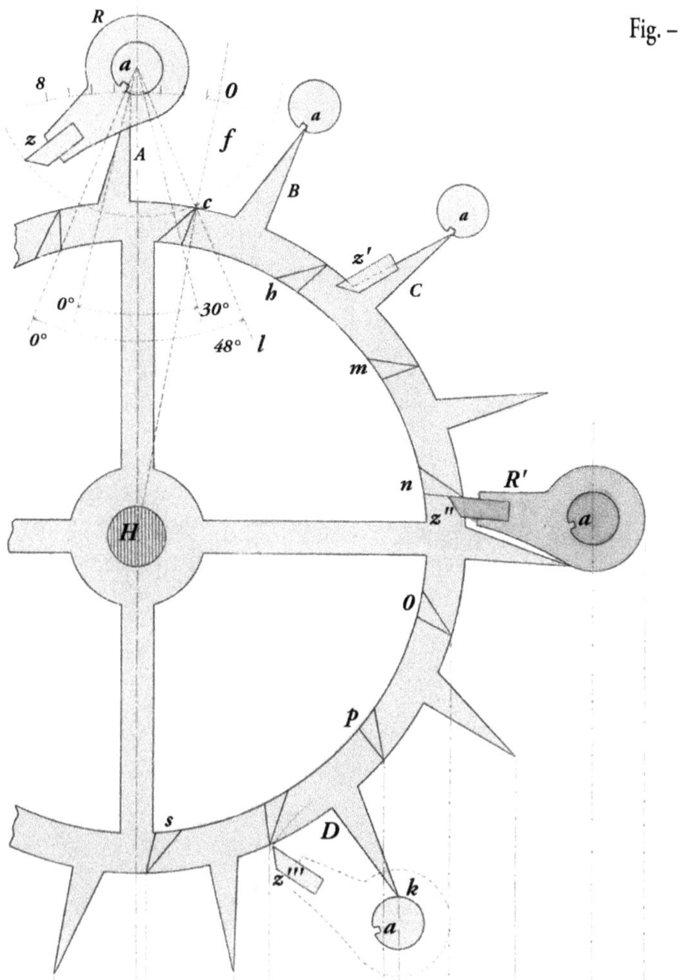

Fig. – 73.

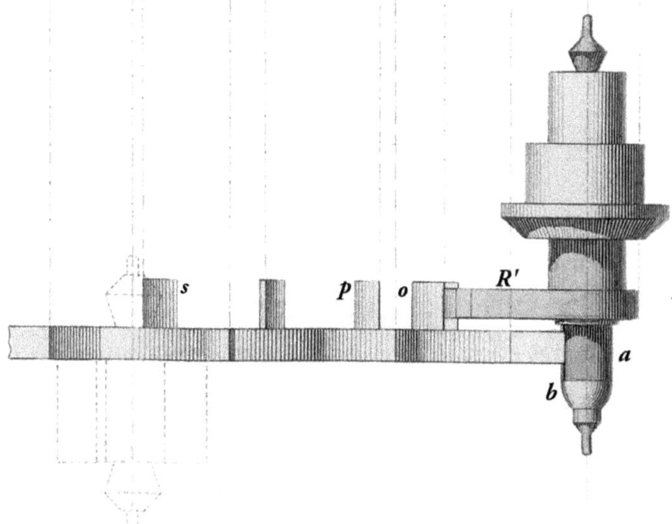

Fig. – 74.

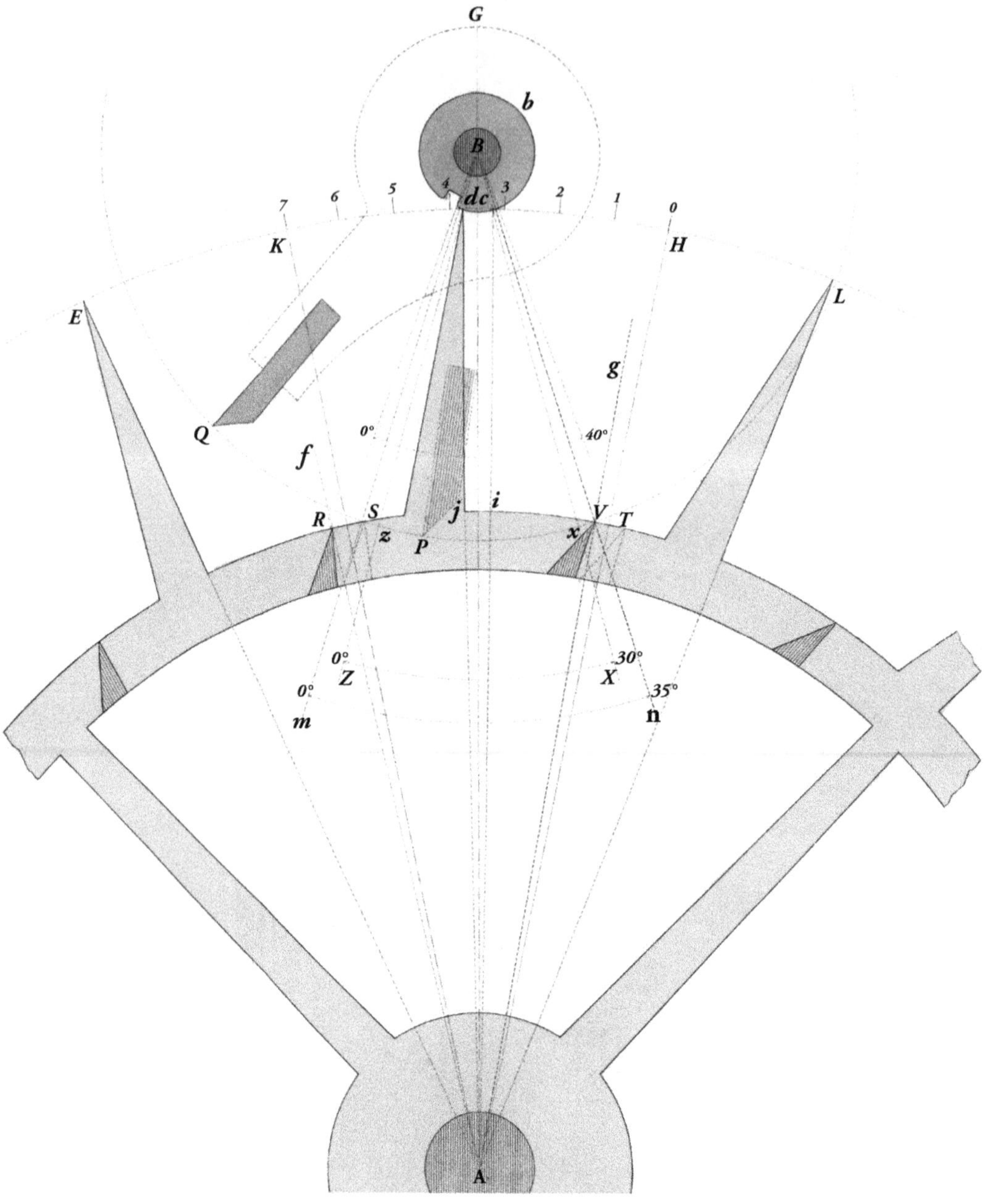

Fig. – 75.

3. – Une roue portant une double rangée de dents : les unes, longues et effilées, formant comme un prolongement du plan de la roue (A, B, C, fig. 73 ; E *d* L, fig. 75) ; les autres, courtes et triangulaires et semblables à des chevilles implantées sur le champ de cette même roue (*s p o*, fig. 73 et 74, R et V, fig. 75). La fig. 74 nous représente l'axe du balancier garni de son assiette, du doigt de levée R', du rouleau *a*, et du tampon *b*.

Autrefois, le pignon d'échappement portait deux roues superposées que l'on désignait, par suite de leur différence de diamètre et de fonctions, sous les noms de grande roue ou *roue de repos*, et de petite roue ou *roue d'impulsion*. Ces dénominations ont été conservées à la roue moderne.

Jeu de l'échappement.

515. Le devant du balancier que nous supposons en mouvement, tourne vers la gauche de l'observateur ; ce balancier va donc de z''' vers D (fig. 73) : la dent D, en s'appuyant contre le rouleau en *k*, opère un repos à peine interrompu par un petit soubresaut ou recul, quand la pointe de la dent est rencontrée par l'entaille *a*. C'est tout ce qui a lieu pendant cette vibration qui est dite *muette*.

Lorsque le balancier, ramené par le spiral, revient sûr lui-même, c'est-à-dire tourne vers la droite, la dent A (même figure), pénètre dans la coche *a* du rouleau et, s'appuyant sur le flanc droit de cette coche, le pousse devant elle (dent B) pendant une courte partie de la vibration, et lui échappe définitivement (dent C), à l'instant où le doigt *z* occupe la position z'. Comme la roue se trouve libre, la dent d'impulsion *n* tombe alors sur ce doigt z'' et, le poussant avec une grande puissance, opère une levée qui se termine quand la grande dent suivante, en venant s'appuyer au rouleau (comme la dent D en *k*), commence un nouveau repos.

Le balancier, tardant peu à être ramené par le spiral, accomplit une nouvelle vibration muette (en tournant vers la gauche) ; puis, revenant vers la droite, se retrouve, ainsi que la roue, dans une situation identique à celle indiquée pour la dent A et ainsi de suite pour toutes les vibrations successives.

Le doigt, pendant la durée du repos, ne touche pas aux dents de la roue d'impulsion devant lesquelles il passe. Le contact ne peut avoir lieu que lorsque la levée est assez avancée pour que la dent d'impulsion soit suffisamment rapprochée de la ligne des centres.

On voit que l'impulsion n'est donnée que de deux en deux vibrations, que la dent n'échappe au rouleau qu'après l'aller et le retour du balancier, et qu'ainsi la levée n'a lieu que d'un côté.

Cette levée totale se décompose en deux parties bien distinctes, à savoir :

1°. la *petite levée*, ou l'arc de cercle parcouru par le balancier de l'entrée à la sortie d'une grande dent de la coche du rouleau ;

2°. la *grande levée*, qui commence quand se termine la petite levée, et qui comprend l'arc de cercle que décrit le balancier pendant tout le temps que dure le contact de la dent d'impulsion avec le *doigt* ou *levier d'impulsion*.

Les deux levées successives sont seulement séparées par une petite chute, nécessaire à la sûreté des fonctions, et que l'on nomme *première chute*, pour la distinguer de la deuxième chute, qui termine la grande levée.

Des proportions adoptées par divers auteurs.

516. Tavan.

« Plus l'anneau de l'axe du balancier (le rouleau) sera petit, moins il opposera de résistance pendant le frottement sur le repos, au mouvement du balancier et le recul sera moins considérable à mesure que ce cylindre sera plus petit et son entaille moins large. »

(D'après les rouleaux sortis des fabriques de Genève à l'époque de Tavan, on voit clairement qu'il admettait pour leur grosseur environ un cinquième seulement de la distance de deux pointes de dents.)

« Plus la quantité de pénétration de la dent dans l'entaille sera grande, plus l'action de la dent sera assurée. La meilleure proportion pour la profondeur de l'entaille paraît être d'un sixième environ du rayon du cylindre (ou le douzième de la grosseur du rouleau), et pour éviter un trop grand recul, il ne faut faire l'entaille que la largeur précisément suffisante au passage de la dent.

« La petite levée commence environ 55° avant l'action de la petite roue sur le grand levier. »

Tavan ajoute, en parlant de la grande levée, qu'elle peut être poussée de 45° à 50° sans inconvénient. Nous verrons plus loin que la quantité de cette levée dépend uniquement des proportions adoptées pour certaines parties de l'échappement. Remarquons que, d'après les données de cet auteur, les deux levées réunies représentent un arc de 90° à 100°.

517. Jurgensen.

« Le diamètre du rouleau doit être égal au tiers de la distance de deux dents de la grande roue.

« Cette même roue doit opérer une levée de 20° sur le rouleau (petite levée).»

Il convient qu'il y ait une chute de 10° depuis que la grande roue échappe du rouleau jusqu'à ce que la petite roue tombe sur le doigt.

« La roue d'impulsion doit faire lever 30° au balancier par le doigt. Par conséquent, ce doigt doit être d'un diamètre propre à produire une levée de 40°, car les 10° employés pour la chute laisseront 30° pour l'action de la roue sur le doigt. »

Pour satisfaire aux conditions ci-dessus, il faut que le diamètre total du doigt soit égal :

Pour une roue	de 12 dents, aux	¾ ou	9/12	du diamètre de la roue d'échappement.
Id.	de 13	–	¾	9/13	–
Id.	de 14	–	¾	9/14	–
Id.	de 15	–	3/5	9/15	–

518. Moinet (mesures données par M. Ruggien). — Pour une roue de 15 dents,

«La grande roue ne doit pénétrer dans l'entaille de son rouleau que d'environ un douzième du diamètre de celui-ci.

« L'impulsion sur la grande levée, de 30°.

« Le rapport entre les deux diamètres, de 3 à 2, en sorte que, si la grande roue de repos était de 6 lignes, celle d'impulsion serait de 4 lignes.

« Le diamètre du rouleau, un seizième de celui de la grande roue. (Un peu plus de deux septièmes de la distance de deux pointes de dents.)

« L'entaille du rouleau doit avoir 30° d'ouverture, plus l'arrondi de ses lèvres, estimé à part à environ 10° pour les deux lèvres.

«Le rapport du rayon de la grande levée avec celui de la roue d'impulsion peut aussi être comme 3 à 5, c'est-à-dire qu'en divisant en huit parties la distance des centres de la roue et du balancier, il en faudra prendre cinq pour le rayon de la roue d'impulsion et trois pour le rayon du doigt. »

(Ce doigt passera alors sans recevoir aucune impulsion. S'il n'y a pas ici une erreur d'impression, il faut ou que M. Ruggien se soit mal expliqué ou que Moinet ne l'ait pas compris.)

« Le balancier doit parcourir 20° minimum ou 30° maximum pendant qu'une dent de la roue de repos entre et sort de l'entaille du rouleau. La chute de la dent d'impulsion est portée à 10°, selon d'autres de 4° à 5°.

« Le balancier étant au repos du spiral, la grande dent doit se trouver au milieu de l'entaille du rouleau, qui aura autant de degrés à parcourir à droite ou à gauche pour la laisser échapper. »

Nous terminerons cet extrait par la citation suivante :

« Certains frottements sur les centres ne paraissent pas empêcher la liberté d'une manière sensible, et cela contre l'apparence ordinaire. »

Après avoir donné un exemple pratique à l'appui de son assertion, Moinet ajoute :

« Ce qui semble conforme au raisonnement n'est pas toujours ce qui se passe dans la nature, et l'expérience en décide plus sûrement. »

519. M. Wagner.

« Pour une roue de douze dents, j'ai adopté les rapports suivants :

- Rapport du diamètre de deux roues, de 3 à 2 ;
- grande levée, égale à 30° ;
- petite levée, égale à 50° ;
- le diamètre du cylindre, deux septièmes de l'intervalle d'une dent à l'autre de la roue ;
- chute des chevilles d'impulsion sur le grand bras, égale à 6°.

« La longueur du grand bras est une conséquence forcée de la grande levée du rapport de diamètre des deux roues et du nombre de dents adopté pour ces roues. Dans les conditions indiquées, le rayon de ce bras est environ les cinq huitièmes du rayon de la petite roue. La longueur de ce bras, ainsi que la grande levée, varie selon la dimension de la petite roue et le nombre de dents adopté ; pour la déterminer d'une manière exacte, il convient d'en faire un tracé en grand.

« Le point zéro du ressort spiral doit correspondre entre la grande et la petite levée, afin qu'il ne puisse pas s'arrêter au doigt.

« Cet échappement permet des arcs supplémentaires jusqu'à 260° au moins de chaque côté, ce qui, avec ceux de levée formant 80°, fera un arc total de 600° au moins. »

520. Gannery. La petite roue fait lever le balancier de 11,5° pendant qu'elle décrit un arc égal à l'arc intercepté par deux pointes de dents, diminué de 6°, diminution nécessaire pour la sûreté de la marche de l'échappement.

Pour dégager le balancier, un mouvement de 15° doit suffire. Pour les pièces de voyage, plus exposées aux fortes secousses, il faut à peu près 25°.

La grande roue et le rouleau sont entre eux : — : : 1,000 : 0,059.

La grosseur de ce rouleau est donc d'environ les deux septièmes de la distance de deux pointes de grandes dents.

521. M. Winnerl. Levée, 60°. Mais cette levée n'est en réalité que de 45° environ, le reste comprenant le parcours de la grande roue au rouleau et les chutes.

Le balancier doit faire un mouvement de 15° de son point de repos pour laisser échapper la grande dent.

« On doit chercher à faire le diamètre du rouleau aussi petit que possible, sans cependant aller à l'excès, sans quoi l'on perdrait l'avantage de la pression que la grande roue produit sur le rouleau, et aussi le tout deviendrait trop fragile. Dans les montres d'une grandeur ordinaire, on doit chercher à faire le diamètre du rouleau environ un sixième de la distance d'une dent à l'autre de la grande roue, mais quand la dimension de l'échappement augmente, on peut diminuer cette proportion. Toutefois, nous remarquerons que dans les petites montres, très souvent on ne peut aller au-dessous du quart.

« Généralement, on fait les coches dans les rouleaux trop étroites, c'est-à-dire qu'une dent de la roue ne passe qu'avec un petit jeu ; cela est une faute, parce que pour faire effectuer le passage de la roue par un mouvement de 15 degrés, les dents de cette roue ont si peu de pénétration que, par le moindre émoussement de leurs extrémités, elle passera librement dans l'ouverture. »

Proportions et indications diverses.

522. Elles ont été recueillies soit dans des auteurs autres que ceux déjà nommés, soit chez les meilleurs praticiens des fabriques.

Rapport des deux roues comme 3 à 2, comme 4 à 3.

Rapport entre le rayon de la roue d'impulsion et celui du doigt de levée comme 4 à 3, comme 5 à 3, etc.

Grosseur du rouleau prise sur le diamètre de la grande roue, le seizième, le douzième, etc. (Ce douzième équivaut à environ les deux cinquièmes de la distance de deux pointes, et le seizième à un peu plus de deux septièmes de cette distance).

Grosseur du rouleau prise sur les pointes des dents, un quatrième de l'écartement de ces pointes.

Ouverture de l'encoche du rouleau, 30°, plus 10° pour l'arrondissage des bords.

Le point zéro du spiral doit correspondre au milieu de la petite levée.

Enfin, P. Dubois dit dans un de ses ouvrages que, selon quelques horlogers, la grosseur du rouleau doit être le douzième de l'intervalle entre deux pointes des dents de la roue de repos. Il y a ici sans doute une erreur typographique, car avec cette mesure, la grosseur du rouleau serait réduite à n'être que celle d'un pivot ordinaire, ce qui évidemment ne peut pas être.

Tableau des proportions adoptées par les auteurs.

523. Mettons ces proportions en regard les unes des autres.

Grosseur du rouleau mesuré sur la distance de deux dents.

Tavan	environ	1/5	
Jurgensen	2/6 ou	1/3	
Moinet............................	un peu plus de	2/7	
M. Wagner		2/7	Maximum, 2/5. – Minimum, 1/6
Gannery.........................		2/7	
M. Winnerl....................	entre 1/6 et	1/4	
Praticiens réputés...........	2/8 ou	1/4	
		2/5	

Longueur du doigt de levée.

Jurgensen.— Le quotient de la division du nombre 9 par le nombre des dents de la roue, mesuré sur le rayon de la roue d'échappement.

Moinet. — 3/8es de la distance des centres pour 15 dents.

M. Wagner. — 5/8es du rayon de la petite roue pour 12 dents.

Indications des fabriques.— 3/4, 3/5 du rayon de la petite roue.

Proportion entre les diamètres des roues.

Selon Jurgensen, Moinet, M. Wagner, comme 3 à 2.
Selon des bons faiseurs d'échappements, comme 4 à 3 ;
comme 7 à 5.

Pénétration de la dent dans l'encoche.

Elle doit produire une levée de :

50° environ, d'après		Tavan.
20°	—	Jurgensen.
20° à 30°	—	Moinet.
50° . .	—	M. Wagner.
30° . .	—	M. Winnerl.

Position de la dent d'impulsion.

Selon Jurgensen, Moinet, au milieu entre les deux grandes dents. Selon d'autres, un peu plus à droite. Selon d'autres encore, un peu vers la gauche.

Observations sur le tableau précédent.

524. Les auteurs et les praticiens, comme on le voit, ne sont pas plus d'accord sur les proportions à donner à cet échappement qu'ils ne le sont sur celles des échappements à roue de rencontre et à cylindre. Ainsi, nous voyons que pour la grosseur du rouleau, comme pour la hauteur de l'incliné de la roue de cylindre, ils varient du simple au double, et que les autres dimensions sont à l'avenant. Comment serait-il possible qu'un horloger pût avoir une idée juste et précise de l'échappement Duplex en rencontrant de semblables contradictions chez les artistes qui se sont le plus occupés de ce mécanisme ? Cependant plusieurs de ces contradictions ne sont qu'apparentes.

Elles proviennent de ce que chaque auteur, n'ayant pas de base théorique fixe, a donné sa combinaison, ou sa réussite, comme une règle générale et même absolue, tandis qu'elle n'était qu'un cas particulier, qu'une donnée empirique.

Chapitre II

Principes de l'échappement Duplex

525. La régularité de marche d'un échappement Duplex, de même que celle de l'échappement à cylindre, tient à une judicieuse application des principes de la théorie des échappements à repos frottant.

Dans l'un comme dans l'autre, deux puissances ou forces sont en action sur le balancier, c'est-à-dire sur une masse mobile qui est menée et qui mène tour à tour : l'une accélère son mouvement, l'autre le retarde. Ce double effet se combine encore avec une autre action, celle du spiral.

Le rapport entre les différents membres de la combinaison doit être tel qu'il donne à l'échappement une assez grande insensibilité aux variations de force motrice et à l'épaississement des huiles, tout en laissant cependant, quand ces variations se produiront, une suffisante liberté d'action au spiral.

Quant aux discussions si souvent renouvelées de nos jours sur les grands ou les petits balanciers, sur les gros ou les minces rouleaux, elles n'ont aucune base, et reposent sur des questions mal posées. Il n'y a ni grands ni petits balanciers, ni petits ni gros rouleaux : il n'y a qu'une grandeur de balancier, qu'une grosseur de rouleau qui convient à la combinaison générale, et qu'on peut déterminer expérimentalement.

La donnée capitale de l'échappement Duplex est l'angle de la levée. Cet angle déterminé, on en déduit, soit par le calcul, soit par le dessin (**548**), soit par quelques expériences telles que celles précédemment indiquées pour l'échappement à cylindre, les autres éléments.

Tous ces différents points vont être éclaircis par les articles qui suivent, et si le lecteur est bien pénétré des principes théoriques développés ci-devant, en aucun cas il ne se trouvera embarrassé.

Grosseur du rouleau.

526. En examinant deux montres à échappement Duplex parfaitement semblables l'une à l'autre, sauf que le rouleau de l'une est très petit et le rouleau de la seconde un peu gros, on remarque d'abord qu'avec le petit rouleau le balancier est plus libre, l'arc de vibration plus étendu. Ce qui doit être puisque les frottements sont moindres, le levier de résistance plus court, et que le recul est d'autant plus petit que la coche est plus étroite.

Cette différence dans la manière dont se comportent les deux échappements, et en ne tenant pas compte des variations que le temps amène dans le réglage (question toujours négligée), avait accrédité, à l'époque où les grands arcs de vibration étaient devenus la panacée universelle, l'opinion qu'il faut tenir le rouleau aussi petit que possible, et cette mesure, qui n'en est pas une, puisqu'elle n'assigne pas de limites précises, a longtemps égaré les horlogers.

527. La grosseur du rouleau étant un des éléments de la combinaison mécanique que nous considérons, elle se déduit de l'état de l'ensemble de la machine, c'est-à-dire de la quantité de la force de pulsion qui doit être neutralisée par la pression qui s'opère sur le repos. L'effet de cette pression croît ou décroît proportionnellement au rayon du rouleau.

Dans les montres plates, l'impulsion est faible, le rayon de frottement doit être réduit, il faut alors presque toujours un petit rouleau.

Et le contraire dans les montres hautes.

Nous trouvons là l'explication du peu de succès qu'ont obtenu bon nombre de montres suisses à Duplex.

Les horlogers de ce pays mirent d'abord cet échappement dans des montres plates, où la force motrice faisait défaut quand l'huile s'épaississait. Pour combattre cet inconvénient, ils réduisirent autant que possible le diamètre du rouleau et, dans ce cas, ils avaient raison. La mode des pièces plates passa, et l'on fit des montres beaucoup plus épaisses, mais les fabricants commirent alors l'erreur d'adopter pour les échappements de ces nouvelles montres les proportions qui leur avaient le mieux réussi dans les montres plates. Il en résulta :

- l'insuffisance de la correction sur les repos ;
- des arcs d'oscillation trop étendus, puisqu'ils dépassaient facilement 600° (**566**).

Inconvénients pratiques qu'offre un rouleau petit.

528.

1. - Il est d'une grande fragilité, et veut être exécuté avec une extrême précision.

2. - À moins d'un balancier lourd, il rend l'échappement plus sujet à laisser passer deux dents coup sur coup par l'effet des secousses et surtout quand le porteur de la montre va à cheval. Un balancier lourd, comme on sait, ajoute aux chances de rupture de l'axe et de ses pivots.

3. - La tige qui traverse ce rouleau devient très mince, ce qui rend encore plus fragile un axe qui l'est déjà trop. En outre, comme le Duplex exige de la hauteur et une force motrice assez considérable, cette tige, par suite de sa faiblesse, est alors susceptible d'une certaine flexion qui, si elle ne fait pas fendre le rouleau, rend l'axe sujet à un ébranlement vibratoire nuisible au réglage et propre seulement à faire détacher des parcelles de gomme-laque.

4. - Le moindre défaut de régularité dans les dentures des roues sera sensible sur l'échappement et l'on sait combien il est difficile d'obtenir une roue Duplex dont la division soit exacte.

5. - Pour ne pas courir le risque de couper le rouleau, on est obligé de faire l'encoche peu profonde ; aussi la plus petite malpropreté introduite dans cette encoche, l'épaississement de l'huile même suffit pour gêner les pointes des dents et pour changer le réglage.

6. - Les angles de cette encoche doivent rester presque vifs. S'ils étaient abattus un peu fortement, ils laisseraient échapper la dent trop tôt.

7. - Les pivots doivent avoir très peu de jeu dans leurs trous, autrement le plus petit changement dans la position des mobiles en fera un considérable dans la levée, etc. Il n'est pas nécessaire de faire voir combien, avec des trous justes, l'épaississement de l'huile apportera de gêne et de perturbation dans la marche des pièces.

8. - La pénétration de la grande dent dans l'encoche étant estimée au douzième du diamètre du rouleau, quoiqu'elle soit moindre, il s'ensuit que cette pénétration sera dans un rouleau de 1/6e de deux pointes, plus petite que la vingt-quatrième partie de la grosseur du rouleau de 1/3, quantité tellement microscopique qu'on peut être certain qu'un défaut de rondeur au rouleau, une faible usure aux pointes des dents, etc., fera manquer l'échappement.

9. - Pour parer aux inconvénients qui naissent du trop peu de pénétration si l'on rapproche les mobiles, afin d'enfoncer la dent plus avant, en outre de la difficulté qu'offre le peu de profondeur de l'encoche, on augmente le défaut de l'arrêt-au-doigt. Si une dent pénètre d'une même longueur de sa pointe dans deux rouleaux, l'un de 2/6e et l'autre de 1/6e, cette dent produit une petite levée plus grande de près du tiers sur le petit rouleau ; il faut alors que le balancier parcoure un arc plus étendu pour arriver au dégagement.

En somme, quand le rouleau est très petit, les fonctions doivent s'accomplir avec une précision mathématique qu'il est bien difficile d'obtenir et qu'il est impossible d'assurer.

Données d'expérience.

529. Il faut se bien pénétrer d'abord que, dans le plus grand nombre de cas, ce n'est pas en diminuant le rouleau plus que la prudence ne l'ordonne qu'on arrive au succès, mais en modifiant les autres organes de l'échappement.

Aujourd'hui, les praticiens capables et qu'une longue expérience a instruits, sont d'accord pour reconnaître que la grosseur d'un rouleau a pour dernière limite un diamètre égalant les 2/8e ou, ce qui est la même chose, le 1/4 de la distance de deux pointes. Et encore n'admettent-ils cette grosseur que dans les montres de moindres dimensions. Quant aux montres grandes et hautes, pour empêcher la flexion ou vibration de l'axe, ils ont reconnu que le rouleau devait avoir pour diamètre les 2/6e (un tiers) de la distance de deux pointes. On rencontre des montres anglaises où cette grosseur est portée à 2/5e, ce qui est trop, car il faut remarquer que le repos est d'autant moins assuré que le rouleau est plus gros, tout arc de cercle se redressant de plus en plus à mesure qu'il est tracé par un plus grand rayon.

La grosseur moyenne du rouleau devra être une quantité intermédiaire entre 2/8e et 2/6e, c'est- à-dire de 2/7e, ou plutôt légèrement plus (figure 76). Cette grosseur convient, en effet, à la plupart des bonnes montres françaises car c'est le lieu de remarquer que l'échappement Duplex, à qui une bonne force motrice et de la hauteur sont nécessaires, doit être appliqué

Fig. - 76.

préférablement aux montres moyennes. La force lui fait défaut dans celles qui sont petites ou plates, tandis que dans les grandes et hautes montres, celles anglaises, par exemple, le poids déjà considérable des organes et l'excès de force motrice rendent plus sensible le défaut du repos loin de la tangente et amènent la prompte usure des pivots.

Grande levée. – Longueur du doigt.

530. En thèse générale, toute combinaison d'échappement est subordonnée à l'étendue de la levée et l'angle de cette levée est lui-même une conséquence :

- de l'intensité de la force motrice ;
- des vitesses relatives des organes agissant les uns sur les autres.

Comme donnée d'expérience, une levée d'impulsion de 30° (chute comprise) est regardée, dans le plus grand nombre des cas, comme suffisante. Lorsque cette levée ne communique pas un assez grand mouvement au balancier, il faut en chercher la raison dans un moteur trop faible ou dans des vices de la machine.

Avec une force motrice qui n'est pas en excès, l'augmentation de l'angle de levée n'augmente pas, ou augmente fort peu le mouvement du balancier. La force se décompose par une action plus oblique et une poussée latérale des pivots plus considérable.

531. La longueur qu'il faut donner au doigt, pour une distance fixe des centres, n'est pas une quantité arbitraire, mais une quantité précise déterminée par la grandeur de la roue d'impulsion et par le nombre des dents de cette roue. On conçoit sans peine qu'on pourra tenir ce levier d'autant plus long que l'écartement des dents sera plus grand, ainsi que le fait voir la figure 77, où le doigt *ac* deviendra *ab* par un nombre de dents triple.

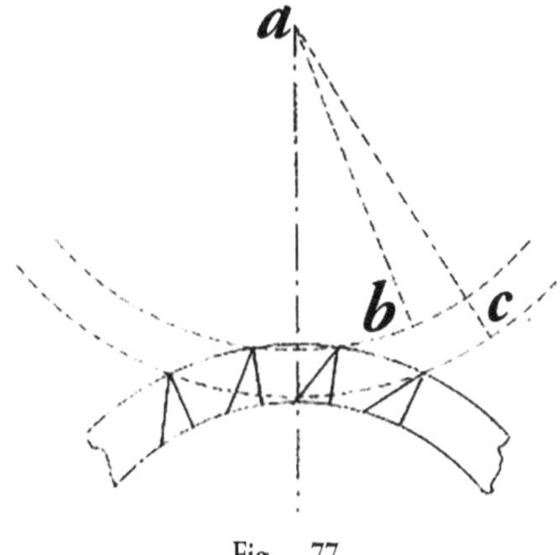

Fig. – 77.

Il en résulte que la levée sur le doigt sera d'autant plus considérable que la roue d'échappement aura moins de dents.

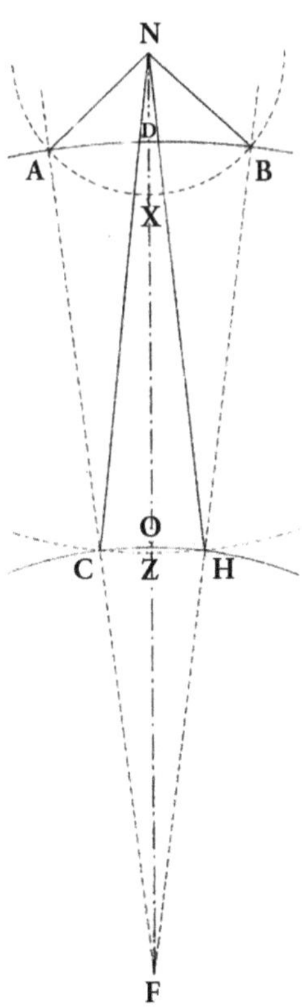

Fig. – 78.

En supposant immobiles les deux centres F et N (figure 78), si l'on fait varier à volonté la grandeur de la roue d'impulsion et qu'on lui donne pour rayon d'abord FD, puis la moitié de FD ou FO, l'écartement des dents sera réduit de moitié dans ce dernier cas puisque l'arc ADB est double de l'arc COH (les lettres A, B, H, C, représentent les quatre dents). En outre, on remarquera que les deux cercles AXB, CZH, décrits par l'extrémité des doigts de levée, n'anticipent pas sur le champ de chaque roue d'une égale quantité, puisque l'intervalle XD est au moins quatre fois plus grand que l'intervalle OZ et que, pareillement, les deux arcs de levée sont fort inégaux. La levée du petit bras étant enfermée dans l'angle ANB, tandis que celle du grand bras est bornée à l'angle CNH, angle de levée qu'il est impossible d'augmenter si l'on ne veut voir le bras s'accrocher aux dents.

532. Cette démonstration graphique nous prouve :

1°. Qu'on ne peut augmenter la grande levée de l'échappement à volonté, mais que cette levée croît en raison inverse de la longueur du doigt, c'est-à-dire qu'elle devient de plus en plus considérable à mesure qu'on diminue ce doigt et qu'on agrandit la petite roue proportionnellement ;

2°. Que plus une roue d'impulsion est grande et le doigt petit, et plus la pénétration ou l'engrenage entre la dent et le doigt est profond, et par conséquent assuré, tandis que le contraire a lieu quand c'est la roue qui diminue et que le doigt augmente.

Tout horloger apercevra au premier coup d'œil les inconvénients de ces extrêmes, et le raisonnement lui révélera qu'entre une levée trop courte, où la dent ne fait presque qu'effleurer le doigt, et une levée trop grande, qui oblige à faire parcourir un arc considérable au balancier pour obtenir le dégagement, le mieux se trouve dans un terme moyen que l'expérience fait découvrir. Elle enseigne, en effet, que ce terme moyen du mouvement du doigt est enfermé dans un angle de levée de 30 à 45°. La longueur du doigt ne peut ainsi être déterminée que lorsque l'on a fixé le chiffre de la levée, le nombre des dents de la roue et même la grosseur du rouleau. Car si l'on conserve la même petite levée avec un rouleau plus petit, en outre du rapprochement obligé des centres, les deux dents d'impulsion *j* et *h* (figure 79) se trouveront un peu plus loin de la ligne des centres EB, l'une *h*, pendant le repos, l'autre *j*, à la fin de la petite levée, il faudra nécessairement toucher un peu au doigt.

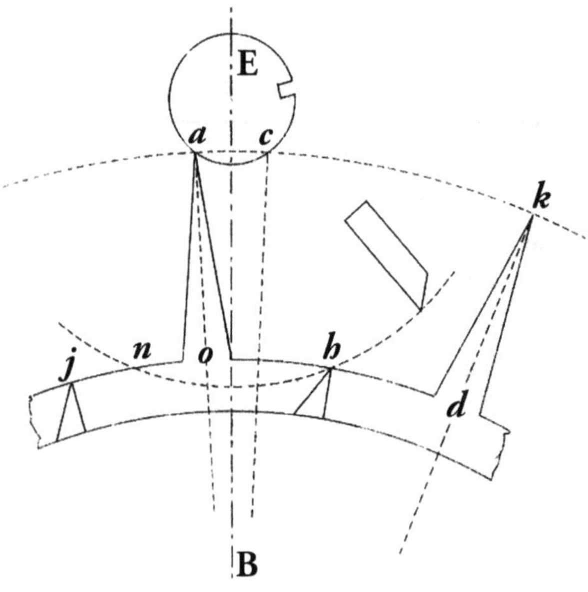

Fig. - 79.

Nous dirons, par anticipation, qu'avec une grande levée de 35° environ, un rouleau de $\frac{2}{7}^{e}$ et une roue de quinze dents, la longueur du doigt, à compter du centre de l'axe, est de un peu plus des $\frac{3}{8}^{e}$ du rayon de la grande roue.

Proportion entre les diamètres des deux roues.

533. Dire, en thèse générale, que la proportion de 3 à 2 est meilleure que la proportion de 4 à 3, ou l'inverse, c'est commettre une erreur.

Le rapport entre le diamètre de la roue d'impulsion et le diamètre de la roue de repos ne peut être déterminé *a priori* : il est une conséquence forcée de l'ouverture de l'angle de levée, puisque le diamètre de la petite roue progresse à mesure qu'on augmente l'angle de levée.

C'est ce que rendent sensible à la vue les figures 73 et 75.

Dans la figure 75, où la levée est bornée à 35°, les deux roues sont entre elles environ : : 3 : 2. Tandis que dans la figure 73, tracée pour une levée de 48°, le rapport est environ : : 4 : 3.

534. Voici à peu près en quels termes les premiers horlogers qui se sont occupés de cet échappement ont essayé d'en établir les principes :

> « La mécanique nous apprend que pour vaincre une résistance quelconque au moyen d'un bras de levier, on a d'autant plus de force que la puissance est appliquée à l'extrémité d'un bras plus long. (Voir dans l'*Introduction* l'article des *Leviers*.) En d'autres termes, quand un bras de levier agit sur un autre bras de levier, la puissance est à la résistance en raison inverse de la longueur des bras.
>
> « Or, si l'on remarque que le doigt d'échappement n'est autre chose qu'un bras (le levier de résistance ou levier passif) sur lequel le rayon de la roue agit comme levier de puissance (levier actif), il est clair qu'on doit déduire du principe posé qu'il faut donner au doigt la plus grande longueur possible et diminuer proportionnellement la roue d'impulsion, de sorte que, si l'on prend pour terme de comparaison la grandeur de la roue de repos, la différence entre les diamètres des deux roues soit aussi grande qu'il se peut. »

535. Cette conclusion, comme celle dont on cherchait à déduire la grosseur du rouleau (**526**), est fausse parce que, en ne tenant pas compte de conditions accessoires importantes, elle ne fait même pas pressentir les conditions compliquées auxquelles la solution du problème que nous abordons est attachée.

Lorsque l'on veut étudier les effets des organes d'un échappement, leviers ou plans inclinés, il ne faut pas commettre la faute de ne le considérer qu'à l'instant du départ, de la mise en train du balancier, fraction imperceptible dans la longue durée de l'action, et pendant laquelle fraction, les vitesses, les quantités de mouvement sont à peu près nulles. On doit voir cet échappement, si l'on peut parler ainsi, dans le plein exercice de ses fonctions, c'est-à-dire battant le nombre de vibrations qu'il peut accomplir dans une heure : 18 000, par exemple.

536. Ceci admis, si l'on considère un levier de puissance double d'abord, puis réduit de moitié et le contraire pour le levier de résistance, on conçoit qu'avec le levier actif raccourci de moitié, l'extrémité de ce levier est douée d'une puissance double, mais que cette extrémité parcourt un espace moitié plus petit. La conséquence, c'est que le levier passif n'est poussé qu'à la moitié de son premier parcours dans le même temps qu'auparavant (on admet l'égalité de ces deux temps, quoique cela ne soit pas rigoureusement exact) ; d'où il s'ensuit que dans le premier cas (celui du levier de puissance double) le levier de résistance est poussé par une force comme 1, dans un espace comme 2, tandis que dans le deuxième cas (celui du levier de puissance simple) le levier de résistance est poussé par une force motrice comme 2, dans un espace comme 1.

La puissance de l'impulsion sur le doigt n'étant autre chose que le produit de la force dont la roue est animée, multipliée par sa vitesse, il est clair que les résultats s'équilibreraient dans les deux cas, et la conclusion qu'on va en tirer, c'est qu'il paraît indifférent, au premier coup d'œil, de faire croître ou décroître l'un des leviers si l'autre suit en raison inverse.

537. Cette déduction, qui semble rationnelle, conduit cependant très loin de la vérité. La question n'étant pas une question simple mais composée, il faut avant de conclure tenir compte des trois observations capitales que voici :

- La *première*, que la vitesse angulaire de la roue, par l'apport à la vitesse du balancier, augmente à mesure que l'on allonge le doigt et qu'on raccourcit la roue proportionnellement[31].
- La *deuxième*, que la durée de l'action de la dent sur le doigt est d'autant plus réduite que ce dernier est plus long et la roue diminuée en raison inverse (**532** - 1°).
- La *troisième*, que la pénétration ou, si l'on veut, la quantité dont les leviers sont en prise, augmente en proportion du raccourcissement du doigt et de l'agrandissement de la roue (**532** - 2°).

538. Les inévitables conséquences de ces remarques sont les suivantes : *avec le doigt très long* et, par suite, la roue de pulsion petite, outre que les effets s'accomplissent peu sûrement, la dent échappe au doigt presque aussitôt l'entrée en prise. La levée n'est qu'une chute un peu prolongée. La force communiquée au balancier est presque nulle, parce que la roue, allant aussi vite que ce balancier, ne se sert de son excès de vitesse que pour augmenter la puissance du choc de repos, choc d'autant plus nuisible qu'il se fait à frottement rentrant.

La force retardatrice est dominante, et l'on voit tout d'abord que, pour augmenter la force accélératrice aux dépens de l'autre, il ne faudra que raccourcir le doigt et agrandir la roue en raison inverse.

Il semble ainsi qu'il suffirait, pour augmenter la force d'impulsion, de faire ce doigt de plus en plus court. Ce qui est vrai, mais seulement entre deux limites. Lorsque *le doigt est devenu très court* et la roue de pulsion grande, la roue marchant moins vite que le balancier, la chute est beaucoup amortie, mais cet avantage est peu considérable ici en regard des inconvénients car, en outre que la moindre vitesse de la roue est cause qu'elle ne fait pour ainsi dire que suivre le doigt au lieu de le presser activement, une grande partie de l'action de la dent sur le doigt se fait alors selon une direction très oblique à la ligne des centres. La force est décomposée, et il en résulte qu'une grande portion de la force arrivée à l'échappement lui est plus nuisible qu'utile, parce qu'elle est perdue pour l'entretien du mouvement et absorbée par des frottements plus considérables. (Voir l'introduction à l'étude des échappements, articles *Levée*, etc.)

539. On voit nettement qu'il doit y avoir un milieu, en rapport principalement avec la force motrice, où les avantages et les inconvénients du trop et du trop peu, c'est-à-dire où les forces *accélératrice* et *retardatrice* se balanceront, se feront mutuellement équilibre, et par

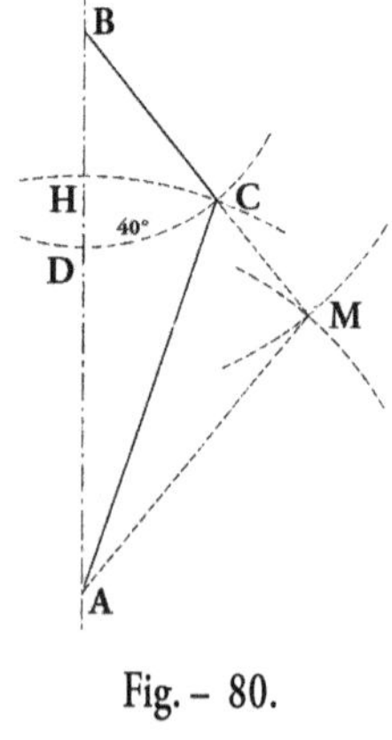

Fig. - 80.

[31] Démonstration. — Si l'on suppose le rayon du doigt égal à BC (figure 80) et celui de la roue double en longueur et égal à AC et l'angle DBC de 40°, on voit que, lorsque le balancier aura parcouru l'angle DBC, la roue aura décrit l'angle HAC. Le rayon du doigt étant moitié de celui de la roue, il s'ensuit que l'angle HAC est moitié de l'angle DBC, c'est-à-dire de 20°. Par conséquent, le balancier ira deux fois plus vite que la roue.

Si les rayons du doigt et de la roue, BM et AM sont égaux, l'angle BAM étant alors de 40° comme l'angle ABM, la roue et le balancier marcheront d'une égale vitesse.

On voit par ces exemples que la vitesse de la roue augmente et se rapproche de celle du balancier, à mesure que l'on fait la roue plus petite et le doigt plus grand.

conséquent la prépondérance de l'une d'elles ne troublera pas les facultés du régulateur et n'aura pas d'influence nuisible sur la puissance réglante.

Comme pour la hauteur de l'incliné d'un échappement à cylindre, on détermine ce milieu expérimentalement ; il réside dans la proportion qui donne une amplitude d'oscillation suffisamment étendue avec le moindre arc de levée.

En se guidant sur cette indication, on obtient les avantages suivants :

1°. La pénétration de la dent sur la face du doigt est assez profonde pour que le jeu de ces deux pièces soit parfaitement sûr.

2°. Le contact du doigt et de la dent se prolonge pendant un arc d'environ 30°, arc qui constitue la grande levée de l'échappement, et l'expérience a démontré que cette grande levée suffit à l'échappement Duplex, quand il est établi dans de bonnes conditions de hauteur (**97**) .

3°. L'action de la dent s'éloigne peu de la ligne des centres et d'une perpendiculaire à cette ligne, ce qui est avantageux (**73**).

4°. Le mouvement de la roue, durant l'impulsion, étant à peu près uniforme, la chute a bien moins d'énergie que si cette roue tournait d'un mouvement accéléré comme le balancier.

Données d'expérience.

540. On admet assez généralement que, pour les montres de bonne hauteur, le rapport : : 3 : 2 convient le plus souvent. Il produit une levée d'environ 30°.

La dernière limite pour la grandeur du doigt étant fixée par une levée de 30° pour les montres d'une suffisante épaisseur, on comprend, d'après tout ce qui précède, que dans une montre dont la force motrice est faible il faut augmenter la levée de quelques degrés. Le balancier, naturellement plus léger offrant, par suite de sa masse moins forte, une plus grande facilité à être mis en mouvement, mais possédant par la même raison une moindre faculté à persévérer dans le mouvement acquis (**323**), il faut que l'impulsion qui lui communique ce mouvement soit plus longue ou répétée plus souvent (**325** et **326**). On comprendra cela d'autant mieux que l'on remarquera que la roue Duplex, qui est lourde, devenant de plus en plus paresseuse à se mouvoir à mesure que la force motrice est plus faible, l'action de cette roue sera de moins en moins efficace au commencement de la levée.

541. En conséquence, dans les montres plates ou dans celles dont la force motrice est peu considérable, on peut augmenter la grande levée. En poussant le diamètre de la roue d'impulsion autour des trois quarts de celui de la grande roue, on arrive alors à une levée d'environ 45 à 50°, mais avec ce chiffre de levée, si le balancier est un peu petit et lourd et la force motrice faible, les inconvénients du doigt trop court se révèlent promptement ; si, au contraire, le balancier est un peu léger et la force motrice considérable, on rencontre l'écueil des vibrations trop étendues, ce qui ne vaut pas mieux.

En résumé, et sauf les cas obligés, moins on pourra s'éloigner de 40° (chute comprise) de levée comme terme maximum de la grandeur de la petite roue, et mieux cela vaudra.

Position de la dent d'impulsion.

542. La place que la dent d'impulsion doit occuper entre les deux grandes dents ne peut pas être choisie à volonté ; cette dent doit toujours être placée au milieu, entre les deux longues dents de la roue de repos.

En effet, pendant la vibration *muette*, le doigt effleure la dent d'impulsion de droite *h* (figure 79), tandis que, dans le retour du balancier, c'est-à-dire pendant la vibration suivante, ce doigt effleure la dent de gauche *j*, mais seulement vers la fin de la petite levée, quand la grande dent, ayant parcouru l'arc *ac*, va s'échapper de la coche.

La dent d'impulsion *j* s'avançant de l'arc *jn* pendant que la grande dent *o* a décrit *ac*, il est clair que si l'on suppose la pointe de la dent *o* arrêtée au milieu de sa levée, cette pointe serait sur la ligne des centres EB et le doigt passerait à égale distance de la dent *h* et de la dent *j*.

L'intervalle *oh* doit donc être égal à *oj*, mais *oj* est la même chose que *hd*, si les divisions de la roue sont exactes, ce qui doit être. Par suite, le point *h* occupe le milieu entre les deux lignes *oa* et *dk*.

Petite levée. — Pénétration de la dent dans le rouleau.

543. Entre autres contradictions, beaucoup d'auteurs et de praticiens fixent la pénétration de la dent de repos au sixième du diamètre du rouleau, tandis qu'ils font varier la *petite levée* du simple au double. Il est impossible de concilier ces mesures, puisque toute augmentation dans la petite levée correspond nécessairement à un plus grand enfoncement de la dent vers le centre du rouleau, et vice versa. La pénétration ne peut être mesurée utilement sur le diamètre du rouleau, puisque cette pénétration nécessaire est une conséquence de la levée, de la largeur de l'encoche et de l'arrondissage des bords.

Avec une petite levée de 30°, la pénétration ne va pas au sixième, et cette pénétration paraît si peu de chose, en petit surtout, qu'on devrait craindre que la fonction de la dent au repos ne fût nullement assurée, si l'on ne savait que ce n'est pas ordinairement par là que manquent la plupart des échappements Duplex.

Ceux qui ont donné pour mesure de la pénétration une petite levée de 50° n'ont pas fait attention que l'arrondissage, souvent très prononcé, des bords de l'encoche, fait perdre un certain nombre de degrés sur cette levée, et que pour l'amener au chiffre donné il faut toujours rapprocher les mobiles un peu plus que le dessin ne l'indique. En réalité, dans la pratique, la dent pénètre toujours dans l'encoche d'une quantité plus grande que celle donnée par la plupart des dessins d'échappement.

L'expérience ayant démontré qu'une petite levée de 30°, au maximum, suffit pour assurer la fonction du repos, il est inutile de pousser cette levée au-delà, puisqu'on ne fait, en agissant ainsi, qu'augmenter la difficulté de l'arrêt-au-doigt (**528** - 9°).

De la coche du rouleau.

544. La coche du rouleau doit avoir la largeur nécessaire au jeu libre de la dent durant toute l'action de la petite levée. Quelle que soit la position de cette dent à son passage, un léger ébat lui est toujours nécessaire. Il n'est guère possible de donner un chiffre précis pour la grandeur de cette ouverture, puisque cette grandeur est dépendante de la pénétration et de la forme et de l'épaisseur des dents ; deux dernières choses qui varient souvent d'une roue à l'autre, selon que l'on a jugé nécessaire, d'après le métal adopté : laiton, acier ou métal anglais, de laisser ces dents plus ou moins épaisses des pointes, et suivant qu'on peut craindre pour elles l'écrasement, l'usure ou la torsion.

Les bords ou lèvres de la coche ne doivent être que très finement arrondis et surtout bien polis, ainsi que la surface du rouleau.

Quelques auteurs prétendent qu'il faut donner à l'ouverture de la coche 30° et 10° aux deux arrondis des lèvres, et ils admettent en même temps une petite levée de 20°. D'autres auteurs ont cru rencontrer là une erreur, parce que l'angle de l'ouverture (CD, figure 81), étant plus grand que l'angle de levée AB, la dent, selon ces derniers, passera devant l'encoche sans toucher au rouleau.

On trouvera dans l'article qui enseigne à dessiner un échappement Duplex le moyen de déterminer la grandeur ou largeur de l'encoche.

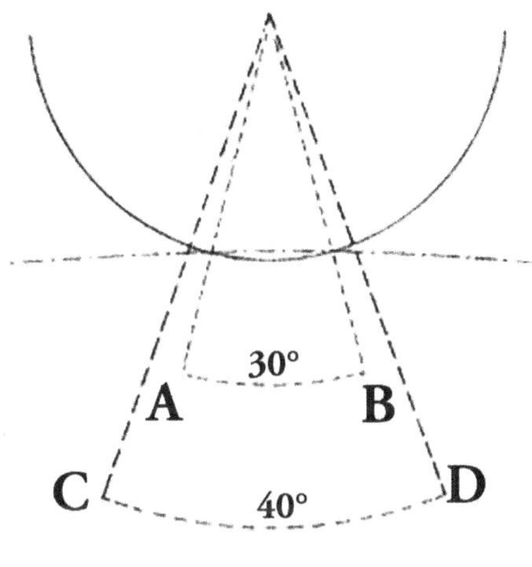

Fig. – 81.

De la première chute ou chute d'impulsion.

545. La chute entre la petite et la grande levée doit être, suivant des auteurs et des praticiens, de 4°, suivant d'autres, de 10° : différence de plus de moitié. Les premiers, connaissant les inconvénients des chutes, ont sans doute cru bien faire en restreignant l'étendue de celle-ci le plus possible. Mais ici le cas est tout différent du cas ordinaire, car il faut remarquer qu'avec 4° de chute, le doigt ayant à peine pénétré sur le champ de la roue, l'entrée en prise est peu sûre, et de plus la dent attaque ce doigt par l'angle et à frottement rentrant.

Les 10° de chute atténuent considérablement ces deux défauts et font commencer l'action plus près de la ligne des centres et d'une perpendiculaire à cette ligne, avantages réels, et qui compensent largement le petit défaut d'une chute un peu plus forte.

Il est question ici des montres battant 18 000 vibrations à l'heure, et telles qu'on les construit aujourd'hui, car on a compris que l'étendue de la chute doit varier avec le poids de la roue, l'énergie du moteur et le nombre des vibrations.

Quelques praticiens font attaquer le doigt sur la ligne des centres, et prétendent n'en avoir éprouvé aucun désagrément, mais dans ce cas, en outre de l'ébranlement produit par un choc très fort, la grande levée se trouve réduite de près de moitié.

Résumé.

546. Le plus grand nombre des montres Duplex modernes, qui marchent régulièrement, offrent les proportions suivantes :

Grosseur du rouleau : les 2/7e de la distance de deux pointes.
Grande levée : entre 30 et 35°.
Petite levée : entre 20° et 30°.

On sait qu'une grande levée de 30° à 35° donne pour le diamètre de la roue d'impulsion les deux tiers de celui de la grande roue, ou plutôt un peu plus.

Chute entre les deux levées : 10°.

Largeur de la coche : celle suffisante au passage de la dent, ou plutôt un peu plus.

Longueur du doigt à compter du centre de l'axe : un peu plus de ⅜e du rayon de la grande roue.

Il est mieux, soit qu'on fasse le doigt tout en acier, soit qu'on le garnisse d'une palette de laiton pour servir de modèle au pierriste, de tenir ce doigt légèrement plus long, quitte à le raccourcir un peu au besoin, et vérification faite de l'échappement sur le compas et en place.

Remarques.

547. Ces dimensions sont celles qui conviennent aux montres françaises, assez hautes et de grandeur moyenne pour homme. On les appliquera également aux grandes et hautes montres, sauf à porter la grosseur du rouleau, et progressivement suivant les exigences du sujet, jusqu'à un tiers.

Quant aux montres dont la force motrice est faible, et par suite le balancier peu puissant (les montres plates entre autres), on réduira le rouleau à un quart et l'on portera le diamètre de la roue d'impulsion des deux tiers aux trois quarts de celui de la roue de repos, c'est-à-dire de plus en plus à mesure que l'on voudra se rapprocher d'une grande levée de 45 à 50°. Toutefois, il vaudrait mieux ne pas placer cet échappement dans les montres de ce genre.

On a deux moyens pour vérifier si l'harmonie de la combinaison est obtenue : les épreuves du réglage et la marche observée pendant l'application des forces motrices différentes.

Dessiner l'échappement Duplex.

548. Voici comment on pourra s'y prendre pour tracer le dessin d'un échappement Duplex ayant, par supposition :

- une roue de 10 millimètres de diamètre et portant 15 dents ;
- un rouleau de 2/7e ;
- une grande levée de 35°, chute comprise ;
- une petite levée de 30°.

Le diamètre de la roue étant connu, on amplifie cette quantité vingt, trente, quarante fois, etc., ce qui procure un dessin dont chaque partie, en la réduisant au vingtième, au trentième ou au quarantième, etc., donne les proportions vraies de l'échappement.

Dix millimètres multipliés par le nombre 30 donnent 300 millimètres ou 30 centimètres pour le diamètre cherché de la roue, et 150 millimètres ou 15 centimètres pour le rayon.

Sur un fort papier à dessin assujetti sur une planchette disposée à cet effet, on tire la ligne des centres ABG (figure 75).

Avec une ouverture de compas égale à 15 centimètres, et du point A pour centre, on trace la grandeur de la roue ou l'arc de cercle EKHL.

Toute circonférence étant de 360 degrés, en divisant ce dernier nombre par celui des dents de la roue (15), le résultat donne l'écartement des dents de cette roue (24 degrés).

À l'aide du rapporteur d'un étui de mathématiques, ou par des moyens plus exacts qui seront indiqués, on forme l'angle KAH de 24°, et de sorte que la ligne des centres le partageant bien par son milieu, on ait l'angle KAB égal à l'angle BAH.

La longueur KH représentant l'intervalle d'une pointe de dent à la suivante, on divise cette longueur (soit au compas, soit au rapporteur) en 6, 7 ou 8 parties, selon que l'on veut un rouleau d'un tiers, deux septièmes ou un quart. Ici c'est en 7 parties qu'il faut la diviser, puisque le rouleau cherché doit être de deux septièmes.

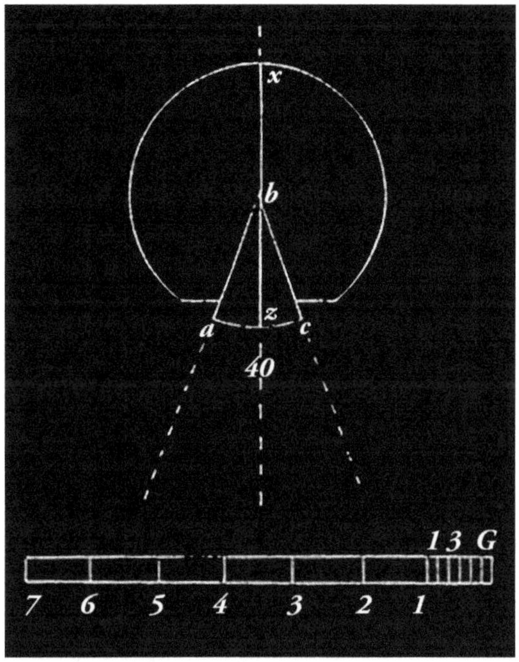

Fig. – 82.

Avec une ouverture de compas embrassant une de ces parties, on décrit à part, sur un mince carton, du bristol par exemple, la grosseur du rouleau. Sur le cercle, on forme l'angle *abc* de 30° (porté par erreur à 40° sur la figure 82), et partagé à son milieu par la ligne *xz*.

Puis on découpe circulairement, en suivant le trait noir, ce rouleau, que l'on reporte au haut de la fig. 75 entre B et G. On le fait glisser en descendant, et en ayant le soin que sa ligne *xz* corresponde parfaitement à la ligne GA, jusqu'à ce que les deux extrémités *a* et *c* de l'angle *abc* (fig. 82) soient arrivées sur la circonférence de la roue (EKHL). On marque alors avec une fine pointe d'épingle ou de compas le centre du rouleau B*b* et les deux points *d* et *c* correspondant exactement aux deux points *a* et *c* du rouleau découpé, qui devient inutile et que l'on enlève.

Du centre B (fig. 75), on trace le contour du rouleau et l'on tire les lignes B*d*Z, B*c*X. Si l'on a opéré avec attention l'angle ZBX doit être égal à 30°, et la circonférence du rouleau, ainsi que les deux lignes BZ, BX, doivent couper la circonférence de la roue aux mêmes points (*d*, *c*)[32].

L'arrondissage des lèvres comprend environ 5° de chaque côté ; en mesurant 5° à droite et à gauche de l'angle ZBX, on tracera l'angle de 40° vu sur la figure. Son côté gauche indique la position du flanc droit de la coche, et l'arrondi de la lèvre est compris entre ce côté et la ligne BZ.

Par ces points *d* et *c*, si on mène du centre de la roue les lignes A*d*, A*c*, on aura l'angle *d*A*c*, c'est-à-dire la quantité précise dont la roue avance pendant toute la petite levée.

La largeur de la coche du rouleau occupe sur le dessin 20° environ ; il suffit d'un coup d'œil pour être convaincu qu'elle offre au-delà des sûretés exigées, même en rapprochant un peu les

[32] La plupart des dessinateurs d'échappements s'y prennent d'une autre manière pour déterminer le centre du rouleau. Ils portent à part, sur une ligne droite, la distance d'une pointe à l'autre (fig. 82), et divisent cette distance en six, sept ou huit parties égales ; puis subdivisent l'une de ces parties en six autres et, comme la dent est censée pénétrer d'un sixième sur le rayon du rouleau, cinq de ces dernières parties leur donnent la longueur de *dc* à B (fig. 75), ou le centre du rouleau. Cette méthode, en outre de la difficulté de faire exactes les divisions de l'échelle, donne une petite levée invariable, et qui ne peut être au-dessous de 50°.

centres des mobiles. On ne devra porter cette ouverture à 30° que dans les échappements dont la petite levée dépassera 50°.

Actuellement on connaît donc :

- les points de plantage ou les centres de rotation de la roue et du rouleau,
- la grandeur de la roue de repos,
- la grosseur du rouleau et la largeur de son encoche,
- l'angle de la petite levée, ou le déplacement angulaire du rouleau,
- l'angle ou le chemin parcouru par la roue pendant toute la petite levée.

Et il reste à déterminer :

- l'angle de la grande levée,
- la longueur du doigt et sa position,
- la grandeur de la petite roue et la place de ses dents,
- les positions qu'occuperont les grandes dents de la roue de repos.

Le point de repos sur le rouleau se trouvant en *d*, la ligne *d*A donne la place de la grande dent *dj*. On tire les deux lignes AE et AL, formant avec la ligne A*jd* deux angles de 24° chacun. Puisque ce chiffre représente l'écartement des dents entre elles, les grandes dents seront placées sur ces trois lignes AE, A*jd*, AL. On les tracera plus tard.

La dent d'impulsion devant occuper le milieu entre deux pointes des grandes dents, on tire les deux lignes A*f* et A*g*, partageant en deux parties égales les angles EA*d*, *d*AL. Elles serviront à déterminer plus tard la position de deux dents d'impulsion, puisque ces dents ne peuvent être placées ailleurs que sur ces deux lignes.

Du centre du rouleau on trace les lignes B*m* et B*n*, formant entre elles un angle de 35° (grande levée), angle que la ligne des centres doit partager en deux parties bien égales ; ainsi l'angle AB*n* sera de 17° et demi.

Le point V, où les deux lignes B*n* et A*g* se rencontrent, donne :

1°. la position de la dent d'impulsion ;
2°. la grandeur du doigt ;
3°. la grandeur de la petite roue.

Avec une ouverture de compas égale à BV, et du centre du rouleau, on trace la circonférence qui limite la longueur du doigt (QPV). Avec une autre ouverture de compas égale à AV, on décrit du point A pour centre la grandeur de la petite roue (RSTV).

On passe à l'encre les grandes dents E, *dj*, L, puis on dessine également au trait noir les petites dents V et R.

Sur le limbe de la petite roue on mesure la distance *ij*, c'est-à-dire l'écartement des deux lignes *d*A, *c*A. Cette distance sert à déterminer l'éloignement de V à T et de R à S, ou le déplacement en avant de la petite roue. Puisque c'est de cette quantité dont la roue s'avancera pendant la petite levée, les deux dents d'impulsion vers la fin de cette levée se trouveront en S et T. On les représente au pointillé.

On marque le point P, c'est-à-dire la position du doigt à la fin de la petite levée, en mesurant du point S un arc SP de 10°, quantité de la chute ; puis avec une ouverture de compas égale à l'arc *z*P*x*, c'est-à-dire l'arc de la petite levée (30°), on détermine, du point P pris pour centre, le point Q, qui donne la position du doigt au commencement de la petite levée. (Le graveur a placé ce point trop à gauche.)

L'échappement est alors dessiné dans toutes ses proportions.

En effet, si l'on suppose cet échappement en marche, on voit que pendant le repos au point *d*, le doigt, accomplissant sa vibration muette, passera en effleurant la dent V; puis au retour, ce doigt, se trouvant en Q quand commencera la petite levée, parcourra durant cette petite levée de 30° l'arc QP, également de 30°.

Pendant ce parcours, le doigt, marchant plus vite que la dent R, passera devant elle avec un petit jour de sûreté, et c'est seulement quand il arrivera en P que cette dent se trouvera en S.

La pointe de la grande dent qui appuie sur le rouleau, en *d*, se trouvant alors en *c*, s'échappera du rouleau et la dent d'impulsion S tombera, par une chute de 10°, sur le doigt représenté au pointillé en P*j*, et, le poussant de toute la longueur de l'arc PST, produira ainsi la grande levée, qui se terminera par le repos de la dent E contre le rouleau.

Remarques.

La grande levée de 35° sur le dessin, n'est que de 20° à 22° en réalité, puisque les 10° de la chute sont pris sur l'arc SPV, et qu'on perd bien de 3° à 5° par l'arrondissage de l'angle Q de la palette d'impulsion. Si l'on voulait que l'action de la dent sur le doigt eût lieu pendant un arc de 30°, il faudrait ajouter à ces 30° de la grande levée les 10° de la chute, plus quelques degrés pour l'arrondissage de la palette, ce qui porterait l'angle *m*B*n* de 40° à 45°.

La chute elle-même n'est pas ici tout à fait de 10°. L'arrondissement de l'angle de l'encoche lui fait perdre quelque chose. Nous n'avons pas tenu compte de cette différence, pour ne pas compliquer l'opération.

On sent aisément que le dessin ne peut donner exactement ni les *jeux* ni les *jours* de sûreté. Ces quantités microscopiques ne peuvent être bien déterminées que par la vérification de l'échappement sur le compas-aux-engrenages.

Chapitre III

Détails pratiques et d'exécution

Tracer le calibre de l'échappement

549. Ce n'est qu'un abrégé de la méthode développée à l'article précédent.

Une roue étant donnée complètement faite, il est inutile de tracer un calibre. On établit le rouleau et le levier d'impulsion d'après des mesures prises sur cette roue, et l'on rectifie au besoin, après vérification, sur le compas aux engrenages.

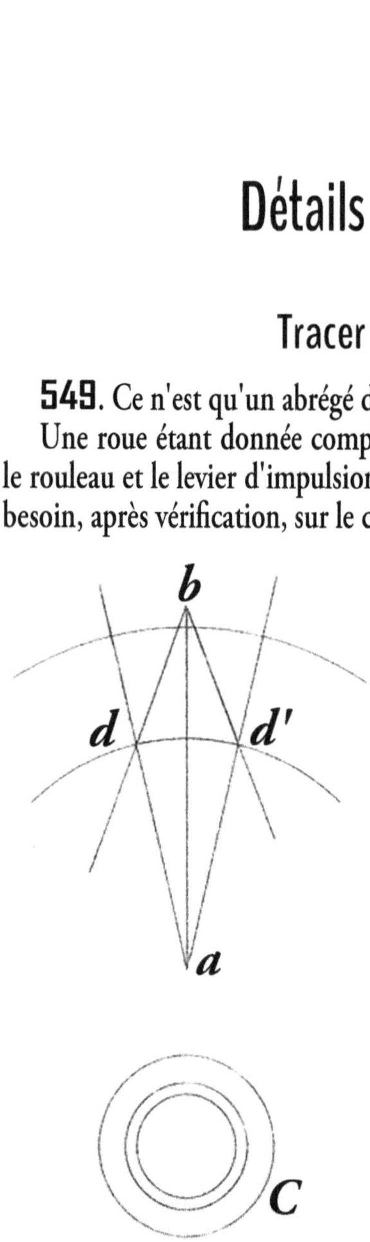

Fig. – 83.

Considérons seulement le cas où la distance du centre du rouleau au centre de la roue est seule connue, ainsi que le nombre des dents de la roue.

Sur une plaque de laiton bien adoucie, on pointe les centres de ce rouleau et de cette roue. On fait passer une ligne délicatement tirée par ces points : c'est la ligne des centres (*ab*, figure 83).

La roue étant supposée de quinze dents, l'écartement de deux dents est égal à 24° (24 x 15 = 360). Du centre de la roue (*a*, fig. 83), on tire deux traits formant de chacun des côtés de la ligne des centres un angle de 12°, soit un angle total de 24°.

Du centre du rouleau *b*, on tire également deux traits formant un angle égal à l'angle de la levée d'impulsion (chute et jour de sûreté compris), soit de 35°, que la ligne des centres partage bien exactement en deux angles égaux de 17°,5 chacun.

Du centre de la roue, un peu au-dessus des points d'intersection des quatre traits, on décrit une circonférence *dd'*, qui est la grandeur de la petite roue.

On refait ce tracé en grand sur un carton, et comme le diamètre du rouleau se mesure sur l'écartement des grandes dents et que les deux lignes formant l'angle de 24° mesurent cet écartement il sera facile, en tâtonnant un peu, de trouver et la grosseur du rouleau et la longueur des grandes dents de repos. La proportion obtenue se reporte ensuite sur le calibre, qui est ainsi tout tracé.

Remarques.

L'emploi du rapporteur d'un étui de mathématiques pour le tracé des angles donne des résultats peu précis, il est préférable de faire ce tracé sur un outil à fendre les dentures.

On tient par prudence la roue de repos légèrement plus grande qu'il ne faut et, après vérification sur le compas d'engrenage, on fait disparaître ce surcroît en justifiant la roue (**553**).

Détails pratiques sur la roue Duplex.

550. La roue se fait en acier ou en laiton. La roue d'acier, par suite de la grande rigidité de ce métal, s'obtient plus facilement juste, mais elle a contre elle que le frottement d'acier contre rubis (quand ce n'est pas du rubis d'Orient), lorsque l'huile s'est desséchée ou décomposée, donne naissance à un oxyde qui, sous la pression d'un frottement rentrant aussi âpre que l'est celui du repos de cet échappement, détériore non seulement les pointes des dents, mais même le rubis du rouleau, qui se dépolit et finit quelquefois par se piquer, accident qui n'est pas très rare dans les montres anglaises où la force motrice est surabondante.

Si la roue de laiton ne présente pas cet inconvénient, elle en offre un autre presque aussi grave, et qui consiste dans la difficulté de la tailler. Le laiton, sous les chocs et les pressions du fendage, accomplit toujours un travail moléculaire qui le déforme. Aussi est-il très difficile de tailler avec précision des dents délicates comme le sont celles d'une grande roue Duplex.

Les meilleures roues qu'on ait faites jusqu'à présent sont venues d'Angleterre. Leur exécution est très belle mais les procédés et les outils en usage pour les confectionner sont tenus secrets par les ouvriers en la possession desquels ils se trouvent. La composition métallique de ces roues est un alliage offrant toutes les qualités du laiton bien écroui, et possédant de plus que lui la faculté de résister sans déformation au travail du fendage. On le désigne en France sous le nom de *laiton anglais*.

Les dents de la grande roue doivent être minces et dégagées (**91**). Ces dents peuvent être taillées droites ou en étoile. Quelques artistes les inclinent un peu en arrière ou, faute de cette disposition, forment les pointes d'un côté en petit plan incliné, frottant au rouleau. Cette précaution adoucit le recul de la dent à chaque retour du balancier, mais elle laisse craindre un arc-boutement par une flexion de l'axe.

Les dents de la couronne doivent être triangulaires et avoir leur face inclinée en avant, comme on le voit fig. 75. Elles doivent présenter exactement la forme de la denture dite *à rochet*.

Cette face inclinée doit former avec le rayon de la roue RA un angle d'environ 17°.

Dans la pratique, on a remarqué qu'il y a avantage à ce que cette inclinaison soit telle que, lorsque la dent entre en prise avec l'extrémité de la levée (R' *z*″, figure 73), les deux faces en contact approchent d'être parallèles. Cette disposition ne change rien au réglage, et elle assure la conservation des contacts, car les dents d'impulsion trop inclinées s'entament sur l'angle.

La méthode, dont les Anglais se trouvent bien d'employer, dans la plupart de leurs échappements, des roues petites et des balanciers puissants, un peu grands et à longues vibrations, est moins applicable aux échappements à cylindre et Duplex qu'aux autres. Dans le premier, une petite roue procure un trop petit cylindre, on en sait les inconvénients. Quant au Duplex, il vaut mieux que sa roue soit un peu grande que trop petite. Le frottement du repos en sera plus doux, et l'écartement des dents d'impulsion étant plus grand, la fonction du doigt sera beaucoup mieux assurée.

Dans les fabriques, la grandeur de la roue ou plutôt son rayon, se prend sur la troisième roue du rouage, sauf le jour de sûreté entre les pointes des dents de repos et le pignon de cette troisième roue.

Cette règle empirique n'a aucune valeur, comme nous l'avons déjà fait remarquer, et nous renvoyons à ce que nous en avons dit à l'article **399**, en tenant compte de la petite restriction émise dans le paragraphe ci-dessus.

La roue Duplex, par suite de sa forme et de sa double rangée de dents, présentant un poids assez considérable, il est bon de la faire rouler entre des contre-pivots pour diminuer le frottement. On facilite ainsi le départ au moment de l'impulsion.

Il est indifférent, quand la roue est en acier, qu'elle soit trempée ou non.

Le repos du rouleau et son encoche doivent être fortement garnis d'huile. On en met légèrement aux pointes des grandes dents. Il en faut aussi aux dents d'impulsion et au doigt, lorsqu'ils sont en acier. Avec la palette en rubis et la roue d'acier, l'huile est encore nécessaire. On peut s'en passer avec la palette en pierre et la roue en laiton, quoique quelques artistes prétendent qu'il est utile de graisser d'huile et légèrement la palette du doigt.

La roue en laiton anglais et le doigt simplement, d'acier se conservent bien en fonctionnant sans huile. On a même remarqué que la présence de celle-ci occasionne le prompt dépolissage du doigt.

Exécuter une roue Duplex.

551. Pour faire une roue Duplex, à défaut d'outil spécial, il faut être pourvu d'un excellent outil à fendre, parfaitement juste dans toutes ses parties car, nous le répétons, une roue Duplex offre des difficultés réelles dans l'opération du fendage, et l'horloger peu expérimenté dans ce genre de travail réussira difficilement de prime abord.

Les faiseurs d'échappements des fabriques ont un outillage particulier, parfaitement agencé pour tous les cas mais c'est moins leurs procédés de travail qu'une longue habitude de faire les mêmes choses, qui fait leur supériorité. On comprend sans peine que nous ne pouvons indiquer ici que les moyens d'exécution que tout horloger peut avoir à sa portée.

L'acier destiné à la roue doit avoir été préparé comme il a été indiqué pour la roue de cylindre (**484**).

Si la roue Duplex doit être en laiton, ce laiton, de premier choix, sera amené, par un écrouissage fait avec le plus grand soin à une épaisseur peu différente de celle de la roue terminée. Que la roue soit en laiton ou en acier, il faut toujours, lorsqu'on la tourne, n'employer que des burins coupant avec netteté, et sans qu'il soit nécessaire d'appuyer fortement.

Sur une petite plaque de laiton bien redressée et adoucie, on trace un cercle donnant la grandeur totale de la roue de repos, puis deux autres cercles intérieurs indiquant la grandeur et l'épaisseur du champ de la roue d'impulsion (C, fig. 83).

La roue tournée de grandeur et plate de chaque côté, on lève la retranche au-dessus des grandes dents et l'on creuse l'intérieur sur un petit tour à burin fixe, bien disposé ou, à son défaut, sur le tour ordinaire et avec le burin-à-crochet (**484**).

Tout horloger appréciera très facilement à la simple vue la hauteur nécessaire aux dents d'impulsion et l'épaisseur à laisser à la roue, qu'il faut légère et cependant solide.

La roue, tournée carrément de grandeur et de hauteur dans tous les sens, et après avoir été croisée à trois rayons et adoucie dessus et dessous, se fixe solidement à la gomme laque, ou autrement, sur le tasseau de l'outil à fendre. Ce tasseau porte ordinairement au centre une tige qui doit tourner parfaitement rond en place, et sur laquelle le trou de la roue doit s'ajuster avec assez de facilité, mais sans jeu.

La fraise à tailler les dents ne doit pas avoir pour épaisseur toute la largeur du vide d'une dent à l'autre, il serait impossible de tailler une roue avec justesse en se servant d'une pareille fraise. Son épaisseur doit dépasser de peu le tiers d'un vide entre deux dents et la matière qui garnit primitivement ce vide s'enlève par trois opérations successives, ce qui nécessite trois tours de plate-forme pour tailler les dents de la roue de repos, et autant pour tailler celles de la roue d'impulsion.

Il y a avantage à former d'abord le côté incliné des grandes dents, inclinaison qu'on obtient en mettant la fraise un peu de côté (fig. 84). Le premier tour de la plate-forme accompli, on ramène cette fraise en face du centre, et l'on fait marcher la plate-forme par l'alidade, de façon à placer la fraise et la roue dans la position indiquée par la fig. 85, puis on taille le milieu des vides. Le deuxième tour de plate-forme terminé, on enlève dans le troisième la matière laissée de trop sur la face droite de la dent, que l'on amène à la position convenable en faisant marcher l'écrou de l'alidade (fig. 86).

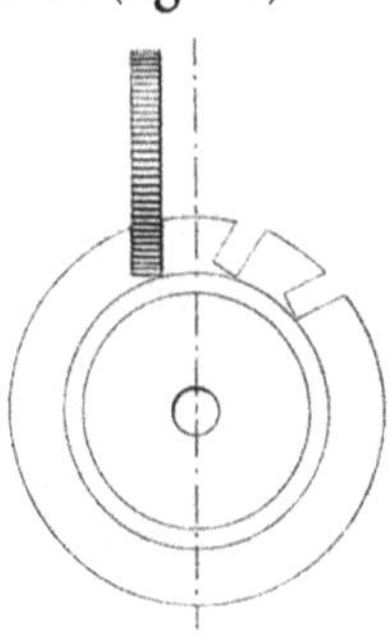

Fig. – 84

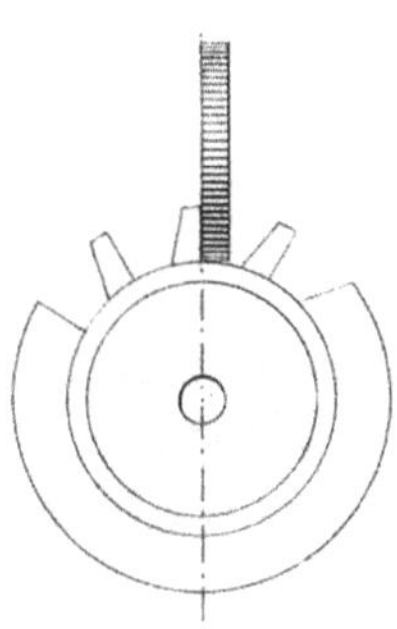

Fig. – 85

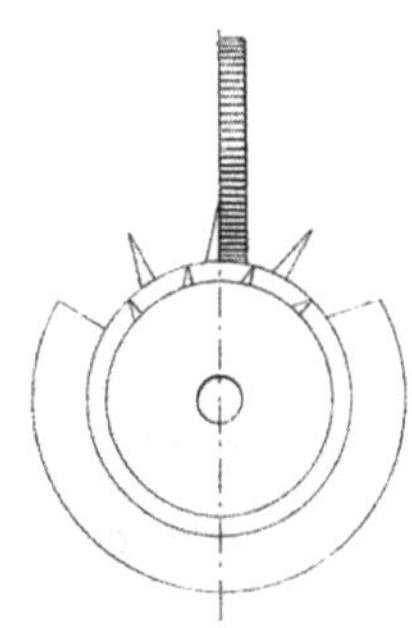

Fig. – 86

Les faces droites et celles inclinées des dents d'impulsion se découpent par les mêmes procédés.

La roue enlevée du tasseau, on ôte les bavures faites par le taillage, on arrondit les angles et l'on polit avec soin les pointes des grandes dents et les faces des petites dents.

L'angle des petites dents doit être très net et très franc, quoique finement arrondi. Il en est de même des pointes des longues dents, qui doivent être minces mais non tranchantes. On arrondit légèrement ces grandes dents sur leurs faces de côté.

Les faiseurs d'échappements enlèvent les traits laissés par la taille en polissant à la meule, chargée de rouge, les faces des dents et le champ de la roue entre les vides sur un outil spécial, et dont la petite plate-forme portant la roue se meut en va-et-vient circulaire selon la longueur d'un vide.

À défaut d'outil approprié, cette opération, qui n'exige que des soins et de la délicatesse, peut se faire à la main.

552. Remarques. —Pour quinze dents, la roue peut être fendue sur le nombre 90, c'est-à-dire de six en six points, en sautant un point après chaque tour complet de la plate-forme. Quand la fraise, après le troisième tour de la plate-forme, aura taillé les faces des grandes dents qui visent au centre de la roue, il suffira de placer la pointe de l'alidade au troisième point en avant pour que cette fraise soit justement en position de tailler la face droite des dents d'impulsion, c'est-à-dire que cette face occupera exactement le milieu entre les faces droites des grandes dents.

Les dents de la roue se découpent, soit au couteau, soit avec une simple fraise circulaire, taillée, seulement par devant, et légèrement vidée sur ses flancs mais tranchant vif. Il faut n'enlever que peu de matière à la fois. Le couteau ne produit une coupure franche qu'avec un outil très solide, et quand le mouvement de rotation de l'arbre qui porte ce couteau a une grande rapidité. On se sert quelquefois d'une fraise semblable à celle représentée fig. 87. Cette fraise, qui participe du couteau et de la fraise ordinaire, doit être bien trempée et polie sur ses faces tranchantes.

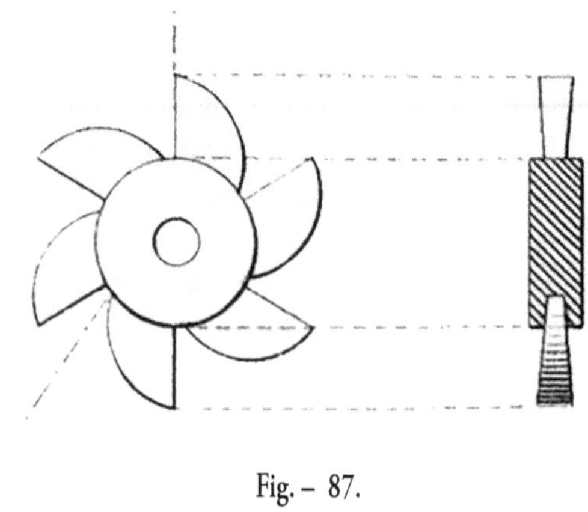

Fig. – 87.

On pourra également utiliser les indications concernant le taillage d'une roue d'échappement à détente.

Tous les outils doivent être éprouvés sur une roue d'essai, qui sert également à déterminer les positions successives de la fraise. Afin de retrouver ces positions, on les marque par des entailles faites avec la fraise même, sur une règle de laiton entrant juste entre les deux bras du char qui porte l'arbre et sa fraise.

On peut, quand la roue n'est pas en acier, la faire soutenir par un disque de laiton.

Justifier et friser la roue Duplex.

553. Cette double opération est fort délicate, avec les dents longues et très espacées entre elles des roues Duplex. Par la méthode que suivent beaucoup d'horlogers de friser en posant simplement une lime fine sur le support du tour ordinaire, on ne réussit presque jamais à rendre la roue ronde, et l'on court le risque de fausser les dents.

Voici comment on doit s'y prendre pour friser la roue.

On place la roue (munie à l'axe d'un cuivrot) entre deux broches correspondantes d'un compas d'engrenage, broches dont la position est vue en *a*, figure 88.

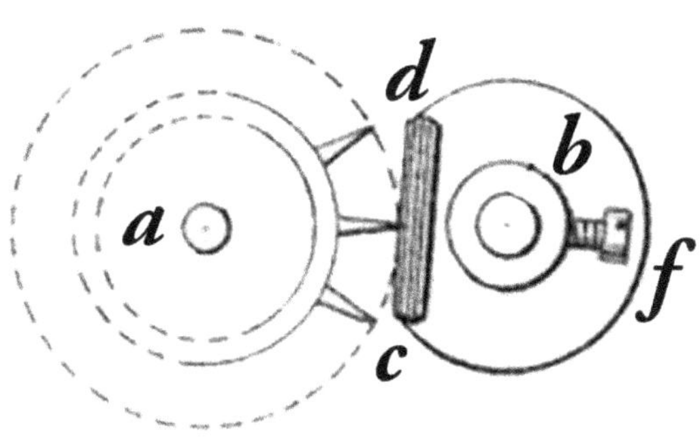

Fig. – 88.

Sur l'une des broches opposées *b*, bien en face de la roue, on chausse le disque à canon *dcf*. Il porte par devant, collée à la gomme laque, une petite lime en rubis ou en pierre à huile très dure *dc* et par derrière, une petite vis de pression *f*, qui sert à fixer le disque amené à la position convenable.

Toutes choses ainsi disposées, et un archet à crin délicat monté sur le cuivrot de la roue, on desserre doucement la vis du compas d'engrenage, juste assez pour que les dents effleurent faiblement la surface de la petite lime en pierre. On pose le compas sur l'établi en le faisant reposer sur l'angle de sa base et sur deux des vis de pression des broches, et tandis qu'une main conduit l'archet, l'autre presse doucement avec deux doigts sur les poupées du compas. Cette simple pression suffit pour faire mordre la lime sur les pointes des dents. Si toutes les dents n'ont pas été touchées, on fait de nouveau effleurer la lime par les dents et l'on renouvelle l'opération en y mettant beaucoup de soins et de délicatesse.

On peut également friser une roue sur le tour-à-finir ordinaire, en remplaçant le support en usage par un support spécial terminé par un petit cadre ou châssis à charnières, qu'on incline à volonté au moyen d'une vis micrométrique. Ce châssis supportant une lime barette très douce, on l'amène avec sûreté, à l'aide de la vis, au contact des pointes des dents.

La vis doit avoir les filets serrés et très peu inclinés.

Pour *justifier* la roue, on se servira de l'outil à égaliser les dents des roues de rencontre. On remplace la pièce courbe par un bras droit, contre lequel on appuie une dent d'impulsion ou de couronne, puis on approche la fraise contre une longue dent, et on les justifie toutes l'une après l'autre.

Faire un axe de balancier.

554. L'exécution de l'axe du balancier ne présente aucune difficulté, et ne demande que les soins qu'on apporte dans le travail d'un pivot de trotteuse (**567**).

Des pivots et des trous.

555. Il est très essentiel que les pivots de l'échappement Duplex roulent tous dans des trous en pierre (rubis ou saphir d'Orient) qui rendent invariable la position des organes ; l'intérieur de ces trous doit être poli au plus haut degré, la pression sur l'axe étant considérable, ces pivots sont fortement poussés contre les parois de ces trous, et si ces parois sont mal polies, elles endommagent tôt ou tard les pivots.

C'est pour une raison analogue qu'il faut à ces trous des réservoirs plutôt profonds que larges, le petit jour imperceptible entre la pierre et le contre-pivot, la surface de la pierre formée du côté convenable, en goutte de suif prononcée. Enfin on emploiera tous les moyens qui, d'après l'expérience, sont propres à assurer la présence et la conservation de l'huile aux frottements des pivots (**81**).

Il est surtout très important que ces pivots soient durs, bien polis et ronds. L'axe du Duplex supportant un balancier plus lourd que celui de l'échappement à cylindre, il est bon, si l'on veut avoir des pivots fins et cependant solides, de faire ces pivots selon la forme de celui représenté en *a*A, fig. 89, et de leur donner assez de longueur pour que l'huile ne soit pas attirée vers le corps de l'axe.

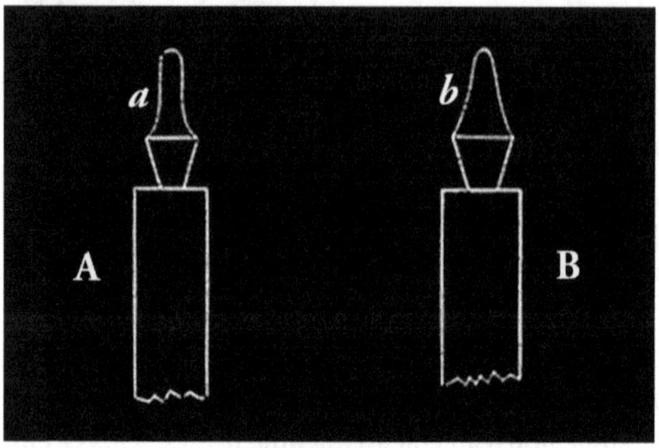

Fig. – 89.

La plupart des pivots de cette forme que l'on rencontre dans les montres sont mal faits, souvent trop courts et, à de rares exceptions près, ou trop coniques ou en tête. D'où il résulte qu'en renversant la montre l'échappement ne se trouve plus dans les mêmes conditions qu'auparavant.

Toute la partie du pivot destinée à jouer dans le trou (*a*) doit être parfaitement cylindrique.

Nous reviendrons sur ce sujet dans l'article *Des pivots* de l'échappement à ancre, et nous nous bornerons pour le moment à faire remarquer que le pivot véritablement conique (*b*, fig 89), dit aussi pivot anglais, et qui facilite singulièrement le réglage du plat au pendu, est peu applicable aux échappements Duplex français, la faiblesse, de la plupart de nos boîtes de montre ne permettant pas de ne laisser à l'axe qu'un imperceptible jeu en hauteur, comme cela se pratique dans les montres anglaises, et comme cela est d'une absolue nécessité avec le pivot conique.

Le jeu des pivots dans leurs trous doit être le dixième du diamètre de ce trou. On remarquera sans doute combien cette somme de jeu est différente de celle indiquée comme nécessaire aux pivots d'un cylindre (**415**). Cette différence est rationnelle et s'explique très bien : l'empiétement des organes les uns sur les autres ou, si l'on veut, la pénétration des levées est si peu considérable que le moindre changement dans les centres de rotation est sensible sur la marche de l'échappement Duplex. En outre, son balancier étant déjà un peu pesant, et comme ce balancier reçoit l'impulsion de la force motrice dans d'excellentes conditions, l'épaississement de l'huile avec le temps a sur lui bien moins d'influence qu'elle n'en pourrait avoir sur un échappement à cylindre. On doit comprendre maintenant pourquoi il faut réduire à la moindre quantité possible le jeu des pivots de l'échappement Duplex.

Détails pratiques sur le spiral.

556. Une des causes de la grande régularité obtenue avec des échappements Duplex réside dans l'action du spiral, action qui s'exerce plus longtemps et plus librement qu'à l'échappement à cylindre, ou autrement avec moins de gêne et entre des limites plus larges.

On lit dans le *Traité d'horlogerie* de Moinet : «L'échappement Duplex permet déjà le spiral isochrone et le balancier compensateur. »

Il est vrai que cet échappement peut supporter ces additions, mais elles ajoutent si peu à sa régularité et augmentent tellement son prix et la difficulté du réglage qui doit être confié alors aux mains exercées des régleurs de chronomètres nautiques, qu'on peut regarder ces deux accessoires comme inutiles et même nuisibles, tant il est rare que ces deux pièces justifient les promesses de leurs titres.

Nous avons tenu bon nombre d'échappements Duplex se réglant très bien avec un balancier ordinaire.

En règle générale, les échappements, où une sorte de compensation naturelle est établie par les frottements, ne doivent pas avoir le spiral trop long. Il y a une longueur qu'on peut trouver expérimentalement, et qui convient mieux que toute autre (**349**, **350**).

Un spiral de dix tours en moyenne est celui qu'on pourra choisir car il est bon de remarquer que si le spiral très long était une nécessité à l'époque où l'on faisait décrire de très grandes oscillations à l'échappement Duplex, il n'en est plus de même aujourd'hui. Toutefois, ce chiffre de dix tours de lame n'offre qu'une donnée de pratique très élastique, puisqu'en changeant la position du point d'attache extérieur on peut faire varier le nombre des spires sans changer la longueur du spiral.

Il est très essentiel que ce spiral soit d'égale force partout, qu'il ait les spires convenablement espacées, la courbure de l'extrémité intérieure sans coudes et formée en courbe adoucie, afin qu'il s'ouvre et se ferme selon une progression régulière. L'étude attentive et l'expérience peuvent seules faire comprendre à l'horloger toute l'influence de cette courbe sur le développement hardi et régulier du spiral en mouvement. Plus un spiral sera éloigné de satisfaire aux conditions ci-dessus, moins il aura de vie, en terme d'atelier, et moins il sera propre à procurer un réglage sûr.

557. Les horlogers ne sont pas d'accord pour déterminer le point de repos du spiral. Le plus grand nombre d'entre eux placent ce spiral de façon à ce que, lorsque l'échappement est en repos, la coche du rouleau vise exactement au centre de la roue. Il y a autant de degrés parcourus pour engager la grande dent que pour la dégager.

Quelques autres veulent que le point de repos du spiral réponde entre les deux levées, c'est-à-dire que le spiral en repos tienne le rouleau dans la position où il se trouve à la fin de la petite levée.

Enfin on a encore disposé l'échappement de façon à ce que, lorsqu'il est immobile au repos du spiral, une grande dent est près de pénétrer dans la coche. On conçoit que cette disposition ne doit être adoptée que dans des montres possédant une grande force motrice.

C'est à l'horloger de discerner laquelle de ces dispositions convient à l'échappement qu'il construit ou qu'il répare. (Consulter l'article du *Spiral*, dans la troisième partie de ce volume.)

Détails pratiques sur le balancier.

558. L'échappement Duplex demande un balancier un peu plus grand et plus lourd que celui qui réussit dans l'échappement à cylindre, parce qu'au Duplex l'action de la levée est infiniment plus favorable et plus énergique, et que ce dernier échappement n'a donné ses meilleurs résultats qu'avec de bonnes forces motrices.

Le balancier compensateur, ainsi qu'on vient de le voir dans l'article du *Spiral*, n'est pas une nécessité pour cet échappement.

Avec un balancier léger, le Duplex ne règle jamais bien avec un balancier trop lourd, en outre que la flexion ou vibration de l'axe est augmentée, ainsi que les risques de rupture, on tombe dans la nécessité d'employer une force motrice considérable. Le milieu entre ces deux extrêmes est d'autant plus difficile à découvrir que l'on remarque une augmentation sensible dans l'étendue des vibrations d'un balancier trop lourd quand on en diminue le poids, et cela entre des limites assez éloignées.

Cette observation pratique avait conduit à conclure que le balancier procurant les plus grandes oscillations devait être préféré, puisque, tout en compensant par une plus grande vitesse l'affaiblissement du poids, il diminuait les causes de destruction ; mais le système des grandes oscillations, longtemps en faveur, et qui paraît avoir été basé sur la remarque précédente, a été abandonné principalement par les Anglais, qui emploient beaucoup l'échappement Duplex, parce que l'expérience leur a démontré que les grandes oscillations, surtout quand le balancier est plutôt léger que lourd, ont pour résultat, par les secousses, de faire passer deux dents coup sur coup, et cela pendant plusieurs vibrations de suite ; tandis qu'avec le balancier lourd et la vibration restreinte, cet effet ne se produit pas, ou bien il cesse aussitôt que commencé.

Ce qu'on vient de voir suffit pour justifier le système anglais, qui a tant intrigué les ouvriers français et suisses, grands amateurs de belles marches, c'est-à-dire de l'horlogerie faite en vue de plaire à l'œil et non de donner l'heure exactement.

Il peut arriver que le balancier, se trouvant un peu pesant, rende l'échappement plus difficile à régler du plat au pendu, ce qui nécessite la mise hors d'équilibre de ce balancier, opération que les Anglais pratiquent fréquemment dans celles de leurs montres dépourvues de pivots coniques à l'axe du rouleau, parce qu'ils savent qu'il faut à tout prix atténuer l'effet des fortes secousses sur les vibrations ; résultat qui ne peut être obtenu dans leurs pièces qu'avec un balancier un peu lourd et parfois grand.

Mais il faudra se souvenir qu'un balancier peut être trop lourd pour une force motrice trop faible, et en même temps trop léger par rapport aux résistances de l'échappement ou, en d'autres termes, pour le réglage. Lorsque ce cas se présente, il n'y a de remède que dans l'augmentation de la masse du balancier et proportionnellement de la force motrice.

559. D'après les règles empiriques qui dirigent les ouvriers, la grandeur du balancier d'un échappement Duplex se mesure sur la virole du barillet (ou légèrement plus). Quelques-uns veulent que la grandeur de ce balancier ne dépasse pas deux fois le diamètre de la roue d'échappement.

Ces mesures, déduites des proportions d'échappements qui se réglaient bien au début de leur marche, n'ont de valeur que comme première approximation. Il y a ici, comme dans l'échappement à cylindre, une certaine relation à trouver entre la grandeur du balancier et le rayon du frottement sur le rouleau, relation qui a pour résultat, quand elle existe, de rendre l'échappement peu sensible aux écarts de la force motrice et à l'épaississement des huiles, ainsi que nous l'avons démontré pour l'échappement à cylindre.

Dans la pratique, on s'assure que le poids du balancier est convenable, c'est-à-dire qu'il n'est pas trop lourd pour la force motrice, en faisant reculer le balancier avec une pointe de fusain jusqu'à l'engagement de la grande dent dans la coche, et on laisse échapper le balancier. La levée doit s'opérer jusqu'à la fin et sans précipitation.

Une méthode plus sûre encore est celle que nous avons donnée sous le titre *Tirer les minutes* (**440** et **441**). Avec un peu d'habitude l'ouvrier reconnaît assez promptement par cette méthode si le balancier est de poids convenable et si l'échappement est suffisamment insensible aux différences dans la force motrice. (Voir l'article particulier : *Du balancier.*)

Nombre des vibrations par heure.

560. On fait battre ordinairement 18 000 vibrations par heure à l'échappement Duplex.

À une certaine époque, les Anglais donnaient à leur roue d'impulsion les deux tiers de la grande roue. Cette grande roue portait treize dents, et l'échappement battait 14 400 vibrations. Le balancier, qui marchait lentement, étant pourvu d'un spiral plus faible que celui nécessaire à 18 000 vibrations, prenait le galop avec une grande facilité.

On devine qu'en augmentant le nombre, et par suite la rapidité des vibrations, on pourrait d'autant mieux éviter les inconvénients ci-dessus qu'il faudrait alors employer un spiral plus énergique et en conséquence moins soumis à l'influence du balancier. L'expérience confirme ce raisonnement, et des montres à échappement Duplex, battant 21 600 ont donné l'heure avec une parfaite régularité, quoique les porteurs de ces montres allassent fréquemment à cheval. L'usure des parties frottantes n'était pas plus rapide qu'à 18 000 vibrations (**39**) .

Vérification de l'échappement sur le compas.

561. L'axe du rouleau étant armé d'une aiguille ou index destiné à indiquer les degrés de la levée, on met son échappement au compas d'engrenage, dont une des broches doit être pourvue d'un appareil comme celui représenté en ABD, fig. 42, page 199, avec cette seule différence que la graduation doit aller jusqu'à 80 degrés.

On ferme doucement le compas, un doigt de la main conduisant le rouleau et un autre la roue, jusqu'à ce qu'une des grandes dents fasse repos ; on augmente la pénétration de ce repos, qui n'a de limite que la précaution de laisser assez de jour de sûreté entre l'extrémité du doigt d'échappement et la dent d'impulsion devant laquelle il passe.

On vérifie la petite levée en conduisant le rouleau par l'index jusqu'au point où la grande dent s'échappe de l'encoche. Le degré indiqué par l'index étant noté, on ramène, après le décrochement de la grande levée, le rouleau en arrière jusqu'à ce que la dent suivante tombe dans la coche. L'intervalle compris entre cette dernière chute et le point noté précédemment doit être de 20° au moins.

Pour vérifier la première chute, on opère de même, c'est-à-dire qu'à l'instant où la grande dent s'échappe de la coche, et que la dent d'impulsion vient s'appuyer sur le doigt ou levier, on ramène ce levier en arrière jusqu'à ce que cette dent d'impulsion lui échappe. L'aiguille doit parcourir environ 10° pendant ce mouvement rétrograde (**545**) .

Le levier étant ajusté à frottement sur l'axe se ramène facilement à la position qu'il doit occuper pour recevoir sûrement, et avec les 10° de chute, le choc de la dent d'impulsion.

On remet l'échappement en marche pour s'assurer que la dent d'impulsion agit sur le levier pendant au moins 20° au minimum et 35° au maximum, suivant l'échappement car on sait que le chiffre de cette levée (chute comprise) varie entre 35 et 50°, et qu'il dépend du plus ou moins de différence entre les diamètres des roues de repos et d'impulsion.

La deuxième chute, celle qui termine la *grande levée*, ne doit être que de la quantité nécessaire à la sûreté du jeu des pièces.

Si cette deuxième chute est trop grande, cela provient d'un des trois défauts suivants : dents d'impulsion mal placées, doigt trop court, pénétration de la *petite levée* insuffisante.

Si la *petite levée* n'est pas assez considérable, c'est que le doigt est trop long, ce qui empêche de rapprocher l'échappement.

Si cette *petite levée* est trop grande, c'est que le doigt a été trop raccourci, ou par maladresse ou par nécessité ; ce dernier cas se présente quand les dents d'impulsion sont mal placées.

Pour une *grande levée* trop considérable, défaut qui provient d'une roue d'impulsion trop grande, il n'y a de remède qu'en remplaçant la roue car si on veut diminuer cette levée en éloignant les centres, on donne naissance à de très grandes chutes.

Pour une *grande levée* trop courte, on diminue les dents, en frisant la roue (**553**), et l'on rapproche les centres.

Observations.

On s'assure, en forçant un peu l'échappement, que la pointe des dents ne touche pas au fond de la coche, et que cette pointe conserve une suffisante liberté, c'est-à-dire qu'on peut lui procurer un petit ébat ou vacillement à tous les points de son passage dans cette coche.

Le levier doit passer devant la dent V (figure 75) avec un jour de sûreté suffisant pour éloigner toute crainte que ce levier n'effleure ou n'accroche cette dent dans un changement de position de la montre, et par l'effet du rapprochement des centres de la quantité de jeu que les pivots ont dans leurs trous.

La même vérification est nécessaire à l'égard de la dent R, parce que cette dent et le levier, se rapprochant insensiblement, passent très près l'un devant l'autre vers la fin de la petite levée.

C'est pour avoir un petit surcroît de sûreté à l'instant du croisement de ces deux pièces que quelques praticiens, au lieu de placer la dent d'impulsion au milieu entre les deux grandes, la mettent un peu de côté vers la gauche. Il est mieux de lui conserver sa place au milieu.

Les corrections nécessaires étant faites et la vérification étant terminée, on plante son échappement comme on le ferait pour un engrenage ordinaire.

Vérification de l'échappement en place.

562. Si les points de levée ne sont pas marqués sur la platine, on en marque deux embrassant un arc de 60°, divisé de 10° en 10°. Le repère du balancier doit, quand se termine la grande levée, se trouver en face du dernier des points marqués sur la platine.

Après s'être bien assuré à la loupe que la pénétration sur le doigt est assez grande, que les pièces qui ne doivent pas se toucher ont entre elles des jours suffisants, on fait la vérification ainsi qu'il a été indiqué à l'article précédent. On peut au besoin, quand l'échappement a donné de bons résultats jusque-là, se contenter de faire de la manière suivante cette vérification.

Les pointes des dents et le rouleau étant nettoyés, ainsi que les pivots, et les trous légèrement garnis d'huile, on remet l'échappement en place, mais sans spiral ; puis, le ressort de la montre étant armé, on conduit le balancier avec une pointe de fusain jusque vers le milieu de la petite levée, où on l'abandonne à lui-même. Ce balancier fait alors un certain nombre de tours sans s'arrêter, et pendant lesquels on suit attentivement la marche de la roue, qui doit être régulière et sans soubresauts inattendus. La montre étant placée à l'oreille et dans différentes positions, si deux dents ne passent pas coup sur coup, si les chutes sont bien égales, si le bruit de la marche est uniforme et sans *ferraillements*, etc., c'est l'indice que les fonctions de l'échappement s'accomplissent avec une sûreté suffisante. (On peut faire *tirer les minutes* par cette méthode, mais elle offre plus de difficulté que celle décrite aux n^os^ **440** et **441**.)

Réglage du plat au pendu.

563. Pour le réglage du *plat* au *pendu*, on se conformera aux instructions données à l'article **431**, et pour un réglage rapide, à celles contenues dans le n° **432** et les suivants. (Voir l'article particulier : *Du Réglage*.)

Du renversement.

564. Le renversement n'est pas à craindre avec l'échappement Duplex, mais dans le dessein sans doute de le préserver du galop (voir les causes d'arrêts), on le munissait autrefois d'une goupille de renversement mobile. Cet appareil offrant des inconvénients a été supprimé depuis.

Chapitre IV

Des causes des arrêts et des variations de l'échappement Duplex

De l'arrêt-au-doigt.

565. L'arrêt-au-doigt, dans l'échappement Duplex, tient à une cause permanente et non accidentelle, mais si l'on ne peut le faire disparaître tout à fait, on peut du moins en réduire de beaucoup l'inconvénient. Un balancier trop lourd, une coche trop étroite et dont les angles grattent, un spiral mal placé, et surtout une petite levée trop grande et qui oblige à faire parcourir au balancier un arc très étendu pour arriver au dégagement, sont autant de défauts qui augmentent la force de l'arrêt-au-doigt.

Si les dents ont un jeu suffisant dans la coche, si les angles et les surfaces en contact sont nettes et bien polies, si le spiral est disposé de façon que, lorsque la montre ne marche pas, la coche du rouleau soit bien en face du centre de la roue, si la petite levée est enfermée entre 20° et 25° (ou 30° au plus), l'échappement sera très sensible, et il suffira presque toujours du simple ébranlement causé à la montre par l'action du remontage pour déterminer la mise en train ou le départ du balancier.

Une augmentation dans la petite levée procure une légère diminution dans le frottement du repos, et par conséquent un peu plus d'étendue dans l'arc total de vibration, avantage insignifiant si l'on considère qu'avec une petite levée de 60°, il faut déjà de rapides et surtout de très grandes vibrations pour éviter que l'arrêt-au-doigt ne se produise par les secousses, même dans la poche du porteur de la montre. Et nous allons voir bientôt l'inconvénient qui résulte des grandes vibrations.

Un échappement qui prend le galop.

566. Un grand défaut de l'échappement, c'est lorsqu'il est sujet, sous l'influence des secousses du porter, à laisser passer deux dents coup sur coup : effet que l'on exprime en disant que l'échappement *prend le galop*. Ce galop est produit par un trop rapide accroissement dans la vitesse et l'étendue des vibrations. La montre avance alors prodigieusement. Si l'on agite une montre par un mouvement circulaire en la tenant à l'oreille, il est très facile de lui faire prendre le galop et d'entendre le double coup distinctement. Le galop se conserve quelquefois plusieurs secondes après la secousse qui l'a produit.

Ce défaut a sa source dans l'une des causes suivantes : vibrations trop étendues ou en nombre insuffisant par heure, levées trop considérables, force motrice en excès, enfin balancier qui n'est pas assez lourd. Ce cas est le plus fréquent. Avec un balancier lourd, un échappement peut bien prendre le galop, mais il le perd presque tout de suite.

Les Anglais ont prévenu ce défaut en faisant leur rouleau plus gros, leur balancier plus lourd ou plus grand, et en restreignant l'étendue de la vibration. Ils ont ainsi compensé une perte d'amplitude par une augmentation de grandeur et de poids. (*Introduction*. — Quantité de mouvement.)

Refaire un axe de balancier brisé.

567. Il n'est pas d'horloger qui ne sache refaire un axe brisé. On prend les hauteurs sur l'ancien ou, à son défaut, comme il a été enseigné pour le cylindre (**463**). La petite règle de laiton tenue debout sur le rubis du char, on pousse contre elle une grande dent de la roue, dent qu'on a préalablement garnie de rouge. On encoche ensuite sa règle (M, fig. 90) d'une entaille représentant la hauteur du rouleau, mais après avoir formé le petit bec qui, quand la règle est tenue debout sur le rubis, doit se présenter contre la dent d'impulsion exactement comme le fera plus tard le doigt de levée.

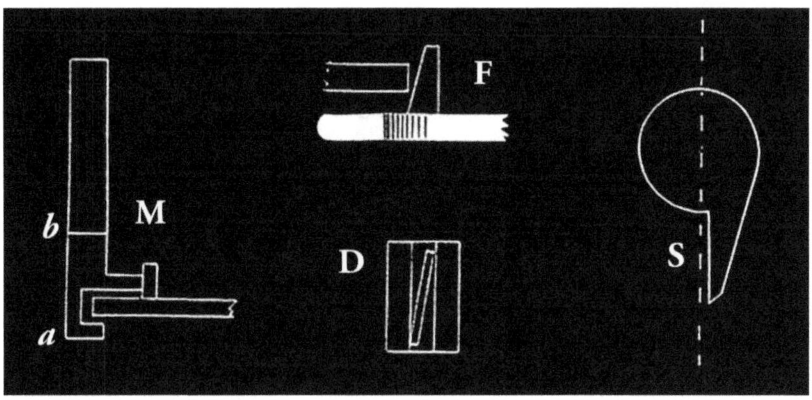

Fig. – 90.

La distance intérieure entre le rubis du char et celui du coq étant mesurée, on l'indique sur la petite règle par le trait *b*. Il suffira d'ajouter à chaque extrémité de la longueur *ab* l'épaisseur du rubis du coq et de celui du char pour avoir la longueur totale de l'axe tout pivoté.

La hauteur où sera placé le balancier se trouve par les moyens connus et n'offre aucune difficulté. Il en est de même du pivotage (**473**).

La partie de l'arbre où s'ajuste le doigt de levée doit dépasser en grosseur celle du rouleau, afin que ce dernier ne coure aucun risque chaque fois qu'on enlèvera ou remettra le doigt.

La tige traversant le rouleau a pour grosseur maximum la moitié de celle de ce rouleau. Il est bien entendu que, lorsque le rouleau est donné d'avance, c'est la largeur de son trou qui fixe la grosseur de la tige.

Quand le rouleau est hors de service, il est bon de s'assurer d'abord s'il n'y a pas avantage à tenir la tige un peu plus forte, conformément à l'habitude, ci-dessous rapportée, de quelques fabricants.

La plupart des faiseurs suisses tiennent leur tige de rouleau très forte, et par conséquent l'écorce de ce rouleau qui devient très mince est complètement divisée par la coche. Ils prétendent qu'il n'en résulte pas un plus grand nombre d'accidents, la forte épaisseur de la tige compensant largement un peu plus de fragilité au rouleau.

Un doigt trop long, trop court trop entaillé.

568. Le doigt trop long n'offre pas de sûreté suffisante contre le raccrochement. Il est facile de le raccourcir s'il est en acier. S'il est garni d'un rubis et qu'on ne puisse faire user celui-ci par un pierriste, on enfonce un peu la coche dans laquelle ce rubis est logé.

Le doigt trop court, s'il est d'acier, doit être refait ; s'il est garni d'une pierre, il suffit de faire avancer un peu celle-ci. Le doigt entaillé plus que le centre, comme celui que représente en S la figure 90 (page précédente), rend l'action de l'entrée en prise très oblique, et donne naissance à un frottement rentrant considérable.

L'angle du doigt, très net et finement arrondi, ne doit pas gratter sur l'ongle.

Il faut un jour de sûreté suffisant entre le champ, les grandes dents de la roue et le dessous du doigt. L'ajustement de cette dernière pièce sur l'axe se fait toujours à frottement dur. Elle ne doit jamais bouger en place.

Il est utile de faire aux côtés opposés du canon ou virole du doigt deux encoches demi-rondes, qui permettront de saisir ce canon avec des pinces à couper non tranchantes, quand on voudra faire tourner le doigt sur son axe. L'emploi des brucelles pour cette opération fait courir le danger d'égriser l'angle du rubis, et même de briser l'axe, si l'on vient à laisser échapper le doigt.

Un rouleau fendu, brisé ou décollé.

569. Il n'est pas rare de rencontrer des rouleaux fendus imperceptiblement, et qui ne sont pas une cause d'arrêt, mais de variations perpétuelles.

Le rouleau doit toujours être en pierre dure. Dans les cas obligés, c'est-à-dire lorsqu'il y a impossibilité absolue de remplacer un rouleau brisé par un de même matière, on peut le refaire en acier trempé à l'*opium* ou au *mercure*, et poli avec le plus grand soin. Mais comme le remarque Moinet, l'emploi du rubis est toujours plus sûr.

Quand on remplace un rouleau, il est bon de le faire en laiton pour essai et comme modèle à donner au pierriste.

570. Lorsque l'on veut fixer en place, en le collant, soit un rouleau, soit une palette de doigt, soit enfin toute autre pièce d'un échappement telle que la tuile d'un cylindre en pierre, les levées d'un ancre, etc., au lieu de frotter avec un morceau de gomme les parties chauffées, il est mieux de faire dissoudre préalablement de la gomme-laque dans de l'esprit-de-vin (alcool) et, à l'aide d'un petit pinceau, d'en garnir les surfaces que l'on veut faire adhérer. On a remarqué que les pièces assemblées d'après cette méthode étaient douées d'une plus grande ténacité.

Coche trop large. Lèvres trop arrondies. Coche étroite.

571. Une coche trop large ou des lèvres trop arrondies procurent un grand recul, font perdre de la levée et courir le risque de laisser passer quelques dents inégales. Ces défauts obligent ainsi à augmenter la petite levée.

L'arrondissage trop prononcé de la lèvre d'entrée augmente le recul.

Le même vice à la lèvre de sortie est cause que parfois la pointe de la dent tombe sur cet arrondi et rentre dans la coche à frottement rentrant, effet très pernicieux.

Avec la coche étroite, il suffit d'une malpropreté qui se glisse dedans, ou même du simple épaississement de l'huile, pour dérégler la montre et la faire arrêter.

Une roue dont la division est inexacte.

572. Avec une roue mal ronde, ou divisée inégalement, le point de repos change à chaque instant. Il en est de même de la force des chutes et des impulsions et de la grandeur des levées. Sur les dents trop courtes, la petite levée n'offre pas de sécurité, et la dent a un frottement excessif, parce qu'il se fait presque sur la ligne des centres. Sur les dents plus longues, on a trop de petite levée, et par conséquent une plus grande facilité pour produire l'arrêt-au-doigt.

Les dents d'impulsion inégalement espacées font perdre une partie de la grande levée ; on se trouve dans la nécessité d'employer un doigt plus court qu'il ne conviendrait avec une roue divisée exactement. Aussi faut-il vérifier chaque roue dent par dent

Le remède à ces défauts est tout entier dans un changement de la roue, mais s'il y avait nécessité absolue de la conserver, il faudrait *friser* les grandes dents, de façon à mettre la roue ronde et à diminuer assez le diamètre de cette grande roue par rapport à la petite roue, pour qu'en replantant l'échappement le jeu de la grande levée fût complètement assuré, et que cette grande levée eût une étendue suffisante (**537**).

Les dents d'impulsion mal placées.

573. Quand la dent d'impulsion n'est pas au milieu entre les deux grandes dents, le doigt passant trop près d'une des dents de la couronne et trop loin de l'autre, il en résulte que ce doigt est toujours trop court et il arrive assez fréquemment qu'on ne peut pas obtenir une grande levée suffisante.

Autrefois, quand l'échappement portait deux roues sur le même axe, il était toujours facile, en faisant tourner un peu à gauche ou à droite l'une de ces roues, de placer les dents à leur vraie position, mais aujourd'hui, avec la roue unique, si les petites dents ne sont pas à leur place, on n'a d'autre ressource que de courber les longues dents, de façon que celles d'impulsion occupent le milieu entre les deux pointes. Voici comment on peut faire cette opération qui est délicate et même dangereuse.

Au centre d'une plaque circulaire de 3 à 4 centimètres de grandeur (figure 91), on a réservé une saillie ou portée sur laquelle la roue se fixe solidement, comme sur un tasseau. Les

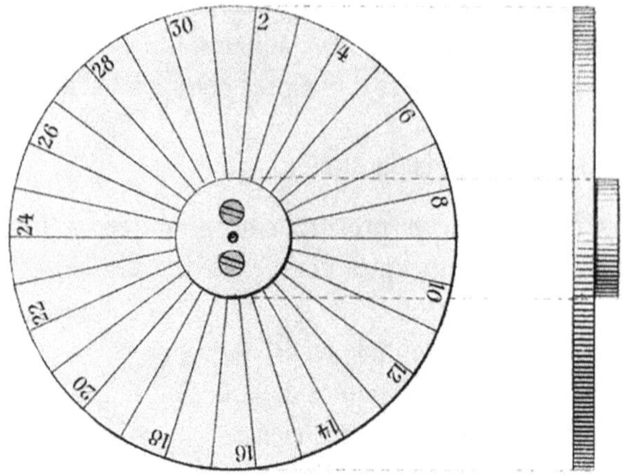

Fig. – 91.

grandes dents débordent tout entières la portée. Le reste de la plaque étant rayé en quinze ou trente divisions, c'est-à-dire sur un chiffre multiple de celui des dents de la roue, il est facile, au moyen d'un poinçon percé que l'on chausse sur chaque dent, de les courber toutes de la même quantité, puisque la division de la plaque sert de guide pour incliner le poinçon du même nombre de degrés, et aussi pour vérifier si les pointes courbées correspondent aux points convenables.

Puis on *frise* et on *justifie* la roue avec tous les soins et la délicatesse possibles (**553**).

Trop ou trop peu de petite levée.

574. Avec une petite levée trop courte, outre que les effets ne sont pas sûrs, le repos se faisant trop près de la ligne des centres (**74**), produit un frottement rentrant excessif.

Si toutes les autres fonctions s'accomplissent sûrement et selon les principes, au lieu de rapprocher les centres en replantant l'échappement, il suffit de remplacer le rouleau par un autre un peu plus gros et l'inverse (si l'on ne frise pas la roue) pour une petite levée trop grande car, avec un excès de petite levée, l'arrêt-au-doigt se produisant avec beaucoup de facilité, il suffit parfois d'une seule secousse pour occasionner l'arrêt de la montre.

Les faiseurs d'échappements suisses corrigent les défauts provenant d'une légère différence dans la position des points de plantage quand l'échappement est en place, en changeant le rouleau, opération qui pour eux est facile à pratiquer puisqu'ils sont toujours pourvus de rouleaux faits à l'avance, et dont les grosseurs, un peu différentes, correspondent à des numéros connus.

Trop de grande levée ou trop peu.

575. Nous savons qu'une grande levée trop faible est un défaut qui provient d'une roue d'impulsion trop petite, ou du trop grand éloignement des centres, ou d'un doigt trop court.

Nous savons également qu'une grande levée trop considérable est le résultat d'une roue d'impulsion trop grande ou d'un échappement dont les centres sont trop rapprochés, ce qui procure en même temps un excès de petite levée.

Une montre ne se règle pas avec une grande levée trop faible.

Une grande levée trop considérable est une cause d'arrêt ou de galop : d'arrêt, si la force motrice est faible, de galop, si cette force est abondante.

Dans le premier cas, il faut vérifier les engrenages et changer le ressort de barillet ; dans le second il faut, au contraire, diminuer la force motrice, ou plutôt remplacer le balancier par un plus lourd car, dans l'un et l'autre cas, si l'on raccourcit le doigt on aura de grandes chutes, et si l'on éloigne les centres on se verra dans la nécessité de refaire le doigt, devenu trop court.

On ne peut guère ici que signaler les défauts et laisser à l'intelligence de l'ouvrier à découvrir et à appliquer le meilleur moyen de correction, en lui rappelant seulement qu'à quelques exceptions près, le contact du doigt et de la dent pendant 20° au minimum est celui qui satisfait le plus généralement aux exigences de la pratique (chute non comprise).

Le dernier engrenage mauvais.

576. L'engrenage du pignon d'échappement doit être fait avec un soin tout particulier ; son influence sur le réglage est grande. Malheureusement ce pignon portant presque toujours six ailes, et les *planteurs* des échappements des fabriques étant pour la plupart très ignorants en fait d'engrenages, il en résulte que celui en question est presque toujours le plus mauvais de tous ceux d'une montre.

Les soins avec lesquels le dernier engrenage doit être fait devraient être pris également pour tous les autres, car il n'est pas sans exemple qu'un échappement Duplex n'ait pu se régler par le seul fait d'un engrenage trop faible dans le rouage, et quoique cet engrenage, doux au toucher, ne fût pas une cause d'arrêt.

Résumé des autres causes d'arrêts et de variations.

577. Les autres causes principales des arrêts et des variations de l'échappement Duplex sont :

- Une roue mal plantée. Elle pourra frotter sous le passage du pont et à la dernière roue du rouage. Si elle penche de côté, ses grandes dents se présentant en biais dans la coche, feront l'effet de dents trop épaisses et pourront être gênées. Ce dernier cas peut provenir aussi de ce que les faces des dents ne sont pas taillées perpendiculairement, c'est-à-dire selon une ligne verticale au plan de la roue (fig. 90, en D, page 291).
- Des dents trop épaisses ou d'inégales épaisseurs, etc.
- Des dents d'impulsion qui ne sont pas taillées carrément par devant. Le jour de sûreté entre le doigt et la dent pourra varier de largeur par les changements de position de la montre, et surtout si les jeux en hauteur d'une des pièces sont un peu grands (F, fig. 90, page 291).
- Des pointes de dents touchant au tampon par en bas ou au doigt par en haut.
- Des dents d'impulsion qui se détruisent sur leur face frottante, et le doigt de levée piqué ou dépoli au point de percussion. Ce cas peu rare avec le doigt d'acier se présente aussi, mais plus rarement, avec la palette en pierre.
- Un rouleau ne tournant pas rond, ce qui est le fait d'un rouleau mal fait ou mal gommé. Le point de repos change continuellement et la roue a un mouvement d'avance et de recul perpétuel. On peut avoir sur un point les défauts du rouleau trop petit, et sur un autre point ceux du rouleau trop gros.

  Si la petite levée ne se fait pas sûrement, parce que le rouleau tient du petit, on peut, en le chauffant, porter en avant le plus possible le côté de la coche, ou faire le contraire pour une petite levée trop grande, mais ces moyens sont au nombre de ceux qu'il ne faut employer qu'au pis aller.

- UN ROULEAU MAL POLI, OU PIQUÉ par des dents d'acier, ou ÉGRISÉ, surtout aux lèvres. Il faut toujours, après le nettoyage, l'examiner attentivement à la loupe forte.
- LE ROULEAU OU LA PALETTE DU DOIGT MAL COLLÉ et bougeant en place.
- UN ROULEAU FENDU en travers ou en long.
- DES PIERRES VACILLANT DANS LEURS SERTISSURES.
- LE TAMPON DÉCOLLÉ (**570**).
- LA PRÉSENCE DE PARCELLES DE GOMME-LAQUE, soit dans la fente du rouleau, soit aux pointes des dents.
- DES TROUS GRANDS, DES TROUS TROP JUSTES.
- UN JEU TROP CONSIDÉRABLE EN HAUTEUR à la roue et à l'axe du balancier, et surtout avec les *pivots coniques anglais* (**555**).
- DES GOUPILLES DE RAQUETTE QUI REMUENT SOUS LA PRESSION DU SPIRAL.

Dernières observations.

578. Plusieurs causes d'arrêts et de variations ayant été signalées dans le cours des trois chapitres précédents, nous avons négligé de les répéter ici. D'autres étant communes à tous les échappements il suffira, pour compléter cet article, de relever les cas applicables au Duplex dans le chapitre VI de l'échappement à cylindre et nous terminerons ce qui concerne l'échappement Duplex par les quelques observations qui suivent.

Sous le climat brumeux de l'Angleterre, le Duplex réussit mieux que tout autre échappement. S'il est pourvu de pivots coniques très fins, qui demandent fort peu d'huile, il soutient une marche de beaucoup plus longue durée que les échappements à cylindre et à ancre.

Dans les pendules portatives dites pièces de voyage, cet échappement a donné des résultats supérieurs à ceux obtenus de la plupart des autres échappements, mais les Duplex en question provenaient en grande partie des constructeurs de Paris et de Londres. Quant aux échappements suisses, ils ont été abandonnés assez généralement par nos fabricants de pièces de voyage, qui en étaient peu satisfaits.

Ces résultats négatifs nous paraissent devoir être attribués principalement à deux causes : des arcs d'oscillation trop étendus et un défaut de proportion entre le diamètre du rouleau et le diamètre du balancier.

NOTES
sur quelques échappements à repos

579. Avant de quitter les échappements de cette classe, il nous reste à citer quelques constructions qu'on rencontre encore de temps en temps.

Nous nous bornerons à un court rapport descriptif suivi de quelques citations et observations.

Échappement à virgule.

580. Deux échappements de ce nom ont été employés : l'un dit *à double virgule*, d'une exécution excessivement difficile ; aujourd'hui, on ne le rencontre plus qu'à l'état de curiosité, nous n'en parlerons pas. L'autre, dit simplement *à virgule*, et dont nous allons dire quelques mots.

Fonctions de l'échappement.

581. La roue plate porte de longues dents inclinées (*i* et *d*, fig. 92), et dont l'extrémité se relève de champ, sous forme de petites chevilles prismatiques ou de demi-cylindres. Une coupe horizontale en est indiquée en *i* et en *d* (fig. 92).

La pièce principale, la virgule, ainsi nommée de sa ressemblance avec le signe de ponctuation de ce nom, est vue en plan en *h f*. Elle fait corps avec l'axe du balancier, tous deux ayant été découpés dans le même morceau d'acier.

Au-dessus de la virgule, cet axe devient fragile, parce qu'on est obligé de l'entailler profondément pour le passage des dents de la roue. La section de la partie réservée de l'axe, ou de la manivelle, est figurée en V.

Le *repos extérieur* de la dent se fait quand la dent s'appuie sur le pourtour du demi-anneau *h*, formant saillie, afin d'empêcher le frottement de toute la hauteur de la cheville contre la tige du balancier.

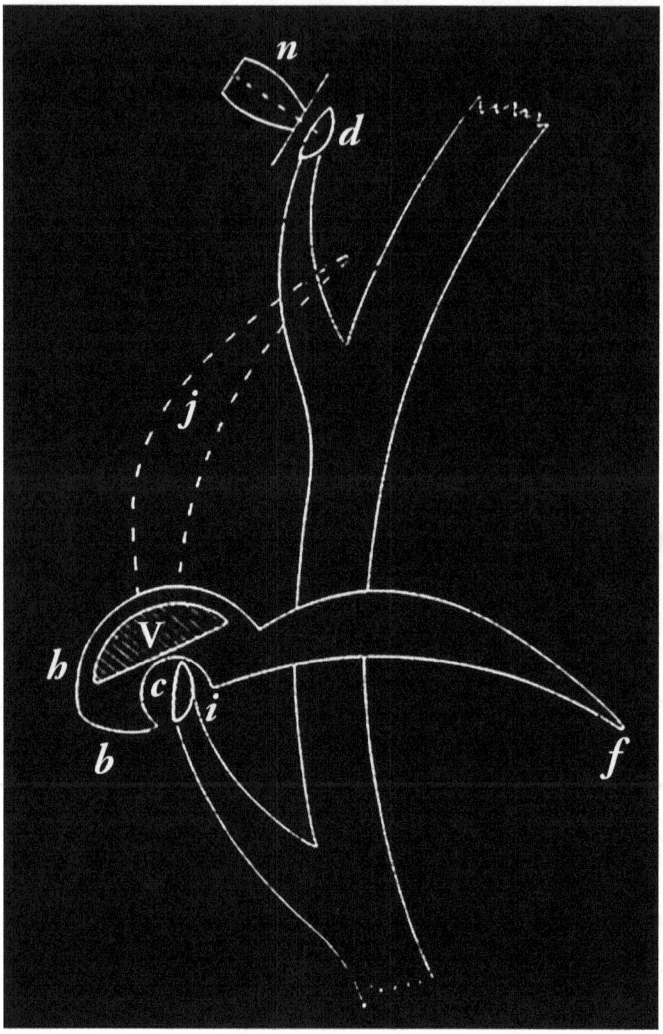

Fig. – 92.

Ce repos commence lorsque la virgule, qui de *f* est allée vers *j*, s'est éloignée suffisamment dans cette direction au-delà de *j*. Il finit au retour de la virgule revenant de *j* vers *f*. La dent se présente alors au bord de la lèvre d'entrée *b*, et repoussant cette lèvre en arrière produit la *petite levée.*

Cette première levée se termine par la chute de la dent contre la paroi interne de la petite cavité cylindrique *c*, où s'opère le second repos ou *repos intérieur.*

Le balancier ramené par le spiral revient de nouveau sur lui-même, et la virgule arrivant à la position V *j*, le second repos cesse et la dent *c*, entrant en mouvement, opère la grande levée par son action sur toute la longueur du bras *i f* alors en *j*. La dent qui suit *c* commence un nouveau repos et ainsi de suite.

582. On donnait au bras *i f* une forme propre à produire l'uniformité de la levée. C'était ordinairement un arc de cercle, tracé avec le rayon de la roue. Cette courbe frottante de la virgule, *i f*, était décrite d'un centre cherché (un peu plus bas que celui de la roue) de façon que cette courbe, quand commençait la grande levée, comme en V *j*, coupât la circonférence totale de la roue sous un angle curviligne de 30°. L'auteur moderne qui affirme que cette courbe tracée avec le rayon de la roue ne produirait pas de levée s'est trompé.

Deux méthodes étaient usitées dans la confection des virgules : par l'une, on faisait d'un seul morceau d'acier la virgule, l'axe et ses pivots, la cavité du repos intérieur se pratiquait avec une fraise ; par l'autre méthode, qui vaut mieux, on se servait d'un morceau d'acier, percé dans la longueur de l'axe comprise entre le pivot d'en bas et la manivelle V d'un trou légèrement plus grand que le diamètre d'une cheville, on formait la virgule ; on tournait l'axe, on y rapportait un pivot au bas ou, pour pouvoir lever ce pivot, on ajustait dans le trou un tampon analogue à ceux en usage pour les cylindres.

La longueur totale de la virgule est donnée par l'intervalle entre deux dents consécutives, sauf le jeu de sûreté.

La levée d'entrée *b* devait avoir la forme convenable pour produire un mouvement de 10°, et la grande levée un mouvement de 30°.

Au repos du spiral, une dent doit être en position d'agir sur l'arrondi d'entrée de l'une ou l'autre levée, l'échappement ne devant pas arrêter au doigt. La partie la plus saillante de la face extérieure des chevilles passe par le centre de la virgule.

Relevés des auteurs.

583. Jurgensen. — Cet inconvénient (des frottements contre le cylindre) a fait naître l'idée de l'échappement à virgule, où le frottement serait réduit à très peu de chose, si l'huile pouvait s'y conserver, mais l'expérience a assez montré que les échappements à virgule ne gardent pas longtemps l'huile aux places frottantes, qu'elle s'écoule au contraire le plus souvent, et qu'ainsi cet échappement ne peut pas être employé avec succès, malgré les très bons principes d'après lesquels il est d'ailleurs construit (**77**).

584. Tavan (1831). — Les deux levées sont fort différentes l'une de l'autre. La première, celle d'entrée, se fait contre la face oblique d'une lèvre (*b*, fig. 92, page 298) qu'on pourrait comparer à la lèvre d'entrée du cylindre si on donnait à celle-ci une épaisseur considérable. L'action de la face frottante de la roue contre cette lèvre, qu'elle parcourt dans un sens opposé à celui du mouvement de pirouette de la pièce d'échappement, est une action vicieuse sous le double rapport de la nature de son frottement et de celle de son levier, la force diminuant en se rapprochant du centre, à mesure que la résistance du spiral augmente (**304**).

Les deux levées se font par des leviers fort inégaux, les deux repos ont lieu aussi à des distances fort différentes du centre de mouvement du balancier. Il est probable que ce défaut est plus marqué en théorie qu'il n'influe sur la pratique, car avec cet échappement on a fait des montres qui marchent bien.

Il paraît avoir deux avantages sur l'échappement à cylindre : l'un de ces avantages consiste dans la grande puissance de la seconde levée, qui permet d'employer un balancier plus pesant et un ressort spiral proportionné, c'est-à-dire un régulateur plus efficace sur la force motrice. Le second avantage est que les frottements sur les repos sont moindres que dans le cylindre, et moins dépendants de l'effet de l'épaississement des huiles. Mais, vu la difficulté de l'exécution de cet échappement et la facilité de son dérangement, depuis longtemps il ne s'en construit presque plus de cette espèce.

585. Moinet (1847.) — « Bien qu'employé avec succès par d'habiles artistes et notamment par Lépine, que l'on croit en être l'auteur (d'autres l'attribuent à Lepaute), l'échappement à virgule a été presque généralement abandonné pour celui à cylindre. »

Moinet rapporte le passage suivant de Jurgensen : « Son plus grand défaut est la difficulté de conserver l'huile aux parties frottantes, lorsqu'elle y manque, ces parties sont bientôt détruites et la marche devient très irrégulière » et il ajoute : « quelques précautions peuvent cependant y remédier, car on a vu des virgules de Lépine conservées comme neuves après un très long service, et l'auteur de cet article pense qu'une roue d'acier pourrait conserver l'huile plus pure : la roue est d'ordinaire en laiton. Les dents un peu hautes et l'huile ménagée évitent son extravasation. » (Toutes ces remarques avaient déjà été faites par Jurgensen).

Observations.

586. L'échappement à virgule bien compris et bien exécuté, conformément aux lois de la théorie des échappements à repos frottant, se règle aussi bien qu'un échappement à cylindre ordinaire, mais ce résultat, seulement équivalent, n'est obtenu qu'avec beaucoup plus de soin et de difficulté, et c'est avec raison que l'on a remplacé le premier de ces deux échappements par le second.

Deux causes principales, comme on le sait, ont fait abandonner l'échappement à virgule :

1° Il s'usait assez vite ;

2° La marche devenait irrégulière avec le temps.

Le fait de l'usure provenait de ce que la plupart des virgules ne gardaient pas l'huile qui, en trop petite quantité aux chevilles, se desséchait promptement (**92**).

La marche irrégulière tenait à la rupture, par l'augmentation du frottement, des rapports entre les divers éléments du mécanisme (**364**), et à l'application de cette fausse théorie qui faisait rechercher, pour les leviers d'impulsion, la forme procurant l'uniformité de la levée, forme qui, dans le plus grand nombre des cas, augmentait considérablement la puissance de la chute (**272**), et mettait la virgule, par exemple, dans les conditions défavorables d'un échappement à cylindre à inclinés trop courbes.

On aurait pu remédier à ces défauts :

1°. en donnant à chaque levée une forme propre à retenir l'huile et qui ne permît pas à la roue un mouvement trop accéléré ;

2°. en disposant les chevilles comme le faisait l'habile horloger Henry Savoye, neveu de A. Breguet.

Sur chaque dent de la roue, il chaussait successivement une fraise creuse, ou tige percée analogue à un poinçon à river, délicatement taillée en lime à l'intérieur de la cavité à la profondeur convenable. Cette fraise recevait un double mouvement : l'un de rotation sur elle-même, l'autre de *berçage*, comme on le pratique pour évaser les extrémités des trous percés dans le rubis. De ce double mouvement il résultait que la cheville, vue en élévation et de face par sa plus grande largeur, prenait la forme ou profil *n* (fig. 92, page 298). Le point de contact de la virgule était en *n*.

Quand l'huile était mise avec quelques précautions, elle se conservait très bien à ce point de contact (**91**). Plusieurs échappements ainsi disposés par Henry Savoye ont marché plus de vingt ans sans qu'on y remarquât des traces d'usure.

Résumons en quelques mots tout ce chapitre.

L'échappement à virgule exécuté par un ouvrier adroit et instruit donne des résultats satisfaisants pour l'usage civil. Tant qu'il n'a été fait qu'à Paris ou à Ferney, chez Lépine, il a réussi assez bien, mais quand il est tombé dans le domaine des fabriques, en quelques années il a perdu sa réputation.

On ne saurait le mettre au rang de l'échappement à cylindre. Même médiocrement exécuté, ce dernier soutient un réglage au moins égal et il offre sur la virgule les sérieuses qualités d'être plus solide, plus facile à faire, d'exiger moins de précision, ce qui permet de l'établir en fabrique à des prix très bas, et enfin il peut recevoir l'huile avec une certaine abondance.

Échappement à cylindre en pierre de Breguet

587. Cet échappement, exécuté pour la première fois, il y a une soixantaine d'années, diffère de l'échappement à cylindre ordinaire, non seulement par la forme du cylindre mais encore par la forme de la roue. Le cylindre, tout monté, se compose de trois pièces : l'axe *b a* (fig. 93), la monture d'acier H *c d*, et la tuile en rubis T.

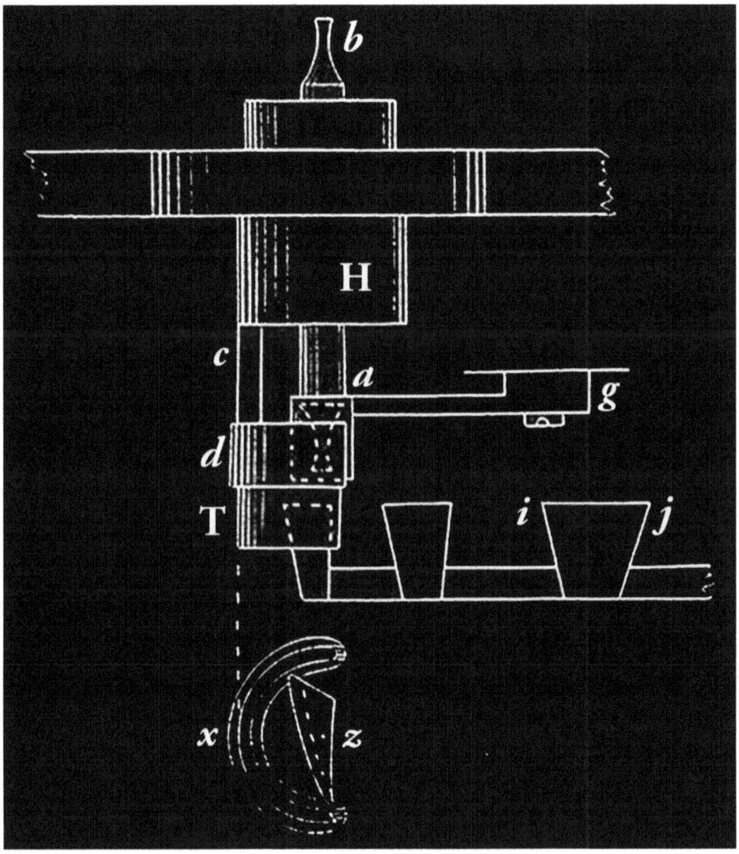

Fig. – 93.

L'ajustement de la monture sur l'axe se fait par l'anneau cylindrique ou canon H, la colonne ou bras de manivelle *c*, réunit le canon au demi-cylindre *d*, dans lequel est encastrée la tuile en rubis T. La coupe horizontale du demi-cylindre, pourvu de sa tuile, est représentée en *x*.

L'axe du balancier est terminé par deux pivots un peu renflés à leur extrémité, dans le but d'y mieux retenir l'huile et de diminuer le frottement dans la position horizontale. Le pivot supérieur roule dans le coq du balancier, le pivot inférieur est reçu dans un trou foncé en rubis, enchâssé dans la partie *a* du petit pont *a g*. C'est contre ce pont que vient rebattre la colonne *c* dans les vibrations trop étendues.

La tuile est ainsi tenue en dehors de tout le système, c'est-à-dire se trouve tout à fait en l'air quand l'échappement est retourné. La roue ne porte pas des plans inclinés à saillie horizontale, c'est une simple roue de champ, dont la section verticale représenterait un anneau de cône régulier.

La forme des dents est facilement comprise à l'inspection de la fig. 93 qui les montre en élévation de T à *j* et en plan en *z*. Leur plus grande largeur, de *i* à *j*, est exactement la longueur du plan incliné d'un échappement ordinaire.

Pendant les repos, la dent appuie sur la surface interne ou externe de la tuile, par l'angle arrondi *j*, et l'impulsion est donnée par le passage sur chaque lèvre du sommet *i j* de la dent, sommet formant un incliné légèrement courbe, arrondi en baguette, et qui agit absolument comme le plan incliné des roues ordinaires.

Remarques.

588. Cet échappement a été abandonné parce qu'à côté de qualités précieuses, qu'on pourrait utiliser pour d'autres échappements, il présente plusieurs inconvénients.

Les qualités consistent dans la forme de la roue : elle peut être très facilement exécutée, et la disposition de ses dents assure si bien le maintien de l'huile aux surfaces frottantes, qu'elle y revient sans cesse, quand elle est repoussée par le jeu des pièces, et jusqu'à dessèchement complet (attraction des angles – **85**),

Les défauts résident dans la grande délicatesse de l'exécution du cylindre et surtout du trou foncé, dans le très peu d'ébat qu'il fait laisser aux pivots du balancier, et enfin dans la difficulté de fixer l'huile au fond du trou foncé. Si la gouttelette touche la paroi circulaire du trou avant d'atteindre le fond, l'huile remonte et se dessèche assez vite.

Dans la maison de l'inventeur, on surmontait cette difficulté à l'aide d'un petit outil analogue à l'outil dit *à percer droit*. Le trou foncé était centré par l'une des extrémités d'une petite broche, sur une plaque où on le fixait, puis on retournait cette broche, dont l'autre extrémité, terminée en fine mèche de foret, déposait au fond du trou juste la quantité d'huile nécessaire.

Les échappements à repos frottant des pendules sont traités à part et plus loin, dans un article particulier.

NOUVELLE THÉORIE DES ÉCHAPPEMENTS LIBRES

L'échappement libre. Son origine.

589. L'échappement libre est à repos, mais son caractère principal, celui qui le distingue des échappements dits à repos frottant consiste, on le sait déjà, en ce que le balancier opère sa vibration, moins la très petite période de l'impulsion, dans une complète indépendance de la roue. Cette dernière ne fait plus repos sur l'axe de ce balancier, mais sur une pièce intermédiaire isolée. L'échappement à ancre des montres, celui à détente des chronomètres et plusieurs échappements employés dans les pendules de cheminée appartiennent à cette catégorie.

L'invention du premier échappement libre est ainsi mentionnée dans les *Mémoires de l'Académie des sciences*, année 1748 :

> « Un nouvel échappement à repos, inventé par M. Le Roy fils (Pierre Le Roy). Au lieu que dans les échappements à repos, connus jusqu'à présent, la roue porte, à chaque tour du balancier, sur une pièce qui fait corps avec lui, et sur laquelle frotte une de ses dents, dans celui-ci, la roue pose, et est retenue à chaque demi-vibration sur une pièce (la détente) fixée à la platine, et entièrement étrangère au balancier. Cette idée a paru neuve et susceptible de beaucoup d'avantages. »

La première application heureuse de l'échappement libre à la mesure du temps et à la détermination des longitudes en mer est due également à Pierre Le Roy. Elle a été réalisée dans sa montre marine, achevée en 1766.

Nous précisons les dates authentiques, parce que F. Berthoud, dans le panégyrique de ses oeuvres, qu'il a intitulé *Histoire de la mesure du temps*, reporte à l'année 1754 les premiers essais d'échappement libre.

Ces essais, qui naturellement étaient les siens, ne furent pas heureux. Aussi n'employa-t-il pas ce genre d'échappement dans ses deux montres marines n° 6 et n° 8, les premières de cet artiste qui donnèrent véritablement les longitudes. Ces deux montres, achevées seulement en 1768, étaient pourvues d'une espèce particulière d'échappement à cylindre, lequel cylindre était mis en communication avec le balancier par l'intermédiaire d'un râteau.

Ce ne fut guère que vers l'année 1770 que F. Berthoud se servit avec avantage d'un échappement libre, mais il est juste d'ajouter que sa construction n'était au fond que la conception de P. Le Roy modifiée.

Avec la modestie particulière aux grands artistes, P. Le Roy déclare de lui-même, dans ses *Étrennes chronométriques*, qu'ayant montré son invention aux fils de feu Dutertre, habile horloger de Paris, ceux-ci lui firent voir un modèle d'échappement libre exécuté par leur père, et offrant de l'analogie avec le sien quant au but, mais fort différent dans la construction.

Cette remarque ne peut infirmer les droits d'inventeur de P. Le Roy car Berthoud, bien placé cependant pour être renseigné, affirme n'avoir pas connu la combinaison de Dutertre, et en conséquence n'en pouvoir parler.

La question est donc vidée, et il est définitivement admis aujourd'hui que la création du premier échappement libre, ainsi que la première application heureuse qui en a été faite, sont dues toutes deux à P. Le Roy.

Observations préliminaires.

Aucune théorie des échappements libres n'a été publiée.

590. De même que celle des échappements à repos frottant, la théorie des échappements libres était à faire.

On possède sur le sujet d'assez nombreuses données expérimentales d'une valeur réelle, et quelques artistes ont même déduit des proportions qui leur ont le mieux réussi, certaines indications qu'ils ont érigées en règles. Mais, faute d'une base théorique commune, d'un principe qui établisse la relation qui les lie l'une à l'autre, ces données expérimentales et ces règles empiriques paraissent en perpétuelle contradiction, et donnent lieu encore aujourd'hui à des controverses qui n'aboutissent pas.

La raison, le pourquoi, des réussites obtenues avec des combinaisons mécaniques, en apparence fort diverses, n'est clairement exposée nulle part.

Combler cette lacune est le but du travail que nous présentons aujourd'hui.

Cette théorie, de même que celle des échappements à repos, ne s'appuie pas sur des hypothèses, mais sur une application raisonnée des lois du mouvement, corroborée de faits pratiques bien constatés. Sur aucun point, elle ne se trouve en contradiction avec les résultats d'observation publiés par nos artistes et nos expérimentateurs les plus habiles. Tout au contraire, elle affirme ces résultats en nous montrant leurs causes.

Les mêmes lois régissent les échappements libres des pendules et des montres.

591. Le cas est identiquement celui du numéro **215**, nous ne pouvons donc que renvoyer à cet article.

Tous les échappements libres ne sont pas indépendants de la force motrice au même degré.

592. On conçoit, en effet que, selon la combinaison adoptée pour établir tels ou tels échappements libres, ils présentent de l'un à l'autre des différences dans leurs rapports avec la force motrice, rapports qui sont plus ou moins directs, plus ou moins immédiats.

L'échappement à ancre, qui place un intermédiaire entre le modérateur et la roue, ne peut être libre à la façon de l'échappement à détente, où la force motrice arrive directement au balancier, mais l'un comme l'autre de ces dispositifs perd cette qualité d'échappement libre au moindre attouchement de la roue ou du dard de sûreté sur le contour du disque. Nous admettons donc *a priori* que la stabilité des pièces amenées sur un point par le jeu du mécanisme est parfaite, et qu'aucun contact de nature à entacher d'erreur les résultats théoriques ne peut se produire.

Ailleurs on verra qu'il est facile de réaliser pratiquement cette condition, mais il nous a paru utile que la remarque précédente fût préalablement faite.

Fonctions de l'échappement libre.

Son balancier ne se meut pas comme le balancier d'un échappement à repos. Action du spiral.

593. On lit, page 107, au sujet des échappements à repos frottant :

« Les fonctions qu'exerce tout échappement sont :

« 1° De modérer, en la régularisant, la vitesse de rotation du rouage de la machine ;

« 2° De restituer au modérateur la petite quantité de force qu'il a perdue après chaque oscillation accomplie ;

« 3° D'opérer cette restitution de force perdue dans des conditions telles que toutes les oscillations s'accomplissent dans des temps d'une égale durée, résultat qui n'exclut nullement la possibilité de mouvements inégaux comme espaces parcourus. »

594. Tout ceci peut être également appliqué aux échappements libres, mais en établissant une distinction quant au paragraphe 3°.

En admettant l'égalité des temps des oscillations aux deux espèces d'échappements, cette hypothèse ne peut amener à conclure que, de part et d'autre, la marche des balanciers soit identique.

Dans l'échappement à repos frottant, la vitesse du balancier, quand il revient sur lui-même et va dégager le repos, est un résultat de deux effets principaux en antagonisme : la réaction élastique du spiral et la pression sur les repos.

Dans l'échappement libre, la force qui règle la vitesse du balancier aux différents points de son parcours a une cause qu'on peut considérer comme simple, puisqu'elle réside uniquement dans la réaction élastique du spiral, réaction qui s'effectue librement avec un spiral bien concentrique, et isochrone à la façon du spiral des chronomètres.

La conséquence que nous devons en tirer, qui trouvera son utilité plus loin, est celle-ci : la vitesse d'un balancier considéré à différents points de sa course, ne sera pas représentée par les mêmes nombres, si ce balancier, toutes autres choses égales d'ailleurs, passe d'un échappement à repos frottant à un échappement libre.

L'action d'un échappement libre est une action complexe.

595. Analogiquement à ce qui a été observé dans les échappements à repos frottant, on remarquera qu'ici nous pouvons également dire, quant à la puissance de mouvement du modérateur, qu'elle n'est en définitive, que la différence de deux effets en opposition :

- La pulsion sur le bras de levée ;
- La résistance qu'offre à ce balancier en mouvement la pièce sur laquelle la roue s'appuie au repos.

Nous avons donc encore en présence une action (l'impulsion) et une réaction (le dégagement), mais avec cette ressemblance et cette différence :

- que la pulsion sur le bras de levée s'accomplit dans les mêmes conditions pour l'une et l'autre espèce d'échappement ;
- que la résistance résultant de l'acte de dégagement, résistance proportionnelle au rayon du repos concentrique dans les échappements à repos frottant est, dans un grand nombre d'échappements libres, en raison composée de l'inclinaison du plan de repos et du bras de levier qui porte ce plan (abstraction faite des étendues de glissement, etc.). D'où s'ensuit qu'on peut à volonté faire varier cette résistance pour une même longueur totale de rayon de repos, ce qui ne peut avoir lieu, ni pour les échappements à repos frottant, ni pour les échappements libres à repos concentriques.

Aphorismes résumant la théorie des échappements libres.

596. Conformément à la marche suivie jusqu'ici, nous posons tout de suite, et sous forme d'aphorismes, les bases de notre nouvelle théorie. Les démonstrations viendront ensuite, et plusieurs serviront de complément à la théorie des échappements à repos frottant.

Le lecteur doit posséder à fond cette dernière théorie, car les deux ont plusieurs points communs. Il ne peut en être autrement, puisqu'elles reposent sur une même assise : les lois réglant les mouvements des corps.

Nous aurions pu ne faire qu'une seule *Théorie générale,* nous avons pensé que l'étude serait rendue plus facile en scindant l'ensemble de notre travail et en groupant les différents théorèmes pour une application spéciale.

Cela entendu, on a compris que plusieurs des aphorismes déjà énoncés ont leur place marquée ci-après, et devront être reproduits. Quoique cette double mention, qui permet de mieux embrasser le tout, n'offre ici aucun inconvénient, nous aurons cependant le soin d'indiquer par un astérisque toute reproduction littérale complète.

Premier aphorisme.

597. L'angle de la levée et la force motrice ne changeant pas, si cette force est tenue en équilibre par un bras d'échappement, elle restera dans cette condition d'équilibre, quelle que soit la longueur donnée à ce bras.

Deuxième aphorisme.

598. L'angle de la levée et la force motrice ne changeant pas, la puissance de l'impulsion qui entretient le mouvement acquis du modérateur (et du régulateur), augmente par le raccourcissement des bras de l'échappement.

Troisième aphorisme.

599. La résistance qu'offre l'acte du dégagement du repos, quand la surface de ce repos est concentrique à son axe de rotation, est proportionnelle à la longueur du rayon de repos. Le modérateur éprouve une perte de force d'autant plus grande que la surface frottante est plus étendue.

Quatrième aphorisme.

600. La longueur totale du rayon de repos restant toujours la même, la résistance du dégagement est en raison composée de cinq éléments principaux : l'angle d'inclinaison du plan, la longueur virtuelle du levier qui meut ce plan, la direction de la pression, l'étendue de la face frottante et la durée de l'action.

Cinquième aphorisme.

601. Plusieurs combinaisons de ces éléments peuvent conduire à des résultats identiques ou équivalents, c'est-à-dire : ou présentant une résistance égale à l'effort du dégagement, ou assurant au même degré la stabilité de la pièce de repos.

Sixième aphorisme.

602. La levée et le moteur restant les mêmes, la durée en temps de l'oscillation change par un changement dans la longueur des bras de l'échappement.

Septième aphorisme.

603. Entre toutes les longueurs qu'on peut donner à ces bras, une seule procure l'isochronisme des oscillations aussi approché que possible.

Huitième aphorisme.

604. L'effet utile de l'impulsion, qui a pour mesure l'amplitude de l'arc décrit par le modérateur, varie par les différentes hauteurs données au plan incliné qui transmet l'action motrice.

Le plan est supposé de longueur invariable, car plusieurs combinaisons des deux termes hauteur et longueur peuvent donner la même quantité de mouvement au modérateur.

Neuvième aphorisme.

605. Entre toutes les inclinaisons que peut recevoir ce plan, une seule produit, pour une force motrice donnée, le mouvement maximum de la plus grande régularité.

Dixième aphorisme.

606. Une force motrice étant donnée, et la proportion convenable entre la puissance de l'impulsion et la résistance du dégagement étant trouvée pour un pendule ou balancier annulaire de grandeur connue, cette proportion doit changer à chaque changement dans les dimensions du modérateur.

Onzième aphorisme.

607. Le rapport actuel entre la puissance d'impulsion et la résistance du dégagement (ou plutôt la force qui opère ce dégagement) varie avec le temps.

Ces variations sont le résultat d'une série de combinaisons des trois termes : force motrice, étendue d'arc d'oscillation, degré d'isochronisme du spiral, termes qui vont en se modifiant dans des proportions différentes.

Conséquence. — En substituant à une force motrice une force qui est plus petite ou plus grande, on fait changer le rapport primitif et la progression de transformation.

Douzième aphorisme.

608. La grandeur de la roue d'échappement n'est pas une valeur indifférente. Cette grandeur est une conséquence forcée du poids et de la vitesse de la roue, de la hauteur utile du plan d'impulsion et du frottement qui a lieu sur ce plan.

La vitesse de la roue est subordonnée aux conditions qui déterminent la levée et les pressions sous lesquelles elle a lieu.

Remarque.

609. Répétons l'observation qui fait le sujet du paragraphe **227**, à savoir que la démonstration tout à fait rigoureuse de nos aphorismes ne peut être complètement donnée que par les hautes mathématiques, mais que cette grande rigueur de démonstration n'est pas absolument nécessaire ici. Les solutions analytiques ont un degré d'exactitude qu'il est impossible d'égaler dans l'exécution. En outre, comme la connaissance de la valeur précise de quelques-uns des principaux éléments du calcul fait défaut, citons entre autres celle du frottement, ce qui entache d'incertitude les résultats purement théoriques, nous n'aurons recours, comme précédemment, qu'aux principes élémentaires de la mécanique. Appuyées sur des vérifications expérimentales, les solutions qu'ils nous fournissent sont suffisamment exactes pour satisfaire aux exigences de l'art actuel.

Mais le lecteur doit être bien pénétré de ces principes, de ces éléments de mécanique appliquée, auxquels nous avons consacré notre premier chapitre, et il doit avoir complété cette première étude par une lecture attentive des articles **228** et **229**.

Démonstration théorique et expérimentale des aphorismes.

Une puissance motrice tenue en équilibre par un bras d'échappement restera équilibrée, quelle que soit la longueur donnée à ce bras.

610. Nous supposons toujours que l'angle de la levée ne change pas.

Les choses se passeront dans l'échappement libre exactement comme dans l'échappement à frottement sur le repos. La démonstration serait celle donnée ci-devant à partir du paragraphe **230**. Nous y renvoyons, sauf toutefois la recommandation de tenir compte des notes complémentaires qu'on va lire dans l'article qui suit. Elles sont applicables aux deux espèces d'échappements.

La puissance de l'impulsion qui entretient le mouvement acquis du modérateur augmente par le raccourcissement des bras de l'échappement.

611. Il est admis ici, comme dans l'article qui précède, que l'angle de levée et la force motrice ne changent pas, et que par les bras de l'échappement on entend et le bras d'impulsion et le rayon de repos.

L'exactitude de cet aphorisme, qui s'applique également aux échappements libres, a été démontrée aux paragraphes **237** et suivants ; il nous reste toutefois à compléter cette démonstration par quelques notes et le compte rendu de nouvelles expériences.

612. L'examen des échappements libres à ancre, à chevilles, etc., suffit à prouver que leurs fonctions s'accomplissent dans les conditions admises ; mais il semble, de prime-abord, qu'il en sera autrement des échappements à détente à un seul bras de pulsion sur lequel la roue n'agit que de deux en deux vibrations.

Le principe posé n'est cependant ni moins bien appliqué ni moins exact dans cette circonstance.

La levée et la force qui produit cette levée restant les mêmes, on ne peut faire varier la grandeur de la roue sans faire varier proportionnellement celle du disque, mais on peut changer la position du point de repos et du point d'attaque du doigt de dégagement.

Il est évident, et d'après ce que nous savons il nous paraît inutile d'établir cette évidence que, pour une puissance d'impulsion donnée, le modérateur perdra d'autant moins de sa force acquise qu'il opérera le dégagement par un levier de puissance plus court ou, ce qui revient au même, par un levier de résistance plus long.

De nouvelles explications seraient nécessaires, mais nous touchons à la question des leviers de puissance qui meuvent les bras de repos, question qui ne peut être traitée convenablement qu'avec détails, et comme on trouvera ces détails à leur place naturelle quand nous aurons à nous occuper des longueurs qui conviennent le mieux aux détentes et aux fourchettes d'ancre, nous nous bornerons à ces quelques mots.

613. Le principe posé s'appliquerait également bien à un échappement que, par supposition (tous les organes restant entre eux dans la proportion première), l'on pourrait amplifier à volonté. Avec ces organes plus grands, et nécessairement plus lourds, les pressions sur les pivots et l'étendue des surfaces frottantes seraient augmentées, par suite la décomposition de la force deviendrait plus considérable et l'effet utile moindre.

Les deux premiers aphorismes n'impliquent pas contradiction.

614. Quelques personnes ont cru devoir nous faire remarquer que les deux premiers aphorismes s'infirmaient l'un l'autre. Si, ont-elles dit, l'on agit plus énergiquement avec le bras court, l'équilibre dont parle le premier aphorisme ne saurait exister.

Cette opinion est une erreur, dont la réfutation est facile.

La différence de la force qui entretient le mouvement du modérateur, d'abord avec le bras court, ensuite avec le bras long, est extrêmement minime et se trouve, en conséquence, inférieure aux résistances à la séparation qui, entre deux corps en repos et se pressant mutuellement, naissent :

- de l'inertie de ces corps ;
- de l'adhérence entre les parties qui se pressent ;
- du frottement plus considérable au départ. Cet excès de résistance annule la faible différence de force et suffit à assurer l'équilibre ou état statique.

Il n'en est plus de même si l'on considère la machine à l'état dynamique, état pendant lequel les causes de l'excès de résistance signalée n'existent pas, parce que :

1°. l'inertie, qui dans le premier cas agissait dans le sens du repos, devient ici favorable au mouvement ;

2°. l'obstacle d'un surcroît de frottement et d'adhérence au départ ne se présente plus.

Nous venons de rencontrer un nouvel exemple des erreurs où peut faire aboutir l'étude des machines considérées au simple point de vue de la statique et de la géométrie, si l'on s'en tient là.

Expériences.

Observation préliminaire.

615. On nous a fait une autre objection :

> « Le frottement est proportionnel à la pression exercée (**38**) ; or, vous démontrez que la pression la plus considérable a lieu sur le plan incliné du bras court, d'où s'ensuivrait simplement un peu plus de frottement sur ce bras, et toutes choses resteraient égales quant à l'effet utile. »

Cette objection n'est pas plus fondée que la précédente.

Une force agissant par pression sur un corps qui ne peut se déplacer dans la direction de cette pression produit un frottement exactement proportionnel au poids par lequel serait équilibrée cette pression, mais il n'en est pas ainsi quand le corps pressé fuit dans la direction même de la pression. Dans cette hypothèse, la plus grande accélération du mouvement correspondra à la plus forte pression.

La démonstration théorique de cette vérité ne peut guère être du domaine des éléments de la mécanique, aussi nous bornerons-nous à des démonstrations expérimentales.

Première expérience.

616. Nous avons construit l'appareil représenté figure 94. L'ensemble est clairement indiqué par le dessin, et quelques explications suffiront pour faire comprendre l'usage de cet appareil.

Une branche d'échappement *vbdi* porte en *bc*, *df*, *ij*, trois levées d'échappement, dont les distances au centre de suspension *a* sont : : 1, 2, 3. Les trois inclinés, de même hauteur, produisent le même angle de levée.

La branche *vbd* est librement soutenue en *a*, elle se prolonge en *vg* sous forme de tige pourvue d'un curseur *u*.

Cette disposition a été adoptée en vue d'obtenir un instrument très sensible aux différences des pressions qui s'exercent sur les levées. Cette sensibilité, si nécessaire, fait défaut quand la pièce *vbd*, qui n'est autre chose, en réalité, qu'un pendule, se termine au point *a*. Avec le pendule ordinaire, des différences de force motrice assez notables ne modifient pas visiblement l'amplitude des oscillations un peu étendues. Le curseur placé au-dessus du centre de suspension, a encore pour effet le ralentissement des oscillations, ce qui rend leur supputation facile.

Le bras *t* sert à amener, au moyen de contre-poids, la branche *vbd* dans une situation convenable d'équilibre et de verticalité.

Le bras *n*, mobile sur pivots dans la chape *q*, qui monte ou descend à volonté, représente ici une dent de roue d'échappement ; il occupera successivement les positions *nn'*, *mm'*, *ss'*. Chacune de ces positions se détermine avec beaucoup de soin, car la dent doit être tangente au milieu de la levée.

Voici maintenant comment nous avons procédé dans notre première expérience, et après avoir équilibré l'appareil de façon que les points *n, m, s* fussent dans la verticale.

La dent *n*, ayant été mise en contact avec le milieu de la levée *bc* on a, au moyen d'un contre-poids *r* attaché en *g*, rétabli l'équilibre de l'ensemble, qui est alors resté en repos.

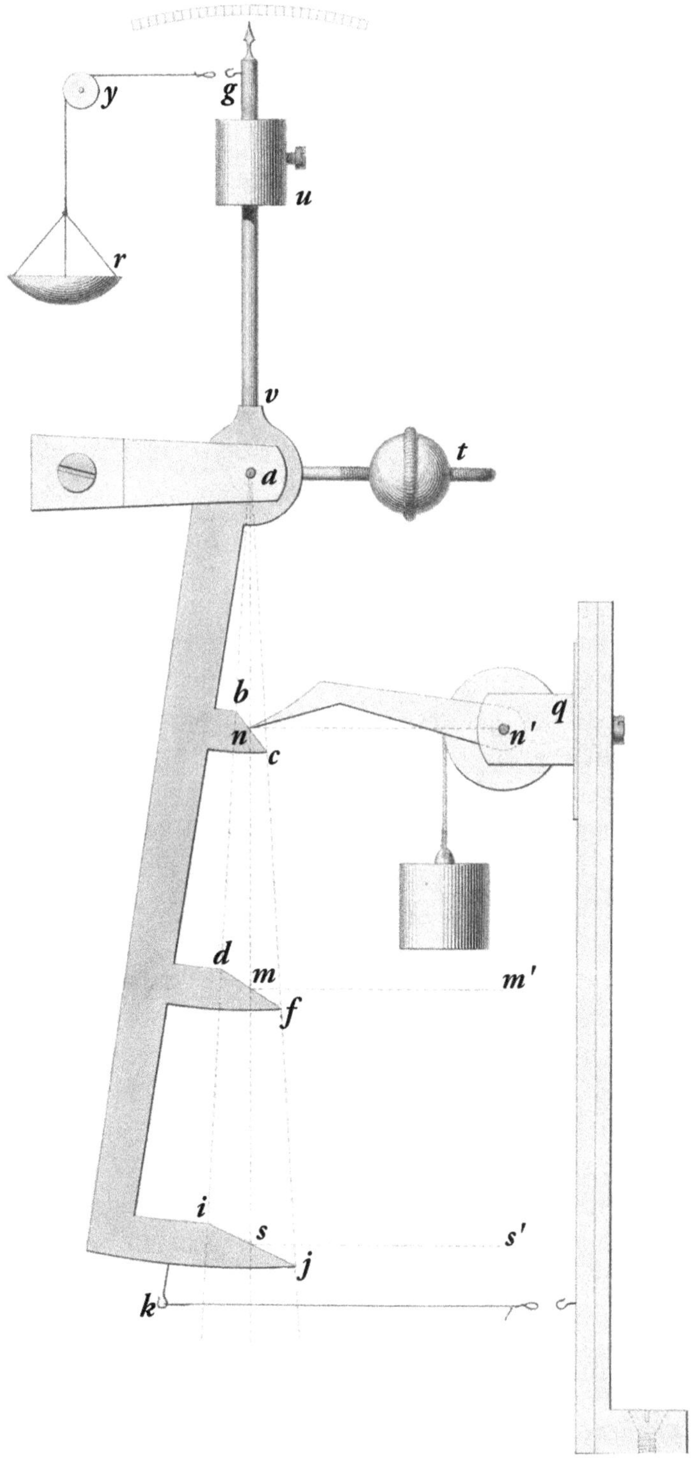

Fig. – 94.

Cet équilibre, réalisé avec le bras *ab*, l'a été également avec les bras *ad* et *ai*, lorsque la dent a successivement occupé les positions *m* et *s*.

Deuxième expérience.

617. La branche *vbd* (fig. 94), débarrassée du contre-poids *r* a été ramenée, à trois reprises vers la droite, de façon que les points *b, d, i* se trouvassent un peu en avant de la ligne *ns*, et a été fixée dans cette position par un fil *l*, attaché à la languette *k*. Puis la dent *n* a été successivement mise en prise avec le sommet de chaque plan de levée ; on brûlait alors le fil, et la branche *vbd* entrait en mouvement d'oscillation par l'effet du passage de la dent sur le plan de levée. L'amplitude de l'oscillation, accusée par le parcours de l'index *g* sur une portion de cercle gradué, a toujours été un peu plus étendue quand l'action motrice s'est exercée sur le bras d'échappement le plus court.

L'action sur le bras court produisait 70 oscillations, quand l'action sur le bras long n'en donnait que 64, et sur le bras moyen de 66 à 68,

En rattachant à *g* le poid *r*, l'action de la dent produisait, par le bras court,18 oscillations, et par le plus long, seulement 16.

Troisième expérience.

618. Ce qui précède nous semble avoir prouvé suffisamment que le mouvement le plus étendu répond à la plus forte pression exercée. Il doit nécessairement en résulter, si l'on admet l'action inverse, c'est-à-dire le recul de la dent sous la poussée du bras d'échappement que, toutes proportions gardées, la résistance opposée au mouvement de recul sera plus considérable sur le court levier.

En théorie, cela ne fait pas doute, mais selon notre habitude nous tenions à le démontrer expérimentalement.

Pour cela, après avoir chaque fois placé la branche d'échappement en équilibre dans la situation qu'indique la figure 94, c'est-à-dire les milieux des levées exactement sur la même ligne verticale, nous avons successivement mis la dent *n* (en faisant reculer suffisamment *vbd*), en prise avec le bas de chacun des inclinés. Le mouvement de gauche à droite de la branche d'échappement était ensuite déterminé par des poids placés dans le petit bassin de balance rattaché à un fil qui, passant sur la poulie *y*, va se fixer dans la tige *g*.

Le plan incliné *bc* repoussait la dent *n* avec un poids de 20 grammes.

Le plan *ij* avec un poids de 35 grammes.

Les leviers *an* et *as* sont entre eux comme 1 à 3.

Les forces qui les mettent en mouvement sont entre elles comme 1,75 : 3. Si la pression était égale sur les deux plans, les forces devraient être exactement entre elles : : 1 : 3.

D'où résulte la preuve expérimentale que l'intensité du frottement est plus grande sur le plan *bc*.

Ce résultat, du reste prévu et qu'il était facile de calculer à l'aide de la théorie du plan incliné, nous montre que l'excès de pression est favorable au mouvement du levier, quand ce dernier est chassé par la dent, tandis que lorsque le levier repousse la roue, le surcroît de pression devient un obstacle au mouvement de ce même levier.

Note concernant la dernière expérience.

619. Le résultat de cette dernière expérience doit être très remarqué des horlogers.

Un grand nombre d'erreurs, admises comme vérités dans les ateliers et dans la plupart des livres traitant de l'art chronométrique, ont leur source dans cette soi-disant règle qui donne pour la mesure du frottement l'étendue de la surface frottée.

En ne tenant compte que de l'étendue du frottement, les estimations que l'on en fait ne sont souvent que de très fautives approximations. Il est impossible d'apprécier la force absorbée par le frottement si l'on ne peut déterminer son intensité, c'est-à-dire la pression ou, si elle est variable, les pressions différentes sous lesquelles le frottement se produit (**37**).

Un exemple frappant vient de passer sous nos yeux : une plus grande force a été absorbée par le frottement de *bc*, qui est cependant beaucoup plus court que *ij*.

Résistance des dégagements.

Dégagement sans recul.

620. Quand le repos de la roue se fait sur une surface concentrique à l'axe de rotation de la pièce de repos, la résistance au dégagement est proportionnelle à la longueur du rayon de repos.

Nous aurions à répéter ici la démonstration contenue dans l'article **235** et suivant, nous y renvoyons.

Le repos sur une surface concentrique ayant lieu avec une pression uniforme, le balancier, dans l'acte du dégagement, perd de sa force acquise en proportion de l'étendue de la surface de frottement. Cette perte dans l'échappement libre est de faible importance, mais si le point de repos n'est pas rigoureusement stable, la résistance des décrochements est variable.

621. Tout en constatant un fait qui nous paraît devoir se passer, ici du moins, d'une démonstration, à savoir que le balancier perd d'autant plus de sa puissance de mouvement qu'il est plus longtemps sous l'action de la pression du repos nous devons rappeler que nous croyons n'avoir pas suffisamment insisté sur ce point à propos des échappements à repos frottant.

Là, et pour une force d'impulsion déterminée, le modérateur perd de sa quantité de mouvement en raison de l'étendue du frottement de repos. D'où s'ensuit de toute nécessité que la marche d'un échappement s'engourdit de plus en plus vite, et dans le rapport de l'augmentation donnée à l'étendue du frottement de repos.

Dégagement avec recul.

622. La résistance qu'éprouve le balancier dans l'action du décrochement des repos, quand la surface de ces repos est un plan rectiligne, est en raison composée :

1°. de l'inclinaison du plan ;
2°. de l'étendue de la surface frottante sur ce plan ;
3°. de la longueur virtuelle du levier qui meut le plan ;
4°. de la vitesse de translation du plan ;
5°. de la direction de la pression.

Commençons notre étude en considérant d'abord deux cas particuliers se rapportant à un même échappement, où toutes choses resteraient égales, sauf deux : l'inclinaison du plan et la pénétration de la roue.

Dans le premier, les surfaces frottantes ont des longueurs égales et des inclinaisons différentes, par suite, les reculs sont inégaux.

Dans le second, les surfaces frottantes diffèrent d'étendue, tout en donnant à la roue d'échappement une même quantité de mouvement angulaire en arrière ; par suite, les reculs sont égaux.

Les plans inclinés de repos de même longueur frottante.

623. Considérons la figure 95, et supposons qu'une même roue d'échappement ira s'appuyer, par l'extrémité d'une de ses dents, d'abord au point *d*, puis au point *f*.

La longueur totale du rayon du repos est égale à *b*M, soit 110 millimètres.

Par supposition, *bd* égale *bf*, et l'arc *cd* est moitié de l'arc *cf*. D'où s'ensuit que le recul produit par le plan *bf* est double du recul dû au déplacement du plan *bd*.

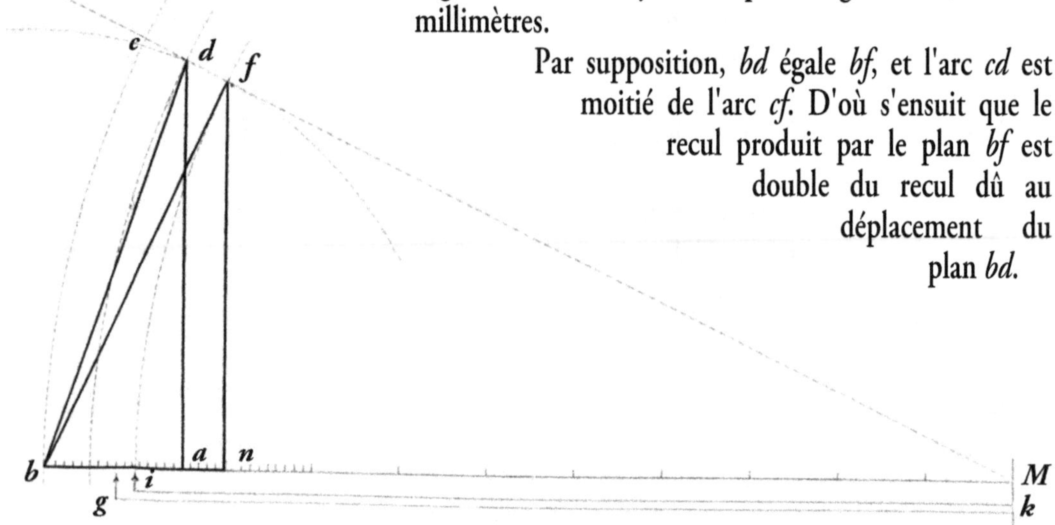

Fig. – 95.

Par construction (en négligeant les nombres fractionnaires), on a :

M*b* de 110 millimètres.
gk de 102 —
ik de 100 —
ad de 45 —
nf de 43 —
bn de 20 —
ba de 15 —

Est-il nécessaire de faire remarquer que le rayon total de repos *b*M, ayant son point d'appui en M, ne change pas, quelle que soit l'inclinaison du plan, tandis que le levier de puissance, ou levier virtuel, donnant la mesure de la force qui opère la translation du plan, change à chaque changement apporté à la hauteur de l'incliné.

Ici les deux leviers virtuels *gk* et *ik*, sont entre eux : : 102 : 100, et leur puissance est en rapport inverse de ces nombres.

Conséquemment, le plan *bf* est mené par une force un peu supérieure.

Cette supériorité est assez faible, comme on voit, aussi, pour une plus grande simplicité dans la démonstration que nous allons donner, admettons un instant l'égalité des deux forces, et cherchons à connaître la valeur des résistances que nous aurons à vaincre.

Considérant les deux plans *bd* et *bf*, et divisant les bases par les hauteurs, on aura :

$$ad / ab \text{ ou } 45 / 15 = 3$$

$$nf / nb \text{ ou } 43 / 20 = 2{,}15$$

Ce qui signifie que, lorsqu'une même force opère la translation des plans, si l'un d'eux, *bd*, surmonte, par exemple, une résistance de 300 grammes, l'autre, *bf*, ne pourra vaincre qu'une résistance de 215 grammes, soit légèrement plus des deux tiers.

624. Nous avons supposé égales les deux forces qui mènent les plans, et nous savons que *bf* est entraîné par une force un peu supérieure. Cette différence, qui va environ à un cinquantième de la force totale, changerait de peu le résultat obtenu, et par conséquent les conclusions que nous allons en tirer, et que nous donnons en nombres ronds, comme tous les chiffres ci-dessus.

Si nous voulions inscrire des chiffres tout à fait précis, il nous faudrait tenir compte d'une petite différence dans les vitesses de translation, ce qui entraînerait à de longs calculs sans utilité, puisqu'il nous suffit de constater : d'abord, qu'en donnant à un plan de recul (en lui conservant la même étendue de surface frottante) une inclinaison telle que la dent soit repoussée d'une quantité double, il faut augmenter de près d'un tiers la force motrice ;

Et de remarquer ensuite que l'angle *dbn* étant de 71° et l'angle *fbn* de 65°, la différence des ouvertures n'est que de un peu plus du treizième de l'angle *fbn*, tandis que la différence entre les deux forces qui opéreront la translation de *bd* et *bf* ira au moins aux cinq treizièmes de là force la plus faible.

Pour que nous puissions conclure que :

625. *La résistance du recul (pour une même longueur de surface frottante) augmente dans une progression inverse, mais beaucoup plus rapide que la progression décroissante de l'angle d'inclinaison du plan de recul.*

C'est tout ce que nous avons besoin d'établir pour le moment.

Les plans inclinés produisant des reculs égaux.

626. Maintenant comparons les résistances que rencontreront (la roue recevant de l'un et de l'autre la même quantité de mouvement angulaire en arrière) deux plans inclinés rectilignes d'inégale longueur frottante.

Soit *fg* (figure 96) l'intervalle qui sépare les deux cercles concentriques *f*M, *ga* ; intervalle qui mesure exactement la quantité du recul de la roue résultant du déplacement de *a* vers *g*, des deux plans M*g* et M*n*.

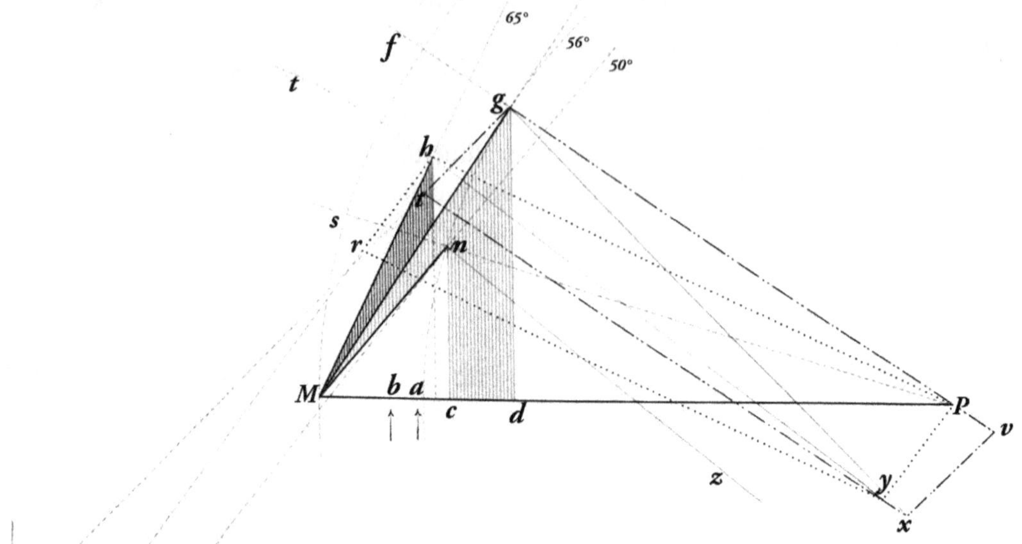

Fig. – 96.

Les deux points de repos sont situés en *n* et en *g*.

Les deux points d'application de la force sont : en *b* pour le plan M*n*, et en *a* pour le plan M*g*.

PM est le rayon total de repos.

Par construction en négligeant les nombres fractionnaires on a :

PM de 80 millimètres
P*b* de 70 id.
P*a* de 67 id.
dg de 36 id.
*d*M de 24 id.
cn de 19 id.
*c*M de 17 id.

Opérant la division de la base *dg* par la hauteur *d*M, et de la base *cn* par la hauteur *c*M, nous aurons :

$$dg / dM = 36 / 24 = 1{,}50$$
$$cn / cM = 19 / 17 = 1{,}11$$

Ce qui signifie que, mus par une même force dont les points d'application seraient en *a* et en *b*, les deux plans surmonteront des résistances, l'un, M*g* par exemple, de 150 grammes, l'autre, M*n*, de 111 grammes.

Mais les leviers virtuels P*a* et P*b* diffèrent entre eux, et en nombres ronds, de 1/22. Il s'ensuit que le plan M*g* surmontera une résistance de quelques grammes plus considérable que celle calculée.

L'angle *g*Md est de 56°, l'angle *n*M*c* de 50° ; différence d'inclinaison de environ 1/10, tandis que la différence des forces qui devront les mouvoir atteint près de 1/3.

627. Ici comme pour les reculs inégaux (**625**), la résistance du recul du petit plan augmente beaucoup plus rapidement que ne décroît l'angle d'inclinaison, mais l'effort nécessaire pour surmonter la résistance semblerait devoir être atténué par deux circonstances que ne peut présenter l'exemple exposé à l'article **623**.

En effet, nous avons à tenir compte :

- De la réduction de la surface de frottement, M*n* étant à très peu près la moitié de M*g* ;
- De la réduction du mouvement angulaire du plan M*n*, puisqu'il est enfermé dans l'angle MP*s*, lequel est exactement la moitié de l'angle MP*f*, limite du mouvement angulaire du plan M*g*.

Il résulte de ces deux observations que la résistance calculée géométriquement du plan M*n* excède la résistance réelle :

- D'environ la moitié de la puissance qui s'est convertie en frottement sur *g*M ;
- D'environ la moitié de la puissance absorbée par une action de double durée ou à peu près.

Avons-nous besoin de démontrer que la quantité de mouvement d'un modérateur oscillant, pendule ou balancier annulaire, en thèse générale, diminuera d'autant moins rapidement que ce modérateur restera moins de temps en prise avec l'obstacle d'une pression qui agit sur son axe, et qu'il exercera son action sur une surface de frottement de plus en plus courte.

628. Résumons : Une force motrice étant donnée, ainsi que l'angle du recul de la roue, une réduction de l'étendue frottante du plan, dans les conditions qui viennent d'être indiquées, produit :

Une *augmentation*,

Dans la résistance qu'oppose le plan ;

Dans la longueur du levier virtuel qui meut ce plan.

Deux causes de pertes de force;

Et une *diminution*,

Dans l'étendue de la surface frottée ;

Dans la durée en temps de l'action.

Deux causes de conservation de la force acquise par le modérateur.

En combinant ces éléments, on peut arriver à donner un degré de stabilité à la pièce de repos proportionnellement plus élevé que l'augmentation de la force.

La simple vue des lignes *gy, nz* (figure 96), qui indiquent les directions des pressions, suffit à le prouver mais, en somme, l'avantage serait peu considérable. L'effet de tirage est mieux assuré, il est vrai, avec l'incliné M*n* qu'avec l'incliné M*g*, mais le déplacement de M*n* exige un modérateur un peu plus puissant et qui par suite engendre des frottements d'une plus grande intensité, etc.

Ce n'est donc pas encore ici la solution du problème, mais nous allons y arriver.

Du tirage.

629. Au préalable, rendons-nous un compte exact du motif qui a fait disposer les plans de repos de telle sorte qu'en se dégageant ils fassent reculer la roue.

En d'autres termes, quel est le but du *tirage* ?

Simplement d'assurer la stabilité de la pièce, ancre ou détente, sur laquelle la roue d'échappement s'arrête après avoir donné une impulsion au balancier, et, tout en tenant cette pièce appuyée contre son plot d'arrêt, lui interdire tout déplacement hormis au moment de la levée.

S'il pouvait en être autrement, outre les attouchements vicieux qui seraient à craindre, la roue prendrait des points d'appui différents sur le bras de repos, et la résistance des dégagements en deviendrait plus variable.

La nécessité du recul admise, quelles conditions devra-t-il remplir ?

Évidemment les deux suivantes :

Assurer la position du bras de repos ;

Exiger pour le dégagement la moindre quantité de force possible.

Donc, si plusieurs plans inclinés jouissent, et au même degré, de la première de ces deux propriétés, le choix devra s'arrêter sur le plan qui offrira la moindre surface de frottement, et qui exigera un moindre effort pour être dégagé.

Du plan qui assure le repos et offre la moindre résistance au modérateur.

630. Revenons à la figure 96, et raisonnons dans cette hypothèse que le plan M*g*, pressé par la dent en *g*, assure parfaitement la stabilité du bras d'échappement en repos.

Nous pourrions tout aussi bien appliquer notre démonstration au plan M*n*, et si nous choisissons M*g*, c'est uniquement pour éviter la confusion qu'apporte dans un tracé linéaire le rapprochement des lignes.

Le centre de la dent qui presse en *g* se trouve en *o*, et la direction de la pression va de *g* en *x*. Prenons *gx* comme expression de la force en grandeur et en direction, cette ligne sera la diagonale du parallélogramme *gvxi* dans lequel *vx* nous mesurera la portion de force qui tend à faire tourner l'axe P, c'est-à-dire la puissance qui fait appuyer la pièce de repos contre son plot d'arrêt.

Faisons descendre de *o* en *o'* le centre de la roue dont la dent appuie en *g*. La circonférence de cette roue se trouvera sur le cercle *th*. Prenons sur cette circonférence, à la gauche du plan M*g*, un point *h*. Joignons *h*M et *ho'* et tirons *hy* perpendiculaire à l'extrémité du rayon *o'h*.

Le nouveau plan incliné M*h* satisfait aux conditions posées par notre théorème.

En effet, *hy* (que nous faisons égale à *gx* malgré une légère différence de frottement sur les pivots de la roue), nous représente la force, en grandeur et en direction, c'est la diagonale du parallélogramme *hPyr*. Les côtés P*y* et P*h*, comparés l'un à l'autre, nous indiquent en quels sens se décompose la force. Or, nous voyons que le rapport de P*h* à P*y*, est sensiblement le même que le rapport de *vg* à *vx*.

Conséquemment, la fixité du bras de repos est aussi assurée quand la dent est en *h* que lorsqu'elle était en *g*. Sur ce point nous pouvons considérer les résultats comme équivalents, mais l'avantage définitif demeure au plan M*h*, puisqu'il demande pour être dégagé une force moindre.

Nous n'en ferons pas la démonstration, laissant le lecteur résoudre ce petit problème ; ce que nous avons dit précédemment suffit pour qu'il puisse, de lui-même, en établir les preuves théoriques.

631. Donc *un plan de recul étant donné, on peut, en combinant le raccourcissement de la face frottante avec une certaine inclinaison, moindre que la première, déterminer un nouveau plan de recul, offrant les avantages du plan primitif, mais exigeant un effort moins considérable pour être dégagé.* (Un des centres de mouvement se déplace nécessairement).

Quelle est la limite à laquelle on devra s'arrêter ? Cette limite ne peut être fixée *a priori* ; tout ce qu'il est utile d'en dire en ce moment, c'est qu'il y a avantage à réduire la surface de frottement, toutes choses comme ci-dessus, autant que le permettent les jeux ou ébats des pivots et la nécessité d'assurer une certitude absolue à toutes les fonctions.

Note. — Une conséquence des dernières démonstrations, c'est qu'on pourrait arriver à faire opérer le repos sur un élément de bras circulaire et que la stabilité de ce bras serait tout aussi assurée mais alors le point d'application de la pression se trouverait fort en deçà de la tangente et l'on sait que le motif allégué en faveur de l'adoption de la forme circulaire et concentrique à l'axe du mouvement est précisément que cette forme donne la faculté de placer l'échappement au point de tangence.

Expériences.

Première expérience.

632. J'ai construit l'appareil représenté par la figure 97. Il se compose d'un levier *bd*, mobile sur pivots en *c*, et qui porte en *bn* un secteur d'acier A, tournant au besoin autour d'un pivot à demeure en *n*. Ce secteur amené au point convenable se fixe par une vis de serrage. On peut ainsi donner à sa face rectiligne *an* une inclinaison quelconque. Le point de départ est la corde *na* de l'arc de cercle *nja* tracé du centre de mouvement *c*.

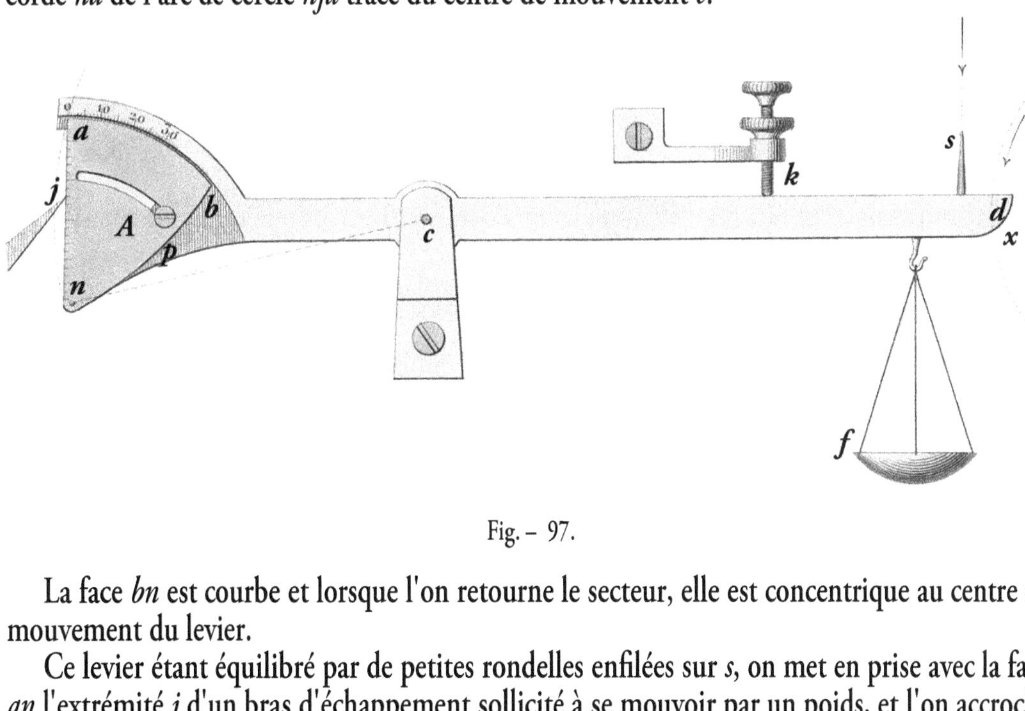

Fig. – 97.

La face *bn* est courbe et lorsque l'on retourne le secteur, elle est concentrique au centre de mouvement du levier.

Ce levier étant équilibré par de petites rondelles enfilées sur *s*, on met en prise avec la face *an* l'extrémité *j* d'un bras d'échappement sollicité à se mouvoir par un poids, et l'on accroche en *d* un petit plateau de balance que l'on charge jusqu'à ce que le levier *cd*, quittant son point d'appui en *k*, se mette en mouvement et surmonte la résistance que lui oppose la dent *j* ; on a dû tenir compte du poids du plateau.

Voici les résultats que nous a donnés cet appareil, la pression de la dent *j* étant produite par un poids de 100 grammes agissant à l'extrémité d'un arc de cercle d'un rayon de 17 millimètres.

En soutenant délicatement le plateau *f* dans sa descente, afin de connaître le point de la plus grande résistance, et par suite la plus grande force nécessaire pour la rupture de l'équilibre, tâté à tous les points de la surface du plan *an*, le décrochement avait lieu sous les charges du plateau ci-dessous indiquées en nombres ronds.

Surface frottante.	Mouvement de l'incliné de	Charges.
28 mm	0° à 10°	8 grammes.
28	0° à 20°	12 id.
28	0° à 30°	16 id.

Et en abandonnant le plateau aussitôt que chargé.

Surface frottante.	Mouvement de l'incliné de	Charges.
28 mm	0° à 10°	5 grammes.
28	0° à 20°	8 id.
28	0° à 30°	11 id.

Le point de départ du mouvement angulaire du plan étant la corde *an* de l'arc *ajn*, tracé du centre *c*, en cherchant quel est l'angle formé par l'incliné et la ligne *nc*, on trouve que :

Le mouvement	de 10°	répond à un angle de	65°
id.	de 20°	id.	55°
id.	de 30°	id.	15°

et l'on a ainsi la preuve que la résistance du dégagement croît dans une proportion beaucoup plus rapide que la progression décroissante de l'angle d'inclinaison (**625**).

Deuxième expérience.

633. Dans les expériences que nous allons rapporter, on a fait varier la pénétration de la dent sur l'incliné, en abaissant verticalement, et suivant le besoin, le centre de rotation du levier dont l'extrémité est vue en *j*.

Le plateau délicatement soutenu dans sa descente, le décrochement avait lieu quand ce plateau portait les charges ci-dessous inscrites.

Surface frottante	Mouvement de l'incliné de	Charges.
28 mm	0° à 10°	8 grammes.
14	0° à 20°	10 id.
7	0° à 30°	13 id.

et en abandonnant dès le début le plateau chargé

Surface frottante.	Mouvement de l'incliné de	Charges.
28 mm	0° à 10°	5 grammes.
14	0° à 20°	9 id.
7	0° à 30°	12 id.

Nous savons par l'article précédent que le mouvement

de 10° répond à un angle de		65°
de 20°	id.	55°
de 30°	id.	45°

Et cette dernière série d'expériences nous fait voir que non seulement, comme dans le cas précédent, la résistance croît beaucoup plus rapidement que ne décroît l'angle, mais que le gain résultant d'une surface de frottement et d'un mouvement angulaire un peu moindres est plus qu'annulé par la résistance d'un levier virtuel un peu plus long au départ (**628**).

Troisième expérience.

634. Elle a été faite conformément aux indications que fournit la figure 96 en considérant seulement les deux plans M*g* et M*h*. Le centre de la roue, par conséquent, se déplace verticalement.

Surface frottante environ .	Mouvement de l'incliné de	Charges.
27 mm	0° à 18°	11,0 grammes.
15	0° à 10°	7,5 id.

Ces résultats prouvent, ce dont, d'ailleurs, nous étions certains d'avance, qu'il faut une moindre force pour opérer le dégagement du plan M*h*, mais il reste encore à démontrer expérimentalement que la pression de la dent sur le point *h* assure la stabilité du bras d'échappement au même degré que lorsque cette pression s'exerce sur *g*.

Quatrième expérience.

635. Un bras d'échappement maintenu en repos par une dent de la roue, ne peut se déranger que par une secousse, ou un brusque mouvement de trépidation donné à la machine. Ceci entendu, voici comment nous avons procédé :

Le levier *bd* (figure 97) équilibré sur son axe, la dent *j* a été mise en prise avec la face *na* et successivement dans les conditions indiquées par les plans M*h* et M*g* de la figure 96. Le plateau *f* a été ensuite chargé de petits poids de plus en plus lourds, mais insuffisants pour déterminer le mouvement du levier quand tout était en repos. Après avoir chaque fois chargé le plateau, on produisait l'ébranlement du support de l'appareil par un choc violent, unique ou plusieurs fois répété.

Les déplacements verticaux du centre de la dent, et les inclinaisons du plan *na* vers *b* donnaient les trois combinaisons suivantes, dont la première répond à M*g* et la troisième à M*h* :

1re Cn. - Surface frott.	environ		27mm	Mouvement de l'incliné de		0° à 18°	Charges successives : 1, 2, 3, 4 grammes.
2e	id.	id.	20	id.	id.	0° à 10°	
3e	id.	id.	15	id.	id.	0° à 10°	

Sous *un* gramme de charge, l'ébranlement du support ne produisait aucun effet.

Sous *deux*, aucun dérangement n'avait lieu en 1re et 3e. Mais en 2e le levier s'éloignait imperceptiblement du plot d'appui *k*.

Sous *trois* grammes, en 1re et 3e le bras *cd* s'éloignait du plot d'appui de deux millimètres et ne pouvait aller au-delà, ; en 2e l'intervalle allait à trois millimètres.

Enfin sous une charge de *quatre grammes*, l'écartement atteignait quatre millimètres en 1re et 3e et allait beaucoup au-delà en 2e.

Donc les deux combinaisons (inclinaison du plan et direction de la force) 1re et 3e assuraient également bien la fixité de la pièce *bd*.

Résistance au déplacement des repos concentriques. Nous ne pouvions mieux clore cette série d'expériences qu'en vérifiant le degré de stabilité que peut donner à un bras d'échappement la forme circulaire.

Le secteur A retourné et fixé dans une position telle que sa courbe *bpn* se confondît avec la circonférence décrite du rayon *ac*, la dent *j* a été mise en prise avec la face *na* au point *a* (point de tangence ou à très peu près), et nous avons agi comme il vient d'être expliqué à l'article précédent.

Le plateau *f* a été successivement chargé de 1, 2, 3, 4 décigrammes. Sous une charge de *un* décigramme, aucun dérangement n'avait lieu.

Sous une charge de *deux* décigrammes, le bras *cd* s'éloignait du plot d'appui *k* de un à deux millimètres ; sous *trois* décigrammes, de près de quatre millimètres et sous une charge de *quatre* décigrammes, l'intervalle dépassait sept millimètres. La résistance au dérangement était ainsi environ dix fois moindre que dans la quatrième expérience.

La forme circulaire, donnée aux surfaces de repos des échappements libres, assure donc beaucoup moins que la forme rectiligne et inclinée la stabilité des repos.

Il est question ici d'un échappement placé sur la tangente, car il faut se souvenir de la note qui termine l'article **631**.

La durée en temps de l'oscillation change par un changement dans la longueur des bras de l'échappement.

636. Nous supposons toujours que la levée et le moteur restent les mêmes.

Les articles **235** et suivants ont fait voir qu'en allongeant les rayons de résistance du repos, on donnait naissance à un frottement plus considérable et d'où résultait un retard dans le mouvement du modérateur.

Une analyse analogue démontrerait que la résistance au décrochement augmente dans l'échappement libre en raison de l'allongement du rayon de repos, et que le cas est identique à celui des échappements à repos frottant, sauf que la valeur des résistances est différente.

Puisque l'effet de l'allongement du bras de repos est de retarder le mouvement du modérateur, et le raccourcissement, l'effet inverse, on aura à chercher, comme pour les échappements à repos, une longueur de bras où les deux effets se compensant, ou à peu près, le modérateur se comportera, étant sous la dépendance de l'échappement, absolument comme lorsqu'il en est isolé et qu'il oscille librement. (Ce double effet ne peut se réaliser avec pendule ou balancier trop léger.)

637. Une remarque d'une certaine importance, applicable aux deux espèces d'échappements, a naturellement sa place ici, et d'autant mieux qu'elle répond à une objection qui nous a été faite.

Avons-nous voulu dire que la mesure de la longueur des bras est rigoureusement limitée au point théorique ? Cette question est assez compliquée, et nous aurons l'occasion d'y revenir, mais nous pouvons par anticipation répondre tout de suite : *oui* si les jeux et l'exécution manuelle ont un degré de précision presque absolu, et si les pressions, plus fortes avec les courts leviers, ne dépassent pas la limite de résistance des matières employées ; *non* dans le cas opposé : d'où naîtrait la déformation des contacts, et par suite des irrégularités dans la marche du mécanisme.

638. Les considérations qui précèdent ne tiennent pas compte de la présence du spiral dans les pièces portatives. Or nous avons vu aux articles **262** et **264** que l'introduction de cet élément amène des résultats en apparence contradictoires. Nous disons en apparence car, bien loin que ces résultats accusent d'erreur la théorie, ils en confirment l'exactitude et prouvent, ainsi qu'on l'a déjà vu, et qu'il sera établi plus loin, que plus on approchera dans l'exécution des proportions théoriques et plus sera long le temps pendant lequel le régulateur, spiral ou pendule, conservera dans son intégrité sa faculté d'isochronisme.

L'effet utile de l'impulsion varie par les différentes hauteurs du plan incliné, qui transmet la force motrice au modérateur.

639. Il nous paraît inutile de revenir sur les démonstrations contenues dans l'article **247** et suite. Nous y renvoyons, puisqu'elles suffisent à établir l'exactitude de l'aphorisme en titre.

Ajoutons seulement deux mots.

On a toujours considéré un plan d'impulsion dont la longueur reste sensiblement la même, car si la nature de l'échappement permettait de modifier à volonté cette longueur, on pourrait, dans plusieurs cas, obtenir du modérateur la même amplitude d'oscillation, en compensant une certaine perte de hauteur par une plus longue durée d'action.

Nous croyons notre lecteur assez pénétré des principes pour qu'il nous paraisse inutile d'insister.

Entre toutes les inclinaisons qu'on peut donner à un plan d'impulsion, une seule produit le mouvement maximum de la plus grande régularité.

640. Cette proposition s'appliquant également bien aux deux variétés d'échappements que nous avons étudiées jusqu'ici, le lecteur devra se reporter, pour en avoir la démonstration, à l'article **251** et suite.

Un changement dans les dimensions du modérateur oblige à modifier le rapport des leviers d'impulsion et de repos.

641. Le mouvement du modérateur est le résultat de la différence des deux actions d'impulsion et de dégagement. En un mot, il est le résultat de l'excès d'une puissance sur une résistance, absolument comme dans l'échappement à repos frottant et sauf, toutefois, que la résistance n'a pas la même valeur, puisqu'elle s'exerce dans l'un à peu près uniquement par pression continue, et dans l'autre par choc.

La démonstration fournie par le paragraphe **260** et suivants est également applicable, sous la réserve des observations qu'on va lire, au cas présent, mais avec la précaution de substituer mentalement à l'expression : résistance du frottement sur le repos, celle de résistance du dégagement.

Différence du mode d'action des leviers de repos dans les échappements libres et à repos frottant.

642. Nous venons d'appeler l'attention sur les caractères très différents qu'offrent, dans l'une et l'autre espèce d'échappement, les résistances qui précèdent l'acte de renouvellement de l'impulsion.

Insistons sur la différence du caractère de ces résistances, elle a une importance majeure.

Échappements réglés par un pendule.

643. Considérons d'abord les échappements des pendules et des régulateurs, en prenant pour type celui dit de Graham.

Si l'expérience ne prouvait sans réplique qu'avec un tel échappement on obtient l'isochronisme des oscillations du modérateur, il suffirait de se souvenir que nous avons démontré qu'on peut à volonté y faire varier le rapport établi entre la puissance de pulsion et la résistance du frottement sur les repos, pour qu'il devint sinon facile, du moins possible de prouver théoriquement l'existence des oscillations isochrones.

644. Il n'en est plus de même si, à l'échappement de Graham, nous substituons un échappement libre.

En effet, examinons comment les choses se passent sous une augmentation de force motrice, et nous trouvons tout de suite trois causes d'irrégularité qui empêcheront, et d'une façon absolue, qu'un isochronisme s'établisse ou se conserve dans les mouvements du modérateur.

1. - Une impulsion plus énergique reçue par le pendule libre, lui fait décrire de plus grands arcs d'oscillation ; or les arcs plus grands retardent sur les petits quand le pendule est libre.

2. - Le dégagement se fait par un choc, subordonné à la puissance acquise du pendule et qui en subit toutes les fluctuations. En outre, ce pendule opère contre un ressort ou contre un poids, dont la puissance peut varier par plusieurs causes.

3. - Enfin la résistance plus grande du dégagement, considérée à tort comme un correctif de l'augmentation de la force motrice, est non seulement insuffisante pour le présent, mais avec le temps, et nous allons le prouver, elle se modifie dans une proportion fort différente de la progression décroissante de la force motrice (**647**). D'ailleurs la résistance de ce dégagement est presque toujours inconstante, et fait perdre ce que l'on pourrait gagner comme régularité, d'une force d'impulsion constante ou approchant de l'être.

645. Donc, et sous le bénéfice des démonstrations qui vont suivre, concluons dès à présent que si, avec l'échappement à repos frottant, on a pu réaliser une combinaison où les puissances et les résistances se sont maintenues dans un certain équilibre favorable au réglage, aux différents degrés de la force motrice décroissante, il n'en a pas été de même avec l'échappement libre des régulateurs qui n'a pu, jusqu'aujourd'hui, réaliser un équilibre analogue, ou donnant des résultats aussi exacts. La raison en est que, dans cette sorte d'échappement, il se produit des effets qui ajoutent ou retranchent à la puissance du modérateur, tantôt dans le sens favorable à l'action de la roue et tantôt en sens opposé.

Échappements à balancier annulaire.

646. Toutes ces observations seraient également bien appliquées aux échappements libres des pièces d'horlogerie portatives, si elles ne possédaient dans le spiral l'élément de régularité qui manque aux échappements libres non portatifs. L'introduction de cet élément change toutes les conditions du problème, comme nous allons le montrer un peu plus loin.

Le rapport entre la force de pulsion et la résistance du repos varie avec le temps.

(Applicable également aux échappements à repos.)

647. Cette étude est neuve. C'est une question qui n'a été, que nous sachions, soulevée par personne et sa solution va nous montrer l'une des causes de certains faits révélés par la pratique et l'observation, et restés néanmoins inexpliqués.

Les ouvrages sur l'horlogerie, du moins le plus grand nombre, les conversations de la plupart des horlogers expérimentés se bornent à attribuer la correction des inégalités de la force motrice obtenue de l'échappement à repos : « à ce que l'augmentation de la force accélère les vibrations du modérateur, tandis que la pression sur la pièce de repos, ou la résistance au dégagement, également augmentée, diminue cet excès de vitesse.

Cette définition, erronée parce qu'elle est incomplète, laisserait croire que par les variations de la force motrice, la puissance de la pulsion et la pression sur le repos croissent ou décroissent parallèlement, et dans le même sens que la force, ce qui n'est pas.

Avant d'en fournir la preuve théorique, nous aurons recours, suivant notre habitude, à une vérification expérimentale déjà connue de nos lecteurs, et qui suffirait à beaucoup d'entre eux, si nous ne tenions à ne laisser subsister aucun doute dans leur esprit.

648. Augmentons progressivement la force motrice de la plupart des pièces d'horlogerie pourvues d'échappements, et nous arriverons presque toujours à faire arrêter le mécanisme.

Il est évident que si la puissance de l'impulsion, nécessairement supérieure au début à la résistance du dégagement, suivait la même progression que cette dernière, il n'y aurait pas arrêt, mais simplement précipitation dans la marche de l'échappement.

Remarque. — Nous avons dit que, presque toujours, on peut arriver à produire l'arrêt; mais il faut employer une pièce où le balancier soit plutôt léger que lourd. Le balancier lourd, acquérant, par l'effet de l'augmentation de sa vitesse, une puissance de mouvement considérable, pourrait briser ses pivots, avant même d'avoir atteint à la limite où son mouvement est paralysé par la pression exercée sur son axe.

649. Passons à la démonstration théorique.

Pour la simplifier, admettons un moteur dont la puissance aille en quadruplant.

Nous aurons, en vertu des lois de la mécanique, les progressions suivantes :

Le moteur sera successivement. ...	: :	1, 4, 16, 64 ...
La pression	: :	1, 4, 16, 64 ...
La résistance au dégagement	: :	1, 4, 16, 64 ...
La puissance du balancier.	: :	1, 2, 4, 8 ...

L'inspection de ce tableau nous fait voir que, tandis que la résistance va en quadruplant, la puissance du balancier va seulement en doublant. De toute nécessité, et quoiqu'au début la puissance de l'impulsion fût de beaucoup supérieure à la résistance du dégagement, elles arriveront à s'équilibrer et le mouvement du modérateur sera suspendu.

650. En poursuivant plus à fond cette étude, on pourra y trouver l'un des éléments du problème de la détermination du poids du balancier et de la force motrice qui conviennent à une pièce d'horlogerie.

651. Le rapport primitif entre la pulsion et le dégagement ira en se modifiant avec le temps, puisque la force qui anime les derniers mobiles diminue en raison de l'épaississement de l'huile qui lubrifie leurs pivots. Mais sa marche sera théoriquement inverse de celle indiquée ci-dessus, c'est-à-dire que la puissance du dégagement ne sera réduite que de moitié, pour une force motrice réduite des trois quarts.

Nous disons théoriquement car, ainsi qu'on le verra par les expériences rapportées un peu plus loin, ces chiffres ne sont pas tout à fait exacts, et la présence de cette même huile aux pivots du balancier et aux faces des repos et des levées de l'échappement change la proportion. Cet effet, dans les pièces à l'usage civil et dans les échappements tels que le Graham, par exemple, peut agir favorablement et dans le sens d'une compensation, plus ou moins efficace suivant les qualités de l'huile.

Quant aux échappements des chronomètres, nous manquons de données suffisamment précises pour apprécier la valeur de cette effet et son influence sur leur marche.

Le rapport entre la pulsion et le dégagement se modifiera plus ou moins avec le temps, suivant la longueur du spiral adopté.

(Applicable aux échappements à repos.)

652. Comme l'étude précédente, celle-ci est tout à fait nouvelle.

La puissance du balancier peut être considérée comme un produit de sa masse par sa vitesse acquise au moment où on le considère, c'est-à-dire au début du dégagement. Du moins, cette estimation nous paraît la plus près de la vérité, la mieux prouvée, surtout expérimentalement.

Cette vitesse au retour du balancier est intimement liée à la progression que suit la tension du spiral.

Dans tout spiral d'étendue suffisante, parfaitement égal et homogène dans ses parties, ainsi que l'a découvert Pierre Le Roy, il y a une longueur où toutes les vibrations du balancier sont isochrones, c'est-à-dire s'accompliront dans la même durée de temps. Au-delà, les grandes vibrations s'accomplissent en plus de temps que les petites, et en deçà, les courtes vibrations sont plus lentes que les grandes.

653. Pour une plus grande simplicité dans notre exposition, admettons qu'un spiral ait été expérimenté à trois longueurs, donnant :

La 1re des grandes vibrations plus lentes de moitié que les petites ;

La 2e, des grandes et petites vibrations isochrones ;

La 3e, des grandes vibrations de moitié plus rapides que les courtes.

Représentons par 1 la masse du balancier et multiplions cette unité par la vitesse que possède ce modérateur à la fin des grands et des petits arcs, et nous trouverons que sa puissance croît ou décroît à peu près dans les rapports suivants :

Avec le 1er spiral : : 1, 4, 16
— le 2e — : : 4, 2, 1
— le 3e — : : 16,4,1.

Ce qui signifie, en termes généraux, qu'avec le premier spiral la puissance du balancier ira en augmentant (comparée à la force qui anime la roue à différentes époques) avec le temps ;

Qu'avec le second (isochrone), elle ira en diminuant selon une certaine progression ;

Et qu'enfin, avec le troisième, la progression décroissante sera beaucoup plus rapide.

654. La longueur du spiral est, si nous pouvons nous exprimer ainsi, un des facteurs du réglage. La plus grande difficulté qu'il présente n'est pas d'en obtenir une certaine régularité actuelle, mais bien d'assurer cette régularité dans l'avenir.

Nous avions donc eu raison de dire que la discussion plusieurs fois soulevée entre les partisans des spiraux courts et les défenseurs des spiraux longs ne pouvait aboutir. Un échappement ne demande ni un spiral court, ni un spiral long, c'est-à-dire un spiral choisi exclusivement en vue de l'étendue des arcs d'oscillation ou du déplacement borné d'une raquette de coq, mais il veut impérieusement un spiral d'une longueur précise, c'est-à-dire appropriée aux modifications que le temps amène dans la marche de cet échappement.

655. Cette loi nouvelle, que du moins nous croyons telle, car les règles observées par les chronométriers pour assurer le réglage de leurs montres marines sont toutes empiriques, nous expliquera assez simplement de prétendues singularités signalées dans la marche des chronomètres.

Elle nous fera connaître en partie pourquoi on a obtenu à la mer un égal succès avec des chronomètres dotés : les uns d'un spiral dont l'isochronisme était parfait, les autres d'un spiral donnant d'assez grandes différences des petits aux grands arcs ; enfin, pourquoi on réussit également avec des spiraux ayant les points d'attache à l'extrémité du diamètre, ou ramenés vers le centre par des courbes terminales, etc.

Elle nous montrera l'une des causes qui ont déterminé les constructeurs à modifier l'isochronisme des spiraux de chronomètres dans le sens de l'accélération des petits arcs de vibration, modification dont l'expérience seule leur avait appris l'utilité pratique.

Expériences.

Première expérience.

656. Pour ceux de nos lecteurs assez avancés dans les sciences mathématiques, ce que nous avons dit suffit. Pour ceux moins favorisés des dons de l'étude, nous aurons recours à l'expérimentation : elle est toujours consultée avec fruit, quand on sait l'interroger.

Reprenons le petit appareil décrit à l'article **632** et représenté figure 97. Supprimons le plateau de balance *f*, et déterminons le dégagement du plan de repos par la chute d'un poids tombant bien perpendiculairement sur *s*.

Connaissant les hauteurs de chute, nous aurons par la loi de la chute des graves dans le vide (**126**) la vitesse au moment du contact, et par la loi des forces instantanées la puissance du choc.

Le chiffre ne sera pas rigoureusement exact : le poids étant évidé à l'intérieur en forme de cloche, afin qu'il frappe avec son centre de gravité et reste suspendu sur la pointe *s*, il doit en résulter que l'air accumulé dans la cavité change un peu les conditions théoriques de la descente du poids, mais les résultats obtenus seront suffisamment justes, puisqu'ils ne sont qu'une démonstration à l'usage des horlogers peu familiarisés avec les lois de la mécanique. Les bons théoriciens, nous l'avons dit, n'ont pas besoin de ces expériences.

Voici les résultats qu'elles ont donnés :

Le levier *bd* étant bien équilibré sur son axe, la dent *j* a été mise en contact, un peu au-dessus du point *n*, avec le plan *na*, suffisamment incliné. Nous nous souvenons que la puissance de pression de la dent peut être augmentée à volonté, puisqu'elle est produite par un poids dont la corde est enroulée sur l'axe de *j*.

Le poids de permission, pesant 6 grammes, était suspendu par un fil passant sur une petite poulie : en brûlant le fil, on déterminait la chute sans secousse.

D'après les lois citées, nous avons par le calcul :

Hauteur de chute, 1 ; vitesse, 1 ; effort exercé, 1
Id., 4 ; id., 2 ; id., 2

Et avec notre petit appareil

Hauteur de chute, 10^{mm} ; résistance surmontée, 59 gr.
Id., 40 id., 116

Ces derniers résultats concordent suffisamment bien avec ceux annoncés par le calcul, puisqu'il faut tenir compte de la résistance de l'air et de l'ébranlement possible du support qui peut rejeter le point de percussion un peu en dehors du centre de gravité du poids (**1454** bis).

Deuxième expérience.

657. Un disque en bois, portant en saillie à sa circonférence une petite palette en métal, a été monté sur un axe et le tout disposé de façon que lorsque l'on faisait tourner le disque, sa palette allait frapper sur l'extrémité *d* du bras de levier *c d* (figure 37). La palette étant éloignée du point *d* d'une ouverture d'angle de 160° a été lancée par un choc sans continuité d'action, et produit par la chute d'une masse pivotant sur l'extrémité d'un levier.

Chute de la M., 9^{mm} ; résistance surmontée, 70 gr.
id. 18^{mm} ; id. 140

658. Ces premiers chiffres vérifiés et relevés, nous avons enroulé sur l'axe un fil auquel était suspendu un petit bassin de balance, chargé d'un poids de 15 grammes. Le bassin s'arrêtait sur un support un peu avant que le contact de la palette avec *d* eût lieu.

En donnant à la palette un mouvement angulaire rétrograde d'environ 82° d'abord, et de 330° ensuite, le bassin parcourait dans sa descente une hauteur verticale de 8 millimètres dans le premier cas, et de 32 dans le second.

Hauteur de chute,	8 ;	résistance vaincue,	35 gr
Id.,	32 ;	id.	140 gr.

La proportion de ces deux rapports entre eux est, on le voit, fort différente de celle des nombres rapportés dans les exemples précédents. Cette différence tient à l'effet de la continuité d'action sur la masse en mouvement de rotation. Cette masse devient un véritable volant qui emmagasine une force considérable.

Troisième expérience.

659. Remarquons d'abord que, lorsque le balancier tourne sous l'action de la roue d'échappement, sa puissance, comme masse de percussion, est dépendante de l'énergie de l'impulsion mais que, dans l'oscillation de retour, la puissance de ce même balancier réside uniquement dans l'action du spiral, liée elle-même à l'étendue du mouvement angulaire du modérateur.

660. La roue en bois, garnie d'une palette en métal, a été remplacée par un balancier lourd, d'un diamètre d'environ huit centimètres, monté sur pivots fins et pourvu d'un spiral isochrone. La cheville de renversement, à zéro tension du spiral, répondait à *x*, sous la partie arrondie du bras *d* (figure 97), de sorte que, en armant le spiral par un mouvement angulaire rétrograde du balancier dans la direction de *d* vers *r*, celui-ci, abandonné à lui-même, venait frapper par la cheville sur le bras *d* et opérait, quand sa force était suffisante, le dégagement du plan de repos *na* en prise avec la dent *j*. Nous nous souvenons que la pression exercée par cette dent est produite par un poids qu'on change à volonté.

L'arc de menée, ou autrement l'arc de contact entre la cheville et le levier, était de 26° 25. En retranchant cette quantité de l'arc total d'oscillation, on connaîtra l'étendue des arcs libres ou supplémentaires.

Nous ne considérons qu'une demi-oscillation, c'est-à-dire l'arc parcouru d'un seul côté.

Arc libre	Arc total	Résistance surmontée	
3°,75	30°	30	grammes
7°,50	33°,75	60	–
11°,25	37°,5	90	–
15°	41°,25	120	–
18°,75	45°	150	–
22°,50	48°,75	180	–
26°,25	52°,5	210	–
30°	56°,25	240	–
33°,75	60°	270	–
37°,50	63°,75	300	–

661. Les chiffres de ce tableau confirment avec une grande précision nos conclusions théoriques. En effet, on y remarque :

1. - Que c'est la formule de la quantité de mouvement d'un corps qui se meut qui donne la valeur la plus approchée de la puissance du modérateur, considérée au début du dégagement. Ainsi l'oscillation libre de 37°,50, deux fois plus rapide que l'oscillation de 18°,75, surmonte une résistance double et l'oscillation de 15°, quatre fois plus rapide que celle de 3°,75, soulève un poids quadruple, etc.

2. - Que la progression de force du spiral isochrone est parfaitement régulière et conforme à la loi démontrée dans le *Mémoire sur le spiral réglant*, dû au savant ingénieur M. Phillips, loi qui établit que la puissance du spiral (jusqu'à déformation) est proportionnelle à l'angle d'écartement. Nous voyons ici que, pour un angle d'écartement double, triple, quadruple, etc., le modérateur surmonte une résistance double, triple, etc. Soit 120 grammes pour chaque arc de 15°.

Quatrième expérience.

662. Maintenant que nous possédons une mesure de la puissance du modérateur ramené par le spiral, nous avons besoin de connaître la force qui l'a mis en mouvement et la progression selon laquelle doit croître ou décroître cette force pour le faire osciller (sous l'action d'une levée d'échappement) dans des arcs égaux aux arcs inscrits ci-derrière.

Ici l'appréciation devient difficile, que l'on emploie le calcul ou l'expérimentation ; car étant donné un modérateur uni au spiral, les mêmes forces motrices, pour peu qu'on fasse varier les conditions de la levée, produiront des progressions différentes d'étendues d'arcs supplémentaires, en partant des petits arcs.

Sous cette réserve, et en ne considérant que le cas que nous avons sous les yeux, voici comment a été faite la dernière vérification expérimentale et les résultats qu'elle a donnés.

663. J'ai d'abord disposé un levier droit, ayant son point d'appui sur un axe pivotant, de telle façon que l'un des bras de ce levier pût être mis en prise avec la cheville du balancier et l'autre bras chargé de poids plus ou moins lourds. Ce bras de puissance était soutenu par un fil. En abandonnant ce fil, le levier recevait de sa charge un mouvement de bascule, et donnait une impulsion au balancier par une levée de 22°,5,

Puis j'ai renouvelé l'expérience avec un autre levier dont les longueurs de bras étaient différentes, et qui n'agissait sur le balancier que durant un arc de levée de 15° seulement.

664. Premier levier. — Levée, 22°,5.

Poids employés.	Arcs parcourus.
15 grammes	30°
30 —	41°,25
50 —	52°,5
80 —	63°,75
125 —	75°

665. Deuxième levier. — Levée, 15°.

10 grammes.	30°

23	—	41°,25
76	—	52°,5
390	ne produisent pas	63°,75

L'arc de levée est compris dans l'estimation car, ce qu'il importe de connaître ici, c'est à quel éloignement du point zéro de la tension du spiral atteindra le repère marqué sur le rebord du balancier ; en d'autres termes, c'est le mouvement angulaire du balancier, quittant l'état de repos, que nous avons à considérer.

666. L'examen de ces deux derniers tableaux nous montre :

1°. Que, pour qu'un modérateur revenant sur lui-même pour opérer le décochement ait une puissance double, il faut avoir agi sur lui avec une puissance plus que quadruple, parce qu'à la résistance de la masse à mouvoir s'additionne la résistance croissante du spiral (**651**).

2°. Que la progression croissante (ou décroissante avec le temps) de la force motrice, non seulement est différente de la progression que suit l'augmentation ou la diminution de la puissance du balancier, mais encore que les limites extrêmes de ses variations sont dépendantes et de l'étendue de la levée, et des conditions dans lesquelles elle a lieu. L'expérience, encore ici, confirme la théorie.

Détermination de la grandeur de la roue d'échappement.

667. La grandeur de la roue d'échappement n'est pas une valeur abandonnée au hasard, ainsi que le démontrent les articles **266** et suivants. Nous y renvoyons, tout en les complétant par quelques observations nouvelles.

668. Les dimensions du modérateur étant supposées déterminées, soit pour un pendule, soit pour un balancier annulaire, et en rapport avec le nombre de vibrations qu'il doit faire dans un temps donné, la grandeur de la roue, convenable dans beaucoup de cas, sera celle qui fixera la longueur des bras d'échappement à des dimensions telles que le modérateur affecté, c'est-à-dire en contact avec l'échappement, se comportera, ou à peu près, comme lorsqu'il était libre.

Cette remarque est donnée sous le bénéfice des observations du paragraphe **637**, et en rappelant qu'une modification dans le diamètre ou dans le nombre des dents de la roue peut changer le rapport primitif entre la pulsion et le dégagement. On en connaît la conséquence.

669. Une petite roue opère avec une trop forte pression, et une grande roue s'engourdit par l'épaississement de l'huile.

La vitesse est subordonnée aux conditions qui déterminent la levée et les pressions sous lesquelles elle a lieu. Un excès de vitesse, surtout au début de la levée, augmente la pression sur le plan ou la palette d'impulsion. Trop de vitesse vers la fin ajoute à l'effort de la chute (**672**).

Observations finales. — Conclusion.

670. Il serait utile maintenant de retourner un peu en arrière et de lire avec attention les articles **269** à **272** y compris ce dernier, et d'en extraire tout ce qui peut s'appliquer aux échappements libres. À ce petit travail les notes suivantes serviraient de complément.

Résumé des derniers aphorismes.

671. Des dernières démonstrations découlent ces diverses conséquences :

1°. Appliqué aux pièces d'horlogerie portative, l'échappement libre ne peut donner un réglage assuré qu'à l'aide d'un spiral d'isochronisme approprié ;

2°. Appliqué aux pendules et aux régulateurs, il n'a produit que des résultats incertains, parce qu'il subit le contre-coup des inégalités de la force motrice, soit dans l'acte de pulsion, soit dans l'acte du dégagement, aucune des forces à notre disposition n'étant constante, du moins suffisamment ;

3°. Une force motrice étant donnée, un changement dans les conditions du tirage sur le repos donnera avec le temps une marche différente à l'échappement ;

4°. L'isochronisme absolu n'existe qu'en théorie. L'isochronisme tel qu'on le réalise dans les machines à mesurer le temps est toujours relatif, c'est-à-dire subordonné aux changements futurs qui résultent du temps.

Sur la levée.

672. Tout en renvoyant à l'article **272**, on doit insister de nouveau ici sur le rejet absolu de ce reste trop enraciné d'une fausse théorie, qui veut que la levée soit égale, ce qui signifie que si l'on divise en parties égales, de même nombre, les surfaces de contact de la roue et du levier d'impulsion, chaque partie égale de la roue doit déplacer pendant l'action de la levée, la partie égale correspondante du levier.

Nous l'avons déjà dit, et il n'est pas inutile de le répéter, il n'y a d'autre règle à suivre que de chercher, par le calcul et l'expérience, et selon les convenances du sujet, lequel des trois mouvements : *uniformément accéléré*, *uniforme*, ou *uniformément retardé*, convient le mieux, c'est-à-dire produit des oscillations d'étendue suffisante, apporte les moindres perturbations dans les fonctions du reste de l'échappement, et demande la plus petite force motrice, ou autrement dit, une force qui ne puisse amener la détérioration des points de contact.

En général, les conditions de la levée qui paraissent assurer le mieux le réglage sont déterminées par le *choix d'un angle de levée combiné avec une forme des faces de contact*, tel qu'on ait la moindre différence possible entre les deux efforts du moteur qui produisent les grands et les petits arcs d'oscillation (**666** - 2e).

Sur la chute.

673. Bien que la chute sur la pièce de repos n'ait pas dans l'échappement libre d'action directe sur le balancier, quand cette chute est considérable, elle ne laisse pas d'avoir une influence nuisible, par l'ébranlement qu'elle communique à tout le système, ébranlement qui peut faire varier la position du point d'appui par reflet du rebondissement de la pièce de repos (ancre ou détente), ou du mouvement de trépidation que cette pièce prend sous le choc.

Conclusion.

674. Dès à présent, nous pouvons considérer comme bien établi que la permanence du réglage d'un échappement libre tient à une certaine combinaison d'effets ou, si l'on veut, de termes qui se modifient avec le temps et dans un rapport tel, relativement à la longueur et au degré d'isochronisme du spiral, que ce dernier vienne en aide avec le temps, à l'un ou à l'autre terme.

Il s'ensuit nécessairement qu'on peut arriver au but avec des combinaisons et des proportions différentes, pourvu que la longueur et l'isochronisme du spiral, et selon les besoins révélés par l'observation, soient appropriés aux changements qui résulteront de l'action du temps. (Consultez dans la troisième partie de ce *Traité* l'article du *Spiral.*).

La précédente remarque nous montre la cause de la diversité des opinions des artistes qui s'occupent d'horlogerie de précision (**655**), et en même temps elle explique les succès obtenus avec les montres marines de Harrisson et les deux premières de F. Berthoud. Ces montres donnèrent la longitude en mer avec une suffisante exactitude, quoique leurs spiraux ne fussent pas isochrones, du moins dans le sens qu'on attache à ce mot, lorsqu'il est question de chronométrie. Ces succès montreraient déjà, et la preuve en a été acquise depuis, que l'isochronisme n'est pas le moyen unique et fondamental du réglage.

675. Cependant, et pour terminer, nous devons rapporter qu'il paraît résulter d'observations bien faites, quoique encore peu nombreuses, que le réglage d'un chronomètre tendrait à une plus grande perfection, et se retrouverait plus exactement le même après chaque nettoyage de l'instrument, quand la combinaison de l'organisme réglant permet l'emploi d'un spiral d'un isochronisme de plus en plus parfait.

Cette relation entre la perfectibilité du réglage et un isochronisme du spiral se rapprochant de plus en plus de l'isochronisme absolu, Pierre Le Roy semble l'avoir pressentie et, à ce propos, nous dirons que le jour n'est peut-être pas éloigné où l'on reconnaîtra combien était sûre et combien pouvait être plus féconde, si elle eût été approfondie, la voie ouverte par le génie de ce grand artiste.

Du repos et de l'impulsion à la tangente dans les échappements libres.

676. Nos études antérieures, nos démonstrations dernières, établissent suffisamment qu'il ne peut y avoir rien d'absolu dans la prétendue règle qui place au point tangent, soit l'impulsion, soit le repos.

L'avantage de cette disposition est un avantage accessoire, c'est-à-dire subordonné à des conditions dont on est dans l'obligation de tenir compte, et qui font le plus souvent de l'échappement tangent une illusion.

Aussi ne ferons-nous qu'indiquer ici le sujet, réservant de le traiter avec les détails qu'il comporte quand nous aurons à déterminer les conditions qui doivent assurer l'acte de l'impulsion et la stabilité du bras de repos des échappements à ancre et à détente.

ÉCHAPPEMENT À ANCRE

Chapitre I

Préliminaires

677. L'échappement à ancre pour montre dérive de celui à ancre et à repos pour pendule dit échappement de Graham, du nom de son inventeur. Pour appliquer à la montre ce dernier échappement, qui ne permet que de petits arcs de vibrations, il a fallu non seulement en changer la forme, mais rendre le balancier, sauf pendant l'action de la levée, indépendant de la force motrice.

Robin, artiste français réputé, paraît être le premier qui ait pratiqué cette modification dans l'échappement qui porte son nom, et dont l'une des deux vibrations est muette. On attribue à Thomas Mudge, habile horloger anglais, la disposition moderne qui permet l'égalité des deux levées et l'impulsion répétée à chaque vibration du balancier, mais il ne paraît l'avoir publiée que vers 1799.

Un échappement où cette disposition est appliquée a été construit par Robin ; nous ne pouvons en préciser l'époque avec certitude, mais nous la croyons antérieure à la date rapportée ci-dessus.

Enfin, l'on trouve, dans le dépôt des machines de la Société des arts de Genève, un modèle d'échappement exécuté en 1786 par Pouzait, horloger de cette ville. Dans ce modèle, l'ancre, pendant l'arc supplémentaire, est indépendant de l'action du balancier.

L'échappement à ancre moderne, avec ses levées et ses trous garnis en rubis, peut être considéré quand son exécution est conforme aux principes de la mécanique, comme le meilleur de ceux à l'usage civil. Il marche longtemps sans destruction aux surfaces frottantes, et n'exige presque que de simples nettoyages et le renouvellement des huiles aux époques convenables. Sa régularité est égale à celle obtenue des bons échappements Duplex, sauf dans les pendules portatives, dites pièces de voyage, où il a réussi moins bien et il a sur le Duplex, entre autres avantages, d'être plus solide, de permettre des vibrations de plus de 360° et de ne pas exiger dans l'exécution une aussi rigoureuse exactitude, quoiqu'il n'en puisse supporter une médiocre.

Malgré les excellents résultats obtenus maintes fois par l'emploi de cet échappement, qu'on ne peut rendre responsable de l'ignorance de la plupart des ouvriers qui le construisent ou le réparent, et quoique ses qualités aient été connues presque dès son origine, il a été assez peu apprécié par bon nombre d'artistes qui ne l'avaient pas suffisamment expérimenté, ou qui le jugeaient d'après des échappements défectueux.

Antide Janvier et Louis Berthoud semblent en avoir fait peu de cas, ce qui se conçoit jusqu'à un certain point, puisque de ces deux horlogers, l'un ne s'occupait que d'horlogerie planétaire et l'autre de chronométrie, où l'échappement à ancre ne réussit que très médiocrement, et sauf des exceptions infiniment rares. Mais il est plus difficile d'expliquer quelques opinions modernes et une définition imprimée des échappements qui place celui à ancre au-dessous de celui à roue de rencontre.

Nous devons cependant ajouter, pour être juste, que le réglage de l'échappement à ancre égale celui de l'échappement Duplex, mais qu'il est un peu moins soutenu. L'échappement à ancre subit assez promptement l'influence des huiles, presque nulle sur le second ; aussi est-il assez commun de rencontrer des montres à Duplex ayant marché trois années, sous toutes les latitudes, sans variations bien sensibles, tandis qu'il est rare qu'une montre à ancre soutienne sa régularité plus de dix-huit mois de suite. Des nettoyages plus fréquents ne sont pas une raison suffisante pour discréditer un aussi excellent mécanisme, et nous avons dit ailleurs, en parlant du Duplex, quels étaient les motifs qui nous faisaient lui préférer l'échappement à ancre. On peut d'ailleurs le combiner de façon qu'il soit moins sensible à l'épaississement des huiles que la généralité de ceux en usage.

Son nom lui est venu de la ressemblance qu'avait à l'origine sa pièce principale avec une ancre de vaisseau. Le mot devrait, en conséquence, appartenir au genre féminin, mais l'habitude l'ayant mis au masculin dans le langage des ateliers et du commerce, nous avons cru devoir nous conformer à cette habitude.

Dénomination des organes.

678. Cet échappement est composé :

1. - De l'axe du balancier. Sur cet axe est ajustée à frottement dur une rondelle en acier (A, fig. 98 et 99) qu'on nomme indifféremment le disque ou le plateau. Ce disque porte en relief, par-dessous et perpendiculairement à son plan, une petite cheville en rubis (*o*, fig. 98 et 99), qu'on désigne sous le nom de *doigt de levée*, de *bouton de dégagement* ou encore d'*ellipse*, bien que sa forme soit triangulaire.

L'axe nu (complété par les pointillés *h t*) et le même axe garni de son plateau sont représentés en *f g*, figure 98.

2. - D'un ancre mobile sur un axe, et portant deux bras ou leviers, garnis chacun le plus ordinairement d'une palette en rubis (E, G, fig. 98 et 99). Ces deux palettes, par analogie à leurs fonctions, sont appelées les levées de l'ancre et se distinguent en levée rentrante E, et levée sortante, G.

Les parties *ma, nc*, de ces levées sont dites les *repos* de l'ancre, et les parties *ab, cd*, les *plans inclinés*, ou simplement les *inclinés*.

Quelques auteurs désignent quelquefois sous le nom de *becs* de l'ancre les extrémités de ses bras ou leviers, et sous celui de *fuyants* les plans inclinés de levée.

La *fourchette*, qui, dans le modèle sous nos yeux, n'est que le prolongement de l'ancre vers F, porte également deux bras, connus sous la désignation de *fourchons* ou de *cornes*, I, J, et entre ces deux cornes, au-dessus de l'entaille qui les sépare, un petit épaulement ou prisme angulaire (F, fig. 1 et 2), qu'on désigne assez souvent sous le nom de *plot* de fourchette mais que, pour

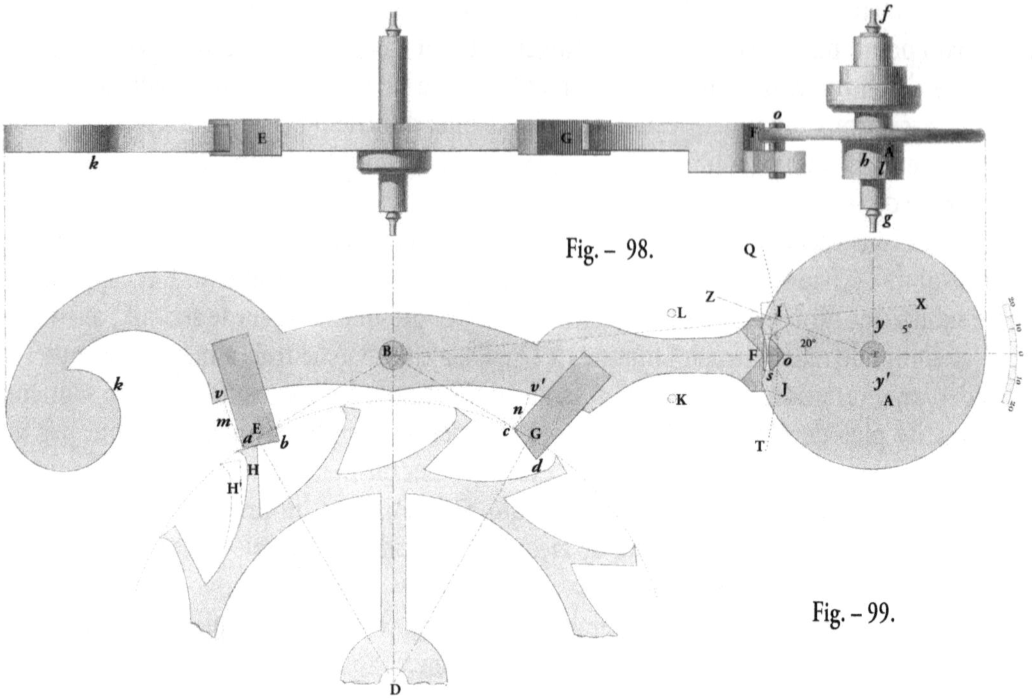

Fig. – 98.

Fig. – 99.

éviter toute confusion, il nous paraîtrait plus rationnel d'appeler le coin de renversement, par analogie à sa forme et à sa fonction.

Aujourd'hui, il n'est presque plus connu dans les fabriques que sous la dénomination de *dard* (**682**).

La partie *k* est le contre-poids de la fourchette, et sert à établir l'équilibre.

3. – D'une roue d'échappement plate, dont les dents se font tantôt pointues, tantôt dans la forme dite en tête, comme celle de la figure 99. Dans ce dernier cas, leur extrémité est terminée par un petit plan incliné.

Jeu de l'échappement.

679. Lorsque le ressort de la montre n'est pas remonté, que le balancier est en repos et le spiral au point zéro de sa tension, l'ancre, qui n'a en lui-même aucune tendance à entrer en mouvement, reste immobile dans la position représentée par la fig. 99, position dans laquelle il est retenu par la présence du bouton dans l'entaille de la fourchette.

Supposons que la dent de la roue qui agira la première occupe alors la position indiquée au pointillé en H', figure 99.

Le ressort de la montre étant armé, la roue entre aussitôt en mouvement et tourne vers la droite. La dent H' occupe la position H, s'avance sur le plan incliné *ab* et, le poussant en arrière, lui échappe quand il a suffisamment reculé (N, fig. 100). Une demi-levée est alors accomplie, et la roue tombe au repos sur le bras G, où la dent M va s'appuyer (fig. 100).

Le mouvement produit à l'ancre par le passage de la dent sur l'incliné est communiqué au balancier par l'intermédiaire de la fourchette. Le flanc *r* de son entaille, en s'appuyant contre le bouton *o*, le chasse devant elle et l'oblige à sortir de l'entaille. Ce bouton est alors emporté par le mouvement de rotation du balancier, qui fuit sous l'impulsion qu'il vient de recevoir.

Tandis que le balancier achève sa vibration, sans avoir aucun point de contact avec le reste de l'échappement, l'ancre, qui s'appuie sur le plot K (fig. 99), est maintenu dans cette position par la pression de la dent M sur le bras G (fig. 100).

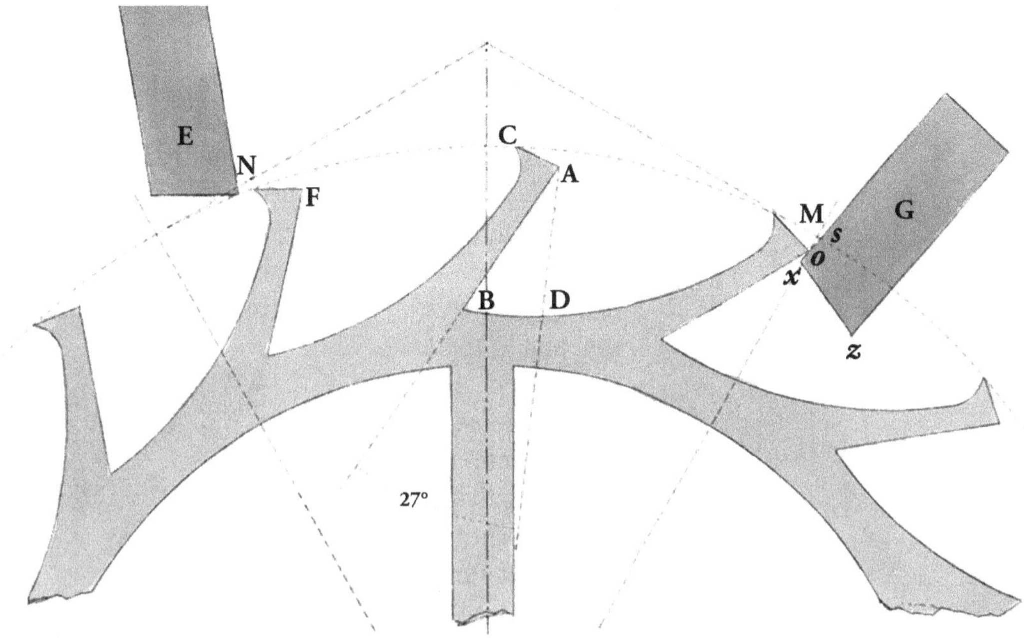

Fig. – 100.

Le balancier, ramené par le spiral, revenant sur lui-même, le bouton rentre dans l'entaille et entraîne la fourchette avec lui par l'effet de la puissance acquise du balancier.

Le repos de la roue cesse parce que la dent M (fig. 100), arrivée au bord de l'incliné *xz*, le pousse vivement en s'avançant sur lui. Par l'effet de cette pression, qui accélère le mouvement de l'ancre, la fourchette prend immédiatement sur le bouton qui entraîne un excès de vitesse et, le poussant vivement à son tour, restitue au balancier la force nécessaire à l'entretien de la vibration qu'il accomplit, ainsi que la précédente, dans une complète indépendance du reste de l'échappement. Puis, ramené par le spiral, il revient opérer un nouveau dégagement, et ainsi de suite pour toutes les vibrations successives.

La roue est chargée des deux fonctions : opérer le repos, c'est-à-dire produire l'arrêt momentané du rouage, et communiquer à l'ancre la force motrice.

La fourchette a également à remplir un double rôle, actif et passif : passif, quand le bouton l'entraîne jusqu'au dégagement du repos, et actif quand, en poussant à son tour le bouton, elle transmet au balancier la force communiquée par la roue.

Fonctions du plateau et du dard.

680. L'examen de la figure 101 fait voir que les cornes de la fourchette sont inutiles au jeu de l'échappement, puisque le bouton doit passer devant elles sans les toucher, et qu'il n'a de

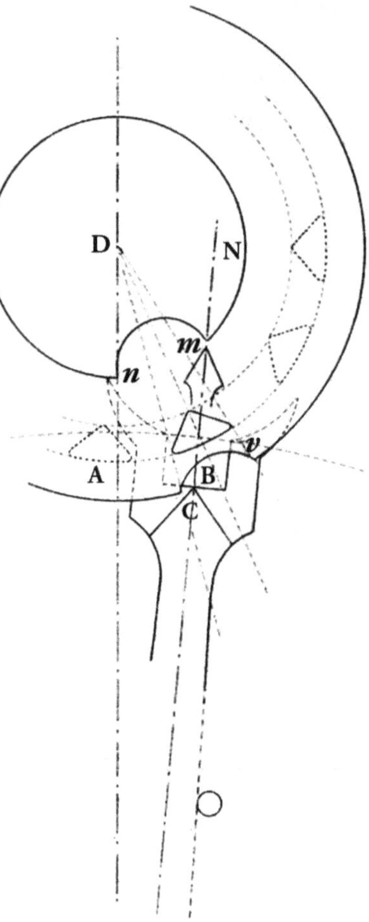

Fig. – 101.

contact qu'avec les flancs de l'entaille qui les sépare. Ces appendices ne sont qu'une mesure de sûreté contre des défauts possibles d'exécution.

Les parties extérieures de leurs bases servent à prévenir le renversement du balancier, le bouton allant se heurter contre elles dans les vibrations trop étendues (A, fig. 101).

La course de l'ancre, c'est-à-dire son mouvement angulaire d'un repos à l'autre repos, est bornée, soit par deux goupilles ou plots (Y, Y', fig. 102), soit par les parois de la creusure dans laquelle cet ancre est enfermé.

Bien que l'ancre fût maintenu au repos par la pression que la dent de la roue exercerait sur le bras, il pourrait fort bien arriver qu'une secousse détachât l'ancre de son plot d'appui et fît ainsi manquer le jeu de l'échappement. On prévient cet accident en conservant sur la fourchette en C (fig. 101 et 103) le petit prisme triangulaire que nous avons nommé le coin de renversement, ou dard, et qui, en effet, empêche l'ancre de renverser. En allant s'appuyer, si un dérangement a lieu, contre le plateau, il maintient la fourchette dans la position convenable jusqu'à la rentrée du bouton dans l'entaille (fig. 101).

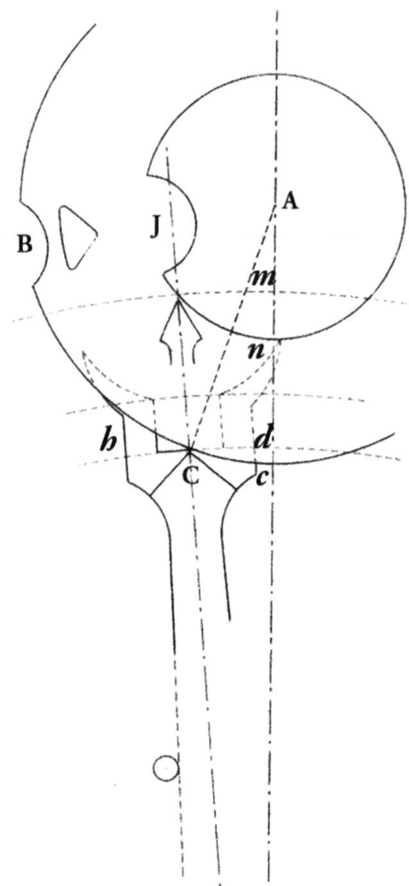

Fig. – 103.

La présence du bouton dans l'entaille correspond à l'entrée du dard dans l'échancrure B du plateau (fig. 101 et 103), et ce plateau ne s'oppose plus alors à ce que l'ancre soit conduit jusqu'à l'autre repos. Comme on le voit, le passage du bouton dans l'entaille de la fourchette est d'égale durée au passage du dard dans l'échancrure du plateau.

Le contact entre le dard et le rebord du plateau ne peut donc être qu'accidentel. Un petit *jour* de sûreté doit être ménagé entre ces deux pièces.

Cet exposé fait voir que l'échappement à ancre joint à un jeu très sûr les deux avantages considérables de décrire de grandes vibrations et de ne pas s'arrêter au doigt.

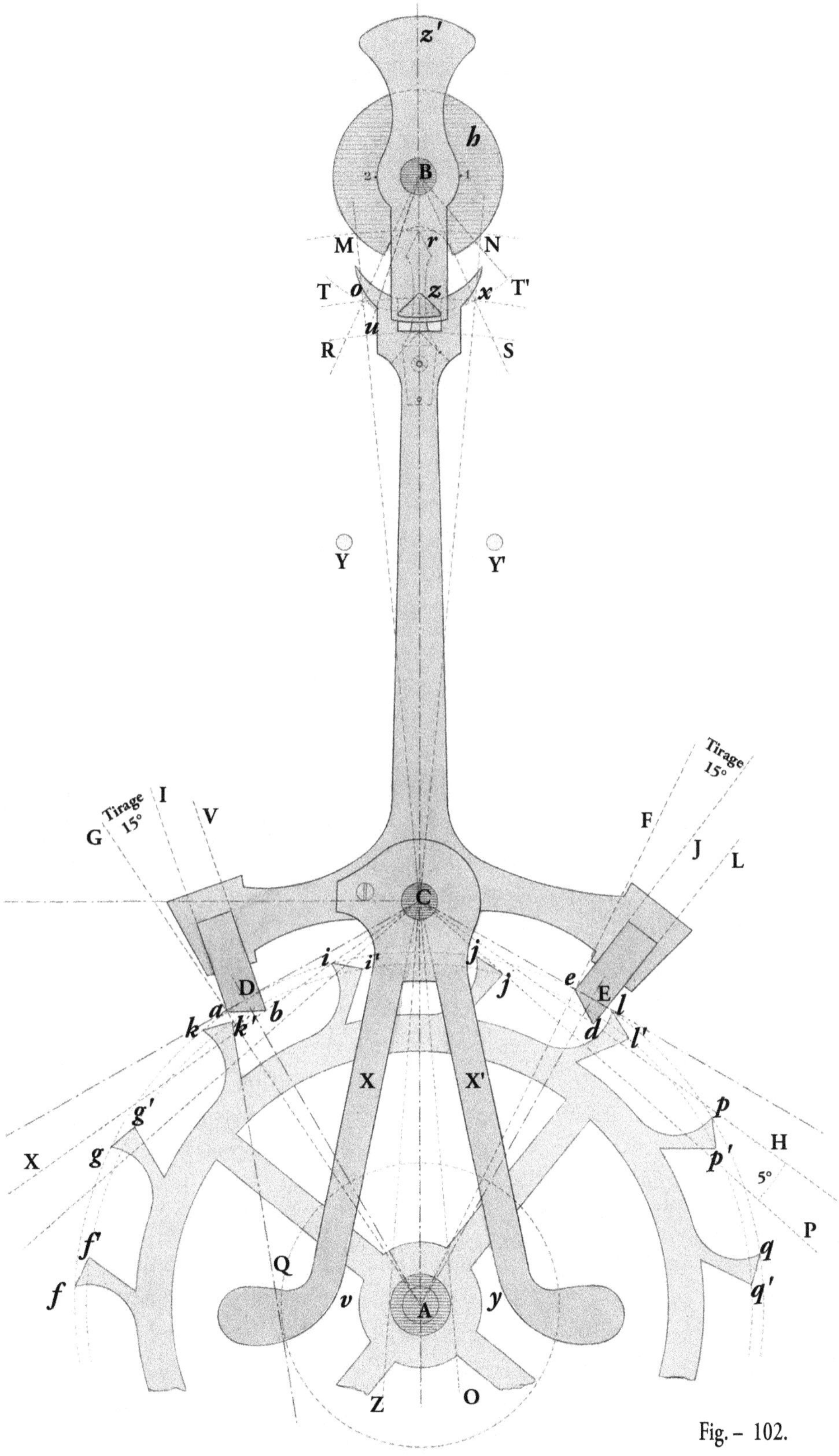
z'
b
B
2
1
M
r
N
T
o
z
x
T'
u
R
S
Y
Y'
Tirage
15°
I
V
G
Tirage
15°
F
J
L
C
i
i'
j
j
e
D
E
l
a
b
k
k'
d
l'
X
X'
g'
p
X
g
H
p'
5°
P
f'
q
Q
f
v
A
y
q'
Z
O

Fig. – 102.

Différences de construction.

681. L'échappement fig. 98 et 99 est de ceux dits à *ancre de côté.*

Dans les ouvrages soignés, une autre disposition est adoptée généralement, on la désigne sous le nom d'*ancre droit* ou sur *la ligne*, parce que les trois centres de la roue, de l'ancre et du balancier sont situés sur une même ligne droite. Tel est l'échappement des fig. 102 et 104.

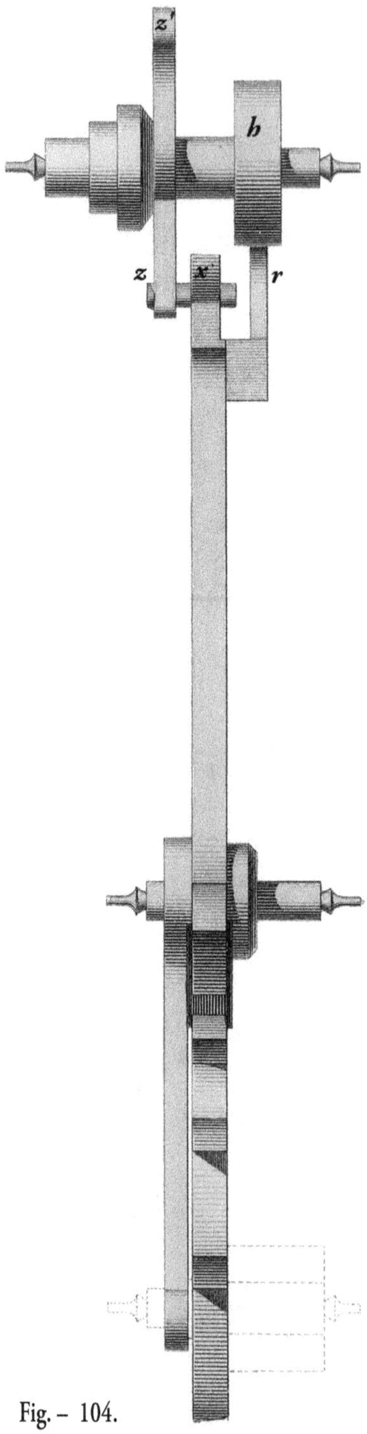

Fig. – 104.

L'appendice XX' est ajouté dans l'intention de faciliter la mise en équilibre de l'ancre : c'est le contrepoids de la fourchette.

682. Dans les échappements de cette espèce, le bouton est ordinairement porté par un petit bras de levier *z'*B*z*, et le plateau est remplacé par une forte virole ou *noyau de sûreté h* (fig. 102 et 104), d'un diamètre beaucoup moindre que celui du plateau.

Une languette *r*, fixée à vis au-dessous de la fourchette, remplit l'office du coin de renversement, et correspond, pendant chaque passage du bouton dans l'entaille de la fourchette, à une petite échancrure ménagée dans ce *rouleau* ou *noyau.*

De la forme de cette languette, projetée en avant, est née la désignation de *dard*, nom sous lequel elle est connue dans les fabriques, et qu'on a même généralisé, nous l'avons dit plus haut, en l'appliquant indifféremment à toute disposition de languette ou de coin de renversement.

Cette construction, beaucoup plus délicate que celle représentée en FA et FP, fig. 98 et 99, exige une grande justesse d'exécution, mais elle offre l'avantage d'accomplir ses fonctions plus sûrement et d'occasionner, quand la languette touche accidentellement le noyau, un frottement moindre que celui produit par les contacts entre le coin et le rebord du plateau.

En outre, elle laisse une moindre latitude au déplacement de l'ancre, par les secousses, la pénétration (*cd*, *nm*, fig. 103) étant plus grande sur le plus petit cercle.

Les détails que nous omettons seront aisément suppléés par les fig. 102 et 104.

Points d'appui sur l'axe de la roue.

683. Le mouvement angulaire de la fourchette, dans quelques-uns des beaux échappements sortis des fabriques suisses, n'est pas borné par deux plots d'appui (Y, Y', fig. 102), mais par la tige même de la roue d'échappement, contre laquelle va s'appuyer l'un des bras de la pièce XX', pièce qui n'est autre chose qu'un prolongement de la fourchette, prolongement fait d'un morceau d'acier rapporté et fixé sur l'ancre par les moyens ordinaires, c'est-à-dire à vis, et la tige d'ancre servant de *pied.*

Cet appendice, ou contre-poids de la fourchette, était disposé de la façon qui vient d'être dite, dans le but de prévenir l'adhérence entre la fourchette et ses plots d'appui, le point de contact sur la tige de la roue changeant à chaque vibration.

Dans les constructions de ce genre, et quoique la roue soit sans mouvement tout le temps qu'un des bras est appuyé contre l'axe de cette roue, il est bon de ne laisser à cet axe que la grosseur réclamée pour la solidité, afin de diminuer autant que possible l'étendue des surfaces en contact.

Aujourd'hui, les faiseurs d'échappements, tout en construisant leur fourchette avec l'accessoire XX', font les bras assez écartés pour qu'ils ne puissent toucher à l'axe de la roue : la fourchette va s'appuyer sur les plots Y, Y'. Est-ce parce que cette méthode exige moins de précision et leur permet une plus grande rapidité dans le travail ? Est-ce qu'ils se sont aperçus qu'il résultait quelques inconvénients d'une percussion répétée sur la tige de la roue d'échappements ? Comme il ne nous a pas été possible d'acquérir une entière certitude à cet égard, nous nous contenterons de signaler le fait.

Proportions adoptées par divers auteurs

684. Tavan, Jurgensen. — Les auteurs et les praticiens ne sont pas parfaitement d'accord au sujet de l'échappement à ancre, quoiqu'ils diffèrent de peu et moins sur ce qu'ils regardent comme des principes que sur les formes qui ont été modifiées d'après les leçons de l'expérience. Tavan, et après lui Jurgensen, qui n'a fait guère que le copier, placent de préférence les repos de l'ancre sur des arcs de cercles concentriques aux pivots de cet ancre qui alors n'a pas de recul et a un dégagement plus doux et plus facile. Mais nous verrons en son lieu que le recul est nécessaire à cet échappement.

D'après Tavan, les petits inclinés qui terminent les bras doivent être celui d'entrée, convexe, et celui de sortie, concave, et tracés tous les deux selon une courbe de même rayon à peu près que celui de la roue. Les repos sont placés aux points de tangence et à égale distance du centre de l'ancre ; les impulsions, par suite, sont de forces différentes.

Jurgensen adopte la forme courbe pour l'incliné du premier de ces bras, et la forme plane pour le second. Il porte à 5° la quantité de l'inclinaison des plans, et au même chiffre celle des petits inclinés qui terminent les extrémités des dents de la roue. Les repos se font sur ses ancres à des distances inégales du centre, et qui diffèrent entre elles parfois de toute l'épaisseur d'un des bras. Cette différence est admise sans doute dans le dessein d'égaliser les impulsions.

Les deux auteurs fixent la levée totale à 40°.

685. MOINET. — L'engagement sur les repos, ou la pénétration des dents de la roue sur les bras de l'ancre doit être, suivant Moinet, de 3° à 4° au plus, et souvent moins ; le tirage ou recul des dents dans l'acte du dégagement, de 2° à 3° ; l'inclinaison du devant des dents, de 5° environ (ces deux dernières quantités sont insuffisantes) ; enfin, la levée totale, de 50° à 60°.

Sauf quelques détails pratiques, utiles pour déterminer le centre de l'ancre par rapport à celui de la roue, ce qui précède résume à peu près tout ce qui a été écrit sur le sujet. Quant aux opinions des praticiens, elles se rapprochent plus ou moins de celles ci-dessus, et chacun d'eux suit généralement une routine dépourvue de raisonnements théoriques, mais cependant éclairée chez quelques-uns par l'expérience et l'esprit d'observation.

Chapitre II

Principes de la construction des échappements à ancre déduits de la théorie et de l'expérience

686. L'objet principal de ce chapitre est d'exposer, d'expliquer les données d'expériences érigées en règles dans les ateliers, en les complétant et les rectifiant.

Nous aurions à renouveler ici, tout en les appropriant au sujet, plusieurs recommandations précédemment faites, et notamment celles de l'article **525**.

Nous y renvoyons, mais en revenant avec insistance, vu la ténacité de certains préjugés, sur cette remarque, particulièrement adressée aux constructeurs ou fabricants, que ce n'est jamais par une servile imitation des modèles réussis, mais bien par la connaissance des lois du mouvement, l'habitude du calcul et une étude approfondie de la théorie des échappements, qu'on peut atteindre à coup sûr à des résultats supérieurs ou, en termes d'atelier, à un réglage d'une précision très grande dans le présent et assurée dans l'avenir.

Ouverture de l'ancre.

687. L'ouverture de l'ancre, *mesurée du milieu de ses bras ou d'un repos à l'autre*, comprend deux vides et demi de la roue : trois dents sont donc embrassées par les deux bras. Ce chiffre n'est pas un nombre choisi au hasard : l'ancre pourrait embrasser plus ou moins de dents mais, avec le moins, on augmenterait les pressions, et les surfaces de contact étant très réduites, les effets seraient peu sûrs et l'exécution des organes exigerait une précision mathématique, pour qu'il n'y eut pas de temps perdus ; avec le plus, le poids des organes et l'étendue des frottements seraient augmentés, et l'on perdrait tous les avantages qui résultent du raccourcissement des bras d'échappement (**611**).

Déterminer le centre de l'ancre.

688. Voici la méthode ordinairement suivie.

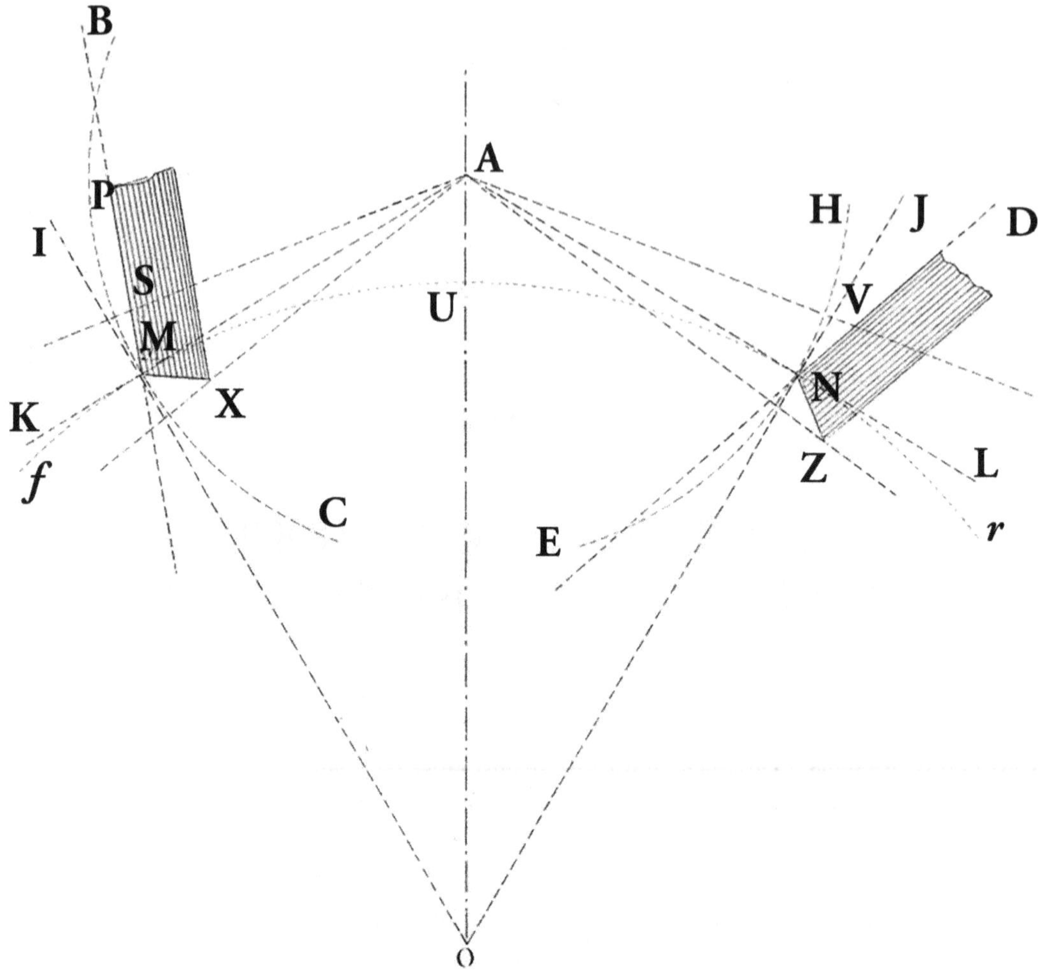

Fig. – 105.

Soit *f*MUN*r* (fig. 105) la circonférence de la roue. On marque sur cette circonférence les deux points M et N correspondant, le premier à l'extrémité d'une dent, le second au milieu du troisième vide à compter de M.

On trace les deux rayons MO, NO, et l'on élève à l'extrémité de ces rayons les perpendiculaires MA, NA. Le point A d'intersection ou de croisement de ces deux lignes donne la place du centre de l'ancre pour que l'échappement soit tangent à sa roue. Il suffit de se souvenir des principes de l'introduction (**73** et **74**) pour voir que les points M et N, supposés ceux de repos, sont placés dans la position la plus favorable, si l'on a seulement égard à la facilité plus grande du dégagement des repos.

Cette condition du repos sur la tangente est-elle essentielle, puisque l'ancre, pendant toute la durée de ce repos, n'a aucune communication avec le balancier, et que le plus ou le moins de pression perpendiculaire ou oblique de la dent de la roue est considérée comme sans influence, ou à peu près, sur la marche de la montre ?

Avant de répondre à cette interrogation, nous avons à considérer les deux autres fonctions de l'ancre, à savoir : l'*impulsion* et le *dégagement*, fonctions qui, pour se produire le plus favorablement, selon les auteurs, devraient s'accomplir aux mêmes points que les repos.

L'échappement doit-il être tangent ?

689. De ce qui précède il résulterait que trois actions de l'échappement devraient s'accomplir sur la tangente à la circonférence de la roue ou à proximité.

- Le *repos*, quand s'appuie la dent de la roue sur l'ancre immobile ;
- Le *dégagement*, qui se produit quand l'ancre, entraîné par le balancier, fait glisser le bras pressé par la dent au repos, pour amener cette dent au bord de l'incliné de la levée ;
- L'impulsion, qui est immédiate, et qui consiste dans le passage, avec pression, de la dent sur le plan incliné.

La nécessité du tirage admise, elle exclut toute possibilité des repos aux points de tangence, puisque ces repos se trouvent, l'un en dedans de OI, et l'autre en dehors de OJ, fig. 105.

Cette impossibilité reconnue, on s'aperçoit tout de suite qu'il en découle cette conséquence : qu'un seul point sur la surface parcourue par la dent de la roue pendant le dégagement peut se trouver sur la tangente. Ce point sera M pour le bras PM, et N pour le bras NV (fig. 105).

Enfin, si on adopte une dernière disposition qui consiste à mettre le milieu de chaque plan incliné MX et NZ au point d'intersection de la tangente et du rayon, les plans de repos SM et VN se déplacent et s'éloignent à la gauche de M et de N, qui sont les deux points de contact de la tangente à la roue.

Ce simple exposé suffit à montrer combien est erronée, en tant que principe, la prétendue règle qui veut l'échappement tangent. Elle ne peut servir qu'à établir une première position.

En effet, que cherche-t-on à obtenir d'un mécanisme d'horlogerie ? Évidemment que la régularité de ses indications se conserve pendant une certaine durée de temps. Or, nous savons que cette régularité est intimement liée aux transformations que subit le rapport primitivement établi entre la puissance de la force motrice et la quantité de mouvement du balancier, et que la première décroît, avec le temps, beaucoup plus rapidement que la seconde.

Donc, ce qu'il importe le plus de régulariser, de rendre le plus stable possible, c'est la puissance qui donne l'impulsion au modérateur, puisque c'est elle qui, par l'épaississement des huiles, se modifiera le plus rapidement.

Tout ceci entendu, rendons-nous compte des avantages et des inconvénients qu'on rencontrera en plaçant successivement sur la tangente :

- l'extrémité des plans de repos ;
- le milieu des plans d'impulsion.

Les décrochements sur la tangente.

690. Soit H le centre du mouvement de l'ancre, A et B les deux points où l'ancre se dégage du repos, F et O les points de repos, AC la levée rentrante et BD la levée sortante (fig. 106).

Il suffit d'un coup d'œil donné au dessin pour reconnaître que :

1°. Le dégagement de la levée rentrante a lieu par le levier de résistance le plus court FH, levier qui va s'allongeant jusqu'à être AH, tandis que l'autre dégagement commence par le plus long levier de résistance HO, pour finir par le levier HB égal à HA. Donc le dégagement du repos BO est celui qui offre la plus grande résistance.

2°. La levée rentrante est attaquée par la dent de la roue à l'extrémité du levier AH, qui va se raccourcissant jusqu'à être CH. De plus, le frottement est rentrant. La levée

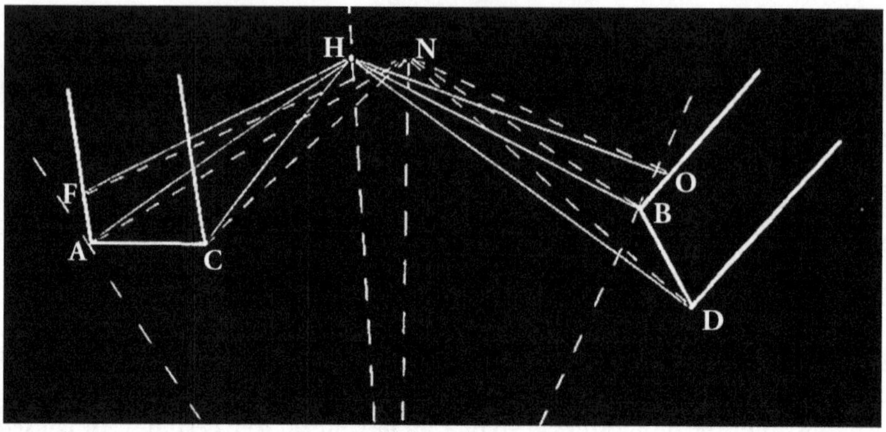

Fig. – 106.

sortante est attaquée par le levier BH, égal à AH, mais qui va s'allongeant jusqu'à être DH, et le frottement est sortant. L'impulsion la plus énergique a lieu sur le plan incliné BD.

D'où résulte cette combinaison : *l'impulsion la moins énergique précède le décrochement de plus faible résistance, et vice versa.*

De l'impulsion à la tangente.

691. Si l'on veut que le milieu de chaque plan d'impulsion soit placé sur la tangente à la roue, le centre de mouvement de l'ancre devra se déplacer, et du point H passer au point N (fig. 106).

Il suffira, comme dans le cas précédent, d'une simple inspection du dessin pour reconnaître que :

1°. Les leviers FN et AN étant beaucoup plus longs que les leviers NO, NB, le dégagement de la levée rentrante offre une résistance beaucoup plus grande que celui de la levée sortante ;

2°. Le levier AN étant égal à ND, et CN à NB, il en résulte que l'action sur le plan AC débute dans des conditions un peu plus favorables que l'action sur le plan BD, mais le frottement sur AC étant rentrant, on peut considérer (s'il n'y a ni glissements ni temps perdu) les valeurs des deux impulsions comme sensiblement égales.

D'où résulte cette seconde combinaison : *qu'une même force d'impulsion est chargée de vaincre, à droite et à gauche, deux résistances extrêmement inégales.*

Sans tenir compte ici de l'influence que peut avoir sur le travail du spiral cette inégalité, il suffit de remarquer que la force motrice décroissant avec le temps beaucoup plus vite que la puissance qui opère le décrochement, le rapport existant au début entre la force motrice et la puissance du balancier se modifiera plus tôt et plus profondément, et cette dernière combinaison exigera un spiral plus rigoureusement approprié que la première.

Conclusion. Le choix du point tangent pour y placer la fin du décrochement offre, on le voit, des avantages mais à la condition que les deux tirages assurent également bien la stabilité de l'ancre. Or, un des bras étant alors un peu plus long que l'autre, des constructeurs éprouvent quelques difficultés pour établir convenablement ces deux tirages, et préfèrent employer le mode de construction qui met les points tangents au milieu des plans d'impulsion. En général, cependant, le système des bras inégaux a prévalu.

Tout horloger, nous l'espérons du moins, sera fixé sur ce sujet fort controversé, après lecture faite des articles qui suivent.

Des vices d'exécution peuvent mettre à la suite de l'impulsion faible le dégagement le moins résistant.

692. Dans notre première édition nous avions conclu, sur l'affirmation de plusieurs notabilités de notre art, que « l'expérience donnait raison, généralement parlant, au principe de l'égalité des impulsions, » ou à la règle qui met sur la tangente le milieu des inclinés. Des faits observés avec soin depuis avaient éveillé le doute dans notre esprit, et le sujet, étudié à fond de nouveau, nous avons été conduit à reconnaître deux choses :

- les avantages de la méthode qui met le décrochement au point tangent ;
- que notre première conclusion était trop absolue, car elle ne tenait pas suffisamment compte du défaut de la grande inégalité des résistances.

Il ne faudrait cependant pas exagérer l'importance de cette inégalité, car dans des effets aussi instantanés il n'est guère possible d'apprécier avec certitude la régularité ou l'irrégularité des mouvements comparés. Comme nous l'avions affirmé, on rencontre des montres où l'ancre a été construit sur le principe de l'égalité des impulsions, qui ont marché avec une grande régularité. Mais en analysant les effets de plusieurs de ces échappements, nous avons remarqué dans quelques-uns une différence dans les deux tirages, ou une perte de force sur un des inclinés, par glissements, etc., qui mettait le décrochement de moindre résistance à la suite de l'impulsion la plus faible, coïncidence qui n'était pas précisément celle cherchée, mais qui n'en avait pas moins son efficacité.

Nous pensons nous être assez longuement expliqué dans cette étude comparative des deux méthodes controversées pour que l'opinion de tout horloger capable soit désormais fixée sur ce double sujet, et surtout lorsqu'il aura lu nos articles sur le tirage, et nous terminerons par une indication pratique applicable également à d'autres échappements.

Vérification pratique de la puissance des deux impulsions.

693. Le ressort moteur tout au haut de sa bande, on marque sur la platine l'endroit où finit la plus grande des deux demi-oscillations. On enlève l'ancre et l'on conduit le repère du balancier en face de la marque sur la platine, puis on laisse échapper ce balancier et l'on fait sur la platine une seconde marque au point où finit l'oscillation.

Ces deux repères serviront à vérifier l'égalité des deux impulsions et à faire connaître laquelle des deux doit être régularisée. L'action du spiral sera d'autant moins contrariée que le balancier, sous la dépendance de l'échappement, sera plus près de réaliser les conditions du balancier libre.

Déterminer le tirage ou recul.

694. Autrefois, les repos de l'ancre étaient des arcs de cercles concentriques aux pivots (*amv*, *cnv'*, fig. 99) ; la roue n'avait pas de recul pendant l'action du dégagement qui s'opérait avec une grande facilité. Mais cette facilité même était un défaut qu'il a fallu faire disparaître en disposant ces repos de façon à procurer à la roue un mouvement sensible de recul pendant le dégagement. Le dégagement avec recul, dans les échappements actuels, exige l'emploi d'une force un peu plus grande que celle employée dans les anciens : mal sans remède car, à moins d'un tirage assez considérable, la pression de la dent sur les bras ne suffit pas pour maintenir au repos l'ancre qui, par l'effet des secousses, se détache du plot et va s'appuyer par le *dard* contre le *disque*. Quand cet accident se renouvelle à des intervalle de temps peu éloignés, il est impossible de régler la montre.

695. Pour obtenir la quantité de tirage nécessaire, on a fait les bras de l'ancre droits, au lieu de courbes qu'ils étaient, et l'on a dirigé les plans de repos de telle sorte que le point de repos se trouvât en dedans des courbes de toute la quantité dont on voulait faire reculer la roue (quantité égale à l'espace compris entre les flancs droits des repos et les courbes *amv*, *cnv'*, fig. 99).

L'expérience seule pouvait faire connaître quelle devait être la quantité de ce recul.

Dans la pratique, on donnait 12° de tirage sur chaque bras. Cette somme de 12° de chaque côté semble promettre l'égalité des deux tirages, mais ne la donne pas quand la pénétration des dents dans l'ancre est un peu considérable.

La méthode usitée pour le taillage des ancres consiste à placer la fraise de telle sorte qu'elle fasse avec le rayon de la roue, supposé prolongé (OMI, ONJ, fig. 105), un angle de 12°. Ainsi que font les deux lignes BM, DN, qui représentent les faces de repos des deux bras d'un ancre ordinaire, et produisant un recul supposé de 12° sur chaque bras. L'examen attentif du dessin, si le rapprochement de plusieurs lignes sur un même point ne mettait pas un peu de confusion entre elles, et n'empêchait pas de suivre chacune de ces lignes isolément, suffirait à convaincre que le tirage sur le bras à droite est fort différent de ce qu'il est sur le bras gauche, et que les deux actions se font par des leviers inégaux.

696. Voici, du reste, une démonstration concluante pour ceux qui voudront la suivre avec attention.

Aux deux points tangents M et N (même figure), si on fait passer les arcs de cercles CMP, ENH, tracés du centre A, on voit, d'après la définition de la tangente (**72**), que les rayons prolongés OMI, ONJ, ne doivent toucher ces deux arcs de cercles qu'aux points M et N, où ces arcs sont coupés par les lignes AK, AL, et qu'en conséquence ces arcs de cercle, à partir de ces deux points, vont en s'éloignant des deux rayons prolongés MI, NJ. Ceci bien compris, et si l'on remarque que l'extrémité de chaque bras, pendant les mouvements de l'ancre, ne sort pas des arcs de cercles on s'aperçoit bien vite que la roue reculera de tout l'espace compris entre la face du bras ND et l'arc de cercle NH ; or, comme cet arc va constamment, à partir du point N, en s'éloignant de la ligne NJ, qui fait un angle de 12° avec la face du bras, il est de toute évidence que le recul dépassera 12°, et de plus en plus, selon que le mouvement de l'ancre sera plus grand. Pour la marche ordinaire d'un ancre, on peut estimer, sans erreur sensible, ce recul à 15° en réalité.

Si on passe maintenant à l'examen du bras gauche, on y voit que la roue reculera de l'espace enfermé entre la face du bras MB et l'arc de cercle MP et que, puisque cet arc de cercle n'atteint la ligne IM qu'au seul point M, le recul sera constamment moindre que 12°. L'on peut approximativement porter la différence à 2 et même 3 degrés.

Ainsi se trouve expliquée cette remarque qu'ont faite tous les rhabilleurs, à savoir que, dans la presque totalité des anciens échappements à ancre sortis des fabriques suisses, le tirage, qui est très fort du côté de la levée sortante, est presque nul de l'autre côté. Nous croyons avoir le premier montré la cause de l'erreur des fabricants et indiqué la correction.

Pour rétablir l'équilibre, on porte aujourd'hui, dans la pratique ordinaire, à 15° l'angle formé par la face du bras gauche MB et le rayon prolongé MI, c'est-à-dire que l'angle IMB est de 15°.

697. L'explication ci-dessus est exacte quand les dents de la roue pénètrent un peu profondément entre les bras de l'ancre à repos rectilignes, mais aujourd'hui, où les points de repos sont placés très près du bord des bras, et de telle sorte qu'en ces points les courbes PM, HN (fig. 105), et les lignes droites IM et JN se confondent sensiblement, c'est plutôt par l'inégalité des leviers AM et AN qu'on peut justifier cette différence de trois degrés admise au profit du tirage sur la levée rentrante.

En somme, l'indication des fabriques n'est qu'une donnée d'expérience, qui peut suffire au travail courant des montres, mais le fabricant devrait être assez instruit pour pouvoir déterminer préalablement, sur un tracé à grande échelle, établi d'après les principes développés dans notre théorie, les conditions d'une résistance de tirage égale sur les deux bras, et assurant au même degré la stabilité de l'ancre au repos (**630** et **635**).

Cette recommandation est d'autant mieux à sa place ici qu'on va voir que l'inégalité d'action des deux tirages ne provient pas uniquement de l'erreur dont nous venons de parler : elle a sa cause, assez souvent, dans ce qu'on appelle dans les fabriques des *infidélités* d'exécution, surtout en ce qui concerne l'ouverture de l'ancre et le mode de plantage.

La forte somme du tirage exige l'emploi d'une bonne force motrice et, comme conséquence, que la montre ait une raisonnable épaisseur. Quand ces deux conditions ne sont pas remplies, l'échappement à ancre ne réussit jamais bien.

Différence qu'apporte dans les tirages le plus ou moins grand éloignement des centres.

698. La division du travail adopté dans les fabriques fait que le constructeur d'ancres n'est pas l'ouvrier qui met l'échappement en place dans la montre. Il en résulte que, lorsque l'ancre n'est pas rigoureusement taillé dans les proportions convenables, le planteur n'a d'autres ressources que de modifier la longueur des levées en pierre, et de choisir le point de plantage, sous la seule condition que l'échappement passe bien. Quant à se préoccuper de l'échappement tangent, les planteurs n'en ont nul souci, et le plus grand nombre d'entre eux ne connaît même pas la signification de ces deux mots.

Cela n'aurait pas grand inconvénient, puisque l'échappement tangent, tel du moins qu'on l'a proposé dans les ateliers jusqu'à présent, n'est qu'une illusion (**689**), s'il n'en résultait d'autre part un défaut très grave.

L'échappementier taillant ses ancres conformément à l'une de ces deux règles qui mettent sur la tangente, ou le milieu des inclinés, ou la fin du décrochement, les centres de la roue et de l'ancre sont pour lui déterminés.

Il s'ensuit que, si le planteur d'échappement ne place pas dans la montre les deux axes à la distance choisie par l'échappementier, le tirage sur les deux bras de l'ancre n'est plus conforme aux chiffres adoptés par ce dernier, et la stabilité de l'ancre est moins bien assurée par un bras que par l'autre. Il peut même arriver que l'un d'eux n'offre aucune sécurité sur ce point.

Démonstration.

699. Soient *ra* et *ns* (fig. 107), deux plans de repos faisant, avec les deux rayons, qui passent aux points tangents, L*z* et L*x*, deux angles *zva* de 43°, et *xtn* de 40°. L'échappement a été construit pour une distance des centres égale à CL.

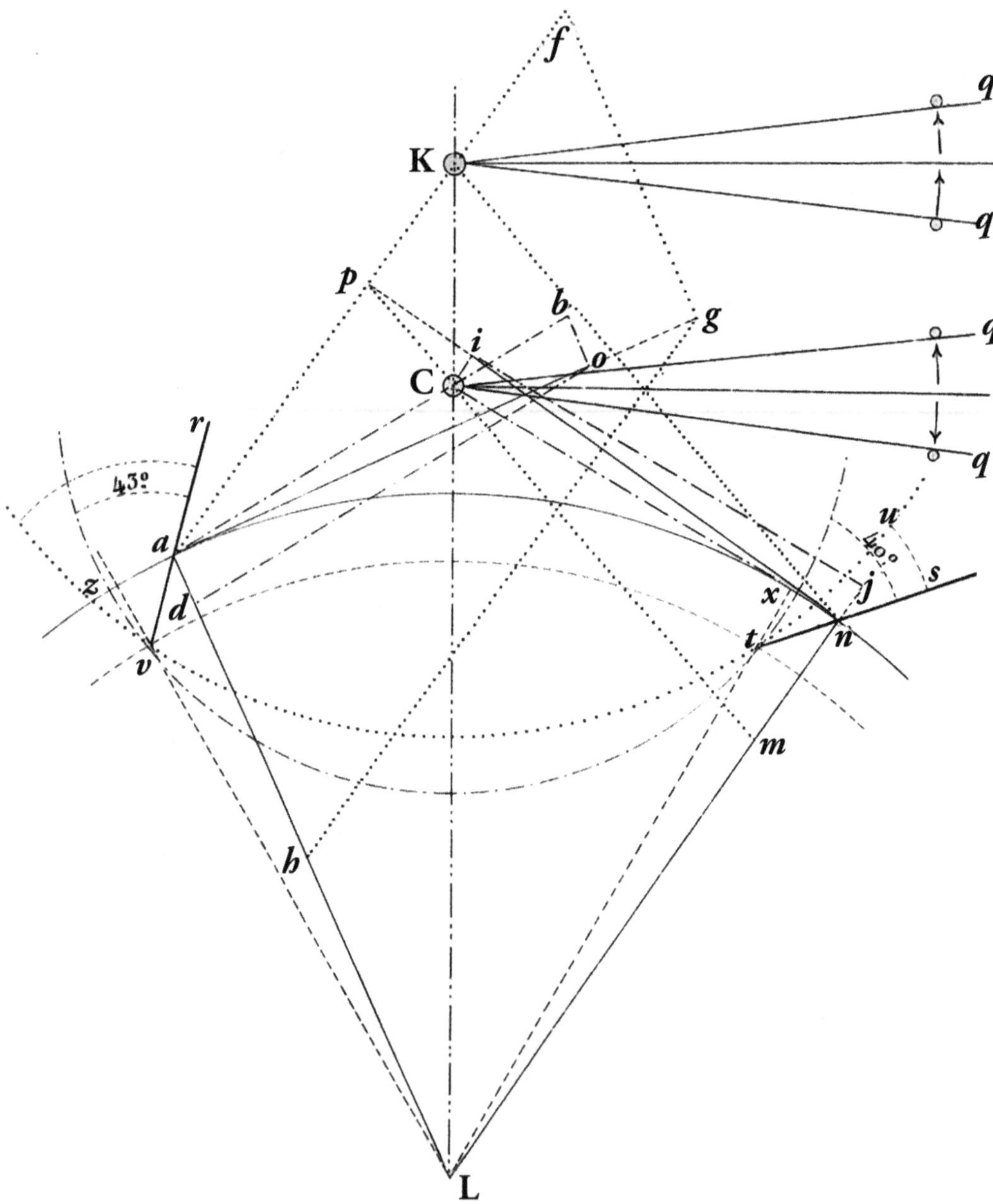

Fig. – 107.

La dent reculera des deux quantités *za* et *nx*.

Étudions la décomposition de la force qui presse sur chaque plan. Les deux lignes *ao* et *ni* nous représentant cette force en grandeur et en direction, les deux parallélogrammes *abod* et *nCij* nous indiqueront comment se décompose cette force (**69** et **228**).

Le dessin nous montre que la ligne *bo*, comparée à *ba*, peut être prise comme mesure de la portion de force qui fera appuyer la fourchette de l'ancre sur le plot *q* et que C*i*, comparée à C*n*, nous mesure la portion de force qui fera appuyer la fourchette sur l'autre plot *q'*.

La portion de force qui appuie au plot *q'* le bras *ts* est un peu inférieure, mais comme elle est appliquée à l'extrémité d'un levier plus long, on peut admettre que les deux tirages assurent à peu près au même degré la stabilité des plans de repos.

Supposons maintenant, hypothèse qui se réalise très fréquemment dans les fabriques d'horlogerie, que l'ouverture de l'ancre, mesurée des deux points de repos, par suite d'un défaut de construction, dépasse un peu la distance *an*, donnée par le dessin. Le planteur remplacera simplement les deux levées en pierre par deux autres légèrement plus longues et fera reculer, par exemple, de C en K le centre de l'ancre.

De ce déplacement, si naturel et si simple en apparence, il va cependant résulter que quelques-unes des fonctions essentielles de l'échappement seront tout à fait dénaturées.

La direction de la force motrice (représentée par les lignes égales *aog*, *nip*) n'a pas changé ; par conséquent nous connaîtrons, par les deux parallélogrammes *afgh* et *n*K*pm*, comment cette force motrice se décompose sur chaque bras.

L'examen de ces deux tracés nous conduit à reconnaître ce fait, bien inattendu pour beaucoup d'horlogers, que la puissance qui appuie la fourchette sur le plot *q* a augmenté énormément, tandis que celle qui doit maintenir la fourchette sur le second plot *q'*, non seulement a diminué, mais qu'elle s'exerce en sens inverse.

La direction de la force motrice, qui passait au-dessus du premier axe C, se trouve actuellement passer au-dessous du nouvel axe K, et la stabilité de l'ancre, quand la dent de la roue appuie en *n*, est si peu assurée que de faibles secousses suffiraient, dans beaucoup de cas, pour produire des attouchements entre le dard et le disque.

Remarque. L'horloger doit prêter une très grande attention à la démonstration qui vient d'être donnée. Il y verra que le recul de la roue, pris comme mesure de la stabilité de l'ancre au repos, n'est pas un indice rigoureusement exact. Ainsi le recul sur le bras *ts* est encore considérable, puisqu'il comprend l'espace enfermé entre le cercle *tu*, tracé du point K, et la ligne droite *ts*, et cependant l'effet cherché de tirage, malgré cette quantité assez grande de recul, est à peu près nul ou d'effet contraire.

De l'angle de levée.—Données d'expérience.

700. La quantité de levée est dépendante de diverses circonstances, énumérées au paragraphe **96** et suite, et cependant on a assez longtemps admis comme règle dans les ateliers le chiffre unique de 40°. Si l'on eût remarqué que dans l'échappement à ancre :

1°. la roue d'échappement ne communique la force motrice au balancier que par un intermédiaire qui en absorbe une partie ;

2°. que cet intermédiaire, par sa grandeur et son poids, est doué d'une forte puissance d'inertie, c'est-à-dire qu'il oppose une certaine résistance à tout changement brusque de mouvement ;

3°. que le balancier marche avec une grande rapidité puisque, battant le même nombre de vibrations que d'autres échappements, il fait ces vibrations plus étendues, on en eût conclu qu'au commencement de l'impulsion la fourchette agit avec peu d'énergie sur le balancier, surtout quand l'incliné de levée est bas et que l'action efficace de cette fourchette n'a lieu que vers la fin de l'impulsion. D'où il résulte qu'une levée de 20° sur un seul bras, ou de 40° en totalité est insuffisante pour la plupart des échappements à ancre que les fabriques mettent journellement dans le commerce.

701. On portera le chiffre de la levée totale à 50° en terme moyen : un peu plus pour les petits échappements (55°), un peu moins pour les grands (45°).

Il est facile de s'expliquer la raison de la différence des nombres ci-dessus, d'après ce qui a été dit au sujet des échappements à cylindre et Duplex, et quand on se souvient que, les petits balanciers ayant moins d'inertie que les grands, ont besoin d'une impulsion plus longue et plus répétée, qu'au contraire, les grands balanciers, possédant déjà une certaine masse et une facilité relative plus grande pour continuer le mouvement acquis, leur quantité de levée doit être bornée au chiffre strictement nécessaire (**323** et suite).

Remarque. Mais, nous devons le répéter, les chiffres posés ne peuvent avoir rien d'absolu. En règle générale, les échappements construits avec précision, et dont les organes sont légers et conformés d'après les prescriptions de la théorie, n'exigent qu'un arc de levée borné (de 35° à 45°). Au contraire, il faut augmenter cette étendue de levée (de 45° à 55° et même 60°) aux échappements à ancres lourds et à ceux qui, par suite de vices de construction ou d'erreurs de principes, perdent une grande part de la puissance de la roue, par l'effet de sa trop grande décomposition (**97** et **98**) .

Déterminer la hauteur du plan d'impulsion et la position du doigt de levée, dit improprement l'ellipse.

702. Tavan et Jurgensen bornent à 40° l'étendue de la levée totale, tandis que Moinet l'enferme entre 50° et 60° ; nous venons d'avoir l'explication de cette différence.

La grandeur de cette levée une fois arrêtée comme étendue d'arc à faire produire au balancier entre les deux dégagements, on détermine ce mouvement angulaire par une certaine hauteur donnée aux plans d'impulsion. Le plus ou moins grand rapprochement du bouton vers le centre du balancier modifie également l'arc de levée du balancier. Nous avons donc à fixer conjointement la hauteur des inclinés et la position du bouton.

Hauteur des inclinés.

703. L'ancre est repoussé d'autant plus loin en arrière que le plan incliné est plus élevé, c'est donc la hauteur de ce plan incliné qui détermine l'étendue du mouvement angulaire de la fourchette. La difficulté du dégagement et la résistance de la fin de la levée augmentent avec l'augmentation de ce mouvement et, à l'opposé, si la marche de la fourchette est très bornée, la rentrée du doigt dans l'entaille et les repos se font avec peu de sûreté. En outre, si l'on considère l'échappement battant ses 18 000 vibrations à l'heure, on remarque que la roue passe rapidement sur un incliné de trop faible élévation, et que cette roue n'acquiert une grande force que pour tomber au repos : choc nuisible qui, en procurant un frétillement prononcé à l'ancre, peut occasionner le contact du dard avec le disque.

Dans le premier cas (celui de l'incliné trop élevé), on a l'arrêt-au-doigt aussitôt que les huiles s'épaississent ; dans le second cas (celui de l'incliné trop bas), la montre se règle très mal et les vibrations ont peu d'étendue (**247** et suite).

L'expérience pouvait seule fixer le terme moyen qu'il convient de choisir entre ces deux extrêmes, et elle a décidé qu'il fallait, en général, se borner à procurer à l'ancre et par conséquent à la fourchette, un mouvement total de 10°, c'est-à-dire que chacun des inclinés doit être tel que la dent, en la repoussant en arrière, fasse parcourir à la fourchette un arc de cercle de 5° de chaque côté de la ligne des centres.

704. Voici la méthode enseignée par les auteurs et les artistes pour le tracé de l'inclinaison des plans.

Du centre de l'ancre A, fig. 105, on tire les deux lignes AX, AZ, formant chacune un angle de 5° avec les deux tangentes AMK et ANL ; on joint le point M au point X, et le point N au point Z, et les deux inclinés MX et NZ qui en résultent devront produire un mouvement de 5° sur chaque bec.

Cette méthode est vicieuse et la conclusion, conséquemment, en est inexacte. Non seulement les deux demi-levées sont inférieures chacune à 5°, mais en outre elles sont inégales entre elles.

En effet, la ligne AMK, étant une tangente à la circonférence de la roue, ne peut toucher cette circonférence qu'au point M (**72**). Il en résulte infailliblement que la dent, ne repoussant le plan incliné que jusqu'à la circonférence, on perd sur la fin de la levée tout l'espace compris entre la ligne KMA et l'arc MU, perte qu'on peut approximativement estimer à un degré.

Un semblable raisonnement conduit à remarquer qu'il en est à peu près de même pour la levée sortante. Ainsi, le mouvement total, estimé à 10°, n'est en réalité que de 8° à 8,5° environ.

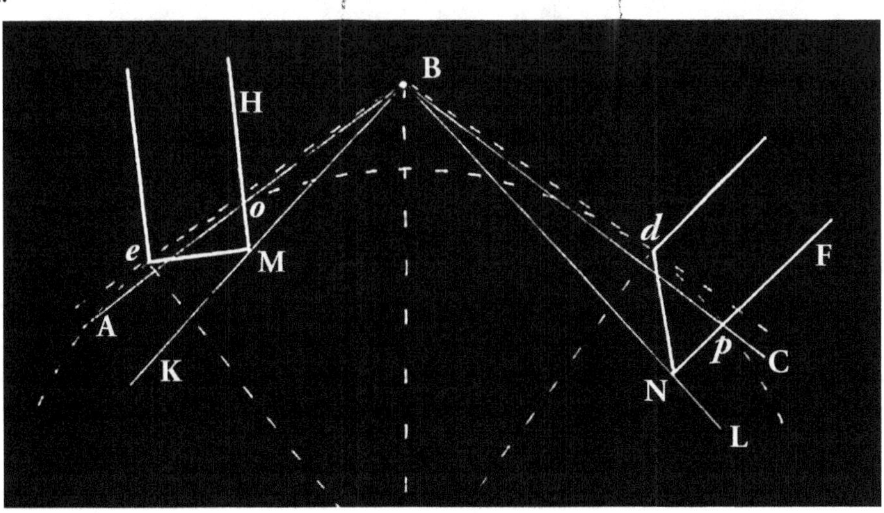

Fig. – 108.

Il est assez étonnant que cette différence, très sensible quand on place les repos de l'échappement aux points tangents, n'ait pas été aperçue. On pourrait, à la rigueur, expliquer ce fait par cet autre : c'est que les méthodes pratiques, ainsi que nous le verrons plus loin, en enseignant à tâtonner la hauteur de l'incliné pour chaque bec, font éviter la fausse mesure donnée par les théoriciens. Il est, du reste, très facile d'avoir cette mesure exacte sur un dessin d'échappement en procédant comme il suit.

On mène du centre de l'ancre B (fig. 108) les deux lignes BA, BC (qu'il ne faut pas confondre avec les tangentes B*e*, B*d*) et, passant par les points *o* et *p*, où les flancs *o*H et *p*F des bras de l'ancre coupent la circonférence de la roue.

C'est avec ces deux lignes B*o*A, B*p*C, que les deux autres lignes BK, BL, doivent faire deux angles de 5° chacun. En joignant le point *e* au point M, et le point *d* au point N, on obtient alors les deux inclinés cherchés. La vue seule du dessin suffit pour prouver que, lorsque la roue marchera, chaque plan sera repoussé de tout l'espace compris, d'une part, entre les lignes B*o* et BM, d'autre part, entre les lignes Bp et BN. On aura alors l'égalité des deux angles de levées, et le mouvement angulaire de la fourchette sera réellement de 10 degrés.

Levée apparente et levée réelle.

705. Pourvu que les extrémités M et N des inclinés atteignent les lignes BMK, BNL (fig. 108), le mouvement de la fourchette est toujours de 10°, quel que soit le point où commencent les inclinés, que ce point se trouve placé, ou sur la circonférence de la roue en *o* et *o'* (fig. 109), ou bien en dehors en *v* et *v'*, ou bien en dedans en *s* et *s'*. Mais il faut alors, comme on l'a fait pour l'échappement à cylindre (**305**), distinguer la levée réelle de la levée apparente.

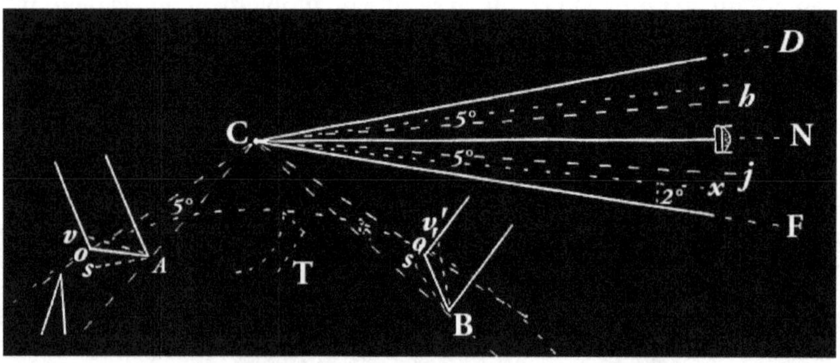

Fig. – 109.

Supposons que les dents de la roue soient pointues.

Si la naissance des inclinés se trouve sur la circonférence de cette roue, en *o* et *o'*, comme dans la fig. 109, chaque demi-levée commence quand le milieu de la fourchette est placé exactement sur la ligne des centres CN. En conséquence, la demi-levée parcourt 5° juste.

Si le haut des inclinés se trouve 2° en dehors de la circonférence (en *v* et *v'*), la demi-levée commence quand le milieu de la fourchette a encore, environ, 2° à parcourir pour atteindre la ligne des centres ; c'est donc une demi-levée de 7° en réalité, ou *h*CF.

Si, au contraire, le haut des inclinés est placé 2° en dedans de la circonférence (en *s* et *s'*), la demi-levée ne commence que quand le milieu de la fourchette a dépassé de 2° la ligne des centres, et par conséquent, puisque le mouvement de la fourchette est de 5° avec la ligne CN, la demi-levée ne sera en réalité que de 3°, ou *j*CF.

706. Nous savons que la puissance de l'impulsion est dans un certain rapport avec la hauteur du plan incliné (**247**). Partant de là, si nous supposons trois échappements parfaitement identiques l'un à l'autre, sauf que le premier porte les plans inclinés *s*A, *s'*B (fig. 109), le second, les plans *o*A, *d*B, le troisième, les plans *v*A, *v'*B, on voit que la LEVÉE *apparente* TOTALE de la fourchette restera, pour les trois échappements, enfermée dans un angle de 10°, tandis que les trois LEVÉES *réelles* TOTALES représentant les hauteurs des plans inclinés seront différentes, et comme 6, 10 et 14. Elles nécessiteront des forces motrices inégales.

707. Si les dents, au lieu d'être pointues, avaient la tête large et terminée en petit incliné de 2°, comme celle représentée en T, fig. 109, la seule différence consisterait en ce que la demi-levée commencerait 2° avant le centre pour les plans *o*A, *o'*B, 4° avant le centre pour les plans *v*A, *v'*B, et juste au centre pour les plans *s*A, *s'*B.

Cette remarque fournit dans la pratique un moyen facile de vérifier si la hauteur des inclinés est celle qu'il convient de leur laisser.

708. Il est peut-être inutile de faire observer que toute la quantité *os* et *o's'* (fig. 109), dont l'incliné entre dans la circonférence de la roue quand on adopte les inclinés *s*A, *s'*B, doit être ajoutée aux repos de l'échappement, et qu'au contraire on perd sur ces repos toute la quantité *vo, v'o'*, dont l'incliné déborde extérieurement la circonférence de la roue, si l'on adopte les inclinés *v*A, *v'*B, mais si la demi-levée change, la levée totale est toujours de 10°.

D'où l'on voit que l'on peut, en modifiant, soit l'incliné de la dent, soit l'incliné du bras, changer le rapport entre l'étendue du repos et l'angle de la demi-levée.

Dans un échappement où les inclinés *o*A et *o'*B seraient compris chacun dans un angle de 5° et où la dent de la roue aurait un petit incliné de 2°, voici comment se décomposerait le mouvement de la fourchette.

Le repos se ferait sur *v'*, qui occuperait alors le point *s'*, et le balancier, revenant opérer le décrochement, entraînerait la fourchette jusqu'à la ligne C*x*. Puis la fourchette agirait sur le bouton, de la ligne C*x* à la ligne CD, soit durant un angle d'à peu près 8°. Le mouvement angulaire de la fourchette étant de 10° en totalité, environ *un cinquième* serait employé pour le dégagement et quatre cinquièmes pour l'impulsion.

Cet exemple suffit à faire comprendre combien il est important de savoir distinguer la levée apparente de la levée réelle.

De la forme courbe ou rectiligne des plans inclinés d'impulsion.

709. Tavan donnait à ses inclinés, ainsi qu'on l'a vu (**684**), une forme courbe : convexe pour la levée rentrante, concave pour la levée sortante, et tracée d'un rayon égal à celui de la roue. Jurgensen adopte la courbe pour la première de ces levées, et laisse droite la seconde. La plupart des praticiens terminent les becs de leurs ancres par des plans droits.

710. En formant les plans inclinés selon certaines courbes, il n'est pas douteux qu'on ne puisse obtenir la régularité de la levée, c'est-à-dire que la vitesse de la roue reste constamment dans un rapport prévu avec celle du balancier ou, en d'autres termes, que la roue marche d'un mouvement accéléré ou uniforme ou retardé, comparé à la marche du balancier.

Mais nous nous heurtons à l'insurmontable difficulté de tracer exactement des courbes aussi exiguës, et leurs avantages théoriques seraient toujours anéantis par des erreurs d'exécution.

711. D'ailleurs la levée sur un bras d'ancre peut être considérée comme l'ensemble de deux actions.

Dans la *première*, l'angle du devant de la dent parcourt toute la longueur du plan incliné de l'ancre.

Dans la *seconde*, c'est le petit plan incliné de la dent qui glisse sur l'angle du bec. Ces deux portions de levée sont égales, comme espaces parcourus, dans la plupart des échappements modernes, où l'on donne une pareille largeur aux bras de l'ancre et aux dents de la roue. Par conséquent, les courbes ne pourraient régulariser qu'environ la moitié de chaque demi-levée.

712. *Avec un incliné courbe* à la levée rentrante (comparativement au plan droit), la roue marche plus lentement au commencement de la levée, et d'autant plus rapidement vers la fin que la courbe est plus prononcée. L'impulsion est moins énergique et la chute plus forte.

Le seul avantage que pourrait offrir, peut-être, une courbe, si l'on admettait qu'on pût lui donner la forme convenable, serait de rendre le départ de l'échappement imperceptiblement plus facile, mais on achèterait, à peu près toujours, cet avantage insignifiant par une augmentation de chute et une perte d'impulsion..

713. *Avec un incliné concave* à la levée sortante, la roue marcherait un peu plus vite vers le commencement et un peu moins vite vers la fin de la *première partie* de la levée qu'avec l'incliné droit.

Quant à la *seconde partie* de la levée, elle s'accomplirait avec l'un ou l'autre incliné dans des conditions à peu près identiques.

Il semble qu'il y aurait un léger avantage à employer le plan concave si l'on ne remarquait que, la courbe devant être très peu prononcée, il ne serait guère possible de ne pas dépasser le but, et qu'alors on rendrait plus difficile le départ de l'échappement.

714. Les courbes offrent des avantages sérieux là où l'étendue des surfaces en rend l'exécution exacte possible, mais quand il s'agit d'une action aussi courte, comme durée de temps et espace parcouru, qu'une levée d'ancre de montre, que peut-on en espérer ?

715. Le plus sûr est de terminer les bras de l'ancre par des plans droits, puisque, somme toute, leur exécution est plus facile, et que les avantages qu'ils présentent équivalent au moins à ceux qu'on se promet de l'emploi des plans courbes.

Les plans droits étant terminés, on les arrondit en travers, afin de diminuer l'étendue du contact entre la dent de la roue et le bec de l'ancre. Nous aurons à reparler de cet arrondissage.

Déterminer la position du doigt ou bouton et la longueur de fourchette pour une levée connue.

716. Le mouvement angulaire de la fourchette étant, ainsi que nous venons de le voir, fixé à 10° en totalité, voici comment, d'après les auteurs, on détermine la position du doigt, ou sa distance à l'axe du balancier, les trois centres de l'échappement étant fixés.

Du centre de l'ancre B (fig. 99), on tire la ligne BX, qui forme avec la ligne des centres BP un angle de 5°, c'est-à-dire l'angle de mouvement de la fourchette d'un côté de la ligne des centres.

Du centre du balancier P on tire la ligne PZ, formant avec la ligne des centres PB un angle égal à la moitié de la levée totale de l'échappement. Soit l'angle ZPF égal à 20°, si l'on veut une levée totale de 40°.

L'intersection I, ou le point de croisement des deux lignes BX et PZ, donne la position du bouton, c'est-à-dire l'éloignement du *point de contact* de ce bouton au centre du balancier.

Si, au lieu d'une levée de 40°, on voulait qu'elle fût de 45°, 50°, 60°, l'angle ZPF devrait être alors de 22,5°, 25° ou 30°, et le bouton se rapprocherait de plus en plus de l'axe du balancier.

Nous avons écrit en italique les mots point de contact, parce que le centre du bouton ne se trouve sur la circonférence décrite avec le rayon PI que lorsque le bouton est rond, et qu'on les fait tous aujourd'hui ovales ou triangulaires.

L'examen attentif des figures 101, 102 et 104 suffit à bien faire comprendre la marche et les fonctions du doigt.

Longueur de la fourchette.

717. Le procédé pratique qui sert à trouver la position du doigt donne du même coup la longueur de la fourchette.

Il suffit de tracer l'arc de cercle QT, décrit du centre de l'ancre avec un rayon égal à BI (fig. 99) pour avoir la longueur de la fourchette, en comptant du centre de l'ancre à la naissance des fourchons.

718. Voici la règle pratique généralement suivie pour déterminer cette longueur. Cette règle est déduite des opérations et raisonnements qui précèdent.

- Pour une levée totale de 40°, on divise la distance des centres (BP, fig. 99) en *cinq* parties, dont on retranche la première, à compter de P.
- Pour une levée de 45°, en *onze* parties, dont on retranche deux. (On peut diviser en cinq parties et demie et en prendre quatre et demie.)
- Pour une levée de 50°, en *six* parties, dont une est retranchée.
- Pour une levée de 60°, en *sept* parties, dont on en garde six.

Ces distances se mesurent avec facilité, soit avec une règle de laiton finement divisée, soit plutôt avec un outil aux douzièmes ayant ses petites branches pointues et pouvant servir comme celles d'un compas.

Du diamètre, de la forme du bouton et de la largeur de l'entaille ou ouverture de la fourchette.

719. L'article **716** nous a enseigné le moyen graphique de trouver la position du doigt ou bouton, il ne reste plus qu'à déterminer sa forme et son diamètre.

Le *dégagement* serait opéré dans les conditions les plus favorables si le flanc de l'entaille de la fourchette, se trouvant sur la ligne des centres (BP, fig. 99), y était attaqué perpendiculairement par le bouton et à frottement sortant (**73**).

Pour que l'impulsion eût lieu à la tangente et à frottement sortant, il faudrait que le côté postérieur du bouton se trouvât, vers la fin du *dégagement*, sur la ligne des centres, où ce bouton recevrait alors le choc perpendiculaire de l'autre flanc de l'entaille.

On sent aisément que ces deux conditions ne sauraient être remplies, puisque le mouvement produit par l'*impulsion* et le dégagement s'étend sur une surface plus étendue qu'une épaisseur de bouton.

Le *dégagement* absorbe et décompose une somme de force motrice d'autant plus grande que le contact se fait plus loin de la ligne des centres, et que l'action est plus oblique à cette ligne. Par conséquent, le bouton rencontre d'autant moins de difficulté à opérer le dégagement que le mouvement angulaire de la fourchette est plus court. Il faut donc éviter d'augmenter le mouvement de la fourchette au-delà des 10° reconnus nécessaires, et ne pas placer les plots de repos (K, L, fig. 99) trop loin ce qui, sans nécessité, rend plus forte la résistance éprouvée par le bouton à son entrée en prise.

720. L'examen de la fig. 110 suffit à faire voir que plus on donnera une grande largeur à l'entaille de la fourchette, plus on approchera le flanc *sn* de la ligne des centres PR, et plus, par conséquent, le frottement rentrant sera diminué pendant l'action du dégagement.

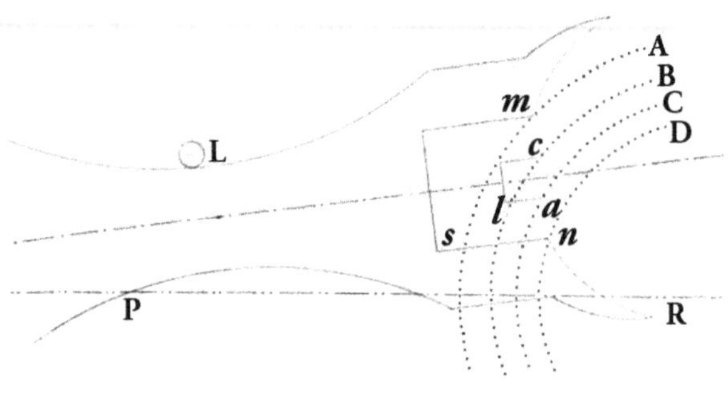

Fig. – 110.

721. On sait, par un des articles qui précèdent (**705**) que, lorsque la roue d'échappement porte des dents pointues, l'impulsion commence quand le milieu de la fourchette arrive sur la ligne des centres, tandis qu'avec des dents à tête large cette action commence 2° environ plus loin. Il en résulte que, dans le premier cas, le flanc de l'entaille se trouve éloigné de la ligne des centres de la moitié de la grosseur du bouton et de cette même moitié plus 2° dans le second cas. La réduction de la grosseur du bouton ou, ce qui revient au même, la réduction de la largeur de l'entaille est donc favorable à l'impulsion.

722. Puisque l'entaille très large facilite le dégagement, et que l'entaille étroite facilite l'impulsion, il est clair que la largeur de cette entaille devrait être un moyen terme équilibrant autant que possible les résistances des deux actions, si cette largeur n'était pas subordonnée à une troisième et principale condition, et que nous allons exposer.

Grosseur du bouton. — Donnée d'expérience.

723. La fourchette étant supposée appuyée au repos contre le plot L (fig. 110), si on donnait à son entaille la largeur *ea*, puis la largeur *mn*, triple de la première, on voit que dans le premier cas l'épaisseur utile du bouton serait un peu moindre que l'intervalle compris entre les deux arcs de cercle B et C, tandis que dans le second cas elle serait presque égale à la distance du cercle A au cercle D.

Avec l'entaille étroite, le doigt devrait être extrêmement aminci, afin de ne pas accrocher sur l'angle *e*, et la surface du flanc de l'entaille *ia*, sur laquelle ce doigt agirait, se réduisant presque à rien, le jeu des pièces ne serait pas sûr. Avec l'entaille de triple largeur *mn*, la surface *sn*, sur laquelle ce bouton opère, présentant déjà une grande largeur, le jeu des deux pièces offrirait toute la sûreté possible, même en laissant un assez grand jour entre le devant du bouton et l'angle *m*. Cet exemple démontre que le jeu du doigt et de la fourchette est d'autant mieux assuré que l'entaille est plus large et que, par suite, le diamètre du bouton est plus grand.

L'expérience pouvait seule décider à quelle limite il fallait borner la grandeur du diamètre du bouton car on vient de voir (**721**) quels sont les inconvénients qui proviennent d'un bouton trop gros. Elle enseigne que dans l'échappement de montre ordinaire où les bras et les dents ont à peu près même largeur, la largeur du bouton ou son plus grand diamètre, puisque ce bouton est ovale ou triangulaire, doit être un peu supérieur à l'épaisseur d'un bras d'ancre, c'est-à-dire que ce bouton doit avoir pour diamètre une étendue d'environ le tiers de la distance de deux pointes de dents de la roue. L'ouvrier intelligent saura voir quand il y aura avantage à le tenir un peu plus petit.

De la forme du bouton.

724. Le bouton ne doit pas être rond. Quand on en rencontre de cette forme, il faut l'aplatir par devant et le faire un peu avancer, ou plutôt en refaire un de forme convenable.

Le constructeur qui emploie un bouton rond se met dans la nécessité d'augmenter le mouvement de la fourchette, afin d'éviter que cette partie conservée, H, fig. 111, ne touche sur l'angle de la fourchette. Tout accroissement dans le mouvement angulaire de la fourchette offre l'inconvénient d'augmenter l'âpreté du frottement à la rentrée du bouton dans l'entaille et, autre inconvénient, si l'ouverture de la fourchette est disposée pour produire un mouvement moindre, il arrive qu'à la fin de la levée ce n'est pas la fourchette qui pousse le doigt, mais c'est le doigt qui entraîne la fourchette à sa suite, effet extrêmement pernicieux.

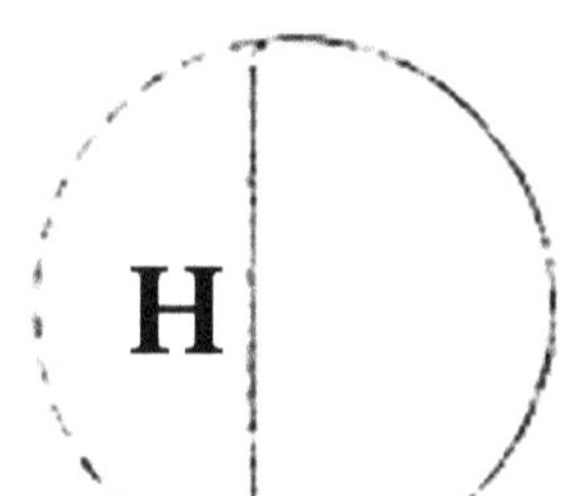

Fig. – 111.

Avec le doigt aplati par devant, les jours de sûreté sont beaucoup plus considérables que si le doigt est rond, mais ce n'est pas encore la meilleure forme à lui donner.

Dans notre première édition de ce Traité, nous recommandions le bouton en olive, c'est-à-dire en ovale très aplati, surtout par devant, afin qu'il ne pût agir que par une surface de faible étendue et partout arrondie.

Un grand nombre de boutons triangulaires étaient alors taillés dans de simples boutons cylindriques, ce qui était cause que dans beaucoup d'échappements la paroi de l'ouverture de la fourchette était attaquée dans l'acte du décrochement, par une surface à peu près plate et qui pouvait donner lieu à des collements. En outre, au commencement de la levée, la fourchette elle-même attaquait le bouton sur un angle.

Aujourd'hui, généralement, le triangle est découpé dans un bouton originairement ovale, ce qui fait disparaître les deux inconvénients signalés plus haut.

Il serait bon que le constructeur fît un tracé en grand représentant le bouton et l'ouverture de la fourchette dans leurs positions successives.

L'ouverture évasée par le bas, et dite en queue d'hirondelle, diminue l'ébat du bouton, mais demande une exécution irréprochable.

De la distance du centre de la roue au centre du balancier. Des fourchettes longues ou courtes.

725. Il paraît indifférent, au premier abord, de placer le centre du balancier un peu plus près ou un peu plus loin du centre de l'ancre, c'est-à-dire d'avoir une fourchette courte ou une fourchette longue, puisque l'éloignement du bouton au centre du balancier étant proportionnel à la grandeur de la fourchette, le rapport des leviers ne change pas et, par conséquent, la puissance et la résistance restant entre elles dans les mêmes conditions, relativement aux deux leviers, les résultats sembleraient devoir être équivalents.

Mais il faut remarquer qu'avec une fourchette très grande,

- l'ancre devenant plus lourd, non seulement par le surcroît de matière ajouté pour allonger la fourchette, mais encore par le contre-poids dont l'arrière de l'ancre doit être chargé pour être maintenu en équilibre, l'inertie de cet ancre et, par suite, sa résistance au mouvement se trouvent beaucoup augmentées ;
- les frottements s'exercent sur une plus grande étendue ;
- une plus longue fourchette oblige à employer un grand plateau. Ce grand plateau, en chargeant d'un poids superflu le centre du balancier, met dans la nécessité de charger également le limbe de ce balancier (**45**) et d'employer un spiral plus énergique. En somme, on a besoin d'une plus grande force motrice puisque toutes les résistances de l'échappement sont augmentées, et les causes de perturbation accrues proportionnellement.

Ces considérations font voir qu'il est avantageux de tenir la fourchette suffisamment courte, mais il ne faudrait pas cependant tomber dans l'excès contraire au précédent. Avec une fourchette très courte, les surfaces de contact étant très réduites, toutes les pièces doivent être exécutées avec une extrême précision, les jours de sûreté sont presque nuls et, par suite, le jeu régulier des organes est peu assuré. Nous ajouterons que dans certains calibres, il est difficile de placer le balancier à cause de son trop grand rapprochement de l'axe de la roue d'ancre, mais le plus grand défaut des fourchettes très courtes réside dans les temps perdus pour le travail et dans l'excès des pressions, qui à la longue amènent des désordres dans le réglage.

726. Une règle empirique, ou donnée d'expérience, engage à ne pas dépasser, au maximum pour la distance du centre du balancier au centre de l'ancre, la longueur du *diamètre de la roue*, ou au plus, le diamètre plus un douzième.

Une seconde règle, déduite comme la première de l'observation d'un certain nombre de montres, limite la longueur de la fourchette *au rayon du balancier, diminué du rayon du doigt d'impulsion.*

Ces données sont assez élastiques, puisque dans les montres journellement construites sur des dimensions extérieures égales, on rencontre des roues d'échappement grandes et petites et des balanciers de divers diamètres ; mais néanmoins elles fournissent une grandeur moyenne qui satisfait aux exigences du travail courant.

727. Quant au fabricant d'horlogerie de précision qui veut créer un échappement type, il peut adopter ces données empiriques comme point de départ, mais à la condition de modifier cette première approximation :

1. - D'après les connaissances acquises sur la résistance des surfaces de contact, la précision qu'il peut apporter dans l'exécution et le degré d'insensibilité que la combinaison présente aux écarts de la force motrice. Cette force, mesurée aux deux points extrêmes de la tension maximum du ressort moteur et de la diminution des arcs qui provient de l'épaississement des huiles, après une durée normale de marche.

2. - D'après l'étude d'un modèle de dimensions semblables, mais longuement éprouvé, et ne présentant aucune détérioration aux contacts.

Le constructeur du nouvel échappement devra, dans le cas où la force motrice de la montre qu'il établit serait inférieure à la force motrice de la pièce de comparaison, diminuer la longueur de la nouvelle fourchette proportionnellement à la décroissance de la force et l'augmenter dans le cas opposé. Dans l'un comme dans l'autre, il aura fait que l'action exercée contre les parois de la fourchette (et qui donne naissance au frottement le plus nuisible de tous ceux de l'échappement), ne dépassera pas une pression connue, éprouvée, et en rapport avec la résistance de ces parois. La régularité du travail du doigt sera assurée.

On règle tout aussi facilement un échappement que sa fourchette, soit un peu longue ou qu'elle soit courte, quand tout est bien exécuté, mais la supériorité, c'est-à-dire les moindres variations dans le réglage et la durée des organes est toujours en raison de la plus faible somme des frottements, des pressions et des temps perdus.

Démonstration des inconvénients qui résultent des fourchettes très courtes.

728. Les premiers échappements à ancre proposés par Robin avaient des fourchettes excessivement courtes. A. Breguet, qui sans doute en sentit l'inconvénient, allongea cet organe, et les constructeurs suisses, qui suivaient d'aussi près que possible les errements du célèbre horloger, mirent en faveur les longues fourchettes. Elles arrivèrent en quelques années à l'exagération du genre.

Quand s'éleva entre les artistes le débat sur le raccourcissement avantageux des leviers de l'échappement de Graham, il était naturel qu'on fit l'application des idées nouvelles aux fourchettes d'ancre et, sur la foi d'une théorie erronée, on donna dans l'excès contraire. Aujourd'hui, plusieurs fabricants prônent, sans trop savoir pourquoi, des fourchettes courtes jusqu'à l'absurde.

Nous allons montrer les défauts qu'elles présentent, mais nous devons renouveler une formule que nous sommes malheureusement obligé de répéter à satiété : il n'y a, en théorie comme en pratique, ni longues ni courtes fourchettes. Une longueur assure la plus grande somme de régularité, et c'est celle qui satisfait aux conditions énumérées à l'article **727**.

729. Soit D (fig. 112) le centre d'un ancre, H et N deux points successivement occupés par l'axe d'un même balancier. La distance DN est double de DH. Le demi-mouvement angulaire de la fourchette étant enfermé dans l'angle *l*DN, nous avons la proportion :

D*j* : D*l* : : *j*H : *l*N,

qui nous montre, quant au rapport des leviers, qu'il est indifférent que le balancier soit en H ou en N.

La remarque a déjà été faite que la grande fourchette augmente les résistances dues à l'inertie et l'étendue des surfaces frottantes, cela n'a plus besoin d'être démontré (**725**).

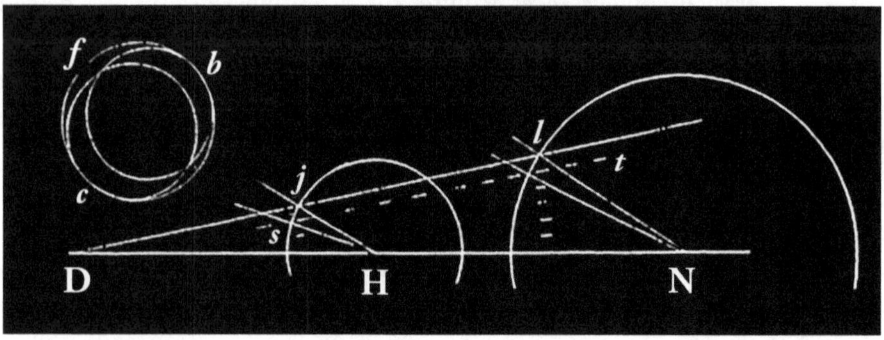

Fig. – 112.

Passons à la fourchette courte.

Le bras d'impulsion H*j* est moitié de N*l*. Tous deux étant menés par le même balancier la force de pression du petit bras sera double de celle du grand bras, et le frottement en *j* aura une intensité beaucoup plus grande que le frottement engendré en *l* (**38**) .

Pour une même quantité d'ébat des pivots dans les trous, il faudra, toutes proportions gardées, de beaucoup plus grand jours de sûreté entre les pièces qui agissent les unes contre les autres. En effet, représentons par *fcb* le trou d'un des pivots. Les deux petits cercles intérieurs seront les deux positions successives du pivot avant et après le dégagement. Par le mouvement du pivot allant du point d'appui *b* à l'autre point d'appui *c*, chaque centre se déplace d'une quantité deux fois plus grande relativement aux petits leviers.

Enfin si nous figurons, par l'intervalle compris entre les lignes *jl* et *st*, l'ébat nécessaire au jeu du bouton dans l'entaille de la fourchette, la simple inspection du dessin démontre que l'on perdra un sixième environ du travail sur le grand levier, et à peu près le tiers du travail sur le petit levier. Les temps perdus augmentent considérablement avec la courte fourchette.

730. En résumé, sans tenir compte des défauts d'exécution, nombreux dans les fourchettes très courtes, leur emploi amène une plus rapide détérioration des surfaces en contact, et exige impérieusement qu'on laisse très peu d'ébat ou de jeu, non seulement aux pivots de l'échappement, mais aussi au bouton entre les parois de l'entaille de fourchette, ce qui rend l'échappement beaucoup plus sensible à l'épaississement de l'huile. Le gain de force que l'on croyait avoir acquis se convertit en excès de pression et en chocs.

Grandeur du plateau.

731. La profondeur de l'entaille de la fourchette ne doit être que celle nécessaire au passage libre du bouton car, si cette entaille est profonde, elle éloigne la pointe du dard du balancier et nécessite un plus grand plateau. Voici comment on détermine la grandeur qu'il convient de donner à ce dernier.

La ligne CJ (fig. 102 p. 339), indiquant le mouvement angulaire de la fourchette d'un côté (5°), on trace du centre de l'ancre l'arc de cercle *hd*, passant par la pointe du coin de renversement. L'intersection de l'arc *hd* et de la ligne CJ donne la longueur CA du rayon du plateau, dont le centre est en A.

L'échancrure de ce plateau doit avoir pour largeur environ une fois ½ à deux fois le diamètre du doigt. Nous disons environ, parce que cette échancrure croît ou décroît en raison de l'étendue du mouvement angulaire de la fourchette et de la grandeur totale du plateau. Nous verrons plus loin comment on trouve pratiquement les dimensions de cette échancrure.

Grosseur du rouleau ou noyau de sûreté.

732. Dans la pratique la plus générale, on donne au rayon du noyau les deux tiers du rayon qui sert à déterminer la place du bouton.

Ainsi, le bouton étant placé sur l'arc de cercle TT' (fig. 102 p. 339), c'est-à-dire au bout du rayon BT', la grosseur du noyau est égale au cercle décrit avec le rayon BN, qui n'a de longueur que les ⅔ du rayon BT'. L'intersection de ce cercle avec l'une des lignes CM ou CN fait connaître par l'arc M*r*N, la distance de la pointe de la languette du dard au centre de l'ancre.

De la forme à donner aux dents de la roue et de leur inclinaison.

733. Les dents de la roue se font pointues ou larges et renflées de la tête comme celles de la fig. 99.

Si les dents sont pointues, elles doivent être minces et effilées, si elles portent une tête large, il faut les dégager du pied et n'y laisser que la matière nécessaire à la solidité (**91**).

734. Le devant des dents (AB, fig. 100 p. 337) doit être assez incliné en avant pour que le contact de la dent et de la face de repos de la levée se fasse uniquement par l'angle A de la dent.

La quantité de cette inclinaison dépend du plus ou moins de tirage, du plus ou moins de hauteur des inclinés, d'où résulte l'étendue du mouvement angulaire de la fourchette, mouvement qui détermine la pénétration de chaque bras entre les dents, c'est-à-dire dans l'intérieur de la circonférence de la roue.

Il est très facile, lorsqu'on dessine un échappement, de fixer les bornes précises de cette inclinaison mais, dans la presque totalité des cas, on satisfait à toutes les exigences du sujet en faisant faire au devant de la dent un angle de 25° à 28° avec le rayon de la roue, soit l'angle BAD égal à 27° (fig. 100 p. 337).

Les dents doivent être dégagées par derrière, afin que l'ancre puisse pénétrer entre ces dents sans les toucher à cette partie.

735. Les dents à tête large doivent toujours être terminées par un plan incliné, comme celles de la fig. 100 p. 337. Si on négligeait de prendre cette précaution et que les extrémités de ces dents restassent comme des portions conservées de la circonférence, la chute se trouverait augmentée de toute la largeur de la dent, et la montre ne se réglerait pas.

Jurgensen porte à 5° l'inclinaison du plan incliné du bout des dents[33], sans expliquer si cette inclinaison est déterminée par le procédé employé précédemment pour trouver l'inclinaison des plans des levées (**704**), ou bien si le plan incliné de la dent doit faire un angle de 5° avec la tangente à la circonférence de la roue.

Dans le premier cas, la hauteur du plan incliné de la dent étant égale à la hauteur du plan incliné du bras de l'ancre, il n'y aurait pas de repos du tout, et l'angle du devant de la dent tomberait sur l'incliné du bras. Dans le second cas, la hauteur de l'incliné de la dent serait si peu de chose que, pendant la seconde partie de la demi-levée (**711**), la dent passerait sur l'angle inférieur du bec avec peu de pression et une grande rapidité. On perdrait ainsi de la force de l'impulsion, et au profit de la chute.

736. Si l'on a observé que toute la hauteur du plan incliné de la dent diminue d'autant l'étendue des repos sur les bras de l'ancre, repos qui, avec une dent pointue, seraient enfermés dans un angle de 5°, et si l'on sait que l'expérience a démontré que ces repos doivent être en moyenne de 2°, on voit que la hauteur de l'incliné des dents est égale à un peu moins de la moitié des 5° compris de M en S (fig. 105 p. 344).

L'article qui enseigne à dessiner un échappement à ancre indiquera comment cet incliné doit être tracé.

Le petit incliné des dents doit être un incliné droit.

On a cherché à déterminer quelle courbe convexe il devrait affecter, recherche aussi parfaitement inutile que possible car il saute aux yeux, en considérant un échappement de dimension ordinaire, que toute courbe ne servira qu'à réunir une plus grande partie du plan à la circonférence de la roue et à augmenter la chute aux dépens de la force de l'impulsion.

De la largeur des bras de l'ancre et des dents de la roue.

737. La largeur des bras de l'ancre est égale à la moitié du vide compris d'une pointe de dent à la pointe suivante, lorsque les dents sont pointues.

Quand ces dents sont renflées du bout, la largeur du bras doit être telle que, réunie à celle de la dent, les deux ensemble fassent exactement la moitié d'une pointe de dent à l'autre, c'est-à-dire la moitié de l'intervalle compris de F en A ou de N en C (fig. 100, p. 337).

Donc si on donne une même largeur au bec et à la dent, cette largeur est égale à un quart de la distance d'une pointe de dent à l'autre pointe, c'est-à-dire au quart de l'intervalle compris de *f* à *g* (fig. 102, p. 339).

Toutes ces mesures doivent être diminuées du jeu nécessaire pour éviter les frottements des talons des levées et des dents.

[33] Jurgensen dit: «Les inclinaisons des dents de la roue doivent être de 5°.» Cette phrase a le tort de n'être pas parfaitement claire, mais il n'est pas probable cependant qu'il ait voulu parler de l'inclinaison du devant des dents.

Des faces frottantes des dents et des levées.

738. Si nous considérions un certain nombre d'échappements à ancre, vus en élévation et de champ, et que nous fissions la section verticale de la dent et de la levée en prise, nous obtiendrions les formes dessinées en E, H, N, figure 113.

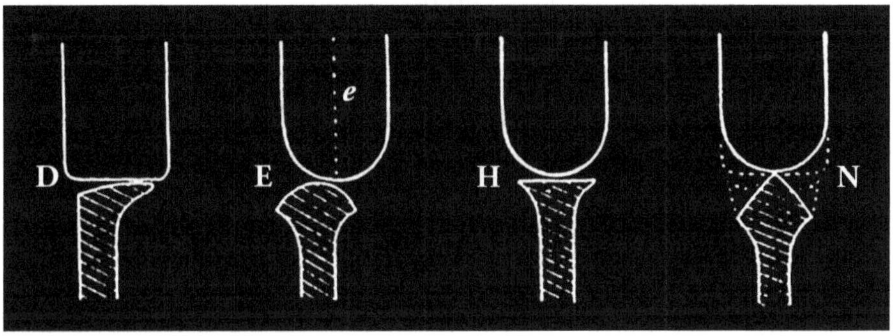

Fig. – 113.

La seconde E se rencontre le plus communément. Elle présente ce désavantage que si le milieu de la dent ne répond pas exactement au milieu de l'épaisseur de la levée, c'est-à-dire à la ligne *e*, la rime agit sur l'ancre par une poussée oblique, effet assez nuisible.

Pour l'éviter, car le travail du plantage et du placement des pierres percées ne se fait pas toujours avec précision, quelques constructeurs donnent à la face frottante de la dent la forme plane H. Elle atténue assez sensiblement, quand il existe, le défaut que nous venons de signaler.

La quatrième forme, représentée en N, que l'on observe assez fréquemment dans des ouvrages très soignés, est obtenue en abattant fortement chacun des côtés de la face frottante de la dent, qui devient alors une arête dont le sommet, entre les deux biseaux, est arrondi en baguette. (Ces biseaux doivent être adoucis et non pas polis. **81**.)

Cette disposition est bonne pour le maintien de l'huile qui est refoulée et non chassée des contacts, et elle rend l'échappement un peu moins sensible à l'épaississement de l'huile ; mais il faut, quand le plan de la levée est arrondi en travers, que le plantage soit fait avec soin si l'on veut éviter toute pression oblique.

Il est mieux de laisser à la levée la forme rectangulaire indiquée au pointillé en N et au trait plein en D.

Enfin, on peut encore donner aux faces de la levée et de la dent la forme de deux plans, l'un s'inclinant sur l'autre, de façon que le contact n'ait lieu que par un côté longitudinal, arrondi, de la dent, comme en D. Cette combinaison réalise, pour l'échappement à ancre, l'avantage que présente la roue de l'échappement à cylindre de Breguet (**588**).

739. Afin d'y mieux fixer l'huile, Breguet fendait les extrémités des dents, d'autres artistes y percent un trou, d'autres y pratiquent une double *gourge* ou rigole en biais (pointillée en N), dont la pente doit s'incliner du côté où la dent s'appuie sur les repos. Ces moyens, assez bons pour faire atteindre le but qu'on se propose, sont peu employés, les difficultés d'exécution n'étant pas suffisamment compensées par les résultats qui ne sont pas très sensiblement supérieurs à ceux obtenus d'une roue ordinaire bien faite, et construite par un horloger possédant une connaissance suffisante des lois de l'hydrostatique (81).

Des dents pointues et des dents terminées par un plan incliné.

740. En France et en Suisse, on donne aux dents des roues d'ancre la forme *en tête*, c'est-à-dire large et renflée de l'extrémité et très dégagée de la base. En Angleterre, on adopte de préférence la dent aiguë.

Alors, tout le plan d'impulsion est porté par les leviers de l'ancre.

Avec les dents en tête, le plan d'impulsion est réparti à peu prés par moitié entre la dent de la roue et le bras de l'ancre.

Enfin, on a aussi essayé une troisième combinaison qui met le plan d'impulsion entièrement sur la dent. Le bec de l'ancre devient aigu.

Toutes ces dispositions sont bonnes, et on en a obtenu des résultats satisfaisants quand elles ont été employées par des horlogers instruits.

Le plan d'impulsion sur les dents de la roue.

741. En faisant porter entièrement le plan d'impulsion par les dents de la roue, on peut réduire à la moindre quantité possible la pénétration sur les repos et le collement que l'épaississement de l'huile y produit à la longue. En outre, l'étendue du plan et son isolement sur un support mince permet de le disposer facilement de façon à éviter les temps perdus et à lui faire garder l'huile : moins nécessaire quand la roue est en laiton, mais encore utile.

Cette disposition exige des soins, de l'exactitude dans l'exécution, et l'horloger qui voudra la pratiquer devra rechercher, d'après les lois de notre théorie des échappements, quelles sont les formes qui conviendraient le mieux, soit au plan incliné de la dent, soit au bec de l'ancre, car ce dernier ne doit pas être tranchant. L'action ici est tout à fait analogue à l'action d'un incliné contre une lèvre de cylindre.

Un très beau spécimen de ce genre d'échappement à ancre, parfaitement exécuté, a été présenté à l'exposition universelle de 1855 par un artiste aussi habile que modeste, M. Sylvain Mairet du Locle.

Échappement à ancre à dents pointues.

742. On lit dans un opuscule sur l'horlogerie :

> « Les dents pointues valent mieux pour l'échappement à ancre parce que, parcourant un plus long plan incliné, elles agissent avec plus de force sur le balancier.»

Cette assertion est tout à fait gratuite.

En effet : considérons un plan d'impulsion *nod* (fig. 114) : la dent pointue *b* le fera reculer de l'intervalle *dh*, et elle parcourra toute l'étendue du plan *nod*. Faisons porter le plan d'impulsion moitié sur la roue, moitié sur le bras de l'ancre, nous aurons alors les deux inclinés *ni* et *id*. L'angle *i* de la dent parcourra tout l'incliné *id*, et l'angle *d* de l'ancre sera repoussé en arrière sur toute la longueur du plan *ni*. En somme, la quantité de déplacement de l'ancre restera la même (*hd*), et tout se sera passé comme si une dent pointue eût successivement parcouru les deux plans *ni* et *id*, dont les surfaces, bout à bout réunies, feraient même un peu plus que la longueur du plan unique *nod*.

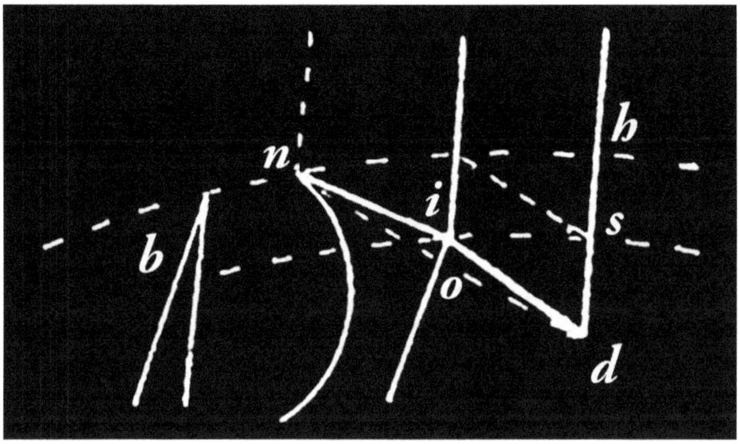

Fig. – 114.

743. L'échappement à dents pointues offre les inconvénients et les avantages suivants :

- La pénétration des repos est à peu près doublée, ainsi que la chute, on a donc une sensible augmentation de la résistance du dégagement, surtout quand l'huile s'est épaissie.
- Sur les 10 degrés de mouvement de la fourchette, une plus grande part est absorbée pour le dégagement (**705**).
- Enfin la dent aiguë, qui de toute nécessité doit être en laiton, est susceptible d'usure et de déformation, et elle garde difficilement l'huile qu'il n'y faut mettre qu'en petite quantité.

En revanche, les avantages consistent :

- le premier, dans la largeur doublée des becs de l'ancre, où s'étale une plus forte couche d'huile ;
- le second, en ce que l'échappement peut marcher encore assez longtemps quand l'huile s'est dénaturée ou épaissie. Quelques horlogers même n'en mettent ni aux dents ni aux levées quand la roue est faite d'une espèce de laiton, dit chez nous *laiton anglais*, dont nous ignorons la composition (mais à la longue l'extrémité de la dent s'use) ;
- enfin, le troisième réside dans la facilité de l'exécution. Les échappements de cette espèce pouvant être construits suffisamment bien par des ouvriers ordinaires car, pourvu que l'inclinaison des plans soit suffisante, il ne peut y avoir des temps perdus sur la levée.

Échappement à ancre où le plan d'impulsion est partie sur l'ancre et partie sur la roue.

744. Comparée à la roue à dent aiguë, la roue à dent renflée de la tête offre les qualités suivantes :

- Elle garde mieux l'huile ;
- Le frottement est réparti sur deux points de contact au lieu d'un ;
- L'acte de l'impulsion débute par un levier plus court et, partant, plus énergique ;
- Aucune usure ou déformation, ni le tassement des contacts, ne sont à craindre quand la roue est faite de bonne matière et bien exécutée ;

- On peut, dans une certaine mesure, et suivant le besoin, restreindre la pénétration sur les repos et ainsi, tout en diminuant l'effet de collement sur ces repos, augmenter la levée réelle pour une même levée apparente (**706**).
- Enfin, la chute peut être réduite à peu de chose.

Il est vrai qu'en regard de ces qualités il faut objecter que ce genre d'échappement est d'une combinaison savante, que l'exécution en est délicate et exige la main exercée d'un excellent praticien.

Résumé des deux derniers articles.

745. L'échappement anglais, tel qu'on le construit généralement grâce à des surfaces plus étendues, à sa roue si facile à faire, à une force motrice énergique, à un balancier puissant, peut être construit par des ouvriers assez ordinaires, et cependant soutenir une marche régulière, c'est-à-dire répondant très suffisamment aux besoins de l'usage civil.

L'échappement français veut plus de soin et de délicatesse dans l'exécution et chez celui qui le fait une entente plus parfaite des lois de la mécanique et de l'hydrostatique ; mais, bien établi, il donne une régularité supérieure, soutenue, et qui restera longtemps la même, puisqu'il n'a à craindre ni l'usure ni la déformation des contacts.

En définitive, l'avantage est du côté de l'échappement français. Il ne faut pas rendre cet excellent mécanisme responsable de l'ignorance de ces constructeurs, malheureusement trop nombreux, qui mettent à profusion dans le commerce des échappements à ancre détestables, soit comme combinaison, soit comme exécution, et de beaucoup inférieurs aux échappements courants des Anglais.

De la chute.

746. L'étendue de la chute est réglée par la pénétration plus ou moins grande de la roue entre les bras de l'ancre.

Il est presque inutile de dire qu'il ne faut laisser à l'échappement à ancre que les chutes nécessaires au jeu régulier des pièces car, outre l'influence des chutes sur le réglage, tout horloger sait que les fortes chutes, en procurant un mouvement de vibration à l'ancre, sont cause qu'il se détache du plot et qu'il se maintient au repos pour ainsi dire en l'air et sans point d'appui, position qui engendre de pernicieux frottements entre le dard et le disque. Cela connu, comment se fait-il que, dans un grand nombre d'échappements suisses, les chutes soient énormes ? Ce fait provient de ce que l'on ne fait généralement pas assez attention que la distance comprise entre l'angle *b* (fig. 99, p. 336) et l'angle *c* est plus courte que la distance du même point *b* au point de repos, sur le côté cet du bras G, d'au moins toute la quantité du recul, etc.

Résumé des principales données pratiques.

747. *Le centre de l'ancre se place*, si l'on veut les impulsions égales, à l'intersection des deux tangentes à la roue menées par les extrémités des deux rayons qui aboutissent au milieu des becs.

Et si l'on veut les impulsions en rapport avec les résistances, à l'intersection des tangentes menées par les points de dégagement.

- *Ouverture de l'ancre* (mesurée d'un repos à l'autre, ou du milieu des becs) : deux vides et demi, ou 60° pour une roue de 15 dents, et 75° pour une roue de douze dents, etc.
- *Tirage* : 150 sur la levée rentrante et 120 sur la levée sortante.
- *Hauteur des inclinés des becs* : 5° à 6°, c'est-à-dire qu'ils soient propres à produire un mouvement angulaire de 10° à 12° au plus à la fourchette (plutôt moins que plus). Ces inclinés doivent être droits.
- *Hauteur de l'incliné des dents* : est donnée par l'espace compris entre 2° à 3° environ, mesuré sur les 5° de repos.
- *Levée totale* : entre 45° et 60°, en raison inverse de la grandeur des montres, et en raison directe des résistances, de l'inertie et des frottements.
- *Inclinaison du devant des dents* : 26° à 27° en moyenne. Ces dents doivent être dégagées par derrière.
- *La largeur d'un bec et celle d'une dent*, étant réunies, font exactement la moitié de l'intervalle d'une pointe de dent à la même pointe de la dent suivante (moins l'intervalle de jeu nécessaire).

  Dans les fabriques, on prend comme grandeur moyenne de la distance du centre de l'ancre au centre du balancier, le diamètre de la roue.
- *La longueur de la fourchette* doit être :

Pour une levée de	40° les 4/5e	de la distance des centres.
—	45° les 9/11e	—
—	50° les 5/6e	—
—	60° les 6/7e	—

- *Le diamètre du bouton* : environ le tiers de la distance de deux pointes de dents. Ce bouton doit être triangulaire ou ovale, mais aplati par devant.
- Quant à la grandeur du plateau et à la position du bouton, revoir les articles **731** et **716**.

Dessiner un échappement à ancre et en calculer les proportions.

748. Si le lecteur a suivi avec quelque attention tout ce qui a été déjà dit, il doit comprendre, ou tout au moins pressentir, que dans cet échappement, comme dans les autres, et même plus que dans les autres, tout est lié. Le moindre changement dans l'une des parties altère l'harmonie de l'ensemble et oblige à un remaniement quelquefois partiel, mais presque toujours complet. De cette harmonie dépend l'excellence des résultats, mais il ne faut pas oublier que, agissant sur des quantités microscopiques dont les influences réciproques nous échappent souvent, c'est à l'expérience et à l'intelligence de l'artiste de suppléer à des détails d'application qu'il est impossible de donner dans un traité élémentaire. Toutefois, nous pouvons affirmer à tout lecteur intelligent, qu'après l'étude de ce traité, et non sa lecture rapide et superficielle, il verra réduits à rien les cas aujourd'hui les plus embarrassants pour lui.

De la loi d'ensemble ou d'harmonie générale découle nécessairement qu'une des parties principales étant connue, on peut en tirer par déduction toutes les autres, et de telle sorte qu'il ne reste qu'à exécuter l'échappement sur des mesures exactes arrêtées à l'avance.

Ce calcul, lorsque l'on veut des résultats d'une grande précision, doit emprunter le secours des formules trigonométriques, malheureusement inaccessibles à une trop grande partie des lecteurs ; nous emploierons donc pour le plus grand nombre, comme nous l'avons déjà fait, la méthode approximative et pratique, et nous donnerons à sa suite la solution mathématique. Ceux en état de la comprendre pourront en tirer bon parti, mais il est utile, avant d'aborder ces méthodes, et pour en faciliter l'emploi, de faire en grand le tracé d'un échappement. Un tel tracé, bien fait, fournit même au besoin toutes les proportions de l'échappement avec une exactitude suffisante.

Dessiner l'échappement.

Tracé des levées.

749. Nous passerons assez rapidement sur certains détails, ceux que nous avons donnés à propos du Duplex (**548**) devant être présents à l'esprit du lecteur.

L'ancre que nous allons dessiner est celui dit ancre *droit à levées visibles* ; il facilite plus que tout autre la mise d'équilibre sur le pivots, équilibre toujours nécessaire à cette pièce.

Il appartient à la classe de ceux dits à levées égales, c'est-à-dire où le point de tangence se trouve au milieu des levées. L'angle de levée est de 50°.

Soit une roue d'échappement de 15 dents, et ayant 9 millimètres de diamètre : 9 millimètres, multipliés par 10, donnent 90 millimètres pour le diamètre de la roue et 45 millimètres pour le rayon. Avec une ouverture de compas égale à 45 millimètres, et du point A pour centre, on trace la circonférence de la roue *fgki*, etc. (fig. 102, p. 339).

On tire les deux rayons AD, AE, formant un angle DAE, de 60°, quantité de l'ouverture de l'ancre (**747**) pour une roue de 15 dents. Aux extrémités de ces rayons on élève les deux perpendiculaires ou tangentes DC, CE, leur point d'intersection C est le centre de l'ancre. On mène par les deux points A et C la ligne des centres ACB.

La largeur des bras est, comme on l'a vu, subordonnée à la largeur des dents. Supposons ici ces deux quantités égales, et par conséquent chacune d'elles de 6° (¼ de 24° ou de la distance de deux pointes).

On marque légèrement sur la circonférence de la roue la largeur des bras, en se souvenant que les lignes AD, AE doivent tomber au milieu de ces bras. Il s'ensuit que les points *a* et *e* sont déterminés.

Du centre A de la roue on mène, par ces points *a* et *e*, les deux lignes AG, AF ; puis on fait passer par le point *a* la ligne *a*I, formant avec l'autre ligne *a*G un angle G*a*I, de 15°, et par le point *e* on fait passer la ligne *e*J, formant avec *e*F, l'angle F*e*J, de 12°.

Les deux lignes *a*I et *e*J seront les faces de repos des levées de l'ancre, et il suffira de faire passer par les points déterminant la largeur des becs les deux parallèles *b*V, *d*L, pour connaître les côtés opposés de ces levées.

On tire les deux lignes CW, CH, coupant les lignes V*b* en *b*, et *d*L en *d*, et faisant avec les tangentes CD, CE, deux angles ECH, DCW, de 6° chacun[34], et donnant la hauteur des inclinés des becs.

[34] Pour ne pas surcharger et embrouiller le dessin, on fait ces deux angles de 6° au lieu de 5°. Ce degré ajouté compense la perte de levée signalée art. **704**, et même celle provenant du jeu des pivots ; en réalité, le mouvement angulaire de la fourchette ne sera toujours que de 5°.

Le point *a* joint au point *b*, et le point *e* au point *d*, on peut passer à l'encre noire les levées et les lignes pointillées que l'on veut conserver.

Tracé de la roue.

750. Du point *a* on tire la ligne *a*Q, formant avec le rayon de la roue *a*A un angle Q*a*A de 25° à 28°. Cette ligne Q*a* donnera l'inclinaison du devant de la dent. (Si l'on voulait le chiffre précis de cette inclinaison, il faudrait dessiner la levée sortante à la position de repos, ainsi que la dent appuyée au repos. On donnerait alors à sa face une inclinaison suffisante pour éviter l'effet de collement.)

La distance d'une pointe de dent à la pointe pareille de la dent suivante étant de 24°, on marque sur la circonférence de la roue à partir du rayon A*a*, et distants les uns des autres de 24°, les points *f', g', i', j', l', p', q'*, puis, en arrière de ces points, les autres points *f, g, k, j, i, j, l, p, q*, distants des premiers de 6° ou de l'épaisseur d'un bec. Les points *f', g'*, etc., donneront les positions du devant des dents, et *f, g, k*, etc., celles des talons.

Pour tracer le devant des dents, on décrit du centre A une circonférence tangente à la ligne *a*Q, menée précédemment, et il suffira, en passant par tous les points *f',g', i'*, etc., de mener des tangentes à cette circonférence pour connaître l'inclinaison des faces des dents.

L'angle HCP indiquant le mouvement angulaire de la fourchette, c'est-à-dire à quelle profondeur descend l'extrémité du bec dans un vide entre deux dents, la ligne CP fait connaître la profondeur de ce vide que, pour plus de sûreté, on rapproche encore un peu plus du centre de la roue, en traçant la circonférence du champ.

On voit, par le dessin, que cette dernière circonférence sera en dedans de celle totale de la roue de ⅕e à ⅙e du rayon.

On décrit dans l'intérieur de la roue et de son centre la circonférence pointillée *f',g', k'*, etc., qui doit anticiper sur la hauteur des inclinés des becs d'environ la moitié de cette hauteur (plus ou moins, selon que l'on veut augmenter ou diminuer la pénétration de repos). L'espace compris entre les deux circonférences pointillées donne l'élévation des petits plans inclinés ménagés au bout des dents. On les trace, ainsi que l'arrière des dents, qu'il faut faire très dégagé, pour éviter que cette partie ne soit touchée par le bec *d* de l'ancre en mouvement.

On passe à l'encre noire toutes les parties de la roue que l'on veut conserver, soit les traits pleins, soit les traits pointillés.

Tracé de la fourchette, du plateau ou noyau, etc.

751. Du point C, centre de l'ancre, et avec une ouverture de compas égale au diamètre de la roue, on détermine le point B, centre du balancier. (Cette grandeur est une moyenne entre les dimensions en usage. C'est à l'horloger à voir s'il y a avantage à la modifier, **727**.)

On tire les lignes CM, CN formant, avec la ligne des centres CB, deux angles de 5° chacun, soit l'angle total MCN de 10°.

Du centre B, on tire les deux lignes BR, BS, formant chacune, avec la ligne des centres, un angle de 25°, soit l'angle total RBS de 50° (**701**).

Avec une ouverture de compas égale à B*o*, on décrit l'arc de cercle TT'. Le point où il coupe la ligne des centres est le milieu de la largeur du bouton que l'on trace, en lui donnant pour son grand diamètre un peu plus que la largeur d'un bras (**723**), et pour son petit diamètre les ⅔ seulement du grand.

Du centre de l'ancre avec une ouverture de compas égale à C*o*, on décrit l'arc de cercle *ozx*, qui fixe la longueur de la fourchette jusqu'à la naissance des cornes.

On dessine l'entaille de la fourchette en lui donnant la profondeur nécessaire au jeu parfaitement assuré du bouton.

L'arc de cercle RS, qui limite la profondeur de cette entaille, fixe la position de la pointe du dard (représenté au pointillé) quand il est découpé sur la fourchette, et le point de croisement de l'arc RS et de la ligne CM, ou le point *u*, donne la grandeur du plateau.

Ici nous avons affaire à un dard rapporté, et le rouleau de sûreté remplace le plateau.

Du centre B, avec une ouverture de compas égale aux ⅔ de la longueur B*x*, on trace le contour du rouleau (**732**). Ce contour coupe en M la ligne CM. L'arc M*r*N, passant par cette intersection, et décrit du centre de l'ancre C, fixe la position de la pointe du dard.

Quand l'échappement comporte un plateau, on détermine la largeur de l'échancrure en menant du centre D (figure 101, p. 338) deux rayons *n* et *m*, passant de chaque côté du bouton, et par ses derniers points de contact.

La profondeur de cette échancrure est donnée par la pointe du dard, sauf un bon jour de sûreté.

Quant à la largeur de l'échancrure du rouleau ou noyau, elle est bornée à l'angle de levée (*o*B*x*, fig. 102, p. 339).

Pour connaître l'angle d'écartement des deux bras XX', lorsque l'ancre au repos s'appuie sur la tige même de la roue, on tire du centre de l'ancre, supposé dans la position indiquée par la fig. 102, p. 339, les deux lignes CZ, CO, tangentes à l'axe de la roue (parfois tenu un peu plus gros en ce point), puis on mène les deux autres lignes C*v*, C*y*, formant avec les premières deux angles *v*CZ, OC*y*, chacun égal au mouvement angulaire de la fourchette sur une demi-levée, soit 5°.

L'angle *y*C*v* donnera l'écartement des bras.

Une double observation nous reste à faire.

Quand le doigt d'impulsion est porté par un petit bras de levier, celui-ci doit toujours être prolongé en contre-poids du côté opposé, pour ne pas nuire à l'équilibre du balancier, la forme adoptée en *zz'* répond bien à ce but.

L'intérieur des fourchons ne doit pas être tracé du centre B, mais bien de deux points placés à égale distance à droite et à gauche de B, et désignés sur la fig. 102, p. 339 par les petits chiffres 1 et 2. Le point 1 sert à tracer la courbe intérieure du fourchon *o*, et le point 2 la courbe intérieure de *x*.

Le rayon de cette courbe doit être de longueur telle que, lorsque l'échappement est dans la position représentée par la figure 101, p. 338, la surface concave du fourchon ne soit pas très éloignée d'être parallèle à la circonférence décrite par le doigt d'impulsion.

Dans la pratique courante, ce rayon est égal au rayon B*o*.

Toutes les proportions étant alors arrêtées et les parties essentielles étant connues, il ne reste plus qu'à dessiner le corps de l'ancre, en lui donnant une forme gracieuse à l'œil s'il est possible, mais surtout propre à faciliter l'équilibre de cette pièce.

L'échappement est ainsi dessiné complètement et dans ses proportions exactes ; en effet :

Si l'on suppose la roue en mouvement, la dent *kak'* (fig. 102, p. 339), s'approchant du plan incliné *ab*, le repoussera en arrière de 5° environ, et la demi-levée terminée, la dent *jj'* tombera au repos sur le bras E, qui aura pénétré vers le champ de la roue jusqu'à la ligne CP. La surface de repos de ce bras étant alors enfermée dans l'angle HCE, et comme le petit incliné du bout de la dent fait perdre à peu près 2,5° à 3° sur le repos, l'enfoncement de la dent sur le bras de l'ancre s'arrêtera à 2° environ ou un peu plus.

Le mouvement procuré à l'ancre par le passage de la dent sur l'incliné étant de 5°, le milieu de la fourchette arrivera sur la ligne CN, après avoir chassé le bouton qui sortira de l'entaille, et pourra y rentrer à son retour, sans toucher aux cornes (fig. 101, p. 338) .

La position de l'ancre au repos sera assurée par la proximité du contour du noyau, passant avec un léger *jour* de sûreté devant l'angle du dard, etc.

Calculer les proportions d'un échappement, le diamètre de la roue étant seul connu.

En employant les premières règles de l'arithmétique.

752. Supposons une roue de 15 dents et de 8 millimètres de diamètre, et prenons pour unité de mesure le *dixième* de millimètre.

Le diamètre de la roue sera donc 8 multiplié par 10, ou 80 dixièmes. On multiplie ce dernier chiffre par 3,14, etc.[35], ce qui donne 251,20 pour la circonférence de la roue.

La circonférence de la roue (251,20) divisée par le nombre des dents (15), donne pour quotient 16,74, ou l'écartement de deux pointes de dents.

Les deux pointes sont donc distantes entre elles de 16 dixièmes, plus 74 centièmes d'un dixième ou, en nombres ronds, 1^{mm},67.

L'intervalle d'une pointe à l'autre étant égal à deux fois la largeur d'un bec plus deux fois la largeur d'une tête de dent, et la dent devant avoir même largeur que le bec, en divisant 1^{mm},67 par 4, le résultat 41 centièmes donnera la largeur de chaque bec et de chaque dent et, de plus, l'épaisseur de la fraise qui servira à entailler les bras de l'ancre pour y loger les levées en rubis.

L'espace d'une pointe à l'autre comprend un vide plus une dent : la fraise à tailler la roue devrait donc avoir pour épaisseur les ¾ de 1^{mm},67.

Il n'est guère possible de tailler convenablement une roue avec une seule fraise. On la vide en plusieurs fois, ou d'une seule fois avec une fraise double (fig. 115), dont les deux faces opposées sont distantes de l'intervalle de la face d'une dent au deuxième talon en avant, soit ici de 2^{mm},93.

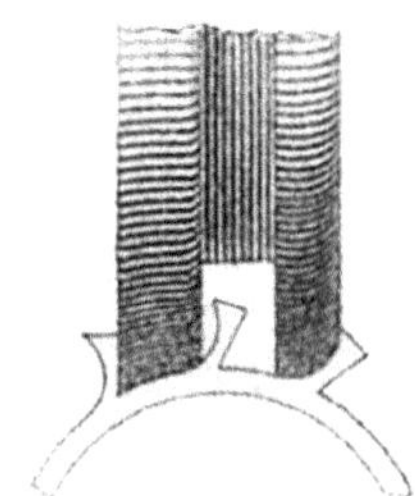

Fig. – 115.

La profondeur des vides de la roue (**750**) devant être environ ⅕^{e} du rayon, le diamètre entre les vides opposés sera égal à 80 moins un cinquième ou à 64 dixièmes au maximum, et la profondeur du vide à 8.

L'ouverture de l'ancre (**687**) comprenant trois pointes de dents et un demi-vide ou, en d'autres termes, deux vides et demi, sera égale à 16 (dixièmes), 74, multiplié par 2,5 (2 ½), soit à 41 dixièmes plus 8 centièmes, ou 4^{mm},18.

[35] Le rapport géométrique du diamètre à la circonférence étant, comme on l'a vu (**137**), de 3,141592, il s'ensuit que si le diamètre est 80, la circonférence doit être 80 x 3,14....

La largeur du bec d'ancre devant être égale à la largeur de la dent, c'est-à-dire à un quart de la distance de deux pointes de dents (16,74 / 4) ou 4 dixièmes en nombres ronds, on peut porter à 5 le grand diamètre du bouton et à 3 un peu forts son petit diamètre.

753. Au lieu de considérer la circonférence divisée en dixièmes de millimètre, si on la considère divisée en degrés, on sait que pour une roue de 15 dents l'ouverture de l'ancre est de 60°, la largeur d'un bec 6°, la largeur d'une dent 6°.

Ainsi, pour une roue de 15 dents et de 80 dixièmes de millimètre de diamètre et, par suite, de 40 de rayon :

L'ouverture de l'ancre est de	4,18 mm	ou 60 degrés.
La largeur de chaque levée	0,41 mm	6 —
La largeur des dents	0,41 mm	6 —
L'épaisseur de la fraise à fendre l'ancre.	0,44 mm	6 —
L'épaisseur de la fraise double à tailler la roue	2,93 mm	6 —
La profondeur des vides de la roue, environ.	0,80 mm	6 —
Le grand diamètre du bouton	0,50 mm	6 —
Le petit diamètre du bouton	0,30 mm	6 —
La largeur de l'entaille de fourchette (avec 214 Ornes de jeu).	0,70 mm	6 —

On trouvera plus loin, dans les détails pratiques, des indications pour déterminer la valeur des quantités omises sur ce tableau telles que la hauteur des inclinés, la position du bouton et celle du dard, la longueur de la fourchette, la grandeur du plateau, etc. On les obtient facilement par des tracés faits avec soin sur un calibre, et qui permettent d'ébaucher le tout avec assez de précision.

Calculer les proportions en employant les formules trigonométriques.

754. Le procédé de calcul qui vient d'être indiqué suffira au plus grand nombre des horlogers, mais pour les personnes familiarisées avec le calcul et les opérations trigonométriques, nous allons donner une méthode plus précise et plus complète que la précédente.

Comme dans l'exemple ci-dessus, la roue est de 15 dents, de 8 millimètres de diamètre, et on prend pour unité de mesure le dixième du millimètre.

Il faut avoir soin, dans le calcul, de conserver toujours un nombre suffisant de chiffres décimaux si l'on veut arriver à des résultats très précis.

La première partie de l'opération n'est qu'une répétition de ce qui vient d'être fait.

8 millimètres multipliés par 10 donnent 80 dixièmes pour le diamètre de la roue.

80 x 3,1415 = 251,32, ou la circonférence de la roue. La circonférence de la roue, divisée par le nombre des dents (251,32 / 15), donne l'écartement d'une pointe de dent à l'autre.

Cet écartement connu, on en tire, comme on vient de le voir, la largeur des levées, la largeur des dents et l'épaisseur des deux fraises à tailler l'ancre et la roue.

Le rayon de la roue étant 40, ce chiffre, divisé par 5, fait connaître la profondeur du vide.

Le triangle AEC (fig. 102, p. 339, vu sous les mêmes lettres fig. 116, p. 375), est un triangle rectangle, dont un côté est connu, ainsi que les trois angles. Le côté AE est égal à 40 (ou le rayon de la roue). CEA est un angle droit. CAE forme la moitié de l'angle d'ouverture (30°) et, par conséquent, ACE est égal à 60°. On a donc (fig. 116), en représentant chaque angle par la lettre qui en occupe le sommet, E = 90°, A = 30°, C = 60°, *b* = 40°, et l'on pose les deux proportions :

Sin. C : R : : *b* : *a*

R : cot. C : : *b* : *c*

ou, de préférence à cette dernière :

Tang. C : R : : *b* : *c*

La résolution de ces proportions ou équations fera trouver la valeur de *a*, ou la distance du centre de la roue au centre de l'ancre, et la valeur de *c*, ou l'intervalle du centre de l'ancre au milieu des becs, c'est-à-dire l'intersection des lignes CE, AE (fig. 102, p. 339), qu'on détermine par des ouvertures de compas.

La distance du centre de l'ancre au centre du balancier n'est pas une quantité absolue : on lui fait, en moyenne, égaler le diamètre de la roue (**751**). Fixons-la à ce chiffre.

En examinant le triangle rectiligne C*o*B (fig. 102, p. 339), on voit que le côté CB est connu (80), et que l'angle BC*o* est égal au mouvement angulaire de la fourchette (soit 5°), que l'angle *o*BC est la moitié de la levée totale (soit 25° et que, en conséquence, l'angle B*o*C est égal à 150°.

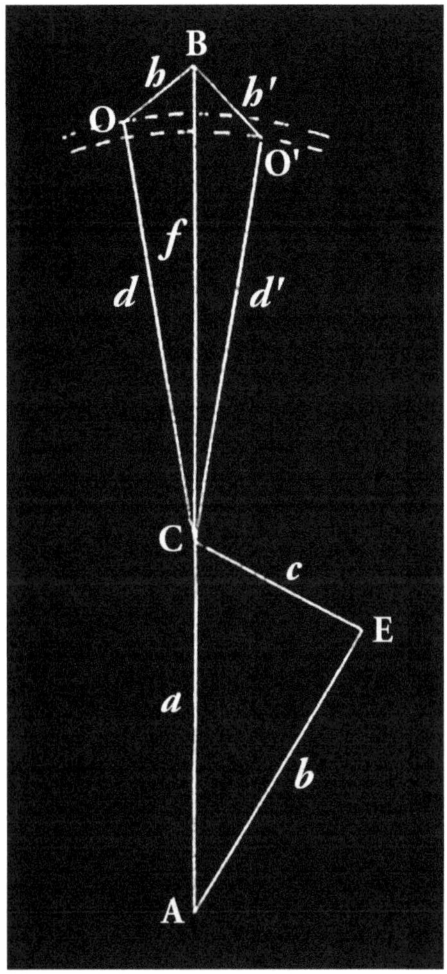

Fig. – 116.

On a, en considérant la fig. 116, où le triangle C*o*B de la planche huitième est vu sous les lettres COB : C=5°, B =25°, O=150°, *f*=80.

Les proportions : Sin. O : sin. B : : *f* : *d*.

Sin. O : sin. C : : *f* : *h*,

donneront la valeur de *d* (*o*C, fig. 102, p. 339), ou la longueur de la fourchette du centre de l'ancre à la naissance des cornes, et la valeur de *h* (*o*B de la fig. 102), ou l'intervalle du centre du bouton au centre du balancier.

Les dimensions du bouton étant déterminées comme plus haut, on en conclut la profondeur de l'entaille de fourchette, et cette profondeur étant déduite sur *d* (fig. 116), donne naissance à un nouveau triangle BO'C, dont on connaît un angle (C=5°) et deux côtés : *f* égal à 80, et *d'* égal à *d*, moins la profondeur de l'entaille. (Nous supposons que le dard affleure le fond de l'entaille.)

La résolution de ce nouveau triangle fait trouver la valeur de *h'*, qui n'est autre chose que le rayon du plateau.

Indiquons l'opération :

Sin. O' : sin. B : : *f* : *d'*.

Sin. O' + sin. B : sin. O' - sin. B : : *f*+*d'* : *f* - *d'*

Sin. O' + sin B : sin. O' - sin. B : : tang. ½ (O' + B) : tang. ½ (O'-B).
O' étant connu).... Sin. O' : sin. C : : *f* : *h'*.

Toutes les proportions de l'échappement sont alors déterminées exactement, sauf les hauteurs des inclinés, que l'on trouve dans la pratique avec une telle facilité qu'il est inutile de recourir à une opération trigonométrique compliquée, et d'une application difficile, vu l'exiguïté des angles et des surfaces en question. Il en est de même quant à l'échancrure du plateau.

Les mesures données par le calcul se prennent très bien, soit avec le micromètre, soit avec le compas de proportion.

Les proportions d'un échappement étant connues on peut, en représentant le diamètre de la roue par 1, 10 ou 100, trouver les dimensions des organes de tout autre échappement, pourvu qu'on connaisse seulement le diamètre de sa roue et le nombre de ses dents. (Voir, dans la dernière partie de ce volume, les *Tableaux* pour la construction des échappements.)

Chapitre III

Pratique de la réparation et de la construction de l'échappement à ancre

Détails pratiques sur la roue.

755. La roue se fait indifféremment en acier ou en laiton.

La roue de laiton vaut mieux que la roue d'acier ; on ne pourrait que répéter ici ce qui a été dit article **550**. Nous y renvoyons, mais en ajoutant qu'il n'est pas très rare de rencontrer dans des échappements à ancre avec roues d'acier les faces des repos et des inclinés dépolies, quand ces échappements ont marché assez longtemps après le dessèchement de l'huile des levées. Ce qui tient principalement à l'emploi de rubis balais ou spinelle, au lieu de rubis d'Orient, le seul dont on doive faire usage.

Pour faire la roue, il ne faut pas prendre, à moins de l'avoir essayé avec succès, du laiton dit *à la croix*, recommandé d'une façon trop absolue par des artistes, ni en général des *laitons gras*, qui exigent un long écrouissage, et d'être beaucoup réduits sur leur épaisseur par l'action du marteau, pour acquérir la dureté nécessaire. Ces laitons, sous le travail du fendage, se tourmentent et la roue se déforme.

On fera son choix parmi les laitons dits *aigres*, c'est-à-dire parmi ceux qui, sous le marteau, se durcissent rapidement, et sans amener une grande réduction dans l'épaisseur primitive.

Ces indications doivent suffire à l'ouvrier intelligent : son expérience et sa sagacité peuvent seules le guider à défaut de plus amples renseignements, qu'on ne peut lui procurer ici, mais qui sont résumés dans l'article sur le *Laiton* de la troisième partie de ce volume.

Dans les fabriques, la grandeur de la roue d'ancre est une valeur empirique, et primitivement déterminée d'après le rayon de la roue de seconde ou troisième roue du rouage. Il faut se souvenir de ce qui a été déjà dit sur la progression décroissante des rayons ou leviers du rouage (**345**, **399**), progression qui doit être un peu plus rapide dans les petites montres, et pour des raisons analogues à celles énoncées à propos de l'échappement à cylindre (**400**) ; mais, toutes proportions gardées entre deux montres de dimensions générales semblables, l'une à cylindre, l'autre à ancre, la roue d'ancre devra être d'un diamètre un peu plus petit que le diamètre de la roue de cylindre. L'expérience et l'examen des bons modèles révéleront à l'horloger à quel chiffre doit s'arrêter cette différence. On pourrait approximativement la trouver par le calcul, mais cela nous entraînerait hors des bornes d'un traité élémentaire.

Dans les montres anglaises à grand balancier et à vibrations plus lentes que dans nos montres, le diamètre de la roue d'échappement se fait d'environ 1/6e plus petit que dans ces dernières.

Exécution de la roue.

756. L'exécution d'une roue d'ancre présente moins de difficultés que l'exécution d'une roue Duplex.

Une roue d'acier, à dents larges, se taille à la fraise ordinaire ; seulement deux fraises sont nécessaires, l'une coupant par devant pour tailler les faces droites et vider les pleins, l'autre, coupant par devant et de côté, pour dégager et arrondir le derrière des dents. On peut monter les deux fraises ensemble. (Fig. 115, p. 373.)

Tout horloger peut, après quelques essais, faire lui-même ses fraises et les tailler. Il trouvera les indications nécessaires pour cela à l'article *Outillage*.

L'acier de la roue doit avoir été préalablement très bien recuit et il faut avoir le soin, dans le fendage de la roue, d'enlever peu de matière à la fois, de mettre de l'huile et de nettoyer de temps en temps la fraise avec la gratte-bosse.

La roue en laiton se fend au *couteau* ou *crochet*, ou à la fraise ordinaire.

Ainsi que pour la roue Duplex, il ne faut pas vider l'intervalle entre deux dents d'un seul coup de fraise, mais faire cette opération en plusieurs fois.

Pour connaître quelle est la position que doit occuper la fraise, afin de donner au devant de la dent l'inclinaison convenable, on fixe sur le tasseau de l'outil à fendre un disque de même diamètre que la roue. La pointe de l'alidade étant placée dans une des divisions du nombre 360, et l'arbre du chariot étant garni d'un onglet ou d'une fraise à angle vif, dont l'angle aigu corresponde parfaitement au centre du tasseau, c'est-à-dire à la pointe de la pompe, on fait un trait au bord du disque, puis on fait sauter à l'alidade autant de points qu'on veut de degrés d'inclinaison, et l'on trace un second trait, toujours au bord du disque. L'intervalle d'un trait à l'autre (OA, fig. 117) est la quantité dont le flanc de la fraise qui taillera la face droite des dents doit être mis de côté, c'est-à-dire en dehors de la ligne qui serait perpendiculaire à l'axe de la fraise, et qui passerait par le centre du tasseau[36].

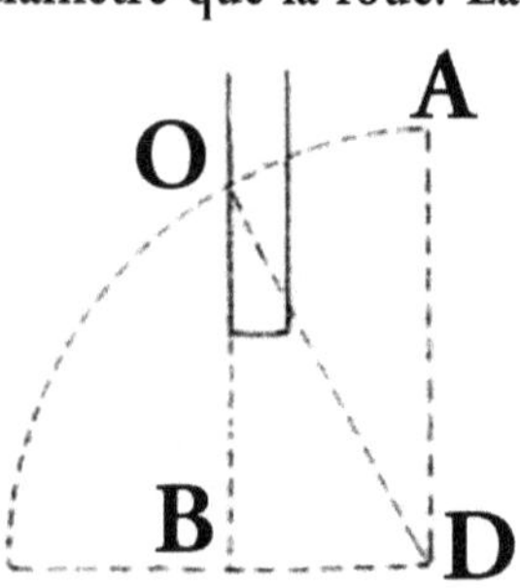

Fig. – 117.

Le petit incliné qui termine l'extrémité des dents se fait le plus ordinairement sur l'outil même qui a servi à fendre la roue, et avec une fraise dont la face-lime est inclinée, par rapport au plan de cette fraise, du même nombre de degrés que le petit incliné des dents. On peut aussi former ces inclinés sur l'outil qui sert à faire ceux des roues de cylindre, ou sur un outil analogue. Cette méthode est préférable pour ceux qui n'ont que rarement l'occasion de construire un échappement, en ce qu'elle permet de tâtonner la hauteur de l'incliné et de

[36] L'angle ODA (de 27 degrés) et l'angle DOB (fig. 117) sont égaux comme alternes internes.

la mettre en rapport avec la quantité de repos que l'on veut conserver. En outre, elle offre l'avantage d'opérer du même coup la justification du contour de la roue.

L'incliné des dents se fait droit dans le sens de sa longueur, mais assez souvent on l'arrondit en travers. (Voir l'article **738** et suite.)

Quand la hauteur des inclinés des dents n'est pas déterminée de façon à permettre une exécution précise, on attend, pour les former, que l'on ait achevé l'ancre. La vérification sur le compas d'engrenage fera connaître la quantité exacte de l'élévation de ces inclinés.

C'est à tort que les ouvriers suisses polissent le *biseau* des dents ; l'adouci fin est préférable, l'huile ayant une plus forte adhérence avec lui, reste en plus grande quantité sur ce biseau, s'y étale plus facilement et, par suite, alimente les surfaces frottantes pendant un espace de temps plus long (**81**).

La roue de laiton se durcit par un recuit approprié, et qui est indiqué à l'article *Laiton.*

Pour les détails d'exécution communs aux roues d'ancre Duplex, de cylindre et de détente, on consultera les articles concernant ces dernières, et celui de l'*Outillage.*

Tracé et exécution de l'ancre

757. L'ancre et sa fourchette sont faits ordinairement d'un seul morceau d'acier ; quelquefois les deux parties sont indépendantes et maintenues l'une sur l'autre par un axe taraudé et par des pieds. On peut alors faire la fourchette en laiton et se dispenser de mettre de l'huile au rubis du doigt. Dans les beaux échappements, où la fourchette est en acier, son entaille est garnie d'or intérieurement ; malgré cette précaution, et selon l'expérience de bons artistes, il est toujours sage de graisser d'huile, et légèrement le bouton.

Au sein des fabriques, on distingue les ancres en ancres à *levées visibles,* ce sont ceux des fig. 99, p. 336 et 102, p. 339, et en ancres à *levées couvertes.* Dans ces derniers, les rubis des levées sont incrustés et noyés dans les bras d'acier de l'ancre. Cette forme, moins gracieuse que la première, et qui procure à l'ancre un léger supplément de poids, offrirait l'avantage de mieux garder l'huile aux faces frottantes si l'on avait le soin, tout en ne donnant que l'épaisseur nécessaire aux rubis des levées et aux bras d'acier, de laisser déborder légèrement l'acier en avant des plans inclinés. Cette huile pourrait alors être logée en suffisante quantité dans les deux réservoirs formés de chaque côté et le long des inclinés.

L'exécution de l'ancre à levées couvertes, quand on veut un ancre léger et fait selon les principes, présente plus de difficulté que l'exécution de l'ancre à levées visibles. L'aspect flatteur à l'œil de ce dernier, ce qui est une raison de marchand et non d'artiste, et les motifs exprimés ci-dessus, le font placer de préférence dans les montres du plus haut prix. Son exécution, qui, sous le côté manuel, ne laisse rien à désirer, n'est confiée qu'à des ouvriers habiles, tandis que les moindres sujets sont occupés à la confection des ancres à levées couvertes ; aussi ces derniers sont ils généralement si lourds, si mal faits et si inférieurs aux premiers qu'on ne peut les placer que dans les ouvrages les plus communs.

Aujourd'hui, dans les fabriques suisses, les échappements se font en *parties brisées*, c'est-à-dire que chaque ouvrier, ayant une spécialité dont il ne sort pas, fait son unique pièce sans s'inquiéter des autres, ni des rapports qu'elles doivent avoir entre elles, rapports que, du reste, il est presque toujours incapable d'apprécier.

L'un ne fait que découper les ancres à l'emporte-pièce, l'autre les finit d'après un modèle connu et invariable, un autre ne fait que les axes, un autre que les plateaux, etc., etc. Par cette méthode, on est arrivé à l'incroyable résultat d'établir un échappement à ancre pour quelques francs.

Exécution du calibre d'un échappement à ancre de côté.

758. Lorsque l'on veut construire un ancre, il faut auparavant dresser avec beaucoup de soin le calibre de l'échappement.

Les distances, entre eux, des centres de mouvement doivent être connues. Sur une plaque de laiton, bien redressée et adoucie d'au moins deux millimètres d'épaisseur, on pointe et l'on perce un trou pour le centre de la roue, dont on trace bien exactement la circonférence (fig. 118).

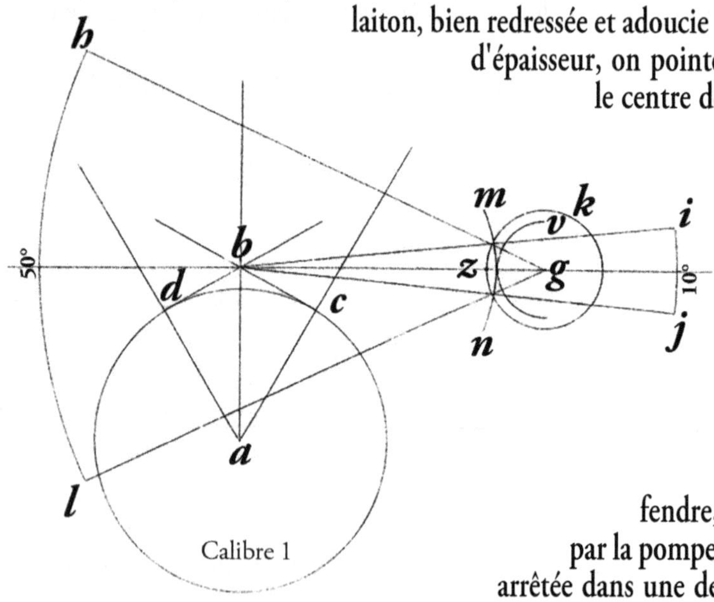

Fig. – 118.

La roue, supposée de 15 dents, l'angle d'ouverture de l'ancre est de 60°.

On gomme la plaque (que nous désignerons sous le nom de calibre 1), sur un tasseau de l'outil à fendre, le trou de la roue (*a*) centré par la pompe. La pointe de l'alidade étant arrêtée dans une des divisions du nombre 360, on trace avec un onglet, au lieu de fraise, le trait *ab* (fig. 118). On fait tourner la plate-forme à droite de 30 points pour tirer le trait *ad*, puis on ramène la plate-forme à gauche en comptant 60 points, et l'on tire le trait *ac*. L'angle *dac*, de 60°, donne l'ouverture de l'ancre (**759**).

Le calibre 1 enlevé du tasseau, on pointe avec toutes les précautions nécessaires, et à l'intersection des lignes *ad, ac*, avec la circonférence, les points *d* et *c*, où l'on perce deux trous fins.

On replace le calibre 1 sur le tasseau, en prenant le trou *c* pour centre. L'alidade, arrêtée dans un nombre quelconque de la plate-forme, pourvu que ce nombre soit divisible par 4 et la ligne *ac* bien perpendiculaire à l'axe du char, ce que l'on vérifie en faisant parcourir toute la longueur de cette ligne par la pointe de l'onglet, puis on fait décrire un quart de tour à la plate-forme, et l'on tire le trait *cb*.

En agissant de même pour le trou *d*, on obtient la ligne *db*. Le croisement des deux lignes *cb, db*, donne le point *b*, que l'on perce en prenant de grandes précautions, afin d'éviter le dérangement du centre.

Si la position de l'axe du balancier n'est pas donnée, on la détermine et on y pointe un trou, soit en *g*, par exemple. Le calibre 1, fixé sur le tasseau (le trou *b* pris pour centre et la pointe de l'alidade dans le nombre 360), on trace la ligne *bg*, partageant exactement le point *g*. On compte cinq divisions à droite pour tirer la ligne *bi*, puis on ramène la plate-forme de dix divisions à gauche pour tirer l'autre ligne *bj*.

Le trou *g* étant percé, on agit de même pour tracer l'angle de levée, c'est-à-dire que lorsque le calibre 1 est placé sur le tasseau et centré sur le trou *g*, que l'alidade est au 360, et que la ligne *bg* est dans la direction perpendiculaire à l'arbre, on fait parcourir à l'alidade autant de points qu'on veut de degrés à la demi-levée de l'échappement, soit 25 ; on tire la ligne *gh*, on ramène en arrière en comptant 50 points, et l'on tire la ligne *gl*.

Du centre *g*, avec un petit compas à pompe bien disposé, on trace la petite circonférence *k*, passant à l'intersection des lignes *bi, gh*. Le point *z*, où cette circonférence coupe la ligne des centres, est la place du bouton, on y perce un trou.

Du centre *b* on décrit l'arc de cercle *mn*, qui limite la longueur de la fourchette et du centre *g*, on décrit l'arc de circonférence *v*, qui fixe la limite inférieure des cornes.

La courbe concave de ces cornes ne doit pas se confondre avec le cercle *v*, puisqu'elle est tracée, pour chacune d'elles, d'un point excentrique indiqué au-dessus et au-dessous de *g* (**751**).

Chacun de ces points est placé ordinairement à l'intersection d'un arc décrit avec *bg*, et de deux petits arcs décrits avec le rayon *vg*, et de deux centres qui ne sont autres que les angles supérieurs de l'ouverture de la fourchette. Le point inférieur sert à tracer le fourchon du côté opposé, et vice versa.

Le calibre de l'échappement est alors à peu près complètement dressé, puisque l'on connaît les points de plantage *a, b, g*, la place du bouton, la longueur de la fourchette, etc., et qu'à la rigueur cela peut suffire. Cependant, il est bon, pour plus de commodité, et pour ne pas surcharger le calibre 1 de trop de lignes, de prendre une autre plaque, que nous nommerons le calibre 2 (fig. 119), et dans laquelle on perce, en la serrant contre le calibre 1, les trous *a, b, g, d, c, z*.

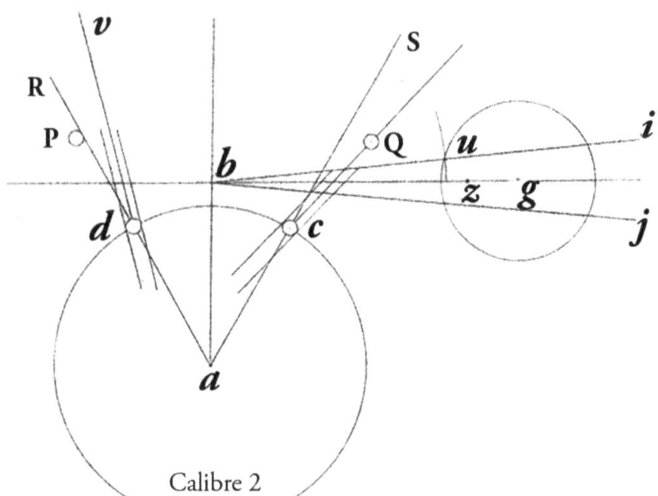

Fig. – 119.

On agrandit les trous *d* et *c* jusqu'à ce qu'ils aient pour diamètre la largeur d'un bras de l'ancre, chose facile à obtenir, puisque l'on possède la grandeur de la roue d'échappement (**752**).

On agrandit le trou du bouton (en l'étirant, si besoin est, de façon à placer les points de contact sur la ligne circulaire *k* du calibre 1), et jusqu'à ce que le trou ait une largeur égale au diamètre de ce bouton. En se guidant sur le bord du trou, on peut, si l'on n'aime pas mieux attendre que l'ancre soit découpé, marquer la place de l'extrémité du dard et, par suite, la grandeur du plateau (**731**). Il sera sage, quand on passera à l'exécution, de faire ce dernier un peu plus grand que la dimension trouvée, quitte à être obligé de le diminuer après la vérification de l'échappement.

On trace, avec l'onglet de l'outil à fendre, la ligne des centres *ab* (fig. 119, p. 381), en prenant le trou *b* pour centre, puis on fait décrire une portion de tour à la plate-forme, afin de tracer la ligne *bg*, faisant un angle connu avec la première, etc.

Dans la plupart des calibres, autres que ceux pour ancres droits, la perpendiculaire en *b* se confond (comme cela a lieu dans la fig. 119) avec la ligne qui, du centre de l'ancre, va passer par le centre du balancier.

Le calibre 2 mis sur le tasseau de l'outil à fendre (le trou *d* servant de centre et l'alidade au nombre 360), on tire la ligne *ad*R (rayon prolongé de la roue), on fait sauter, à gauche, 15 points de la plate-forme, et l'on tire la ligne *dv* ; puis deux parallèles à cette ligne, et effleurant de chaque côté le trou *d*.

On agit de même pour le trou *c*, sauf que le mouvement de la plate-forme n'est alors que de 12 points.

On perce les deux trous P, Q. Ces deux trous, dont nous allons bientôt connaître l'usage, doivent être légèrement en dehors de l'ancre terminé, c'est-à-dire dans les parties d'acier qui disparaîtront quand on fera le découpage de cet ancre.

Avec le secours des calibres 1 et 2, il est facile de construire l'ancre sans grande difficulté, et il suffit pour cela d'un peu de soin et d'adresse, comme on va le voir.

Nombres de l'outil à diviser qu'on peut employer à défaut du nombre 360.

759. Nous avons dit dans l'article précédent que toutes les divisions en degrés devaient être faites sur le nombre 360, mais comme la plupart des outils à diviser en usage ne portent pas ce chiffre, voici quels sont les autres nombres qui peuvent le suppléer (ou les multiples de ces derniers nombres).

Pour tracer l'ouverture de l'ancre, on place l'alidade dans le nombre 12 : l'intervalle d'un point à l'autre vaut alors 30°.

On croise deux lignes à angle droit sur ce même nombre 12, puisque trois intervalles entre les points valent 30 x 3 ou 90°.

Pour l'angle de 10° parcouru par la fourchette, on se sert du nombre 72 ; l'intervalle d'un point à l'autre vaut 5°.

On trace l'angle de levée totale de 40° sur le nombre 18, dont chaque intervalle vaut 20°, ou sur le nombre 36, dont chaque intervalle vaut 10°, etc.

La levée de 45° emploie le nombre 144, où chaque intervalle vaut 2° ½.

La levée de 50°, le nombre 72, où chaque intervalle vaut 5°.

Enfin, le tirage ou l'inclinaison de la levée rentrante se trace sur 24 : chaque intervalle est de 15°, ou sur 48, dont chaque intervalle est de 7°½, et pour la levée sortante sur 30, dont chaque division est de 12°, ou sur 60 pour des divisions de 6°, etc.

Ébaucher l'ancre.

760. La plaque d'acier dont on veut faire l'ancre étant préparée de grandeur suffisante pour couvrir les trous *d*, P, Q, *g*, *c* (fig. 119, p. 381), on tire sur cette plaque la ligne *xy* (fig. 120), et sur cette ligne, à l'endroit convenable, on perce le trou du centre *r*. La plaque, assujettie sur le calibre 2 (fig. 119) par un arbre ou une goupille bien ronde, passant dans les deux trous *r* de la plaque et *b* du calibre 2, on amène la ligne *xy*, qui traverse la plaque dans sa longueur à concorder bien exactement avec la ligne *bg* du calibre 2 (fig. 119) et, les deux pièces solidement assemblées et maintenues dans cette position par de fortes pinces à boucle, ou par tout autre moyen, on pointe dans la plaque d'acier les trous *d*, *c*, *g*, *z*, Q, P, du calibre 2, et l'on achève de percer la plaque sur l'outil-à-percer droit.

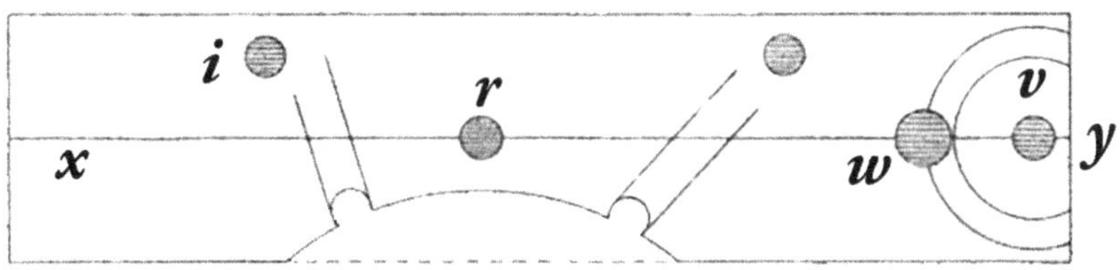

Fig. – 120.

Ces trous doivent avoir exactement la grandeur de ceux du calibre 2.

Avant de détacher l'ancre du calibre, on décrit, sur la plaque d'acier et du centre *a*, une portion de circonférence d'un rayon égal à celui de la roue, et l'on tire des lignes concordant avec les lignes parallèles des trous *d* et *c* du calibre 2.

Les lignes tirées sur l'ancre serviront comme de guides et de points de vérification quand on fera le fendage de cet ancre.

On dégage à la lime le devant de la plaque d'acier, ainsi que la chose est indiquée fig. 120 mais avec cette précaution essentielle de n'enlever qu'un peu moins de la moitié des trous, c'est-à-dire de ce qui est compris entre les deux parallèles formant les bras.

L'ancre est alors prêt à être fendu.

Fendage de l'ancre, construction du disque à pivots, etc.

761. L'ancre se fend habituellement sur un outil à plate-forme approprié à ce travail, mais ce moyen n'étant pas à la portée de tous les ouvriers, nous allons en donner un autre très simple et d'un usage toujours facile. Ceux qui l'auront bien compris et essayé, seront à même de se construire, au besoin, les accessoires nécessaires au fendage de l'ancre sur l'outil-à-plate forme.

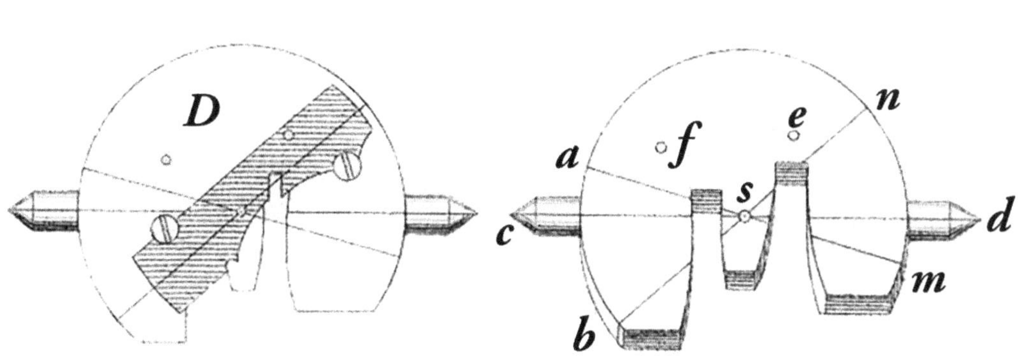

Fig. – 121.

À défaut d'un outil spécial, l'ancre peut se fendre sur un compas aux engrenages, un petit outil accessoire, que nous nommerons disque-à-pivots, est alors nécessaire, et voici comment on l'exécute pour le cas que nous traitons.

On prend une plaque d'acier de deux millimètres d'épaisseur environ, à laquelle on donne la forme représentée fig. 121, p. 383. On tourne avec soin les deux pointes et le contour des deux bras, que l'on amène à une égale grosseur, on redresse le dessus du disque de façon que sa surface, bien plate et adoucie, soit à fleur des bras des deux côtés.

On tire la ligne *cd*, qui doit passer bien exactement par les deux pointes des bras ; sur cette ligne, et au centre du disque, on perce le trou *s*.

Le disque étant gommé sur le tasseau de l'outil-à-fendre (le trou *s* servant de centre), on s'assure que la ligne *cd* est bien dans la direction perpendiculaire à l'axe du chariot, c'est-à-dire que, la plate-forme étant arrêtée au nombre 360, et la pointe de l'onglet correspondant bien à la pointe de la pompe du tasseau, cette pointe d'onglet parcourt exactement et sur toute sa longueur, la ligne *cd*.

La vérification terminée, on fait sauter à l'alidade, en faisant tourner la plate-forme vers la droite, 42 points bien comptés, et l'on tire la ligne *bn* ; on ramène la plate-forme à sa première position puis on la fait tourner vers la gauche, en comptant 15 points pour tracer la ligne *am*.

Ces deux lignes doivent descendre sur le rebord du disque jusqu'à la surface inférieure, comme on le voit en *b* et *m*, fig. 121.

Enlevé du tasseau, le disque se fixe sur le calibre 2 par une goupille ou un arbre, passant par le trou *s* du disque et par le trou *b* du calibre. Quand la ligne *bn* du disque coïncide exactement avec la ligne *bg* du calibre 2, on assujettit les deux pièces superposées avec des pinces à boucle, ou plutôt avec un petit étau à main garni de laiton, et l'on perce le trou *e* du disque sur le trou Q du calibre 2.

On agit de même pour le trou *f* (fig. 121), qui doit correspondre au trou P (fig. 119, p. 381), quand la ligne *am* (fig. 121) correspond à la ligne *bg* (fig. 119) .

Les deux entailles au disque, nécessaires pour le passage de la fraise, étant faites, et le dessus de ce disque étant adouci et débarrassé de toutes bavures, on chasse dans les trois trous *s, e, f* (fig. 121), après les avoir légèrement agrandis, trois goupilles d'acier bleu, tournées rondes, et débordant au-dessus de la surface du disque d'un peu plus qu'une épaisseur d'ancre.

Le disque à pivot est alors terminé[37], on y place l'ancre (D, fig. 121), que l'on fixe à la gomme-laque, puis on met le disque entre les broches d'un compas-aux-engrenages, pourvu d'une patte qui permette de le serrer à l'étau de l'établi.

L'arbre qui porte la fraise étant placé entre les deux autres broches du compas, il est facile d'amener cette fraise à la position convenable, puisque les lignes parallèles tracées sur l'ancre doivent tomber exactement de chaque côté de la fraise et d'ailleurs, on a ici une guide sûr dans la demi-circonférence conservée du trou (**752**).

Ce trou ayant un diamètre égal ou plutôt très légèrement plus grand que la largeur d'un bras, la fraise doit pénétrer un peu dans le demi-cercle.

---

[37] Le triangle ABC (fig. 122, p. 385) est un triangle équiangle. L'angle BCA étant égal à 60°, l'angle DCH sera donc de 120°. En considérant le triangle DHC, dont l'angle CDH est de 12°, on trouvera que l'angle CHD est de 48°.

Une perpendiculaire menée du centre M sur la ligne HN produira le triangle rectangle MNH, dont l'angle MHN = 48°, et par conséquent l'angle HMN = 42°.

Une opération semblable prouvera que *a*Mb doit être de 15°.

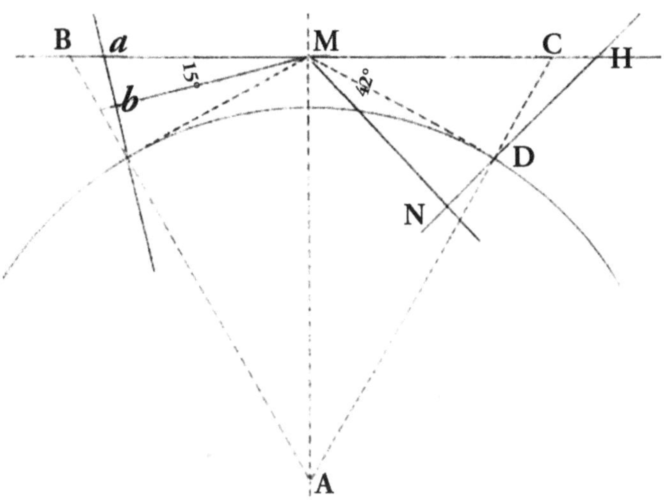

Fig. – 122.

L'entaille où sera logé le rubis de la levée sortante étant faite, on enlève l'ancre, que l'on gomme de nouveau ; son trou de centre entré sur la goupille *s* (fig. 121) et le trou *i* sur la goupille *f*, et l'on opère comme on vient de le faire pour l'autre côté.

La ligne *xy* de l'ancre peut servir de guide quant à l'égalité de profondeur des entailles.

Le disque-à-pivots servira au besoin à tailler des ancres de dimensions fort différentes, et l'on peut même conserver seulement la goupille du centre et supprimer les deux autres, si on a le soin de les remplacer par des vis ajustées aux endroits convenables, c'est-à-dire choisis de telle sorte que, l'ancre étant placé sur le disque, et sa ligne (*xy*, fig. 120, p. 383) coïncidant avec l'une des lignes *am* ou *bn* (fig. 121, p. 383), il suffise de serrer ces vis pour assujettir fortement l'ancre sur le disque (fig. 121, p. 383, D). (Si l'on avait quelque crainte de dérangement, on pourrait couler un peu de gomme-laque autour de l'ancre, déjà maintenu par les vis.)

La valeur des angles est ici une valeur moyenne et courante ; si l'on voulait une grande précision dans les inclinaisons des faces de repos, il faudrait préalablement les déterminer par un tracé fait sur une grande échelle.

Terminer l'ancre. Faire le plateau.

762. L'ancre étant fendu, on décrit sur lui, du trou *y* pour centre (fig. 120, p. 383), le petit arc de cercle *y* (fig. 118, p. 380 et 120, p. 383), qui limite la longueur de la fourchette et la naissance de la courbe intérieure des cornes. Le trou *w* (fig. 120), ayant pour diamètre le diamètre du bouton, il suffit d'étirer un peu ce trou vers le centre *r* et d'en faire un carré, pour que l'entaille de la fourchette soit achevée. Si l'on veut avoir une plus grande netteté dans le travail, on peut la terminer avec une fraise.

Il ne faut pas enlever toute la matière enfermée dans le petit cercle *y* (fig. 120), mais le vider selon les deux petits arcs tracés à l'intérieur de ce cercle avec son propre rayon et de points excentriques, placés au-dessus et au-dessous du trou *y*, comme on le voit indiqué en *g* (fig. 118, p. 380). Le point du bas sert à tracer la corne supérieure sur le dessin, et vice versa. On laissera un petit surcroît de matière, et on rectifiera, s'il est besoin, après avoir fait fonctionner l'échappement.

L'entaille, ou ouverture de la fourchette, étant terminée, et la profondeur de cette entaille donnant la position de la pointe du dard, il ne reste plus qu'à terminer l'ancre en le découpant à la lime avec beaucoup de soin. On ne lui laisse que la matière nécessaire à la solidité ou utile à l'équilibre de la pièce montée sur son axe.

En plaçant l'ancre sur le calibre 1 (un arbre passant par les deux centres), et en faisant parcourir à la fourchette son angle de 10°, on s'assure que les parties d'acier, de chaque côté des entailles de levées, sont assez éloignées des dents de la roue pour ne pas en attirer l'huile.

Quand l'ancre est prêt à être trempé, on prend avec un compas la distance du centre à l'extrémité du dard ; avec cette ouverture de compas, et du point *b* (calibre 2) pour centre, on fait un trait sur la ligne *bu*.

La petite circonférence, tracée du centre *g* et qui passe à l'intersection *u*, donne la grandeur du plateau.

Ce plateau, auquel il faut toujours conserver, en le diminuant d'épaisseur, un petit canon d'ajustement, étant ébauché presque de grandeur, on le fixe avec un arbre et des pinces sur le calibre 2, et l'on y perce le trou du bouton.

L'on ajuste et l'on gomme un doigt de laiton provisoire, et l'on garnit également l'ancre de deux levées en laiton, un peu plus longues qu'il n'est nécessaire.

L'ancre ainsi préparé, on le place sur le calibre (un arbre ajusté à frottement dur dans le calibre, traversant les trous de centre) ; on amène la ligne *xy* du milieu de l'ancre sur la ligne *bg* et, l'ancre arrêté dans cette position, on trace sur les levées de laiton du centre *a*, et avec une fine pointe de compas, la circonférence de la roue.

En faisant tourner l'ancre sur son centre, on amène sa ligne *xy* bien exactement sur la ligne *bi* du calibre, et l'on trace la circonférence de la roue sur la levée sortante.

On ramène l'ancre en arrière jusqu'à ce que sa ligne *xy* coïncide avec la ligne *bj* du calibre, et l'on trace la circonférence de la roue sur la levée rentrante.

L'espace compris entre les deux traits faits sur chaque levée est égal à la hauteur des inclinés ; on les forme à la main, mais avec la précaution de laisser un petit surcroît de matière que l'on enlèvera plus tard, s'il y a lieu, et vérification faite.

Pour faire cette vérification, on ajuste à frottement dur, dans le trou *a* du calibre 1, un arbre. Cet arbre sert d'axe à la roue, comme un autre arbre placé dans le trou *b* sert d'axe à l'ancre, et les deux pièces, ainsi maintenues à la surface du calibre, peuvent (étant conduites par les doigts, des brucelles ou des pointes de fusain), fonctionner comme elles le feront plus tard dans la montre.

Pour obtenir une plus grande certitude, il est bon de faire une seconde vérification au moyen du compas-aux-engrenages. On verra plus loin comment cela se pratique (**778**).

Le mouvement angulaire de la fourchette, pendant le passage d'une dent sur les plans inclinés étant connu, on enlève la roue et on place le plateau sur le calibre 1, c'est-à-dire en l'enfilant sur un arbre ajusté dans le trou *g*. On fait fonctionner l'ancre et le plateau pour s'assurer que le bouton ne touche qu'aux parois de l'entaille de la fourchette, et qu'il passe devant les cornes avec un jour de sûreté suffisant.

Il faut se souvenir, dans le cours de cette opération, que c'est le doigt qui mène au commencement de la levée, tandis que c'est, au contraire, la fourchette qui conduit vers la fin.

On a dû donner au bouton une longueur suffisante, et qui permette à l'œil de suivre et d'apprécier facilement le jeu de cette pièce.

Le plateau étant retourné sur l'arbre qui lui sert d'axe, et l'ancre étant arrêté à la limite de son mouvement angulaire (10°), le plateau doit effleurer le dard. On tourne sur le tour ce plateau de grandeur convenable, et l'on ébauche son échancrure, afin de faire une nouvelle vérification sur le compas.

Nous venons de dire que, l'ancre ayant accompli son mouvement angulaire de 10°, le plateau doit effleurer le dard ; et en effet, le point de repos de la fourchette ou la place du plot est un peu en dehors du mouvement angulaire de 10°, puisqu'on laisse, par mesure de précaution, un petit jour de sûreté entre l'extrémité des inclinés et la circonférence de la roue. La quantité dont le dard peut s'écarter en dehors de la ligne qui borne les cinq degrés de la demi-levée de fourchette suffira presque toujours à procurer un jour de sûreté assez grand entre le dard et le plateau.

D'après ce qu'on vient de voir, il est facile de trouver la place des plots ou la largeur de la creusure dans laquelle l'ancre sera logé.

Vérification faite sur le compas-aux-engrenages, on trempe et on termine le plateau avec quelque précaution, car son échancrure peut être la cause qu'il devienne *mal rond*, surtout quand on l'adoucit ou quand on le polit.

Le bord de ce plateau doit être arrondi et très bien poli. Le frottement sera bien moins considérable quand un contact aura lieu entre ce bord et le dard.

La trempe de l'ancre exige les soins que l'on doit prendre pour toute pièce délicate soit, par exemple, pour une roue de cylindre car il faut éviter que cet ancre ne se tourmente et ne se déforme dans cette opération, ce qui changerait la quantité d'écartement des bras. Dans ce cas-là, il faudrait des levées d'une longueur un peu différente de celle donnée par le calibre, et l'échappement ne serait pas tout à fait dans les conditions du tracé, ce qui changerait la position des points de plantage (**698**).

L'ancre revenu bleu, et poli avec soin aux flancs de l'entaille de fourchette, aux faces du dard, etc., on le garnit de ses levées de laiton, et l'on s'assure, par une vérification faite sur le compas-aux-engrenages, que rien n'a été dérangé à la trempe.

Soins à prendre dans l'exécution.

763. En exécutant soit le calibre, le disque-à-pivots ou l'ancre, il faut toujours percer les trous sur l'outil-à-percer-droit, ces trous ayant été préalablement pointés, et surtout quand ils sont placés à l'intersection de deux lignes, avec les soins que l'on prend lorsqu'il s'agit d'un engrenage.

Lorsqu'une des pièces est superposée à l'autre pour y percer des trous correspondants, le foret qui sert à les pointer doit être plein et cylindrique, sauf la petite partie réservée pour la mèche, et il doit entrer librement, mais sans jeu, dans le trou déjà percé. Le trou pointé se percera d'abord un peu profondément avec un foret fin.

L'ajustement à frottement dur des arbres que l'on pousse dans les trous du calibre doit être parfait et les arbres très ronds. Si le calibre a une assez forte épaisseur, on sera certain de n'avoir jamais à craindre de dérangement dans la position des centres, quelque nombre de fois que ces arbres soient enlevés et remis en place.

Il est presque inutile d'ajouter que la roue, l'ancre, le plateau, doivent entrer librement, mais sans jeu, sur les arbres ajustés au calibre pour y servir d'axes à ces pièces.

Quand on opère le tracé des lignes, il ne faut percer d'abord que les trous nécessaires pour centrer la plaque sur la pompe de l'outil-à-fendre ; les autres trous, qui donnent la direction des lignes, doivent être seulement pointés. On percera ces derniers quand la ligne qui passe par leur centre sera tirée, parce qu'un point est un guide plus sûr qu'un trou, à moins toutefois que celui-ci ne soit très fin.

Nous n'avons indiqué d'autre méthode pour le tracé des angles et des lignes que l'emploi de l'outil-à-fendre : c'est la seule qui procure une grande justesse. On peut, à défaut d'autres moyens, se servir de languettes d'acier formant des angles égaux à ceux que l'on veut tracer, languettes dont on s'est pourvu à l'avance, et quand on était en position de le faire, mais ce moyen est peu sûr : il vaut mieux lui préférer l'usage d'une *grammaire*.

L'article **507** fait connaître la figure et l'usage de cet instrument, qui peut lui-même servir pour la construction de petites équerres et des languettes en question.

En résumé, la construction d'un ancre n'offre pas de grandes difficultés, mais elle exige une précision absolue dans les mesures et, comme on dit en termes d'atelier, une grande fidélité d'exécution. L'ouvrier qui ne connaît pas à fond l'échappement, ou qui ne possède pas les habitudes d'un travail sûr et précis, réussira difficilement, même après plusieurs tentatives et il ne faut pas que l'ouvrier capable et instruit, mais qui n'a jamais construit d'échappement à ancre, s'imagine qu'il réussira du premier coup : le succès, qui pour lui ne se fera pas attendre, sera toujours le résultat d'un certain nombre d'essais.

Observation.

764. L'ancre qui vient d'être exécuté appartient à la classe de ceux dits à impulsions égales.

Si l'on voulait que les repos fussent aux points tangents, il faudrait que les deux lignes *ad* et *ac*, fig. 119, p. 381, au lieu de traverser les deux trous *d* et *c* ne fissent que les effleurer, et que ces trous fussent placés l'un en dedans de *ad*, l'autre en dehors de *ac*.

Cette simple observation doit suffire maintenant pour que tout lecteur soit capable de tracer le calibre de l'une et de l'autre espèce d'échappement.

Construction d'un ancre droit.

765. Le tracé du calibre se fait exactement de la manière qui vient d'être décrite car il ne peut présenter de différence que dans la position du centre *g* (fig. 118, p. 380), absolument comme si tout le système *hijl* ayant pivoté sur le point *b*, la ligne *bg* était devenue la continuation de *ab*.

De nouveaux détails seraient tout à fait superflus après ceux qui précèdent et après les indications fournies par l'article qui enseigne à dessiner un échappement à ancre.

Construction d'un ancre à levées couvertes.

766. La construction de l'ancre à levées couvertes se fait de la même manière et par les mêmes moyens. On trace sur l'acier la largeur des bras et leur inclinaison et l'on taille ces bras sur le disque-à-pivots ; seulement, pour cette opération, deux fraises sont nécessaires. On les fixe solidement sur un arbre en plaçant entre elles deux un disque de métal d'un diamètre plus petit que celui des fraises, mais d'une épaisseur égale à la largeur d'un bec. Pendant le fendage, le bras de l'ancre s'avancera entre les deux fraises, qui évideront ainsi l'acier de chaque côté de ce bras (fig. 123).

On pourrait opérer avec une seule fraise, qui viderait un seul côté du bras à la fois.

L'ancre, renversé sur le dos, étant mis en cire fortement, on fend les bras avec une fraise dans le sens de la longueur de l'ancre, pour le placement des levées en pierre.

À défaut d'un outil spécial, tout horloger saura en construire un qui lui servira pour cette dernière opération.

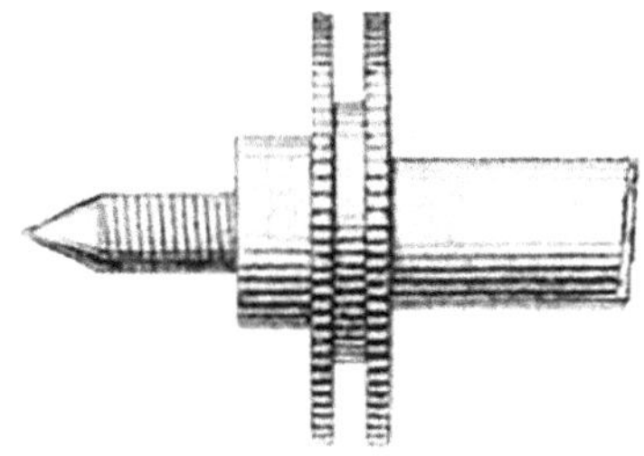

Fig. – 123.

Fourchette à languette de sûreté d'une seule pièce.

767. Les échappements à noyau de sûreté sont pourvus d'un dard fixé sur la fourchette par une vis et un pied, ainsi que le montre la fig. 102, p. 339.

Cette construction est délicate et, par conséquent, augmente le prix de l'échappement ; aussi a-t-on essayé de construire des échappements où la fourchette et le dard sont faits d'une même pièce d'acier.

Indiquons sommairement les différentes opérations :

La fourchette étant ébauchée et sa tête laissée suffisamment massive, on forme l'ouverture des cornes par une double fraise, comme en *b* (fig. 121, p. 383), qui laisse subsister entre les deux cornes une languette qui se projette en avant.

La fourchette, renversée sur le flanc, est ensuite présentée contre une fraise *c* qui vide l'intervalle entre les fourchons et le dard (fig. 120, p. 383).

Dans l'opération qui suit, une fraise cylindrique *d* enlève de chaque côté du dard la matière inutile de façon à ne laisser au-dessous des cornes qu'une languette droite, et qu'on façonnera dans la forme qui convient au dard (même fig. 120).

Le seul point difficile dans le travail réside dans la formation de l'entaille ou ouverture rectangulaire de la fourchette, car il faut d'abord faire disparaître le petit appendice resté entre les cornes (*b*, fig. 121, p. 383), ensuite pratiquer à sa base l'ouverture qui reçoit le bouton d'impulsion, et tout cela sans endommager le dard.

Ce résultat est obtenu à l'aide d'une petite fraise à tête de champignon, dont l'épaisseur égale la largeur de l'ouverture de la fourchette.

On pourrait simplifier ce dernier ouvrage en perçant préalablement, au point qu'occupera l'ouverture, un trou qui en ait exactement le diamètre, et dont la profondeur n'atteindrait pas le dard. La largeur de ce trou étant un peu plus grande que la largeur de la languette restée entre les fourchons, celle-ci tomberait d'elle-même, et le diamètre du demi-vide du trou fixerait la position et l'épaisseur du petit champignon qui servirait à découper l'ouverture.

On pourrait encore accomplir ce dernier travail à l'aide d'une fraise cylindrique semblable à celle que l'on emploie pour former les U des roues de cylindre. Elle devrait avoir un mouvement d'arrière en avant si elle était maintenue dans la position verticale ou bien, si sa position était horizontale, elle devrait recevoir un mouvement de haut en bas.

768. On a encore construit des fourchettes sur lesquelles était réservé un petit plot, le tout d'un seul morceau de métal. Dans ce plot, le dard s'ajustait à frottement ou à vis.

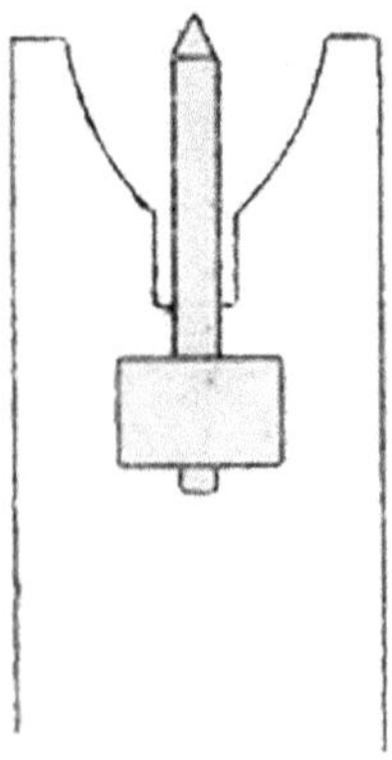

Fig. – 124.

Un spécimen de ce genre de fourchette fait l'objet de la fig. 124.

L'intérieur des fourchons peut alors être découpé par le moyen ordinaire, c'est-à-dire avec une simple fraise pleine, et telle que celle vue en *a*, fig. 125.

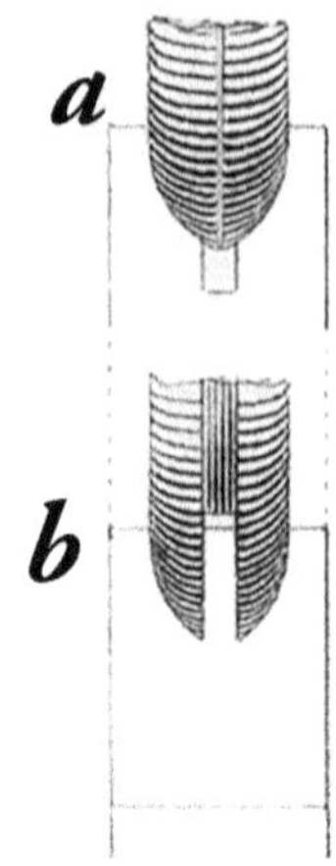

Fig. – 125.

Des pivots et des trous.

769. L'échappement doit être garni de trous en pierre à tous ses pivots. Les Anglais n'en mettent pas à la plupart des pivots des ancres, et même des détentes-sur-pivots dans leurs chronomètres de poche. Ces deux pièces peuvent, en effet, s'en passer, l'huile restant fluide plus longtemps aux pivots, qui sont doués de mouvements alternatifs et en sens contraire mais dans nos montres françaises, où la force motrice est moindre que dans les montres de nos voisins, il faut conserver les pierres, l'expérience indiquant que c'est un des moyens propres à diminuer la résistance que l'inertie de l'ancre, combinée avec les frottements et l'huile, oppose à la rapidité du mouvement.

Une raison analogue recommande l'emploi des contre-pivots à tous les trous.

Les pierres de l'échappement doivent être des rubis ou saphirs d'Orient. Nous en avons dit ailleurs la raison.

770. La forme qui convient aux pivots est celle représentée fig. 104, p. 340. Cette forme, ainsi que nous l'avons déjà dit, procurant une plus grande solidité aux pivots, permet de les faire un peu plus fins.

La parfaite rondeur du pivot est une des conditions d'un bon réglage, l'horloger fera bien de s'en souvenir et de mettre de côté la lime-aux-pivots, tournant ceux-ci assez fins pour qu'il puisse les terminer avec deux brunissoirs, l'un rude et l'autre doux.

771. Le jeu des pivots du balancier dans les trous doit être une moyenne entre celui indiqué comme nécessaire à l'échappement à cylindre (**415**) et celui nécessaire à l'échappement Duplex (**555**). Le jeu des pivots Duplex ne serait pas suffisant pour le balancier d'ancre, et celui des pivots du cylindre serait trop considérable. Avec des trous trop grands, l'échappement à ancre se règle moins bien, parce que quelques effets de fourchettes ou de levées sont variables ou occasionnent des temps perdus dans les changements de position mais quand les trous sont trop justes, l'échappement est sensible à l'épaississement de l'huile. En somme, des trous plutôt un peu grands, quand les effets sont sûrs, ont moins d'inconvénients que les trous justes.

Revoir les articles **415** à **417** et **555**.

Détails pratiques sur le spiral.

772. Avec l'échappement libre et à vibrations étendues, le spiral doit être long, et l'on se trouve bien de l'application du spiral isochrone ou approchant de l'être.

L'isochronisme ne dépend pas du nombre de tours, mais de la longueur et de l'état général de la lame du spiral.

Pour chronomètre et quand le spiral cylindrique a pour diamètre environ le tiers du diamètre du balancier, l'isochronisme se trouve à peu près vers le huitième tour, tandis que dans les montres ordinaires du commerce, c'est vers le douzième tour qu'on le rencontre assez souvent.

Il est bien entendu que cela ne signifie pas que par le seul fait qu'un spiral cylindrique a 8 tours et un spiral plat 12 ils sont isochrones, et il faut se rappeler ici ce qui a été dit précédemment sur les modifications qu'apporte avec le temps, dans la marche d'un échappement, le choix de telle longueur de spiral de préférence à telle autre (**652**).

773. Comme on ne peut employer le spiral cylindrique dans les montres du commerce, on donnera la préférence au spiral *coudé*, dit spiral Breguet. Cette forme permet de le tenir assez long et les spires suffisamment écartées pour qu'on n'ait pas à craindre le contact de deux et même de plusieurs de ces spires par les grandes vibrations. En outre, elle procure une plus grande régularité dans la marche des spires, qui s'ouvrent et se ferment symétriquement, et sans se jeter de côté, comme cela a toujours lieu avec le spiral ordinaire.

La virole doit avoir un diamètre plutôt petit que grand.

Le spiral ne doit être gêné ni contraint dans aucune de ses parties, et surtout à ses deux points d'attache dans la virole et au piton.

Les détails qui seraient nécessaires ici, et afin de n'avoir plus à les répéter pour tous les échappements libres, ont été réunis dans l'article du *spiral isochrone*, et l'on fera bien d'extraire des passages qui concernent le spiral des échappements à cylindre et Duplex tout ce qui est applicable au cas présent.

Détails pratiques sur le balancier.

774. On ne pourrait que répéter ici une partie des articles **422**, **558** et suivants, nous y renvoyons.

L'échappement à ancre a donné de bons résultats avec le balancier ordinaire de dimensions convenables, mais il trouve un puissant élément de régularité dans le balancier compensateur.

775. Le poids du balancier de l'échappement à ancre est tenu d'ordinaire un peu supérieur à celui du balancier de l'échappement Duplex, le dégagement de l'ancre exigeant un effort assez considérable, qu'un balancier un peu lourd peut seul produire (**423** et **440**).

776. On prend pour moyenne de la grandeur du diamètre de ce balancier deux fois le diamètre de la roue d'ancre mais dans le chronomètre de poche, où la force motrice est abondante et où la roue d'échappement est tenue un peu plus petite que dans les montres ordinaires, on pourra donner à ce balancier, et en moyenne, deux fois et demie le diamètre de la roue (**559**).

777. On fait battre habituellement à l'échappement 18 000 vibrations par heure pour montre d'homme grandeur moyenne (**424**) .

Dans les montres anglaises, qui ne battent, pour la plupart, que 14 400 vibrations, la grandeur moyenne du balancier est de deux fois et demie le diamètre de la roue environ.

Toutes ces données, comme celles de l'article précédent, ne sont que des moyennes obtenues empiriquement, et qu'il faut compléter et rectifier par les articles consacrés spécialement au Spiral, au Balancier et au Réglage (*Troisième partie*).

C'est dans le second de ces articles que sont rassemblées toutes les indications nécessaires à celui qui veut exécuter un balancier compensateur. Aussi ferons-nous seulement, et par anticipation, remarquer que celui-ci ne souffre pas de médiocrité dans l'exécution et, à moins que cette dernière ne soit parfaite, il ne faut pas couper la lame bi-métallique. Avec un mauvais balancier compensateur, le réglage est incertain et ses variations sont plus considérables que celles que l'on aurait à craindre avec un simple balancier ordinaire bien fait.

Vérification de l'échappement sur le compas.

778. La roue et l'ancre étant placés aux broches d'un compas-aux-engrenages, et l'axe de l'ancre étant armé d'une aiguille ou index[38] propre à accuser la marche de la pièce, sur un petit appareil gradué, ajusté à frottement sur la broche, appareil semblable à celui représenté fig. 42 (page 199) ; on ferme doucement le compas jusqu'à ce que, en faisant tourner la roue, on puisse produire un mouvement de levée totale de 10° à la fourchette.

La *ligne du centre* de l'appareil doit partager exactement le milieu de ces 10 degrés.

Quand (en conduisant la roue et l'ancre) on fait parcourir à la fourchette l'angle entier de 10°, on remarque que cette levée totale se décompose en deux parties inégales et distinctes. La première comprend toute l'étendue du repos que parcourt la dent pour arriver au bord de l'incliné du bec, la seconde comprend le passage de la dent sur cet incliné. Or, puisque ces deux actions se suivent et remplissent, pour ainsi dire, l'angle total parcouru par la fourchette, il est bien clair que ce que l'une des deux perd, l'autre le gagne, et réciproquement, et qu'en conséquence, si le repos est de 3°, la demi-levée est de 7°, et de toute nécessité elle commence 2° avant la ligne du centre, ce que l'index indique sur l'appareil.

Le repos étant de 2°, la demi-levée commence alors 3° avant le centre, et ainsi de suite.

Si la demi-levée commence trop près de la ligne du centre, c'est que les inclinés des becs, ou ceux des dents de la roue, sont trop bas. Si la demi-levée commence trop loin de la ligne du centre, c'est que les inclinés (soit de l'ancre, soit de la roue) sont trop hauts.

Dans le premier cas, il y a trop de repos, et il en manque dans le deuxième cas.

On vérifie les *deux tirages*. Le parcours de l'index sur le cercle gradué fait connaître s'ils sont suffisamment égaux. La direction de la pression de la dent doit passer *au-dessous* du centre de l'ancre pour la levée rentrante, et *au-dessus* pour l'autre levée (**699**).

Avec un tirage très résistant, il faut peu de repos (1° ½ à 2°) ; avec un tirage faible, le repos doit être un peu plus étendu (3° à 4°). C'est à l'expérience et à la sagacité de l'ouvrier de régler la quantité de ce repos qui, dans tous les cas, doit toujours être bien *assuré*, mais avec le moins de pénétration possible.

Les inclinés des becs ayant la hauteur convenable, on diminue à volonté l'étendue du repos en penchant de plus en plus le plan incliné des dents.

[38] On fait porter l'index en fil de laiton, recuit et se courbant à volonté, par un petit cuivrot-à-vis ajusté sur l'axe, et l'on fait fonctionner l'échappement en appuyant légèrement sur le cuivrot.

Nous savons que l'incliné des becs est ordinairement d'une hauteur propre à produire un mouvement de 5° à la fourchette. Il est facile de vérifier si cela est quand la dent est pointue et, quoique la chose paraisse plus compliquée, il est tout aussi facile de s'en assurer quand la dent est large. On fait parcourir dans ce cas toute la longueur du plan incliné du bec par l'angle *i* du devant de la dent, et sans que cet angle dépasse le bras, c'est-à-dire de façon que l'angle *i* de cette dent s'arrête en *s* ; ainsi que la chose est indiquée fig. 114 (page 367). Le bec a été ainsi repoussé de l'intervalle compris entre les deux arcs *d, s*, c'est-à-dire seulement de la hauteur exacte de l'incliné de l'ancre, et la position de l'index fait connaître en degrés cette hauteur. Si la dent continuait d'avancer, elle chasserait le bras, non plus de la seule hauteur de l'incliné du bec, mais de cette hauteur plus la hauteur de son propre incliné à elle.

Si les chutes extérieures et intérieures sont trop précises, c'est que les becs ou les dents de la roue sont trop larges. Des chutes trop fortes, mais égales dehors et dedans, sont l'indice de levées ou de dents trop étroites.

De grandes chutes en dehors et pas de chutes en dedans indiquent un ancre trop fermé, ou bien encore des bras laissés trop longs et des chutes fortes en dedans, faibles en dehors, prouvent que l'ancre est trop ouvert, ou que les bras sont trop courts.

Ces défauts peuvent également avoir pour cause un bec qui n'a pas la largeur convenable.

Les corrections faites et la vérification terminée, on trace sur la platine de la montre et du trou de la roue pour centre, l'arc de cercle sur lequel se trouvera plus tard le centre de l'ancre.

La roue enlevée du compas est remplacée par l'axe du balancier. Cet axe est garni de son plateau et d'un index propre à indiquer la marche de la levée totale sur un second appareil (fig. 42, page 199), ajusté sur l'une des broches qui portent cet axe de balancier.

On fait jouer le bouton dans l'entaille de fourchette, et l'on tourne les appareils des broches de façon que chaque index parcoure autant d'espace avant qu'après la ligne du centre pendant le mouvement en avant et en arrière du bouton dans l'entaille.

On pousse la fourchette conduisant le bouton jusqu'à ce que l'index (de l'ancre) ait dépassé légèrement les 5° après la ligne du centre et, cette fourchette maintenue au repos dans cette position, on s'assure que le bouton peut sortir et rentrer dans l'entaille sans toucher aux cornes, et qu'il attaque, à la rentrée, bien en plein le flanc de l'entaille.

Le jour de sûreté entre le bouton et la corne doit être un peu plus grand que le jour entre le dard et le plateau.

Le dard doit opérer sa rentrée dans l'échancrure du plateau avec une suffisante sûreté.

Le bouton engagé de nouveau dans l'entaille, on ramène la fourchette en arrière, et d'autant de degrés après la ligne du centre qu'elle en a parcouru en avant de cette ligne, et l'on fait une vérification semblable à la première.

Si la levée totale (entre 45° et 55°, **701**) est insuffisante, c'est que le bouton a été placé trop loin du centre du balancier : la fourchette est alors trop courte relativement.

Si, au contraire, la levée est trop considérable, c'est que ce bouton a été trop rapproché de l'axe du balancier, et alors la fourchette se trouve être trop longue (**718**).

On corrige, s'il y a lieu, et dans la limite fixée par les nécessités de la pratique ordinaire. La vérification terminée, on décrit avec le compas, du centre du balancier et sur la platine de la montre, un arc de cercle qui doit se croiser avec l'arc de cercle précédemment tracé du centre de la roue le point d'intersection est le centre de l'ancre.

Vérification courante de l'échappement en place.

779. Lorsque la platine de la montre n'est ni dorée ni garnie de ses trous en pierre, on peut faire la vérification à la surface de cette platine, et comme la chose a été pratiquée sur le calibre (**762**).

Les points de repère, dits *points de levée*, étant marqués aux places convenables, le grand ressort étant armé, et le balancier gêné par un papier, on fait marcher ce balancier et l'on opère la vérification de la levée totale, de la hauteur des inclinés, de la longueur des repos, des deux tirages, des chutes. L'habitude des vérifications sur le compas suffit pour donner à l'ouvrier une grande justesse de coup d'œil, et qui lui permet d'apprécier ces quantités à la simple vue.

Le balancier arrêté au milieu de sa grande levée, on s'assure que le bouton joue dans l'entaille de fourchette avec un ébat suffisant.

Tout en faisant décrire, en avant et en arrière, un tour entier au balancier, on fait vaciller la fourchette entre le plot où elle se repose et le plateau contre lequel le dard va s'appuyer, afin d'être certain que le jour de sûreté est suffisant et que la fourchette ne peut pas renverser. Dans cette opération, et hormis quand le dard entre dans l'échancrure du plateau, ce dard doit toujours toucher au plateau contre lequel il est poussé ; s'il restait le moindre vide entre deux, ce serait la preuve que le bouton frotterait à la corne.

Si le vacillement a trop d'étendue, ce qui provient d'un plateau trop petit ou d'un plot placé trop loin, on court le risque, dans le dernier cas, de voir le bouton attaquer la fourchette par l'angle qui termine la corne et même par la corne ; dans le premier cas, quand le dard est poussé contre le plateau, de voir la dent abandonner le repos et se présenter au bord de l'incliné du bec, ou même s'avancer un peu sur cet incliné.

Ce défaut est extrêmement grave, et nécessite le changement du plateau. (Nous avons vu que ce défaut peut aussi avoir pour cause des inclinés trop élevés en hauteur ou des repos trop courts.)

L'on s'assure dent par dent de la *sûreté* des repos et l'on examine, lorsqu'un bec effectue sa rentrée dans un vide de la roue, si l'angle de ce bec passe devant le talon de la dent avec un petit jour entre deux.

La fourchette, appuyée alternativement sur chacun de ses plots, on ramène en arrière la dent qui vient de décrocher, afin de vérifier s'il existe un jour suffisant entre l'extrémité du bec et le talon de la dent.

Dans toutes les montres à ancre, il serait utile de découper au-dessous de l'échappement une lanterne qui permît à l'œil de suivre et d'étudier le jeu du bouton car ce n'est que difficilement qu'on acquiert la certitude que ce bouton attaque franchement le flanc de l'entaille et qu'il ne frotte pas aux fourchons.

Le vacillement de la fourchette prouve bien que le bouton ne touche pas aux fourchons quand la fourchette est appuyée au plot, mais il n'est pas une preuve que ce bouton ne frotte pas sur la courbe intérieure du fourchon dans le même temps que le dard frotte au plateau, c'est-à-dire quand une secousse a chassé la fourchette de son plot d'appui. On comprend combien ce double frottement est pernicieux.

En regardant avec une forte loupe par l'échancrure du plateau, tout en conduisant le balancier avec les doigts, il est presque toujours facile de s'assurer que le bouton prend bien (à sa rentrée) sur le flanc de l'entaille, mais il y a plus de difficulté à obtenir la certitude qu'il n'effleure pas les cornes. L'emploi du rouge à polir, pas trop liquide et mis en couche mince (d'abord sur le flanc du bouton, puis dans une seconde opération, sur le devant de ce bouton), est un moyen dont on peut user à défaut d'autres, mais il peut aisément tromper s'il n'est employé avec beaucoup de précaution et de sagacité.

Cette dernière vérification peut être faite avec facilité à l'aide d'un petit instrument très simple, et que tout horloger peut construire lui-même d'après la description qui suit.

Compas à doigt de levée.

780. Il se compose d'une tige ronde emmanchée et terminée par un pivot creusé en cône à son extrémité (*ab*, fig. 126), sur laquelle est chaussé à frottement ferme, mais pouvant glisser sous la poussée de l'ongle, un tube C, terminé vers le bas par un appendice. Sur cet appendice est montée une petite équerre *d*, qu'on fait avancer ou rétrograder au moyen d'une petite vis de rappel fixée dans l'appendice. La direction dans un plan vertical de l'équerre est assurée par la présence de la cheville *n* et de la glissière *ij*, qui embrasse le tube par ses deux fourchons.

Le bras en retour d'équerre reçoit un doigt, qu'on remplace par un autre au besoin, et qu'on fixe par une petite vis de pression.

Le lecteur a sans doute déjà compris l'usage de ce petit appareil.

Après qu'il a fixé en *s* un bouton de dimensions semblables à celui de l'échappement dont il veut vérifier les fonctions, il présente le pivot du balancier au creux de l'extrémité de *a* et, les deux pivots tenus ainsi bout à bout, il devient facile d'obtenir, par la vis *d*, la parfaite correspondance du doigt du balancier et du doigt de l'outil.

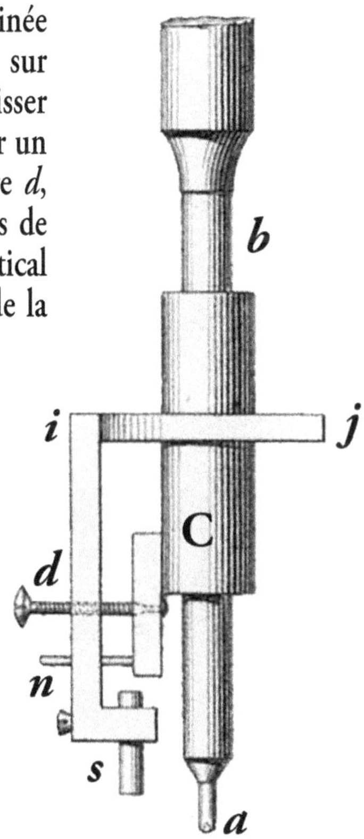

Fig. – 126.

Le reste de l'opération s'explique par le simple examen de l'outil : le pivot *a*, reposant au centre de la petite creusure, dite *huilier*, du trou du pivot du balancier, et la tige *ab* maintenue bien perpendiculaire à la platine de la montre, on fait manœuvrer l'ancre en tournant cette tige, tout comme le ferait le bouton du balancier.

La tige *ab* ne doit pas être trop courte, on ne pourrait alors vérifier que difficilement la parfaite perpendicularité de l'outil, qu'il faut léger et construit avec précision.

Plantage de l'échappement.

781. Le pivotage et la mise en place n'offrent d'autre difficulté que de bien déterminer la position des portées ou des extrémités des pivots. On y parvient sans peine en se conformant aux indications contenues dans les articles **473** et **474**, etc.

Réglage du plat au pendu.

782. Dans le travail courant, les instructions de l'article **431** suffiront et pour régler en quelques heures, on consultera le n° **432** et les suivants.

Quant au réglage des montres de qualité supérieure, voir l'article qui traite particulièrement du réglage, dans la *Troisième partie* de cet ouvrage.

Chapitre IV

Des causes des arrêts et des variations de l'échappement à ancre.

Examen de l'échappement.

783. Il faut apporter, dans l'examen d'un échappement à ancre, beaucoup de soin et toujours procéder avec méthode et précaution, parce qu'en outre que certains défauts ne se découvrent que difficilement, le même défaut peut avoir des origines très différentes. Exemple :

Une dent tombe sur le plan incliné du bec au lieu de tomber sur le repos, ce qui peut provenir :

1°. d'une roue ayant des dents longues et des dents courtes ;
2°. d'un ou même de deux bras de leviers qui sont trop courts ;
3°. de la trop forte inclinaison des plans inclinés ;
4°. d'un trop grand éloignement des centres ;
5°. de la réunion de plusieurs des causes ci-dessus.

Préalablement, il faut étudier la marche à l'oreille, et dans toutes les positions. Le coup de la levée n'est pas un coup sec, puisqu'il se compose de deux chocs presque instantanés. Malgré ce double choc il est facile, avec un peu d'attention et surtout d'habitude, de reconnaître si la marche est nette : tout *ferraillement* révèle la présence d'un défaut, soit dans l'échappement, soit dans le spiral, à moins toutefois que l'échappement n'ait accompli sa période d'un nettoyage à l'autre car un échappement malpropre, ou dont l'huile s'est épaissie, ne produit jamais un bruit bien net lorsqu'on met la montre à l'oreille pour l'entendre marcher.

En un mot, il ne faut toucher à l'un des organes ou à plusieurs, qu'à coup sûr autrement, on court le risque d'estropier l'échappement et de se voir dans la nécessité de le remanier en entier, opération dont l'ouvrier sûr de son affaire peut seul se tirer avec honneur.

De l'arrêt-au-doigt.

784. L'arrêt-au-doigt provient d'une des causes suivantes :

1°. Force motrice trop faible ; défaut qui a sa source soit dans des engrenages défectueux, soit dans le peu de force du ressort moteur.
Ainsi que nous l'avons déjà fait remarquer, à moins d'une bonne force motrice, l'échappement à ancre ne réussit pas très bien.

2°. Les surfaces frottantes des bras de l'ancre et des dents de la roue mal polies. Ces défauts nuisent beaucoup à l'étendue des vibrations du balancier.

3°. Le tirage trop considérable, soit sur un seul bras, soit sur les deux.

4°. La levée totale trop étendue. L'action de la fourchette se faisant dans une direction de plus en plus oblique à celle du bouton, la force dont cette fourchette est animée se perd par décomposition et plus la levée est grande, plus l'action efficace sur le bouton devient faible, tandis que la résistance de celui-ci augmente. Avec 60° de levée, la résistance du bouton est déjà grande vers la fin de cette levée.

5°. Des plans inclinés (soit ceux des becs de l'ancre, soit ceux des dents de la roue), ayant une hauteur insuffisante. La dent butte sur le repos au lieu de se présenter sur le plan incliné du bras.
Cet arrêt-au-doigt peut ne se produire que sur un des bras de l'ancre et avoir pour cause un spiral dont le piton aurait été mal repéré.

6°. L'entaille de fourchette mal polie ; le doigt frotte alors avec beaucoup de rudesse.

7°. L'entaille de fourchette trop étroite et où le doigt est gêné, ce qui peut également provenir d'un doigt collé en biais ou d'un doigt trop gros.

8°. L'ensemble de l'échappement, roue, ancre, fourchette, plateau, et surtout balancier trop massif et trop lourd ; ce défaut est malheureusement très commun dans les ouvrages de plusieurs fabriques suisses.

Ont été omises les causes d'arrêt provenant, soit de l'absence de l'huile aux points de contact où sa présence est nécessaire, soit de l'épaississement ou de la trop grande abondance de cette huile.

Plateau trop grand, trop petit, mal rond, mal poli.

785. Le plateau trop grand ne laisse pas un jour de sûreté suffisant entre le rebord et le dard.

Avec le plateau trop petit, lorsque l'ancre, par l'effet d'une secousse, se détache de son plot d'appui, la fourchette renverse et passe de l'autre côté ou, si le plateau ne permet pas tout à fait à la fourchette de renverser, le contact du dard et du rebord du plateau se fait tellement près de la ligne des centres qu'il donne naissance à un frottement très dur, et qui peut très bien faire arrêter la montre de temps en temps.

Le plateau mal rond présente à certains endroits les inconvénients du plateau trop grand, et à d'autres les inconvénients du plateau trop petit.

Le rebord du plateau, s'il est carré ou mal poli, occasionne, par les contacts accidentels, un frottement assez âpre pour produire l'arrêt de la machine de temps à autre.

La présence de l'huile au bord du plateau, et par suite au dard, suffit pour dérégler une montre.

Dard trop long, trop court, trop évasé.

786. Fréquemment, ce n'est pas le plateau qui est trop grand ou trop petit) mais bien le dard qui est trop long ou trop court.

S'il est trop long, on le raccourcit avec précaution, c'est-à-dire en conservant son angle bien au milieu de l'entaille de la fourchette ; autrement, quand l'ancre s'appuierait sur ses plots, ce dard serait éloigné du plateau plus d'un côté que de l'autre.

L'angle du dard et ses deux faces latérales doivent être parfaitement polis et toujours très secs.

Si le dard (comme celui vu en F, fig. 99, p. 336) est trop court et qu'on ne puisse refaire le plateau, on enlève le sommet de l'angle pour lui substituer une goupille fine assez solide et suffisamment avancée vers le plateau pour ne laisser entre eux deux que le jour nécessaire.

Quelques rhabilleurs, après avoir détrempé la fourchette, et au moyen d'une lime à fendre les vis, fendent le coin en travers vers sa base, c'est-à-dire en séparant le sommet du triangle de la base, et jusqu'aux trois quarts de l'épaisseur totale ; puis, en frappant sur un tournevis entré aux deux tiers de la fente, ils poussent un peu en avant le sommet de l'angle. Ce moyen est dangereux.

Le dard ne doit pas être évasé, c'est-à-dire trop large ; il ne doit jamais toucher que par son extrémité au contour du plateau.

S'il a la forme vue en *r*, figure 104, p. 340, on peut l'allonger en le forgeant avec un petit poinçon en panne de marteau.

Entaille de fourchette trop étroite, trop large.

787. L'article **784** - 7° nous a montré les inconvénients de l'entaille étroite.

La fourchette, pendant l'impulsion, agit d'autant moins longtemps sur le bouton que la différence entre la largeur de l'entaille et la grosseur de ce bouton est plus grande, et la force du choc entre les deux pièces augmente en raison du jeu laissé au bouton entre les parois de l'entaille.

La trop grande largeur de l'entaille est aussi quelquefois la cause que l'angle de l'échancrure du plateau pousse le dard de l'ancre, ce qu'il faut éviter avec le plus grand soin.

Le contact d'impulsion de la fourchette trop court.

788. Ce cas provient de ce que les inclinés des bras n'ont pas une suffisante hauteur, ou de ce que le bouton a trop de jeu dans l'entaille de la fourchette ; parfois il en résulte que vers la fin de l'impulsion c'est le plateau qui pousse le dard, effet désastreux, et qui rend impossible le réglage de la montre.

Il faut bien se souvenir que le bouton, pendant toute la durée de l'impulsion, c'est-à-dire jusqu'au repos sur le plot, doit être constamment pressé par la même paroi de l'entaille, et que ce bouton ne doit avoir aucun contact avec la corne et la paroi opposées, soit pendant l'impulsion, soit à la sortie de l'entaille.

Inclinés trop élevés, ou trop bas.

789. Avec trop de hauteur aux inclinés, soit ceux des bras de l'ancre, soit ceux des dents de la roue, les repos sur les bras sont réduits à rien. Avec des inclinés trop bas, les repos sont trop profonds et l'impulsion est presque nulle. (La demi-levée réelle ne doit jamais être moindre de 5° ni plus de 8° du mouvement angulaire de la fourchette.)

La levée totale trop grande, trop petite.

790. On sait les inconvénients qui résultent d'une levée totale trop grande (**784** - 4°).

Quant à une levée totale trop courte, elle est causée, soit par des centres trop éloignés des inclinés d'ancre trop peu élevés, soit par un bouton placé trop loin du balancier ; c'est l'inverse du cas de trop forte levée. Si le mouvement angulaire de la fourchette est suffisant, il faut alors changer la position du doigt, c'est-à-dire rapprocher le bouton du centre de l'axe et replanter le balancier à la place convenable (**716** etc.).

Trop ou trop peu de tirage.

791. Beaucoup de tirage, surtout s'il se produit sur un long repos, exige un balancier très lourd et une grande force motrice.

Avec peu de tirage et un court repos, l'ancre se détache facilement du plot, surtout quand le porteur de la montre va à cheval. Ainsi qu'on l'a vu, si le tirage est très fort, on borne le repos (1° ½ à 2°) ; si le tirage est faible, on augmente la longueur de ce repos (3° à 4°), mais il faut se souvenir que, plus le repos est long et plus l'ancre offre de résistance à l'action du dégagement.

Trop de pénétration sur les repos et trop de tirage sont toujours une cause de perturbation dans la marche de l'échappement.

Les chutes trop grandes.

792. La grandeur absolue des chutes est en raison du recul et de la longueur des repos ; c'est donc en bornant au strict nécessaire ces deux quantités qu'on peut déduire les chutes à être les moindres possibles.

L'ancre trop *ouvert* ou trop *fermé*, les becs de l'ancre trop étroits ainsi que les dents de la roue, augmentent la grandeur des chutes et, ajoutant à la quantité inévitable due au tirage, forment ces énormes chutes que l'on remarque dans un grand nombre d'échappements qui nous viennent des fabriques.

Quand la chute est forte sur la levée *rentrante* et qu'elle est nulle sur la levée *sortante*, c'est que l'ancre est trop *fermé* ; si c'est le contraire qui a lieu, c'est que l'ancre est trop ouvert (**778**).

Des chutes trop grandes, mais égales sur les deux levées, sont l'indice que les dents de la roue ou les bras de l'ancre n'ont pas une suffisante largeur.

Des chutes trop fortes seulement d'un côté indiquent aussi parfois qu'un des bras est trop court ou trop étroit, et vice versa.

Les chutes inégales ne peuvent exister que par le fait d'une roue qui n'est pas ronde ou dont la division n'est pas juste.

L'inégalité de l'étendue des repos sur un bras a la même origine.

Peu ou pas de repos.

793. Si la dent tombe au bord de l'incliné, ou même sur cet incliné, la montre pourra bien ne pas s'arrêter, mais elle ne se réglera pas, et sa destruction sera rapide.

Il faut examiner lequel est le plus avantageux, ou de replanter l'ancre, ou de remplacer les levées par d'autres dont les inclinés seraient différents des premiers, ou simplement de décoller les levées primitives pour les faire avancer un peu ; mais il faut auparavant se bien rendre compte du changement que l'opération apportera dans l'étendue du mouvement angulaire de la fourchette.

Si l'on fait avancer un peu les levées, on peut au besoin en changer la forme, les incliner plus ou moins, et les repolir ensuite en employant de la poudre de diamant. On trouvera les indications nécessaires pour ce travail délicat dans les articles de l'outillage et du travail des pierres.

Forme défectueuse de l'intérieur des cornes.

794. On rencontre des échappements où la courbe intérieure des cornes est tracée du centre du balancier. Cette forme, que quelques fabricants adoptent afin de pouvoir polir avec un disque et d'une seule opération l'intérieur des cornes, est très défectueuse. Elle présente en saillie l'angle *v* (fig. 101, p. 338), qui peut être effleuré par le bouton sans qu'il soit facile de s'assurer si ce défaut existe. Un contact entre cet angle et le devant du bouton peut arrêter net l'échappement.

La courbe des fourchons, nous l'avons déjà dit, doit être telle que, lorsque la fourchette est dans la position indiquée par, la fig. 101, cette courbe soit presque parallèle à la circonférence décrite par le devant du bouton.

Quelques constructeurs la font tout à fait parallèle à cette circonférence et de même rayon (il doit être légèrement plus grand), mais il faut alors arrondir, du dedans au dehors, l'extrémité du fourchon, afin que le doigt ne puisse pas, par suite d'un défaut dans le plateau, venir frapper sur pointe de ce fourchon.

Résumé des autres causes d'arrêts et de variation.

795. Les autres causes d'arrêts ou de variations, en outre de celles déjà signalées soit dans le cours de ce chapitre, soit dans les trois précédents sont :

Un ancre frottant dans sa creusure, ou ayant si peu de jour entre deux que l'huile des levées s'y glisse.

L'absence de tigeron à l'ancre : l'huile du pivot coule entre l'ancre et le pont.

Les dents de la roue effleurant le centre de l'ancre : elles y laissent de leur huile.

Un ancre qui n'est pas en équilibre sur son axe.

Des dents de roue mal polies, et dont les angles grattent.

Le bouton trop long, frottant au fond de la creusure ; trop court et s'engageant parfois sur la corne par suite de la flexion de la fourchette ou du jeu des pivots.

Le bouton maladroitement collé et penchant en avant, ce qui le fait toucher aux cornes, ou penchant de côté, ce qui est cause que la fourchette chasse l'échancrure du plateau plus loin d'un côté que de l'autre.

LE BOUTON ET LES LEVÉES GOMMÉS PEU SOLIDEMENT et remuant en place.

UN PLATEAU PLACÉ EN BIAIS SUR SON AXE, ce qui arrive assez souvent aux plateaux auxquels on n'a pas conservé un petit canon d'ajustement.

UN MAUVAIS BALANCIER COMPENSATEUR, et dont les bras, en se contournant, dérangent l'équilibre.

UN BALANCIER COMPENSATEUR TOUCHANT QUELQUE PART quand ses bras s'ouvrent pendant les grandes vibrations et par l'effet de l'élasticité de ces bras et de la force centrifuge.

UN SPIRAL DONT QUELQUES SPIRES SE HEURTENT PAR LES GRANDES VIBRATIONS.

UN SPIRAL D'INÉGALE FORCE, et qui s'est RENDU OU DÉFORMÉ par des vibrations trop étendues.

UNE FOURCHETTE QUI, RAPPORTÉE SUR L'ANCRE, N'Y TIENT PAS SOLIDEMENT.

UNE INSUFFISANTE LARGEUR À LA CREUSURE OU EST LOGÉE LA FOURCHETTE, l'épaississement de l'huile, le moindre grain de poussière qui s'interpose entre la fourchette et la paroi de la creusure où s'appuie cette fourchette, suffisent pour arrêter ou gêner la marche.

Il est mieux de faire reposer la fourchette sur deux plots ou goupilles.

L'ÉCHANCRURE DU PLATEAU TROP GRANDE OU TROP PETITE. Trop petite, elle est cause que le plateau touche ou effleure le coin à la rentrée du bouton ; trop grande, il peut arriver qu'une secousse dérange la fourchette avant que le bouton ait pénétré dans l'entaille, il y a contact alors entre le bouton et l'intérieur d'une corne.

LES CORNES TROP FAIBLES DE LA BASE : elles peuvent être faussées par un brusque rebattement du balancier.

UNE FOURCHETTE LONGUE ET FLEXIBLE, avec ses plots d'appui mal placés. Elle fléchit par les rebattements un peu violents. Ce défaut *acquiert une certaine gravité* quand l'ancre prend son point d'appui sur l'axe de la roue (**683**).

L'HUILE, qui en coulant le long de la tige de roue d'ancre y produit le collement des bras de la fourchette (X, X', fig. 102, p.339).

L'AIMANTATION, soit de la roue et des bras d'acier de l'ancre, soit des bras de fourchette et de la tige de la roue, soit de la fourchette d'acier, dans laquelle fonctionne un bouton également d'acier.

DANS LES ÉCHAPPEMENTS ANGLAIS, où l'entaille de la fourchette est remplacée par deux goupilles sur lesquelles agit un doigt-de-levée, il suffit quelquefois de brosser l'ancre d'un mouvement un peu brusque pour fausser ces goupilles et changer toutes les conditions de l'échappement.

UN REBATTEMENT VIOLENT, quand le balancier est lourd et que les goupilles sont frêles, peut produire un effet identique au précédent, etc.

On relèvera, dans les causes d'arrêts et de variations des échappements à cylindre Duplex, etc., les cas applicables à l'échappement à ancre.

On fera de même quant aux outils ou procédés pratiques qui peuvent être utilisés pour cet échappement, et qui sont décrits dans la *Troisième partie*.

NOTES
sur quelques échappements à ancre de dispositions différentes.
Échappement à ancre de la construction la plus simple.

796. Cet échappement, imaginé par Perron en 1798, a été décrit, quant à sa forme actuelle, dans la *Revue chronométrique.*

Les plans inclinés sont entièrement portés par les dents de la roue (fig. 127) ; la fourchette et l'ancre sont faits d'un seul morceau de laiton, sur lequel deux petites goupilles *b* et *g*, qui remplacent les levées ordinaires, se relèvent de champ. L'extrémité de la fourchette, évidée au milieu, se termine par deux petites cornes à courbes extérieures rentrantes, en sorte que, leur convexité pouvant rencontrer le contour du plateau, empêche tout dérangement de la fourchette, excepté à l'instant où s'effectue la levée. Celle-ci a lieu par l'action de la palette en rubis *a*, incrustée dans le plateau.

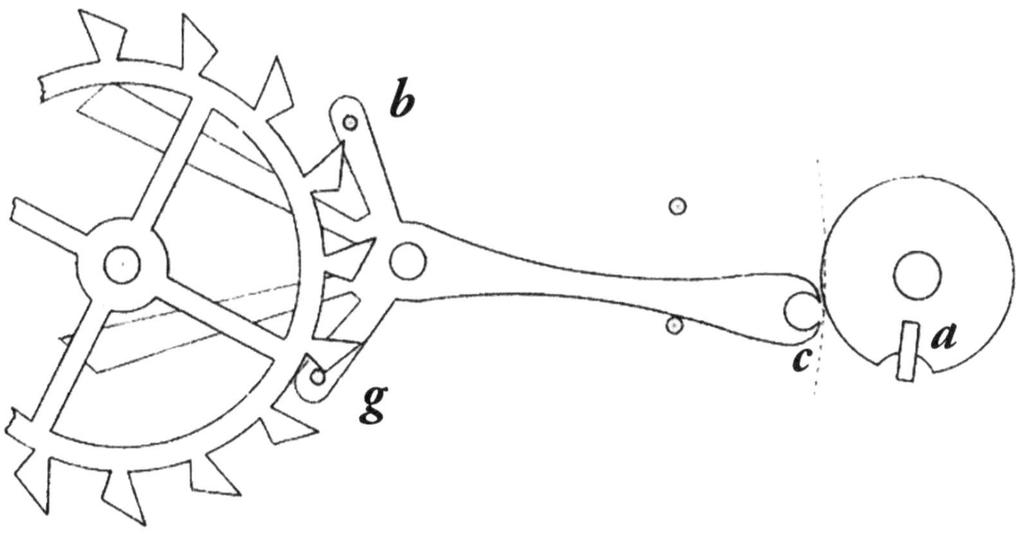

Fig. – 127.

Les dents de la roue doivent être suffisamment dégagées par derrière et recevoir par devant une inclinaison assez grande pour procurer un tirage qui assure la fixité de la fourchette au repos. Les goupilles plutôt fines que fortes : on peut retrancher la moitié de leur épaisseur, de façon que leur section horizontale soit en demi-cercle. Leurs faces frottantes devraient agir, si l'on voulait une grande précision d'effet, comme des lèvres de cylindre dans l'échappement de ce nom.

En résumé, la simplicité de cette construction est plus apparente que réelle, car elle exige d'assez grands soins d'exécution, autrement ses effets ne sont pas sûrs, et ceux qui ont imaginé de remplacer les chevilles par des rouleaux ou petits galets (Perron l'avait déjà fait en 1798) n'ont fait que la compliquer sans l'améliorer.

Échappements à ancre anglais

797. Dans l'horlogerie supérieure, l'échappement connu en France et en Suisse sous le nom d'ancre anglais ne diffère guère de ceux représentés précédemment.

Dans la généralité des montres anglaises, l'ancre est à levées couvertes. Il est indépendant de la fourchette et se fixe par-dessus. La fig. 128 nous montre un spécimen du genre qui lui-même comporte des dispositions de fourchettes différentes.

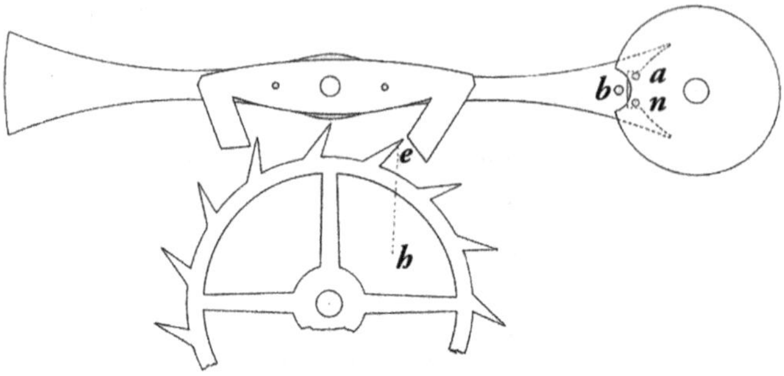

Fig. – 128.

L'une présente, au lieu du bouton ordinaire, un doigt ou palette, taillée dans le plateau (A, fig. 129) ; l'effet est identique à celui de la disposition adoptée pour l'échappement décrit au paragraphe **796**, et offre le même défaut de rapprocher de la ligne des centres le point d'attouchement du dard et du plateau. L'autre substitue au bouton deux goupilles *a, n* (fig. 128), et implante dans la fourchette, à la place qu'occuperait la pointe du dard, une cheville *b*, qui en remplit les fonctions. Ce système donne des facilités dans la fabrication mais il laisse craindre le dérangement des goupilles par une maladresse d'ouvrier ou par l'effet d'un rebattement un peu violent contre le revers des fourchons. Si l'on emploie des goupilles un peu grosses, il faut un plateau épais, ou bien que les goupilles, reposant sur des portées, soient rivées avec soin, limées par devant, etc., ce qui nécessite un travail équivalent (sinon plus considérable) à celui de l'exécution et de la mise en place d'un bouton triangulaire bien fait.

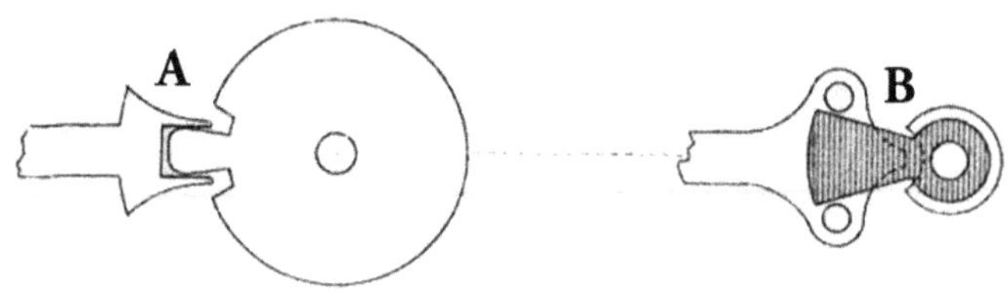

Fig. – 129.

Enfin, on pratique encore une troisième combinaison, celle vue en plan en B, fig. 129. L'extrémité de la fourchette, qui n'est pas entaillée, se termine en dard, avec rouleau correspondant, et sur la fourchette deux chevilles perpendiculaires à son plan y tiennent lieu des parois de l'entaille ordinairement pratiquée. Une palette en queue d'hirondelle, arrondie par devant concentriquement à l'axe du balancier, fait l'office du bouton usuel.

Nous ne nous étendrons pas davantage sur ces différentes constructions, ni sur quelques autres que l'on rencontre de temps en temps, le lecteur doit être maintenant en mesure d'en porter un jugement éclairé.

Échappement à ancre de M. Cole.

798. Frappé des désordres qu'amènent dans les montres les rebattements violents du balancier au revers des fourchons, M. J. F. Cole, de Londres, a cherché différents moyens d'y

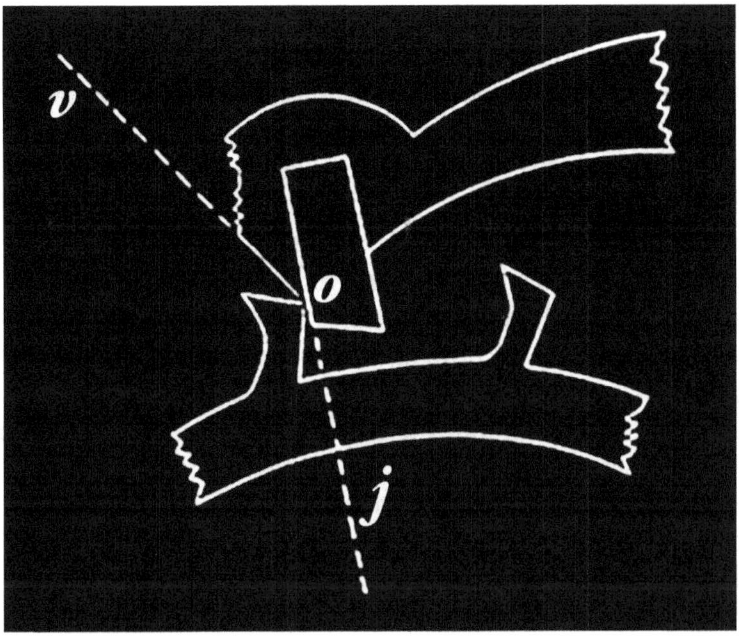

Fig. – 130.

remédier, et donne la préférence au suivant. Quand il emploie les échappements du genre de ceux à levées visibles de Genève, il laisse descendre la monture d'acier des palettes en rubis jusqu'au point de repos. Puis il lime cette extrémité de l'acier selon un plan incliné ayant la direction *ov* (fig. 130).

Lorsque la dent de la roue d'un échappement ainsi disposé presse sur le plan *so* (plan de repos), elle tire la palette en dedans ; au contraire, quand cette dent s'appuie sur le plan *vo* (que nous appellerons plan de répulsion), elle repousse immédiatement cette palette en arrière, et l'angle de contact de la dent s'arrête à l'intersection *o* des deux plans pour y rester en prise de repos.

L'effet de la direction des deux plans convergents est donc de ramener toujours l'ancre à sa position de repos, et de rendre inutiles les deux plots qui bornent l'étendue du mouvement angulaire de la fourchette. On les supprime.

Toutes choses ainsi préparées, si la fourchette est frappée au revers d'un fourchon, elle s'écartera pour livrer passage au bouton et le balancier, repassant deux fois coup sur coup, à son retour, se replacera de lui-même dans les conditions de son action régulière.

Avec un échappement à dents aiguës, le plan de répulsion est porté par la dent même (*eh*, fig. 128).

Nous n'avons pas eu entre nos mains de montres ayant un échappement de cette disposition, et ne pouvons rien dire des résultats pratiques.

Note sur l'ancre à repos circulaire.

799. Au dernier paragraphe du n° **631**, il est dit qu'on peut également assurer la stabilité d'un ancre que ses repos soient curvilignes, ou qu'ils soient droits. Nous aurions dû ajouter que ce cas ne peut être réalisé sur les repos concentriques à l'axe, qu'avec des bras fort inégaux.

On rencontre de temps en temps des montres à échappements à ancre à bras circulaires en acier, tels qu'on les a construits dès l'origine. Quand l'exécution en est convenable, ces montres se comportent assez bien à poste fixe, mais la généralité fait des écarts au porter.

Nous avons toujours obtenu la correction de ce défaut quand il était seul, par un changement dans la direction de la pression sur le repos ; mais alors, il y avait un peu de tirage, et l'usure des repos devenait un peu plus rapide.

La nécessité d'assurer la stabilité de l'ancre ressort clairement de l'étude de notre Théorie des échappements libres, et l'expérience confirme ses conclusions. Il faut se bien pénétrer que les déplacements irréguliers de l'ancre ont leur cause principale, non pas dans des mouvements circulaires autour de son axe, cas excessivement rare, mais dans les effets de trépidation et de réciprocité d'action des corps en mouvement.

Nous laissons au lecteur à tirer la conséquence des faits suivants : des ancres à bras circulaires garnis de pierres dures ont fait des écarts tant que l'huile y est restée un peu fluide, tandis que les mêmes irrégularités sont allées en s'amoindrissant avec des ancres à bras d'acier.

Ce qu'on doit attribuer à ce que la roue tenait plus fortement l'ancre au repos, quand la surface polie du bras s'était adoucie sous le travail des dents.

ÉCHAPPEMENT LIBRE À DÉTENTE

Chapitre I

Préliminaires.

800. La détente à laquelle cet échappement doit son nom affecte deux formes principales qui constituent elles-mêmes deux variétés d'échappements.

Dans l'un, la détente que les horlogers suisses appellent *bascule* est montée sur un axe roulant sur deux pivots. Le bras de cette détente sur lequel la roue s'appuie est ramené à sa position de repos, quand il en a été écarté par un ressort droit fixé sur la platine, ou plus fréquemment par un ressort-spiral assujetti à l'axe.

Dans l'autre disposition, la détente et le ressort sont faits d'une seule pièce et ce ressort, qui n'est que le prolongement de la détente, se termine du côté opposé au balancier par une petite patte qui sert à fixer le tout sur la platine. La faculté de dégager la roue en écartant le bras de la détente, et le retour de ce bras éloigné de sa position de repos, sont dus à l'élasticité du ressort ou partie amincie de cette détente.

Le premier de ces échappements est connu sous la désignation d'échappement *à détente pivotée* et chez les Suisses *à bascule.*

Le second porte le nom d'échappement à *détente-ressort.*

Le premier échappement libre à détente a été inventé et construit par Pierre Le Roy (**589**).

F. Berthoud a le premier employé la détente-ressort, et il faisait porter par le cercle ou plateau de l'axe du balancier le petit ressort dit aujourd'hui ressort de dégagement.

L'échappement à détente pivotée a été pratiqué particulièrement en France par Louis Berthoud, et après lui, par Motel. Ces deux artistes l'ont construit avec une grande perfection et en ont obtenu des résultats excellents.

J. Arnold adopta la détente-ressort de F. Berthoud, en modifia la forme et transporta le petit ressort de dégagement qu'il redressa du plateau sur la détente même.

Quoique cette modification soit attribuée à Arnold, nous croyons qu'elle a été pratiquée, si ce n'est avant lui, du moins dans le même temps, par Louis Berthoud.

À son tour, Earnshaw modifia la forme de la roue d'Arnold, qui fut plate au lieu d'avoir des dents relevées du champ ; il changea la direction de la pression sur le repos. Ces modifications, et quelques autres introduites par Breguet, ont amené l'échappement à détente-ressort à sa disposition d'ensemble actuelle.

Les fonctions de l'échappement à détente sont simples, mais il ne souffre aucun vice de principe, ni aucune médiocrité dans l'exécution.

Il exige impérieusement un spiral isochrone et un balancier compensateur. Il veut être manié avec quelque soin par son possesseur et ne réussit que dans de véritables chronomètres destinés aux observations scientifiques, et jamais dans les montres d'usage journalier.

L'admirable régularité que lui doivent en grande partie les chronomètres, principalement ceux construits par les maîtres français et anglais, et maniés par les astronomes, les marins et les savants, a fait croire à des fabricants de pièces à l'usage civil qu'il leur suffirait, pour obtenir des résultats supérieurs, de placer dans leurs montres de haut prix des échappements à détente plus ou moins bien copiés. Ils n'ont recueilli que des déceptions.

L'horlogerie de précision ne peut être abordée avec chance de succès que par des horlogers, non seulement habiles de la main, mais doués d'une suffisante instruction scientifique. Hors de là, pas de progrès, et l'on rencontrera bien quelques copistes parfois heureux mais non des artistes, et encore moins des maîtres.

Le commerçant horloger ne doit jamais présenter, comme pièces de précision, que celles qui sortent des mains des constructeurs éprouvés, c'est-à-dire connus par leurs succès dans la marine ou par des montres fournies à des savants, à des observateurs sérieux. Qu'il se souvienne surtout qu'en fait de chronomètre, le nom, quelque bien gravé qu'il soit sur une cuvette de montre, ne remplace pas la chose et que, pour les usages journaliers, l'échappement à détente, même parfaitement établi, ne réussit qu'entre des mains soigneuses ou délicates.

Dénomination des organes.

801. Cet échappement se compose :

1. - D'une roue plate à dents aiguës. Elle est représentée en A, figure 131 (page suivante) ;

2. - D'une détente d'arrêt sur laquelle la roue fait son repos.

Elle est dite *détente-ressort* (*p*BC, figures 131 et 132), lorsqu'elle est fixée par une petite patte sur la platine et amincie en C, où se trouve son centre de flexion et elle prend le nom de *détente pivotée*, ou de *bascule* quand elle est montée sur un axe comme les spécimens DF et M*r* des figures 133 et 134 p. 410. Le ressort destiné à ramener à sa position de repos la détente pivotée est nommé *ressort de rappel* ou *de retour.*

La détente porte en saillie en B (fig. 131 et 132, p. suivante), un petit cylindre en rubis, entaillé jusqu'à moitié de son diamètre dans la partie supérieure. La dent de la roue, au repos, s'appuie sur la face plate longitudinale de ce demi-cylindre ; de là lui est venu le nom de *talon de détente* ou *d'arrêt*, *plot* ou *bouton de repos*, ou simplement de *repos.*

Le petit ressort *mn*, figures 131 et 132, également fixé à la détente, est appelé indifféremment et suivant les lieux : *ressort de dégagement, ressort auxiliaire*, ou *ressort pied-de-biche.* Ce petit ressort s'appuie contre une goupille relevée en *p* du corps de la détente, de sorte qu'il peut fléchir de *p* vers *n*, mais il ne peut s'écarter de *n* vers *p* sans entraîner la détente ;

3. - D'un balancier dont l'axe est muni d'un disque en acier D, dans lequel est encastrée la *levée* en rubis ou *palette d'impulsion* J. Ce disque se nomme le *plateau*, ou le *cercle.*

Sur le même axe, et au-dessous du plateau, est ajusté à frottement ferme, le rouleau E qui porte un petit doigt de dégagement en rubis *e*.

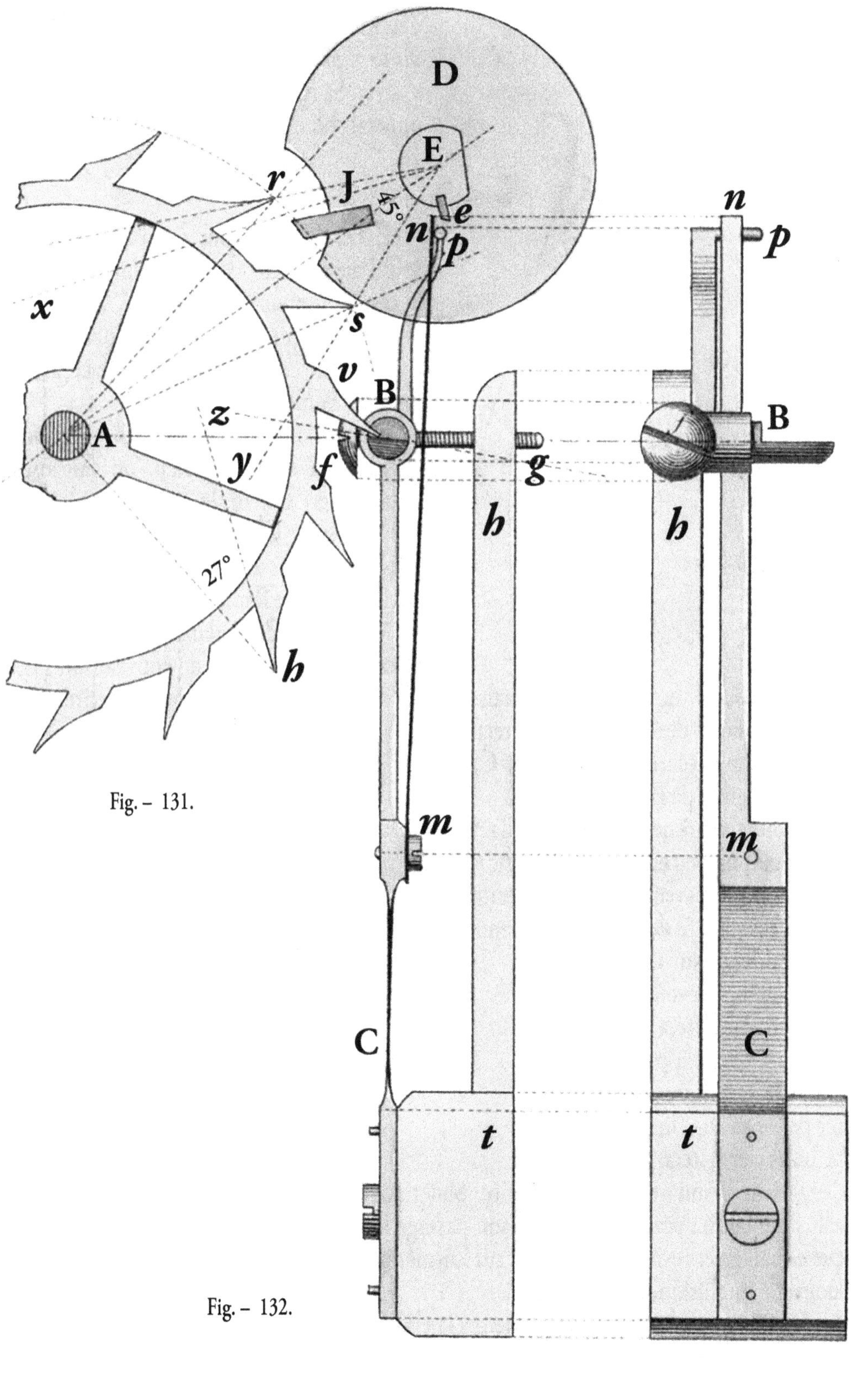

Fig. – 131.

Fig. – 132.

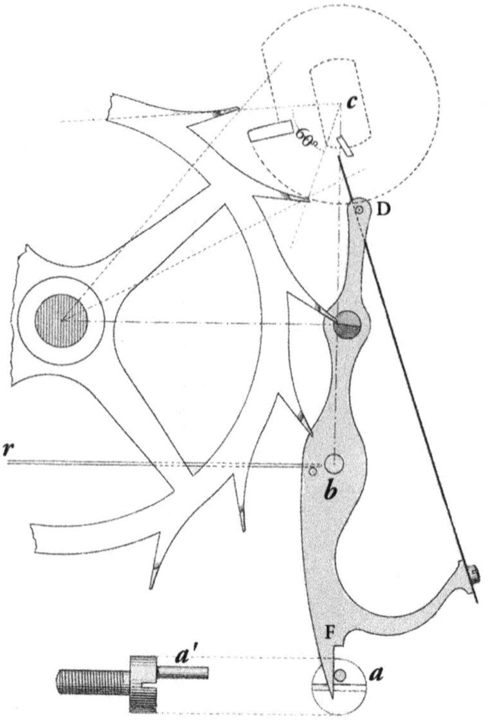

Fig. – 133.

La vis *fg*, dont la tête sert d'appui à la détente, est appelée par quelques constructeurs *vis de rappel* et par d'autres *vis d'appui*, ou *vis d'arrêt*. Sa fonction étant celle d'un *butoir*, on pourrait lui en donner le nom.

Jeu de l'échappement.

802. Le balancier étant en repos et le spiral au point 0° de sa tension, si l'on arme le ressort moteur de la montre, il ne s'ensuit aucun mouvement dans l'échappement, mais simplement une pression sur la face plate du repos en rubis.

Mais si, en imprimant un mouvement circulaire à tout l'appareil, on fait osciller le balancier, soit de la droite vers la gauche par exemple, le doigt *e* du rouleau (figure 131) appuie sur l'extrémité *n* du petit ressort auxiliaire *mn* le fait fléchir, et passe outre.

Au retour du balancier, ramené par le spiral, le doigt *e* presse de nouveau sur le petit ressort et le pousse du côté opposé, mais comme ce ressort est retenu par la petite cheville *p* relevée du bout de la détente, il recule en entraînant cette détente qui fléchit en C, et se dégage de la dent *v* de la roue.

À ce moment la roue devient libre. La palette J se présentant un peu en avant de la dent *r*, cette dent entre en prise avec la palette qui est menée durant un certain arc de levée. Il se termine par l'arrêt de la dent *s* sur le repos B de la détente revenue, en vertu de son élasticité, et avant la fin de la levée, à la position dont elle a été brusquement écartée par le passage du doigt.

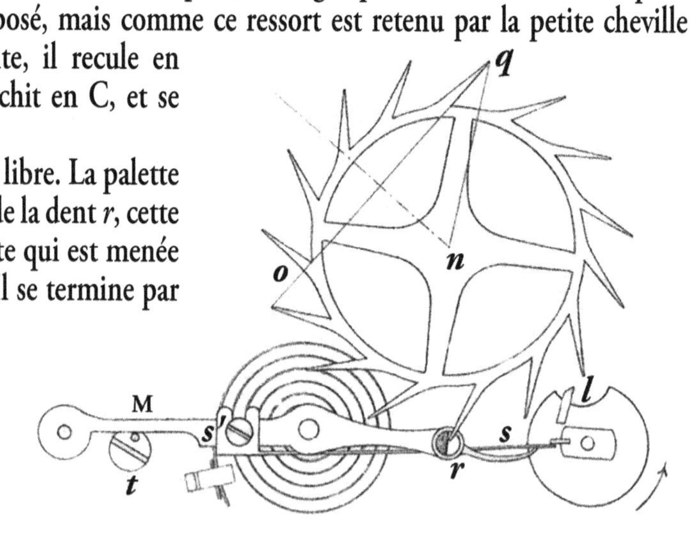

Fig. – 134.

Le balancier a reçu l'impulsion et il achève son arc supplémentaire. Son retour produit une vibration *muette* durant laquelle il ne fait qu'écarter un peu de son passage le petit ressort qui fléchit seul ; puis, c'est lorsque ce balancier revient de nouveau sur lui-même qu'il opère le second dégagement, reçoit une nouvelle impulsion, et ainsi de suite.

Cet échappement, on le voit, appartient à la classe de ceux dits à *coup perdu*, où le balancier ne reçoit l'impulsion que de deux en deux vibrations.

Il s'arrête au doigt, c'est-à-dire qu'il offre l'inconvénient de ne pas se mettre en marche de lui-même quand on arme le ressort moteur. Ce qui nécessite la mise en train du balancier par une impulsion directe, ou résultant d'une secousse ou ébranlement circulaire, donné à tout le système.

Proportions adoptées par divers artistes.

Détente ressort.

803. ARNOLD.[39] La figure 135 est l'échappement d'Arnold, tel qu'il l'a construit pour ses meilleurs chronomètres.

Les dents de la roue sont relevées du champ, et agissent par leur côté courbe contre un plan d'impulsion *dirigé au centre de l'axe* du balancier. La pression sur le point d'appui de repos a une direction en tendance à allonger la détente, c'est-à-dire qu'elle va de la patte *b* vers l'extrémité *a*.

Le dégagement de la dent se fait en rapprochant la détente de l'axe de la roue, et la dent dégagée passe derrière le petit plot de repos.

804. EARNSHAW[40] a substitué à la roue d'Arnold une roue plate à dents aiguës et inclinées (figure 136, p. suivante). Il a fait tourner sa roue en sens opposé, d'où résulte que la pression sur le repos a lieu en tendance à refouler la détente sur son pied. Cette détente doit s'éloigner de la roue pour s'en dégager.

La direction du plan d'impulsion coupe *par son milieu*, le rayon du plateau.

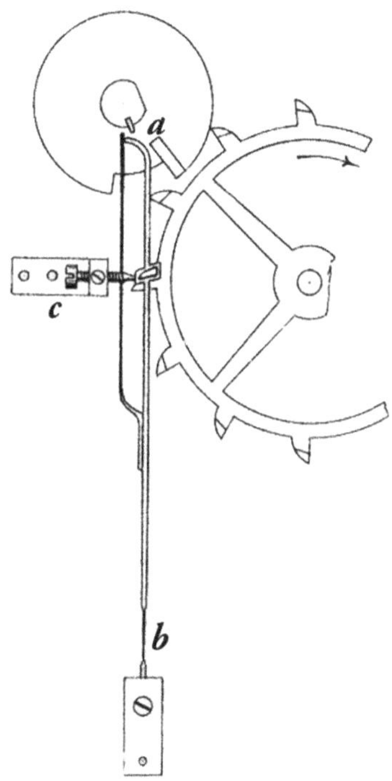

Fig. – 135.

805. TAVAN. Cet auteur donne sous le nom d'échappements d'Arnold trois dispositions différentes, dont une au moins n'appartenant pas à cet horloger.

Voici à quoi se réduisent les principes de construction insérés à la suite de la description.

> « Il n'y a pas de proportions fixes pour le doigt de décrochement ; s'il est court, il lui faut plus de pénétration dans son engrenage avec le ressort de détente ; il lui en faut moins s'il est plus long.

[39] Deux horlogers du nom d'Arnold ont été célèbres en Angleterre, où le second continua les succès du premier. Reconnus supérieurs aux chronomètres de Mudge, ceux construits par J. Arnold, vers 1790 ou environ, valurent à ce dernier une récompense de 33 000 fr. Vers 1805, Arnold jeune obtint, au même titre, une somme de 42 000 fr. ; c'était un total de 75 000 fr.

Les modifications qu'Earnshaw apporta à l'échappement à détente et les excellentes marches de ses chronomètres lui firent également décerner une pareille somme de 75 000 fr. (1805).

Sans vouloir atténuer le mérite de ces artistes justement célèbres, qu'on nous permette de rappeler que dès 1784, Louis Berthoud, en France, avait réalisé dans sa détente pivotée la plupart des améliorations si largement récompensées en Angleterre.

[40] Idem note [39].

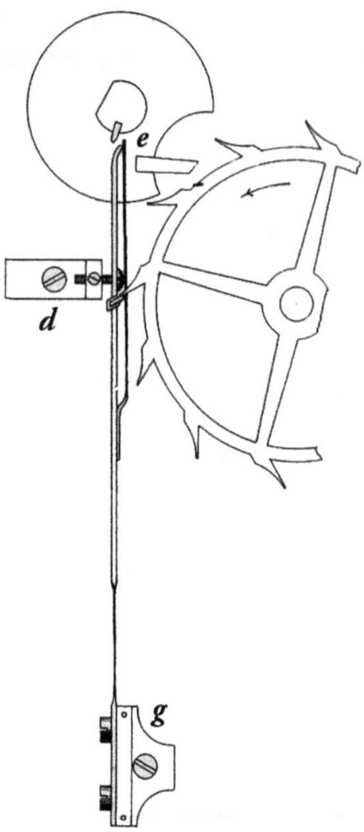

Fig. – 136.

« Lorsqu'on veut déterminer la longueur que doit avoir la palette de levée pour procurer une levée de 60°, qui est la plus convenable à cet échappement, voici comment on opère : la roue d'échappement ayant 15 dents, on divise la distance des centres de la roue et du balancier en 21 parties, dont on donne 15 au rayon de la roue et 6 à la palette du balancier. »

L'auteur regardant comme très important d'assurer, d'une manière précise, les repos de la roue d'échappement, place le point d'appui de la dent sur le talon de repos, un peu au-dessous du point tangent, quand la détente est à droite de la roue, un peu au-dessus quand elle est à gauche, et de telle, façon que la roue ait une tendance à attirer à elle la détente.

806. Jurgensen. Les principes de l'échappement sont comme suit :

Le rayon du plateau doit être égal à la distance de deux dents de la roue prise sur les pointes.

Le talon d'arrêt doit être incliné de manière que cette inclinaison du talon puisse opérer un petit recul à la roue d'échappement quand la détente se dégage. (Dans la première édition de l'ouvrage, le point d'appui était placé au point de tangence.)

Le ressort auxiliaire peut être posé de manière qu'il vise le centre du rouleau. Il est à préférer, pour la sûreté du jeu de l'échappement, que le doigt agisse plutôt un peu avant la ligne du centre qu'après cette ligne, quand c'est pour dégager la roue d'échappement.

Les dents de la roue doivent produire une menée aussi uniforme que possible et autant qu'il se peut (dans l'échappement d'Arnold), perpendiculaire au plan d'impulsion. (Dans la première édition, Jurgensen dit que la courbe des dents de la roue d'Arnold doit approcher de l'épicycloïde).

La position du plan d'impulsion, relativement au doigt de dégagement, doit être telle que la dent tombe sur le plan avec une chute suffisante pour la sûreté, après que la roue a été dégagée. Cette chute doit être un peu plus grande dans les chronomètres portatifs que dans les montres marines à suspension.

Le doigt doit écarter la détente suffisamment pour qu'elle ne retombe au repos qu'au moment où la dent dégagée s'est éloignée du talon d'arrêt d'environ le quart de la distance de deux dents.

La vis d'appui de la détente sera placée autant que faire se peut au centre de percussion de cette pièce.

807. Moinet. Le ressort pied-de-biche doit viser à très peu près au centre du cercle, mais de manière à être attaqué plutôt après qu'avant la ligne des centres, quand c'est pour le dégagement de la détente-ressort (c'est l'opposé de ce qu'a dit Jurgensen).

L'appui de la vis de rappel et le talon de détente vers le quart de la longueur de cette dernière comme centre de percussion du tout.

Tous les autres principes de construction donnés par Moinet se trouvent déjà dans Jurgensen.

808. A. Breguet. La figure 137 est un dessin de la détente-ressort de A. Breguet.

Le repos se fait sur la tangente à la roue ; tangente qui passe un peu en avant du centre de l'axe du balancier. Le petit ressort auxiliaire est, ou à très peu près, dans la direction de ce centre, et se termine un peu avant la ligne qui en partirait pour aller aboutir au point de flexion de la détente. Dans plusieurs dispositions anglaises, il s'éloigne d'une quantité assez notable de cette direction.

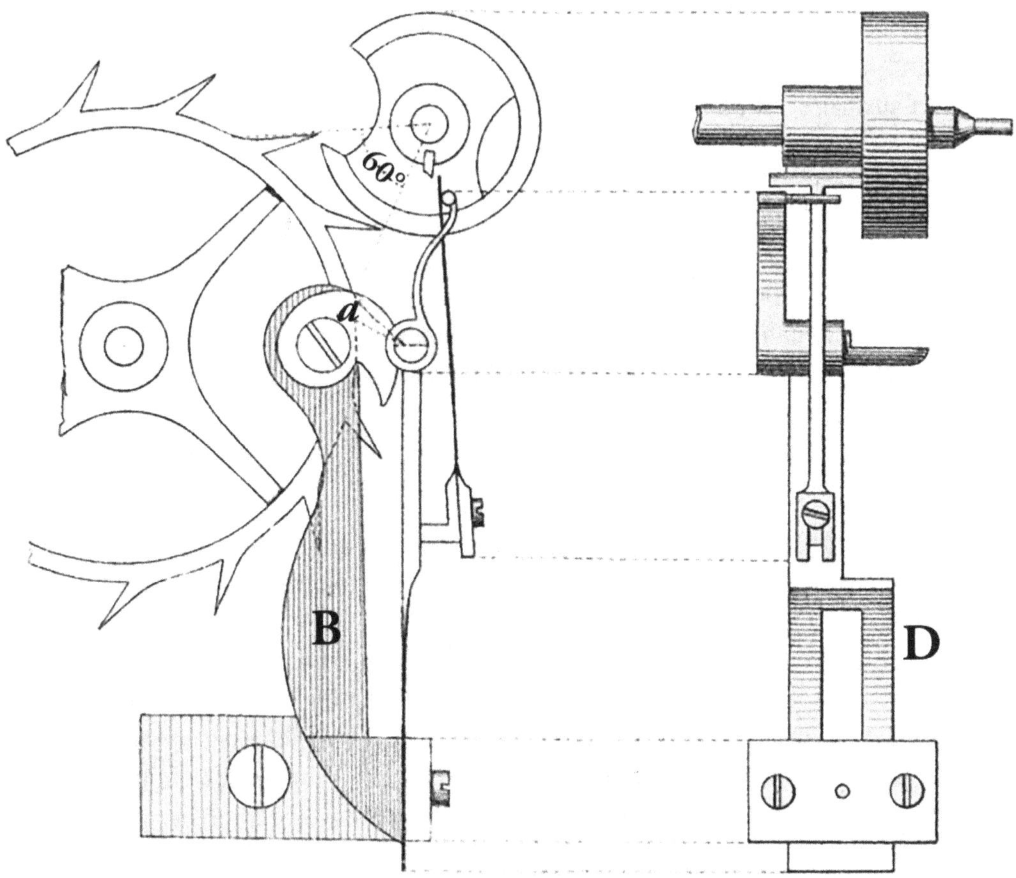

Fig. – 137.

Enfin le choix du point d'appui sur le repos, et du point d'attaque sur la levée, est déterminé par cette considération que l'effort du dégagement et la résistance sur le repos aient une action telle sur les deux ressorts de la détente, que celle-ci soit préservée, ou à peu près, de tout effet de torsion.

Le point d'appui de la détente se trouve à l'extrémité d'un petit pont ou bras du levier qui est à peu près parallèle à cette détente.

Cette disposition générale offre des avantages mais elle nécessite un travail un peu plus considérable que les constructions précédemment citées. Peut-être eût-elle été définitivement adoptée si elle n'avait accompagné cette combinaison vicieuse qui mettait le balancier et le plateau aux extrémités de leur axe commun. Des irrégularités de marche dues en bonne partie à cette erreur mécanique, ont fait tort à ce système de détente-ressort, l'un des mieux disposés de l'époque.

Les échappementiers suisses ont modifié, mais malheureusement sans l'avoir comprise, la détente Breguet. Ainsi, ils ont changé la position du point de repos et du point d'attaque du dégagement, et ils ont continué de pratiquer une lanterne dans la partie flexible de la détente faisant ainsi d'une conception rationnelle un véritable contresens.

809. GANNERY. Regardait le tirage comme nécessaire et portait la levée à 45° environ.

La distance du centre de mouvement du ressort à l'extrémité de la détente (ou plutôt du petit ressort auxiliaire) est par rapport au rayon de la roue :

: : 2,33 : 1 ou les 7/6 du diamètre

Son mouvement total, pendant la vibration du dégagement est de 2°, produit par un mouvement du balancier de 22° environ.

Le doigt se présentant pour dégager, doit commencer à agir un peu avant la ligne des centres ; on aura le double avantage d'employer la plus grande partie de la levée pour le dégagement et d'en avoir d'autant moins pour l'oscillation libre, ce qui diminue encore la résistance déjà très faible du petit ressort.

Détente pivotée, dite aussi bascule.

810. L. BERTHOUD, MOTEL[41]. La figure 133, p. 410, est une représentation, aussi exacte qu'un dessin de cette dimension le permet, de la détente employée par L. Berthoud et plus tard par Motel.

Le repos se trouve sur la tangente à la roue. La direction du petit ressort de détente, qui se termine près de la ligne des centres *bc*, est telle que l'action du balancier soit sensiblement égale à droite et à gauche de la ligne des centres. Ce petit ressort se faisait primitivement en acier, et la goupille contre laquelle il s'appuyait était en or. Il fallait graisser le point de contact.

La nécessité d'interposer un corps gras, et en même temps de l'empêcher d'atteindre le doigt, obligeait à donner une assez grande saillie en avant de la goupille, à l'extrémité du petit ressort de détente ; il en résultait un peu de flexion et une action de sciage sur la goupille.

La surface de la palette d'impulsion, dans la partie menée par la dent, est une courbe décrite d'un rayon cherché, dans le but de favoriser l'entrée en prise et la menée.

[41] Louis Berthoud (neveu de F. Berthoud) a amélioré le calibre des chronomètres français et en a construit plus de 150. Ce nombre est considérable pour l'époque, surtout si l'on a égard à l'extrême perfection avec laquelle ils sont exécutés. Il est mort à Argenteuil en 1813.

H. Motel était l'élève et le successeur de L. Berthoud ; il s'est fait une grande réputation par la construction de nombreux chronomètres d'une régularité et d'une exécution remarquables. Il est mort en 1859.

Dans les chronomètres de L. Berthoud, et dans plusieurs de ceux construits par Motel, l'inclinaison des dents de la roue est moindre que dans la figure 133.

Le point d'appui ou d'arrêt de la détente est placé sur une cheville *a*, implantée excentriquement dans la tête d'une vis solidement tenue dans la platine.

Quant aux fonctions du *ressort de rappel, rb*, l'examen du dessin suffit à les faire comprendre. La longueur de sa partie active égale environ le diamètre de la roue.

La détente pivotée de L. Berthoud, corrigée et améliorée par l'usage du ressort de rappel en spiral et du petit ressort de dégagement en or, et celui-ci moins incliné sur la détente, est une conception qui peut rivaliser avec ce qui s'est fait de mieux.

Si elle a été moins expérimentée que la détente-ressort, nous l'attribuons d'abord à l'usage de plusieurs artistes français de faire battre 18 000 vibrations par heure aux balanciers de leurs chronomètres de bord, excès de vitesse qui rendait plus sensibles les défauts de construction ou les erreurs de principes des copistes, et ensuite, au luxe et aux difficultés de main-d'œuvre, dont ces artistes se sont plu à faire preuve dans leurs ouvrages les plus remarquables, au moment même où ceux des horlogers anglais brillaient surtout par une extrême simplicité.

811. Tavan. Dans le Mémoire qu'a fait naître les travaux de cet horloger, tout ce qui concerne l'échappement à détente paraît résulter du simple examen de quelques chronomètres étrangers et non d'expériences appartenant en propre à l'auteur.

En outre de deux figures de détente-ressort, il donne une assez mauvaise disposition de détente-pivotée, et conclut cependant ainsi en faveur de cette dernière.

> « La disposition où le point d'appui du repos est un axe à pivots, muni d'un spiral qui remplit la fonction d'un ressort de retour, doit être préférée parce qu'on peut mieux y modifier, à l'aide du ressort-spiral, la résistance qu'oppose le repos au balancier dans l'acte du décrochement. Il y a plus de sûreté pour le repos quand le talon appartient à un levier inflexible, que lorsqu'il tient à un ressort. »

812. Moinet.

> « La *détente à pivot* n'est point diminuée en ressort et, au lieu de patte, elle porte à son extrémité un petit arbre dont les pivots roulent, ou plutôt oscillent dans les trous de la platine et d'un pont. Un spiral de 3 à 4 tours assez forts et fixé par un bout à un piton ordinaire, implanté à frottement dans la platine, et son centre est attaché par goupille à une virole à frottement sur le petit arbre de détente, comme la virole de spiral d'un balancier ordinaire.
>
> La détente à pivot ayant été moins employée, on ne connaît guère de résultats comparatifs qui puissent en décider le choix ; le spiral de celle-ci, étant un ressort plus long, paraîtrait offrir une progression de résistance moins rapide mais la détente peut opposer plus de masse, et dans ces effets si délicats appliqués à un échappement, on ne peut se déterminer que par des expériences spéciales qui ne paraissent pas jusqu'ici assez connues. »

813. M. Henri Robert. Les figures 134 (p. 410) et 138 (p. suivante) représentent en plan et en élévation, l'échappement à détente pivotée, tel que le fait M. H. Robert, le seul parmi nos constructeurs vivants, à notre connaissance du moins, et si nous exceptons M. L. Berthoud jeune, qui l'ait employé dans des chronomètres de bord.

> « Le devant des dents de la roue se dirige de *q* en *o*, et forme avec le rayon *q n* un angle de 30°. Cette inclinaison est aujourd'hui généralement adoptée » .

La face de la palette d'impulsion *l* fait, avec le rayon du cercle ou plateau, le même angle que le devant des dents de la roue avec son rayon.

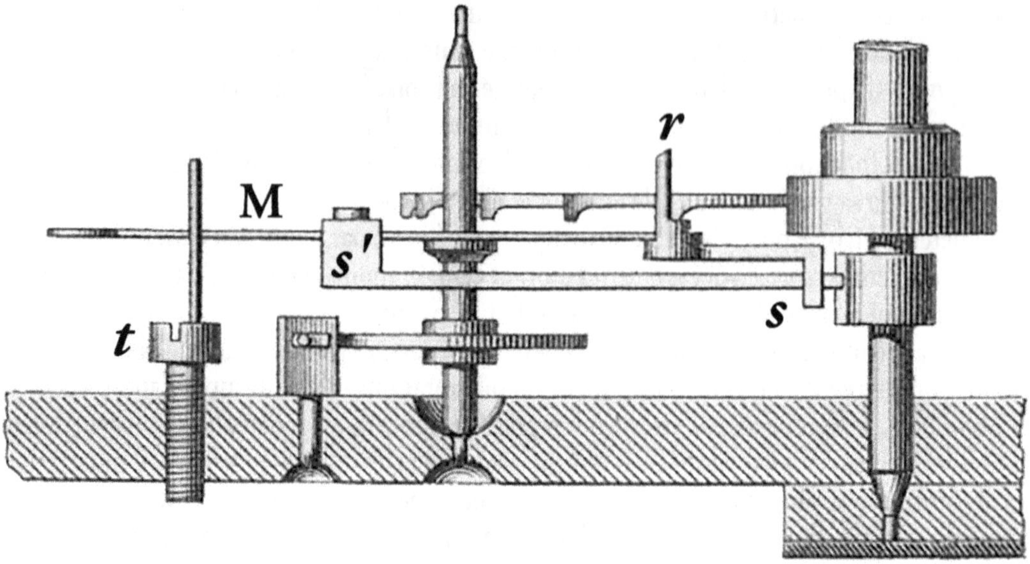

Fig. – 138.

Le petit ressort *s* est fait d'un morceau d'or courbé en équerre pour former la patte *s'* : cette patte est fendue pour qu'on puisse la faire passer sous la vis sans ôter entièrement cette dernière.

La direction que L. Berthoud donnait à son ressort de dégagement a été modifiée par M. Robert, qui dispose le sien sur une ligne moins oblique au corps de la détente, et qui vise sensiblement au centre de l'axe du balancier. Il a également rapproché la vis d'arrêt *t* du centre de mouvement.

Résumé de ce chapitre.

814. Si l'on examine avec quelque attention les divers échappements qui viennent de passer sous nos yeux, on est frappé des différences de proportions qu'ils présentent et qui semblent accuser l'absence d'une base fixe, précise, et fondée sur les lois de la mécanique.

Au début d'un art, d'une industrie, il ne peut en être autrement ; la science elle-même a besoin, pour formuler des solutions justes, de s'appuyer sur des faits bien observés, sur un faisceau de données d'expérience ; comme en mathématiques, nous ne pouvons dégager des inconnues et en déterminer la valeur qu'au moyen de quantités déjà connues.

Il n'est donc pas inutile que le lecteur trouve réunies ici, en regard les unes des autres, les proportions principales adoptées par les artistes cités plus haut.

Direction du plan d'impulsion.

815. Le plan de la palette d'impulsion, sur laquelle agit la roue, est dirigé au centre du cercle, ou plateau, par L. Berthoud, Arnold, Motel ; sur le milieu du rayon de ce plateau, par Earnshaw et Breguet.

Direction du ressort de dégagement.

816. Le petit ressort de dégagement doit viser au centre de l'axe du balancier, ou à très peu près, selon nos auteurs, mais avec cette différence que, tandis que les uns regardent comme préférable que l'action soit égale avant et après la ligne des centres, d'autres voient un avantage à produire cette action plutôt avant qu'après cette ligne, et enfin l'opinion diamétralement opposée a aussi des partisans.

Cette différence dans l'action peut résulter de la direction donnée au ressort et du mode d'arrondissage appliqué aux petites extrémités frottantes.

La ligne passant par le point de flexion et la tête du ressort de dégagement est peu éloignée d'être parallèle au corps de la détente dans les échappements d'Arnold et d'Earnshaw ; elle forme au contraire un angle assez prononcé dans les échappements de L. Berthoud, Breguet, Motel.

Pièces d'arrêt de la détente.

817. Le point d'appui de la détente est un obstacle qu'on peut considérer comme rigide dans les échappements d'Arnold et d'Earnshaw (*c* et *d* figures 135 p. 411 et 136 p. 412). Dans celui de Breguet, c'est un limaçon (*a*, figure 137, p. 413) porté par un bras de levier B qui n'a que le défaut d'être un peu trop massif. La disposition de Berthoud (*a'* figure 133 p. 410) est la meilleure de celles en usage de son temps.

Nombre des vibrations et levée.

818. Breguet, Earnshaw faisaient faire à leurs chronomètres de bord 14 400 vibrations par heure. L. Berthoud et Motel ont poussé ce nombre à 18 000, et même au-delà.

Le chiffre de 60° de levée est assez généralement admis par les anciens.

Position occupée par le balancier et le spiral.

819. Se conformant aux principes si clairement exposés par Pierre Le Roy, L. Berthoud, Arnold et Earnshaw, plaçaient le balancier et l'action de la levée sensiblement vers le milieu de l'axe. Le spiral en occupait la partie supérieure. Motel a trop rapproché du pivot l'action de sa levée, mais Breguet est celui dont la disposition, sous ce rapport, est la plus vicieuse. Il mettait le balancier à l'une des extrémités de l'axe ; le cercle d'impulsion à l'autre bout, et le spiral entre les deux.

Roues et cercles d'impulsion.

820. Les roues d'Arnold et d'Earnshaw avaient 12 dents. Celles des autres constructeurs en portaient 15.

La grandeur des disques d'impulsion varie de l'un à l'autre, car elle dépend et du nombre des dents de la roue et de la distance des centres de la roue et du balancier, quantités qui diffèrent.

Les disques de L. Berthoud et Breguet sont plus petits que ceux des deux horlogers anglais.

Tous les premiers constructeurs de chronomètres employaient des roues fort grandes (relativement à celles en usage aujourd'hui). Leur diamètre a été successivement réduit et il est à craindre, actuellement, qu'on tombe dans l'excès contraire au précédent.

Rapport entre les détentes et les roues.

821. Prenant pour base de comparaison le rayon de la roue de chaque échappement, nous dresserons le tableau suivant de la longueur des détentes, mesurées du centre de flexion ou du centre de mouvement, à l'extrémité du petit ressort.

ARNOLD. 1res détentes ressorts	Environ	2,0	en nombre ronds	20
— Plus tard	Id.	3,0	Id.	30
L. BERTHOUD, MOTEL. — Détente pivotée	Id.	1,1	Id.	11
Earnshaw — Détente-ressort	Id.	3,0	Id.	30
BREGUET. Id.	Id.	2,0	Id.	20
GANNERY. Id.	Id.	2,3	Id.	23
M. ROBERT. — Détente pivotée	Id.	1,2	Id.	12
ARNOLD, d'après TAVAN. — Détente pivotée	Id.	1,4	Id.	14
ARNOLD, d'après TAVAN. — Détente-ressort	Id.	1,6	Id.	16
ARNOLD, d'après TAVAN. — Id.	Id.	2,0	Id.	20

En comparant ces chiffres entre eux et en considérant les constructions actuelles, on remarquera tout d'abord deux choses :

1°. que les détentes pivotées sont de beaucoup plus courtes que les autres (toutes mesurées du centre de mouvement à l'extrémité du ressort pied-de-biche) ;

2°. que, tandis que les constructeurs français ont conservé, à peu de chose près, la longueur de détente adoptée par Breguet, et ont diminué sensiblement le diamètre de la roue d'alors, les artistes anglais ont, en général, diminué la longueur de la détente et le diamètre de la roue adoptés par leurs premiers constructeurs de chronomètres.

Observation.

822. L'échappement à détente, considéré dans ses deux variétés, et tel qu'on le fait aujourd'hui, est une invention collective.

Le principe d'une détente libre et le premier échappement construit sur ce principe sont dus à P. Le Roy.

F. Berthoud adapta la détente à une lame flexible qui remplaçait l'axe, et fixa sur le disque un petit ressort de dégagement contourné en rectangle.

Après lui, L. Berthoud en France, Arnold en Angleterre, redressèrent le ressort pied-de-biche et le firent porter par la détente elle-même.

Breguet plaça le point d'arrêt de la détente à l'extrémité d'un bras de levier et fixa, à très peu près, la longueur actuelle de la détente des chronomètres de bord. Avant lui, L. Berthoud avait pratiqué, pour servir de point d'appui à la détente, une disposition préférable à la disposition anglaise correspondante.

La roue d'Arnold a été abandonnée au profit de la roue plate et à dents aiguës de L. Berthoud et d'Earnshaw.

L'échappement à détente d'aujourd'hui, à part quelques perfectionnements de détails, n'est donc le fait d'aucun des horlogers que nous venons de citer, mais il résulte de l'ensemble des travaux et des expériences de cette pléiade de grands artistes.

L'attribuer uniquement à l'un d'eux, et le qualifier par exemple du nom d'Arnold, comme le font encore si souvent les Anglais et les Suisses, est une injustice aussi criante que contraire à la vérité historique.

Chapitre II

Principes de la construction des échappements libres à détente.

Considérations générales.

823. Le lecteur fera bien de relire nos observations de l'article **686** que nous compléterons par les quelques remarques qui suivent, et qui en formeront le corollaire.

Des chronomètres de L. Berthoud, Breguet, Motel, Arnold, Earnshaw, et de leurs continuateurs respectifs, ont eu à la mer de fort belles marches. Or, les combinaisons créées par ces habiles horlogers étant fort différentes, puisqu'ils ont employé de longues et de courtes détentes, des grandes et des petites roues, des détentes à ressort ou montées sur pivots, nous y trouvons la preuve que le succès ne tient pas essentiellement au choix de tel ou tel échappement, à la dimension de tel ou tel organe, mais qu'il résulte, ainsi que notre Théorie des échappements le démontre, d'un ensemble de rapports, d'une relation première entre les différents éléments du mécanisme, relation qui doit être telle que les modifications qu'y apportera le temps (épaississements des huiles, etc.) amènent le moins de trouble possible dans la marche du mécanisme aujourd'hui bien réglé.

Parmi les causes de trouble nous ne faisons pas entrer la détérioration des organes provenant d'une combinaison mécanique vicieuse, de l'emploi de matériaux défectueux, de négligences dans le travail, de l'incapacité de l'ouvrier.

Tout devient incertain avec des vices d'exécution.

Grâce aux travaux de nos illustres devanciers, nous pouvons aujourd'hui, presque à coup sûr et quoique l'explication scientifique de certains effets nous fasse encore défaut, réaliser un ensemble satisfaisant et obtenir des résultats généraux un peu supérieurs à ceux auxquels ils sont parvenus.

Mais ils nous ont ouvert la voie et l'ont jalonnée, ne l'oublions pas.

De l'échappement tangent.

Le centre du balancier et le repos de la roue peuvent-ils être sur la tangentes ?

824. Il est d'enseignement élémentaire dans les ateliers qu'on devrait, pour la plus grande perfection de cet échappement, placer le point du repos de la roue et le centre du balancier sur une même ligne droite tangente à cette roue.

Cette règle, donnée comme fondamentale, a le tort de ne présenter qu'une face du problème à résoudre, et en réduisant à un trop petit nombre les données de ce problème, de l'enfermer dans un cercle trop étroit.

Le point de repos de la roue peut toujours être placé sur la tangente, mais la position du centre du balancier varie avec l'angle d'ouverture de la levée.

825. Considérons le cercle *arv* (fig. 139) comme la circonférence d'une roue d'échappement dont une dent serait appuyée au repos en *r*. La ligne *cr* est une tangente en ce point *r*.

Si la roue a été divisée sur le nombre 15, trois dents occuperont les positions *r, b', b* ; le balancier ne pourra être placé qu'en *d*, si on le veut sur la tangente. L'angle de la levée *bdb'* sera alors de 77°, en nombre rond.

Avec une roue de douze dents, les trois dents seront en *r, a', a*. Le centre du balancier se trouvera en *c*, et l'angle de la levée *a c a'* aura 60°.

Dans les mêmes conditions, la roue de dix dents produira une levée de 45° environ, celle qui est le plus généralement en usage.

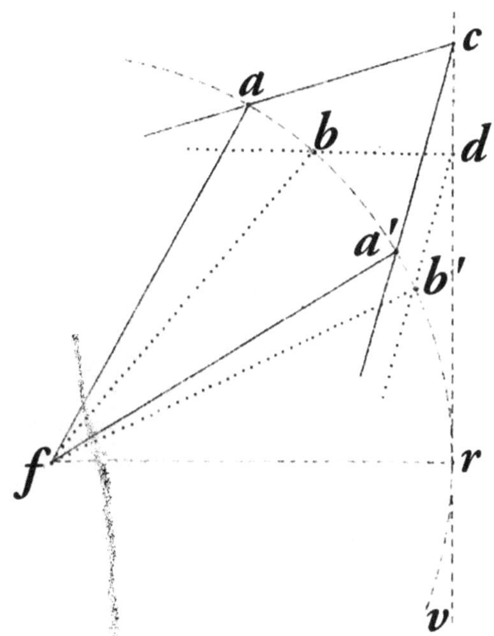

Fig. – 139.

L'expérience et la théorie nous ont enseigné les inconvénients d'un excès de levée (**97**), et nous savons que dans les constructions actuelles nous pouvons obtenir une suffisante étendue d'oscillation du balancier avec une levée de 45° ou à peu près. Donc, nous devons nous borner à cet arc de levée, mais nous remarquons que l'application de la prétendue règle n'est possible qu'en employant une roue de dix dents.

Or, le mouvement du balancier étant réglé à 14 400 par exemple, il s'ensuit que la roue de dix dents devra accomplir dans le même temps, ou sensiblement du moins, un mouvement angulaire plus étendu.

Elle doit, en conséquence, être douée d'une plus grande vitesse que la roue de quinze dents, mais comme une augmentation de la vitesse correspond à une augmentation relativement beaucoup plus considérable de la force qui l'a produite (**121**), nous rencontrons la nécessité d'un surcroît de force motrice.

C'est un nouveau calibre à calculer et à expérimenter, mais le simple tracé fait voir tout de suite, et abstraction faite des différences des vitesses des deux rouages, qu'en remplaçant la roue de quinze par la roue de dix, on aura de plus longues surfaces de frottement, une détente et un plateau beaucoup plus grands, une force motrice plus considérable, etc., sans apercevoir *a priori* d'avantages appréciables.

Le repos sur la tangente.

826. L'axe du balancier des chronomètres modernes, à levée réduite, ne peut pas être placé sur la tangente au point de repos, nous venons de le voir. Il reste à rechercher s'il est avantageux que la roue repose exactement au point tangent.

Cet avantage est évident si la surface du repos est concentrique au centre de mouvement de la détente, mais lorsque l'on donne du tirage à la pierre de repos, non seulement, il n'y a aucun profit à mettre le point d'appui rigoureusement au point de tangence, mais il peut en résulter des inconvénients.

Trois cas peuvent se présenter :

Quand on inclinera la surface de repos et selon que le petit cylindre aura été entamé jusqu'à moitié de son diamètre, c'est-à-dire rigoureusement sur le prolongement du rayon de la roue, *xz* (fig. 140), ou bien un peu plus bas, comme en *cd* ou *ig* ; le point de contact occupera l'un des points *b, a* ou *c*.

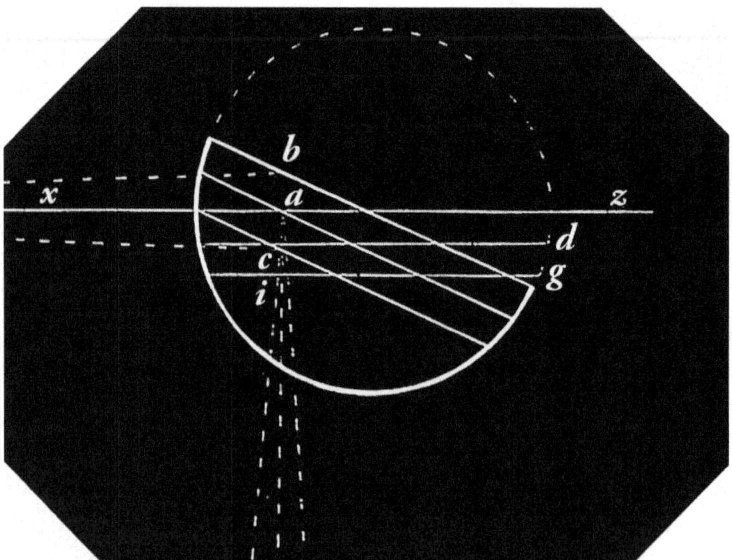

Fig. – 140.

Dans la première hypothèse, la direction de la pression irait en s'éloignant à la droite de la détente ; dans la seconde, elle suivrait la détente même, du point de repos au centre de mouvement, soit *a h* ; et dans la troisième, elle obliquerait à gauche de cette détente.

Si le point d'appui est en *a*, la détente n'a aucune tendance à se déplacer à droite ou à gauche ; c'est sensiblement le cas du repos concentrique. Il n'en découle ici aucun bien, puisqu'il faudra surmonter pour opérer le décrochement la résistance du tirage, résistance qui est due principalement à la hauteur du petit plan incliné qui fait reculer la roue (**623**). Le point de repos transporté en *b* réalise une disposition extrêmement vicieuse ; la résistance du décrochement sera à peu de chose près ce qu'elle était pour le plan *a*, et la direction de la pression étant en tendance à repousser la détente, à l'éloigner de la roue, le moindre ébranlement ressenti par cette détente la détache de son plot d'arrêt ou butoir. Au moyen d'une loupe d'un fort grossissement, il est facile de s'assurer que, de temps en temps, un petit intervalle existe entre les deux.

La seule disposition rationnelle est celle qui met le point de contact au-dessous du point tangent, en *c* par approximation. La stabilité de la détente au repos étant mieux assurée, on peut diminuer un peu la hauteur du petit plan de recul, d'où s'ensuit qu'il faudra au balancier un peu moins de puissance pour opérer le décrochement (**630**).

827. La hauteur du petit plan incliné de repos donne la mesure de la résistance du décrochement.

La direction de la pression sur ce plan fait connaître le degré de stabilité de la détente au repos.

Une combinaison raisonnée de ces deux éléments fera trouver la position de ce point de repos la plus favorable.

Du tirage.

828. Les surfaces des repos des premières détentes de L. Berthoud étaient tracées par un arc de cercle décrit du centre de la détente, la roue n'avait aucun mouvement de recul. Aujourd'hui, la dent de la roue s'arrête vers le bas d'un plan incliné rectiligne, cette roue est donc repoussée un peu en arrière quand le dégagement s'opère.

Quelques rares horlogers prétendent encore que le tirage est inutile aux échappements à ancre, ainsi qu'aux échappements à détente, et leur principal argument consiste à faire observer que la pression étant dans la direction du centre de mouvement, une détente, en vertu de son inertie et de son parfait état d'équilibre, n'a aucune tendance à aller d'un côté ou de l'autre.

Sans vouloir nous appuyer du sentiment d'une foule d'artistes distingués qui ont reconnu pratiquement la nécessité du tirage, ni de son adoption à peu près universelle aujourd'hui, ce qui pèserait cependant d'un certain poids dans la question, nous ferons remarquer aux partisans des repos circulaires, que lorsqu'ils refusent d'admettre l'influence des mouvements giratoires dans le plan d'un ancre ou d'une détente, ils ont raison, vu l'excessive rareté du fait, mais qu'ils paraissent oublier, ou ignorer, que les déplacements d'une détente quelconque par rebondissement, frétillement quand elle n'est pas appuyée au point convenable, etc., ont leur cause principale dans des effets de trépidation et de réciprocité d'action des corps en mouvement.

La théorie l'établit clairement, et nous en avons donné une démonstration expérimentale à l'article **635**. Une expérience facile à faire peut d'ailleurs suffire aux plus incrédules.

829. En disposant une montre de façon à pouvoir arrêter à volonté le balancier décrivant l'arc supplémentaire, et ensuite ce balancier immobilisé à plusieurs reprises dans le temps même où la montre en marche est soumise à des secousses, trépidations, etc., ils constateront, non pas toujours mais sur certaines pièces, en regardant l'échappement à contre-jour, que la détente est parfois maintenue en l'air par la dent de la roue et ne touche pas à la pièce d'arrêt.

Ce défaut est fréquent aux pièces suisses, où le tirage est obtenu par le déplacement angulaire d'un cylindre de repos entaillé seulement jusqu'au point tangent, et surtout avec des détentes un peu molles et insuffisamment armées.

Cette question de tirage a été amplement traitée aux articles **622** et suivants, nous y renvoyons.

Une donnée d'expérience, qui ne peut d'ailleurs être que très élastique, porte à 12° environ l'inclinaison du plan de repos. C'est à l'horloger à modifier ce chiffre suivant les exigences du sujet, plutôt moins pour les chronomètres de bord, plutôt plus pour les chronomètres de poche.

Un tirage un peu énergique, mais obtenu avec la plus faible pénétration de la dent sur la face de repos, reste plus longtemps sensiblement le même (il est bien entendu que cette pénétration doit être suffisante pour que les fonctions soient parfaitement sûres).

830. Dans la pratique, pour donner à la surface du repos l'inclinaison voulue, on fixe la détente sur une plaque disposée à cet effet, et portant une broche perpendiculaire qui sert à centrer la détente dans la position convenable. Le rubis mis en place et la gomme encore chaude, une petite pince qui s'adapte à la broche sert à faire tourner le rubis de la quantité qu'on veut et qui est marquée par un long index que cette pince porte dans le prolongement de sa face appuyée contre la face du repos en rubis. L'extrémité de l'index répond à un arc de cercle gradué.

De l'angle de la levée.

831. La levée dans l'échappement à détente s'opère exactement comme dans l'échappement Duplex. L'ouverture de l'angle est soumise aux conditions énumérées aux articles **96** et suite, **700**, **701** ; on devra les revoir, car nous ne pourrions que nous répéter.

Dans les constructions modernes, supérieures aux anciennes parce qu'une plus parfaite harmonie de l'ensemble a pu être réalisée, l'angle de levée a subi une notable diminution. Il est borné aujourd'hui en moyenne à 45°.

Cette diminution de l'arc de levée, ayant produit une action moins oblique à la ligne des centres, elle a amélioré la menée et le frottement, et a rendu l'échappement moins sensible à l'engourdissement qui provient de l'épaississement des huiles, surtout quand les contacts sont graissés ou que l'huile a gagné ces contacts.

De la menée.

Formes et inclinaison des faces frottantes des dents et des palettes d'impulsion.

832. La roue d'Arnold avait ses dents relevées du champ et arrondies de façon à agir sur une palette rectiligne et visant au centre de l'axe, comme une roue d'engrenage ordinaire.

L. Berthoud et Motel employaient la roue à dents aiguës et inclinées, mais la face de la palette, tout en se dirigeant au centre de l'axe, était formée, quant à sa partie frottante, selon une courbe cherchée et d'un assez grand rayon (figure 133, p. 410).

La roue d'Earnshaw est la même que celle de L. Berthoud, seulement la face des dents est beaucoup plus inclinée, parce que le plan de sa palette prend une direction très oblique et qui coupe par le milieu l'intervalle entre le bord et le centre de son disque.

Tous les quatre faisaient lever 60° environ.

En supposant le même diamètre extérieur aux roues, nous remarquons, si nous cherchons à connaître leurs mérites respectifs :

Que la dent d'Arnold s'appuie au repos par un rayon plus court et avec une plus forte pression. L'arrondissage de cette dent fait perdre quelques degrés sur la menée (il faudrait pour produire une même levée un peu plus de grandeur à la roue). On doit avoir une impulsion moins énergique sur le balancier, et il y a à surmonter, pour opérer le dégagement, une résistance plus grande.

La roue de Berthoud agit sur sa palette légèrement courbe à sa naissance, avec moins de chute à l'entrée en prise et une vitesse un peu plus grande à la fin de la menée, comparativement à l'action de la roue d'Earnshaw sur sa palette rectiligne très inclinée. Cette dernière roue tombe avec un peu moins de force sur le repos, mais elle occasionne sur la levée une sorte de tirage qui augmente la pression latérale des pivots du balancier.

En outre, la dent ne peut jamais être assez inclinée pour agir par sa pointe, aussi rencontre-t-on fréquemment des roues de cette espèce dont les faces des dents sont piquées.

833. Les dispositions de L. Berthoud et d'Earnshaw sont considérées, avec raison, comme équivalentes ; elles sont supérieures à celles d'Arnold parce que, un peu moins de force étant perdue pour l'effet utile, elles permettent l'emploi d'un balancier plus puissant, et l'arrêt-au-doigt est moins à craindre avec ce balancier, puisque le dégagement exige moins de force.

Chacune des deux, à côté de quelques inconvénients, présente des avantages sérieux. Aussi les artistes modernes ont-ils choisi une combinaison mixte, qui concilie aussi bien que possible les deux systèmes. Ils ont adopté assez généralement la palette d'impulsion rectiligne, dirigée de façon à couper perpendiculairement le rayon du plateau vers le quart de la longueur environ (figures 131, p. 409 et 141, ci-contre).

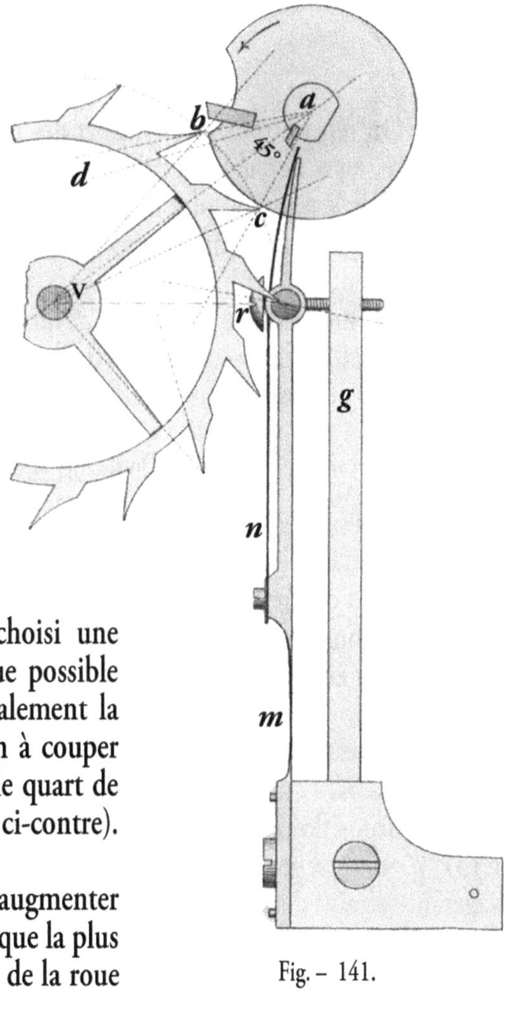

Fig. – 141.

834. L'inclinaison du devant des dents doit augmenter comme l'inclinaison de la palette. Dans la pratique la plus générale, le devant de la dent fait avec le rayon de la roue un angle (A *k z*, figure 131, p. 409) d'environ 27°. Afin d'augmenter la légèreté de la roue et de laisser aux surfaces frottantes des dimensions suffisantes (**41**), on creuse la roue de chaque côté ou d'un seul côté, mais alors plus profondément. La figure 142 nous montre deux spécimens (*a, n*) des formes qui sont en usage. Plus particulièrement celle dessinée en *n*.

A et N sont deux sections verticales du champ des roues, les dents vues de face.

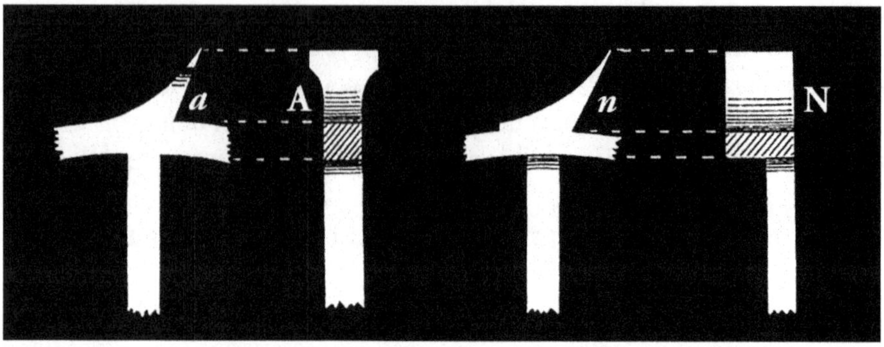

Fig. – 142.

De la détente.

De la forme des détentes et des ressorts pied-de-biche.

835. On rencontre des détentes et des ressorts de dégagement contournés de la façon la plus bizarre, leurs auteurs ont cru donner des propriétés nouvelles à l'échappement et n'ont fait qu'accuser le plus complet oubli des premières notions de la mécanique. Quelle que soit la forme donnée à la détente et à son ressort auxiliaire, c'est toujours les leviers virtuels qu'il faut considérer (**135**).

Il en est de même du ressort auxiliaire quand il ne fléchit que sur un point, mais s'il est mince sur toute son étendue ou sur une partie de son étendue, les formes contournées, les directions obliques, etc., y occasionnent des effets de flexion souvent fort complexes et toujours nuisibles.

Du ressort auxiliaire. Sa direction.

836. Le ressort auxiliaire en acier produit de l'usure à la longue, la cause en a été signalée à l'article **810**. Le mieux est de le faire en or allié et de l'appuyer contre une goupille en acier, ou simplement contre l'extrémité de la détente.

Nous croyons, sans être certain du fait, que les horlogers anglais ont employé les premiers le petit ressort en or.

837. Le ressort doit-il viser le centre de l'axe du balancier ? On ne peut résoudre cette question que par l'étude de quelques-uns des échappements usités.

Trois dispositions différentes nous sont offertes par les figures 133, p. 410, 141[42] p. 425 et 131, p. 409 ; reportons-les sous les numéros de figures 143,144 et 145 page suivante, en exagérant certains détails pour mieux les faire saisir.

[42] Une erreur du graveur a placé trop à gauche l'extrémité de la détente. Elle doit approcher davantage de la ligne qui irait du point de flexion au centre du balancier.

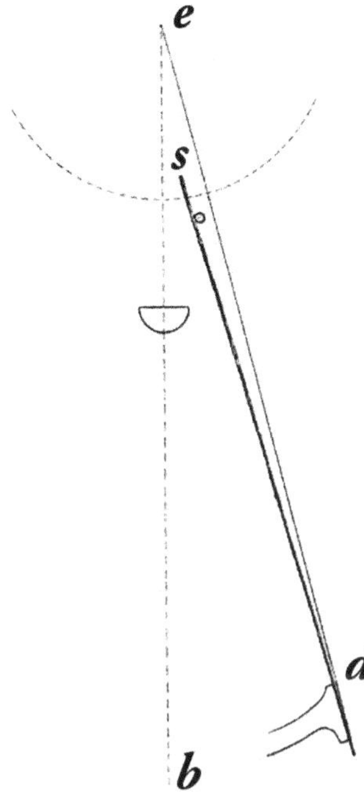

Fig. - 143.

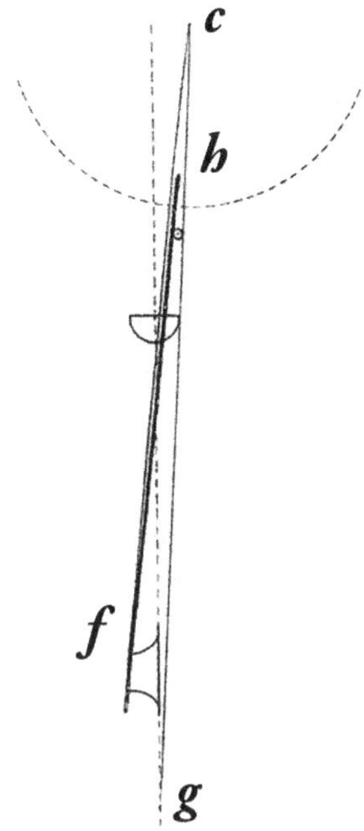

Fig. - 144.

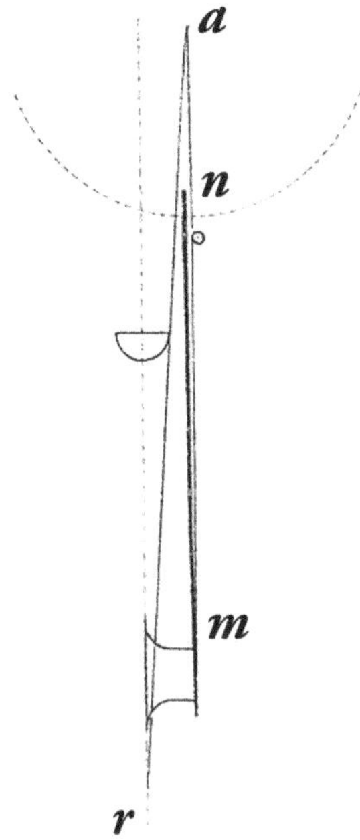

Fig. - 145.

838. Les lignes *eb, ed*, figure 143, allant du centre du balancier aux centres de mouvement de la détente et du petit ressort, et l'extrémité de celui-ci se trouvant en *s*, cette extrémité sera, dans l'acte du dégagement, attaquée après la ligne *be* ; l'action aura lieu sans frottement rentrant. Au retour du balancier, le ressort n'étant touché qu'au-delà de la ligne *d e*, l'action, encore ici se fait à frottement sortant.

Remarque. — La direction fortement oblique du ressort donne lieu à une pression assez énergique au point d'attaque et sur la goupille, le ressort étant un peu comme refoulé sur lui-même.

Cette grande obliquité du ressort auxiliaire par rapport au corps de la détente, en outre des inconvénients signalés au paragraphe précédent et au n° **810**, offre le défaut d'augmenter le poids de cette détente de toute la matière du bras qui porte le ressort, et même plus, si l'on veut une répartition égale du poids entre chaque côté de la détente.

839. Passons à la figure 145.

Le point d'attaque du dégagement est situé sur la ligne *ar*, qui va du centre du balancier au centre de flexion de la détente. Au retour du balancier, l'extrémité du ressort est touchée par le doigt sur la ligne *ma*. Les deux actions ont lieu à frottement sortant mais à la condition que l'épaisseur de l'extrémité *n* du ressort ne dépasse pas l'intervalle compris en *n*, entre les lignes *am* et *ar*. Cette condition, on le sent, n'étant réalisable qu'avec une extrémité très mince, dans la pratique on aura toujours un peu de frottement rentrant du côté où le ressort anticipera sur l'une des lignes *ar, am*.

Ceux qui emploient le genre de détente vu figure 131, p. 409, disposent le petit ressort de façon que le plan de sa direction soit un peu à gauche, au plus près comme s'il était tangent à la circonférence du pivot du balancier, ce qui donne un peu de frottement rentrant pour le dégagement.

840. Dans la disposition que nous montre la figure 144, l'action du dégagement commence *avant* la ligne *gc*, et l'attaque du ressort, au retour, *avant* la ligne *fc*. Les deux actions s'accomplissent en partie à frottement rentrant.

Sous le rapport de la somme des frottements, ce dernier système est inférieur au précédent, et s'il est préféré par quelques constructeurs cela tient sans doute à ce qu'il présente une plus grande simplicité de formes et qu'on peut, avec facilité, corriger un écart dans la position du point d'attaque pour le dégagement, en courbant ou en redressant un peu, soit l'extrémité de la détente, soit l'extrémité du petit ressort.

Il est à supposer qu'un avantage balance l'autre, car nous voyons les deux systèmes employés par des artistes réputés pour les nombreux succès qu'ils ont obtenus.

Nous revenons d'ailleurs sur ce sujet dans l'article suivant.

Des frottements du petit ressort.

841. Que le dégagement s'opère en partie à frottement rentrant, cela ne paraît aucunement inquiéter les artistes qui emploient les détentes des figures 131, p. 409 et 141, p. 425, (ne pas oublier la note 42 de la page 426).

L'effet du dégagement doit s'effectuer avec une certitude absolue ; or, dans le plantage d'un échappement, il est à peu près impossible d'affirmer que le flanc attaqué du petit ressort est rigoureusement sur la ligne des centres. Il peut être au-delà, en deçà, d'une quantité très faible, si l'on veut, mais qui pourra être augmentée par les déplacements des pivots dans les trous, et quelquefois par les frémissements de la détente.

Si le point d'attaque du dégagement est après la ligne des centres, pour un même déplacement angulaire de la détente, il faudra augmenter la pénétration du petit ressort sur le doigt, et l'on augmentera ainsi, et l'étendue des surfaces de frottement, et le frottement rentrant sur le petit ressort quand il sera soulevé.

Faisant la balance du gain et de la perte, dans chacun des cas en discussion, la trouvant assez près d'être égale et considérant qu'il est impossible d'atteindre, dans l'exécution, à la précision des données mathématiques, surtout quand il est question d'une action aussi rapide qu'un dégagement de détente, d'habiles constructeurs ne redoutent pas un peu d'engagement avant le centre puisqu'il leur paraît compensé par des avantages sur d'autres points.

Toute la question, ramenée à ces termes, se réduirait à interroger l'expérience, c'est-à-dire à constater l'état des contacts sur un grand nombre de chronomètres ayant fait un assez long service ; mais ces constatations sur une grande échelle n'ont pas été faites, que nous sachions. Tout ce que nous pouvons dire, c'est que plusieurs de nos chronométriers affirment n'avoir pas constaté les traces de l'action du doigt de levée, plus souvent sur un système que sur l'autre.

La détente doit être arrêtée à son point de percussion.

842. Quelques constructeurs de chronomètres semblent attacher une médiocre importance au choix plus ou moins précis du point d'appui d'une détente. Nous croyons qu'ils ont tort car, si au défaut d'un contact mal placé s'additionne le défaut d'une lame un peu mince, frémissante, d'inégale élasticité dans ses parties, etc., ce qui n'est pas si rare qu'on le croit, il peut en résulter des anomalies dont on peut chercher longtemps la cause sans la trouver.

Le point d'appui convenablement placé, la détente dépense dans le choc toute la force qui l'anime et devient inerte. Au contraire, si l'appui n'a pas lieu au point théorique, la détente tremble et est saisie par la dent dans des conditions différentes de pression sur son arrêt.

843. Le point de percussion (la distance du repos au balancier étant donnée) n'est pas le même pour les détentes longues ou courtes ; il s'ensuit que les chronométriers qui font appuyer la détente sur son petit cylindre de repos ne peuvent pas choisir arbitrairement la longueur de leur détente ; cette longueur et la distribution de la masse de l'ensemble des matières qui composent la partie mobile de la détente doivent être telles que le point de percussion coïncide avec le point d'appui.

Plusieurs fabricants d'échappements, qui n'ont d'autre mérite que celui de copier servilement les œuvres des maîtres, ont échoué par ce seul fait de leur ignorance d'un simple principe de la mécanique.

Au moyen d'un micromètre d'une grande précision, on peut connaître toutes les dimensions d'une détente, en faire le dessin et déterminer par le calcul la place du point d'appui.

On aura ainsi une première et assez juste approximation.

Quant à la vérification expérimentale, voici comment on peut la pratiquer.

En se servant d'une loupe d'un fort grossissement, et bien disposée, on s'aperçoit très bien si une détente frétille en tombant sur sa vis d'arrêt, mais il faut faire cette vérification dans plusieurs positions de la platine, c'est-à-dire celle-ci posée d'abord horizontalement et ensuite verticalement.

Si tout est bien à sa place, on ne remarquera aucune différence dans le mouvement de la détente, quels que soient ses changements de position.

Butoirs ou pièces d'arrêt des détentes.

844. La pièce d'arrêt sur laquelle s'appuie la détente ne doit pas être absolument rigide (**35**).

Les deux systèmes d'arrêt vus en *c*, figure 135, p. 411, et *d*, figure 136, p. 412, ainsi que celui qui met le point d'appui contre une tête de vis ou un limaçon serrés sur la platine de la montre, systèmes encore usités en Suisse, ne sont pas très bons.

Le limaçon présente une trop grande surface de contact, et son moindre mouvement angulaire change la position du point d'appui.

La tête de vis munie d'une goupille, de L. Berthoud (*a, a'* figure 133, p. 410), est un bon système d'arrêt, mais à la condition qu'on n'ait pas besoin de tourner la vis (pour assurer la pénétration du repos), de manière à changer la position du point de contact.

Il est préférable de mettre la vis d'arrêt sur un bras ou prolongement de la patte ou plot, qui porte la détente. Cette disposition, représentée en *g*, figure 141, p. 425, et en *h*, figures 131 et 132, p. 409, est la même que celle de Breguet mais un peu moins massive et débarrassée du limaçon.

La goupille implantée dans une tête de vis, ainsi que le bras qui porte une vis d'arrêt, ne doivent pas avoir un trop fort volume, étant trop complètement dénués d'élasticité ils se marqueraient à la longue au point de contact. Par contre, si on les fait trop minces, ils vibrent sous les coups répétés de la détente. C'est à l'expérience à décider du choix des dimensions.

Diamètre du demi-cylindre de repos. – Mouvement angulaire de la détente.

845. Quand le repos a lieu au centre du demi-cylindre en rubis incrusté dans la détente, le rayon de ce cylindre est donné par le mouvement angulaire que fait la détente pour dégager la roue.

Aujourd'hui, qu'on ne fait plus faire le repos au centre, il faut un cylindre un peu plus gros. On lui donne pour diamètre environ le quart de la distance de deux pointes successives de la roue. Un gros cylindre charge davantage la détente et, à moins que vers son bord sa convexité ne soit abattue en biseau, il oblige à donner un plus grand mouvement angulaire, à la détente, autrement elle pourrait, en tombant au repos, rencontrer une dent de la roue avec le flanc de son demi-cylindre trop épais.

846. Dans un échappement de chronomètre de bord bien fait, ne présentant ni trop de masse ni des résistances dues à une mauvaise combinaison de l'ensemble, le mouvement angulaire de la détente-ressort est d'environ 2° (produits par un mouvement angulaire du balancier d'environ 22°, y compris l'action au retour sur le petit ressort). Cette menée peut être décomposée en deux parties peu différentes comme étendue ; la première opère le dégagement de la détente, et l'autre écarte la détente assez loin de la roue, afin que la dent qui était en prise puisse s'avancer suffisamment pour ne pas être touchée par la détente retombant au repos.

Est-il nécessaire de faire remarquer que, pour un même mouvement du balancier, le mouvement angulaire de la détente augmente en raison du rapprochement des centres de mouvement.

Une détente légère, ou possédant une certaine roideur, demande que le mouvement angulaire qui suit le dégagement soit un peu plus étendu que celui qui serait nécessaire pour une détente lourde ou molle de même longueur.

On ne peut donc ici poser des chiffres précis, car ils varient souvent d'un échappement à l'autre. L'expérience et l'observation sont les guides auxquels il faut avoir recours (**854**).

Des détentes longues et des détentes courtes.

Données d'expérience.

847. Soit *c n* (fig. 146) une détente ayant son centre de mouvement en *c*, le repos de la roue en *b* et l'extrémité du petit ressort en *n*. Le doigt de dégagement *r* pivotant sur le point *a*.

Le déplacement angulaire de la détente sera égal à *ncg*. Le centre *b* du repos se transportera en *x*.

Par hypothèse, descendons le centre de mouvement de *c* en *d*. Le mouvement angulaire deviendra *nds*, c'est-à-dire que le déplacement de *n* sera un peu plus considérable et le centre *b* du repos arrivera en *y*.

Le frottement est d'un peu plus longue durée, mais comme l'action est un peu moins oblique, on peut considérer le frottement dans les deux cas comme équivalent. On remarquera toutefois que le plus grand éloignement du repos exige de cette détente, plus chargée de matière que la première, un retour plus rapide sur sa vis d'arrêt, et qu'elle ait, par conséquent, plus de roideur dans son ressort. Pour éviter cet excès de résistance, il devient nécessaire de diminuer la pénétration et de la borner au cercle *ij* environ, si l'on veut que le déplacement du repos n'aille pas au-delà de *bx*, quantité reconnue suffisante avec la détente *cn*.

On évite un défaut pour tomber dans un autre, car si la pénétration de la détente *cn* dans le cercle décrit par le doigt de levée n'était que celle nécessaire pour rendre les effets immanquables, la pénétration de la grande détente devient insuffisante. Elle varie d'ailleurs beaucoup plus dans les changements de position par l'effet du jeu des pivots.

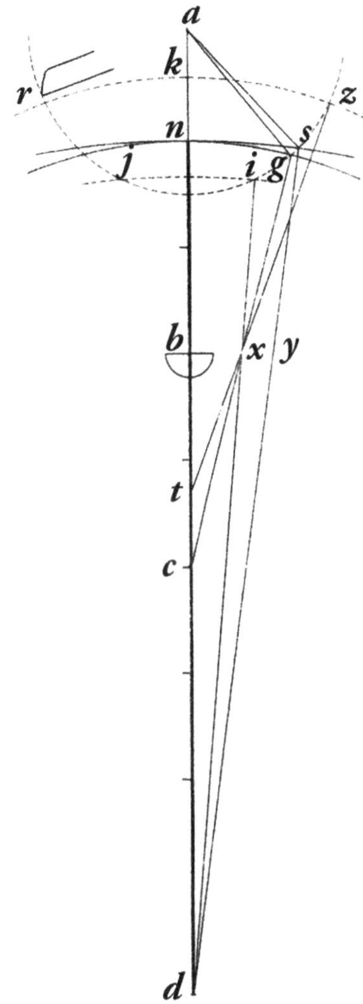

Fig. – 146.

848. Faisant une application de la théorie du levier, on obtiendra les résultats suivants :

Détente *cn*. — Levier de puissance *cn* = 4
Id. résistance *bc* = 2
Détente *dn*. — Levier de puissance *dn* = 8
Id. résistance *db* = 6

qui nous font voir que la grande détente est celle qui offrira la plus grande résistance à l'action du dégagement.

En somme, la grande détente a deux qualités : une progression de résistance élastique ou de tension qui croît moins rapidement, et une action moins oblique contre le doigt de levée, mais à côté elle présente les défauts d'offrir une résistance au décrochement plus grande, une masse plus considérable, moins de fermeté, moins de sécurité dans son fonctionnement, somme d'inconvénients de beaucoup supérieure à la somme des avantages.

On voit par cette démonstration dans quelle méprise tombent les constructeurs suisses, qui font des détentes d'une longueur démesurée, sous le prétexte erroné de diminuer la résistance du dégagement.

849. Considérons maintenant le cas de la détente courte, c'est-à-dire supposons le centre de mouvement en *t* ; sa longueur égalera alors *tn*.

Le dégagement ne sera plus possible dans les conditions admises, et pour amener le point *b* en *x* il faudra prolonger la détente jusqu'en *k*.

Il suffit d'un coup d'œil donné au dessin pour reconnaître que cette détente *tk* ou *tz* exigera du balancier, comparativement à la détente *cn*, un effort beaucoup plus énergique, par suite des déperditions de force qu'occasionnent une pénétration excessive, et la nécessité d'armer plus rapidement le ressort. Ce que nous venons d'en dire suffit, il nous paraît inutile d'insister sur ce point.

Donc les discussions qui prennent pour texte : les longues détentes valent-elles mieux que les courtes ? de même que les débats sur les spiraux courts et sur les spiraux longs, sur les fourchettes d'ancre, etc, sont tout à fait oiseuses. L'art ne reconnaît ni longues ni courtes détentes. Il prescrit pour chaque échappement la longueur qui assure une certitude absolue à tous les effets, et qui présente au balancier la résistance la moins susceptible de troubler la régularité de sa fonction, et par suite les facultés du régulateur.

850. Pour le calibre des chronomètres de bord actuellement en usage, on est arrivé expérimentalement à reconnaître qu'il est avantageux de donner à la longueur active d'une détente-ressort, au minimum : le diamètre de la roue d'échappement, au maximum : le rayon du balancier.

Quant à la détente pivotée, mesurée du centre de mouvement à l'extrémité du ressort auxiliaire, elle doit être beaucoup plus courte (de un peu plus de ⅓ environ), autrement sa masse considérable, puisqu'elle est augmentée d'un contre-poids, rendrait les effets incertains, surtout dans les chronomètres portatifs à 18 000 ou 21 600 vibrations par heure.

Le repos avancé d'une dent.

851. D'ordinaire une roue d'échappement s'appuie sur le repos par la deuxième dent à partir et en avant de la dent qui donnera la première impulsion au balancier.

Serait-il avantageux de faire arrêter la roue par la troisième dent ? L'article précédent a d'avance résolu cette question.

Le choix de la troisième dent impose une longue détente. Ou si sa longueur est bornée, la partie *nb* (figure 146, p. précédente) devient très grande par rapport à *bc*, et cette construction amène tout le cortège des inconvénients qui sont la conséquence d'un mouvement angulaire très étendu.

Le repos par la troisième dent ne peut offrir quelques avantages qu'avec une roue de nombre ou de diamètre différent de ceux de la généralité des roues en usage. Aujourd'hui, cette construction ne répond qu'à certains cas particuliers, qu'un horloger bien pénétré des principes de la théorie, et suffisamment exercé dans la pratique, reconnaîtra facilement.

Cercle d'impulsion. – Rouleau de dégagement.

852. La grandeur du cercle d'impulsion est une conséquence forcée du nombre des dents de la roue et de l'ouverture de l'angle de levée (**824**).

Pour une même roue, il croît ou décroît en raison inverse de la levée.

On détermine son diamètre, par rapport aux autres proportions de l'échappement, au moyen d'un tracé sur une grande échelle, ou comme on le fait plus communément en dressant le calibre de l'échappement (**866**).

Le diamètre du rouleau de dégagement est ordinairement entre le quart et le tiers du diamètre du plateau.

Nombre des vibrations ; il règle le mouvement angulaire de la détente.

853. On a fait battre aux échappements à détente des chronomètres de bord 21 600, 18 000 et 14 400 vibrations à l'heure.

Le nombre 14 400 a prévalu dans les chronomètres de bord, et on en trouve la raison dans ces faits, qu'avec un nombre supérieur, 18 000 par exemple, et toutes autres choses égales d'ailleurs, il faut employer un balancier plus léger, donner une plus grande vitesse de rotation à la roue, augmenter l'angle de levée comparativement à l'arc supplémentaire, et enfin multiplier les mobiles du rouage ou augmenter leur vitesse angulaire.

On a donc bien fait de s'arrêter à 14 400 dans les chronomètres de bord, où les organes présentent déjà d'assez grandes dimensions, et par suite un certain poids, et qui ont besoin d'un balancier puissant. Quant aux chronomètres portatifs, dits de poche, la légèreté comparativement plus grande de leurs organes rend avantageux l'usage du nombre 18 000 ou 21 600, avec lesquels on atténue mieux les influences pernicieuses des secousses du porter et des renversements.

854. En outre, le choix de nombres plus élevés permet de diminuer le mouvement angulaire d'entraînement de la détente, puisqu'elle doit revenir plus vite au repos.

Dans les chronomètres de bord, ce mouvement, en moyenne de 2° à 4°, est produit par un peu moins de la moitié de la levée (**846**).

Dans les pièces portatives à 18 000 vibrations, il suffit qu'il soit aux environs de ⅓, et pour 21 600 de ¼. Ces chiffres résultent d'observations très nombreuses dues à plusieurs de nos meilleurs artistes, mais on sent que ces quantités ne peuvent avoir rien d'absolu.

La détente-ressort est-elle supérieure ou inférieure à la détente pivotée ?

855. Cette interrogation, plusieurs fois posée, a donné lieu à de longs débats entre quelques-uns de nos artistes les plus recommandables, et a fait éclore d'intéressantes publications qui ont paru dans la *Revue chronométrique* (volume III).

Sans parti pris, sans autre désir que celui d'être utile, nous abordons cette discussion avec tous les égards que nous devons aux opinions de nos éminents collègues, mais avec l'indépendance que nous laisse une position complètement désintéressée.

Nécessairement nous serons bref car plusieurs points du débat ont été résolus par nos précédentes démonstrations.

Voici en peu de mots l'historique de la question.

La détente pivotée, inventée en France par P. Le Roy et perfectionnée par L. Berthoud, a été essayée en Angleterre, et notamment dans des chronomètres sans fusée, par Arnold. La figure 147 représente une détente d'Arnold, dont le dessin a été relevé par Tavan d'un chronomètre anglais.

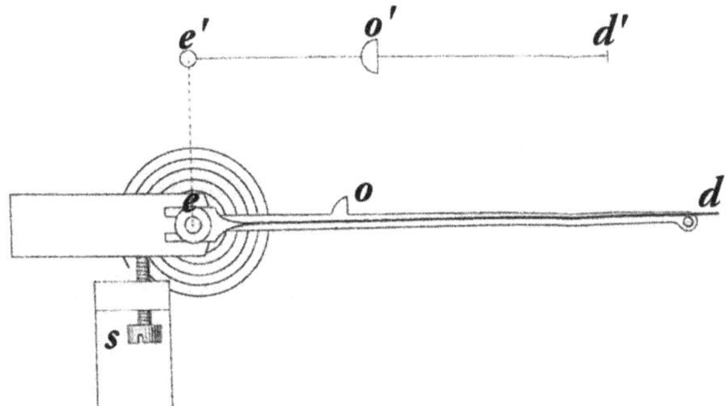

Fig. – 147.

Cette disposition de détente est radicalement vicieuse. La longueur de *d* à *o*, par rapport à la distance de *o* à *e*, est énorme : elle nécessite un mouvement angulaire de dégagement considérable, sinon la pénétration de la dent sur le repos n'offrirait pas une entière sécurité.

La vis d'arrêt *s* de la détente est trop rapprochée du centre de mouvement ; le frétillement dû à la masse et à la grande longueur du bras *od* est cause que la détente est pour ainsi dire saisie par la dent de la roue quand elle est tantôt fortement, tantôt faiblement, et même pas du tout appuyée contre la vis d'arrêt. Effet d'autant plus considérable et plus difficile à constater que le point d'appui est plus près du centre de mouvement et que les trous des pivots sont plus grands et pourront subir un déplacement latéral qui variera avec l'âge des huiles.

Si l'on ajoute à ces remarques cette dernière, que les ouvrages anglais du temps étaient construits avec beaucoup moins de délicatesse et présentaient plus de masse que les ouvrages français similaires, on est conduit à admettre que l'action de ces sortes de détentes était irrégulière et qu'elles s'engourdissaient avec le temps. Mécontent des résultats, Arnold mit sur le compte de la résistance de l'huile des effets dus principalement aux vices de construction et aux erreurs de sa combinaison mécanique. Mettons en regard de la détente pivotée d'Arnold la détente de L. Berthoud (*e'o'd'*).

Nous ferons remarquer que le ressort de retour (spiral ou hélice) d'Arnold était armé par un anneau tournant concentrique à l'axe.

Sa disposition d'échappement à détente-ressort (figure 135, p. 411) est infiniment supérieure ; aussi ne renouvela-t-il plus ses essais de détente pivotée, et sur ce sujet ses compatriotes passèrent condamnation sans plus ample informé.

La détente pivotée est bien et dûment une invention française, mais ce n'est pas une raison pour que nous fassions honneur aux horlogers anglais de l'invention de la détente-ressort. Petite erreur historique que nous avons rectifiée à l'article **822**.

Qualités et défauts inhérents à chaque espèce de détente.

856. On reproche à la détente-ressort :

- Sa plus grande résistance au dégagement ;
- La variabilité de sa résistance dans les diverses positions qu'on donne à l'échappement, parce que le propre poids de la partie active s'additionne à cette résistance ou s'en retranche suivant que la position est verticale ou horizontale ;
- Sa tendance au gauchissement.

857. Et à la détente pivotée :

- Sa masse plus considérable ;
- Son surcroît de frottement sur le ressort auxiliaire, par suite d'une pénétration et d'un mouvement angulaire plus étendus ;
- La résistance de ses pivots ;
- Enfin qu'elle exige un soin extrême dans sa mise en place et dans le choix de son point d'arrêt. Les plus habiles ouvriers des fabriques sont souvent obligés de recommencer deux ou trois fois le plantage.

858. On fait valoir à l'avantage de la détente-ressort :

- Qu'elle se prête plus facilement à la décomposition du travail ;
- Que la différence de résistance dans les positions n'existe pas pour les chronomètres de bord ;
- Qu'avec la lame du ressort haute et pleine, comme la font aujourd'hui les bons constructeurs, le gauchissement, s'il a lieu, est sans effets appréciables.

859. Et à l'avantage de la détente pivotée :
- Qu'elle est plus solide et ne laisse aucune crainte de gauchissement ;
- Qu'elle ne présente aucune différence de résistance dans les positions ;
- Qu'elle amortit mieux la chute de repos (**861**).

Quant à être d'un travail plus facile, nous ne lui accordons pas cette supériorité. Les deux systèmes de détente exigent dans l'exécution la main d'un ouvrier habile. Les détentes pivotées, qui se font si facilement, sont mal faites et massivement construites : ce sont des ferrailles sans valeur.

860. Sauf l'étude des résistances qui ont leur cause dans la forme des ressorts de rappel et dans la présence de l'huile aux pivots, étude que nous réservons pour les deux articles qui suivent, nous faisons, comme pour les difficultés d'exécution, bon marché de l'inégalité de l'effort nécessaire au dégagement des deux espèces de détentes, toutes autres choses égales, car cette inégalité, qui est peu de chose, et qui tient à la différence des leviers, est diminuée par le petit surcroît de frottement d'une menée de plus longue durée, et dans lequel assez souvent cette inégalité disparaît.

En face d'effets aussi instantanés, de différences insaisissables dans la pratique dans les constructions bien faites, et après avoir consulté l'expérience, s'être rendu compte des facilités plus ou moins grandes de fabrication, on reconnaît que ce n'est pas à tort que la détente-ressort a été préférée pour les chronomètres de bord (14 400 vibr.), et que l'emploi de la détente pivotée dans les chronomètres de poche (1 8 000 vibr.) offre plusieurs avantages (**853**).

En somme, ce sont deux mécanismes distincts qui, à des qualités précieuses, mais d'ordre différent, allient des défauts qui également ne sont pas de même nature. Entre les mains d'un habile homme, leurs résultats sont équivalents et le succès est assuré avec l'une et l'autre combinaison. Il sait profiter des avantages et atténuer les défauts, donc il ne faut mettre à la charge d'aucun de ces systèmes les erreurs des copistes maladroits.

Du frottement des pivots de détente.

861. La détente ne tourne pas sur son axe, elle oscille entre les extrémités d'un arc très court. Le contact du pivot contre la paroi du trou est une simple pression, un roulement excessivement restreint. On ne peut donc pas assimiler son action au véritable frottement des autres pivots du rouage.

L'effort supporté par la paroi du trou est une pression élastique analogue à la pression exercée sur la vis d'arrêt de la détente ; comme dans ce dernier cas, l'élasticité du support, qui ici est un axe, amortit l'effet de la chute de repos. Il en résulte deux effets très remarquables :

1°. que la face du repos en acier ne se détériore pas, malgré une percussion répétée sur le même point, ce qui n'a pas lieu avec la détente à ressort ;

2°. que les pivots de la détente et les parois des trous se conservent dans leur état primitif.

Puisqu'il ne peut se produire, d'après ce que nous venons de voir, aucune détérioration aux dents de la roue agissant sur le repos en rubis qui a remplacé celui d'acier, et aux pivots d'une détente pivotée bien faite, on en tire deux conséquences : la première, qu'il est inutile de lubrifier le repos, la seconde, que la conservation de l'huile des pivots est assurée. Cette conservation est d'autant plus certaine qu'outre que ces pivots ne supportent qu'une faible pression sans frottement, leur huile n'a pas ses parties constamment mélangées par la rotation, comme cela a lieu pour tous les autres pivots.

Cette conservation de l'huile aux pivots des détentes est aujourd'hui un fait acquis, aussi se dispense-t-on de garnir les trous en rubis.

862. La part de résistance au déplacement afférente aux pivots de la détente a sa source, non pas dans un frottement proprement dit, mais dans des effets d'adhérence et de capillarité. Il nous semble qu'on s'éloignerait peu de la vérité en l'assimilant à un frottement au départ.

Quelle est sa valeur ? Il est impossible de la fixer *a priori*, et les expériences à faire sont si délicates qu'on ne peut raisonnablement espérer un chiffre précis. Ce qui nous paraît certain, c'est que, quelle que soit cette valeur, elle change avec le temps, car la résistance à la séparation qui naît de l'adhérence est proportionnelle à l'étendue des contacts et à la ténacité du corps gras interposé.

Avec des pivots fins à la détente et pas trop longs, cette résistance est considérée comme négligeable par des artistes distingués, et notamment par MM. H. Robert et Berthoud jeune.

Toutefois, quoique infinitésimale si l'on veut, elle existe et, sans trop la dédaigner ni la craindre, car un ressort de rappel convenable en a facilement raison, il ne faut pas la perdre de vue (fin du **863**).

Le ressort de rappel droit ou contourné en spiral.

863. Moinet dit, en comparant les deux espèces de détentes, que la détente pivotée paraîtrait offrir une progression de résistance moins rapide, parce que l'action de la détente-ressort est due à un ressort court et droit, et l'action de l'autre détente à un spiral relativement long.

Admettant pour le moment que les choses soient telles.

Considérons comme ayant été successivement appliqués à la même détente deux ressorts de rappel de l'une et l'autre espèce, de même force, c'est-à-dire qu'armés sous un même angle, ils maintiendraient la détente contre son plot d'arrêt avec une égale puissance.

Pour un même angle d'écartement de la détente, la résistance serait d'autant plus grande que le ressort aurait une moindre longueur.

Les vitesses de retour seront donc en raison à peu près inverse des longueurs.

Vaut-il mieux qu'à une moindre résistance de menée réponde un peu moins de vitesse au retour ?

Est-il, au contraire, préférable d'avoir un peu plus de résistance au dégagement et un retour plus rapide ?

Des études comparatives, en changeant les ressorts de rappel des mêmes détentes, suivies durant un temps assez long, pourront décider ces questions. Il serait imprudent d'essayer de les résoudre avec les seules connaissances théoriques actuelles ; les résultats pourraient bien être entachés d'erreurs, parce qu'il y a là des frottements, des effets de flexion, etc., qui nous échappent par leur rapidité et leur ténuité, et qu'on ne peut réellement les représenter par aucun chiffre un peu exact.

Nous avons admis que la progression de résistance est plus rapide avec le ressort droit, effet facile à vérifier quand les angles d'écartement ont un peu d'étendue, mais ici l'angle d'écart *étant très court*, 2° ou 4°, on pourrait assimiler le ressort droit à un ressort spiral suffisamment fort et convenablement armé.

S'il était constaté que la vitesse du retour opéré par le spiral diminue avec le temps, on aurait une preuve que la résistance des pivots doit entrer en ligne de compte.

864. Quoi qu'il en soit de ces questions pendantes, les conclusions autorisées aujourd'hui sont les suivantes.

L'observation nous apprend que le ressort droit s'oxyde quelquefois au point de contact, mais que plus souvent encore il y contracte une adhérence dont l'effet est très sensible sur le mouvement si borné de ce ressort, oxydation ou adhérence qui fait manquer à la longue l'action du retour dans un certain nombre d'échappements.

Le spiral bien disposé n'engendre ni frottement ni pression latérale, et son effet est sûr s'il a l'énergie nécessaire pour ramener assez vite la détente ; alors la résistance du décrochement est bien près d'être équivalente à la résistance d'une détente-ressort, toutes choses égales d'ailleurs. On ne peut donc, quand on fait usage du spiral comme ressort de rappel, se prévaloir de la petite différence d'une moindre résistance du dégagement de la détente pivotée, avantage que, du reste, nous avons toujours considéré comme à peu près insignifiant.

Le ressort de rappel contourné en spiral ne doit avoir que la longueur nécessaire (de 3 à 5 tours) pour obtenir un mouvement suffisamment concentrique aux pivots. Plus il sera long, plus il deviendra sensible aux variations de température et aux ébranlements.

Dessiner l'échappement. En calculer les proportions.

865. Les méthodes et procédés indiqués aux n^{os} **749** et suiv. sont applicables ici, et nous avons été suffisamment explicite pour qu'il nous paraisse inutile d'entrer dans d'autres détails que ceux nécessaires au tracé d'un calibre, et qu'on trouve un peu plus loin.

Même remarque quant aux calculs des proportions de l'échappement, la roue étant connue. Les renseignements contenus dans les articles **748**, **754**, etc., suffisent et on trouvera dans la Troisième Partie de cet ouvrage un *Tableau* tout dressé des proportions de l'échappement à détente.

Chapitre III

Détails pratiques. Causes d'arrêts et variations.

Tracé du calibre de l'échappement.

866. Sur une plaque bien adoucie on perce un trou fin (*a*, fig. 148) qui sera le centre de la roue d'échappement, et on en décrit la circonférence. Nous supposons que cette roue a 15 dents.

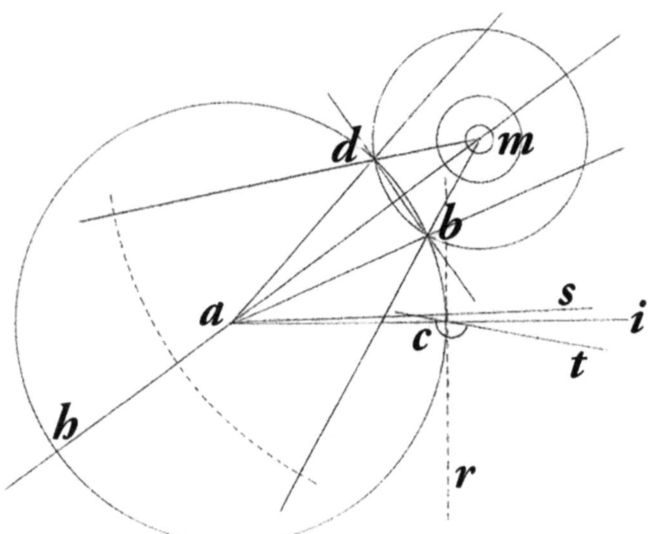

Fig. – 148.

Cette plaque, gommée sur le tasseau de l'outil-à-fendre, après qu'elle a été centrée sur le trou *a*, on y trace avec un onglet le trait *aci* et le trait *ab*, qui fait un angle de 24° avec le premier, puis le trait *ad*, qui fait également un angle de 24° avec le second.

Enfin on tire la ligne *am*, qui partage bien exactement ce dernier angle par son milieu. C'est sur cette ligne que sera placé le centre du balancier.

Le chiffre de la levée préalablement arrêté, soit 50°, chute comprise, on peut employer deux moyens pour déterminer la place du centre du balancier.

Premier moyen. — On trace sur un morceau de métal, en prenant beaucoup de soin, une languette triangulaire *qzp* (fig. 149, p. suivante) de 50° d'ouverture, et on tire la ligne *xz*, partageant bien exactement l'angle en deux parties égales. La languette est ensuite découpée, telle qu'on la voit dans la figure 149, puis reportée sur la plaque du calibre de façon que la ligne *xz* soit exactement superposée à *ha* (fig. 148). En conservant cette coïncidence on fait glisser la languette de *a* vers *m* jusqu'à ce que les deux flancs de cette languette tombent exactement sur les points où les lignes *ad, ab* coupent la circonférence ; le sommet de l'angle se trouve alors en *m.*

On y marque un point qui réponde rigoureusement au sommet de l'angle, le centre du balancier est alors déterminé.

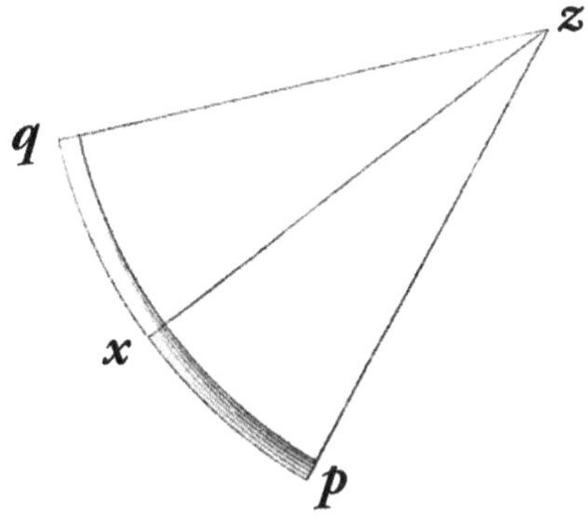

Fig. – 149.

Deuxième moyen. — Si l'on fait passer une ligne par les points *d, b* (fig. 148, p. 438), on remarque que le triangle *mdb* est isocèle, et qu'en conséquence, puisque son angle *bmd* est de 50°, chacun des deux autres angles du triangle est de 65°. Donc, en menant par les points *d* et *b* deux lignes qui fassent chacune avec *db* un angle de 65°, le point de croisement des lignes *dm, bm* donnera le centre cherché.

On pourrait encore déterminer ce centre par le calcul, mais ceux qui sont en état d'employer ce moyen n'ont pas besoin d'indications plus nombreuses que celles qui précèdent.

On vérifie, soit à l'aide d'un rapporteur garni d'une alidade et d'une pointe au centre, soit sur l'outil-à-diviser. S'il y a quelques différences, on corrige en rapprochant ou en éloignant un peu le point *m*, que l'on perce ensuite finement sur l'outil-à-percer-droit.

De ce centre on décrit la circonférence du cercle ou plateau. Elle doit être éloignée des points *b* et *d* de la quantité de jour nécessaire à la sûreté du jeu du cercle et de la roue.

On décrit la petite circonférence du rouleau ; son diamètre est entre le quart et la moitié de celui du cercle, et suivant le plus ou moins de grosseur qu'il faut donner à l'axe du balancier.

867. L'opération la plus délicate du tracé d'un calibre consiste dans la détermination du centre du cylindre de repos.

Nous savons que ce repos doit être un peu au-dessous du point tangent (**826**). Pour réaliser cette condition, on tire la ligne *as*, formant avec *aci* un angle de quelques degrés ; c'est sur cette ligne *as* qu'on mène, par le point de contact de la dent *c*, une perpendiculaire *cr*, qui donne la direction du corps de la détente.

On tire par le point de contact *c* une autre ligne et, formant avec *as* un angle de 12 à 15° environ, et c'est sur cette ligne et qu'on pointe le centre du cylindre de repos, en se souvenant que la pénétration (ordinairement entre le quart et le tiers du diamètre du petit cylindre) ne doit être que celle absolument nécessaire pour que l'on ait, quant à la certitude des effets, une sécurité absolue (**829**).

On perce le trou du repos, que l'on agrandit au diamètre qu'il doit avoir, et il est facile ensuite, à l'aide d'une loupe d'un bon grossissement, de s'assurer, en suivant la direction des lignes finement tracées, si ce repos est bien à sa place.

On perce le trou de la vis de la patte de la détente, on tire la ligne de direction du ressort de dégagement, etc.

Le calibre ainsi terminé, en se guidant sur lui, on construit l'échappement dans de bonnes proportions, et on s'assure, en présentant les pièces sur le calibre où l'on peut les faire fonctionner, qu'elles ont la forme et la dimension voulues.

868. *Remarque.* — Pour le tracé des angles, l'outil-à-diviser est l'instrument le plus exact, mais à son défaut on peut simplement tracer la circonférence de la roue, et, posant celle-ci sur la plaque du calibre, y marquer avec tous les soins nécessaires les positions de trois dents successives, positions qui doivent être finement pointées et percées. Pour le reste, on emploiera une équerre bien faite et un rapporteur ayant son point de centre très fin et très net. Mais si l'on veut obtenir une justesse à peu près suffisante, il faut dresser le calibre sur une plaque un peu étendue, et qui permette de prolonger assez loin toutes les lignes ; les chances d'erreur diminueront en raison de l'allongement des côtés des angles.

Détails pratiques.

869. Nous serons sobres de détails pratiques, les réduisant à ceux tout à fait particuliers à cet échappement. Il faut admettre que l'horloger qui l'entreprend sait suffisamment bien travailler, et qu'il en a déjà exécuté d'autres. Ces détails feraient d'ailleurs double emploi avec la plupart de ceux si largement donnés, soit dans le chapitre précédent, soit quand nous avons traité des échappements Duplex et à ancre, auxquels nous renvoyons.

De la roue.

870. La roue se fait en laiton bien écroui ou en alliage d'or, d'argent, de cuivre. On la durcit par un recuit approprié. Elle se taille avec la fraise circulaire, ou le plus souvent au couteau ou crochet, comme les roues de Duplex ou d'ancre. La figure 150 nous montre une coupe des deux couteaux qui servent, l'une à vider les pleins et à tailler la face frottante, l'autre à former le revers des dents.

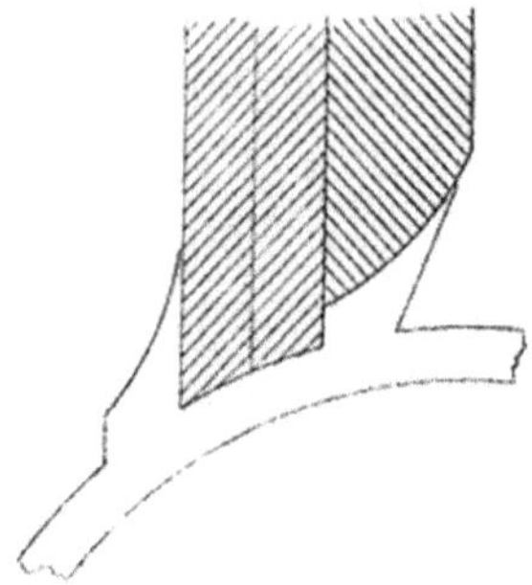

Fig. – 150.

La dent ne doit pas s'appuyer par un angle vif, mais par une petite surface arrondie.

(Revoir les articles concernant les roues Duplex et d'ancre.)

La plupart des artistes se contentent, par mesure de précaution, de graisser d'huile avec un bois les dents de la roue mise en place dans le chronomètre.

Exécution d'une détente-ressort.

871. Le cas le plus délicat qui puisse se présenter est celui du remplacement d'une détente brisée. Alors la position de celle-ci se trouve rigoureusement fixée.

Sur une plaque finement adoucie on transporte avec beaucoup de soin tous les centres de mouvement : trous de pieds, de vis, etc. ; puis on trace toutes les lignes (sur l'outil-à-fendre, s'il est possible) et la direction de la détente. On agrandit avec les précautions voulues le trou de la roue jusqu'à ce que son pignon (qui doit tourner très rond) entre dans ce trou et puisse s'y mouvoir à frottement assez doux.

Si le pignon est éloigné de la roue, on forme avec le tour-universel, sur la plaque, une creusure où la roue entre et tienne légèrement par le simple frottement des pointes.

La roue mise en place sur le calibre, on y ajuste le plateau pourvu d'un axe ou arbre entrant sans jeu dans le trou agrandi du balancier. Il devient alors facile de vérifier, et au besoin de rectifier la position du petit cylindre de repos (**867**).

872. De grands soins et de grandes précautions sont nécessaires dans le choix et le travail de l'acier dont on fera la détente, autrement on s'expose à se donner beaucoup de peine sans résultat. L'acier carré anglais, nerveux, et offrant à la cassure un grainé fin, serré et d'une nuance gris d'argent, est assez généralement préféré. On le recuit par les procédés indiqués à l'article *Acier*, puis on le martelle à petits coups, et seulement dans le sens du plat de la lame. On le revient bleu, et quand il est limé bien carrément et bien plat sur chaque face, on y pointe et on y perce sur l'outil-à-percer-droit les trous du repos, et l'on découpe ensuite la détente à la lime.

Le limage du ressort demande une attention soutenue pour ne pas fatiguer la lame ni la faire gauchir. Il faut varier la position de la détente en limant si l'on veut une lame bien égale, parce que la main a toujours une tendance à pencher un peu d'un côté.

Le ressort ne doit avoir que la force nécessaire. Il doit être sans ondulations et progresser un peu sur son épaisseur en sens opposé au talon.

Le ressort dit à lanterne, c'est-à-dire ouvert au milieu, est une mauvaise chose. L'élasticité des deux lames est rarement pareille, elles sont presque toujours inégalement trempées, inégalement adoucies, et il en résulte que leurs centres de flexion sont rarement sur le même axe.

873. La trempe d'une détente exige non seulement de minutieuses précautions de la part de l'ouvrier, mais elle demande aussi qu'il possède un peu l'habitude de cette opération pour ne pas fausser la pièce, ou brûler la lame-ressort. On peut tremper avant d'avoir complètement aminci celle-ci et la terminer avec un fer et de la pierre broyée à l'huile.

Chaque échappementier a son procédé de trempe, dont le succès tient surtout à l'habitude acquise. On peut employer l'un de ceux indiqués au n° **496**, ou le suivant, qui en est une variété. (Consulter également l'article *Trempe.*)

On forme avec une feuille de platine une petite boîte oblongue d'un diamètre de 5 à 6 millimètres, mais plus longue que la détente et fermée par une extrémité. Elle porte un pied au moyen duquel on la fixe sur un charbon, creusé de telle sorte que la petite boîte est supportée par ses deux extrémités. La détente introduite, on la fait rougir en dirigeant la flamme sur l'enveloppe de platine, et quand tout est bien à point, on fait glisser la détente dans l'huile.

Quelques ouvriers dardent, au préalable, quelques jets de flamme dans l'huile en deux ou trois coups de chalumeau et prétendent ainsi empêcher le gauchissement de la détente. Nous n'avons jamais expérimenté ce procédé et n'en pouvons rien dire.

Il ne faut pas entourer la détente de poussier de charbon ou de noir animal : des particules de ces matières adhèrent parfois à la lame du ressort et sont cause qu'en ces endroits la lame reçoit un moindre degré de dureté.

874. La détente terminée et munie de son petit ressort, on y ajuste un repos en acier convenablement entaillé. Si tout a été fait avec soin il suffira, s'il existe quelques différences de position, de changer un peu l'inclinaison de la face de repos ou sa profondeur pour que tout soit bien à sa place. Le repos d'acier, vérification et correction faites, sera donné comme modèle au pierriste.

On perce les pieds de la patte de la détente après avoir donné à celle-ci la bande nécessaire pour la maintenir contre sa vis d'arrêt.

Des pivots et des trous. Du spiral est du balancier.

875. Les indications qui auraient leur place ici ont été données, et sous les mêmes titres, dans le chapitre III de l'échappement à ancre. Le lecteur doit revoir ces articles, et il est actuellement assez avancé pour savoir de lui-même choisir ce qui est applicable au cas présent.

876. Le spiral isochrone et le balancier compensateur étant absolument nécessaires à l'échappement à détente, nous renvoyons aux articles de la Troisième Partie de cet ouvrage consacrés à ces deux organes et au réglage.

Seulement nous ferons remarquer tout de suite que la disposition du spiral recommandée par quelques horlogers, parce qu'elle diminue les chances d'arrêt-au-doigt, est celle qui, au point zéro de la tension, place le petit doigt de dégagement comme dans la figure 131, p. 409, c'est-à-dire de façon qu'il suffise de donner un mouvement peu étendu au balancier pour opérer le décrochement.

Cette indication, quoique suffisante, est vague, en voici une plus précise.

Le spiral doit tenir le balancier arrêté au repos dans une position telle qu'en le faisant tourner à droite et à gauche il décrive le même arc pour laisser échapper d'un côté la détente et de l'autre le petit ressort.

Causes des arrêts et des variations.

877. L'échappement à détente ne souffre aucune médiocrité dans l'exécution. Toutes les causes d'arrêts et de variations proviennent d'imperfections dans le travail ou d'erreurs de principes.

Il est inutile de faire ici la nomenclature de ces causes, que nous avons, du reste, signalées. Tout horloger un peu capable doit être à même de les reconnaître, sinon il faut qu'il se remette à étudier à fond cet échappement avant d'en entreprendre, soit la construction, soit la réparation.

Quant aux défauts inhérents à la nature même du mécanisme, tels que l'*arrêt-au-doigt*, le *galop*, le *renversement*, on a dû les réduire à leur moindre valeur et ils ne sont à craindre, dans une montre bien faite, que si on la secoue en remuant les deux mains en sens contraire pendant le remontage du ressort moteur, ou si elle est soumise à des secousses violentes et répétées, telles que celles qui résultent de sauts brusques, du port de la montre dans une poche de vêtement constamment agitée par l'action de la marche ou par une course à cheval, etc. ; mais nous devons le redire encore une fois, l'échappement à détente ne convient pas à l'usage journalier, il ne convient qu'aux montres destinées aux observations scientifiques, et veut être manié par des mains soigneuses.

Néanmoins, et comme dernière recommandation, nous dirons que l'horloger qui l'a construit doit attacher une excessive importance :

- à la vérification des effets de rebondissement et de trépidation, sensibles surtout avec une détente faible ;
- à l'état du ressort de la détente qui, plus ou moins bien dirigé dans le sens de la pression sur le repos, plus ou moins droit, plus ou moins renflé ou creusé en travers par l'adoucissage, peut donner lieu à des effets de flexion complexes et imprévus ;
- à un plot d'arrêt mal placé ;
- aux vitesses du retour sur ce plot, dont la promptitude change avec les excès de température.

En un mot, toutes les fonctions doivent se faire avec une certitude absolue, quels que soient les changements que pourront amener l'âge des huiles et les variations de la température.

878. Nous terminerons en appelant l'attention sur la nécessité d'un parfait équilibre de la détente pivotée ; elle est suffisamment démontrée par les expériences rapportées au n° **635**, et aussi sur les effets de rebondissement auxquels les détentes appuyées par leur contre-poids sont plus sujettes, quand l'arrêt n'est pas rigoureusement à sa place. Ces effets ont été particulièrement observés dans des chronomètres de poche sans fusée, et sont attribués, à tort ou à raison, à l'excès de la force qui soulève la détente. Ce qui a conduit à cette conclusion, c'est qu'on a remarqué dans plusieurs de ces pièces, en regardant avec une forte loupe les échappements à contre-jour, que le petit vide entre la détente et son arrêt, résultat du rebondissement, était plus visible quand le ressort moteur était complètement bandé.

Pourquoi la détente d'Arnold a été abandonnée.

879. Dans le système d'Arnold, la pression de la roue au repos a lieu en tendance à allonger la détente ; dans celui d'Earnshaw, cette pression refoule la détente sur son ressort. Ce dernier système a prévalu.

Il offre cependant l'inconvénient, toutes choses égales, d'assurer moins bien la stabilité de la détente, aussi le ressort d'Earnshaw est-il généralement tenu moins souple que celui d'Arnold.

Mais si la disposition de ce dernier horloger est préférable sous un rapport, elle offre d'autre part le grave défaut de ne pouvoir être employée qu'avec une roue à dents relevées du champ, comme la faisait Arnold. Pour un même diamètre, une telle roue, comparée à la roue à dents aiguës, est plus chargée à sa circonférence, fait perdre quelques degrés sur la levée, agit sur le repos avec une plus forte pression, ce qui équivaut à la roideur un peu plus grande du ressort d'Earnshaw ; enfin elle demande d'être *justifiée* avec un soin extrême, autrement on ne possède qu'une roue inexacte, ou en termes d'atelier, *infidèle*.

Échappement à détente dit à double roue.

880. Cet échappement, représenté par la figure 151, aurait été construit pour la première fois par Owen Robinson, horloger anglais. Peu de temps après, U. Jurgensen[43] l'employa avec succès et l'amena à une grande perfection. En puisa-t-il l'idée dans sa propre inspiration ? la dut-il à la connaissance de la construction primitive de Robinson ? Il ne nous est pas possible de nous prononcer sur ce point, mais nous penchons pour la première opinion.

À l'origine, l'échappement se composait de deux roues superposées. Cette double roue a subi la même transformation que dans l'échappement Duplex ; elle se fait aujourd'hui d'une seule pièce, et des dents triangulaires relevées du champ de la grande roue remplacent la petite.

L'usage des deux roues offrait cet avantage de faciliter la mise au point convenable de la roue d'impulsion, mais leur ensemble présentait un poids plus considérable que celui de la roue d'une seule pièce, qui d'ailleurs n'exige dans l'exécution que les soins qu'il faut apporter au travail d'une roue Duplex bien faite.

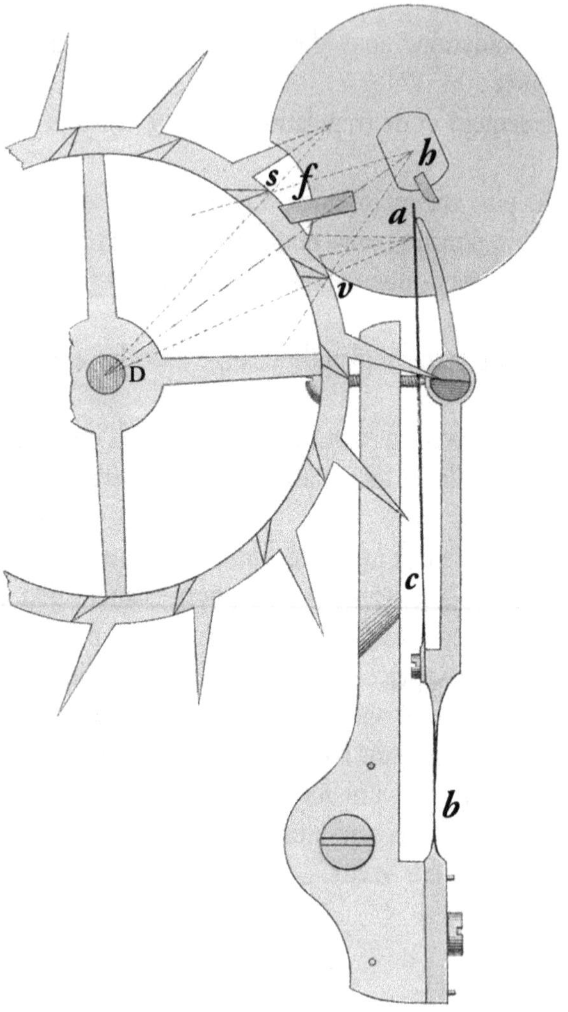

Fig. – 151.

881. Comme on le voit par le dessin, cet échappement ne diffère de ceux qui viennent d'être décrits que par sa double roue. L'impulsion est donnée par un levier plus court D*s*, relativement à un rayon de repos plus long. La pression sur le repos devant être suffisante pour assurer la stabilité de la détente, et cette pression considérée comme égale à la pression que devrait produire la roue simple de l'échappement à détente ordinaire, il en résulte nécessairement que l'action de la levée s'opérera dans l'échappement à double roue, sous une pression plus énergique que dans l'échappement ordinaire mais, comme on doit le remarquer, ce petit excès de pression, qui peut être considéré comme avantageux, a

[43] Urbain Jurgensen, horloger danois, né en 1776, mort en 1830, se forma au contact des grands artistes du temps et particulièrement à l'école de Breguet. Il s'acquit une juste renommée par la construction d'excellents chronomètres et de bonnes pendules astronomiques, et a laissé un ouvrage sur l'exacte mesure du temps, qu'on peut encore consulter avec fruit.

pour contre-partie l'inertie d'une roue un peu plus chargée de matière, et qui d'ailleurs exige un peu plus de travail.

Avec une roue de 15 dents, le balancier se trouve un peu plus rapproché de la tangente à la roue qui passe par le point de repos.

En somme, avantage et inconvénient s'équilibrent, ou à très peu près, et le résultat final, c'est-à-dire la régularité obtenue avec ce dispositif est celle que procure un échappement à détente ordinaire construit avec soin.

Jurgensen a fréquemment placé son échappement (roue de 12 dents) dans des chronomètres de bord, où il a parfaitement réussi ; mais, à succès égal, l'échappement à détente à simple roue nous paraît devoir être préféré : il est plus simple et se prête mieux au travail courant de fabrication.

Échappement à détente à levée de rappel.

882. La détente du premier échappement libre de P. Le Roy n'était pas ramenée à sa position de repos par un ressort ; ses mouvements étaient produits par une sorte de doigt de dégagement adapté au balancier et agissant contre deux petits leviers portés par l'axe de la détente.

Depuis, on a construit des détentes pivotées dans le genre moderne, où la détente est ramenée à sa position de repos par l'action qu'exerce la roue sur une levée supplémentaire dite de rappel.

La figure 152 est un spécimen du genre.

La détente *pa* est munie d'un ressort de dégagement *fa*. Quand le disque tourne dans le sens indiqué par la flèche, le petit doigt de dégagement attaque la détente en *a* et décroche la dent *d*. La roue entre en mouvement, et par sa dent *c*, tombant sur la palette *b*, donne une impulsion au balancier. Vers la fin de cette impulsion, la dent *f*, rencontrant la levée de rappel *s*, la chasse devant elle et ramène la détente à la position qu'elle occupe dans la figure ; puis cette dent s'arrête à la place que vient de quitter la dent *g*.

La vibration de retour est muette.

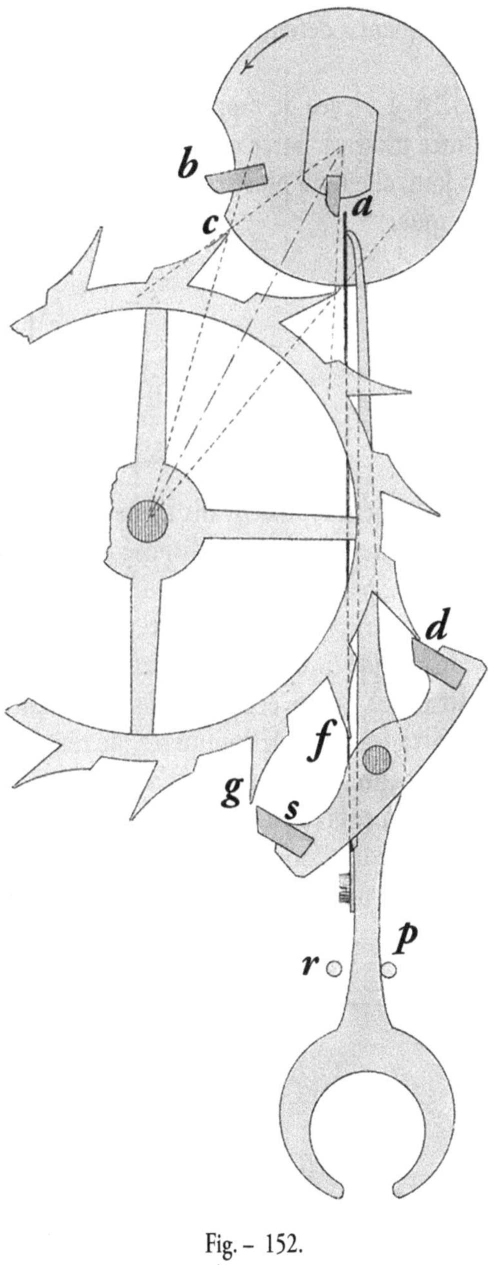

Fig. – 152.

883. Tous les échappements de cette espèce n'ont donné que de mauvais résultats, facilement prévus.

Le rappel se fait avec brusquerie et par une roue animée de vitesses variables d'où résulte infailliblement des effets de rebondissement, des mouvements vibratoires, etc. Effets nuisibles et d'autant plus certains que la détente reste un instant pour ainsi dire en l'air car elle ne s'appuie réellement sur son plot d'arrêt *p* que pendant cette partie de la vibration muette qui commence au soulèvement du ressort par le petit doigt de dégagement.

Dans l'usage civil, on a pu obtenir une suffisante exactitude de certains échappements à levée de rappel, mais dans les chronomètres véritables, c'est-à-dire destinés aux observations scientifiques, ils n'ont produit que des résultats inférieurs à ce que l'on obtient d'un échappement à détente bien construit.

884. La levée de rappel placée trop près du centre de mouvement exige un supplément de force motrice, parce qu'elle absorbe une trop forte part de la puissance de la roue ; placée trop loin, elle rend plus sensible l'effet que produisent sur la détente les différences de vitesse de la roue.

NOTES

sur quelques échappements libres

Échappement à chevilles (pour montres).

885. L'échappement dit à chevilles a été inventé par Amant avant 1740. On croit que Robin, le premier, l'aurait disposé de façon à le rendre indépendant du modérateur pendant une grande partie de l'oscillation, et l'aurait introduit dans la montre, mais nous n'avons rien d'absolument précis à cet égard.

On fabriquait cet échappement à Genève dès le commencement de ce siècle et le modèle construit par Tavan, et décrit dans le Mémoire qui relate ses travaux, date de cette époque ; aussi rencontre-t-on dans le commerce, de temps en temps, quelques montres de cette fabrication.

Il fut promptement abandonné car ses chevilles gardant difficilement l'huile, peu d'échappements résistaient à la destruction.

Il n'est autre chose qu'un échappement à ancre, où la substitution des chevilles aux dents à la roue a permis de rapprocher les deux bras de l'ancre. Nous n'en donnons pas la description, l'examen de la figure 153 suffit à faire comprendre et sa forme et ses fonctions.

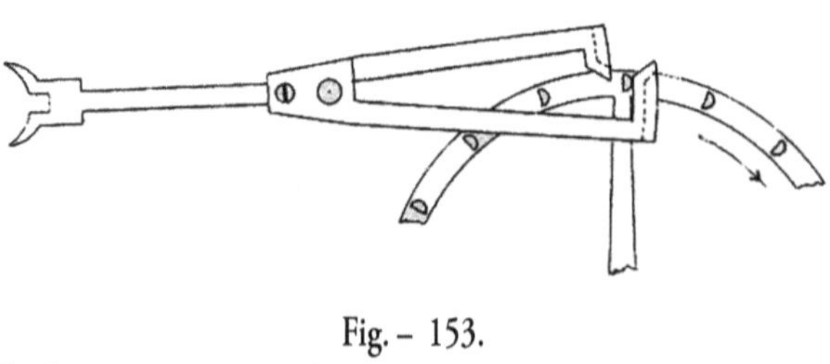

Fig. – 153.

L'échappement à chevilles pour montres, comparé à l'échappement à ancre actuel, et vis-à-vis de celui-ci, se trouve dans les conditions d'infériorité de l'échappement à virgule vis-à-vis de l'échappement à cylindre, et précisément pour les mêmes causes. Aussi les observations des articles **585**, **586** lui sont applicables en tous points.

En garnissant ses levées de rubis et surtout, en disposant les chevilles comme Savoye l'avait fait à ses roues de virgule, il a une marche régulière mais pas supérieure à celle d'un échappement à ancre bien exécuté. Ce dernier a sur lui l'avantage, à régularité de marche égale, de garder l'huile avec plus de facilité, de pouvoir être établi aujourd'hui mécaniquement avec une grande précision et un extrême bon marché (**757**). On a donc bien fait d'abandonner l'échappement à chevilles.

886. Depuis une trentaine d'années, plusieurs horlogers se sont fait breveter pour la résurrection de ce mécanisme, nouveau seulement pour eux ; et même l'un d'eux a proposé comme une innovation une garniture de chevilles en acier trempé, ajustées à force dans le champ de la roue. Pour admettre aujourd'hui une roue de montre ainsi fabriquée, il faut ignorer entièrement les ressources et les habitudes de l'industrie moderne.

La disposition vue figure 153 a été la plus généralement suivie. Dans le modèle à fortes dimensions construit par Tavan, la roue n'avait que douze chevilles. Pour obvier à la grande épaisseur de ses levées et alléger le tout, il découpa l'extrémité de ses leviers comme l'indiquent les lignes pointillées, mais cette suppression de matière inutile ne change absolument rien, ni aux surfaces de repos, ni aux plans d'impulsion, droits ou courbes à volonté.

Échappements dits de Robin.

Ancien et nouveaux.

887. La figure 154 est une représentation de l'échappement inventé en 1791 par Robin, et qui porte son nom[44].

La détente est à deux repos *m* et *n*. Le décrochement est opéré par l'action du petit doigt *b*, dans l'enfourchement de la détente et l'impulsion, qui n'a lieu que de deux en deux vibrations, résulte de la pression d'une dent (comme *a*, par exemple) sur la face *c* de l'encoche du disque.

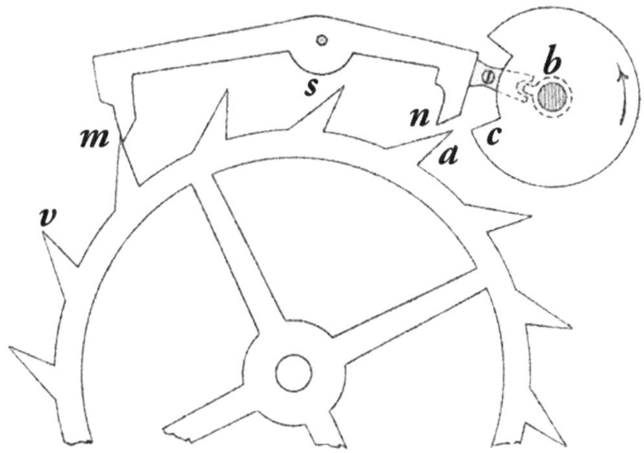

Fig. – 154.

L'oscillation muette n'a d'autre effet que celui de dégager la dent appuyée au repos sur la palette *n*, et de permettre à cette dent de s'avancer un peu, c'est-à dire d'occuper la position de la dent *a* de la figure 154. C'est une préparation à l'impulsion qui sera donnée dans la vibration de retour.

[44] Robert Robin, très habile horloger français, né en 1742, mort à 57 ans. En outre de plusieurs inventions ingénieuses on lui doit la construction de quelques-unes des grandes pièces d'horlogerie qui ornent les palais de l'État. La combinaison et surtout l'exécution de la plupart de ses oeuvres sont des plus remarquables.

Une languette ou dard de sûreté, non représentée dans le dessin parce qu'elle est couverte par la fourchette correspond, à l'instant du décrochement, à une encoche pratiquée dans un rouleau porté par l'axe du balancier, et préserve la détente des renversements.

888. Cet échappement eut une très grande réputation à sa naissance, et cependant il fut assez vite abandonné. Nous en dirons la raison un peu plus loin.

On a essayé en Suisse, il y a quelques années, de le remettre en faveur et de l'améliorer par un changement dans sa forme. Cette nouvelle forme présente, il est vrai, quelques légers avantages sur l'ancienne, mais comme elle ne fait pas disparaître le défaut capital de l'échappement en question, il est peu probable que cette tentative soit couronnée de succès.

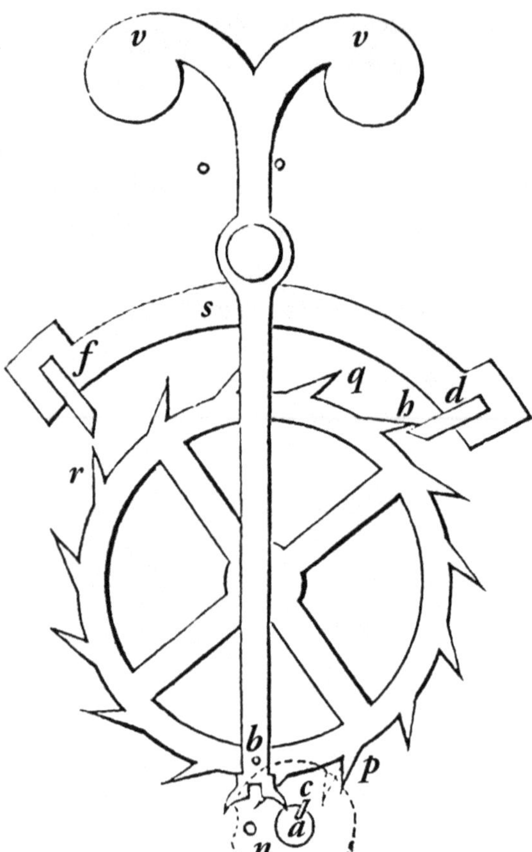

Fig. – 155.

La figure 155 ci-contre nous représente l'une des dispositions essayées de ce Robin moderne.

Le plateau, figuré seulement au pointillé, et la fourchette *b*, ont les mêmes formes et remplissent les mêmes fonctions que dans un échappement à ancre.

Un rouleau *a*, ajusté sur l'axe du balancier, porte la petite palette d'impulsion en rubis *c*.

La roue d'échappement est représentée faisant repos sur le bras *d*. Supposons que l'axe du balancier qui porte le rouleau *a* tourne vers la gauche, la palette en rubis *c* passera devant deux dents sans les toucher mais quand le balancier reviendra vers la droite, le bouton de levée *n*, entrant dans l'entaille de la fourchette, et ramenant celle-ci vers la droite, décrochera la dent *h*. La dent *r* tombera au repos sur le bras *f*, et la roue tournera de la distance qui sépare la dent *r* du bras *f*. La dent *p* se sera un peu avancée et occupera la place où elle est reproduite au pointillé.

Dans l'oscillation de retour du balancier, ramené par le spiral, un nouveau décrochement a lieu, et la roue se trouvant libre, la dent *p* tombe sur la palette *c* et donne au balancier une impulsion qui se termine par l'arrivée de la dent *q* sur le bras *d*.

889. On a encore construit d'autres Robins dans la forme de l'échappement de la figure 152, p. 445, moins le ressort de détente, et en supposant : 1° la détente terminée à sa partie supérieure comme une fourchette d'ancre ; 2° la levée de rappel *s* inclinée en sens contraire de manière à en faire un repos. Cette dernière construction, on le voit, ne diffère guère de la précédente que par le nombre des dents qu'embrassent les levées ; les fonctions sont identiquement celles du premier échappement de 1791, dont ces deux variétés ne sont pas un perfectionnement parce que, dans l'une et dans l'autre subsistent les causes principales, et que voici, des irrégularités du Robin primitif.

Il exigeait autant de soin dans son exécution et son plantage qu'un échappement à détente pivotée, surtout lorsqu'il était conformé, comme le modèle de la figure 154, p. 447, où le déplacement de *n* est très court. Sous ce rapport, le modèle ci-dessus offre un avantage, mais la longueur de sa fourchette et la nécessité de placer les plots d'arrêt vers le contre-poids peuvent donner naissance, dans les vibrations très étendues, à de redoutables effets de flexion. C'est à ces causes, et surtout à celle que nous allons faire connaître, et que nous avons déjà signalée dans la *Revue chronométrique* de 1855, qu'il faut attribuer l'abandon définitif du Robin, dont quelques sujets ont cependant fourni de très belles marches.

Quand le doigt de levée achève d'opérer le décrochement d'une dent de la roue d'un échappement à ancre, cette dent presse le plan incliné du bec, et aussitôt le flanc *o* de l'entaille de la fourchette (fig. 156) s'appuie sur ce doigt et le chasse en avant. Le rôle actif appartenant alors tout entier à la fourchette, le plot de repos de cette dernière peut être placé plus ou moins loin, suivant le plus ou moins d'inclinaison des becs de l'ancre ; on profite de cette facilité pour ménager un jour de sûreté entre le bouton et la corne *ba* et l'on obtient ainsi, en outre d'une sécurité complète pour la sortie et la rentrée du bouton dans l'entaille, l'assurance qu'aucun contact pernicieux n'est possible.

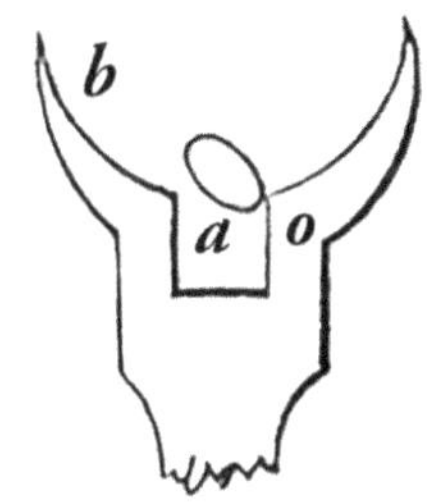

Fig. – 156.

Il n'en est plus de même du Robin dans la période d'action analogue ; ce n'est pas la fourchette qui pousse le doigt, mais bien le doigt qui entraîne la fourchette en pressant sur le flanc *c* (fig. 157). Il en résulte forcément que, à moins d'un très fort tirage qui repousse la détente en arrière, ce doigt effleure l'angle *c* de la corne à la sortie comme à la rentrée dans l'entaille. Si l'on tient compte de la présence de l'huile, et si l'on fait attention que beaucoup de détentes, tombant au repos frétillent ou rebondissent, on verra là une source d'irrégularités nombreuses, et l'on comprendra pourquoi le Robin a été abandonné et combien on a eu raison de lui préférer l'échappement à ancre.

Fig. – 157.

Échappement à levées naturelles de Breguet.

890. La plupart des échappements employés vers le commencement de ce siècle offraient les inconvénients, soit de l'arrêt au doigt ou du coup perdu, soit d'une destruction assez rapide, due surtout à l'intensité de certains frottements auxquels l'usage des pierres dures n'avait pas encore apporté de remède. Frappé sans doute de ces inconvénients, Breguet chercha à les faire disparaître en imaginant un échappement nouveau qu'il appela à *levées naturelles* ; de cette circonstance que les deux leviers, en contact pendant l'une et l'autre levée, fuient dans le même sens et sous l'action d'une force dont la direction s'éloigne peu d'une perpendiculaire à la ligne des centres.

891. Voici la description de cet échappement.

La dernière roue du rouage *ud* (figure 158) conduit par engrenage une seconde roue plus petite *ov* sur les axes de ces deux roues engrenant l'une à l'autre sont montées les deux roues d'échappement B de 6 dents et A de 3 dents.

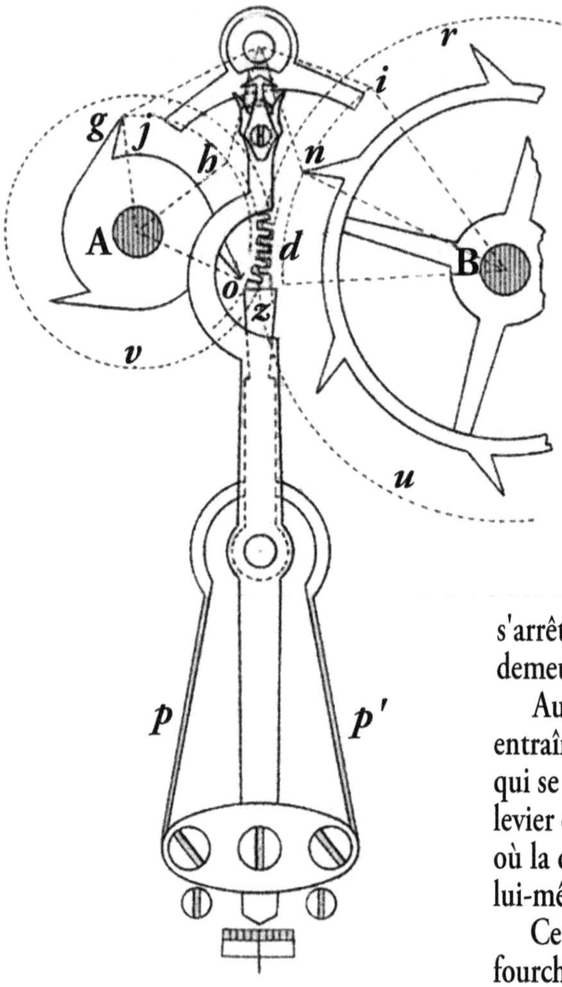

Fig. – 158.

Les repos successifs des roues B et A ont lieu sur *z*, mobile sur le même centre de mouvement que la fourchette. Cette dernière est en tout semblable à une fourchette d'échappement à ancre.

Il est facile maintenant de comprendre le fonctionnement de l'ensemble. Un tour de clef à la montre détermine la mise en train, les quatre roues se mettent en mouvement. La dent *g*, rencontrant le levier d'impulsion *j*, l'actionne jusqu'en *h* et donne une impulsion au balancier. La pièce *z*, qui vient d'être poussée vers la droite, est rencontrée alors par la dent *n*, qui s'arrête sur *z*. Tout le système des quatre roues demeure en repos.

Au retour du balancier, la fourchette, entraînée à gauche, dégage la roue B, et la dent *r*, qui se trouvait en *i*, entre en prise avec le second levier d'impulsion pour s'arrêter en *n*, à l'instant où la dent *g*, partie de *h*, se repose sur *z*, revenu lui-même à sa première position.

Cette pièce *z*, mobile sur l'axe de la fourchette, est maintenue dans le prolongement de cette fourchette par les deux ressorts latéraux *p* et *p'*. Cette disposition a pour but d'obvier à la rencontre (possible quand le ressort moteur est tout au bas) de la pièce *z* et du revers d'une dent, si l'une des roues A ou B était ramenée en arrière par l'un des bras d'impulsion. Dans ce cas, la pièce *z* s'écarte, laisse rétrograder la dent, et revient à sa position normale.

892. Quoique les conditions que paraît s'être imposées Breguet fussent assez bien réalisées, cet échappement ingénieux et ouvragé comme toutes les productions de cet horloger célèbre, et quoique admirablement exécuté, n'a pas donné de bons résultats, mais il a été utile, en fournissant une preuve péremptoire qu'une augmentation dans l'inertie des mobiles et dans la multiplicité des contacts est le plus grand obstacle à la régularité du fonctionnement si rapide et pour ainsi dire instantané d'un échappement. Il a d'ailleurs une valeur historique, et c'est pourquoi nous l'avons reproduit.

Breguet a construit des spécimens où les deux roues d'échappement sont d'égal diamètre, et où les roues d'engrenage ont aussi la même dimension.

Échappement épingle de Mac-Donal

893. Cet échappement n'est, en réalité, autre chose qu'une modification de celui présenté par. M. Deshays, de Paris, à l'exposition de 1827. À cette époque, il fit sensation et donna de grandes espérances à beaucoup d'horlogers, car ses repos ont lieu dans des conditions favorables, et ses impulsions résolvent plus complètement que le dispositif imaginé par Breguet le problème des deux levées naturelles.

La roue d'échappement est remplacée ici par une simple roue d'engrenage (de 90 dents environ), qui conduit un pignon ordinairement de 6 ailes, et sur la tige de ce pignon est ajusté le petit disque ou plateau circulaire A (fig. 159). Ce petit plateau porte en saillie, et relevé du champ, le doigt de levée *c*. Le plateau, en tournant sur lui-même, pousse l'épingle à droite ou à gauche, selon que le doigt de levée se trouve en prise avec le rayon *nb* ou avec le rayon *sm* de la tête de l'épingle. Supposons que le doigt de levée ait agi sur le rayon *nb* et qu'une demi-levée soit accomplie (fig. 160 et 161), le doigt tombe alors au repos sur l'arc de cercle *ds* (fig. 161). Il persiste dans ce repos jusqu'à ce que le balancier, qui a reçu l'impulsion par la fourchette G (même construction que pour un échappement à ancre), revienne sur lui-même pour opérer le dégagement du doigt. Ce doigt, entrant alors en contact avec le rayon *sm* (fig. 159), pousse ce dernier vers la gauche et, lui échappant, tombe au repos sur l'arc de cercle *np*, tandis que le balancier, complètement libre et ayant reçu l'impulsion nécessaire à son mouvement, achève une vibration. Son retour produira un nouveau dégagement et ainsi de suite pour toutes les vibrations successives.

Voici la méthode de construction de la tête de l'épingle :

Du centre de mouvement de l'épingle E (fig. 159) et du centre du plateau *o*, on tire la ligne Z*o*E, puis les deux lignes EK, ER, formant avec la première les angles de levée ZEK, ZER. Ces deux dernières lignes donnent la position du doigt sur le plateau, et par suite la grandeur de ce plateau.

Le morceau de métal d'où l'on veut tirer l'épingle étant bien redressé et adouci plat, on trace dessus la ligne ZE ; on perce sur cette ligne, et à la distance convenable les trous E, *o*. Du point *o* pour centre on décrit l'arc de cercle TE. On forme l'angle T*o*E de 12° (pour le tirage sur les repos), et du point T comme centre on décrit les arcs des repos *xds*, *ynp*. L'écartement de ces arcs entre eux est donné par la grosseur de la cheville *c*, sauf un peu de jeu de sûreté. La pièce ainsi terminée se découpe à la lime.

L'épingle se fait ordinairement en or et peut se passer d'huile.

894. Nous avons montré le côté avantageux de ce mécanisme. Voici maintenant les reproches qu'on peut lui adresser : il exige un mobile de plus et ce mobile, dont la force de mouvement est inférieure à celle d'une roue d'ancre dans les conditions ordinaires, doit se mouvoir avec une vitesse excessive ; cet excès de vitesse, combiné avec l'infériorité de force, est

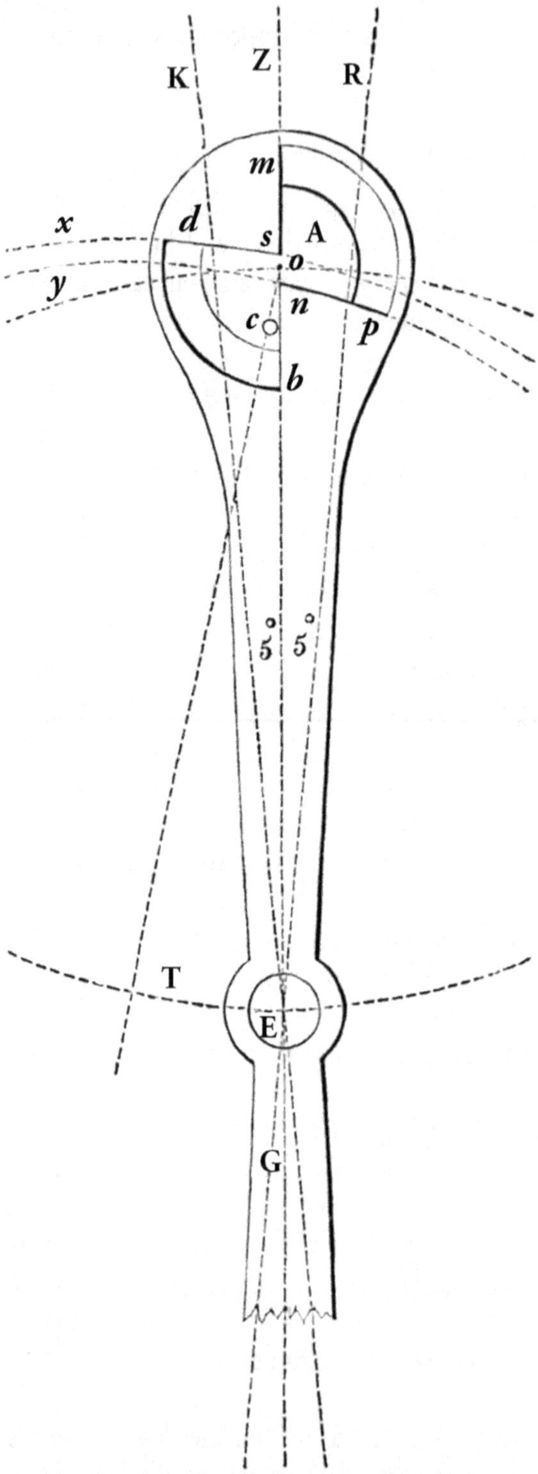

Fig. – 159.

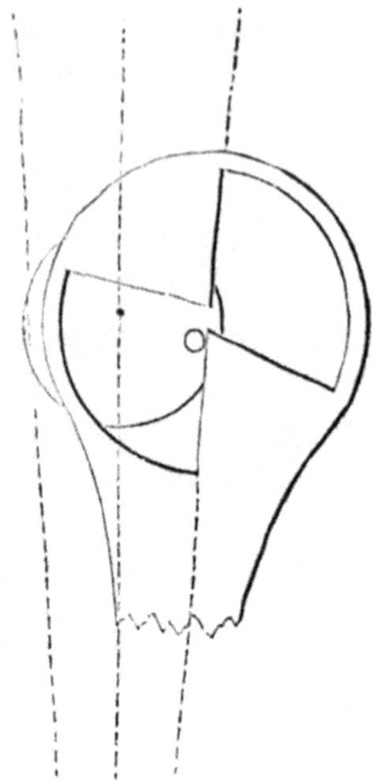

Fig. – 160.

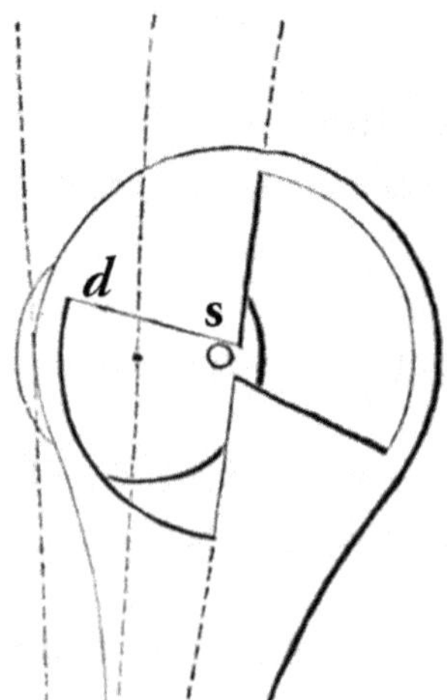

Fig. – 161.

cause que ce dernier mobile *s'engourdit* à la longue parce qu'il est soumis trop directement à l'influence de l'huile et de ses différents états.

Cette influence pernicieuse qui nuit au réglage, ne pourrait être combattue que par l'emploi d'un balancier très puissant, mais alors nous sommes enfermés dans ce dilemme : ou l'engourdissement avec le temps, ou l'excès de force motrice. Aussi, les quelques succès obtenus avec cet échappement n'en recommandent-ils pas l'emploi.

Autre échappement épingle, dit aussi à ancre de 7 dents.

895. Cet échappement, représenté fig. 162, et dont nous ne connaissons pas l'auteur, a été essayé plusieurs fois à Genève et, ainsi qu'on eût dû le prévoir en étudiant théoriquement sa construction, il n'a donné que des résultats médiocres.

Ce n'est guère autre chose qu'une variété de l'échappement dernier décrit, dont il conserve presque tous les défauts, mais avec moins de sûreté dans ses fonctions.

En effet, quand le dégagement a lieu par l'intermédiaire de la fourchette, en tout semblable à une fourchette d'ancre, la levée *f* doit reculer assez vers la gauche, pour que la dent qui entrera en contact avec cette levée ait une suffisante pénétration. La dent *a* dégagée et la première levée accomplie, le nouveau repos se fait sur le bec *d*, après que la dent *c* s'est avancée jusqu'en *i*, où arrivait en même temps la levée *b*. Ces deux saillies passent à fort peu de distance l'une de l'autre dans leur marche en sens contraire.

Au second dégagement, la levée *i* repasse à proximité de la dent pointillée, de façon à se trouver assez en avant de cette dent à l'instant précis du décrochement pour en recevoir une impulsion.

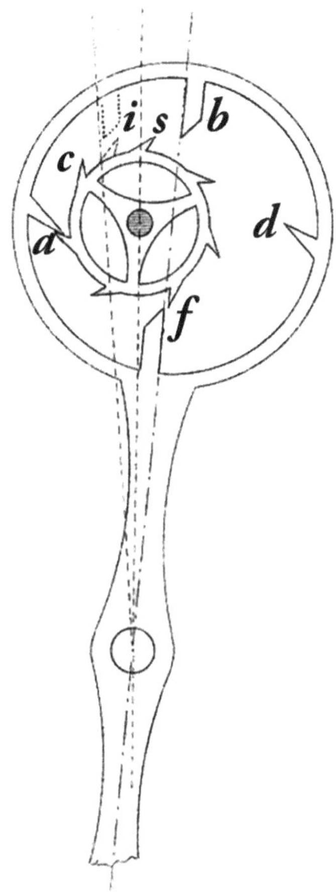

Fig. – 162.

Tous ces effets offrent une grande incertitude : les jours de sûreté sont presque nuls afin d'obtenir de la pénétration et, à moins d'une extrême précision dans le jeu des organes résultant d'une exécution parfaite de la roue et de la tête de l'épingle, on a à craindre des accrochements. Maintenant, si l'on fait entrer en ligne de compte l'épaississement des huiles, si nuisible lorsque les trous sont un peu justes et quand la roue doit marcher avec une grande vitesse, on verra qu'on pouvait, ainsi qu'il a été dit en commençant, reconnaître par le raisonnement, aidé d'un simple tracé graphique, que cet échappement est de beaucoup inférieur à un simple échappement à ancre.

Échappement Gontard.

896. Il se compose d'une détente *bc* (figure 163), mobile sur pivots, et portant en *b* une levée de repos et en *d* une levée de rappel. Une aiguille en or, et d'une grande légèreté (*id*),

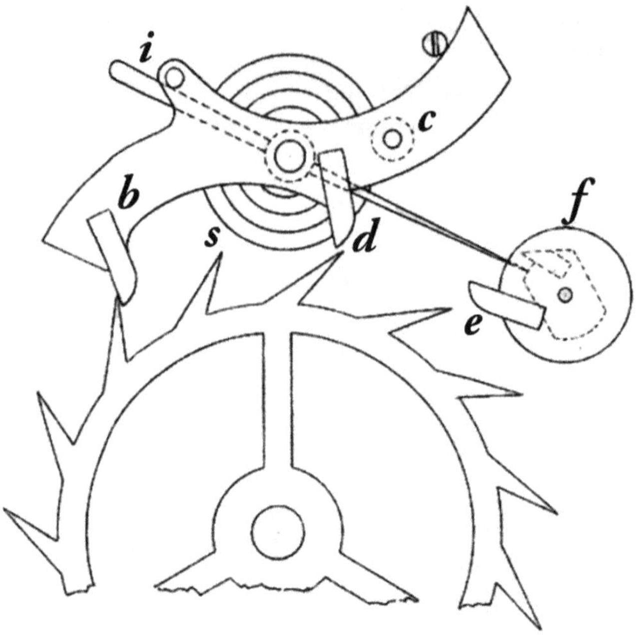

Fig. – 163.

mobile sur l'axe de la détente, est maintenue contre un point d'appui en *i*, par l'action d'un spiral fixé en *c*, sous la détente. Pour tout le reste, l'échappement est semblable à un échappement à détente ordinaire, sauf que le disque est plus petit.

Quand le devant du balancier tourne de la droite vers la gauche, la levée d'impulsion *e* passe à proximité des deux dents de la roue avec un petit intervalle de sûreté, et par conséquent sans contact, tandis que le doigt de dégagement *f* rencontre la queue de l'aiguille *id*. Cette aiguille cède, recule un peu, échappe au doigt, et revient à sa position première, ramenée par le spiral. C'est tout ce qui a lieu pendant cette vibration.

Au retour du balancier, le doigt de dégagement presse de nouveau sur la queue de l'aiguille mais la tête de cette dernière étant arrêtée par la goupille, ou pied *i*, la détente est soulevée en *b*, la roue dégagée se met en mouvement, l'une de ses dents entre en prise avec la palette *e* et donne une impulsion au balancier.

La détente est renvoyée à sa position de repos vers la fin de la levée, par le passage de la dent *s*, qui chasse en arrière la levée de rappel *d*.

Cet échappement a principalement été employé dans les petites pendules portatives dites pièces de voyage, où l'auteur le substituait à l'échappement à détente des chronomètres, qui ne peut d'ailleurs guère réussir dans les machines à l'usage civil. Il présente sur ce dernier (nous ne parlerons pas des chronomètres d'observation) l'avantage d'un maniement facile pour tout horloger, d'une roue relativement petite et d'un balancier puissant. Avec l'échappement Gontard, l'effet d'un décrochement inattendu se réduit à une dent de la roue passée trop tôt.

On a craint pour lui les inconvénients des rebondissements de la détente, et l'engourdissement prématuré des organes, l'adhérence, si l'huile y montait, et même le grippement du canon de l'aiguille qui doit fonctionner très librement à sec sur son axe. Plusieurs années d'expérience paraissent établir qu'avec une exécution soignée, il donne de bons résultats, c'est ce que nous a affirmé M. H. Jacot, l'un de nos plus habiles constructeurs de pièces de voyage.

Les échappements libres mixtes.

Échappements de Tavan.

897. Quelques horlogers ont construit des échappements libres mixtes, c'est-à-dire moitié ancre, moitié Robin.

La détente en forme d'ancre est à deux repos : l'un se termine par un plan incliné sur lequel la roue agit pour donner une impulsion au balancier, et l'autre repos est laissé aigu, afin que la roue, aussitôt le dégagement opéré, agisse directement sur la palette du disque du balancier qui reçoit ainsi la seconde impulsion.

Ce genre d'échappement est inférieur à l'échappement à ancre, parce qu'il n'offre pas sur ce dernier des facilités de fabrication, et qu'il conserve à peu près la moitié des défauts reprochés au Robin même, quand il n'arrête pas au doigt sur le repos aigu de sa détente.

898. Parmi les échappements libres mixtes, nous rangerons celui dit *à patte d'écrevisse*, de Tavan, exécuté vers 1805. Cet échappement a les deux repos du Robin, mais contournés en cercle, et les deux becs rapprochés à peu près comme ceux d'un échappement à chevilles. L'impulsion a lieu par l'intermédiaire d'une palette en forme de virgule, et dans des conditions très favorables, puisqu'elle s'accomplit presque entièrement à frottement sortant.

Nous ne donnerons pas le dessin de cet échappement élégant et ingénieux, parce qu'on le trouve représenté dans la plupart des ouvrages modernes sur l'horlogerie où il est décrit sans commentaires, et que ce qu'il est utile d'en dire aujourd'hui doit se borner à mettre en évidence son côté défectueux :

- sur deux vibrations, l'une est muette ;
- la fonction du doigt de dégagement dans la fourchette offre le même inconvénient que dans le Robin ;
- enfin, il est plus difficile à exécuter et à mettre au point qu'un échappement à ancre et, sauf le mode d'action de sa levée, sur tous les autres points, il lui est inférieur.

L'échappement dit *brisé et à surprise* du même horloger n'est qu'une modification de celui à patte d'écrevisse. L'un des repos a été séparé de la détente et monté sur pivots, ce qui permet de diminuer considérablement la chute, mais sans avantage, puisqu'il a fallu multiplier le nombre des contacts, avoir un axe et deux pivots de plus et, en conséquence, augmenter la somme du travail et les difficultés d'exécution.

Si l'on se reporte à l'époque de leur création, on reconnaît à plusieurs anciens échappements un véritable mérite, mais on ne doit plus aujourd'hui les introduire dans les ouvrages d'horlogerie sans en montrer le défaut.

Échappements à force constante.

Les échappements à force constante des montres s'employant également dans les pendules, on trouvera un peu plus loin les détails concernant ce sujet.

ÉCHAPPEMENTS
DES PENDULES DE CHEMINÉES ET DES HORLOGES.

Préliminaires.

Des échappements à repos et à recul.

899. Les échappements des montres déjà décrits s'emploient quelquefois dans les pièces non portatives, mais ce n'est pas d'eux dont il est question ici.

Les échappements des pendules de cheminées et des horloges monumentales dont le régulateur est un pendule se rangent, comme les échappements des montres, dans quatre classes, selon qu'ils sont à recul, à repos, libres ou à force constante. Nous suivrons cette classification, à laquelle on est habitué, autant que le sujet le permet.

La construction des échappements à pendule, libres et à repos (dans ces derniers nous comprenons, comme on le verra, les échappements à recul) doit être dirigée d'après les lois énoncées dans notre nouvelle Théorie, sous cette réserve d'omettre ce qui concerne l'action du spiral, ce qui va de soi ; aussi n'aurons-nous besoin, en décrivant successivement ces échappements, que d'indiquer par des renvois les démonstrations de principes.

Quant à la construction des échappements à recul, elle repose également sur ces mêmes principes, et cependant elle n'était appuyée chez nos fabricants, et jusqu'à présent, sur aucune base théorique.

Tout ce qui à été publié sur ce sujet peut se réduire à ceci : le recul accélère les grands arcs d'oscillation du pendule (résultant ordinairement d'un surcroît de force motrice) ; on peut l'utiliser comme élément de régularité à l'usage civil. Ce n'était, on le voit, que la constatation d'un fait, d'une espèce de pis-aller insuffisamment étudié, auquel on se résignait tout en le condamnant.

Il s'en est suivi que ces sortes d'échappements ont été construits presqu'au hasard par les ouvriers les plus médiocres. Souvent l'exagération de leur recul est devenue une nécessité, un palliatif contre les fausses proportions de l'ensemble, et quoique l'on sût bien que l'excès du recul est toujours la cause d'une destruction rapide des contacts.

Aussi, en présence de résultats le plus souvent fort inférieurs, un grand nombre d'horlogers n'ont pas hésité à condamner sans rémission ces échappements, n'admettant comme conformes aux saines traditions de la bonne horlogerie que les échappements à repos concentrique au centre de mouvement.

Cet ostracisme était une faute qui a nui aux progrès de l'échappement dont nous nous occupons. Le recul donne à l'ancre des propriétés nouvelles, bonnes ou mauvaises ; les premières peuvent être utilisées avec succès dans un cas donné ou dans plusieurs, mais non dans tous et il s'agissait, au préalable, et avant de proscrire sans appel le recul, de l'étudier assez à fond et surtout de s'assurer s'il était possible de se passer de lui dans certains produits de l'industrie moderne.

Là est toute la question, car l'échappement à recul existe en titre, mais non en fait ; en réalité, ce n'est qu'un échappement à repos imparfait, mais qui a été rendu imparfait sciemment.

L'échappement à recul n'est qu'un échappement à repos modifié par nécessité.

900. L'échappement à repos frottant donne à la marche d'une machine horaire à pendule la plus grande régularité obtenue jusqu'ici, lorsque la surface de repos est peu étendue et quand les rapports entre les leviers de l'échappement, la hauteur du plan d'impulsion, la longueur virtuelle du pendule, le poids de la lentille (corrélatif à la pression que les contacts peuvent supporter), etc., ont été observés.

Cet ensemble peut être recherché et réalisé avec assez de facilité, sinon par le calcul, du moins par des essais faits avec intelligence, quand on emploie l'ancre dit de Graham, qui présente de grandes dimensions ; mais il n'en est pas de même quand on fait usage des petits ancres des pendules de cheminée modernes.

Là les jeux des pivots sont proportionnellement considérables, les surfaces des plans d'impulsion, au contraire, ont été réduites à si peu de chose qu'elles ne peuvent recevoir la forme qui conviendrait ; aussi les *temps perdus*, les chutes, deviennent relativement énormes et occasionnent de grandes déperditions de force ; enfin, le (ou les) point théorique où devrait avoir lieu le repos et l'impulsion pour rendre l'échappement peu sensible aux différences de la force motrice, est situé si près du centre de l'ancre qu'il y a impossibilité pratique d'en approcher suffisamment.

Or, en pareille circonstance, l'échappement à repos, bien que restant le meilleur *théoriquement*, est *inexécutable* ou bien il exige dans sa construction des soins minutieux et une précision tout à fait incompatibles avec les exigences de la grande industrie.

901. En un mot, l'échappement à repos, s'il n'est pas parfaitement bien exécuté, et conformément aux indications théoriques, est un mauvais correcteur des écarts de la force qui entretient le mouvement du modérateur. Il n'est bon alors, ni pour les pendules d'observation, ni même pour l'usage civil là où il est soumis à l'action inégale d'un ressort moteur.

En face de ce résultat parfaitement démontré, si l'on remarque que pour ce dernier usage, moins exigeant que l'autre, l'introduction d'un élément nouveau, le recul, apporte une amélioration notable et qui permet de donner avec assez de facilité à ces échappements à repos qui, pour les causes énumérées plus haut, seront presque toujours défectueux et mauvais, la propriété qui leur manque, c'est-à-dire la puissance de corriger les variations de la force motrice, on reconnaîtra là une propriété précieuse, et qui l'est d'autant plus qu'elle n'entraîne après elle aucun inconvénient, quand on n'exagère pas sa cause, le recul, de façon à produire une action destructive sur les contacts.

Démonstration des propriétés que le recul donne à l'échappement.

Ce recul doit être modéré.

902. Considérons un échappement à repos concentrique *am*, figure 164, et raisonnons dans cette hypothèse que la longueur du levier d'échappement s'arrête en *a*, que nous avons appelé le point théorique, c'est-à-dire qu'à la longueur de levier *ba*, l'échappement est ou à très peu près, insensible aux variations de la force motrice. Il suit des principes que nous avons exposés dans l'*Introduction* à l'étude des échappements et de nos *Aphorismes*, qu'avec un levier plus court que *ba* on aurait de l'avance au maximum de la force ou du retard à son minimum, et qu'avec un levier plus long que *ba*, on obtiendrait des effets inverses.

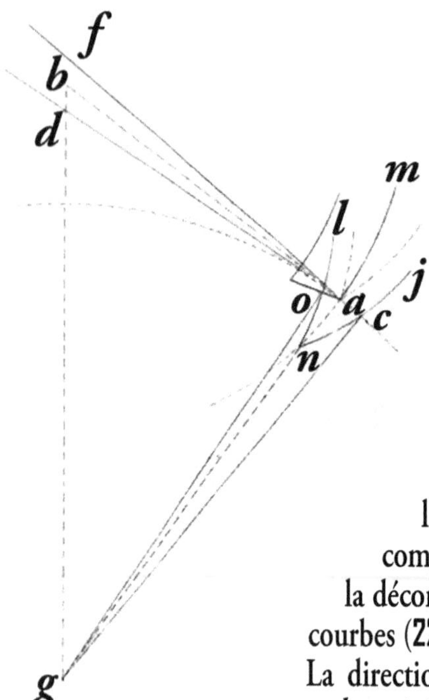

Fig. – 164.

903. Maintenant, faisons varier la forme de l'ancre, et donnons à la surface de repos d'abord la forme *nj*, puis ensuite la forme *nl*, et rendons-nous compte des changements qu'apporte dans la direction et la décomposition de la force l'adoption successive de ces deux courbes (**228**).

La direction de la force, qui à la naissance de *nj* était sur la tangente *ba*, suit la ligne *cf* quand la dent de la roue s'appuie en *c* sur un levier plus long ; la résistance sur le repos croit avec la pénétration du bras de l'ancre entre les dents, c'est-à-dire dans un certain rapport avec l'étendue de l'oscillation du pendule. Cette résistance, en opposition avec le mouvement de ce pendule, le retarde, mais ensuite elle agit favorablement au retour, qu'elle rend plus prompt ; aussi les grandes oscillations deviendront de plus en plus rapides, par rapport aux petites, à mesure que la courbe *nj* sera plus prononcée.

C'est le contraire qui a lieu avec la courbe *nl*. Ici la diminution progressive du levier et la direction de la force au-dessous de *b* favorisent l'accomplissement des grandes oscillations, et au retour la dent retient pour ainsi dire l'ancre. D'où s'ensuit que plus les oscillations sont grandes, et plus elles retardent sur les petites.

904. Les effets des courbes qui, comme *nj*, produisent du recul pendant la demi-oscillation *ascendante* et que nous appellerons recul sortant, ont été assez souvent vérifiés dans la pratique. Quant aux courbes qui, comme *nl*, donnent du recul pendant la demi-oscillation descendante, et que nous appellerons recul de retour ou rentrant, ces courbes n'ont pas été étudiées, étant considérées comme n'offrant pas d'utilité. Cependant ce double recul demande d'être suivi avec attention parce qu'il se produit quelquefois sur un même bras dans des échappements où la dent appuie sur une surface rectiligne.

Faits d'expérience. — Dent, de Londres, aurait essayé, nous assure-t-on, l'effet du recul de retour ; le retard était très prononcé par l'augmentation de la force motrice.

Les *Mémoires* de l'Académie des sciences citent deux pendules à ancre où l'augmentation de la force motrice produisait à l'une du retard, à l'autre de l'avance, ce qui devait tenir à des différences dans les courbes, différences volontaires ou provenant de quelque imperfection du travail.

À la suite de ces observations, le père de Romilly aurait découvert, selon son fils, et Saurin aurait démontré que les courbes de l'ancre d'un échappement de pendule doivent être à très peu près des développantes de cercle, au moyen de quoi l'échappement compense les inégalités de la force motrice.

905. Ce qu'il faut bien remarquer, et comme conclusion, c'est qu'on obtient, par l'adoption de certaines courbes excentriques, précisément les résultats inverses de ceux produits par les variations de longueur des leviers d'échappements à bras concentriques, et qu'ainsi nous avons sous la main des éléments de régularité, d'isochronisme, que nous pouvons combiner ou employer isolément suivant le cas (**921**).

906. Le levier d'échappement à repos concentrique théoriquement trop court, celui qui nécessiterait l'emploi d'une courbe analogue à *nl*, se rencontre quelquefois, mais assez rarement pour qu'une simple mention nous paraisse suffisante.

907. Quant au cas du levier d'échappement trop long, c'est une condition fréquente pour les pendules modernes et, soit par le fait d'une impossibilité pratique d'atteindre à la dimension voulue, soit l'effet des vices ou des difficultés d'exécution, tous les échappements à repos du commerce, ou à peu près, subissent le contre-coup des variations de la force motrice.

Là est le mal, et là, seulement doit être appliqué le remède, c'est-à-dire le recul.

908. Avant d'aller plus loin, nous devons dire que, quoiqu'un recul modéré soit un élément de réglage excessivement précieux pour l'usage civil, quand on sait le combiner avec une longueur convenable de levier, comme il augmente la pression sur le repos, il doit être absolument banni des pièces de précision. Dans ces pièces, qui sont toujours l'oeuvre d'un artiste, on ne doit employer que l'ancre à repos concentrique, parce qu'on peut alors le construire dans de bonnes conditions théoriques, ou en approcher assez près pour réaliser tous les avantages que promet cet échappement.

Il en est de même de l'horlogerie monumentale. On y rencontre facilement l'inconvénient d'un excès de pression que le recul ne peut qu'augmenter.

En mettant en évidence l'utilité d'un recul modéré dans des pièces à l'usage ordinaire, nous devons ajouter que, s'il acquiert une certaine intensité, il ne peut produire qu'une régularité momentanée, puisqu'elle est le résultat d'un équilibre entre deux vices, d'un excès de mouvement combattu par un excès de pression, lequel finit par amener la détérioration des contacts, et alors tout devient incertain.

Dans le travail de réparation des pendules, où l'horloger n'a pas toujours le choix des moyens et la faculté de remplacer des organes de proportions vicieuses, le recul approprié aux vices qu'il doit combattre lui sera souvent d'un grand secours, mais qu'il n'oublie pas que l'intégrité des contacts n'est assurée que lorsque ce recul est peu considérable, et que la roue a des dents pas trop étroites (41), faiblement arrondies en travers et adoucies, au charbon doux par exemple.

Expériences de F. Berthoud sur les échappements à repos et à recul.

909. F. Berthoud a vérifié expérimentalement les effets des échappements à repos et à recul et les changements qu'ils amènent dans le mouvement du pendule libre. Ces expériences sont bonnes à connaître, quoique les conclusions très absolues que l'auteur en a tirées soient entachées d'erreurs graves. Il ne pouvait en être autrement, son point de départ étant faux, puisqu'il basait tout son raisonnement sur ce fait, toujours constaté par lui, d'un retard dans la marche de l'échappement à repos par une augmentation de la force motrice. Il ignorait la propriété du levier qui se termine au point que nous avons appelé le point théorique, propriété que nos précédents travaux ont mis en évidence, du moins nous l'espérons.

910. La machine dont Berthoud s'est servi pour faire ces expériences est composée de trois mobiles : le premier est mû par un poids dont la corde est enroulée sur un cylindre porté par l'axe, le second est la roue d'échappement, et le troisième l'axe de la fourchette, qui mettra en communication le rouage avec le pendule.

La fourchette peut être allongée ou raccourcie à volonté.

> « Sur l'axe de la fourchette, ajoute Berthoud, j'ai adapté trois sortes d'ancres qui sont tellement exécutés qu'ils forment avec la roue d'échappement, l'un l'échappement à repos, l'autre l'échappement à grand recul, le troisième l'échappement isochrone ; ils sont tellement construits qu'ils font décrire les mêmes arcs de levée.
>
> « L'échappement à grand recul fait rétrograder la roue avec une vitesse égale à l'espace parcouru par le plan de l'ancre.
>
> « L'échappement isochrone fait rétrograder la roue d'un quart de l'espace qu'il parcourt. »

Avant de passer aux expériences, Berthoud fit osciller librement le pendule et régla sa marche sur une horloge à secondes.

> « Cela ainsi préparé, nous serons assurés, dit-il, après avoir adapté un des échappements dont nous avons parlé, que les écarts qui arriveront de la marche de la machine seront produits par l'échappement. »

Expériences avec l'échappement à repos.

911.

> « J'ai adapté l'échappement à repos dont l'arc de levée est de 5° ½, la force motrice une once (30,59 gr), l'arc de vibration 8°. En une heure de temps, cette espèce d'horloge a retardé de 30 secondes, ce qui ferait 12 minutes en 24 heures.
>
> « J'ai doublé la force motrice en laissant l'échappement au même point, l'arc de vibration du pendule était alors de 12° ; en une heure elle a retardé de 35 secondes, c'est-à-dire 14 minutes en 24 heures.

« Laissant le même échappement et augmentant la force motrice en la rendant triple de ce qu'elle était dans la première expérience, le pendule a décrit des arcs de 14°, en une heure a retardé de 37 secondes ; c'est 14 minutes 48 secondes en 24 heures.

Expériences avec l'ancre à grand recul.

912.

« J'ai adapté sur l'axe de la fourchette l'ancre de l'échappement à grand recul ; arc de levée, 5° ½ ; arc de vibration, 8° ; force motrice, une once (30,59 gr). En une heure a retardé de 15 secondes, en 24 heures, 6 minutes.

« Laissant le même échappement : force motrice doublée, même levée ; arc de vibration, 10° ; en une heure, retarde de 6 secondes, en 24 heures, 2 minutes 24 secondes.

Expériences avec l'ancre à moyen recul (isochrone).

913.

« J'ai adapté sur la tige d'échappement l'ancre à moyen recul ; arc de levée, 5° ½ ; arc de vibration, 8° ; force motrice, une once (30,59 gr) ; en une heure a retardé de 27 secondes, en 24 heures 10 minutes 48 secondes.

« Laissant le même échappement : arc de levée, 5° ½ ; force motrice doublée ; arc de vibration, 12° ; en une heure a retardé de 27 secondes, en 24 heures, 10 minutes 48 secondes.

« Même échappement : arc de levée, 5° ½ ; force motrice triplée ; arc de vibration, 14° ½ ; en une heure retarde de 27 secondes, en 24 heures, 10 minutes 48 secondes.

« On voit par ces expériences combien les oscillations du pendule sont troublées par l'échappement, et diversement selon sa nature. »

914. En résumé, et les conditions dans lesquelles Berthoud s'est placé admises, l'augmentation de la force produit un retard de plus en plus considérable sur l'échappement à repos ;

- Le retard va en s'amoindrissant avec l'échappement à grand recul ;
- Et enfin il reste constamment le même avec l'ancre à moyen recul.

« Ce dernier échappement rend donc les oscillations du pendule isochrones, malgré l'inégalité de force motrice et des arcs parcourus. »

915. Fétil fait remarquer que les conséquences que Berthoud a tirées de ses expériences sont exagérées (Fétil dit amplifiées), et que s'il eût fait varier dans d'autres rapports que celui qu'il avait choisi la force motrice et la puissance réglante, il aurait pu rencontrer des proportions plus favorables à l'échappement à repos, et par suite moins avantageuses à l'échappement à recul.

Cette remarque est juste ; si Berthoud l'eût faite, il n'aurait certainement pas écrit que « l'échappement à repos le plus mauvais pour les horloges à ressort n'est sûrement pas le meilleur pour les montres » et, sans doute, il serait arrivé à soupçonner les véritables proportions de l'échappement à repos.

Il connaissait bien cependant, ainsi que le prouve l'extrait ci-après que nous lui empruntons, les différences qu'apportent, dans le réglage, les changements de force motrice accomplis parallèlement à des changements dans le poids du pendule. Ces changements dans le poids modifient l'étendue des oscillations, et par conséquent la quantité de mouvement du régulateur, dans une proportion presque toujours fort différente de la progression croissante ou décroissante de la force motrice.

Remarque concernant principalement le poids du pendule.

916.

> « Dans une horloge, dont l'échappement est à repos, plus la lentille sera légère et parcourra de petits arcs, et plus l'horloge retardera par l'augmentation de la force. Si on adapte à l'horloge un échappement à recul, la lentille étant trop légère relativement à la force motrice, il arrivera que, la force du moteur venant à augmenter, les oscillations du pendule en seront d'autant plus promptes... Il suit de ces observations qu'un échappement étant donné, sa propriété change selon le plus ou moins de force de mouvement du pendule, relativement à la force motrice. Ainsi la courbure ou inclinaison qui donne le recul n'est pas constante, ni la même dans toutes sortes d'horloges ; il faut avoir égard au plus ou moins de pesanteur de la lentille, de force motrice, de l'étendue des arcs du pendule, etc. »

On trouvera plus loin les indications de Berthoud pour la construction de son ancre isochrone ; nous ferons seulement observer, à propos de sa dernière remarque, que tout changement dans le poids de la lentille doit en amener un dans la régularité de l'échappement, ou tout de suite, ou après une certaine durée de temps, parce que l'une de ses conditions essentielles est modifiée : le rapport entre le bras de l'ancre et le pendule, si la longueur virtuelle n'a pas varié, reste bien le même, mais la résistance que ce pendule présente à l'impulsion a changé. Nous aurons à revenir sur ce sujet.

Principes de la construction des échappements à repos et à recul des pendules.

917. Nous pensons avoir suffisamment démontré dans notre nouvelle théorie qu'on peut trouver une longueur de levier d'échappement en rapport avec la longueur du pendule, qui rend cet échappement insensible, ou à peu près, aux variations de force du moteur.

En avons-nous conclu, ainsi que quelques horlogers paraissent le croire, que tous les leviers d'échappement devraient s'arrêter à la longueur théorique ?

Certainement non car, non seulement cette conclusion serait forcée, mais elle serait fausse.

Il faut tenir compte de l'excès de pression qui se produit sur la levée des courts leviers et modifier la longueur théorique d'après la connaissance acquise :

1°. Des inconvénients de l'excès de pression ;

2°. De l'influence que ce surcroît de pression peut avoir sur la marche de l'échappement.

Longueur des leviers d'échappement en rapport des pressions.

918. Le frottement étant proportionnel à la pression (**38**), l'action de la levée s'opère avec un frottement un peu plus dur sur les leviers courts, d'où s'ensuit que leurs becs se déformeront plus rapidement, toutes choses égales, que les becs des longs leviers.

On devra s'éloigner, en plus, de la longueur théorique en raison inverse de la résistance à l'usure et à la déformation des matériaux employés : acier trempé et revenu, acier trempé dur et pierres fines. L'emploi des pierres parfaitement polies permet d'arriver au plus près, sauf le cas que spécifie la remarque qui suit :

Remarque. — Même en garnissant les levées avec des pierres, il est parfois nécessaire d'allonger un peu les leviers pour obvier à une pression trop forte ; quand cette pression peut arriver à une puissance telle que la pointe de la dent expulse l'huile des points frottants de la levée d'impulsion, effet qui a lieu à la manière d'un tranchant de lame passant perpendiculairement sur une surface dure huilée ; il frotte nu, malgré la présence de l'huile, parce qu'il écarte momentanément les molécules du liquide qui revient, après le passage de la lame, occuper de nouveau la place dont il a été écarté.

L'influence des pressions sur le réglage varie selon la longueur des bras de levier.

919. L'intensité de la pression vient d'être considérée au simple point de vue du frottement, c'est-à-dire de la conservation des surfaces frottantes et des irrégularités qui peuvent être la suite de leur détérioration, et il nous reste à étudier l'influence que le plus ou moins de pression sur la face de la levée (un même angle de levée et une vitesse convenable de la roue étant donnés) pourra exercer sur le réglage, influence qui n'a été signalée, du moins que nous sachions, par personne. La force de la roue agissant sur le plan d'impulsion (abstraction des chutes) se décompose. On peut la considérer comme se divisant en deux parts, plus ou moins inégales, dont l'une se convertit en frottement, tandis que l'autre augmente le mouvement du modérateur (**238**).

Pour une même force animant la roue, la part perdue par ralentissement de sa vitesse, ou qui ne sert qu'à augmenter l'intensité du frottement, est plus grande quand la lentille du pendule est un peu plus lourde. Au contraire, avec une lentille un peu plus légère, le levier, cédant plus facilement sous la pression, la roue acquiert plus de vitesse ; le frottement perd de son intensité, et ce que l'on gagne, sous le rapport de l'adoucissement du frottement est autant d'ajouté à la puissance qui meut le modérateur, dont les excursions augmentent d'étendue mais prennent du retard, les grands arcs s'accomplissant avec plus de lenteur que les petits.

920. Ceux de nos lecteurs qui désireraient une démonstration théorique l'obtiendront facilement à l'aide des éléments de mécanique que nous avons réunis au commencement de ce livre et dans le cours de la Théorie des échappements, et il arriveront à mettre en évidence cette curieuse et importante propriété qui réside dans le poids du pendule et que nous énoncerons ainsi :

Aphorismes.

Un échappement à repos concentrique (leviers théoriques) et réglé, donnera, par une augmentation de force motrice mais une même longueur virtuelle du pendule :

- *Du retard*, si on allège la lentille du pendule (tandis qu'il donnerait de l'*avance*, si on raccourcissait le levier d'impulsion sans toucher à la lentille) ;
- *De l'avance*, si on augmente le poids de la lentille (tandis qu'on obtiendrait du *retard*, si on allongeait le levier sans rien changer au poids de la lentille).

Nous rencontrons ici un résultat fort remarquable, c'est-à-dire quatre propriétés, en opposition deux à deux, et par suite un double moyen d'arriver à la plus grande régularité.

921. Avec l'échappement à repos, les grandes oscillations retardent sur les oscillations plus courtes. Le contraire a lieu avec certains échappements à recul où les grandes oscillations se font plus rapidement que les petites.

Il s'ensuit que, si l'échappement que nous venons de considérer au **920** était mis à recul, il donnerait, par une augmentation de force motrice :

- *Du retard*, si on augmentait le poids de la lentille ;
- *De l'avance* dans le cas contraire.

Ce qui est précisément l'opposé de ce que l'on obtenait quand l'échappement était à repos.

On voit assez le parti qu'il est possible de tirer de ces précieuses propriétés en les opposants les unes aux autres ou en les combinant entre elles et avec l'étendue la plus favorable de l'angle de levée, combinaison qui doit avoir surtout pour but de donner à l'échappement une suffisante insensibilité aux variations de force motrice, soit qu'elles proviennent de l'inégalité d'action du moteur ou de l'épaississement des huiles.

De l'arc de levée et de l'arc supplémentaire.

Rapport entre l'arc de levée et la vitesse du pendule.

922. Tout ce qui précède n'est exact qu'à la condition, absolument nécessaire, que la levée s'accomplisse avec régularité, c'est-à-dire à la façon de celle qui a lieu sur ce que nous avons appelé le plan réglant (**224, 255**). Si cette levée présente dans son action des temps perdus, des glissements, des soubresauts, etc., les effets annoncés peuvent ne pas se produire, ou même être inverses ; on aurait là la preuve d'une erreur de principe, ou d'une faute d'exécution. C'est pourquoi il n'est pas indifférent de choisir tel ou tel angle de levée (**672**). La condition qu'il doit premièrement remplir, c'est que l'action de la dent sur le plan d'impulsion ait lieu avec la moindre décomposition de force, et conformément aux recommandations du paragraphe **272.**

923. Quant à une loi pouvant guider le choix de l'angle de levée, c'est-à-dire servant à déterminer le mouvement angulaire d'impulsion qu'il convient de donner aux leviers d'échappement, on la chercherait en vain dans les ouvrages les plus accrédités sur l'horlogerie. Muets sur ce sujet, en général ils se contentent de faire remarquer qu'il faut une levée dans la proportion convenable, ce qui va de soi et n'a nul besoin d'être dit, et ils suppléent à l'absence de règles par l'indication des proportions qui ont le mieux réussi aux horlogers en renom.

C'est donc encore ici une question neuve. Pour plus de concision dans notre exposé, nous la présentons tout de suite sous une forme que nous avons déjà plusieurs fois employée.

Aphorismes.

Dans tout pendule (une force motrice donnée) ;

924. Premier. — Le nombre des oscillations (dans un temps déterminé) résulte de sa longueur virtuelle (Théorie du pendule) ;

925. Deuxième. — La vitesse angulaire est, dans un certain rapport, en raison inverse de la masse ;

926. Troisième. — L'angle de la levée est subordonné à cette vitesse angulaire.

927. Si nous considérons un pendule battant la seconde et décrivant, sous une force donnée, un arc de 4° par exemple, soit *c j* (fig. 165).

Toutes autres choses restant égales, longueur virtuelle, etc., doublons le poids de la lentille.

De la loi qu'*une même force agissant sur des mobiles différents leur imprime des vitesses en raison inverse de leurs masses*, il résulte que le nouveau pendule doit battre encore la seconde, mais en parcourant environ moitié moins de chemin. La vitesse angulaire est réduite dans ce même rapport[45].

Or, par l'effet de cette diminution dans la vitesse du déplacement du bras d'impulsion, la roue d'échappement ne peut acquérir une vitesse angulaire convenable, c'est-à-dire suffisante pour donner une impulsion sensiblement la même, qu'à la condition que son effort s'exerce sur un plan incliné plus rapide ou, en d'autres termes, qu'à la condition qu'on ait réduit l'angle de levée dans une certaine proportion marchant en sens inverse de l'augmentation du poids (**930**).

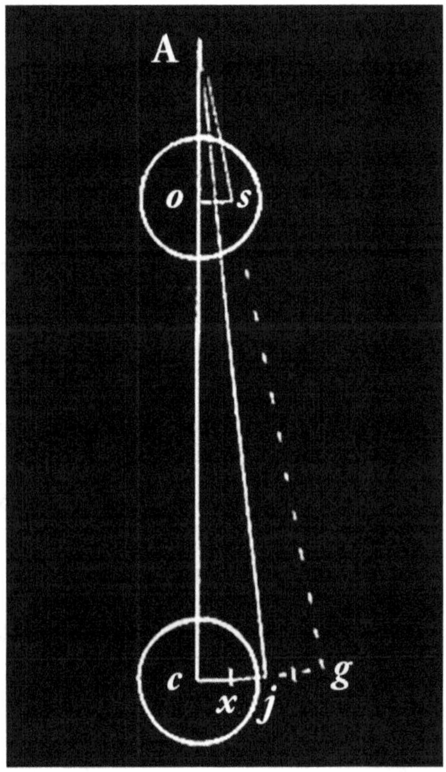

Fig. – 165.

928. Reprenons le premier pendule qui donnait une oscillation de 4° par seconde, A*c* (fig. 165) et, par supposition, admettons que la lentille ait été transportée de *c* en *o*, c'est-à-dire au point convenable pour que ce pendule fasse deux oscillations par seconde ou, en termes d'atelier, batte la demi-seconde.

La masse est restée la même, mais elle est placée à l'extrémité d'un levier réduit des trois quarts, elle est donc menée par une force relativement quadruple et, toutes choses restant ainsi égales en vertu de la loi de proportionnalité des forces aux vitesses (**120**), cette masse doit acquérir une vitesse angulaire quatre fois plus grande dans le même temps ; ce qui répond pour une oscillation de ce pendule court à un mouvement angulaire de très peu moins de 8° par demi-seconde (les chemins parcourus dans le même temps, *cx*, *os*, ou *cj*, 2*os*, sont égaux).

L'inertie de la roue d'échappement s'oppose à ce qu'elle acquière subitement une vitesse assez grande pour suivre ce levier en le pressant, et cette roue n'entretiendra le mouvement du pendule qu'à la condition d'une augmentation dans l'angle de la levée, correspondant à l'augmentation de la vitesse de déplacement du modérateur ; autrement, le levier d'impulsion

[45] Nous considérons ici un cas particulier, propre à mettre en évidence une face de la question ; mais il ne faudrait pas le généraliser, sous peine de tomber dans des erreurs graves (**929**).

se déroberait à l'action de la roue par sa vitesse acquise, et il n'y aurait que peu ou pas d'impulsion.

929. Les solutions rigoureuses des problèmes dont nous venons de résumer les éléments sont assez compliquées et appartiennent au domaine des hautes mathématiques ; aussi nous sommes-nous contenté de procéder par des approximations plus ou moins approchées de la valeur véritable, d'exposer seulement les données théoriques dominantes et propres à diriger la méthode expérimentale, la vraie pierre de touche qui, aujourd'hui du moins, puisse nous mener à de prompts et sûrs résultats.

930. Nous avons considéré l'action de la levée comme restant identique sous des angles différents, suivant la convenance de notre exposition du principe ; nous devons donc rappeler, et il ne faut pas l'oublier, que l'action d'une levée ou plutôt la puissance de cette action est liée au plus ou moins de rapidité du mouvement angulaire, et par conséquent à la forme donnée aux surfaces qui, en agissant l'une sur l'autre, produisent cette levée (**272**).

931. Dans sa continuité, cette action devrait se régler sur la vitesse de retour du pendule libre, écarté de la verticale de son angle d'oscillation, et en vue d'accélérer son mouvement sans pressions brusques. On assurera d'autant mieux la régularité qu'on apportera moins de trouble dans l'effet constant et régulier de la pesanteur.

De l'arc supplémentaire.

932. On comprend, sans qu'il nous paraisse nécessaire d'en fournir une démonstration, qu'il existe une corrélation entre l'arc de levée et l'arc supplémentaire et que le rapport existant entre eux devra varier :

1°. Par tout changement dans la force motrice ;

2°. Par tout changement dans la hauteur (qui dépend de l'écartement des dents de la roue) ou dans l'inclinaison du plan d'impulsion (**604**).

Dans l'un et l'autre cas, le rapport, entre la puissance de l'impulsion et le frottement sur les repos pourra être plus favorable, ou moins favorable, ce qu'on peut reconnaître expérimentalement, mais il sera différent du premier.

933. En général, il convient que l'arc supplémentaire soit fort restreint (on lui donne, en moyenne, mais le plus souvent moins, la moitié de l'étendue de l'arc de levée), parce que cet arc supplémentaire est soumis plus que l'autre à l'influence du changement d'état des huiles, et que l'augmentation de son étendue répond à une progression d'augmentation de la force qui croît beaucoup plus rapidement que l'arc de supplément. C'est ici le contraire de ce qui est recherché pour la montre, où l'arc supplémentaire doit toujours avoir une assez grande étendue, parce que dans la montre le cas est tout différent par l'effet de l'annulation de l'action de la pesanteur et de la présence du spiral au moyen duquel on peut, à volonté et suivant le besoin, faire varier de vitesse, et rendre isochrones les grandes et les petites oscillations du modérateur.

Règle générale d'application.

934. Nous terminerons ce résumé, suffisant puisque le lecteur doit posséder à fond les principes et les notions démontrés ou exposés dans l'*Introduction* à l'étude des échappements et dans nos *Aphorismes*, par l'indication que voici :

On reconnaît, d'une manière générale, que les organes qui constituent l'échappement sont entre eux dans le rapport le plus convenable, ou approchant de la perfection, à ces deux caractères, parfois séparés, mais assez souvent réunis :

1°. Que l'étendue des arcs ne varie pas, ou varie peu, par les différences de force motrice soit le ressort à peine armé et ensuite bandé complètement.

2°. Que l'isochronisme des oscillations n'est pas troublé, ou l'est peu, par une augmentation ou diminution de force motrice (ou le ressort tout au haut puis tout au bas) ce qu'on reconnaît en suivant la marche, pendant des temps égaux, sur un régulateur à secondes.

L'égalité d'étendue des arcs d'oscillation n'implique pas l'isochronisme de ces arcs. Cet isochronisme d'ailleurs est plus ou moins modifié par les conditions d'être de la suspension, comme on le verra en son lieu (**979**).

Échappements des pendules et des horloges.

Échappement à roue de rencontre ou à palettes.

935. L'échappement à roue de rencontre s'emploie aujourd'hui dans les horloges d'appartement, dites de *Comté*, et c'est là où il réussit le mieux. On le trouve encore dans bon nombre d'anciennes pendules.

On sait que les inconvénients de son recul diminuent à mesure que l'angle formé par les deux palettes est moins ouvert aussi en résulte-t-il que dans les horloges de Comté bien faites, marchant avec des poids, et munies d'un long pendule dont la tige a toujours une certaine flexibilité, l'influence de ce recul est peu de chose.

Eu égard aux facilités de fabrication et à leur bas prix, ces horloges, dont on fait près de 100 000 par année, constituent une industrie qui mérite d'être encouragée. Pour peu que ces pièces soient établies avec des soins passables, elles donnent des résultats très satisfaisants dans l'usage ordinaire. D'ailleurs, elles s'adressent à une classe d'acheteurs qui a besoin d'une horlogerie solide et qui puisse se réparer à peu de frais.

936. L'horloger qui veut bien connaître l'échappement à palettes doit extraire, des chapitres contenus de la page 56 à la page 88, tout ce qui est applicable aux pendules et aux petites horloges. Il trouvera notamment à l'article **163** les indications essentielles, corroborées ou rectifiées par les suivantes :

- En moyenne, l'angle de levée est de 5° à 7° ;
- L'arc supplémentaire de 4° à 6° (2 à 3 de chaque côté de l'angle de levée) ; par conséquent, l'oscillation totale entre 10° à 15° ;
- Le poids du balancier, de 135 à 150 gr. ; sa longueur env. 95 c.

- La longueur des palettes environ 13^{mm}. L'ouverture entre 50° et 60°.
- Le poids moteur (3,5 à 4 kg, pour horl. à 8 jours) augmente en raison de la plus longue durée de marche. Éviter les excès de pression qui rendent la marche irrégulière.

Ces données d'expérience, on doit le comprendre, n'ont rien d'absolu ; ce sont des guides par approximation, qui serviront comme point de départ dans la recherche des rapports préférables.

937. Il serait bon, pour le fabricant qui voudrait établir cet échappement dans les meilleures conditions, qu'il connût, soit par des notes prises antérieurement et indiquant la marche de pièces suivies longtemps, soit en consultant des données d'expérience récoltées chez des praticiens, de combien diminue environ l'arc d'oscillation pendant une durée de marche moyenne, soit 4 à 6 ans. Des essais poursuivis ensuite avec quelque attention, et où il reproduirait ces différentes étendues d'arcs au moyen de changements dans la force, tout en faisant varier dans des limites pas trop larges la levée, la longueur des palettes et le poids de la lentille, le conduiraient à réaliser un ensemble satisfaisant.

Il devra se souvenir surtout que cet échappement ne comporte ni une force motrice très considérable, ni une tige de balancier rigide, ni une lentille lourde. Avec une force motrice trop grande et une tige inflexible, le frottement du recul acquiert une grande âpreté, la lentille lourde demandant de longues palettes qui ont peu de pénétration d'engrenage, et les arcs d'oscillation devenant très petits, l'échappement exige une grande précision dans les fonctions. Alors le travail de l'ensemble est laborieux autant que celui d'un échappement de précision dont on n'atteindra jamais les résultats. Il nous paraît tout à fait inutile d'insister sur ce point, cette question est passée aujourd'hui à l'état de chose jugée.

Échappements à ancre à recul.

938. Le premier échappement à ancre paraît avoir été inventé en 1680 par Clément, horloger à Londres. Du moins le plus grand nombre des auteurs s'accorde à lui attribuer cette invention, bien qu'elle ait été revendiquée par Hooke.

Ces premiers échappements étaient à recul sur les deux bras, et les surfaces frottantes de ces bras affectaient certaines courbures, que Saurin estimait devoir être à très peu près, des développantes de cercle (**904**). Ils ont été un peu modifiés dans la forme : on les fait encore à recul des deux côtés, mais avec cette différence que le repos de l'un des bras est courbe, tandis que l'autre a reçu la forme d'un plan rectiligne.

Enfin, on en construit aussi qui sont à repos sur l'un des bras et à recul sur l'autre, et qu'on a appelés de cette circonstance à *demi-repos*, ou bien encore à *demi-recul.*

Nous commencerons par la description de l'échappement isochrone de F. Berthoud, celui dont il est question dans les expériences rapportées plus haut (**913**).

Échappement à ancre isochrone de Berthoud.

939. On trace d'abord les courbes *pc, gr*, et *dt, fb* (figure 166, p. suivante), comme si l'on voulait un ancre à repos concentrique. Puis, pour avoir les courbes qui donneront le recul, on prend la longueur *sb* (largeur du bec), on la porte trois fois sur l'arc *bf.* Par les points *a* et 3, on mène la ligne *ah*. On marque sur cette ligne, à partir de 3, la longueur de *sb*, et l'on obtient ainsi le point *h*. De ce point comme centre, et avec un rayon égal à *ba*, on trace un arc de cercle, et du point *b* comme nouveau centre, un autre arc de cercle qui coupe le premier en *n*. Ce point d'intersection *n* est le centre de la courbe de recul *bl* qu'on tracera de ce centre toujours avec le même rayon *ba*.

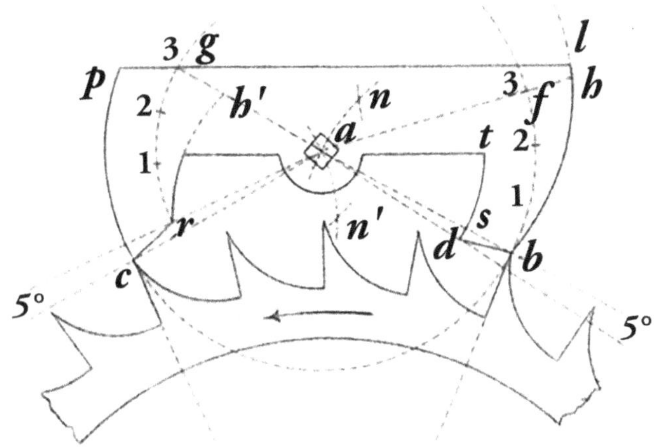

Fig. – 166.

L'opération est la même pour déterminer les points *h'* et *n'* à l'intérieur de l'autre bras, et la figure 166 supplée facilement de nouvelles explications.

On a dû remarquer qu'une différence dans la grandeur de la roue, ou dans le nombre de ses dents, nécessite un nouveau tracé, etc. (**916**). Cet échappement a été peu employé.

Échappement à ancre à recul ordinaire.

940. Les figures 167 et 168 représentent deux échappements à recul les plus employés. Celui de la figure 168 est dit communément petit ancre à recul, et celui de la figure 167 ancre *en toit* à recul.

Ces échappements ne se placent que dans l'horlogerie de prix peu élevé parce qu'ils sont les plus faciles à faire exécuter par les ouvriers ordinaires. Le premier s'emploie avec la suspension à soie ou à ressort, et le pendule de 15 à 30 gram. (soie) ou de 30 à 70 gram. (ressort), et le second avec la suspension à ressort et le pendule relativement lourd.

Indiquons simplement, pour l'horloger qui en aura à refaire ou à réparer, la manière dont on les construit dans la fabrique de Paris.

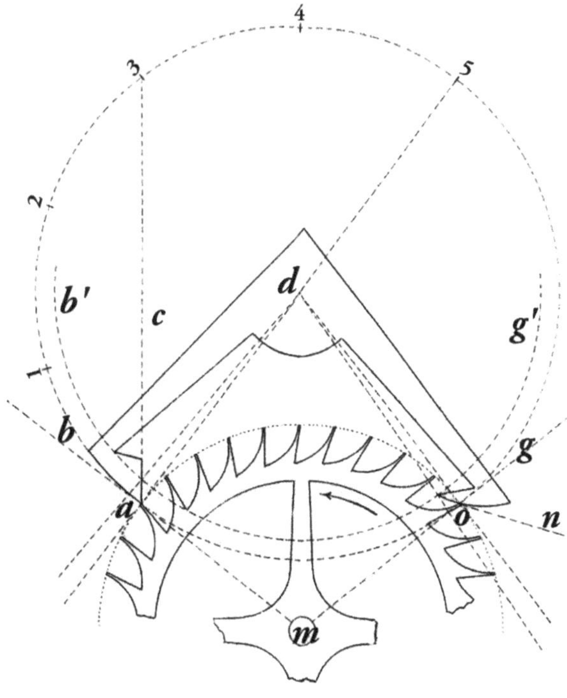

Fig. – 167.

941. *Tracé pour la construction du petit ancre à recul.* — Il faut préalablement avoir la distance du centre de l'ancre au centre de la roue d'échappement, et voici comment on

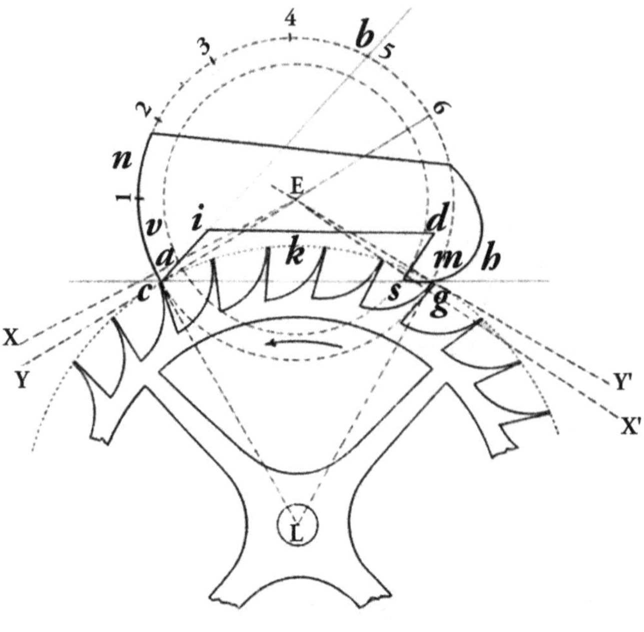

Fig. – 168.

s'y prend pour la déterminer, quand elle n'est pas connue (figure 168) : on trace sur une plaque de laiton la circonférence *ckg* de la roue.

On marque sur cette circonférence la distance *cg* des pointes des dents embrassées par l'ancre, plus une, soit ici 6. (**946**). Par l'extrémité des rayons L*c*, Lg, deux perpendiculaires étant menées, leur intersection E donne le centre cherché. On y perce un trou fin.

Du point E, avec une ouverture de compas égale à E*c*, on décrit la circonférence *ncgb*, puis une autre *asd*, partageant bien exactement par le milieu un vide entre deux pointes de dents. En regard des lignes EY, EY ', passant par les pointes de la première et de la sixième dent embrassées par le cercle *ncgb*, on tire les deux autres lignes EX, EX ', formant avec les deux précédentes l'angle de la levée (en moyenne de 5° à 6°).

Par les deux intersections, *a* et *c*, des circonférences et des lignes de la levée, on mène la ligne *caib* qui formera le flanc intérieur de la levée sortante, et *cn* en sera le flanc extérieur.

Le point d'intersection *g*, joint au point d'intersection *s*, donnera le plan d'impulsion de la levée rentrante ; ce plan doit se continuer par la courbe de recul *gh*, tracée de telle sorte que l'angle de recul *mgh* soit égal à *vai*. On y laissera un petit surcroît de matière, que l'on enlèvera quand on se sera assuré que, pendant l'action de ce recul, la dent qui est en regard du plan *ai* n'y peut pas toucher. Quant à l'intérieur *sd* de la levée rentrante, il se fait rectiligne ou concave à volonté, car il n'a d'autre importance que de dégager, pour éviter tout contact avec une dent, cette partie du bras de l'ancre.

942. *Autre tracé pour la pratique courante.* — Dans la pratique ordinaire, on peut procéder d'une façon plus expéditive encore : on tire sur la face du morceau d'acier qui sera l'ancre une ligne droite, sur laquelle on marque, par les points *c* et *g*, l'intervalle d'une pointe de dent de la roue à une sixième pointe. Le tiers de *cg* donne une ouverture de compas qui sert à déterminer l'élévation du centre de l'ancre au-dessus de la ligne *cg*, à égale distance des deux points *c* et *g*.

De ce centre percé, et avec l'ouverture de compas E*c*, on trace le cercle *ncgmb* ; on en divise le demi-cercle de gauche en six parties et l'on joint le numéro 5 au point *c*. Puis on décrit une autre circonférence *vasd*, partageant bien exactement les deux vides entre les pointes des dents. On marque la distance *mh* égale à *iv* (beaucoup d'ouvriers ne la mesurent même pas et découpent cette partie au coup d'œil), et l'on possède toutes les mesures essentielles et à l'aide desquelles on peut facilement découper l'ancre.

943. *Exécution de l'ancre et mise au point.* — L'acier destiné à faire l'ancre bien préparé, et son trou étampé et ajusté sur la tige, on fait rapidement les tracés nécessaires sur la face de l'acier, que l'on découpe ensuite, mais sans enlever tout à fait la matière en *sd* jusqu'au trait. Alors on présente l'ancre à la roue sur le compas aux engrenages, comme on l'a fait pour les échappements des montres : une dent étant appuyée en *g*, la dent *c* doit être près de pénétrer avec peu de jeu sur *cn*. Ensuite une dent appuyée au point *a*, la cinquième dent à droite ne doit pas pénétrer dans l'ancre sur *sd*, ou y pénétrer difficilement afin qu'on puisse plus tard obvier à l'écartement possible des bras à la trempe ; puis on trempe l'ancre, on fait le jeu nécessaire en *s* par l'adoucissage de la face *sd*, et l'on achève l'ancre, vérification faite et répétée au besoin (**944**).

Les horlogers qui n'ont pas de compas aux engrenages de fortes dimensions peuvent employer le moyen suivant, pratiqué par les échappementiers qui font le travail très courant. Il n'est pas très précis, mais il peut servir faute de mieux.

Ils enfoncent l'axe de la roue dans un carton et, à la distance où devra se trouver à peu près le centre de l'ancre, ils percent une série de trous de la grosseur de l'axe de cet ancre, trous qui vont en se rapprochant de la roue. Cette roue placée sur le carton, ils introduisent la tige de l'ancre successivement dans plusieurs trous, jusqu'à ce qu'ils aient trouvé celui où le fonctionnement des deux pièces est possible, et alors ils procèdent à une vérification comme sur le compas, puis retouchent l'ancre, vérifient, etc.

Ce moyen peut servir dans un cas pressé, mais il vaudrait mieux que l'ancre, pourvu de sa tige, fût monté sur une coulisse qui le rapprocherait de la roue à volonté et suivant une mesure connue.

À la trempe, l'ancre doit entrer dans le liquide par le dos, on a remarqué qu'il s'ouvrait moins. Tous les aciers ne se tourmentent pas également, le fabricant devra s'en souvenir.

944. Observations : *Première.* — Les deux reculs devraient être égaux, ou du moins avoir lieu selon la progression la plus favorable au mouvement du pendule, d'où s'ensuit qu'il doit exister un rapport entre l'inclinaison de *cai* (figure 168, p. 470) et la courbure *gh*, et que chaque fois que l'une est modifiée, l'autre doit l'être corrélativement. On comprend sans peine que dans les conditions et avec les procédés du travail courant, tel qu'il se fait aujourd'hui, les seules imperfections de ce travail suffiront pour rendre illusoires toutes déterminations exactes des reculs. Lorsqu'ils sont entre eux dans le rapport convenable, c'est pur effet du hasard car il faut remarquer encore que l'égalité de ces reculs est subordonnée à l'égalité des deux levées successives de droite et de gauche, lesquelles, dans les échappements de cette espèce, sont presque toujours fort inégales comme impulsion donnée au balancier.

945. *Deuxième.* — L'étendue de la levée est ici de 5° à 6° ; on se souvient qu'elle est subordonnée à la longueur et au poids du pendule. (Voir le chapitre *Résumé* des données d'expérience, aux articles **1010** à **1012**).

946. *Troisième.* — Dans le tracé de l'ancre, on a pris pour mesure, ou point de départ, la distance d'une pointe de dent à la sixième ; cette donnée d'expérience se rapporte au mouvement de pendule dit 3,2 pouces (8, 5 centimètres environ), pourvu d'un balancier de 20 centimètres et d'une roue de 34 dents, ayant un diamètre de 2 centimètres environ.

Si l'on avait une roue d'échappement plus grande ou plus petite, ou autrement nombrée, avec un balancier plus court ou plus long, on comprend qu'on devrait changer le nombre des dents embrassées par l'ancre afin de conserver un rapport convenable entre la longueur des leviers d'ancre et la longueur du pendule (Voir le chapitre : *Résumé* des données d'expérience, à l'article **1019**.)

Échappement à ancre triangulaire à recul dit en toit.

947. Dans cette sorte d'ancre qui s'emploie avec une suspension à ressort et un pendule assez lourd (de 150 à 300 grammes environ), le frottement sur les faces des reculs étant considérable, ces faces se détériorent généralement assez vite. Les irrégularités qui naissent de ces frottements, de plus en plus âpres et inconstants, sont d'autant plus fréquentes que les leviers de l'échappement sont plus longs.

Les horlogers abandonnent aujourd'hui l'ancre en toit pour l'ancre anglais ou celui dit de Brocot. Toutefois, quand ils seront dans la nécessité d'en construire, voici comment ils pourront s'y prendre.

948. *Tracé pour la construction de l'ancre en toit à recul.* — La figure 167, p. 469 donne la disposition la plus usitée de ce genre d'ancre. L'ancre embrasse, en moyenne, 10 dents ou plutôt 11 dents, si l'on compte du commencement à la fin des impulsions (pour une roue de 2 cm, 34 dents et un pendule de 20 cm environ. — **946**, 2e paragraphe.)

On détermine la distance du centre *d* de l'ancre au centre *m* de la roue (**941**). Elle est ici en moyenne un rayon de la roue, plus les ⅘ de ce rayon. On augmente ou on diminue cette quantité selon que l'on veut restreindre ou augmenter l'étendue de l'oscillation du pendule.

La distance des centres étant connue, avec une ouverture suffisante de compas, on trace un arc de cercle *bg*, passant par une première pointe de dents *a* et par la onzième *o*. Puis un autre cercle, *b'g'*, partageant bien par son milieu le vide entre la dixième et la onzième dent.

Comme dans le tracé précédent on tire les lignes indicatives de la levée, de 4° en moyenne (**945**). Les faces d'impulsion ou de levée sont données par les intersections des cercles *bg*, *b'g'* avec ces lignes.

Le prolongement de *ac* au-dessus du cercle *b'g'* donne la face de recul de la levée sortante, et pour avoir un recul égal sur la levée rentrante on continue la face de levée par une courbe tracée d'un rayon de la roue et de façon à obtenir un angle *nog*, égal à l'angle *bac* (**944**).

Les penduliers, en général, y mettent moins de façon ; ils forment cette courbe au coup d'œil et sans beaucoup se préoccuper de l'égalité des deux reculs (tenir compte de l'écartement à la trempe).

Si l'ancre s'ouvre trop à la trempe (**943**), on le ferme un peu en le serrant doucement tout en revenant bleu-gris le dos, mais il faut agir avec précaution et avoir bleui et reblanchi ce dos d'abord.

949. *Relevé d'un échappement à ancre en toit.* — Cet échappement tenait bien son réglage (pour usage civil) et ne présentait pas de traces d'usure après plusieurs années de marche ; son ressort moteur était, en termes de métier, doux et liant.

- Diamètre du mouvement, 82 millimètres. Suspension à ressort.
- Diamètre de la roue, 20 millimètres, — 37 dents.
- Ancre, embrassait 8 dents. — Levée, 3°. — arc supplémentaire, 1°.
- L'arc total 5° variait peu du haut au bas de l'armure du ressort.
- Pendule : Poids, 185 grammes. — Longueur virtuelle, 164 millim.
- La longueur du levier d'échappement est environ :

Au poids du pendule.................... : : 1 : 17
À sa longueur virtuelle................. : : 1 : 15

Échappement à recul dit à ancre anglais

950. Nous ne savons pourquoi cet ancre (fig. 169) a reçu la qualification d'anglais, car on nous affirme qu'il n'est pas employé en Angleterre.

Ce n'est que l'ancien ancre en toit réduit, afin qu'il embrasse un nombre moindre de dents, ce qui a amené le changement de la forme primitive, et la réduction du poids du balancier.

Cet échappement est ordinairement accompagné d'une suspension à ressort et comporte dans les calibres usuels un balancier de 70 à 200 gr. (**1016**), et une levée d'environ 4° à 5° en moyenne (**945**).

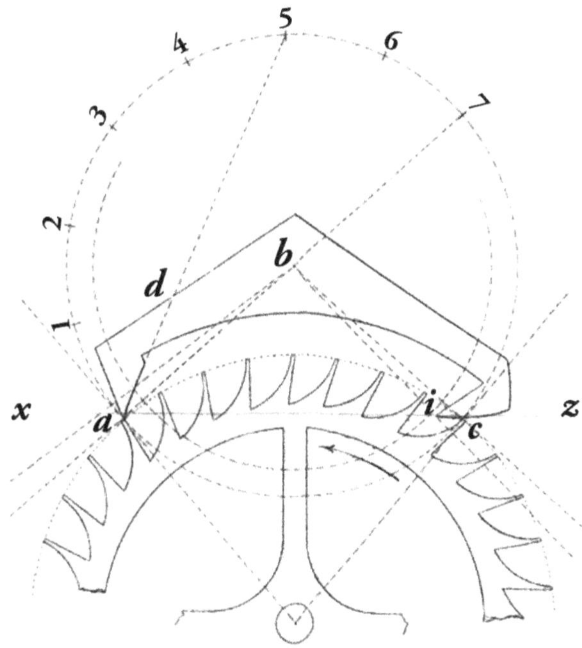

Fig. – 169.

951. *Tracé pour la construction de l'ancre anglais.* — Dans la pratique courante on suit la même marche que pour le tracé des précédents ancres à recul (**941**), avec les différences que voici : le grand cercle embrasse en moyenne 9 pointes de dents ; l'inclinaison de la face *ad* vise la cinquième division du demi-cercle partagé en 7 parties, et le plan de recul *ic* doit se renfler un peu au-dessous de la ligne *xz*.

Du reste, ce tracé, comme les précédents, n'a pour but que de donner une plus grande commodité dans la pratique en fournissant les moyens d'amener rapidement l'ancre à sa forme presque définitive, mais il est toujours nécessaire, quand on veut un travail un peu précis, de vérifier sur le compas aux engrenages, et par la méthode indiquée pour les échappements des montres, les levées et les reculs, etc. (**943** à **949**.)

952. Beaucoup de fabricants font la face *icz* toute droite, sans en donner d'autres raisons qu'une réduction de travail. Cette forme, telle que la plupart la pratiquent, diminue la puissance de la chute, mais elle augmente l'âpreté du recul.

Échappement à ancre.

953. L'ancre de cet échappement, construit d'après les données et les calculs de M. Rozé père, diffère de ceux que nous avons considérés jusqu'à présent, surtout par la forme de ses faces d'impulsion qui, au lieu d'être planes, ont reçu une certaine courbure (fig. 170).

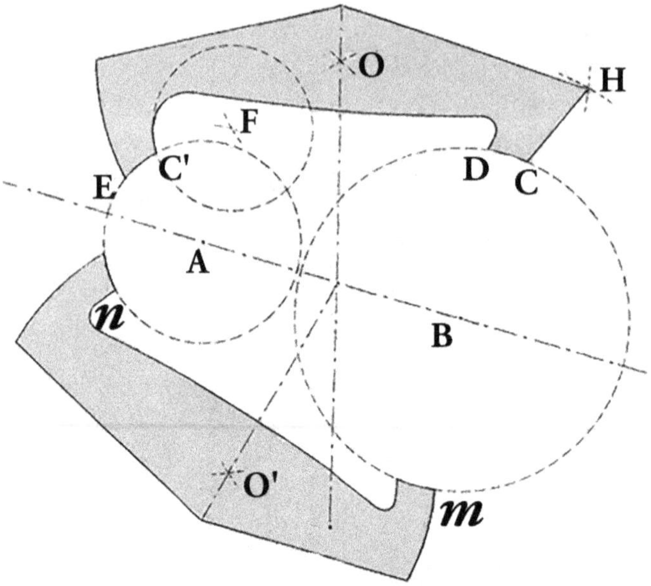

Fig. – 170.

M. Rozé [46] a complété son travail en imaginant une disposition de calibre, à laquelle M. Rozé fils a concouru, qui fournit le moyen d'exécuter les courbes avec assez de facilité, évitant ainsi l'écueil où sont venus échouer la plupart des essais qui avaient pour but l'application des courbes aux faces des levées.

Pour une roue de 30 dents cet ancre embrasse 4,5 intervalles de dents entre les tangentes, soit 6 pointes du commencement à la fin des deux impulsions. Les rayons de repos OC, OC', sont égaux.

954. De la levée. — L'angle de la levée est de 2°.

Donnée unique. La levée est progressive, c'est-à-dire que pour un déplacement de la dent égal à la moitié de son déplacement total pendant la levée, l'ancre lève ⅔ de degré (40'), et pour l'autre moitié, 1° ⅓ (1° 20').

Cette progression est établie dans le double but de donner à la force motrice la faculté de vaincre plus aisément la résistance de l'inertie du rouage quand commence la levée et de réduire à la moindre valeur possible le choc sur les repos.

Ne pouvant entrer dans des explications théoriques qui nous entraîneraient au-delà de notre cadre, nous devons nous contenter de dire que, pour s'expliquer comment les conditions cherchées sont remplies par la progression adoptée ici, il faut tenir compte des diverses vitesses du pendule. Le calcul tient compte d'un angle d'un demi-degré (30') à prendre sur le chemin angulaire de la roue pour épaisseur de dent, inégalités, épaisseur d'huile, etc. ; et d'un autre de

[46] Mort en 1862 à l'âge de 50 ans, A.C. Rozé appartenait à ce petit groupe d'éminents horlogers qui ont compris que la science et l'expérimentation ne pouvaient être séparées ; qu'à notre époque, aucun progrès sérieux ne peut être réalisé sans le secours d'une assez grande instruction théorique. Ses travaux, qu'une mort rapide a malheureusement interrompus quand il était dans la plénitude de son talent, ont fait l'objet d'une notice publiée dans la *Revue chronométrique*.

1° (qui s'ajoute à la levée) pour sûreté ou pénétration sur les repos. Cet angle d'un degré, réuni aux 2° de levée, donne 3° pour l'arc de levée du pendule. Le calcul ne tient pas compte du petit écartement des bras que l'ancre subit assez fréquemment à la trempe (**943**).

955. Nous ferons remarquer qu'en formant les levées comme il vient d'être dit, dans certains cas les dents courent le risque d'être écrasées, si on établit une liaison absolue entre l'ancre et le pendule, surtout sur la levée d'entrée. On évite ce danger par une augmentation de levée ou par un allongement suffisant des bras de l'ancre, ce qui a pour effet de rendre la pression moins perpendiculaire à la dent, ou plutôt en employant la fourchette mobile ajustée sur l'axe à frottement gras.

956. Des reculs. Cet échappement peut être, à volonté, comme le montre le dessin, figure 170, à repos, *m*O'*n*, ou à recul C'OC. C'est le dernier seulement que nous considérons ici.

Donnée théorique. — Les angles successifs qui mesurent le recul de la roue sont proportionnels aux carrés des amplitudes des oscillations, c'est-à-dire qu'ils suivent la progression du retard des arcs du pendule (voir l'article du *Pendule*).

Donnée pratique. — Si le balancier faisait des arcs supplémentaires de 22°, d'un côté, la roue reculerait d'un demi-intervalle d'une dent à l'autre.

Ce qui distingue ces reculs de ceux de Berthoud (**939**), c'est que, tandis qu'avec les siens l'accroissement du recul de la roue, pour un même accroissement de l'arc supplémentaire, est d'autant moindre que cet arc est plus grand, ici c'est l'inverse qui a lieu.

957. *Tableaux des dimensions de l'échappement.* — À l'aide d'une succession de tableaux calculés par M. Rozé, et donnant les dimensions rigoureuses que doit avoir l'ancre pour une roue de nombre de dents déterminé, il devient facile de tracer le calibre de l'ancre et de l'exécuter avec précision.

Voici le tableau dressé pour la roue de 30 dents, l'ancre embrassant 4 dents ½ entre les tangentes.

Levée de 2°, amplitude minimum de la levée du pendule, 3°.

L'unité de mesure est le rayon de la roue.

	Rayon de la roue	= 1,0000		AE	= 0,2404
	Distance des centres	= 1,1223		BC	= 0,4133
	AB	= 0,6604		OC = OC'	= 0,5095
	AO	= 0,5509		OE = OH	= 0,6054
	BO	= 0,6801		OD	= 0,4137
		Des reculs			
	AF	= 0,2832	Entrée	BH	= 0,6459
Sortie	OF	= 0,3066		OH	= 0,6054
	FC'	= 0,2096			

Le recul d'entrée, rigoureusement, devrait être concave avec un rayon de courbure de 5,2454. On voit qu'on néglige un infiniment petit en le mettant rectiligne.

Mesures de vérification

CC' =	0,9120	DC'=	0,8178
DE =	0,9038	DC =	0,0981
CE =	0,9880	C'E =	0,0987

Ces dernières données sont utiles pour vérifier l'exactitude des dimensions de l'ancre, soit pendant, soit après l'exécution et la trempe.

958. *Tracé de l'ancre.* — Sur une plaque préparée à cet effet, on tire la ligne AB (fig. 170, p. 474). Puis on pointe et on perce à la distance AB, donnée par le tableau, les deux points A et B.

De ces points avec les distances AO et BO, on détermine et on perce ensuite les centres O et O' de deux ancres.

De ces mêmes points A et B, on décrit avec AE et BD pour rayons, les circonférences qui donnent les formes des faces d'impulsion des levées.

Enfin des centres O et O' on décrit avec les trois longueurs des leviers (OD, OC, OE) les circonférences qui limitent l'épaisseur des bras d'un échappement à repos, lequel se trouve ainsi complètement dessiné.

Pour en faire un échappement à recul, il faut :

Des points A et O comme centres, avec les longueurs AF, OF, décrire deux arcs, marquer le point F de leur intersection, et de ce point, avec la longueur FC' pour rayon, tracer la circonférence qui forme le recul de sortie.

Ensuite, en prenant B pour centre, avec une longueur BH, décrire un arc de cercle ; son intersection avec un autre arc tracé du point O avec une longueur OH (égale à OE) donne le point H que l'on joint par une ligne droite au point C.

959. Presque tout ce tracé se réduit à décrire des arcs de cercle, il est donc très essentiel qu'ils soient décrits avec exactitude et on y parvient facilement en prenant les soins suivants. L'ouverture du compas étant amenée au plus près possible, on trace sur une plaque d'essai, percée d'un trou d'une grosseur égale au trou du calibre, deux arcs opposés, et l'on s'assure, en mesurant le diamètre inscrit entre ces deux arcs, qu'il est bien exactement le double du rayon dont la valeur a été donnée par le tableau.

960. Il suffit d'un simple examen pour être convaincu que ce système d'ancres, à l'aide des tableaux dressés par M. Rozé, pourrait être établi mécaniquement avec une très suffisante précision. Quant à l'économie de force qui résulte de la courbure concave des plans d'impulsion, rigoureusement conformés, elle ressort de ce fait que, par l'emploi de ressorts donnant un plus grand nombre de tours de développement, M. Rozé a pu faire marcher durant un mois des mouvements ordinaires de pendules de cheminées destinés à marcher pendant seize à dix-huit jours.

961. *Relevé d'un échappement Rozé.* — Ayant eu une marche soutenue.

- Diamètre du mouvement, 100 millimètres (pour secondes concentriques), marchant un mois.

- Diamètre de la roue, 22 millimètres. — 30 dents.
- Ancre embrasse 4 ½ intervalles de dents. — Levée, 2°. — Arc supplémentaire moyen, 2° 30'.
- L'arc total, de 4° au bas de l'armure du ressort, devient 6° vers le haut. (Les oscillations ont été rendues isochrones par la suspension.)
- Pendule : poids, 940 grammes. — Longueur virtuelle, 248 millim.
- La longueur du levier d'échappement est :

  Au poids du pendule .... : : 1 : 170

  À sa longueur virtuelle .... : : 1 : 45

Échappement à ancre à demi-repos.

962. L'ancre que l'on désigne sous la dénomination de demi-repos ou de demi-recul, parce que le recul n'a lieu que sur un des bras, et que sur l'autre bras la dent s'appuie sur un arc de repos concentrique au centre de mouvement, est en tout semblable à l'ancre de la figure 168, p. 470, sauf que la courbure excentrique *gh* prend la forme et la direction de l'arc de cercle *gm*.

La figure 171 nous montre un spécimen de ce genre d'échappement.

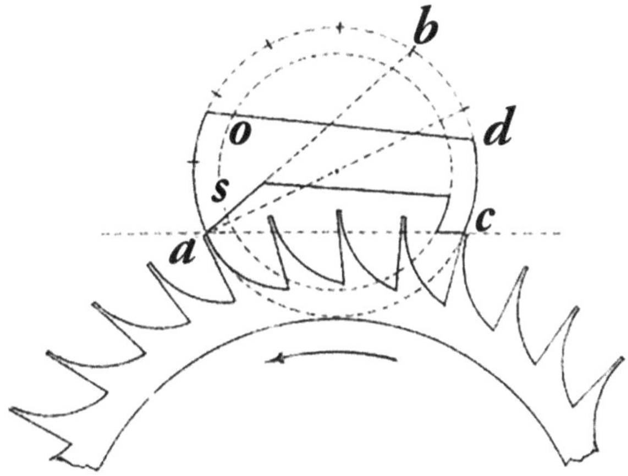

Fig. – 171.

963. *Tracé pour la construction de l'ancre à demi-repos.* — Le calibre de l'échappement se trace exactement comme celui de l'échappement à deux reculs (**941, 942**). Les seules différences, ainsi que le fait voir la figure 171, consistent en ce que :

1°. le bras de la levée rentrante, comme il vient d'être dit, est formé selon un arc de cercle *cd*, sur lequel la dent s'arrête au repos et sans recevoir aucun mouvement de recul ;

2°. la roue est retournée, c'est-à-dire agit avec les faces droites de ses dents.

Le recul sur un seul bras a un effet équivalent à ce recul divisé par moitié sur les deux bras. La totalité de ce recul devant toujours être assez modérée, il est difficile, par suite des moyens de construction en usage chez la généralité des échappementiers, qu'il ne soit pas ou nul ou exagéré, au moins sur l'un des bras, quand on le divise sur les deux, tandis que lorsqu'il est totalisé sur un seul bras, il devient bien plus facile de le régler surtout quand il résulte d'un plan droit.

Deux choses demandent d'être dans un rapport exact : le poids de la lentille et l'angle de la levée, parce que le plus ou le moins d'inclinaison du plan de recul *sb* est une conséquence de cette levée (ordinairement de 5° à 6°). Quelques essais, faits avec soin, suffiront au fabricant bien pénétré des lois de notre nouvelle théorie, pour lui faire connaître les bonnes proportions auxquelles il devra s'arrêter (**917** à **935**).

964. Avec cet échappement on a obtenu de très bons résultats dans l'usage courant, et il a été d'un assez grand usage, quand la suspension à soie était en faveur, une suspension très souple lui étant nécessaire, mais il tend à disparaître avec elle.

Les causes de cet abandon, autres que celles déjà indiquées sont qu'il ne supporte qu'assez difficilement de grandes dimensions, telles qu'il les faut avec la suspension à ressort et le balancier lourd ; qu'il exige, un peu plus de soin dans l'exécution et plus de rigueur dans l'ensemble de ses proportions.

965. *Relevé d'un échappement à demi-repos.* — (Marche très satisfaisante pour l'usage civil. — Pendule de M. H. Robert).

Diamètre du mouvement, 80 millimètres.
Idem. de la roue, 18,5 millimètres .— de 37 dents.

Ancre embrasse 4 dents ½ ; le cercle *abc* prend 5 pointes, levée, 6°. Arc supplémentaire, 1° 1/2.

Arc total, 9° ; — varie peu du bas au haut du ressort.

Pendule. — Poids 17 grammes. Longueur virtuelle, 164 millimètres.

La longueur du levier d'échappement est environ :

Au poids du pendule : : 1 : 4,5.
À sa longueur virtuelle : : 1 : 42.

Échappements à ancre à faible recul.

Échappement à ancre à rouleaux dit échappement Brocot.

966. Le dessin de cet échappement, créé par MM. Brocot, est donné par la figure 172.

La monture ou ancre est en laiton et porte en saillie deux rouleaux incrustés en EA et en RB. Ils sont entaillés longitudinalement jusqu'à moitié de leur épaisseur. Le repos a lieu quand une dent s'appuie sur le sommet de l'arc du demi-rouleau, comme en N, et l'impulsion résulte de la pression qu'exerce l'extrémité de la dent contre le flanc intérieur NE du rouleau quand il fuit devant elle.

Comme l'a fait remarquer M. Redier, qui a publié dans la *Revue Chronométrique* un travail sur cet échappement, les puristes de l'horlogerie critiquent, dans ce dispositif, les repos hors de la tangente, le recul et l'irrégularité de la levée.

Les puristes auraient raison, s'il s'agissait de l'employer dans des pièces d'observation, mais il n'a été destiné par personne, que nous sachions, à cette haute position.

Malgré son côté réellement vulnérable, la perte de force qui résulte de la précipitation du mouvement angulaire de la roue vers la fin de la levée, cet échappement a pour lui et comme compensation, qu'il n'offre pas de difficulté dans sa construction ; que, pour peu qu'il soit exécuté avec quelques soins, l'huile se tient bien aux contacts ; qu'il est très facile d'assurer sa durée en le munissant de rouleaux en pierre dure, et qu'enfin, le grand usage qu'on en fait depuis bon nombre d'années a prouvé qu'établi intelligemment, il donne pour l'usage civil des résultats satisfaisants.

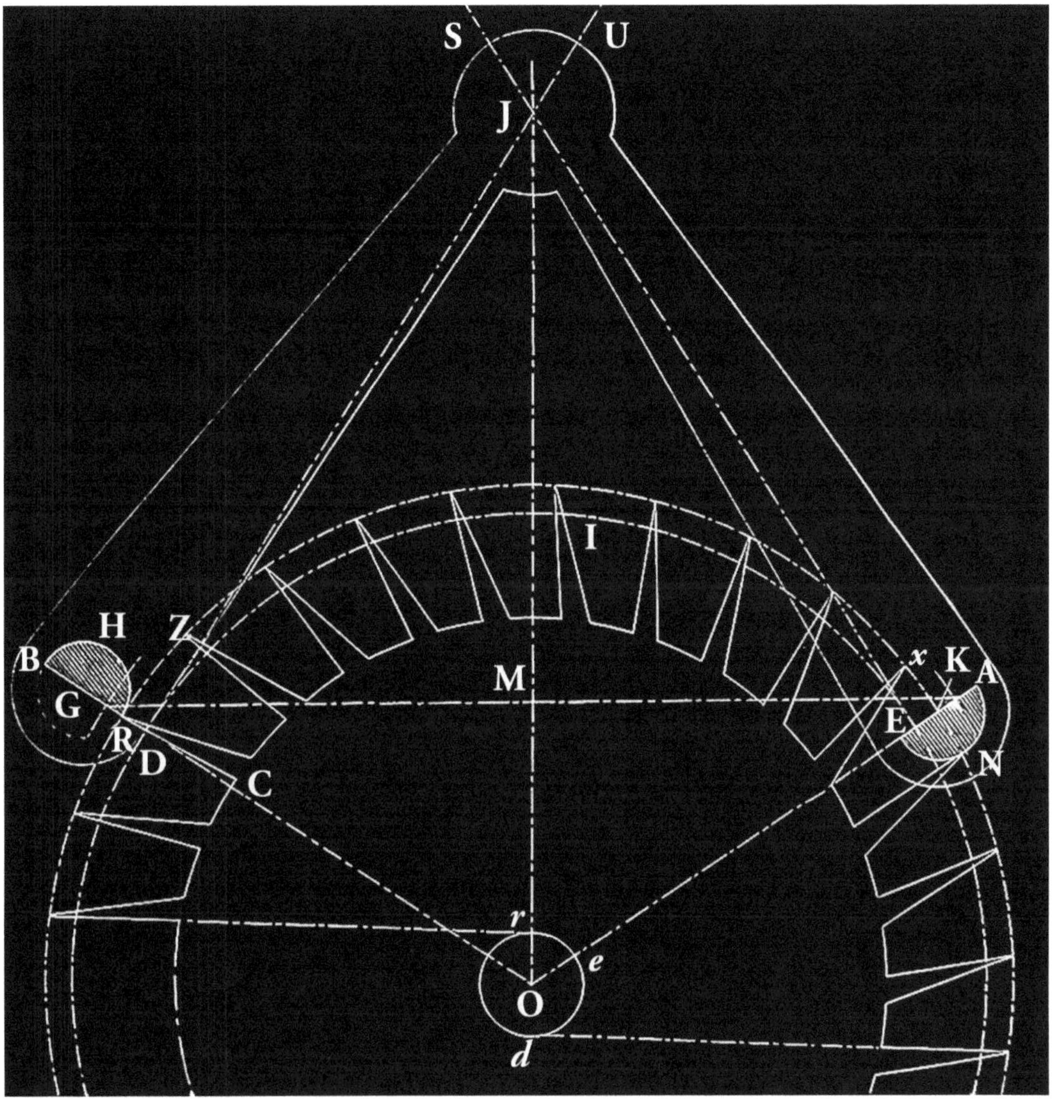

Fig. – 172.

967. *Tracé de l'échappement Brocot.* — Le nombre des dents de la roue, ainsi que la fraction de ce nombre qu'embrassera l'ancre, étant connues ; soit, par exemple, une roue de 30 dents et un ancre enfermant 10 dents ½ entre ses repos, ou 11, si on mesure du point où commence une levée au point où finit la levée suivante.

On trace la circonférence de la roue. On marque sur cette circonférence (figure 172) la position de 3 pointes de dents, à savoir : une première *x*, puis, à la droite de celle-ci, une seconde N, et enfin, une troisième R, la onzième à gauche en comptant de N.

On mène par le point R le rayon OR, et par le milieu de *x*N, l'autre rayon OE. L'intersection de ce dernier rayon avec la circonférence donne la position du centre d'un rouleau. On pointe ce centre et l'on décrit le demi-cercle du rouleau avec un rayon égal à la demi-distance de deux pointes de dents successives.

Cela fait, on marque le point E sur la face droite du demi-rouleau. Ce point est distant du bord de un peu moins de la moitié du rayon ou d'un peu moins du quart de l'épaisseur totale du rouleau, et, avec le rayon OE, on trace la seconde circonférence DIE. La partie du rouleau qui pénètre à l'intérieur de ce nouveau cercle donne la mesure du déplacement du pendule pendant l'arc supplémentaire d'un côté.

Aux intersections de la circonférence DIE et des deux rayons OE, OD, on élève les perpendiculaires DU, ES, leur point de rencontre J est le centre de l'ancre.

Il reste à tracer le second rouleau, opération facile, puisqu'il suffit de décrire avec une ouverture de compas égale à la demi-distance de deux pointes de dents, et d'un centre cherché sur le prolongement du rayon OR, un demi-cercle BHR, tangent à la circonférence de la roue.

Toutes les proportions étant connues, on n'aura plus qu'à découper l'ancre. Les uns lui donnent la forme dessinée dans la figure 172, d'autres adoptent la forme de la monture d'un échappement de Graham.

968. Les tangentes déterminatives du centre n'ont pas été menées de la pointe des dents, parce que le point de repos est mobile sur la dent et se déplace de la pointe vers le centre d'une quantité égale à l'arc supplémentaire, et par conséquent se transporte sur une succession de cercles. On a choisi ici comme terme moyen le cercle DIE qui se trouve sur le demi-parcours du repos en comptant l'aller et le retour.

Quand on veut que, dans les arcs supplémentaires, la roue n'ait pas un mouvement de recul sensible, on donne aux faces frottantes de ses dents une légère inclinaison et telle que si, par exemple, les faces étaient prolongées comme en *d* et en *r*, elles passeraient à une distance du centre égale au rayon des rouleaux.

969. En formant les parties des arcs des rouleaux, où se fait le repos, selon de certaines courbes, on mettrait l'échappement absolument à repos, mais nous ne pensons pas qu'il y gagnât beaucoup car il rentrerait dans le cas des échappements à repos à bras de levier relativement long. Nous tenons pour certain que son léger recul peut être utilisé pour le réglage et que, même en n'admettant pas cet avantage, il faut toujours reconnaître que ce recul est tout à fait inoffensif, comme cause de destruction, dans un échappement exécuté avec quelques soins.

La face de la dent étant dirigée au centre même de la roue, le recul sera, environ :

Pour	1° d'arc supplémentaire d'un côté		.... 0°, 2⁄10.
–	2°	–	.... 0°, 5⁄10.
–	3°	–	.... 0°, 9⁄10.

970. *Relevé d'un échappement Brocot.* — Bonne marche.

- Diamètre du mouvement, 105 millimètres.
- Diamètre de la roue, 20 millimètres, de 30 dents.
- Ancre embrasse 10 dents ½ entre les tangentes.
- Levée 3°, — arc supplémentaire d'un côté, 2° environ.
- Arc total 7°, — varie peu du haut au bas de l'armure du ressort.
- Pendule ; — poids 500 grammes ; longueur virtuelle, 248 mm.

La longueur du levier d'échappement entre 17 et 18 millim., est environ :

Au poids du pendule : : 1 : 28.
À sa longueur virtuelle : : 1 : 14.

Échappement Brocot à recul et à deux roues.

971. Cet échappement (figure 173) est disposé pour être à volonté à repos, ou à divers degrés de recul. Sa destination paraît avoir été de tenter pratiquement la solution du problème de la mise à recul des échappements à repos.

Les deux roues d'échappements, de même diamètre et de même nombre de dents, sont montées sur les axes de deux roues identiques engrenant l'une à l'autre et conduites par un rouage ordinaire.

L'axe de l'échappement ne porte qu'un bras de levier, et ce bras est adapté à l'axe de façon qu'on puisse faire monter ou descendre ce levier sans changer la position de son centre de rotation.

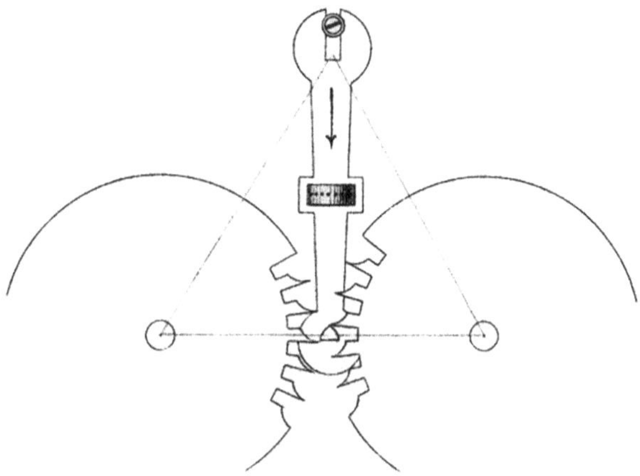
Fig. – 173.

On conçoit maintenant que si les faces frottantes des dents sont taillées suivant une courbe concentrique à l'axe d'oscillation, dans ces conditions l'échappement sera à repos, et il deviendra à recul de plus en plus prononcé, à mesure qu'on raccourcira le levier d'échappement.

La situation des parties, dans la figure, représente le degré de recul nécessaire à l'isochronisme du pendule de la pièce qui a paru à l'exposition de 1839.

Voici les résultats des épreuves :

L'échappement mis à repos donnait, sous une force motrice tantôt réduite de moitié, tantôt doublée, un écart de 17 secondes, en vingt-quatre heures ; mis à recul (d'une quantité indiquée par l'expérience), et sous les mêmes différences de force, les variations se réduisaient entre 1 seconde et 1 seconde ½.

L'échappement à recul décrivait constamment de plus grands arcs que lorsqu'il était à repos.

Échappement à ancre de M. Robert.

972. Voulant faciliter la fabrication de la bonne pendule du commerce, M. H. Robert a adopté une disposition d'échappement à ancre, représentée figure 174. Il n'emploie qu'une seule grandeur de rochet d'échappement, mais lui adapte trois dimensions d'ancre, c'est-à-dire, qu'il fait prendre à celui-ci, 5, 6 ou 7 pointes de dents suivant la grandeur du mouvement et du pendule choisis. Ces constructions sont décrites avec détails dans la *Revue chronométrique*, 1er volume.

L'ancre se fait en laiton, les levées incrustées dans la monture sont en pierre.

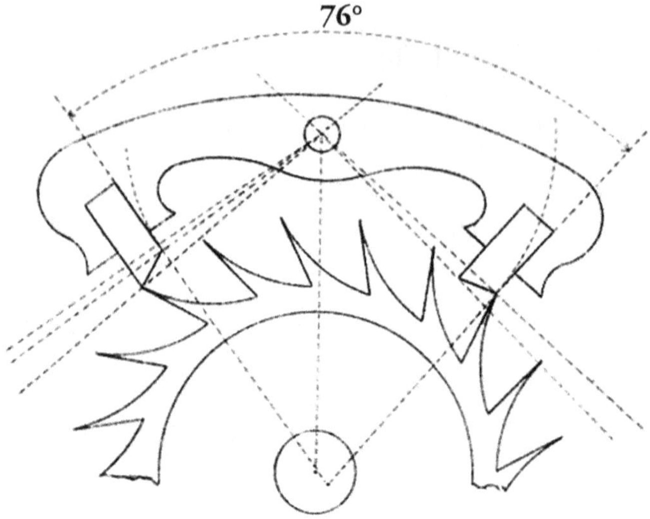

Fig. – 174.

On a compris tout de suite le but que s'est proposé l'auteur : la roue de grandeur unique, l'ancre en laiton et les pierres à faces rectilignes, pourront à l'aide d'un outillage approprié, être exécutés mécaniquement, à grande quantité, et avec toute la perfection désirable.

973. On aurait reproché, paraît-il, à cet échappement le petit recul qui résulte de la substitution d'un plan droit à un plan courbe. Nos lecteurs savent que, quant à nous, cette objection, en tant qu'il est question de pièces de commerce et quand on a affaire à un recul inoffensif, n'en est pas une, mais quoi qu'il en soit, M. Robert a cru devoir répondre à ce reproche en faisant remarquer qu'avec une levée très bornée de 1° à 1° ½, les lignes droites ou courbes du plan de repos se confondent à tel point qu'aucun effet de recul n'est perceptible, et qu'une levée de plusieurs degrés donne un mouvement encore peu appréciable.

Voici du reste le tableau calculé par M. Robert, des valeurs qu'aurait le recul, la roue supposée de 100 millimètres de rayon.

Arc de levée	rayon	la sécante est
5°	100^{mm}	100,382
4°	—	100,244
3°	—	100,137
2°	—	100,060
1°	—	100,015
0,45	—	100,008
0,30	—	100,004
0,15	—	100,001

Le recul étant égal à la différence entre le rayon et la sécante, sa valeur serait ici :

Pour 5°, 382/1000 ou un peu plus du tiers d'un millimètre.

Pour 1°, 15/1000 ou un centième ½ d'un millimètre.

Or le rayon de la roue étant supposé de 100 millimètres, tandis que, en réalité, il est ordinairement aux environs du dixième de ce nombre, les chiffres donnés ci-dessus doivent être réduits environ des neuf dixièmes.

Échappements à ancre à repos.

Échappement ordinaire à ancre à repos.

974. Graham[47] changea la forme des bras de l'ancre de Clément, en lui faisant prendre un plus grand nombre de dents et en substituant aux courbes excentriques des reculs des courbes concentriques au centre de rotation.

Comme dans les échappements des montres, on fait ici porter le plan d'impulsion, tantôt entièrement par l'ancre ou par la roue, tantôt partie par l'ancre et partie par la roue.

Cette dernière disposition a principalement pour objet de rendre la dent plus solide et d'y mieux fixer l'huile. Quant à l'effet, il peut être considéré comme équivalent, que le plan d'impulsion soit porté entièrement par l'un des deux organes, ou qu'il soit partagé sur les deux.

975. Le petit ancre à repos se construit exactement comme l'ancre à demi-recul (figure 171, p. 477), sauf qu'on découpe le bras de gauche en *s*, selon l'arc *so* ; le plan de recul est alors remplacé par un arc de repos concentrique.

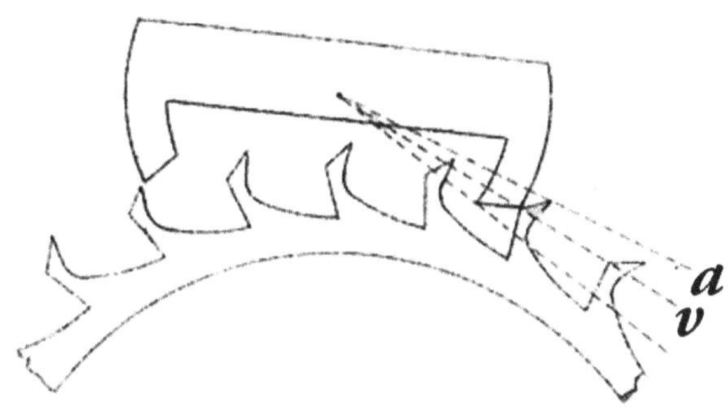

Fig. – 175.

976. L'ancre d'un échappement où la roue porterait une partie du plan (figure 175) aura exactement la même forme que le précédent, il n'y aura de différence que dans l'épaisseur des bras, diminués de la portion du plan d'impulsion reportée sur la roue. Son tracé se fait comme celui d'un échappement à bras concentriques sauf la valeur différente des angles, l'angle de la levée sur un seul bras se composant de l'ensemble des deux angles, *a* et *v*, afférents à chaque plan incliné. Ce qui fait différer la levée réelle de la levée apparente.

977. On ne peut espérer de bons résultats de l'application de l'échappement à repos, et nous l'avons démontré (**900**), qu'à la double condition que ses dimensions et le pendule soient rigoureusement dans les rapports convenables, et qu'on l'exécute avec précision. Ces exigences expliquent très bien son peu de succès dans les pièces du commerce, là où il était construit d'après les méthodes en cours et par les échappementiers ordinaires, mais elles font

[47] G. Graham, le plus célèbre des horlogers anglais. Né en 1675, mort en 1751, il inventa l'échappement qui porte son nom, l'échappement à cylindre des montres, le pendule compensateur à mercure, et le premier eut l'idée du pendule à gril. Il était savant autant qu'habile, et il ajouta à sa grande réputation par la construction et le perfectionnement d'excellents instruments d'astronomie.

comprendre aussi qu'on peut s'en servir avec avantage si on l'établit à l'aide d'un outillage parfaitement approprié à sa destination et fonctionnant sous l'œil d'un maître.

Échappement à ancre des régulateurs.

Dit de Graham.

978. Cet échappement s'emploie le plus ordinairement avec une roue de 30 dents, portant sur son axe une aiguille des secondes, qui donne soixante chutes ou coups par minute, ou bien avec une roue de 60 dents, dont le balancier bat la demi-seconde.

Notre Théorie fournit les moyens de déterminer la longueur des leviers d'échappement et la grandeur de la roue en prenant le pendule pour point de départ (**1018**), aussi nous contenterons-nous d'ajouter, comme simple donnée d'atelier, que le nombre des dents que doit embrasser l'ancre est (dans les calibres aujourd'hui en usage), enfermé entre le quart et le tiers de la circonférence de la roue (**1019**). Au-delà, l'influence de l'épaississement de l'huile devient sensible, en deçà, l'exécution exige une précision extrême, et la correction des inégalités de la force sur des surfaces de repos excessivement réduites est difficile à assurer.

979. En un mot, il faut bien se souvenir ici, et nous ne nous lassons pas de le répéter, que la régularité est le résultat d'un ensemble de termes ; qu'aucun ne peut seul assurer le succès, puisqu'il est soumis à l'influence combinée de plusieurs autres et parce que parmi ces termes concourants, tandis que les uns restent constants comme l'angle de levée, la longueur et le poids du pendule, etc., d'autres changent avec le temps, comme la résistance des huiles, l'arc supplémentaire, l'action des ressorts de suspension, action qui, suivant que leur état est plus ou moins éloigné de l'isochronisme, varie avec l'étendue des arcs d'oscillation.

Pour bien faire comprendre que le succès tient à une combinaison d'ensemble et non à une seule cause, quelle qu'elle soit, il nous suffira de faire remarquer qu'une suspension étant donnée, l'effet de flexion n'est pas le même avec levier d'échappement court ou levier long, et que, suivant qu'un arc supplémentaire est plus petit ou plus grand, l'effet des huiles peut suivre, avec le temps, deux progressions différentes.

980. Le débat sur la question de savoir lequel vaut mieux de mettre à égale distance du centre de mouvement les courbes des repos, ou les milieux des plans d'impulsion, a été soulevée aussi à propos de cet échappement, nous ne pouvons que renvoyer à l'étude des articles contenus du n° **687** au n° **693**, on en prendra ce qui s'approprie au sujet, nous contentant d'ajouter que d'habiles constructeurs placent indifféremment au milieu des inclinés ou sur les repos, les points tangents et que le tracé suivant est conforme à cette dernière donnée.

981. *Tracé de l'échappement à ancre de Graham.* — Son tracé est exactement le même que celui de tout ancre à repos, et il ne présente de différences que dans le choix de l'angle de levée et du nombre des dents embrassées par l'ancre. Vu l'importance du sujet, nous répéterons l'opération.

Le diamètre de la roue étant connu et cette roue supposée divisée en trente dents, on trace la circonférence de la roue *cra.* (Fig. 176). On marque sur cette circonférence la position d'une

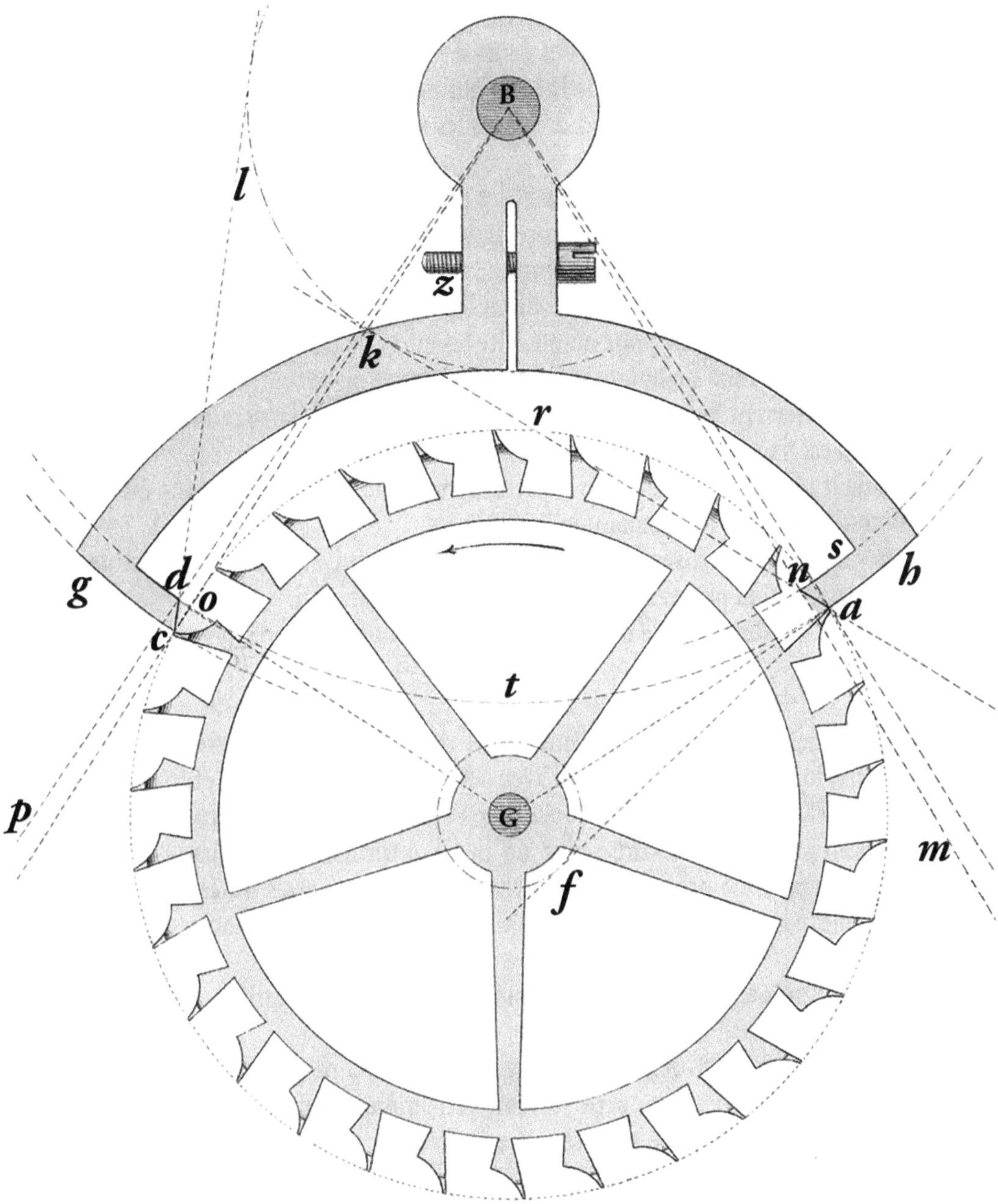

Fig. – 176.

pointe de dent *a* et de la onzième pointe à gauche *c* (pour dix dents embrassées par l'ancre, quand la roue est appuyée sur le repos intérieur).

On tire les rayons G*a* et G*o*, ce dernier aboutissant au milieu entre la 10ᵉ et la 11ᵉ dent ; on mène les perpendiculaires à ces rayons *o*B, *a*B, le point d'intersection B est le centre de l'ancre.

De ce centre avec une ouverture de compas B*a*, on décrit l'arc *htd* sur lequel se trouveront les repos de l'ancre, il passera exactement au milieu de l'intervalle qui sépare les pointes de la 10ᵉ et la 11ᵉ dent. Puis, toujours du centre B, on décrit deux autres arcs de cercle qui limiteront l'épaisseur des bras ; l'un *gc* passant par la onzième pointe, l'autre *ns* partageant également la distance des deux pointes des dents *a* et *n*.

Il ne reste plus qu'à tracer l'angle de la levée qui est en moyenne de 1° dans les régulateurs d'observation, et de 1° ½ à 2° (1° 30' à 2°), dans les régulateurs dits de cheminée, ou à demi-seconde.

On tire les lignes B*nm*, B*dp*, formant avec les tangentes l'angle de la levée, on joint par des droites les points d'intersection de ces quatre lignes et des arcs limitant l'épaisseur des bras de l'ancre, soit le point *a* au point *n*, et le point *c* au point *d*.

On tire la ligne *af* formant, avec le rayon *a*G, l'angle d'inclinaison du devant de la dent. Cet angle doit être assez ouvert pour qu'on évite les effets de collement, etc. ; il varie entre 6° et 12°. Le moindre nombre s'emploie avec les roues petites ou portant beaucoup de dents, afin que ces dents conservent assez de solidité à leur base. Quant à l'arrière rectiligne des dents, son inclinaison est fixée par le cercle *ns* et de façon que l'angle *n* de l'ancre ne puisse toucher le revers de la dent ; il en est de même de la partie concave de ce revers, sa forme est déterminée par la pénétration de l'angle *c* pendant la levée sur *an*.

Les autres détails seront aisément suppléés par ceux qui suivent, par l'ensemble de la figure 176 et par le contenu du paragraphe **1001** également applicable ici.

(Voir, dans la troisième partie de ce volume, le tableau des proportions des échappements de régulateurs.)

982. Parmi les constructeurs, les uns font l'ancre en acier d'une seule pièce, d'autres, plus nombreux, font la monture en laiton avec des becs d'acier rapportés et fixés par des vis et des pieds, et ils ajoutent la vis *z* et quelquefois, en sens contraire, une seconde vis de buttée ; elles permettent au besoin de faire varier un peu l'ouverture. Tous, quand l'échappement est destiné à une pièce de précision, garnissent les levées en pierres dures, généralement des saphirs d'Orient, parce qu'ils ont remarqué qu'à la longue les ancres d'acier se marquent aux contacts.

Les surfaces frottantes de l'ancre sont arrondies en travers ou en termes d'atelier *en baguette* (**1002**).

L'ancre complètement en acier se déforme à la trempe, à moins qu'on ne trempe que ses becs, et encore faut-il y laisser un petit surcroît de matière aux parties qui se tourmentent le plus pendant l'opération, afin de permettre les corrections à l'adoucissage. On peut le fermer un peu, au besoin, tout en le recuisant à la couleur bleue, mais s'il ne doit pas être garni de rubis ou de saphirs il faut que, pendant l'opération du revenu, ses becs soient serrés entre deux petites masses, afin qu'ils ne changent pas de couleur et conservent toute leur dureté.

983. Les dents de la roue (vues de profil) reçoivent indifféremment l'une des formes représentées dans la figure 176 de la planche onzième, et en *a* figure 142 (page 426).

Vues de face, leur section est toujours à très peu près celle dessinée en A de la même figure 142. Quelques artistes percent un petit trou à chaque dent afin d'y mieux fixer l'huile, ainsi que l'ont fait Breguet l'ancien, L. Berthoud et Motel.

Sous les fortes pressions de l'horlogerie monumentale, les dents de laiton aiguës s'usaient ; pour obvier à cet inconvénient, on a transporté une partie du plan d'impulsion aux dents de la roue, qui ont reçu alors une forme analogue à celle vue en *v*, figure 177. On a également essayé dans la grosse horlogerie de mettre l'incliné entièrement sur la roue, mais alors, c'était l'extrémité du bec qui s'usait.

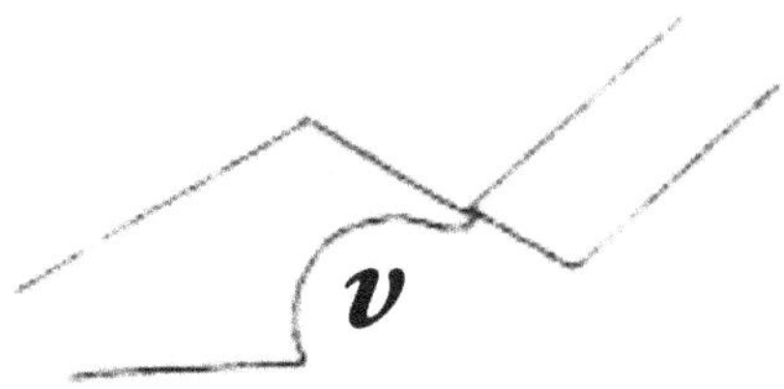

Fig. – 177.

De la forme droite ou courbe des levées d'ancre.

984. En donnant aux faces des levées, dans le sens de leur longueur, certaines courbures, concaves ou convexes, suivant le cas c'est-à-dire de nature à satisfaire à la double condition d'une progression cherchée dans la vitesse de la roue et de l'amoindrissement du choc sur les repos, on peut obtenir un petit gain de force motrice ; mais c'est en se heurtant à deux difficultés, dont la première consiste à trouver les moyens mécaniques d'exécuter rigoureusement ces courbes, et la seconde à éviter l'écrasement des pointes des dents, par l'effet de la pression beaucoup plus directe de l'ancre sur ces pointes, quand la roue n'est plus sollicitée par le moteur et que le pendule continue à osciller. On ne peut employer dans un régulateur de précision la fourchette ajustée à frottement gras.

En outre, cette réduction de la petite chute rend peu distinct le coup de la seconde ce qui est regardé comme un inconvénient par quelques observateurs.

Ce qui a nui le plus aux succès des courbes, c'est que la plupart de celles qui ont été expérimentées étaient tracées d'après cette fausse règle de l'ancien enseignement, qui prescrivait la levée égale, c'est-à-dire s'opérant par des déplacements successivement égaux de l'un et de l'autre mobile (**672**).

985. *Relevé d'un échappement à ancre de régulateur.* — Cet échappement est conforme au dessin de la figure 176, p. 485, dessin relevé d'un excellent régulateur de M. Breguet.

- Diamètre de la roue, 40 millimètres ; — 30 dents.
- Ancre embrasse 10 dents ½ entre les tangentes.
- Levée, 1°,— arc supplémentaire d'un côté, 30'; soit un arc total de 2°.
- Levier d'échappement, 38 millimètres.
- Pendule ; — poids, 8 kil. 600 ; il bat la seconde.
- La longueur du levier d'échappement est environ :

  Au poids du pendule : : 1 : 226
  À sa longueur virtuelle : : 1 : 26
- Le poids moteur était de 3 kilog., 600.

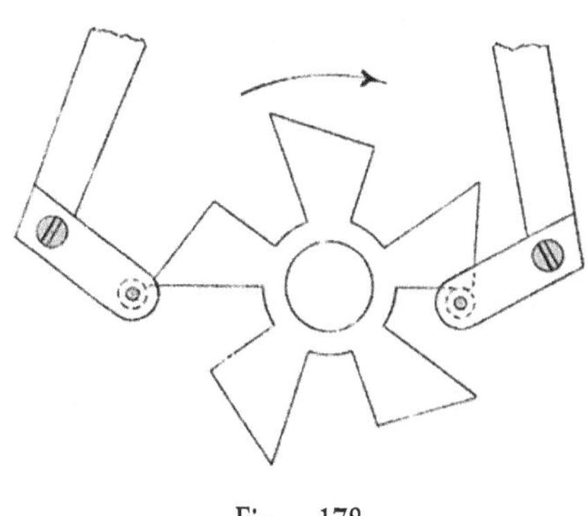

Fig. – 178.

Modifications diverses de l'échappement à ancre.

986. Perron[48] a tenté de modifier l'échappement à ancre des régulateurs, en mettant le plan d'impulsion entièrement sur la roue et en substituant aux becs aigus, des rouleaux mobiles sur pivots (figure 178).

[48] Horloger recommandable, né à Besançon en 1779. Il a publié un *Essai sur l'histoire abrégée de l'horlogerie* où il se montre particulièrement pénétré des écrits de F. Berthoud.

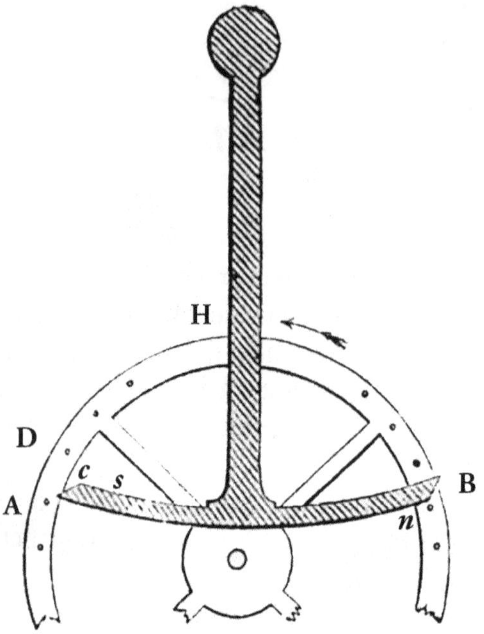

Fig. – 179.

Comme il n'était guère possible d'avoir des rouleaux et des pivots très fins, la chute se trouvait augmentée de la demi-épaisseur du rouleau ; en outre, la surface des rouleaux aurait pu se passer d'huile, mais les pivots en exigeaient, ce qui, ainsi que le remarque un auteur moderne, ne faisait que déplacer la difficulté.

Un horloger de province a également présenté, comme un perfectionnement de l'échappement de Graham, la combinaison indiquée par la figure 179.

Cet emprunt aux échappements à ancre et à chevilles n'est pas heureux ; il conserve les inconvénients du Graham, sans offrir les avantages de l'échappement à chevilles. La pièce H exige autant de travail qu'une monture ordinaire, car ce n'est pas dans le découpage de l'ensemble que l'on passe beaucoup de temps ; la roue est plus ouvragée qu'une roue plate fendue à la fraise, elle garde plus difficilement l'huile et, à moins d'enlever la moitié de l'épaisseur des chevilles, la chute sera augmentée. D'ailleurs, par la forme même de l'ancre, l'huile a une tendance à quitter les repos et à descendre à l'intérieur des bras, ce qui arrive infailliblement quand l'huile est mise avec un peu d'abondance.

987. Une disposition (fig. 180), qui a rapport avec la précédente quant à la forme de l'ancre, mais qui en diffère par la suppression de la fourchette et par le renversement de l'ancre, qui ainsi retourné garde mieux l'huile, a été essayée dès 1824 par un artiste alors fort jeune, M. Vérité. Il ne l'a appliquée qu'à quelques horloges de luxe, ayant reconnu qu'elle exigeait de grands soins dans l'exécution, parce qu'il est important qu'il ne puisse se produire aucune différence dans la distance du centre de la roue au centre de mouvement du pendule, autrement des accrochements seraient à craindre.

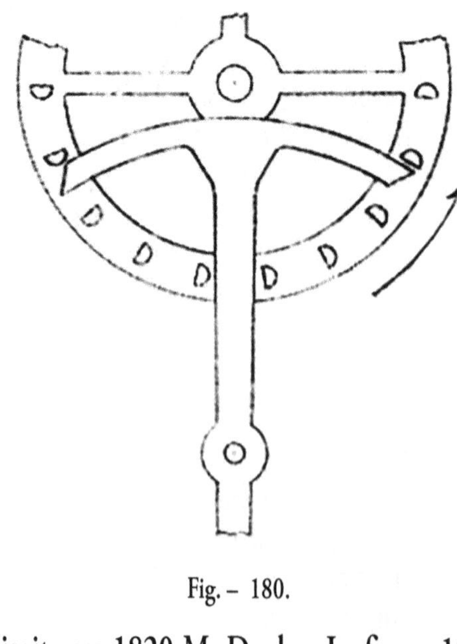

Fig. – 180.

Cet essai, qui a conduit son auteur à la suppression définitive de la fourchette dans ses horloges, lui fut inspiré par les échappements des *carthorloges* ou horloges de carton, que construisait vers 1820 M. Duclos. La figure 181 représente un de ces échappements. Le pendule portait, sur son prolongement supérieur, un ancre renversé dont les palettes, garnies en corne, fonctionnaient sans huile contre les dents d'une roue découpée dans un carton préparé *ad hoc*. Cette industrie s'est perdue, bien qu'à l'étonnement des horlogers, bon nombre de ces singulières pièces marchassent sans altération sensible et avec une exactitude suffisamment grande.

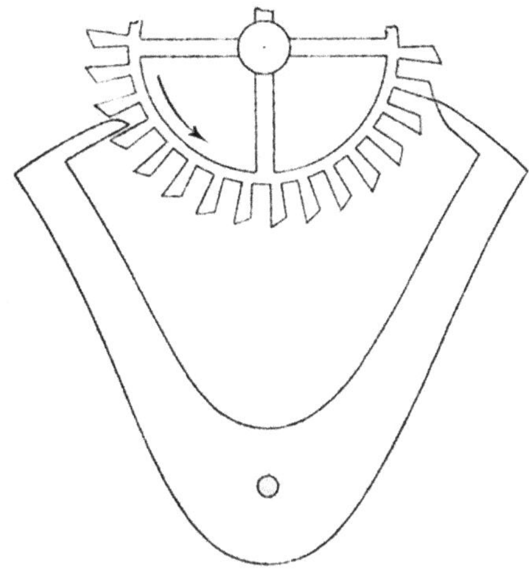

Fig. – 181.

Échappement à ancre de Kessels.

988. De tous les constructeurs en renom, Kessels est celui qui a réduit à la moindre longueur les leviers de l'échappement. Son ancre embrasse six dents entre deux repos, ou sept du commencement à la fin des deux impulsions successives, la roue ayant 30 dents. Cette roue porte une petite partie de plan incliné.

La figure 182 indique assez clairement sa construction, dont le tracé se fait comme celui du précédent échappement, sauf ces petites différences que les milieux des inclinés sont placés sur les tangentes qui déterminent le centre de l'ancre et que, dans le tracé, il faut tenir compte

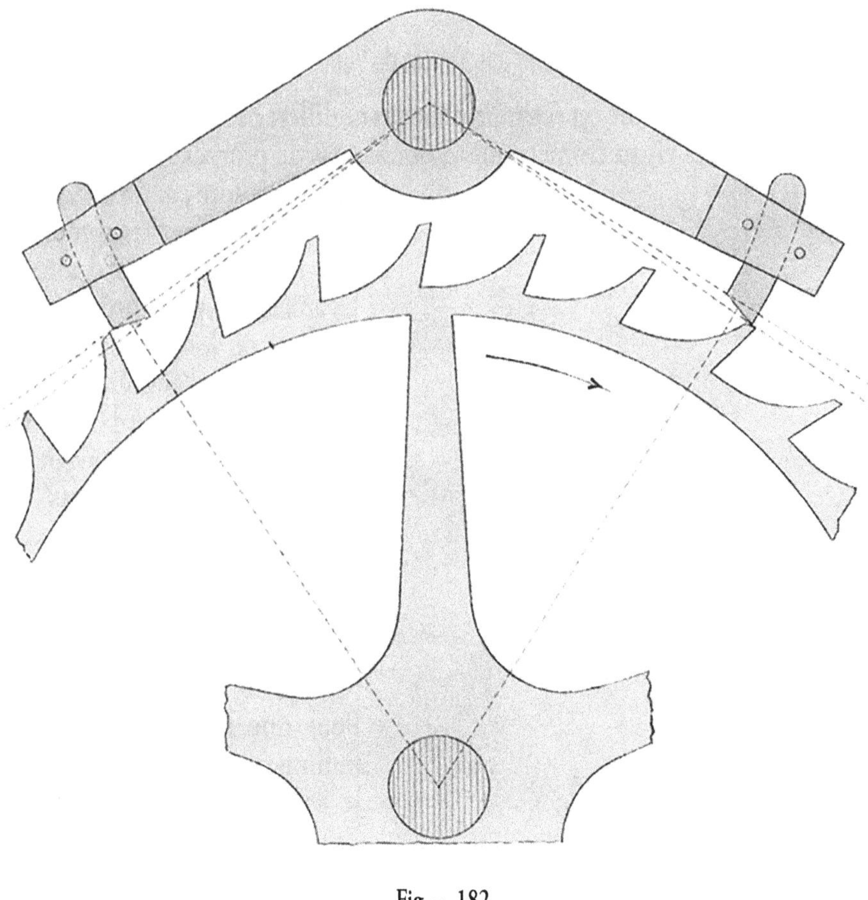

Fig. – 182.

pour la chute de l'épaisseur un peu plus forte du bout de la dent, dont l'extrémité a sa petite facette un peu inclinée en arrière, et laissant à la dent un angle vif et cependant solide.

989. Plusieurs horlogers ont construit des échappements de régulateurs sur les données de Kessels[49] ; ils n'ont pas également réussi, ce qui s'explique. Kessels s'est arrêté à l'extrême limite du raccourcissement des bras et de l'excès de pression qui en est la suite, d'où résulte l'absolue nécessité d'une combinaison et d'une exécution identiques à la sienne. Les moindres différences dans les jeux des pivots, les frottements, la force et la vitesse de la roue, l'étendue des repos, l'état des ressorts de suspension, etc., y acquièrent une importance relative plus grande qu'avec l'ancre de dimensions un peu amplifiées.

990. *Relevé d'un échappement de Kessels.*

- Diamètre de la roue, 40 ^{mm} ; — 30 dents.
- Ancre embrasse 6 dents entre les repos.
- Levée, 1° ⅓ (1° 20') ; — arc supplémentaire d'un côté, 20' ; soit un arc total de 2°.
- Levier d'échappement, environ 12,6 ^{mm}. Le pendule bat la seconde ; il pèse environ 5 kg.
- La longueur du levier d'échappement est environ :

Au poids du pendule : : 1 : 396
À sa longueur virtuelle : : 1 : 78

Échappement à ancre de Vulliamy.

991. La figure 183 représente cet échappement qui ne diffère des précédents que par la forme des dents de sa roue et la vis micrométrique, à double pas de progression peu différente, qui sert à produire par quantités infiniment petites un léger rapprochement ou éloignement des bras des levées, pour les amener au point précis où ils doivent rester et où les fixent les vis *s* et *t*, ces deux bras étant ajustés l'un sur l'autre à frottement ferme, et la vis *c* traversant deux bouchons qui peuvent tourner à frottement sur leurs centres.

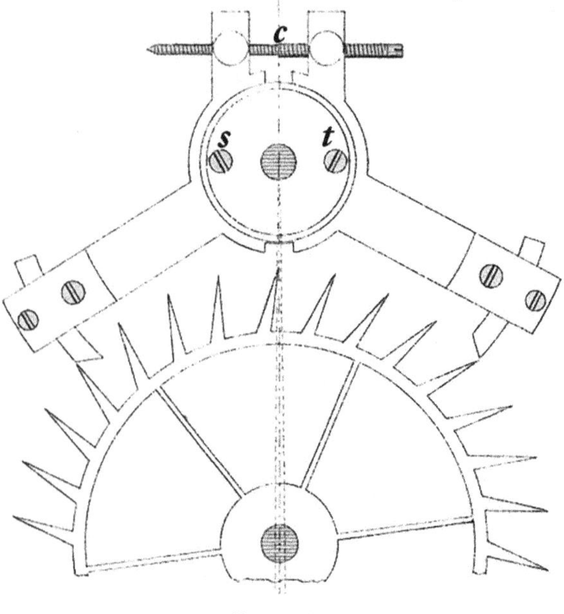

Fig. - 183.

L'ancre embrasse 8 dents d'une roue de 30, entre les tangentes, et le point de contact de ces tangentes est placé au milieu des plans d'impulsion.

L'angle de la levée est de 1°. Pour une roue d'un diamètre de 40 millimètres et le pendule à secondes, le bras de levier serait à la longueur

[49] Habile horloger allemand, mort en 1849. Il travailla longtemps dans le cabinet même de A. Breguet, se fixa plus tard à Altona, et y construisit un très grand nombre d'excellentes pendules d'observations pour les astronomes allemands, suédois et russes.

virtuelle de ce pendule : : 1 : 50 et : : 1 : 33 : pour une roue de 62 millimètres (conforme au dessin de Moinet).

Échappements à ancre de M. Winnerl.

992. On lit dans Moinet :

> « F. Berthoud avait supprimé la fourchette dans une horloge à demi-secondes, projetée et sans exécution il y renonça. Ailleurs, la fourchette s'est trouvée supprimée par nécessité de construction et sans plus de succès aussi cet avantage réel, mais alors méconnu par les auteurs, ne fut-il pas répété dans leurs ouvrages postérieurs. »

De nos jours, M. Winnerl, ayant en vue l'amélioration de la bonne pendule de commerce, a construit des échappements sans fourchettes. La figure 184 nous montre l'une des deux dispositions qu'il a pratiquées et dont la seconde, non représentée et qui répond à certains cas particuliers, place les bras de l'ancre renversé au-dessus du point de suspension.

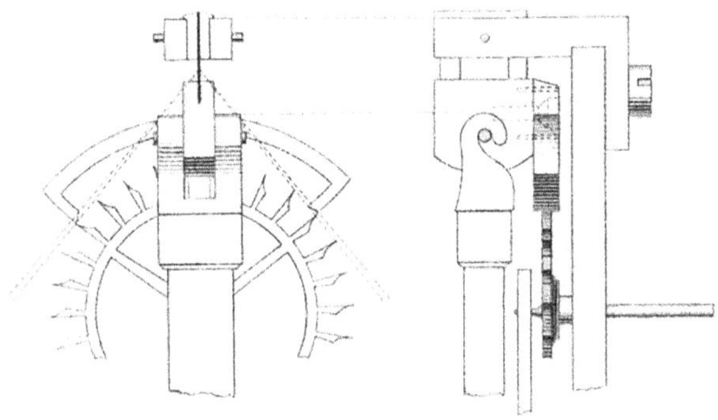

Fig. - 184.

Dans l'une et dans l'autre, l'ancre est fixé sur la pince ou mâchoire inférieure de la suspension, c'est comme s'il était porté par la tige même du pendule. Il résulte de la suppression de la fourchette et de ses deux pivots moins de poids, l'annulation de l'influence de l'huile sur ces pivots, la cessation de l'ébranlement causé par l'ébat de la passe de la fourchette sur la tige du pendule et enfin la concordance des centres de mouvement du pendule et de l'ancre. L'effet de la diminution du nombre des organes et des frottements est sensible, puisqu'à levée égale on obtient ici des oscillations un peu plus étendues.

Les exigences de ce système sont qu'il veut une exécution très précise et qu'aux becs de l'ancre renversé, il ne faut mettre que la quantité d'huile que l'adhérence peut rigoureusement y retenir, condition absolue pour que cette huile ne s'écarte pas des points de contact.

Le tracé de l'échappement s'exécute comme à l'ordinaire en faisant coïncider le centre de l'ancre avec le centre de courbure des lames de suspension.

Dans le modèle de grandeur d'exécution de la figure 184, p. 491, ce centre de courbure se trouve au milieu de la longueur de la lame ; avec une lame plus faible, il remonte un peu plus haut, vers le tiers environ. Cette ligne de flexion n'est également pas la même pour des pesanteurs différentes de lentilles de pendule, mais elle ne descend pas au-dessous du centre de la longueur, ce qui est une moyenne suffisamment approchée. L'ancre découpé se visse sur la suspension, en faisant répondre le petit trou, percé à son centre, avec le centre de flexion des lames puis, quand tout est dans la situation indiquée par la figure 184, on fixe définitivement la suspension.

Observation. — En posant ces pendules verticalement dans leurs boîtes, dit l'auteur, il a trouvé inutile de faire usage d'un moyen pour les mettre d'échappement mais, au besoin, on pourrait adapter au balancier celui qu'indique la figure 185.

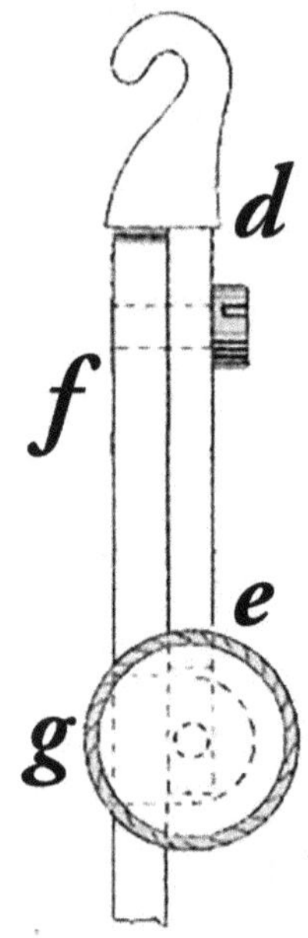

Fig. - 185.

Sur le prolongement *de* du crochet de suspension est vissée à frottement la tige *f* du pendule ; cette dernière tige porte en *g* deux talons relevés de champ et au milieu desquels passe le prolongement *e* du crochet. Une vis à poulet, taraudée dans ce prolongement, tourne à poste fixe entre les deux talons et fait mouvoir au besoin à droite ou à gauche la pièce du crochet.

Échappement identique de M. H. Robert.

993. Cet échappement destiné principalement par son auteur aux pendules à demi-secondes, est représenté par la figure 186. Il l'a appelé identique parce que les ancres ainsi que les roues peuvent être rigoureusement les mêmes.

Une virole d'acier *bd* (vue en élévation et de profil sous les mêmes lettres) est entaillée pour le passage de la roue. Elle figure un ancre à repos circulaire. La levée totale apparente (**307**) est de 6°, soit 3 de chaque côté de la verticale. Les repos se font à la tangente.

Cette virole est tournée en dedans et en dehors et ajustée à frottement dur sur l'assiette *f* faisant corps avec la tige de l'ancre.

La roue plate est en acier trempé, et parfaitement polie sur ses points de repos et ses faces d'impulsion. Les deux repos peuvent être considérés comme égaux, puisque leurs rayons ne diffèrent entre eux que de 1/55e environ.

La roue d'acier trempé est solide et garde bien l'huile, mais son travail, ainsi que celui de l'anneau et de ses ajustements, exige des soins très grands, si on les veut fidèlement exécutés.

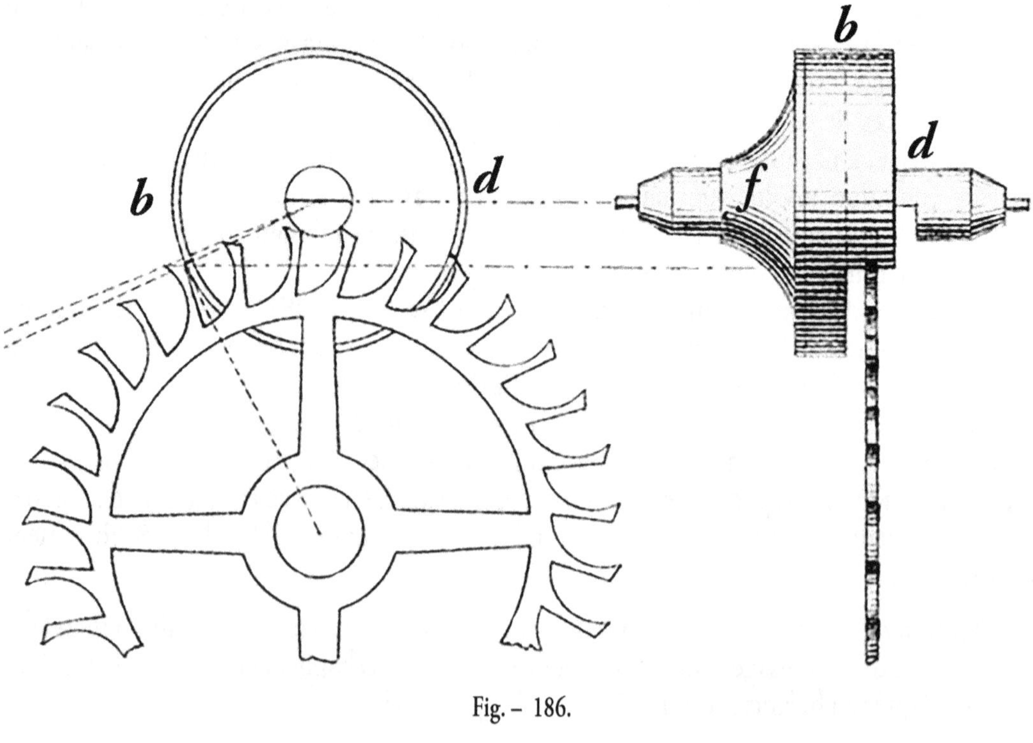

Fig. - 186.

Le but que l'auteur s'est proposé est la création d'un échappement (destiné aux pendules donnant la demi-seconde) à bras de leviers suffisamment courts et cependant à repos parfait, ce que l'action du tour peut seule assurer.

994. *Relevé d'un échappement identique* ; marchant depuis trente années (généralement, ces pièces font moins d'une minute d'écart par quinze jours).

- Diamètre du mouvement, 90 millimètres. Suspension à ressort.
- Diamètre de la roue, 21 millimètres, 30 dents.
- Ancre embrasse 6 dents. — Levée d'un côté de la verticale 3°, — arc supplémentaire d'un côté 2° ; — arc total 10°.
- Pendule ; poids 250 grammes ; longueur virtuelle, 248 millimètres
- La longueur du levier d'échappement (7^{mm}) est environ :

Au poids du pendule : : 1 : 35.7.
À sa longueur virtuelle : : 1 : 35.4.

Échappement à chevilles.

Pour régulateurs et grosses horloges.

995. Cet échappement est en réalité un échappement à ancre dont les deux bras ont été rapprochés, mais ce rapprochement quand l'ancre et la roue sont dans des plans parallèles, et non pas perpendiculaires l'un à l'autre, ne peut avoir lieu qu'avec une roue portant, au lieu de dents taillées dans le plan de la roue, des chevilles implantées de champ : c'est pourquoi on

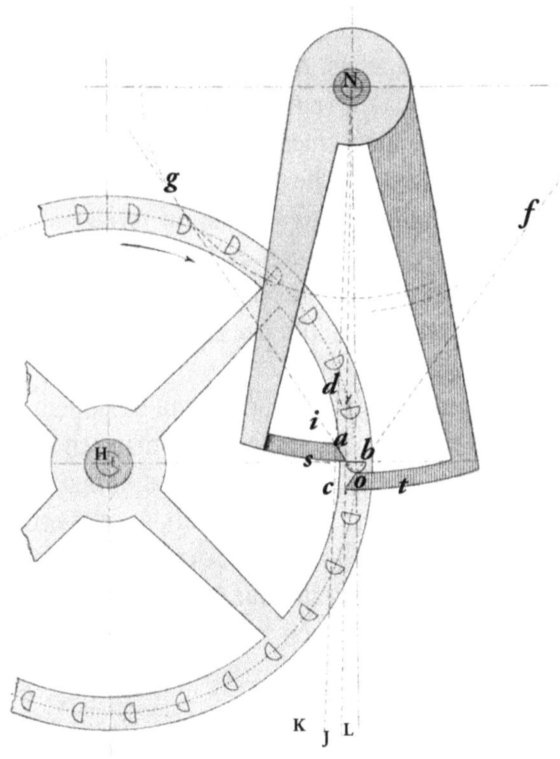

Fig. – 187.

lui a donné et ensuite conservé le nom d'échappement à chevilles, nom peu caractéristique, puisqu'il existe d'autres dispositions qui comportent une roue de la même espèce.

La disposition généralement adoptée aujourd'hui est celle de la figure 187. On en a compris le fonctionnement : le pendule oscillant vers la droite, la cheville *a* appuyée sur l'arc de repos *b*, arrive au bord de l'incliné *oc* et, en le parcourant, donne une première impulsion qui se termine par le repos de la cheville *d* sur l'arc *i*. Au retour du pendule, cette cheville *d* quitte le repos *i*, glisse, en donnant la deuxième impulsion, sur le plan *ia*, pour s'arrêter au repos sur l'arc *b*, et ainsi de suite.

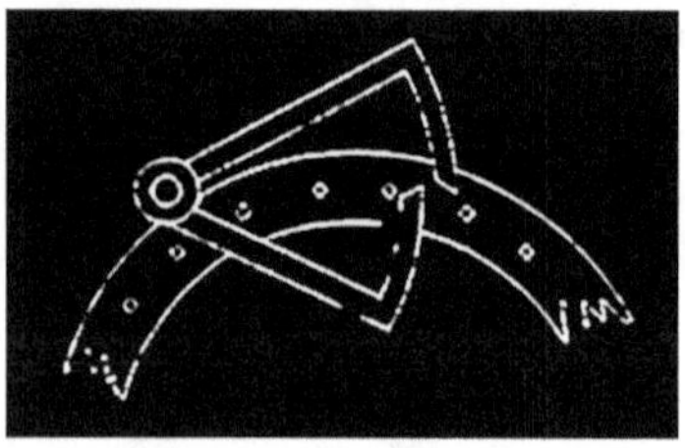

Fig. – 188.

Le premier échappement à chevilles a été publié en 1741, par Amant, horloger français. Le petit dessin de la figure 188 est la représentation de sa très remarquable découverte car cet échappement, tel qu'il est employé de nos jours, ne diffère de celui d'Amant que par un peu plus de longueur donnée au bras et par la substitution de chevilles semi-cylindriques aux chevilles cylindriques.

996. Lepaute[50] reprit l'échappement d'Amant et le modifia. C'est lui qui, pour diminuer l'étendue de la chute, réduisit d'une demi-épaisseur les chevilles rondes primitives ; il fit passer les bras l'un par devant et l'autre par derrière la roue (figure 189), et la munit de deux rangées de chevilles, ce qui permet de construire l'échappement de façon que les repos, ainsi que les impulsions, aient lieu à égale distance du centre de rotation de l'ancre, précaution qui n'était pas, toutefois, d'aussi grande importance que Lepaute le supposait, car la différence d'action d'un bras sur l'autre, eu égard aux masses en mouvement est si minime qu'on n'a pu constater son influence sur la marche des pièces. La disposition moderne, représentée par la figure 187, donne un réglage aussi exact que celui obtenu avec la disposition de Lepaute, mais elle procure de plus grandes facilités de fabrication et de maniement, ce dont il est facile de se rendre compte par la comparaison des deux échappements des figures 189 et 187.

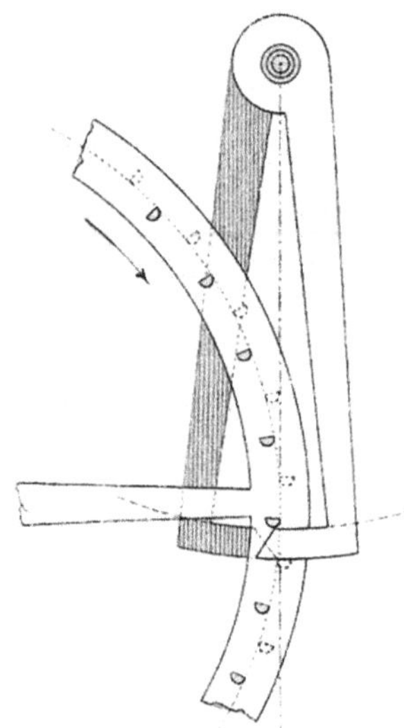

Fig. – 189.

Dans la description que Lepaute a donnée de son échappement, on lit : « Si on fait les bras fort longs, on gagne de la force pour l'impulsion, mais, en les faisant courts, on rapproche du centre les arcs de repos et par conséquent on diminue le frottement. » Cette dernière assertion est juste, mais la première est fausse (**219**), et cette erreur en mécanique a amené les fabricants du Jura à pourvoir leurs horloges d'échappements dont les bras ont des dimensions ridiculement exagérées. Lepaute avait indiqué comme longueur à adopter un diamètre et demi de la roue, ce qui est déjà trop pour le cas le plus général.

[50] J.-A. Lepaute, né à Montmédi en 1709, mort en 1789, est l'un des plus célèbres horlogers français. Il contribua à la perfection de son art et surtout de l'horlogerie monumentale. On a de lui un *Traité d'Horlogerie*, estimé de son temps. Très habile mathématicienne, sa femme coopéra à quelques-uns de ses travaux. Son frère, Jean-Baptiste, qui fut son élève, et ses neveux ont dignement soutenu le renom qu'il s'était acquis.

997. M. J. Wagner a, le premier, nous le croyons du moins, signalé les avantages qui résultaient du raccourcissement des bras de leviers de l'échappement à chevilles.

On sait par quelle suite de rapports se déduit la longueur du levier d'échappement (**978**) ; disons, seulement comme première approximation et donnée d'atelier que, dans les calibres d'horloges actuellement pratiqués, cette longueur est généralement comprise entre un rayon et un rayon et demi de la circonférence qui passe par le centre des chevilles ; mais hâtons-nous de rappeler, à propos de cette approximation qui ne se rapporte qu'au calibre le plus en usage, que le levier trop long est une cause de perte de force et d'irrégularité par les changements d'état des huiles, tandis que le levier trop court veut une précision extrême dans l'exécution, et peut amener beaucoup plus vite, par suite d'un excès de pression, la détérioration des contacts (**918, 979**).

998. *Tracé de l'échappement à chevilles.* — La roue est supposée avoir 30 dents pour le cas où on voudrait lui faire battre les secondes (on met 60 dents pour les demi-secondes, mais alors la roue est grande ou les plans d'impulsion sont fort courts).

On tire la ligne H*a* (figure 187) d'un point H, pris sur cette ligne, avec une ouverture de compas égale au rayon de la circonférence qui passe par le centre des chevilles, on décrit cette circonférence.

On y marque le centre *a*, centre d'une première cheville, puis les centres de quelques autres au-dessus et au-dessous.

Ces centres sont distants entre eux d'un angle égal à 360°, divisé par le nombre des chevilles de la roue, soit pour 30, d'un angle de 12°, qu'on trace sur l'outil-à-fendre, si on en a un à sa disposition, ou à son défaut avec un rapporteur.

On décrit les demi-chevilles, dont on vient de déterminer les centres ; leur rayon est égal au quart de la distance de deux centres consécutifs.

On élève au point *a* la perpendiculaire LN, tangente au cercle des chevilles, on y marque le centre de l'ancre, soit en N.

De ce centre, avec le rayon N*a*, on décrit l'arc *s*, puis avec le même rayon, augmenté d'un rayon de cheville, l'arc *b*. On termine le tracé des bras par les deux arcs *i* et *t*, éloignés des deux premiers exactement d'un quart de la distance de deux centres de chevilles.

Si tout ce tracé est fait avec soin, la demi-cheville doit passer sans jeu entre les arcs *s* et *b*, et si une cheville était appuyée au repos en *i*, la cheville au-dessous devrait passer sans jeu sous l'arc *t* ; ainsi que la chose est indiquée par la figure 191.

On prendra, dans l'exécution, sur l'épaisseur de la cheville, diminuée un peu sur la partie plate, pour procurer le petit jeu nécessaire à la sûreté des fonctions, si l'adoucissage du dessus et du dessous des becs, n'en a pas donné un suffisant.

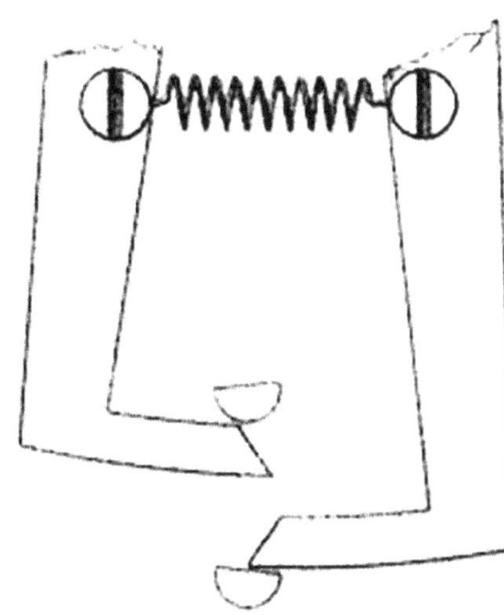

Fig. – 191.

999. L'angle total de la levée préalablement arrêté (en moyenne de 2° : 1° pour l'incliné, 1° pour la ½ chev. — **1010**), on trace du même côté de la verticale les deux angles LNJ et JNK égaux ensemble à l'angle de levée et produits, le premier par l'arrondi de la cheville, le second par le plan incliné du bec. On joint le point *o*, où la ligne LN coupe le demi-cercle de la cheville *a* au point d'intersection *c*, où la ligne JN coupe l'arc *t* ; il en résulte le plan d'impulsion *co*.

On joint l'angle de gauche de la cheville au point d'intersection de la ligne KN et de l'arc *i*, et l'on a le second plan incliné *ia*. Toutes les données essentielles de l'échappement sont connues.

Remarque. — L'intervalle du centre d'une cheville au centre de la cheville suivante étant égal à deux épaisseurs de demi-cheville, plus la double épaisseur d'un bras, il s'en suit qu'on peut, suivant le besoin, donner par exemple plus d'épaisseur au bras et une moindre épaisseur à la demi-cheville ; que celle-ci peut n'être qu'un tiers ou qu'un quart d'une cheville ronde, mais dont le centre serait plus haut qu'en *a*, car le plan courbe de la cheville étant un des éléments de l'angle de la levée, on change cette dernière en diminuant ou en augmentant, dans le sens *sb*, la largeur de cette demi-cheville.

1000. La levée ici se décompose donc pour ainsi dire en deux parts, la première va s'accomplir par l'action du petit arc *ob*, de la cheville, contre l'angle d'entrée du plan incliné, et la deuxième par l'action du bord *b* de cette cheville contre toute la longueur du plan incliné.

Lorsque ces deux parts ne sont pas égales, il faut distinguer la levée réelle de la levée apparente. Elles diffèrent quand l'angle de la levée de droite et l'angle de la levée de gauche, au lieu de se superposer exactement, empiètent l'un sur l'autre (figure 192).

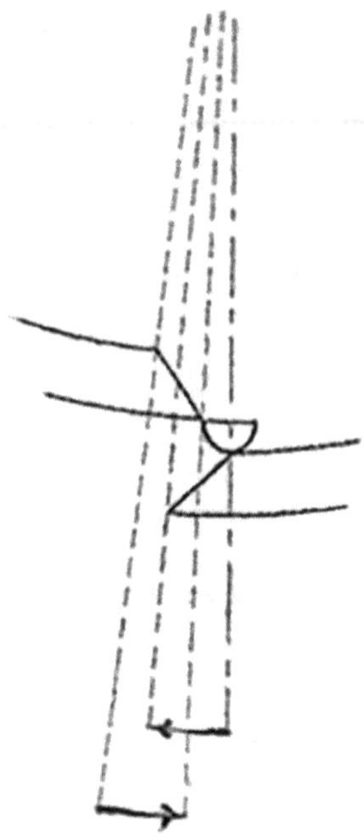

Fig. - 192.

Détails pratiques et observations.

1001. Les inclinaisons des faces des levées tracées avec toute l'exactitude possible et prolongées en *g* et en *f*, on décrit deux arcs de cercles (vus sous ces mêmes lettres) tangents à ces lignes prolongées, et l'on exécute deux disques en métal de mêmes rayons que ces arcs et entrant à frottement sur l'axe de l'ancre. Quand ce dernier est monté sur son axe, il est facile, en y ajustant les deux disques et en posant une règle bien droite successivement contre chaque plan incliné, de vérifier si sa direction est bonne ou mauvaise, selon que la règle, tout en passant par le point *o*, est plus ou moins près de se confondre avec la tangente au disque correspondant. Il faut tenir compte du petit surcroît de matière, laissée par mesure de précaution et qu'on enlèvera soit après vérification, soit par l'adoucissage et le polissage.

1002. L'échappement à chevilles offre ce double avantage de ne pas exiger une précision aussi grande que le Graham et de ne pouvoir accrocher par l'agrandissement des trous des pivots de l'ancre.

Avec les chevilles suffisamment longues, sans qu'elles fléchissent et, s'il est possible, un peu renflées de la tête, et les surfaces frottantes des bras et des inclinés arrondies *en baguette* de façon à y rappeler l'huile par un effet de capillarité (**81**), l'échappement ne s'use pas et conserve assez longtemps son huile (**1009**). Ces avantages l'ont fait adopter à peu près généralement par les constructeurs d'horloges monumentales.

L'ancre doit toujours être disposé verticalement, comme dans la figure 187, p. 493, afin que l'huile n'abandonne pas les repos.

On a expérimenté des garnitures de chevilles en alliages divers, en matières végétales et animales, telles que la corne, etc ; quoique quelques-uns de ces essais aient bien réussi, et que les chevilles en acier trempé, fonctionnant avec de l'huile, se comportent bien, on en est toujours revenu aux chevilles en bon laiton ; les autres matières essayées, ou présentent des inconvénients avec le temps, ou n'offrent pas d'avantages assez notables pour motiver une préférence.

Dans la grosse horlogerie, afin d'augmenter les facilités de fabrication et de correction au besoin, on fait assez souvent la monture de l'ancre en laiton, muni de becs en acier trempé ; dans les régulateurs de cheminée, l'ancre est le plus habituellement en laiton, garni de pierres dures aux levées, mais on en rencontre aussi tout en acier.

Pour en obtenir une plus grande solidité, on donne assez souvent, au-dessous des extrémités des bras de l'ancre, la forme indiquée au pointillé en *c*, figure 193.

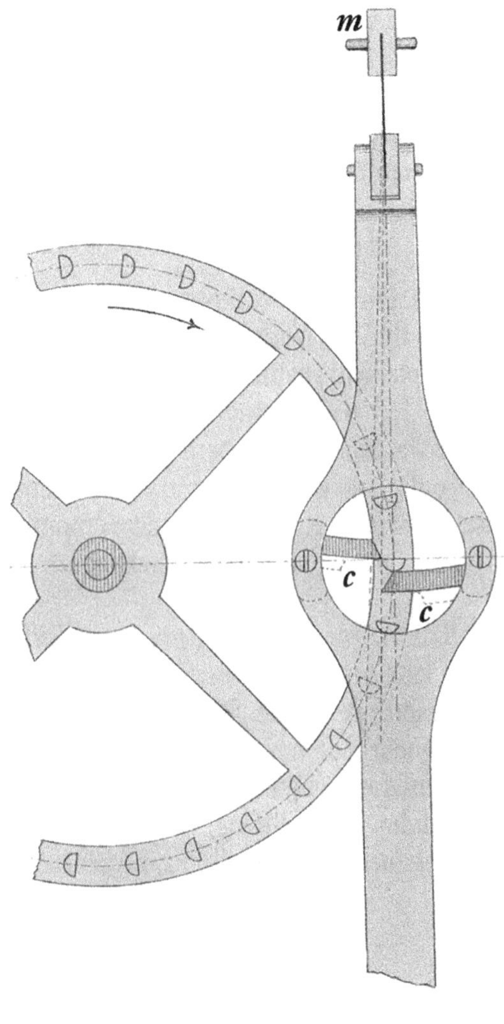

Fig. – 193.

1003. *Relevé d'un échappement à chevilles*, d'excellente marche, appartenant à une horloge de M. Borrel :

- Diamètre de la roue de chevilles, 80 millimètres. — 60 chevilles.
- Longueur des leviers d'échappement, 40 millimètres.
- Levée sur un bec, 2° : —1° pour le bec, 1° pour la demi-cheville.
- Arc supplémentaire d'un côté, 1° ½ (1° 30') ; en conséquence, l'arc total de 5°.
- Pendule ; poids, 12 kilogrammes : il bat la seconde.
- La longueur du levier d'échappement est environ :

Au poids du pendule	:: 1 : 300.
À sa longueur virtuelle	:: 1 : 25.

- Un remontoir d'égalité agit sur l'échappement.

Échappement à chevilles à bras mobiles.

1004. Cette disposition consiste simplement en ce que les deux bras de l'ancre, mobiles à frottement gras sur l'axe, sont sollicités l'un vers l'autre par un ressort hélicoïde, tel que celui de la figure 191, p. 495. C'est une précaution à l'effet d'obvier au buttement possible d'un bec de l'ancre contre une cheville lorsque, le moteur n'agissant plus, le pendule continue cependant à osciller.

Ce ressort, on le conçoit, ne doit être ni trop raide, il serait sans effet, ni trop élastique, les fonctions de l'échappement seraient troublées. Sa force est donnée par la résistance que la cheville peut opposer sans subir de détérioration.

Échappement à chevilles où les levées sont fixées sur la tige même du pendule.

1005. Dirigé par les motifs qui ont inspiré à M. Winnerl la construction de l'échappement décrit au **992**, M. Vérité a établi dès 1832 des horloges monumentales où les becs de l'ancre sont simplement adaptés à la tige du pendule, la roue reste une roue de chevilles ordinaires. La figure 193, p. 497, nous dispense de toute explication.

Dans ce genre d'échappement, la mâchoire supérieure *m* de la suspension doit être attachée à un coulisseau, qu'à l'aide d'une vis de rappel, on fait mouvoir à droite ou à gauche pour la mise d'échappement. On peut encore monter la pièce de suspension sur une solide tige filetée, tournant à poste fixe entre les deux tenons qui la supportent.

1006. *Relevé d'un échappement à chevilles sans fourchette*, de M. Vérité. (La figure 193 n'a pas été faite sur les données ci-après) :

Diamètre de la roue, 80 millimètres. — 45 chevilles.
Longueur du levier d'échappement, 73 millimètres.
Arc total moyen, 4° ; arc supplémentaire moyen d'un côté, 1°.
Pendule : poids, 7 kilog. 500 ; il bat la seconde.
La longueur du levier d'échappement est environ :

Au poids du pendule :: 1 : 103.
À sa longueur virtuelle :: 1 : 14.

Quelques autres dispositions d'échappements à chevilles.

1007. La *première*, dont nous ne dirons que deux mots, consiste à placer l'ancre renversé sur le prolongement du pendule (porté par un couteau), au-dessus de son point de suspension. La fourchette est ainsi supprimée. Nous avons vu cette disposition appliquée dans une pièce de la maison Lepaute, exécutée vers 1820.

La *seconde* place l'ancre du côté opposé de la roue, quand la rotation de celle-ci se fait comme dans la figure 187, p. 493, ou bien elle laisse l'ancre du même côté, mais elle fait tourner cette roue à rebours ; d'où résulte qu'il faut disposer les plans d'impulsion comme ils le sont dans la figure 194. La roue, au lieu de tirer sur les pivots de l'ancre a, au contraire, une tendance à les soulever, ce qui diminue un peu la résistance des frottements. Mais le profit de ce petit gain de force, accusé par un arc additionnel plus grand au début de la marche, est annulé par la nécessité de laisser les trous des pivots fort justes, afin d'éviter les effets du ballottement de

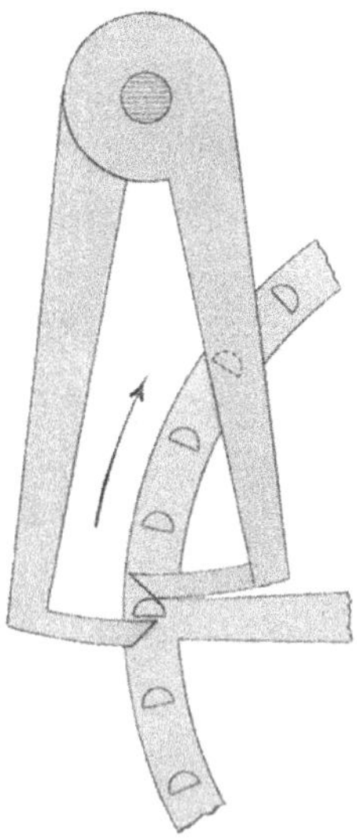

Fig. – 194.

ces pivots, et l'on perd ainsi le grand avantage qu'offre l'échappement à chevilles ordinaire de ne pas laisser craindre un accrochement par l'agrandissement des trous, et de n'avoir pas à redouter l'effet de l'épaississement de l'huile sensible avec des trous justes.

Ce genre d'échappement, qui peut être utilisé dans certains cas particuliers, a été employé anciennement par l'un des Lepaute ; il pratiquait une petite rigole dans le sens du frottement des repos et la disposait de telle sorte que l'huile redescendît constamment le long des inclinés.

Nous ne parlerons que pour mémoire d'une troisième espèce d'échappement à chevilles, où les chevilles, plantées sur la circonférence, forment le prolongement du plan de la roue, lequel plan est perpendiculaire à celui de l'ancre, parce qu'avec ce système la roue est alternativement poussée d'un côté et de l'autre, dans le sens de son axe, ce dont on sent les inconvénients.

Échappement à chevilles à leviers mobiles de Vulliamy.

1008. Cet échappement, dont l'ancre est représenté par la figure 195, a été appliqué à des horloges de dimensions colossales. Les becs ayant, en conséquence, une forte pression à supporter, l'auteur a fait plates les surfaces des repos et des inclinés, et a disposé le tout de façon que la cheville reposât constamment sur toute la largeur du bec.

Pour que cette condition fût réalisée, il a terminé l'arrière de chaque levier *l*, par un cylindre *c* ajusté dans la pièce *pp*, que porte la monture *aaa* de l'ancre, avec la liberté nécessaire pour tourner de 3 degrés environ. Il résulte de ce petit mouvement possible que, sous la pression de la cheville, et lors même qu'elle ne serait pas rigoureusement perpendiculaire au plan de la roue, la surface du repos deviendra, si elle ne l'était déjà, parallèle à l'axe de la cheville.

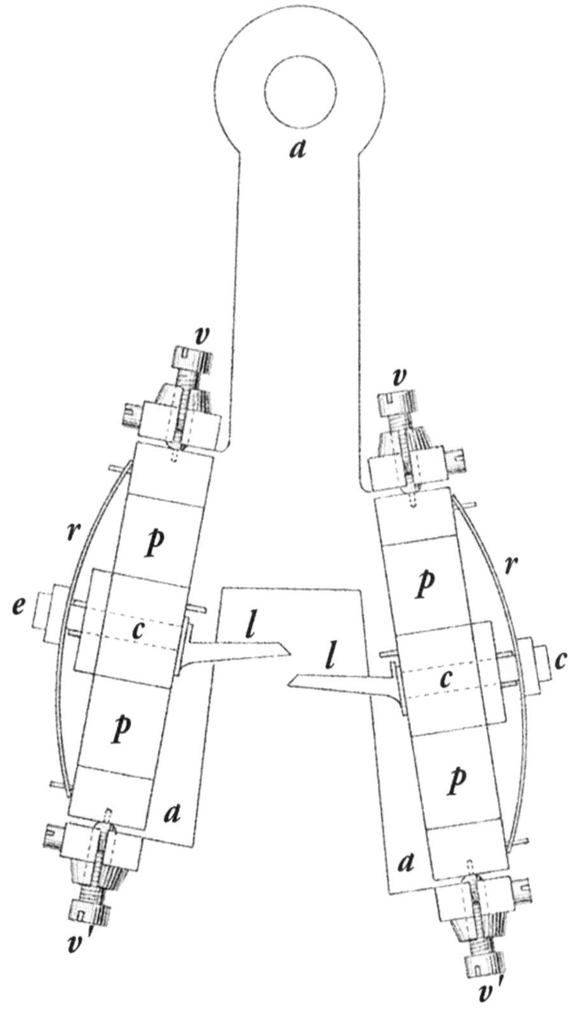

Fig. – 195.

Pour assurer le même effet, quand cette cheville agit sur le plan d'impulsion, la pièce *pp*, qui porte le bras de levier, est montée sur les deux vis *v* et *v'*, et peut tourner d'une petite quantité, comme si elle était traversée par un axe, selon la ligne *vv'*. Le ressort *r* est traversé par le cylindre, et sur ce ressort appuie l'écrou *e*, qui assure la position du plan incliné contre la pièce *pp*.

1009. *Relevé d'un échappement à chevilles de Vulliamy.* — (Tiré des *Études sur l'horlogerie* de M. H. Robert.)

- Roue de 60 chevilles ; fait un tour en 4 minutes.
- Arc d'oscillation 6°. — 3° de chaque côté de 0°.
- Levier moyen d'échappement, 120 millimètres.
- Pendule : poids, 67 kilogram.; longueur virtuelle, 3 mètres 975.
- La longueur du levier d'échappement est environ :

Au poids du pendule : : 1 : 558.
À sa longueur virtuelle : : 1 : 33.

Observation. — L'horloge de M. Vulliamy n'a pas de remontoir d'égalité ; elle fonctionne avec une régularité très grande, et qui tient à deux causes principales, les rapports avantageux de longueur et de poids des leviers d'échappement et du pendule, qui rendent ce dernier très peu sensible aux différences de force, et les grands soins apportés à l'exécution des organes, soins qui ont assuré le bon état de conservation des contacts, mais qu'on ne saurait exiger que dans les pièces de haut prix. Aussi, malgré son succès, cette horloge n'est un exemple à imiter que dans le cas donné d'aiguilles gigantesques à conduire. L'exagération des masses à mouvoir appelle, et sans nécessité, un excès de force motrice, et l'on peut obtenir, avec moins de frais, et une plus grande simplicité dans l'échappement, une marche très satisfaisante.

Les surfaces des repos et des levées, arrondies en travers, en arc plus ou moins surbaissé suivant la pression qu'elles devront supporter, ne se marquent qu'après épuisement complet de la quantité d'huile nécessaire à l'échappement ; cette huile étant constamment rappelée vers les contacts par un effet de capillarité (**81**), tandis que lorsque la cheville appuie à plat, une bonne partie de l'huile est chassée des surfaces frottantes, et n'étant plus attirée vers les contacts, n'y laisse qu'une mince couche qui se dessèche promptement ; d'où s'en suit la détérioration des surfaces frottantes, si l'on n'a pas l'attention de les graisser assez fréquemment.

Résumé de quelques-uns des articles précédents.

Et données d'expérience propres à faciliter la recherche des proportions qui conviennent aux échappements de pendules.

1010. *L'angle de la levée mis en regard de la longueur du pendule.* Relevé des échappements de trois pendules à ancre ayant marché avec régularité.

Ancre Graham	1 vibrat.	par sec.	— Levée	1°	pend. de	994 mm.
idem.	2	*id.*	*id.*	id.	2°	*id.*	248 mm.
Ancre ordinaire	3	*id.*	*id.*	id.	8°	*id.*	110 mm.

Les longueurs sont entre elles : : 400 : 100 : 44.
Les levées *id.* : : 50 : 100 : 400.

Il n'est guère possible d'apprécier par les moyens à notre disposition, et avec une suffisante exactitude, l'effet mécanique de chaque levée. Cependant nous pensons que si l'on pouvait atteindre à cette exactitude, les deux rapports seraient ici rigoureusement en sens inverse.

En donnant ce curieux résultat sous toutes réserves, car la question de la levée est complexe, faisons remarquer que la troisième pièce avait une suspension à soie, et que peut-être la différence pourrait lui être attribuée.

Comparant les chiffres des levées des différents échappements décrits, on a dû remarquer que les échappements à chevilles et de Brocot, pour une même longueur de pendule, exigent un peu plus de levée que celui de Graham, ce qui s'explique : l'échappement à chevilles s'emploie dans des conditions qui nécessitent souvent un arc supplémentaire plus grand, et la levée du Brocot se termine par un choc un peu plus énergique ; de là une petite perte de force qu'il faut récupérer.

1011. *La longueur du bras de l'échappement* ne peut avoir pour mesure l'angle de levée ou l'arc parcouru (être en raison inverse), puisqu'un pendule et une force motrice étant donnés, on obtient une action sur le bras d'impulsion très peu différente avec plusieurs longueurs de bras et sous le même angle de levée.

Quant à chercher un rapport direct entre la longueur de ces bras et la hauteur des becs, il suffit de faire remarquer que, si cette opinion était fondée, il faudrait admettre une longueur de bras égale, ou à très peu près, pour des roues très différentes de diamètres, mais offrant le même écartement des dents.

Il nous paraît inutile d'insister.

1012. *Longueurs expérimentées des leviers d'échappements rapportées à la longueur virtuelle du pendule.* (Ces leviers agissent sur le pendule par l'intermédiaire d'une fourchette)[51] :

Ech. à chevilles et de Graham : : 1 : 25.
Idem Brocot : : 1 : 14 Ancre en toit : : 1 : 15.
Petit ancre ordinaire (pendule lourd) : : 1 : 30.
— (pendule léger) : : 1 : 40.

Les nombres ci-dessus donnent des approximations propres à faciliter la recherche des meilleures proportions, mais il reste toujours, ce qu'on ne peut faire aujourd'hui qu'expérimentalement, à déterminer, en raison du mode de décomposition de la force sur la levée, de la quantité de mouvement du pendule, de la résistance de la suspension, de la longueur de la fourchette, etc., les dimensions qui conviennent, en définitive, au levier d'échappement (**1014**, **1015**).

1013. *L'arc additionnel* doit être très restreint ; en général, c'est une des conditions d'un bon réglage dans les régulateurs. On lui donne un peu plus d'étendue dans les pièces à l'usage civil, quand il est nécessaire d'augmenter la quantité de mouvement du pendule, et en raison des variations de force à craindre sur l'échappement, soit qu'elles proviennent d'engrenages défectueux, de l'inégalité d'action du moteur, du nombre des transmissions que doit conduire

[51] Les rapports (indiqués ci-devant pour diverses pièces) du bras d'échappement à la longueur du pendule, ne peuvent être rigoureusement comparés qu'en admettant une longueur de fourchette toujours dans la même proportion avec le pendule, et cette proportion varie d'une construction à l'autre.

une horloge ; mais ce correctif doit être appliqué avec discernement, car il entraîne après soi des inconvénients (933).

1014. *Longueur de la fourchette ; effet, non signalé, de sa suppression.* Il n'est pas indifférent de faire mener un pendule par une longue ou par une courte fourchette. Allonger la fourchette c'est allonger le levier de puissance, en même temps qu'on allonge, sur la tige du pendule et dans la même proportion, le levier de résistance ; il n y aurait ainsi, au point de vue géométrique, qu'à tenir compte de l'augmentation de poids de la fourchette, mais on commettrait une erreur en abordant la question à ce seul point de vue.

L'augmentation du poids a une importance moindre, dans certains cas, que celle du choix du point d'application de la force sur la tige du pendule. Le problème à résoudre est exactement celui posé à l'article 100 et suite. Un pendule étant donné, à mesure qu'on l'attaque plus près de son centre de percussion, on le rend plus sensible aux variations de la force motrice, mais l'action de celle-ci sur la suspension devient de plus en plus faible ; d'où résulte que la diminution de la longueur de la fourchette (abstraction faite des effets résultant des changements dans les frottements, ébats de la passe relatifs à longueur, etc.), produit le résultat qu'on a cherché à obtenir par un certain raccourcissement du bras de l'échappement, résultat qui n'a été acquis, en réalité, *que lorsque la fourchette était appropriée* à ce raccourcissement. Dans le relevé du numéro 1006, le rapport : : 1 : 14, n'est qu'apparent, comparé à celui relevé des échappements à fourchette ; il offre plus de différence que n'en donne pour ceux-ci la proportion : : 1 : 25. Cette question, soulevée pour la première fois, mérite l'attention des horlogers capables et appelle leur sérieuse investigation.

Dans la pratique ordinaire, on donne comme mesure moyenne de la longueur de la fourchette entre le *quart* et le *tiers* de la longueur du pendule (et le cinquième avec pendule à secondes). Pour éviter les effets pernicieux : du jeu des pivots, de l'huile qu'il faut y mettre, du ballottement de la passe, etc., surtout sensibles aux courtes fourchettes, on est forcé de les faire trop longues avec les petits pendules. Ils régleraient mieux s'ils étaient menés dans de meilleures conditions.

1015. *Choix d'un pendule.* — La longueur d'un pendule est subordonnée au nombre d'oscillations qu'il doit battre par heure. Dans le cas où les dimensions des bras de l'échappement seraient imposées, il pourrait arriver qu'à ce nombre d'oscillations la pièce ne réglât jamais bien et qu'il fallût en choisir un autre.

Règles générales.

1. - La longueur des bras d'échappement (fourchette appropriée), *est donnée par le degré suffisant d'insensibilité du pendule aux différences de force motrice, et réciproquement ;*

2. - Le poids du pendule *est donné par le temps qu'il met* (étant éloigné de la verticale juste de l'angle de levée) *à atteindre son oscillation maximum régulière.*

Ce principe nouveau, que nous avons introduit en horlogerie (440), conduira à la facile détermination du poids des balanciers : il suffira pour cela de faire varier l'angle de levée, l'arc additionnel, le poids de la lentille, etc., de façon à réaliser un ensemble tel que l'oscillation n'atteigne son maximum d'étendue régulière, ni trop lentement (ce qui a lieu avec un pendule trop lourd, ou une force motrice trop faible) ; ni trop vivement (ce qui est l'indice d'un pendule trop léger, ou d'une force trop considérable).

Nous nous bornons à cet exposé de principes, l'étude des bons modèles doit faire le reste car les indications qu'on demanderait au calcul ne peuvent, aujourd'hui du moins, être corroborées par un nombre suffisant de résultats d'observations.

1016. Les poids moyens des balanciers usuellement employés dans les pendules ont été indiqués pour chaque échappement. Ces chiffres guideront le travail, mais ils restent subordonnés aux règles et principes précédemment exposés.

Remarques. — Un changement dans le poids de la lentille change plus ou moins les rapports existant entre l'arc de levée et l'arc additionnel, entre le chemin parcouru et le temps de l'oscillation, etc., d'où résulte que de nouveaux rapports s'établissent. Ils peuvent être tels qu'un effet annulant l'autre, rien ne soit changé dans la régularité de la marche, ou qu'un des termes devenu dominant, cette régularité soit affectée, en bien ou en mal, présentement ou avec le temps, etc.

Pendule virtuel. — En parlant de la longueur du pendule, c'est toujours de sa longueur virtuelle dont il est question. On la détermine pratiquement en posant le pendule en travers, et en équilibre, sur une lame tranchante, l'espace compris entre ce point d'équilibre et l'extrémité de la tige, augmenté de la longueur de la suspension, est la longueur cherchée. Ce procédé donne un résultat assez rapproché de la dimension véritable, quand la tige est fine et peu chargée vers le haut, mais, dans les cas contraires, il s'en éloigne parfois beaucoup, et varie aussi avec le genre de suspension adopté.

1017. *Nombre des dents et diamètres des rochets d'échappement employés dans les pendules modernes.*

Les trois grandeurs des roulants les plus employés ont :

Celui dit	3 pouces	(81 millim.)	un rochet de	19	millim. environ.
—	3 ¼ —	(88 —)	—	20	— —
—	3 ¾ —	(101 —)	—	22	— —

Ce qui répond à une différence d'un millimètre par quart.

Dans ces mêmes roulants et pour 120 révolutions à l'heure de ce rochet d'échappement, il est divisé :

En 30	dents pour	un pendule	virtuel de	248	millimètres.
32	—	—	—	219	—
34	—	—	—	194	—
36	—	—	—	171	—
38	—	—	—	153	—
40	—	—	—	140	—
42	—	—	—	126	—
44	—	—	—	117	—
46	—	—	—	106	—
48	—	—	—	97	—

1018. Ces données d'expérience sont inscrites ici simplement comme propres à faciliter le travail, car si une grandeur de rochet est imposée, la dimension des leviers de l'ancre se détermine d'après la longueur du pendule choisi (**1012**), et si c'est, au contraire, ce pendule, c'est-à-dire le nombre d'oscillations par heure, qui est fixé à l'avance, on déduit la grandeur du rochet de la longueur des bras de l'ancre, calculés d'après le nombre des dents ou de l'arc embrassé sur la circonférence. Détermination qu'on fait au moyen du calcul ou à l'aide d'une opération graphique, et en prenant pour point de départ ou terme de comparaison une construction éprouvée.

1019. *Arc embrassé par l'ancre sur la circonférence de la roue*, dans les constructions modernes, et abstraction faite du nombre des dents.

Grand ancre de régulateur entre .... 90° à 120°
Ancre anglais entre.. 60° à 90°
Petit ancre ordinaire entre................................. 40° à 60°

Ces chiffres laissent entre eux une latitude assez large, puisque l'arc varie avec la longueur du levier. Ils ne peuvent fournir que les éléments d'une première approximation à qui veut créer un mouvement type.

Observations finales.

1020. Le rôle important que joue la suspension du pendule nous oblige à lui consacrer un article particulier qu'on trouvera dans la troisième partie.

1021. Est-il nécessaire de rappeler ici :

- que le centre de flexion de la suspension doit concorder avec le prolongement de l'axe de rotation de l'ancre ;
- que les ressorts de suspension doivent être maintenus fermement et sans jeu par le pince-lame ;
- que le pendule ne doit pas être gêné à la passe, ni y ballotter ;
- que ce dernier défaut, s'il existe aux lentilles soutenues par un écrou, doit être corrigé ;
- que le crochet de suspension, pour s'adapter solidement et sans possibilité de dérangements latéraux, doit être formé à l'intérieur plutôt en angle obtus qu'en demi-cercle ;
- qu'enfin c'est une bonne précaution d'arrondir un peu en travers les dents des rochets et de les passer au charbon doux ;
- et nous terminerons par cette dernière remarque : le succès des pendules, comme celui des montres, est toujours le résultat d'un ensemble ; l'étude de la théorie, quelques essais, aidés par les données d'expérience assez nombreuses aujourd'hui, conduiront infailliblement au succès, mais la régularité obtenue n'est assurée que *par les soins apportés dans l'exécution*, et qui feront qu'avec le temps, les variations de la force ne franchiront pas les limites hors desquelles l'échappement est impuissant à produire la régularité.

Notes

sur quelques échappements de pendules et d'horloges

1022. Échappement de M. Deshays, dit aussi *échappement à manivelle.* — Représenté figure 196, a paru à l'exposition de l'industrie de 1827. Sauf une insignifiante différence de forme, c'est le même que celui exposé à Londres en 1851, sous le nom de Mac Donal ou Mac Dowal, et décrit aux articles **893** et **894**. L'échappement à manivelle, mais dépourvu des repos, a été essayé par l'abbé Soumille en 1747 (cheville et manivelle ont un trop grand diamètre, fig. 196).

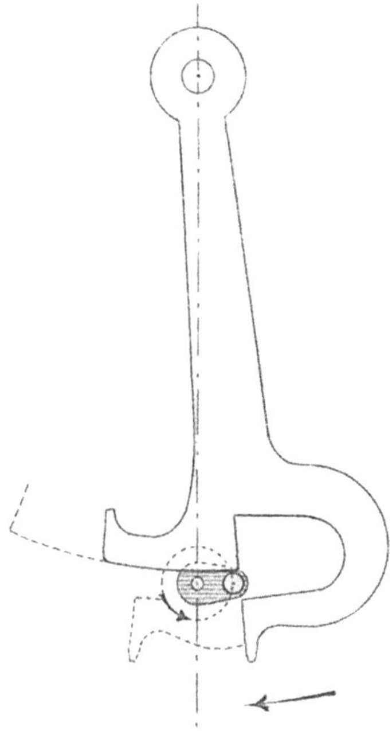

Fig. – 196.

1023. Échappement de M. P. Garnier. — AA et BB (fig. 197), double roue montée sur un axe *cc*, demi-disque, faisant corps avec l'axe du balancier, et coupé suivant son diamètre qui présente deux tranches arrondies en lèvres de cylindre. La pointe de chaque dent s'arrête au repos sur la face du demi-disque, et l'impulsion résulte de l'action de l'incliné d'une dent contre l'une des tranches.

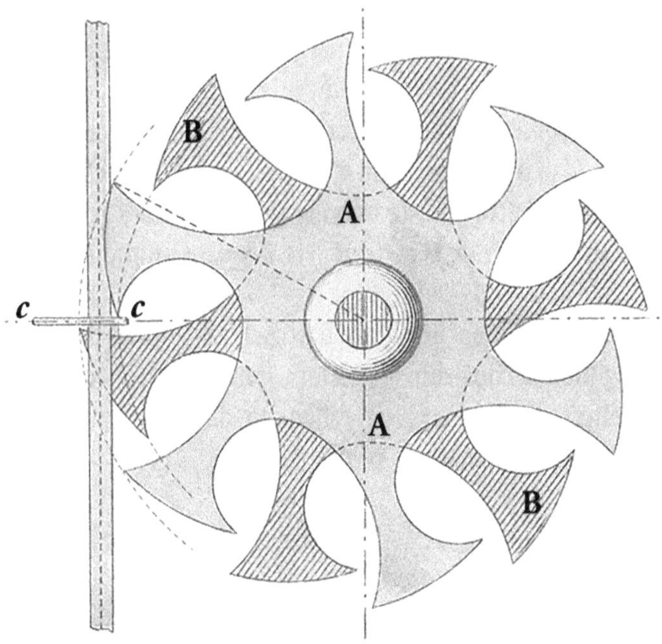

Fig. – 197.

C'est une combinaison nouvelle et raisonnée de quelques-uns des éléments constituant les échappements à cylindre, d'Enderlin et de de Baufre. Elle était spécialement destinée aux petites pendules portatives dites pièces de voyage, industrie que M. P. Garnier a contribué plus que personne à faire naître et progresser à Paris. Les bas prix où sont arrivés les échappements à cylindre, et surtout celui à ancre, ont fait qu'il s'est peu répandu.

1024. Échappement à coup perdu à bec brisé. — Avec une roue de 30 dents, un échappement à ancre ou à chevilles et un pendule de 994 millimètres, on obtient le battement de la seconde par l'aiguille ajustée sur le prolongement de l'axe de la roué. Pour qu'il fît un

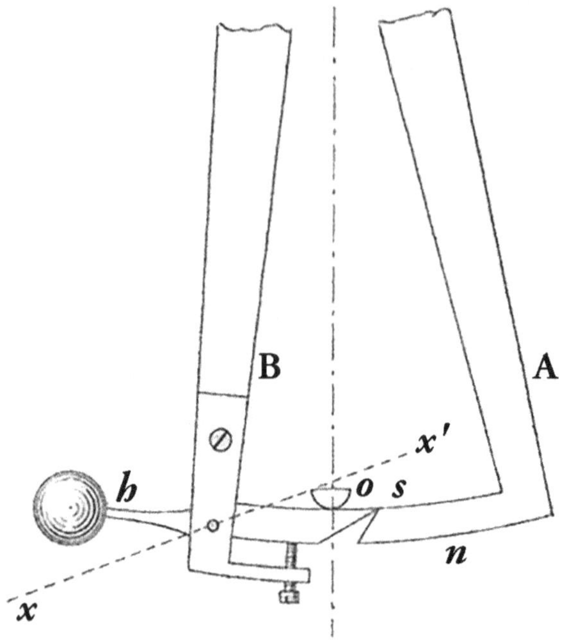

Fig. – 198.

tour par minute avec le pendule de 248 millimètres, il faudrait employer une roue de 60 dents ou chevilles, ce qui produirait un rapprochement excessif des chevilles, ou une roue trop grande et hors de proportion avec le rouage. Aussi, voulant remédier à l'un et à l'autre de ces inconvénients, on a imaginé les échappements dits *à coup perdu, à bec brisé, à pied-de-biche* qui, en rendant muette une vibration sur deux, font marquer la seconde avec une roue de 30. La figure 198 représente l'un des plus simples et des plus fréquemment essayés de ces échappements.

AB est l'ancre d'une roue de chevilles. Le bras A est disposé comme à l'ordinaire. Quant au bras B, il porte une bascule ou bec mobile sur pivots, *ho*, qui tend constamment à tourner, sous son excès de poids en *h*. Ce bec mobile est rabattu contre l'autre bec *n*, par la pression d'une cheville, comme en *o*, cheville qui passe dans le mouvement de l'ancre d'un bras sur l'autre, ou de *o* en *s*. C'est alors que le nez *o* de la bascule se soulève suivant *x x'* et, au retour du balancier, livre passage à la cheville ; elle glisse le long du plan d'impulsion de *n*, en passant sous cette bascule soulevée, tandis que celle-ci est de nouveau rabattue par la cheville suivante dans la position que montre la figure. L'aiguille montée sur le pivot de la roue ne fera donc qu'un mouvement par deux vibrations.

Observation. — Tous les échappements à bec brisé ou bascule, ou à pied-de-biche fonctionnant à ressort ou à poids, car on en a construit un certain nombre, variés dans les formes, n'ont produit, par suite des effets d'adhérences de collement ou d'épaississement d'huile, auxquels ils sont sujets à la longue, que de mauvais résultats.

1025. Autres échappements à coup perdu battant la seconde. — Un seul de ces échappements est représenté figure 199.

Voici ses fonctions : un repos a lieu en *a*. Après le dégagement, la dent *a* s'avance un peu, et la cheville *n* s'appuie sur le second repos *c*. Le balancier, en revenant sur lui-même, la dégage, et l'impulsion est donnée par la pression de cette cheville *n* sur le plan incliné concave *h*, impulsion qui se termine par l'arrêt de la dent *b* en *a*, etc.

Bien que ce dernier échappement soit préférable, par sa simplicité et la sûreté de ses fonctions aux échappements à bec mobile, il ne faudrait pas cependant lui demander la régularité qu'on obtient de l'échappement à ancre des régulateurs.

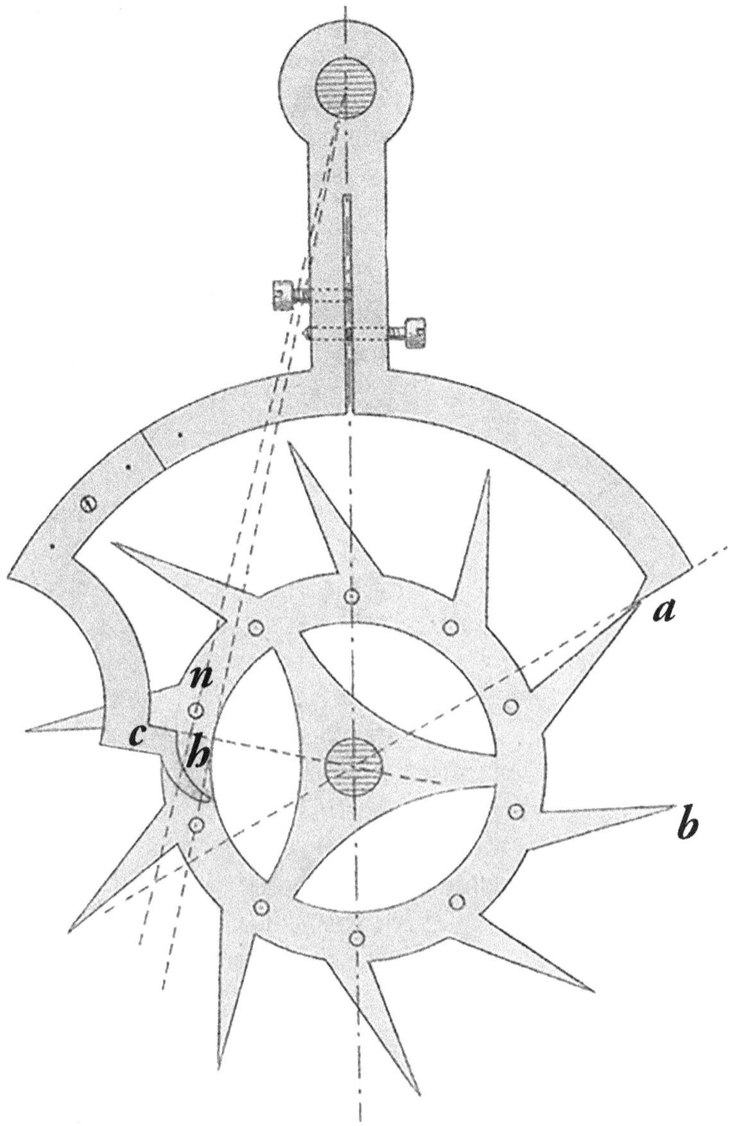

Fig. – 199.

Observation. — Un grand nombre d'échappements, soit à repos frottant, soit libres et à un coup perdu, ont été construits en vue de faire marquer la seconde avec le pendule de 248 millimètres. Les résultats ont été médiocres. Le mieux serait de renoncer à une futilité et de se servir de l'échappement ordinaire donnant deux battements par seconde. Il est facile, d'ailleurs, de les scander et de ne les compter que de deux en deux.

1026. Échappements dits de gravité. — Les Anglais qualifient de ce nom un genre d'échappement où l'impulsion résulte de l'action qu'exerce sur le pendule un corps agissant en vertu de sa seule pesanteur, c'est-à-dire des lois de la gravitation. Bien que plusieurs aient été construits, et notamment par Thomas Reid, nous nous bornerons à décrire le suivant dont on a fait quelque bruit.

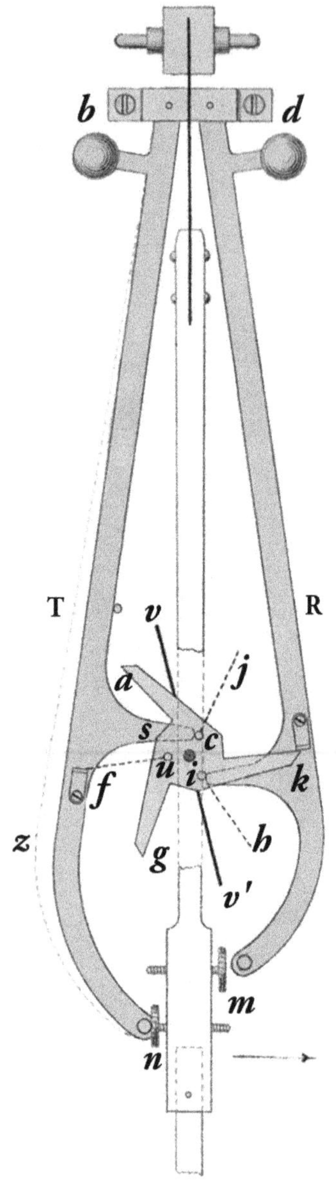

Fig. – 199-1.

1027. *Échappement Denison.* — Voici, autant qu'il nous a été possible de comprendre une description assez obscure, comment il fonctionne. La figure 199-1 le représente au moment où la détente T, mobile sur pivots, cesse d'actionner le pendule qui continue librement à osciller vers la droite, jusqu'à ce que sa tête de vis *m* rencontre la cheville relevée du champ de la seconde détente pivotée R. Un décrochement a lieu en *k*, la roue tourne et, par sa cheville *c*, repousse la détente T jusqu'en T*z* où cette détente est saisie et maintenue en l'air par la pression de la dent *a* sur le repos *f*. Les trois dents de la roue occupent alors les positions *f*, *h*, *j* ; puis le balancier revient sur ses pas, supportant le poids de la détente R, qui l'accompagne jusqu'à ce qu'il soit arrivé dans la verticale.

La détente T se trouvant alors dans la situation où la détente R est représentée sur la figure, l'action qui vient de s'accomplir à droite se répète à gauche, et ainsi de suite.

Le pendule n'attaque chaque détente que lorsqu'elle a été éloignée de la différence de son premier à son deuxième repos ; cette différence, indiquée par la ligne pointillée T*z*, constitue la durée de l'impulsion. Son énergie varie avec le poids des boules *b* et *d*. Un volant *vv*, monté sur l'axe de la roue, amortit les chocs des repos et les extrémités des petits ponts *b* et *d* font l'office de pince-lame.

Cet échappement, appliqué à une grosse horloge munie d'un pendule gigantesque aurait, selon l'auteur, procuré à cette horloge une marche d'une régularité parfaite. Nous croyons qu'il l'a introduit dans des pendules de cheminée, mais nous pensons que là, par les effets résultant d'un mobile de plus, de l'inertie du volant, de la précipitation obligée du mouvement des détentes, etc., il a dû être beaucoup moins satisfait.

Dans des échappements de ce genre, on a substitué aux détentes à poids des détentes à ressort ; elles valent moins, leur action étant plus inégale.

1028. *Nota.* — La connexion des principes qui régissent les échappements libres munis d'un pendule et ceux dits à force constante, et la liaison évidente qui range ces derniers et les remontoirs d'égalité dans une même classe, nous ont engagé à réunir les questions qui se rattachent à ces trois sortes de mécanismes dans un article unique. On le trouvera dans la troisième partie.

Deuxième partie

TRAITÉ DES ENGRENAGES

Réponse à une observation qui nous a été faite.

1029. Notre premier ouvrage présentait le classement des matières dans l'ordre suivant : Échappements, engrenages, moteurs et articles divers. Nous avons encore suivi cet ordre, l'expérience nous ayant prouvé qu'il est rationnel. Un Traité d'horlogerie de l'étendue et de la nature de celui-ci s'adresse à l'horloger déjà capable de construire de ses mains au moins quelques-uns des organes d'une montre ou d'une pendule, il lui est alors absolument nécessaire de connaître les fonctions des échappements et les limites de l'inégalité de la force motrice, entre lesquelles ces échappements conservent leur faculté, ou puissance réglante. Ce n'est que lorsque cette connaissance lui est acquise qu'il peut aborder l'étude des transmissions de force et passer avec fruit à l'examen des différents moteurs.

La marche à suivre serait toute autre, si nous écrivions un ouvrage purement élémentaire ou descriptif : là il convient d'adopter la méthode qui dirige les travaux de l'apprentissage et qui va du facile au difficile : du barillet au rouage, du rouage à l'échappement, le cas étant fort différent, puisqu'il s'agit tout simplement de faire exécuter à la main, et sur des modèles placés sous la vue, un certain nombre de pièces.

Considérations préliminaires sur les engrenages.

1030. Communément, on nomme engrenage un système de deux roues, dont l'une met l'autre en mouvement par l'intermédiaire des saillies ou dents qui garnissent les contours des deux cercles, les reliefs ou les *pleins* de l'une pénétrant dans les cavités ou *vides* entre deux dents de l'autre. On appelle *pas de l'engrenage* la somme d'un creux et d'une dent.

Afin de les distinguer, on conserve généralement le nom de *roue* à la plus grande, et l'on désigne la plus petite, quand elle a moins d'une vingtaine de dents, sous le nom de *pignon*. Les dents de la grande roue gardent également le nom de dents, tandis que celles du pignon sont appelées *ailes*. On nomme le centre plein d'un pignon le *noyau*.

On désigne aussi sous le nom de *mobile* une pièce qui se meut sur un axe, mais plus particulièrement quand c'est une roue et un pignon.

1031. L'invention des engrenages, remonte à une haute antiquité : les Égyptiens, les Grecs, les Romains, les employaient, mais le point de perfection où ils les ont amenés nous est inconnu. On présume que c'est aux Égyptiens qu'on doit leur application aux machines destinées à la mesure du temps, et que les Arabes possédaient déjà sur ce sujet des connaissances pratiques assez étendues, à en juger par les descriptions de machines compliquées que nous ont laissées leurs historiens.

Le moyen âge et la Renaissance, jusqu'à Louis XIV, ne paraissent pas avoir apporté d'améliorations notables à cette importante partie de la mécanique. Il suffit pour s'en convaincre, de l'examen des dentures de cette époque, où les formes affectent des figures assez diverses, ce qui prouve, par l'évidence, que les horlogers du temps ne suivaient aucune règle bien précise dans la construction de leurs engrenages. Chacun d'eux les faisait : les uns d'après de longs essais, de nombreux tâtonnements ; les autres, en copiant plus ou moins heureusement les modèles réussis. En somme, les rouages d'alors étaient très défectueux, ne marchaient qu'avec des poids énormes et donnaient l'heure avec une grande irrégularité. Ce fut même cette imperfection des dentures qui suggéra à Huyghens l'idée du remontoir d'égalité.

Deux savants, Roëmer et Lahire, l'un Danois, l'autre Français, s'aperçurent les premiers, vers le milieu du XVIIe siècle, de l'usage qu'on pouvait faire de la science pour régulariser les engrenages et pour en établir les principes rigoureux.

Camus, savant français, membre de l'Académie des sciences, publia un mémoire sur cet objet dans le *Traité* de Thiout, en 1741, et quelques années plus tard, il donna dans son *Cours de mathématiques*, en quatre volumes, le traité le plus complet que nous possédions sur ces matières.

F. Berthoud et Le Roy (de l'Académie) démontrèrent, par des expériences pratiques, l'excellence des règles données par la théorie, et de Lalande, autre savant de la même Compagnie, traita par une méthode exacte, mais dégagée de calculs transcendants, la partie des engrenages de l'ouvrage de Lepaute, publié en 1767.

Enfin Moinet[52] a de nos jours enrichi la théorie des engrenages par la publication de quelques procédés en harmonie avec les moyens de précision actuels.

1032. À l'origine, notre intention n'était pas de traiter des engrenages dans ce livre. Que pouvions-nous dire sur la théorie qui n'eût été mieux dit avant nous ? Mais notre long séjour au milieu des ouvriers nous a convaincu que, parmi les auteurs et au point de vue de l'horlogerie, les uns sont incomplets, d'autres trop peu sobres de formules géométriques, d'autres enfin si peu méthodiques que leur lecture fatigue et rebute promptement, car il est bon de se souvenir que l'ouvrier n'est pas habitué à l'étude et n'a que peu de temps à lui consacrer. En outre, presque tous ces auteurs manquent de renseignements pratiques, de moyens d'application, si utiles et si recherchés, surtout par les jeunes artistes. La partie pratique occupera donc une large part dans ce traité ; quant à la partie théorique, notre travail doit se borner à simplifier et à exposer aussi clairement que possible les principes que les excellents auteurs cités plus haut ont si heureusement découverts.

[52] Louis Moinet, né à Bourges, en 1768, mort en 1853, professeur distingué des arts, fort instruit, amateur éclairé de chronométrie, et doué des qualités de l'écrivain, a publié, à l'âge de soixante-quinze ans, un *Traité d'horlogerie*. On doit regretter vivement que cet ouvrage recommandable, mais commencé trop tard, se ressente de la vieillesse de l'auteur, et peut-être aussi des difficultés matérielles qui ont entouré la publication de son oeuvre.

INTRODUCTION
À L'ÉTUDE DES ENGRENAGES.

1033. Le jeu d'un engrenage n'étant en réalité que l'action de leviers qui se succèdent sans intervalles appréciables, nous rappellerons que la théorie du levier se résume, en principe général, dans cet énoncé :

Dans tout levier, quelle que soit la position du point d'appui, la puissance est à la résistance en raison inverse des bras de levier ; et nous renverrons le lecteur aux *Éléments de mécanique appliquée* du commencement de ce volume, nous réservant de les compléter par les quelques articles qui suivent et qui traitent du levier courbe, des frottements et des courbes mathématiques les plus souvent employées dans les engrenages.

Du levier courbe.

1034. Quand le levier n'est pas une ligne droite, la longueur réelle des bras n'indique pas exactement le rapport de la puissance à la résistance. Ce rapport se trouve par la comparaison des bras de leviers virtuels.

La direction de la force étant indiquée, le levier virtuel est la ligne perpendiculaire à cette direction, et que l'on y mène du point d'appui.

Ainsi, la direction de la force appliquée aux bras de levier courbe ARC, ARN (figure 200), étant indiquée par les lignes CS, NC, la véritable puissance de ces bras de levier est représentée non par les bras ARC, ARN, mais bien par les bras virtuels ABC, AC.

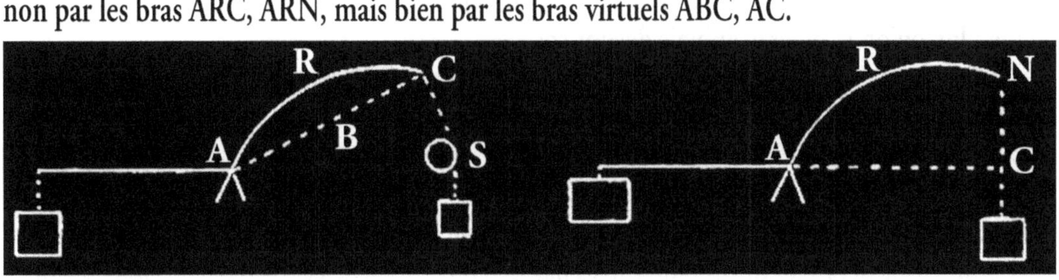

Fig. – 200.

Des frottements dans les engrenages.

1035. Le paragraphe **105** établit une différence entre les frottements selon que le point de contact des leviers en prise se déplace en se rapprochant de la ligne des centres, ou bien qu'il s'en éloigne, et les distingue alors en frottements *rentrants* et *sortants*. Voici l'explication pratique qui a été donnée des effets produits par ces deux sortes de frottements :

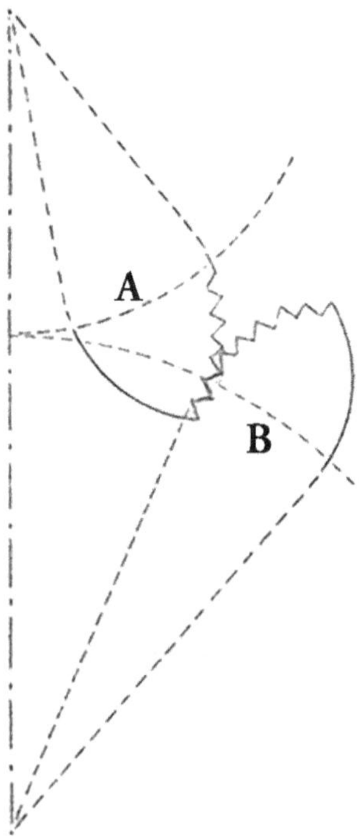

Fig. – 201.

Tous les corps, même les mieux polis, restent couverts d'une multitude infinie de petites aspérités résultant des pores ou vides existant entre les molécules dont ces corps sont composés, et de l'ordre d'arrangement de ces molécules sous les affinités chimiques. Ces aspérités, insensibles au toucher, et cependant visibles au moyen de certains instruments d'optique dans le plus grand nombre des corps, ne peuvent être égalisées parfaitement, par suite de l'imperfection de nos moyens de polissage.

Lorsque les deux petites surfaces sont pressées l'une contre l'autre, il en résulte une sorte d'engrènement des aspérités, et, par suite, une résistance plus ou moins grande lorsque l'on fait glisser l'une des surfaces sur l'autre. Si l'on répète ce glissement plusieurs fois de suite, on trouve toujours entre les deux surfaces une espèce de poussière ou de fine limaille qui doit provenir des aspérités rompues, et qui est l'annonce d'un commencement d'usure ou de destruction.

Cela entendu, soient A et B. (fig. 201), deux dents où les aspérités ont été exagérées à dessein, afin de rendre, pour ainsi dire, visible l'explication donnée. Si la dent A poussait la dent B en l'éloignant de la ligne des centres, c'est-à-dire vers la droite, le mouvement s'accomplirait sans grande résistance ; mais il n'en serait pas de même si c'était la dent B qui poussât la dent A vers la ligne des centres, c'est-à-dire vers la gauche : les aspérités buteraient les unes contre les autres, le mouvement ne pourrait avoir lieu qu'à la condition de les rompre toutes, ce qui nécessiterait l'emploi d'une force motrice bien plus considérable que celle qui faisait tourner vers la droite. En outre, et quelle que fût la finesse des aspérités, comme elles se rompraient chaque fois, il se produirait nécessairement une destruction bien plus rapide dans le dernier cas que dans le premier. Il n'est aucune personne qui n'ait eu l'occasion de faire la différence de la force qu'il faut employer lorsqu'on tire un corps après soi, ou bien lorsqu'on le pousse en biais devant soi.

L'effet en question est précisément celui que produit en grand une roue ou un rochet, agissant contre un ressort d'encliquetage. Il passera avec facilité en tournant dans un sens, et ne pourra tourner dans l'autre qu'à la condition de voir ses dents se rompre successivement.

1036. Notre intention était d'insérer ici une étude sur les frottements, mais l'étendue de cette étude dépasserait les bornes indiquées par le cadre même de cet ouvrage, et nous sommes dans l'obligation de la resserrer en peu de mots.

Si l'on examine des surfaces métalliques avec un microscope d'un puissant grossissement, on s'aperçoit qu'elles ne présentent pas le même aspect ; les unes offrent une texture qui ressemble à une agglomération de molécules sphériques, les autres se présentent comme hérissées de papilles. De là des diversités dans la résistance du frottement, qui varie, non seulement selon la disposition moléculaire des surfaces, mais encore selon que le mouvement de ces surfaces est continu ou intermittent, l'état résultant de l'échauffement et de la pression produits par le frottement se modifiant pendant le repos.

C'est en partie à cette cause qu'il convient d'attribuer la différence remarquée dans la marche d'un chronomètre qui a été un certain laps de temps arrêté.

Nous appelons l'attention de nos plus habiles confrères sur ces phénomènes délicats et, si nos occupations, malheureusement trop multipliées, nous le permettent, nous reviendrons, dans une autre publication, sur ce sujet plein d'intérêt.

Des courbes les plus employées dans les engrenages.

De la cycloïde et de l'épicycloïde.

1037. Si l'on faisait rouler sans glissement le long d'une règle droite un cercle de bois, de métal, de carton, etc., lequel cercle serait garni d'une fine pointe de crayon légèrement saillante sur le plan et placée tout au bord du cercle au point précis (*a*) où il est en contact avec la règle, le point de contact, qu'on appelle *point générateur* (et qui n'est autre chose que la pointe de crayon), tracerait sur la feuille de carton préalablement mise au-dessous du tout une courbe de la forme de *abc* (fig. 202).

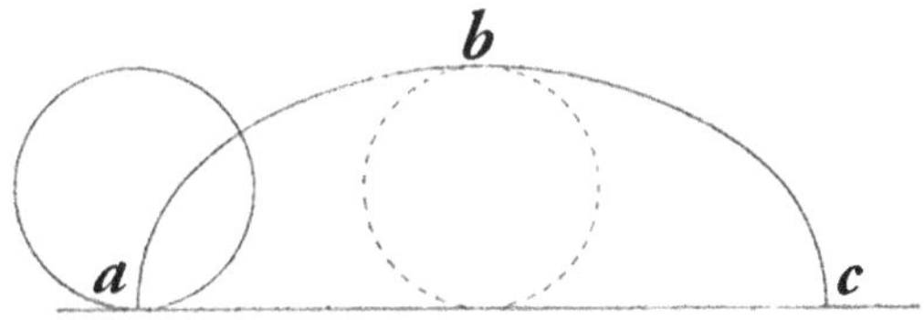

Fig. – 202.

Cette courbe, qu'on nomme cycloïde, est donc une courbe engendrée par le premier point de contact d'un cercle roulant sur une ligne droite.

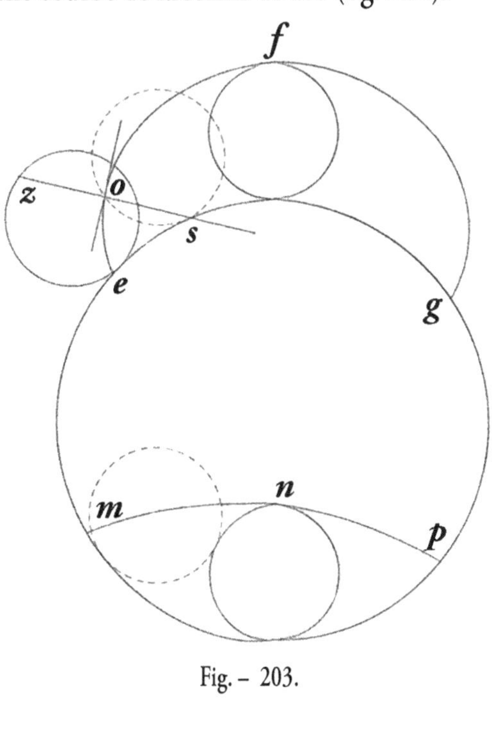

Fig. – 203.

1038. Dans les mêmes conditions que ci-dessus, si l'on faisait rouler un cercle sur la circonférence d'un autre cercle, ou dans l'intérieur de cette même circonférence, le premier point de contact (point générateur), *e* ou *m*, engendrerait dans l'un et l'autre cas une courbe comme *efg*, ou comme *mnp* (fig. 203), et qu'on nomme *épicycloïde*, mais avec cette différence que, lorsqu'elle est tracée en dehors du cercle, elle prend le nom d'*épicycloïde supérieure*, et qu'elle le change contre celui d'*épicycloïde inférieure* lorsqu'elle est placée en dedans.

Les personnes étrangères aux connaissances géométriques peuvent très bien se rendre compte de la manière dont ces différentes courbes sont engendrées, en découpant dans du carton des disques et des circonférences qu'elles feront ensuite mouvoir, et comme il vient d'être indiqué, sur une surface plane garnie d'un papier blanc.

1039. *Propriété de ces deux courbes.* — Une propriété très remarquable, et qui est commune à la cycloïde et à l'épicycloïde, consiste en ce que la ligne droite passant par le point générateur *o* (fig. 203) et par le point *s*, où les cercles se touchent, est toujours perpendiculaire à la courbe et à sa tangente. Comme on le verra au **1087**, les avantages qui résultent de l'application des courbes en question aux formes des dents d'un engrenage sont dus, pour une grande part, à cette précieuse propriété.

De la développante du cercle.

1040. La développante d'un cercle est une courbe plane engendrée par le point de contact d'une droite assujettie à se mouvoir sans glissement autour du cercle et en restant constamment tangente à ce cercle.

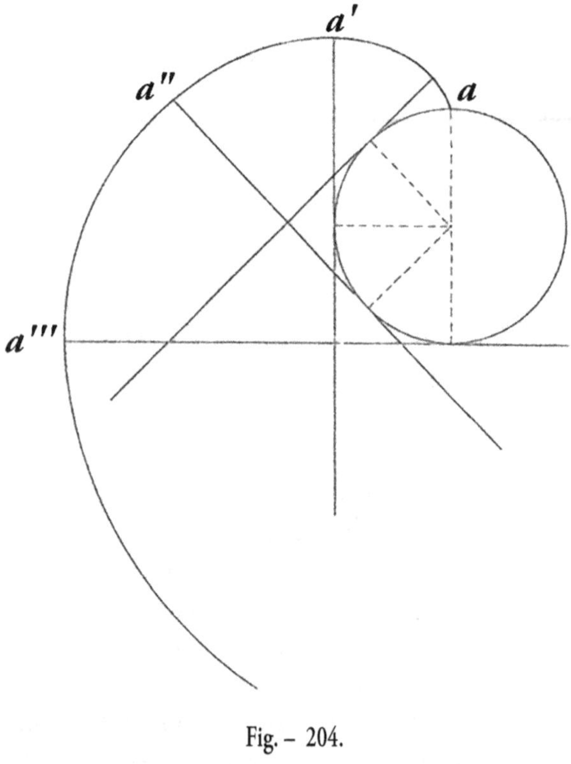

Fig. – 204.

Supposons un fil enroulé autour d'un cercle immobile et que, tenant ce fil par son extrémité *a*, on le déroule en ayant soin qu'il soit toujours tendu, ce point *a* de cette extrémité ira successivement en *a'*, *a''*, *a'''*, etc. et décrira une développante du cercle, car ce fil tendu représente tous les mouvements qu'une règle rigide ferait en tournant sans glissement sur le contour du cercle (fig. 204).

Une des propriétés de cette courbe consiste en ce que les normales (les perpendiculaires) à la développante sont des tangentes au cercle.

De l'hélice.

1041. L'hélice est une courbe à double courbure, engendrée par le point de contact d'une droite inclinée, assujettie à se mouvoir autour d'un cylindre. Supposons un rectangle *bcfd* (fig. 205) découpé dans une matière flexible. Si, après avoir tracé les diagonales *c, n, n, n,* qui sont des portions d'un même plan incliné, on enroule le rectangle sur un cylindre de même hauteur, et dont la circonférence de la base soit égale au développement *d f,* le plan incliné engendrera sur le cylindre une courbe rampante continue *n' n' n'*. Cette courbe est une hélice.

C'est sur ce principe du plan incliné qu'est construite la vis ordinaire ; le premier tracé, d'un seul trait plein (fig. 205), répond au tracé d'une vis à un seul filet. *Le pas* de cette vis est la hauteur d'un creux et d'un filet.

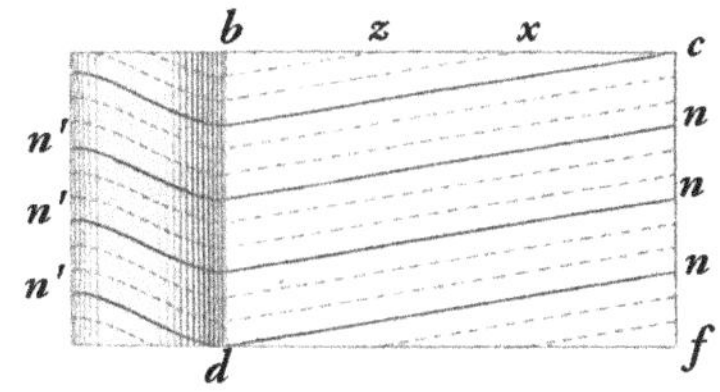

Fig. – 205.

Si on tirait plusieurs lignes comme *z, x, c,* (fig. 205), ou bien comme *g, h, i, j,* etc. (fig. 206), qui divisassent non plus la hauteur, mais la largeur du rectangle en parties égales, on obtiendrait la vis à plusieurs filets, ou le pignon d'un engrenage hélicoïde. *Le pas* d'une vis à plusieurs filets est la hauteur dont s'élève la courbe pour un tour de vis.

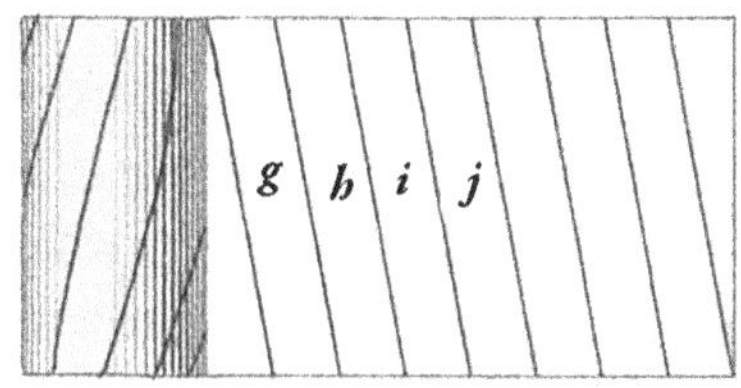

Fig. – 206.

Des cercles et des diamètres primitifs.

Des excédants.

1042. Dans tout engrenage, les portions courbes, soit des dents, soit des ailes, qu'on nomme les *excédants*, sont toujours placées en dehors de deux cercles comme A et B, tangents l'un à l'autre au point de contact où les deux mobiles se touchent sur la ligne qui joint leurs centres (fig. 207). Dans la considération d'un engrenage, on part de la supposition que ces deux cercles, roulant l'un sur l'autre sans frottement, réalisent l'engrenage parfait, l'engrenage primitif. De là est venu qu'on les a désignés sous le nom de *cercles primitifs*, et que les diamètres ou rayons de ces mêmes cercles sont appelés diamètres ou rayons primitifs.

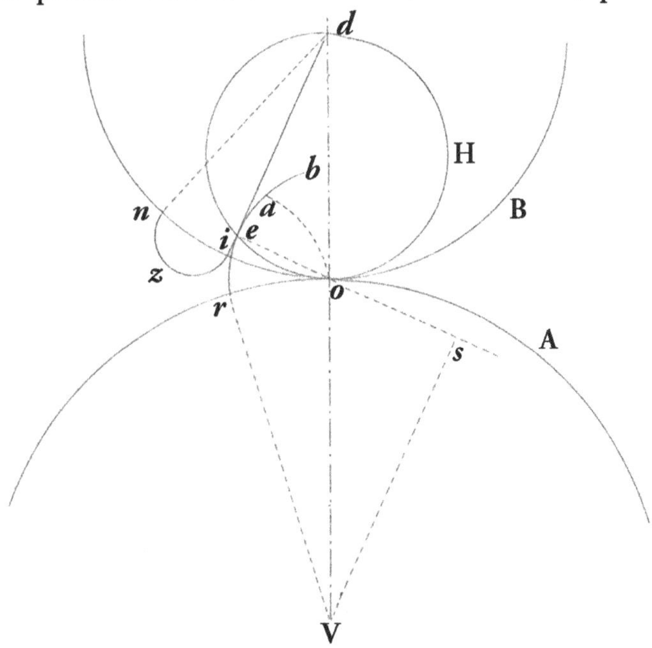

Fig. – 207.

1043. Ainsi, dans toute roue comme dans tout pignon, il faut bien remarquer que la grandeur *totale* se compose *du diamètre primitif plus la hauteur de deux excédants.*

Comme c'est uniquement sur les cercles primitifs qu'on peut régler l'uniformité de la *menée* ou du mouvement, nous avertissons le lecteur que la connaissance des deux espèces de diamètres (total et primitif), et surtout le soin de les bien distinguer l'un de l'autre, sont d'une absolue nécessité, non seulement pour comprendre la théorie des engrenages, mais pour pouvoir faire dans la pratique d'utiles applications de cette théorie.

L'excédant d'une dent reçoit assez souvent le nom d'*ogive*, et l'excédant de l'aile du pignon celui d'*arrondi*. Ces dénominations sont motivées par les formes que l'on donne généralement en horlogerie à ces deux parties.

Calcul des vitesses des mobiles d'un rouage.

Suivi du calcul des vibrations d'un balancier.

1044. L'objet de cette partie de la théorie des engrenages est de faire connaître les nombres respectifs des révolutions de chaque mobile et, ce qui en est une conséquence, les nombres de dents et d'ailes dont il convient de garnir le contour d'une roue et du pignon qui y engrène, double connaissance qui nécessairement doit précéder la recherche de la meilleure forme à donner aux surfaces de contact des dentures des mobiles.

Rapport des diamètres primitifs aux nombres des dentures.

1045. Si une roue conduisait une autre roue par le simple contact ou attouchement des circonférences (fig. 208), on conçoit sans peine que chaque portion de la circonférence conductrice en entraînerait une d'égale étendue sur la circonférence menée, et que si la circonférence de la roue conduite était la moitié de l'autre, la petite roue ferait deux tours pour chaque tour de la grande roue, et ainsi de suite. La géométrie nous apprend que les circonférences sont entre elles comme leurs rayons, ou comme leurs diamètres, il en résulte qu'autant de fois le petit rayon est contenu dans le grand, autant de révolutions la petite roue fait pour une révolution de la grande. Les nombres des révolutions des deux roues *sont donc en raison inverse des circonférences ou des rayons primitifs.*

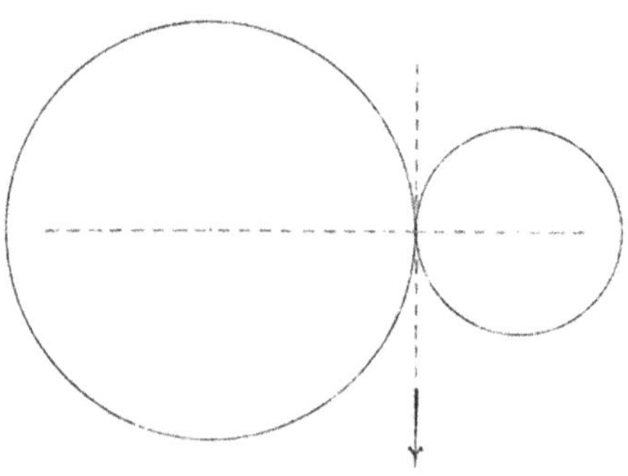

Fig. – 208.

1046. Cette méthode de transmission de mouvement, comme on l'a compris tout d'abord, ne peut être qu'une supposition théorique, et l'on sent aisément que, si l'on ne garnissait pas d'une suite de dents le contour des circonférences, il y aurait des interruptions par glissement. Dans cette nouvelle condition des deux roues dentées, pour qu'il y ait de l'uniformité dans la menée de l'engrenage, il faut que, pendant tout le temps que la dent pousse l'aile, chaque portion supposée rectifiée (étendue en ligne droite) du cercle primitif de la roue fasse parcourir une portion égale (rectifiée) sur le diamètre primitif du pignon.

1047. Or, une dent et un vide devant ainsi occuper sur le cercle primitif de la roue la même étendue (rectifiée) qu'une aile et un vide sur le cercle primitif du pignon, il en résulte nécessairement qu'autant de fois la somme des petits arcs, qui comprennent une aile et un vide du pignon, est contenue dans la circonférence primitive de la roue, autant le pignon doit faire de tours pour un tour de la roue : d'où il suit que le petit cercle primitif doit être au plus grand, comme le nombre des ailes est au nombre des dents.

Il est assez difficile de mesurer des circonférences, mais comme nous venons de voir que les circonférences sont entre elles comme leurs diamètres, en substituant les derniers aux premières nous conclurons :

Que, dans l'engrenage d'une roue et d'un pignon, le diamètre primitif de la roue doit être au diamètre primitif du pignon, comme le nombre des dents est au nombre des ailes.

Ainsi, pour obtenir un bon engrenage d'une roue de 66 dents engrenant avec un pignon de 10, les diamètres primitifs doivent être entre eux comme 60 est à 10, c'est-à-dire que le diamètre primitif de la roue doit être six fois plus grand que celui du pignon.

1048. Cette règle de la proportionnalité des nombres à la grandeur des diamètres primitifs est une règle fondamentale. Si la proportion n'existe pas, il en résulte inévitablement qu'un *vide* et un *plein* occupent une étendue plus grande ou plus petite sur la circonférence de la roue que sur celle du pignon, l'uniformité de menée ne subsiste plus, et cette menée se fait par des glissements, chutes, accotements, car il est bon de dire ici, et par anticipation, qu'un pignon n'est trop gros ou trop petit que parce que son diamètre primitif est trop grand ou trop court.

Établir la grandeur des diamètres primitifs d'un engrenage.

Deux cas principaux, que nous exposons sous forme de questions, se présenteront : ou on connaîtra seulement la distance des centres de deux mobiles dont les nombres sont donnés, ou bien il faudra adapter à une roue toute faite un pignon d'un nombre d'ailes connu.

1049. Première question. — *La distance du centre d'une roue au centre de son pignon (mesurée sur le calibre de la pendule ou de la montre) étant connue, ainsi que le nombre des dents et des ailes, comment trouver la longueur de chaque rayon primitif ?*

Soit 60 millimètres la distance des centres, d'une roue de 32 dents et d'un pignon de 8 ailes.

En vertu du rapport qui doit exister entre les diamètres primitifs et les nombres des dentures, et en remarquant que les 60 millimètres sont exactement la somme du rayon primitif de la roue et du rayon primitif du pignon, on dira : les deux nombres réunis (32+8) sont aux deux rayons réunis (60) comme le plus grand nombre (32) est au plus grand rayon (*x*, c'est-à-dire une quantité inconnue)[53].

Proportion que l'on pose ainsi, 40 : 60 : : 32 : *x*.

Dans toute proportion, le produit des termes extrêmes (40 x *x*) est égal au produit des termes moyens (60 x 32), et si l'un des produits (60 x 32 ou celui dont les deux termes sont connus) est divisé par le terme connu (40) de l'autre produit, le résultat de la division est précisément la valeur qu'il faut donner à *x*.

40 : 60 : : 32 : *x*. 60 x 32 = 1920. 1920/40 = 48.

48 millimètres forment le rayon primitif de la roue, et 12 millimètres celui du pignon, puisque les deux rayons réunis doivent faire 60 millimètres. Pour connaître les diamètres primitifs il suffit, comme on sait, de doubler les deux rayons, ce qui produit 96 et 24 millimètres pour les deux diamètres cherchés (**1052**).

[53] On prend indifféremment et pour la commodité du calcul les deux diamètres, ou les deux rayons. Chaque rayon d'un cercle étant toujours la moitié du diamètre, la proportion ne saurait changer.

1050. Une autre méthode pour déterminer le rapport des rayons primitifs est donnée au **1103**.

1051. Deuxième question. — *Une roue étant donnée* (toute faite), *ainsi que le nombre des ailes du pignon, comment trouver le diamètre primitif de ce dernier ?*

Soit une roue de 50 dents et de 20 millimètres de diamètre primitif que l'on veuille faire engrener à un pignon de 10 ailes.

On aura toujours, comme dans le cas précédent, en vertu de la proportion entre les nombres des dentures et les diamètres primitifs :

$50 : 10 : : 20 : x.$ $10 \times 20 = 200.$ $^{200}/_{50} = 4$ ou la valeur de x

c'est-à-dire que le diamètre primitif du pignon doit être de 4 millimètres.

1052. Ces exemples suffisent car, quel que soit le cas qui se présente, il se réduit toujours à trouver l'un des quatre termes de la proportion suivante : le *diamètre primitif* de la roue est au *diamètre primitif* du pignon, comme le *nombre des dents* est au *nombre des ailes.*

Nous engageons ici tous les horlogers à se familiariser avec la théorie des proportions, étude facile et peu compliquée. Cette théorie est d'un immense secours et d'un usage journalier pour l'horloger.

Calculer les vitesses d'un train d'engrenages.

Nombre des révolutions de la roue d'échappement.

1053. La solution du problème consiste à trouver la vitesse d'une roue quelconque relativement à la vitesse d'une autre roue considérée comme premier mobile : soit ici la vitesse du pignon qui porte la roue d'échappement, c'est-à-dire le nombre de tours que cette roue fait en une heure ou pendant que la roue qui porte l'aiguille des minutes fait une révolution. Le calcul ne comprend que trois roues : la roue du centre et les deux roues suivantes, et les trois pignons *qui engrènent* à ces trois roues.

1054. Faisons précéder la démonstration de l'énoncé de la règle générale.

Pour connaître la vitesse de rotation d'un mobile quelconque d'un train d'engrenage, *il faut faire le produit des dents des roues* qui précèdent ce mobile ; *diviser ce premier produit par le produit des ailes des pignons* engrenant à ces roues ; le quotient donne *le nombre des révolutions du dernier mobile* pour une révolution du premier.

Cherchons quel est le nombre des révolutions que fait dans une heure la roue d'échappement d'un rouage de montre ainsi composé :

Roue du centre,	70 dents, engrenant	un pignon	de	10 ailes.
Roue moyenne,	64	—	un pignon	de	8 —
Troisième roue,	60	—	un p. d'éch. de		6 —

La roue du centre, portant l'aiguille des minutes, doit, de toute nécessité, faire un tour dans une heure. Cette roue ayant 70 dents et engrenant à un pignon de 10, ce pignon fait 7 tours ($^{70}/_{10}$) par heure, et il en est de même de la roue moyenne, rivée sur ce pignon.

Cette roue moyenne portant 64 dents et engrenant à un pignon de 8, ce pignon fait 8 tours (64/8) pour un tour de cette même roue moyenne ; mais cette roue fait 7 tours dans une heure : le pignon engrenant en doit donc faire 56 (7 x 8), et par suite la troisième roue portée par ce pignon en exécute le même nombre que lui.

Cette dernière porte 60 dents et engrène à un pignon de 6 : c'est donc 10 révolutions du pignon pour une de la roue. Mais la roue en fait 56, donc le pignon en fait 560 (56 x 10).

La roue d'échappement, étant portée par ce dernier pignon, fait en conséquence 560 tours dans une heure, c'est-à-dire pendant que la roue du centre accomplit une révolution.

1055. L'opération qu'on vient de faire n'étant autre chose, ainsi qu'on a dû s'en apercevoir, qu'une série de divisions et de multiplications successives, on peut arriver au même résultat en faisant le produit général des dents des trois roues et le produit général des ailes des trois pignons engrenant à ces roues ; le quotient qui résulte de la division de l'un des produits par l'autre donne le nombre de révolutions du pignon d'échappement, et par suite celui du nombre des tours accomplis par la roue d'échappement à laquelle il est rivé.

Reprenons l'exemple précédent.

Roue de centre	70	Pignon de roue moyenne	10	
Roue moyenne	64	*id.* de troisième roue	8	
	280		80	
	420	Pignon d'échappement	6	
	4480	(produit des dents)	268,800	480 (produit des ailes).
Troisième roue	60		2880	560
Total.	268,800		0000	

L'examen des chiffres fait voir que le produit général des dents, ou 268 800, divisé par 480, qui est le produit général des ailes, donne pour quotient 560, ou le nombre de tours que fait la roue d'échappement dans une heure, résultat identique au précédent.

Calculer les vibrations d'un balancier de montre ou de pendule.

1056. Le nombre des révolutions de la roue d'échappement étant connu, il est facile de trouver la quantité des vibrations, puisqu'on sait que chaque dent produit deux vibrations au balancier, et qu'il suffit ainsi, pour obtenir le résultat cherché, de multiplier le nombre des tours par un nombre double de celui des dents de la roue.

Supposons que cette roue soit pourvue de 14 dents, on aura (28 x 560) 15 680 vibrations par heure.

Si cette roue avait 15 dents, on aurait (30 x 560) 16 800 vibrations.

Avec 16 dents, on obtiendrait 17 920 vibrations.

1057. *En résumé.* — Pour connaître le nombre de vibrations qu'un balancier de montre ou de pendule bat dans une heure (ou pendant une révolution de la roue dont l'axe porte l'aiguille des minutes), *il faut multiplier entre eux les nombres des dents des roues*, à partir et y compris celle des minutes, *diviser le produit résultant par le produit des ailes des pignons engrenant à ces* *roues*. Le quotient de la division étant le nombre de tours que fait la roue d'échappement dans une heure, *il suffit ensuite de multiplier ce nombre de tours par le double des dents de la roue d'échappement pour avoir le chiffre des vibrations dans le même temps*[54].

1058. Voici quelques chiffres sur lesquels le lecteur pourra s'exercer ; ils se rapportent à des nombres qu'on rencontre fréquemment dans les montres.

Roue de centre	80	76	78	Les trois pignons ayant 10, 8, 6 ailes, et la roue d'échappement 15 dents.
Roue moyenne	60	64	66	
Troisième roue	54	54	60	
Vibrations	16 200	16 416	19 305	
Roue de centre	68	64	68	Les trois pignons ayant 8, 8, 6 ailes, et la roue d'échappement 15 dents.
Roue moyenne	60	60	60	
Troisième roue	58	60	56	
Vibrations	18 487	18 000	17 850	
Roue de centre	56	56	58	Les trois pignons de 6 ailes et la roue d'échappement de 14 dents.
Roue moyenne	50	52	52	
Troisième roue	50	52	52	
Vibrations	18 148	19 628	20 330	

1059. *Pendules.* — Toutes les règles précédentes s'appliquent également aux rouages des pendules, généralement combinés aujourd'hui pour obtenir du rochet d'échappement 120 *tours à l'heure, c'est-à-dire pour un tour de l'axe des minutes.* On fait varier le nombre des dents de ce rochet d'après les indications de la table qui donne les longueurs du pendule en rapport du nombre des vibrations qu'il doit accomplir en une heure de temps (voir cette table).

1060. *Observations.* — Plus le produit des dents des roues est grand et celui des ailes des pignons petit, et plus le nombre des vibrations est considérable. Si donc une montre ne se réglait pas parce qu'elle ne battrait pas un nombre suffisant de vibrations, il faudrait ou remplacer une des roues du rouage par une autre plus nombrée, ou la faire engrener dans un pignon plus petit, c'est-à-dire ayant un moindre nombre

Ainsi, dans l'exemple de l'article **1054**, si on remplace la roue de centre de 70 par une de 75, et le pignon de la roue moyenne de 10 par un pignon de 8, on obtiendra 750 révolutions à la roue d'échappement dans le même temps qu'on n'en n'avait que 560.

Il est bien entendu qu'une modification de ce genre occasionne dans une montre le remplacement du spiral, et dans une pendule un changement dans la longueur du régulateur.

Il est préférable, le plus ordinairement d'avoir recours au moyen qui vient d'être indiqué, plutôt qu'à une augmentation soit du diamètre, soit du nombre des dents de la roue d'échappement.

[54] D'autres méthodes sont encore employées pour arriver à ce résultat ; mais comme sauf quelques cas particuliers, elles ne présentent pas d'avantage sur celle que nous venons de donner, nous nous bornons à celle-ci.

Calculer les heures de marche d'une montre ou d'une pendule et le nombre de dents d'un barillet.

1061. Ce calcul n'offrant aucune difficulté, il suffit de faire précéder l'énoncé de la règle d'une simple explication.

Il faut toujours partir de l'axe ou du pignon qui, portant l'aiguille des minutes, fait forcément une révolution par heure. Soit une montre devant marcher 30 heures, c'est trente tours que le barillet doit faire faire à ce pignon, du haut en bas du ressort, ou plutôt pendant les quatre révolutions que permet l'arrêtage.

Supposons un pignon de 10 ailes ; chaque aile étant poussée par une dent du barillet, c'est 300 dents qui passeront dans les trente heures.

Supposons encore que l'arrêtage du barillet permette de remonter le ressort de quatre tours de clef, on voit que ces 300 dents seront fournies par quatre révolutions du barillet, et qu'une seule en fournira le quart, c'est-à-dire 75, ou le nombre des dents dont il faut garnir ce barillet.

En conservant le même arrêtage et le même barillet, si l'on substitue au pignon de 10 un pignon de 7, 8 ou 9, le nombre d'heures de marche sera augmenté de plus en plus, et il diminuera progressivement si on remplace ce pignon de 10 par un plus nombré, de 11, 12, etc. Cela va de soi.

1062. *En résumé*, pour connaître le nombre d'heures que marche une montre, *il faut multiplier les dents du barillet par les tours de l'arrêtage* (ou les tours du ressort, si l'arrêtage n'existe pas), *et diviser le produit par les ailes du pignon du centre*, le quotient de la division donne le nombre d'heures cherché.

Exemple. — Un barillet porte 80 dents et un arrêtage permettant 4 tours : le pignon du centre est de 12 ailes.

80 x 4 donne 320 ; ce nombre divisé par 12 donne 26, 6, etc., c'est-à-dire 26 heures 6 dixièmes d'heure ou 26 heures 36 minutes.

1063. *Réciproquement.* — Si l'on veut savoir quel nombre de dents il convient de donner au barillet pour obtenir une certaine quantité d'heures de marche, il faut multiplier le chiffre des heures par les ailes du pignon et diviser par les tours de l'arrêtage.

Exemple. — On veut qu'une montre marche 30 heures avec un pignon du centre de 8 ailes et 4 tours d'arrêtage : le nombre d'heures (30) multiplié par le nombre d'ailes (8) donne 240, et ce produit, divisé par 4 (tours d'arrêtage), donne pour quotient 60, ou le nombre des dents qu'il faut mettre au barillet.

1064. *Pour une montre à fusée*, on agit comme si la fusée était un barillet denté ordinaire, et après avoir déterminé le nombre de tours et fractions de tour que l'enroulement de la chaîne sur le tambour du barillet fait faire à la roue de fusée.

1065. *Calculer les heures de marche d'une pendule.* — La marche du calcul est la même, seulement un peu plus compliquée par la présence d'un mobile de plus.

On multiplie le nombre des dents du barillet par les tours de ressort (ou d'arrêtage), puis ce premier produit par le nombre des dents de la roue de temps, intermédiaire entre le barillet et le pignon des minutes. Ce produit total est ensuite divisé par le produit des deux pignons ; le quotient est le nombre des révolutions du pignon de *longue tige*. En divisant par 24 ce nombre de révolutions, on a les jours de marche et de plus, ordinairement, une fraction en dixièmes et centièmes de jour que l'on convertit en heures et en minutes.

1066. *Pour une horloge,* on multiplie le nombre des dents de la première roue par les tours de corde sur le cylindre, etc.

1067. Il n'entre pas dans notre cadre de nous occuper du calcul des rouages compliqués tels, par exemple, que ceux des systèmes planétaires. Les horlogers désireux d'aborder ce genre de construction devront avoir recours aux ouvrages de A. Janvier[55] et se procurer l'excellent volume publié par M. Achille Brocot, sous le titre : *Calcul des rouages par approximation.*

Calcul élémentaire de la force transmise par un train d'engrenages.

1068. Nous considérons le rouage à l'état statique, c'est-à-dire la résistance et la puissance (représentées par deux poids suspendus au contour de la première et de la dernière roue) se faisant mutuellement équilibre. Tous les leviers sont en prise sur la ligne des centres, et nous supposons les dentures d'engrenage construites de façon que l'entraînement d'un mobile par l'autre ait lieu comme si les cercles primitifs en contact roulaient l'un sur l'autre. (Figure 209).

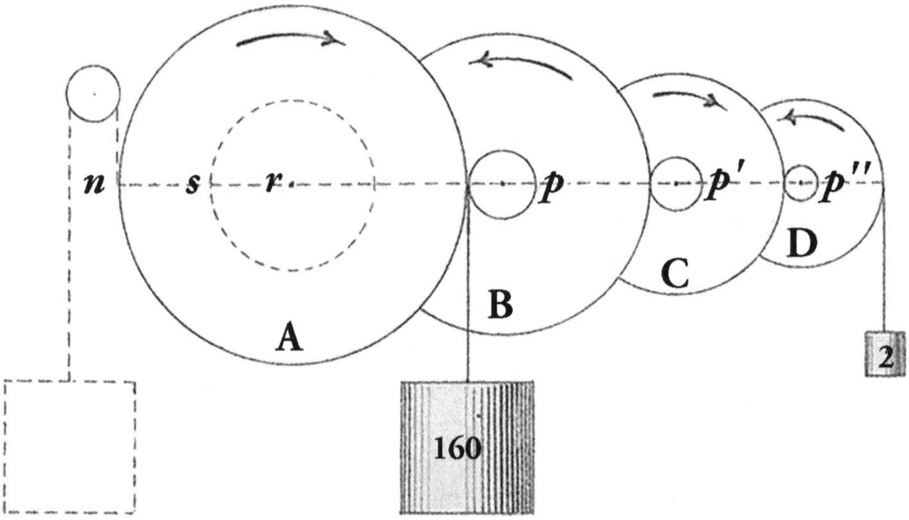

Fig. – 209.

[55] Antide Janvier, né à Saint-Claude-du-Jura en 1751, mort en 1835, s'est rendu célèbre par ses succès dans la représentation des mouvements célestes à l'aide du mécanisme des rouages. Il joignait à une rare intelligence une instruction mathématique supérieure.

1069. Dans un rouage composé de roues et de pignons, *la puissance est à la résistance comme le produit des rayons des pignons est au produit des rayons des roues*, abstraction faite du frottement.

1070. Le rapport approché de la puissance à la résistance, indépendamment du frottement, peut être trouvé *en mesurant les espaces parcourus par les deux forces : le rapport des forces est l'inverse des espaces* (**27**).

1071. Soit A, B, C, D (figure 209), un train d'engrenages. Les diamètres ont pour unité de mesure le demi-millimètre, et le moteur est un poids de 160 grammes suspendu au contour de A.

Comme cette roue A (rayon 20) agit par deux bras de levier égaux, et qu'ainsi on pourrait la remplacer, si on ne changeait pas son poids, par une plus grande ou une plus petite, indifféremment, nous considérons la force motrice comme appliquée tangentiellement au contour du pignon *p*[56].

Le rayon de B (16) est quatre fois le rayon de *p* (4). Conséquemment, la force transmise par B est réduite des trois quarts, c'est-à-dire qu'elle n'est plus que de 40 grammes. Les rayons de C (12) et de D (10) sont : le premier, quatre fois celui du pignon *p'* (3) et le second, cinq fois le rayon du pignon *p''* (2). La force transmise par C n'est donc plus que le quart de 40, soit 10, et celle transmise par D que le cinquième de 10, soit 2.

En suspendant un poids de 2 grammes au contour de D, il fera équilibre à un poids de 160 grammes suspendu au contour de A . La puissance et la résistance sont entre elles : : 1 : 80.

1072. Voyons maintenant ce que le calcul nous aurait donné :

Produit des rayons des roues, 16 x 12 x 10 = 1 920.

Id. des pignons, 4 x 3 x 2 = 24.

Nous avons (**1069**) : P : R : : 24 : 1 920.

D'où nous tirons 24 : 1920 : : 1 : *x* et *x* = 80.

Ce qui signifie qu'une force 1, appliquée à la circonférence du dernier mobile D, fera équilibre à une résistance ou force 80, appliquée tangentiellement au premier pignon ou, ce qui revient au même, au contour de la roue A, résultat identique au précédent.

1073. Par le calcul des vitesses, on voit que D fait 160 révolutions pendant que A en fait 1. Par le calcul des espaces parcourus, on trouve que, pendant une révolution de A, un point pris sur sa circonférence a parcouru 20 x 3,14 (**137**) x 1 = 62,8 et que, pendant les 160 révolutions de D, un point pris sur sa circonférence a parcouru : 10 x 3,14 x 160 = 5024. Or, 62,8 est à 5024 comme 1 est à 80. Même résultat que ci-dessus. (**1070**). (Renvoi au bas de la page 519.)

1074. Si le moteur, au lieu d'être placé à la circonférence de A, agissait par un pignon ou une poulie *s* rapportée sur l'axe de cette roue, toutes choses resteraient égales, sauf que le

[56] Une roue qui reçoit et communique le mouvement par les extrémités d'un même diamètre, dite *roue intermédiaire*, n'entre pas dans le calcul des forces, parce qu'elle ne sert qu'à changer la direction d'un mouvement. Elle rend tout ce qu'elle a reçu, moins la petite quantité de force nécessaire pour faire mouvoir sa masse.

poids du moteur devrait varier en raison inverse des deux rayons *nr* et *sr*. Ce serait exactement comme si l'on prenait le point *s* pour le premier point d'application de la force.

1075. *Observations.* Dans toutes les opérations précédentes, on a fait abstraction des frottements ; ils absorbent, en moyenne, dans les machines ordinaires, *le tiers* de la force mais ce terme moyen doit lui-même être fort élastique, quand il est question d'horlogerie. Là, en regard de la faiblesse des forces motrices, la résistance du frottement varie dans d'assez larges limites, suivant les matières employées, leur degré de dureté et de poli, les soins apportés dans l'exécution des engrenages, le poids des mobiles, l'état des huiles. Il serait bien, si l'on voulait connaître plus rigoureusement la perte subie, ou comme moyen de vérification, de tâter la pression exercée sur l'extrémité d'une dent de la roue d'échappement, à l'aide d'un levier très délicat et disposé de façon à faire équilibre à cette pression.

1076. Par ces moyens, on arrive à pouvoir apprécier d'une quantité suffisamment approchée la puissance qu'une roue possède à sa circonférence, c'est-à-dire la pression qu'exerce l'extrémité d'une dent de la roue d'échappement, en d'autres termes, sa puissance statique.

Quant à l'intensité de l'action sur le balancier de cette roue en mouvement, si cette action s'accomplissait avec régularité, sans frottement et sans chocs, elle serait représentée par la puissance statique multipliée par le carré de la vitesse. La conséquence, c'est que le maximum d'effet sera obtenu avec le mode d'action sur le balancier qui évitera le mieux la décomposition de la force et qui permettra à la roue d'acquérir, dans le court instant de ses mouvements intermittents, une vitesse relativement suffisante (**28**). Nous ne pouvons nous étendre davantage sur le problème soulevé ici ; il exige, pour être résolu théoriquement, toutes les ressources de l'analyse et, cette solution fût-elle donnée, ne serait encore qu'une indication propre à guider dans la recherche d'une méthode expérimentale, parce que l'instantanéité de certains effets les dérobe à notre appréciation, et que des résistances, telles par exemple que celles provenant des frottements, etc., ne peuvent être représentées, aujourd'hui en petite horlogerie, par aucun chiffre acceptable.

1077. On voit, par ces courts aperçus, que la création d'un échappement, d'un calibre, etc., exige non seulement un exercice pratique long et raisonné de l'horlogerie, mais des connaissances étendues, et nous saisirons cette occasion de faire remarquer aux amateurs de pièces compliquées, ou à marche de longue durée, que s'ils échouent si souvent dans leurs tentatives, c'est qu'ils sont incapables de se rendre compte du degré d'exagération des forces motrices ou des pertes de force qu'amène la multiplicité des mobiles, calcul cependant facile à faire, comme on vient de le voir, et parce qu'ils ignorent, en outre, que les effets d'adhérence, de frottement au départ, d'onctuosité d'huile, de collement des lames de ressorts, etc., offrent d'autant plus d'obstacles et d'irrégularité que *les mouvements angulaires sont plus lents et les chemins parcourus, dans le même temps, plus courts.*

Chapitre I

Principes de la construction d'un engrenage. Différentes espèces d'engrenages.

Des formes à donner aux dents et aux ailes des mobiles.

1078. Un engrenage n'étant, ainsi que nous l'avons déjà fait remarquer, qu'un jeu de leviers qui se succèdent sans intervalles appréciables, pour que cet engrenage approche le plus possible de la perfection, il faut :

- Que le levier de puissance et celui de résistance, se menant aussi près que possible de la ligne des centres, restent entre eux, durant toute la menée, dans la même proportion, ce qui produit une transmission égale de la force, abstraction faite du frottement ;
- Que les vitesses soient uniformes et la pression sur les contacts constamment la même ;
- Enfin, que les frottements, réduits à leur moindre intensité, soient des frottements sortants.

1079. Ainsi qu'il en a déjà été question (**1045**), si une roue pouvait conduire une autre roue par l'attouchement ou la simple pression des circonférences (fig. 208, p. 518), on obtiendrait un engrenage parfait, puisque :

1°. il se ferait par contact et sans frottement ;
2°. les leviers de puissance et de résistance n'étant autre chose que les rayons des deux roues, la puissance et la résistance resteraient entre elles constamment dans le même rapport ;
3°. l'action de la puissance agirait toujours perpendiculairement à la résistance ;
4°. les vitesses seraient uniformes, chaque portion de circonférence de la roue conductrice en entraînant une d'égale étendue sur la circonférence de la roue menée ;
5°. la pression resterait constante.

1080. On a vu au **1046** pourquoi ce mode de transmission ne peut être utilisé dans la pratique et pourquoi il a fallu garnir d'une série de dents le contour des mobiles.

Qu'on suppose maintenant deux leviers ayant leur point d'appui et leur centre de rotation sur les axes B et C, milieux de EA et de AD (fig. 210), et que les extrémités D et E soient des arcs de cercles concentriques aux points C et B, on remarque que cette disposition représente fidèlement celle de deux dents d'un engrenage dont les dents, laissées carrées, agiraient par des leviers droits.

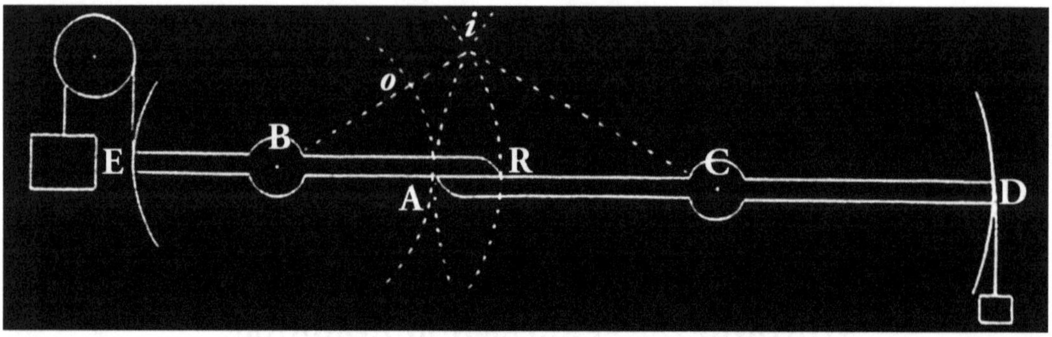

Fig. – 210.

Observons, avant d'aller plus loin, que le mouvement imprimé aux leviers ne changera en rien la longueur des bras CD et BE, qui resteront toujours, et chacun, des rayons d'un même cercle. Nous n'avons donc à considérer que les deux bras AC et BR. Le mouvement imprimé au grand bras AC amenant le point A au point *i*, le petit bras BR s'applique sur la ligne B*i*. À l'origine du mouvement, les deux bras agissants sont AC et AB ; à la fin de ce mouvement, l'un d'eux, AC, a conservé sa longueur primitive, tandis que l'autre est plus long de toute la quantité *oi*. Évidemment, cette différence entre les bras de levier en procure une analogue entre la puissance et la résistance, et l'équilibre obtenu d'abord est rompu.

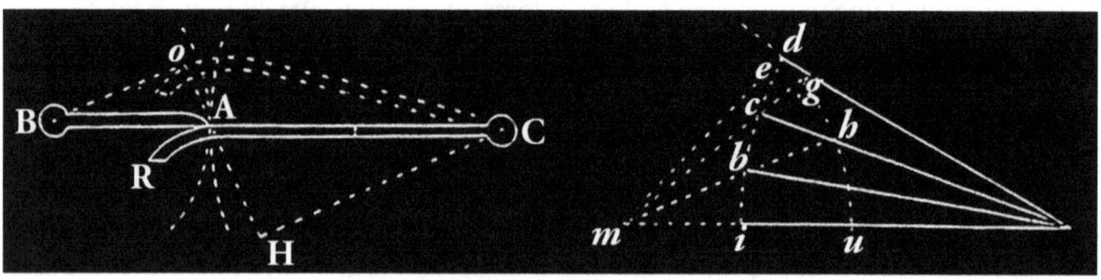

Fig. – 211.

En outre, les vitesses sont inégales, c'est-à-dire que si le grand bras marche d'un mouvement uniforme, la vitesse du petit bras va en diminuant progressivement, ainsi qu'il est facile de s'en assurer par le seul examen de la figure 211, où les arcs de cercles égaux *ib, bc, cd,* etc., parcourus par l'extrémité du grand levier, correspondent à des angles *umh,hmg, gmd,* etc., de plus en plus petits et parcourus dans des espaces de temps égaux par le petit bras.

1081. Tout levier droit poussant un autre levier droit fait rencontrer les inconvénients qui viennent d'être signalés, mais il n'en est plus de même si on substitue à l'un des leviers droits de l'exemple précédent un levier courbe, fait de telle sorte que, lorsque la courbure AR (fig. 211) pousse le petit bras BA, on trouve toujours (à quelque point de leur marche qu'on les arrête) :

1°. que le petit bras virtuel B*o* (de B au point de contact *o*) est au grand bras virtuel HC, comme BA est à AC ;

2°. que l'arc A*o* est égal à l'arc décrit par le point A du grand levier. Le problème est alors résolu, car la puissance et la résistance restent entre elles dans la même proportion, et il en est de même des vitesses.

Parmi les courbes applicables aux engrenages, quatre intéressent plus particulièrement l'horloger : ce sont celles décrites aux **1037**, **1040** et **1041**, et à l'aide desquelles on construit les quatre espèces d'engrenages dits hélicoïdal, en développante de cercle, en cycloïde et en épicycloïde.

Engrenage hélicoïdal.

1082. L'engrenage hélicoïde, établi dans les conditions indiquées par James White, agit sur la ligne des centres ou à infiniment près, sans chocs et par superposition des points de contact, c'est-à-dire par pression et roulement, sans frottement de glissement. Il répond au desideratum des théoriciens, mais l'expérience a enseigné que, sous les fortes pressions, les surfaces de contact trop peu étendues s'écrasent tandis que, sous les faibles pressions que subissent les derniers mobiles des rouages d'horlogerie, cet engrenage n'agissant que par superposition il en résulte que les matières étrangères qui se déposent sur les surfaces en contact ne sont pas chassées de ces surfaces, mais qu'au contraire elles s'y tassent et forment une couche qui, à la longue, finit par produire le collement ou l'adhérence de ces mêmes surfaces.

L'engrenage ordinaire n'est pas sujet à cet inconvénient, et quelque petite que soit l'étendue de son frottement, il suffit longtemps à balayer des points de contact les fines particules de poussière qui pourraient s'y amasser.

Quoique l'engrenage hélicoïde n'ait pas réalisé les espérances qu'avaient fondées sur lui quelques horlogers, il peut néanmoins être utilisé avec avantage dans des appareils où le roulement d'un rouage doit avoir lieu avec uniformité, sans choc et avec le moindre bruit (Chap. VI).

Engrenage en développante de cercle.

1083. L'engrenage dont les excédants ont la forme de développantes de cercle, grâce à la propriété de cette courbe que nous avons signalée au **1040**, et qui fait que les deux rayons virtuels de puissance et de résistance sont constamment égaux aux rayons primitifs, transmet le mouvement par une égale pression, sans altération et sans perte de force.

Cette remarquable qualité l'aurait fait préférer à l'engrenage en épicycloïde, si l'on avait eu le moyen de former rigoureusement les courbes de la dent et de l'aile. L'usage de l'appareil que nous avons créé sous le nom d'*Arrondisseur de précision* permettrait d'exécuter des dentures de cette sorte, mais à la condition, si l'on voulait conserver l'exactitude de la forme, de polir les ailes sur l'outil même, méthode de travail qui ne peut se prêter aux exigences de la production *par abatis*, telle qu'elle se pratique aujourd'hui.

Quand une roue doit conduire plusieurs pignons, la forme en développante est celle qui convient le mieux à ses dents, l'épicycloïde variant avec chaque grosseur de pignon.

On pourrait faire d'utiles applications de l'engrenage en développante de cercle dans l'horlogerie monumentale, et surtout dans les remontoirs. Quant à la petite horlogerie, où cette application est difficile, en employant des mobiles suffisamment nombrés, on obtient un engrenage épicycloïdal peu différent de celui en développante (**1123**). (Consulter le chapitre VI.)

Engrenage en épicycloïde.

Du choix de l'épicycloïde.

1084. Si on examine la figure 212, où le grand cercle A représente la roue, tandis que le cercle B représente le pignon, on voit que si l'on procure un mouvement de rotation au grand cercle A il fera tourner en même temps les deux petits cercles B et C. (Le mouvement aura lieu comme si, le grand cercle étant immobile, les deux petits roulaient autour de lui.)

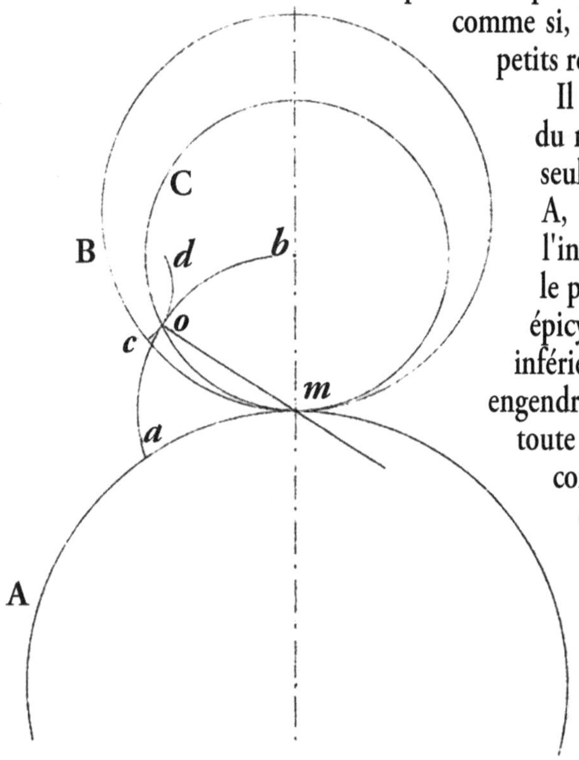

Fig. – 212.

Il est évident que, pendant toute la durée du mouvement, le petit cercle C tourne non seulement autour de la grande circonférence A, mais qu'en même temps il roule dans l'intérieur du cercle B, et que, par conséquent, le point générateur trace simultanément une épicycloïde supérieure *aob* et une épicycloïde inférieure *cod*. Or, ces deux épicycloïdes, étant engendrées par le même point, sont pendant toute la durée de la marche forcément en contact par ce seul point, et par suite la ligne droite passant par le point *m*, où les trois cercles se touchent, et par le point de contact *o* des épicycloïdes, est toujours perpendiculaire à ces dernières.

1085. Si le petit cercle C a un diamètre plus grand que la moitié du diamètre de B, l'épicycloïde *cod* est convexe (fig. 212).

Si le petit cercle a un diamètre moindre que la moitié de B (fig. 213), l'épicycloïde *eom* est concave.

Si le diamètre du petit cercle est la moitié du diamètre du cercle B (fig. 207, p. 517), l'épicycloïde *est une ligne droite (id)*, laquelle ligne est précisément le diamètre du cercle B.

Ce dernier cas, extrêmement curieux, simplifie beaucoup la théorie de l'engrenage et en facilite l'application.

En effet, pour que l'engrenage de la roue A et du pignon B réalisât ici les avantages indiqués par la théorie, il faudrait que le flanc de l'aile du pignon prît la forme de l'épicycloïde inférieure, tandis que la dent de la roue faisant saillie en dehors du cercle A recevrait la forme de l'épicycloïde supérieure.

Mais avec le cercle C (fig. 212), le flanc de l'aile du pignon serait bombé ; avec le cercle G (fig. 213), il serait creux, tandis que dans le dernier cas, celui du cercle H (fig. 207), le flanc deviendrait un plan droit visant bien le centre du pignon. Or, s'il est difficile, sinon impossible, de former les flancs des ailes selon les courbures indiquées, il n'en est pas de même quand il s'agit d'un plan droit, dont l'exécution, même en petit, n'offre aucune difficulté à vaincre.

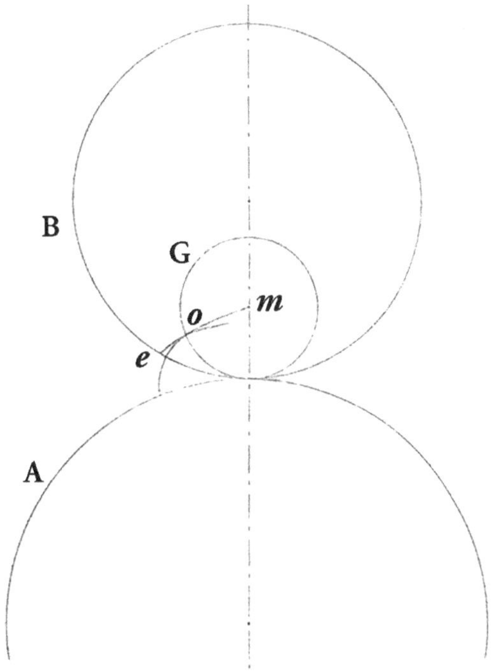

Fig. – 213.

Ceux des lecteurs qui auraient quelque peine à se rendre compte des effets en question devront recourir au moyen pratique déjà indiqué (**1038**).

1086. *Résumé.* — Dans l'engrenage épicycloïdal, il faut :

1°. Que la courbure des dents de la roue soit faite selon une épicycloïde engendrée par un cercle ayant pour diamètre la moitié du diamètre primitif du pignon ;

2°. Que le flanc des ailes soit un plan droit se dirigeant bien exactement au centre du pignon.

On trouvera aux **1104**, **1105**, les différentes méthodes employées pour faire le tracé d'une épicycloïde.

Qualités et défauts de l'engrenage en épicycloïde.

1087. Si l'on donne à l'aile du pignon la forme de l'épicycloïde inférieure, et à la dent de la roue la forme de l'épicycloïde supérieure, l'engrenage se produit dans les conditions suivantes :

1°. La ligne *soe* (fig. 207) étant perpendiculaire aux deux épicycloïdes, la force dont la roue est animée s'applique toujours perpendiculairement sur l'aile du pignon.

2°. Les vitesses sont égales puisque l'arc *io*, quantité dont a tourné le pignon, est égal en longueur à l'arc *ro*, dont la roue a tourné dans le même espace de temps.

3°. Tout le temps que dure le contact d'une dent et d'une aile, c'est-à-dire durant toute la menée, la puissance et la résistance restent entre elles dans la même proportion. En voici la preuve : en vertu des principes des leviers (**1034**), le bras de levier par lequel la roue agit n'est pas le rayon de cette roue, mais bien le levier virtuel V*s* (fig. 207) qui devient ainsi le levier de puissance ; et le levier de la résistance n'est pas le rayon du pignon, mais seulement la partie de ce rayon comprise entre le centre *d* et le point *e*, où l'aile est touchée par la dent. On démontre géométriquement que, à quelque point qu'on arrête la menée, le levier virtuel V*s* est au levier virtuel *ed* comme le rayon de la roue V*o* est au rayon du pignon *od* : il s'ensuit nécessairement que la puissance et la résistance ne varieront en aucun point de la menée[57].

1088. À côté de ces avantages, il présente un peu de frottement de glissement, ce qui est évident, puisque *re* est plus étendu que *ie*. Mais cette quantité de glissement, qui devient de plus en plus faible à mesure que les mobiles sont plus nombrés (au-dessous d'une trentaine de dents une roue ne peut plus conduire uniformément un pignon), est plutôt, en petite et moyenne horlogerie, un bien qu'un mal (**1082**) ; l'inconvénient grave consiste dans la différence des pressions du commencement à la fin de la menée, différence qui est cause qu'à la longue les surfaces de contact s'entament plus profondément sur un point que sur d'autres (**38**).

1089. L'engrenage en épicycloïde possède, on le voit, de sérieuses qualités, c'est le meilleur à employer en petite horlogerie parce que c'est le seul qu'on ait pu jusqu'ici exécuter avec précision ; néanmoins, c'est à tort que les auteurs des ouvrages d'horlogerie ont prétendu qu'il réalisait l'*engrenage parfait* ; il n'en approche que lorsque les mobiles sont *très nombrés*, et il y a des inconvénients à dépasser certaines limites (**1124**).

Des engrenages où la menée commence avant la ligne des centres.

1090. La ligne des centres est, comme on le sait, la ligne qui est censée passer par les centres de rotation, c'est-à-dire par les centres de la roue et du pignon (BA, fig. 214).

Il faudrait que la dent ne commençât à toucher le flanc de l'aile que lorsque ce flanc est arrivé sur cette ligne des centres (comme X*o* touche *o*Y, fig. 215), afin que le levier de résistance fût attaqué et mené à frottement sortant.

Il en est toujours ainsi pour les pignons de 12 ailes et au-dessus, et même pour les pignons de 10 et de 11, quand ils sont conformés selon les proportions qu'on trouvera plus loin ; mais quant aux pignons de bas nombre, 9, 8, 7, 6, la menée commence toujours avant la ligne des centres, et d'autant plus loin de cette ligne que le pignon est moins nombré. En voici la preuve :

Soit A (fig. 216) une roue de 40 dents ; chaque dent et le vide adjacent (*am* ou *an*) occuperont exactement sur le cercle primitif un arc de 9 degrés (9° x 40 = 360° ou le nombre des degrés du cercle).

À l'inspection de cette figure 216, où l'arc *na* (rectifié) équivaut à l'arc *oa* (rectifié) du pignon de 8, on voit qu'en donnant à la denture de la roue autant de plein que de vide, la dent B ne conduira pas assez loin l'aile F du pignon, et que l'aile suivante H sera touchée bien avant la ligne des centres par l'autre dent C. Si l'on augmente la largeur de la dent B, afin d'obtenir une ogive plus allongée, la nouvelle denture *nr* beaucoup plus pleine que vide, conduira par sa pointe *r* le flanc de l'aile *o*F assez loin pour que le flanc *pa* de l'aile suivante H arrive près

[57] Les deux triangles rectangles *o*V*s*, *oed* (fig. 207), sont semblables ; conséquemment leurs côtés homologues étant proportionnels, on a toujours *s*V: *ed* : :V*o* (rayon de la roue) : *od* (rayon du pignon).

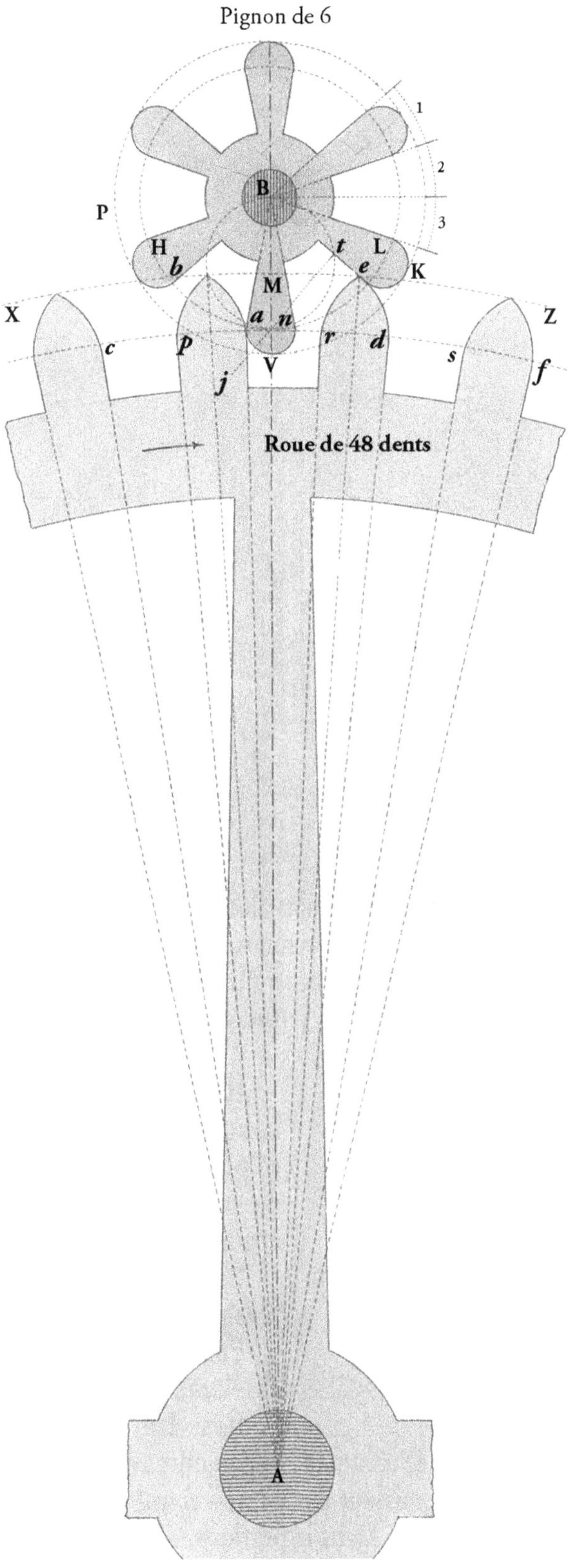

Fig. – 214.

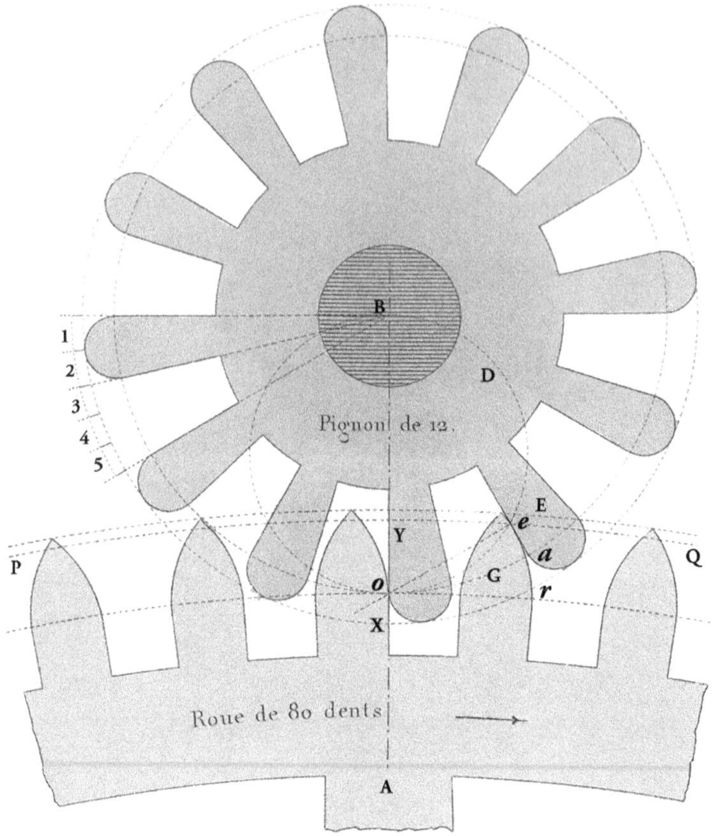

Fig. – 215.

de la ligne des centres avant d'être touché ; mais alors il faut enlever sur l'épaisseur de l'aile ce qui a été ajouté sur l'épaisseur de la dent, autrement, cette dent buterait sur l'angle de l'aile, et l'engrenage ne pourrait fonctionner. L'aile, ainsi qu'on le voit, devrait être beaucoup réduite sur son épaisseur.

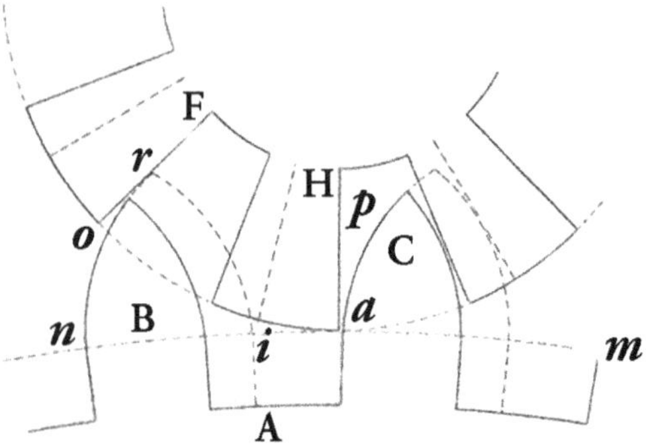

Fig. – 216.

1091. Pour que la menée commençât sur la ligne avec le pignon de 8, il faudrait que ce pignon eût à peu près 5/6e de vide, c'est-à-dire que le vide fût cinq fois plus large qu'une épaisseur d'aile.

Pour le pignon de 7, l'aile serait encore plus mince.

Pour le pignon de 6, elle serait réduite absolument à rien.

Il est clair, d'après ce qui précède, que dans les pignons de bas nombre, la menée commencera toujours avant le centre car il faut, de toute nécessité, conserver une certaine épaisseur aux ailes, d'abord pour la solidité, et ensuite pour obvier aux déformations de la trempe. Dans la pratique, on a reconnu qu'on ne pouvait, sans inconvénient, donner à un pignon de bas nombre plus de ⅔ de vide (sur l'arc *ao*, fig. 216), et par suite qu'il faut lui laisser ⅓ de plein ou d'épaisseur d'aile.

La conséquence naturelle à en tirer, c'est que la menée commencera d'autant plus près de la ligne des centres que l'aile sera plus mince, la dent plus large et, par suite, l'ogive plus élevée.

1092. Les pignons de bas nombre ne pouvant pas produire d'engrenage sans frottement rentrant, il faut, lorsque l'on veut obtenir un engrenage aussi parfait que possible, c'est-à-dire une transmission de force uniforme, n'employer que des pignons de 10 et au-dessus, parce que ces pignons ne sont menés que depuis la ligne des centres. Toutefois, s'il faut absolument rejeter des ouvrages soignés et très précis dans leurs effets les pignons de bas nombres, on peut les admettre dans les productions du commerce. Là, si ces pignons sont faits selon les règles qu'on trouvera plus loin, et s'ils sont bien trempés et parfaitement polis, on en obtient un très bon service ; mais il faut se souvenir que le pignon de 8 vaut mieux que celui de 7, et celui de 7 mieux que celui de 6.

Pourquoi on arrondit l'excédant d'un pignon. De la hauteur utile de l'ogive des dents.

1093. On sait qu'on nomme *excédant* toute la partie, soit d'une dent, soit d'une aile, qui fait saillie en dehors des cercles primitifs : *rao* et *izn*, fig. 207, p. 517.

L'excédant de la roue, qu'on nomme aussi par suite de sa forme l'*ogive* de la dent, doit être formé, ainsi qu'on l'a vu, selon une certaine courbure épicycloïdale ; quant à l'excédant du pignon, qu'on appelle simplement l'*arrondi*, et dont nous n'avons pas encore parlé, si on voulait dans les pignons de bas nombre appliquer rigoureusement la règle, cet excédant devrait affecter également une forme épicycloïdale appropriée.

Mais remarquons que :

1°. Dans les pignons un peu , et ainsi que nous le verrons plus loin, l'excédant n'est utile que comme mesure de précaution ;

2°. Il est à peu près impossible de donner à un excédant de pignon d'horlogerie la vraie courbure théorique ;

3°. Une partie infiniment petite de la courbe de l'excédant est touchée par la dent à sa rentrée dans un vide.

Ces diverses remarques ont conduit les artistes à adopter le demi-cercle comme la forme la plus convenable à l'excédant du pignon, l'aile se trouve ainsi simplement arrondie comme dans les figures 230, 214, 215, 228 et 229.

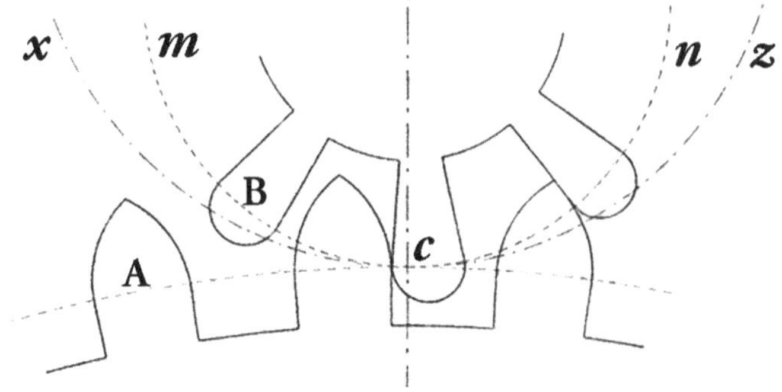

Fig. – 217.

1094. La forme demi-circulaire appliquée aux pignons offre plusieurs avantages avec l'engrenage épicycloïdal :

1°. Elle permet de déterminer exactement et avec facilité la différence du diamètre total au diamètre primitif, puisque ce dernier est plus petit que l'autre justement d'une épaisseur d'aile ;

2°. Elle suffit à assurer la *rentrée* sans augmentation sensible de frottement dans les pignons de bas nombres ;

3°. Non seulement elle facilite l'exécution, mais encore elle fait distinguer assez nettement le point où passe le cercle primitif, point qu'il est essentiel de connaître si l'on veut produire un bon engrenage.

1095. Dans les engrenages où les pignons sont très nombrés, l'aile du pignon n'est pas poussée par l'ogive de la dent jusqu'à l'extrémité de cette dernière, parce qu'une autre dent entre en prise avec l'aile suivante avant que la première dent ait achevé sa menée ; il en résulte que le contact d'une aile et d'une dent est d'autant plus court que les mobiles sont plus nombrés, et que dans ces sortes d'engrenages, une partie de la pointe des ogives étant inutile, on la supprime (fig. 218).

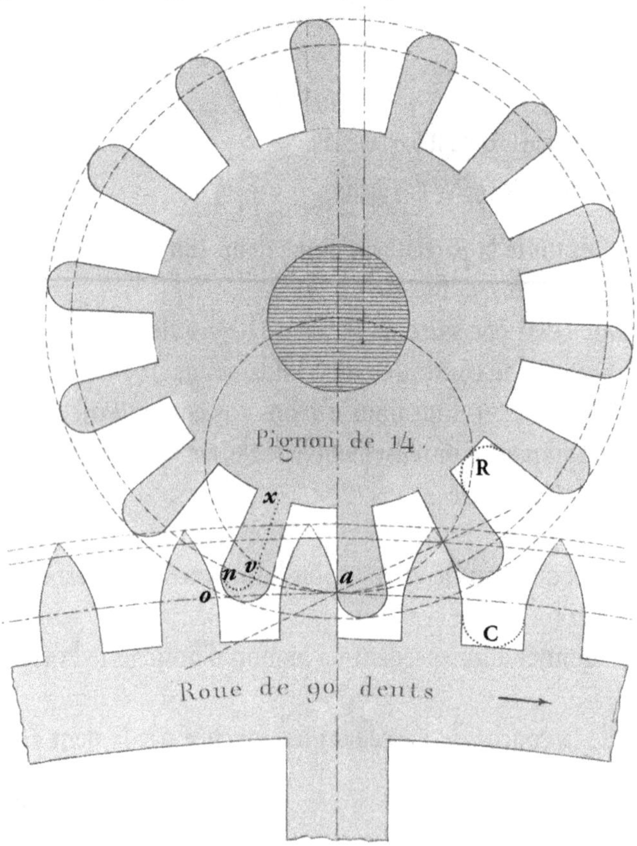

Fig. – 218.

1096. Avec les pignons de 10 ailes et au-dessous, la conservation de la pointe de l'ogive est indispensable ; avec les pignons de 11 et de 12, c'est à peine si l'on peut émousser légèrement les pointes des dents (on les conserve généralement par mesure de précaution). On peut faire davantage pour les nombres au-dessus, et de plus en plus selon que le nombre des ailes est de plus en plus élevé.

1097. Une remarque que nous empruntons à l'art. **1084** nous fournit le moyen de connaître quelle est la longueur utile de l'ogive.

Puisqu'on sait, d'après les précédents articles, que le contact entre l'aile et la dent est tracé par le point générateur, cette remarque faite, on dessine l'engrenage (voir plus loin) de façon que le flanc de la dent *o*X (fig. 215, p. 534) se trouve en contact avec l'aile Y précisément sur la ligne des centres AB ; puis, le dessin terminé, on trace le cercle générateur D et le point où ce cercle coupe le flanc *e* de l'aile E, se trouvant être le dernier point utile de la menée par l'ogive G, puisque la dent X*o* commence sa menée, tout ce qui est au-dessus de ce point *e* peut être supprimé, ce que l'on indique par un arc de cercle PQ, décrit du centre de la roue.

La ligne *oe* doit être perpendiculaire au flanc *e* de l'aile E.

Du jeu dans les engrenages.

1098. Dans l'engrenage mathématique, les dents et les ailes qui engrènent n'ont aucun jeu entre elles. Les mathématiciens, calculant rigoureusement les dimensions et les effets de l'engrenage, supposent l'exécution aussi précise que le calcul ce qui, comme on le sent bien, ne peut être. D'ailleurs, le travail continuel de la matière par les variations de chaleur, l'imperfection de nos moyens d'exécution, qui ne permet pas d'obtenir une précision absolue quant à la division de la matière, le frottement de la dent devant et derrière s'opposeraient invinciblement à la marche d'un engrenage sans jeu.

Avec les proportions des dentures qu'on trouvera plus loin, le jeu est suffisant quand l'exécution est *fidèle*, ainsi qu'on dit en terme de métier car on conçoit que la quantité de ce jeu doit être proportionnée aux inégalités de la division. En somme, ce n'est que par la pratique et l'examen raisonné des bons modèles que cette quantité peut être déterminée sûrement.

Observation extraite de l'ouvrage de Camus.

1099.

« Comme on ne peut pas espérer de former les dentures avec toute l'égalité et la précision qui sont nécessaires pour que les circonférences primitives de la roue et du pignon tournent toujours avec la même vitesse, et que l'inégalité et les autres défauts de la denture seraient cause que quelques dents ne conduiraient pas aussi loin qu'il le faudrait après la ligne des centres, les ailes qu'elles doivent pousser, et qu'il en pourrait résulter des arcs-boutements, etc., les artistes préviendront cet inconvénient en faisant le diamètre primitif du *mobile qui conduit* un peu plus grand qu'il ne doit être relativement au *mobile qui est conduit.*

Au moyen de cet agrandissement du diamètre de la roue, qui doit être proportionné aux défauts que l'on peut craindre dans la denture, la dent qui suit celle qui pousse l'aile après la ligne des centres prend un peu plus tard l'aile qui suit, et lorsque la dent précédente a poussé l'aile après la ligne des centres aussi loin qu'elle peut le faire uniformément, la roue prend un peu plus de vitesse qu'elle n'en communique au pignon, ce qui est un défaut ; mais ce défaut, dans lequel on tombe volontairement, est moins à craindre que les arcs-boutements auxquels on serait exposé si on voulait l'éviter. »

Chapitre II

Dessiner un engrenage.

1100. Il est aisé maintenant, et avec le secours des données théoriques et pratiques précédemment développées, de trouver les justes proportions d'un engrenage et d'en tracer la figure.

Nous ne saurions trop engager, surtout les jeunes gens, à s'exercer au dessin correct des engrenages ; il est peu de moyens plus efficaces pour en bien faire comprendre et les fonctions et les principes.

Préalablement, il faut mesurer la distance des centres des deux mobiles sur le calibre de la montre, et choisir les nombres que l'on veut appliquer à la division de chaque denture, nombres qui doivent être en rapport avec la quantité de révolutions du pignon pour une révolution de la roue.

Supposons que l'on veuille huit tours de pignon pour un tour de roue. La roue doit avoir alors huit fois plus de dents que le pignon n'a d'ailes, 48 dents pour un pignon de 6 ailes, 64 dents pour un pignon de 8, 80 dents pour un pignon de 10, et ainsi de suite.

Les nombres choisis étant 6 et 48, et la distance des centres étant de 15 millimètres, on trace sur un papier à dessin, fort et bien tendu, une ligne droite AR (fig. 214, p. 533), sur laquelle on marque les deux centres A et B, distants entre eux de 15 centimètres. (Le dessin est alors amplifié par 10, il suffira d'en réduire les dimensions au 10e pour obtenir les proportions vraies de l'engrenage. Il vaudrait mieux encore amplifier par 20, 30, etc.)

Ainsi qu'il a été enseigné art. **1049**, on établit la proportion :

$48 + 6 : 15 : : 48 : x$, ce qui est la même chose que $54 : 15 : : 48 : x$

$(15 \times 48)/54 = 720/54 = 13{,}33$ ou la valeur de x.

Le rayon primitif de la roue doit donc avoir de longueur, dans le cas qui nous occupe, 13 centimètres plus 33 centièmes de centimètre, et ce nombre étant retranché de 15 centimètres ou de la distance des centres, il reste pour le rayon primitif du pignon 1 centimètre plus 67 centièmes.

Avec une ouverture de compas légèrement plus grande que 13,33 cm (**1099**) soit 13 ½ (13,50), et du centre A, on décrit l'arc de cercle *caf*, puis, du centre B, l'autre arc de cercle *bae*, effleurant le premier à la ligne des centres.

Ces deux cercles sont les cercles primitifs de la roue et du pignon.

Le pignon ayant 6 ailes et nécessairement autant de vides, une aile et un vide adjacent doivent occuper sur le cercle primitif le sixième des 360° de la circonférence, c'est-à-dire 60 degrés et ainsi qu'on le verra en son lieu, le pignon de 6 devant avoir ⅔ de *vide* pour ⅓ de *plein* seulement, l'épaisseur de l'aile occupera 20°. Comme cette aile doit être touchée 10° avant la ligne des centres, on tire la ligne B*a*, faisant un angle de 10° avec la ligne des centres BA ; on tire la ligne B*n*, formant avec B*a* un angle de 20°, c'est-à-dire une épaisseur d'aile.

De chaque côté de cette aile, les deux angles *b*B*a*, *n*B*e*, de 40° chacun, donneront la largeur des vides, puis on trace les côtés des deux ailes H et L, etc.

L'excédant du pignon devant être un demi-cercle, du milieu des petits arcs du cercle primitif interceptés entre les flancs des ailes on décrit les excédants ou arrondis.

La profondeur des vides ne peut pas encore être déterminée, parce qu'elle est subordonnée à la hauteur des ogives de la roue, quantité encore inconnue.

Le point *a* sur l'aile M étant le premier point de contact, la ligne *a*A, menée de ce point au centre de la roue tracera le flanc d'une dent.

Cette roue ayant 48 dents, une dent et le vide adjacent (*ad*) occuperont la 48e partie de la circonférence, c'est-à-dire 360⁄48 ou 7° ½. Les arcs *ca, ad, df*, étant tracés et embrassant 7° ½ chacun, on divise ces arcs par leurs milieux *p, r, s*, si l'on veut le vide égal au plein, et avec une règle effleurant successivement les points *c, p, a, r, d, s, f*, et en même temps que chacun de ces points celui du centre A, on trace les flancs des dents de la roue.

Il reste à garnir cette roue de ses excédants.

À part et sur un carton (fig. 219) on trace avec le rayon primitif de la roue l'arc A*g*CB. À l'extrémité du rayon E*g*, on forme l'épicycloïde convenable *gd* (**1104**) ; puis on découpe ce carton suivant E*gd* et on l'applique sur la figure 214 (p. 533) en faisant coïncider la ligne E*g* du modèle avec la ligne *p*A de la figure 214 et l'arc A*g*CB du carton avec le cercle primitif de la roue on trace un côté de l'ogive, et il suffit de renverser le modèle pour former l'autre côté par la même méthode[58].

Du centre de la roue, on décrit le cercle pointillé qui passe par les pointes des ogives, XZ (fig. 214). Ce cercle, en déterminant la pénétration des dents vers le centre du pignon, sert à établir la profondeur des vides de ce pignon. Le cercle décrit du centre du pignon et passant par l'extrémité des ailes (PVK) sert à déterminer la profondeur des vides de la roue. On a compris qu'un jour de sûreté suffisant doit exister entre les fonds des vides et les extrémités des excédants.

[58] Le dessin étant supposé fait avec toute l'exactitude possible, surtout dans la mesure des degrés, on peut utiliser les renseignements suivants et comme moyens de vérification.

Si la dent *rd* effleure de sa pointe le flanc *e t*, la hauteur de l'excédant est la bonne ; mais si la pointe *e* est un peu éloignée du flanc de l'aile *te*, les ogives sont trop courtes et le contact commence bien avant le point *a*.

Si la pointe de la dent *rd* anticipe sur le flanc de l'aile, c'est que les ogives sont trop longues.

En menant une perpendiculaire *jt* sur le- flanc *te* et passant par le point où la ligne des centres croise les cercles primitifs (**1097**), on peut considérer (pignons au-dessous de 10) la distance entre *t* et la pointe de la dent comme sensiblement égale à la distance entre le point *a* et la ligne des centres. Avec pignon de 10, la pointe de l'ogive tombe en *t*, et avec pignon de 12, un peu au-dessus.

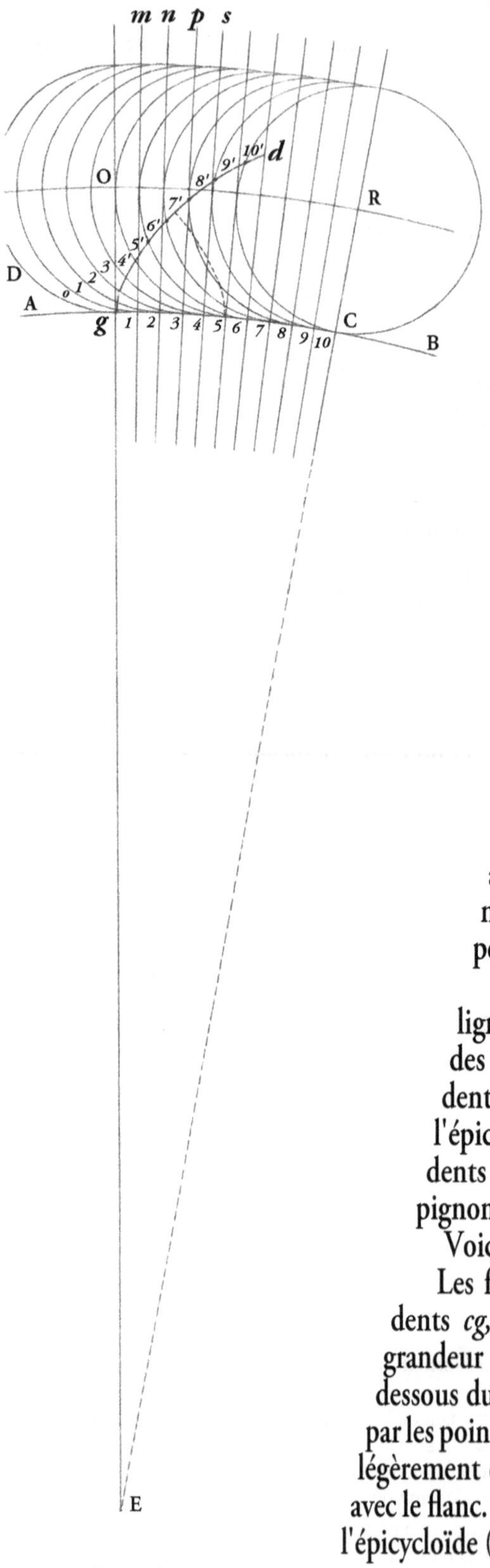

Fig. – 219.

L'engrenage est ainsi complètement dessiné, et si l'opération a été faite avec assez de soin, il suffit d'en relever les dimensions exactes (diamètres primitifs, diamètres vrais, épaisseur d'aile, hauteur des ogives, etc.) et de les réduire à l'aide du compas de proportion et du calcul, pour pouvoir établir sur les données du dessin un excellent engrenage (chap. VI).

Observations diverses.

1101. Le dessin s'exécute d'abord, et ainsi qu'on a fait pour les échappements, au crayon finement taillé, afin de permettre les rectifications. Il est bien entendu qu'on ne passe à l'encre de Chine que les lignes qui doivent rester.

Au centre de la roue et du pignon, on a préalablement fixé à la colle à bouche une petite plaque de matière dure, de la nacre, par exemple, et sur laquelle le centre est pointé, afin d'éviter que ce centre soit élargi ou jeté de côté par la pointe du compas. On peut employer, ainsi que le font les dessinateurs, des centres métalliques qui se fixent sur le papier par trois pointes très fines.

La hauteur de l'excédant (chapitre IV) ou la ligne *cedf* (fig. 220) étant connue, et les flancs droits des dents étant tracés, ainsi que les milieux de ces dents, les dessinateurs ont l'habitude de remplacer l'épicycloïde par un arc de cercle embrassant deux dents des pignons au-dessous de 10, et trois dents aux pignons de 10 à 18.

Voici comment ils opèrent :

Les flancs droits étant tracés, ainsi que le milieu des dents *cg, eb, di, fj,* (fig. 220), on cherche avec quelle grandeur de rayon on peut décrire, d'un centre un peu au-dessous du cercle primitif (*x* ou *x'*), un arc de cercle passant par les points d'intersection, *c, e,* par exemple, et tombant très légèrement en dehors des flancs *n, r.* On raccorde la courbe avec le flanc. La courbe ainsi obtenue ne diffère presque pas de l'épicycloïde (**1149**).

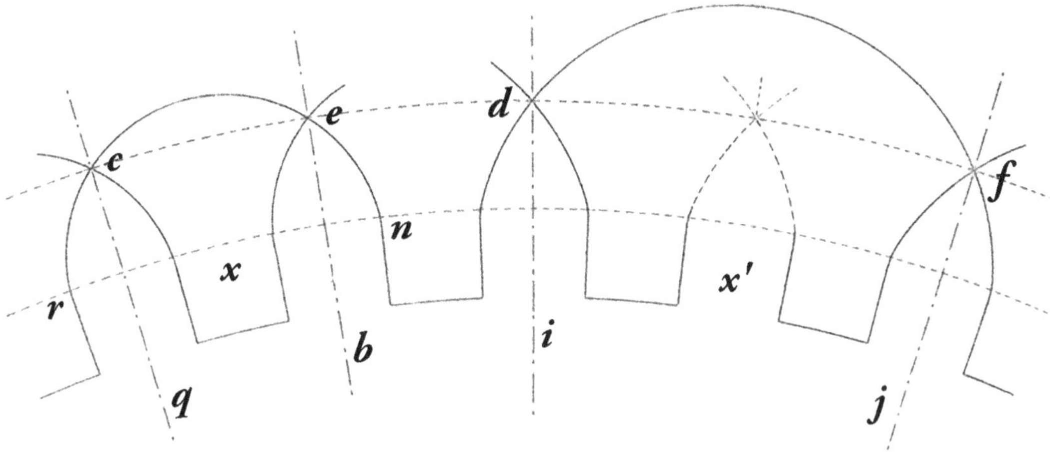

Fig. – 220.

Dans les mobiles nombrés, où l'on supprime une portion de l'excédant, il faut indiquer cette suppression (fig. 218, p. 536, **1097**), parce que, en permettant de faire les vides moins profonds, elle procure des ailes plus courtes et par conséquent, plus solides.

Le tracé d'un engrenage peut servir pour tous les engrenages, grands ou petits, établis sur les mêmes nombres. Ainsi, si la distance des centres, au lieu d'être de 15 est de 30, il suffit de doubler les dimensions et réciproquement, de les réduire de moitié si cette distance est de 7,5... etc. Ces diverses opérations se font avec assez de facilité, comme on le verra en son lieu.

1102. Nous venons de donner les règles générales qu'on peut suivre pour tracer le dessin d'un engrenage, mais nous devons prévenir que cette opération devient plus facile encore, au moyen des renseignements, proportions données, etc., du chapitre IV.

Nous dirons ici, pour les horlogers, malheureusement encore trop nombreux, qui regardent comme une chose inutile un tracé d'engrenage en grand, et qui se retranchent sous le prétexte de l'impossibilité de la réduction exacte des proportions et de l'application des principes à un engrenage de montre, que ceux qui raisonnent ainsi se trompent grandement. La réduction en question se fait avec facilité au moyen du calcul et de bons outils à graduer, dont on trouvera la description plus loin. Quant à l'application des principes en petit, elle exige de grands soins, mais ne présente pas de difficultés, la pratique offrant à l'horloger des moyens suffisants pour satisfaire à toutes les exigences de l'horlogerie marine, et conséquemment de l'horlogerie civile, dont les besoins sont moindres.

Autre méthode pour trouver les longueurs proportionnelles des rayons primitifs.

1103. La distance des centres étant connue, au lieu d'employer, pour trouver la longueur de chaque rayon primitif, une proportion, comme on a fait précédemment (**1049**, **1100**), on peut diviser simplement cette distance des centres *en autant de parties, plus une*, que le nombre du pignon est contenu de fois dans le nombre de la roue. Cette division faite, on prend une des parties pour le rayon du pignon, et l'on compose le rayon de la roue de la réunion des parties restantes.

Reprenons l'exemple de l'article **1100**.

Le nombre de la roue étant 48 et celui du pignon 6, ce dernier nombre est contenu 8 fois dans l'autre : c'est donc par 9 (8 + 1) que la distance des centres (15 millimètres) doit être divisée. Multipliant 15 par 10, pour réduire en dixièmes, ce qui donne 150 dixièmes de millimètre (même chose que 15 millimètres), et divisant 150 par 9, on obtient pour quotient 1 millimètre et 67 centièmes, ou à très peu près, ce qui est le rayon du pignon.

La différence du résultat de cette opération et du résultat de l'opération de l'art. **1100** n'est pas d'un demi-centième de millimètre, différence insignifiante, et qui pourrait encore être réduite en employant un plus grand nombre de chiffres décimaux, c'est-à-dire en réduisant les 15 millimètres en centièmes (1500/100mes).

Tracer une épicycloïde par des points.

1104. Soit ACB (fig. 219, p. 540), le cercle primitif de la roue, et D le cercle générateur. On tire la ligne E*g*O passant par le premier point de contact et par le centre du cercle générateur. On divise au compas un arc, comme *g*C (un peu plus grand que la largeur d'une dent), en parties égales 1, 2, 3, 4, etc. L'on tire par ces différents points 1, 2, etc., et du point E, centre de la roue, les lignes 1*m*, 2*n*, etc., puis du centre E on décrit l'arc de cercle OR passant par le centre du générateur. Chacun des points d'intersection de l'arc OR et des lignes 1, 2, 3, etc., devient le centre d'un nouveau générateur que l'on trace.

On prend au compas bien exactement la distance *g*1, que du point 1 pour centre, on porte sur le générateur 1', sur lequel on marque un point. On pose la pointe du compas au point 2, et l'on porte deux ouvertures du compas sur le générateur 2'. On y marque un point. On pose la pointe du compas au point 3, et l'on porte trois longueurs sur le générateur 3', sur lequel on marque un point, et ainsi de suite.

La ligne courbe *gd*, qu'on fera passer par les différents points obtenus successivement, sera l'épicycloïde cherchée.

Remarques. L'ouverture du compas qui sert à diviser l'arc *g*C en parties égales doit être aussi petite qu'il est possible, c'est-à-dire juste assez grande pour qu'on puisse opérer sans trop de difficulté. Le peu d'étendue de l'unité de division permet, et sans erreur sensible, de considérer le petit arc intercepté entre les pointes du compas comme une portion de ligne droite.

Le compas doit être léger et avoir ses deux pointes fines. Il ne faut pas l'enlever à chaque mesure mais le faire tourner sur une de ses pointes tout en ayant la loupe à l'œil.

Tracer l'épicycloïde à la roulette

1105. Le cercle A (fig. 221) est une portion du cercle primitif de la roue découpée en bois, et dont le contour doit être parfaitement net. On forme sur le tour le disque en bois B de la grandeur du cercle générateur. Un ruban mince *cd*, non susceptible d'allongement, se fixe par une extrémité à la roue, et par l'autre extrémité au cercle générateur. Une pointe *o* en laiton, dont l'angle *mousse* doit être à fleur du cercle B, est disposée de façon à déborder légèrement au revers de ce cercle, c'est-à-dire par-dessous.

L'appareil ainsi disposé se place sur un carton (préférablement celui au blanc de zinc sur lequel le laiton laisse une trace noire comme un crayon), étendu sur un plan, sur lequel on assujettit fortement la portion de roue A, qui doit rester immobile. Puis on fait passer sur les tiges M et N (fig. 222), représentant par-dessus les axes des deux roues, le cordon tendu *gh*, à l'effet d'empêcher les centres de s'écarter.

Le ruban étant tendu très fortement et la pointe traçante *o* étant placée sur la ligne des centres (fig. 222), on fait tourner le cercle B vers la droite et en pressant légèrement sur le plan de ce cercle. La pointe *o* trace alors sur le papier une épicycloïde d'une suffisante netteté,

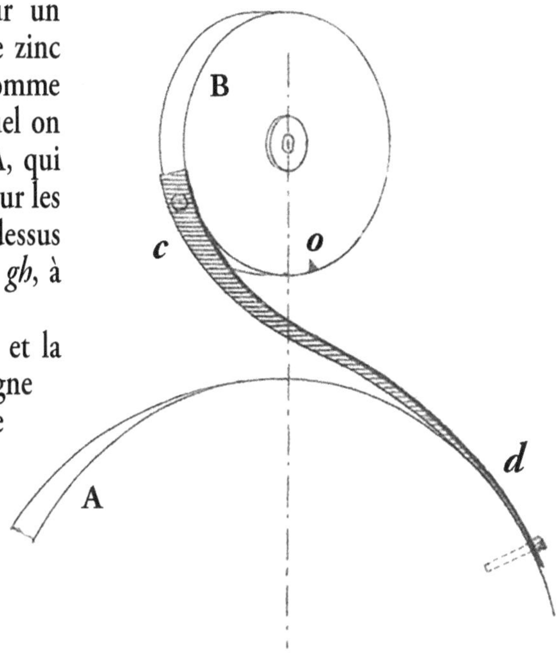

Fig. – 221.

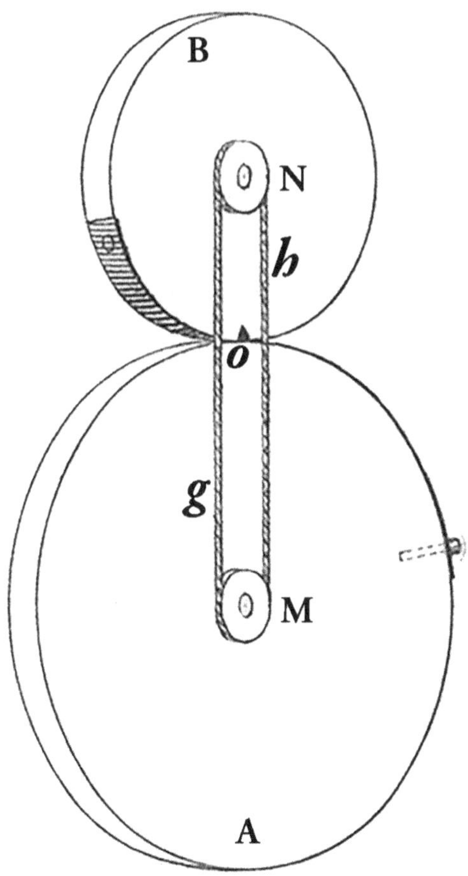

Fig. – 222.

quand l'opération a été préparée avec soin et qu'elle est conduite avec intelligence. On a sans doute compris que le ruban doit être aussi mince que possible, parce qu'en s'enroulant autour du cercle, ce ruban ajoute sa propre épaisseur au diamètre de ce cercle.

Tracé de la cycloïde.

1106. La cycloïde se décrit par les mêmes procédés, sauf que le cercle A est remplacé par une règle droite.

Chapitre III

Table usuelle de la grosseur des pignons ; détails divers sur la menée, la chute, les mobiles nombrés.

Grosseur des pignons (méthode courante).

1107. Sous le bénéfice des observations qui suivent, nous donnons le tableau des mesures pratiques. Elles garantissent des arrêts majeurs : c'est tout ce qu'on peut, avec quelque raison, espérer des ouvriers, trop mal rétribués pour qu'on ait le droit de leur demander de faire plus et mieux ; mais nous devons avertir ici les fabricants que les deux chapitres suivants leur fourniront amplement les moyens de trouver la vraie grosseur, c'est-à-dire celle qui procure le meilleur engrenage.

1108. L'ouverture des becs du calibre doit embrasser, pour donner approximativement le diamètre d'un pignon :

- De 16 ailes, six dents pleines, c'est-à-dire mesurées sur les flancs extérieurs ;
- De 15 — un peu moins de six dents pleines, ou un peu plus de cinq dents et la pointe de la sixième ;
- De 14 — six dents sur les pointes ;
- De 12 — cinq dents sur les pointes (ou 4 dents pl. et 1 pointe) ;
  Pour une roue de pendule, cinq dents pleines ;
- De 10 — quatre dents pleines ;
  Pour la pendule, quatre dents carrées ;
- De 9 — un peu moins de quatre dents pleines, ou trois dents pleines et la pointe de la quatrième.
- De 8 — quatre dents sur les pointes moins ¼ de vide ;
  Pour la pendule, quatre dents sur les pointes ;
- De 7 — un peu moins de trois dents pleines ;
  Pour la pendule, trois dents pleines, plus ¼ de vide ;
- De 6 — trois dents sur les pointes, ou légèrement plus ;
  Pour la pendule, trois dents pleines.

1109. Jurgensen, à la suite de ce tableau, emprunté en grande partie de Berthoud, ajoute : « Quand les pignons mènent les roues, ils doivent avoir un diamètre un peu plus grand. » Cette recommandation incomplète ne sert qu'à induire journellement en erreur le trop grand nombre d'horlogers qui la prennent à la lettre. On verra au chapitre VI en quoi la grosseur du pignon *menant* diffère de celle du pignon *mené*.

1110. Tout en donnant ce tableau des grosseurs des pignons, Berthoud avait tellement conscience lui-même de l'insuffisance de cette méthode qu'il ajoute : « Qu'avant de tremper le pignon, il faut essayer l'engrenage sur le compas, afin de bien fixer la grosseur de ce pignon et de donner aux ailes la courbure la plus favorable » ; ce qui ne signifie autre chose, sinon qu'il n'arrivait que par tâtonnement à fixer la grandeur du diamètre primitif.

Imperfections des moyens employés pour déterminer la grosseur des pignons.

1111. Dans la pratique ordinaire de l'horlogerie, comme on vient de le voir, on prend pour la mesure du diamètre total d'un pignon une ouverture de calibre-à-pignon, embrassant sur le contour de la roue autant de pleins et de vides réunis qu'en contient le tiers de ceux du pignon.

Ainsi, pour un pignon de 6, les six ailes et les six vides donnent 12, dont le tiers est 4. L'ouverture du calibre doit donc embrasser 2 vides et 2 pleins, quantité qui correspond exactement à la mesure usitée de trois dents sur les pointes, puisqu'alors sont compris entre les becs du calibre : deux vides, une dent pleine plus deux demi-dents, ou au total deux dents et deux vides.

1112. Voici sur quelle base les créateurs de cette méthode l'ont appuyée :

> « L'arc de cercle qui comprend un vide et un plein sur la circonférence primitive de la roue est égal à l'arc de cercle qui comprend un vide et un plein sur la circonférence primitive du pignon ; et comme tout diamètre est le tiers de sa circonférence, si l'on mesure sur le contour de la roue une étendue égale au tiers du nombre des pleins et des vides du pignon, on aura le diamètre de ce dernier. »

1113. Cette méthode est inexacte. En effet :

1°. Un diamètre n'est pas rigoureusement le tiers de sa circonférence ;

2°. Par la nature du moyen employé, on obtient non la longueur d'un arc, mais seulement la mesure de la corde qui joint ses deux extrémités ; d'ailleurs, en supposant les cordes égales, les arcs ne seraient pas égaux, puisque ceux du pignon sont plus cintrés que ceux de la roue ;

3°. Le rapport entre les deux diamètres primitifs n'est pas le même que le rapport entre les deux diamètres totaux, et c'est tantôt sur le cercle primitif de la roue, tantôt sur l'autre, que la mesure est prise ;

4°. La grandeur d'un diamètre total varie selon le plus ou moins de largeur laissée aux dents ou aux ailes, puisque la hauteur de l'excédant augmente comme cette largeur, tandis que la grandeur des cercles primitifs ne change pas.

Ces différentes remarques conduisent à cette conclusion : que la mesure pratique donne un pignon de 6 trop petit et que, pour parer aux inconvénients qui pourraient en naître, il faut arrondir l'aile un peu moins que le demi-cercle. Le point précis où doit descendre cet arrondi est ainsi indéterminé, et la solution de cette grave difficulté est laissée à l'arbitraire, c'est-à-dire au plus ou moins de savoir et d'intelligence de l'ouvrier[59].

Quelques-unes des mesures pratiques en usage se rapprochent un peu plus que celle du pignon de 6 de la vraie grandeur totale, sans toutefois la donner avec exactitude, et nous ferons observer que les auteurs varient entre eux, et qu'ils n'ont pas toujours la même mesure pour le même pignon.

D'où provient la différence des mesures données pour la grosseur des pignons de montre et de pendule.

1114. La recommandation des auteurs de tenir les pignons de la pendule un peu plus gros que ceux de la montre a accrédité le préjugé que la théorie admet des principes différents de la montre à la pendule et que, par conséquent, il y a de l'arbitraire et de l'incertitude dans les règles de cette théorie.

Les pignons des montres, pendules, horloges, etc., doivent tous être établis *sur le principe invariable de la proportion des diamètres primitifs aux nombres des dentures*, et les autres dimensions, telles que l'épaisseur des ailes, la hauteur des excédants d'après des règles précises dont on a déjà pris en partie connaissance, et qui seront complétées plus loin.

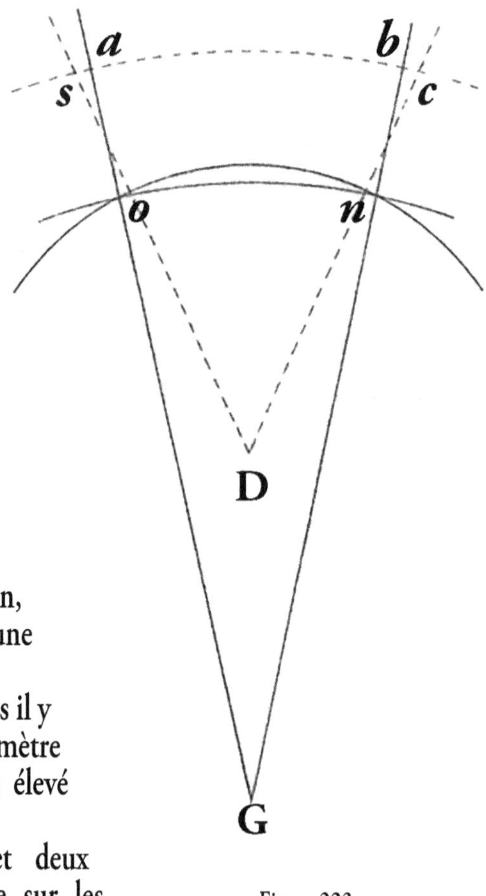

Fig. – 223.

1115. Voici l'origine de la différence en question, différence dont Berthoud a donné quelque part une explication erronée :

1. – Plus une roue est nombrée et moins il y a de différence entre son diamètre total et son diamètre primitif, puisque l'excédant est d'autant moins élevé que la dent est plus étroite ;

2. – Si l'on suppose qu'un vide et deux demi-pleins réunis occupent la même étendue sur les circonférences primitives de deux roues, dont les centres se trouvent en D et en G (fig. 223), on voit que si les pointes des ogives de la grande roue sont placées en *a* et en *b*, les pointes des ogives de la petite roue occuperont les points *s* et *c*, c'est-à-dire un espace plus grand. En un mot, l'arc de cercle intercepté entre les arêtes des ogives

[59] Les mesures pratiques ne donnant que le diamètre total, il s'ensuit que si trois pignons sont destinés à la même roue et que l'un ait l'aile très *maigre*, l'autre l'aile épaisse, le troisième l'aile en *grain d'orge*, ils auront néanmoins la même grosseur totale mais les diamètres primitifs restant différents, l'*arrondi* descendra plus bas à l'un des pignons qu'à l'autre ; l'aile épaisse sera touchée plus loin, ou plus près, du centre que l'aile maigre. En somme, la conséquence inévitable est celle-ci : si l'un des pignons produit un bon engrenage, ceux obtenus des deux autres pignons seront très mauvais, et quoiqu'ils soient tous les trois conformés selon la prétendue règle (**1122**).

devient de plus en plus petit (ou se rapproche en longueur de plus en plus de la portion du cercle primitif *on*) à mesure qu'on agrandit le diamètre de la roue.

On conçoit, à la seule lecture de ces deux observations, que les diamètres des pignons ayant été d'abord combinés d'après des roues de montres peu nombrées et de médiocre étendue, lorsque l'on a cherché à appliquer les mêmes mesures sur les dentures des roues de pendules, roues plus grandes et plus nombrées que celles des montres, il a dû nécessairement en résulter un pignon trop petit, et la différence a été trouvée d'autant plus grande que la mesure était prise plus près de la circonférence totale, c'est-à-dire sur les pointes des dents.

Méthode pratique pour reconnaître si la menée est uniforme.

1116. Ceux qui auraient quelque difficulté à se rendre compte des causes de l'inégalité de la menée ont un moyen pratique de s'assurer de la vérité des conclusions de la science. On met au compas un engrenage dont les formes des dentures s'éloignent le plus possible de celles des figures, et où le pignon se trouve trop gros ou trop petit. Après avoir placé sur les deux broches du compas deux rondelles de laiton, graduées finement et exactement au bord (fig. 42, page 199), on arme l'axe du pignon et celui de la roue chacun d'une aiguille dont la pointe aille aboutir près des demi-cercles gradués.

Les pièces ainsi disposées, on cherche attentivement à la loupe le point précis où une dent entre en prise avec une aile. Ayant noté à quels degrés les pointes des aiguilles se trouvent alors arrêtées, on fait parcourir à la roue environ ¼ de sa menée sur une aile, et l'on note les degrés indiqués alors par les deux aiguilles. On remet en marche de nouveau, en faisant seulement décrire à la roue une quantité de degrés égale à la première quantité qu'elle a parcourue et l'on note les degrés parcourus dans le même temps par l'aiguille du pignon, et ainsi de suite jusqu'à la fin de la menée de l'aile par la dent. Chacune des portions de menée est différente sur le demi-cercle gradué du pignon, tandis qu'elles sont égales sur celui de la roue ; et dans le cas où l'on fait parcourir des parties égales au pignon, celles décrites par la roue cessent d'être semblables, ce qui prouve, par l'évidence, que chaque mobile marche d'un mouvement tantôt plus lent et tantôt plus accéléré, et que l'engrenage doit avoir des glissements, des précipitations, etc.

Plus les roues et leurs pignons approchent des vraies proportions, et plus l'engrenage est doux, coulant, et se fait *avec uniformité dans la menée*. Cette uniformité est ainsi un des meilleurs moyens de vérification que la pratique mette à notre disposition.

De la menée sans frottement rentrant aux pignons de bas nombre.

1117. Quelques artistes, frappés des inconvénients qui résultent de la menée avant la ligne des centres, ont imaginé une prétendue méthode pour faire toujours commencer la menée à cette ligne. Bon nombre d'horlogers, ou soi-disant tels, disent encore, fort sérieusement, que la règle unique des engrenages est de les faire *prendre au centre*. Outre l'impossibilité absolue de faire commencer la menée à la ligne des centres avec certains pignons, ainsi qu'on l'a vu (**1091**), pour éviter un défaut on tombe dans un plus grand. En effet, pour obtenir que la menée commençât plus près de la ligne des centres que ne le veut la théorie pour les pignons de bas nombre, il faudrait faire très minces les ailes du pignon, tenir ce dernier trop petit, allonger les dents de la roue au-delà du principe, et exagérer la pénétration de l'engrenage.

À ces conditions, la menée commencerait plus près de la ligne, mais cette menée n'étant plus uniforme, les mobiles auraient des instants de vitesses différentes ; en outre, les accotements seraient plus à craindre, et il y aurait des chutes avec glissements, surtout à la fin de la menée. Il est clair que tous ces défauts réunis rendraient l'engrenage bien plus mauvais que ne pourrait faire un peu de frottement rentrant.

Il convient de s'en tenir aux proportions données dans le chapitre suivant.

De la chute des accotements provenant des pignons trop gros ou trop petits.

1118. Lorsqu'une dent pousse avec son extrémité une aile de pignon, il arrive que cette pointe de dent glisse rapidement sur le flanc de l'aile, et que la dent suivante tombe par un petit saut brusque (la chute) sur l'aile correspondante du pignon.

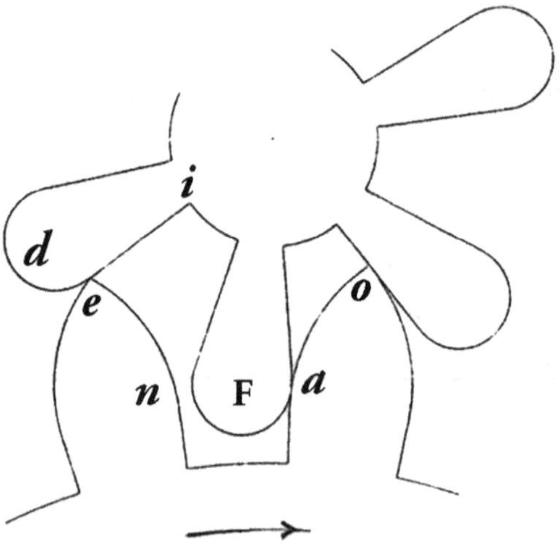

Fig. – 224.

On désigne en général sous le nom d'accotement le frottement défectueux de la portion courbe *oa* (fig. 224) contre F (la roue tourne à droite), ou de *e* contre *di*, ou de *en* contre F, pendant l'action de la rentrée, ou bien encore le frottement d'une pointe de dent au fond d'un vide. Quelques artistes et auteurs donnent aussi ce nom au frottement rentrant ; selon eux, le mot accotement désignerait ainsi l'ensemble des frottements ayant lieu avant le passage de la ligne des centres (sauf les arcs-boutements). Cette définition n'est pas juste car l'accotement est un frottement défectueux qu'on doit et peut toujours corriger, et l'on sait que le frottement rentrant n'est pas toujours dans ce cas. Nous réunirons sous le nom d'accotements :

- le frottement du revers d'une dent à la rentrée ;
- l'attouchement d'une pointe de dent au fond d'un vide ;
- tout frottement rentrant exagéré, c'est-à-dire se faisant plus loin de la ligne des centres que ne le demande le principe, tous défauts qui ne doivent pas subsister dans un engrenage.

1119. Avec un pignon trop petit (de diamètre primitif), on a de la chute.

Cet effet est facile à expliquer : si le pignon est trop petit, l'arc comprenant un vide et un plein au pignon est plus court que l'arc correspondant de la roue, et il en résulte que lorsque la dent conductrice H (fig. 225) ne pousse plus l'aile que par la pointe de l'ogive, la dent suivante B est éloignée de l'aile qui lui correspond d'une quantité *an*, à peu près égale

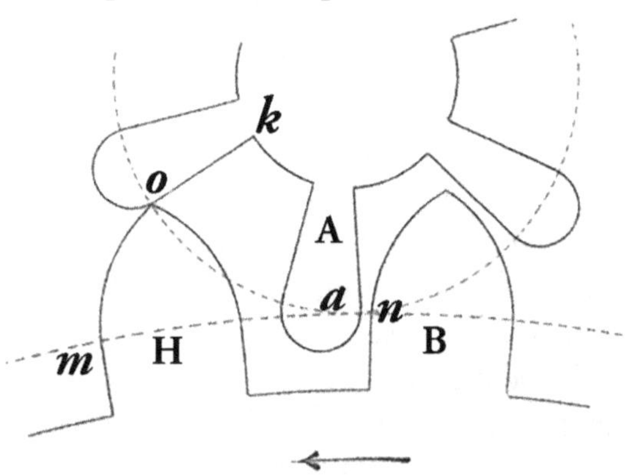

Fig. – 225.

à la différence des deux arcs *ao, mn*. Dans cette position, le pignon cesse presque de tourner, tandis que la pointe de la dent H, glissant sur le bord du flanc et lui échappant à la naissance de l'arrondi, fait prendre à la roue un mouvement accéléré qui cesse brusquement par la rencontre ou l'entrée en prise de la dent B et de l'aile A. La secousse donnée par la chute est d'autant plus forte que le pignon est plus petit et que les mobiles vont plus vite.

On voit que, pour amortir le plus grand effort de la chute, il suffirait d'allonger un peu le flanc droit *ok*, parce qu'alors la dent H n'abandonnant l'aile *ok* que lorsque la menée aurait commencé sur d'autres dents, le choc serait amorti ou même supprimé. Remarquons toutefois que, quoiqu'un pignon soit de la grosseur convenable, la menée se termine toujours par glissements quand les ogives ne sont pas *suffisamment allongées*.

1120. Avec un pignon trop gros (de diamètre primitif), un vide et le plein adjacent sur la roue occupent moins d'étendue que sur le pignon. Les vitesses étant différentes, l'entrée en prise d'une dent avec une aile a lieu d'autant plus loin en avant de la ligne des centres que le pignon est plus gros, ce qui est cause que cette entrée en prise se fait par des accotements, et même si la grosseur du pignon est exagérée, l'accotement dégénère en arc-boutement par suite de la butée des extrémités des dents contre celles des ailes.

1121. L'arc-boutement suspend complètement la marche d'un engrenage.

Les accotements absorbent inutilement une grande partie de la force motrice, occasionnent la destruction rapide des surfaces frottantes, et parfois même l'arrêt de la machine.

Les chutes sont cause aussi d'une perte de force et d'une usure assez prompte, mais à un degré moindre que dans les cas ci-dessus, et elles ne sont pas une cause d'arrêt : d'où nous conclurons, pour les rhabilleurs que, dans un engrenage à conditions égales, les chutes sont moins nuisibles que les accotements.

Quelques soins que l'on apporte dans l'application des règles de la théorie à la construction d'un engrenage, l'imperfection des instruments, les inconvénients de la trempe et du polissage des pignons qui altèrent les formes, sont cause qu'il y a toujours quelques inégalités dans les dentures et qu'ainsi, chaque fois qu'une portion de roue, comprenant un vide et un plein, en rencontre une un peu plus grande du pignon, il en résulte un arc-boutement ou des accotements, et de la chute quand la partie la plus courte est celle du pignon.

On vient de voir plus haut que la chute (modérée) est moins nuisible que les arcs-boutements et que les accotements ; en conséquence, il faut donner à la roue, et en raison des imperfections à craindre, un peu plus de grandeur que celle théorique : le pignon tenant alors *du petit*, l'engrenage roulera avec une plus grande facilité, mais avec un peu de chute (**1099**).

Il faut user de ce moyen avec beaucoup de circonspection ; car il ne peut pas y avoir de règle qui fixe la limite de cet agrandissement du mobile menant, parce qu'il est essentiellement dépendant des inégalités de division, et par conséquent du plus ou moins de justesse des machines à fendre, à arrondir.

1122. Application pratique. — Si l'on a bien compris les raisonnements précédents, on voit qu'un pignon n'est *trop gros* ou *trop petit* que parce que son diamètre primitif est *trop grand* ou *trop court*. On peut donc obtenir un meilleur engrenage d'un pignon trop petit en

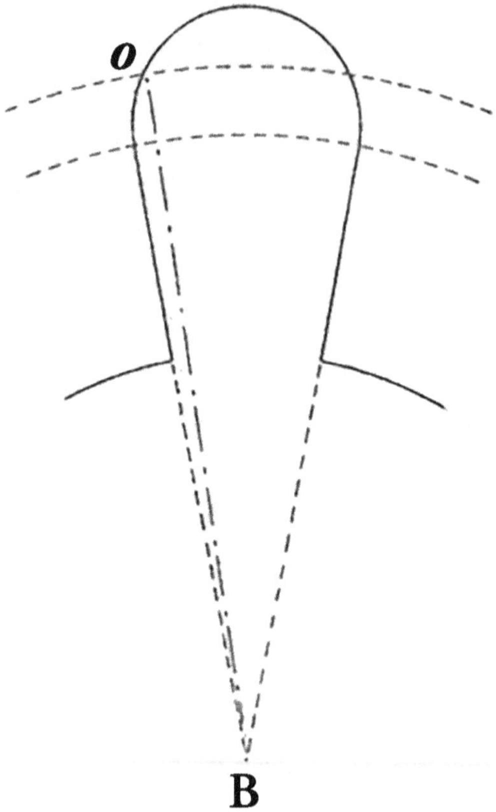

Fig. – 226.

limant l'aile, suivant une ligne comme B*o* (fig. 226), ce qui rend le diamètre primitif plus grand.

Il est bien entendu que ce moyen est à l'usage des rhabilleurs, et pour les cas obligés, mais non applicable à la belle horlogerie.

Si le pignon est trop gros, on fait descendre l'arrondi un peu plus bas et en lui donnant la forme *am*B*nd* (fig. 227).

Le diamètre *total* d'un pignon est, comme on voit, à peu près de grandeur arbitraire, puisqu'il peut être un peu plus grand ou un peu plus petit à volonté, pourvu, toutefois, que la courbe de son excédant ait une forme convenable et qu'elle se termine au point précis où doit commencer le flanc droit, c'est-à-dire le diamètre primitif.

Avantages et inconvénients qu'offre l'emploi des roues et des pignons très nombrés.

1123. Il convient, dans les ouvrages de précision, de ne pas employer des pignons ayant moins de 10 ailes, puisque c'est seulement à partir de ce nombre, et au-dessus, qu'on peut obtenir une menée uniforme sans frottements rentrants.

Plus une roue ou un pignon est nombré, et moins il y a de différence entre le diamètre total et le diamètre primitif, parce que les dents étant plus étroites l'excédant est moins élevé.

Plus le pignon est nombré, et plus la menée est courte sur chaque aile. L'étendue de cette menée est de 60° pour le pignon de 6, de 45°

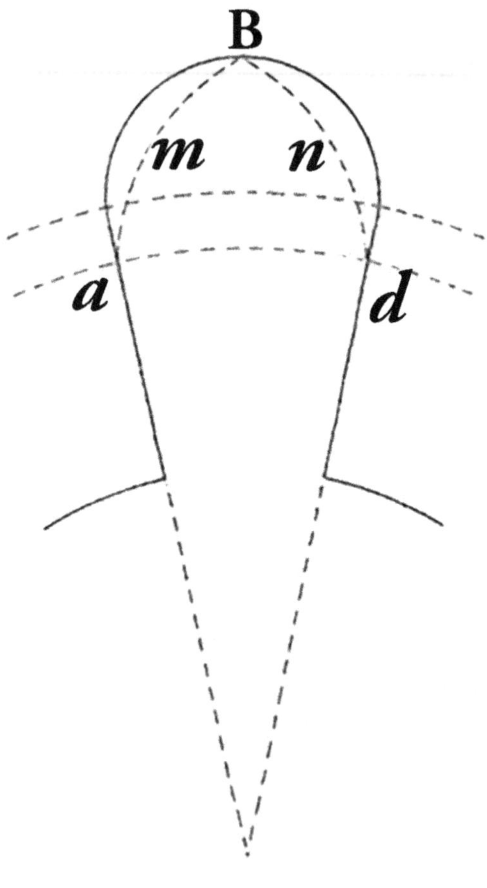

Fig. – 227.

pour le pignon de 8, de 36° pour le pignon de 10, de 30° pour le pignon de 12, et ainsi de suite.

On voit qu'en employant des mobiles de plus en plus nombrés la menée, n'utilisant qu'une portion de plus en plus réduite de la courbe de l'excédant, devient de plus en plus courte, et qu'elle arrive presque à n'être qu'un simple attouchement. On conçoit combien alors sont peu sensibles et les frottements et même les défauts d'une ogive mal conformée.

Comme il n'est guère possible de donner dans la pratique une forme rigoureusement exacte aux dentures des montres, on obtient les meilleurs engrenages en nombrant le plus possible les mobiles, règle subordonnée toutefois aux observations qui suivent.

1124. Il y a des limites à la règle que nous venons de poser car plus les nombres sont élevés, moins il y a de *jour* de sûreté entre la dent qui fait son entrée dans un vide du pignon et le revers de l'aile, et plus l'engrenage demande de justesse dans l'exécution. Tout horloger fera bien de prendre en note cette dernière remarque, et de se souvenir qu'avec les pignons de hauts nombres la moindre imperfection des dentures peut dégénérer en accotements.

Voici l'explication de ce fait.

1. - Plus le premier point de contact de l'engrenage est placé près de la ligne des centres, et plus il y a rapprochement entre la dent A et l'aile B au moment de ce contact (fig. 217, p. 541).

2. - Quand on remplace un pignon peu nombré par un qui l'est davantage, la circonférence totale de ce dernier se trouve en dehors de celle du premier, comme *xcz* est en dehors de *m c n* (fig. 217). L'extrémité de l'aile se rapproche ainsi de plus en plus de la dent A.

3. - Plus le pignon est nombré, plus, pour une roue donnée, le cercle générateur est grand. Il en résulte nécessairement que l'aile du pignon qui opère son entrée dans un vide de la roue correspond à une courbure de dents de moins en moins prononcée.

Chapitre IV

Proportions des pignons de 6 à 14 ailes, et des dentures qui y engrènent.

Grosseur des pignons conformés exactement.

Observations préliminaires.

1125. À l'époque où Camus publia son *Traité des engrenages*, on n'employait guère que des échappements à recul très caractérisé. Avec les pignons peu nombrés, la menée se prolonge d'autant plus loin après la ligne des centres que cette menée commence plus près de cette ligne, et il en résulte que, vers la fin de cette menée, les pointes d'ogives, agissant de plus en plus perpendiculairement aux flancs de l'aile, la dent oppose une grande résistance au recul du pignon, ce qui produit la prompte destruction des surfaces frottantes.

1126. Les modèles d'engrenages calculés et dessinés par Camus, pour les pignons de bas nombres, faisaient commencer la menée, et pour les motifs exprimés ci-dessus, assez en avant de la ligne des centres ; mais du jour où les échappements à recul ont été remplacés par les échappements à repos, il n'a plus été nécessaire de faciliter un recul qui n'existait plus, du moins au même degré, tandis qu'il devenait important de diminuer le frottement rentrant.

1127. Pour faire sortir de l'état de repos un corps quelconque et le faire entrer en mouvement, nous savons qu'il faut employer une force bien plus considérable que celle qui est nécessaire à l'entretien de ce mouvement (**29**). Cela entendu, et en remarquant qu'avec l'échappement à grand recul le rouage est dans un mouvement perpétuel, et sensible jusqu'à la roue de centre, tandis qu'avec un échappement à repos les fonctions de ce même rouage se font par des alternatives de repos et de mouvement, on s'aperçoit bien vite que la force motrice a une plus grande résistance à surmonter après chaque repos, et si cette résistance est compliquée encore par une plus forte adhérence des surfaces et par plusieurs frottements rentrants, une grande partie de la puissance du moteur est paralysée.

1128. Pour diminuer l'étendue et la puissance du frottement rentrant dans les pignons de bas nombres, il faut rapprocher de la ligne des centres le point où commence la menée, ce que l'on obtient en amincissant l'aile et en élevant la hauteur de l'ogive, mais alors l'extrémité de l'ogive se trouvant un peu au-dessus du point où atteint l'épicycloïde, la fin de la menée n'est plus tout à fait uniforme, petit inconvénient qui est compensé ici par l'avantage (essentiel pour échappement à repos) de faire commencer la menée aussi près de la ligne des centres qu'il est possible de le faire sans qu'il en résulte d'inconvénient (1117).

1129. Ce qui précède est admis dans la supposition que la denture de la roue est divisée autant pleine que vide, c'est-à-dire que la largeur d'une dent égale la largeur d'un vide entre deux dents. On conçoit très bien que plus une dent est large et plus son excédant est élevé, puisqu'il emploie de chaque côté une portion plus haute de l'épicycloïde ; mais comme la largeur de la dent doit dépasser de très peu la largeur du vide (s'il en est autrement on tombe dans le défaut des dents trop épaisses, et par suite dans la nécessité d'éloigner un peu les centres), la pluralité des artistes, depuis une vingtaine d'années au moins, ont adopté, comme le terme moyen le plus convenable, l'égalité de largeur du *vide* et du *plein.*

Nous verrons dans les articles qui suivent quels sont les cas où l'on peut apporter des modifications à cette règle générale.

Proportions des pignons à frottement rentrant de 6, 7, 8 et 9 ailes.

Pour échappements à repos.

1130. Remarque. Dans les pignons de bas nombres et jusqu'à celui de 9 ailes inclusivement, la pratique générale est de donner au vide deux fois la largeur de l'aile ou, en d'autres termes, *deux tiers de vide* pour *un tiers de plein.* Cette proportion est adoptée depuis vingt ans et plus par les habiles praticiens, comme la limite d'amincissement permise pour conserver aux ailes de ces pignons une suffisante solidité.

Les pignons de 7 et de 9 ailes de Moinet ne sont pas conformes à ces données pratiques ; nous les y ramènerons par la raison que si la différence fractionnaire de Moinet est perceptible en grand sur le dessin, elle ne l'est pas en petit, et parce que la division par tiers, étant très appréciable à l'œil aidé de la loupe, facilite la rapidité et l'exactitude de l'exécution.

Pignon de 6.

1131. Le pignon de 6 ailes doit avoir ⅓ de *plein* et ⅔ de *vide*, et pour la profondeur de ce vide un peu plus de moitié du rayon total du pignon ;

La denture de la roue autant *pleine* que *vide* et portant un excédant égal en hauteur à un peu moins de moitié du rayon primitif du pignon.

Si l'exécution est en rapport avec ces mesures, la menée commence à une demi-épaisseur d'aile de la ligne des centres, c'est-à-dire que lorsque l'aile est touchée par une dent, cette aile, que la ligne des centres partage en deux parties égales, vise par son milieu le centre de la roue, ainsi qu'on le voit fig. 214, p. 533 (**1135**).

Pignon de 7.

1132. Le pignon de 7 ailes doit avoir ⅓ de *plein* et ⅔ de *vide*.

La profondeur de ce vide doit être entre les trois quarts et la moitié du rayon total, ou vers les trois cinquièmes de ce rayon.

La denture de la roue autant *pleine* que *vide*, et la hauteur de l'excédant imperceptiblement plus de ⅖e du rayon primitif du pignon.

Avec ces proportions, la menée commence sur une aile, quand les deux tiers environ de l'épaisseur de cette aile ont dépassé la ligne des centres (fig. 228). On voit qu'ainsi il y aura moins de frottement rentrant qu'avec le pignon de 6 ailes (**1135**).

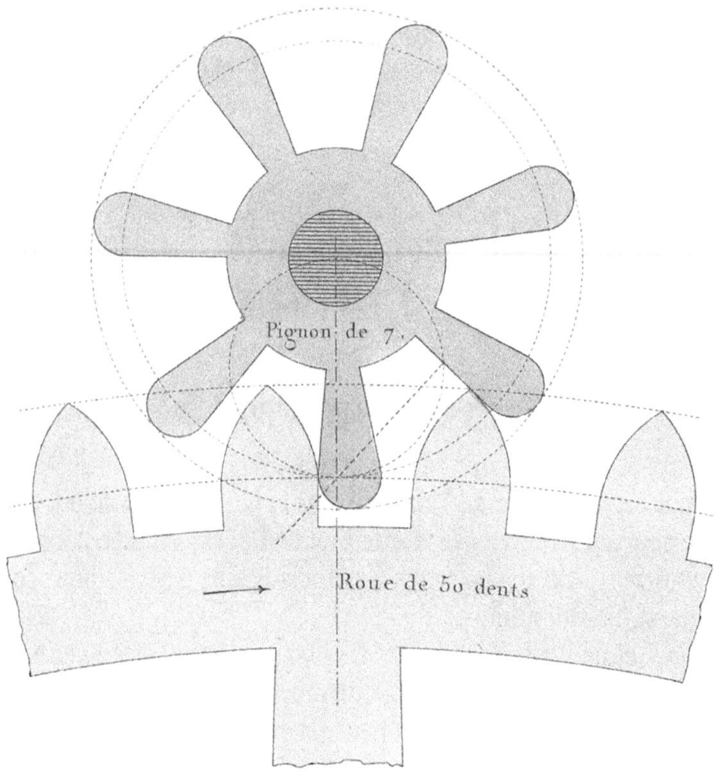

Fig. – 228.

Pignon de 8.

1133. Le pignon de 8 ailes doit avoir ⅓ de *plein* et ⅔ de *vide*, et pour la profondeur de ce vide un peu plus de la moitié du rayon total de ce pignon.

La denture de la roue autant *pleine* que *vide* et la hauteur de l'excédant juste entre les 2/6e et les ⅖e du rayon primitif du pignon.

La menée sur une aile ne commençant que lorsque les trois quarts environ de l'épaisseur de cette aile ont passé la ligne des centres (fig. 229), on voit que le frottement rentrant est, moindre encore qu'avec le pignon de 7 ailes (**1135**).

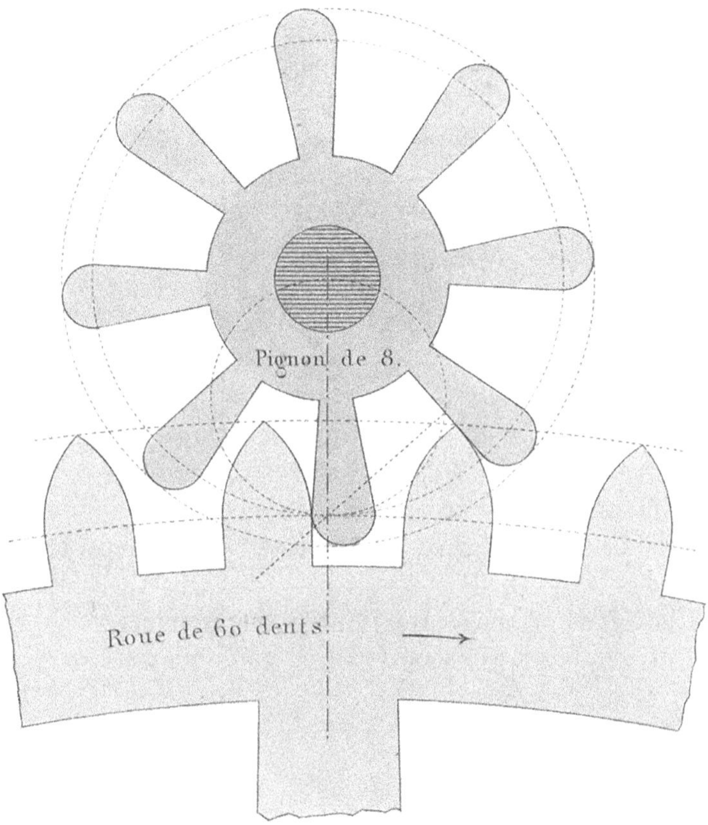

Fig. – 229.

Pignon de 9.

1134. Le pignon de 9 ailes doit avoir ⅓ de *plein* et ⅔ de *vide.* — Profondeur du vide, la moitié du rayon total du pignon.

La denture de la roue autant *pleine* que *vide.* La hauteur de l'excédant très peu plus que le tiers du rayon total du pignon.

La menée commence très près de la ligne des centres. Nous n'avons pas donné la figure de ce pignon de 9 rarement employé ; on pourra facilement la suppléer au besoin par un dessin en grand, et selon qu'il a été enseigné à l'article **1100**.

Pour échappements à recul.

1135. Les proportions données ci-dessus sont celles qu'on doit généralement choisir, parce qu'elles ne laissent subsister du frottement rentrant que la quantité qu'il n'est pas possible de supprimer sans donner naissance à des inconvénients plus grands que ceux qu'on veut éviter (**1128**) ; mais, ainsi qu'a dû le faire remarquer l'article **1125**, il y a de certains cas où il est préférable d'avoir un peu moins de menée après la ligne des centres. Lorsque ces cas se présentent, ainsi que cela a lieu avec l'échappement à roue de rencontre, par exemple, on conserve les proportions ci-dessus au pignon, et l'on fait subir à la roue la modification que voici.

La denture étant un peu plus *pleine* que *vide*, on donne à l'excédant la forme épicycloïdale convenable. Il résulte de ce petit changement que l'ogive un peu moins élevée pousse l'aile un peu moins loin, et que la dent suivante est touchée plus tôt, c'est-à-dire que la menée commence en avant de la ligne des centres, d'une quantité doublée presque exactement de celle indiquée en portions d'épaisseur d'aile pour chaque espèce de pignon.

Proportions des pignons à frottement sortant.

Pignon de 10.

1136. Le pignon de 10 (fig. 230) est le premier de ceux avec lesquels on peut toujours faire commencer la menée sur la ligne des centres. Mais il faut pour cela que l'aile soit très maigre, c'est-à-dire que ce pignon ait un peu moins de ⅓ de *plein* et un peu plus de ⅔ de *vide*, proportion que Moinet estime en degrés, en comptant 11° pour l'épaisseur de l'aile, et 25° pour la largeur du vide.

La profondeur du vide du pignon est vers la moitié du rayon total.

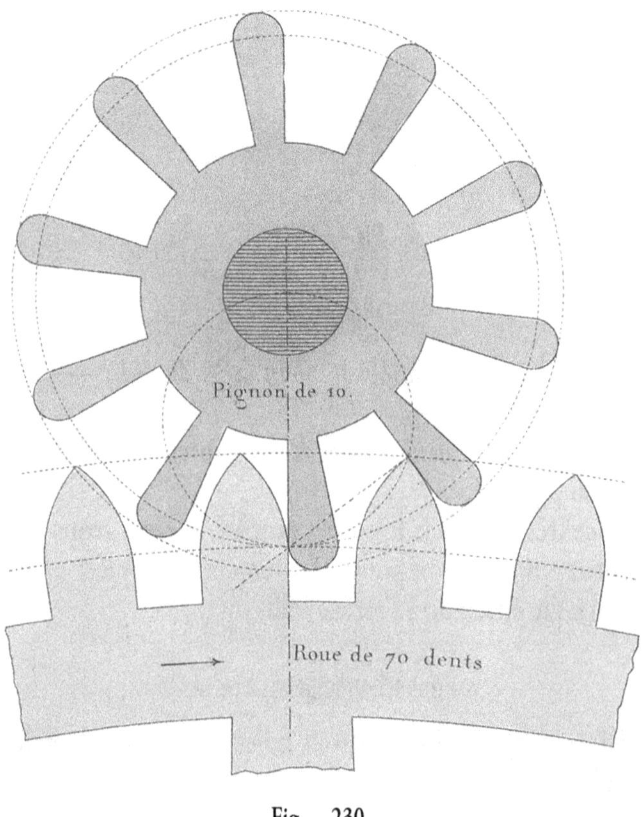

Fig. – 230.

L'ogive de la roue doit avoir la forme épiclycloïdale, et afin que cette ogive ait une suffisante hauteur, on donne à la denture de la roue plus de *plein* que de *vide*.

La hauteur de l'excédant est alors un peu moins des 2/5e du diamètre primitif du pignon.

Avec ces proportions, la menée est uniforme et se fait entièrement à partir de la ligne des centres, mais on a fort peu d'ébat dans l'engrenage, et la moindre inégalité des dentures peut engendrer un accotement. Dans le dessein d'éviter ce défaut donne-t-on un plus grand ébat à l'engrenage, il mène alors un peu avant le centre, si ce n'est sur toutes les dents, au moins sur les dents inégales, et l'on sait qu'il n'est pas rare du tout d'en rencontrer de telles dans les dentures d'horlogerie. Lorsqu'on a besoin de solidité, comme au centre d'une montre par exemple, il est avantageux de substituer à ce pignon de 10, nécessairement toujours très maigre d'aile, le pignon de 12 qui, en outre qu'il ne mène pas avant le centre, présente des ailes solides et permet un ébat suffisant pour assurer la rentrée.

1137. Lorsqu'on ne craint pas un peu de menée avant le centre, et qu'on veut éviter la trop grande précision de la rentrée et avoir un peu de force à l'aile, on peut adopter pour les proportions du pignon ⅓ de plein et ⅔ de vide, et réduire la largeur de la dent ; mais il faut toujours lui laisser, pour le moins, autant de plein que de vide (l'excédant est alors un peu plus bas).

Nous ferons observer ici qu'à mesure que s'élèvent les nombres attribués aux pignons, la menée devenant de plus en plus courte (**1123**), les inconvénients de la fin de cette menée, signalés à propos des échappements à recul (**1124**), deviennent de moins en moins sensibles, et qu'en conséquence il faut principalement s'attacher à faire disparaître le frottement rentrant.

1138. *Observations concernant le pignon de 10.* — La grande précision qu'exige l'engrenage de ce pignon, pour qu'il ne soit pas mené avant le centre et qu'il n'ait pas de chute, explique pourquoi on en rencontre si peu qui satisfassent aux conditions théoriques.

Depuis quelque temps il sort des fabriques, même des plus médiocrement réputées, une foule de montres où l'on a prodigué les pignons de 10, et sans que ceux qui les construisent paraissent se douter qu'une confection inintelligente de ces pignons rend complètement illusoires les avantages que l'on se promet d'un nombre plus élevé. Avec ces pignons de 10 mal faits, le frottement rentrant est égal en intensité, si ce n'est en étendue, à celui d'un pignon de 8, et sans qu'ils offrent comme ce dernier une grande sûreté à la rentrée.

1139. Le pignon de 10 est très employé au centre des montres. Là, la menée sur une aile dure pendant un intervalle de temps de six minutes ; si une partie de cette menée se fait à frottement rentrant, il est bien évident qu'il y a de grandes variations dans la force motrice transmise au régulateur pendant l'écoulement de ces six minutes.

1140. Moinet dit quelque part que les accotements sont à craindre avec le pignon de 10, si l'on tombe dans la faute de tenir les ailes trop maigres. Nous soupçonnons là une erreur typographique, car le défaut d'une aile trop mince est tout entier dans la fragilité et dans la crainte du gauchissement à la trempe. S'il a voulu faire entendre que l'aile maigre était un défaut quand on n'augmentait pas proportionnellement la largeur de la dent, il eût été plus rationnel de dire que les accotements sont à redouter avec une denture de roue trop maigre, ce qui est vrai, surtout si l'aile est très mince, car alors l'arrondi descendant très peu de chaque côté, le rayon primitif est un peu plus long qu'il ne faudrait au pignon, qui est en réalité trop gros lorsque son diamètre total est conforme à la mesure pratique (**1122**). Ce cas se rencontre assez fréquemment.

Pignon de 11.

1141. Les avantages que procure l'emploi des pignons de 10 sont encore plus sûrement obtenus avec le pignon de 11. On peut, à ce dernier, et sans avoir à craindre la menée avant le centre, tenir la denture de la roue autant *pleine* que *vide*, et donner à celle du pignon un peu plus de ⅓ de *plein* et un peu moins de ⅔ de *vide*, et à l'excédant de la roue un peu moins de ⅓ du rayon primitif du pignon.

Le pignon de 11 étant très rarement employé, nous n'avons pas jugé utile d'en donner la figure, cette lacune pouvant être aisément remplie au moyen de l'article **1100**.

Pignon de 12.

1142. Le pignon de 12 (fig. 215, p. 534) est réellement le premier des pignons de hauts nombres qui, sans laisser appréhender la menée avant la ligne des centres, permet une denture de roue autant pleine que vide, et offre la force désirable de l'aile avec un suffisant ébat ou jeu dans l'engrenage.

On lui donne ⅖ de *plein* pour ⅗ de *vide*, c'est-à-dire que le plein est au vide dans la proportion de 2 à 3 ou en d'autres termes, un vide et un plein étant supposés réunis, et le tout divisé en cinq parties égales, il faut en enlever trois pour former le vide et en laisser deux qui font ainsi l'épaisseur de l'aile. (Voir la figure 215.)

La profondeur du vide doit être un peu moindre que la moitié du rayon primitif du pignon.

La hauteur de l'excédant de la roue doit avoir les 2/7 du rayon primitif du pignon.

Si toutes les règles ont été bien observées, la fine pointe de l'ogive est inutile à la menée, on pourrait émousser légèrement cette pointe, mais il est bon de la conserver par mesure de précaution et, en outre, parce que la dent conservée entière a une régularité plus flatteuse d'aspect.

Pignon de 14 et au-dessus.

1143. Au-dessus de 12, c'est-à-dire à partir du pignon de 14 (fig. 218, p. 536), nous négligeons celui de 13, on en verra la raison plus loin, on a toujours le commencement de la menée sur la ligne des centres ; la denture de la roue autant *pleine* que *vide*, et celle du pignon un peu plus vide que pleine.

Sauf pour le pignon de 14 ailes, nous ne donnons pas les figures de la série des hauts nombres au-dessus de 12 ailes, il sera facile de suppléer à leur absence par des dessins faits avec netteté et précision, et ce que l'on a vu jusqu'à présent doit amplement suffire pour exécuter ces tracés.

Nous ajouterons seulement, pour faciliter ce travail, quoique quelques-unes de ces remarques fassent double emploi, qu'on part toujours du premier point de contact pour opérer d'abord la division de la roue, dont on termine de suite les dents et qu'on trace ensuite l'épaisseur provisoire des ailes ; cette épaisseur est déterminée, en définitive, par la quantité de *jour* nécessaire entre une dent et l'arrondi de l'aile (*on*) car on voit qu'en diminuant l'aile, selon *zvx*, ce jour grandit en raison inverse de l'épaisseur de cette aile.

On peut enlever aux dents la partie de la pointe de l'ogive inutile à la menée.

Lorsque les dentures doivent offrir une grande force de résistance, on laisse les fonds des vides arrondis, c'est-à-dire selon la forme indiquée au pointillé en R et en C, (même fig. 218.)

1144. On a appris par l'article **1124** qu'avec les pignons de hauts nombres, la *rentrée* devient de plus en plus précise, et que cette grande précision des effets peut dégénérer en accotement, surtout par suite de l'agrandissement des trous des pivots. Les nombres élevés offrent en outre, dans l'horlogerie, l'inconvénient de produire des dentures trop fines pour être solides.

On fera sagement de s'arrêter à un terme moyen, c'est-à-dire à la série des pignons de 10 à 18 ailes.

Observations générales.

Sur l'utilité de remarquer où commence la menée.

1145. Le point où commence la menée est, ainsi qu'on vient de le voir, déterminé pour chaque espèce de pignon, mais il est bien entendu que sa place, relativement à la ligne des centres, n'est invariable que dans la supposition que ces pignons sont conformés selon les règles de la théorie, car le lecteur a pressenti déjà qu'un changement dans les proportions en produit un dans la position du point où commence la menée, et que ce point est transporté :

1°. Plus loin de la ligne des centres quand le pignon est plus gros, et d'autant plus loin que la grosseur est plus considérable ;

2°. Plus près de la ligne des centres et même sur cette ligne avec les bas nombres, si le pignon est *trop petit.*

On a dans le premier cas un plus grand frottement rentrant et des accotements ; dans le deuxième cas, une menée irrégulière agissant par glissements, précipitations, chutes, etc.

Sur les pignons de nombres impairs.

1146. Aucun inconvénient n'est à redouter dans l'emploi des pignons de nombres impairs lorsqu'ils sont établis avec soin, c'est-à-dire selon les règles, malgré l'opinion contraire et sans fondement de quelques horlogers. Les seules objections qu'on puisse faire contre l'usage de ces pignons sont : la première, que les nombres 7, 11, 13 étant des nombres *premiers* qui n'ont pour diviseurs qu'eux-mêmes ou l'unité, offrent des difficultés lorsqu'on veut les faire entrer dans les combinaisons de chiffres que nécessite la création d'un calibre de montre ; la seconde consiste dans la difficulté de mesurer exactement la grosseur totale du pignon, et de saisir à la vue si la direction des flancs est bien vers le centre, désavantage qu'on n'a pas avec les nombres pairs où la correspondance directe de deux ailes rend sensible à l'œil toute déviation dans la direction des flancs.

1147. La mesure totale de la grosseur d'un pignon impair se prend sur une plaque mince percée de trous, et en introduisant dans le trou où le pignon passe sans jeu une petite règle conique arrondie sur ses bords. On marque le degré d'enfoncement, et la largeur de la règle, vers le trait, étant mesurée avec soin, donne exactement la grosseur totale cherchée.

Sur l'importance du changement de forme de l'épicycloïde, qui varie avec les diamètres des roues.

1148. L'épicycloïde de l'ogive (pour un même pignon) se modifie légèrement quand on change le nombre des dents de la roue, qui change alors de diamètre en conservant le même *pas*, mais cette différence peut être considérée comme insensible, tant que le nombre sur lequel le dessin a été fait n'est qu'augmenté ou réduit d'un quart à un tiers. Ainsi la fig. 215, p. 534, peut donner les dimensions proportionnelles des dentures de toutes les roues ayant de 50 à 120 dents et engrenant à un pignon de 12 ailes.

Le pignon restant le même, l'ogive sera imperceptiblement plus droite et plus haute avec la roue de 120, et le contraire avec la roue de 50, comparées toutes deux à celle de la figure 215.

1149. Lorsqu'on veut tracer sur une roue terminée le cercle primitif, il faut bien se souvenir que le commencement d'une épicycloïde étant à peine courbé se confond presque avec le prolongement en ligne droite du flanc de la dent, et que si l'on faisait passer le cercle primitif au point où la courbure de l'ogive est déjà sensiblement prononcée, ce cercle primitif serait trop grand.

Le cercle primitif tracé sur une denture aide puissamment à trouver la vraie pénétration de l'engrenage.

Chapitre V

Résumé des causes des arrêts et variations résultant des mauvais engrenages.

Méthode pratique d'examen.

1150. Les détails dans lesquels nous sommes entrés jusqu'ici suffiront largement à tout lecteur attentif et intelligent pour lui faire comprendre quelles sont les conditions dans lesquelles doit toujours s'accomplir une transmission de mouvement par engrenage, et pour lui faire découvrir les causes qui, tout en rendant ce mode de transmission inégal, destructif de la matière, peuvent le paralyser tout à fait et produire ainsi l'interruption de la marche de la machine.

Ce chapitre ne peut donc être que le corollaire de ceux qui le précèdent, et nous devons nous borner ici à signaler brièvement ces causes ainsi que les signes caractéristiques propres à révéler chaque espèce de défaut et à faire connaître les points précis où des corrections sont nécessaires.

Les engrenages sont défectueux.

1151.

1°. Quand les diamètres primitifs ne sont pas entre eux dans le rapport convenable, ce que l'on exprime en disant que le pignon est *trop gros* ou *trop petit* ;

2°. Quand les centres des mobiles sont trop rapprochés ou trop éloignés, c'est-à-dire quand la pénétration des dents entre les ailes est trop ou trop peu considérable. En terme d'atelier, l'engrenage est *trop fort* ou *trop faible* ;

3°. Quand la forme des dentures n'est pas celle qui convient ;

4°. Quand les ailes sont trop épaisses ;

5°. Quand les dents sont trop larges ou trop grêles ;

6°. Quand la division des dentures n'est pas faite avec une suffisante justesse, autrement dit, quand les dents ou les ailes sont inégales.

Effets qui résultent des mauvais engrenages.

1152. Les effets nuisibles sont classés ici dans l'ordre des causes qui les ont produits, c'est-à-dire que chaque numéro correspond à son semblable de l'article ci-dessus.

1. – Si le pignon est trop gros, il y a perte de force par usure et accotement ce qui, à la longue, produit l'arrêt de la machine.

Si le pignon est trop petit, la plus grande partie de la menée est opérée par glissements et chute : deux causes de destruction et de perte de force.

2. – Quand la pénétration est trop considérable, le revers de la dent frotte l'aile ou est prêt d'y frotter, au moment de la rentrée de cette dent dans un vide, et la menée se fait par glissement et même par chute.

Quand la pénétration n'est pas assez profonde, la menée commence d'autant plus loin de la ligne des centres que l'engrenage est plus faible. Il y a frottement rentrant considérable avec tendance à l'arc-boutement, et la menée n'est qu'un glissement saccadé et rapide.

3. – Avec l'ogive des dents trop allongée, on se trouve dans la nécessité de faire l'engrenage *faible*, et avec des ogives trop courtes de le faire *fort*. On vient d'en voir les inconvénients. En outre, l'ogive trop courte (trop rebondie des flancs) ne conduit pas l'aile assez loin, si l'engrenage est à son vrai point, et il y a frottement rentrant, et si l'engrenage est *fort* le frottement rentrant est moindre, mais la menée a des précipitations et de la chute.

Les mesures en usage pour déterminer la grosseur des pignons (**1108**) ayant été calculées pour ceux dont l'excédant est en demi-cercle, il s'ensuit que si ces mesures sont appliquées aux pignons dont l'aile est dite en *grain d'orge*, il en résulte un pignon trop petit (de diamètre primitif), et la menée, principalement vers la fin, n'est qu'un long glissement ou une chute.

4. – Avec des ailes trop épaisses la menée commence d'autant plus loin de la ligne des centres que ces ailes sont plus fortes.

Si avec des ailes trop pleines la menée commence au point convenable, c'est l'indice d'un pignon trop petit ; la fin de la menée n'est qu'un glissement avec chute.

5. – Avec des dents trop *pleines*, le jeu ou l'ébat manque dans l'engrenage. Il faut alors, pour éviter les accotements, que cet engrenage soit *faible*.

Si les dents sont trop grêles l'ogive ne peut avoir ni la hauteur ni la forme qui lui conviendraient ; la menée n'est plus qu'une succession de frottements rentrants, de glissements saccadés et chutes. Il est en général plus facile d'obtenir un engrenage passable d'une denture de roue un peu trop pleine que trop vidée.

6. – Les inégalités soit dans les dents, soit dans les ailes, et provenant soit d'une déformation à la trempe, soit du manque de justesse des outils-à-fendre, à arrondir, soit encore parce que le pignon ou la roue ne tournent pas *ronds* sur les pivots, ces inégalités, disons-nous, donnent naissance à la plupart des défauts qui viennent d'être signalés. À certains endroits l'engrenage est faible, à d'autres fort ; des dents produisent un grand frottement rentrant et d'autres de la chute. On reconnaît la présence des défauts qu'on peut attribuer à une exécution vicieuse à ce signe général que la menée commence plus près du centre sur certaines dents que sur d'autres.

1153. Quel que soit le cas qui se présente parmi ceux que nous venons d'énumérer, il y a toujours une transmission inégale de la force, et par conséquent une perte de puissance motrice, puisque son effet utile est moindre qu'il ne pourrait être. Le moteur éprouvant une plus grande résistance doit, pour la surmonter, posséder une plus grande énergie et propre seulement à occasionner une plus prompte détérioration des surfaces frottantes.

Un rouage où se rencontrent plusieurs des défectuosités signalées ne peut donner au balancier que des impulsions irrégulières et dont l'influence fâcheuse sur le réglage est bien connue. Un tel rouage lorsqu'on le laisse défiler, court bruyamment et avec gêne.

Examen pratique d'un engrenage.

Résumé des signes caractéristiques des défauts.

1154. Cinq choses principales sont à considérer dans l'inspection d'un engrenage, à savoir : la *rentrée*, l'*entrée en prise*, l'*ébat*, la *menée* et surtout la fin de cette *menée*.

1°. La *rentrée* doit s'opérer sans gêne et avec un *jour* de sûreté suffisant entre le revers de la dent qui pénètre dans un vide du pignon et l'aile la plus voisine.

2°. L'*entrée en prise*, ou le point précis du commencement de la menée, doit se trouver sur la ligne des centres ou distant de cette ligne (dans les bas nombres) de la quantité indiquée au chapitre IV pour chaque espèce de pignon.
Si la menée commence plus loin de cette ligne, c'est l'indice de la présence d'un ou de plusieurs des défauts suivants : pignon trop gros, ailes trop épaisses, ogives trop courtes ou trop en forme de demi-cercle, engrenage faible, etc.
Si elle commence plus près de la ligne que la quantité voulue, c'est l'indice qu'il existe un ou plusieurs défauts, tels que : pignon petit, ogive trop allongée, engrenage fort, etc.

3°. Quelle que soit la position occupée par la dent, elle doit toujours pouvoir jouer avec un peu d'*ébat* entre les ailes.

4°. Dans la marche, autrement dite la *menée*, les surfaces frottantes doivent se développer régulièrement l'une sur l'autre. En regardant à contre-jour et au moyen d'une forte loupe, on aperçoit avec assez de facilité si l'une d'elles glisse trop vite par moment, ce qui provient d'une ogive mal conformée, ou d'un pignon qui n'a pas la grosseur convenable, ou bien encore d'un engrenage trop fort ou trop faible. Car, il est utile de le remarquer, les causes opposées produisent assez fréquemment des résultats semblables. Ainsi un engrenage beaucoup trop fort, puis beaucoup trop faible, s'arrête par arc-boutement dans l'un et l'autre cas.

5°. Il est essentiel surtout d'observer avec la plus scrupuleuse attention *la fin* de la menée. S'il y a glissement et chute et que la dent *conduise* par sa pointe, on peut être certain de l'existence d'un ou de plusieurs des défauts suivants : pignon dont la grosseur n'est pas la bonne, engrenage fort, ogive trop courte ou mal faite, etc.

1155. Les repasseurs, les fabricants, qui seront bien pénétrés des principes qui viennent d'être longuement développés, ainsi que des remarques pratiques qui y sont jointes, pourront se créer un mode d'examen rapide et cependant exact, et qui au bout de peu de temps, par un effet de l'habitude, leur procurera dans le travail une facilité et une sûreté qu'ils n'obtiendront jamais avec les prétendues méthodes pratiques qui, n'étant appuyées d'aucun principe juste, obligent ceux qui les emploient à toujours procéder avec les hésitations de l'aveugle.

Vérification au tact.

1156. Quant aux ouvriers qui réparent les montres et qui ne reçoivent de leurs ouvrages qu'un salaire insuffisant ils peuvent, afin d'obtenir une plus grande célérité dans le travail, s'habituer de bonne heure à *tâter* leurs engrenages.

Une pointe de fusain, tenue par l'une des mains, étant appuyée assez fortement au pivot du pignon et par le dessus du trou de ce pivot, l'autre main fait tourner doucement la roue au moyen d'une seconde pointe de fusain. Plusieurs tours de roue successifs et dans le sens où elle doit marcher apprendront si la menée se fait avec douceur et sans grattements, accotements, etc. On tâte avec soin la quantité du jeu dans chaque position que la dent occupe successivement.

Cette opération terminée, on fait une autre vérification sur le compas-aux-engrenages ; les deux vérifications se contrôleront ainsi l'une par l'autre. On devra pendant assez longtemps pratiquer la double opération, c'est-à-dire jusqu'à ce que l'on ait acquis une assez grande sensibilité de tact et une parfaite expérience du jeu nécessaire à la marche sûre des organes; auquel cas on pourra, tout en se passant du compas, apprécier un engrenage avec certitude en le tâtant seulement.

Si nous recommandons de pratiquer longtemps la vérification sur le compas, concurremment avec l'autre, c'est que, à moins d'une certaine expérience, on est facilement trompé par des engrenages faibles, mais doux au *toucher*, et qui, quoiqu'ils ne fassent pas arrêter une montre, nuisent beaucoup à la régularité du réglage.

1157. Pour les engrenages des rouages des pendules, le fusain est presque toujours inutile, car les doigts peuvent aller s'appuyer délicatement aux axes et de façon à produire ou à supprimer, à volonté, l'ébat des pivots dans leurs trous tout en faisant rouler l'engrenage.

On peut, d'ailleurs, dans ces pièces pratiquer les ouvertures dites *lanternes*, qui permettent de suivre à la loupe la marche de l'engrenage. Elles offrent un excellent moyen de vérification, mais qui ne doit être employé que lorsque les lanternes peuvent être établies sans nuire à la solidité de la partie où elles sont pratiquées, ni à la bonne disposition de l'ensemble, et sans rendre plus difficiles les réparations possibles avec le temps.

Aux pivots des derniers mobiles des montres, pivots qui ne demandent qu'une très faible quantité d'huile, il serait bien de ne donner à la creusure en entonnoir que la dimension utile, et de laisser tout à fait plate la face extérieure du rubis. On peut alors suivre au travers l'action des dents de la roue sur les ailes du pignon, soit en regardant l'engrenage, à l'aide de la loupe, quand la platine est posée à plat sur l'établi, soit quand cette platine est tenue verticalement en l'air et regardée à contre-jour.

Corrections des causes d'arrêt.

Rendre un pignon plus petit.

1158. Dans l'horlogerie de choix, un pignon qui n'a pas les dimensions rigoureuses et qui procureraient un bon engrenage doit être remplacé.

Dans l'horlogerie ordinaire et courante, l'horloger se trouve le plus souvent dans la nécessité de conserver un pignon qu'il juge défectueux de formes ou de dimensions.

En général, et pour ces cas seulement :

Avec un pignon *un peu trop gros*, l'engrenage doit être *fort*, c'est-à-dire qu'on tâtonne la pénétration de l'engrenage, en cherchant le point où la dent mène l'aile sans danger le plus loin possible, parce qu'il faut ici diminuer autant qu'il se peut le frottement rentrant de la menée avant le centre.

On peut également rendre ce pignon plus petit par le moyen indiqué au **1122**.

Avec un pignon un peu trop petit, l'arc-boutement est peu à craindre, mais la chute est considérable ; on diminue ce défaut en tenant l'engrenage un peu faible, c'est-à-dire en donnant aux dentures une moindre pénétration.

On peut aussi agrandir le diamètre primitif par le procédé dont il est parlé au **1122**.

1159. Une légère inégalité dans la denture d'une roue et une autre inégalité dans les ailes du pignon, plus ou moins déformé au polissage ou mal centré, ce qui est très commun, produisent parfois, en se rencontrant à de longs intervalles, des arrêts qui font le désespoir des horlogers rhabilleurs. C'est surtout avec les pignons de 10 ailes, et en général avec tous les pignons qui tiennent *du gros*, que ces arrêts sont à craindre. En rendant le pignon légèrement plus petit, on fait disparaître la cause de l'arrêt.

On arriverait à ce résultat, dans le cas où l'on ne pourrait pas remplacer les pièces ni dériver la roue, à l'aide du moyen déjà décrit dans la *Revue chronométrique*, page 327, volume I.

Le pignon étant diminué de grosseur sur le tour, comme en *ab* (figure 231), on arrondit aussi bien que possible les arêtes vives des ailes, en raclant vivement ces arêtes, dans le sens de leur longueur, avec l'angle tranchant d'un burin bien aiguisé et très effilé. Le pignon s'appuie à l'intérieur d'une encoche faite à un bois, afin que l'effort du burin ne puisse ni fausser, ni dériver la roue. On peut, pour plus de commodité, la mettre en cire sur une rondelle de laiton ou un cuivrot.

Cela fait, on place la roue entre deux broches à lunettes, d'un appareil préparé *ad hoc* (un compas d'engrenage, par exemple), et sur les deux autres broches parallèles, on place

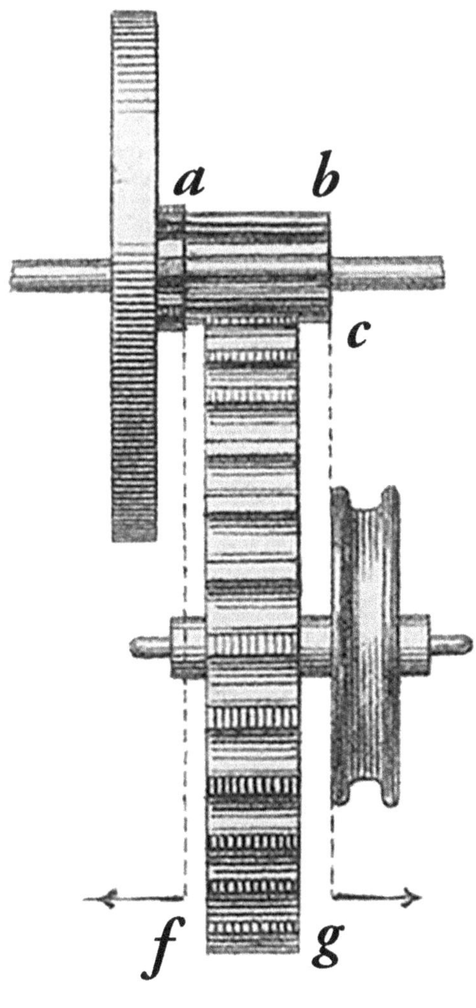

Fig. – 231.

l'axe d'une molette en bois *cf.* Ces deux dernières broches sont libres, mais reliées l'une à l'autre par un arc métallique rigide, qui les maintient solidairement et permet de donner à la molette un mouvement latéral de va-et-vient entre *f* et *g*. On a compris le reste de l'opération : un archet étant monté sur le cuivrot de la molette, on rapproche celle-ci qu'on fait mordre par le pignon, tout en la faisant tourner, puis on charge de pierre broyée à l'huile la molette, qu'on continue de faire tourner, en lui donnant un mouvement de va-et-vient dans le sens des flèches. On termine le travail avec une autre molette chargée de rouge à polir.

On peut varier les formes et les dispositions de l'appareil, mais tout horloger saura parfaitement, sans plus amples indications, le disposer pour son usage.

1160. Les dentures rudes d'aspect, ou dont les flancs ne sont pas bien perpendiculaires au plan de la roue, se trouvent bien d'un adoucissage au charbon doux. On l'emploie en morceau humecté d'huile ou broyé à l'huile, et alors on en charge une brosse. Il faut seulement adoucir ou arrondir les angles trop vifs, mais non pas déformer les dentures. Ce moyen ne doit être employé qu'avec précaution et discernement.

Chapitre VI

Différentes espèces d'engrenages.

Engrenage : le pignon conduit la roue.

Où chaque mobile est menant et mené.

1161. Nous n'avons envisagé, jusqu'à présent, que le cas le plus général, où la roue conduit le pignon ; nous allons maintenant examiner le cas particulier où le pignon conduit la *roue* et celui où chaque mobile est alternativement mené et menant.

Quand le pignon *mène la roue*, l'engrenage est toujours établi sur les mêmes principes, c'est-à-dire sur la *proportion invariable des diamètres primitifs aux nombres des dentures* ; les seuls changements sont les suivants :

1°. L'excédant de la roue est alors un simple demi-cercle (figure 232) ;

2°. Le petit agrandissement recommandé pour le mobile menant (**1099**) porte alors sur le diamètre primitif du pignon ;

3°. L'ogive, qui est transportée au pignon, est tracée par une épicycloïde ayant pour cercle générateur un cercle comme GDF (figure 232), dont le diamètre est égal au rayon primitif de la roue ;

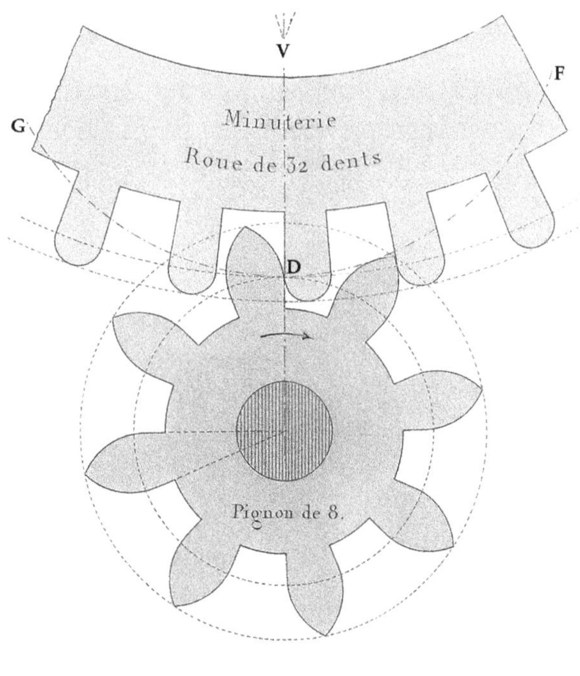

Fig. – 232.

4°. Le pignon est divisé autant *plein* que *vide*, ou à très peu près ; la roue a un peu plus de *vide* que de *plein*, selon la règle générale, sauf peu d'exceptions, de donner au mobile menant autant de plein que de vide, et au mobile mené plus de vide que de plein et à proportion du jeu nécessaire.

1162. On remarque que cette sorte d'engrenage, quand l'exécution est d'accord avec les principes, ne produit pas de frottement rentrant, mais alors la rentrée de la pointe de l'ogive se fait au pignon de 6 et de 7 avec très peu de jour de sûreté. Si l'on donne un jeu suffisant pour éviter ce défaut, on tombe dans celui d'opérer la fin de la menée par le glissement de la pointe d'ogive, et l'on a un peu de frottement rentrants. À partir du pignon de 8, et au-dessus, ces défauts ne sont plus à craindre, l'ogive va en s'allongeant de plus en plus, et il est même nécessaire d'en supprimer la portion inutile à la menée et qui ne peut que nuire à la facilité de la rentrée.

1163. On voit que la recommandation pratique de tenir le pignon un peu plus gros est complètement erronée, car le diamètre primitif reste le même, l'excédant seul s'allonge et change de forme. Il n'est pas rare, surtout dans les minuteries, de rencontrer des pignons conformes à la formule pratique et fausse ; aussi ces pignons, trop gros de diamètre primitif et pourvus à tort d'un excédant en demi-cercle, ont-ils le défaut d'opérer toute leur menée, ou à peu près, à frottement rentrant.

Quand l'engrenage doit marcher en avant et en arrière, que chaque mobile est alternativement conduit et conducteur, le pignon est construit comme il vient d'être dit, et la roue conserve ses excédants en ogives épicycloïdales mais ordinairement il est plus avantageux que les ogives reçoivent la forme de développantes de cercles.

Engrenage de crémaillère courbe.

1164. La crémaillère courbe n'étant autre chose qu'un arc de cercle, ou mieux une portion de roue, son engrenage rentre dans les conditions ordinaires.

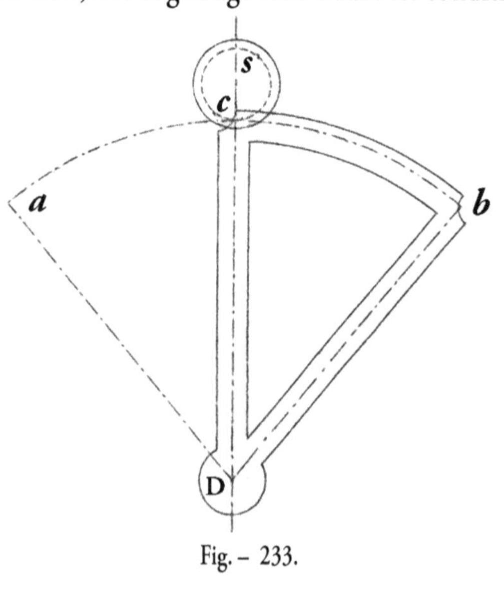

Fig. – 233.

Voici comment on procède dans le plus grand nombre de cas :

On détermine d'abord la distance des centres D*s* (figure 233), puis par deux lignes D*a* et D*b*, tirées du centre de la crémaillère, l'étendue de son mouvement de déplacement, c'est-à-dire de l'espace nécessaire au jeu de cette pièce, étendue représentée par l'arc *acb*.

La moitié de cet espace, soit l'angle *c*D*b*, enferme la portion dentée de la crémaillère. Supposons-deux tours de pignon pour un parcours du râteau de *c* en *a*. Ce pignon doit alors avoir un nombre d'ailes moitié de celui des dents du râteau *cb*, soit 6 et 12 ces deux nombres. On mesure bien exactement en degrés l'angle *cDb* (qui doit toujours être un multiple de 360). Faisons-en, par supposition, un angle de 40°, et nous dirons : si 40° contiennent 12 dents et 12 vides, la circonférence entière en contient 216 (24 x 9), puisque 40° x 9 = 360° ou la circonférence totale. Par conséquent la roue supposée entière aurait 108 dents.

Le reste de l'opération se réduit, puisque l'on connaît la distance des centres, à chercher les proportions d'un engrenage ordinaire, d'un pignon de 6 avec une roue de 108 (**1049**).

Si le pignon ne devait faire qu'un demi-tour pour une longueur de crémaillère, le nombre de ses ailes serait double du nombre des dents de cette crémaillère ; si le pignon ne devait faire qu'un tour, les deux nombres seraient égaux ; s'il devait en faire deux le nombre des ailes serait moitié de celui des dents, etc.

Engrenage de crémaillère droite.

1165. L'engrenage de crémaillère droite (figure 234) diffère du précédent en ce que la transmission de mouvement se fait d'un cercle à une ligne droite, et réciproquement. Les courbes employées ne sont plus les mêmes.

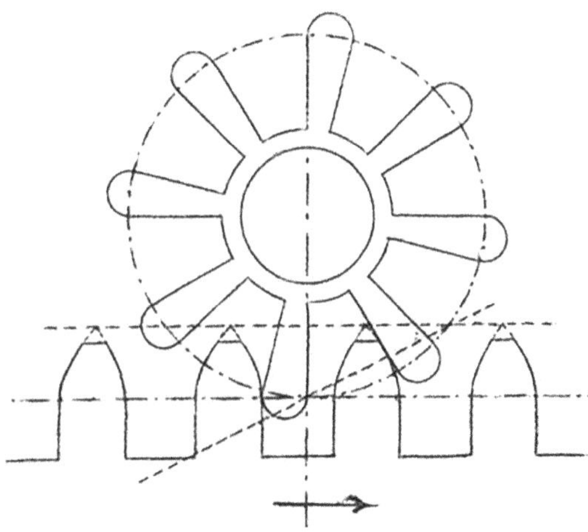

Fig. – 234.

Quand la crémaillère conduit le pignon, l'ogive des dents a la forme d'une *cycloïde engendrée par un cercle générateur, ayant pour diamètre le rayon primitif du pignon.*

Quand c'est le pignon qui conduit la crémaillère, l'ogive des ailes, qui agit sur le flanc rectiligne des dents, est tracée par une *développante* du cercle générateur.

Dans l'une ou l'autre hypothèse, les rapports primitifs restent les mêmes, c'est-à-dire qu'on a toujours la proportion : *longueur* de crémaillère EST À *circonférence primitive* du pignon, COMME le *nombre des dents* EST AU *nombre des ailes.*

Si on compare l'épicycloïde et la cycloïde, tracées d'un point, commun à un cercle et à une droite, par un même cercle générateur, on remarque que la cycloïde s'élève moins rapidement et qu'il en résulte qu'elle conduit l'aile moins loin, ce qui donne une plus forte part de menée avant la ligne des centres (figure 234).

Engrenage de roue de champ dans les montres.

1166. L'engrenage des roues de champ, tel qu'il est pratiqué dans les montres, ne produit pas une menée uniforme. Il appartient à la classe des engrenages *coniques*, c'est-à-dire de ceux dont les axes se croisent au lieu d'être parallèles ; et par conséquent, il faudrait non seulement que le pignon fût conique, mais encore que les ogives des excédants, formées par des surfaces à double courbure, fussent engendrées par des épicycloïdes sphériques, toutes choses impraticables en petit.

On s'est contenté, faute de mieux et pour obtenir une menée aussi approchante que possible de celle théorique, d'assimiler cet engrenage à celui de crémaillère droite, avec lequel il a le plus d'analogie, et de lui faire subir les modifications propres à faciliter sa marche, telles que la dent beaucoup plus mince vers sa pointe que vers sa base (en mesurant sur l'épaisseur du champ), le pignon tenant imperceptiblement du petit, l'engrenage plutôt faible que fort, la denture un peu plus vide que pleine et, s'il est possible, penchée en dehors et arrondie un peu en travers sur ses faces frottantes ; l'aile des pignons préférablement en grain d'orge ; le commencement de la menée pour le pignon de 6, au moins ⅔ d'épaisseur d'aile avant la ligne des centres, etc.

On voit qu'en somme ces modifications ont pour but de soulager et de faciliter le recul de l'échappement à roue de rencontre, en diminuant la menée après la ligne des centres. On conçoit sans peine que plus cette menée se prolonge au-delà de cette ligne, plus la dent, en s'arc-boutant contre l'aile, oppose de résistance au recul. L'échappement, alors maîtrisé, se règle avec difficulté et perd promptement la vivacité de sa marche.

La facilité ou l'aisance du recul est un des signes propres à révéler la *bonté* d'un engrenage de champ appliqué à un rouage réglé par un échappement à recul.

En augmentant le nombre des ailes du pignon, le recul est de moins en moins contrarié, puisque l'étendue de la menée devient de plus en plus courte.

L'article sur les engrenages coniques (**1178**) fournira à l'horloger quelques notions supplémentaires ; elles le mettront à même de disposer pratiquement le mieux possible ses engrenages de champ.

Engrenages intérieurs.

1167. Lorsqu'on veut que deux axes parallèles *tournent dans le même sens*, on y parvient par un engrenage intérieur.

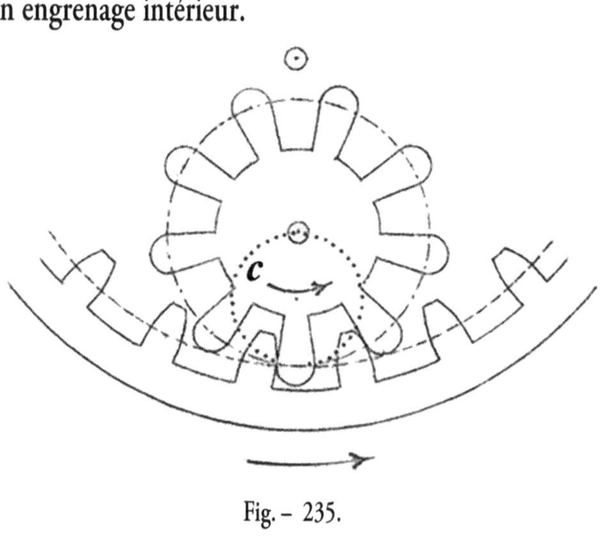

Fig. – 235.

La figure 235 nous en montre un spécimen : un pignon à flancs droits est conduit par une roue dont les excédants ont été tracés par le roulement du petit cercle générateur *c* du pignon, à l'intérieur du cercle primitif de la roue (**1038**).

Ce genre d'engrenage étant fort peu employé par les horlogers, nous renverrons pour plus amples détails aux traités spéciaux, nous bornant à faire remarquer qu'il engendre un frottement un peu moins étendu, quand la roue conduit le pignon dans les conditions de la figure 235, que lorsque ce pignon est mené par une roue de même cercle primitif, mais ayant les dents à l'extérieur de ce cercle.

Tracé de l'engrenage à développante de cercle.

1168. Par hypothèse, les cercles décrits des rayons R*o* et P*o*, en contact sur la ligne des centres en *o*, sont les cercles primitifs de la roue et du pignon (figure 236.)

Par ce point *o* on fait passer une droite *fotv*, sécante aux deux cercles. De chaque centre on abaisse sur cette ligne les perpendiculaires R*t* et P*m* ; et avec R*t* et P*m* comme rayons, on décrit les deux circonférences intérieures concentriques à chaque cercle. Ces deux circonférences sont entre elles dans le même rapport que les circonférences primitives.

Le contact de l'engrenage devant avoir lieu sur la portion *mt* de la ligne *fotv*, on mène d'un point pris sur cette portion de ligne, soit du point *s*, par exemple, la développante *csd* du cercle P*m*. Par ce même point *s* (point de contact), on fait passer la développante *gsh* du cercle R*t*.

Les courbes *csd* et *gsh* donneront les profils des ailes du pignon et des dents de la roue.

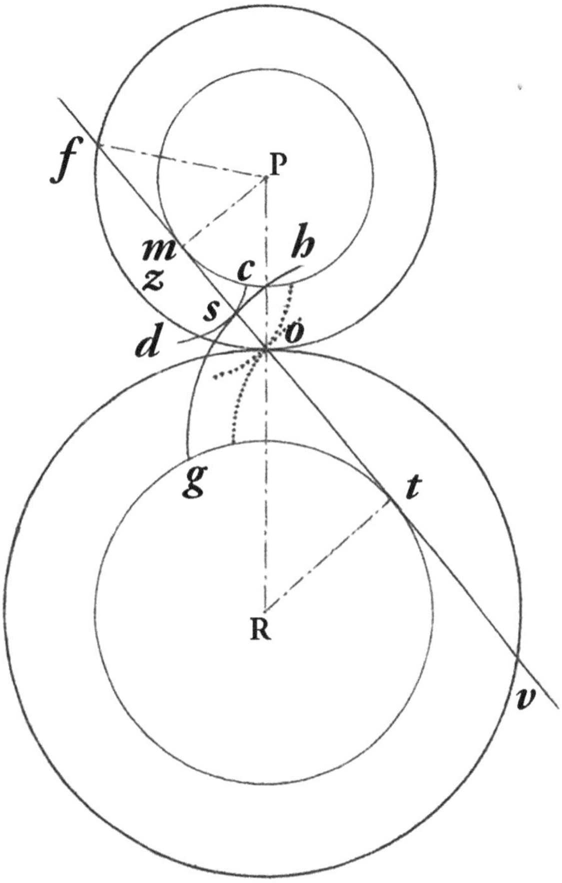

Fig. – 236.

Si l'on voulait que le tracé représentât l'engrenage au moment du contact sur la ligne des centres, il suffirait de faire passer par le point *o* deux parallèles aux courbes qui dessinent les profils des excédants ; puis l'on partirait du point *o* pour opérer la division de la roue et du pignon.

On indiquerait sur le dessin la hauteur utile des excédants, afin de n'avoir à donner aux vides que la profondeur nécessaire.

Dans cet engrenage, la menée a lieu partie avant et partie après la ligne des centres. Les deux mobiles peuvent être alternativement, et dans les mêmes conditions, conduit ou conducteur.

1169. *Observations.* — Les mécaniciens, lorsqu'ils tracent cet engrenage, déterminent la direction de la sécante *fotv*, en formant l'angle P*of* d'environ 75°. Quelques-uns préfèrent employer la méthode suivante : ils prennent à partir de *o*, sur la circonférence *z*, un arc égal à deux fois le pas de l'engrenage ; par supposition, faisons-le égal à *ozf* (il est exagéré, mais c'est afin de rendre les détails perceptibles). C'est par le point *f* ainsi déterminé, et par le point *o* qu'on tire une droite qui sera la sécante cherchée.

Par un peu d'agrandissement aux trous des pivots, l'engrenage à développante fonctionne encore très bien et avec une suffisante uniformité de menée et de pression (1083).

Engrenage d'une roue et d'un pignon à lanterne.

1170. Les deux disques qui servent à assembler et à maintenir les tiges cylindriques du pignon, appelé ici *lanterne*, se nomment les *plateaux*, ou *tourteaux*, et les cylindres qui remplacent les ailes s'appellent les *fuseaux*.

L'engrenage à lanterne (figure 237) se construit d'après la règle invariable de la proportionnalité des diamètres primitifs aux nombres des dentures. Le cercle primitif du pignon, dont la circonférence passe par les centres des fuseaux *v, r, a, b, t*, etc., est en même temps le cercle générateur de la courbe des dents.

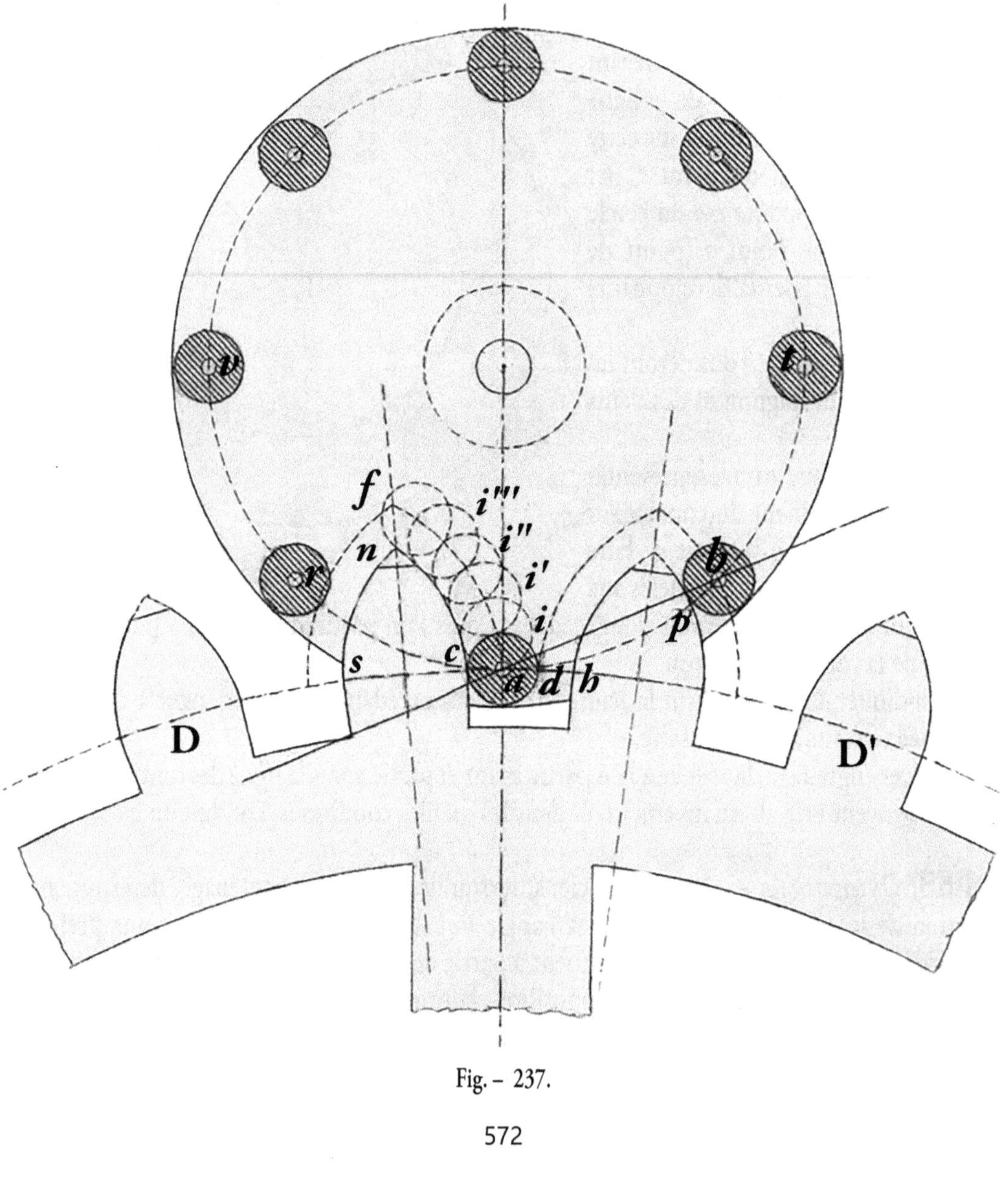

Fig. – 237.

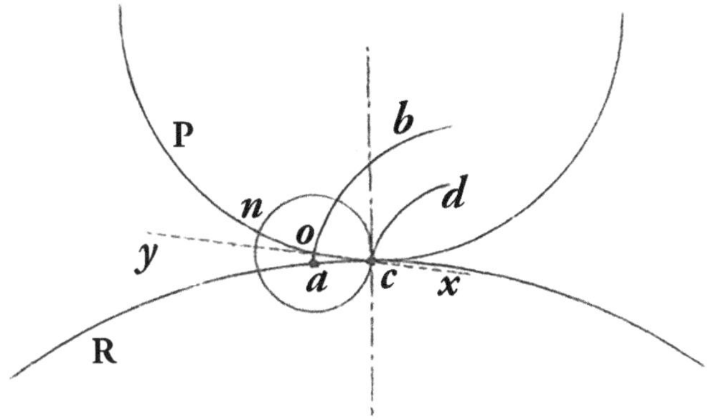

Fig. – 238.

La méthode suivie dans le tracé de cet engrenage est fondée sur la démonstration suivante : soit P (figure 238) le cercle primitif d'un pignon à lanterne, ayant pour fuseaux des chevilles assez fines pour qu'on puisse les représenter par des points, et soit R le cercle primitif de la roue. Si on met les deux cercles en contact au point *a* et qu'on fasse rouler P sur R, ce point *a* tracera l'épicycloïde *aob*. Or, cette épicycloïde étant engendrée par le point même, il s'ensuit nécessairement que la droite *yx* est en même temps normale à la courbe et à la fine cheville, et il en résulte, d'après ce que nous savons, que si cette fine cheville, implantée dans le cercle P, était poussée par un excédant du cercle R, formé par la courbe *aob*, le disque R entraînerait le disque P en réalisant l'uniformité des vitesses et des forces.

Maintenant que du point *o*, pris pour centre, on décrive la circonférence d'un cylindre *nc* que du point *c* on élève la courbe *cd*, parallèle à *aob*, et l'on démontrerait, à l'aide des principes ci-devant exposés, que la droite *yx*, normale au point *o* et à l'épicycloïde *aob*, est en même temps normale à la courbe *cd* et à la courbe du cylindre ; d'où résulte que si l'on donne à la cheville *a* la grosseur *nc* et que l'on munisse le disque R d'un excédant ayant la forme *cd*, cet excédant conduira le cylindre *nc* dans les conditions où l'épicycloïde *aob* aurait conduit le point ou fine cheville *o*.

Tracé de l'engrenage à lanterne.

1171. Le calcul des cercles primitifs en rapport avec les nombres des dentures ayant été préalablement fait, on trace ces deux cercles ; soient ici D*a*D' et *vrabt* (figure 237, p. 572), tangents l'un à l'autre sur la ligne des centres en *a*. Ce point *a* sera le centre d'un fuseau et ce premier centre marqué, il est facile, en le prenant pour point de départ, de déterminer les centres de tous les autres fuseaux.

La longueur du *pas* de l'engrenage est connue (puisque c'est l'arc de cercle rectifié, *ab* par exemple) ; si on ne la connaît pas on la calcule, puis on en prend la moitié, qui représente ici la largeur d'une dent dans le cas le plus général, de la roue divisée autant *pleine* que *vide* ; l'autre moitié du pas donne le diamètre du fuseau *cd*, augmenté de l'ébat nécessaire à la rentrée assurée de chaque dent entre les fuseaux, c'est-à-dire de l'intervalle *dh*. La quantité de cet ébat est d'autant moins grande que les nombres des dentures des mobiles sont plus élevés. On peut par approximation en trouver la mesure sur les figures d'engrenages 215, 218, 228, 229, 230.

Cette quantité d'ébat déterminée, on connaît alors le diamètre du premier fuseau *cd* ; on le dessine, et successivement les autres, *v, r, b, t*, etc.

Du poinl *a* on élève l'épicycloïde *af*, et avec une ouverture de compas égale au rayon du rouleau, et en prenant successivement tous les centres sur l'épicycloïde, on décrit les petits cercles *i, i', i''*, etc. ; puis on cherche, en tâtonnant l'ouverture du compas, le centre d'un arc de circonférence qui soit tangent à tous les petits cercles. Cet arc (*cn,* figure 237) est le profil des ogives des dents de la roue. Il ne reste plus qu'à opérer la division du cercle primitif de la roue et à dessiner les dents.

Le dernier contact de la dent avec un fuseau a lieu en *p*, puisque la dent suivante entre en prise ; ce point fait connaître quelle est la hauteur utile de l'excédent.

1172. *Observations.* — Dans leurs publications les horlogers, qui ne s'étaient occupés que des montres ou des pendules, ont condamné sans rémission l'engrenage à lanterne.

Par contre, la plupart des fabricants d'horloges monumentales, qui avaient l'expérience de la chose, ont continué à l'employer avec quelques avantages.

Cette singularité s'explique très simplement.

On reproche à l'engrenage à lanterne :

1°. (Quand la roue conduit le pignon) : — La différence des surfaces développées l'une sur l'autre et un peu de menée avant la ligne des centres.

2°. (Quand le pignon conduit la roue) : — Une menée à frottement rentrant et à arc-boutement, qui détruit très vite les surfaces aux prises. Les théoriciens, et après eux les mécaniciens, considérant que dans la plupart des machines les mobiles engrenants doivent pouvoir être à volonté menants ou menés, ont conclu que l'engrenage en question est *incomplet.*

Ces griefs perdent presque toute leur gravité dans les applications à la grosse horlogerie, où des roues suffisamment nombrées conduisent, et toujours dans le même sens, des pignons d'au moins huit à neuf fuseaux.

Écartons le cas fort rare du pignon conduisant la roue ; là une lanterne ne vaut rien, il faut un pignon dont les ailes se terminent en ogives, et comparons l'un à l'autre deux engrenages de mêmes nombres et de mêmes cercles primitifs, mais l'un à lanterne, l'autre à pignon plein et à flancs droits, et nous remarquerons :

- Au désavantage de la lanterne : — Qu'elle a un peu plus de menée avant le centre et une moindre étendue de surface frottée sur le fuseau, supposé fixe.
- À son avantage : — Que la pression vers la fin de la menée est moindre, puisqu'elle a lieu sous l'effort d'un levier virtuel un peu plus long et que, en outre, les pressions varient moins du commencement à la fin de la menée.

Et on conclura de cette comparaison que si la surface de chaque fuseau est bien parallèle à la face de la dent, celle-ci ayant une largeur proportionnée à l'effort qu'elle doit supporter (**40**), les sommes de frottements dans les deux espèces d'engrenages peuvent être considérées comme équivalentes.

L'expérience confirme cette conclusion, et la preuve de son exactitude est facilement acquise par l'examen d'un certain nombre d'horloges, construites avec quelques soins. Parmi celles que nous avons étudiées, plusieurs, sorties des mains de la célèbre famille Lepaute, les unes à fuseaux fixes, les autres à fuseaux mobiles, et quoique déjà vieilles d'âge et de service, ne portaient que de faibles traces d'usure.

En résumé, si l'on considère la facilité avec laquelle on peut établir un pignon à lanterne parfaitement bien exécuté, et qui n'a pas à courir les mêmes risques à la trempe que le pignon à flancs droits, on en doit conclure, contrairement à l'opinion en cours parmi les horlogers en montres, que l'engrenage à lanterne, *judicieusement employé* et construit avec soin, est un des bons éléments de la grosse horlogerie de commerce.

L'usage des fuseaux mobiles, c'est-à-dire roulant sur deux pivots, a été généralement abandonné, malgré la réduction évidente du frottement qu'on en obtenait. Quand les trous des pivots s'agrandissaient, la réparation des lanternes devenait assez difficile et coûteuse.

1173. Des constructeurs ne trempent pas les fuseaux parce qu'ils n'ont pu constater qu'une usure très lente et négligeable. Nous croyons cependant que le fuseau trempé à la partie frottante offrira toujours une garantie et une sécurité de plus.

Engrenage d'une roue et d'une vis sans fin.

1174. Le *pas* de la vis ayant même longueur que le pas mesuré sur le cercle primitif de la roue, il en résulte qu'un tour de vis ne fait avancer qu'une dent de la roue, tandis que une révolution de la roue fait faire à la vis autant de tours qu'il y a de dents.

Cette facilité de faire produire à un axe un plus grand nombre de révolutions, en substituant la vis au pignon ordinaire, a fait tenter à plusieurs horlogers son introduction dans les rouages d'horlogerie. Ils ont toujours échoué, parce que le mouvement de la vis s'opère sous une pression considérable, qui n'est pas dirigée dans le sens de la rotation de son axe, et qu'en outre elle donne naissance à des adhérences variables, et qui le sont d'autant plus que la vis est moins fidèlement exécutée, qu'elle s'est plus ou moins voilée à la trempe, ce qui n'est pas rare du tout, et que le mouvement est plus lent. En outre, presque tout l'effort de la pression, par l'effet de la poussée que reçoit la vis, dans le sens de la longueur de son axe, est supporté par l'extrémité d'un pivot et se trouve ainsi concentré sur une étroite surface où l'usure se produit promptement. Si, pour obvier à cet inconvénient, on tient le pivot gros, la résistance au mouvement augmente, avec une extrême rapidité, par le moindre épaississement de l'huile.

Il faut, autant que possible, que l'action de la roue soit en opposition avec la pesanteur du mobile à vis ; on annule ainsi la part du frottement du pivot afférente au poids même du mobile. Mais cet avantage est subordonné à cette considération qu'il ne faut pas que l'effort puisse soulever le mobile, parce qu'alors il y a déplacement et temps perdu.

1175. *Tracé de l'engrenage.* — Représentons par P le pas de la vis (*ab*, figure 239) et par N le nombre des dents de la roue, la circonférence de cette dernière sera P x N.

On aura le diamètre primitif de la roue par la proportion

$$3{,}1416.. : 1 : : P \times N : x.$$

La moitié de la valeur de *x* sera le rayon primitif de la roue.

Avec D*c* égal à ce rayon (figure 239), on décrit le cercle *jcs*. Au point *c* on élève la perpendiculaire *gf*, qui sera la ligne primitive de la vis.

Du point *c* on opère la division de la roue. On sait que les longueurs *cs*, etc., rectifiées, sont égales chacune au pas de la vis *ab*. On dessine les dents, le *plein* égal au *vide* ou, si le filet est maigre, avec plus de plein que de vide, et l'on trace le profil des dents d'après une

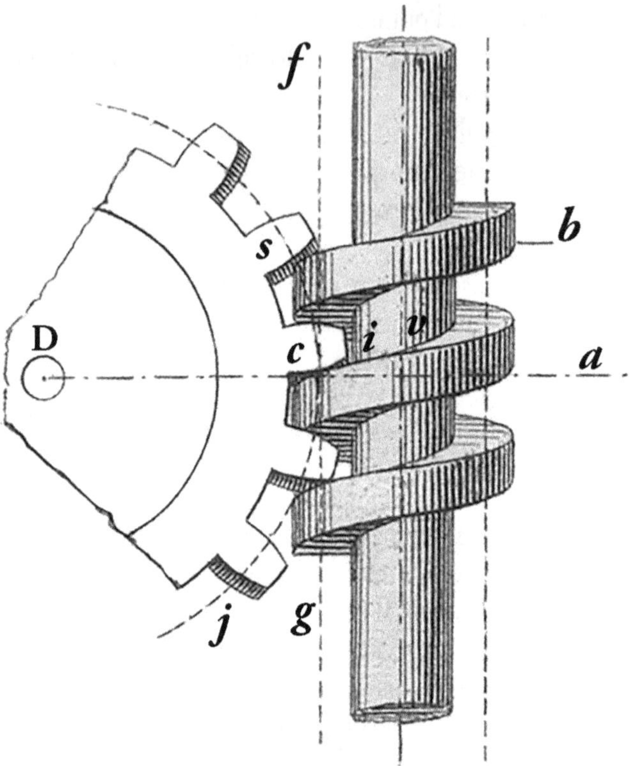

Fig. – 239.

cycloïde engendrée par un cercle du diamètre D*c*, roulant sur la droite *gf*. On prend sur l'épaisseur du filet pour l'ébat de l'engrenage.

Par chaque révolution de la vis, une roue étant donnée, une de ses dents passera si la vis n'a qu'un filet, deux dents s'il y a deux filets, etc. La vitesse de la roue diminue donc comme augmente le nombre des filets, et vice versa, mais cette roue mène avec un moindre effort à mesure que les filets sont plus nombreux, ou pour parler plus exactement, à mesure que leur inclinaison devient de plus en plus rapide.

Ces indications, complétées par les quelques renseignements qui suivent, suffiront dans la généralité des cas. Le lecteur qui voudra posséder plus à fond la matière devra avoir recours aux traités spéciaux.

Les faces frottantes des dents doivent avoir sur le disque de la roue la même inclinaison que le filet sur l'axe de la vis. Quand ce filet sera peu incliné, la vis mènera toujours facilement la roue, mais il n'en sera pas de même si cette roue est chargée de conduire la vis. Elle rencontrera des résistances qui paralyseront son mouvement ; il faut alors que le filet ait une grande inclinaison et qui ne doit pas être moindre de 45°.

1176. Quand une vis est composée de plusieurs filets, les distances qui les séparent sont des fractions du pas commun, égal à la hauteur d'un tour de l'hélice d'un filet. Le pas sur la roue comprend autant de fois 1 vide et 1 plein qu'il y a de filets (**1041**).

Si les filets sont nombreux et très inclinés, le pas devient très grand et les axes, qui étaient en croix lorsqu'il n'y avait qu'un seul filet, arrivent à se trouver parallèles, c'est-à-dire dans le même plan. La roue n'agit plus que sur de très courtes portions de filet et par une succession d'attouchements. On a alors un engrenage hélicoïdal.

1177. *Procédés d'application.* — Le tracé graphique donne seulement un point de filet en prise avec la roue ; aussi, lorsque l'on a à surmonter une forte résistance, et afin d'avoir de plus grandes surfaces en contact, on forme, ou l'on enfonce les vides de la roue, à l'aide de la vis même. Pour ne pas endommager celle qu'on emploiera en définitive, on en choisit une identique, on rend tranchant le devant du filet et l'on fait agir ce tranchant sur la circonférence de la roue, en rapprochant la vis à mesure que les dents se forment, et jusqu'à ce que la vis ne morde plus.

On peut utiliser ce moyen pour tailler préalablement une roue, ou pour enfoncer ou incliner sa denture, mais si cette roue doit conduire la vis, il faudra ensuite amincir le filet, le polir après avoir donné l'ébat nécessaire à l'engrenage et avoir reformé, au besoin, les courbes. Si elles offraient de trop grandes surfaces de contact, elles rendraient plus sensibles les résistances et les moindres défauts d'exécution. De larges surfaces en prise sont, au contraire, un avantage quand le pignon mène et qu'on a besoin de force.

La vis sans fin employée à la conduite d'une plate-forme d'outils à tailler les dentures, élargit beaucoup le cercle des services qu'elle peut rendre, et tout horloger pourra facilement, à l'aide du procédé qui vient d'être indiqué, en adapter une au besoin.

Engrenages coniques ou d'angle.

1178. Les figures 240 et 241 nous montrent deux engrenages coniques, c'est-à-dire des engrenages entre mobiles dont les axes ne sont pas parallèles.

Le tracé, et surtout l'exécution pratique de cette espèce d'engrenage, offre des difficultés de plusieurs genres ; aussi, comme ils ne sont employés en horlogerie que pour des mobiles dont les fonctions ont une médiocre importance, se contente-t-on de les construire de façon à obtenir une menée d'une suffisante douceur, sans se préoccuper trop de l'uniformité rigoureuse des forces et des vitesses.

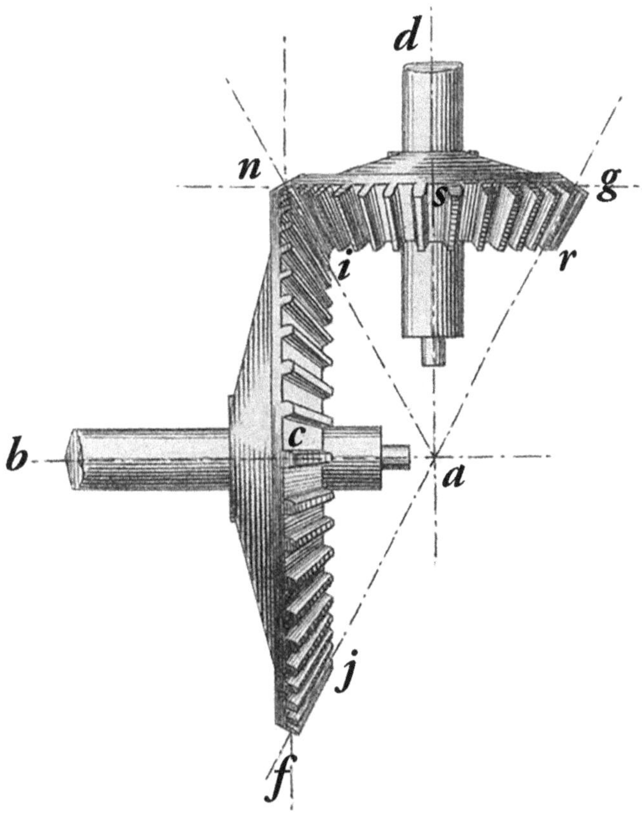

Fig. – 240.

L'angle que les deux axes forment entre eux étant connu, on tire deux lignes *ad, ab* (figure 240), formant l'angle *dab* égal à cet angle connu.

Les nombres des dentures ont été préalablement déterminés, et nous supposons que l'emplacement que doivent occuper les roues est connu. En ne dépassant pas les bornes de cet emplacement, on marque à partir de *a*, sur la ligne d'axe du petit mobile, une longueur *as*, et sur la ligne d'axe du grand mobile une moindre longueur *ac*, qui soient entre elles comme le nombre des dents du grand mobile est au nombre des dents du petit.

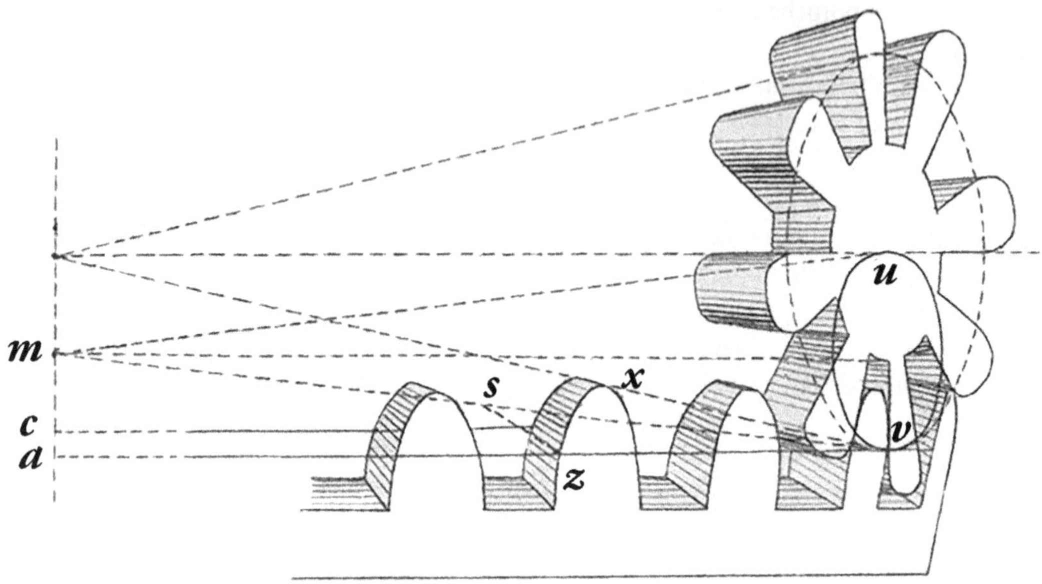

Fig. – 241.

Aux points *s* et *c*, on élève des perpendiculaires qui se coupent en *n*. On joint ce point de croisement *n* au point *a* on mesure *sg* égal à *sn*, *cf* égal à *cn*, et l'on joint les points *g* et *f* à *a*.

L'épaisseur que l'on veut donner à la grande roue étant marquée par la parallèle *ij*, celle de la petite roue se trouve déterminée par la droite *ir*, tirée du point *i* parallèlement à *ng*.

Le triangle *naf* représente ici la section d'un cône tournant et entraînant par attouchement un autre cône dont la section serait le triangle *nag*. Les zones *nijf* et *ngri* sont ainsi les zones primitives du futur engrenage. Il reste à les diviser et à déterminer les excédants des pleins.

Les flancs des dents *visant* au point *a*, leur épaisseur diminue proportionnellement dans cette direction, ainsi que la largeur des vides. Quant à la courbe de l'excédant, elle est engendrée par la ligne de contact d'un cône (d'un diamètre égal au rayon du mobile mené) roulant contre le cône menant (comme le cône *muv*, figure 241). Ces excédants, on le voit, sont fort difficiles à établir, puisque leur surface frottante est à double courbure, c'est-à-dire engendrée par une cycloïde sphérique.

Aussi se contente-t-on généralement, dans les ateliers, de tailler les vides d'égale largeur et d'assimiler la courbe *zx* (figure 241) à la courbe des dents d'une crémaillère droite conduisant un pignon. On découpe ensuite la dent suivant cette courbe ou l'arc de cercle qui s'en rapproche le plus, en faisant viser la surface de courbure au centre, c'est-à-dire que si une règle bien droite est appliquée à différentes hauteurs de l'arrondi, dans le sens *sz* (figure 241), elle visera le point central où les axes se rencontreraient s'ils étaient prolongés.

Des engrenages ayant plusieurs dents en action.

1179. Dans les engrenages que nous avons considérés, aussitôt qu'une nouvelle dent de l'un des mobiles entre en prise, la dent qui la précède, et qui conduisait, cesse de toucher. On peut cependant, en adoptant certaines formes de dentures, obtenir des engrenages où plusieurs dents de la roue qui mène sont constamment en contact, avec le même nombre de dents de la roue menée.

Ces sortes d'engrenages pourraient peut-être avoir une application en horlogerie, dans la construction des remontoirs par le pendant. Les horlogers les trouveront décrits dans les grands traités de mécanique, et notamment dans le *Traité élémentaire des machines* de Hachette.

Calcul arithmétique et tracé en petit d'un engrenage.

Refaire un mobile perdu.

1180. Le calcul arithmétique de l'engrenage est un travail très simple et rendu facile par les nombreuses données et explications qui précèdent, surtout si l'on veut s'exercer sur des engrenages de la nature de ceux dont les proportions sont indiquées au chapitre IV.

Si l'on avait à déterminer les proportions d'un engrenage autre que ceux-là, il faudrait en faire un dessin à grande échelle, dans les différentes positions qu'une dent occupe pendant la menée, et après avoir calculé, par les méthodes géométriques et à l'aide des tables qui les accompagnent, et qui sont à la portée de tout le monde, les valeurs exactes en millimètres et fractions de millimètres des circonférences, diamètres, rayons, cordes d'arcs, etc. Il est aisé ensuite d'en tirer les proportions dont on a besoin et de les réduire aux dimensions en usage dans notre industrie ; et l'application pratique de ces mesures n'offre aucune difficulté si l'on a recours, pour les prendre aux compas de proportion ou autres, et aux différents micromètres décrits dans cet ouvrage.

Nous nous bornerons donc à donner ici un simple exemple d'application, c'est-à-dire à exposer la méthode à suivre pour retrouver les dimensions de l'un des mobiles d'un rouage de montre, ce mobile étant ou très détérioré, ou bien ayant été perdu.

Deux cas peuvent se présenter : dans le premier, on suppose non seulement la roue perdue, mais aussi le pignon avec lequel elle engrenait ; dans le second, la roue manquerait seule. Nous allons les résoudre successivement.

Retrouver les proportions d'une roue et du pignon y engrenant.

1181. Préalablement on détermine les nombres de dents de la roue et d'ailes du pignon, puisque ces nombres sont inconnus. Il faut qu'on les choisisse tels qu'en les faisant entrer dans le train d'engrenage de la montre, ce train produise une quantité de vibrations par heure suffisante pour procurer un bon réglage (Calcul des vibrations[60], **1057**).

Choisissons, par exemple, une montre ordinaire, où manqueraient la 2e roue et le pignon auquel engrenait cette roue, c'est-à-dire le pignon de la 3e roue.

[60] On peut retrouver le nombre inconnu des vibrations si l'on possède le balancier de la montre ou de la pendule en le faisant vibrer concurremment avec un balancier type comme ceux décrits au **439** pour la montre, ou avec des pendules types pour la pendule. À défaut de ces instruments, on met le balancier en mouvement et on compte les oscillations comme il a été enseigné (**432** et suivants). Avec un peu d'habitude on parvient à connaître le nombre accompli par minute ou par demi-minute d'où l'on déduit le nombre par heure.

Admettons que la supputation des vibrations du balancier nous a fait connaître qu'il en accomplissait 5, plus une très minime fraction, par seconde, ce qui en aurait donné très peu plus de 18 000 par heure.

Et qu'en essayant les deux nombres 60 pour la roue et 8 pour le pignon, le calcul des vibrations par heure nous donne pour résultat 18 200, total convenable ; par conséquent, 60 et 8 sont deux chiffres auxquels on peut s'arrêter.

On mesure bien exactement sur la platine de la montre (avec les compas et micromètres donnant les millimètres et fractions de millimètre, décrits plus loin) la distance des centres, distance qui n'est autre chose que la somme des rayons primitifs. Nous la supposerons ici de 7 millimètres, ou plutôt, pour la facilité du calcul, de 70 dixièmes de millimètre, ce qui est la même chose, et l'on pose, comme ci-dessous, la proportion :

La somme des nombres (60 + 8) est à la somme des rayons primitifs (70), *comme* le plus grand des deux nombres (60) est au plus grand rayon primitif *x* (valeur qu'il faut chercher, **1049**).

$$68 : 70 :: 60 : x \; ; \quad ((70 \times 60) / 68) = 4200/68 = 61{,}7$$

$$\begin{array}{r} 70 \\ \underline{60} \\ 4200 \end{array} \qquad \begin{array}{r} 4200 \\ 120 \\ 520 \\ 44 \end{array} \qquad \begin{array}{l} \underline{68} \\ 61{,}7 \text{ etc,} \end{array}$$

Ainsi *x* égale 61 dixièmes de millimètre, plus 7 dixièmes de dixième de millimètre, ce qui est la même chose que 7 centièmes de millimètre. Le mobile menant devant tenir légèrement du grand (**1099**), en ajoutant la fraction insignifiante de 3/100e, on obtiendra le chiffre rond de 62 dixièmes pour le rayon primitif de la roue et en retranchant ce nombre 62 de la distance des centres (70), il restera 8 dixièmes pour le rayon primitif du pignon. En doublant ces deux rayons primitifs, on aura pour le diamètre primitif de la roue 124, et pour celui du pignon 16.

La hauteur de l'excédant de la roue étant 3 (**1133**), en ajoutant au diamètre primitif 124, le double de l'excédant, on trouve pour le *diamètre total* de la roue 130 (**1043**).

Puisque l'on opère sur des dixièmes de millimètre, il suffit de séparer par une virgule le dernier chiffre des deux nombres obtenus (ce qui est la même chose que les multiplier par 10), pour avoir la valeur en millimètres. Cette opération donne 12 millimètres 4 dixièmes (12,4), pour le diamètre primitif, et 13 millimètres juste pour le diamètre total de la roue.

Quant au diamètre total du pignon, il est facile de le déterminer, puisqu'on sait qu'il suffit, pour l'obtenir, d'ajouter au diamètre primitif l'épaisseur d'une aile mesurée à la naissance de l'arrondi, quand cet arrondi est un demi-cercle. Avec l'aide des micromètres et compas décrits plus loin, cette opération, qui n'offre pas de difficulté, donne un résultat d'une suffisante justesse.

1182. Ces mesures permettent de rétablir l'engrenage, ce qui devient encore plus facile si l'on en fait le tracé.

Pour cela, on prend une plaque de laiton bien adoucie, sur laquelle on pointe les centres, reportés de la platine à l'aide du compas aux engrenages. On ouvre le compas à coulisse et à vernier juste de la valeur du rayon primitif de la roue, et de l'un des centres de la plaque, avec cette ouverture, on fait une petite marque en *a* (figure 242) puis, en l'ouvrant aux dimensions du rayon total, une autre marque en *b* ; ensuite, avec un petit compas comme celui dessiné figure 243, et à l'aide de la loupe on trace délicatement les deux cercles *a* et *b*. Le cercle primitif du pignon est tangent au cercle *a*, on le décrit et, pour trouver la grosseur totale du pignon, on prend avec le micromètre l'épaisseur de l'aile (chapitre IV) qui, ajoutée au rayon primitif du pignon, donne le rayon total du cercle extérieur *c*, lequel fournit la grosseur du pignon. L'engrenage est alors rigoureusement tracé.

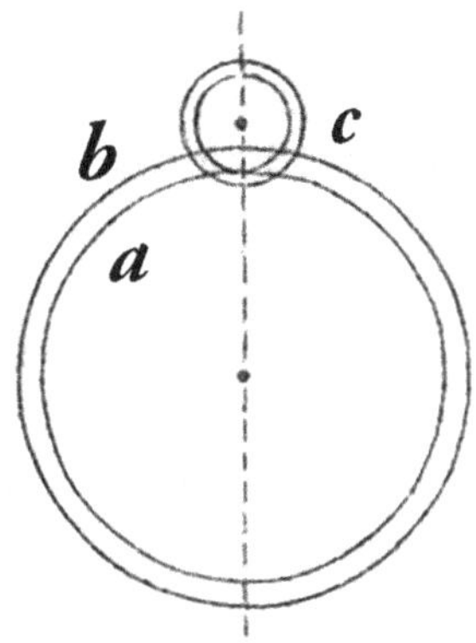

Fig. – 242.

1183. *Observations.* Si le nombre des vibrations du balancier, après que l'engrenage a été rétabli, n'était pas le même qu'auparavant, c'est-à-dire si l'on avait de l'avance ou du retard, ceci indiquerait que les organes perdus n'étaient pas entre eux dans de bonnes proportions ; mais généralement il suffit de modifier un peu la longueur du spiral pour corriger cette différence.

Le petit calibre à tracer (figure 243) ne doit être employé que lorsque les centres sont seulement pointés et non pas percés, parce que sa pointe prendrait une direction oblique dans le trou.

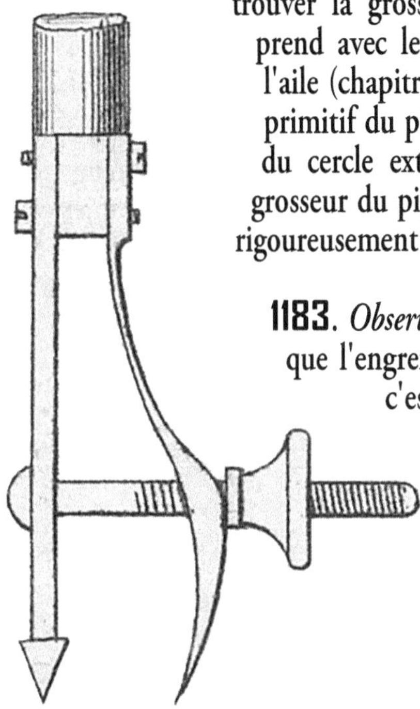
Fig. – 243.

Retrouver les proportions de la roue seule.

1184. Lorsque la roue manque seule et que l'on possède le pignon qui engrenait à cette roue, on mesure bien exactement le diamètre total de ce pignon, puis on déduit de ce diamètre l'épaisseur d'une aile afin d'avoir le diamètre primitif. La moitié de ce diamètre primitif (le rayon) étant soustraite de la distance des centres, le reste de cette soustraction est exactement la valeur du rayon primitif de la roue. On établit alors la proportion :

Le RAYON PRIMITIF du pignon *est* au RAYON PRIMITIF de la roue *comme* le NOMBRE des ailes *est* à *x* (nombre inconnu des dents de la roue).

La proportion étant résolue et la valeur de *x* trouvée, on connaît alors les nombres des dentures et les rayons primitifs des mobiles. De ces valeurs on tire toutes les autres, ainsi qu'on l'a déjà fait (**1183**). Nous bornerons ce que nous avons à dire sur le sujet de ces articles à ces deux applications car, quel que soit le cas qui se présente, il se réduit toujours à établir ou à retrouver deux diamètres primitifs en rapport proportionnel avec les nombres des dentures des mobiles, et réciproquement.

Moyen optique proposé par Moinet, pour vérifier en petit la forme d'une dent.

1185. Pour juger si la forme d'une dent en petit imite suffisamment le dessin tracé en grand, on place ce dessin à la hauteur de l'œil et dans un plan vertical ; puis on examine à la loupe placée contre un œil, l'autre étant fermé, une dent de la roue placée au foyer de la lentille du microscope, en se plaçant en face du dessin ; on ouvre alors l'œil fermé qui aperçoit le dessin, en sorte que les deux yeux voient à, la fois deux images, que l'on parvient aisément à faire coïncider l'une sur l'autre. En s'éloignant ou s'approchant plus ou moins du dessin, on arrive à donner aux deux images la même dimension, et l'on remarque facilement en quoi elles diffèrent et les points à corriger de la denture.

Appareil à démontrer les principes des engrenages.

1186. Dans les cours publics et dans les écoles, on met sous les yeux des élèves des engrenages construits sur de grandes dimensions. Ces mécanismes font bien concevoir la manière dont fonctionnent les engrenages, mais ils n'en expliquent pas les principes. Il est préférable de se servir, pour donner une démonstration pratique, d'appareils analogues à celui que nous avons présenté à l'exposition de 1867, et qu'on trouve décrit à la fin de ce volume.

DES MOTEURS

Généralités sur les moteurs.

1187. Les moteurs employés dans l'horlogerie mécanique sont de deux sortes : des poids ou des ressorts.

Les premiers doivent leur puissance à la gravité ou pesanteur les autres à la réaction élastique de lames métalliques bandées.

1188. L'action d'un moteur doit préférablement rester égale pendant toute sa durée mais, s'il n'est pas possible de réaliser cette condition, il faut au moins que ce moteur agisse selon une progression croissante ou décroissante très régulière. Rien n'est défavorable à la stabilité du réglage autant que les brusques variations de la force motrice. Il ne faut jamais perdre de vue qu'un échappement ne peut exercer ses facultés correctrices qu'entre deux limites de force motrice, et souvent elles sont assez rapprochées. En outre, même entre ces limites, tout brusque écart dans la force qui actionne le balancier, *en vertu des résistances dues à l'inertie*, amène des irrégularités dans les mouvements, que le spiral, qu'il possède ou non un haut degré d'isochronisme, est impuissant à annuler, parce qu'il est *lui-même sous la dépendance des lois de l'inertie.*

1189. Aussi, quels que soient les soins apportés au choix et à la bonne installation d'un moteur, les avantages qu'on s'en promet seront annihilés si la transmission de force se fait par des engrenages défectueux. Les excès de frottement, les variations de vitesses, etc., s'additionnant ou se retranchant d'un engrenage à l'autre, pourront fort bien, et quelle que soit l'égalité de l'action du moteur, être causes que le balancier ne recevra que des impulsions irrégulières.

Du moteur poids.

1190. Un poids suspendu qui descend avec régularité (s'il marchait plus ou moins vite sa puissance varierait), est une force motrice constamment égale, en ne tenant pas compte du surcroît de poids résultant du déroulement de la corde ; ce surcroît est considéré comme négligeable pour une descente de 1 à 2 mètres.

Quand le poids est suspendu à une chaîne, une grosse corde, ou que la descente est considérable, il faut faire entrer dans le calcul l'augmentation de la puissance par le déroulement de la corde ou de la chaîne.

La descente du poids, comme on l'a déjà fait remarquer, doit s'effectuer, si l'on veut produire une force égale, avec une parfaite régularité. Tout poids qui agit par percussion, par secousse, en tirant sur un cordon qu'il tend, subit des trépidations, balancements, contacts plus ou moins brusques, adhérences variables, etc., qui décomposent et altèrent la puissance de ce moteur.

La puissance statique qu'exerce un poids emmanché à un bras de levier tournant sur un axe horizontal varie suivant les positions qu'occupe le levier. Elle est au maximum dans la position horizontale et va en diminuant jusqu'à la position verticale, où l'effort du poids se convertit en pression sur les pivots de l'axe (Z, figure 244).

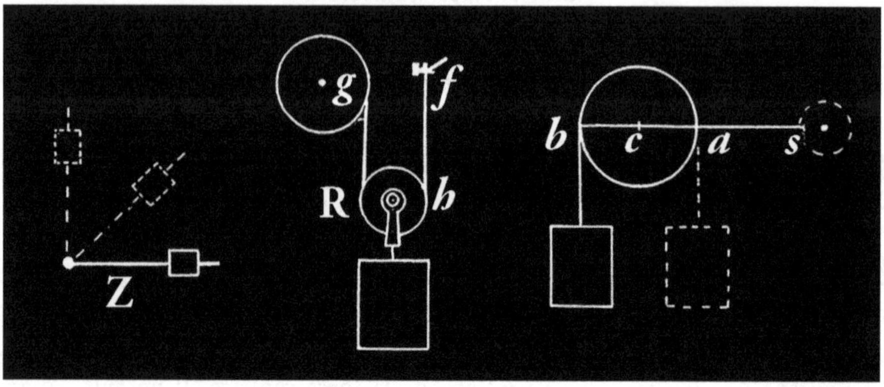

Fig. – 244.

Si ce bras de levier est animé de vitesses différentes de l'un à l'autre déplacement, si ses mouvements angulaires sont inégaux, sa puissance dynamique devient très variable (**25**).

Nous recommandons l'étude de ces différents problèmes aux chercheurs attardés de forces constantes.

1191. Dans les horloges et les régulateurs, le poids doit être suffisamment éloigné du pendule, parce que s'ils se trouvent à proximité l'un de l'autre, il peut arriver que, lorsque le poids se sera déroulé d'une longueur égale à la longueur du pendule, les deux poids suspendus s'influencent réciproquement par un effet dit sympathique.

1192. Pour un même poids, les forces motrices sont entre elles comme les rayons des cylindres sur lesquels s'enroulent les cordes.

Avec des cylindres de rayons différents, on obtient la même force motrice quand les poids sont entre eux en raison inverse des rayons (abstraction faite des frottements des tourillons, frottements proportionnels aux poids et aux diamètres de ces tourillons. (**133**).

Les longueurs de descente sont nécessairement en raison des rayons des cylindres. Ces longueurs sont *le produit de la circonférence du cylindre par le nombre de tours de corde* qu'il peut recevoir.

Les temps de marche, ou les durées de descente, sont donc dans le rapport inverse des rayons puisque le cylindre, qu'il soit gros ou petit, ne fait qu'un tour pour chaque révolution de la 1re roue du rouage, qui est portée par le même axe que ce cylindre.

1193. Lorsque l'espace disponible pour la descente est trop court, on moufle le poids moteur, c'est-à-dire qu'on le fait porter par une poulie mobile R (figure 244), dont la gorge repose sur la corde, celle-ci étant attachée par une extrémité au cylindre et par l'autre extrémité à un support fixe comme *f*. La durée du temps de la descente est alors doublée, puisque la portion de corde déroulée sur le cylindre se partage par moitié sur *g*R et sur *fh* mais il faut un peu plus que doubler le poids moteur parce que son effort se divise, c'est-à-dire est supporté par portions égales en *g* et *f*, et qu'en outre il a à vaincre la résistance du frottement des tourillons de R et de la roideur de la portion de corde enroulée sur la poulie. Ces résistances acquièrent une grande intensité si l'on moufle à plus de deux brins. (Consulter la Théorie des moufles et des mouvements différentiels dans les Traités de mécanique.)

1194. Le remontage d'une montre ou d'une pendule ne faisant que tendre le ressort dans la direction selon laquelle il agit, le mécanisme continue de marcher pendant cette opération, mais il n'en est pas de même de la généralité des poids moteurs : le remontage suspend l'action de la force motrice. On remédie à cet inconvénient soit par l'usage de la corde sans fin, à poids et contrepoids, soit en adaptant à l'horloge un de ces mécanismes accessoires désignés sous le,s noms de remontoirs ou d'auxiliaires. On trouve ces diverses dispositions décrites dans la plupart des ouvrages sur l'horlogerie, et notamment dans le *Manuel Roret*.

Disposition de Julien Le Roy[61].

1195. Elle est également applicable, qu'on fasse usage d'un poids ou d'un ressort agissant sur une fusée, puisqu'elle consiste à placer le point sur lequel s'exerce l'effort moteur entre les axes des deux premiers mobiles soit, par exemple, en *a* (figure 244).

L'effort du moteur se répartit sur les points *c* et *s*, dans le rapport inverse des leviers *ac, as*. Il s'ensuit que le pivot *c*, qui supporterait toute la pression du poids si ce dernier était suspendu en *b*, n'en reçoit qu'une part, et la différence s'ajoute à l'effort exercé en *s*. On a dû remarquer que, dans ce dernier cas, les mobiles tournent en sens opposé.

Du moteur ressort.

Il ne peut produire une force constante.

1196. La force motrice résultant de la tension d'un ressort est plus ou moins inégale. Les causes de cette inégalité sont les suivantes :

- Un ressort a une réaction élastique d'autant plus forte qu'il est bandé davantage ;
- Une lame métallique est rarement homogène et travaillée avec assez de soin pour ne pas avoir des parties plus ou moins faibles ;
- Son énergie se modifie avec le temps, suivant la durée et l'intensité de la flexion, et presque toujours irrégulièrement sur sa longueur ;
- Sa puissance élastique diminue un peu par l'élévation de la température ;

[61] Horloger français justement célèbre, auquel on doit la première horloge ayant des mobiles disposés horizontalement. Instruit et d'une habileté de mains extraordinaire, il a apporté des améliorations dans presque toutes les branches de l'horlogerie de son temps. Mort en 1759, il a laissé quatre fils qui, tous, ont acquis, dans des carrières différentes, une grande notoriété mais le plus renommé fut Pierre Le Roy, son fils aîné et son successeur.

- Enfin un ressort moteur frotte contre le fond et le couvercle du barillet où il se développe. De même les tours de la lame enroulée adhèrent ou frottent constamment ou accidentellement, les uns contre les autres. Toutes ces résistances sont essentiellement variables.

Puissances comparatives des ressorts moteurs.

1197. Pour une même épaisseur, les puissances sont entre elles comme les largeurs, toutes autres choses égales.

1198. Pour une même largeur, et toutes autres choses, longueur, diamètre de bonde, etc., *restant proportionnelles*, les puissances sont entre elles comme les carrés des épaisseurs (**1217**.)

1199. Pour des largeurs et épaisseurs variables, les puissances sont entre elles, tout restant proportionnel : longueur, bonde, etc., comme les produits de la largeur de chaque ressort par le carré de son épaisseur.

Observation. — Il est bien entendu que les formes doivent être identiques et toutes choses égales comme matière, car tous les aciers, par exemple, n'ont pas la même énergie, et le même acier, selon qu'il est plus ou moins bien travaillé, écroui, trempé, peut offrir des résistances assez différentes.

De la forme qu'on donne aux ressorts moteurs.

1200. Afin d'affaiblir la différence du tirage d'un ressort du bas au haut de sa bande, et d'ajouter à sa force dans le bas, on le fait assez souvent plus fort des tours du centre, c'est-à-dire de l'extrémité qui s'enroule sur le noyau de l'arbre dit la *bonde*. Ces ressorts, désignés dans le commerce sous la qualification de *ressorts de cylindre*, présentent cette particularité que les tours du centre, poussés de côté, frottent fortement les uns sur les autres, et qu'ainsi une partie de la force motrice, en excès quand le ressort est entièrement armé, se trouve annulée ; d'où résulte que la différence de force du tirage du ressort, du haut au bas, est moindre. L'avantage est bien plus apparent que réel, parce qu'il tient à des frottements variables se modifiant encore avec le temps (moins d'épaisseur et meilleure forme donneraient plus de force utile).

Deux formes de ressort offrent des avantages sérieux :

1201.

1. - La forme dite *en fouet*, c'est-à-dire qui diminue progressivement l'épaisseur de la lame sur toute sa longueur, à partir de l'extrémité attachée à la virole du barillet. Cette forme a pour effet de faire détacher les unes des autres les spires du ressort complètement armé, aussitôt que le mouvement du barillet a lieu, et c'est pourquoi on l'appelle en fabrique ressort à développement libre. Si on compare ce ressort à celui de forme inverse, dont il a été question plus haut, et au ressort d'égale épaisseur sur toute sa longueur, on trouve une plus grande différence de force du commencement du remontage au point où le moteur est entièrement remonté. Il n'y a là aucun inconvénient pour les chronomètres où l'on fait usage d'une fusée,

et l'on y rencontre l'immense avantage d'un développement plus régulier et d'une diminution des frottements perturbateurs entre les spires.

1202.

2. - La forme qui conserve l'égalité parfaite d'épaisseur sur toute l'étendue du ressort. Avec cette forme, le développement est moins régulier, ainsi que le détachement des spires, qu'avec le ressort de chronomètre mais elle offre, comme compensation et quant à l'usage civil, une lame plus facile à faire, qui donne moins de différence de force du bas au haut du remontage, et si les frottements des spires entre elles sont un peu plus considérables que ceux du ressort de chronomètre, ils sont moindres que ceux du ressort de cylindre, et ils ne dépassent pas les limites de variations que peuvent supporter nos échappements actuels, surtout si on donne au ressort une longueur convenable et si l'on sait faire un usage judicieux de la bride et des arrêtages (**1188**).

Observation. — Nous raisonnons toujours dans l'hypothèse d'un ressort bien fait, en bon acier, d'égale trempe et par conséquent d'égale élasticité partout. Hors de là il n'y a plus que mauvaise matière première, vices d'exécution, et l'on ne peut plus compter sur rien de régulier dans le présent et dans l'avenir, quant aux frottements, aux différences de tirage, à la perte d'élasticité, à la déformation du ressort, etc.

Observations générales sur les ressorts moteurs.

Déduites de la théorie et de l'expérience.

1203. L'arrondissage des bords d'un ressort, son épaisseur, tenue un peu plus forte entre les deux bords, c'est-à-dire de façon à donner une section légèrement renflée vers le milieu ; les faces frottées du fond et du couvercle du barillet rayées de cannelures peu profondes, rayonnant du centre à la circonférence, sont de bonnes précautions. Elles diminuent les surfaces de frottement et, par suite, les résistances dues à l'huile et à l'adhérence (**36**).

1204. Toutes autres choses égales, un développement de ressort plutôt rapide que lent est préférable car, ainsi que l'a fait remarquer M. H. Robert, les inconvénients désignés sous le nom de pelotonnement du ressort diminuent à mesure qu'on augmente la vitesse angulaire du barillet.

1205. Si l'on a à redouter des variations de force provenant principalement des états différents de l'huile et du collement des lames, il vaut mieux employer un ressort plutôt un peu trop fort que faible. En effet, nous remarquerons que si, par exemple, nous doublons l'épaisseur d'un ressort, nous n'augmentons que de très peu les surfaces frottantes de ce ressort, tandis que sa puissance motrice a au moins quadruplé.

Lorsque l'on emploie un ressort énergique, il faut surtout que l'engrenage de barillet (où chaque dent reste en prise un temps assez long) soit fait avec beaucoup de soins, et que la surface frottante des ogives porte sur toute sa largeur, et que cette largeur soit assez grande (**38** et **40**).

1206. La fatigue moléculaire d'un ressort moteur est proportionnelle au temps du développement et au rapport de l'épaisseur du ressort au diamètre de l'arbre. M. Rozé a déterminé, par de nombreuses expériences, les limites de ce rapport entre lesquelles on évite généralement la rupture ou la déformation permanente de l'acier (**1216**).

Il a signalé ce fait très curieux qu'avec les arbres trop petits, la fatigue moléculaire des premiers tours, enroulés s'accuse par un renflement du dessous de la section transversale de l'extrémité intérieure de la lame, qui, par contre, se creuse par-dessus, c'est-à-dire dans le sens de la longueur ; cet effet se produit quelquefois sur un tiers de toute la longueur. Il serait intéressant de savoir à quel degré cette déformation, et suivant qu'elle est plus ou moins prononcée, affecte partiellement ou en totalité la puissance élastique du ressort.

Étudier le développement d'un ressort.

En mesurer la force.

1207. Le mode le plus simple d'étudier le développement d'un ressort est celui-ci : on prend un barillet garni de son ressort, de son arbre et d'un couvercle découpé en croix, afin qu'il laisse voir le jeu du ressort ; puis on pince l'arbre dans les mâchoires de l'étau. Autour du tambour ou virole, on fixe un cordon qu'on enroule d'autant de tours au moins qu'en donne l'enroulement total du ressort, et à ce cordon, terminé par un crochet, on suspend un plateau de balance d'un poids connu.

On le charge de poids successifs (auxquels il faut toujours ajouter celui du plateau) et de façon à faire équilibre à la tension du ressort pour des fractions égales de révolution, soit, par exemple, pour produire chaque fois un quart de tour de barillet, et l'on examine chaque fois les positions relatives des spires. La série des poids donne la série ascendante de la force motrice, et les examens successifs des positions des spires apprendront comment ces spires s'enroulent, si elles le font régulièrement ou en se jetant plus ou moins de côté, comment elles frottent partiellement les unes sur les autres, etc. L'opération inverse, c'est-à-dire la diminution successive du poids, fait voir comment ces spires s'ouvrent en se détachant les unes des autres.

1208. On peut encore mesurer la puissance d'un ressort à l'aide du levier à égaliser la fusée en tenant simplement le barillet entre les doigts, ou mieux en le plaçant entre les griffes de l'outil, dit *main à remonter* ; cette méthode est même la plus communément employée. Nous devons croire qu'il est inutile de nous étendre plus longuement sur ce sujet, l'usage de l'instrument étant connu de tous les horlogers.

Représentation graphique des variations de la puissance d'un ressort.

1209. On l'obtient à l'aide de la méthode des coordonnées[62].

En voici une explication à l'usage des horlogers dépourvus de connaissances géométriques :

[62] Dans ce genre de construction, qui sert en géométrie analytique à déterminer la position d'un point N sur un plan, les lignes X*a*, Z*a* sont les axes, la distance ab s'appelle *abscisse*, *b* N est l'*ordonnée*, et l'ensemble de ces deux dernières lignes est nommé *coordonnées*. (Fig. 245, page 589.)

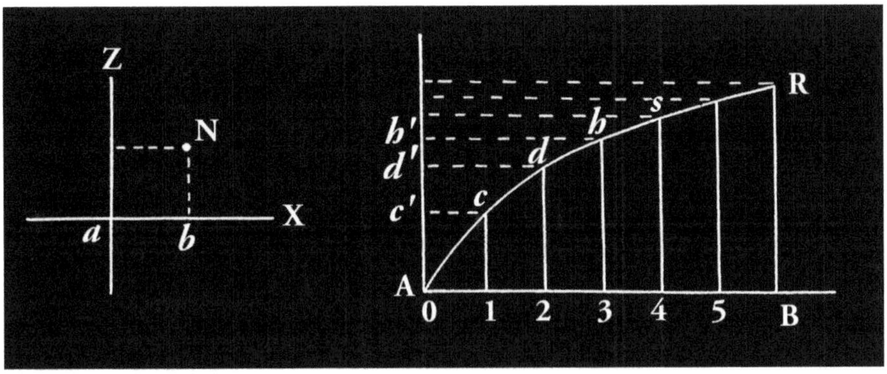

Fig. – 245.

On veut connaître la progression selon laquelle croît la force d'un ressort, pour des déplacements angulaires successifs, chacun de ¼ de tour du barillet (qu'on peut représenter à l'aide d'une certaine valeur convenue en millimètres, etc.).

Traçons une droite A B, que nous divisons en parties égales 1, 2, 3,4, etc., représentant par convention ¼ de tour du barillet, c'est-à-dire des déplacements égaux du point d'application de la force.

Élevons en 1, 2, 3, 4, etc., des perpendiculaires ou ordonnées dont les hauteurs croissent comme les puissances en kilogrammes ou ses dérivés (qu'on représente généralement par une quantité de longueur empruntée au mètre, etc.) ; on aura alors les perpendiculaires 1*c*, 2*d*, 3*h*, 4*s*, etc., et en faisant passer une ligne partant de *o*, où la force est nulle, par les sommets de ces perpendiculaires, on obtiendra la courbe *ocdh* qui représente la progression croissante de la puissance du ressort. Les abscisses sont *o*1, *o*2, *o*3, etc., même chose que *c'c*, *d'd*, *h'h*, etc.

1210. La surface B*oh*R représentera le travail mécanique (**124**) du ressort. Cette dernière connaissance, quant aux ressorts de nos rouages d'horlogerie, n'a pas d'importance, mais elle peut en avoir dans d'autres applications.

Pour plus de facilité, on se sert d'ordinaire de papier quadrillé à l'avance, comme dans les figures 246 à 251. Supposons que les deux quantités qui représentent l'unité de force et l'unité d'espace parcouru soient entre elles comme 2 est à 3, on quadrillera suivant 3, 9, 12, 16, etc., dans un sens et suivant 2, 4, 6, etc., dans l'autre, et l'on n'aura plus besoin de mesurer les hauteurs des ordonnées, ni la longueur des abscisses.

Les exemples contenus dans le **1223** et suivants familiariseront l'horloger avec l'usage de ces méthodes.

Mémoire sur les ressorts moteurs.

Par MM Rozé.

1211. Le premier travail important sur les ressorts moteurs a été publié par MM. Rozé père et fils, dans la *Revue chronométrique*, pages 136 et 166, volume II. Depuis, M. Résal, ingénieur distingué, a fait paraître un mémoire sur le même sujet, qu'il traite par une méthode différente, mais sans apporter de faits pratiques nouveaux. Nous ne nous arrêterons donc qu'à la publication de MM. Rozé, et comme notre cadre ne nous permet pas de la donner dans toute son étendue, nous allons la résumer.

Leur Mémoire pose et démontre les théorèmes suivants :

1212.

1. - *Un ressort dans son barillet développe toujours un nombre de tours égal à la différence des deux nombres de tours de la lame composant le plein dans ses deux positions extrêmes.*

Soit 17 le nombre des tours de lame quand le ressort est appuyé à la virole, c'est-à-dire lorsqu'il est désarmé, et soit 25 le nombre des tours entourant l'arbre quand le ressort est serré sur cet arbre : le nombre des tours de développement sera 8, différence entre 17 et 25.

1213.

2. - *Un barillet garni de son arbre et de son ressort étant donné, pour que le nombre de tours de développement soit* MAXIMUM, *il faut que la longueur du ressort soit telle que le* PLEIN *soit égal au* VIDE. — *En d'autres termes, il faut que la surface occupée par le ressort, complètement armé ou complètement désarmé, soit égale à la surface qu'il laisse vide.*

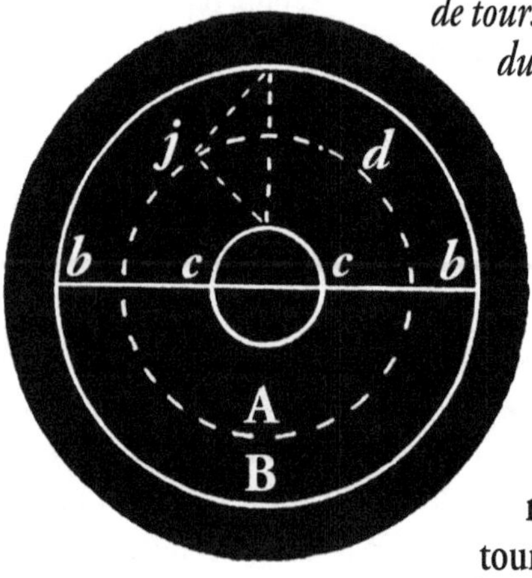

Fig. - 246.

Soit *bb* (figure 246) le diamètre intérieur d'un barillet, *cc* le diamètre de la bonde, d une circonférence qui partage l'espace entre la bonde et la virole en deux zones A et B d'égale superficie ; le ressort qui, dans ce barillet, donnera le plus grand nombre de tours utilisables, sera celui dont le dernier tour du ressort armé et le premier tour du ressort désarmé s'emboîteront à la circonférence *d*.

1214. En pratiquant au couvercle du barillet une petite ouverture, on s'assure facilement si l'on a le plus grand nombre de tours utilisables, puisqu'on peut vérifier si la lame extérieure du ressort serré sur l'arbre arrive au même point que la lame intérieure du ressort entièrement désarmé. Le n° **1222** fournit, en outre, un second moyen pratique à l'aide duquel, sans calculs, on trouve le point de partage des surfaces égales.

1215. Cette connaissance acquise et la remarque faite que le plein en excès indique un ressort trop long, et *vice versa*, il devient facile de savoir à très peu près :

- ce qu'on peut gagner ou perdre en raccourcissant un ressort ;
- ce qu'on gagne ou perd en durée de marche en remplaçant un ressort en usage par un ressort plus mince ou plus épais de lame.

1216. *Diamètre de la bonde.* — Si l'arbre est trop gros, on n'obtient qu'une partie de la réaction élastique.

Si l'arbre est trop petit, il y a rupture ou déformation permanente et, par suite, perte de réaction élastique.

C'est donc l'épaisseur de la lame qui détermine la grosseur du noyau de l'arbre ou réciproquement, et de cette dépendance réciproque il résulte que le diamètre du noyau ou bonde ne peut être choisi arbitrairement puisqu'il dépend de la durée de la flexion et de l'épaisseur de la lame, laquelle épaisseur ne peut être déterminée qu'expérimentalement, d'après le degré de flexion qu'on pourra faire supporter à la lame, sans qu'il s'ensuive une déformation permanente. La flexibilité d'une lame d'acier est, comme on sait, d'autant plus grande que la lame est plus mince, mais elle varie un peu avec les qualités de l'acier.

D'après les expériences de M. Rozé, on ne s'écarte pas trop de la limite d'élasticité de l'acier, quand le rapport de l'épaisseur de la lame au diamètre de l'arbre reste environ entre 1 : 26 et 1 : 34, selon que le barillet se développe plus ou moins rapidement. Ainsi, et environ 1 : 26 convient aux montres ; 1 : 30 aux chronomètres ; 1 : 34 aux pendules ou pièces marchant un certain nombre de jours.

Extraits du Mémoire.

1217. « Considérant que l'expansion, ainsi que la contraction d'une lame, est en raison directe de l'effort qu'elle subit, nous avons découvert que pour une même largeur la puissance des ressorts est directement en raison des carrés des épaisseurs de ces ressort (**1198**).

1218. « Dans les moteurs exécutés pour l'horlogerie commerciale, il se produit des frottements qui rendent la puissance très inconstante et entachent d'erreur les expériences qu'on pourrait faire à ce sujet.

1219. « Dans les moteurs du commerce, la puissance en montant et en descendant n'est pas la même.

1220. « Le *travail mécanique* d'un ressort est en raison inverse du nombre de tours de développement (**124**). »

1221. Après ces citations, et en ajoutant la suivante : « que l'on ne doit modifier la longueur d'un ressort qu'après un examen attentif des conditions dans lesquelles il se trouve, » — nous compléterons ce résumé du Mémoire de MM. Rozé par la description de leur outil à déterminer l'égalité des surfaces, l'une vide et l'autre pleine, d'un intérieur de barillet, et par l'insertion, à la suite des résultats des expériences qu'ils ont faites sur un certain nombre de ressorts. On trouvera, à la fin du volume, les tableaux qu'ils ont dressés pour les usages du commerce, mais nous devons faire remarquer qu'ils supposent une exécution précise et un travail fait avec assez de soin.

Outil donnant l'égalité du vide et du plein dans un barillet.

1222. Cet outil se compose de deux équerres mobiles, symétriquement placées en opposition, *c* et *d* ou *i* et *j* (figure 247). Elles forment un carré, tout en glissant l'une sur l'autre

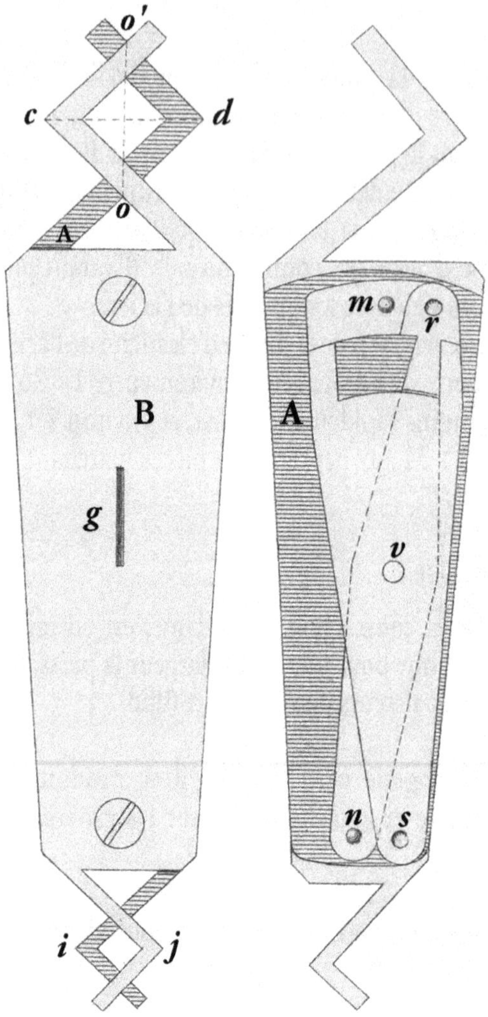

Fig. – 247.

dans le sens *cd* de l'une des diagonales du carré, et au moyen d'un X formé des jambages *ms* et *rn*. Ils sont mobiles sur un centre *v* et placés intérieurement entre les deux plaques A et B, qui portent les équerres. Ces plaques se fixent à l'X par quatre vis taraudant en *m, r, s, n*.

Pour faire usage de cet instrument, on applique la diagonale *cd* sur la distance qui sépare la bonde de la virole, et l'on fait glisser l'une des plaques sur l'autre, en appuyant le pouce sur la saillie *g*, jusqu'à ce que la longueur *cd* soit égale à cette distance. Les deux extrémités *o* et *o'* de l'autre diagonale sont deux points de la circonférence qui partage la couronne vide de l'intérieur du barillet en deux parties égales comme superficie.

Le principe de cet outil est fondé sur les propriétés géométriques du triangle rectangle isocèle (*j* figure 246, page 590).

Courbes indiquant les variations de force de quelques ressorts.

1223. *Ressorts de chronomètres de M. Vissière.* — La figure 248 est la courbe d'un ressort pour fusée ; voici ses éléments :

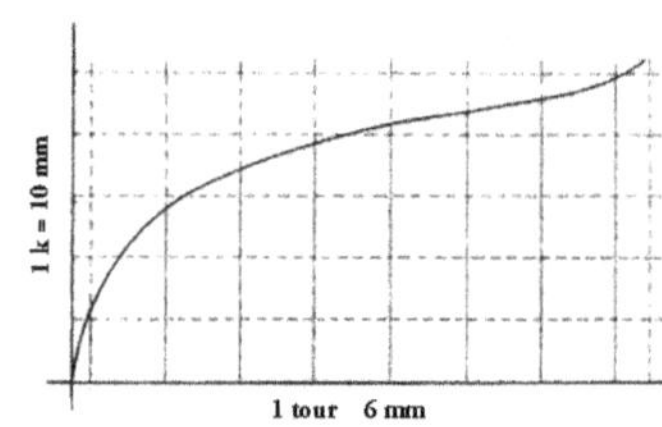

Fig. – 248.

- Épaisseur : extrémité près de la virole et au milieu de la hauteur, 0,30 mm ; sur les bords, 0,28 mm.
- *Idem*, près de l'arbre et au milieu de la hauteur, 0,25 mm ; sur les bords, 0,23 mm.
- Longueur = 1,30 m. Hauteur = 11 mm .
- Diamètre intérieur du barillet = 29,5 mm. Diamètre de bonde = 9,2 mm.
- Tours de développement = 7,5 t. Travail mécanique 1,4 km.

Dans la figure 249, la courbe inférieure est encore celle d'un ressort pour fusée, dont voici les éléments :

- Épaisseur : extrémité extérieure, 0,23 mm ; extrémité intérieure, 0,20 mm.
- Long. = 1,2 m. Haut. = 11,5 mm. Intérieur de virole 26,5 mm. Diamètre de bonde, 8,7 mm.
- Tours de développement, 7 ⅓ t. Travail, 1,02 km.

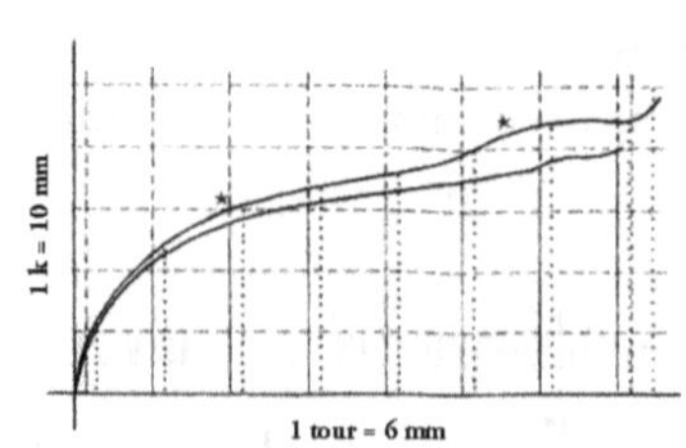

Fig. – 249.

Ce même ressort ayant été raccourci de manière à ce que le vide fût égal au plein a donné la courbe supérieure ** de la même figure 249 et s'est trouvé dans les conditions suivantes :

- Long. = 0,900 m. 7 ⅔ t. Travail 1,185 km.

1224. La figure 250 est la courbe donnée par un ressort pour barillet denté.

- Épaiss.= 0,29 mm. Long. 1338 mm. Haut. 11 mm.
- Intérieur de virole 33,1 mm. Diamètre de bonde 8,7 mm.
- Tours 10 ¼. Le vide égale le plein. Travail 1,88 k.

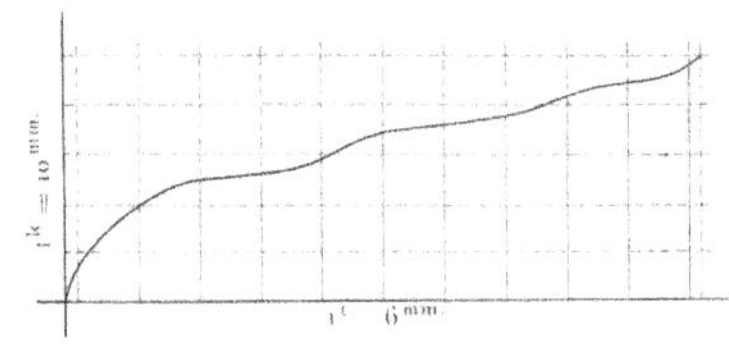

Fig. – 250.

Enfin la courbe, figure 251, est celle d'un ressort dont les dimensions sont :

- Épaiss. = 0,27 mm. Long. = 960 mm. Haut. = 8 mm.
- Intérieur de virole 26,4 mm. Diam. de bonde = 8,2 mm.
- Tours 7. Travail, 0,8873 km.

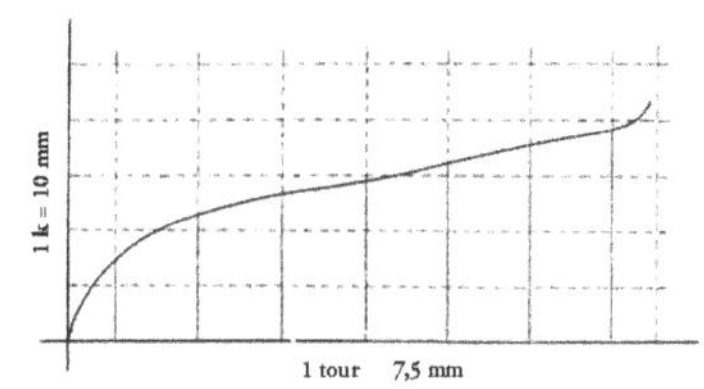

Fig. – 251.

1225. *Ressort de la montre à 15 jours de M. Gontard.* Ce ressort, dont la courbe est représentée conjointement avec la courbe d'un ressort de montre à ancre de même grandeur que la montre Gontard (figure 252) est dans les conditions suivantes :

- Épaiss. = 0,40 mm. Long. = 1022 mm. Haut. = 3,8 mm.
- Intérieur de virole 37 mm. Diam. de bonde 12,6 mm.
- Tours 7 ⅛. Travail 0,60 km.

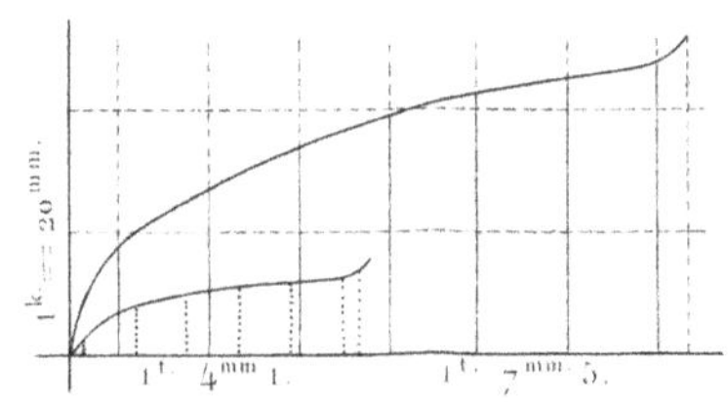

Fig. – 252.

1226. *Ressort de la montre à ancre.*

- Épaiss. = 0,22 mm. Long. = 560 mm. Haut. = 1,55 mm.
- Intérieur de virole 17 mm. Diam. de bonde 5,4 mm.
- Tours 5,5. Travail 0,0718 km.

1227. *Ressorts du commerce pour pendules.* — La figure 253 donne la courbe commune à deux ressorts appliqués à un mouvement marchant 45 jours, avec un pendule pesant 1,5 kg et parcourant 15° d'arc supplémentaire, plus une sonnerie à double marteau.

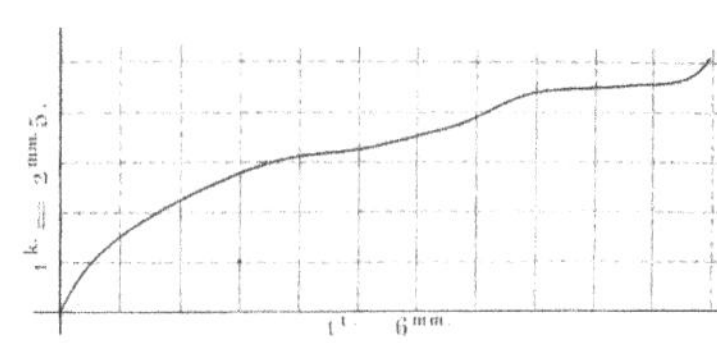

Fig. – 253.

Des ressorts produisant une force motrice suffisamment égale.

1228. En employant un grand barillet, un long ressort, convenablement travaillé, et dont on n'utilise que quelques tours choisis après épreuve, on obtient facilement une force motrice différant très peu, du bas au haut, des tours utilisés. A. Breguet et U. Jurgensen ont construit des chronomètres nautiques à barillet denté, munis de ressorts de cette espèce. Ils sont difficilement applicables aux chronomètres de poche où les ressorts, faute d'espace, ne peuvent réunir à un degré suffisant la force et la longueur.

Il faut apporter beaucoup de soins dans la détermination de la progression de force, et ensuite dans l'exécution d'un tel ressort, pour en obtenir l'égalité du tirage et la séparation constante des spires, condition hors de laquelle on ne peut éviter les résistances de l'adhérence et du pelotonnement.

Celui que U. Jurgensen avait placé dans l'un de ses chronomètres sans fusées, dont la marche a été excellente, était très faible, et mesurait jusqu'à 3,5 mètres de longueur. Son prix était fort élevé, et le fabricant se souciait peu d'en faire d'autres.

1229. M. H. Robert, qui a signalé les inconvénients des ressorts très longs, a obtenu, dans ses chronomètres à barillet denté, un tirage du haut au bas du ressort moteur approchant suffisamment de l'égalité, avec des ressorts de 10 à 11 tours ; il n'en utilisait que 3 tours ½, à partir de ce point du remontage, où le dernier tour se détache de la virole. Il est vrai que ses barillets ont une vitesse angulaire plus rapide que les barillets ordinaires.

1230. Nous ne savons plus quel horloger avait proposé d'obtenir l'égalité de la force motrice en divisant un barillet sur sa hauteur et en y plaçant deux ressorts superposés, disposés de façon qu'on en obtînt un certain équilibre de force. Nous ne nous arrêterons pas à discuter la valeur de cette idée originale, à coup sûr, mais dont on saisira facilement les difficultés d'application.

1231. Un jeune horloger de Paris, Viel-Robin, après avoir fait de longs essais, dans le but de rendre égale la puissance motrice d'un ressort moteur, proposait comme atteignant ce but la construction suivante : il plaçait sur l'un des fonds du barillet un bras élastique contourné selon une certaine courbe (*ab*, figure 254). L'extrémité de ce bras pénétrait par une ouverture (*bc*) dans le barillet pour aller se relier à l'extrémité du ressort moteur. Les deux ressorts, extérieur et intérieur, devenaient solidaires et représentaient assez bien, sur une grande échelle, le spiral coudé aujourd'hui en usage. Quand on remontait le moteur, le point d'attache se rapprochait du centre selon une progression de marche et une direction déterminées par la courbure et la force élastique du bras supérieur (*Revue chronométrique*, vol, IV et V).

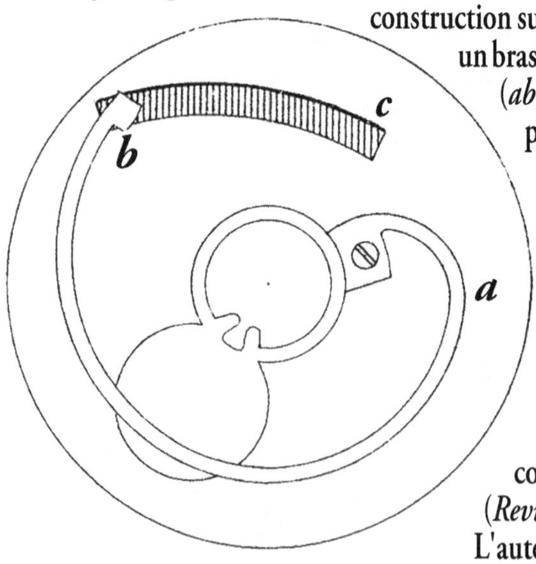

Fig. - 254.

L'auteur nous affirmait l'égalité absolue de la force motrice, mais nous n'avons pu vérifier le fait. Même en faisant abstraction d'une complication plus grande des organes du barillet, il nous resterait à faire remarquer que cette égalité, si elle existait, ne pourrait subsister qu'à la condition de ne pas être sous la dépendance d'adhérences ou de frottements de lames, ce qui n'est guère facile à obtenir et, si on ne l'obtient pas et que des adhérences ou frottements aient lieu, les effets ne peuvent plus être stables.

Ressorts libres

De M. A. Philippe.

1232. On a construit, il y a une cinquantaine d'années, des pièces d'horlogerie à mouvement d'heure et de sonnerie où l'un des rouages recevait l'action du moteur et l'autre était mené par un barillet tournant sous la pression qu'exerçait à l'intérieur de la virole un ressort accroché seulement à l'arbre, et qu'armait constamment, ou par intermittences, un des organes du rouage sur lequel agissait le moteur. On a, plus tard, appliqué ce mode d'entraînement à des rouages de secondes.

Prenant cette conception incomplète pour point de départ, M. A. Philippe eut l'idée de renfler un peu le ressort au point où il s'accroche à la virole, et de faire à l'intérieur de celle-ci quatre cannelures où pouvait s'emboîter le renflement du ressort. Il y tenait assez pour que l'on pût armer complètement le ressort, et quand l'effort de la main allait au-delà, le renflement quittait la rainure qu'il occupait pour glisser à la suivante, où il s'arrêtait avec un petit bruit sec, et qui avertissait que le moteur était complètement remonté.

M. Philippe avait encore imaginé de placer à l'intérieur du barillet un anneau élastique comme *cba* (figure 255) et d'accrocher le ressort à son extrémité. Le ressort s'armait dans le sens indiqué par la ligne et la flèche pointillées, et se tendait de plus en plus tant que l'anneau résistait suffisamment ; passé ce point, il se produisait un petit déplacement de l'anneau.

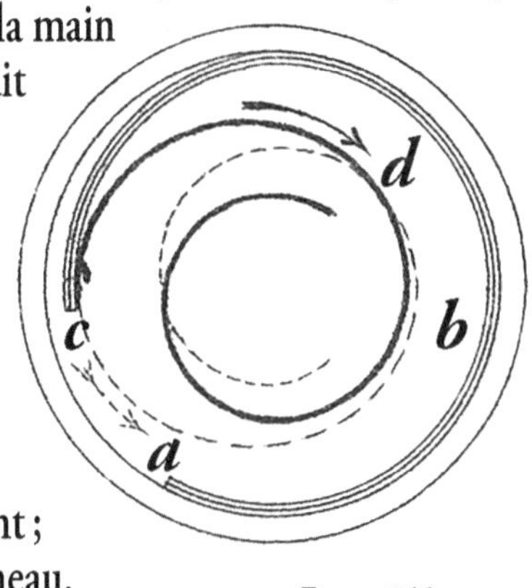

Fig. – 255.

L'inventeur ne s'arrêta pas là ; il s'aperçut bien vite qu'il suffisait, pour qu'il réalisât dans de meilleures conditions les avantages de ses premières dispositions, de renforcer simplement le tour qui s'appuie à la virole d'un ressort ordinaire, et qu'il en faisait ainsi un nouveau ressort possédant de sérieuses propriétés.

Il est représenté partiellement figure 256. La portion comprise entre A et B a d'épaisseur environ le double de l'épaisseur générale de la lame, indiquée en *f*. De B en *c*, ou environ, la diminution est progressive, et ensuite de *c* en *d*, *f*, etc., jusqu'à l'extrémité intérieure qui s'accroche sur l'arbre, il est d'égale épaisseur.

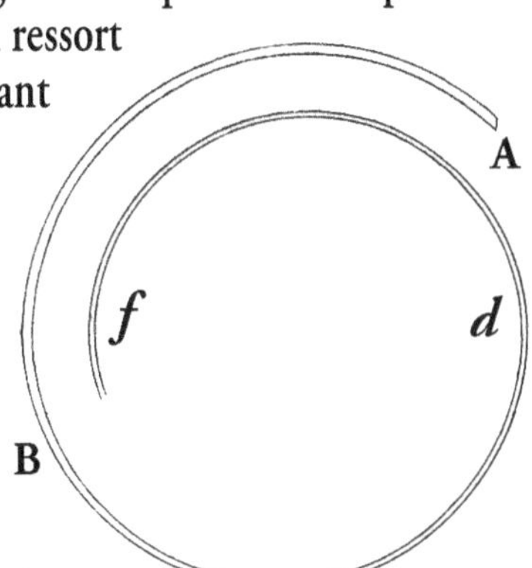

Fig. – 256.

1233. Dans un rapport fait par M. H. Robert à la Société des horlogers, sur le sujet qui nous occupe, on lit :

> « L'arrêtage devient inutile et peut être supprimé... Nous faisons remarquer le fait sans entrer dans la question de savoir s'il importe ou non au fabricant de faire une économie de cette nature.
>
> « Cette suppression permet de faire tourner au profit de la hauteur de la lame du ressort la portion de hauteur occupée par l'arrêtage.
>
> « Dans le rhabillage, le ressort libre sera fort utile lorsque l'arrêtage est difficile à faire avec sûreté, en raison du peu d'espace disponible.

> « La propriété la plus importante pour M. Philippe est que son ressort remplace le ressort bridé, et comme lui se développe mieux que le ressort ordinaire. »

(Consulter, au besoin, le rapport complet et une notice de l'inventeur dans la *Revue chronométrique*, vol. V.)

Pour notre part, nous ne sommes pas éloigné de voir dans le ressort libre, employé comme l'est le ressort ordinaire, et en vertu de sa propriété de pouvoir remplacer avec avantage le ressort bridé, un excellent élément de régularité. Mais, quoi qu'il en soit, et sans essayer de fixer les limites de ses applications futures, nous aimons à reconnaître que c'est pour l'horlogerie une utile conquête.

Des arrêtages ou arrêts de remontoir. – De la bride.

Généralités sur l'arrêtage.

1234. Dans les pièces d'horlogerie commune, l'on ne se préoccupe pas d'une différence de marche d'un certain nombre de minutes en quelques jours, ou de l'été à l'hiver ; aussi est-il indifférent qu'elles soient pourvues ou dépourvues d'arrêtages, en ce sens que c'est peine superflue de chercher à réaliser les conditions du bon développement avec des ressorts valant en fabrique de 20 à 30 centimes, et dans des montres qui, lorsqu'elles conservent une certaine régularité de marche, ne la doivent qu'à des compensations de hasard et non au talent de l'établisseur. Il est logique, du reste, que celui-ci, qui trouve bon d'économiser *quelques centimes* sur le prix d'un ressort, en économise quelques autres qu'il devrait ajouter pour avoir de bons arrêtages. Aussi les horlogers en sont réduits à supprimer les trois quarts de ceux existants, tant ils sont mal conçus, mal exécutés, mal ajustés, mais la faute en est aux établisseurs et non à l'arrêtage.

Les Américains, qui fabriquent déjà un grand nombre de montres avaient, dans leurs premières pièces, d'ailleurs très hautes, supprimé les arrêtages. Sans doute l'expérience leur en a fait comprendre l'utilité, car nous voyons sur un de leurs catalogues, que nous avons sous les yeux, qu'ils les ont rétablis dans la généralité de leurs montres.

Description de quelques arrêtages.

1235. Le plus communément employé est celui dit à *croix de Malte*, représenté en H, figure 257. Il est trop connu pour qu'il soit nécessaire de le décrire.

1236. La figure 258 nous le montre modifié par M. H. Robert et destiné aux chronomètres à barillet denté. L'arrêt a lieu à la tangente en *v*, sur une tête de vis faisant saillie sur la croix de Malte.

1237. La disposition représentée figure 259 est due à M. Racapé ; elle est fondée sur le principe de l'arrêtage de M. Robert, la butée à la tangente. Elle peut se loger dans une moindre épaisseur que celui-ci, mais elle présente un peu moins de résistance dans le doigt d'arrêt.

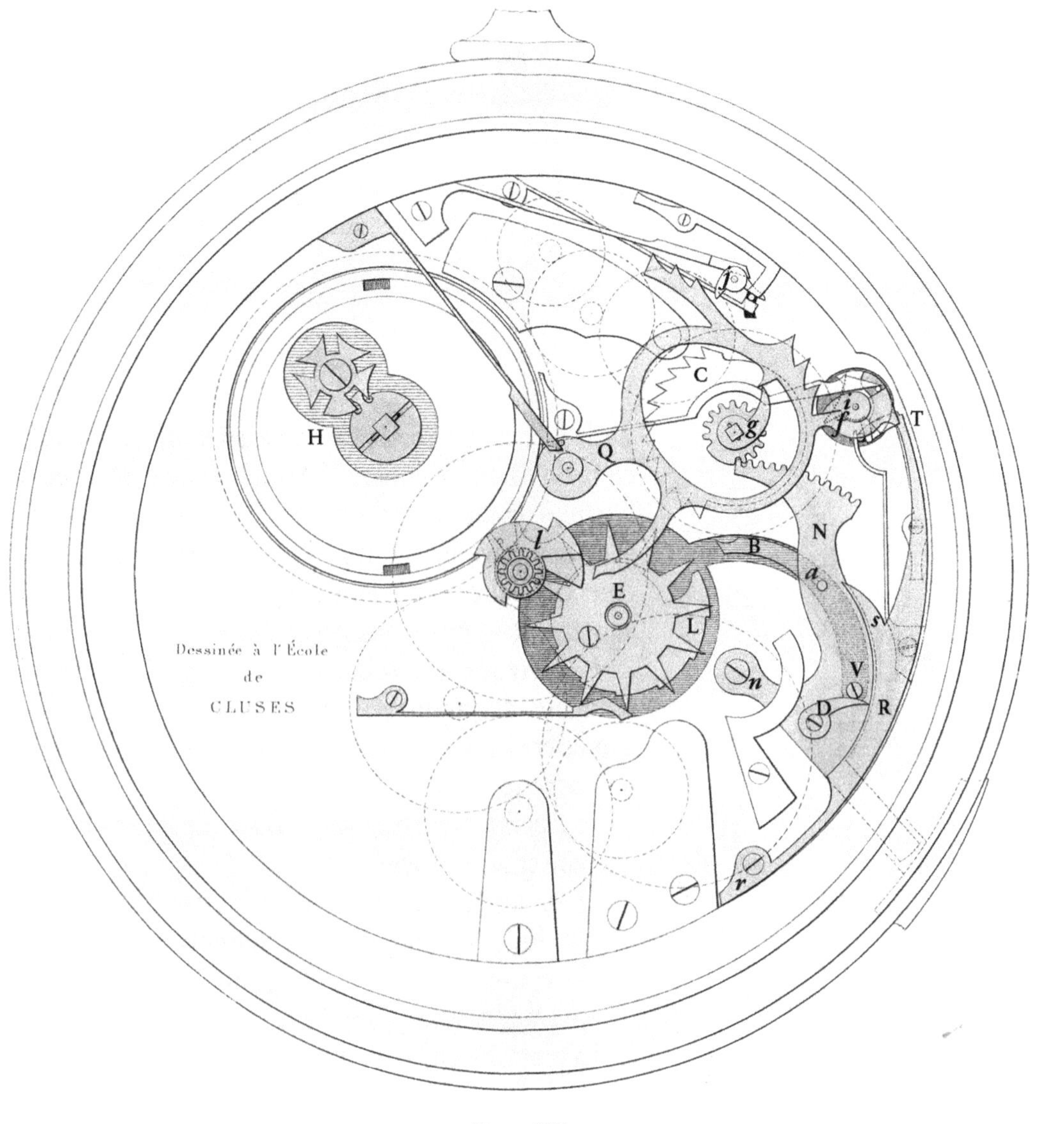

Fig. – 257.

1238. La figure 260 est la section d'un barillet pourvu de l'arrêtage Gontard, nom de l'habile horloger qui l'a créé et qui dirige aujourd'hui une importante fabrique de mouvements de montres à Montbéliard.

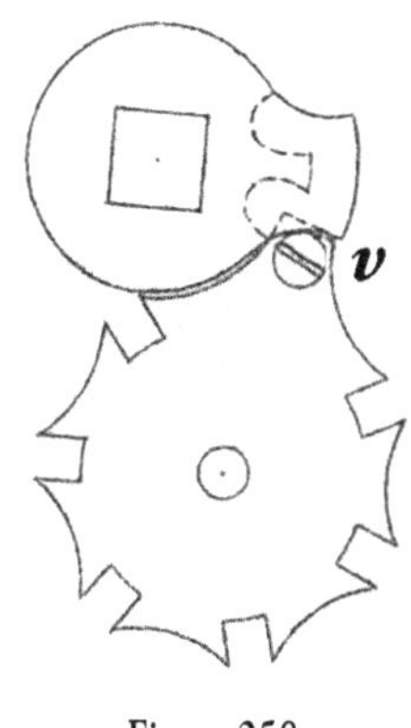

Fig. – 258.

L'arbre *ba* n'a qu'un carré en *b*, et par conséquent se termine en *a* par un pivot plus long que ceux ordinaires. Sur la face de la bonde *c* est réservé un épaulement *s* (fig. 260 et 261), contre lequel se présente la concavité *j* des dents de la croix de Malte.

Ce relief circulaire offre un vide en *z*, et en avant de ce vide est implanté et se relève de champ une goupille ou doigt *t*, faisant fonction du doigt d'arrêt ordinaire. Une creusure pratiquée à l'intérieur du couvercle livre passage à l'épaulement et au doigt, et une autre creusure, mais celle-ci

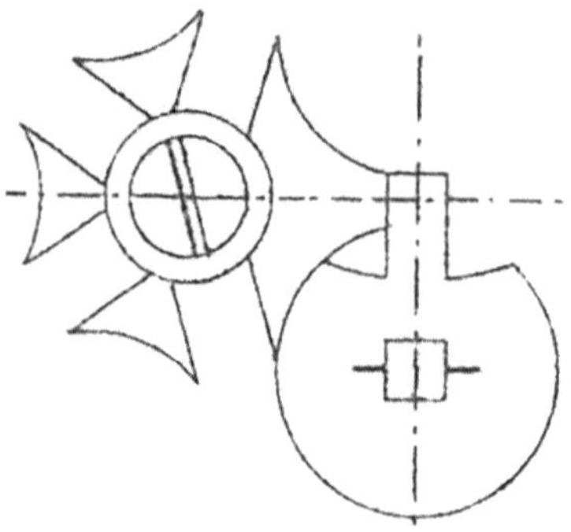

Fig. - 259.

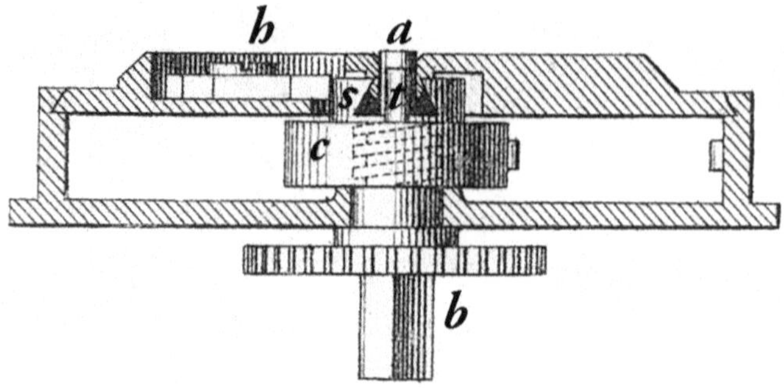

Fig. - 260.

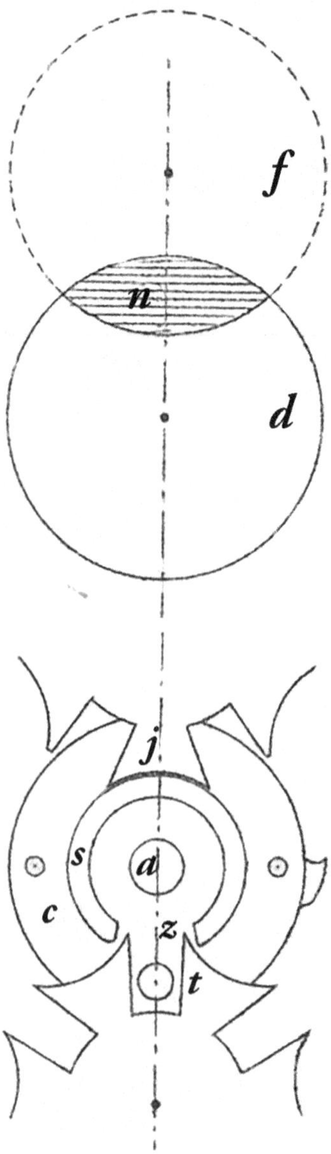

Fig. - 261.

sur la face extérieure du couvercle en *h* (fig. 260), loge la croix de Malte. Ces deux creusures anticipent l'une sur l'autre, comme les cercles *d* et *f*, et laissent ainsi entre elles une ouverture *n* (fig. 261). La partie centrale du relief circulaire étant creuse, on peut ménager un très bon ajustement au pivot reçu par le couvercle.

Cet arrêtage, très solide, offre, en regard de l'arrêtage ordinaire, des avantages palpables et que tout horloger appréciera à première vue. Voici les deux reproches qu'on lui a adressés :

- La petite ouverture peut laisser échapper l'huile ou entrer la poussière.
- L'on n'a la ressource d'armer le ressort à volonté, de ¼, ½, ¾ de tour, qu'à la condition de faire tourner le couvercle dans son drageoir, et il peut ne pas tourner rond.

La première objection ne nous paraît pas avoir grande importance.

Quant à la seconde, M. Gontard répond que dans beaucoup de cas il suffira de supprimer le crochet de la bonde et d'en ajuster un dans le trou qui est foré du côté opposé, mais que tous les couvercles des barillets qu'il livre tournant très rond dans un bon ajustement, on n'aura aucune difficulté pour armer le ressort de la quantité qu'on jugera nécessaire.

Rôle de l'arrêtage et de la bride.

1239. Dans les montres courantes, où l'on ne peut avec quelques chances de succès chercher à régulariser le développement d'un mauvais ressort, l'arrêtage n'est qu'un butoir.

Avec un ressort offrant un maximum de développement assez étendu, l'arrêtage permet de choisir et d'utiliser les tours qui produisent le travail le plus régulier.

L'adjonction de la bride, qui maintient un peu au-dessous du crochet la dernière spire appliquée à la virole dans le but de ne laisser en action, ce qui est une chose excellente, que le corps trempé du ressort, nécessite l'emploi d'un arrêtage, non seulement pour qu'il agisse comme butoir, mais pour qu'il empêche qu'à la fin du remontage le ressort ne tire violemment sur la bride, ce qui énerverait la lame au point de flexion, tout en produisant un serrage trop énergique des spires les unes sur les autres.

Des expériences faites par un horloger suisse, M. Lindemann, lui auraient démontré qu'avec une bride convenablement disposée le tirage du ressort est plus régulier.

1240. Quand le crochet est fixé au ressort lui-même, comme en T et V (fig. 262), disposition ancienne, qu'on trouve décrite dans l'Encyclopédie, l'emploi de la bride est inutile parce qu'il n'a pas été nécessaire de recuire l'extrémité de la lame, et qu'alors le crochet, fortement rivé, la maintient avec assez de fermeté contre la virole. L'arrêtage doit ici borner le remontage un peu en avant du point où le tirage du ressort, se faisant trop obliquement à la virole, pourrait fatiguer le crochet, ou plutôt son rivet.

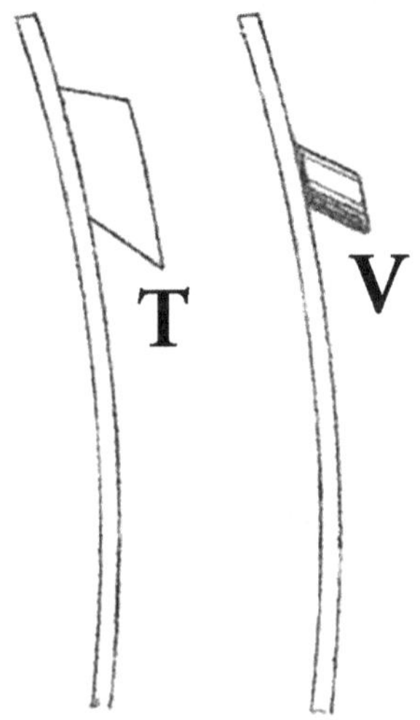

Fig. – 262.

1241. En résumé, venant à la suite de nos différentes études sur les ressorts, ces quelques indications suffiront à tout horloger doué d'intelligence et le mettront à même de reconnaître les cas où l'usage de la bride est utile, et de choisir avec discernement le point où la butée de l'arrêtage doit borner la tension du ressort moteur (**1234** et **1247**).

Dispositions diverses ayant pour objet la suppression de l'arrêtage.

1242. Boussard, de Toulouse, proposait de le remplacer par sa *barrette allongée*. Soient (fig. 263) *r* et *r'* le premier et le second tour d'un ressort. L'intervalle blanc qui les sépare est occupé par la barrette, qui se montre de face en A. Cette barrette, qui va s'amincissant sur environ une demi-circonférence de barillet, c'est-à-dire bien au-delà de ce qu'indique la figure, a une oreille *b* semblable à celle d'une bride, qui s'emboîte dans une entaille faite au couvercle ; de plus, elle porte un tenon rond ou cheville *e*, fortement rivée, trempée et revenue avec la barrette. Ce tenon, traversant la virole en passant par l'œil du ressort, remplace le crochet intérieur du barillet.

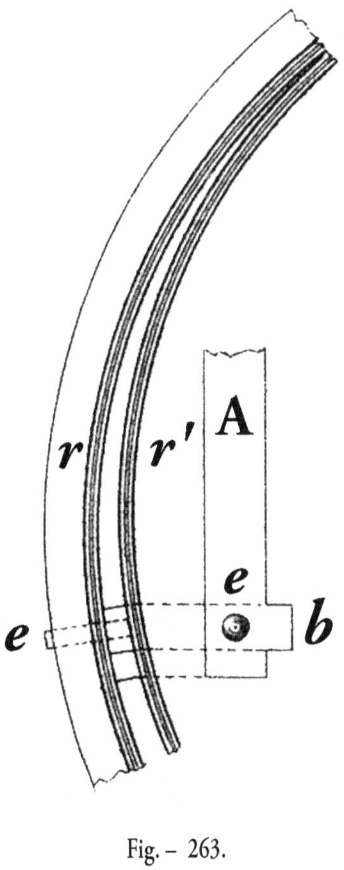

Fig. – 263.

Bien que cette barrette allongée, qui adoucit le tirage sur l'œil du ressort, ait été accueillie au début avec assez de faveur, elle n'a cependant pas obtenu grand succès depuis ; outre qu'elle exige qu'on l'exécute avec assez de soin, la mise en place n'est pas très commode, et l'on rencontre l'inconvénient que l'accessoire élastique ajoute à la puissance du ressort tout armé et que les spires sont plus ou moins serrées, suivant la puissance de la main qui opère le remontage.

1243. Dans les montres à répétition, et depuis plus d'un demi-siècle, le petit barillet fixe de la sonnerie est fendu sur le côté pour y faire passer la lame du ressort, qui s'accroche en-dehors de la virole. Cette disposition est là bien à sa place, et en consultant les traditions et les écrits du temps, on la trouve très judicieusement expliquée. La fonction du ressort est exactement celle d'un ressort bridé, pourvu d'un arrêtage, puisque la course du poussoir ne met pas complètement le ressort en jeu. En effet la longueur du ressort était choisie pour qu'il donnât environ 3 ½ tours, sur lesquels on n'utilisait que le tour qui faisait frapper le plus uniformément ; le ressort ne tirait donc jamais directement sur son point d'appui à la virole, qui, comme nous l'avons dit, faisant l'office d'une bride, maintenait les spires écartées ou à peine adhérentes ; précautions nécessaires avec un ressort faible, menant tout un train d'engrenages, où des résistances assez nombreuses pourraient naître facilement et nuire à la régularité des coups frappés par la répétition.

La différence du tirage du ressort du haut au bas est peu de chose dans le cas qu'on vient de considérer, puisque l'on n'utilisait qu'un seul tour, mais il n'en est plus de même lorsqu'on les utilise tous ; on a alors un serrage énergique des lames les unes sur les autres, et le point d'appui à la virole reçoit tout l'effort de la main.

1244. M. Sandoz père, de Paris, a présenté à la Société des horlogers une disposition de ressort empruntée à M. Philippe, mais avec cette différence que l'anneau mobile fonctionnait en sens contraire. Soit *cba* (fig. 255, p. 595) l'anneau élastique auquel est accroché le ressort, qui se continue de *c* en *d*. Lorsque l'on remonte la montre et que le ressort est entièrement armé, l'anneau se déplace d'une petite quantité de *c* vers *b*, mais sans bruit avertisseur.

Plusieurs des assistants firent la remarque qu'en plaçant un butoir à la virole en *a*, l'action du remontage amènerait la flexion de l'extrémité *c* qui, en allant s'appuyer sur le dernier tour du ressort enroulé, y ferait fonction d'arrêt ; mais aucun n'eut l'idée d'en faire un prétexte à brevet, du moins que nous sachions.

1245. Vers le même temps, un horloger belge de Séraing apportait, sous une forme un peu différente, une semblable conception. Il contournait simplement en sens opposé et comme l'indique la figure 264 l'extrémité extérieure de son ressort. Le bout de la partie recourbée en arrière bute contre le plot *c*, et quand on remonte la montre, cette partie

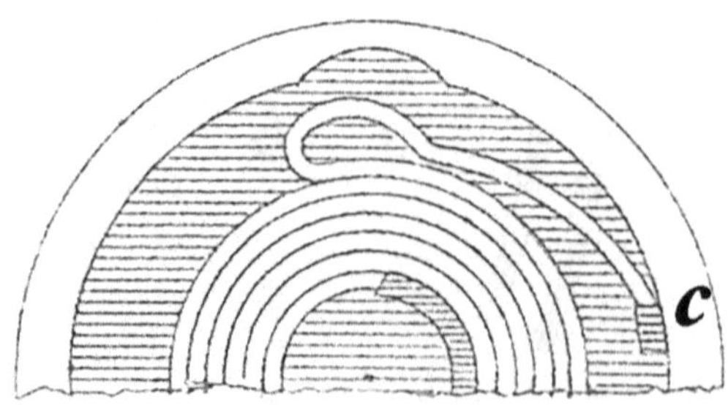

Fig. – 264.

quitte la virole et vient s'appuyer sur le ressort entièrement enroulé.

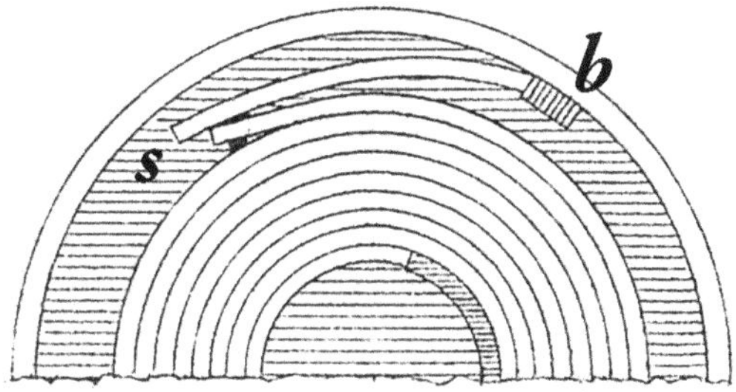

Fig. – 265.

1246. Enfin, on a vu à l'Exposition de 1867, dans la vitrine du Directeur de l'École de Besançon, une disposition qui se rapproche plus ou moins des deux dernières. Là le ressort s'accroche en *s* (fig. 265), à l'extrémité d'un petit levier *sb*, qui est ou simplement buté contre le plot *b*, ou bien mobile en ce point, sur un petit axe traversant le fond et le couvercle, comme le fait une bride.

Dernières observations concernant l'arrêtage et le développement du ressort.

1247. Nous n'entreprendrons pas l'examen critique de ces différents essais ; les lecteurs, qui ont suivi avec soin nos derniers chapitres le feront pour nous et seront promptement fixés sur la valeur pratique de chacune de ces conceptions. Néanmoins, il est bon que nous le répétions : l'objet de l'arrêtage et de la bride est de favoriser le choix des meilleurs tours de développement d'un ressort, entre les limites extrêmes de force que l'échappement peut corriger, et d'assurer le plus possible la conservation de la puissance élastique qu'il possède et qui, comme on le sait par expérience, s'affaiblit en quelques parties ou sur la totalité d'un ressort soumis à de trop fortes tensions ou flexions.

Si la bonde est trop petite en employant un ressort relativement long, l'arrêtage permet d'immobiliser sur la bonde un ou deux tours de ce ressort, ce qui, en réalité, augmente le diamètre de l'arbre.

Nous savons que les ressorts ordinaires du commerce produisent dans leur action des pressions, des frottements considérables entre certaines lames ; que les brusques décollements qui s'ensuivent, variables suivant l'état de l'huile, nuisent à la régularité de la marche. Dans la généralité de ces cas, en employant un ressort convenablement bridé, mais plus mince, et donnant en conséquence un peu plus de tours de développement et dont, à l'aide de l'arrêtage, on choisit l'ensemble utilisable, on aura non seulement une puissance plus égale, mais assez souvent une puissance un peu supérieure. Ceci ressemble à un paradoxe, et n'est cependant que l'exacte vérité. Un développement moins gêné amène toujours un petit gain de force.

La faculté de pouvoir réaliser le meilleur développement d'un ressort moteur entre deux points d'arrêt choisis est tellement importante, que c'est à elle qu'il faut attribuer la conservation de la fusée dans les chronomètres parce que l'emploi de la fusée permet d'obtenir, à coup sûr, un peu plus de durée de marche et le ressort qui se développera dans les meilleures conditions possibles (**1201**).

Cette dernière observation est capitale et suffirait seule pour trancher le débat entre les partisans de la fusée et ceux du barillet denté.

Elle explique pourquoi, à moins que la capacité de leurs barillets ait des dimensions exagérées, les chronomètres de poche ne peuvent se passer de la fusée.

Elle donne raison aux horlogers anglais qui, dans leurs belles montres de précision dont le réglage est si parfait, ont conservé l'usage de cette pièce qu'ils mettent aussi, mais à tort, dans leur horlogerie ordinaire.

Conclusion. — Dans les montres qui prétendent à une marche exacte, le premier élément de régularité gît dans le développement régulier, avec les moindres frottements entre les spires, du ressort moteur.

Cette propriété d'un développement dans de bonnes conditions dépend de la forme du ressort, de son mode d'attache, du judicieux emploi de la bride quand elle est nécessaire.

Étant donné un ressort qui possède les qualités demandées, elles ne subsisteront qu'à la condition qu'il ne soit pas soumis à des efforts dépassant la limite de son élasticité, et c'est l'arrêtage qui est chargé d'obvier à ce cas, et d'assurer la conservation de l'état présent.

Étant donné le mauvais ressort de la montre courante, nous ne pourrions que répéter ce qui a été dit au n°1234.

Troisième partie

TRAITÉS DIVERS

INTRODUCTION

À L'ÉTUDE DE L'ISOCHRONISME DU SPIRAL ET DES COMPENSATEURS.

Lois de l'élasticité et de l'isochronisme des lames et tiges vibrantes.

1248. Le maximum d'élasticité d'un corps est donné par la limite de compression, de tension et de torsion qu'il peut subir, et au-delà de laquelle il ne reprend plus exactement, étant redevenu libre, son état ou sa forme primitive. Il y a eu déformation.

La charge qui correspond à la limite d'élasticité est, en petite mécanique, une faible fraction de celle qui peut déterminer la rupture et qui mesure la ténacité.

Pour un fil ou une lame métallique, les limites où la déformation a lieu sont d'autant plus rapprochées, que ce fil ou cette lame est plus court et plus épais, et c'est seulement entre ces limites, où le corps reprend exactement sa forme que se vérifient les lois suivantes, lesquelles supposent le métal parfaitement homogène.

Élasticité de flexion.

1249. *Deux lames ou deux tiges identiques, sauf que les longueurs sont différentes, feront dans le même temps, un nombre de vibrations en raison inverse des carrés des longueurs.*

Longueur	*ab* =1	1 x 1 = 1
Idem	*ac* = 4	4 x 4 = 16

ab fera 16 vibrations pendant que *ac* en fera 1 (fig. 266, p. suivante).

1250. Pour une même longueur de lame ou de tige, le nombre des vibrations *est proportionnel aux épaisseurs* et reste le même quelles que soient *les largeurs.*

Soient : *f* 2, *f* 4, et *g* 4 (fig. 266), les sections de trois tiges ; *f* 2 et *f* 4 feront un même nombre de vibrations, *g* 4 en fera le double.

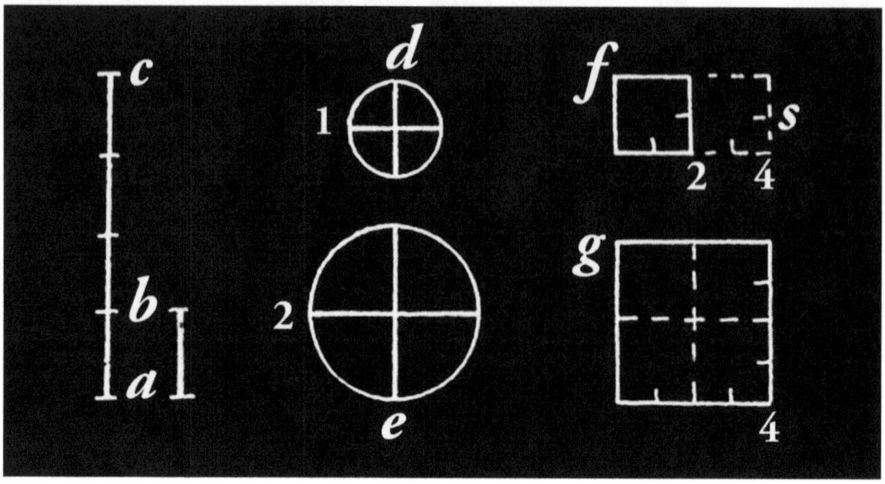

Fig. – 266.

Élasticité de torsion.

1251. *Sous un même poids suspendu, les durées des oscillations de deux fils ou deux tiges de même longueur,* mais de diamètres différents, *sont en raison inverse des produits des deux dimensions de la surface de section.*

Soient deux fils, *e* et *d*, dont les diamètres sont 1 et 2 (fig. 266).

Section de *d*, 1 x 1 = 1 Si vib. de *d* = 4^s

id. *e*, 2 x 2 = 4 id. *e* = 1^s

Pour les tiges rondes de même longueur, les durées des vibrations, sont donc en raison inverse des carrés des diamètres.

Soient maintenant deux tiges de même longueur, *f* et *g*, dont les sections sont carrées.

Section de *f* = 2 x 2 = 4
id. g = 4 x 4 = 16 rapport : : 1 : 4

Même rapport que pour les tiges rondes.

1252. Un même fil ou tige étant donné, *les durées des oscillations sont entre elles comme les racines carrées des poids* qui tendent cette tige.

Les poids étant .... : : 1, 4, 9, 16, 25....
Les durées des oscillations seront .... : : 1, 2, 3, 4, 5....

1253. Si le poids reste le même et qu'on fasse varier la longueur de la tige, *les durées des oscillations sont entre elles comme les racines carrées des longueurs.*

Ainsi, si les longueurs sont .... : : 1, 4, 9, 16, 25....
Les durées des oscillations correspondantes seront ...... : : 1, 2, 3, 4, 5....

Observation. — Ces lois se vérifient assez facilement pour l'effet de torsion du fil ou de la lame, parce qu'on trouve à l'aide des tables le poids et l'arc à faire décrire qui ne dépassent pas les limites d'élasticité du fil ou de la lame, la gravitation n'influençant pas le mouvement du poids.

Quant à l'effet de *flexion*, si la force de la lame est telle qu'elle puisse, par sa seule puissance élastique et sans éprouver de contrainte, mener le poids, l'action de la pesanteur est à peu près annulée, tandis que si c'est le poids qui maîtrise la lame, elle se trouve sous la dépendance de la gravité ; sa puissance élastique intervient pour peu de chose et l'appareil n'est plus qu'un pendule soumis à l'action de la pesanteur et, comme tel, ses oscillations deviennent indifférentes au poids dans une assez large mesure, mais sont réglées par la longueur du centre d'oscillation de la masse au point d'attache.

Loi de l'isochronisme des vibrations d'une lame élastique.

1254. Les oscillations ou vibrations d'un fil ou d'une lame métallique ne sont *isochrones*, c'est-à-dire d'égale durée en temps, que lorsqu'elles sont *excessivement petites.*

Hooke, F. Berthoud et quelques physiciens de leur époque se sont trompés lorsqu'ils ont conclu, d'un certain nombre d'expériences incomplètes et dépourvues de moyens suffisants de vérification, que « *les vibrations, grandes ou petites, d'un même ressort, sont isochrones.* »

1255. Avec une tige on une lame chargée d'un poids (qui ne puisse la mettre dans un état contraint), l'isochronisme des oscillations d'inégale étendue, en vertu d'une loi de la mécanique, est obtenu *quand les forces* (*ou plutôt les moments*) *de torsion* qui produisent ces oscillations *sont proportionnelles aux angles* de torsion.

Cette loi, de la proportionnalité des forces aux angles de déplacement, est le fondement de l'isochronisme (**661**).

1256. Puisque l'isochronisme des arcs d'oscillation inégaux ne peut exister que sous la loi énoncée ci-devant, un changement un peu considérable dans le poids, et qui augmentera ou diminuera sa puissance d'inertie, la pression de ses pivots, et qui changera les conditions de la levée, puisque sa résistance aura changé, pourra nuire à l'isochronisme ou l'améliorer, suivant le cas.

Car des changements dans le poids d'une masse montée sur pivots, et sous la dépendance d'un ressort, font varier non seulement les pressions, mais aussi les résistances, soit pendant que l'action motrice s'exerce par la levée, soit aux extrémités de l'excursion, où *l'entraînement est plus ou moins puissant suivant la masse en mouvement.*

S'il en résulte que le rapport régulier des forces aux angles de déplacement est altéré, il en est de même de l'isochronisme.

On pourrait déjà s'expliquer pourquoi un spiral isochrone sur la balance élastique ne l'est généralement plus dans le chronomètre, où il a à vaincre les résistances de l'échappement.

De la compensation des effets de la température sur les machines à mesurer le temps.

Loi de la Dilatation des corps.

1257. Les corps s'agrandissent par l'élévation de la température et se contractent par son abaissement. Un balancier de montre, un pendule, varient dans leurs dimensions par les changements de température ; il en est de même de toutes les pièces qui constituent l'ensemble d'un mécanisme.

L'allongement d'un corps par la chaleur est sa *dilatation linéaire* dans une seule dimension.

L'accroissement de son volume dans ses trois dimensions est sa *dilatation cubique* ou, si l'on veut, sa dilatation linéaire considérée sur sa longueur, son épaisseur et sa largeur.

1258. L'expérience a démontré que la dilatation des métaux et de presque tous les corps solides[63] est sensiblement *uniforme* de 0° à 100° centigrades, c'est-à-dire qu'elle est *proportionnelle* à l'élévation de la température.

Au-delà de ces limites, la dilatation est variable et, en général, paraît augmenter plus rapidement que les différences de la température s'élevant de plus en plus.

1259. Dans un corps métallique, bien homogène, libre dans toutes ses parties, *l'effet de dilatation se fait en ligne droite, du centre à toutes les extrémités.*

Un disque en acier fondu, rigoureusement homogène et bien dressé, se dilatera régulièrement et restera parfaitement plat, sa circonférence s'agrandira, mais en conservant exactement sa rondeur.

Un disque en bois (et même de certains métaux mal alliés) s'ovalise par l'élévation de la température, et même se gauchit, se gondole parce que sa dilatation linéaire n'est pas la même dans le sens des fibres du bois et en sens contraire.

1260. Nous devons insister beaucoup sur la formule énoncée ci-dessus de la loi de la dilatation, parce que l'ignorance de son principe et des effets de dilatation mal examinés, ou dont la cause échappait aux observateurs, ont accrédité sur ce sujet chez les horlogers et, ce qui est plus curieux, chez des physiciens en renom, des idées fort erronées, et qui ont amené la création d'une foule de compensateurs absurdes.

En règle générale, ou plutôt absolue, quand *l'effet de dilatation n'est pas conforme à la loi énoncée*, cela tient à ce que le métal est peu homogène ; qu'il offre dans sa structure des parties cristallisées, des *pailles* ou solutions de continuité ; que des substances étrangères sont inégalement réparties dans sa masse ; que, par suite de torsion, écrouissage, laminage ou courbure, la totalité ou une partie de ce corps se trouve dans un état moléculaire contraint, c'est-à-dire d'équilibre forcé qui tend à se déranger par un excès de chaleur ou de froid, par une percussion, une pression. Cet état d'équilibre instable est une cause d'irrégularité dans les effets qui ne sont pas toujours égaux à l'aller et au retour (**1267**).

[63] Parmi les corps qui font exception et ne se dilatent pas par l'élévation de la température, nous citerons, entre autres, l'eau au-dessous de 4° et l'argile.

Un corps inégalement chauffé, ou qui, par suite des différences dans sa constitution moléculaire, prend inégalement la chaleur, se tourmente d'autant plus que son état moléculaire est moins assis (**351**). (Voir, à la fin du volume, la table des dilatations linéaires.)

Puissance de dilatation et de contraction.

1261. *La puissance de dilatation* d'un corps est égale à la *résistance de compression* dont il est capable, et qui serait représentée par le poids qui, par exemple, pesant verticalement sur une barre de fer, la comprimerait exactement de la quantité dont elle s'allonge à l'état libre par une élévation de température de 1°.

La *puissance de contraction* ou de retrait est égale à la *résistance de traction*, représentée par un poids dont l'action allongerait ce corps de la quantité dont il s'est raccourci par un abaissement de température de 1°.

Des compensateurs.

Généralités.

1262. Comme on l'a vu, les dimensions d'un balancier de montre ou d'un pendule d'horloge varient constamment ; c'est pourquoi on a cherché, par la construction des balanciers ou pendules dits compensés ou compensateurs, à annuler l'effet de ces variations sur la marche d'une machine horaire.

Une erreur où tombent beaucoup de constructeurs de compensateurs, plus ou moins nouveaux consiste, en négligeant les causes d'avance afférentes au mécanisme, à chercher simplement à équilibrer l'effet de dilatation du balancier ou du pendule. Or, cet effet est peu de chose quant à l'horlogerie de précision, et en regard de l'horlogerie civile, il est presque toujours fort au-dessous des effets d'avance ou de retard par les changements de température, qui ont leur cause dans l'ensemble de la machine, et qui proviennent souvent des vices de construction.

L'horlogerie civile, exécutée avec soin et sur des calibres intelligemment combinés, se passe très bien des compensateurs, sauf quelques cas particuliers.

Il n'en est pas de même de l'horlogerie de précision, à l'aide de laquelle on mesure le temps, à quelques dixièmes de secondes près ; là, ils sont indispensables.

Notions préliminaires sur les propriétés des métaux.

1263. Avant de s'essayer à la construction ou à la combinaison de compensateurs quelconques, l'horloger a besoin d'acquérir des notions justes sur l'état général des métaux, et il doit connaître d'après les Traités de physique, et étudier expérimentalement :

- Leur *dilatabilité* ou allongement par chaque degré d'élévation de la température ;
- Leur *conductibilité*, c'est-à-dire leur facilité, plus ou moins grande, à recevoir et à transmettre la chaleur ;

- Leur *capacité* pour la chaleur, c'est-à-dire leur faculté pour absorber une plus ou moins grande quantité de calorique, ce qui fera qu'ils mettront plus ou moins de temps à perdre cette chaleur acquise ;
- Leur *densité* ou leur différence de poids sous un même volume (**47**).

Il est également nécessaire qu'il connaisse leur *élasticité* relative et comment elle varie par les températures différentes. Il pourra mieux apprécier les effets dus à la force centrifuge à ces différentes températures, car si la puissance élastique des bras des balanciers compensateurs diminue ou augmente, l'action de la force centrifuge en devient plus ou moins puissante.

1264. F. Berthoud a conclu de ses expériences, et par approximation, que 11/12e environ de l'effet du compensateur sont destinés à réparer le retard dû à la perte de force élastique du spiral.

Dans une de ses horloges marines, il indiquait la proportion suivante du retard à corriger :

62'' de retard dû au balancier ;
331'' *idem* au spiral.

Choix des métaux. — Observations finales.

1265. La première difficulté qu'offre la construction des compensateurs réside dans le choix des métaux qui possèdent rarement les qualités nécessaires à l'objet. Et quand on possède des métaux qui réunissent les qualités exigées, il peut arriver qu'ils les perdent et soient détériorés par un travail mal conduit. (Voir notre petit *Traité d'horlogerie pratique*.)

- Le *verre* n'est pas d'un bon emploi, il se dilate inégalement.
- Le *zinc* ne devient suffisamment homogène et dépouillé de cristallisations que par de grands soins dans la fonte et le travail préparatoire.
- L'*acier* est susceptible d'aimantation et, en outre, c'est un métal cristallisable.
- Le *laiton* du commerce est rarement homogène ; assez souvent il présente (ce qui résulte d'un effet de *liquation*) des différences dans la proportion des deux métaux alliés, d'un endroit à un autre. Après la fonte, et aussi à la suite d'un travail mené brutalement, il reste quelque temps dans une sorte d'état de fermentation ou d'arrangement moléculaire. C'est surtout sur des pièces exécutées avec le laiton dit *fondu* du commerce, qu'on a pu constater ce phénomène.
- Un effet analogue a également été constaté sur des lames d'acier soumises, dans des conditions particulières, à des vibrations continuelles ou répétées.
- Le *fer* et le *cuivre rouge* exigent moins de soins préparatoires mais, outre qu'ils ne sont pas exempts des inconvénients énumérés plus haut, ils sont plus mous et moins rigides, l'un que l'acier, l'autre que le laiton.

1266. Nous espérons que le lecteur a maintenant parfaitement compris à quelles conditions on peut espérer d'arriver à neutraliser les effets dus aux changements de dimension des corps, par les variations de température, dans les machines à mesurer le temps et, pour conclusion, nous répéterons ce que nous avons déjà dit dans la *Revue chronométrique* :

> « En thèse générale, tout pendule ou balancier compensateur offrant dans sa structure des frottements durs et nombreux, des points de contact multipliés, de fortes pressions sur

d'étroites surfaces, est un mauvais compensateur, et si ce n'est pour le moment, ce sera pour l'avenir. Les frottements, les contacts multipliés sur le même organe, retardent ou gênent les effets de dilatation ; les surfaces étroites forte-ment pressées s'écrasent, s'usent ou s'énervent à la longue, sans parler des effets d'adhérence, qui sont encore une cause de variations. »

1267. Citons comme exemple les compensateurs à leviers, où, .à certains moments, par suite de l'excès de pression et de l'adhérence qui en résulte, la résistance de compression fait équilibre à la puissance de dilatation. Pour le constater, il suffit d'ébranler le système en le frappant d'un petit coup sec ; l'effet de dilatation se manifeste brusquement. Il paraît d'ailleurs démontré aujourd'hui que la dilatation aux points de contact se fait, comme dans les métaux cristallisés, par d'imperceptibles mouvements, de petites saccades infinitésimales ; il s'ensuit nécessairement que si l'effet naturel est retardé, il ne se produit qu'avec plus d'énergie et de violence.

1268. Ce qui précède suffit à expliquer pourquoi la régularité des effets du balancier compensateur à bras bi-métalliques et à masses se déplaçant librement sous l'action de la température n'a été jusqu'à présent surpassée par aucune autre combinaison admettant des organes plus nombreux et des contacts ou des pressions. En effet, dans ces dispositifs il y aura toujours des *temps perdus* dans les mouvements à l'aller et au retour et, en outre, les faibles différences du mouvement saccadé de dilatation, qui sont insensibles sur les grands pendules, où l'effet de pression est largement réparti, comme dans ceux dits *à gril*, par exemple, deviennent très nuisibles dans les balanciers si délicats et si impressionnables des chronomètres.

Du pendule ou balancier rectiligne.

Notice historique.

1269. On attribue à Galilée l'invention du pendule, comme moyen de mesurer des fractions d'une courte durée de temps. Après lui, les astronomes s'exercèrent à compter avec exactitude les oscillations accomplies dans un temps donné, et se servirent de cette connaissance acquise pour mesurer la durée des phénomènes célestes.

Quelques auteurs prétendent que les Arabes ont utilisé le pendule dans des opérations astronomiques, mais aucune preuve n'établit que Galilée en ait eu connaissance.

En donnant un mouvement angulaire d'une faible amplitude au pendule libre, ses oscillations s'accomplissent, tout en diminuant d'étendue, dans des temps qu'à première vue Galilée affirmait être égaux. Il se trompait ; la différence, pour être peu considérable dans les courtes oscillations n'est pas moins réelle, et c'est Huyghens qui découvrit et démontra que les oscillations d'un pendule ne sont isochrones que lorsque son centre d'oscillation décrit une cycloïde.

On doit également à Huyghens la première application du pendule aux horloges (**1657**), mais il est juste de reconnaître que Galilée avait conçu l'idée de cette application, et avait même composé un échappement particulier dans ce but. Son fils, Vincent Galilée, soit qu'il n'ait pas saisi la valeur de cette découverte, soit que des préoccupations d'un autre ordre l'en aient détourné, ne lui donna ni publicité ni suite.

1270. Les pendules compensateurs, c'est-à-dire ayant pour objet d'annuler les effets de contraction et de dilatation produits par les changements de température, sont de plusieurs genres.

Celui dit *à mercure* fut inventé par Graham. Il proposa celui dit à tringles ou à gril, réalisé par Harisson[64]. Regnault imagina le pendule à contre-verge compensatrice, et Ellicott et Deparcieux composèrent les premières compensations dites à leviers, et dont on possède

[64] Très habile horloger anglais, né en 1693, mort en 1776. Il inventa le compensateur bis-métallique, et construisit une horloge marine qui lui fit obtenir une récompense de 500 000 francs. Son système, reproduit une seule fois par Larcum Kendal, a été abandonné, les Anglais lui ayant préféré la disposition créée par J. Arnold, et basée sur une heureuse application des principes et des découvertes de P. Le Roy.

aujourd'hui une grande variété, beaucoup d'horlogers s'étant exercés en ce genre. Plus tard Varinge et Rivaz imaginèrent le pendule compensateur, qui est le plus communément appelé pendule à canon de Rivaz, et qui consiste en un tube de fer ou de cuivre dans lequel on introduit un autre tube de matière plus dilatable, et qui est arrêté à la base du premier. L'intérieur de ce second tube est occupé par une tige de fer fixée à son sommet, et dont le bas porte la lentille. Elle remonte quand la température s'élève, par l'effet de la plus grande dilatabilité du tube intérieur. Le système de Varinge a été décrit par P. Le Roy, et celui de Rivaz par Berthoud.

Notions théoriques sur le pendule.

1271. Le pendule théorique ou idéal se composerait d'une molécule pesante oscillant dans le vide à l'extrémité d'un fil de suspension, n'ayant lui-même aucun poids, et libre de ses mouvements dans toutes ses parties.

Ce pendule idéal ne saurait exister, mais on le réalise pratiquement, autant du moins qu'il est possible, à l'aide d'un fil de pite auquel est suspendue une petite boule de platine : c'est le *pendule simple.* Sous la latitude de Paris, le pendule simple, oscillant dans le vide, c'est-à-dire écarté de la verticale et abandonné à lui-même, fait *une oscillation par seconde* lorsque sa longueur, mesurée du point de suspension au centre de la petite boule pesante, est de 0,9938448. (La longueur réduite au niveau de la mer serait 0,9938667.) Soit 994 millimètres, lorsque l'on n'a pas besoin d'une précision absolue, ce qui est le cas général en horlogerie.

Lois des mouvements du pendule simple.

1272. *Les nombres d'oscillations, dans le même temps, sont en raison inverse des racines carrées des longueurs.*

La boule écartée de la verticale redescend et remonte d'une égale quantité de l'autre côté, en vertu de sa pesanteur. La vitesse de cette descente du pendule est réglée par la loi de la chute des graves, puisque le mouvement du pendule n'est autre chose que la chute d'un corps. Si nous supposons le pendule écarté latéralement jusqu'au point où sa tige occuperait une position horizontale, nous voyons que la hauteur de sa descente est précisément égale à la longueur virtuelle du pendule (N et *n*, fig. 268, page 618). Il en résulte que la descente d'un petit pendule s'accomplit, en vertu des lois citées, beaucoup plus rapidement que celle d'un grand. Soit un petit pendule ayant de longueur (*n*) le *quart* de la longueur (N) du grand, ce petit pendule marchera deux fois plus vite. Ou, en d'autres termes, il fera *deux* oscillations quand le grand n'en fera qu'une. Les longueurs sont 1 et 4, et les racines carrées de ces nombres sont 1 et 2 ; or 2 est le nombre d'oscillations de *n* (long. 1) et 1 est le nombre d'oscillations de N (long. 4).

1273. *Les temps de la descente* (la durée d'une oscillation) *sont proportionnels aux racines carrées des longueurs.*

Si le grand pendule N tombe en 2 secondes, puisque le petit va doublement vite, il arrivera à la verticale en 1 seconde ; or, 2^s et 1^s sont précisément les racines carrées des longueurs 4 et 1.

1274. *Les longueurs sont entre elles en raison inverse des carrés des nombres d'oscillations dans le même temps.*

Si nous remarquons que :

Les longueurs sont .... 1 et 4
Les nombres d'oscillations correspondants .... 2 et 1
Dont les carrés sont .... 4 et 1

nous aurons la preuve de l'exactitude de cette troisième loi.

Ces différentes lois vont nous fournir les moyens de déterminer toutes les longueurs de pendules dont nous pouvons avoir besoin.

Trouver la longueur d'un pendule simple, le nombre des oscillations étant donné, et vice versa.

Première méthode.

1275. Soit un pendule devant, par exemple, faire 7 000 oscillations en une heure.

Le pendule simple, qui bat la seconde, a une longueur de 0,994 m (en nombres ronds), et fait 3 600 oscillations par heure ; on aura ainsi la proportion (d'après le **1274**) :

$$7\,000 \times 7\,000 \; : \; 3600 \times 3600 \; :: \; 994 \text{ mm} \; : \; x.$$

$$\text{ou} \quad 49\,000\,000 \; : \; 12\,960\,000 \; :: \; 994 \; : \; x.$$

Divisant le produit des moyens par l'extrême connu, on aura :

$$(12\,960\,000 \times 994) / 49\,000\,000 = x = 262{,}9 \text{ millimètres.}$$

1276. Si la longueur du pendule est donnée, soit 121 mm, on trouvera le nombre des oscillations par ce calcul (d'après le **1272**) :

$$\sqrt{121} \; : \; \sqrt{994} \; :: 3600 \; : x$$

$$\text{ou} \quad 11 \; : \; 31{,}525 :: 3600 \; : x$$

et en opérant la division du produit des moyens par l'extrême connu :

$$(31{,}525 \times 3600) / 11 = 10\,317 \text{ ; nombre d'oscillations cherché.}$$

On voit qu'il n'est pas difficile de trouver la longueur d'un pendule pour un nombre de vibrations choisi, et , mais, quoique cette recherche devienne presque inutile puisqu'une table des longueurs que doit avoir un pendule pour tous les nombres d'oscillations en usage se trouve à la fin de ce volume, il nous a paru utile d'entrer dans les détails précédents, pour les lecteurs étrangers au sujet, afin de les familiariser avec la matière, et leur faire comprendre dans quel dédale de chiffres serait entraîné celui qui essaierait de calculer une table sans la connaissance de l'usage des logarithmes.

Cependant, mais pour les cas obligés, nous allons donner une seconde méthode encore un peu plus simple que la précédente, et déjà indiquée par M. Millet dans la *Revue chronométrique.*

Deuxième méthode

1277. Prenant pour type le pendule qui fait une oscillation par heure, et dont la longueur est de 12 880 337,930 m ou en nombres ronds 12 880 338 mètres, on tire de la troisième loi (**1274**) la formule suivante :

$$12\,880\,338 \text{ m} : x \text{ (longueur)} :: v^2 \text{ (vitesse)} : 1^2$$

Puisque le carré de 1 est 1, il suffit de remplacer *x* par la longueur (si c'est cette longueur qui est donnée), ou *v* par le nombre d'oscillations (si c'est ce nombre qui est imposé), et de calculer la proportion pour en tirer la valeur du nombre inconnu.

Premier exemple. – Combien d'oscillations fera un pendule de 305 millimètres ?

On pose la proportion $12\,880\,338 : 0{,}305 :: v^2 : 1$

En divisant le produit des extrêmes 12 880 338 x 1, ou 12 880 338 par le moyen connu 0,305, on a :

$12\,880\,338 / 0{,}305 = 42230616$, valeur de v^2

v^2 égalant ce dernier nombre ; v égalera sa racine carrée, ou 6,498, qui est le nombre des oscillations cherché.

Deuxième exemple. – Quelle longueur faut-il donner à un pendule pour qu'il fasse 4 100 oscillations par heure ?

Il suffit d'indiquer l'opération :

$$12\,880\,338 : x :: 4\,100^2 : 1$$
$$12\,880\,338 : x :: 4\,100 \times 4\,100 : 1$$
$$12\,880\,338 : x :: 16\,810\,000 : 1$$
$$12\,880\,338 / 16\,810\,000 = 0{,}766 \text{ mm, valeur de } x$$

Le pendule isochrone.

Échelle des vitesses.

1278. Comme on l'a déjà vu, Galilée avait conclu d'observations qui ne pouvaient être qu'imparfaites, avec les moyens qu'il avait à sa disposition, à l'isochronisme des grandes et des courtes oscillations d'un même pendule. Huyghens reconnut l'erreur de Galilée, et constata que les grandes oscillations retardaient sur les petites, et il démontra que, pour que les oscillations fussent isochrones, il fallait que le centre d'oscillation du pendule décrivît un arc de cycloïde de chaque côté de la verticale. Cet arc de cycloïde, en s'élevant, s'éloigne de plus en plus de l'arc de cercle décrit du point de suspension ; aussi le retard devient-il de plus en plus considérable, à mesure que l'on augmente l'amplitude de l'oscillation.

Ce retard tient à ce qu'en vertu des lois du mouvement, une boule qui tombe le long de la concavité d'un arc de cercle met plus de temps à aller de *c* en B (fig. 71) que de *a* en B, etc., tandis que si cette boule roule à l'intérieur d'une cycloïde *fd*B, les espaces B*d*, B*f*, etc., sont tous parcourus dans la même durée de temps.

La vitesse que possède en B un pendule décrivant un arc de circonférence, quand il a commencé son mouvement en *c*, est à sa vitesse au même point B, quand il a commencé son mouvement en *a*, comme la corde B*c* est à la corde B*a*. Il s'ensuit que si l'on divise l'arc

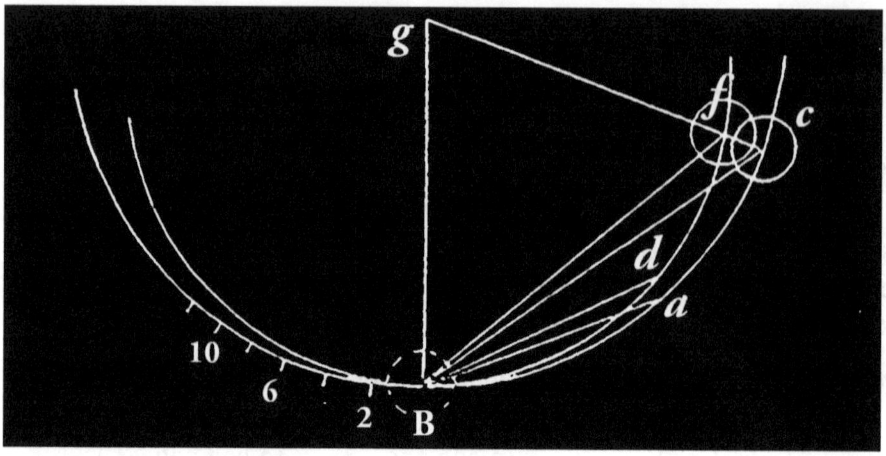

Fig. – 267.

parcouru, à partir de B, selon des cordes qui soient comme 1, 2, 3, 4, 5, etc., on aura dans cet arc, ainsi divisé, une *Échelle des vitesses* ; c'est-à-dire que si le pendule part successivement des divisions 10 et 5, par exemple, ses vitesses en B seront comme 10 est à 5.

1279. Huyghens imagina de faire fléchir la suspension du pendule, formée de fils de soie ou de lames métalliques très flexibles, sur des courbes métalliques contre lesquelles elle venait s'appliquer, et de façon à faire décrire à la masse les arcs cycloïdaux appropriés. Cette méthode, quoique fort ingénieuse, n'eut pas de succès ; les effets hygrométriques, ceux de la dilatation, les frottements, les adhérences résultant des contacts, etc., occasionnaient des irrégularités plus grandes que celles que l'on redoutait.

On en revint à faire décrire des arcs de cercle au pendule et, dans les pièces du commerce, on combattit le retard des grands arcs par un petit recul à l'échappement ; quant aux pendules de précision, les grands soins apportés à leur exécution permettant de réduire l'étendue de l'oscillation, on la borna à quelques degrés.

Dans ce court espace, la cycloïde et l'arc de cercle se confondant sensiblement, on admit alors que les très petites oscillations sont isochrones, ce qui est très près de la vérité ; mais on tomba dans un excès : aux grandes oscillations cycloïdales, accomplies par des pendules relativement légers, on substitua des pendules d'un poids énorme et des oscillations presque imperceptibles.

Aussi suffisait-il d'un ébranlement un peu fort pour les arrêter.

Nous avons indiqué dans les articles concernant les régulateurs et les pendules de cheminées, et à partir de la page 467, entre quelles limites l'expérience a montré qu'il était bon d'enfermer le mouvement angulaire des balanciers de ces pendules, nous y renvoyons.

Du retard qu'éprouve le pendule lorsqu'on augmente l'arc d'oscillation.

1280. Le retard résultant de l'augmentation de l'angle d'oscillation du pendule *libre* croît dans une proportion plus forte que celle de l'amplitude de cette oscillation, comme le montre le tableau ci-après, tiré d'une publication de M. H. Robert.

Arc d'oscillation.		0°,5	Retard en 24 heures		0,43 "
—	—	1°,0	—	—	1,55 "
—	—	2°,0	—	—	6,60 "
—	—	3°,0	—	—	14,80 "
—	—	4°,0	—	—	26,25 "
—	—	5°,0	—	—	41,30 "
—	—	6°,0	—	—	1,05 '
—	—	7°,0	—	—	1,15 '
—	—	8°,0	—	—	1,35 '
—	—	9°,0	—	—	2,15 '
—	—	10°,0	—	—	2,50 '
—	—	15°,0	—	—	5,60 '
—	—	20°,0	—	—	10,70 '
—	—	25°,0	—	—	17,00 '
—	—	30°,0	—	—	24,00 '

Un changement en altitude ou en latitude fait retarder ou avancer le pendule.

1281. La gravité ou attraction des corps est en raison directe des masses et en raison inverse du carré des distances. Il s'ensuit que plus un pendule est éloigné du centre de la terre, et moins il est sollicité vivement lorsqu'il redescend dans la verticale. C'est une des causes qui font qu'un pendule retarde quand d'une plaine il est transporté sur une haute montagne, ou que de l'un des pôles de la terre, par exemple, on le transporterait vers l'équateur, parce que notre terre n'est pas un globe parfait, mais un sphéroïde renflé à l'équateur et aplati vers les pôles.

Une autre cause de retard qu'éprouve le pendule, lorsqu'on le porte vers l'équateur, provient de la force centrifuge qu'engendre à sa surface le mouvement de rotation de la terre ; cette force, nulle au pôle, augmente d'énergie à mesure qu'on s'avance vers l'équateur et, comme elle agit en opposition de la force d'attraction, elle annule ou contre-balance une part de plus en plus considérable de l'action de la pesanteur.

Le pendule qui bat la seconde à Paris, s'il était transporté sous l'équateur, devrait être raccourci d'un peu moins de 3 millimètres, et au pôle il faudrait, au contraire, l'allonger d'un peu plus de 2 millimètres, pour qu'il continuât à marquer la seconde.

Du pendule composé ou usuel.

Déterminer son centre d'oscillation.

1282. Nous n'avons considéré jusqu'à présent que le pendule simple que nous avons défini au **1271**, mais les pendules employés dans l'industrie exigent impérieusement une tige de suspension suffisamment forte et présentant un certain poids ; en outre, elle est souvent chargée de pièces accessoires. Il en résulte que le centre d'oscillation remonte d'autant plus au-dessus du centre de la lentille, que cette tige est plus garnie. Beaucoup d'horlogers ayant quelque peine à faire la distinction de ces deux centres, entrons dans quelques détails.

Considérons un pendule oscillant (fig. 268). En vertu des lois de la pesanteur *a* tend à marcher plus vite que *b*, *b* plus vite que *c*, et ainsi de suite ; d'où résulte que tandis que les parties *d* tendent à ralentir le mouvement, les parties *a,b,c,* tendent à l'accélérer. Il y a un point, soit ici *x,* où les deux tendances contraires s'annulent et qui marche comme si toute la masse était concentrée en ce point, *qui est le centre d'oscillation*, et ce pendule composé oscille exactement comme un pendule simple de la longueur *yx*.

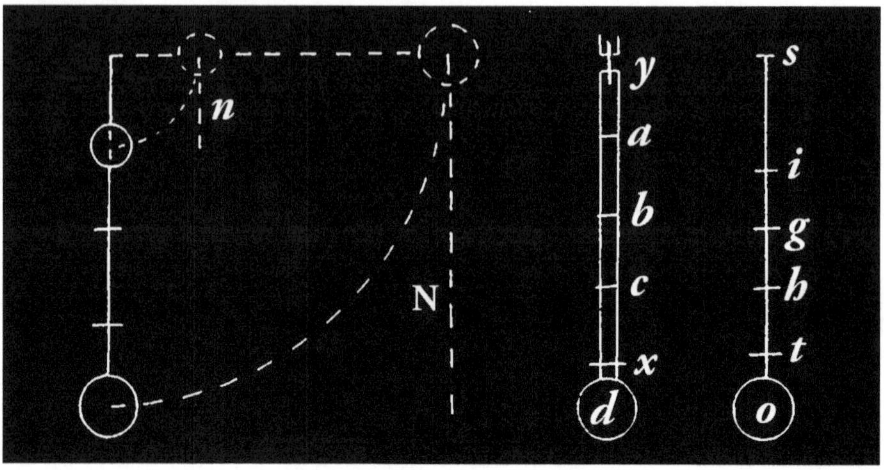

Fig. – 268.

On rend visibles ces différents effets en faisant fonctionner un pendule formé d'une tige élastique portant deux boules, distantes en hauteur. L'accélération de la boule supérieure s'accuse nettement par la flexion de la tige.

Donc, plus la tige du pendule est lourde ou chargée de pièces accessoires, plus le centre d'oscillation remonte au-dessus du milieu de la lentille ; et un pendule composé, quelles que soient sa forme et les matières dont il est formé, fait ses oscillations toujours dans le même temps que les ferait *le pendule simple* qui aurait exactement pour longueur *la distance du centre de suspension,* y, *au, centre d'oscillation,* x, de ce pendule composé (abstraction faite des différences de résistance de l'air, des ressorts de suspension, etc.). On le voit, c'est à bien déterminer la position de ces deux centres qu'il faut s'attacher, et non aux dimensions extérieures du pendule.

Dans un pendule formé d'une lourde lentille et d'une tige légère, d'aluminium par exemple, le centre d'oscillation se trouve placé très peu au-dessus du centre de la lentille, et même au centre ou au-dessous si l'écrou qui soutient la lentille contrebalance l'effet du poids de la tige ou va au-delà.

Dans un pendule à seconde dont la lentille pèserait 10 kilog. et serait portée par une tige d'acier de 11,33 mm de large sur 4,5 mm d'épaisseur, le centre d'oscillation est à environ 8 mm au-dessus du centre de la lentille.

1283. On voit que, dans toutes les considérations qui ont le pendule pour objet, on n'obtient aucune mesure fixe si l'on ne prend pour point de départ le pendule simple. Du reste, les observations faites sur ce dernier sont applicables au pendule composé.

Dans la pratique courante des ateliers on emploie, pour arriver à la détermination de sa longueur, le moyen indiqué au **1016**, mais il ne donne qu'une approximation parce qu'il ne détermine exactement que le centre de gravité (**48**) et que le centre d'oscillation s'éloigne notablement du centre de gravité, surtout si la tige de suspension est chargée par le haut, d'un couteau par exemple ; ou bien si elle porte sur sa longueur des pièces qui y remplissent l'office d'un *curseur* (voir son article) si ses ressorts sont plus ou moins longs, etc.

La théorie du pendule, l'une des gloires d'Huyghens, est un travail profond, abordable seulement par les mathématiciens, nous devons donc nous borner ici aux notions nécessaires à l'horloger et aux données d'expérience. Mais, dans tous les cas, l'horloger a toujours à sa disposition, lorsqu'il veut déterminer le centre d'oscillation d'un pendule, un moyen d'un facile usage : une petite boule de platine étant suspendue à un fil très fin et léger, on pince le fil de façon à laisser libre une longueur jusqu'au centre de la boule, égale à la longueur donnée par les tables pour le nombre d'oscillations voulu. En faisant osciller concurremment ce pendule simple et celui dont on tâtonne les dimensions, on arrive à trouver la longueur où ce dernier oscille exactement comme l'autre, et l'on connaît son centre d'oscillation, du moins à très peu près.

On peut aussi déterminer pratiquement la position du centre d'oscillation par rapport au centre de rotation (sur un couteau), en s'appuyant sur ce principe démontré qu'ils sont réciproques l'un de l'autre. C'est-à-dire que si le pendule est retourné de façon à ce qu'il soit mis en mouvement sur son centre d'oscillation, il battra exactement le même nombre d'oscillations que lorsqu'il était suspendu par son centre de rotation.

On dispose pour cet effet, généralement un peu au-dessus du centre de la lentille, un petit couteau à coulisse, c'est-à-dire qui peut monter ou descendre à l'aide d'une vis. On retourne le pendule que l'on fait osciller sur ce nouveau centre de rotation, et l'on fait mouvoir celui-ci jusqu'à ce que l'on ait trouvé la position qu'il doit occuper pour que le pendule, ainsi retourné, fasse exactement le nombre d'oscillations qu'il accomplit dans l'autre position. La distance des tranchants des couteaux donnera à très peu près la longueur du pendule simple cherché.

Ce moyen, lorsque le centre de rotation est sur un ressort ou un fil de suspension, n'est plus suffisamment exact.

De la forme à donner au pendule.

Résistance de l'air. — Pression barométrique. — Expériences de Berthoud.

1284. La disposition qui donne au pendule la plus grande puissance réglante pour une force motrice donnée est celle qui concentre dans la lentille la plus forte partie du poids total, ne laissant à la tige de suspension que la force et le poids absolument nécessaires à en assurer la rigidité. La forme de l'ensemble doit être telle qu'elle permette au pendule de diviser l'air avec la moindre résistance. La lentille formée par un disque plein, aminci en tranchant sur son contour, de façon que sa section opérée perpendiculairement à sa face et par le centre présente deux segments de sphère appliqués face à face et offrant pour un diamètre comme 3 une épaisseur comme 2, est celle qui réunit ces deux conditions, du moins d'après les idées généralement reçues (**1301**).

La résistance de l'air diminue l'étendue des vibrations, mais sans abréger bien sensiblement leur durée, sauf le cas où le pendule oscille entre les parois d'une caisse trop étroite.

Quant aux erreurs qui proviennent des différentes densités de l'air, ou pressions barométriques, elles sont considérées par Bessel et Bernouilli comme négligeables, puisque par les plus grands écarts possibles de densité, elles resteraient autour d'une seconde en 24 heures (**1301**).

1285. À côté des avantages que l'on attribue à la forme lenticulaire, elle offre cet inconvénient que, si elle n'est pas rigoureusement disposée dans un plan perpendiculaire au plan de la suspension, elle reçoit, de la résistance de l'air, un mouvement ondulatoire, variable avec la densité de l'air et la rigidité plus ou moins grande des ressorts de suspension par les températures, et ce mouvement peut affecter le réglage des pièces de précision.

Pour obvier à ce défaut que peut engendrer, surtout avec les tiges en sapin, la torsion de la tige du pendule par les variations de température, on a remplacé quelquefois la lentille par la sphère ou par le cylindre.

Afin de savoir à quoi s'en tenir sur la résistance de l'air, F. Berthoud a expérimenté concurremment deux pendules de même poids, l'un terminé par une lentille, l'autre par une sphère. Il a constaté que le mouvement de la lentille persistait un peu plus longtemps que celui de la sphère mais, en outre, que la différence n'était pas très considérable, 1/14 environ, et qu'on ne sait trop si l'on doit l'attribuer à la forme sphérique plutôt qu'à la suspension ; on sent qu'il faudrait des expériences répétées et faites avec beaucoup de soin, pour qu'il fût permis d'en tirer une conclusion décisive et qui n'aurait, d'ailleurs, d'importance que pour l'horlogerie de haute précision.

1286. Voici le résumé des tableaux de quelques-unes des expériences de F. Berthoud. Elles ont été faites, le baromètre restant à la même hauteur. Le pendule à secondes, suspendu librement, était simplement écarté de la verticale et abandonné à lui-même. On constatait le temps de la réduction de l'arc degré par degré. Nous ne donnons que les deux observations extrêmes.

Lentille 21 liv. 4 onc.	Arc de	10°	réduit à	¼	de degré en	29 h. 46 m.
	—	15°	—	⅛	—	8 h.
Lentille 7 liv. 5 onc.	—	10°	—	¼	—	17 h. 6 m.
	—	15°	—	⅛	—	4 h.
	Même lentille mais battant la demi-seconde.					
	—	10°	—	¼	—	14 h. 26 m.

Observation de Berthoud.

Si un pendule à demi-seconde décrit des arcs doubles, c'est-à-dire qu'il ait la même vitesse que le pendule à secondes avec la même lentille (et par conséquent la même force de mouvement), il vibre presque aussi longtemps que le pendule à secondes, de sorte que la résistance de la suspension n'est pas si grande que je l'avais cru d'abord.

Cette observation de Berthoud est importante et prouve, peut-être contrairement à son intention, qu'on ne peut tirer autre chose que des indications sur la résistance de l'air d'expériences faites avec des poids différents, déplacés d'un même angle, parce que sous l'action d'une force motrice donnée, ce qui est le cas général et pratique, les lentilles lourdes ou légères ne parcourent jamais le même arc, et n'ont pas non plus les mêmes lames de suspension.

Du poids du pendule.

1287. Ce chapitre offrira sur plusieurs points un désaccord plus ou moins complet avec certaines idées reçues en horlogerie, à une époque où la science de la mécanique était moins avancée qu'aujourd'hui, et qui se sont perpétuées à tort, parce que les horlogers négligent trop l'étude de cette science.

Ainsi, tous les ouvrages sur l'horlogerie contiennent ces deux enseignements très absolus, que les maîtres transmettent à leurs disciples :

– *Un pendule corrige d'autant mieux les variations de la force motrice qu'il est plus lourd.*
– *Il vaut mieux employer des pendules longs que des pendules courts.*

Il en est de même de la puissance réglante d'un pendule, qui a toujours été estimé par sa quantité de mouvement et non sa force vive, et l'on aurait eu raison si on l'avait considéré abandonné à lui-même et à l'abri des influences extérieures ; mais cela ne peut être, et il faut faire entrer en ligne de compte l'action de la pesanteur qui est permanente, les résistances qui ont leur source dans l'air, l'inertie, les trépidations, l'échappement, la suspension, la forme et l'étendue de la masse, etc.

Deux corps mobiles de même quantité de mouvement n'auront pas la même force de percussion s'ils sont soumis plus l'un que l'autre à la résistance de l'air, aux trépidations, à la réciprocité d'action de corps en mouvement et voisins, etc.

1288. Supposons une horloge pourvue d'un pendule peu lourd, faisant d'assez grandes oscillations ; augmentons considérablement le poids de sa lentille et observons.

Ce pendule, qui d'abord pesait 500 grammes et parcourait 20°, en pesait ensuite 5 000 et parcourait 3°.

Les poids sont : : 5 : 50
Les vitesses : : 20 : 3

Quelles résistances dues à leur inertie offraient ces deux pendules ?

Calculons-les à l'aide des formules données aux **123** et **117**, et nous trouverons que les résistances qu'ils présentent aux causes qui peuvent troubler leur mouvement sont en nombres ronds.

Pour le pendule, léger comme 100.
lourd — 20, environ.

Le lourd pendule sera donc troublé dans son mouvement bien plus facilement que l'autre.

Pour une même force motrice, que nous supposons seulement suffisante, la grande oscillation d'un pendule léger diminue par l'augmentation de son poids jusqu'à n'être que peu différente de l'arc de levée. La durée de l'oscillation n'ayant pas changé, la lentille parcourt dans le même temps un espace beaucoup plus court, et par suite se meut bien plus lentement. Le temps primitif de l'oscillation étant alors presqu'entièrement employé à l'opération de la levée, celle-ci s'accomplit avec beaucoup plus de lenteur. On a donc une double diminution de vitesse : 1° au pendule ; 2° à la roue d'échappement.

1289. Connaissant le poids du pendule et le chemin parcouru dans le temps de l'oscillation, il est facile de s'assurer :

1°. si la résistance de l'inertie a varié (**123**) ;

2°. si la vitesse de mouvement a augmenté ou diminué ;

et, en faisant cette vérification à chaque augmentation de poids successive et pour des parcours connus, on reconnaîtra si le changement de vitesse de la roue est avantageux ou désavantageux, et l'on pourra déterminer le poids intermédiaire où, pour une force motrice et un angle de levée donnés, on obtient un effet maximum comme puissance de mouvement au pendule, moindre décomposition de la force de la roue d'échappement, plus grande résistance inertique du pendule.

1290. C'est d'après ces considérations et en soumettant successivement la pièce d'horlogerie à des *forces motrices plus grandes et plus petites*, qu'il faut modifier le poids d'un pendule, et laisser de côté cette règle erronée qui consiste à croire qu'il suffit d'augmenter son poids pour en faire un meilleur régulateur (**1298**).

En traitant de chaque échappement d'horloges, de régulateurs ou de pendules de cheminées, nous avons indiqué les poids des balanciers usuels. Tout horloger, en s'aidant de ces données d'expérience, déterminera facilement le poids qui procurera le meilleur régulateur et modérateur à un rouage établi ou qu'il voudra établir.

Force impulsive et force d'entretien d'un pendule.

1291. La théorie du pendule nous enseigne que la puissance qui le fait descendre quand on l'écarte de la verticale, ou l'impulsion qu'il reçoit de la pesanteur, est en raison du sinus de l'angle d'écartement.

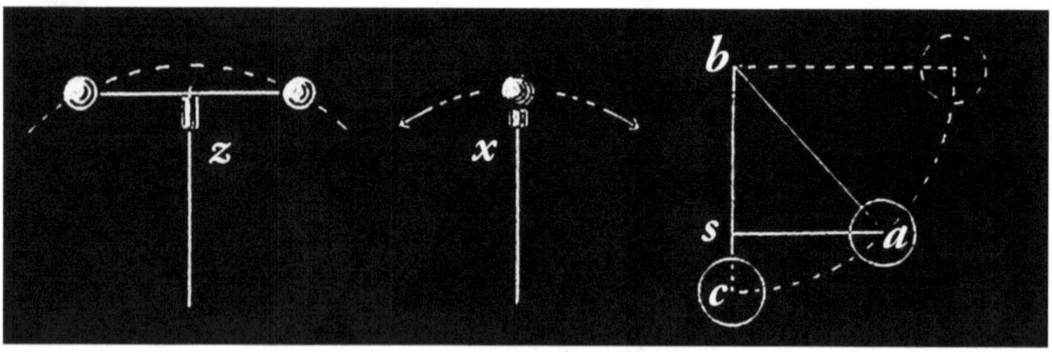

Fig. – 269.

Le *sinus* d'un angle ou d'un arc, *ac* par exemple (fig. 269), est en langage ordinaire la perpendiculaire *as*, abaissée de *a* sur le rayon *cb*. La partie comprise entre le pied de la perpendiculaire et *c*, ou *sc*, est le *sinus-verse*.

La force d'impulsion d'un pendule, qui est égale au poids du pendule (supposé concentré au centre d'oscillation) quand ce pendule occupe la position horizontale, diminue donc comme le sinus de l'angle mesuré par la moitié de l'arc d'oscillation (c'est-à-dire l'angle pris d'un seul côté de la verticale). À 90° le sinus et le rayon se confondent.

Soit R le rayon, P le poids du pendule, A l'angle de mouvement ou l'arc décrit d'un côté, F la force d'impulsion (l'*inconnue*) : on aura cette force d'impulsion pour un pendule quelconque par la proportion :

$$R : \sin. A :: P : x \qquad x = F$$

qu'on peut mettre sous cette forme :

$$F = ((P \times \sin. A) / R)$$

La valeur du rayon (*bc*) est donnée, puisque c'est la longueur virtuelle du pendule ; par les méthodes trigonométriques, on obtient la valeur rigoureuse du sinus (*as*), mais dans l'application courante, on peut remplacer ces calculs par un simple procédé graphique. On trace avec soin l'angle de mouvement, soit par exemple de 40°, puis l'arc *ac*, avec un rayon égal à la longueur du pendule, soit ici 100 millimètres. Du point *a* on abaisse la perpendiculaire *as*, et l'on en prend bien exactement la mesure. Pour un rayon de 100 millimètres, *as* est égal à 64,28.

Le poids du pendule étant supposé de 500 grammes, nous aurons :

$$F = (500 \times 64{,}28) / 100 = 321{,}4$$

Par conséquent la force avec laquelle le poids tend à descendre de *a* est égale à 321 grammes.

Si l'angle de mouvement était de 90° on aurait, le sinus égalant R,

$$F = (500 \times 100) / 100 = 500$$

ou la puissance du pendule égale à son propre poids.

De la force nécessaire à l'entretien du mouvement du pendule.

1292. Quel que soit le poids de la lentille d'un pendule, pour un même angle d'oscillation, il n'a besoin que de la *même force motrice*, ou à très peu près, pour entretenir son mouvement.

Il est facile d'expliquer théoriquement ce résultat : les deux pendules de même longueur et *de même mouvement angulaire* peuvent être assimilés à deux graves tombant de la même hauteur. L'action de la gravitation s'exerçant avec la même intensité sur tous les corps placés au même point et qui tomberaient avec la même vitesse dans le vide, il n'y a à restituer ici que la perte résultant de la résistance de l'air et de la suspension, résistance sans laquelle le pendule conserverait éternellement son mouvement. Cette perte diffère peu d'un pendule à l'autre dans la pratique, parce que si le pendule léger subit un peu plus la résistance de l'air, il a en compensation une suspension plus flexible.

1293. L'oscillation initiale étant produite par la main, pour connaître la force d'entretien du mouvement, il faudrait pouvoir mesurer exactement ce que la seconde oscillation a perdu sur la première, ou en d'autres termes la différence des sinus-verse des angles des deux oscillations qui se suivent ; on pourrait en déduire la force perdue et qu'il faut restituer à chaque oscillation.

Pour plus de facilité on peut mesurer la perte après plusieurs oscillations et la diviser par ce nombre d'oscillations, ce qui donnera à très peu près la perte pour une seule oscillation. On connaît ainsi la force qu'il faudrait appliquer au centre d'oscillation, mais la plus grande difficulté reste à résoudre, parce que cette force d'entretien doit être transmise au pendule par un jeu de levier et une levée dont les conditions varient avec la hauteur, l'inclinaison du plan, la vitesse de la roue d'échappement, etc.; toutes choses si difficiles à calculer qu'on est toujours obligé de recourir à l'expérimentation.

Néanmoins, afin que l'horloger ait une idée nette de l'énorme accroissement de résistance que présente un pendule qu'on éloigne progressivement de la verticale, nous insérons les résultats suivants que Berthoud a déduits de ses expériences et de ses calculs, dont nous lui laissons la responsabilité.

Un pendule à secondes pesant 21 livres ¼ exigeait pour l'entretien d'un mouvement de 1°, 2 grains 3⁄10, ayant ⅓ de ligne de descente, et pour un mouvement de 10°, 358 grains ⅖, ayant ⅓ de ligne de descente, soit pour 10°, 157 fois la force qui entretient l'oscillation de 1°.

Des pendules très longs.

1294. En dehors des causes, comme résistances des suspensions, qui peuvent gêner, altérer ses mouvements, un pendule, qu'il soit long ou court, sera doué des mêmes facultés régulatrices, s'il présente la même puissance d'inertie. Le plus petit, ayant un mouvement beaucoup plus rapide, compense la diminution du poids par l'augmentation de la vitesse.

Théoriquement il serait indifférent de faire usage d'un pendule long ou court.

Pratiquement, voyons d'abord ce qui se passe quand on allonge un pendule.

Proportionnellement à son poids total, la puissance réglante d'un pendule qu'on allonge indéfiniment va en diminuant parce que, pour combattre avec efficacité les trépidations de la lentille, les effets de flexion et de torsion de la tige, il faut donner à celle-ci une force telle qu'elle présente une masse considérable par rapport à la lentille qu'il est possible d'employer, et il en résulte que le centre d'oscillation, qui avec le pendule à seconde, par exemple, est presque au centre de la lentille, se trouve sur le très long pendule avoir remonté assez haut sur la tige, et alors ce pendule non seulement ne satisfait plus à la condition de présenter le plus grand poids sous le moindre volume, mais en outre il offre à l'air une surface relative plus considérable ; il subit dans de plus mauvaises conditions que l'autre les effets des changements de température et les corrigera bien plus difficilement, parce que tout son système comporte de grands excès de pression, et une tension énorme des lames de suspension.

En outre un pendule, quelle que soit sa longueur, n'est un bon régulateur que s'il domine la force motrice et n'est pas livré à ses caprices. Or, quelle que soit la longueur d'un pendule, on en fera l'esclave de la force motrice toutes les fois que cette force motrice agira sur lui par des leviers d'ancre et de fourchette suffisamment longs, c'est-à-dire attaquant de plus en plus près du centre d'oscillation.

1295. La question amenée à ce point ne peut plus être résolue que pratiquement. L'expérience de, plus d'un siècle a prouvé que les horloges de précision, ou régulateurs astronomiques, qui sont les productions les plus parfaites de l'horlogerie, n'exigent pas une force motrice au-delà de celle que supporte le pendule qui bat la seconde, c'est-à-dire qu'elle n'excède pas ses facultés correctrices. Elle a prouvé également que, même dans les horloges de clocher modernes, la nécessité d'un plus long pendule se présente rarement. La longueur du pendule à seconde est donc, comme extension du balancier une limite qu'il convient de ne pas trop dépasser.

Des pendules très courts.

1296. Notre point de départ a été cette règle de l'ancien enseignement qu'un long pendule donne plus de régularité qu'un plus court, et nous en avons démontré l'erreur en ce qui concerne l'allongement hors de certaines limites.

Renversons maintenant la question, et prenant d'abord pour type le pendule à seconde, comparons-lui le pendule à demi-seconde.

En choisissant les chiffres des poids des balanciers et des arcs parcourus, on s'aperçoit qu'on peut donner à ces deux pendules la même puissance de résistance ou la même inertie (**1286**), mais on rencontre en regard du pendule à demi-seconde :

1°. La nécessité d'un plus grand mouvement angulaire et, par suite, de plus grands arcs additionnels, et qui devront varier davantage par les écarts de la force motrice ;

2°. Des leviers d'échappement qui, beaucoup plus courts, demandent une exécution beaucoup plus précise.

Comme les dimensions sont assez grandes, et permettent cette exécution précise, on a encore dans le pendule à demi-seconde un excellent élément de régularité.

Le même raisonnement fait voir qu'un pendule encore plus court peut satisfaire aux exigences de l'horlogerie civile, mais ici les organes de l'échappement doivent être fort exigus, et il n'est pas aisé de les exécuter en bonne proportion avec le pendule. Or, c'est là où réside la difficulté, car il faut compter avec les jeux des pivots, la rigoureuse exactitude de la roue, la longueur de la fourchette, qu'il faudrait très courte, les chutes proportionnellement plus considérables, ainsi que la résistance de la suspension.

En un mot, le petit pendule, animé d'une vitesse suffisante, est théoriquement un aussi bon régulateur qu'un plus long. S'il donne de moindres résultats, cela tient à ce que les conditions dans lesquelles ils doivent être placés tous les deux sont pratiquement plus difficiles à réaliser avec le court pendule.

De la longueur de la fourchette. - De sa suppression.

1297. Dans tous ces derniers articles, quand nous avons parlé de la grandeur du levier d'échappement, nous avons toujours sous-entendu qu'on tenait compte de sa dépendance de la longueur de la fourchette.

Nous avons déjà abordé cette question (**1014**), que les ouvrages sur l'horlogerie n'ont pas, que nous sachions, présentée sous son vrai jour ; nous y revenons.

Le but cherché par le raccourcissement des bras de l'échappement est de soustraire le pendule aux écarts de la force motrice or, deux cas se présentent.

Les levées d'impulsion seront portées par un ancre ordinaire, mobile sur pivots, ou bien ces levées seront adaptées à la tige même du pendule.

Dans le premier cas, le levier d'échappement est en réalité un levier coudé formé par un bras de l'ancre et par la tige de la fourchette.

Dans le second, le bras d'ancre et la fourchette se confondent, et ne forment plus qu'un levier droit unique.

De cette diversité de forme naît dans la pratique une grande diversité d'action sur le pendule.

La force de l'impulsion pour un même angle de levée variant très peu par le raccourcissement ou l'allongement du bras d'ancre, considérons-la ici (on peut le faire dans la pratique comme restant égale. Or, cette force, considérée comme restant égale; quel que soit le bras de levée, agira diversement sur le pendule, suivant qu'elle l'attaquera par la fourchette plus près ou plus loin du centre de suspension. Si le point d'application de la force est en *a* (fig. 268, p. 618), sa décomposition ne se fera pas, comme si l'attaque avait lieu en *c*, et cette décomposition de force ne sera même plus dans les premières proportions sur ces deux points *a* et *c*, si on augmente ou diminue le poids de la lentille, la longueur ou la raideur de la suspension.

Nous croyons nous être assez étendu sur le sujet, ici, au **1014** et du numéro **100** au **104**, pour que le lecteur ait bien compris que les longueurs du bras d'ancre et de la fourchette, la longueur et le plus ou moins d'élasticité de la suspension, et le poids de la lentille forment les termes intimement liés l'un à l'autre d'un unique problème. Nous croyons en avoir dit assez pour que tout horloger suffisamment éclairé soit apte à en donner la solution, et nous nous résumons.

1298. En thèse générale, et en se reportant à nos derniers articles et aux principes développés du **916** au **934**, on conclura que la longueur d'un pendule se règle sur le levier d'échappement (levier coudé quand il y a une fourchette), ou réciproquement ; le raccourcissement du bras qui reçoit l'impulsion est subordonné à la force motrice, c'est-à-dire à la pression que peuvent supporter, sans destruction, les faces de levée (**918**) ; la longueur du levier qui, transmet l'impulsion varie avec le poids de la lentille ; enfin la dépendance réciproque des longueurs du pendule et des leviers qui le mènent (ancre et fourchette) doit être telle que les variations de la force n'influent pas ou peu sur l'étendue et la durée des oscillations.

Quant au poids, il doit se combiner avec la vitesse, de façon à procurer à l'inertie du pendule un maximum de puissance, mais il ne faut jamais oublier, nous le répétons, qu'il y a un point d'attaque sur la tige préférable pour un poids donné et que si l'un change, l'autre doit varier en conséquence, parce que l'on doit restituer au pendule sa force perdue, dans les conditions qui troubleront le moins possible ses vibrations libres et naturelles.

De la suspension du pendule.

1299. Les premiers pendules étaient suspendus par une cordelette de matières textiles. Clément, de Londres, remplaça le fil par une lame métallique longue et flexible, et Julien Le Roy compléta l'invention de Clément en employant deux ressorts au lieu d'un. Convenablement espacés, ils empêchent les trépidations ondulatoires de la lentille. C'est la suspension moderne.

Nous ne nous occuperons pas de la suspension à couteau, aujourd'hui complètement abandonnée, sauf pour quelques applications rares et spéciales.

Si on rapproche du centre de rotation le point d'attaque d'un pendule suspendu à des lames longues et flexibles, ces lames reçoivent à chaque impulsion un mouvement d'ondulation d'autant plus marqué que le rapprochement est plus considérable, les lames plus longues et plus flexibles et la lentille plus légère. Il en résulte un raccourcissement accidentel du pendule par les grands arcs d'oscillation, et une cause d'accélération de ces grands arcs sur les petits. On trouve dans ce fait, en partie du moins, l'explication de la régularité relativement assez grande de certains échappements à palettes et à ancre, pourvus de suspension flexible, en soie ou en métal, et de pendules légers oscillant beaucoup ; mais il est clair qu'il ne faut pas chercher un élément de précision dans l'action d'une lame tourmentée outre mesure.

Quelques soins qu'on apporte dans le choix du métal employé et dans le travail, l'on n'est jamais assuré d'avoir deux suspensions identiques ; le défaut d'homogénéité du métal, de l'écrouissage, du laminage, de la trempe ne le permet pas. L'horloger qui copiera fort exactement la suspension éprouvée d'un artiste en renom pourra fort bien n'en retirer que des déceptions, s'il ne l'expérimente assez longuement lui-même, et ne s'assure que sa force et sa flexibilité sont dans le rapport convenable avec le reste de l'échappement, ce qu'il reconnaîtra dans les épreuves du réglage de précision.

Une lame métallique, qui vient d'être travaillée, est le plus souvent dans un état moléculaire contraint. Il faut qu'elle ait fonctionné un certain temps par différentes températures et sous la dépendance du pendule, pour arriver à un état moléculaire permanent et bien assis. Certaines lames, par suite de défaut dans l'acier, d'un travail brutal qui a corrompu ou énervé l'ordre moléculaire, ou par un mauvais agencement des lames, n'arrivent jamais à cet état. L'exécution d'une suspension destinée à un régulateur exige tous les soins et l'attention dont un horloger est capable. L'ajustement des deux lames doit être parfait dans la double-pince qui doit les serrer sans les tordre et les tendre toutes deux bien d'aplomb, autrement l'action de l'une contrariera celle de l'autre, l'axe de flexion présentera une ligne brisée plus élevée sur une lame que sur l'autre. Il en serait de même si les lames étaient d'inégale force, ou inégalement trempées ou revenues, et le pendule, mal suspendu, aurait en-dehors de son plan d'oscillation des mouvements ondulatoires fort nuisibles. L'axe de rotation de l'ancre et l'axe de flexion de la suspension doivent être en prolongement l'un de l'autre.

Quelques artistes emploient, au lieu des lames en acier, des lames en or allié, préparées comme il est indiqué pour les spiraux en or.

On trouvera quelques autres détails utiles dans le *Manuel Roret*.

Isochronisme des oscillations du pendule par les ressorts de suspension.

1300. On lit dans le mémoire de Pierre Le Roy :

> « La nouvelle observation (concernant l'isochronisme des ressorts) peut être d'un grand secours dans la disposition des pendules, soit petites, soit à secondes, où le pendule est suspendu par un ressort ; en effet, on sent qu'il doit y avoir une longueur dans le ressort de suspension, où toutes les vibrations de ces pendules peuvent être isochrones. »

Ferdinand Berthoud, reprenant pour son compte, et plus de vingt ans plus tard, l'opinion de Pierre Le Roy, a imprimé :

> « La suspension à ressort bien construite tend à rendre isochrones les oscillations du pendule. »

Nulle part il ne rapporte que des expériences aient été tentées pour en vérifier l'exactitude. De nos jours ces expériences ont été poursuivies en commun par MM. Laugier et Winnerl et ont fait l'objet d'un mémoire présenté à l'Académie des sciences en 1845. En employant des lames d'une longueur de 1 à 3 millimètres, sur une largeur de 5 millimètres et une épaisseur de 0,24 mm, et en cherchant à approprier le poids de la lentille à chaque longueur de ressort, ces habiles expérimentateurs ont obtenu avec le pendule libre, non seulement des oscillations isochrones entre 1 et 5 degrés, mais même des oscillations plus rapides dans les grands arcs que dans les petits. Des artistes expérimentés ont paru craindre la trop grande résistance des ressorts qu'il faut fort courts, et en outre le changement d'état moléculaire d'une lame relativement courte, épaisse, et par suite moins élastique.

M. Winnerl répond à ces objections en citant une de ses pendules à suspension isochrone, ayant marché huit ans sans qu'on changeât les huiles. Le poids du pendule était de 7 kilog. 900 grammes environ, et le poids moteur seulement de 1 kilog. 180 grammes.

Les auteurs du mémoire ne voient pas un avantage dans l'application à l'échappement à ancre de la suspension isochrone. Ils en réservent l'emploi pour l'échappement libre, parce qu'ils craignent que le contact perpétuel d'une dent sur l'ancre ne gêne le mouvement du pendule, et que les effets de ce frottement variable, et qui altère en même temps l'amplitude et la durée de l'oscillation, ne puissent être corrigés par la suspension isochrone dont l'effet doit être constant.

Expériences

sur le poids et la longueur des pendules, la résistance que l'air leur oppose, la force motrice absorbée par leurs mouvements.

(Extrait d'une publication de M. J. Wagner.)

1301. Nos articles sur le pendule étaient sous presse quand nous avons eu dans les mains l'opuscule que M. J. Wagner a présenté à l'Exposition de 1867, et dans lequel il relate la série des expériences qu'il a faites sur des pendules librement suspendus, et les conclusions qu'il a tirées de ses expériences.

Nous en résumons brièvement et sans discussion, mais sous toutes réserves, la partie principale, renvoyant pour les explications de l'auteur à l'ouvrage lui-même.

> « Les résistances que l'air oppose à la marche des pendules sont généralement proportionnelles aux surfaces de ces pendules, et proportionnelles aussi aux espaces parcourus par lesdits pendules. Lorsqu'il s'agit de pendules de même longueur et de même poids, ces résistances, comparées entre elles, sont proportionnelles aux racines carrées des surfaces de ces pendules. La sphère (comparée à la lentille) est la forme par excellence, attendu que c'est le corps qui contient le plus de matière sous la plus petite enveloppe ou surface. »

La conclusion générale de l'auteur est que les formes rondes sont celles qui déplacent l'air avec la moindre résistance (**1285**).

> « Pour les pendules de même longueur et de même surface, avec oscillation de même amplitude, la force motrice absorbée ou dépensée par chacune de ces oscillations est absolument la même, que le pendule pèse 1, 2, 3, 4, 8, 10 kilogrammes (**1292**). »
>
> « La marche d'une horloge est d'autant plus régulière que le pendule est plus lourd, et d'autre part la force dépensée est indépendante du poids du pendule ; il est évident qu'on doit employer des pendules lourds de préférence à des pendules légers. »

L'auteur ne fait une réserve, quant à l'exagération du poids, que « relativement aux ressorts, couteaux ou pivots qui doivent les supporter. » Nous ajouterons qu'il ne faut pas oublier ici que ses pendules ne parcourent que le même angle d'oscillation (**1288** et fin du **1286**).

« La suspension oppose aux oscillations une résistance qui croît avec le poids du pendule. »

L'auteur estime que cette augmentation de résistance est proportionnelle au poids, c'est-à-dire à la tension des lames de suspension.

« Il résulte des expériences que j'ai faites, que c'est entre 0,25 m et 1,50 m qu'on doit prendre la longueur d'un pendule » (**1295**).

« Mes expériences font connaître ce curieux résultat que, quelle que soit l'amplitude des oscillations d'un pendule, la force absorbée par le frottement de l'échappement durant chaque oscillation reste rigoureusement proportionnelle à la force d'impulsion que possède le pendule.»

« La force absorbée par le frottement est proportionnelle à l'arc parcouru. »

Nous passons la partie du mémoire concernant les poids des balanciers annulaires, leur retard par les extrêmes températures, etc. Il est clair que l'auteur, habile dans sa spécialité, l'horlogerie de clocher, n'a pas pratiqué la chronométrie et n'est pas au courant des travaux des artistes de ce siècle.

À la suite est inséré le mémoire que M. Wagner a publié en 1846, et tel quel, c'est-à-dire sans une addition, une modification, une correction quelconque, sauf une note unique et que, par la forme et par le fond, on a cherché à rendre désobligeante pour nous, en y torturant quelques fragments de notre texte, qu'on a arrangés pour les besoins d'une satisfaction puérile d'amour-propre. Cette note, qui ne répond à rien, n'améliore pas l'ouvrage.

Exécution des pendules compensateurs.

1302. Les pendules compensateurs à 9 branches, 5 branches et 3 branches et de différentes autres dispositions se rattachant plus ou moins à celles dont il est question au **1270**, se trouvent décrits dans la plupart des ouvrages d'horlogerie, et notamment dans le *Manuel Roret*. Nous y renverrons, nous bornant à faire remarquer qu'à l'aide des tables de dilatation, il est aisé de calculer préalablement des dimensions approchées et qui permettent de faire une *disposition générale*, dans laquelle il faut surtout que les surfaces de pression soient suffisamment larges, sans exagérer les diamètres des tiges qui, trop fortes, subissent lentement l'action de la température, et trop faibles s'impressionnent vivement et fléchissent ou s'écrasent aux points de contact.

L'essentiel est d'avoir des métaux bien homogènes et dont on aura vérifié les puissances de contraction et de dilatation (**1261**).

Peut-être serait-il bon de savoir si l'emplacement du régulateur présentera de notables différences de température du plancher au plafond, provenant du mode de chauffage ou de l'exposition au soleil, auquel cas il ne serait pas indifférent d'adopter le balancier à tringles de préférence à celui à mercure, ou *vice versa*.

Les détails contenus dans l'article de la *Compensation* et suite (page 608) nous dispensent d'autres explications.

1303. *Pendule à mercure*. — Les premiers pendules à mercure n'avaient qu'un seul tube ou réservoir. On en fait actuellement où le mercure est divisé dans des tubes parallèles. Cette disposition, qui est due à Duchemin, nécessite plus de travail et de soins pour obtenir un parfait équilibre, mais elle offre l'avantage d'un moindre déplacement du centre de gravité du mercure, et celui-ci se met plus rapidement en équilibre de température.

Calculer un pendule à mercure. — Si l'on considère, dit le *Dictionnaire* de Laboulaye (L. Breguet), le centre d'oscillation comme se confondant avec le centre de gravité de la lentille, ce qui est peu différent de la réalité (la masse de la lentille étant très grande relativement à celle de la tige), L étant la longueur de la tige, K le coefficient de dilatation de la substance dont elle est formée, LK sera l'allongement pour 1°, ou l'abaissement du centre de gravité de la masse du mercure.

En même temps le mercure occupant une hauteur h dans le tube, sa dilatation tendra à relever ce centre de gravité, relativement au fond du tube, de K' ($^h/_2$), (K' étant le coefficient de la dilatation linéaire de la colonne du mercure, déduite de la dilatation apparente totale égale à 1/6488 du volume d'après Dulong et Petit). On aura donc l'équation LK = ($^h/_2$)K' pour déterminer la hauteur H du mercure dans le tube qui peut établir la compensation.

Soit $\pi r^2 h$, le volume du cylindre de mercure (π = 3,1416), sa dilatation pour 1° sera $(\pi r^2 h)$ 1/6480 = K' ; la formule ci-dessus revient donc à :

$$LK = (h/2)\,(\pi r^2 h / 6480) = (\pi r^2 h^2) / (2 \times 6480) = r^2 h^2 / 4127$$

On fait le tube en verre ou en fer, le verre est fragile et mauvais conducteur. Le fer étant bon conducteur rend les effets plus prompts.

On trouvera à la fin du volume des notes complétant l'article ci-dessus et la description du pendule à mercure de M. Vissière.

1304. *Observation.* Par un effet de capillarité (**89**) la surface libre de la colonne de mercure prend une forme plus ou moins convexe ou concave. Quelques horlogers ont cru voir là une cause d'irrégularité dans la compensation. Lorsque les changements de forme se reproduisent identiquement pour les mêmes températures, ils ne sauraient affecter la compensation, mais il pourrait en être autrement si les effets de capillarité, par suite de l'état des parois du vase ou de l'impureté du mercure étaient variables, c'est-à-dire si le mercure ne revenait pas toujours au même point pour le même degré de température. Il n'est pas à notre connaissance qu'on ait constaté, sur les pendules exécutés par d'habiles horlogers, des écarts appréciables et dus à la différence entre la concavité ou la convexité qui se produisent aux changements de températures.

Du curseur adapté au pendule par Huyghens.

1305. La théorie du curseur, ou petite masse ajustée sur un point de la tige du pendule et pouvant s'y mouvoir, a été donnée par Huyghens ; ce travail n'est pas de nature à être abordé ici, disons seulement que le curseur, par son déplacement ascendant ou descendant, sert dans le réglage à modifier la distance des centres de suspension et de rotation, quand l'écart de réglage réside dans des quantités trop faibles pour que l'on ne craigne pas de les dépasser, en plus ou en moins, en essayant de les corriger par l'écrou qui supporte la lentille.

L'avantage qu'offre le curseur consiste en ce qu'on peut modifier la position du centre d'oscillation de quantités presque insensibles, par des déplacements assez grands et suffisamment appréciables du curseur.

Soit un pendule (fig. 268, p. 618), un curseur adapté ensuite en t rendra ses oscillations plus promptes ; monté jusqu'en h il les rendra encore plus rapides. S'il arrive en g, point à déterminer vers le milieu du pendule, l'effet d'avance est maximum. Si on l'élève encore à une distance *gi*, égale à *gh*, il produira la même marche qui résultait de sa présence en *h*. Donc si on le fait glisser au-dessus et au-dessous du point *g*, il produit les mêmes quantités de retard.

L'effet n'est pas proportionnel à la quantité du déplacement. Pour deux déplacements ascensionnels égaux en *t* et en *h*, si l'accélération est assez marquée pour *t*, elle est très peu sensible pour *h*. L'effet est d'autant plus grand pour un même déplacement, que le curseur est plus éloigné de *g*. Il convient donc de ne pas rapprocher la limite de son déplacement trop près de ce point *g*.

Le curseur est un accessoire fort utile pour achever le réglage dès régulateurs astronomiques, mais il ne rendra que peu de services dans l'horlogerie commune où les différences en vingt-quatre heures vont souvent bien au-delà de la correction qu'on peut lui demander. Son effet est noyé dans ces différences.

Des horlogers l'ont appliqué à des pièces ordinaires, et n'en ont pas obtenu ce qu'ils demandaient, cela n'avait rien de surprenant. Ce qui l'est davantage, c'est la singulière conclusion que quelques-uns d'entre eux ont tirée de leur peu de réussite, lorsqu'ils ont écrit que sans doute Huyghens s'était trompé !

Le pendule prolongé au-dessus de son centre de rotation.

1306. Si l'on prolonge la tige d'un pendule au-dessus de son centre de rotation, on produit un effet de retard, que la théorie explique très bien, et il est d'autant plus marqué que cet appendice est plus chargé de matière. De là la possibilité de réduire le nombre des oscillations qu'un pendule accomplit dans un temps donné, en le prolongeant au-dessus du centre de rotation et en munissant l'appendice d'un curseur mobile.

M. de Prony proposait d'achever le réglage des pendules en adaptant à leur partie supérieure deux boules portées par une barre horizontale, et tournant à frottement ferme sur le haut de la tige du pendule (fig. 269, p. 622).

On a compris, à l'inspection du dessin (en *z* et *x*) que l'action des deux boules a lieu dans le même sens et avec une égale intensité, comme s'il n'y avait sur la tige qu'une seule boule d'un poids double, lorsqu'elles sont placées toutes deux dans un plan perpendiculaire au plan d'oscillation (*x*), tandis que si l'on ramène la barre en croix avec sa première position, c'est-à-dire si on la rend parallèle au plan d'oscillation (*z*), l'action de l'ensemble varie d'intensité suivant la position qu'elles occupent, et l'une ajoutant à l'action de l'autre, l'effet sur le pendule est fort différent d'une station à l'autre, mais ira en augmentant dans les stations intermédiaires.

Le prolongement du pendule au-dessus de son point de suspension permet de lui faire battre un plus petit nombre d'oscillations dans le même temps, c'est-à-dire d'avoir des oscillations aussi lentes qu'on veut, mais comme on est obligé alors de donner beaucoup de poids au curseur, ou de grandes dimensions à ce prolongement, en outre des inconvénients que ce système présente pour la suspension, la compensation et enfin pour l'exécution, il n'est qu'un acheminement à la transformation du pendule en fléau de balance, et devient de plus en plus, comme ce dernier, sensible aux variations de la force.

Il ne peut être employé dans l'horlogerie de précision (à moins d'une base immuable), mais Maelzel lui a trouvé une application fort intéressante dans le métronome, instrument qui sert à battre la mesure musicale.

Du balancier annulaire.

Notice historique.

1307. Le premier balancier en usage était le *folliot* (représenté page 56) portant deux petits poids suspendus dits *régules*, qu'on éloignait ou rapprochait du centre selon que l'on voulait ralentir ou accélérer le mouvement de l'horloge. Le folliot employé dans les montres était formé d'une tige métallique terminée à chaque extrémité par une petite masse, le tout découpé dans un même morceau de métal. Dans quelques anciennes pièces, le mouvement angulaire du folliot était borné par deux goupilles pouvant se déplacer, et c'était par leur éloignement ou leur rapprochement qu'on obtenait du retard ou de l'accélération dans la marche ; mais dans le plus grand nombre des vieilles montres que nous avons vues, nous avons rencontré un petit balancier circulaire fonctionnant exactement comme celui d'une montre à roue de rencontre actuelle lorsqu'on en enlève le spiral.

Un balancier se contractant par le froid et se dilatant par la chaleur, ses oscillations seront plus promptes par un abaissement de température, et *vice versa.* Pour remédier à cet inconvénient et à d'autres qui sont inhérents au spiral, Harisson imagina une lame bis-métallique modifiant la longueur agissante du spiral par les changements de température.

Cette méthode fut condamnée par P. Le Roy comme étant la négation même du principe de l'isochronisme du spiral, et c'est alors que cet homme de génie formula les principes du balancier compensateur actuel. En consultant son texte et les figures qui l'accompagnent, on y rencontre trois dispositions :

1°. Un balancier annulaire ordinaire ou deux masses mobiles opposées se déplaçaient par les changements de température sous l'action d'arcs de cercle bis-métallique, fixé par une patte sur la serge pleine.

2°. Le balancier à serge bis-métallique et coupée, tel que ceux d'aujourd'hui à quatre bras et masses.

3°. Enfin un balancier à serge d'un même métal et non coupée, portant en guise de masses deux petits thermomètres ajustés en sens opposé et produisant la compensation par la contraction ou la dilatation du mercure. Ce balancier était en outre pourvu de deux vis réglantes comme nos chronomètres modernes.

P. Le Roy s'arrêta, lorsqu'il construisit ses deux chronomètres, à cette dernière disposition, très facile à réaliser, lui donnant sans contact, ni pression d'organes accessoires, un mouvement de compensation rectiligne, tandis que les deux autres, surtout si l'on considère les grandes dimensions du balancier, offraient de sérieuses difficultés d'exécution[65].

Le chronomètre de P. Le Roy fut présenté au roi et à l'Académie des sciences en 1766, et le mémoire qui en contenait la description avait été remis à l'Académie en la même année. Il fut publié en 1770.

Deux ans plus tard, J. Arnold construisait, sur les principes de P. Le Roy, des chronomètres avec balancier compensateur, formé d'une serge bis-métallique coupée et pourvue de masses de compensation et de vis réglantes.

Les premiers balanciers compensateurs étaient fort difficiles à faire parce qu'ils étaient formés par deux lames métalliques ajustées et chevillées l'une sur l'autre par une multitude de petits rivets. Beaucoup de ceux qu'on peut voir encore dans des chronomètres de L. Berthoud et de A. Breguet sont de véritables chefs-d'oeuvre d'exécution. Les plus remarquables ouvrages exécutés depuis ne les surpassent pas, comme délicatesse et précision de travail. Aujourd'hui on fond les deux métaux l'un sur l'autre.

Notions théoriques et définitions.

Moment d'inertie. — Puissance réglante des balanciers.

1308. Le *moment d'inertie* d'un balancier, ou d'un corps quelconque tournant sur un axe, est le produit de la masse de chacune des parties infiniment petites qui le composent par le carré de la distance de cette partie à l'axe (**49**).

C'est comme si l'on considérait chaque molécule en mouvement circulaire et agissant isolément à l'extrémité de son rayon ; or, toutes ces molécules étant liées ensemble, le plus grand effort exercé a lieu sur le point d'un rayon total où l'action des molécules placées au-delà est égale à l'action des molécules placées en deçà. C'est le point de la masse où elle agit avec la même puissance que si elle était entièrement concentrée sur ce point.

C'est par ce point que passe la *circonférence de giration* d'un balancier, et le rayon qui de là va au centre de rotation est le *rayon de giration*, c'est-à-dire celui qui donne la grandeur virtuelle du balancier. Le diamètre de giration représente pour un balancier annulaire ce que le pendule simple représente pour le pendule matériel ; c'est le *diamètre réglant.*

1309. Le moment d'inertie est l'expression de la résistance que le balancier offre aux causes qui pourraient altérer son mouvement et, pour une même masse, cette valeur augmente ou diminue selon que l'on éloigne ou que l'on rapproche cette masse du centre de rotation.

[65] P. Le Roy attaquait son balancier à la circonférence de l'anneau ; cette disposition a été critiquée à tort. Avant de songer à donner l'impulsion près du centre, il fallait que l'expérience eût démontré qu'on pouvait réduire aux dimensions adoptées pour les fortes montres les balanciers des chronomètres, ce qui était contraire à l'opinion des savants et des horlogers du temps. Ils proclamaient la supériorité des grands balanciers. Les erreurs de P. L., et elles sont rares, tiennent à l'état de la science à son époque, et surtout à l'absence de données d'expérience. La chronométrie essayait de naître.

La *puissance réglante* d'un balancier ne se mesure donc pas à ses dimensions extérieures et à son poids total, mais ses éléments principaux résident (d'après l'opinion la plus accréditée):

- Dans le chiffre plus élevé de son moment d'inertie[66].
- Dans la forme qui le rend moins sensible aux influences extérieures, à la résistance des frottements.

1310. *Pour une même masse ou poids, les moments d'inertie sont proportionnels aux carrés des diamètres ou des rayons de giration*, et ces rayons sont eux-mêmes en *raison inverse* des nombres d'oscillations dans le même temps, c'est-à-dire que l'effet en avance ou en retard, produit par le rapprochement de la masse ou par son éloignement du centre de rotation, varie comme le carré des distances du centre de cette masse au centre de l'axe, ou, ce qui a la même valeur, en rapport inverse des nombres d'oscillations.

1311. *Pour un même rayon de giration les moments d'inertie sont proportionnels aux masses ou poids.*

Les carrés des nombres d'oscillations, dans un temps donné, sont entre eux en raison inverse des moments d'inertie.

D'où s'ensuit que pour un même rayon les masses seront en raison inverse des *carrés des nombres d'oscillations* ou, ce qui revient au même, en raison inverse *des carrés des temps indiqués de marche.*

1312. Ce qui précède démontre que l'on ne peut avoir aucune donnée exacte sur la puissance réglante des balanciers si l'on raisonne sur leurs dimensions extérieures. C'est pourquoi les discussions sur les grands et les petits balanciers employés dans les montres, discussions si souvent renouvelées parmi les horlogers, n'ont jamais abouti et ne pouvaient aboutir à rien de sérieux.

1313. *Observation.* — Le mot vitesse introduit dans les calculs peut amener de la confusion si l'on ne distingue pas l'une de l'autre.

1\. - La *vitesse angulaire*, c'est-à-dire l'angle de déplacement dans l'unité de temps, d'un levier tournant sur un axe. Elle fait abstraction de la longueur du bras. Le rapport approché des vitesses angulaires du balancier d'un échappement à cylindre et du balancier d'un chronomètre de poche, dans une même unité de temps (soit ⅕ de seconde pour 18 000 vib. par heure) est environ : : 270° : 360°.

[66] Ce serait donc à tort que l'on aurait pris pour puissance réglante la quantité de mouvement du balancier, car pour troubler ou anéantir son mouvement, il faut détruire partiellement ou en totalité sa puissance d'inertie ou sa force vive, et la mesure de cette puissance est le produit de la masse par le carré de la vitesse.

Nous avons dit ailleurs (**661**) que nous estimions, par expérience et approximativement, que la puissance d'un balancier, quand il opérait le dégagement de l'échappement, pouvait être représentée par sa quantité de mouvement. Cette approximation n'est pas en opposition avec ce qui précède, si l'on remarque qu'au moment où nous les considérons, le balancier et le spiral fuient d'un mouvement commun et simplement avec une vitesse acquise, et qu'il résulterait des expériences que nous avons rapportées qu'on perd beaucoup de force par le choc et les réactions élastiques. Le dégagement n'est qu'une minime fraction du mouvement du balancier, qui reste dans la presque totalité de son oscillation, sous la dépendance du spiral ou de l'accélération due à l'action de la levée.

Une solution rigoureuse ne peut être donnée que par les hautes mathématiques et de nouvelles expériences.

2. - La *vitesse* proprement dite, c'est-à-dire l'espace parcouru dans une unité de temps par le point considéré (pris ici sur la circonférence de giration). Pour un même angle de mouvement on a le rapport approché des vitesses en multipliant chaque rayon par le nombre d'oscillations accomplies dans l'unité de temps.

Déterminer le rayon de giration et le moment d'inertie d'un balancier.

1314. Puisque la grandeur d'un balancier d'horlogerie, la seule sur laquelle on puisse raisonner, est donnée par le *double du rayon de giration*, et qu'en outre nous savons que sa puissance réglante est sous la dépendance des moments d'inertie, que les moments d'inertie, pour une même masse, sont entre eux comme les carrés des rayons de giration, c'est donc par la détermination du rayon de giration d'un balancier qu'il faut de toute nécessité débuter. Le calcul rigoureux en est assez difficile, mais par les méthodes ci-après, on obtiendra une approximation suffisante pour la généralité des cas.

Dans les balanciers actuels de chronomètres, chargés de fortes masses sur la circonférence, le centre de giration s'éloigne de très peu intérieurement du centre des masses rondes, et pour avoir approximativement le moment d'inertie, on prend comme rayon de giration la distance du milieu du limbe au centre de l'axe (avec des masses prismatiques, fortement en saillie en dehors, on partirait de l'extérieur du limbe), et l'on obtient le moment d'inertie par la formule suivante :

$$A = (P \times r^2) / g$$

A est le moment d'inertie, P le poids du balancier, r le rayon de giration, g la gravité (**48** et **126**) qu'on remplace par le nombre 9,80896.

C'est-à-dire, ajouterons-nous pour ceux qui manquent de notions élémentaires, qu'on multiplie par lui-même le rayon, puis ce premier produit est multiplié par le poids du balancier. Le produit général ainsi obtenu est divisé par 9,80896 ; le résultat de cette division est le moment d'inertie du balancier.

Le poids P est évalué par rapport au gramme pris pour unité, et le rayon r par rapport au centimètre pris pour unité (les dérivés prennent donc la forme 0,1 — 0,01 — 0,001, etc.).

1315. Si l'on procédait de même pour les balanciers de montres très inégalement chargés sur la serge, on n'obtiendrait que des approximations trop loin de la vérité pour être bonnes à quelque chose.

Voici comment on peut agir dans tous les cas. On prend un balancier parfaitement semblable comme poids et dimensions à celui qu'on veut employer. On sépare par leurs extrémités en les brisant les barrettes de ce balancier d'essai. On pèse séparément et avec beaucoup de soin la serge et ensuite les trois barrettes ensemble, et l'on détermine le rayon de giration par la formule :

$$K = \sqrt{(p'/P) \times (R'^2/3) + (p/P) \times ((R^2 + R'^2)/2)}$$

dans laquelle $p + p' = P$. On a négligé la petite rondelle du centre.

K rayon de giration. — P poids total moins le petit disque au centre. — p poids de la serge. — p' poids des barrettes. — R rayon extérieur de la serge.— R' son rayon intérieur.

Applications pratiques.

1316. *Un balancier bat un certain nombre d'oscillations dans un temps donné ; combien faut-il augmenter ou diminuer son poids pour le faire retarder ou avancer dans le même temps d'une quantité connue ?*

Premier exemple. — Soit un balancier retardant de 5 minutes par heure et pesant trois grammes ; on aura (**1311**) la proportion : le carré du temps de marche indiqué (55 minutes par heure) est au carré du temps de marche à obtenir (60 minutes), *comme* le poids inconnu x est au poids connu (3 grammes), ou $55^2 : 60^2 :: x : 3$,
même chose que :

$$3025 : 3600 :: x : 3,$$

et le produit des *extrêmes* étant divisé par le *moyen*, connu,

```
3025 x  3 = 9075 | 3600
            18750   2,52
             7500
              300
```

x sera égal à 2,52 gr.

Le poids du balancier devra être diminué de 48 centigrammes.

Deuxième exemple. — Soit maintenant un balancier également du poids de *trois* grammes avançant de 5 minutes, c'est-à-dire faisant marquer 65 minutes par heure.

La proportion sera :

$$65^2 : 60^2 :: x : 3$$

d'où on tirera :

$$x = 3{,}52 \text{ gr}$$

Il faudra ainsi augmenter le poids de 52 centigrammes (les milligrammes ont été négligés).

1317. *Un balancier* (B) *faisant un nombre de vibrations connu, trouver de combien il faut augmenter ou diminuer son diamètre* (de giration), le poids restant le même, *pour que le nouveau balancier* (b) *fasse un autre nombre de vibrations déterminé.*

On résout le problème par la proportion suivante (**1310**) :

ray. B : ray. x : : nomb. de vibr. de b : vibr. de B.

Exemple. Soit B = 10 millimètres et faisant 15 000 vibrations, quel rayon devrait avoir b pour en faire 15 500 dans le mêmes temps ?

$$10 : x :: 15500 : 15000$$

ou

$$10 \times 15\,000 = 150\,000$$

```
150000   | 15500
 105000    9,67
  120000
```

soit $x = 9{,}67$

Le nouveau balancier, *b,* devra avoir 9,67 mm pour rayon de giration, si l'on veut qu'il fasse 500 vibrations de plus que l'autre dans le même temps. Le rayon aura diminué d'environ ⅓ de millimètre.

Toujours pour un même poids, si les deux rayons étaient donnés ainsi qu'un seul des nombres de vibrations, la proportion se poserait de même, sauf qu'on écrirait la valeur du deuxième rayon à la place de *x*, que *x* occuperait la place du nombre de vibrations de *b*, et serait l'inconnue à déterminer.

1318. *Observation.* — Dans ces différents cas, on ne s'est occupé que du changement du nombre des vibrations par un changement de poids ou de diamètre, et non du plus ou moins de puissance réglante. C'est une autre question qui se résout par la comparaison des moments d'inertie (**1309**).

Redisons en finissant, car l'expérience nous a prouvé qu'on ne doit pas se lasser de se répéter quand il s'agit de détruire des préjugés enracinés et des méthodes vicieuses, on ne peut faire aucun raisonnement juste sur les balanciers, si l'on ne prend pas pour point de départ leur rayon de giration.

Méthodes qui ont été proposées pour la détermination de la grandeur et du poids des balanciers.

Grandeur du balancier.

1319. Le Traité de Moinet ne dit que fort peu de chose sur ce sujet, et ce n'est à peu près qu'une paraphrase de ce que Jurgensen avait déjà emprunté à Berthoud :

> « qu'il faut que le poids et le diamètre du balancier soient proportionnés à la force motrice et au nombre des vibrations. »

Ceci dit, ils donnent des calibres où des balanciers de grandeurs différentes battent cependant le même nombre de vibrations dans le même temps, et ils arrivent tous deux sous une autre forme que Berthoud et comme lui, à la même conclusion :

> « qu'il y a un heureux milieu dont l'expérience a constaté la justesse, et qu'en suivant les dimensions qu'on trouvera dans les balanciers des maîtres dont la marche est reconnue excellente, on aura un guide facile et sûr. »

1320. Une objection, il est vrai, avait été faite par Perron :

> « Si la grandeur des balanciers, disait-il, est dans le rapport du nombre des vibrations dans un temps donné, il faudrait un balancier de même grandeur dans les petites et les grandes montres. »

ce qu'il déclarait impraticable. L'objection de Perron n'a pas grande valeur, et cependant elle fut tacitement acceptée, puisque personne ne lui fit opposition.

1321. On a aussi proposé, comme mesure du diamètre du balancier, cinq fois la hauteur du ressort moteur.

Deux horlogers de Paris ont prétendu que la longueur du pendule contourné en cercle donnait le balancier battant le même nombre d'oscillations. Le balancier aurait eu ainsi pour diamètre un peu moins du tiers du pendule ; ce soi-disant principe ne supporte pas mieux l'examen que le précédent.

1322. Un habile horloger, M. A. Vallet de Bordeaux, a constaté sur un certain nombre de chronomètres, que les marches les plus satisfaisantes avaient été données par des balanciers dont le diamètre, mesuré sur la serge, égalait environ le tiers de la somme formée par les trois distances des centres des roues et le rayon de la roue d'échappement. C'est là une utile donnée d'expérience qui se rapporte au calibre actuel.

1323. Enfin, dans la pratique, on s'est généralement arrêté à prendre pour règle (que les exceptions ne confirment pas), d'après, dit-on, A. Breguet et les Anglais, qui ont choisi pour type un chronomètre de Earnshaw, que *la grandeur du balancier* est donnée par le *cercle moteur*, lequel est égal, selon les uns, à la virole du barillet, selon les autres au *diamètre du ressort enroulé*. On a tranché la différence, et le couvercle du barillet, grandeur moyenne entre les deux autres, a été ainsi élevé à la dignité de cercle moteur.

1324. Des artistes qui n'ont pas accepté cette décision ont fait remarquer que la puissance importante à connaître est celle que déploie la roue d'échappement ; le *cercle moteur*, pour eux, est cette propre roue, et la grandeur du balancier est à leurs yeux enfermée, entre environ *2 fois* et *2 fois et demi* le diamètre de la, roue.

Observation. — Dans quelques-unes des méthodes proposées, on rencontre d'utiles moyens d'approximation, mais sur aucune on ne saurait baser une loi théorique, une règle générale. L'on voit nettement que la pratique actuelle se réduit à l'imitation des modèles réussis, et que le point de départ théorique manque absolument.

Déterminer le poids du balancier.

1325. Quant à la détermination du poids du balancier, les enseignements pratiqués se réduisent à peu près à ceci : imiter un modèle réussi, en augmentant ou diminuant le poids suivant la plus ou moins grande facilité du départ et les différences du plat au pendu. La force motrice dans ce cas est supposée préalablement déterminée, ainsi que cela a lieu pour les pièces civiles, mais dans les chronomètres, la question du poids se complique d'une question d'isochronisme, et l'on est obligé de tâtonner le rapport convenable en faisant varier et le poids et la force motrice selon les indications du réglage et de la levée quant à la facilité du départ.

Éléments de la théorie du balancier

Prolégomènes.

1326. Il est bien établi par tout ce qui précède, que les méthodes dont on fait usage pour déterminer les proportions d'un balancier annulaire n'ont aucun point de départ théorique ; tout se réduit à la recommandation d'étudier les modèles réussis et d'en faire ensuite une réduction ou une amplification appropriée à l'espèce d'échappement d'horlogerie que l'on a choisi.

Le sujet que nous allons aborder est ainsi entièrement neuf. Si la solution que nous apportons n'est pas aussi complète que nous l'aurions désiré, au moins aurons-nous mis sur la voie de la solution mathématique et rigoureuse ceux de nos artistes et de nos savants qui, plus que nous, ont du loisir, et qui se sentiront suffisamment encouragés par la satisfaction d'avoir rendu un service à l'horlogerie. C'est la seule récompense que nous ont rapportée quinze années de travaux longs et difficiles et dont nous avons présenté les résultats à l'Exposition de 1867.

1327. Partons d'un principe qui nous paraît devoir se passer de démonstration.

Tous les mouvements qui s'accomplissent dans la nature sont réglés par les lois qui réunies en corps constituent la mécanique rationnelle. Elle nous démontre que ces mouvements ne peuvent dépasser certaines vitesses, efforts ou pressions, sans engendrer des causes de perturbation, mais malheureusement beaucoup de ces causes échappent à nos moyens d'investigation parce qu'elles ont leur source : dans des actions et réactions élastiques ; état vibratoire plus ou moins intermittent ; changement ou altération définitive ou momentanée de la constitution moléculaire ; production de chaleur ; actions électriques ; effets de force centrifuge ; excès de force motrice donnant naissance à des excès de pression, etc.

Si nous ne pouvons pas toujours apprécier ces causes, au moins pouvons-nous en constater les effets : ainsi un pendule que l'on met sous la dépendance d'une force telle qu'elle lui fasse accomplir un nombre d'oscillations différent de celui qu'indiquent les tables pour sa longueur virtuelle, perd la régularité de son mouvement, c'est-à-dire fait des écarts constamment ou à des intervalles de temps irréguliers.

Il en est de même du balancier annulaire dont les dimensions s'éloignent trop de certaines proportions connues. Tous les horlogers savent fort bien qu'il a suffi, dans nombre de cas, de remplacer un balancier de montre par un autre plus petit ou plus grand, pour faire cesser ou pour atténuer des irrégularités, qu'aucun autre moyen n'avait pu faire disparaître. L'Encyclopédie rapporte ce fait que lorsque l'on faisait battre 20 000 vibrations à l'heure aux montres du temps, il devenait impossible de les régler. Il en est de même aujourd'hui lorsque l'on s'éloigne beaucoup des modèles que l'expérience a consacrés.

1328. Nous laissons à la science pure, qui ne s'en est pas occupée que nous sachions, à chercher et à trouver l'explication de ces faits ; pour nous il suffit qu'ils soient bien constatés pour que nous puissions faire remarquer qu'ils démontrent, par l'évidence, que le maximum de régularité d'un mouvement alternatif du rayon de giration d'une masse, est lié à un rapport à déterminer, entre la longueur de ce rayon et le nombre de battements qu'il accomplira dans un temps donné.

Partant d'un modèle éprouvé et d'un nombre d'oscillations déterminé, on sait qu'on peut calculer les dimensions de tout autre balancier pour tout autre nombre d'oscillations dans le même temps, et, puisque les mêmes lois régissent les mouvements du pendule et du balancier, nous en tirerons cette conséquence, à coup sûr curieuse, que si nous parvenons à déterminer à quelle longueur le pendule réalise les conditions exigées du balancier annulaire nous aurons, du même coup, établi la loi de la croissance ou décroissance du balancier, et trouvé l'échelle de sa mesure dans la table des longueurs du pendule simple.

La solution par les mathématiques transcendantes du problème ainsi posé, entreprise par un analyste consommé, pour nous ne paraît pas douteuse. En l'attendant et comme des chiffres rigoureux ne sont pas absolument nécessaires aux besoins de l'application, nous nous contenterons de suivre la voie expérimentale à laquelle, d'ailleurs, il faut toujours que l'on ait recours en définitive.

Expériences

Qui ont servi à déterminer le rapport entre le pendule et le balancier annulaire.

1329. Si on transporte avec soi une pièce d'horlogerie à pendule, semblable à celles en usage aujourd'hui, les conditions de mouvement de son régulateur se trouvent tellement altérées que la pièce perd toute régularité. Il serait facile d'en expliquer les raisons physiques et mathématiques, si cette explication ne nous paraissait ici complètement superflue, tant le fait est connu et vulgaire.

La recherche des causes de cette irrégularité nous amena à nous demander s'il n'était pas possible de construire une pièce d'horlogerie à pendule, de façon à la rendre indifférente aux mouvements de translation.

La réponse à cette question nous était donnée immédiatement par ces deux lois :

Un corps dépourvu d'inertie serait indifférent au repos et au mouvement.

Un corps en mouvement résiste d'autant plus à un changement de direction que son mouvement est plus rapide.

Il ne s'agissait donc que d'expérimenter le pendule en mouvement, en affaiblissant d'une part, sa résistance à une accélération de mouvement (par la diminution de sa masse et de son rayon de rotation), et en augmentant proportionnellement, d'autre part, sa vitesse, ou le nombre des battements dans le même temps.

Dans les expériences auxquelles nous nous sommes livré et que nous aurions renouvelées à plusieurs reprises, si le temps ne nous en avait manqué absolument, nous n'arrivions à constater, assez sensiblement, une indifférence au mouvement de translation de notre pièce d'horlogerie munie d'un petit pendule, qu'avec des pendules très courts et principalement à partir de celui battant autour de 30 000 vibrations à l'heure, et de plus en plus.

Ce résultat nous a fourni la mesure de la puissance inertique et de la vitesse que doit posséder une masse, oscillant à l'extrémité d'un rayon, pour devenir peu sensible aux mouvements du transport. Ce point acquis, le pendule simple devient un étalon d'où l'on peut tirer tous les diamètres de giration des balanciers annulaires en usage dans les montres et chronomètres.

Le pendule donnant la grandeur du balancier.

1330. Considérons le petit pendule simple battant à l'heure 29 343 vibrations d'après les tables, et remarquons que ce chiffre n'est exact que lorsque l'oscillation est fort petite. Aussitôt qu'elle prend de l'étendue elle demande plus de temps pour s'accomplir. De là un retard de plus en plus considérable à mesure que l'amplitude de l'arc d'oscillation augmente. Supposons-la de 270°.

D'après la formule donnée par Poisson dans son *Traité de mécanique*, ce retard, dans le cas qui nous occupe, serait en 24 heures de 44 000 secondes sur 86 400, soit une perte qui ferait que le nombre vrai des oscillations par heure, serait au nombre des tables, comme 424 est à 864. Donc ce petit pendule de 14,8 millimètres ne battrait en réalité que 14 400 vibrations à l'heure.

1331. Ce petit pendule présentera une assez grande insensibilité à la translation, mais à la condition qu'il soit maintenu dans une position verticale. Si nous voulons le rendre apte à supporter également les changements quelconques de positions, prolongeons sa tige d'autant au-dessus du point de suspension qu'elle l'est au-dessous et partageons la masse lenticulaire aux deux extrémités. En cet état, si nous faisons agir sur l'axe une force élastique qui le ramène à la position dont la force motrice l'écarte, comme le faisait la pesanteur, nous aurons réalisé le balancier annulaire qui, pour un nombre d'oscillations déterminé, nous offrira les plus sûres garanties de réglage, puisqu'il possède, plus que tout autre, comme inertie et vitesse, les qualités reconnues propres à annuler les perturbations que le transport pourrait apporter à la régularité de sa marche, et en outre, nous avons l'avantage de rencontrer dans le spiral une puissance que nous pouvons dans une certaine mesure approprier et modifier selon les besoins.

Grandeur théorique des balanciers.

1332. Nous conclurons de ces expériences que :

Pour une même amplitude d'arc de mouvement et un même nombre d'oscillations dans le même temps, le rayon de giration du balancier annulaire est égal à la longueur du pendule simple qui bat ce nombre et parcourt cet arc.

Sur cette donnée nous avons calculé le tableau suivant, pour un arc moyen de 270°.

Pendule. Longueur. millim.	Vibrations Par Heure. millim.	Balancier. Diamètre.	Vibrations Par Seconde.
239.0	3 600	478.0	1
60.0	7 200	120.0	2
26.5	10 800	53.0	3
10.8	11 400	29.6	4
9.6	18 000	19.2	5
6.6	21 600	13.2	6

Les relevés des proportions des chronomètres de bord et de poche qui ont fourni de belles marches et que nous insérons un peu plus loin, donneront la preuve que nous apportons la véritable règle, le point de départ théorique de la détermination du diamètre des balanciers annulaires, seule notion qui nous manquât, car celle du poids est connue puisqu'elle est dans la dépendance de la force qui mène l'échappement.

1333. Il faut bien remarquer que ce tableau donne le diamètre de giration d'un balancier qui ne subit aucune résistance de nature à ralentir son mouvement, que ce diamètre est un maximum. De même que la longueur du pendule simple doit être diminuée lorsqu'il devient matériel et est monté sur pivots, parce qu'alors il retarde ; on a dû pressentir que dans l'application, le diamètre théorique du balancier doit diminuer en raison des causes de retard qui varient de puissance d'un échappement à l'autre.

Ces causes sont les suivantes :

- Frottement des pivots.
- Action de la levée plus ou moins perturbatrice du mouvement.
- Frottement sur les repos concentriques à l'axe.
- Pression latérale des pivots afférente à l'action plus ou moins excentrique du spiral.
- Résistance de l'air. Idem du dégagement.

1334. Pour un nombre d'oscillations (prenons par exemple 18 000) :

L'échappement à détente n'a qu'une levée sur deux oscillations et d'ordinaire ses pivots sont très fins et son spiral se développe concentriquement ; aussi le rayon de giration de son balancier est de peu plus court que le rayon théorique.

L'échappement à ancre a, relativement au précédent, des pivots plus forts, une levée par oscillation, etc., les causes de retard y sont plus énergiques, son rayon réel doit être réduit davantage.

Enfin l'échappement à cylindre proportionnellement à la masse de son balancier, a des pivots volumineux, un frottement considérable et continuel sur le corps de son axe, un spiral court et qui augmente dans de fortes proportions la pression latérale des pivots ; le mouvement du balancier sera donc beaucoup ralenti et, pour lui donner la vivacité nécessaire, il faudra réduire le rayon de giration théorique proportionnellement à la diminution du nombre des vibrations, diminution due à ces résistances.

1335. On a compris que la régularité des mouvements du balancier sera altérée dans un certain rapport avec ces résistances et surtout en raison de leur instabilité. C'est pourquoi un échappement à cylindre ne peut régler comme un échappement à détente, et l'on aura d'autant plus de chance de régularité qu'en diminuant les résistances on pourra approcher davantage du rayon maximum théorique.

Données d'expérience.

1336. Les balanciers du plus grand nombre des chronomètres de poche à 18 000 vibrations, remarquables par leurs belles marches, et dont nous avons pu relever les dimensions, avaient un rayon de giration aux environs de 9,3 millimètres. La différence avec notre tableau (0,3 mm environ) donnerait une mesure approchée des résistances retardatrices. Cette différence devrait même être plus considérable puisque l'amplitude dépassait 270°, mais le surplus est annulé par l'isochronisme du spiral.

Des balanciers des pièces à ancre de M. J. Jurgensen (18 000 vib.) dont la régularité n'a pas été surpassée, avaient un rayon de giration d'environ 8,7 mm. La différence due aux causes retardatrices serait autour et un peu moins que 1 mm.

Enfin d'excellentes montres à cylindres, où le rayon du cylindre était au rayon de giration du balancier : : 1 : 15, ce rayon de giration avait environ 7 mm. La différence due aux causes retardatrices serait ici autour de 2,5 mm.

En renouvelant à plusieurs reprises et avec tous les soins et le temps nécessaires nos premières expériences on pourrait, après les avoir rectifiées et complétées, en tirer les éléments d'une formule qui permettrait de calculer pour chaque échappement le meilleur balancier réglant, mais elle n'aurait sa véritable utilité que si on possédait des notions suffisamment exactes sur la valeur des frottements dans les échappements et c'est ce qui nous manque ; les chiffres donnés par Berthoud et Romilly[67] sont assez souvent en désaccord, non seulement avec les lois des frottements formulées dans les *Traités de Physique*, mais avec l'expérience.

1337. Les travaux sérieux en horlogerie sont si peu encouragés aujourd'hui, où les inventeurs de niaiseries surannées ont à peu près seuls le privilège d'attirer l'attention, qu'il est peu probable que les expériences délicates et difficiles que réclame le sujet soient renouvelées.

Un seul horloger à notre connaissance avait eu le courage de les entreprendre et il avait les connaissances nécessaires pour les mener à bonne fin, mais fatigué par l'indifférence, le défaut de concours qu'il rencontrait chez la plupart des horlogers ayant de la fortune ou quelque réputation et chez les savants, il cessa de s'en occuper, ce qui est fort à regretter pour l'horlogerie.

Par défaut de loisirs et pour des causes analogues nous avons, nous aussi, dû abandonner cette voie, mais comme d'autres plus heureux pourront sans doute achever ce que nous avons commencé, nous les engageons, après qu'ils auront répété nos premières expériences avec tous les soins voulus, de faire la série des expériences suivantes.

Expériences à faire.

1338. Construire avec soin un balancier de chronomètre à simple serge métallique, à rayon de giration théorique, et lui ajuster deux axes tout à fait identiques, sauf qu'à l'un les pivots seraient très coniques et trempés tout dur aux extrémités. Après l'avoir fixé sur le premier axe et l'avoir muni d'un spiral à courbe théorique, extrait d'un chronomètre où le balancier de mêmes poids et force que celui d'expérience faisait 14 400 vibrations à l'heure, le monter verticalement sur deux trous légèrement foncés en pierres très dures. S'il est bien équilibré, il pourra osciller assez longtemps, la résistance du frottement étant excessivement réduite.

Compter, et à plusieurs reprises, les vibrations accomplies dans un certain temps.

Substituer le second axe au premier et placer le balancier dans une monture garnie de pierres qui le mette exactement dans les conditions où il se trouve dans les chronomètres.

Compter les vibrations dans la position verticale.

Idem . . . . dans la position horizontale.

Le retard bien constaté donnera la mesure du frottement et fera con naître de combien doit être raccourci le rayon de giration quant au frottement des pivots.

[67] Né à Genève en 1714 et mort en 1796, cet horloger, qui a publié d'intéressants articles dans *l'Encyclopédie*, acquit à Paris, où il passa presque toute sa vie, une réputation méritée. Il préconisa sans grand succès les montres marchant huit jours sans être remontées,

1339. Ces premières expériences devraient être complétées par les suivantes :

On produirait sur l'axe (en rapport connu avec le rayon de giration) un frottement analogue à celui de la roue d'échappement, puis le retard constaté on répéterait l'épreuve sur deux ou trois disques, de rayon allant en augmentant et ajustés sur l'axe, et l'on constaterait les retards successifs. Ils donneraient la mesure d'une première approximation, dans la détermination du rayon de giration des balanciers d'échappement à repos.

On ferait agir des forces différentes.

Si les mouvements du balancier, dans ces diverses expériences, pouvaient être entretenus par l'action très égale d'un moteur, faisant indiquer en même temps l'heure, la minute et la seconde, on arriverait à une plus grande exactitude, parce que l'on pourrait prolonger le temps des expériences, qui doivent être faites à une température constamment la même.

Nous ne nous étendrons pas sur ce sujet, qui convenablement traité ouvrirait une mine féconde pour l'horlogerie.

Poids du balancier.

Le proportionner à la force. — Sa répartition entre les différentes parties.

1340. Le poids pour un même rayon de giration doit croître comme la force d'impulsion, c'est-à-dire comme l'effort utile au mouvement du balancier. Il faudrait donc déduire de la force motrice ce qui est inutilement perdu par décomposition.

Rendons ceci sensible par un exemple : supposons un échappement à cylindre dont le plan incliné est courbe et très bas ; si la force du moteur est doublée, on aura augmenté considérablement la puissance de la chute sans avoir doublé la puissance de l'impulsion, d'où résultera que si le poids du balancier a été doublé, il n'aura pas un mouvement angulaire en rapport avec l'augmentation de la force.

1341. Dans une montre considérée seule, les engrenages restant les mêmes, on peut prendre pour point de départ la force d'un premier ressort moteur pour arriver à trouver le rapport entre le poids du balancier et la puissance motrice, mais il n'en est plus de même si l'on compare des montres différentes, parce que la portion de force absorbée par les engrenages varie d'une montre à une autre et surtout si les calibres sont différents. Aussi nous ne saurions admettre comme exact le tableau des grandeurs et des poids des balanciers que M. C. Frodsham a déduit des capacités cubiques des barillets ; il ne peut fournir que des approximations plus ou moins sujettes à erreur.

Un exemple le fera mieux comprendre : il nous est fourni par M. C. E. Jacot, très habile fabricant d'horlogerie suisse.

S'étant attaché avec un soin particulier à établir ses engrenages dans d'excellentes proportions (en dressant pour ce genre de travail des tableaux fort goûtés dans les fabriques) il a pu constater une augmentation notable dans la force agissant sur le balancier et pour *les mêmes dimensions extérieures* de mouvements de montres, *sortant de chez les mêmes fabricants d'ébauches* : les ressorts qu'emploient ses confrères, les autres établisseurs de montres, sont généralement trop forts pour les siennes.

Le travail des fabriques génevoises est généralement plus soigné qu'ailleurs, aussi les balanciers qu'elles emploient sont-ils, la plupart, un peu plus lourds relativement.

1342. La meilleure répartition du poids total d'un balancier entre ses différentes parties, ne peut être fixée qu'expérimentalement, parce que la rigidité des rayons, auxquels il ne faut laisser que la matière nécessaire, varie suivant le métal adopté. Afin de savoir à quoi nous en tenir à ce sujet nous avons relevé les dimensions d'un grand nombre de balanciers, et notamment de ceux signalés comme ayant produit de bons réglages. Puis nous les avons brisés et avons pesé séparément la serge, les bras et le disque du centre.

Cette opération, qui nous avait amené à dresser un tableau des grandeurs et poids moyens des balanciers des montres actuelles, nous a donné le résultat suivant qui a, nous le croyons, une certaine importance pour l'horlogerie :

La limite à laquelle il convient de s'arrêter pour la répartition du poids total entre les différentes parties du balancier est celle-ci :

10 douzièmes du poids (ou $^{20}/_{24}$) dans la serge.
2 idem (ou $^{4}/_{24}$) dans les rayons et le centre (**354**).

Observation. — La division du poids total, comme il vient d'être indiqué, est déduite de l'examen d'un certain nombre de montres bien réglées ; c'est la limite inférieure fixée par la résistance qu'offre la matière qui forme les bras et qui est le plus généralement du laiton. Dans les balanciers compensés où les barrettes sont en acier, elles peuvent proportionnellement supporter une charge plus forte.

Ainsi dans un balancier de chronomètre pesant en totalité environ 42 décigrammes, il suffit que les barrettes et le centre pèsent environ 5 décigrammes. La serge et ses masses concentreront alors 10 douzièmes ½ du poids.

Soit la proportion :

Dans la serge	21
Bras et centre	3
Total.	24

On pourrait même augmenter la charge pour ces mêmes barrettes, mais il faut craindre qu'elles n'aient une tendance à vibrer sous l'effort centrifuge des masses, ce qui introduirait un élément d'irrégularité difficile à reconnaître et à constater.

Données d'expérience.

Tableaux des poids et grandeurs des balanciers en usage.

1343. Nous avons relevé d'un certain nombre de montres appartenant à la bonne horlogerie du commerce et de moyenne épaisseur, les poids et diamètres des balanciers, ayant produit une régularité suffisante pour l'usage civil, et nous en avons dressé le tableau suivant :

TABLEAU DES POIDS

et grandeurs moyennes des balanciers ordinaires en laiton en usage dans les montres modernes

DIFFÉRENCE entre deux diamètres qui se suivent.	DIAMÈTRE.	POIDS.	DIFFÉRENCE MOYENNE entre deux poids qui se suivent.
	14 millimètres.	19 centigrammes.	
millimètre 1			2 centigrammes.
	15 —	21 —	
— 1			3 —
	16 —	24 —	
— 1			4 —
	17 —	28 —	
— 1			5 —
	18 —	33 —	
— 1			6 —
	19 —	39 —	
— 1			7 —
	20 —	46 —	
— 1			8 —
	21 —	54 —	
— 1			9 —
	22 —	63 —	

Observations importantes.

1344. On voit par ce tableau que la force croîtra régulièrement (comme le poids) mais beaucoup plus rapidement que le diamètre ; d'où s'ensuit que tout restant proportionnel, si on prend pour point de départ la virole du barillet, la force sera insuffisante dans les pièces de grande dimensions et il faudra y placer un balancier proportionnellement plus petit. Ce qui prouve une fois de plus qu'on ne peut prendre le barillet comme mesure du balancier.

Nous aurions voulu mettre en regard la force des ressorts, mais les renseignements que nous avons demandés à plusieurs de nos confrères ont été si incomplets et parfois si contradictoires, qu'il ne nous aurait pas été possible d'appuyer ou de contrôler les résultats du calcul, par un nombre suffisant de données d'expérience.

En prenant pour point de départ une montre dont la bonne marche lui est connue depuis longtemps et où le balancier, battant 18 000 vibrations à l'heure, est rigoureusement dans les données de l'un de ceux du tableau, l'horloger peut lui-même calculer la force du ressort afférent à l'un quelconque des autres balanciers ; il obtiendra ainsi une approximation très propre à le guider. On peut partir également d'une montre de comparaison, comme par exemple celle dont nous avons inscrit les dimensions au **441**.

Dans tous les balanciers du tableau ci-dessus, la répartition du poids total était conforme aux indications du **1342**.

1345. Le fabricant doit bien se persuader qu'il ne sera jamais qu'un médiocre copiste s'il n'est pas capable de déterminer lui-même le rapport entre le poids d'un balancier et la force motrice destinée à le maintenir en mouvement car, tenant compte des considérations que nous avons déjà fait valoir, il ne faut pas qu'il oublie que la force motrice ne peut pas être rigoureusement représentée par la force du ressort-moteur puisque, indépendamment des défauts de la transmission, l'énergie de l'impulsion qui entretient le mouvement du balancier varie par la décomposition de la force qui se transmet par le levier ou rayon de la roue d'échappement, et suivant la durée plus ou moins grande de la levée. Il faut donc ne laisser de côté aucune de ces considérations dans la détermination du poids d'un balancier qui servira de type pour un genre de pièce.

1346. Les balanciers compensateurs ne se mettant que dans de hautes et fortes montres, leurs poids sont nécessairement plus élevés que ceux de notre tableau, mais toujours dans la proportion de l'augmentation de la force motrice. Ce tableau peut donc servir pour eux.

Un habile horloger, M. Martens, a publié en Allemagne des tableaux des grandeurs et poids de balanciers ; ils ne concordent que sur quelques points avec les nôtres et paraissent se rapporter aux ouvrages exécutés à la Chaux-de-Fonds. Nous en donnons quelques-uns ci-après, ils peuvent être utiles pour fournir une première approximation.

GRANDEURS ET POIDS DES BALANCIERS DE CHRONOMÈTRES

1347. RELEVÉS DE PIÈCES AYANT EU DE BELLES MARCHES

Unités de mesure : le millimètre et le gramme.

ARTISTES.	POIDS avec masses	DIAMÈTRE du limbe.	VIBRATIONS p. seconde.	REMARQUES.
FORTS CHRONOMÈTRES DE POCHE, COMPTEURS.				
Jurgensen U....	inconnu.	18.	5	A agrandi ses balanc. depuis
Breguet.........	1.9	18.7	5	A varié ses proportions.
Gannery........	2	21.	5	A eu de belles marches.
Jacob...........	2	19.	5	idem.
Cope...........	inconnu.	18.	5	....
French.........	idem.	19.	5	....
Dumas.........	2	21.	5	A eu de belles marches
idem.	3.5	22.	4	....
CHRONOMÈTRES DE BORD.				
L. Berthoud....	3.5	27.	5	Masses prismatiques.
idem.	4.5	idem.	4	Masses saillantes en dehors
Parkinson }	inconnu.	25.5	4	Garni extérieurement de vis
et Frodsham }	9	31.7	4	....
Breguet........	4.2	28.	4	A varié beaucoup ses prop.
Jurgensen U....	inconnu.	27.5	4	Arc d'oscillation 450°.
Winnerl........	7.2	27.3	4	Masses rondes (autre D. 27,7)
Gannery........	4.5	27.	4	Arc d'oscillation env. 400°.
French.........	inconnu.	30.5	4	Marchait deux jours.
H. Robert......	3.5	27.2	4	Arc d'oscill. plus de 500°,
Rodanet........	7.2	27.2	4	Arc d'oscill. 350° à 360°.
Dumas......... }	6. }	27. }	}	} Masses rondes.
Leroy (Th.)..... }	à. }	à }	4 }	} Arc d'oscillation moyen est
Lecocq......... }	7. }	28. }	}	} autour de 400°.
T. Adams......	9.	33.	4	Marche soutenue.
Porthouse......	7.	29.5	4	....
J. Poole........	10.	31.1	4	Masses rondes.
Mercer.........	inconnu.	30.5	4	Idem.
Ch. Frodsham..	9.	31	4	Poids indiqué par approx.
R. Roskel......	inconnu.	28.7		Fortes masses.
....	.....	.....	.....	....
P. Le Roy......	152.5	121.7	2	Arc d'oscillation 120°

Ajoutons à cette dernière liste les noms de MM. Jacob, Vissière et L. A. Berthoud, qui se sont également arrêtés, pour 4 vibrations par seconde, aux diamètre et poids moyens : 27 millimètres et 6 à 7 grammes.

1348. Les Anglais ont adopté deux formats ou grandeurs de chronomètre. Les balanciers de 30 millimètres et au-delà, sont ceux du grand format. L'autre se rapproche assez sensiblement des constructions françaises. Les Anglais généralement bornent à un tour, ou légèrement plus, le maximum d'étendue de l'oscillation.

Plusieurs des chronométriers cités ont essayé des proportions s'écartant des limites extrêmes de ces tableaux. À peu près tous, expériences faites, sont revenus aux dimensions enfermées entre ces limites.

1349. L'examen de ces deux tableaux rend évidente la relation que nous avons signalée entre le balancier annulaire et le pendule (**1328**), et démontre que la voie que nous avons ouverte conduit au but.

Nos premiers résultats (**1332**) fixent précisément la proportion moyenne à laquelle sont arrivés tous les chronométriers, mais après bien des essais, dont bon nombre infructueux. Lorsqu'ils se sont trop écartés, en deçà ou au-delà de la limite que nous avons indiquée, le réglage de leurs pièces a été laborieux, instable, et souvent impossible.

Le balancier du premier chronomètre construit sur les principes actuellement admis par tous, celui de P. Le Roy, si l'on tient compte de la résistance qu'offrant la lame de suspension est, quant à son rayon de giration, enfermé entre les limites que nous avons posées. Cette coïncidence est remarquable. Les différences, quoique assez faibles, que présentent ces tableaux, entre les balanciers de divers artistes qui tous ont obtenu des succès avec les proportions inscrites ici, sont probablement moindres encore que les chiffres ne semblent l'accuser.

En effet, et en général, les grands balanciers anglais et à lourdes masses sont plus chargés sur l'axe et produisent un frottement considérable sur les pivots, ce qui augmente dans une plus forte proportion, si on les compare aux balanciers français, la différence entre le rayon apparent et le rayon théorique.

S'il avait été possible de déterminer avec exactitude chaque rayon de giration et si nous possédions la connaissance juste de la valeur du retard dû au frottement (**1336**), nous pensons qu'on pourrait déduire de ces tableaux la loi mathématique qui régit les dimensions du balancier pour un mouvement donné.

Après en avoir posé les premières bases ou les premiers éléments, nous ne regrettons qu'une chose : qu'un manque d'aide, ou de loisir ne nous ait pas permis de conduire plus loin ce travail déjà considérable.

Proportions des balanciers compensateurs pour montres

D'après M. Martens.

1350. Ainsi que nous l'avons fait remarquer, les proportions relevées par cet habile horloger nous paraissent appartenir plus particulièrement à la fabrication du canton de Neuchâtel qui, dans le cours d'un certain nombre d'années, a mis en circulation des calibres très variés. Aussi nous voyons que la progression de la force en regard de la même augmentation du diamètre, est irrégulière non seulement d'un tableau à l'autre, mais dans le même tableau.

La mesure des diamètres a été prise sur les couvercles des barillets (**1323**) et la hauteur du balancier est environ les 4/9 de la largeur du ressort moteur. À l'aide de ces indications de M. Martens, on pourrait rétablir les calibres qui ont servi de types.

Il ne doit être question ici que du diamètre total y compris la saillie des vis. On ne peut donc déterminer le rayon de giration, puisque le mode de répartition de la masse n'est pas indiqué.

Nous insérerons cependant ces tableaux mais à titre de données pratiques, propres à fournir une première approximation. (Les unités de mesure et de poids sont le millimètre et le gramme.)

MONTRES A ANCRE ET DUPLEX.		CHRONOMÈTRES DE POCHE.		FORTS CHRONOMETRES DE POCHE	
diamètre.	poids.	diamètre	poids.	diamètre.	poids.
0.014^{mm}	0g26	0.000^{mm}	0g00	0.000^{mm}	0g00
15	32	00	00	00	00
16	37	16	53	16	69
17	42	17	58	17	74
18	50	18	64	18	80
19	58	19	69	19	87
20	66	20	74	20	95
21	74	21	82	21	1.03
22	82	22	90	22	1.08

Notes finales.

Remplacer le poids par la vitesse ; lequel est l'élément du réglage. De l'équilibre du B.

1351. On a dit qu'on peut remplacer le poids par la vitesse et réciproquement dans les modérateurs. Cela n'est exact, dans une certaine mesure, que pour une augmentation ou une diminution dans le nombre des vibrations ; ainsi, si, par exemple, on doublait l'épaisseur d'une serge de balancier, le rayon de giration s'agrandirait et la circonférence de giration aussi ; on aurait donc augmenté du même coup le poids et la vitesse : si l'on avait diminué seulement l'épaisseur de la serge on aurait fait le contraire.

1352. Dans les pièces d'horlogerie à poste fixe, l'élément dominant du réglage peut résider dans le poids.

Dans les pièces portatives il faut préférablement faire dominer la vitesse. Parce que :

1°. En vertu des lois de l'inertie et ainsi qu'on l'a vu, un corps lourd dont le mouvement de rotation est lent est facilement affecté par les résistances qu'il rencontre, les ébranlements de son support, etc.

2°. Le frottement des pivots est proportionnel au diamètre d'après Berthoud et Romilly (on ne connaît pas d'expériences plus précises que celles qu'ils ont faites), et ce frottement, d'après Berthoud, croît comme la vitesse multipliée par la masse (donnant la pression du rayon de frottement) ou à peu près.

Il sera donc d'autant plus différent de la position verticale à la position horizontale que le balancier sera plus lourd.

Exemple la montre à 8 jours de Romilly, ayant un balancier de 26 millimètres de diamètre, qui donnait une oscillation par seconde et pesait environ 1 gramme, réglait, au rapport de l'Académie, très bien quand on la maintenait dans une même position et fort mal quand on faisait varier cette position de la verticale à l'horizontale.

Cet exemple nous montre que l'un des éléments de la détermination du poids d'un balancier réside dans l'étude de la marche dans les deux positions.

Nous reviendrons sur ce sujet à l'article réglage.

1353. Le balancier bis-métallique, non coupé, tend à s'ovaliser par les variations de température. Il vaudrait mieux aux mauvais balanciers bis-métalliques employés par beaucoup de fabricants, substituer des balanciers d'un seul métal à forte serge garnie de vis.

1354. L'équilibre du balancier peut être altéré entre deux étendues différentes de l'oscillation, ce qui peut provenir du défaut de rondeur aux trous et aux pivots, ou du déplacement du centre de gravité du spiral. Cet inconvénient est à redouter surtout dans les chronomètres de poche.

Des changements accidentels ou permanents, dans l'équilibre du balancier compensé sont cause que l'effet des deux masses n'est pas identique ; l'une fera plus d'effet que l'autre et suivant que les différentes positions verticales du chronomètre mettront le poids en excès en haut ou en bas. Il peut aussi en résulter un trouble dans l'isochronisme.

Le balancier compensé sous l'action de la force centrifuge.

1355. L'effort centrifuge qui tend à éloigner de son centre de rotation une masse en mouvement *croit comme le carré de la distance du centre de cette masse au centre de l'axe.*

Si la distance reste constante tandis que la vitesse varie, l'effort croît comme le carré de la vitesse (**122**).

Dans un balancier de chronomètre, l'effort centrifuge est donc d'autant plus considérable que les masses sont plus lourdes et l'oscillation plus étendue.

Si les arcs de cercle bis-métalliques n'offrent pas une résistance suffisante, il peut en naître deux inconvénients :

- Les masses en s'écartant plus ou moins feront varier le moment d'inertie du balancier.
- Les lames auront des mouvements vibratoires qui seront continuels, ou qui pourront avoir lieu seulement dans les grandes oscillations, parce que dans les courtes, les lames résisteront suffisamment.

Il suffit d'avoir signalé ces deux causes d'irrégularité.

Nous avons plusieurs fois constaté cet état d'ébranlement et cette tendance à l'écartement des masses, en plaçant à proximité de ces masses une circonférence métallique fixe. L'attouchement des masses ne se produisait que vers la fin des vibrations très étendues. Nous reviendrons sur ce sujet à l'article réglage.

Le balancier compensateur sous l'action de la température.

Du retard aux températures extrêmes.

1356. Il est généralement admis (les différences échappant à nos moyens d'appréciation) que la dilatation des métaux se fait proportionnellement à l'élévation de la température entre 0 et 100 degrés. Dans des expériences faites sur des chronomètres, Dent, habile horloger anglais, a trouvé que la force de tension d'un spiral variait toujours, à très peu de choses près, comme la température.

Les expériences de M. Rodanet de Rochefort, rapportées dans la *Revue chronométrique*, arrivent également à ce résultat que les variations de force d'un spiral suivent les mouvements du thermomètre, et elles démontrent que le déplacement des masses d'un balancier se fait suivant une sécante à sa circonférence et, par quantités décroissantes relativement à la distance au centre, à mesure que la température s'élève, ou croissantes dans le cas contraire.

Pour obtenir que les quantités de déplacement vers le centre fussent égales, il faudrait que la sécante, qui donne la direction de la masse, se confondit avec le rayon, ce qui n'est pas possible avec le balancier actuel.

Admettons que par une construction appropriée on réalisât cette condition, on aurait alors une compensation rectiligne, marchant exactement comme la température. Le balancier serait-il amélioré ? c'est ce que nous allons examiner.

1357. Depuis longtemps les chronométriers se sont aperçus qu'un chronomètre réglé à une température moyenne, par exemple à 15°, retardait aux deux températures extrêmes 0° et 30°, mais nous croyons que Dent le premier a donné de la publicité à ce fait et l'a expliqué.

La puissance élastique du spiral variant comme la température, pour que le chronomètre restât réglé, il faudrait que le mouvement de ses masses se fît suivant la même progression arithmétique qui régit les mouvements du thermomètre, mais c'est ce qui n'a pas lieu, parce que le moment d'inertie du balancier varie comme le carré de son rayon de giration et, par conséquent, celui-ci diminue par la chaleur et augmente par le froid, dans une progression tout autre que celle du thermomètre.

En effet, et pour nous faire comprendre de ceux qui n'ont pas l'habitude du langage mathématique, supposons un rayon de giration de 10 millimètres, croissant de 1 millimètre par x degrés d'abaissement de température, et que la force du spiral augmente par chaque x degrés, comme les nombres :

1, 5, 10, 15, etc.,

c'est-à-dire d'une station à l'autre d'une valeur constamment uniforme ; le moment d'inertie du balancier, représenté par les chiffres

$10^2, 11^2, 12^2, 13^2$, etc.,

ou 100, 121, 144, 169, etc.,

augmente d'une station à l'autre des nombres

21, 23, 25, 27, etc.

c'est-à-dire d'une valeur qui devient de plus en plus forte.

D'où résulte que, le moment d'inertie augmentant plus rapidement que la force du spiral, un retard en est la conséquence.

On démontrerait de même que le chronomètre réglé à une température retardera par l'élévation de cette température et que, réglé à deux températures extrêmes, il avancera à la température moyenne.

1358. Le balancier compensateur actuel, même s'il était pourvu d'une compensation rectiligne, serait donc encore défectueux, parce que dans ce cas ou dans l'autre, les variations de son moment d'inertie ne suivraient pas la même progression que la force élastique du spiral, et des autres causes d'avance ou de retard qui proviennent soit du rouage, soit de l'échappement.

De la compensation additionnelle ou auxiliaire.

1359. Afin d'obvier à l'écart qui se produit aux températures extrêmes, on a imaginé un grand nombre de combinaisons de balanciers ou des dispositifs à adapter aux balanciers actuels. Ils se résument généralement en deux espèces.

Dans l'une, de nouvelles lames bis-métalliques sont disposées sur le balancier de façon à produire aux températures extrêmes, et selon le besoin, le raccourcissement ou l'allongement du rayon de giration.

L'autre comporte des pièces qui se déplacent, mais seulement au contact des bras du balancier et pour ajouter à son effet.

Ces accessoires compliquent nécessairement le balancier et s'ils ne sont pas parfaits, ajoutent leurs erreurs aux siennes propres. En outre, on sait depuis longtemps que les contacts, les pressions, variables de leur nature, n'offrent pas une assez grande sécurité pour les effets si délicats et pour ainsi dire insaisissables de la compensation.

Aussi, le peu de succès obtenu par un très grand nombre de compensations additionnelles s'explique bien simplement quand on sait les soins que demande et les difficultés que présente l'établissement d'un bon balancier, répétant avec une rigueur absolue et parallèlement les mêmes fonctions sur chaque bras bis-métallique, et l'on s'aperçoit bien vite que la complication des organes et la multiplicité des effets augmentera les difficultés du travail et de l'équilibre du balancier, et exigera impérieusement une exécution parfaite et des métaux d'une pureté et d'une homogénéité absolue ou exceptionnelle.

On compte par grands nombres les compensateurs auxiliaires déjà essayés : nous ne pouvons les décrire. Cependant quelques-uns offrent un véritable intérêt et, au premier rang parmi ceux-ci, nous plaçons la combinaison due à un très habile constructeur de chronomètres, M. Vissière, et c'est pourquoi nous en insérons ici la description.

Balancier compensateur ordinaire, pourvu d'une compensation auxiliaire

De M. Vissière.
(*Breveté France et Étranger.*)

1360. Ce balancier, représenté fig. 270, est dit par l'inventeur : *Balancier portant des masses compensatrices à lames bis-métalliques.*

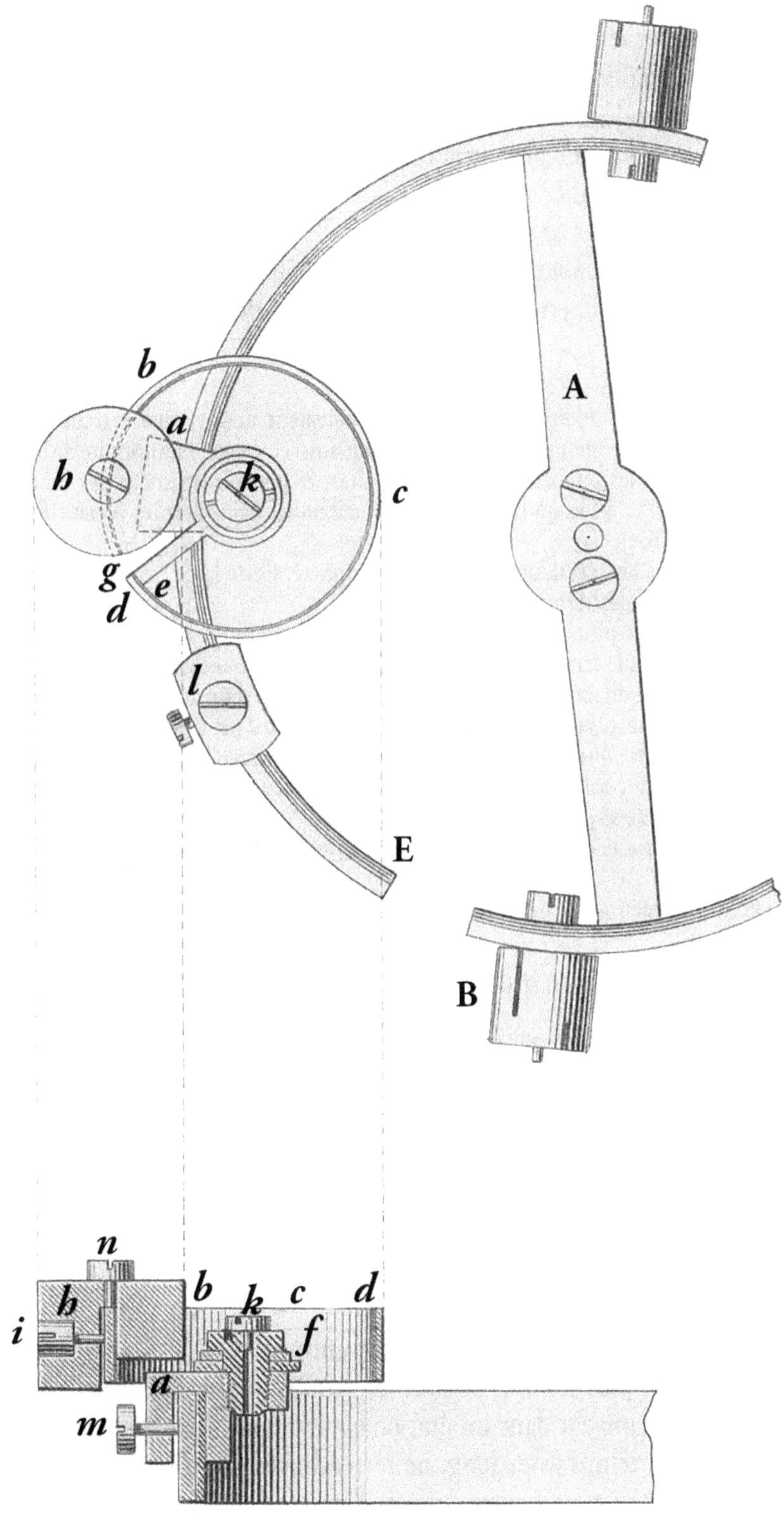

Fig. – 270.

- A, balancier compensateur ordinaire.
- *a*, coulant placé sur le balancier et muni d'une vis *m*, qui sert à le fixer
- *b c d*, lame bis-métallique circulaire portant un bras *e* ; elle est coupée en *g*.
- *f*, vis percée et taraudée dans son intérieur, servant à fixer la lame *b c d* sur le coulant *a*.
- *h*, masse placée sur la lame près de la coupure et fixée par une vis *i*. Elle porte au centre une vis *n* servant à modifier son poids.
- *k*, vis qui sert à équilibrer le système.
- *l*, masse auxiliaire, placée sur la circonférence du balancier, dont le poids mis en rapport avec la masse *h*, sert à déterminer l'intensité de l'action de compensation.

1361. *Note de M. Vissière.*

« Une compensation additionnelle doit non seulement donner une marche égale aux extrêmes et aux moyennes températures, mais elle doit aussi conserver l'uniformité de la marche en passant par toutes les températures intermédiaires, et pouvoir atteindre des limites plus étendues que 0° à 30° ; celles où l'on s'arrête ordinairement (consultez les articles *Réglage* et *Marche de chronomètres*).

« La masse à lame bis-métallique *b c d* a cette propriété. Cette lame est composée d'acier à l'intérieur et de laiton à l'extérieur.

« Cette masse *h* est placée sur le prolongement d'un rayon du balancier, passant par le centre de la lame *b c d* à la température +15°. Si cette température s'élève ou s'abaisse, la masse *h* passe, par l'effet de la dilatation de la lame *b c d*, d'un côté ou d'un autre du rayon en suivant la circonférence de la lame, mais comme cette circonférence n'est pas concentrique au balancier, il en résulte que la masse *h* se rapproche du centre (à droite comme à gauche du rayon) et tend à accélérer la marche du balancier. Cette accélération sera d'autant plus grande que la masse s'éloignera davantage de sa position normale.

« On peut obtenir une compensation dans les limites de *une seconde* par des changements de température de 50°.

« Je n'ai encore expérimenté que jusque-là, mais j'ai lieu de croire qu'on peut aller plus loin.»

De l'accélération naturelle des chronomètres avec le temps.

1362. Les bons chronomètres ont pris généralement et graduellement au bout de deux ou trois ans une accélération de 4 à 5 secondes dans leur marche diurne, et par conséquent de peu d'importance.

Dent attribue cette avance à une certaine combinaison de l'oxygène de l'air avec le spiral et qui, à la longue, augmenterait la rigidité de ce dernier.

M. H. Robert n'admet pas cette explication ; pour lui l'accélération naturelle a sa cause principale dans la résistance différente des huiles aux pivots de la roue d'échappement et du balancier.

M. Jacob donne du fait en question l'explication suivante :

Les chronomètres sont plus souvent ou plus longtemps soumis à la chaleur qu'au froid, or leur balancier étant plus souvent dans un état de contraction, il en résulterait que les lames bis-métalliques, après un temps assez long, ne reviendraient pas rigoureusement à la même position, d'où s'ensuivrait nécessairement un peu d'avance dans la marche diurne.

Enfin, M. Villarceau attribue cette accélération à l'action de l'échappement, et parce que le choc d'impulsion a lieu avant que le balancier soit arrivé à sa position d'équilibre (**1364**) .

Maximum d'effet d'un balancier.

1363. Un horloger moderne, M. Mousquet, a cherché si entre la plus grande et la plus petite des amplitudes qu'on peut faire décrire à un balancier, il en existait une où le travail de ce balancier fût maximum.

Il a trouvé, en augmentant successivement le moteur d'un chronomètre de façon que l'arc d'oscillation, d'abord de 135°, atteignît 490°, que le *maximum d'effet* (qui résulte, en thèse générale, de la relation entre la masse, le diamètre, le nombre de degrés que parcourt le balancier et la puissance motrice) se rencontrait entre 340° et 370° d'amplitude.

Ce résultat est fort curieux, car nous verrons à l'article Réglage, que c'est à cette étendue moyenne d'arc d'oscillation que s'arrêtent aujourd'hui beaucoup de chronomètres.

La question de l'arc d'oscillation qui offre les plus grandes chances de régularité, est complexe, c'est pourquoi nous ne pouvons nous arrêter sur le problème abordé par M. Mousquet, mais nous le recommandons à l'attention des horlogers, car il s'applique également aux pendules (*Revue chronométrique*, volume II, paie 212).

Théorie du balancier compensateur.

1364. Un savant, M. Villarceau, a publié dans les *Comptes rendus* de l'Académie des sciences, une théorie du balancier compensateur. Ce travail d'abstraction pure est inabordable pour les horlogers, c'est-à-dire pour ceux qui seuls pourraient en apporter la justification expérimentale et faire entrer dans le domaine de l'application les conséquences que l'auteur tire de ses études.

Nous essaierons d'en résumer la partie pratique à la fin de ce volume, mais nous craignons bien que cet ouvrage ne reste, et c'est peut-être ce qu'a voulu l'auteur, un travail d'Académie.

Exécution d'un balancier compensateur.

1365. On découpe dans une plaque d'acier fondu choisi avec soin, un disque un peu plus grand et plus épais que ne sera le balancier achevé. Quelques constructeurs se trouvent bien de l'usage de limes usées, telles que celles qui portent la marque Stubs par exemple. Il est le plus souvent inutile de recuire l'acier qui se recuit suffisamment à la fonte du laiton.

Ce disque bien redressé est percé au centre, sur la machine à percer droit, d'un trou ayant de diamètre la grosseur de l'axe du balancier. Ce trou est alésé avec un soin extrême, et le disque, après avoir été tourné bien plat sur une face et sur un arbre lisse, est fixé à la gomme laque sur un tasseau du tour-en-l'air. Ce tasseau porte à son centre un arbre fort court, c'est-à-dire à peine aussi long que l'épaisseur du disque, et qui en s'ajustant sans jeu dans le trou de ce dernier sert à le centrer.

Sous la main des débutants, dans l'opération du tournage, l'arbre se fatigue et même le disque se décolle quelquefois. Si l'on veut un travail précis, il est alors nécessaire de changer l'arbre chaque fois qu'on met en cire, mais avec de l'expérience cela n'est pas nécessaire.

On tourne bien carrément la tranche ou le rebord du disque qu'on amène à la grandeur du balancier, moins la quantité que l'on juge nécessaire à l'épaisseur de l'anneau de laiton (en moyenne entre ⅔ et ⅗ de l'épaisseur totale).

On bouche le trou du disque décollé. Les uns emploient une tige d'ardoise tournée, très bien ajustée dans le trou, rognée et un peu écrasée à chaque surface.

D'autres ajustent une tige d'acier parfaitement brunie. L'un d'eux recommande de la passer dans de l'oignon, par exemple : il se formera à la surface une légère couche qui empêchera l'adhérence ; le plus grand nombre préfèrent la rouler simplement dans la boue huileuse de pierre à aiguiser les burins. On rogne à fleur de chaque côté. Il faut que le trou soit hermétiquement bouché, car s'il y coulait un peu de laiton le tout serait soudé. On peut le barbouiller un peu de chaque côté avec de la céruse délayée dans de l'eau.

Dans un creuset de quatre à cinq centimètres de largeur sur deux à quatre de profondeur on place le disque, le côté qui a été collé au tasseau occupant le fond plat du creuset, et on garnit avec du bon laiton (celui dit à la croix est généralement préféré) dans une proportion qui varie avec les dimensions des balanciers entre 10 et 30 grammes, et l'on recouvre largement le tout avec du borax finement pulvérisé.

La tranche où se soudera l'anneau de laiton ne doit pas avoir été touchée avec les doigts, et on la barbouille, pour faciliter la soudure, de borax délayé dans l'eau.

Le creuset est mis dans la moufle d'un fourneau à coupelle ou à réverbère qui permet de régler le tirage du foyer, ce qu'on n'obtient pas avec un feu de forge ; préalablement le foyer a dû être poussé au rouge. Au bout de quelques minutes le métal entre en fusion. On remue le creuset qu'on a saisi avec des pinces, ou on brasse le métal liquide avec une verge de fer afin de faire monter les impuretés à la surface du bain. On reconnaît que la fusion est complète quand les vapeurs du zinc dégagé deviennent distinctes. On retire le creuset et l'on enfonce, avec la tige de fer, l'acier qui surnage au fond du creuset, où on le maintient un temps suffisant, c'est-à-dire jusqu'à un certain degré de solidification.

Une chauffe inégale ou à un degré trop élevé, donne naissance à des *cendrures*, qu'on rencontrera sous le burin, ou qui dissimulées dans l'épaisseur de la lame en rendront les effets irréguliers.

La face qui occupait le fond plat du creuset est très peu garnie de laiton, on la nettoie et l'adoucit avec soin. On fait tomber à la lime le laiton qui couvre l'autre face et une partie de celui qui garnit le contour du disque en ne réservant qu'un anneau de cuivre de deux à trois millimètres environ.

Cela fait on débouche le trou, en repoussant la cheville qui le remplissait ; si toutes les précautions ont été prises, le trou est parfaitement net, il suffit de l'aviver avec un bois et du rouge, ou de la pierre broyée.

1366. On met en cire sur le tasseau à arbre au centre, après en avoir vérifié la scrupuleuse exactitude ou fidélité, la face adoucie contre le tasseau. On dresse la face découverte, et au besoin on amène le balancier à son épaisseur définitive. Ensuite le laiton ayant été tourné bien carrément, en laissant un peu plus que l'épaisseur voulue, on l'amène assez près de cette épaisseur par un écrouissage conduit avec beaucoup d'attention afin qu'il soit bien également durci partout.

Autrefois on le martelait sur son contour après l'avoir enlevé du tour. Aujourd'hui les fabricants préfèrent le durcir quand il est monté sur le tour à l'aide de la molette à crans fins.

Ils s'y reprennent à plusieurs fois, après avoir enlevé les saillies, et l'amènent ainsi à l'épaisseur voulue sans qu'il ait été nécessaire de le décoller.

Si l'écrouissage a été poussé trop loin, le balancier se fermera d'autant plus après qu'on aura coupé la serge. Si cet écrouissage est mal conduit, est inégal, l'un des bras pourra se fermer plus que l'autre ou s'élever ou s'abaisser en dehors du plan du balancier, qui alors ne vaut rien.

On enlève les bavures du laiton et on ébauche l'intérieur en creusant l'acier à la profondeur arrêtée à l'avance, soit à la main soit au tour avec le burin pointu. Amené au point convenable on termine au burin fixe plat du bout, mais jamais plus large de ⅕ de millimètre. Le burin doit toujours être parfaitement aiguisé, il doit trancher la matière, l'enlever autant que possible en filets longs et minces autrement il l'écrase et la refoule, ce qui est mauvais et produit en partie les effets du laminage.

On rode l'intérieur et la face de la serge avec de la potée d'émeri fin, l'on abat finement les angles que l'on adoucit.

Le balancier débarrassé de gomme laque, on perce les trous des vis sur une petite machine à diviser disposée *ad hoc*. Ces trous au nombre de vingt à trente (quand le balancier ne porte que des vis et pas de masses) se suivent ordinairement en progression de plus en plus rapprochée en allant vers l'extrémité de la lame. Plus ces trous sont fins mieux cela vaut.

La méthode qu'on doit préférer est celle qui consiste à tarauder les trous sur un outil disposé à cet effet.

On fait le croisage ; les deux barrettes doivent être parfaitement régulières et identiques afin que leur différence de poids n'altère pas l'équilibre du balancier. Cette opération exige des précautions et de la délicatesse, car il ne faut pas du tout entamer l'intérieur de la serge.

On adoucit et on tire les traits en long avec le fer et la pierre broyée.

On fait l'ajustement des masses compensatrices.

Si la rainure est droite, on la fait avec une fraise sur l'outil à fendre, mais il vaut mieux qu'elle ait la même courbure que la lame bis-métallique. On peut s'y prendre de plusieurs façons pour l'obtenir ainsi, en creusant cette rainure (soit à l'aide du burin fixe, soit à l'aide d'une succession de burins disposés en forme de scie circulaire relevée de champ et de même épaisseur et diamètre que la lame bis-métallique), dans une forte plaque de laiton dans laquelle on découpe ensuite les masses.

Un de nos habiles chronométriers, M.Rodanet, tourne simplement ses masses de dimensions voulues, et ensuite les fixe à la cire dans une profonde rainure circulaire creusée dans une épaisse plaque et où elles entrent très juste. La plaque mise sur le tour-en-l'air, ou sur le tour universel, on fait d'un seul coup toutes les rainures des masses.

Les masses et les vis terminées (tous les ajustements à vis doivent être à frottement ferme), on coupe les deux lames d'un coup de fraise sur l'outil à fendre. Par mesure de précaution, on les mettra en cire sur une plaque offrant deux passages pour la fraise. Il est bon ensuite de mettre le balancier nettoyé dans de l'huile qu'on fait bouillir afin de l'amener à un état moléculaire mieux assis, car le travail tourmente toujours un peu la matière. Puis on le nettoie, on le charge de ses vis et masses, on le monte sur son axe, on le met en équilibre parfait sur ses pivots, et il est prêt pour le réglage.

Observations. — Le tour doit être très bien fait, très juste et très solidement monté. Les arbres, les collets, etc., enfin les agencements d'axe doivent être préférablement courts et fermes, et offrir assez de masse pour éviter les trépidations ou vibrations.

Les ajustements des coulisses, suffisamment longues, et les vis, doivent toujours fonctionner avec régularité, et sans brusquerie ni ébat.

Exécution d'un balancier ordinaire

À serge non coupée.

Notre petit Manuel pratique donne tous les renseignements nécessaires sur ce sujet, nous y renvoyons le lecteur.

Du spiral

Notice historique.

1367. Nous avons eu en notre possession une montre qui paraît avoir été construite aux premières époques de l'horlogerie portative. Le balancier est un folliot et porte sur son axe une petite lame droite et flexible qui va battre en s'infléchissant plus ou moins, dans les mouvements alternatifs du folliot, contre deux goupilles fixées dans la platine.

On rencontre quelquefois dans de vieilles pièces, venant ordinairement de l'Allemagne, la disposition suivante : deux soies ou poils de sanglier assujetties sur la platine, s'avancent au-dessous ou au-dessus de la serge du balancier. Dans les mouvements de celui-ci, une goupille implantée dans sa serge fait fléchir alternativement les deux soies, et le balancier va et vient de l'une à l'autre, comme chassé par leur pression élastique.

Devons-nous voir dans ces rudiments informes l'origine du spiral ? rien ne nous y autorise.

Une montre avec le ressort réglant dans la forme actuellement en usage, construite sous la direction de Huyghens, parut à Londres, en 1675 « et, dit Derham, y fit autant de bruit que si on avait trouvé la longitude sur mer. »

Nous savons qu'une lame élastique, fixée par une extrémité et dont on écarte du point de repos l'extrémité libre, fait des oscillations sensiblement égales, de côté et d'autre de ce point, durant un certain temps. Il résultait, de cette propriété des lames élastiques, que l'adjonction du ressort spiral au balancier donnait une telle régularité relative à ses mouvements, que l'innovation de Huyghens acquérait l'importance d'une grande découverte. Aussi le mérite de l'invention lui fut-il vivement disputé par Hautefeuille et Hooke.

Voici ce qui ressort très nettement de leurs discussions.

Hautefeuille publia le premier (1674) qu'un ressort adapté au balancier faciliterait et régulariserait les oscillations, mais il ne paraît aucunement qu'il ait songé à le fixer sur l'axe même du balancier, et à lui donner la forme en spirale.

Il aurait proposé aussi, selon Moinet, de plier le ressort droit en ondes. Romilly cependant en attribue l'idée à Lahire. Il y a sans doute confusion, ce ressort en ondes n'est probablement que le ressort en hélice de Hautefeuille.

Huyghens reprit et compléta l'idée neuve de Hautefeuille, en employant un ressort et en le contournant en spirale. Le succès qu'il obtint amena les revendications de Hooke.

Il paraît certain que celui-ci aurait eu la pensée d'employer le ressort droit dès 1660, et quelques années plus tard il l'aurait adapté à une montre en lui donnant la forme du spiral actuel, mais beaucoup plus court. L'invention de Hooke resta secrète jusqu'à l'apparition de la montre de Huyghens, et il est permis de croire que le célèbre Anglais n'en avait pas saisi complètement l'importance.

1368. Spiral en hélice. — L'ingénieux abbé d'Hautefeuille a également proposé le premier l'emploi en horlogerie du spiral cylindrique ou hélicoïde. Mais, là encore, faute sans doute de quelques connaissances techniques, il eut la mauvaise fortune de ne pas tirer de son invention tout le parti qu'elle comportait. Ainsi il n'utilisait l'élasticité de sa lame roulée en hélice que dans le sens de la longueur de l'axe et non point par un mouvement circulaire de tension et de distension autour de cet axe. La figure 271, est tirée de son livre.

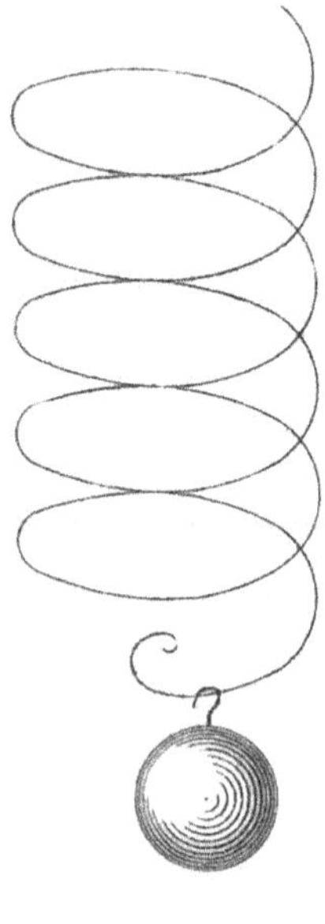

Fig. – 271.

Voici un très curieux passage de cet écrit :

> « On pourra, dit-il, non seulement se servir du ressort en hélice (comme celui représenté figure 271), mais généralement de tous les ressorts auxquels on donnera toutes les figures imaginables qui sont dans la nature, pourvu qu'elles soient capables de faire des vibrations : *on en trouvera peut-être même qui auront quelques propriétés particulières et qui feront que les grandes et les petites vibrations s'achèvent dans un temps égal.* J'avais pensé pour cet effet aux anisocyles, c'est-à-dire aux ressorts qui forment des cercles inégaux et que l'on a tortillés sur un cône. »

S'il ne ressortait clairement des explications de l'auteur qu'il ne comptait utiliser que le mouvement de tension et de réaction élastique dans le sens de l'axe du cylindre ou du cône formé par son ressort, et non pas le mouvement angulaire autour de cet axe, on serait tenté de lui attribuer la découverte du spiral isochrone, mais aucune confusion ni erreur n'est possible ici.

1369. Spiral isochrone. — En 1766, Pierre Le Roy formulait ainsi sa découverte du spiral isochrone :

> « Il y a dans tout ressort d'une étendue suffisante, *une certaine longueur où toutes les vibrations grandes ou petites sont isochrones* ; cette longueur trouvée, si vous *raccourcissez* ce ressort, *les grandes vibrations seront plus promptes que les petites* ; si au contraire vous *l'allongez, les petits arcs s'achèveront en moins de temps que les grands.* C'est de cette importante propriété du ressort, ignorée jusqu'ici, que dépend particulièrement la régularité de ma montre marine. » (Elle était à barillet denté et sans fusée.)

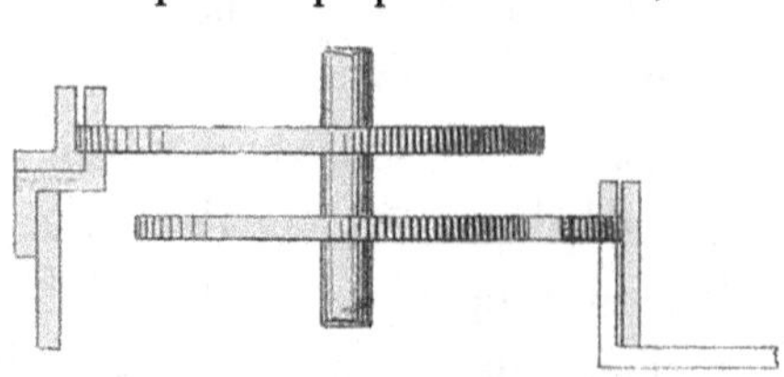

Fig. – 272.

P. Le Roy employait deux ressorts plats superposés, s'ouvrant et se contractant dans le même sens (figure 272). Sa construction ne permettant à son très grand balancier, conforme aux idées de l'époque, que de courtes oscillations, ses deux ressorts offraient, dans les limites de leur travail, les propriétés du ressort en hélice.

Ferdinand Berthoud tenta en vain de s'approprier la belle découverte de P. Le Roy. Le premier il en publia une théorie géométrique, et en déduisit qu'on pouvait arriver à l'isochronisme des oscillations du balancier avec un ressort dont la force allait en diminuant d'une extrémité à l'autre selon une certaine progression, et il créa le spiral dit *en fouet*.

P. Le Roy n'admettait pas qu'on dût chercher à produire l'isochronisme par la *courbe tâtée* que Gourdain, habile horloger français de l'époque, proposa (avant 1770) d'adapter au ressort spiral, dans le but d'accélérer les grandes vibrations et de les rendre égales aux petites. Nous trouvons là l'origine des courbes terminales, des spiraux des chronomètres modernes (consulter sur ce sujet la *Revue chronométrique*, volume V), mais nous devons ajouter que si la conception de Courdain ne fit pas alors son chemin en France, cela tint, selon toutes les probabilités, à ce qu'on n'employait de son temps que les spiraux plats. Le sien, dont nous n'avons trouvé la description nulle part, devait être, nous le supposons du moins, quelque chose d'analogue au *spiral coudé* employé de nos jours.

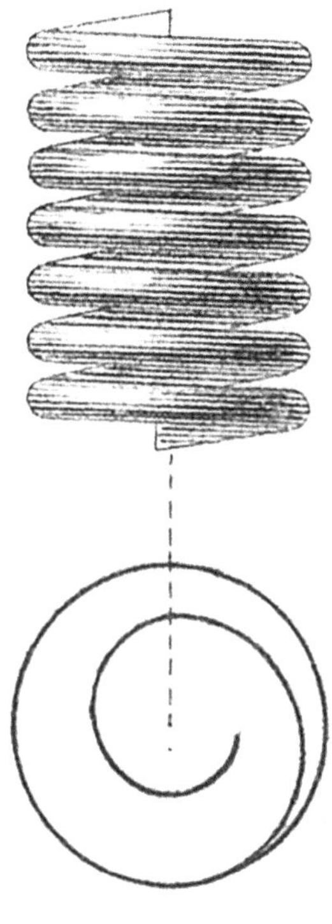

Fig. – 273.

En 1776, J. Arnold plaçait le spiral cylindrique dans ses chronomètres et en 1782, il se faisait patenter pour une disposition de ce genre de spiral qui ramenait le dernier tour vers le centre (figure 273).

> « Ces courbes extrêmes, dit la patente, ont la propriété de rendre toutes les vibrations de même durée, parce que la figure du spiral reste toujours semblable à elle-même. »

Enfin de nos jours M. Phillips, de l'Institut, a publié dans un mémoire très savant la théorie des courbes terminales des spiraux propres à produire l'isochronisme.

Spiraux de formes diverses.

1370. Louis Berthoud se servit avec succès des *spiraux coniques*, c'est-à-dire ayant la forme d'une fusée (figure 274).

Il leur trouvait une supériorité assez marquée sur les spiraux cylindriques dans la progression de la force, et parce que les spires, quoique assez rapprochées, ne peuvent se toucher.

Fig. – 274.

1371. A. Breguet employa le spiral sur deux plans, dit *spiral coudé*, parce que le dernier tour extérieur est ramené à l'aide d'un coude, vers le centre, en passant au-dessus des autres tours (figure 275).

Il proposa aussi le spiral dont la lame, plus épaisse aux deux extrémités va, à partir de chacune d'elles, en s'amincissant

Fig. – 275.

progressivement jusqu'au milieu. Un tel spiral lorsqu'il s'ouvre prend la forme en baril, et quand il se ferme il a la figure d'un fuseau étroit vers son milieu et s'évasant aux deux extrémités. L'avantage qu'il présente, et que du reste on réalise plus facilement en munissant le spiral cylindrique ordinaire de courbes terminales convenables, est qu'il ne se jette pas de côté, par les grandes vibrations.

1372. Le spiral sphérique, c'est-à-dire formé en globe ou sphéroïde (figure 276), a été exécuté pour la première fois par Frédéric Houriet[68]. Il assure que c'est la forme qui permet au balancier de décrire les plus grandes oscillations pour une impulsion donnée. Si on le compare à un spiral hélicoïde, à courbes terminales bien disposées, l'avantage qu'aurait sur ce dernier le spiral sphérique serait ou nul, ou peu de chose (**1374**).

Fig. – 276.

1373. Enfin de nos jours on a essayé, en Angleterre, le *spiral de Hammersley*. Le milieu de la lame de ce spiral est contourné en hélice et les deux extrémités, en haut et en bas, se rapprochent de l'axe de l'hélice en formant deux spirales plates, dont les plans sont parallèles entre eux et en même temps perpendiculaires à l'axe. C'est en réalité un spiral triple, c'est-à-dire formé d'un spiral cylindrique se terminant en deux spiraux plans ordinaires (figure 277). On en a fait à une seule spirale plate ; c'est le *spiral double*.

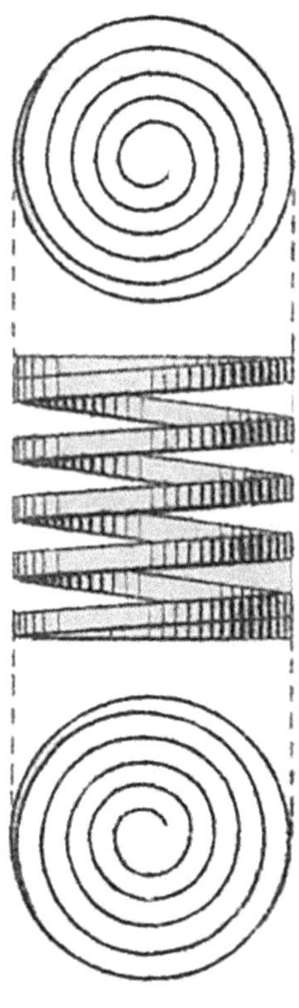

Fig. – 277.

1374. L'introduction de ce dernier dans les montres où la hauteur manque, serait certainement préférable à l'usage du spiral coudé, mais quant au spiral triple appliqué aux chronomètres, nous ne voyons pas bien quel avantage sérieux il peut offrir en regard du spiral hélicoïde à courbes terminales. Il ne facilite pas mieux le mouvement du balancier et demanda autant de soin d'exécution que le spiral sphérique, auquel cependant les chronométriers ont préféré le spiral hélicoïde à courbes terminales, parce qu'ils trouvent dans l'usage de ce dernier ces deux avantages : exécution plus simple, emploi du manchon creux pour la trempe, et qu'en outre la possibilité de modifier à volonté ces courbes procure de très précieuses facilités pour terminer le réglage.

On a objecté que la formation des courbes, ou la modification de ces courbes avec des pinces, corrompait ou altérait l'arrangement moléculaire de l'acier et donnait lieu à des erreurs d'accélération, qui

[68] Habile horloger suisse, né vers le milieu du siècle dernier, F. Houriet, après avoir travaillé à Paris durant neuf ans pour les premiers artistes (P. Le Roy, Romilly, F. Berthoud), retourna s'établir dans le canton de Neuchâtel. Les rapides progrès des horlogers de ce pays sont en partie son ouvrage.

du reste s'affaiblissent et disparaissent avec le temps. Mais il faudrait, pour qu'elles fussent évitées avec le spiral d'Hammersley, comme avec le spiral sphérique, qu'il fût possible de les tremper dans leur forme définitive et qu'on n'eût aucunement à retoucher les extrémités. C'est ce qui ne pourrait arriver que fort rarement, puisque les épreuves d'isochronisme et du réglage dans les positions doivent, de toute nécessité, être faites sur le chronomètre complètement achevé.

Spiraux en opposition et spiral à double volute.

1375. Mettant en pratique une idée de Bernoulli, Romilly, vers la fin du siècle dernier, fit adapter à une montre marine, par Frédéric Houriet qui travaillait pour lui, deux spiraux plats, l'un au-dessus de l'autre, et se développant en sens opposés ; ils étaient armés chacun d'un tour, ce qui les mettait en état d'équilibre forcé. La liberté de mouvement du balancier était si grande qu'il avait peine à s'arrêter.

P. Le Roy avait d'avance condamné comme désavantageux l'emploi de deux spiraux ainsi disposés, par cette raison qu'ils étaient tous deux dans un état de contrainte qui lui paraissait de nature à engendrer des causes de perturbations plus considérables que celles que l'on évitait par une diminution du frottement latéral des pivots.

1376. On a construit depuis et publié en 1838, dans un Manuel signé L. Janvier et Magnier, la description d'un ressort spiral cylindrique double, c'est-à-dire formé d'une seule lame d'acier, repliée de champ en sens contraire à son milieu et, à partir de ce pli commun, la moitié supérieure monte contournée en hélice dans un sens, tandis que la moitié inférieure descend en tournant dans le même sens (figure 278).

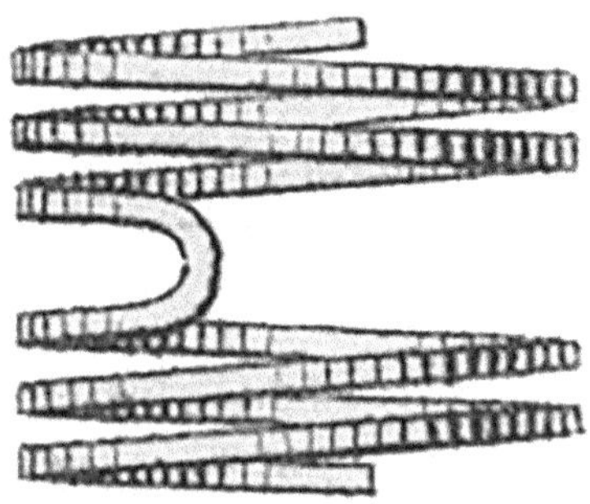
Fig. – 278.

Le but de l'inventeur, qui ne faisait que réaliser l'idée des deux spiraux en opposition mais non bandés, était non seulement de diminuer le frottement des pivots, puisqu'une moitié du spiral se ferme de la quantité dont l'autre s'ouvre, mais surtout d'assurer la position de repos du balancier. En d'autres termes il espérait ainsi éviter une mise hors d'échappement du balancier, laquelle selon lui était à craindre par l'effet de l'extension du spiral à des températures élevées. Ces idées montrent chez ces deux horlogers une certaine ignorance des lois de la dilatation des corps (**1259**).

1377. De nos jours M. Rozé a exécuté un spiral à double volute, mais qui diffère du précédent, en ce que le milieu de la lame (qui n'est pas repliée) passe par le centre et, de là, forme deux spiraux à la suite l'un de l'autre, mais dont les spires sont inclinées en sens inverse. On annulerait ainsi l'effort qui s'exerce suivant la longueur de l'axe dans les spiraux hélicoïdes en usage, effort qu'un appareil construit par M. Rozé pour M. Phillips mettait en complète évidence. L'influence de ces effets, le balancier considéré dans les deux positions horizontale et verticale, n'est pas connue que nous sachions, et ne peut par conséquent être appréciée.

Résumé des travaux de P. le Roy sur le spiral.

1378. À l'époque où le spiral fut adapté aux montres, l'opinion que les oscillations d'une lame élastique, vibrant seule ou jointe à un balancier librement porté sur ses pivots, s'accomplissaient toutes dans la même durée de temps était généralement acceptée, quoiqu'elle fût inexacte (**1254**), de même qu'on avait admis, d'après les expériences incomplètes de Galilée, l'isochronisme des grandes et des petites oscillations du pendule, et avant que Huyghens eût fait connaître la loi en vertu de laquelle on peut réaliser cet isochronisme.

Les moyens précis de vérification manquant à la généralité des horlogers et la régularité des nouvelles montres étant relativement admirable, ils avaient pu conclure, ainsi que Hooke, à l'isochronisme des grandes et des petites vibrations. Seuls quelques artistes doués de l'esprit d'analyse et bons observateurs, et qui s'occupaient déjà du problème de la détermination des longitudes par l'horlogerie, contestaient cette conclusion.

En 1759, P. Le Roy imprimait :

> « Selon les expériences que j'en ai faites, les vibrations libres d'un balancier joint au spiral *ne sont point exactement isochrones*. Si ce balancier achève, par exemple, sur un arc de 60°, cent-seize vibrations en une minute, et il n'en achèvera que cent-quinze dans le même temps, sur un arc de 120°, etc. »

Ce résultat était conforme aux observations de Sully[69], de Gourdain, etc., à celles de Harisson, qui avait constaté que les grandes oscillations de son balancier s'accomplissaient en plus de temps que les petites (il y remédiait par l'effet de son clou à cycloïde).

1379. Donnant suite à ses premières études expérimentales et s'appuyant sur ce principe de mécanique : « que les excursions d'un mobile sont isochrones, quand les forces qui le poussent sont en raison du terme où elles le font tendre, » P. Le Roy fit (avant 1766) l'expérience que voici :

> « Pour savoir à quoi m'en tenir sur ce point capital (si la force des ressorts spiraux augmente selon la proportion des espaces parcourus dans leurs différentes contractions ou leurs différents développements), je pris le grand ressort d'une montre ordinaire ; j'attachai son extrémité intérieure à un arbre soutenu par des pivots très fins, lequel portait une grande poulie ; j'affermis ensuite le bout extérieur de ce ressort contre un point fixe de façon qu'il se trouvât dans son état naturel. Cela fait j'attachai un fil à la poulie, je l'en entourai, puis je fixai à l'autre extrémité de ce fil un petit crochet, où je mis successivement différents poids. Ces poids tendant le ressort, en l'ouvrant et le refermant plus que s'il avait fait fibrer un balancier, j'observai les rapports dans lesquels le crochet baissait, et je les trouvai toujours en raison des poids dont je le chargeais. »

On voit par cet extrait que P. Le Roy avait conçu la balance élastique à mesurer la force des spiraux et leur progression d'isochronisme, et qu'avec son aide il avait trouvé un ressort isochrone. Ce qui est remarquable c'est que le grand artiste ait deviné, devant ce premier résultat, que le spiral isochrone ne se comporterait pas, sous la dépendance de l'échappement, de la même façon qu'avec le balancier seul, et soit arrivé, par l'observation et le raisonnement, à se convaincre que le spiral isochrone sur la balance à mesurer les forces, pouvait ne plus l'être au même degré dans la montre. Cette observation rendait complet le résultat de ses recherches, et il put alors formuler dans les termes rapportés plus haut (**1369**) son immortelle découverte.

[69] Horloger anglais établi en France où il se fit une grande réputation. Mort en 1728. Emulateur et ami de J. Le Roy, Sully a contribué pour une large part aux progrès de l'horlogerie dans sa patrie d'adoption.

1380. Il ajoutait au paragraphe en question :

« Je me suis assuré que les plus petits arcs de vibration, et les plus grands, une fois rendus isochrones par cette méthode, tous les arcs intermédiaires le sont aussi. »

Il est nécessaire de remarquer, au sujet de cette dernière citation, que c'est à tort que de cette constatation d'un fait exact, mais qui tenait aux conditions particulières dans lesquelles avait dû être construit le chronomètre de P. Le Roy, des horlogers, peu au courant de la chronométrie, ont tiré cette conséquence générale que l'isochronisme des grands et des petits arcs impliquait l'isochronisme des arcs intermédiaires, ce qui est inexact le plus ordinairement dans les chronomètres modernes.

Ce court exposé démontre que la découverte du spiral isochrone des montres marines, comme aussi celle de l'échappement libre et du balancier compensateur, n'est pas le fait d'un heureux hasard, d'une rencontre fortuite, que c'est le résultat d'une pensée profonde suivie avec persévérance et sagacité par un homme de génie[70].

1381. P. Le Roy avait encore constaté expérimentalement, au moyen de l'appareil qu'il appelait *élatéromètre*, que la force élastique du spiral diminuait par l'élévation de la température, mais que l'isochronisme n'en était pas altéré (ce qui est exact dans le cas où il se plaçait). Il annulait cet affaiblissement du spiral, comme on a continué de le faire à son exemple, par le mouvement des masses compensatrices portées par le balancier, tandis que F. Berthoud le combattait par la méthode vicieuse d'un pince-lame mobile, qui faisait varier la longueur agissante du spiral.

1382. Ce qui est aussi bien digne de remarque, c'est que P. Le Roy a signalé ces deux faits importants :

1°. Qu'un ressort perd une partie considérable de sa force dans les premiers mois de sa tension, qu'ensuite la perte est beaucoup moins grande, qu'enfin elle devient presque

[70] Né en 1717, mort sans descendants en 1785, P. Le Roy, fils de Julien, est incontestablement le plus illustre des horlogers qui ont honoré ou enrichi la France par leurs travaux, et l'oeuvre d'aucun des horlogers étrangers, même les plus célèbres, n'a surpassé la sienne. Œuvre admirable, en effet, non seulement par la valeur des découvertes de son auteur, mais parce que durant vingt ans, sans s'égarer, et jusqu'à ce qu'il fût assuré qu'elle était complète, il l'a poursuivie avec la logique du génie, le désintéressement et la modestie d'un esprit supérieur.

Nous avons consacré à ce sujet plusieurs pages de notre petit volume *Le Temps*, pages que nous ne pouvons reproduire ici, mais auxquelles nous faisons un emprunt.

Envieux d'attribuer à leur nation un honneur qui ne lui appartient pas, des Anglais ont essayé au profit de l'un des leurs, de dépouiller P. Le Roy. M. Thomas Reid rapporte ce passage d'un ouvrage de Mudge (1763) : « Le pendule ou balancier à ressorts, d'après des principes physiques, fait que le balancier exécute les petites et les grandes vibrations dans des temps égaux. » Cela, ajoute-t-il, avait été dit, par Hooke (il aurait pu ajouter et par d'autres), cent ans auparavant.
Il faut infiniment de bonne volonté, mais fort peu de bonne foi, pour découvrir dans ce passage le moindre indice de la découverte de notre compatriote.

Hooke n'a fait que rapporter ce que tout le monde, à peu près, disait à l'époque, à savoir : qu'un balancier annulaire librement monté avec un spiral fait, en vertu de certaines lois de la physique, et lorsqu'il est écarté de sa position de repos, des oscillations sensiblement isochrones (par à peu près). Qu'on parcoure les livres du temps, les Mémoires de l'Académie des sciences, etc., on trouvera cela tout au long, avec l'exposition des principes physiques à l'appui. À moins de la plus insigne mauvaise foi, il n'est pas possible de se tromper sur le sens de cette espèce d'aphorisme, et de confondre l'observation banale de Hooke, avec la théorie précise de P. Le Roy. Les choses mieux examinées, il se trouva que les faits donnaient un démenti aux prétendus principes, et le spiral paru si peu propre à remédier complètement aux inégalités d'étendue des vibrations que Hooke, Graham, Sully, Harisson, etc., et les artistes français, jusqu'au temps de P. Le Roy, cherchaient à obtenir l'isochronisme des oscillations par des remontoirs d'égalité, des dispositions particulières aux échappements, des pièces accessoires agissant sur le spiral, etc. Mais c'est assez nous appesantir sur une prétention qui ne repose sur rien de sérieux. (Consulter notre ouvrage *Le Temps*, page 277.)

insensible, sauf si le ressort est soumis à un excès de chaleur, auquel cas il ne revient pas exactement au même point ;

2°. Que le métal qui n'est pas dans un état moléculaire bien assis, ou qui est contraint, occasionnera des variations.

Aussi recommande-t-il de faire passer les métaux par des températures plus basses et plus élevées que les températures auxquelles ils seront plus tard exposés. Il fixait d'abord solidement l'extrémité intérieure du spiral de son chronomètre, l'autre extrémité étant tenue par un piton libre. Ce piton n'était assujetti définitivement qu'après que le spiral était passé par des températures relativement hautes et basses. Dans le mémoire que F. Houriet présenta à la Société des arts de Genève, plusieurs de ces observations sont rapportées, mais l'auteur oublie d'indiquer la source de ses emprunts.

Notions théoriques. — Définitions.

Moment et coefficient d'élasticité.

1383. La *grandeur* d'une force (qu'elle vienne de la masse, l'inertie, l'élasticité) a pour mesure la puissance exercée à son point d'application à l'instant où on la considère.

Le *moment* d'une force par rapport à un point d'appui, a pour mesure le produit de l'effort exercé par le bras de levier virtuel.

Le *travail* d'une force est le produit de la force par le chemin parcouru par le point d'application, dans la direction de cette force.

Lorsqu'un corps est en mouvement sous l'action d'une force (pesanteur, élasticité, etc.) qui continue d'agir uniformément sur lui, sa puissance est estimée par le produit de la masse multipliée par le carré de la vitesse.

Si l'action, au lieu d'agir uniformément, va en croissant ou en décroissant, la puissance croit plus rapidement dans le premier cas et moins rapidement dans le second que le carré de la vitesse : (Consulter les Traités de mécanique, les auteurs varient.)

En algèbre on désigne sous le nom de coefficient le chiffre qui précède une quantité et lui sert de multiplicateur.

Si l'on étudie expérimentalement la résistance élastique qu'offrent deux tiges, identiques de forme et de section transversale, mais de nature différente, et que dans les mêmes conditions ce résistances soient 10 pour la première tige, et 15 pour la seconde ; 10 et 15 seront les coefficients d'élasticité de deux métaux qui forment ces tiges. Dans le ouvrages qui traitent de la résistance des matériaux, on trouve des tableaux des coefficients d'élasticité des métaux.

Le moment d'élasticité représenté par M (E étant le coefficient d'élasticité) se calcule, pour une tige ronde, dont r est le rayon, par la formule :

$$M = E \times (3{,}416\, r^4 / 4)$$

Si la section de la tige est un rectangle, dont la largeur (parallèle à l'axe de rotation) soit a, et l'épaisseur e, on a le moment d'élasticité par la formule :

$$M = E \times (ac^3 / 12)$$

Le rayon, quand la tige est ronde, et l'épaisseur ainsi que la largeur quand elle est rectangulaire, doivent être évalués par rapport au mètre comme unité de longueur.

Dans son Manuel, M. Phillips entre dans de plus longs détails, et donne dans son Mémoire un moyen expérimental pour déterminer le moment d'élasticité d'un spiral en se servant d'un morceau de la lame. Comme nous ne pouvons nous étendre davantage sur ce sujet, nous renvoyons à ses deux ouvrages. (Chez Dunod, éditeur à Paris.)

Loi de l'isochronisme du spiral.

1384. Nous savons que le spiral isochrone est celui qui possède la propriété de rendre d'égale durée en temps, les vibrations d'étendues différentes du balancier d'une pièce d'horlogerie.

Nous savons également que pour qu'il ait cette faculté, il faut que la progression de sa force, lorsqu'on le bande de plus en plus, reste toujours proportionnelle à l'angle de tension. C'est-à-dire que si un spiral, fixé à un bras quelconque par son extrémité extérieure, est attaché par son extrémité centrale à un axe perpendiculaire à son plan et mobile sur pivot, et qu'une force, représentée par un poids qu'on augmente successivement, agisse tangentiellement à l'axe, on reconnaît que ce spiral possède cette faculté d'isochronisme lorsque, jusqu'à la limite de déformation de ce ressort, chaque augmentation égale du poids produit la même quantité de mouvement angulaire de l'axe.

On voit par cette explication que les limites entre lesquelles on peut rencontrer l'isochronisme, assez larges lorsque l'on emploie le spiral cylindrique, le sont beaucoup moins quand on fait usage du spiral plat et que, un balancier étant donné, le spiral isochrone qui lui convient se trouve d'après un rapport à déterminer expérimentalement, entre la section et la longueur de la lame métallique, supposée parfaitement homogène et égale sur toute sa longueur.

Le spiral trop court, ou ce qui revient au même, trop épais pour sa longueur, s'arme dans une progression trop rapide. Le contraire a lieu pour le spiral trop long.

On obtient plus facilement l'isochronisme, et à un degré plus parfait, en ramenant les extrémités d'un spiral hélicoïde vers le centre, et selon des courbes dont M. Phillips de l'Institut nous a donné la théorie.

Des courbes qui terminent le spiral.

1385. Dans son Mémoire sur le *spiral réglant*, M. Phillips démontre que si les courbes terminales d'un spiral cylindrique satisfont aux conditions (soient ABMC la courbe, G le centre de gravité de la courbe et O le centre du spiral ; figure 279 ci-après) :

1°. Que OG soit perpendiculaire au rayon OC où la courbe ABMC se détache des spires.

2°. Que OG soit une troisième proportionnelle au rayon OC et à la longueur ABMC de la courbe, ou que l'on ait OG = ((OC)^2 / ABMC).

Un tel spiral, c'est-à-dire celui qui se termine à ses deux bouts par deux courbes parallèles de cette espèce, offrira les propriétés suivantes :

– Le centre de gravité du spiral sera sur l'axe du balancier ;

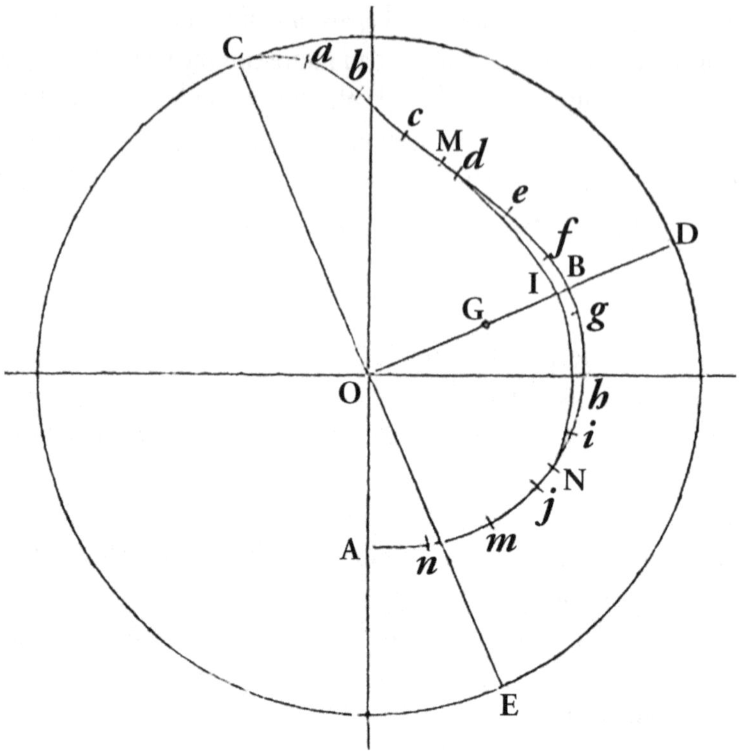

Fig. – 279.

- Ce spiral restera toujours, en s'ouvrant et se refermant, bien cylindrique et concentrique à l'axe, et sa force croîtra proportionnellement à l'angle de rotation du balancier (principe de l'isochronisme) ;
- Le balancier n'exercera, dans son mouvement, et par le fait du spiral, aucune pression latérale contre les parois des trous où roulent ses pivots.

1386. Le calcul n'indique pas, ajoute l'auteur, qu'il n'y ait pas d'autre manière possible d'atteindre l'isochronisme. Mais il met celle ci-dessus tout à fait en évidence.

La position des courbes l'une au-dessus de l'autre est indifférente, elles peuvent se placer l'une par rapport à l'autre en croix, ou sous des angles différents.

Méthodes pour tracer graphiquement les courbes terminales.

1387. Nous ne pourrions que répéter ici les explications que donne le Manuel pratique sur le spiral réglant, et ce petit volume étant d'un prix peu élevé (2 francs), nous y renvoyons, nous contentant d'insérer ici, c'est-à-dire en regard de cette page 669, la planche I, qui représente un certain nombres de types de courbes extrêmes théoriques. Chaque courbe est figurée de deux grandeurs, dont la plus petite est à peu près celle d'exécution.

On y remarquera que le type de la figure 21, se compose de deux quarts de cercle, ayant pour rayon la moitié de celui des spires, réunis par une ligne droite. Le type de la figure 23 est une demi-ellipse. Son grand axe est égal au diamètre des spires et son petit axe en est les 0,58. La longueur de cette demi-ellipse est juste 0,8 de celle d'une demi-spire.

Divers types théoriques de courbes terminales

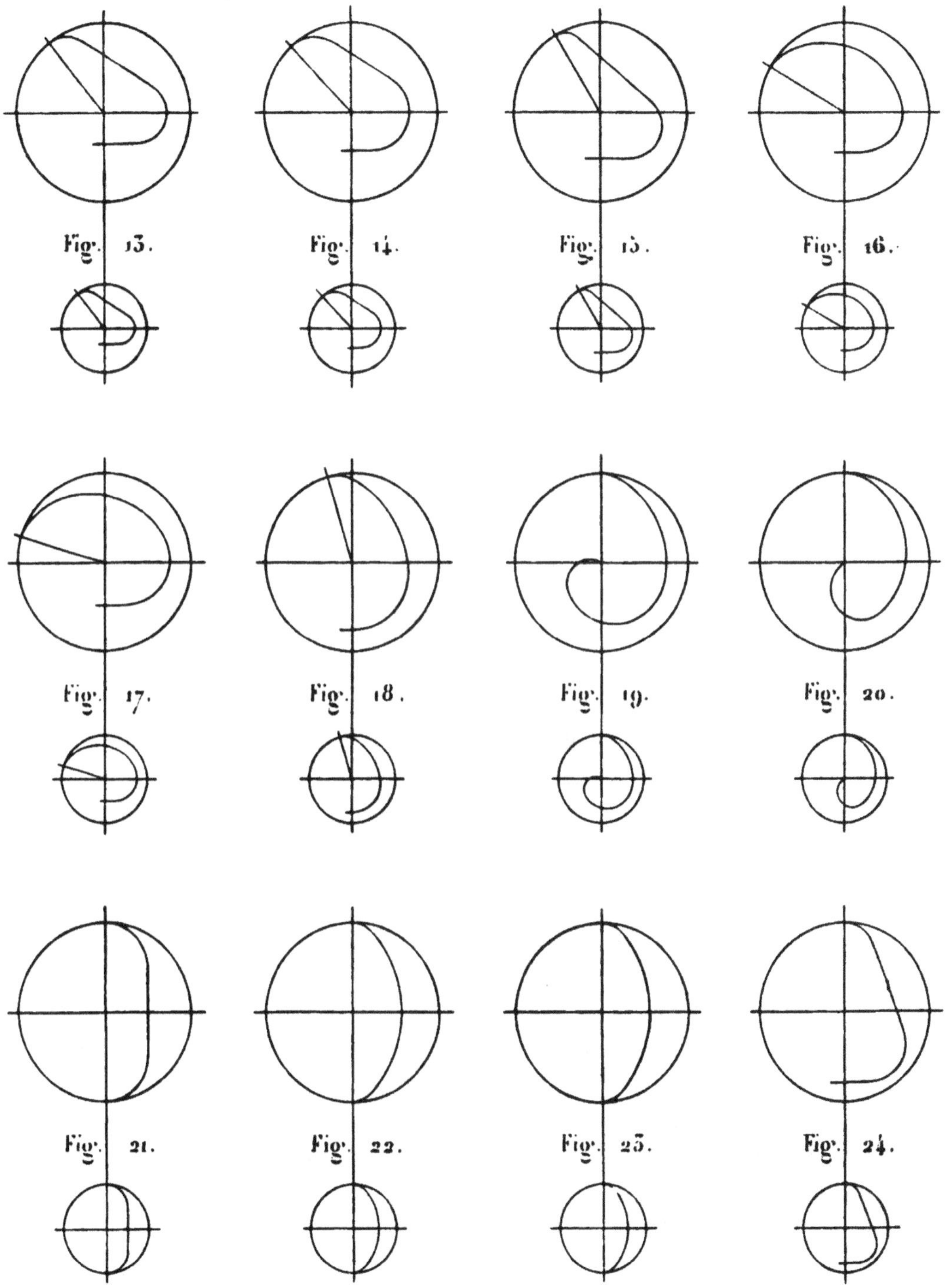

Planche I

De l'isochronisme théorique et de l'isochronisme pratique.

1388. Se reportant aux énoncés de principes, on a déjà compris que si l'on considère un balancier libre, muni d'un spiral parfaitement isochrone, et qu'on les adapte à un chronomètre, l'isochronisme des oscillations de ce balancier d'abord obtenu pourra être altéré par :

- L'action de l'échappement ;
- Une différence assez grande dans la grosseur des pivots ;
- Un changement assez considérable dans le poids du balancier ;
- Une variation notable dans la force motrice.

En un mot cet isochronisme sera plus ou moins altéré chaque fois que le spiral sera sous l'influence de causes qui troubleront la progression de force ascendante ou descendante qu'exige l'isochronisme.

1389. Il faut donc distinguer entre l'isochronisme *théorique* ou absolu et l'isochronisme *pratique.*

L'isochronisme absolu est celui qui découle de la Théorie du ressort réglant de M. Phillips.

Mais cet isochronisme absolu ne peut se réaliser rigoureusement dans le chronomètre parce que :

1. - On ne peut être assuré d'avoir exécuté les courbes terminales, qu'il faut souvent retoucher plusieurs fois durant le réglage, avec une assez grande précision pour avoir la certitude qu'on a annulé toute pression latérale et que la progression de force est celle qui convient ;
2. - La levée a une action double et destructive de l'isochronisme absolu : elle repousse les pivots contre leurs parois et elle change plus ou moins brusquement l'allure du balancier (**1446**).

L'isochronisme pratique, le seul réalisable dans un chronomètre, n'est que l'isochronisme absolu mais modifié d'après les changements qu'apporte à l'allure du balancier :

- L'action de la levée, qui est plus ou moins perturbatrice suivant qu'elle agit avec plus ou moins de force, de durée, etc. ;
- Les résistances plus ou moins variables des frottements, etc.

1390. L'horloger qui veut établir des pièces de précision fait bien, tout d'abord, d'étudier les conditions dans lesquelles se produit l'isochronisme théorique. Il pourra en approcher le plus possible dans l'application parce qu'il s'appuiera sur une connaissance plus approfondie de la part qu'il faut faire à l'échappement dans la réalisation de l'isochronisme pratique.

Ce point de départ nous paraît excellent et nous fait regarder la publication du remarquable mémoire de M. Phillips, comme un signalé service rendu à l'horlogerie. Si nous possédions avec le même degré de certitude, la théorie de l'impulsion aux différents âges de l'huile, etc., nous ne mettons pas en doute que l'art de construire des chronomètres ne devint, ce qu'il est loin d'être, une science positive.

Travail du métal dans un spiral.

1391. La quantité dont travaille le métal d'un spiral pendant son fonctionnement est indiquée par M. Phillips, à l'aide d'une formule très simple et qui montre que :

- Si l'épaisseur du fil devenait deux, trois fois, etc., plus grande, le métal travaillerait deux, trois fois plus.
- Si la longueur du spiral devenait deux, trois fois plus grande, le métal travaillerait deux, trois fois moins.
- Si le balancier tournait d'un angle deux, trois fois plus grand, le métal travaillerait deux, trois fois plus.

Calculer la durée des vibrations d'un balancier mû par un spiral

1392. Voici la formule qu'a donnée M. Phillips.

$$T = \pi \sqrt{AL / M}$$

T est le temps d'une vibration simple du balancier (rapportée à la seconde comme unité),
A le moment d'inertie du balancier ;
M moment d'élasticité du spiral.
L la longueur du spiral, supposé rectifié (rapportée au mètre comme unité de longueur) ;
π le rapport de la circonférence au diamètre (3,1415926).

On multiplie le moment d'inertie du balancier par la longueur développée du spiral ; ce produit étant divisé par le moment d'élasticité du spiral, on extrait la racine carrée du résultat et ou multiplie cette racine carrée par 3,1415926. Le nombre obtenu est la durée d'une vibration simple du balancier rapportée à la seconde comme unité de temps.

1393. De la formule précédente on déduit cette loi :

> Les nombres d'oscillations d'un balancier mû par un spiral (dans un temps donné), sont en raison inverse des racines carrées des longueurs, en action, de ce spiral.

En d'autres termes deux balanciers ayant le même moment d'inertie, et mus par des spiraux faits d'un même fil, feront des nombres de vibrations en raison inverse des racines carrées des longueurs de fil, même lorsque les diamètres des spiraux seront différents.

Applications pratiques.

1394. *Un balancier bat un certain nombre d'oscillations dans un temps donné, de combien faut-il raccourcir ou allonger la partie agissante du spiral pour faire faire, à ce balancier, dans le même temps, un autre nombre de vibrations.*

On aura la proportion (d'après le **1393**) ; $n : N :: \sqrt{L} : \sqrt{l}$

Le nombre d'oscillations à obtenir (n), est au nombre d'oscillations connu (N) comme la racine carrée de la longueur agissante (L), est à la racine carrée de la longueur cherchée l.

Soit un balancier retardant de 2 minutes par heure, c'est-à-dire donnant 17 400 vibrations au lieu de 18 000, et ayant une longueur de spiral entre les deux points d'attache de 194,8 mm.

La proportion sera :

$$18\,000 : 17\,400 :: \sqrt{194{,}8} : \sqrt{l}$$

$$\text{ou} \quad 18\,000 : 17\,400 :: 13{,}9 : x = 13{,}5$$

On en tirera la valeur de *x* qui, élevé au carré (13,5 x 13,5), donne 182,2 mm. La différence entre les deux longueurs 194,8 et 182,2 ou 12,6 mm, est la quantité dont il faudra raccourcir le spiral.

Si au lieu d'un retard on avait de l'avance, la marche du calcul serait la même, seulement le deuxième et le quatrième terme auraient chacun une valeur plus élevée que celui qui le précède.

Si le spiral se trouvait trop court, on pourrait, lorsqu'une force motrice suffisante le permettrait, obtenir le retard voulu par l'augmentation du diamètre ou du poids du balancier (**1316** et suite), en plaçant à la serge des vis latérales.

1395. *Trouver par le calcul la longueur d'un spiral.* — Pour connaître la longueur d'un spiral plat sans être obligé de l'allonger, on comptera, en prenant pour point de départ le point d'attache à la virole, combien il y a de tours (chaque spire complète) ; on mesurera bien exactement les diamètres de la virole et du dernier tour, et en divisant leur somme par 2 on aura le diamètre moyen ; on le multipliera par 3,1416. . ., puis par le nombre des spires, et on y ajoutera la fraction du dernier tour restante, toujours facile à mesurer. La somme totale, si les mesures et les calculs ont été faits avec soin, donnera la longueur développée du spiral avec une suffisante approximation.

La portion cylindrique du spiral en hélice se calcule facilement par cette méthode, c'est-à-dire en multipliant le diamètre par π et par le nombre des spires, et on y ajoute la longueur des courbes, facile à prendre à l'aide de deux morceaux d'un spiral ordinaire contournés suivant ces courbes et redressés ensuite.

On peut aussi, pour mesurer le spiral plat, le placer dans un petit barillet disposé à cet effet, et dans lequel les spires sont serrées les unes sur les autres autour de la virole. Ce procédé n'offre pas d'avantage.

1396. *Observations.* — Les horlogers feront bien de se familiariser avec ces différentes applications pratiques qui certainement dans bon nombre de circonstances leur rendront des services, mais il ne faut pas qu'ils croient en obtenir toujours une indication très juste, particulièrement dans l'usage civil. Là surtout il serait prudent de ne couper l'extrémité d'un spiral de la quantité indiquée par le calcul, qu'après expérience faite, parce que le calcul suppose toujours une lame homogène et parfaitement égale sur toute sa longueur, comme section transversale et élasticité, cas qui se réalise assez rarement avec les spiraux laminés du commerce, et surtout avec les petits spiraux. Néanmoins nous recommandons aux artistes de s'exercer à ces calculs en combinant ce procédé avec ceux indiqués déjà (**432** et suite) et d'autres qu'on trouvera plus loin (**1399**), ils parviendront sans grande peine à se créer une méthode d'appréciation qui facilitera leur travail, en leur permettant d'estimer, à très peu près, l'avance ou le retard afférent à des portions déterminées, par exemple comme le quart, la moitié, les trois quarts, etc., d'une spire.

Calculer le nombre des vibrations d'un balancier en rapport de la force du spiral.

1397. Considérons une lame de ressort réglant, nous savons que sa force variera en raison inverse de sa longueur et que c'est pourquoi, si nous la raccourcissons des trois quarts par exemple, elle aura une force quadruple et donnera au balancier auquel elle est adaptée une vitesse double.

En d'autres termes :

Les nombres d'oscillations d'un balancier sont proportionnels aux racines carrées de la force du spiral.

En effet dans l'exemple cité :

La force du spiral donné est 1
Celle de ce spiral raccourci est 4
Quand le premier faisait. . ... 1 oscillation
Le deuxième fera .... 2 oscillations
2 est la racine carrée de 4.

Applications pratiques.

1398. En vertu de la loi ci-dessus, si nous représentons par n le nombre des oscillations d'un spiral, et par f sa force (estimée par le déplacement angulaire), tandis que N nous représente un nombre différent et F la force qui produit ce dernier nombre, nous aurons :

$$n : N :: \sqrt{f} : \sqrt{F}$$

$$\text{ou } n^2 : N^2 :: f : F$$

F et f peuvent être remplacés par P ou p, c'est-à-dire les poids qui font équilibre pour un même angle de tension et des rayons égaux.

Si l'on éprouve quelques difficultés à extraire une racine, on se sert de la deuxième proportion que l'on peut simplifier en ne prenant que le nombre des oscillations accomplies par seconde ou par minute.

Exemple. — Une montre bat 16 200 vibrations à l'heure, on veut lui en faire battre 18 000. Les racines carrées des poids que les spiraux devront tenir en équilibre à leur armure moyenne, seront proportionnelles à ces nombres. Supposons le poids afférent à 16 200 égal à 20 centigrammes, nous aurons la proportion :

$$16\,200 : 18\,000 :: \sqrt{20} : \sqrt{x}$$

Mais si nous remarquons que 16 200 donne 4 ½ oscillations par seconde et que 18 000 en donne 5, nous aurons, en nous servant de la deuxième proportion :

$$4{,}5^2 : 5^2 :: 20 : x.$$

$$\text{ou} \qquad 20{,}25 : 25 :: 20 : x \qquad x = 24{,}6.$$

Il faudra donc raccourcir le spiral, c'est-à-dire le prendre dans la pince à un point tel qu'il tienne en équilibre le poids 24,6 dans les mêmes conditions où il tenait, lorsqu'on utilisait toute sa longueur, le poids 20.

1399. Pour ces applications, on se construira un petit appareil qui permette d'armer circulairement le spiral, le piton étant pris par une pince et un arbre à pivots, portant un index et un fil enroulé pour y suspendre le poids, passant par la virole.

Dans la pratique on tâte sa force en saisissant (dans une petite pince d'un outil préparé *ad hoc*), le tour extérieur du spiral tandis qu'on suspend à son centre un petit poids (en regard d'une règle graduée), selon la méthode courante de juger sa force à l'œil en pinçant le tour extérieur avec des brécelles tandis qu'on suspend le balancier au centre (421). Le cône doit être formé par un écartement régulier des spires, sinon il y aurait des tours forts et des tours faibles. Ce procédé réussit avec de faibles différences d'un spiral à l'autre. Mais il n'en est pas de même si les sections des lames diffèrent sensiblement. Alors deux spiraux en apparence de même force produisent des marches fort illégales.

Du spiral étudié au point de vue de la loi de la dilatation.

1400. On a vu plus haut (1376) que des horlogers se sont occupés de la recherche d'une forme de spiral propre à empêcher la mise hors d'échappement d'un balancier, par l'effet d'un excès de dilatation ou de contraction d'un spiral aux températures hautes et basses. Cette recherche est à peu près inutile et pour deux raisons : la première que ce spiral augmenterait les difficultés du réglage et de l'exécution, et la seconde que si l'effet redouté se produit, on en trouve la cause dans la mauvaise qualité du spiral, ou dans l'absence de soins apportés à sa confection.

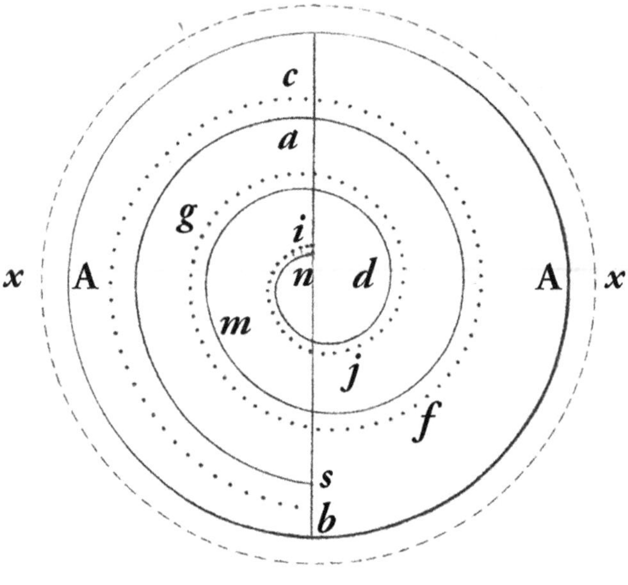

Fig. – 280.

Traçons sur une plaque d'acier AA (figure 280) la figure d'un spiral *samdn*. Exposons cette plaque à une température qui s'élève graduellement et régulièrement, elle s'agrandira en tous sens, conformément à la loi de la dilatation (1259), et admettons qu'elle atteigne le cercle pointillé, *xx* par une température inférieure à 100°; l'agrandissement du spiral tracé d'un trait plein donnera le spiral indiqué par une ligne pointillée *ijgfcb*. Cette ligne est assez notablement plus longue que la ligne pleine, ce qui a permis aux points d'attache *s* et *n* du spiral de se transporter en *b* et en *i*. Mais comme on le voit, l'agrandissement du spiral s'étant fait dans tous les sens, malgré l'allongement assez considérable de sa longueur supposée rectifiée, le déplacement des points *s* et *n* s'est fait en ligne droite et sa valeur réelle n'est égale qu'à *sb* et *ni*.

Qu'on pose sur la plaque refroidie un très grand spiral en acier bien homogène, trempé et revenu bien également dans toutes ses parties et dans sa forme définitive, et cette forme répondant exactement à la figure tracée, on verra que par l'élévation de la température ambiante obtenue comme il a été dit plus haut, tout se passera semblablement, et la coïncidence entre le spiral tracé et le spiral superposé restera parfaite.

La dilatation d'un spiral trempé fait avec quelque soin, ne pourrait mettre un balancier hors d'échappement que par un excès de dilatation des bras d'attache : or la différence qui pourrait provenir des variations du rayon de la virole est évidemment négligeable, et quant à l'autre bras d'attache il est en acier dans les chronomètres.

1401. Si l'effet redouté se produit, il provient de l'état de gêne où se trouve un *spiral bridant* aux points d'attache, ou des causes énumérées au **1260**. Les spiraux ordinaires du commerce qui sont laminés, puis courbés et revenus insuffisamment ou inégalement, restent dans un état moléculaire contraint qui les fait s'ouvrir, et souvent beaucoup, quand on les chauffe. Mais, nous le répétons, cet effet n'a pas lieu lorsque le spiral est trempé et revenu bien également (**351**).

Données d'expérience. - Données théoriques.

Confirmées par l'observation.

1402. Il nous paraît utile de rassembler ici, quoique plusieurs d'entre eux soient déjà épars dans ce livre, quelques résultats d'expérience confirmés par les lois théoriques et dus, pour le plus grand nombre, à P. Le Roy, Ferdinand et Louis Berthoud, et pour le reste à U. Jurgensen, Houriet et quelques modernes. Nous les accompagnons d'observations.

1403. Une lame doit être parfaitement égale, homogène et de même trempe sur toute sa longueur. Ses courbes terminales doivent avoir été obtenues sans forcer l'acier, c'est-à-dire sans le dénaturer. Il serait bon, si on avait quelques craintes à ce sujet, de l'amener à un état moléculaire assis par un revenu conduit avec soin. Les attaches du spiral ne doivent ni écraser l'acier, ni le faire brider.

Une lame peu homogène se déforme par les variations de température et ne travaille pas régulièrement dans toutes ses parties. Il en serait de même d'un spiral mal attaché ; ce dernier cas, ainsi que celui des courbes en état de tension forcée par l'usage de la pince maniée trop brusquement, sont cause que le métal reste pour ainsi dire en travail interne permanent, qui donne naissance à des progressions en avance. Le métal n'arrive jamais à un état moléculaire stable, ou bien n'y parvient qu'après un temps assez long, une année ou deux au moins.

1404. Une lame peut offrir plusieurs points d'isochronisme pour des balanciers en rapport avec les nombres d'oscillations répondant aux longueurs, comme elle peut n'en offrir aucun sur toute son étendue. Des lames donnent l'isochronisme seulement entre certains arcs d'oscillation. À un spiral isochrone d'une longueur donnée, si l'on veut substituer un spiral isochrone de même longueur, mais de force différente, pour un balancier plus lourd, il faut augmenter les dimensions transversales de la lame dans le rapport convenable avec la nouvelle force demandée. Par exemple, si la lame est deux fois plus large, le spiral alors deux fois plus fort sera encore isochrone pour les mêmes amplitudes.

1405. Une même lame de spiral cylindrique (sans courbes terminales), roulée en un plus grand nombre de spires, c'est-à-dire sur un cylindre d'un plus petit diamètre, laisse au balancier une plus grande liberté de mouvement qu'auparavant, parce que le déplacement angulaire du point d'attache se fait suivant une progression moins rapide. Si l'on exagère dans un sens ou dans l'autre, c'est-à-dire en roulant la lame sur un cylindre d'un diamètre beaucoup plus gros ou beaucoup plus petit, on ne rencontre plus de progression d'armure du spiral pouvant donner l'isochronisme avec l'étendue nécessaire des arcs de vibration. On voit qu'une longueur de spiral cylindrique étant donnée, il n'est pas indifférent de le rouler suivant un diamètre plus ou moins grand.

La position des points d'attache pour un spiral de ce genre n'est pas non plus arbitraire. Pour que son centre de gravité ne sorte pas du centre de l'axe du balancier, on place ces points de façon que l'effet qui tend à décentrer le spiral d'un côté, soit exactement compensé du côté opposé.

1406. Il est indifférent que le spiral à courbes terminales soit roulé sur un cylindre d'un diamètre plus ou moins grand, mais s'il est très grand, les moindres défauts d'exécution dans le travail de la formation des courbes seront bien plus sensibles sur le développement du spiral en mouvement ; s'il est très petit, il devient fort difficile d'exécuter les courbes avec précision et de ne pas forcer l'acier par des courbures trop prononcées.

La position des deux courbes l'une en regard de l'autre est indifférente. Elles peuvent coïncider ou se présenter, en se superposant l'une au-dessus de l'autre, en croix ou sous des angles différents. La forme de ces courbes est indépendante de la longueur du ressort et des dimensions transversales de la lame (mais la longueur doit être suffisante pour qu'il n'y ait pas déformation entre les limites extrêmes des amplitudes).

1407. En résumé, un spiral entaché de vices tels que : trempe inégale, coudes, nœuds parties forcées et redressées, mauvaise matière première, état contraint par suite de la gêne des points d'attache ou du peu de soin apporté à la formation des courbes, etc., donnera rarement une progression d'isochronisme dans le présent et, si on l'obtient, elle ne sera rien moins qu'assurée dans l'avenir.

La trempe et le revenu du spiral isochrone exigent, nous le répétons, de grands soins. Avec une trempe bien égale, que le spiral soit un peu plus ou un peu moins revenu, il n'en résulte pas d'inconvénient quant au réglage. Le spiral revenu davantage offrira de plus grandes facilités pour la formation des courbes, mais aussi de plus grandes chances de déformation par les oscillations accidentellement trop étendues. Une trempe un peu dure fait éviter ce risque. Il est vrai qu'elle donne naissance à de plus fortes progressions en avance dans la marche du chronomètre, progressions qui s'atténuent et disparaissent au bout de quelque temps, comme il a déjà été dit.

Cette nécessité d'avoir un spiral stable, c'est-à-dire dans un état d'arrangement moléculaire sans tension forcée et bien assis, avait été signalé dès les débuts de la chronométrie par P. Le Roy (**1382**).

Il ajoutait :

> « Il ne faut pas donner trop de longueur et de masse, eu égard à leur force aux spiraux, parce qu'alors les agitations les font mouvoir et vibrer, non seulement selon leur longueur, mais même dans leur largeur. »

1408. Après un certain nombre d'années de marche, les spiraux des chronomètres sont généralement hors service ; leur élasticité est altérée, sans que l'on puisse assez souvent en signaler une cause apparente. On suppose généralement, dans ce cas, que leur détérioration est due à une sorte d'énervation de la matière.

Des traces de rouille suffisent pour faire perdre à un spiral toutes ses qualités.

Retoucher aux courbes.

1409. L'article du *Réglage* enseigne comment doit se faire le choix du spiral isochrone, nous le considérons donc ici lorsqu'il est déjà monté dans le chronomètre et que celui-ci marche.

En règle générale, et dans la pratique ordinaire, si le chronomètre retarde dans les grandes vibrations, ce qui tient à ce que la force ascendante du spiral n'a pas augmenté dans la proportion qui convient aux déplacements angulaires du balancier, on raccourcit le spiral et on reforme la courbe. Lorsqu'il suffit d'une faible correction, on l'obtient en modifiant la forme de la courbe ; le plus habituellement, dans ce cas, on l'ouvre, ou plutôt on l'arrondit, on la fait saillir plus brusquement au-dessus du point d'attache, de façon à la mettre plus ou moins en opposition avec le mouvement ascendant du balancier.

Dans le cas où le chronomètre avance aux grandes vibrations, on allonge le spiral et l'on reforme la courbe, si l'on a besoin de produire une certaine quantité d'effet, mais s'il n'y a que peu de chose à faire, on retouche seulement la courbe en adoucissant sa courbure, de sorte qu'elle soit ramenée plus insensiblement vers le point d'attache, plus près du centre ; c'est-à-dire de manière à faciliter le mouvement du balancier à sa dernière période ascendante.

Ces données bien comprises, l'intelligence du lecteur fera le reste, car les explications d'un livre ne peuvent suppléer l'expérience. Que l'horloger étudie avec soin les conditions de l'isochronisme théorique et les causes qui le modifient dans l'application, et armé des notions nombreuses que renferme ce volume, qu'il fasse des épreuves. Il arrivera à réaliser, avec quelques difficultés d'abord, mais avec certitude ensuite, l'isochronisme pratique.

Du spiral plan. — Entre quelles limites il est isochrone.

1410. Le spiral ordinaire de la montre du commerce étant relativement court, s'arme dans une progression trop rapide et qui est cause que lorsque les huiles y sont fraîches, une montre dans le plus grand nombre des cas avance parce que les oscillations y sont plus étendues, effet qui résulte d'une augmentation momentanée dans la force motrice. Il n'en sera plus de même quand les huiles se seront épaissies, que le ressort se sera rendu, etc. L'on ne peut donc obtenir ici qu'une sorte d'isochronisme bâtard, résultant d'un rapport entre la longueur du spiral, l'arc d'oscillation, le frottement des pivots repoussés latéralement contre les parois de leurs trous, et les effets de l'épaississement de l'huile à l'échappement.

Dans les limites entre lesquelles on peut obtenir l'isochronisme du spiral plat, on ne le réalise qu'aux conditions suivantes indiquées par la théorie de l'isochronisme.

Le point d'attache intérieur doit être aussi près que possible du centre de l'axe du spiral et, à partir de ce point d'attache, la lame doit s'écarter de la virole insensiblement, mais surtout très régulièrement. Autrement cette lame n'offrirait pas dans ses mouvements la progression propre à produire l'isochronisme.

Supposons par exemple qu'une portion *aa'* du spiral (figure 281), au lieu de n'avoir qu'un point commun avec l'arc de cercle décrit du centre de ce spiral, se confonde avec la portion *bb'* de cet arc de cercle. Il en résulte que, lorsque le balancier entraîne *aa'* dans la direction de *a'* en *a*, il rencontre moins de résistance qu'à son retour, parce qu'alors *bb'* s'arc-boute pour ainsi dire plus directement contre l'action de ce balancier, d'où s'ensuit qu'il se produit entre l'oscillation ascendante et l'oscillation de retour des irrégularités incompatibles avec les conditions auxquelles on doit satisfaire d'après la loi des oscillations isochrones.

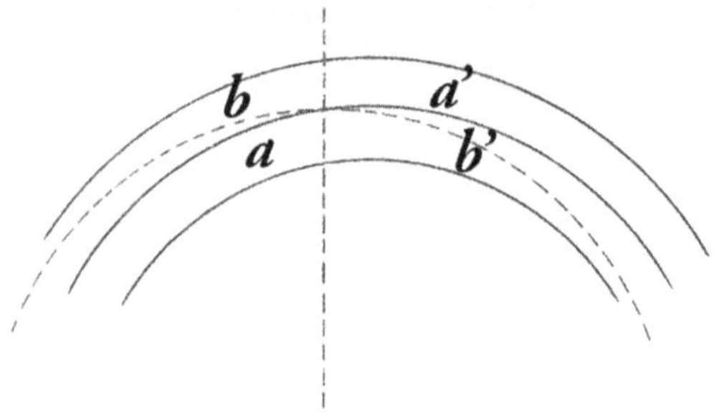

Fig. – 281.

1411. Le spiral plat (lorsqu'il est assez long et suffisamment isochrone) est très convenable pour les belles pièces civiles et son emploi, quand le mouvement du balancier n'est pas trop étendu, est souvent préférable à l'usage du spiral coudé. Ce dernier est plus difficile à exécuter dans les conditions réclamées par l'isochronisme, l'acier de sa lame est forcé ou dénaturé au coude, et ce coude est en outre un obstacle à la propagation régulière du mouvement de flexion qui se complique sur ce point d'une tendance à la torsion.

Il serait bien aussi, dans les montres à ancre du commerce, de substituer au grand nombre de mauvais balanciers compensés, qui n'ont d'autres qualités que de se mettre hors d'équilibre par les variations de température, des balanciers ordinaires garnis de vis, ce qui permettrait de mieux approprier ces balanciers à la force motrice et à un spiral suffisamment isochrone pour l'usage civil.

Piton mobile. — Il agrandit les limites de l'isochronisme du spiral plat.

1412. Le grand obstacle que l'on rencontre avec le spiral ordinaire tient à l'éloignement du centre du coq d'un de ses points d'attache, ce qui oblige le corps du spiral à se jeter brusquement de côté par les vibrations de quelque étendue. Il se produit une déformation qui contrarie la progression du développement isochrone.

On peut combattre ce défaut en attachant le spiral non pas au coq, mais à l'extrémité d'un ressort droit fixé par une patte à la platine, tel que celui représenté figure 282. Ce dispositif est désigné sous le nom de *ressort-piton* ou bien de *piton-mobile*. Dans les vibrations du balancier le piton fléchit, et quand le spiral se ferme, sa tête se rapproche du centre pour s'en éloigner quand le spiral s'ouvre. Cette disposition, due à MM. Young et Hardy, favorise dans des conditions assez larges le développement isochrone du spiral.

La difficulté est de rencontrer les dimensions exactes qui conviennent au ressort-piton : il est évident que pour un spiral donné, il doit réaliser certaines conditions de longueur, épaisseur, élasticité, etc, qu'on ne peut aujourd'hui déterminer qu'expérimentalement. En outre il faudrait, à la rigueur, que la tête du piton n'eût presque pas de poids afin que

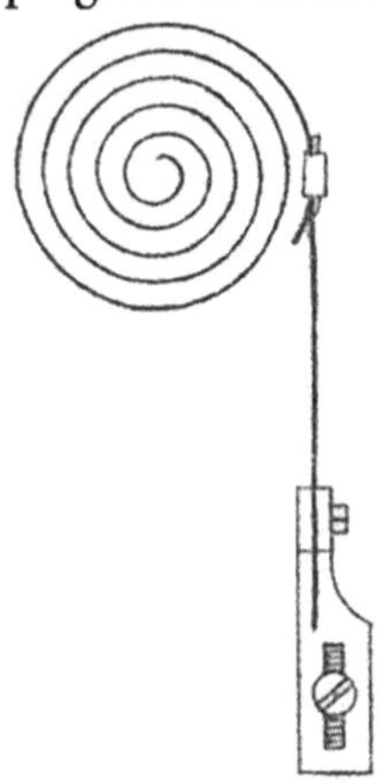
Fig. – 282.

son élasticité agisse seule et que son poids n'intervint pas avec une puissance différente de la position verticale à la position horizontale.

Cette matière est encore trop neuve pour que nous puissions nous étendre sur le sujet, nous ajouterons seulement que M. C. Frodsham, de Londres, a placé dans un chronomètre de bord un spiral plan monté sur piton à ressort, et que ce chronomètre lui a procuré l'un de ses plus beaux succès. M. Raby, de Paris, a également employé le piton mobile dans des montres dont les marches l'ont satisfait.

Exécution et trempe du spiral hélicoïde.

1413. Les anciens horlogers se servaient, pour fabriquer leurs spiraux, de fils d'acier ronds qu'ils rendaient méplats en les passant à un petit laminoir. On trouve aujourd'hui dans le commerce du fil tout préparé dit *fil de bobine*, qu'il ne s'agit plus que de rouler dans la forme convenable et de tremper.

Le diamètre du spiral étant connu, soit par des mesures prises sur un chronomètre de comparaison, soit par des essais préalables, on prépare le cylindre creux ou manchon, sur lequel il est nécessaire d'ajuster le fil afin que le spiral prenne la forme cylindrique et la conserve après la trempe (les courbes terminales se font plus tard à l'aide de pince). On a essayé de tremper le spiral sur un manchon où les courbes avaient été préalablement formées, mais on a rarement réussi, parce que le spiral s'allonge, que les courbes s'ouvrent plus ou moins, et qu'enfin il faudrait non seulement que le manchon portât des courbes différentes des courbes définitives, mais qu'il eût rigoureusement la même dilatation que le spiral, et ce manchon serait fort difficile à exécuter.

1414. *Faire le manchon.* — Il se fait ordinairement en cuivre rouge ou en laiton.

Il ne faut pas tarauder ce manchon dans une filière et ajuster le fil dans le creux du pas pour le tremper, ce mode de travail donnerait les plus détestables résultats. À moins d'un tube beaucoup trop épais, il est déformé au taraudage, en outre, les fonds de l'hélice ne sont pas dans le même plan circulaire et le métal violemment refoulé éprouve à la chauffe des déformations nombreuses, etc.

On se sert d'un manchon creux : les uns le rayent en hélice sur la machine à tailler les fusées, les autres laissent la surface extérieure entièrement lisse.

Il doit être bien cylindrique à l'intérieur et à l'extérieur. S'il porte une hélice, elle doit avoir été taillée avec un burin prenant peu de matière à la fois et coupant très franchement, et en lissant le fond de l'hélice creuse, qu'il faut peu profonde. Dans ces conditions, l'écorce offrira une égale épaisseur partout, et si on a eu la précaution de la chauffer suffisamment et doucement, il en résultera que, lorsqu'elle sera munie du spiral, elle prendra la chaleur bien également et n'aura dans aucune de ses parties des effets irréguliers de dilatation.

Cette écorce doit avoir une faible épaisseur, en moyenne 1,5 mm. Lorsqu'elle est trop épaisse, le spiral rougit plus rapidement que le manchon et se refroidit plus vite sur sa surface extérieure, d'où résulte que les surfaces intérieure et extérieure du spiral ne sont pas trempées au même degré.

Dans l'usage du manchon lisse les uns enroulent simplement le fil en faisant toucher toutes les spires, et le fixent aux deux extrémités par des vis. L'expansion que prend le spiral à la trempe, expansion qu'on favorise en écartant légèrement les spires, lorsqu'on tend la lame sur le manchon pour la faire revenir, suffit à faire écarter les spires suffisamment pour qu'elles ne se touchent pas pendant les mouvements du balancier. D'autres enroulent deux fils côte à côte, dont l'un ne sert qu'à maintenir l'écartement régulier des tours du spiral dont on veut se servir.

Le manchon étant enfilé et maintenu solidement sur l'arbre d'une estrapade, on fixe une extrémité du fil sous la tête d'une des vis du manchon, on suspend un poids assez lourd pour le tendre à l'autre bout du fil, et on l'enroule en faisant tourner le manchon jusqu'à enroulement complet, c'est-à-dire jusqu'à ce que le fil arrive sous la tête de la deuxième vis, où on le fixe. Le tout est prêt pour la trempe.

1415. *Moule pour spiral sphérique.* — Le moule dont F. Houriet se servait pour ses spiraux sphériques, se composait d'un axe en deux parties rentrant l'une dans l'autre et sur lequel étaient ajustées cinq rondelles de laiton, liées les unes aux autres par des vis latérales. Il tournait au burin cet ensemble en sphère aplatie aux pôles, et rayait d'une cannelure le petit globe sur la machine à tailler les fusées : une moitié d'abord, et pour l'autre moitié en retournant l'axe. Le spiral ajusté sur le globe et puis trempé, on enlevait les vis, on démantibulait l'axe et on retirait le moule pièce par pièce.

Motel formait son moule d'une douzaine de rondelles ajustées fortement sur un axe carré et serrées les unes contre les autres par un écrou. En enlevant l'écrou et en faisant reculer l'axe, les rondelles sortaient une à une par les intervalles des spires.

1416. *Tremper un spiral hélicoïde.* — Une bonne partie du succès tient à la connaissance du degré de chaleur qui convient à l'acier qu'on emploie et à l'habileté du trempeur dans la conduite de la chauffe, ainsi qu'à sa dextérité pour saisir l'instant favorable où l'on doit rapidement renverser l'objet dans le liquide. Il faut une grande habitude de la trempe pour obtenir des spiraux élastiques, également durcis dans toutes leurs parties, et sortant suffisamment blancs et nets du bain.

Le plus généralement, après avoir suspendu le manchon à un fil de fer qui le traverse, on met ce manchon dans un tube ou un creuset que l'on remplit de noir animal. Le tout est placé dans un foyer. S'il était possible que le tube ou creuset pût avoir un mouvement de rotation qui ferait pénétrer la chaleur plus également, cela vaudrait mieux. Quand le tout est à la couleur convenable, on enlève rapidement le tube, qu'on met près du bord d'un vase plein d'huile et, par le fil de fer, on saisit rapidement le manchon qu'on précipite dans l'huile. Si le vase n'est pas très profond, il ne faut pas lâcher le fil de fer, mais promener le manchon dans le liquide. Quelques horlogers renversent simplement le creuset dans le liquide contenu dans un vase, ayant une profondeur de 15 à 20 centimètres.

Observation. — Le noir animal doit être pur de toute matière étrangère et avoir été soumis à une forte dessiccation, et le spiral doit être parfaitement propre et sec ; ni l'un ni l'autre n'ont dû être touchés avec les doigts, autrement des particules de noir adhéreraient et occasionneraient des taches.

1417.

- *Trempe de F. Houriet.* — Elle est décrite page 242, numéro **497**.
- *Trempe de Motel.* — Il remplaçait le poussier de charbon de bois ou le noir animal par une espèce de cément dont nous avons donné la composition dans le volume III de la *Revue chronométrique*, et il trempait dans l'eau. Il obtenait ainsi des spiraux d'une grande dureté. Il les trempait d'abord sur un moule en platine et les faisait revenir sur un moule en cuivre un peu plus gros que le premier.
- *Trempe de M. Rozé.* — Son procédé, qui trempe le spiral détaché du manchon et le laisse très blanc, est décrit dans la *Revue chronométrique*, volume III.

1418. *Nettoyer et faire revenir le spiral cylindrique.* — On le détache avec précaution du manchon car il est lâche, s'étant allongé à la trempe, et on le blanchit dans l'intérieur en le faisant rouler délicatement avec un rouleau, de bois dur par exemple, bien lisse et à peu près de la façon dont on polit l'intérieur des cylindres d'échappement. Il faut beaucoup de soin, vu la fragilité de l'acier trempé dur.

On replace ensuite le spiral sur un manchon lisse. Une des vis étant serrée, on fait tourner le manchon en appuyant avec un bois délicatement sur la lame, afin de la faire tendre un peu, et l'on serre l'autre vis. On nettoie les côtés des spires avec un bois posé sur sa tranche dans l'intervalle et en faisant tourner le manchon. Le dessus des spires se nettoie de même en mettant le bois à plat.

Si la trempe a été bien conduite, le spiral en est sorti très blanc, il n'y a que quelques nuances à faire disparaître : le rouge à l'or sec sur le bois suffit dans ce cas. S'il en est autrement, on se sert d'émeri très fin.

En se servant d'un fer ou d'un zinc à polir pour le dessus de la lame, on risque d'user davantage sur des points que sur d'autres, et de ne plus avoir la progression de force convenable pour l'isochronisme.

Le tout étant parfaitement nettoyé, on fait revenir le spiral : les uns posent le manchon debout sur le revenoir et changent de temps en temps de côté. D'autres l'enfilent sur une tige qui tourne et dont l'extrémité est dans la flamme d'une lampe, d'autres encore le font rouler sur une plaque échauffée à un degré suffisant et très propre.

Ces moyens ne sont pas très bons, il vaut mieux placer le manchon dans une boîte métallique, la poser dans un feu pas trop ardent de charbon ou de motte embrasée, bien égal et à l'abri des courants d'air. On met un couvercle sur la boîte et l'on pose dessus un morceau d'acier blanchi qui permet de suivre les progrès de l'opération. On pourrait suspendre la boîte au-dessus du feu et lui donner un mouvement de rotation comme on le pratique pour la trempe des ressorts moteurs.

Il en est aussi qui, après la trempe, font revenir le spiral dans de l'huile échauffée à un degré que l'expérience a fait connaître. Il en sort avec une teinte bronzée. On l'enlève comme il a été indiqué si elle ne convient pas, et on revient bleu.

On nettoie le spiral à l'alcool rectifié, on l'essuie, et il est prêt à servir.

Exécution et trempe du spiral plat.

1419. Autrefois le spiral plat s'exécutait à la main. Le fil d'acier étant tenu sans raideur entre le pouce et l'index de la main gauche, qui en laissaient déborder une petite portion, on saisissait cette extrémité entre le pouce de la main droite et un alésoir, dont le manche était tenu sous les quatre doigts repliés de cette même main droite. Les deux mains étant appuyées l'une contre l'autre, la droite, en se renversant un peu, attirait à elle, par mouvement circulaire, de petites portions de fil, lequel se courbait ainsi de proche en proche par le double effet du mouvement demi-circulaire de la main droite et par la pression du pouce arrondissant le fil sur le contour de l'alésoir.

Ce travail était plus particulièrement exécuté par des femmes, qui l'accomplissaient avec une extrême célérité. Le fil roulé en forme de spiral, elles posaient celui-ci alternativement sur chacune de ses faces, et sur une carte où elles le maintenaient entre les doigts d'une main, relevant avec l'autre, et à l'aide de brucelles, les spires qui baissaient.

1420. Ces moyens ne sont plus guère employés aujourd'hui et ont été remplacés par les procédés suivants, que nous avons fait connaître, en 1858, dans la *Revue chronométrique.*

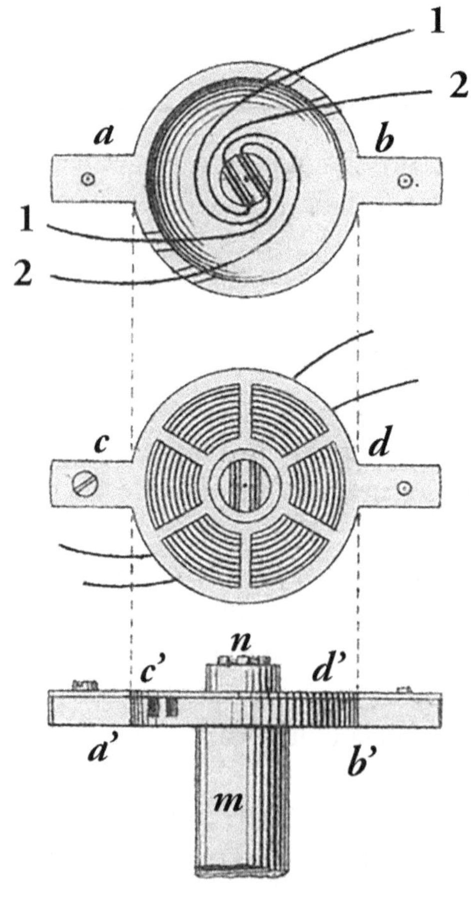

Fig. – 283.

Une plaque de laiton dans la forme indiquée par la figure 283 est percée au centre et creusée comme le serait un petit barillet, sauf que sa virole serait fendue en plusieurs endroits. Une autre plaque non creusée, mais le plus souvent découpée comme les croisées d'une roue, est destinée à recouvrir la première sur laquelle elle est maintenue par la vis *c*. Les deux plaques assemblées s'ajustent sur un arbre *m*, qui tourne à frottement, et peut être retiré à volonté. La tête *n* est traversée d'une ou de plusieurs fentes. Par les fentes, ainsi que par les ouvertures de la virole, on a fait passer un, deux, etc., fils de bobine ; on fait ensuite tourner l'arbre jusqu'à ce que les fils enroulés remplissent l'espace creux entre les deux plaques ; on casse les fils à fleur des trous, et l'arbre étant retiré, on pose le petit appareil sur le revenoir, où l'acier est chauffé jusqu'au degré qui donne la couleur bleue. On a ainsi à volonté un ou plusieurs spiraux, selon le nombre des fils employés. L'écartement des spires est déterminé par le nombre des spiraux faits d'un seul coup.

Ce que nous venons de dire, quant à l'écartement, n'est exact que lorsque ces spiraux ont été trempés ou assez fortement revenus ensemble, car le fil de bobine étant simplement tiré à la filière, c'est-à-dire durci par le laminage, le spiral s'ouvre toujours plus ou moins en sortant du petit barillet, et d'autant plus qu'il y demeure moins longtemps ou qu'il est moins revenu. On se contente souvent de rouler dans le barillet un seul fil sur lui-même ; lorsqu'on l'en sort, l'écartement des spires se fait de lui-même. L'acier laminé perd généralement un peu de son élasticité actuelle lorsqu'on le fait revenir après l'enroulement ; mais son état moléculaire en devient plus stable dans le présent et dans l'avenir.

1421. *Trempe du spiral plat.* — Quoique les indications qui précèdent nous paraissent suffisantes pour guider l'horloger dans le cas où il se trouverait dans la nécessité de tremper un spiral plat, donnons encore quelques explications.

Il peut en tremper plusieurs réunis dans un petit barillet comme il a été dit, ou simplement maintenus entre deux plaques découpées à jour et fixées l'une à l'autre par une vis au centre. On enveloppe le tout de poussier de charbon de bois ou de noir animal fin et bien desséché. On peut encore placer un spiral seul au fond d'un tube peu profond qu'on garnit, par saupoudrement, afin de ne pas déranger les spires, de noir animal. On n'aura, après la trempe, qu'à le faire revenir entre deux plaques, au cas où des spires se seraient soulevées, pour avoir un spiral d'une couleur très convenable.

Frédéric Houriet avait construit une machine au moyen de laquelle il creusait dans une plaque de platine une rainure en spirale ; il y introduisait le fil, puis le trempait et le revenait. Ce procédé n'est pas, on le voit, d'un usage facile.

Si le spiral ne sortait pas net de la trempe, on le reviendrait dans l'huile et on le passerait rapidement à l'acide sulfurique étendu d'eau, par exemple, pour le blanchir, et on le reviendrait bleu ensuite. Ce moyen doit être employé avec discernement après essais suffisants, et il ne faut pas que l'action de l'acide soit trop rapide.

Spiraux en or allié.

1422. Breguet[71], Houriet, surtout U. Jurgensen et son fils aîné, ont employé dans leurs chronomètres des spiraux en or. Jurgensen affirme que lorsqu'ils ont été bien écrouis, ils reprennent, après forte tension, parfaitement leur forme et leur élasticité primitives. Il trouve à leur emploi l'avantage d'éviter l'influence de l'oxydation et de l'aimantation.

Il est vrai que l'or, se dilatant plus que l'acier, exige un surcroît de compensation et que, comme il est plus lourd, il ne conviendrait pas pour les chronomètres de poche, où le spiral trépiderait plus facilement.

L'or allié, écroui au marteau ou au laminage, se durcit par le revenu. Il y prend successivement les mêmes teintes que l'acier, sauf le bleu qui est remplacé par le vert d'herbe.

Les uns le font revenir dans de l'huile bouillante pendant un temps dont la durée a été déterminée par expérience, d'autres se servent des procédés indiqués par MM. Couët dans la *Revue chronométrique*. L'un plaçait le manchon garni du spiral entre deux mottes de tanneur

[71] Né en Suisse de réfugiés français dans l'année 1747, Breguet est mort à Paris en 1823. Doué d'ingéniosité, du goût des choses compliquées et propres à frapper l'imagination, de savoir-faire, et puissamment protégé, cet artiste, qui avait réuni dans ses ateliers les premiers ouvriers d'Europe, a joui comme horloger, et de son vivant, de la plus grande réputation du siècle. Il fut même membre de l'Institut, bien qu'il eût moins de savoir que les horlogers, ses contemporains, ou qui l'avaient précédé, P. Le Roy, F. Berthoud et A. Janvier.

en combustion au point où elles sont blanchâtres et cendreuses à la surface l'introduction du manchon, en les brisant, fait que ce manchon en est enveloppé et couvert. On ne retire qu'après refroidissement complet.

Les spiraux ainsi durcis cassent comme des spiraux en acier et ils sont d'autant plus durs que le titre de l'or est plus bas.

Dans l'autre procédé on place le manchon et son spiral dans un tube fermé et surmonté d'une plaque d'acier blanchie. On chauffe à la lampe à esprit-de-vin, et quand la plaque a pris la couleur bleue, on souffle la flamme et on laisse refroidir,

La question de la préférence à accorder aux spiraux en or a été plusieurs fois soulevée sans être résolue. Nous recommanderons à ceux qui s'en occuperont de nouveau ces deux questions :

- Les coefficients d'élasticité de deux lames, l'une d'or allié, l'autre d'acier, changeront-ils avec le temps dans des progressions différentes ?
- Une lame d'acier perpétuellement en vibration change d'état moléculaire, soit avec le temps, soit sous l'action plus ou moins prolongée de causes connues ou encore inconnues : en est-il de même pour une lame en or allié ?

Du réglage

Réglage de précision.

1423. Le balancier compensateur actuellement employé dans les chronomètres de bord est représenté figure 284. AA sont les masses de compensation, BB les masses ou vis réglantes. Les autres vis *v v* ajoutent à l'effet des vis réglantes et facilitent la mise en équilibre du balancier.

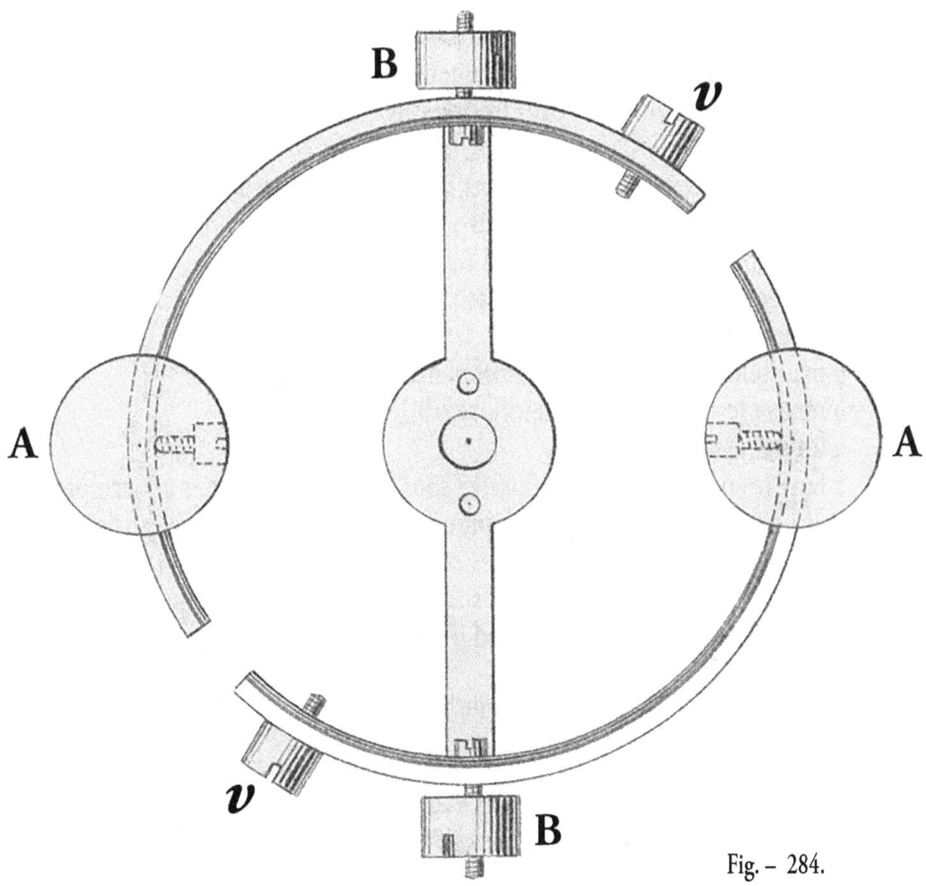

Fig. – 284.

Fig. – 285.

La figure 285 nous représente un balancier compensateur ordinaire des montres, c'est-à-dire simplement garni de vis. Il est percé de 20 à 30 trous, afin qu'on puisse placer convenablement les vis pour l'effet de compensation.

Ces trous se suivent ordinairement en progression dont les termes se rapprochent de plus en plus en allant vers l'extrémité, afin que lorsque l'on veut augmenter l'effet de compensation, on puisse grouper vers cette extrémité les principales vis. Les vis placées sur le prolongement des barrettes sont les vis réglantes.

Le réglage de précision exige que l'horloger qui n'est pas à proximité d'un observatoire, où il puisse se procurer l'heure exacte, sache la prendre au moyen d'un instrument des passages ; ou, quand il n'est question que des besoins de l'usage civil, à l'aide du tracé d'une méridienne.

Il doit être pourvu de :

- Un excellent régulateur à secondes, dont il vérifiera la marche tous les 8 jours environ ;
- Une étuve pour les épreuves à la chaleur ;
- Une glacière pour les épreuves au froid ;
- Des feuilles de marches toutes préparées ;
- Enfin différents appareils ou outils ;
    - à maintenir les montres dans différentes positions ;
    - à mettre les balanciers en équilibre sur leurs pivots ;
    - à les redresser ;
    - à faire les petites rondelles ajustées sous les vis pour ajouter à leur poids, etc.
    - il lui faut également de fortes pinces, à manches de bois, destinées à former à chaud les courbes terminales des spiraux. La courbure de la pince, qui ne doit présenter aucun angle vif, doit être un peu plus prononcée qu'il ne faut, la courbe du spiral s'ouvrant un peu quand il est libre.

Choix du spiral.

1424. Après avoir choisi un spiral de force convenable, quant au nombre d'oscillations par heure, et d'épaisseur telle que sa sensibilité aux variations de température se rapprochât le plus possible de celle du balancier, les anciens horlogers se servaient d'une balance élastique pour étudier la progression de sa force. Cette méthode est bonne et donne promptement un spiral à peu près dans les conditions requises mais aujourd'hui, où l'on ne fait guère que copier ou modifier des spécimens qui ont la sanction de l'expérience, il est plus avantageux de choisir un spiral conformément aux indications données plus haut, d'après un modèle qui a été expérimenté, et de l'éprouver tout de suite sur le chronomètre même (la figure 286 représente un spiral de chronomètre ordinaire).

Le spiral étant choisi, on l'adapte au balancier. Si l'on a affaire à une construction nouvelle que l'on essaie, on se sert d'un balancier que l'on tient plutôt un peu léger que trop lourd, afin de se ménager des facilités pour le réglage définitif par les variations du poids et par le mouvement des vis réglantes.

On règle le chronomètre à peu près sur le temps moyen, plutôt avec un peu d'avance si le balancier tient du léger, et c'est une bonne précaution de le soumettre plusieurs fois à des températures avoisinant 0° et 30°, afin d'amener plus vite l'ensemble des pièces métalliques à un état moléculaire bien assis et à des fonctionnements réguliers.

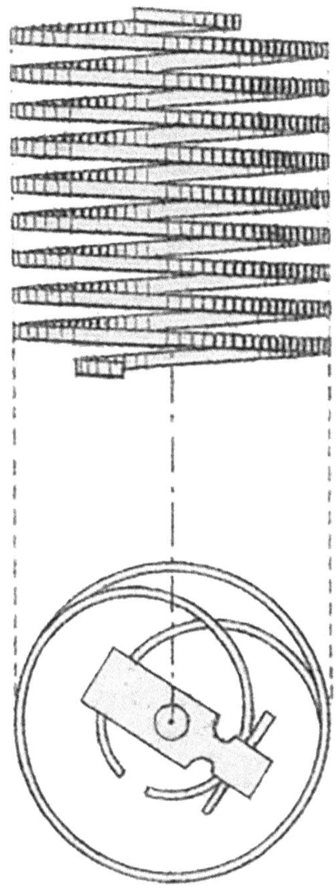

Fig. – 286.

1425. Dans les épreuves au chaud et au froid, la température doit s'élever ou s'abaisser graduellement ; de brusques variations de température couvrent les pièces de vapeur d'eau. En outre, les effets de dilatation violents énervent sur certains points la matière, qui n'est plus après exactement dans son premier état, et quelquefois elle ne revient pas rigoureusement à sa position primitive.

Épreuves d'isochronisme.

1426. Les épreuves d'isochronisme doivent se faire à une température moyenne constante (autour de 15°, ou environ), parce que le balancier n'ayant pas été soumis aux épreuves de compensation, il serait à craindre que des variations dans la température n'amenassent des changements dans le moment d'inertie du balancier, ce qui induirait en erreur. On fait décrire des arcs de 180° à 540° environ.

1427. Considérons d'abord le chronomètre à *barillet denté.*

On fait marcher la pièce dans la position horizontale, le ressort moteur complètement armé, c'est-à-dire le balancier accomplissant sa plus grande excursion, durant 12 ou 24 heures. On note très exactement sa marche, suivie sur un régulateur parfaitement réglé.

Le ressort désarmé de façon qu'on n'ait que des amplitudes d'oscillations plus réduites encore que l'arc minimum qu'amènerait un laps de temps donné, comme trois ou quatre années et même plus, on fait marcher le chronomètre dans la même position et durant le même nombre d'heures.

Si la marche est rigoureusement la même pour les arcs réduits que pour les grands, les deux points extrêmes d'isochronisme sont trouvés.

S'il en est autrement, on modifie la longueur du spiral dans le sens indiqué par les marches (**1409**) et l'on recommence l'épreuve. On a compris sans doute que si l'on change la longueur du spiral, on aura du retard ou de l'avance en vingt-quatre heures, retard ou avance dont on n'a pas à se préoccuper, s'il n'y a pas excès, puisqu'il se corrige plus tard par les vis réglantes (**1431**).

Si le spiral n'a pas de courbe, on agit non seulement en modifiant sa longueur, mais aussi son diamètre (**1405**).

S'il est à courbes terminales, lorsqu'il reste peu de chose à faire, on modifie seulement une des courbes.

1428. Quand on a trouvé un spiral approximativement approprié au nombre des oscillations en une heure, et que les deux points extrêmes d'isochronisme sont obtenus, on vérifie l'isochronisme des arcs intermédiaires que l'on fait croître par fraction assez petites car l'état d'une lame étant rarement bien homogène, d'égale trempe partout, si les oscillations successivement éprouvées diffèrent trop d'étendue entre elles, des erreurs peuvent se glisser dans un intervalle entre deux amplitudes dûment vérifiées. Il faut se souvenir qu'on rencontre parfois des différences entre la progression de force du ressort en montant et en descendant.

1429. Quant au chronomètre à fusée, on suit une autre méthode, qui est du reste applicable de tous points à une pièce à barillet denté, c'est-à-dire qu'on enroule autour du tambour de son barillet une cordelette à laquelle on suspend des poids, ou bien on emploie le moyen suivant :

On fixe le chronomètre dans la position horizontale, après avoir ajusté une poulie sur l'arbre de fusée. Sur cette poulie on enroule plusieurs tours d'une cordelette qu'on fait passer sur un renvoi, et à laquelle on suspend des poids. Ils sont gradués de manière à produire les différentes amplitudes des oscillations du balancier.

Le poids du balancier étant, comme nous le savons, sous la dépendance de la force motrice, il y a donc, dans un chronomètre d'un nouveau calibre, un rapport à déterminer expérimentalement entre ce poids et cette force, en tenant compte des conditions de la levée, c'est-à-dire qu'on expérimente en faisant varier les trois termes : force motrice, poids du balancier et conditions diverses de la levée.

1430. *Observation.* — Les conditions exigées pour le spiral étant remplies, on aurait un spiral parfaitement isochrone, mais l'expérience ayant prouvé qu'une légère accélération des petits arcs sur les grands aidait à corriger le retard que le temps produit dans la marche d'un chronomètre à la suite de la diminution des arcs, ce n'est pas le spiral rigoureusement isochrone qu'il faut réaliser, mais un spiral donnant une certaine avance par les petits arcs d'oscillation ; avance diminuant graduellement à mesure que l'on augmente l'étendue des amplitudes.

Il n'est pas possible de fixer *a priori* la valeur de cette accélération des petits arcs, elle est dépendante du genre de construction adopté. Earnshaw et Jurgensen la portaient à 6^s en 24 heures pour des arcs de 450° réduits à 300°. L. Berthoud et Motel n'allaient guère qu'à 3^s en moyenne.

Nous avons eu des exemples de chronomètres ayant parfaitement marché à la mer avec une accélération atteignant le chiffre considérable de 8^s à 9^s, et d'autres où cette accélération était nulle.

En règle générale on ne saurait apporter trop de soin dans l'exécution, la mise en place et le maniement du spiral isochrone, et ce n'est que par une étude attentive des propriétés des courbes et des changements qu'apporte à la marche telle ou telle modification dans leur forme, que l'horloger parviendra à posséder à fond son sujet et à en être maître pour un type donné.

Régler par les vis réglantes.

1431. Il suffisait pour les épreuves d'isochronisme que la montre marchât à peu près sur le temps moyen. Ces épreuves terminées, on amène la montre à suivre exactement le temps moyen, en faisant varier la position des vis réglantes : dans le sens de les rentrer, les rapprocher vers le centre du balancier, si la montre retarde ; on fait le contraire si elle avance. On a compris que le poids du balancier n'a pas changé.

Au besoin, on retranche ou on ajoute du poids par la suppression ou l'adjonction des vis accessoires dans le voisinage des vis réglantes, c'est-à-dire à la partie de la serge dont le déplacement n'est pas sensible par les variations de température. Un petit changement en plus ou en moins dans le poids n'affecte pas sensiblement l'isochronisme.

Épreuves de compensation.

1432. Les lames bis-métalliques doivent être suffisamment sensibles à l'action de la température, afin de ne pas être en retard sur les changements du spiral. Il les faut plutôt larges et de médiocre épaisseur qu'étroites et épaisses. Leur épaisseur est subordonnée aux effets à craindre de la part des réactions élastiques et à la puissance de la force centrifuge tendant à faire ouvrir les lames par les grandes oscillations.

Les balanciers ont ordinairement deux bras bis-métalliques. On en a fait aussi à trois et à quatre bras. Ceux-ci offrent l'avantage de donner moins de retard aux extrêmes températures mais, ainsi que le fait remarquer M. Rodanet, ils exigent un laiton plus chargé de zinc ; autrement l'effet de compensation est insuffisant. Ils demandent aussi plus de travail .

Le chronomètre étant bien réglé à une température moyenne (15° environ) on le soumet ordinairement pendant 12 ou 24 heures chaque fois à des températures extrêmes entre 0° et 30°, ou seulement 5° à 30°.

Si le chronomètre avance par la chaleur et retarde par le froid, c'est que la compensation est trop forte, il faut faire rétrograder les masses, c'est-à-dire les rapprocher des points d'attache de la lame bis-métallique. La masse occupant alors sur cette lame un point dont le déplacement est moins considérable, l'effet primitivement obtenu sera moindre.

On fait le contraire dans le cas opposé.

1433. Ce moyen est quelquefois insuffisant et l'on peut se voir dans la nécessité de remplacer les masses par de plus lourdes, ou bien de les diminuer beaucoup, ce qui nécessite un changement considérable et en sens inverse pour les vis réglantes. Si ces changements obligent à retoucher à la longueur du spiral, ou à le changer, tout le réglage est ordinairement à recommencer.

Les épreuves de la compensation d'un chronomètre établi sur un type connu et déjà éprouvé, sont fort délicates, on comprend par là les difficultés que présente la création d'un type nouveau.

Si sa compensation n'est pas parfaite, un chronomètre destiné aux observations scientifiques est impropre à ce service.

Réglage dans les quatre positions.

1434. Il a pour objet de vérifier l'équilibre du balancier, et de faire connaître en quoi le changement de position peut altérer l'isochronisme et la compensation.

L'équilibre du balancier dans les différentes positions n'est possible qu'avec la parfaite rondeur des trous et des pivots, et il sera altéré par les changements de température si les deux bras ne fonctionnent pas d'une manière identique, ce qui arrive lorsque les métaux ne sont pas homogènes, que l'un des bras ou tous les deux ont été forcés, par une maladresse de l'ouvrier, un travail mal conduit, etc.

Le chronomètre bien réglé dans la position verticale, où le midi du cadran est en haut, position qu'on indique ainsi $\frac{\text{XII}}{\text{VI}}$ (12 sur 6), on le fait marcher 12 heures dans la position $\frac{\text{VI}}{\text{XII}}$ et autant dans les positions $\frac{\text{III}}{\text{IX}}$ et $\frac{\text{IX}}{\text{III}}$. On observe avec soin la marche, l'étendue des arcs et l'on note.

En admettant la parfaite rondeur et le bon état des trous et des pivots, et aussi que l'équilibre du balancier a été préalablement vérifié avec soin par les méthodes ordinaires, si les variations dans les quatre positions sont peu considérables en 24 heures, l'équilibre du balancier est assuré.

1435. En règle générale, mais non absolue, le retard dans une position sur la marche observée dans la position inverse, ou diamétralement renversée, est l'indice d'un excès de poids vers le haut du balancier s'il ne parcourt pas 360°, et vers le bas s'il en parcourt davantage. En dehors du balancier ce retard provient : soit d'un surcroît de frottement sur les pivots dû à un surcroît de pression qui a sa cause dans une disposition vicieuse du calibre, soit de la déformation du spiral dont le centre de gravité se met en dehors de l'axe. Si ces effets sont un peu considérables, la correction est au-dessus des facultés régulatrices du spiral isochrone, et le défaut est irrémédiable. Simple avis aux trop nombreux dresseurs de calibres qui ont omis d'étudier les lois de la mécanique.

1436. Pour une même tension du ressort moteur, la différence des arcs dans les 4 positions est déjà un indice que les résistances sont différentes, mais la cause n'est pas toujours facile à découvrir. En dehors des différences dans la répartition du poids et dans la position du centre de gravité du spiral, qui peut être tantôt au-dessus, au-dessous ou à côté de l'axe, on doit faire attention que si dans une position la roue d'échappement lève le balancier et diminue ainsi la pression de ses pivots, en retournant la pièce cette même roue augmente cette pression, et qu'en outre l'action du spiral peut se trouver plus ou moins en opposition avec l'action de la roue à ce moment, et ajouter à son effet. Il ne faut donc pas laisser au hasard la position des points d'attache dans les pièces portatives quand le spiral n'a pas de courbes, ou que ses courbes terminales ne sont pas rigoureusement théoriques.

1437. C'est en faisant une intelligente étude du sujet qu'on parviendra à une heureuse combinaison de ces différents effets ou éléments, qui ne laissera subsister dans les positions que des écarts rentrant dans le cercle des corrections qu'on peut demander à l'isochronisme du spiral car il ne faut pas trop en exiger pour en obtenir quelque chose.

Les épreuves dans les 4 positions doivent être faites d'abord dans une température moyenne, comme vérification de l'équilibre du balancier et étude (d'après les amplitudes) des frottements, pressions, etc. Ensuite on les renouvelle aux températures extrêmes, comme constatation que l'équilibre obtenu se conserve et afin d'acquérir la connaissance des variations qu'amènent dans les frottements les changements de température.

Réglage du plat au pendu.

1438. Son objet est de fournir des indications utiles sur la forme qui convient le mieux aux pivots, aux parois de leurs trous, pour que la régularité de la marche ne soit pas altérée lorsque la montre quitte la position verticale pour l'horizontale et réciproquement.

L'intensité du frottement étant proportionnelle à la pression et indépendante de la surface frottante (**37** à **41**), il ne peut varier que selon la pression, mais il faut faire entrer en ligne de compte les résistances dues à la différence des rayons de frottement, à l'adhérence et à l'épaississement de l'huile, qui sont proportionnelles, les premières aux longueurs des rayons, les autres aux surfaces en contact.

Si nous considérons l'axe dans les positions horizontale et verticale, nous voyons que dans la première, le frottement réparti sur les deux pivots a lieu sur une double surface courbe d'un même rayon que le pivot, et dans la seconde, que ce frottement se fait sur un disque, plus ou moins plat, dont le plus grand rayon, égal à celui du pivot, va en diminuant de la circonférence au centre. En étudiant les deux frottements on remarque :

1°. que la surface frottée est à peu près toujours plus étendue dans la position horizontale ;
2°. que dans cette position même, lorsqu'on aurait l'égalité de la surface de frottement, la résistance serait plus grande puisqu'elle se fait partout à l'extrémité d'un long rayon, tandis que dans l'autre position le rayon de frottement diminue jusqu'à ce qu'il soit nul ;
3°. les résistances dues à l'adhérence des surfaces huilées seront toujours plus considérables dans la position horizontale de l'axe.

1439. En supposant une augmentation progressive du poids du balancier, on voit que si les résistances, quand l'axe est vertical, croissent proportionnellement au poids, elles croîtront plus rapidement sur l'axe horizontal, et l'on a l'explication de ce fait signalé par Jurgensen, qu'un balancier trop lourd rend la montre plus difficile à régler du plat au pendu, et de cette autre observation de F. Berthoud[72] : « Si la force motrice d'une montre est trop grande,

[72] Horloger suisse, né en 1727, mort en 1807, Ferdinand Berthoud vint à Paris, qu'il ne quitta plus, à l'age de 19 ans. Son instruction d'artiste s'y mûrit et s'y compléta au contact des grands maîtres d'alors dont, plus tard, il devint le rival.

relativement à la force du balancier, la montre avancera posée horizontalement et retardera posée perpendiculairement. » Il faut se rappeler qu'ainsi que nous l'avons démontré du **647** au **651** et au **666**, la puissance d'un balancier croît ou décroît autrement que la puissance motrice.

Le poids et la force ne sont donc pas arbitraires. En les faisant varier, on trouvera une combinaison où l'écart dans les deux positions sera peu de chose par des différences de force assez grandes (naturellement il faudra un spiral approprié).

On a négligé les faibles frottements du contour des pivots dans la verticale et du bout de ces pivots dans l'horizontale, ainsi que les effets de capillarité, qui n'acquièrent d'importance qu'avec les balanciers petits et légers.

1440. On égalise les résistances dont il a été question en *berçant* les parois des trous et en faisant très plats les bouts des pivots, mais il ne faut pas oublier que les surfaces frottantes trop étroites pour la pression qu'elles ont à supporter expulsent l'huile, se pénètrent et finissent par s'entamer.

1441. Les changements de marche du plat au pendu proviennent encore des causes suivantes déjà partiellement énumérées à l'article : *Réglage dans 4 positions*, dont plusieurs paragraphes sont applicables ici :

1°. L'action de la roue d'échappement qui est différente suivant qu'elle tend à soulever l'axe ou à le pousser latéralement ;

2°. un spiral qui se jette de côté en déplaçant son centre de gravité, un balancier qui n'est pas convenablement équilibré, une imperfection dans la rondeur des trous et des pivots, défauts de peu d'importance dans la position verticale de l'axe, mais qui en acquièrent beaucoup dans l'autre ;

3°. le principal frottement des pivots a lieu, d'une position à l'autre, sur une matière qui n'a pas la même dureté, les contre-pivots étant souvent plus durs que la pierre percée.

La conclusion est ici la même que celle du numéro **1437**, et nous ajouterons que pour les cas obligés on pourra, dans une certaine mesure, utiliser la méthode du numéro **431**.

Notes finales sur le réglage.

Réglage dans les positions inclinées ou verticales.

1442. Un défaut d' équilibre dans le balancier, nul ou à peu près quand l'axe est vertical, devient sensible et de plus en plus à mesure qu'on incline cet axe et jusqu'à ce qu'il arrive à être horizontal, position où les écarts dus au manque d'équilibre seront au maximum.

M. Phillips a démontré, dans un Mémoire présenté à l'Académie des sciences, que l'étendue des oscillations du balancier, où le défaut d'équilibre s'apercevra le moins au réglage dans les

---

Bien loin qu'il ait inventé les chronomètres, comme l'ont imprimé plusieurs de ses biographes, il ne réussit en chronométrie que lorsqu'il rentra dans la voie ouverte par P. Le Roy, après avoir eu le tort de vouloir s'approprier plusieurs des découvertes capitales de ce célèbre horloger. À défaut de l'intuition du génie, F. Berthoud possédait, ce qui explique et justifie sa belle réputation, une instruction large et un talent véritable au service d'une infatigable activité. Il a publié 13 volumes dans lesquels malheureusement d'excellentes choses sont trop souvent déparées par des contradictions et des conceptions qu'un moderne a qualifiées avec quelque raison de rêveries mécaniques. Ces reproches, quoique fondés, laissant debout des travaux sérieux, le nom de Berthoud restera l'une des gloires de l'horlogerie.

différentes positions inclinées, est de 439°, 28', soit en nombre ronds 440°, un peu moins de 1 tour ¼. Voici le tableau de ses expériences :

NUMÉROS des appareils.	NUMÉROS des expériences.	AMPLITUDE des oscillations du balancier.	ECART MAXIMUM de la marche diurne, selon l'orientation du cadran dans le plan vertical.
		degrés.	secondes.
I.	1er	270	234,0
	2e	440	3,0
	3e	480	32,2
II.	1re	270	361,0
	2e	440	12,0
	3e	455	73,0
III.	1er	260	532,8
	2e	440	24,0
	3e	470	165,0
	4e	360	185,0
IV.	1re	360	138,4
	2e	440	6,3
	3e	475	57,3
V.	1re	195	122,7
	2e	440	3,3
	3e	530	122,4

On fera bien, dans les chronomètres de poche, de se rapprocher, autant que les autres conditions auxquelles on doit satisfaire le permettront, de ce nombre de degrés, mais la portée vraiment importante de la démonstration de M. Phillips réside en ce point qu'elle fait voir que, par cette raison même que l'arc de 440° est le moins sensible au défaut d'équilibre, il faut faire les épreuves des positions sous des amplitudes qui s'éloignent notablement de 440°, autrement il pourrait arriver à l'horloger de croire à l'équilibre parfait d'un balancier qui cependant laisserait à désirer beaucoup sous ce rapport.

Écarts de l'isochronisme avec le temps.

1443. Les matières métalliques qui ont été travaillées, qui se frottent ou qui vibrent constamment, ont généralement besoin d'un certain temps avant d'arriver à un état sensiblement permanent. Une montre neuve qui vient d'être réglée, l'est rarement un an plus tard ; ce qu'on constate facilement en renouvelant les épreuves du réglage. Généralement, dans les pièces neuves, l'isochronisme du spiral est déjà au bout de quelques mois partiellement annulé par les changements d'état, soit du spiral, soit des autres parties. Durant la première année ce spiral est assez souvent soumis à des effets de cristallisation par exemple (c'est du moins l'opinion du plus grand nombre), qui s'accusent par des progressions en avance dans la marche du chronomètre, progressions qui cessent de se produire au bout d'un certain temps (1374).

Sur l'accélération donnée aux petites oscillations.

1444. Les anciens chronométriers ont constaté sur un assez grand nombre de montres marines pourvues d'un spiral parfaitement isochrone, un petit retard avec le temps, c'est-à-dire lorsque l'arc d'oscillation était réduit d'une certaine quantité. Ils attribuent ce retard à une perte d'énergie du spiral et à l'épaississement de l'huile, deux causes qui, d'après eux, rendraient plus lent, malgré l'isochronisme de ce spiral, le mouvement des petites oscillations.

Une augmentation de résistance sur les pivots a, en effet, pour résultat de paralyser ou plutôt de masquer l'isochronisme : ce que l'on peut constater sur le plus grand nombre des chronomètres pourvus d'un spiral rigoureusement isochrone, en les faisant passer (avant qu'ils aient satisfait aux épreuves des positions) du plat au pendu ; ils retardent au pendu avec de plus petits arcs d'oscillation, et le retard est plus accusé au froid.

1445. L'explication donnée ci-dessus du fait constaté ne nous paraît pas satisfaisante et pour plusieurs raisons.

1. - Les chronomètres de bord ne changent pas de position, ils ont de puissants balanciers, des pivots fins, et lorsque leurs trous sont bien faits, l'huile n'offre généralement pas de résistance appréciable à ces pivots, où elle est encore fluide au bout de deux ou trois années (on sent aisément qu'il n'en est pas de même quant au rouage, d'où dépend la puissance de l'impulsion).

2. - Une même cause doit engendrer les mêmes effets ; or comment expliquerait-on ici une observation faite sur de nombreux chronomètres et qui tous se sont parfaitement conduits à la mer ? Chez les uns, l'isochronisme du spiral était parfait à toutes les étendues d'oscillations, chez les autres, l'accélération des petits arcs sur les grands variait d'un chronomètre à l'autre de 3, 4, 5 et jusqu'à 9 secondes en 24 heures. Cette remarque a fait dire, mais à tort, à quelques horlogers que l'isochronisme n'était pas d'une grande importance pour le réglage, car s'il n'est pas le moyen unique, fondamental, sans lui pas de chronomètres dignes de ce nom.

Nous persisterons donc, et jusqu'à preuve contraire, à attribuer la nécessité, dans certains cas, de l'accélération des petits arcs, aux causes que nous avons signalées aux 607, 647 à 656 et 674, mais dans une matière aussi neuve et aussi complexe, on comprendra notre réserve actuelle.

Du retard que subissent les grandes oscillations avec le spiral théorique.

1446. Dans les épreuves du réglage telles que les chronométriers les pratiquent encore, ils tâtonnent leurs courbes terminales de façon à obtenir l'isochronisme dans les conditions que l'expérience leur a indiqué être les meilleures. Ils font donc entrer en ligne de compte, plus ou moins insciemment, le trouble apporté dans la progression de vitesses par l'impulsion et l'effort centrifuge qui fait ouvrir les lames par les grandes oscillations, et il en résulte généralement que les courbes adoptées s'éloignent plus ou moins des courbes théoriques. Cette observation qui ressort nettement d'une des dernières communications faites à l'Académie des sciences et sur laquelle nous reviendrons, explique plusieurs insuccès dans l'application des courbes théoriques. En effet, pour réaliser l'isochronisme absolu du spiral il faut que sa résistance croisse proportionnellement à l'angle de mouvement (ce qui se vérifie très bien avec un balancier libre à serge non coupée). Or, le balancier compensateur s'ouvrant par les grands arcs, son moment d'inertie varie, et la puissance du spiral théorique ne croissant pas en raison de cette augmentation accidentelle du moment d'inertie, il s'ensuit que les grandes oscillations retardent sur les petites de 10 à 12 secondes en 24 heures.

Qu'on le remarque bien on a ici, non pas, comme dans le cas précité (**1430**), une accélération des petits arcs, *due au spiral*, mais bien, ce qui n'est pas du tout la même chose, *un retard des grands arcs dû au balancier*. Dans le cas que nous venons de considérer, celui où l'on a à obvier au retard signalé par les chronométriers, il faudrait produire encore un surcroît d'accélération par le spiral. Sous ces exigences, avec la plupart des balanciers actuels des chronomètres de bord, un bon réglage est difficile. Plusieurs de nos meilleurs chronométriers se sont heurtés à cet écueil, qu'ils n'avaient pas prévu.

1447. Le spiral théorique ne donnera dans les chronomètres de bord tout ce qu'on est en droit d'attendre du beau et savant travail de M. Phillips, qu'avec un balancier compensateur plus résistant que celui aujourd'hui en usage.

Il n'en est pas de même quant aux chronomètres de poche, leur balancier, plus léger, ne s'ouvrant que peu ou pas, on y réalise sans grande différence, avec le spiral à courbes terminales théoriques, l'isochronisme des grands aux petits arcs.

Il résulte de ce qui précède que la forme des masses a de l'importance, elle devrait être telle que leur action sur l'air fût en opposition avec l'effort centrifuge. Les masses qui fendent plus facilement l'air, comme les masses ovales, doivent produire un peu plus de retard par les grandes oscillations.

Équation du retard aux températures extrêmes.

1448. On sait par le **1357** que, si un chronomètre est réglé de manière à donner une même marche diurne à deux températures éloignées, soit 0° et + 30°, cette marche se modifiera s'il est soumis aux températures intermédiaires, et que le maximum d'écart aura lieu à la moyenne température + 15°, où la marche sera en avance, relativement.

La différence n'est pas la même pour tous les chronomètres, mais on estime qu'en moyenne elle est égale à deux secondes de marche diurne. Ainsi la marche diurne étant + 3^s à la température de + 15°, elle diminuera si la température s'élève ou s'abaisse, et deviendra + 1^s aux températures 0° ou + 30°.

Nous devons aux savantes recherches de l'ingénieur Lieussou, la connaissance de la loi qui régit ce changement de marche, changement proportionnel au carré de la différence des températures T et t.

Soit m, marche d'un chronomètre à une température observée, T température à laquelle le chronomètre donne le maximum d'écart en avance, a marche diurne à la température T,

t température observée pour la marche m, c coefficient représentant la différence de marche lorsque le chronomètre passe de la température T à celle T± 1°.

Connaissant la marche a, la température t et le coefficient c, on aura la marche m par l'équation suivante :

$$m = a - c\,(\mathrm{T}-t)^2.$$

Réglage des pièces à l'usage civil.

Il convient de faire une distinction entre la pièce de nouvelle construction qu'on éprouve aux températures et dans les différentes positions, et la montre qui vient simplement d'être nettoyée et dont on veut remettre la raquette du spiral au point convenable. On va considérer successivement ces deux cas.

Réglage des montres aux températures et du plat au pendu.

1449. Il se pratique, quant à la marche à suivre, comme pour les chronomètres, sauf qu'il est moins minutieux et que l'on ne compte plus par fraction de seconde, mais par 2 ou 3 secondes et même beaucoup plus en 24 heures.

Régler aux températures. — Le fabricant qui veut créer un type de montre, soit une montre à cylindre par exemple, devra éprouver son nouveau calibre aux températures tout en combinant diversement : la longueur du spiral, le poids, la grandeur de son balancier, la grosseur du cylindre (suivant lequel variera le diamètre de sa roue) par rapport au diamètre du balancier (le point de départ vraiment rationnel), la grosseur des pivots. Il arrêtera son choix sur *l'ensemble des proportions*, qui se comportera le mieux aux différentes températures et du plat au pendu.

Il est bien entendu qu'on ne peut obtenir ici qu'un isochronisme approché ou bâtard, comme on l'a déjà fait remarquer au **1410**, puisqu'il est le produit de deux éléments dont l'un est irrégulier. C'est-à-dire que l'inconvénient qui naît de la progression trop rapide de l'armure du spiral par les grandes vibrations doit être suffisamment annulé par l'augmentation des pressions sur les pivots, due à la poussée latérale qu'exercent le spiral et la dent d'échappement. Effets qui sont encore modifiés par le frottement sur le cylindre, frottement proportionnel à son diamètre (**359** et suite).

Les montres à ancre se trouvent bien de l'application du spiral isochrone, et lorsque l'amplitude des oscillations du balancier ne dépasse pas un tour entier ou un tour ¼, elles se règlent très bien avec le spiral plat. Si les oscillations ont une plus grande étendue, et qu'on manque de hauteur, on emploie le spiral coudé. (**1411**.)

1450. *Réglage ordinaire du plat au pendu* (pièces civiles). — Si l'on n'a pas pu réussir à régler suffisamment bien dans les deux positions, en modifiant la forme du bout des pivots, l'épaisseur et le *bercé* des trous, la courbe intérieure du spiral ou sa longueur, c'est-à-dire en le remplaçant par un de même force, mais plus court ou plus long, on peut avoir recours au moyen indiqué au **431**.

Mais il faut bien se rappeler que ce procédé ne peut être utilisé sans danger que lorsque l'étendue des oscillations restera toujours ou plus petite ou plus grande que 360°. Si elle était plus grande d'abord et qu'elle devînt plus petite avec le temps, les effets, quant à l'avance ou au retard cherché et obtenu au début, seraient ensuite renversés.

1451. *Régler par des pivots coniques.* — Les pivots dont il est question ici ont la forme de celui représenté en *b*, figure 89, page 284, et qui est dit *pivot anglais.* Avec ces pivots, qui doivent avoir l'extrémité très fine, si les frottements sont trop considérables dans la montre pendue et qu'on ne puisse bercer le trou un peu plus qu'il ne l'est, il suffit de changer un peu la forme du pivot avec un zinc-à-polir et du rouge, sans toucher à la fine extrémité. Le pivot étant après cette opération légèrement moins conique, sa surface du contact est un peu diminuée.

S'il fallait au contraire augmenter le frottement dans la position à plat, il suffirait de raccourcir imperceptiblement les pivots et de donner au cône une forme un peu plus évasée, en le diminuant légèrement par le bout.

Ce système de pivots a contre lui :

- qu'il ne permet qu'un jeu insensible dans le sens de la longueur de l'axe, autrement on aurait trop de jeu dans les trous et l'un des pivots y ballotterait ;
- on ne peut loger dans les trous qu'une faible quantité d'huile, laquelle se dessèche promptement.

C'est sans doute à cause de ces inconvénients qu'on ne le rencontre presque jamais dans les constructions d'origine française ou suisse.

1452. *Autres procédés.* — On a encore essayé de régler une montre du plat au pendu en coupant plus ou moins en biseau le bout des pivots, afin de placer la résistance quand cette montre est posée horizontalement à l'extrémité du plus grand rayon possible.

Duchemin a proposé, afin d'arriver à égaliser les résistances dans les deux positions, d'insérer les contre-pivots dans des plaques mobiles légèrement inclinées, par rapport à l'axe du balancier, et dont on faisait, suivant le besoin, varier l'inclinaison.

Nous ne nous appesantirons pas sur ces moyens, dont le côté défectueux, qui est d'engendrer des frottements variables, sera facilement saisi, et que condamnent la théorie et l'expérience.

Régler promptement les montres et les pendules après réparations.

1453. Cette opération n'est pas à proprement parler un réglage puisqu'elle consiste simplement à retrouver la longueur du pendule ou la position de la raquette du spiral, d'une pièce d'horlogerie qui vient d'être nettoyée.

On rétablit rapidement le réglage d'une montre en employant les moyens indiqués du **432** au **439** inclus, et qui sont d'un usage facile pour celui qui en prend de bonne heure l'habitude.

On peut remplacer les balanciers types par des petits pendules à ressort ou à couteau, battant le même nombre d'oscillations, en ayant soin, quand on en fait usage, de ne pas les placer trop près du balancier de crainte des chocs (il vaudrait mieux les monter sur pivots fins, et munir l'axe de deux spiraux en opposition), ou bien par de grands ou moyens pendules battant par minute un nombre d'oscillations, dont le nombre battu par la montre est un multiple exact.

Supposons, par exemple, le pendule à seconde ou à demi-seconde, disposé de façon à donner un petit coup sec, et mis en regard d'un balancier battant 18 000. Une fois la concordance du départ établie, chaque cinquième coup du balancier de la montre répondra à un battement simple du pendule à seconde et à un battement double du pendule à demi-seconde. On comptera successivement 1, 2, 3, 4, 5, 1,2, 3, 4, 5, etc.

On règle rapidement une pendule par les mêmes moyens, et le nombre des vibrations étant moins considérable que dans la montre, se compte d'autant plus facilement. Aujourd'hui presque toutes les roues d'échappement des pendules font 120 tours à l'heure, le calcul des vibrations est bien facile à faire.

On réglera encore avec la plus grande promptitude si l'on possède le *synchromètre* Guilmet, décrit dans la *Revue chronométrique*, volume IV. Il offre cet avantage qu'on peut mettre son balancier d'accord avec celui de la pendule avant de toucher au mouvement, sans se préoccuper du nombre des oscillations, et l'on n'aura plus qu'à rétablir la concordance des deux quand ce mouvement aura été réparé.

Un appareil analogue pourrait être construit pour le cas des montres, qu'il faut réparer et livrer immédiatement.

Note sur la mesure de l'ouverture du cylindre.

1454. Nous avons indiqué au **504** la construction d'un outil servant à mesurer l'ouverture d'un cylindre et donnant, suivant les nombres de millimètres adoptés, les 7/12 ou un peu moins. Ces données sont très suffisantes pour l'usage courant, mais pour les amateurs de théorie que cette approximation n'a pas satisfaite, ajoutons que la proportion 21 à 36 répond à une portion d'écorce en nombres ronds de 199°, et celle 20 à 36 en nombres ronds de 193°.

La première, après l'adoucissage donne, à très peu près, 196°.

Ceux qui voudront calculer la profondeur des différentes ouvertures en rapport du diamètre, et qui ne sont pas familiarisés avec les méthodes trigonométriques, y arriveront néanmoins facilement, à l'aide d'une table des cordes, comme on en trouve dans beaucoup de traités de géométrie. Le sinus d'un arc (**1291**) est, comme on sait, la moitié de la corde qui sous-tend un arc double.

Note sur l'usage des appareils de démonstration.

1454 *bis*. Dans les expériences faites avec des appareils, la relation des vitesses doit être bien observée, mais surtout il faut tenir compte des pertes de force dues aux chocs. Ainsi dans l'expérience du **656**, l'effort exercé par le poids, en vertu de la gravité, est 4 ; cependant, l'effet n'est que 2, le surplus est perdu par réaction élastique et la perte, dans ce cas, est d'autant plus considérable que le levier est plus élastique. Ceux qui renouvelleront nos expériences ou en feront d'analogues devront bien se garder d'en tirer une conclusion absolue, sauf le cas où ils seront assez instruits pour pouvoir tenir rigoureusement compte des décompositions et pertes de force.

Ce n'est que par une étude approfondie des lois de la mécanique rationnelle, en rentrant dans la voie des Pierre Le Roy et des Graham, que l'horloger peut espérer de réaliser aujourd'hui de sérieux progrès.

APPENDICE

Articles divers

Complément du réglage.

Prendre l'heure. Marche diurne. État absolu. Feuille de marche. Manière de compter. Étuve, etc.

1455. *Prendre l'heure.* — Pour les usages courants, une méridienne tracée avec quelque soin suffira, ainsi que les tables d'équations moyennes entre deux bissextiles ; mais pour les réglages de précision on se servira des tables publiées dans l'Annuaire du Bureau des longitudes. Si l'on n'est pas à portée d'un observatoire, il faudrait déterminer le passage du soleil ou d'une étoile au méridien à l'aide du sextant ou de la lunette murale fixée sur un point immuable, car il est nécessaire de pouvoir vérifier l'exactitude de la marche d'un bon régulateur, environ tous les huit jours. Les ouvrages d'astronomie expliquent l'usage de ces instruments et on pourra avoir recours, au besoin, aux opticiens qui les vendent.

1456. *Limites d'exactitude.* — Une seconde de variation par jour dans la marche d'un chronomètre donnerait en 30 jours une erreur en longitude de ½ minute ou un peu moins de 14 kilomètres sous l'équateur ou l'erreur atteint sa plus grande importance. Une assez grande variation n'est d'ordinaire que le résultat d'une accumulation avec le temps d'erreurs diurnes, car dans les régulateurs astronomiques et les bons chronomètres, les différences d'un jour à l'autre restent dans les centièmes de seconde. Les variations rapides sont rares, ces pièces n'étant pas soumises dans l'usage à de brusques changements de position ou de température.

1457. *Marche diurne.* — Le mouvement diurne de la terre est en temps moyen de 24 heures, soit de 86 400 secondes. La marche diurne d'un chronomètre serait exactement représentée par ce nombre, s'il suivait rigoureusement le temps moyen, ce qui ne peut arriver que momentanément. Le réglage laissant toujours une différence légère soit en avance (+), soit en retard (-), on aura donc :

Marche diurne = 86 400^s ± fraction de seconde,

et par suite en supposant une avance de 2/10 de seconde :

Marche diurne = 86 400^s + 0^s,2 ou simplement = 0^s,2.

1458. *État absolu.* — C'est la différence entre l'heure du chronomètre et l'heure du lieu ou du régulateur, par conséquent l'état absolu varie avec les changements en longitudes. Soit un chronomètre apporté à Paris de l'étranger et retardant sur l'heure de Paris de 20 m. 3 s. en 24 heures, on aura : État absolu = - 20 m. 3 s.

1459. *Feuille de marche.* — En voici un spécimen approprié à l'usage courant.

N° de la montre 61.

DATES. — 1869	ÉTAT ABSOLU sur le régulateur.	MARCHE DIURNE	REMARQUES.	THERMOMÈTRE
Mars.	A midi.			
1	$+3^m,5^s,2$	. . . .	. . . . .	10°,4
2	+3 ,4 ,3	$-0^s,9$	Position horizontale.	11°,2
3	+3 ,2 ,2	−2 ,1	Id. Étuve.	x
4	+3 ,3 ,8	+1 ,6	Id. Id.	28°,6
5	+3 ,5 ,0	+1 ,2	Position verticale.	11°,8
6	+3 ,6 ,3	+1 ,3	Id.	9,3

La marche moyenne d'un certain nombre de jours est obtenue en additionnant les marches diurnes et en divisant le total par le nombre de ces marches. On donne au quotient le signe qui affecte le plus grand nombre des marches.

1460. — Les chronomètres français présentés au concours de la Marine de l'État sont soumis durant trois mois à des épreuves à la température ambiante et à des températures artificielles avoisinant 5° et 30°. La moyenne des marches est établie sur des séries de cinq jours. Pour qu'un chronomètre soit déclaré admissible, il faut que durant ces trois mois la plus grande différence des marches à la température ambiante, ajoutée à la plus grande différence des marches aux températures artificielles, ne dépasse pas *trois secondes.* On a compris qu'on retranche le plus petit écart de marche du plus grand aux trois températures : *ambiante, chaud artificiel, froid artificiel,* et qu'on ajoute au premier des trois chiffres ainsi obtenus le plus élevé des deux derniers.

1461. *Manière de compter.* — On apprécie les fractions de secondes en comptant les vibrations ou battements de l'aiguille trotteuse. Les échappements des chronomètres étant à coup perdu donnent pour 4, 5 et 6 vibrations par seconde 2, 2 ½ et 3 coups, ce qui répond à ½, ⁴⁄₁₀, ⅓ de seconde. On comptera par exemple jusqu'à concordance du battement du chronomètre et du régulateur, ce qui donnera une différence de 1 seconde. En la divisant par le nombre de secondes écoulées on aura la fraction de différence par seconde. (Consulter le **1453**.)

1462. *Étuve pour les épreuves à la chaleur.* — L'horloger peut s'organiser lui-même une petite étuve suffisante pour presque tous les cas. Le dessin en est donné par la figure 287 (de *h* en *b'* l'étuve est représentée en coupe verticale).

Dans une caisse en bois bien close *bb'* d'environ 25 à 30 centimètres de largeur et profondeur, ouverte au-dessous de *b'* et munie d'un couvercle en *h*, on place une boîte *dd*, encastrée par en haut dans la caisse et de façon à réserver tout autour de la boîte un espace *aa*. Cette seconde boîte est fermée par un couvercle *c* encadrant un carreau de vitre. Dans l'intérieur est placé un thermomètre et le petit tabouret *t* sur lequel on dépose les montres que l'on veut éprouver.

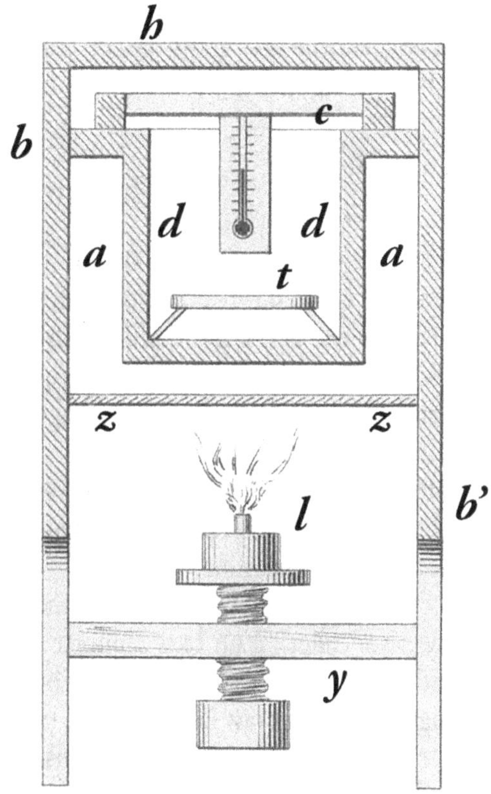

Fig. – 287.

La caisse enveloppante est complètement fermée en *zz* par une feuille de tôle ou de zinc et au-dessous de cette plaque métallique, une grosse vis en bois, taraudée dans la traverse *y*, porte un plateau sur lequel on met la lampe allumée qu'on peut ainsi élever ou abaisser à volonté. Le bas de la grande caisse est, comme on l'a dit, ouvert sur le devant ou les côtés, mais ne doit pas recevoir de courant d'air.

Le thermomètre mis à l'intérieur de *dd*, est disposé de façon qu'en soulevant le grand couvercle *h*, on puisse lire ses indications à travers la vitre du couvercle *c*. Les chronométriers placent un thermomètre extérieurement et sa tige est recourbée pour que la boule puisse être logée à l'intérieur de *dd*, mais l'ajustement de cette pièce exige des précautions et des soins dont on peut se passer dans l'usage ordinaire.

On voit que la boîte *dd*, isolée au milieu de la caisse *bb'*, est complétement enveloppée de l'air échauffé au simple contact de la plaque *zz*. On peut au besoin, ou par mesure de précaution, remplir l'intervalle vide entre les deux couvercles *c* et *h* par un coussin, et percer au bas de *aa* quelques petits trous à bouchons mobiles, si on craint des effets de dilatation, mais d'habitude cela n'est pas nécessaire.

Quelques horlogers se construisent une petite étuve formée de boîtes de fer blanc, insérées l'une dans l'autre, et dans les conditions qui viennent d'être décrites. Cet appareil leur suffit, mais il ne faut pas oublier que le métal est meilleur conducteur de la chaleur que le bois.

À l'aide de ces indications tout horloger pourra se fabriquer une étuve à peu de frais, la modifier ou l'améliorer pour un réglage de haute précision, car le problème à résoudre est celui-ci : produire graduellement des températures plus ou moins élevées et demeurant ensuite constantes un laps de temps suffisant.

On se sert d'ordinaire d'une simple lampe à huile ; le plus souvent, quand l'étuve est petite une veilleuse suffit.

1463. *La glacière pour les épreuves au froid* se construit à peu près de même, sauf qu'on laisse le vide circulaire *aa* plus grand afin de pouvoir y placer une quantité suffisante de morceaux de glace pour envelopper complètement la boîte *dd*, qu'on fait préférablement en zinc.

Répétition à étoile fixe.

1464. Le mécanisme de la montre à répétition actuellement en usage est décrit dans tous les ouvrages d'horlogerie, notamment dans le *Manuel Roret* ; nous ne nous occuperons donc ici que des dernières modifications que ce mécanisme a subies. Elles consistent dans l'immobilisation du centre de l'étoile, laquelle dans la répétition ordinaire est susceptible d'un mouvement de recul, et dans les changements que cette fixité de l'étoile nécessite dans la crémaillère et dans le tout-ou-rien.

Voici la description de ce nouveau système.

L'étoile E (figure 257, p. 597), au lieu d'être portée par le tout-ou-rien, est montée sur une broche fixée dans la platine.

La crémaillère N, dont le centre de mouvement est en *n* (et qui porte un doigt D pivotant sur une vis à collet), a un bras rapporté B, qui est noyé dans une creusure de la platine. La vis V, taraudée dans ce bras, traverse librement le corps de la crémaillère par une ouverture s'allongeant un peu sous la pièce D, et une goupille fixée perpendiculairement dans le corps de la crémaillère pénètre librement dans une autre ouverture rectangulaire ménagée dans le bras, elle est indiquée au pointillé en *a*. Ce bras pourrait ainsi exécuter un petit mouvement de l'avant à l'arrière, et alors la vis V ferait reculer le doigt D puisque cette vis s'appuie par sa tête contre ce doigt, tandis que du côté opposé elle touche par son collet (du côté V) la paroi de l'ouverture par laquelle elle traverse le corps de la crémaillère.

La pièce *r*R*s*T, sur laquelle appuie l'extrémité du doigt D, remplace le tout-ou-rien ordinaire, et prend de cette circonstance le nom de ressort-tout-ou-rien.

Il est facile d'expliquer maintenant le fonctionnement de l'ensemble.

L'entraînement du verrou, ou coulant de la boîte, fera tourner la crémaillère sur son centre *n* ; par son engrenage elle armera le ressort moteur de la répétition tout en faisant tourner en arrière le rochet des heures C, jusqu'à ce que le bras B rencontre le limaçon L. Le bras B reculera alors, appuiera sur le doigt D par la vis V et ce doigt, pivotant sur son centre, pressera à son tour sur la pièce *r*R*s*T, qui cédera sous cette pression. Son extrémité T, en s'écartant vers la droite, dégage la pièce aux quarts qui tombe, et l'effet de sonnerie a lieu.

Les fonctions des levées, *f*, *i*, *j*, du rochet des heures, ne diffèrent en rien de celles des mêmes pièces dans les répétitions ordinaires.

Nous croyons, sans cependant en avoir une certitude absolue, que les premiers essais des répétitions à étoile fixe ont été faits par Stagden. Le spécimen que nous donnons (fig. 257), et dont l'envoi nous a été obligeamment fait par M. Benoît, l'habile directeur de l'école de Cluses, n'offre que des différences de peu d'importance avec le dessin de la répétition de M. C.-H. Audemars que nous avons publié dans la *Revue chronométrique*, volume V.

Montres à remontoir au pendant.

1465. Depuis la montre de Beaumarchais qu'on remontait en faisant tourner avec l'ongle un anneau ajusté autour du cadran, et celle de Lépine[73], dont on armait le moteur en enfonçant plusieurs fois le poussoir après l'avoir tourné un quart de tour, on a combiné un grand nombre de montres où le remontage et la mise à l'heure s'effectuent par un mécanisme ajouté à la montre et dont l'organe principal est logé dans le corps du pendant de la boîte.

Nous n'en décrirons que deux ou trois des principaux ou des plus récents, M. A. Philippe, de la célèbre maison Patek et Philippe, de Genève, ayant publié sous ce titre : *Les montres sans clefs,* une excellente monographie de ces sortes de pièces.

Ajoutons que cette maison, par son intelligente initiative, a contribué pour une part très large au succès des montres à remontoir au pendant.

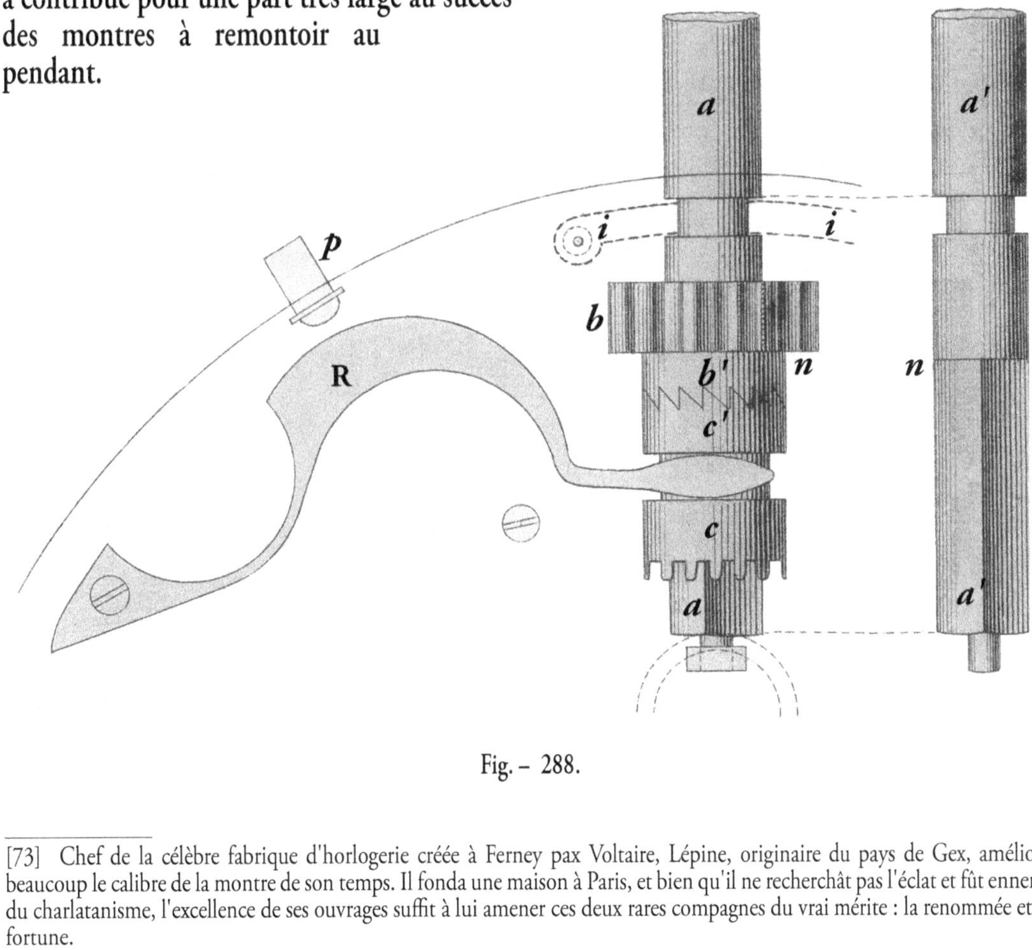

Fig. – 288.

[73] Chef de la célèbre fabrique d'horlogerie créée à Ferney pax Voltaire, Lépine, originaire du pays de Gex, améliora beaucoup le calibre de la montre de son temps. Il fonda une maison à Paris, et bien qu'il ne recherchât pas l'éclat et fût ennemi du charlatanisme, l'excellence de ses ouvrages suffit à lui amener ces deux rares compagnes du vrai mérite : la renommée et la fortune.

1466. *Remontoir au pendant dit Lecoultre.* — Les figures 288 et 289 représentent le système de remontoir au pendant le plus généralement adopté aujourd'hui. Il est appelé dans le commerce *remontoir Lecoultre*, du nom du principal fabricant, bien que la plus forte part de cette disposition appartienne à M. Audemars.

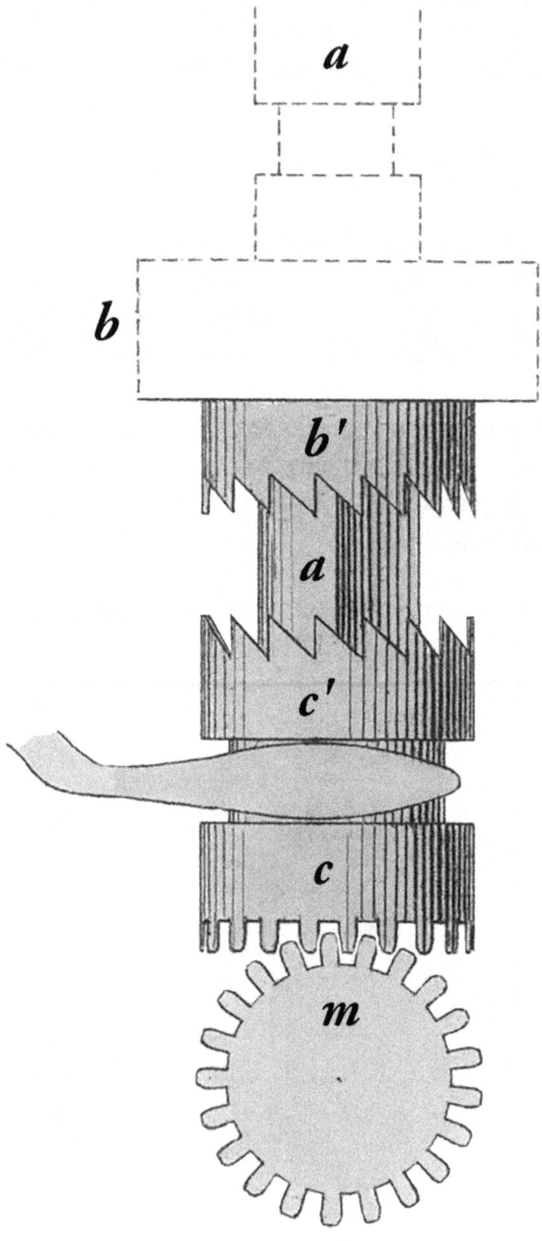

Fig. – 289.

L'arbre ou axe de remontoir, vu en *a'a'*, est vu en place et garni de ses accessoires en *aa* (fig. 288). Une bride *ii*, pénétrant dans une gorge pratiquée sur le contour de l'arbre, assure sa position en l'empêchant de reculer. Sur sa partie ronde, au-dessous de la bride, tourne à frottement libre le pignon de remontage *b*, dont le canon, terminé en denture à rochet, forme un encliquetage dit à la Breguet avec la pièce *cc'* (figures 288 et 289). Cette pièce dite *roue de mise à l'heure* ou *roue en couronne*, est ajustée sur le carré de l'arbre, le long duquel elle peut monter et descendre ; elle se termine vers le bas en roue de champ ordinaire.

Un ressort R, dont l'extrémité flexible pénètre dans la rainure creusée vers le milieu de *cc'*, assure la fonction de cette pièce au repos, tout en lui permettant de reculer pendant le décliquetage. Nous allons voir plus loin quelle est l'autre fonction de ce ressort.

Remontage. — Lorsque l'on fait tourner l'arbre entre les doigts, par le bouton moleté du pendant, de droite à gauche, la pièce *cc'*, ajustée comme on sait à carré, entraîne par l'encliquetage des rochets *b'* et *c'* le pignon *b*. Ce pignon arme le ressort moteur en agissant sur son axe par un système de roues intermédiaires, qu'on voit partiellement, dans la figure 290, de *y* en *r*. Au retour le pignon *b* demeure immobile et la pièce *cc'* seule retourne en arrière en décliquetant, et ainsi de suite.

Mise à l'heure. — Un doigt pressant sur la poussette ou piston *p*, le ressort R chasse en avant la roue en couronne *cc'*, qui quitte le rochet *b'* pour aller engrener avec la roue *m* (figure 289). Cette roue, directement ou par intermédiaires, transmet, soit à droite, soit à gauche, le mouvement de l'arbre *aa*, à la minuterie, et par suite aux aiguilles. Le pignon *b* reste immobile, l'arbre tournant dans son intérieur sans l'entraîner, et lorsque le doigt lâche la poussette, tout se remet dans la situation indiquée par la figure 288.

Le pivot de l'arbre de remontoir est reçu par un petit pont ou bien est logé dans l'épaisseur de la platine. Vers le haut, cet arbre est ajusté à frottement doux dans un pont ou dans la carrure de la boîte. Les pièces *bb'* et *cc'* sont comme encastrées dans une creusure, seulement suffisamment large pour qu'elles puissent accomplir leurs fonctions, sans y frotter nulle part. Cette disposition permet, et tout simplement en desserrant la bride *ii*, de retirer l'arbre ou de le remettre en place à volonté, sans être obligé de démonter aucune autre pièce.

1467. *Remontoirs au pendant de MM. Patek et Philippe.* — Au début, les remontoirs de cette maison n'avaient pas de piston pour la remise à l'heure ; à ce système succéda celui de la figure 290 que nous allons décrire.

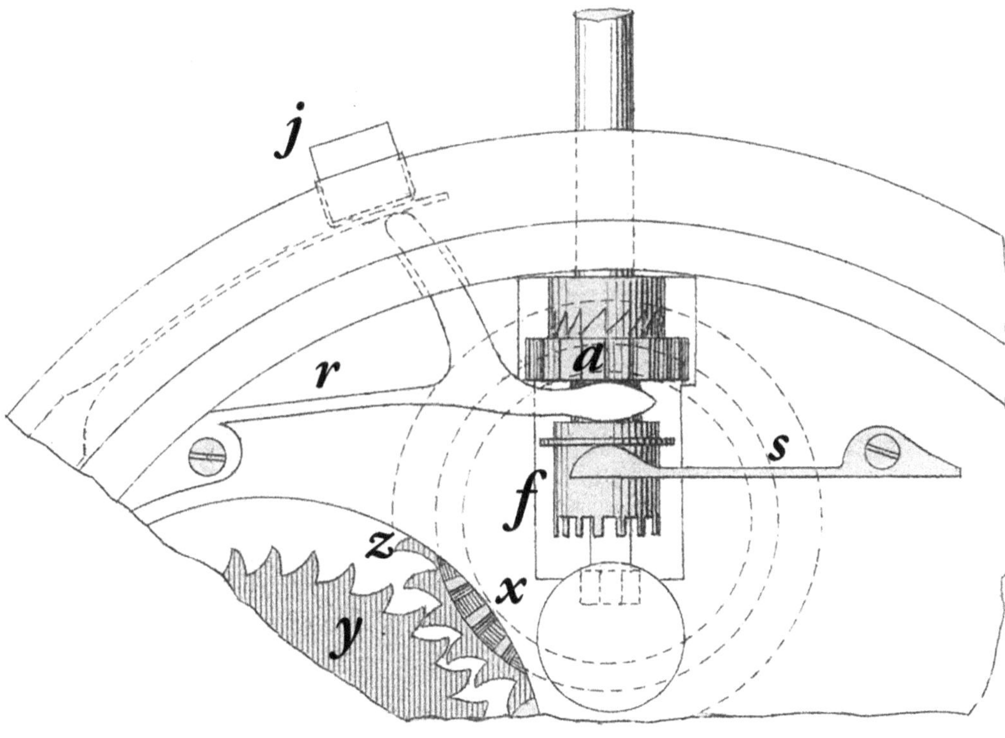

Fig. – 290.

L'arbre de remontoir et ses accessoires sont vus séparément figure 291. Le rochet supérieur de l'encliquetage fait corps avec l'arbre, au dessous est enfilé le pignon de remontage *a*, et à la suite la roue de couronne ou de champ *f*.

L'arbre est rond, une partie plate y est seulement ménagée, elle est indiquée à la gauche de *r* (figure 291). À ce plat répond un

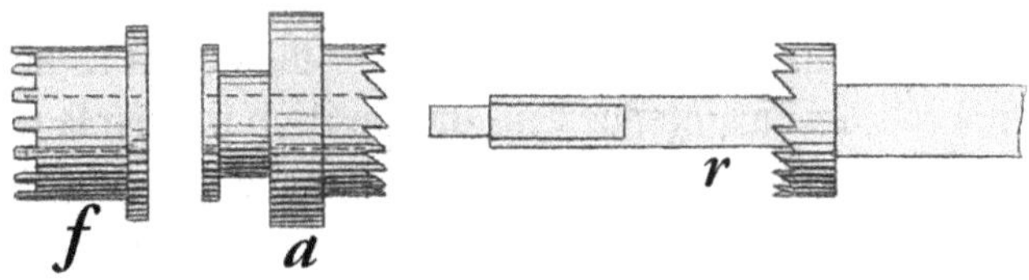

Fig. – 291.

renflement à l'intérieur de *f*. Ce renflement, qui oblige la roue de champs à tourner avec l'arbre, est obtenu par la saillie à l'intérieur d'une goupille chassée dans le corps de *f*.

Ceci entendu, on voit qu'en faisant tourner l'arbre pour le remontage ,l'effet de clef Breguet se produira identiquement comme dans le remontoir précédent, et que si l'on presse sur le piston *j*, tout le système *af* descendra, l'entrée en prise pour la mise à l'heure aura lieu et les aiguilles tourneront à volonté, à droite ou à gauche, le pignon *a* demeurant sans effet à l'intérieur vide du cercle formé par la denture de champ qu'on aperçoit en *r*, et avec laquelle il engrène pour le remontage.

1468. *Remontoirs sans poussette de MM.Patek et Philippe.* — Cette dernière combinaison, de date assez récente, a été ainsi décrite dans la *Revue chronométrique*.

La figure 292 représente les organes en situation d'opérer le remontage du ressort moteur. On sait que, comme dans le système ordinaire, le pignon *b* est enfilé librement sur l'arbre *a*. Il est arrêté par une portée *k* solidaire avec l'arbre. Ici cette portée est rapportée à vis sur l'arbre, nous dirons plus tard pourquoi. La pièce *d*, nommée *bascule*,

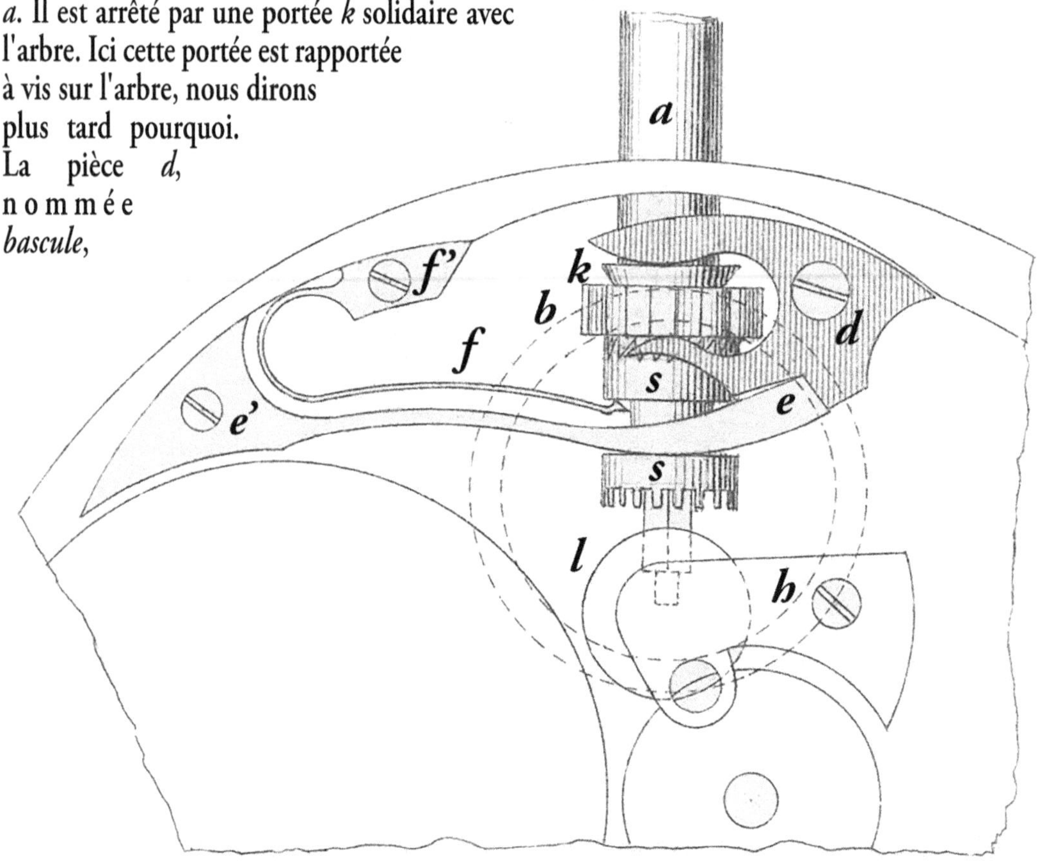

Fig. – 292.

embrasse dans sa fourchette la portée saillante *k* et le pignon *b* ; cette bascule mobile sous une vis à collet est maintenue dans une position fixe par la tête *e* du ressort *e' e*, laquelle tête est en contact avec une paroi inclinée de la bascule. Il y a un second ressort *f* destiné à presser contre une paroi de l'entaille de la mise à l'heure *s* et à maintenir cette dernière en prise avec les dents à rochet du pignon. L'effet de clef Breguet est donc obtenu au moyen de la pression de ce ressort *f.* Lorsqu'on veut opérer le changement de position des aiguilles, l'on tire du centre à la circonférence par le bouton fixé à l'extrémité de l'arbre *a*, jusqu'à ce que la bascule *d* force le ressort *e* à glisser sur le plan incliné de la bascule avec laquelle il est en contact ; lorsqu'il est arrivé à l'extrémité de ce plan, le mouvement de retrait se continue encore un peu jusqu'à ce que le ressort se soit engagé sur le bout, dans une position qui annule l'action sur la bascule dans le sens propre à la faire tourner.

La figure 293 montre les organes dans cette nouvelle position et la mise à l'heure *ss*, en prise avec la minuterie.

Le pignon *b*, malgré son

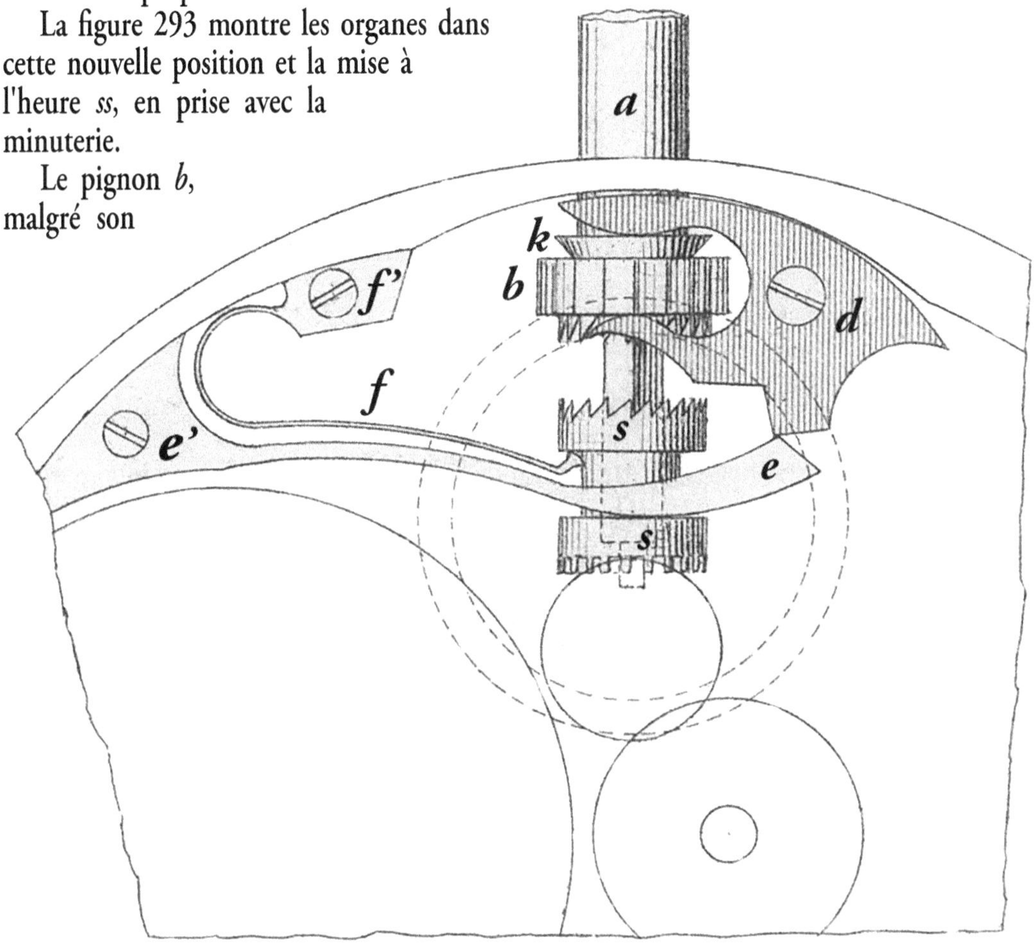

Fig. – 293.

mouvement de retraite, n'a pas quitté les dents de la roue à couronne du remontoir, c'est pourquoi la rentrée des organes dans la position première n'offre aucune résistance ; la moindre action sur le bouton fait avancer un peu la bascule *d*, dégage le ressort *e*, remettant les deux plans inclinés en contact, comme dans la figure 292, et comme le ressort a beaucoup de puissance, il suffit à lui seul pour remettre tout dans la position du remontage.

Nous avons dit que la portée *k* est ajustée à vis sur l'arbre *a*, et c'est dans le but de faciliter la mise en boîte du mouvement et son enlèvement. En effet, au moyen d'une fente faite dans le travers de cette portée, on la maintient à l'aide d'un tournevis qu'on appuie à la platine pendant que d'une main on dévisse l'arbre ; les pièces se séparent et l'arbre peut se retirer tout à fait, après quoi le mouvement peut s'enlever ou se remettre sans obstacle.

Des montres à remontoir où la poussette n'est pas employée ont été antérieurement exécutées dans la maison Breguet, la *Revue chronométrique*, volume III, en donne un spécimen.

1469. *Observations sur les remontoirs au pendant.* — La Théorie des engrenages fournit amplement à l'horloger habile les moyens pour obtenir un bon appareil de remontage du ressort moteur, aussi la grande difficulté réside-t-elle ici dans le mécanisme de la mise à l'heure. Si le piston est peu saillant, le possesseur de la montre arrive difficilement à faire mouvoir les aiguilles ; s'il est au contraire en relief, il s'accroche dans le gousset, s'enfonce sous les pressions accidentelles, etc. En outre dans les dispositifs aujourd'hui en usage, le mouvement se transmet aux aiguilles par une tige ajustée à frottement, et qui ne se maintient dans les conditions d'un bon usage que si l'ajustement est parfait. Le perfectionnement de la mise à l'heure doit donc être le sujet principal des recherches et des méditations des artistes ingénieux, mais surtout instruits.

Chronoscopes, chronographes, compteurs, comparateur.

1470. Ces différents appareils participent tous les uns des autres ; ils servent à mesurer de petites fractions de temps. Le nom de *chronoscope* s'applique plus particulièrement à ceux doués d'un mouvement continu. Les appareils à pendule conique, l'appareil Wagner à mouvement différentiel, le régulateur Foucault, etc., appartiennent à cette catégorie. Dans plusieurs, la fin et le commencement d'une observation sont marqués automatiquement à l'aide de l'électricité.

Le *chronographe* désigne plus spécialement l'instrument qui mesure le temps par une succession de mouvements intermittents comme ceux d'un rouage d'horlogerie réglé par un échappement. Son organe principal est l'aiguille poseuse d'encre ou pointeuse dont nous trouverons la description plus loin (1474). Elle inscrit, sous la pression d'un bouton, les différents instants de l'observation. Le mérite de cette invention appartient à Rieussec, horloger de Paris, qui la fit connaître en 1822. Breguet fit, peu de temps après, breveter un appareil, qui différait de celui de Rieussec en ceci : l'aiguille de Rieussec était à poste-fixe et le cadran tournait au-dessous, Breguet faisait tourner l'aiguille et immobilisait le cadran. Ce n'était qu'un corollaire de l'invention de Rieussec.

Enfin on généralise le nom de *compteur* en l'appliquant à tout instrument propre à mesurer des intervalles de temps : de là, les compteurs simples, compteurs-chronographes, etc. Leur nombre étant assez grand, nous ne citerons que quelques-uns des principaux.

Compteurs de MM. Jacob et H. Robert.

1471. Ces compteurs sont décrits avec de suffisants détails et des figures à l'appui, dans la dernière édition du *Manuel Roret*. Ce volume, de prix peu élevé, devant se trouver entre les mains de tous les horlogers, nous y renvoyons.

Compteurs de secondes de M. Winnerl.

1472. *Compteur simple.* — Dans ce compteur, l'aiguille des secondes peut, à volonté, être arrêtée et ensuite ramenée instantanément au point où elle devrait se trouver si on l'avait laissé marcher.

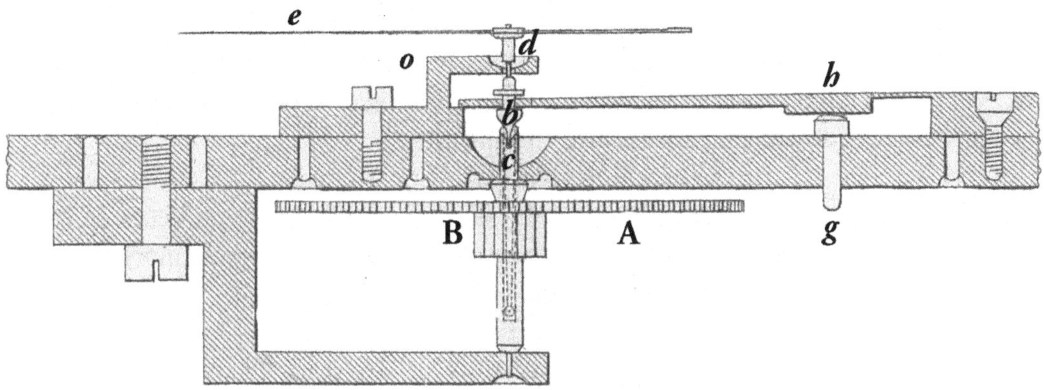

Fig. – 294.

La figure 294 nous représente une section longitudinale et verticale, sur une échelle amplifiée, du mécanisme de ce compteur, que l'auteur a imaginé en 1831. La figure 295 est le pivot de seconde, énormément grossi, et vu en élévation.

La roue de secondes A est fixée sur un pignon percé B, dont le petit pivot est rapporté. Le pivot C, du côté de la platine, qui porte habituellement l'aiguille des secondes, est formé par un canon se terminant en deux plans inclinés *a*, au fond desquelles est pratiquée une petite coche *a'*. La tige qui glisse dans le canon porte une virole *b*, terminée par un bec qui s'engage dans la petite coche *a'* quand cette tige est descendue au fond du canon. Un pont en acier *o*, fig. 294, fixé sur la platine, est percé d'un trou dans lequel tourne librement le pivot de la tige *d*, portant l'aiguille des secondes *e*. Au-dessous de ce pont, le pivot est renforcé jusqu'à la portée *f*, pour que cette partie puisse entrer librement et sans jeu dans le trou du pont *o*. Il résulte de cette disposition qu'en élevant la tige jusqu'à ce que la portée *f* s'appuie sous le pont, la pointe des plans inclinés *a* passe dessous le bec de la virole *b* sans le toucher.

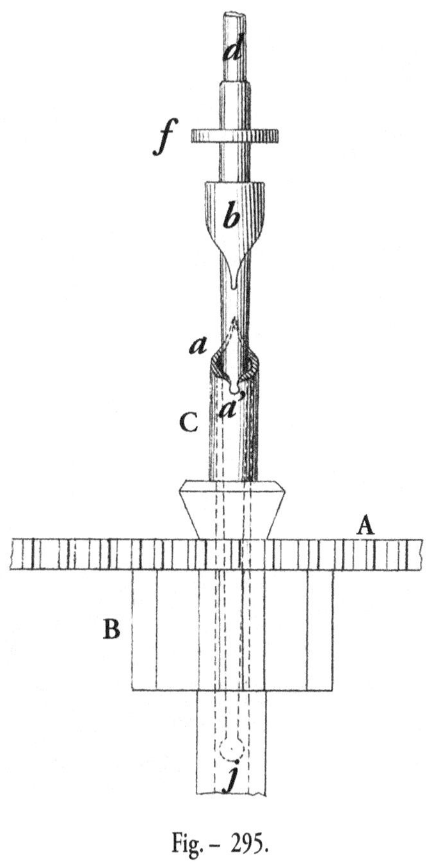

Fig. – 295.

Lorsqu'on veut arrêter l'aiguille des secondes, on appuie sur un poussoir qui, par l'intermédiaire d'un piton *g*, fait remonter subitement le ressort *h*, fixé sur la platine ; l'extrémité de ce ressort taillé en fourchette relève et appuie sous le pont *o* la portée *f* ;

alors la roue A continue de marcher indépendamment de l'aiguille ; mais, dès que le poussoir est retiré, le ressort *h*, rendu libre, s'appuie sur la virole *b* dont le bec, en glissant sur les plans inclinés *a*, fera tourner la tige avec l'aiguille des secondes, jusqu'à ce qu'elle rencontre la coche *a'*, pour continuer de marcher ensemble ; en même temps l'extrémité du ressort *h* s'appuie sur un petit talon qui se trouve au-dessous du pont *o*, de sorte qu'il ne touche plus ni la virole *b* ni la portée *f*.

Nous ferons remarquer en terminant que l'effet de retour de l'aiguille par l'action de la pièce *b* dit, de sa forme, le *bec de plume*, sur le plan incliné *a*, est très sûr et très net ; il n'offre que l'inconvénient de demander de l'espace en hauteur.

1473. *Compteur garde-observation.* — M. Winnerl en a composé plusieurs de genres différents et qui sont décrits dans la *Revue chronométrique*, vol. III. Nous empruntons à ce volume la description du suivant (figure 296).

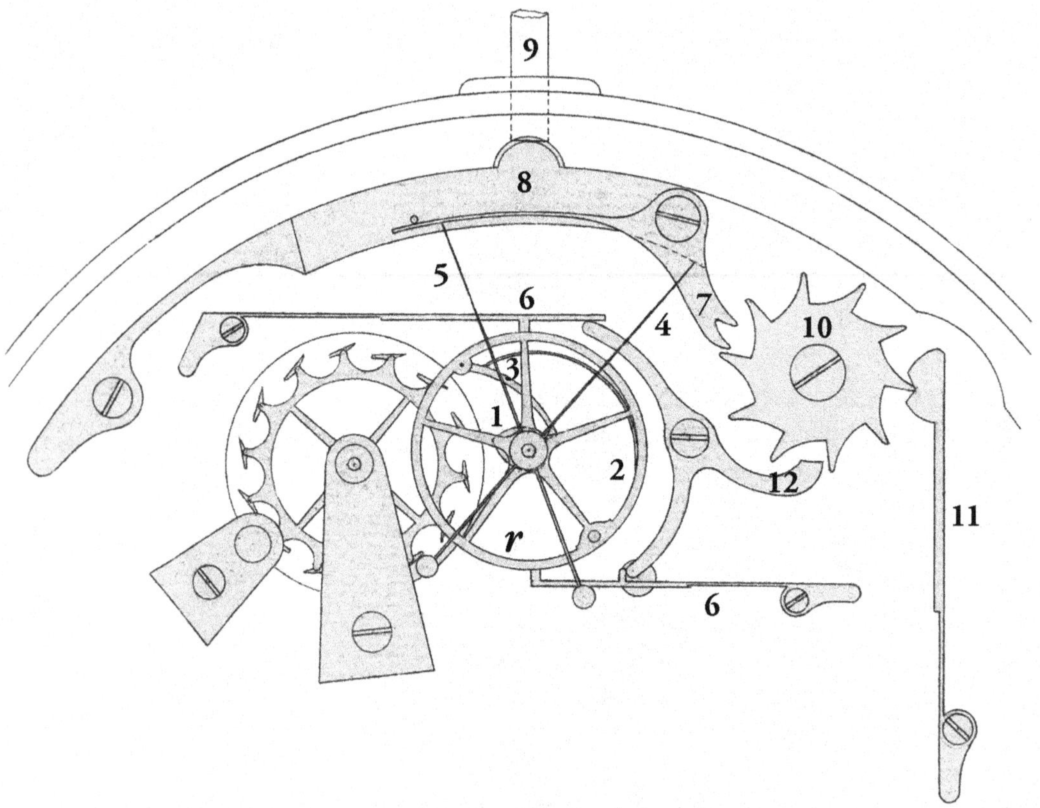

Fig. – 296.

Le pivot de l'axe de la roue des secondes étant tenu un peu plus long et conique, on y ajoute une petite pièce en acier découpée en forme de cœur (comme en *g*, fig. 297). Cette pièce vue en 1, fig. 296, doit être à une distance convenable pour que l'huile du pivot ne puisse l'atteindre. Sur l'excédant du pivot on fait tourner librement un plateau très léger (2, fig. 296, et *r*, fig. 298) porteur d'un cliquet (3, fig. 296, et *d*, fig. 298), et son ressort (*b*, fig. 298). Ce ressort fait presser le cliquet contre le contour de la courbe en cœur.

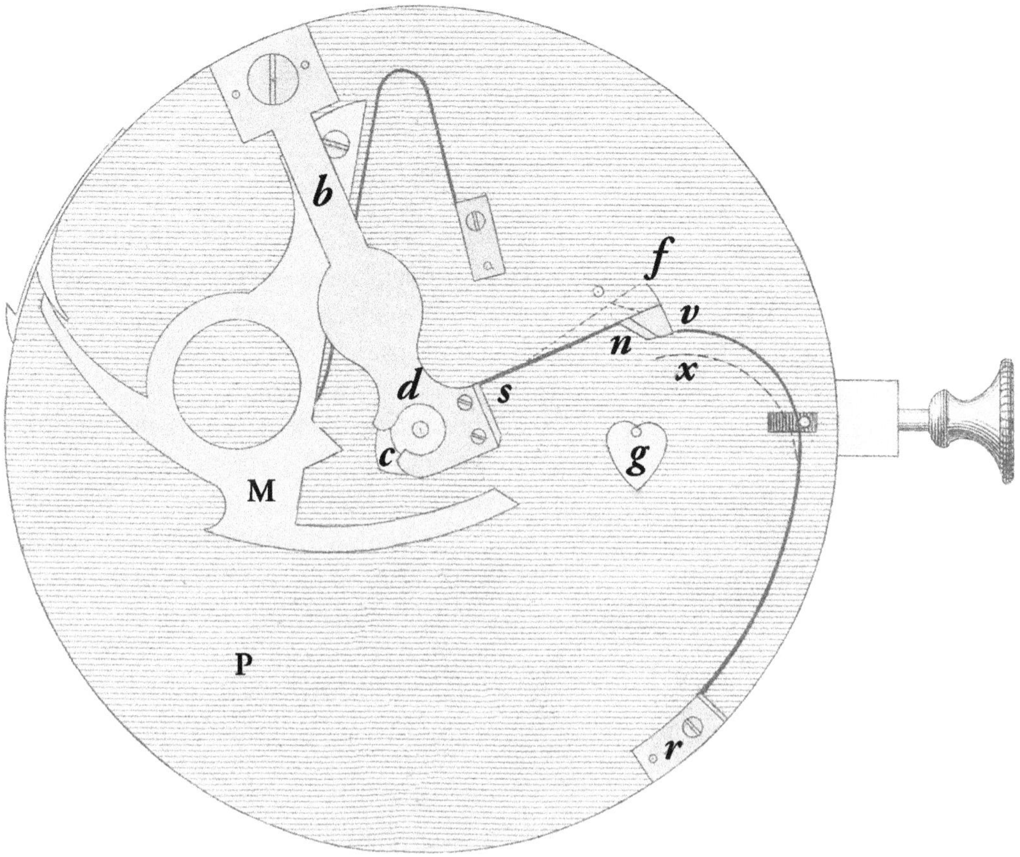

Fig. – 297.

Le canon du plateau (*a*, fig. 298) porte l'aiguille des secondes qui est en or (*c*, fig. 298, et 4, fig. 296), et sur l'extrémité du pivot, qui déborde l'aiguille *c* de la figure 298, est montée une aiguille en acier bleu (5, fig. 296), avec une légère portée qui permet un peu de jeu en hauteur au canon du plateau. Les deux ressorts 6, 6 (fig. 296) sont de même force, et en s'appuyant simultanément des deux côtés du plateau, ils maintiennent celui-ci immobile et bien centré, pour laisser une liberté suffisante au pivot de la roue des secondes qui continue de tourner. Il ne reste qu'un léger frottement du cliquet sur le contour de la pièce en cœur, dont le bord est arrondi et poli avec soin.

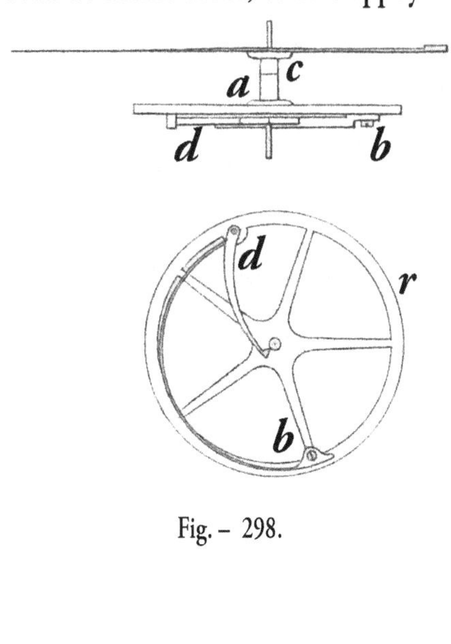

Fig. – 298.

Tout ceci bien compris, on saisit facilement le fonctionnement de l'ensemble du mécanisme.

Le cliquet 7, vissé sur la pièce 8, est terminé par deux dents correspondant à la moitié de la distance qui sépare les dents du rochet 10. En pressant le poussoir 9, le cliquet fera avancer le rochet de la moitié d'une dent, et le ressort-sautoir 11, dont l'extrémité est également double, retiendra le rochet soit par une, soit par deux dents. De cette manière, les dents du rochet se présenteront successivement devant la pièce 12 qui, en relevant les ressorts 6, dégage le plateau 2. Le cliquet 3, en glissant sur le plan incliné du petit cœur, ramènera l'aiguille en or 4 sous celle en acier 5.

Compteur à pointage de M. Foucher.

1474. Il diffère de la généralité de ceux en usage, particulièrement par un double effet de ressort agissant d'abord rigidement et de champ pour opérer un soulèvement, et revenant ensuite à sa position, en vertu de sa force élastique latérale. Ce double effet, simple et sûr, appartient en propre à l'auteur.

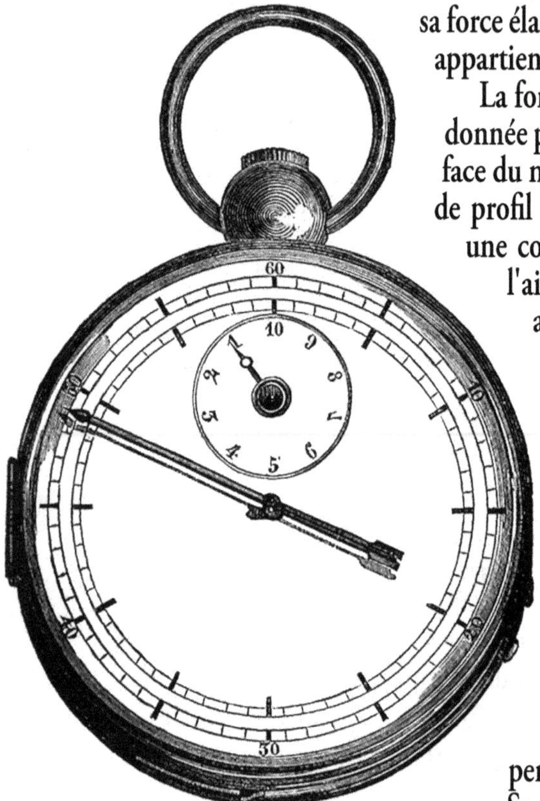

Fig. – 299.

La forme extérieure de cette pièce d'horlogerie est donnée par la figure 299. La figure 297 est une vue de face du mécanisme compteur et la figure 300 une vue de profil et en élévation. Au-dessus du cadran, dont une coupe verticale est donnée de *h* en *h*, se voit l'aiguille double, se composant d'une première aiguille portant en *u* le petit réservoir ou encrier, percé d'une petite ouverture à son milieu, et d'une seconde aiguille, très délicate, dite pointeuse, fixée par son talon à la grande aiguille et répondant par son autre extrémité recourbée, qui trempe dans l'encre, à la petite ouverture du réservoir. On voit qu'à la moindre pression exercée sur cette aiguille *t*, son bec traversera l'ouverture du réservoir et déposera un point noir sur le cadran.

Voici l'ensemble des dispositions qui permet de produire à volonté cette pression.

Sur la platine P (fig. 297 et 300) est monté à vis, sur un plot, un ressort large *bd* (fig. 297), flexible en *b* et ouvert à la partie qui répond au centre de la platine. À sa tête est fixé latéralement un second ressort *sn*, dont la lame élastique est posée en sens

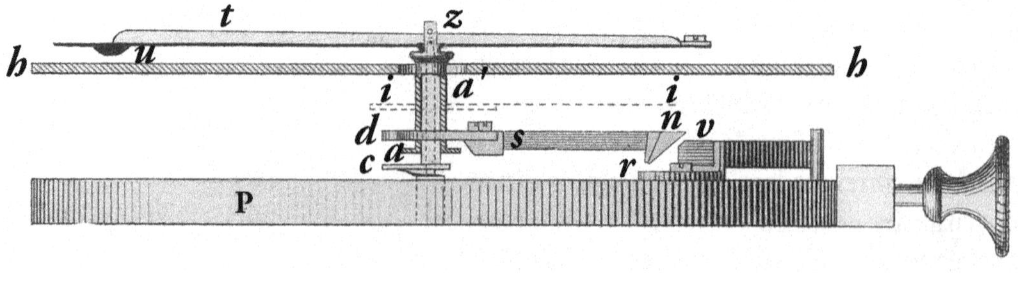

Fig. – 300.

contraire du premier ressort, c'est-à-dire qu'elle se présente de champ relativement au plan de la platine. Ce ressort se termine en tête massive, taillée en *n* et en *v* en deux plans inclinés dont les directions sont faciles à saisir en consultant les figures 297 et 300. Au devant du plan incliné *v*, se présente l'extrémité flexible latéralement, mais rigide de champ, du ressort *rv*.

L'aiguille des minutes, non représentée, s'adapte à un canon porté par l'axe *g* et sur lequel est ajustée une pièce découpée en cœur. L'aiguille des secondes est portée aussi par un canon chaussé sur l'axe central, représenté au pointillé et amplifié en *l*, fig. 301. À ce canon, sur lequel elle est ajustée est rivé, à la partie inférieure, le cœur *c* (fig. 300 et 301). Il est garni en dessous d'un petit ressort frottant sur la portée de la tige centrale et assurant l'ajustement à frottement doux et assez ferme de l'aiguille de l'axe *l*.

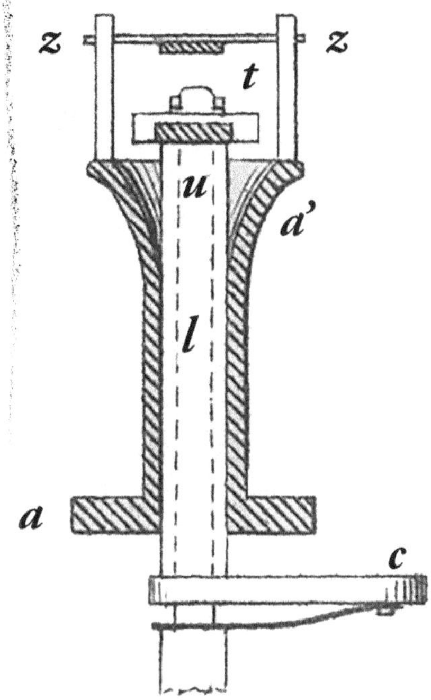

Fig. – 301.

Sur ce canon est chaussée très librement une colonne creuse à embase, *aa'*, terminée en haut par une fourchette *z* (fig. 300 et 301). Une fine goupille traverse la fourchette de *z* en *z* (fig. 301), et cette goupille repose sur la partie flexible de l'aiguille pointeuse *t*. La colonne est maintenue constamment en l'air, par la résistance de cette aiguille.

Il résulte de ces différentes dispositions qu'une pression rapide exercée sur le poussoir, fait passer l'extrémité du ressort *v* sous la tête *vn* du ressort *s*, et opère ainsi le soulèvement de l'ensemble *dsn*, qui monte à la hauteur *ji*, (fig. 300). Sous la pression du poussoir, le ressort *v* est arrivé en *x*, laissant la tête *d* du ressort *bd* retomber instantanément et frapper sur l'embase de la colonne. Celle-ci fait fléchir l'aiguille *t* qui traverse l'encrier et dépose un point noir sur le cadran, entre les divisions des secondes et au milieu d'un cercle blanc réservé.

Lorsque le doigt lâche le bouton, le ressort *xr* repousse en *f* le ressort *n* et tous deux reprennent leur position de repos. On peut pointer coup sur coup, la main ayant moins de promptitude dans ses mouvements que le ressort. La petite colonne, si on la veut très légère, peut être faite en aluminium.

La pièce M menée par un coulant sert, l'opération terminée, à ramener à zéro les aiguilles des minutes et des secondes. Ses deux becs en pressant simultanément sur les cœurs les font tourner (puisqu'ils sont ajustés à frottement de ressort), jusqu'à ce que ces becs s'arrêtent au point de jonction le plus rapproché du centre des deux courbes formant le cœur.

Comparateur chronométrique de M. Redier.

1475. Le principe de cet instrument repose sur le mouvement différentiel des deux derniers axes de deux corps de rouages superposés.

Le rouage supérieur a son axe d'échappement au centre D d'une platine (fig. 302) ; cet axe, qui fait une révolution par seconde, porte un petit plateau muni de trois goupilles bien

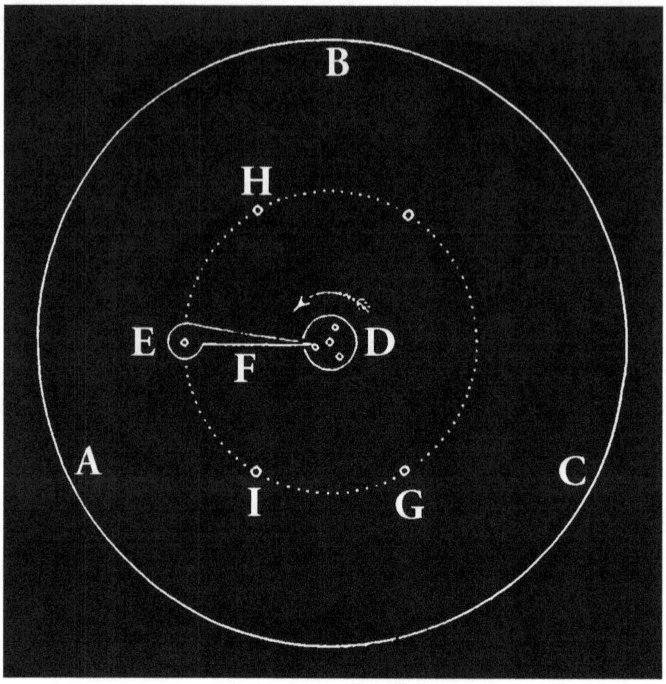

Fig. – 302.

également espacées. Le dernier axe du rouage inférieur E porte un petit levier F, arrêté par une des goupilles du plateau, et lui échappant trois fois par seconde. On a ici exactement l'effet des montres à secondes à deux corps de rouages.

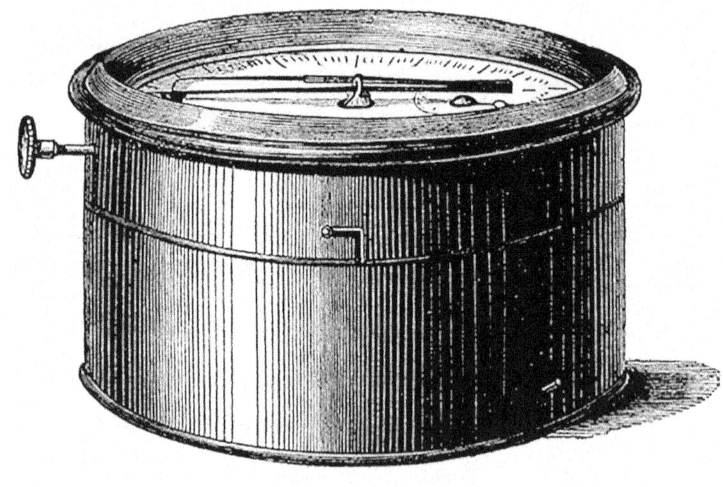

Fig. – 303.

Mais voici la différence : les deux rouages sont enfermés dans une boîte représentée figure 303 et faite de telle façon que ses deux parties cylindriques tournent l'une sur l'autre, et qu'on puisse adapter le rouage de D à la partie supérieure, et le rouage de F à la partie inférieure. La figure 304, quoiqu'elle se rapporte à une autre démonstration, fait nettement comprendre en F et P, comment la communication des deux rouages est établie.

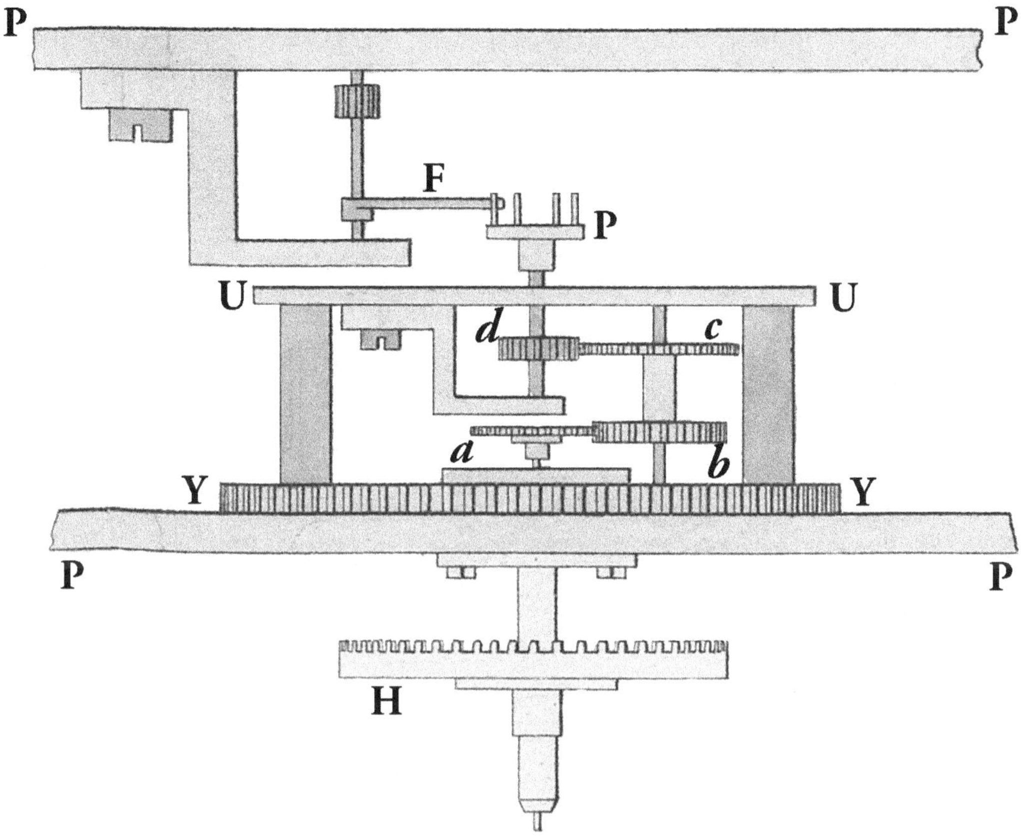

Fig. – 304.

Il résulte de cet ensemble de dispositions, et lorsque l'appareil marche d'accord avec un régulateur à secondes, que sans changer quoi que ce soit au rouage qui conduit le disque ou à celui qui conduit le levier F, si on déplace le centre de ce levier et si on le transporte de E en I (fig. 302), le disque marchant dans le sens de la flèche, le dégagement du levier F sera retardé d'une quantité notable et les deux battements du régulateur et de l'instrument ne coïncideront plus. Si le centre E est amené ainsi jusqu'en G, de manière à le déplacer juste d'un tiers de circonférence, les coïncidences se retrouveront, avec ce résultat remarquable que l'instrument sera en retard d'une seconde sur le régulateur. En continuant ainsi de faire tourner la position du centre E, on pourra faire retarder l'instrument de 2, 3, 4, 5 secondes, etc.

Or, si le déplacement d'un tiers de circonférence fait retarder d'une seconde, le déplacement d'un sixième fera une demi-seconde, et enfin, le déplacement d'une quantité quelconque fera retarder la montre d'une quantité proportionnelle. Ainsi pour retarder la montre d'un dixième de seconde, E devra parcourir le dixième de E à G ; pour $^{3}/_{10}{}^{e}$, il devra être amené aux $^{3}/_{10}{}^{e}$ de la distance de E à G, et ainsi de suite.

Si maintenant, au lieu de déplacer ce centre E vers le point G, on le déplace vers le point H, l'effet sera contraire et la montre avancera dans les proportions que nous venons d'indiquer.

Tel est le principe de l'instrument que son auteur appelle *Comparateur chronométrique*, parce qu'il sert principalement à donner rigoureusement la différence entre deux pendules ou chronomètres.

Voici quelques détails de sa construction :

La figure 303 représente l'ensemble de l'instrument.

Le cadran porte trois divisions. La première concentrique à la boîte, sert pour la grande aiguille de secondes (X fig. 305). Une division excentrique marque les heures et les minutes comme une montre ordinaire (M, fig. 305), enfin, une troisième division indique, par l'aiguille qui la parcourt (I, fig. 305), l'angle parcouru par le centre du levier E, de la figure 302.

Nous avons vu que la boîte de l'instrument se compose de deux parties : l'une inférieure, l'autre supérieure. La première contient le mouvement ou le rouage chronométrique porteur du disque D et la seconde, le rouage des secondes conduisant le levier F. Lorsqu'on veut mettre le comparateur en coïncidence avec un autre instrument, on fait tourner à droite ou à

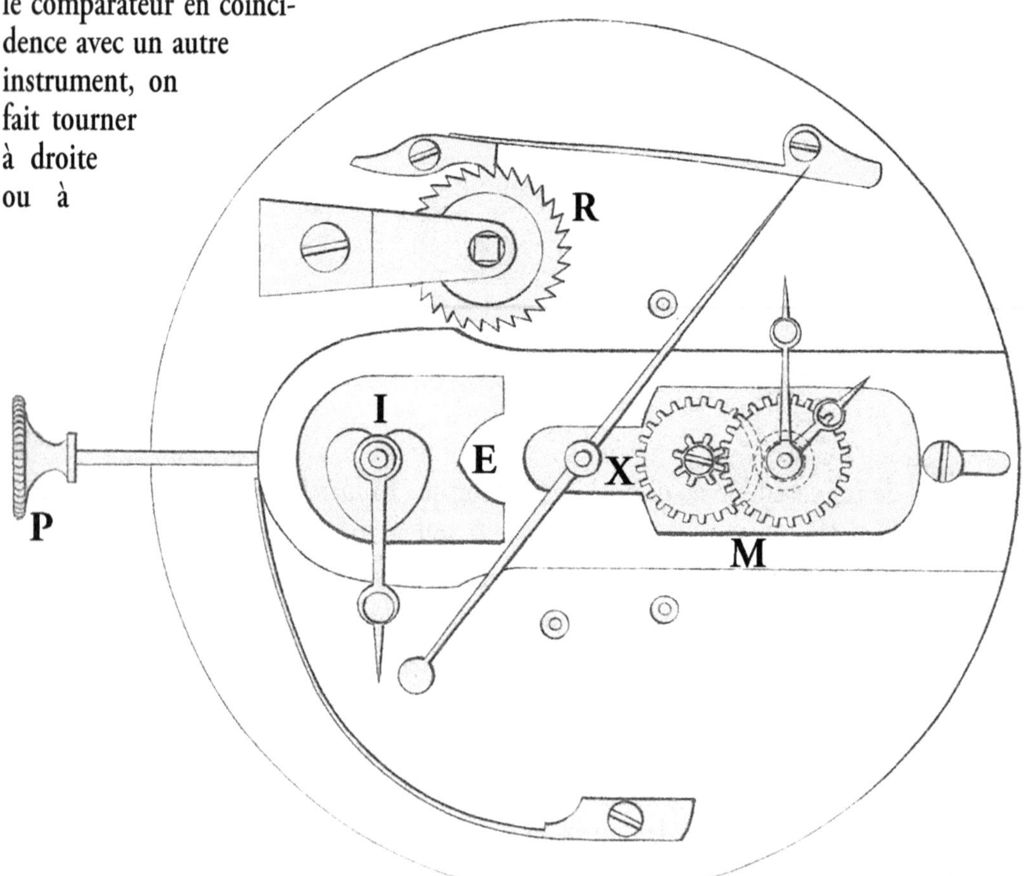

Fig. – 305.

gauche la boîte supérieure sur la boîte inférieure, jusqu'à ce qu'on obtienne la coïncidence cherchée. Si le comparateur diffère de la pendule de 25 secondes et 7/10e, il faudra faire huit tours de la boîte supérieure pour 24 secondes, un tiers de tour pour la vingt-cinquième seconde et 7/30e de tour pour les 3/10e de secondes.

Pour mesurer facilement ces quantités de déplacement, voici le mécanisme que l'auteur a adopté :

Sur la platine du mouvement inférieur est fixée une roue concentrique à la platine. Avec cette roue fixe, engrène une roue de même nombre pivotant dans la cage du rouage supérieur. L'axe I (fig. 305) est l'axe de cette seconde roue de sorte que chaque fois qu'on fera tourner d'un tour la boîte supérieure, l'axe I fera aussi un tour entier.

Si sur cet axe nous posons une aiguille, elle marquera tous les mouvements relatifs des deux boîtes, et si son cadran est divisé en 30, chacune de ces divisions représentera un dixième de seconde. Ce sont les fonctions dont nous parlions en commençant cette description. Mais pour faciliter la lecture des quantités de déplacement, il était bon de ramener à chaque opération l'aiguille ou l'axe I à zéro ; sur cet axe est ajusté à frottement gras un canon porteur d'une courbe en cœur. Un poussoir P, tiré extérieurement et entraînant avec lui la grande pièce ME, vient par l'action de la saillie E presser sur cette courbe, et conduit naturellement l'aiguille à zéro.

On a fait deux objections à l'emploi de cet instrument : la difficulté de régler avec un échappement qui fait 36 000 vibrations par heure et ensuite l'insuffisance même de ce nombre de vibrations pour que le mouvement du disque approche du mouvement continu.

À ces objections on peut répondre : Moinet, dans son compteur de tierces, à fait battre non dix vibrations par seconde, mais soixante, et dit avoir obtenu un bon réglage, et de nos jours MM. Rozé ont utilisé le Comparateur Redier en lui en faisant battre 72 000 à l'heure, et nous ont affirmé en avoir obtenu un bon service.

Calendrier perpétuel

De M. A. Brocot.

1476. Parmi les nombreuses pièces du genre, nous arrêterons notre choix sur la dernière disposition adoptée par M. A. Brocot, qui s'est fait une juste réputation dans cette intéressante spécialité, et qui l'a enrichie sous ce titre : *Calcul des rouages par approximation*, d'un ouvrage estimé.

Les différentes parties du mécanisme sont distribuées des deux côtés d'une même platine, vue du côté de la face du cadran et de l'équation figure 306 et vue de l'autre côté, c'est-à-dire la platine retournée, dans la figure 307, qui nous montre les principales pièces servant à indiquer les jours de la semaine et la date du mois.

Les quatre lignes, parallèles deux à deux et ponctuées, indiquent les extrémités du même axe. On remarquera que les dimensions de la planche ont obligé à tenir le cadran de la figure 308 plus petit qu'il ne doit être.

L'axe A', figure 306 (même que A, fig. 307) porte l'aiguille du cadran des dates (fig. 308); l'axe B' (le même que B), celle des jours de la semaine et enfin, l'axe C' (même que C) l'aiguille du cadran du mois. Le disque Z (fig. 308) est monté sur L, et l'axe central reçoit la plus grande aiguille, celle du temps moyen.

La roue de semaine de 7 dents et la roue de quantième de 31 dents, sont maintenues dans leur position par deux rouleaux mobiles sur une vis à collet, occupant l'intervalle entre deux dents. Ils sont montés sur deux bras de levier que pressent des ressorts.

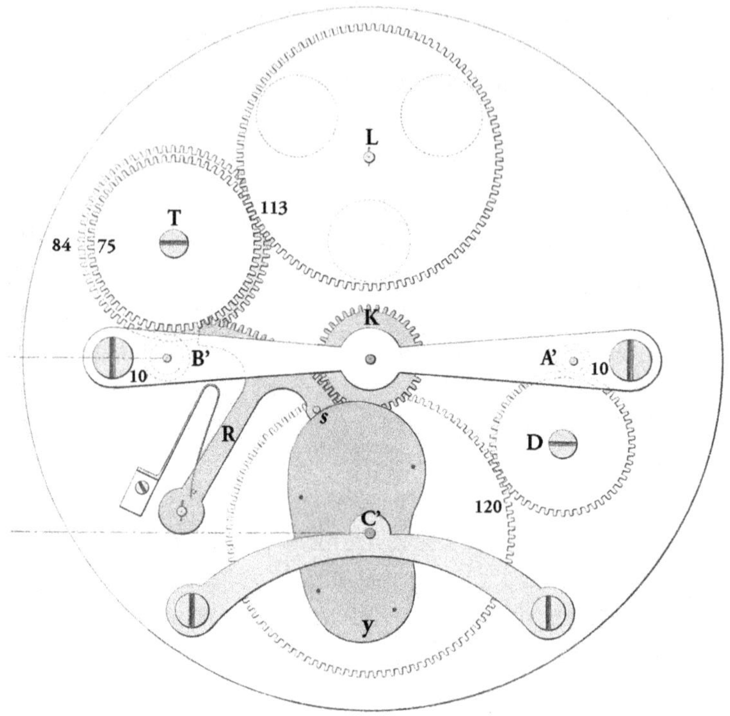

Fig. – 306.

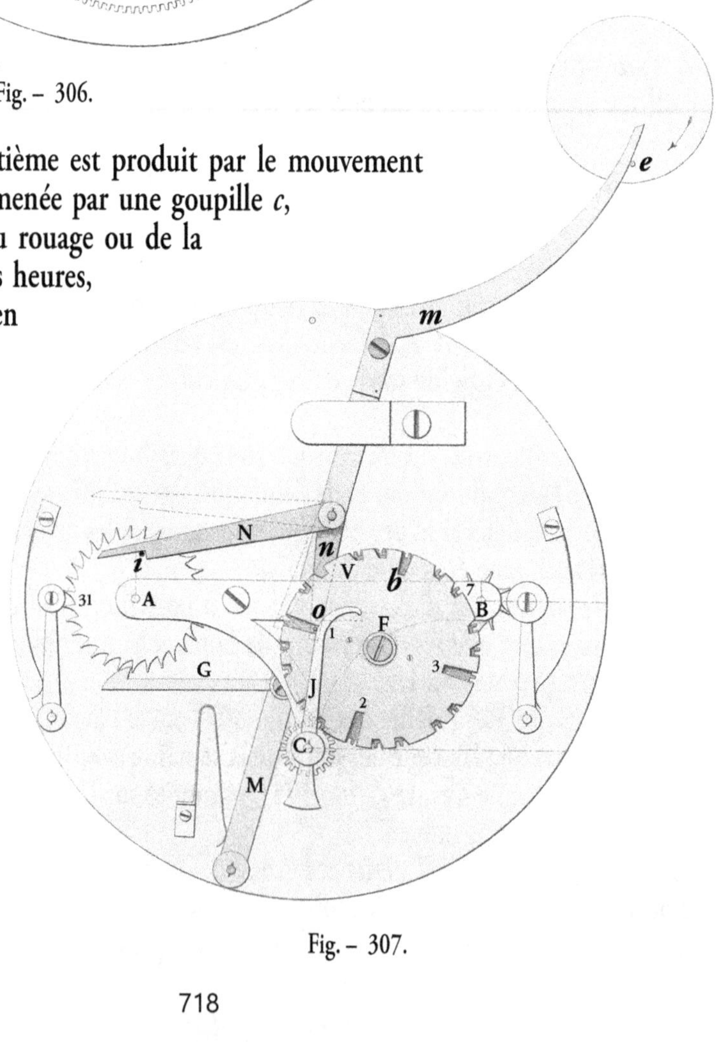

Le changement de quantième est produit par le mouvement de la grande détente M*m*, menée par une goupille *c*, implantée dans une roue du rouage ou de la sonnerie du mouvement des heures, roue qui doit faire un tour en 24 heures. Sur la détente sont montés les deux grands cliquets H et G, qui sont maintenus en contact avec leurs deux roues, le premier par un ressort, le second par l'excès de pesanteur de son appendice qui fait contre-poids. Cet ensemble est représenté à part, figure 309.

Quand la détente M*m* recule dans la direction de la flèche sous l'action de la goupille *c*,

Fig. – 307.

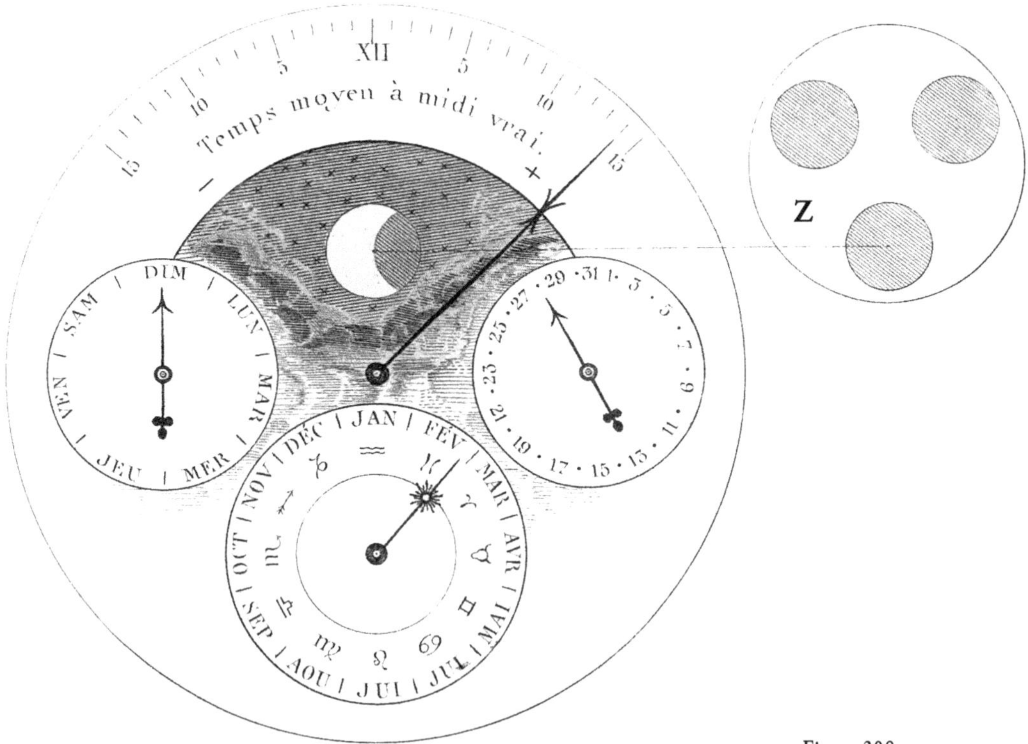

Fig. – 308.

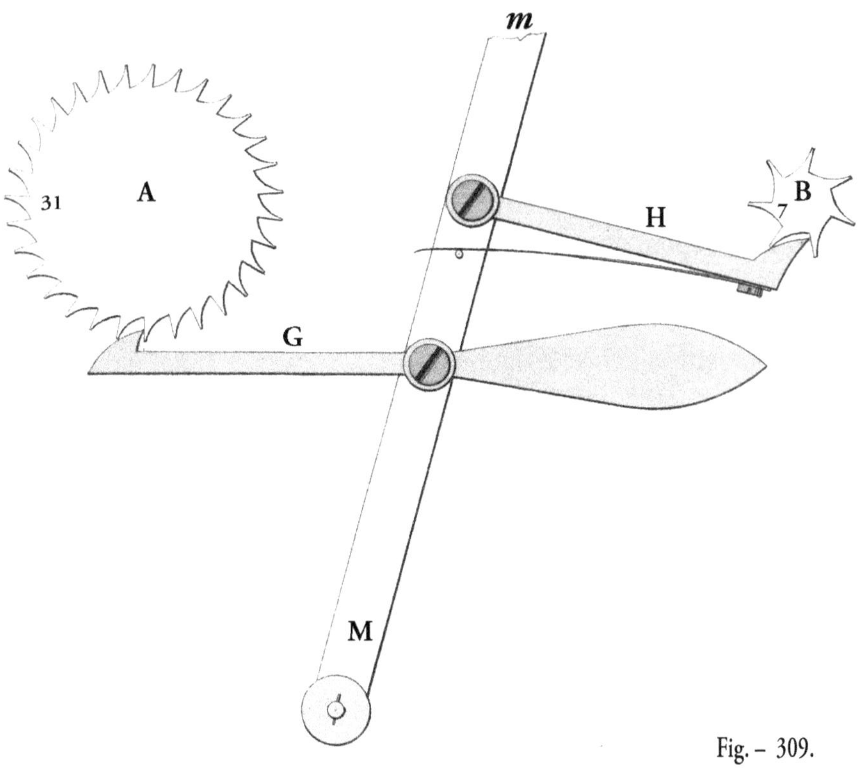

Fig. – 309.

les cliquets H et G glissent d'une dent à la suivante, et leur bec tombe dans l'intervalle vide qui vient après. Il s'ensuivra que lorsque la détente échappera à la goupille *c* et retombera par son propre poids, les cliquets feront avancer d'une dent les deux rochets de 31 et de 7.

Comme tous les mois n'ont pas 31 jours, il est nécessaire que le rochet des quantièmes saute en plus 1, 2 ou 3 dents, dans les mois de 30, 29 ou 28 jours.

L'axe du rochet de quantièmes qui fait un tour par mois, porte en A' (figure 306) un pignon de 10 ailes qui engrène, par l'intermédiaire d'une roue de renvoi D, avec la grande de 120 dents, dite *roue annuelle*, puisqu'elle ne fait son tour qu'en un an. Son axe porte en C' (fig. 306) l'aiguille indicative des mois et la courbe d'équation dont nous ne nous occupons pas en ce moment, et à son extrémité opposée, en C (fig. 307), une petite roue conduisant par engrenage une roue beaucoup plus grande et quatre fois plus nombrée ; par conséquent cette dernière fera un seul tour en 4 ans. Sur cette roue, dont les parties visibles sont ombrées sur le dessin, est fixé un disque VF échancré sur son contour par 20 entailles, autant qu'il y a, en quatre ans, de mois qui n'ont pas trente et un jours.

Les pleins du contour du disque répondent aux mois de 31 jours, les 16 entailles peu profondes aux mois de 30 jours, la grande cavité *b* au mois de février bissextil et les trois autres numérotées 1, 2 et 3, encore plus profondes que *b*, aux autres mois de février.

La roue des quantièmes a une goupille *i* qui doit être placée devant la dent correspondant à la date 28 du mois. Sur la détente M*m*, pivote une sorte d'équerre N*n*, portant relevée de champ à l'extrémité de son bras inférieur *n* une goupille *o*. Cette goupille s'appuie par l'effet du poids de l'équerre sur le contour du disque V et par conséquent pénètre dans les entailles quand elles se présentent devant elle. Il en résulte que le bras N est tenu à une certaine élévation en rapport avec le point d'appui de la goupille *o*, et qu'il redescend pendant le mouvement de droite à gauche de la détente M*n*, puisque cette goupille *o* reste constamment en contact avec le contour du disque, ou avec le fond d'une encoche.

Si la goupille *o* appuie sur les parties pleines du contour du disque, le bras N qui est à sa plus grande élévation, ne produit aucun effet, position indiquée au pointillé. Mais si la goupille *o* occupe le fond d'une ouverture correspondant aux mois de 30 jours, le bras de l'équerre s'abaisse assez pour que, aux ⅔ de la course d'aller de la détente, il entre en prise avec la goupille *i* du rochet de 31 et fasse passer une dent pendant que la détente achève le dernier ⅓ de sa course, c'est-à-dire qu'il fait sauter l'aiguille du 30 au 31. Le brusque retour en arrière de la détente fera ensuite sauter cette aiguille au 1er.

À la fin du février bissextile, le bras N entre en prise au premier ⅓ de la course de la détente, et fait passer deux dents. Le retour de la détente fera sauter au 1er du mois. Pour les févriers ordinaires, le bras N entre en prise au début du mouvement de la détente, fait passer trois dents, etc.

L'examen de la figure montre qu'on a disposé en plan incliné l'un des côtés des petites encoches, ces plans inclinés en feront aisément sortir la goupille *o*. Elle est dégagée des encoches profondes par un doigt J, fixé sur l'axe de la roue annuelle. Ce doigt ayant un mouvement angulaire beaucoup plus rapide que celui du disque V, se présentera devant chaque grande entaille et en fera sortir la goupille avant que le disque ait sensiblement changé de position, et il la retient en l'air un temps suffisant pour qu'elle retombe à la position convenable.

Les phases de la Lune sont produites par la roue L (figure 306) menée ainsi qu'il suit. Sur l'extrémité B' de l'axe de la roue des jours de la semaine, est monté un pignon de 10 ailes engrenant avec une roue de 84 dents. Cette roue est solidaire à une autre T, de 75 dents, et c'est cette dernière qui engrène avec la grande roue L de 113 dents, sur laquelle sont peints de la couleur de la portion de ciel dessinée sur le cadran, les cercles ombrés de Z figure 308. (Le râteau R n'a de contact ni avec la roue T, ni avec celle placée au-dessous, il passe simplemeut entre les deux roues sans les toucher). Par la combinaison des chiffres des roues la révolution de la roue L s'accomplit en trois lunaisons à une approximation de 0 ^{jour} 00008 d'erreur pour une lunaison.

Équation du temps. — Sur l'axe de la roue annuelle est fixée une plaque appelée improprement l'ellipse et découpée selon la courbe convenable *y s*. Sur le contour de cette courbe appuie la goupille (sur laquelle on peut au besoin monter un petit rouleau mobile) d'un râteau R, lequel engrène avec la roue K dont le pivot, débordant le cadran, reçoit la grande aiguille centrale dite du temps moyen ou d'équation.

Cette aiguille (figure 308) doit répondre à XII aux dates suivantes où le temps vrai et le temps moyen concordent entre eux : 15 avril, 15 juin, 31 septembre et 24 décembre. À ces dates, la goupille *s* est placée sur la courbe en face de l'un des quatre points noirs marqués sur le dessin (figure 306).

Le nombre des divisions tracées au-dessus de la légende temps moyen à midi vrai marque le nombre de minutes dont une pendule bien réglée doit avancer (+) ou retarder (-) sur le temps solaire.

1477. *Tracer une ellipse.* — Le lecteur ne sera sans doute pas fâché de trouver ici quelques indications générales sur le tracé d'une ellipse, et voici la marche qu'il peut suivre. On munit le râteau, dépourvu de la cheville *s*, d'un accessoire qui la remplace momentanément par un petit pointeau porté par un ressort s'avançant au-dessus de la plaque destinée à fournir l'ellipse. Cette plaque est de la grandeur de la roue annuelle moins la denture. Un ressort-sautoir, provisoirement installé, maintient la roue annuelle, et un ressort appuyant sur la roue K fait qu'elle ne peut tourner qu'à frottement ferme.

La division du haut du cadran en 15 de chaque côté de XII a été donnée par le déplacement de l'aiguille pour le plus grand rayon de l'ellipse. Le tout en cet état, on amène l'aiguille d'équation sur XII, on marque un point devant lequel on inscrit la date d'une des quatre époques indiquées ci-dessus, où la différence du temps vrai et du temps moyen est zéro. Partant de ce point, on fait sauter une dent à la roue annuelle (ici une dent équivaut à trois jours), à l'aide d'une table d'équation moyenne on met l'aiguille sur la division correspondante à la date qu'on inscrit ; on marque un nouveau point et ainsi de suite.

Par la série des points on fait passer une courbe, d'après laquelle on découpe la plaque en réservant une légère marge.

On place la goupille *s*, on vérifie et l'on retouche au besoin. Une ellipse en acier trempée servira ensuite à découper toutes celles dont on pourra avoir besoin.

Du pendule conique.

Quelques applications et expériences de M. Redier.

1478. Le pendule conique, sans avoir complètement satisfait les amateurs de précision, a néanmoins donné lieu à des applications intéressantes, cependant nous n'en dirons que deux mots, M. Redier ayant publié sur cet objet, un Mémoire auquel nous faisons plusieurs emprunts et M. Balliman, qui le premier a réalisé une application réussie de ce pendule, préparant, nous a-t-il dit, un travail sur le sujet.

1479. La recherche d'un mouvement uniformément continu est un problème fort étudié et qui ne paraît pas près de sa solution absolue. Le pendule conique résout la question dans une mesure très approchée. L'appareil fort ingénieux dont M. Wagner a montré à Paris le premier modèle donne de beaux résultats, mais il est soumis à une cause d'erreur dont nous allons donner l'idée.

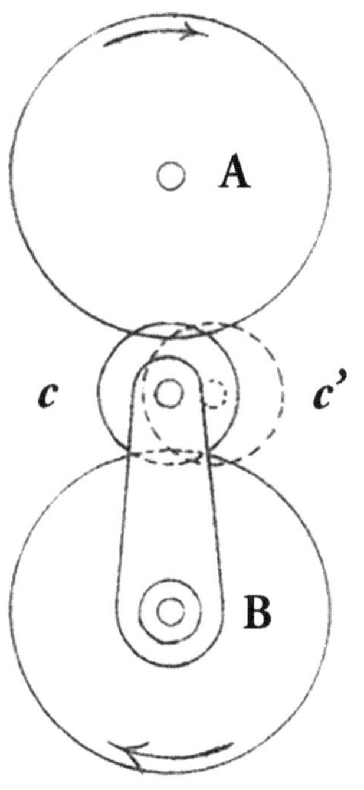

Fig. – 310.

A, figure 310, est la roue de secondes de l'horloge ordinaire, B, la roue de secondes du mouvement réglé par un volant, *c*, un rouleau intermédiaire aux deux roues A et B, monté sur une chape spéciale oscillant à droite ou à gauche. Si A marche moins vite que B, le rouleau *c* ira vers *c'* et réciproquement; c'est ce déplacement de *c* en *c'* qui sert à modifier le régulateur de façon à le faire rentrer dans la vitesse moyenne de A. Si ce déplacement doit se maintenir ainsi, il indique précisément la quantité dont les deux aiguilles saccadée et uniforme seront en discordance, et l'erreur peut être de quelques secondes.

Par l'emploi du pendule conique les différences ne portent que sur les secondes elles-mêmes. Ces différences proviennent de l'impossibilité presque absolue de faire décrire des cercles parfaits au pendule conique.

Il ne décrit en réalité et ne peut décrire que des ellipses approchant autant que possible du cercle.

Sa longueur se mesure comme la longueur du pendule ordinaire, et les résultats de marche qu'il donne, sans être comparables à ceux du pendule ordinaire, sont très satisfaisants.

Chaque fois qu'un pendule de 994 millimètres, plan ou conique, revient à son point de départ, il y a deux secondes d'écoulées, et les autres longueurs donnent les mêmes vitesses pour les deux pendules.

La façon dont M. Balliman a, le premier chez nous, disposé la suspension et la conduite de l'appareil est la plus simple. Un fil de métal supportant la tige du pendule, ou de la longueur du pendule même, suffit à tout ; il est assez fin pour s'infléchir au point de suspension et il n'y a rien à craindre de la torsion puisque le pendule demeure toujours dans le même plan.

MM. Cuel et Rozé, père et fils, ont imaginé une suspension quatre lames, sorte de suspension à la Cardan qui est représentée figure 311, de face et de profil. C'est une suspension portée par une autre suspension à angles droits.

La figure 312 représente une horloge dont le pendule est ainsi suspendu, et dont la conduite se fait suivant le procédé de M. Balliman.

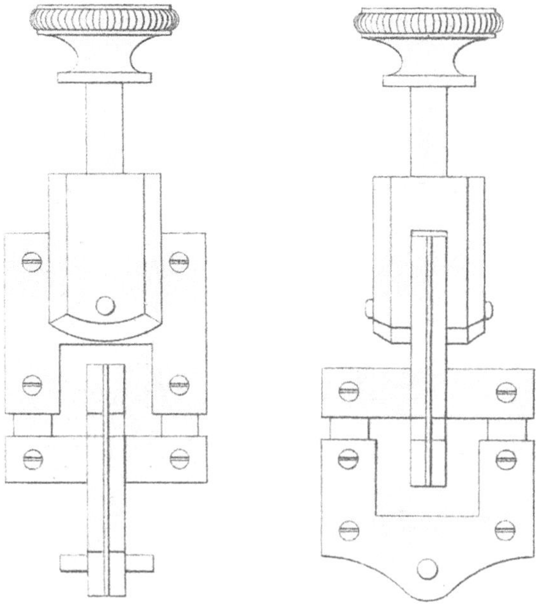

Fig. – 311.

M. Redier a utilisé cette construction pour donner à cette horloge, en marche, la faculté d'ajouter une quantité de temps quelconque voulue, ou de retrancher cette quantité. L est l'aiguille conductrice du pendule P, qui fait un tour en deux secondes.

Supposons le mouvement de l'horloge horizontal. Il est certain que si au moyen de la manivelle M on fait tourner ce mouvement dans le sens même du pendule et avec la même vitesse, les aiguilles seront comme arrêtées ensemble, elles marqueront constamment la même chose.

Mais si on ne fait tourner ce mouvement que d'une petite quantité, cette quantité se retranchera de la marche des deux aiguilles ou s'y ajoutera, suivant qu'on tournera dans le sens du pendule ou dans le sens contraire.

C'est le principe du Comparateur (**1475**) ci-devant décrit, et qu'a utilisé M. Redier pour la transmission électrique de l'heure avec les fractions voulues, et en y ajoutant et retranchant les quantités voulues.

La pendule figure 313 produit le même effet, mais en déplaçant simplement certains rouages de la quadrature.

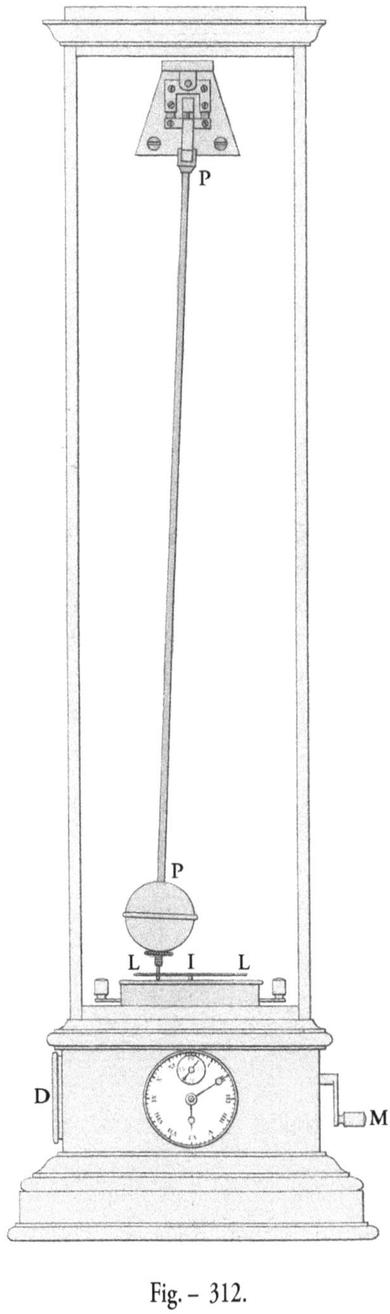

Fig. – 312.

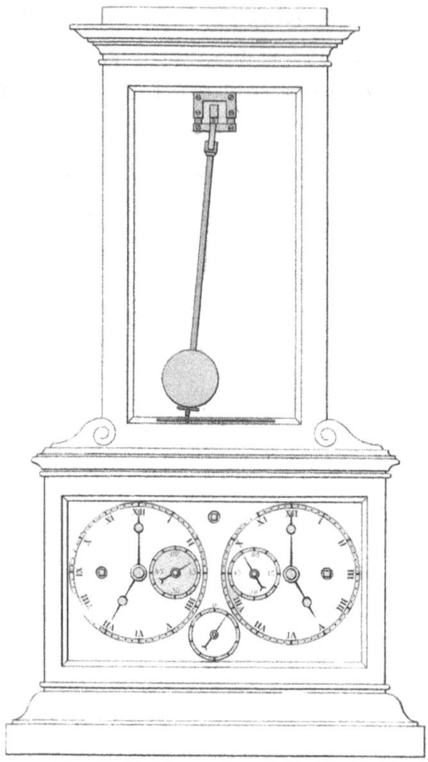

Fig. – 313.

Le cadran de droite suit la seconde continue, le cadran de gauche bat la seconde comme une montre à secondes indépendantes.

La figure 304, p. 715, indique ces fonctions de cadrature ; *b* et *c* engrenant avec *a* et *d* sont des mobiles transportés sur une cage, mobile circulairement, YY UU. En déplaçant *b* et *c* par le moyen de la roue-platine YY, on change le moment du déclenchement du fouet F sur les chevilles P et, comme dans son compteur différentiel, M. Redier arrive ainsi aux coïncidences voulues.

1480. L'emploi du pendule conique donne seul la faculté de construire une horloge marquant simultanément le temps sidéral et le temps moyen, avec les différences en fraction de secondes lisibles sur chaque cadran.

La figure 314 représente une portion du rouage de pendule de ce genre. Si M est la roue de secondes temps moyen, et S la roue de secondes temps sidéral, en appliquant à M et S et aux mobiles intermédiaires A, B, C, D, les nombres $\frac{33.58.79}{38.57.70}$ on obtient le rapport 25201/25270 qui ne donne qu'une erreur annuelle de $2^s, 43$.

1481. Citons une très curieuse expérience sur le pendule conique. Le plan d'un pendule ordinaire, suivant la célèbre expérience de M. Foucault, se conserve parfaitement quel que soit le genre de déplacement qu'on fait subir au point d'attache de la suspension. Ce savant a ainsi démontré la rotation de la terre sur les deux pôles.

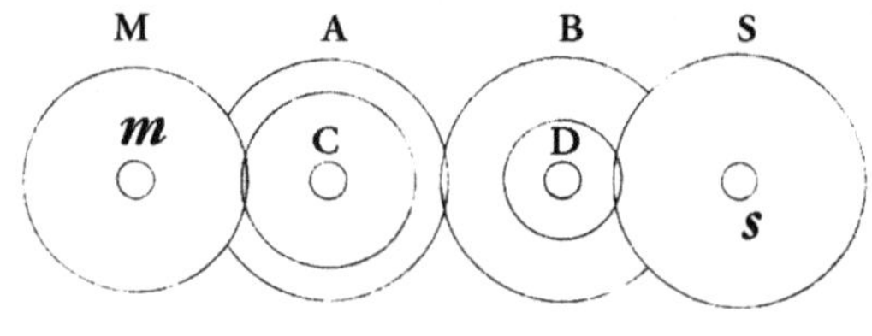

Fig. – 314.

La même propriété existe pour le pendule conique, et pour le prouver, M. Redier a construit une petite horloge à pendule conique installée sur un plateau tournant concentriquement au pendule. Quand, au moyen du plateau, on fait tourner l'ensemble de l'horloge, le mouvement du pendule ne se trouvant pas altéré par le déplacement de l'ensemble du mécanisme, on voit l'aiguille des secondes rester en retard d'une quantité égale au mouvement du plateau, lorsqu'il tourne avec une vitesse quelconque dans le même sens que le pendule. Cette aiguille, au contraire, avance dans la même proportion si le plateau et le pendule tournent en sens opposé.

On voit ainsi une aiguille d'horloge avancer ou retarder sans qu'il faille toucher à aucun détail de cette horloge et simplement en la faisant tourner sur elle-même.

Pendule à mercure de M. Vissière.

Notes complémentaires.

1482. La figure 315 représente la disposition élégante et bien comprise du pendule à mercure adoptée par cet artiste distingué.

C'est une réduction de moitié de la grandeur d'exécution.

Les autres figures, 316, 317, 318, 319, donnent les détails de l'ensemble.

Fig. 316, tige d'acier de suspension nue.

— 317, étrier (*b a a*) vu par-dessus.

— 318, double collier maintenant les tubes de verre par le haut.

— 319, détails intérieurs de l'écrou.

Ces différentes figures ne nous semblent pas exiger d'explication.

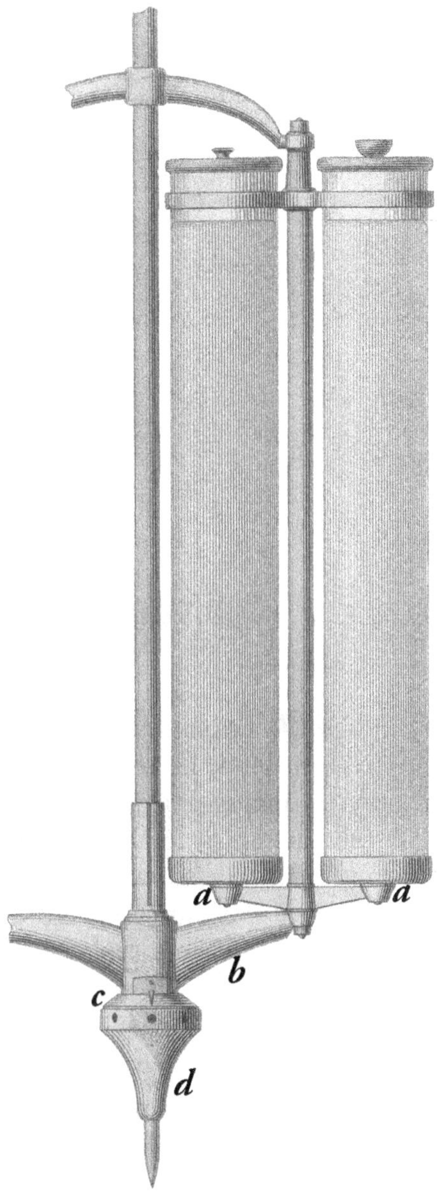

Fig. – 315.

1483. *Notes.* — Le fer fondu peut être employé pour les tubes renfermant le mercure, mais il faut tenir compte d'une expansion de dilatation plus grande en tous sens.

La dilatation du verre est le plus souvent irrégulière (**1265**), mais cet effet étant fort petit, on a toujours préféré au fer l'emploi du verre, parce que :

1°. il exige un peu moins de hauteur de mercure ;

2°. il permet de suivre le mouvement d'expansion ou de retrait de la colonne de mercure, et laisse apercevoir les bulles d'air ou les impuretés qu'il contient.

Ce mercure doit être très pur et purgé d'air. Les horlogers qui veulent entreprendre la fabrication de ces sortes de pendules doivent se mettre au courant des procédés d'épuration de ce métal.

Le calcul, d'après les lois de la dilatation des divers éléments d'un balancier compensateur, donne une première approximation, mais pour avoir une certitude, le plus sûr est d'avoir recours à une étuve d'épreuve construite *ad hoc*.

On trouvera quelques articles bons à consulter dans le *Manuel Roret* (revoir les **1303** et **1304**).

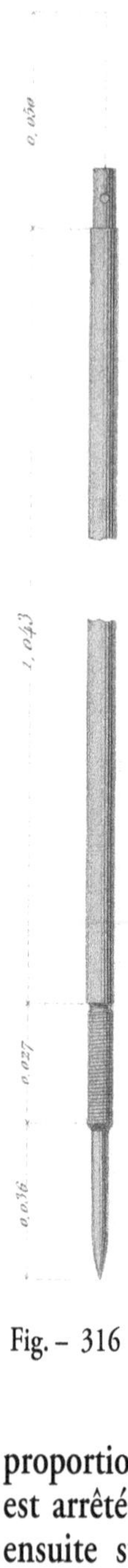

Fig. – 316

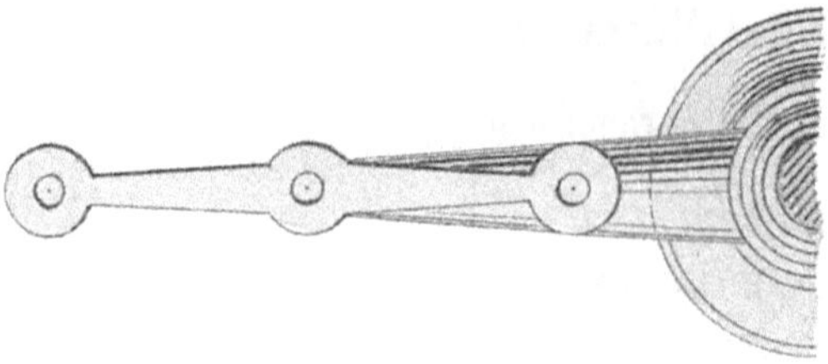

Fig. – 317.

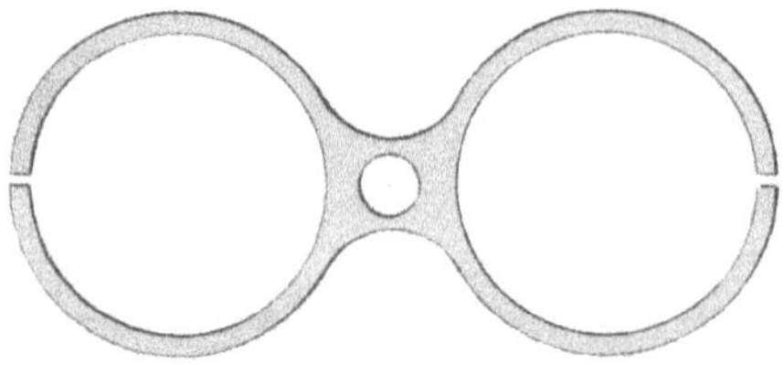

Fig. – 318.

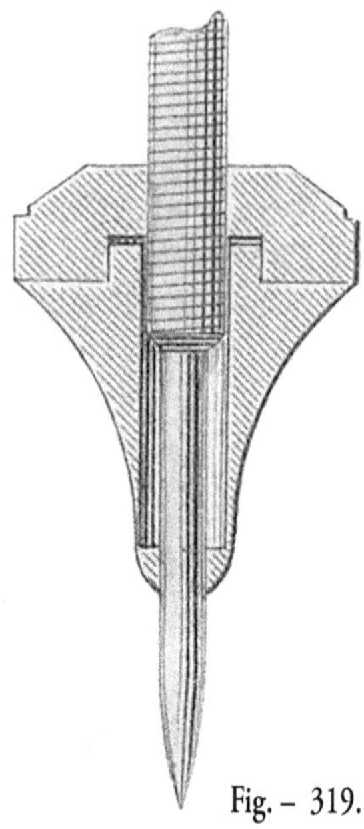

Fig. – 319.

Outils à mesurer les épaisseurs.— Micromètres.

Compas d'épaisseur ordinaires et à aiguille.

1484. Les outils à mesurer les épaisseurs avec aiguille conduite par engrenage, ceux en forme de compas de proportion, dits outils aux douzièmes (de ligne), et le compas à aiguille comme celui dessiné figure 320, sont des instruments défectueux, parce que l'ouverture des becs mesure des cordes, tandis que les déplacements de l'aiguille sont mesurés par des arcs de cercle, deux quantités qui ne progressent pas dans la même proportion. Il en résulte que si l'aiguille est arrêtée sur le chiffre 15, par exemple, et ensuite sur le chiffre 30, l'écartement des mâchoires n'aura pas exactement doublé dans ce dernier cas.

L'horloger peut donner à ces instruments la précision qui leur manque.

Admettons d'abord que les deux mâchoires (*n* figure 320) joignent parfaitement sur toute leur hauteur lorsque la pointe de l'aiguille est sur la ligne *i c* ; introduisons entre elles

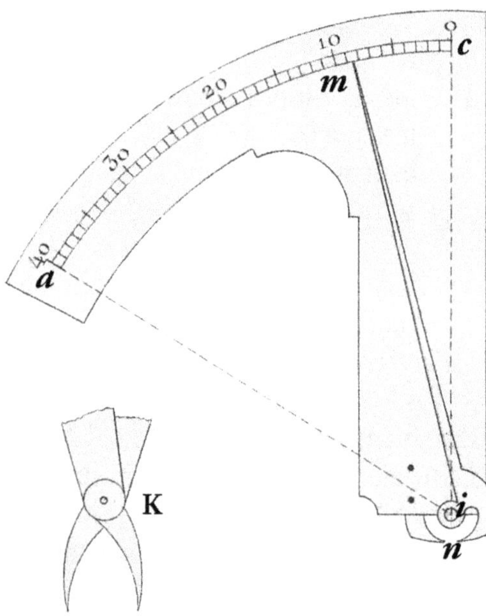

Fig. – 320.

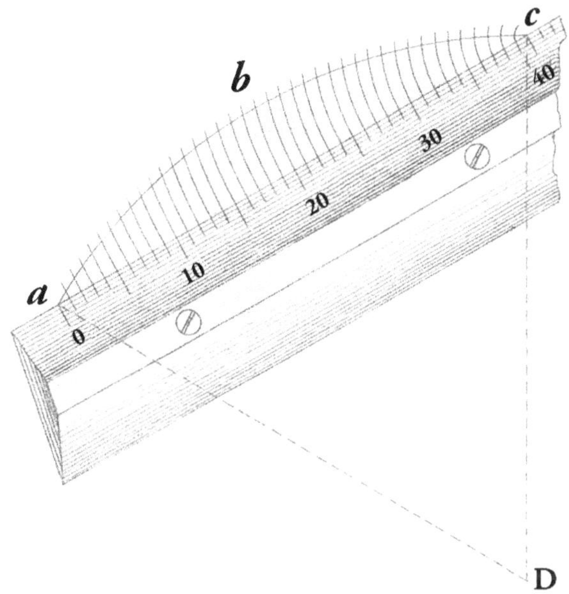

Fig. – 321.

un petit cylindre bien rond, ayant par exemple deux millimètres de diamètre, ce qui amènera en *a* la pointe de l'aiguille, c'est-à-dire sur la ligne *ia* : nous aurons l'angle *aic*, même chose que *a*D*c*, figure 321. Après avoir posé sur la plaque métallique, comme l'indique la figure 321, une règle graduée bien exactement, de celles, par exemple, dites décimètres, on place une des deux fines pointes d'un compas en D (trou du pivot de l'aiguille) et par tâtonnement on détermine l'ouverture avec laquelle on pourra décrire l'arc *abc*, c'est-à-dire un arc tel que sa corde, ou la droite *ac*, qui réunit les deux points d'intersection de l'arc et des lignes D*a* et D*c*, embrasse exactement 40 millimètres de la règle divisée. On fixe alors la règle dans cette situation, soit par des vis, soit en coulant de la cire à cacheter, etc.

Du point *c* comme centre avec un compas à ajustements fermes et à pointes fines et trempées, on décrit (la loupe à l'œil), à partir de chaque division de la règle, de petits arcs de cercle qui vont couper le grand arc *abc*. À chaque intersection on marque un point.

Les espaces parcourus sur l'arc, ainsi gradué, par l'extrémité de l'aiguille, qu'on aura mise en rapport de longueur avec *ia*, progresseront alors proportionnellement aux écartements successifs des mâchoires.

L'outil représenté figure 320 mesurera des vingtièmes de millimètre. Si les lignes *ia* et *ic* avaient double longueur, elles auraient embrassé entre *a* et *c* 80 millimètres, et les mâchoires *n* mesureraient alors des quarantièmes.

Une même règle peut servir pour diviser des écartements différents en prenant pour unité 1 ou 2 ou 3, etc., de ses divisions.

Il serait utile que l'horloger eût à sa disposition un autre compas se terminant en pointe, au lieu de mâchoire (K, figure 320), mais dans l'usage il ne faut pas oublier qu'une pointe placée dans un trou ne répond plus au centre pour peu que son axe soit incliné.

Citons, avant de terminer, les deux compas à mesurer les épaisseurs et les profondeurs de M. Cuel. On en trouve la description dans le volume III de la *Revue chronométrique*.

Compas à coulisse et à vernier.

1485. Le principe du *vernier* est expliqué dans notre petit Manuel pratique.

La figure 322 nous montre ce compas qui se compose d'une règle méplate *ba*, se relevant en *a*, en équerre terminée par une pointe. Sur cette règle glisse une coulisse *fd*, se relevant également en équerre en *c*. Les deux faces en regard des équerres coïncident exactement sur toute leur hauteur et chacune des extrémités de cette double équerre forme un demi-cylindre.

Les deux réunis, comme sur la figure, se terminent ou en cône aigu si l'on veut avoir des pointes, ou en becs tranchants de pinces si l'on a abattu en biseau la droite et la gauche du haut du cylindre.

Comme on l'a vu, la coulisse *fdc* glisse à volonté le long de la règle *b*, la poupée *s* qui est reliée à la coulisse par une vis de rappel, la suit dans ses mouvements (la vis de pression étant bien entendu desserrée).

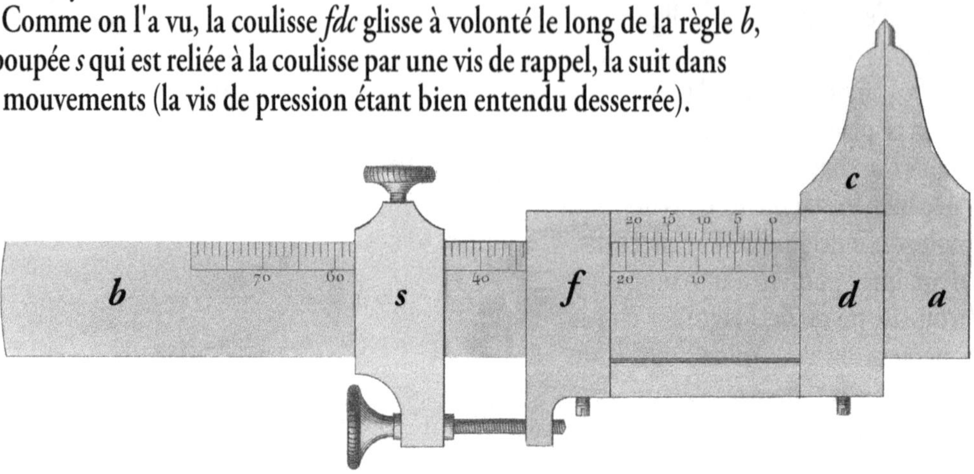

Fig. – 322.

La règle est divisée en millimètres. Le vernier, dont la longueur à partir de 0 est de 19 millimètres, est divisé en 20 parties égales. Il en résulte, quand on déplace la coulisse, que si l'on fait coïncider en partant de 0, la 1re division du vernier avec la 1re de la règle, les becs s'écartent de un vingtième de millimètre, la 2e du vernier et la 2e de la règle, l'écartement sera de deux vingtièmes, et ainsi de suite jusqu'à ce que les deux divisions 20 et 20 soient exactement superposées. L'écartement sera alors de un millimètre entier.

On voit tout de suite qu'il suffira d'ouvrir l'instrument à très peu près au diamètre de l'objet à mesurer, de serrer la vis de pression de la poupée *s* et, par la vis de rappel, d'amener les becs à l'ouverture convenable. La règle donnera le nombre de millimètres et le vernier la fraction complémentaire en vingtièmes de millimètre.

Cet instrument, lorsqu'il est bien fait, est plus précis que le compas à aiguille, lequel nécessairement a toujours un peu de jeu à ses pivots, mais malheureusement la plupart des compas à coulisses qu'on trouve dans le commerce sont mal faits et peu exacts. Celui qui nous a servi de modèle est tout en acier, ce qui vaut mieux, nous y avons seulement ajouté la poupée en laiton *s* et ses deux vis ; cet accessoire ajusté très librement rend l'usage de l'outil plus commode. Nous le tenions d'un habile horloger, M. C.-E. Jacot, qui l'avait fait établir, avec les soins qu'il sait apporter à sa fabrication, par M. Maurer, mécanicien à l'observatoire de Genève. Nous recommandons cet outil parce qu'il nous a paru fidèlement exécuté et de prix modéré.

Micromètres.

1486. *Micromètre Duchemin.* — Les deux poupées A, B (fig. 323), portent deux broches semi-cylindriques. Les broches se rapprochent et se rejoignent par leurs extrémités inférieures, coupées en biseau, comme le font les deux mâchoires d'un étau dit *parallèle*.

La broche C est assujettie au moyen d'une plaque et de plusieurs vis. La broche D, qui doit être mobile et marcher à frottement doux, est également maintenue par une petite plaque et des vis.

La vis de rappel H, taraudée dans la partie N qui appartient au corps de l'outil, fait marcher la broche D. Cette vis à filets fins et serrés est mue au moyen de la roue ou diviseur P fendu en 50 coches. Quand cette roue

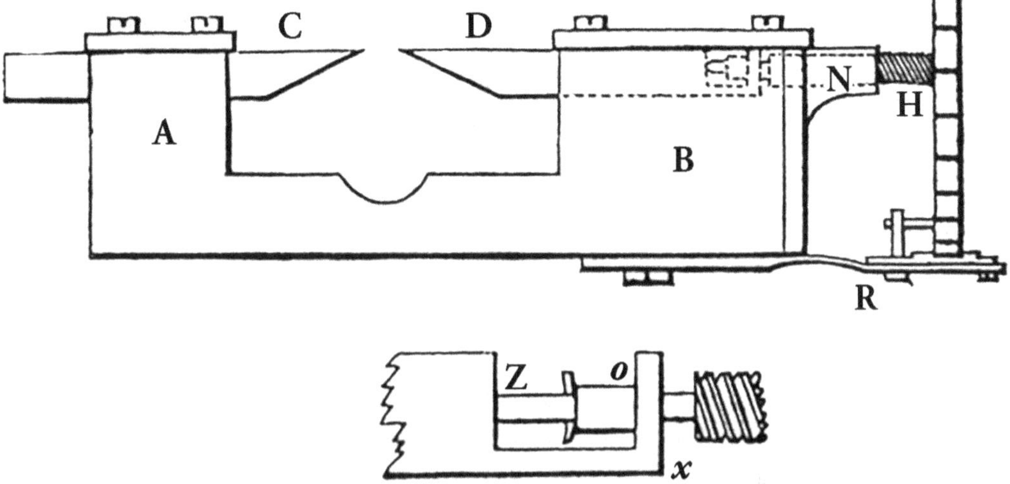

Fig. – 323.

tourne, ses pleins soulèvent par un effet de sautoir le ressort R qui porte une arête suffisamment saillante pour s'engager dans un vide et maintenir le diviseur quand la main l'abandonne.

Un tour entier du diviseur fait avancer la broche D d'une quantité égale à la hauteur du pas de la vis de rappel, et d'un cinquantième de cette quantité si la roue tourne seulement d'une division. Une cheville portée par le diviseur sert de repère pour le point marqué 50 ou 0 et vient buter contre un pied porté par le ressort R.

Veut-on se servir de l'outil, on fait avancer la broche D en tournant le diviseur jusqu'à ce que sa cheville rencontre le pied du ressort, l'arête de celui-ci doit prendre bien en plein dans une coche. On pousse la broche C de façon à la faire joindre à D, leurs deux mâchoires coïncidant, on serre les vis de C. On fait reculer D, que l'on ramène ensuite en avant jusqu'à ce que l'objet à mesurer passe sans jeu entre les deux mâchoires. Puis, à partir de ce moment, on continue à faire marcher la branche mobile jusqu'à ce que les mâchoires se touchent, mais en comptant les tours et fractions de tours qui font connaître la valeur cherchée.

L'arrière de la broche D est entaillé ainsi que la chose est indiquée en Z*o*. L'extrémité de la vis de rappel est diminuée en pivot. Ce pivot traverse la partie *ox* et va s'appuyer en Z, il poussera la broche en avant. Pour éviter au retour un temps de repos, on chausse sur ce pivot une petite virole qu'une goupille maintient et fait presser contre la paroi *o*, tandis que le bout du pivot Z presse sur la paroi opposée.

1487. *Micromètre Saunier.* — Les micromètres à vis offrent deux défauts :
- de l'aller au retour, ou vice versa, il y a toujours un temps perdu ;
- quand on serre l'objet entre les mâchoires, on peut avoir une erreur de plusieurs crans du diviseur, erreur due à l'élasticité, à l'effet de ressort de la matière comprimée.

Voici la construction de micromètre que nous avons imaginée et qui nous paraît propre à faire éviter ces deux causes d'erreur.

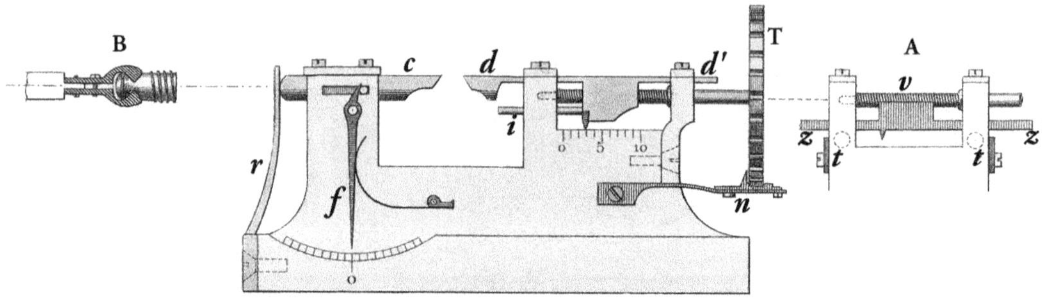

Fig. - 324.

La broche *c* (fig. 324) est ajustée à frottement très juste et assez doux. Elle est traversée par une cheville lui permettant de glisser longitudinalement suivant la longueur de la rainure ouverte dans le corps de la poupée et dans laquelle loge la cheville. Cette broche est constamment poussée en avant par un ressort *r* et l'aiguille *f*, appuyée par son petit bras contre la cheville traversant la broche, répond à 0 quand cette cheville appuie au fond de sa rainure à droite.

L'autre broche *dd'*, glisse à frottement sous l'action de la vis micrométrique, qui traverse le renflement ou plot faisant corps avec cette broche. Le petit index ombré répond au 0 de la division en millimètres, marquée sur le corps de l'outil, quand les deux becs tranchants des broches se joignent bien exactement. Le pas de la vis a de hauteur 4 millimètres et, comme le diviseur T est fendu en 50 coches, on pourra mesurer des cinquantièmes de millimètre ou, pour une hauteur quelconque du pas, des cinquantièmes de cette hauteur. La cheville *i* ne sert qu'à assurer le fonctionnement régulier de la broche et, quant au ressort-sautoir *n*, nous en connaissons la fonction.

Le ressort *r* doit avoir seulement la force nécessaire pour qu'un axe, par exemple, dont le pivot est pressé entre les mâchoires, y demeure suspendu ; avec un ressort faible les moindres pressions sont accusées.

Lorsque l'objet placé contre le bec *c* est touché par le bec *d*, pour éviter le temps perdu qui résulterait du premier mouvement de rétrogradation, on fait encore avancer un peu la vis ; l'aiguille *f* se déplaçant, avance de quelques degrés. Alors on ramène la vis en arrière jusqu'à ce que l'aiguille soit revenue à 0. Le petit index fait connaître le nombre entier de millimètres et le compteur T la fraction complémentaire en cinquantièmes. Pour plus de commodité dans l'usage, on peut faire tenir librement la broche *c* au ressort *r*, de façon à pouvoir, quand on donne à *d* son excédant d'avance, et l'objet étant retiré d'entre les broches, ramener avec l'ongle la broche *c* en arrière, placer entre les becs l'objet à mesurer, et n'utiliser que le mouvement de retour de la broche *d*.

Un micromètre comme celui de la figure 324, si les deux becs *c* et *d* se relevaient en retour d'équerre, serait fort commode pour mesurer des diamètres d'ailes de pignons, de dents de roues.

1488. *Observations et détails de construction.* — Une vis micrométrique très exacte est fort difficile à faire. L'horloger qui voudrait posséder un outil tout à fait précis devrait s'adresser pour la vis aux fabricants d'instruments de précision, mais avec des soins il peut, cependant, en construire une suffisamment juste pour les usages ordinaires.

L'acier employé doit être de l'acier fondu de premier choix, c'est-à-dire aussi homogène qu'il est possible de le trouver. La filière dite à main doit être rejetée, et la filière à coussinets choisie de préférence. Le taraudage doit déplacer ou enlever peu de matière à la fois. Il serait bon que la filière fût pourvue de deux paires de coussinets : la première paire laissant le filet légèrement plus gros, la dernière paire servant à l'amaigrir et à le rectifier. Ces coussinets doivent être épais, c'est-à-dire comprendre un bon nombre de filets parfaitement faits et bien tranchants, etc.

Pour obtenir un bon ajustement, on peut procéder ainsi : quand l'horloger aura obtenu une vis le satisfaisant, il en fera une seconde un peu plus maigre avec laquelle il taraudera l'épaulement réservé sous la broche *d*, puis il enlèvera à la lime la matière jusqu'à la moitié du trou, longitudinalement, ensuite il montera sur l'outil cette broche, *z z*, comme l'indique en A la figure 324, c'est-à-dire qu'il la fera porter sur deux rouleaux *t t*, pouvant s'exhausser suffisamment au besoin. La vis *v* se pourvoit d'une petite manivelle et, avec son aide, on rode l'une sur l'autre la vis et l'écrou en les rapprochant, quand besoin en est, et jusqu'à ce que le mouvement soit sûr et régulier ; c'est alors qu'on fixe définitivement les pattes des rouleaux *t t*. La broche doit être assez forte pour qu'on n'ait à craindre aucune flexion.

À la disposition adoptée par Duchemin *Zox*, (fig. 323, p. 729) nous préférerions celle vue en B (figure 324), et dont le dessin ne nous paraît pas avoir besoin d'explication.

Le micromètre de la figure 324 devait faire partie des objets que nous avons exposés en 1867. Un de nos confrères nous apprit alors qu'un instrument fondé sur le même principe avait été construit par M. Froment, très habile fabricant d'instruments de précision. Tout ce que nous pouvons dire, c'est que nous ne connaissons pas cet appareil et que nous ignorons si M. Froment a sur nous l'avantage de la priorité de l'idée.

Un mot

Sur les échappements à force constante.

1489. L'espace nous manque, et nous publierons un peu plus tard un travail assez étendu sur les forces constantes, mais dès aujourd'hui nous allons tâcher de faire comprendre aux chercheurs qui s'usent à la poursuite d'une séduisante chimère, l'échappement à force constante appliqué à l'horlogerie de précision, l'inanité de leurs recherches.

Aphorisme. — La force constante, telle que la plupart des horlogers l'entendent, n'existe pas et ne peut exister.

Les organes des échappements de cette sorte se déplacent toujours ou à peu près, rapidement et sous de faibles forces, et leurs effets, qui nécessairement sont fort délicats, n'ont été étudiés par les inventeurs qu'à l'aide des premières notions de la mécanique, c'est-à-dire au simple point de vue de la théorie du levier. Ils ne se sont pas aperçus ou ont omis de se rendre compte de l'influence de certaines causes physiques, qui ont ici une telle importance que sous leur action les effets mécaniques ne peuvent plus être qu'instables.

En effet, la force élastique d'un ressort varie avec les changements de la température.

Tous les corps sont en mouvement perpétuel de dilatation ou de contraction, et ce mouvement s'opère par des saccades qui n'ont pas toujours lieu dans le même temps. Il est démontré que *l'affinité s'exerce par saut ou d'une manière discontinue.*

En présence de ces faits révélés par la science et constatés, on comprend que les molécules accomplissent leurs mouvements ou évolutions avec plus ou moins de gêne, selon les pressions et l'état des surfaces, et que l'effet retardé se produit enfin, mais plus violent. On en trouve une preuve dans ce fait qu'il suffit souvent d'un léger ébranlement causé par un petit coup donné sur un pendule compensateur, pour déterminer un effet de dilatation qui se produit d'un saut et brutalement.

En outre, l'adhérence entre surfaces sèches, qui ne nous paraît guère qu'une variété de l'affinité chimique, acquiert plus d'énergie à mesure que les surfaces se touchent plus intimement, c'est-a-dire molécule à molécule. Au point où une percussion est répétée, on a constaté des effets d'adhérence sensibles et variables. Sous de fortes pressions, la matière se dénature, devient comme inerte. L'état de l'huile varie avec la température et avec le temps.

Même sans tenir compte des effets de capillarité et des actions électriques, encore trop peu connues, on voit tout de suite que les séparations des organes, les mouvements des surfaces en contact, etc., se feront toujours sous des résistances variables et relativement très intenses, eu égard aux faibles forces qui animent ces organes. Il en résulte que telle résistance qui eût été, pour ainsi dire, noyée dans le jeu de plus grande puissance, d'un échappement de Graham, affectera la marche d'un échappement à force constante ; ce dernier, si nous pouvons parler ainsi, est beaucoup plus sensitif que l'autre.

Voilà pourquoi aucun échappement à force constante n'a pas donné des résultats supérieurs à ceux que l'on obtient avec les échappements à détente et de Graham. Quand les résultats de part et d'autre ont été équivalents, ceux obtenus des forces constantes n'ont jamais été que momentanés.

Ajoutons, ce que tous les horlogers savent, que l'introduction dans une pièce d'horlogerie de la plupart des systèmes à force constante nécessite un déroulement plus rapide du rouage, et par suite, amène une perte dans la durée du temps de la marche ; et nous terminerons, comme nous l'avons fait dans la *Revue chronométrique*, par cette conclusion, « qu'il faut établir une distinction entre la recherche chimérique des forces rigoureusement constantes et l'invention d'échappements propres à faire disparaître, en partie plus ou moins considérable, les inconvénients de l'inégalité de la force motrice dans les horloges, ou du tirage des ressorts moteurs de nos pendules à l'usage civil. Il y a là une mine à exploiter, pourvu, toutefois, qu'on sache s'enfermer dans de sages limites, qu'il nous paraît inutile de préciser. »

Dernier avis.

1490. Plusieurs articles annoncés ne se trouvent pas dans cet ouvrage.

Les uns, concernant l'outillage, la réparation ou l'exécution des différentes pièces des rouages d'horlogerie, le choix et le travail des métaux, le travail des pierres fines, font partie de notre petit *Manuel d'horlogerie pratique* en cours de publication dans la *Revue chronométrique*. Ce petit volume, qui complète notre grand Traité et lui sert, ou peut dire, d'introduction pratique, sera terminé sous peu de temps.

Les autres, comme les tableaux calculés des dimensions des échappements, différentes tables, plusieurs articles de fond et la description de quelques appareils nouveaux, forment un Mémoire particulier que nous publierons aussitôt que les circonstances nous le permettront.

Nous terminerons par une remarque que nous avons oublié de faire dans le cours de ce volume. À propos des échappements de pendules, nous avons relevé et mis en regard le poids du pendule et sa longueur. Il a dû être clair pour tout lecteur que c'était là un relevé ou donnée d'expérience, qui a son utilité, et non un rapport entre des unités qui sont de natures différentes.

Table des longueurs du pendule simple

Pour taire en une heure un nombre de vibrations quelconque, depuis 1 jusqu'à 20 000, et de la variation de longueur que doit subir ce pendule pour produire une minute de différence en 24 heures.

Calculée par Éd. Gourdin.

Nombre d'oscillations par heure.	LONGUEURS.	Variations de long. pour 1ᵐ en 24 heures.	Nombre d'oscillations par heure.	LONGUEURS.	Variations de long. pour 1ᵐ en 24 heures.	Nombre d'oscillations par heure	LONGUEURS.	Variation de long. pour 1ᵐ en 24 heures.
	Millimèt.	Millimèt.		Millimètres.	Millimèt.		Millimètres.	Millimèt.
20.000	32.2	0.04	13.200	73.9	0.10	8.200	191.5	0.26
19.000	35.7	0.05	13.100	75.1	0.10	8.100	196.3	0.27
18.000	39.8	0.05	13.000	76.2	0.10	8.000	201.3	0.27
17.900	40.2	0.06	12.900	77.4	0.11	7.900	206.4	0.28
17.800	40.7	0.06	12.800	78.6	0.11	7.800	211.7	0.29
17.700	41.1	0.06	12.700	79.9	0.11	7.700	217.2	0.30
17.600	41.6	0.06	12.600	81.1	0.11	7.600	223.0	0.30
17.500	42.1	0.06	12.500	82.4	0.11	7.500	229.0	0.31
17.400	42.4	0.06	12.400	83.8	0.11	7.400	235.2	0.32
17.300	43.0	0.06	12.300	85.1	0.12	7.300	241.7	0.33
17.200	43.5	0.06	12.200	86.5	0.12	7.200	248.5	0.34
17.100	44.0	0.06	12.100	88.0	0.12	7.100	255.5	0.35
17.000	44.6	0.06	12.000	89.5	0.12	7.000	262.9	0.36
16.900	45.1	0.06	11.900	91.0	0.12	6.900	270.5	0.37
16.800	45.7	0.06	11.800	92.5	0.13	6.800	278.6	0.38
16.700	46.2	0.06	11.700	94.1	0.13	6.700	286.9	0.39
16.600	46.7	0.07	11.600	95.7	0.13	6.600	295.7	0.40
16.500	47.3	0.07	11.500	97.4	0.13	6.500	304.9	0.41
16.400	47.9	0.07	11.400	99.1	0.13	6.400	314.5	0.43
16.300	48.5	0.07	11.300	100.9	0.14	6.300	324.5	0.44
16.200	49.1	0.07	11.200	102.7	0.14	6.200	335.1	0.46
16.100	49.7	0.07	11.100	104.5	0.14	6.100	346.2	0.47
16.000	50.0	0.07	11.000	106.5	0.14	6.000	357.8	0.48
15.900	51.0	0.07	10.900	108.4	0.15	5.900	370.0	0.50
15.800	51.6	0.07	10.800	110.5	0.15	5.800	382.9	0.52
15.700	52.3	0.07	10.700	112.5	0.15	5.700	396.4	0.54
15.600	52.9	0.07	10.600	114.6	0.16	5.600	410.7	0.56
15.500	53.6	0.07	10.500	116.8	0.16	5.500	425.8	0.58
15.400	54.3	0.08	10.400	119.1	0.16	5.400	440.1	0.60
15.300	55.0	0.08	10.300	121.4	0.17	5.300	458.5	0.62
15.200	55.7	0.08	10.200	123.8	0.17	5.200	476.3	0.65
15.100	56.5	0.08	10.100	126.3	0.17	5.100	495.2	0.67
15.000	57.3	0.08	10.000	128.8	0.18	5.000	515.2	0.70
14.900	58.0	0.08	9.900	131.4	0.18	4.900	536.5	0.73
14.800	58.8	0.08	9.800	134.1	0.18	4.800	559.1	0.76
14.700	59.6	0.08	9.700	136.9	0.19	4.700	583.1	0.79
14.600	60.4	0.08	9.600	139.8	0.19	4.600	608.7	0.83
14.500	61.3	0.08	9.500	142.7	0.19	4.500	636.1	0.86
14.400	62.1	0.09	9.400	145.8	0.20	4.400	665.3	0.90
14.300	63.0	0.09	9.300	148.9	0.20	4.300	696.7	0.95
14.200	63.9	0.09	9.200	152.2	0.21	4.200	730.2	0.99
14.100	64.8	0.09	9.100	155.5	0.21	4.100	766.2	1.04
14.000	65.7	0.09	9.000	159.0	0.22	4.000	805.0	1.09
13.900	66.7	0.09	8.900	162.6	0.22	3.950	825.5	1.12
13.800	67.6	0.09	8.800	166.3	0.23	3.900	846.8	1.15
13.700	68.6	0.09	8.700	170.2	0.23	3.850	869.0	1.18
13.600	69.6	0.09	8.600	173.7	0.24	3.800	892.0	1.21
13.500	70.7	0.09	8.500	178.3	0.24	3.750	915.9	1.25
13.400	71.7	0.10	8.400	182.5	0.25	3.700	940.1	1.28
13.300	72.8	0.10	8.300	187.0	0.25	3.650	966.8	1.31

Nombre d'oscillations par heure.	LONGUEURS.	Pour produire en 24 heures 1 minute de retard, rallonger de	Pour produire en 24 heures 1 minute d'avance, raccourcir de	Nombre d'oscillations par heure.	LONGUEURS.	Pour produire en 24 heures 1 minute de retard, rallonger de	Pour produire en 24 heures 1 minute d'avance, raccourcir de
	Mètres.	Millim.	Millim.		Mètres.	Mètres.	Mètres.
3.600	0,993.9	1.38	1.32	1.900	3,568	0,005.0	0,004.8
3.550	1,022.1	1.42	1.36	1.800	3,975	0,005.5	0,005.3
3.500	1,051.5	1.46	1.40	1.700	4,457	0,006.2	0,005.9
3.450	1,082.2	1.50	1.44	1.600	5,031	0,007.0	0,006.7
3.400	1,114.3	1.55	1.48	1.500	5,725	0,008.0	0,007.6
3.350	1,147.7	1.60	1.53	1.400	6,572	0,009.1	0,008.7
3.300	1,182.8	1.64	1.57	1.300	7,622	0,010.6	0,010.1
3.250	1,219.4	1.69	1.62	1.200	8,945	0,012.4	0,011.9
3.200	1,257.8	1.75	1.67	1.100	10,645	0,014.8	0,014.2
3.150	1,298.1	1.80	1.73	1.000	12,880	0,017.9	0,017.1
3.100	1,340.3	1.86	1.78	900	15,902	0,022.1	0,021.1
3.050	1,384.6	1.93	1.84	800	20,126	0,028.0	0,026.8
3.000	1,431.2	1.99	1.90	700	26,287	0,036.5	0,035.0
2.900	1,531.6	2.13	2.04	600	35,779	0,049.7	0,047.6
2.800	1,642.9	2.28	2.18	500	51,521	0,071.6	0,068.5
2.700	1,766.9	2.46	2.35	400	80,502	0,111.9	0,107.1
2.600	1,905.4	2.65	2.58	300	143,115	0,198 9	0,190.3
2.500	2,060.9	2.87	2.74	200	322,008	0,447.6	0,428.2
2.400	2,236.2	3.11	2.97	100	1.288,034	1,790.4	1,713.1
2.300	2,434.9	3.38	3.24	60	3.577,871	4.973.2	4,758.6
2.200	2,661.2	3.70	3.54	50	5.152,135	7,161.3	6,852.1
2.100	2,920.7	4.06	3.88	1	12.880.337m,930	17.903m,670.0	17.130m,850.0
2.000	3,220.1	4 48	4.28				

Observation. L'extrémité inférieure de ce dernier balancier parcourrait environ 154 lieues pour un arc de 2 degrés seulement.

Observations.

Le nombre d'oscillations est compté, pour une heure temps moyen, par un pendule simple, mesuré du point de suspension au centre de la boule sphérique suspendue à un fil fin et oscillant dans le vide, selon un arc infiniment petit.

Le pendule composé ou matériel des pièces d'horlogerie bat le nombre indiqué par la table quand la longueur mise en regard de ce nombre égale la distance du point de suspension au centre d'oscillation de ce pendule matériel (voir le *Traité d'horlogerie moderne*).

L'assimilation de ce centre d'oscillation au point où un pendule posé horizontalement sur une lame tranchante s'y tient en équilibre ne donne une approximation acceptable que lorsque la tige est peu chargée et le poids du pendule principalement concentré dans la lentille.

Il vaudrait mieux que l'horloger se servît d'une petite boule de platine suspendue (en face d'une règle bien exactement graduée), par un fil fin et susceptible d'être à volonté allongé ou raccourci. Le point de suspension étant formé par un pince-lame s'ouvrant et se fermant par une vis, il serait facile de mettre ce petit pendule simple à la longueur indiquée par la table, et en le faisant osciller concurremment avec le pendule matériel, qui doit battre le même nombre, de trouver, à très peu près, le point où sur ce dernier doit être placé le centre de rotation.

Table des Matières

PREMIÈRE PARTIE - TRAITÉ DES ÉCHAPPEMENTS

Considérations théoriques et pratiques

Échappement à roue de rencontre

Échappement à cylindre

Échappement Duplex

Théorie des échappements libres

Échappement à ancre

Échappement à détente

Échappements des pendules et des horloges

DEUXIÈME PARTIE : TRAITÉ DES ENGRENAGES

Des moteurs

TROISIÈME PARTIE - TRAITÉS DIVERS

Du pendule ou balancier rectiligne

Du balancier annulaire

Du spiral